Thermische Verfahrenstechnik

Thermische Verfahrenstechnik

Autoren:

Prof. Dr.-Ing. habil. S. Weiß, Merseburg
Prof. Dr. sc. techn. K.-E. Militzer, Dresden
Prof. Dr.-Ing. habil. K. Gramlich, Köthen

Mit 290 Bildern und 54 Tabellen

Deutscher Verlag für Grundstoffindustrie
Leipzig · Stuttgart

Die Deutsche Bibliothek — CIP-Einheitsaufnahme

Weiß, Siegfried:
Thermische Verfahrenstechnik : mit 54 Tabellen / Autoren:
S. Weiß ; K.-E. Militzer ; K. Gramlich. — Leipzig ; Stuttgart :
Dt. Verl. für Grundstoffindustrie, 1993
  ISBN 3-342-00664-1
NE: Militzer, Karl-Ernst:; Gramlich, Kurt:

Das Werk, einschließlich aller seiner Teile, ist urheberrechtlich geschützt. Jede Verwertung ist ohne die Zustimmung des Verlages außerhalb der engen Grenzen des Urheberrechtsgesetzes unzulässig und strafbar. Das gilt insbesondere für Vervielfältigungen, Übersetzungen, Mikroverfilmungen und die Einspeicherung und Verarbeitung in elektronischen Systemen.

© Deutscher Verlag für Grundstoffindustrie GmbH, Leipzig · Stuttgart, 1993
Printed in Germany
Gesamtherstellung: Druckhaus »Thomas Müntzer« GmbH, Bad Langensalza

Inhaltsverzeichnis

Symbolverzeichnis		13
1.	**Zum Gegenstand der thermischen Verfahrenstechnik**	19
2.	**Grundlagen der Wärme- und Stoffübertragung**	25
2.1.	Wärme- und Stoffübertragung durch molekulare Bewegung	27
2.1.1.	Grundgesetze	27
2.1.2.	Stationäre Wärmeleitung	29
	Beispiel 2.1. Isolierte Rohrleitung für Kühlsole	32
2.1.3.	Verschiedene Konzentrationsmaße	33
2.1.4.	Diffusion in Gasen	35
	Beispiel 2.2. Diffusionskoeffizient in der gasförmigen Phase	39
	Beispiel 2.3. Stoffübertragung durch einseitige Diffusion	39
2.1.5.	Diffusion in Flüssigkeiten	42
	Beispiel 2.4. Diffusionskoeffizient in der flüssigen Phase	43
2.1.6.	Diffusion in festen Stoffen	44
2.1.7.	Analogie von Impuls-, Wärme- und Stoffübertragung	47
2.2.	Bilanzgleichungen	48
2.3.	Wärme- und Stoffübertragung durch Konvektion	53
2.3.1.	Grundbegriffe und Grundgleichungen	54
2.3.2.	Modellierung des Wärmeübergangs auf der Grundlage der Ähnlichkeitstheorie	58
	Beispiel 2.5. Wärmeübergangskoeffizient bei turbulenter Strömung	66
	Beispiel 2.6. Wärmeübergangskoeffizient bei freier Strömung	67
2.3.3.	Modellierung des Stoffübergangs	67
2.3.4.	Stoffübergang bei Blasen und Tropfen	74
2.3.5.	Stoffübergang bei der Filmströmung	76
	Beispiel 2.7. Stoffübergangskoeffizienten in einer Füllkörperkolonne	78
2.3.6.	Stoffübergang an festen Grenzflächen	80
2.3.7.	Stoffübergangskoeffizient bei einseitiger Stoffübertragung	81
2.3.8.	Analogie von Impuls-, Wärme- und Stoffübertragung	82
2.4.	Gekoppelte Wärme- und Stoffübertragung	85
2.4.1.	Abkühlung eines Gases bzw. einer Flüssigkeit durch Verdunstung	85
	Beispiel 2.8. Luftfeuchte-Messung mittels Psychrometer	88
2.4.2.	Kondensation von Dämpfen aus Dampf-Gas-Gemischen	90
2.5.	Wärme- und Stoffdurchgang	92

2.5.1.	Wärmedurchgang durch feste Wände	94
	Beispiel 2.9. Wärmedurchgang in einer zusammengesetzten ebenen Wand	96
	Beispiel 2.10. Wandtemperaturen bei Bildung von Kesselstein	97
2.5.2.	Stoffdurchgang fluid-fluid	98
	Beispiel 2.11. Stoffdurchgangskoeffizient bei der Absorption in einer Füllkörperkolonne	104
2.5.3.	Stoffdurchgang fluid-fest	105
2.5.4.	Stoffdurchgang fluid-fluid mit chemischer Reaktion	109
	Beispiel 2.12. Erhöhungsfaktor für die Absorption mit chemischer Reaktion	114
2.6.	Übertragungsfläche	114
2.6.1.	Wärmeübertragungsfläche	115
2.6.2.	Phasengrenzfläche	115
2.7.	Phasenführung und Triebkraft	119
2.7.1.	Grundformen der Phasenführung	119
2.7.2.	Triebkraft bei der Wärmeübertragung	120
	Beispiel 2.13. Triebkraftintegral mit temperaturabhängigen Wärmedurchgangskoeffizienten	124
2.7.3.	Triebkraft bei der Stoffübertragung	126
2.8.	Vereinfachte Modellvorstellungen bei der Stoffübertragung	130
2.8.1.	Stufenweiser Kontakt der Phasen	130
2.8.2.	Stetiger Kontakt der Phasen	133
Übungsaufgaben		135
Kontrollfragen		139

3. Prozesse und Apparate der Wärmeübertragung ... 143

3.1.	Wichtige Bauformen für technische Wärmeübertrager	144
3.2.	Wärmeübertrager ohne Phasenänderung	149
3.2.1.	Grundlagen	149
	Beispiel 3.1. Wärmeverlust und Wandtemperaturen für ein isoliertes Rohr	157
	Beispiel 3.2. Wärmedurchgang bei der Abkühlung einer stark viskosen Flüssigkeit	159
	Beispiel 3.3. Mittlere Temperaturdifferenz bei mehrgängigen Rohrbündelwärmeübertragern	161
	Beispiel 3.4. Wärmeübergang durch Strahlung zwischen zwei Körpern	164
3.2.2.	Auslegung von Wärmeübertragern	164
	Beispiel 3.5. Auslegung von Wärmeübertragern mit Wirtschaftlichkeitsbetrachtungen	170
3.2.3.	Betriebliches Verhalten von Wärmeübertragern	177
	Beispiel 3.6. Austrittstemperaturen für einen in Betrieb befindlichen Wärmeübertrager	178
3.3.	Kondensation	180

3.3.1.	Grundlagen	180
	Beispiel 3.7. Kondensation von ruhendem Sattdampf am waagerechten und senkrechten Rohr	185
3.3.2.	Auslegung von Kondensatoren	187
	Beispiel 3.8. Auslegung eines Kondensators	189
3.3.3.	Betriebliches Verhalten von Kondensatoren	192
	Beispiel 3.9. Berechnung eines in Betrieb befindlichen Kondensators	194
3.4.	Verdampfung	198
3.4.1.	Grundlagen	198
3.4.2.	Wärmeübergang bei Blasenverdampfung ohne aufgeprägte Strömung	202
3.4.3.	Wesentliche Bauarten von Verdampfern	205
3.4.4.	Berechnung von Umlaufverdampfern	207
3.4.5.	Betriebliches Verhalten von Verdampfern	210
	Beispiel 3.10. Verdampfung im Gefäß	211
	Beispiel 3.11. Blasenverdampfung in einer ruhenden Flüssigkeit	212
3.5.	Zur Leistungssteigerung von Wärmeübertragern	214
Übungsaufgaben		217
Kontrollfragen		219

4. Destillation 222

4.1.	Grundbegriffe	222
4.2.	Bilanzen	226
4.2.1.	Bilanzen für eine kontinuierliche Destillationskolonne	227
	Beispiel 4.1. Stoff- und Energiebilanz für eine Destillationskolonne	229
4.2.2.	Bilanzen für den Teil einer kontinuierlichen Kolonne	230
4.3.	Kontinuierliche Destillation von Zweistoffgemischen	235
4.3.1.	Rücklaufverhältnis	235
	Beispiel 4.2. Minimales Rücklaufverhältnis bei unterschiedlichen thermischen Bedingungen des Einlaufproduktes	237
4.3.2.	Theoretische Bodenzahl	238
	Beispiel 4.3. Grafische Ermittlung der theoretischen Bodenzahl für ein Zweistoffgemisch	242
	Beispiel 4.4. Bodenzahl bei unterschiedlichem Rücklaufverhältnis	245
	Beispiel 4.5. Theoretische Bodenzahl nach Fenske	246
4.3.3.	Stoffübertragung in Füllkörperkolonnen und Schütthöhe	247
	Beispiel 4.6. Höhe einer Füllkörperschüttung bei der Destillation	254
4.3.4.	Betriebliches Verhalten von Destillationskolonnen	259
4.3.5.	Regelung von Destillationskolonnen	260
4.4.	Kontinuierliche Destillation von Mehrstoffgemischen	263
4.4.1.	Problemstellung	263
	Beispiel 4.7. Theoretische Bodenzahl in der Abtriebskolonne mit Berechnung von Boden zu Boden	269

4.4.2.	Kurzmethoden zur Berechnung der Mehrstoffdestillation	271
	Beispiel 4.8. Berechnung einer Mehrstoffdestillationskolonne mit Kurzmethoden	276
4.4.3.	Berechnung bei vorgegebener Kolonne nach *Thiele-Geddes*	278
	Beispiel 4.9. Simulation des betrieblichen Verhaltens einer Mehrstoffdestillationskolonne	282
4.4.4.	Matrizen- und Relaxationsmethoden	285
4.4.5.	Extraktiv- und Azeotropdestillation	289
4.4.6.	Berechnung mit einer neuen Theta-Konvergenzmethode	291
	Beispiel 4.10. Berechnung der theoretischen Bodenzahl für eine Extraktivdestillation	294
4.4.7.	Dynamisches Verhalten von Mehrstoffdestillationskolonnen	295
4.4.8.	Schütthöhe in Füllkörperkolonnen	300
4.5.	Gestaltung von Kolonneneinbauten	301
4.6.	Zur Fluiddynamik von Kolonnen	310
4.6.1.	Zur Zweiphasenströmung	310
4.6.2.	Bodenkolonnen	316
	Beispiel 4.11. Auslegung einer kontinuierlichen Destillationsanlage zur Trennung eines binären Gemisches mit Wirtschaftlichkeitsbetrachtungen	324
4.6.3.	Füllkörperkolonnen	332
4.7.	Austauschgrad bei der Stoffübertragung in Bodenkolonnen	334
4.7.1.	Einflußgrößen auf den Austauschgrad	335
4.7.2.	Zur Modellierung des Austauschgrades	337
	Beispiel 4.12. Austauschgrad bei der Destillation auf Ventilböden	343
4.8.	Einfache Destillation	345
	Beispiel 4.13. Einfache Destillation	347
4.9.	Diskontinuierliche Destillation	349
	Beispiel 4.14. Diskontinuierliche Destillation in einer Kolonne mit Blase	352
4.10.	Schwerpunkte bei der Optimierung von Destillationsprozessen und -anlagen	356
4.10.1.	Auswahl der Kolonneneinbauten	357
4.10.2.	Wahl des Kolonnendruckes	358
4.10.3.	Energieeinsparung	359
	Beispiel 4.15. Vergleich verschiedener Kolonneneinbauten	362
	Beispiel 4.16. Wirtschaftliche Nutzung der Kondensationsenthalpie bei der Destillation	363
	Beispiel 4.17. Einsatz einer Wärmepumpe in einer Destillationsanlage	367
Zusätzliche Symbole zum Abschnitt 4.		369
Übungsaufgaben		370
Kontrollfragen		376

5	**Absorption**	380
5.1.	Grundbegriffe	380
5.2.	Bilanzen und Waschflüssigkeits-Mengenstrom	381
5.3.	Stoffübertragung bei stufenweisem Kontakt	384
	Beispiel 5.1. Theoretische Bodenzahl bei der Absorption	386
5.4.	Stoffübertragung in Füllkörperkolonnen bei isothermer Absorption	387
	Beispiel 5.2. Höhe einer Füllkörperschüttung bei isothermer Absorption	390
5.5.	Stoffübertragung in Füllkörperkolonnen bei nichtisothermer Absorption	392
	Beispiel 5.3. Nichtisotherme Absorption von Aceton in Wasser	395
5.6.	Ausrüstungen und Fluiddynamik	396
5.7.	Absorption von organischen Stoffen aus Abgasen	397
	Beispiel 5.4. Absorption von Toluol aus Abgasen	400
5.8.	Desorption des gelösten Stoffes aus einer Flüssigkeit	404
	Beispiel 5.5. Desorption von Trichlorethylen aus Abwasser	405
5.9.	Gesichtspunkte zur Optimierung von Absorptionsanlagen	407
5.10.	Betriebliches Verhalten von Absorptionskolonnen	409
Übungsaufgaben		410
Kontrollfragen		411
6.	**Extraktion**	413
6.1.	Grundbegriffe	414
6.2.	Die theoretische Stufe	418
	Beispiel 6.1. Extraktion mit einer theoretischen Stufe	420
6.3.	Ermittlung der theoretischen Stufenzahl	421
6.3.1.	Extraktor mit frischem Extraktionsmittel in jeder Stufe	421
6.3.2.	Gegenstromextraktor mit Stufen	422
	Beispiel 6.2. Gegenstromextraktor mit theoretischen Stufen im Dreiecksdiagramm	425
	Beispiel 6.3. Gegenstromextraktor mit theoretischen Stufen im Rechteckdiagramm	426
6.3.3.	Gegenstrom mit Rücklauf	428
	Beispiel 6.4. Extraktionsprozeß für Gegenstrom mit Rücklauf	431
6.4.	Austauschgrad	434
6.5.	Grundlagen der Stoffübertragung mit kontinuierlichem Kontakt	435
	Beispiel 6.5. Höhe eines Drehscheibenextraktors bei konstanten Massenströmen	438

6.6.	Zur Fluiddynamik von Drehscheibenextraktoren	439
	Beispiel 6.6. Drehscheibenextraktor zur Aufarbeitung von phenolhaltigem Wasser	442
6.7.	Extraktoren	448
6.8.	Betriebliches Verhalten von Extraktionskolonnen	451
6.9.	Gesichtspunkte zur Optimierung von Extraktionsanlagen	453
	Zusätzliche Symbole zum Abschnitt 6.	454
	Übungsaufgaben	455
	Kontrollfragen	457

7. Die Trocknung feuchten Gutes ... 459

7.1.	Grundlagen	459
7.1.1.	Das feuchte Gut	460
7.1.2.	Statik des Trocknungsprozesses	463
	Beispiel 7.1. Schaltungsvarianten eines theoretischen Trockners	467
	Beispiel 7.2. Bilanzen um einen einstufigen realen Trockner	469
7.1.3.	Stoff- und Wärmeübertragung im 1. Abschnitt der Konvektionstrocknung	472
7.1.4.	Prozeßkinetik unter konstanten äußeren Bedingungen (Das klassische kinetische Experiment)	474
	Beispiel 7.3. Auswertung von Trocknungsversuchen	479
7.2.	Bauformen technischer Trockner	482
7.2.1.	Einteilung der Trockner	482
7.2.2.	Ausführungsbeispiele von Konvektionstrocknern	483
7.3.	Auslegung von Konvektionstrocknern	487
7.3.1.	Das durchströmte Haufwerk (diskontinuierlicher Kreuzstrom)	487
	Beispiel 7.4. Trocknung eines durchströmten Haufwerkes	491
7.3.2.	Der kontinuierliche Kanaltrockner mit Überströmung des Gutes im Gleich- oder Gegenstrom	495
	Beispiel 7.5. Nachrechnung eines Kanaltrockners	498
7.3.3.	Der Stromtrockner (pneumatischer Trockner)	501
	Beispiel 7.6. Auslegung eines Stromtrockners	503
7.4.	Betrieb von Konvektionstrocknern	505
7.4.1.	Betriebserfahrungen mit Konvektionstrocknern	506
7.4.2.	Simulation des Betriebsverhaltens	509
	Zusätzliche Symbole zum Abschnitt 7.	511
	Übungsaufgaben	512
	Kontrollfragen	517

8. Adsorption ... 519

8.1.	Einführung	519
8.2.	Adsorbentien	520

8.3.	Theoretische Grundlagen	523
8.3.1.	Das Adsorptionsgleichgewicht	523
	Beispiel 8.1. Gleichgewicht bei der Adsorption von Ethan und Ethen an Silikagel	525
8.3.2.	Die Adsorptionskinetik	526
8.4.	Praktische Anwendungen der Adsorption	528
8.4.1.	Prozesse und Apparate	528
	Beispiel 8.2. Adsorption von Bleichloriddämpfen im Festbett aus aktivierter Tonerde	534
8.4.2.	Adsorptionsverfahren	536
Kontrollfragen		538

9. Kristallisation 539

9.1.	Löslichkeit und Übersättigung	539
9.2.	Bilanzen um einen Kristallisator	541
9.3.	Kornzahlendichtebilanz	542
9.4.	Kinetik der Kristallisation	545
9.4.1.	Keimbildung	546
9.4.2.	Kristallwachstum	547
9.5.	Verfahrenstechnische Modellierung von Kristallisatoren	548
9.5.1.	Modell eines MSMPR-Kristallisators	548
9.5.2.	Bestimmung der Modellparameter K_I, i, j	549
	Beispiel 9.1. Berechnung des Suspensionsvolumens eines Kristallisators	549
9.5.3.	Modellierung diskontinuierlicher Kristallisatoren	553
9.6.	Kristallisatoren	553
Zusätzliche Symbole zum Abschnitt 9.		554
Kontrollfragen		555

10. Membrantrenntechnik 557

10.1.	Übersicht	557
10.2.	Membranen	560
10.3.	Membranmodule	562
10.4.	Umkehrosmose, Nanofiltration, Ultrafiltration, Mikrofiltration	565
10.4.1.	Industrielle Anwendung	566
10.4.2.	Verfahrenstechnische Berechnung	569
10.4.3.	Betriebsverhalten	572
	Beispiel 10.1. Auslegung einer UO-Anlage zur Aufkonzentrierung des Feststoffes im Abwasser einer Sulfitzellstoffanlage	577
	Beispiel 10.2. Konzentrationspolarisation	580

10.5.	Gaspermeation	582
10.6.	Pervaporation	586
10.7.	Dialyse und Elektrodialyse	592
10.8.	Flüssigmembranpermeation	594
10.8.1.	Grundbegriffe	594
10.8.2.	Untersuchungen im Labor	597
10.8.3.	Gestaltung von FMP-Anlagen	598
10.8.4.	Zur verfahrenstechnischen Berechnung der FMP-Kolonne	600
Kontrollfragen		604

Lösungen zu den Übungsaufgaben 606

Literaturverzeichnis 612

Anhang 619

Tab. A1. Hauptabmessungen von Rohrbündelwärmeübertragern 619
Tab. A2. Hauptabmessungen von Ventilböden 620
Tab. A3. Abmessungen von Füllkörpern und charakteristische Daten 624
Tab. A4. Gleichgewichte flüssig-flüssig für ternäre Gemische 625
Tab. A5. Dampf-Flüssigkeits-Gleichgewichte für ausgewählte binäre Gemische . . . 626
Tab. A6. Löslichkeit von Gasen in Flüssigkeiten 627

Sachwörterverzeichnis 628

Symbolverzeichnis[1]

		Einheit[2]
A	Wärmeübertragungs- bzw. Phasengrenzfläche	m²
A_q	Querschnittsfläche	m²
a	spezifische Oberfläche	m²/m³
a_T	Temperaturleitkoeffizient	m²/s
a_1, a_2, a_3	Anpassungsparameter	–
b	Anstieg der Gleichgewichtskurve	–
c	molare Dichte	kmol/m³
c_p	spezifische Wärmekapazität bei konstantem Druck	J/(kg K)
D	Diffusionskoeffizient	m²/s
D_E	Dispersionskoeffizient (Durchmischungs- oder Wirbeldiffusionskoeffizient)	m²/s
D_i	Innendurchmesser einer Kolonne, eines Absorbers, Extraktors oder Trockners	m
d	Durchmesser (z. B. Rohr, Loch, Füllkörper)	m
d_{gl}	gleichwertiger Durchmesser	m
d_{32}	Volumen-Oberflächen-Durchmesser einer Kugel (*Sauter*-Durchmesser)	m
g	Erdbeschleunigung	m/s²
H	Höhe bei Kolonnen und Extraktoren (Einbauten)	m
H	Enthalpie	J
H_A	Henrykoeffizient bei Absorption	Pa
HETB	Höhe äquivalent einem theoretischen Boden	m
HETS	Höhe äquivalent einer theoretischen Stufe	m
$H_{D\,ges}$, $H_{G\,ges}$, $H_{F\,ges}$, $H_{E\,ges}$, $H_{R\,ges}$	Höhe einer gesamten Übertragungseinheit, bezogen auf die **d**ampfförmige, **g**asförmige, **f**lüssige Phase, **E**xtrakt- bzw. **R**affinatphase	m
H_D, H_G, H_F, H_E, H_R	Höhe einer partiellen Übertragungseinheit, bezogen auf die **d**ampfförmige, **g**asförmige, **f**lüssige Phase, **E**xtrakt- bzw. **R**affinatphase	m
h	spezifische Enthalpie	J/kg bzw. J/kmol
h'	spezifische Enthalpie der siedenden Flüssigkeit	
h''	spezifische Enthalpie des Sattdampfes	
K	Gleichgewichtskonstante	–

---

[1] Symbole, die nur in einem Abschnitt verwendet werden, sind am Ende des jeweiligen Abschnittes aufgeführt. Einige sehr wenig benutzte Symbole sind im Text erklärt.

[2] Die Verwendung anderer Einheiten wird durch Angabe der benutzten Einheiten gekennzeichnet.

Symbol	Beschreibung	Einheit
$K_I, K_D, K_G, K_E, K_{II}, K_F, K_R$	Stoffdurchgangskoeffizient (gesamter Stoffübergangskoeffizient), bezogen auf die Phase **I**, **d**ampfförmige, **g**asförmige Phase, **E**xtraktphase, Phase **II**, **f**lüssige Phase, **R**affinatphase	[3]
k	Wärmedurchgangskoeffizient	W/(m² K)
L	Länge	m
M	Molmasse	kg/kmol
M	Masse	kg
$\dot{M}$	Massenstrom	kg/s
$\dot{m}$	Massenstromdichte	kg(m² s)
$N_{D\,ges}, N_{G\,ges}, N_{F\,ges}, N_{E\,ges}, N_{R\,ges}$	Zahl der gesamten Übertragungseinheiten, bezogen auf die **d**ampfförmige, **g**asförmige, **f**lüssige Phase, **E**xtrakt- bzw. **R**affinatphase	–
N_D, N_G, N_F, N_Y	Zahl der partiellen Übertragungseinheiten, bezogen auf die **d**ampfförmige, **g**asförmige, **f**lüssige Phase bzw. Y	–
$\dot{N}$	Stoffstrom (Mengenstrom)	kmol/s
N_1	Stoffmenge der löslichen Komponente bei der Absorption	kmol
N_2	Stoffmenge des inerten Gases bei der Absorption	kmol
N_W	Stoffmenge der reinen Waschflüssigkeit bei der Absorption	kmol
N_F	gesamte Stoffmenge in der flüssigen Phase	kmol
N_G	gesamte Stoffmenge in der gasförmigen Phase	kmol
$\dot{n}_i$	Stoffstromdichte der Komponente i	kmol/(m² s)
n_{eff}	effektive Bodenzahl bzw. effektive Stufenzahl	–
n_{th}	theoretische Bodenzahl bzw. theoretische Stufenzahl	–
p	Druck	Pa
p_i	Partialdruck der Komponente i	Pa
Δp	Druckverlust	Pa
$\dot{Q}$	Wärmestrom	W
Q_v	Verlustwärmemenge	J
$\dot{q}$	Wärmestromdichte	W/m²
R	allgemeine Gaskonstante	J/(kmol K)
r	Verdampfungsenthalpie	J/kg
s	Weg oder Schichtdicke	m
T	Temperatur	K [4]
T_S	Siedetemperatur	K
T_T	Tautemperatur (Kondensationstemperatur)	K
ΔT	Temperaturdifferenz	K
t	Zeit	s
V	Volumen	m³
$\dot{V}$	Volumenstrom	m³/s
$\dot{v}$	Volumenstromdichte	m³/(m² s)
v	Rücklaufverhältnis	–
v	spezifisches Volumen	m³/kg
v_M	spezifisches molares Volumen	m³/kmol

---

[3] Verschiedene Einheiten, meist kmol/m² s oder m/s (ergibt sich aus der Kontrolle der Einheiten für die betreffende Gleichung).

[4] Temperaturangaben in Grad Celsius werden durch die Angabe °C gekennzeichnet.

Symbolverzeichnis 15

W	Wärmekapazität (ausgenommen Abschn. 7.)	J/K
w	Geschwindigkeit	m/s
x_i	Molanteil der Komponente i in der flüssigen bzw. in der Raffinatphase	$\dfrac{\text{kmol } i}{\text{kmol Gemisch}}$
$\bar{x}_i$	Massenanteil der Komponente i in der flüssigen Phase bzw. in der Raffinatphase	$\dfrac{\text{kg } i}{\text{kg Gemisch}}$
y_i	Molanteil der Komponente i in der gasförmigen Phase bzw. in der Extraktphase	$\dfrac{\text{kmol } i}{\text{kmol Gemisch}}$
$\bar{y}_i$	Massenanteil der Komponente i in der gasförmigen Phase bzw. in der Extraktphase	$\dfrac{\text{kg } i}{\text{kg Gemisch}}$
X	Massenverhältnis Wasser zu Trockenmasse	$\dfrac{\text{kg Wasser}}{\text{kg Trockenmasse}}$
X_1	Molverhältnis oder Beladung der reinen Waschflüssigkeit mit Löslichem	$\dfrac{\text{kmol Lösl.}}{\text{kmol Waschfl.}}$
Y	Massenverhältnis Wasserdampf zu trockner Luft	$\dfrac{\text{kg Wasserd.}}{\text{kg tr. Luft}}$
Y_1	Molverhältnis oder Beladung des inerten Gases mit löslichem Gas	$\dfrac{\text{kmol Lösl.}}{\text{kmol Inerte}}$
x, y, z	Koordinaten in einem Koordinatensystem	—
z	gesamte Zahl der Stoffkomponenten, in Programmablaufplänen fortlaufende Zahl der Iterationen	—
α	Wärmeübergangskoeffizient	W/(m² K)
$\beta_I, \beta_D,$ $\beta_G, \beta_E,$ $\beta_{II}, \beta_F,$ β_R	Stoffübergangskoeffizient, bezogen auf die Phase I, **d**ampfförmige, **g**asförmige Phase, **E**xtraktphase, Phase II, flüssige Phase, **R**affinatphase	[5])
γ	Aktivitätskoeffizient	—
Δ	Differenz	—
ε	Lückengrad (Porosität)	—
ε	Genauigkeitsschranke bei Iterationen	—
ζ	Widerstandsbeiwert	—
η	dynamische Viskosität	kg/(m s)
η_B	Bodenaustauschgrad	—
η_L	lokaler Austauschgrad	—
η_{Kol}	Kolonnenaustauschgrad	—
$\varkappa$	Ausdehnungskoeffizient des fluiden Mediums	K^{-1}
λ	Wärmeleitkoeffizient	W/(m K)
ν	kinematische Viskosität	m²/s
ϱ	Massendichte	kg/m³
ϱ^K	Massendichte (Konzentrationsmaß)	kg/m³
σ	Oberflächen- bzw. Grenzflächenspannung (im Abschn. 7. Verdunstungskoeffizient)	N/m

---

[5]) Verschiedene Einheiten, meist kmol/(m² s) oder m/s (ergibt sich aus der Kontrolle der Einheiten für die betreffende Gleichung).

16   Symbolverzeichnis

φ_A	Absorptionsgrad	—
φ^*	Fugazitätskoeffizient	—
φ_B	Benetzungsgrad	—
φ	relative Luftfeuchtigkeit	—
φ_i	Volumenanteil für die Komponente i	—
φ_G, φ_F	Volumenanteil (Hold-up) der gasförmigen, flüssigen	—
φ_d, φ_c	dispersen, kontinuierlichen Phase in einer Zweiphasenströmung bzw. Zweiphasendispersion	
φ, ω	Winkel	—

Tiefgestellte Indizes

A	Austritt
a	Anfang
ber	berechnet (bei Iterationen Wert der letzten Iteration)
c	kontinuierliche Phase
D	dampfförmige Phase
d	disperse Phase
E	Eintritt bzw. Einlaufprodukt
e	Ende
G	gasförmige Phase, im Abschnitt 7. (Trocknung) festes Gut
ges	gesamt
gr	groß
F	flüssige Phase (außer Abschnitt 6.)
i	Kennzeichnung der Stoffkomponente: 1, 2 bis z, bei Destillation nach fallender relativer Flüchtigkeit geordnet
j	kennzeichnet die örtliche Lage
k	kritischer Zustand
kl	klein
kor	korrigiert (Wert für neue Iteration)
m	logarithmisches Mittel
max	maximal
min	minimal
P	Phasengrenzfläche
V	volumenbezogen (bei Stoffübergangskoeffizienten)
w	Wand
x, y, z	bezieht sich auf die Richtungen gemäß den 3 Raumkoordinaten
zul	zulässig
I	Phase I
II	Phase II

Hochgestellte Indizes

	ein Punkt über dem Symbol bedeutet je Zeiteinheit
*	Phasengleichgewicht bei Konzentrationsangaben, z. B. y_1^* bedeutet im Phasengleichgewicht mit der anderen Phase x_1, analog x_1^* im Phasengleichgewicht mit y_1; $y_1^* \, ||| \, x_1$ bedeutet, daß y_1^* im Phasengleichgewicht mit x_1 steht

Häufig verwendete Ähnlichkeitskennzahlen[6]:

Reynolds-Zahl	$\mathrm{Re} = \dfrac{wL}{v}$	*Froude*-Zahl	$\mathrm{Fr} = \dfrac{w^2}{gL}$	
Prandtl-Zahl	$\mathrm{Pr} = \dfrac{v}{a_T}$	*Schmidt*-Zahl	$\mathrm{Sc} = \dfrac{v}{D}$	
Nusselt-Zahl	$\mathrm{Nu} = \dfrac{\alpha L}{\lambda}$	*Sherwood*-Zahl	$\mathrm{Sh} = \dfrac{\beta L}{D}$	
Peclet-Zahl	$\mathrm{Pe} = \dfrac{wL}{a_T}$	*Galilei*-Zahl	$\mathrm{Ga} = \dfrac{L^3 g}{v^2}$	
Grashof-Zahl	$\mathrm{Gr} = \dfrac{g \varkappa \Delta T\, L^3}{v^2}$	*Weber*-Zahl	$\mathrm{We} = \dfrac{\varrho L^2 g}{\sigma} = \dfrac{w^2 \varrho L}{\sigma}$	

---

[6]) Es ist zu beachten, daß w, L und andere Größen oft modifiziert werden.

1. Zum Gegenstand der thermischen Verfahrenstechnik

Die Gliederung der verfahrenstechnischen Prozesse in mechanische Prozesse, thermische Prozesse und Reaktionsprozesse und dementsprechend unter Einbeziehung der ingenieurmäßigen Nutzung in mechanische Verfahrenstechnik, thermische Verfahrenstechnik und Reaktionstechnik ist historisch in der über 80jährigen Entwicklung der Verfahrenstechnik als Ingenieurwissenschaft entstanden. Die Entwicklung der Verfahrenstechnik in den letzten drei Jahrzehnten hat zunehmend gezeigt, daß für thermische und mechanische Prozesse und verschiedene Reaktionsprozesse gemeinsame physikalisch-chemische Grundlagen zutreffend sind. Neben den Grundlagen aus der technischen Strömungsmechanik und technischen Thermodynamik sind dies zum Beispiel gleiche Betrachtungsweisen und Gesetzmäßigkeiten bei Dispersionen. Das umfangreiche Gebiet der Prozeßverfahrenstechnik läßt auch gegenwärtig die Einteilung in mechanische Verfahrenstechnik, thermische Verfahrenstechnik und Reaktionstechnik sinnvoll und zweckmäßig erscheinen.

> Gegenstand der thermischen Verfahrenstechnik sind die Prozesse der Wärme- und Stoffübertragung einschließlich der technischen Gestaltung mit den dazu benötigten Ausrüstungen.

Prozesse der Wärmeübertragung

Die wichtigste Gliederung dieser Prozesse ist die folgende:

Ohne Phasenänderung: Erwärmen und Abkühlen.
Mit Phasenänderung: Verdampfen und Kondensieren,
                              Schmelzen und Erstarren,
                              Sublimieren und Desublimieren (Solidisieren).

Bei jeder Phasenänderung wird selbstverständlich Stoff von einer Phase in die andere übertragen, so daß eine kombinierte Wärme- und Stoffübertragung vorliegt. Wenn durch die Phasenänderung keine Veränderung der Zusammensetzung der beteiligten Phasen erfolgt, so kann der Prozeß lediglich als Wärmeübertragungsprozeß und dementsprechend vereinfacht behandelt werden.
Grundlage für jede Wärmeübertragung ist eine Temperaturdifferenz als Triebkraft. Die Wärmeübertragung hat technisch größte Bedeutung bei der Übertragung von Energie zwischen zwei fluiden Stoffen durch eine feste Wand. Die Übertragung von Energie zwischen zwei direkt miteinander im Kontakt stehenden fluiden Stoffen lediglich zum Zwecke der Wärmeübertragung hat technisch nur in Sonderfällen Bedeutung. Bei zwei miteinander im Kontakt stehenden Phasen ist der technische Zweck die Stoffübertragung, die oft mit einer Übertragung großer Energieströme gekoppelt ist. Die Wärmeübertragung spielt in der Technik eine solche große Rolle, daß teilweise Gebiete wie die Wärmetechnik und Kältetechnik als eigenständige Ingenieurdisziplinen geführt werden.

Prozesse der Stoffübertragung

Bei technischen Prozessen der Stoffübertragung sind meistens zwei Phasen beteiligt, in einigen Fällen drei Phasen, und nur in Sonderfällen erfolgt die Stoffübertragung unter Beteiligung nur einer Phase durch Ausnutzung von Dichteunterschieden.

> In der Regel wird eine Stoffkomponente bzw. werden mehrere Stoffkomponenten von einer Phase über eine Phasengrenze in eine andere Phase übertragen. Dieser Phasenwechsel ist oft mit einer Änderung des Aggregatzustandes der übertragenen Stoffkomponente verbunden. Es liegt somit ein Problem der gekoppelten Stoff- und Wärmeübertragung vor. In zahlreichen Fällen ist es jedoch möglich, diese gekoppelte Stoff- und Wärmeübertragung genügend genau lediglich als Problem der Stoffübertragung zu behandeln, wodurch die Berechnung wesentlich vereinfacht wird.

Eine Systematisierung der Prozesse der Stoffübertragung ist nach verschiedenen Gesichtspunkten möglich:

— Nutzung bestimmter physikalischer Effekte,
— beteiligte Phasen,
— Bildung der zweiten Phase.

Nach der Nutzung des jeweils entscheidenden physikalischen Effektes kann unterschieden werden nach Prozessen auf

— der Grundlage von Phasengleichgewichten mit einer unterschiedlichen Zusammensetzung der zwei direkt im Kontakt stehenden Phasen mit dem Sammelbegriff *Phasengleichgewichtsprozesse*,
— der Anwendung von festen Membranen mit unterschiedlicher Durchlässigkeit für die einzelnen Komponenten mit dem Sammelbegriff *Membrantrennprozesse*,
— der Ausnutzung von Dichteunterschieden bei Trennprozessen in einer Phase durch Entmischen.

In Tabelle 1.1 werden die Phasengleichgewichts- und Membrantrennprozesse nach den beteiligten Phasen aufgeführt.
In der Technik haben Prozesse zur Stoffübertragung auf der Grundlage von Phasengleichgewichten die bei weitem größte Bedeutung. Bei Membrantrennprozessen ist die feste Membran entscheidend, welche zwei Phasen mit unterschiedlicher Zusammensetzung trennt. Die Trennung durch Entmischen in einer Phase auf der Grundlage von Dichteunterschieden durch Gaszentrifugieren, Thermodiffusion und den Trenndüsenprozeß besitzt nur in wenigen Sonderfällen — Trennung weniger Isotopengemische — technische Bedeutung.
Prozesse zur Stoffübertragung haben in der überwiegenden Mehrzahl das Ziel, Stoffgemische zu trennen. Sie stellen also *Trennprozesse* dar. Lediglich beim Befeuchten und Auflösen eines festen Stoffes in einer Flüssigkeit ist das Ziel der Stoffübertragung ein Vereinigungsprozeß.

Kennzeichnung der Phasengleichgewichtsprozesse

Grundlage für die Trennung eines Stoffgemisches ist das Phasengleichgewicht zwischen den zwei beteiligten Phasen (manchmal auch drei Phasen). Der technische Prozeß ist so zu gestalten, daß sich die effektive Zusammensetzung der beiden Phasen vom Phasengleichgewicht unterscheidet, so daß es zu einer Konzentrationsdifferenz gegenüber dem Phasengleichgewicht und damit zu einer Stoffübertragung durch eine Konzentrationsdifferenz (Triebkraft) kommt. Die Aufrechterhaltung der Triebkraft in technischen Ausrüstungen

Tabelle 1.1. Übersicht über Phasengleichgewichtsprozesse und Membrantrennprozesse nach den beteiligten Phasen

Flüssig-gasförmig	Flüssig-flüssig	Flüssig-fest	Gasförmig-fest	Gasförmig-gasförmig
Phasengleichgewichtsprozesse				
Destillation	Extraktion	Kristallisation	Adsorption	–
Absorption	Hochdruck-	Extraktion	Desorption	
Desorption	extraktion	Hochdruck-	Sublimation	
Befeuchtung		extraktion	Desublimation	
Entfeuchtung		Auflösen		
		Adsorption		
		Desorption		
		Ionenaustausch		
		Trocknung[1])		
Membrantrennprozesse				
Pervapora-tion	Umkehrosmose			Gaspermeation
	Nanofiltration			Dampfpermeation
	Ultrafiltration			
	Mikrofiltration			
	Dialyse			
	Elektrodialyse			

[1]) Bei der Trocknung ist zusätzlich eine gasförmige Phase beteiligt, welche die verdunstete Feuchtigkeit aufnimmt. Teilweise werden bei Berechnungen nur die flüssige und gasförmige Phase betrachtet. Die Wechselbeziehungen zwischen der flüssigen und festen Phase drücken sich in der Gleichgewichtsfeuchtigkeit aus. Bei der Trocknung handelt es sich um eine Desorption.

ist durch die geeignete Zusammensetzung der beiden Phasen und die Phasenführung zu gewährleisten.
Die *Bildung der zweiten Phase* ist ein wesentliches Merkmal. Bei Phasengleichgewichtsprozessen wird die zweite Phase gebildet durch:

— *Wärmezufuhr bzw. Wärmeabfuhr* mit der Destillation als der industriell wichtigsten Anwendung, des weiteren Kristallisation, Auflösen, Sublimation und Desublimation,
— einen *Zusatzstoff*, der eine Stoffkomponente bzw. mehrere Stoffkomponenten selektiv aufnimmt, mit der Absorption, Extraktion und Adsorption als technisch wichtige Prozesse.

Bei Prozessen, bei denen die Bildung der zweiten Phase durch Wärmezufuhr bzw. -abfuhr erfolgt, kann außerdem ein Zusatzstoff zur Beeinflussung der Phasengleichgewichte eingesetzt werden. Dies führt zur Extraktiv- und Azeotropdestillation als technisch wichtige Prozesse; des weiteren ist die Extraktivkristallisation zu nennen. Die Triebkraft kann durch eine chemische Reaktion beeinflußt werden, indem die übertragene Stoffkomponente mit einer anderen Stoffkomponente reagiert. Wichtige technische Prozesse sind die Absorption mit chemischer Reaktion (Chemosorption), die Extraktion, Destillation und Adsorption jeweils mit chemischer Reaktion. Beim Ionenaustausch ist die Reaktion mit einem Feststoff integrierender Bestandteil der Stoffübertragung. Dominiert für den Prozeßablauf die chemische Reaktion, z. B. bei einer Gas-Flüssigkeits-Reaktion, so werden diese Prozesse oft in der Reaktionstechnik behandelt.
Nachstehend wird eine Begriffserklärung für wichtige Phasengleichgewichtsprozesse gegeben.
Destillieren ist partielles Verdampfen eines homogenen Flüssigkeitsgemisches mit anschließender Kondensation zur Anreicherung einer Stoffkomponente bzw. mehrerer Stoffkomponenten. Mehrfaches Destillieren wird auch als Rektifizieren bezeichnet.

Selektivdestillation ist eine Destillation mit Hilfe eines Zusatzstoffes, der die Destillation durch Beeinflussung der Phasengleichgewichte erleichtert. Man unterscheidet folgende Arten der Selektivdestillation: Extraktivdestillation, bei der die Zusatzflüssigkeit wesentlich schwerer flüchtig ist als die Komponenten des zu trennenden Flüssigkeitsgemisches; Azeotropdestillation, bei der die Zusatzflüssigkeit etwa die gleiche Flüchtigkeit wie die Komponenten des zu trennenden Flüssigkeitsgemisches besitzt und Salzdestillation, bei der ein reines Salz zugesetzt wird.
Absorbieren ist die selektive Aufnahme einer Gaskomponente bzw. mehrerer Gaskomponenten in einer Flüssigkeit. Das von der Flüssigkeit aufgenommene Gas wird molekulardispers gleichmäßig verteilt.
Adsorbieren ist die selektive Aufnahme einer Gaskomponente oder einer Flüssigkeitskomponente bzw. mehrerer Komponenten an der inneren Oberfläche eines festen Körpers. Der feste Körper (Adsorbens) hat eine große innere Oberfläche bis zu 1700 m^2/g. Die Adsorption von Gasen hat in der Technik die größere Bedeutung. Die Gase kondensieren an der inneren Oberfläche des festen Körpers.

Unter *Desorbieren* versteht man

— das Austreiben des in einer Flüssigkeit gelösten Gases oder
— das Austreiben des an der inneren Oberfläche eines festen Körpers gebundenen Gases oder der gebundenen Flüssigkeit.

Das Desorbieren kann erfolgen durch

— Wärmezufuhr,
— Druckentspannung,
— Verdrängung mit Hilfe eines Zusatzstoffes.

Trocknen ist Entfernen von Feuchtigkeit aus einem feuchten Gut durch Verdunsten. Physikalisch stellt die Entfernung von Feuchtigkeit aus einem festen Stoff eine Desorption dar.
Sorption ist ein zusammenfassender Begriff für Absorption, Adsorption, Desorption und das Trocknen eines festen Stoffes.
Bei der *Extraktion flüssig-flüssig* wird aus einem homogenen Flüssigkeitsgemisch durch einen flüssigen Zusatzstoff (Extraktionsmittel) eine Stoffkomponente bzw. werden mehrere Stoffkomponenten selektiv gelöst. Voraussetzung für die Durchführung des Prozesses ist, daß der Zusatzstoff mit der Stoffkomponente, die nicht vom Zusatzstoff gelöst wird, nicht oder nur partiell löslich ist.
Bei der *Extraktion flüssig-fest* wird aus einem festen Stoffgemisch eine Stoffkomponente bzw. werden mehrere Stoffkomponenten selektiv durch eine Zusatzflüssigkeit gelöst.
Bei der *Hochdruckextraktion* (Extraktion mit überkritischem Lösungsmittel) wird eine Stoffkomponente bzw. werden mehrere Stoffkomponenten aus einem festen Stoffgemisch bzw. einem homogenen Flüssigkeitsgemisch selektiv durch einen Zusatzstoff im überkritischen Zustand (bzw. in der Nähe des kritischen Punktes) gelöst.
Kristallieren ist das Abtrennen einer oder mehrerer gelöster Feststoffkomponenten aus einer Lösung durch Ausscheiden in kristalliner Form nach Übersättigung derselben durch Konzentrationsveränderung (z. B. durch Eindampfen) oder durch Abkühlen. Das *Auflösen* eines festen Stoffes in einer Flüssigkeit stellt die molekulardisperse Verteilung des festen Stoffes in einer Flüssigkeit dar.
Sublimieren zum Zweck der Trennung ist das Abtrennen der leichter flüchtigen Komponente eines Feststoffgemisches durch unmittelbares Überführen in die Gasphase und anschließende Desublimation.
Unter *Befeuchten* versteht man die Aufnahme von Feuchtigkeit in einem Gas, wobei sich ein homogenes Gasgemisch bildet. Bei Übersättigung (Überschreiten des Sattdampfdruckes)

entsteht eine Dispersion (auch als Nebel bezeichnet). Das Befeuchten stellt einen Prozeß der Stoffvereinigung dar.

Unter *Entfeuchten* versteht man die Abtrennung von Feuchtigkeit aus einem Gas-Dampf-Gemisch. Das Entfeuchten stellt einen Sammelbegriff für verschiedene Prozesse dar. Das Entfeuchten kann erfolgen durch:

— Auskondensieren der Feuchtigkeit aus einem Gas-Dampf-Gemisch durch Abkühlen (auch partielle Kondensation genannt),
— Adsorbieren, z. B. Bindung des Wasserdampfes an Silikagel,
— Absorbieren, z. B. Auflösung des Wasserdampfes in konzentrierter Schwefelsäure.

Die Prozesse der Be- und Entfeuchtung treten im größten Ausmaß bei meteorologischen Prozessen auf.

Die Anwendungsbereiche verschiedener Trennprozesse werden dadurch erheblich erweitert, indem vor der Trennung eine Phasenänderung erfolgt. So kann nach der Verflüssigung eines Gasgemisches die anschließende Trennung durch Destillation bei tiefer Temperatur erfolgen, z. B. Gewinnung von Sauerstoff und Stickstoff aus flüssiger Luft. Feste Stoffkomponenten können aus einem Feststoffgemisch gelöst werden und dann in flüssiger Phase getrennt werden. Dies ist Grundlage der hydrometallurgischen Prozesse, bei denen Nichteisenmetalle dann durch Extraktion flüssig-flüssig in der Nähe der Umgebungstemperatur statt schmelzmetallurgisch gewonnen werden. Ein spezieller Prozeß ist die Überführung des Flüssigkeitsgemisches in die gasförmige Phase und die anschließende Trennung durch Adsorption, z. B. die Gewinnung von n-Paraffinen der Kettenlänge C_{10} bis C_{18} aus Erdölfraktionen mit Molekularsieben.

Kennzeichnung der Membrantrennprozesse

Eine feste Membran trennt zwei fluide Phasen. Die unterschiedliche Zusammensetzung der zwei fluiden Phasen kommt bei Membrantrennprozessen hauptsächlich durch die unterschiedliche Transportgeschwindigkeit der Stoffkomponenten durch die feste Membran zustande. Bei Membrantrennprozessen kann die Triebkraft eine Konzentrationsdifferenz, Druckdifferenz oder Temperaturdifferenz sein. Die Triebkraft kann durch Einwirkung eines elektrischen Feldes auf die Ionen (Elektrodialyse) verstärkt werden.

Der entscheidende Teil bei Membrantrennprozessen ist die Membran selbst. Fortschritte bei Membrantrennprozessen sind daher aufs engste mit Fortschritten bei der Herstellung der Membranen verknüpft, wobei der Werkstoff und die Fertigungstechnologie der Membranen von Bedeutung sind. Die technologischen Bedingungen für den Membrantrennprozeß sind gleichfalls von Bedeutung, insbesondere die Art der Strömung auf den beiden Seiten der Membran und damit die Gestaltung des Membrantrennapparates, die Vermeidung von Verstopfungen in den Poren der Membran, die Anwendung von Reinigungszyklen für die Membran durch geeignete Spüllösungen. Im folgenden werden Begriffserklärungen von Membrantrennprozessen gegeben.

Bei der *Umkehrosmose* (Reversosmose) erfolgt die Trennung einer Lösung flüssig-fest durch eine semipermeable Membran, indem durch einen Druck auf die Lösung, der größer als der osmotische Druck ist, das reine Lösungsmittel durch die Membran diffundiert. Die Triebkraft ist ein Druckgradient.

Bei der Ultra- bzw. Mikrofiltration erfolgt die Trennung zwischen dem Lösungsmittel bzw. kolloidal gelösten Komponenten, indem das reine Lösungsmittel durch die semipermeable Membran diffundiert. Die Triebkraft ist ein Druckgradient. Die Mikrofiltration stellt ein Bindeglied zwischen Trennprozessen auf molekularer Grundlage (Umkehrosmose) und Trennprozessen mit makroskopischen Teilchen (Filtrieren) dar.

Dialyse ist das Trennen der kolloidalen von den echt gelösten Teilchen einer Lösung, indem die echt gelösten Teilchen durch eine semipermeable Membran diffundieren. Die Triebkraft ist eine Konzentrationsdifferenz. *Elektrodialyse* ist die Trennung von gelösten nichtdissoziierten Stoffkomponenten von gelösten dissoziierten Stoffkomponenten infolge Ionentransport durch eine semipermeable Membran unter dem Einfluß eines elektrischen Feldes.

Gaspermeation ist die Trennung von Gasgemischen durch unterschiedliche Löslichkeit und Diffusionsgeschwindigkeit in der Membran. Die Triebkraft ist eine Druckdifferenz.

Die Permeation flüssig-gasförmig (Pervaporation) ist die Trennung von homogenen Flüssigkeitsgemischen durch unterschiedliche Diffusionsgeschwindigkeit in der Membran, wobei die permeierende(n) Komponente(n) verdampft wird (werden). Die Triebkraft ist eine Konzentrationsdifferenz.

2. Grundlagen der Wärme- und Stoffübertragung

Die Wärme- und Stoffübertragung stellen wesentliche Grundlagen der thermischen Verfahrenstechnik dar. Aus der großen Zahl von Büchern wird auf [2.1] bis [2.5] verwiesen. Die Bewegungsgesetze für Fluide (Gase und Flüssigkeiten) und Mehrphasenströmungen einschließlich der Bildung von Dispersionen sind von erheblicher Bedeutung. Von den zahlreichen Büchern auf diesem Gebiet sei auf die »Technische Strömungsmechanik«, siehe [2.6], und »Mechanische Verfahrenstechnik« [2.7] verwiesen. Zusammengefaßt können diese Grundlagen auch durch Transportprozesse für Impuls, Energie und Stoff gekennzeichnet werden. Die erste wesentliche Monographie dazu stammt von *Bird* u. a. [2.8]. Seit den 60er Jahren sind dazu zahlreiche Bücher erschienen, z. B. [2.9]. Die Begriffe Wärme- und Stoffübertragung werden in der Fachliteratur vorzugsweise verwendet. Die Bezeichnungen Wärme- und Stoffaustausch bzw. Wärme- und Stofftransport haben denselben Inhalt zum Gegenstand.

Zu der Bezeichnung »Wärme« ist folgendes zu bemerken. Unter Wärme versteht man die Übertragung von thermischer Energie von einem Stoff auf einen anderen Stoff. Dabei können die beiden Stoffe durch feste Wände getrennt sein, oder es kann sich um zwei Phasen handeln. Natürlich wird auch Energie innerhalb eines Stoffes übertragen, wobei es sich dann um Änderungen der Enthalpie handelt. Ein Ersatz von »Wärme« durch »Energie« und dementsprechend Energieübertragung wäre denkbar, aber auch mit Problemen verbunden, da Energieübertragung (z. B. Elektroenergie) umfassender ist. Die Bezeichnung »thermische Energieübertragung« bzw. »thermische Energietransport« wäre eindeutig, aber recht umständlich. Für die Verwendung des Begriffes Wärmeübertragung spricht insbesondere die seit einem Jahrhundert übliche Bezeichnung in der Technik.

Die Wärme- und Stoffübertragung kann durch folgende Mechanismen erfolgen:

- *Molekulare Bewegung* (Konduktion),
- *Konvektion von größeren Masseteilchen* (oft Turbulenzballen) und
- *Strahlung*, die bei der Übertragung nicht an Stoff gebunden und daher nur bei der Wärmeübertragung möglich ist.

Folgende Begriffe sind wichtig:

Wärmeleitung — Wärmeübertragung durch molekulare Bewegung,

Diffusion — Stoffübertragung durch molekulare Bewegung,

konvektive Wärme- bzw. Stoffübertragung — Wärme- bzw. Stoffübertragung durch Transport von größeren Masseteilchen (oft Turbulenzballen).

Die Konvektion ist nur in fluiden Medien möglich. Die Strömung von Fluiden in den Poren fester Stoffe (in der Regel Diffusion) stellt einen wichtigen Fall dar. In der Technik dominiert die erzwungene Strömung; aber auch freie Strömungen (z. B. durch Dichteunterschiede) sind für verschiedene Prozesse bedeutsam. Die Strömung kann turbulent oder laminar sein. Der konvektive Transport wird am häufigsten durch die mittlere Geschwindigkeit der Strömung gekennzeichnet. Turbulente Strömungen können zusätzlich durch die Schwankungsbewegung der Strömung, ausgedrückt durch den Turbulenzgrad, siehe [2.6], gekennzeichnet werden.

Zur Kennzeichnung der übertragenen Wärme und des übertragenen Stoffes werden verwendet:
Wärmestrom $\dot{Q}$ = Wärmeenergie je Zeiteinheit in W,
Stoffstrom $\dot{N}_i$ = Stoff der Komponente i je Zeiteinheit in kmol/s,
Wärmestromdichte $\dot{q}$ = Wärmeenergie je Zeiteinheit und Flächeneinheit, durch die der Wärmestrom senkrecht hindurchtritt, in W/m²,
Stoffstromdichte $\dot{n}_i$ = Stoffkomponente i je Zeiteinheit und Flächeneinheit, durch die der Stoffstrom senkrecht hindurchtritt, in kmol/(m² s).
Es besteht folgender Zusammenhang:

$$\dot{q} = d\dot{Q}/dA \qquad (2.1)$$

$$\dot{n}_i = d\dot{N}_i/dA \qquad (2.2)$$

Bei den Stromdichten kann entsprechend den Mechanismen unterschieden werden in

- molekulare Transportstromdichte,
- konvektive Transportstromdichte und
- turbulente Transportstromdichte.

Bei der Wärmeübertragung wird oft Wärme von einem Medium durch eine feste Wand auf ein anderes Medium übertragen. Dieser Prozeß wird *Wärmedurchgang* genannt und besitzt in der Technik größte Bedeutung. Wärme kann auch zwischen zwei nicht mischbaren fluiden Medien übertragen werden. Dieser Prozeß besitzt nur zum Zwecke der Wärmeübertragung eine geringe technische Bedeutung. Zu beachten ist, daß unter Wärme die Übertragung von Energie zwischen zwei Medien mit unterschiedlichen Temperaturen verstanden wird. Temperaturänderungen innerhalb eines Mediums stellen Veränderungen der Enthalpie dar. Grundsätzlich gilt folgender Zusammenhang:

> Der übertragene Wärmestrom ist proportional der Temperaturdifferenz bzw. einem Temperaturgradienten, der Übertragungsfläche (auch Wärmeaustauschfläche oder Fläche genannt) und einem Intensitätskoeffizienten. Den Kehrwert des Intensitätskoeffizienten nennt man Widerstand.

Bei der Stoffübertragung ist der Begriff der Phase von Bedeutung. Eine Phase ist gekennzeichnet durch

- einheitlichen Aggregatzustand,
- gleiche bzw. sich stetig verändernde physikalische Eigenschaften und das
- Vorhandensein einer Phasengrenzfläche.

Es ist zu unterscheiden zwischen

- *Stoffübergang* = Stoffübertragung in einer Phase und
- *Stoffdurchgang* = Stoffübertragung von einer Phase über eine Phasengrenzfläche in eine andere Phase.

Wie bei der Wärmeübertragung gilt folgender grundsätzlicher Zusammenhang:

> Der übertragene Stoffstrom ist proportional der Konzentrationsdifferenz bzw. einem Konzentrationsgradienten, der Phasengrenzfläche und einem Intensitätskoeffizienten.

Der übertragene Stoffstrom betrifft beim Vorhandensein von zwei oder mehreren Stoffkomponenten stets eine konkrete Komponente. Liegt eine Stoffübertragung beim Vorhandensein nur einer Komponente vor, z. B. bei der Verdampfung oder Kondensation eines reinen

Stoffes, so kann dieses Problem ohne Berücksichtigung der Stoffübertragung auf ein Problem der Wärmeübertragung zurückgeführt werden.

Unter *Kinetik der Stoffübertragung* versteht man ganz allgemein die Geschwindigkeit, mit der bei einer gegebenen Konzentrationsdifferenz und Phasengrenzfläche ein Stoffstrom übertragen wird. Damit ist der Intensitätskoeffizient für die Kinetik der Stoffübertragung die entscheidende Größe.

Die Stromdichte kann auch auf das Arbeitsvolumen bezogen werden mit $\dot{q}_v$ in W/m³ und $\dot{n}_{vi}$ in kmol/(m³ s). Die volumenbezogene Stromdichte wird selten benutzt.

Die Übertragung eines Wärmestroms ist insbesondere beim Wärmedurchgang durch eine feste Wand nicht verknüpft mit einem Stoffstrom. Dagegen ist die Übertragung eines Stoffstroms in der Regel mit der Übertragung eines Wärmestroms verbunden. Bei Problemen der gekoppelten Wärme- und Stoffübertragung sind die Lösungsmethoden komplizierter. Es ist daher vorteilhaft, daß oft Probleme der Stoffübertragung — selbst mit einer sehr großen Übertragung von Energie zwischen den beiden Phasen, z. B. bei der Destillation — mit genügender Genauigkeit nur auf Probleme der Stoffübertragung zurückgeführt werden können.

Mit der Übertragung von Wärme und/oder Stoff tritt oft auch eine Impulsübertragung auf. Bezüglich der Behandlung der Impulsübertragung wird auf [2.6] verwiesen. In diesem Lehrbuch wird auf die Impulsübertragung nur dann eingegangen, wenn dies aus Gründen der Analogie zweckmäßig oder zur Lösung von Aufgaben notwendig ist. Bei der Lösung zahlreicher Aufgaben der Stoff- und Wärmeübertragung kann die Impulsbilanz auf eine einfache Druckbilanz reduziert werden, die zur Ermittlung der Druckverluste von Strömungen dient.

2.1. Wärme- und Stoffübertragung durch molekulare Bewegung

Die Impuls-, Wärme- und Stoffübertragung durch molekulare Bewegung wird auch Übertragung durch Konduktion genannt. Die molekulare Bewegung in fluiden Medien kommt durch die thermische Bewegung der Moleküle zustande. In festen Stoffen erfolgt die Wärmeleitung durch Schwingungen der Moleküle, wobei in Metallen durch freie Elektronen die Wärmeleitung sehr gut ist.

2.1.1. Grundgesetze

Die *Wärmeübertragung durch Leitung* beinhaltet den Ausgleich von Temperaturunterschieden in einem abgeschlossenen Bilanzgebiet ohne Austausch mit der Umgebung (instationärer Vorgang) oder die Ausbildung einer zeitlich konstanten Wärmestromdichteverteilung unter stationären Bedingungen in einem festen Körper oder quer zu einer laminaren Strömung. Für die Wärmeleitung wurden die grundlegenden Gesetze von *Fourier* auf empirischer Grundlage angegeben. Im Jahre 1822 gab er für die Wärmeleitung in x-Richtung (eindimensionaler Fall) folgende Gleichung an:

$$\boxed{\dot{q} = -\lambda \frac{dT}{dx} \quad \text{oder} \quad \dot{Q} = -\lambda A \frac{dT}{dx}} \tag{2.3}$$

> Der durch Wärmeleitung übertragene Wärmestrom ist proportional dem Wärmeleitkoeffizienten λ, der senkrecht zur x-Richtung vorhandenen Fläche A und dem Temperaturgradienten dT/dx. Der Wärmeleitkoeffizient ist ein Stoffwert und hat die Einheit W/(m K).

Bei der rechten Form der Gleichung (2.3) ist zu beachten, daß für die Fläche A eine einheitliche Temperatur zutreffend ist; anderenfalls müßte eine differentielle Behandlung erfolgen:

$$d\dot{Q} = -\lambda \, dA \, \frac{dT}{dx}$$

In den drei Raumkoordinaten lautet das Gesetz von *Fourier* mit dem Einheitsvektor e

$$\dot{q}_x = -\lambda \frac{\partial T}{\partial x}, \quad \dot{q}_y = -\lambda \frac{\partial T}{\partial y}; \quad \dot{q}_z = -\lambda \frac{\partial T}{\partial z} \quad \text{und} \quad \vec{q} = e_x \dot{q}_x + e_y \dot{q}_y + e_z \dot{q}_z \quad (2.4)$$

Für die instationäre Wärmeleitung kann die Ableitung aus einer Energiebilanz im ruhenden Medium erfolgen. Aus der Energiebilanz mit strömendem Medium im Abschnitt 2.2. ergibt sich gemäß Gleichung (2.55) unter Beachtung des Wegfalls des konvektiven Gliedes

$$\frac{\partial T}{\partial t} = a_T \left(\frac{\partial^2 T}{\partial x^2} + \frac{\partial^2 T}{\partial y^2} + \frac{\partial^2 T}{\partial z^2} \right) \quad \text{mit} \quad a_T = \frac{\lambda}{\varrho c_p} \quad (2.5)$$

Der Temperaturleitkoeffizient a_T ist ein Stoffwert mit der Einheit m²/s. Er kennzeichnet die Geschwindigkeit des Temperaturausgleichs in Medien. Die Gesetze von *Fourier* haben phänomenologischen Charakter, weil der Wärmeleitkoeffizient eine experimentell zu bestimmende Größe darstellt. Die Gesetze von *Fourier* sind durch viele Experimente bewiesen worden und als gesichert zu betrachten. Die Beschreibung der Wärmeleitung mit statistischen Methoden ist bisher nur bei idealen Gasen unter Einbeziehung der kinetischen Gastheorie zufriedenstellend möglich gewesen. Man erhält dann theoretisch berechnete Werte für die Wärmeleitkoeffizienten. In der industriellen Praxis werden aber auch bei Gasen gemessene bzw. nach halbempirischen Gleichungen berechnete Wärmeleitkoeffizienten verwendet.

Zur Berechnung des Temperaturfeldes bei der instationären Wärmeleitung gemäß Gleichung (2.5) sind für einfache Körper wie Kugel, Zylinder, Platte analytische, numerische oder grafische Lösungsmethoden bekannt, die bereits ziemlich aufwendig sind.

Die *Stoffübertragung durch Diffusion* beinhaltet den Ausgleich von Konzentrationsunterschieden in einem abgeschlossenen Bilanzgebiet ohne Austausch mit der Umgebung (instationärer Vorgang) oder die Ausbildung einer zeitlich konstanten Stoffstromdichteverteilung unter stationären Bedingungen quer zu einer laminaren Strömung. Die Diffusion findet stets *in einer Phase* statt. Die grundlegenden Gesetze wurden von *Fick* empirisch mit dem Diffusionskoeffizienten D als Stoffwert aufgestellt. Das von *Fick* empirisch mit dem Diffusionskoeffizienten D als Stoffwert aufgestellt. Das von *Fick* im Jahre 1855 formulierte Gesetz für die Diffusion in x-Richtung lautet:

$$\boxed{\dot{n}_1 = -D \frac{dc_1}{dx} \quad \text{oder} \quad \dot{N}_1 = -DA \frac{dc_1}{dx}} \quad (2.6)$$

> Der durch Diffusion übertragene Stoffstrom ist proportional dem Diffusionskoeffizienten, der Phasengrenzfläche A senkrecht zur Übertragungsrichtung x und dem Konzentrationsgradienten. Der Diffusionskoeffizient hat die Einheit m²/s.

Bei Gasen kann der Diffusionskoeffizient auf Grund statistischer Betrachtungen mit der kinetischen Gastheorie ermittelt werden, so daß für diesen Spezialfall das Gesetz physikalisch voll begründet ist. In der industriellen Praxis werden die Diffusionskoeffizienten auch für Gase aus Tabellen entnommen oder nach halbempirischen Gleichungen berechnet. Die rechte Form der Gleichung (2.6) ist nur zutreffend, wenn die Phasengrenzfläche A eine einheitliche Konzentration besitzt; anderernfalls ist die differentielle Form zu verwenden:

$$\mathrm{d}\dot{N}_1 = -D\,\mathrm{d}A\,\frac{\mathrm{d}c_1}{\mathrm{d}x}$$

Es können folgende Hauptfälle der Diffusion unterschieden werden:

1. *Äquimolare Diffusion* von zwei Komponenten bei der gleichgroße Stoffmengen in entgegengesetzter Richtung ausgetauscht werden.
2. *Einseitige Diffusion* von einer Stoffkomponente, die in einer Richtung übertragen wird und für welche die Phasengrenzfläche durchlässig ist.
3. *Nichtäquimolare Diffusion*, bei der beliebige Stoffmengen bei zwei beteiligten Komponenten ausgetauscht werden.
4. *Mehrkomponentendiffusion*, bei der mehr als zwei Komponenten beteiligt sind.

Für die äquimolare Diffusion von zwei Komponenten (Fall 1) ist das Gesetz von *Fick* gemäß Gleichung (2.6) zutreffend. Für die einseitige Diffusion einer Stoffkomponente (Fall 2) wurde das dafür geltende Gesetz von *Stefan* 1871 gefunden. Dieses Gesetz unterscheidet sich gegenüber dem Gesetz von *Fick* durch Auftreten eines zusätzlichen Stoffstroms (Verdrängungsstrom = konvektiver Strom) mit einem zusätzlichen Faktor:

$$\boxed{\dot{n}_1 = -D\,\frac{c}{c-c_1}\,\frac{\mathrm{d}c_1}{\mathrm{d}x}} \qquad (2.7)$$

Molare Dichte des Gemisches $c = c_1 + c_2$. Die Stoffstromdichte ist bei der einseitigen Diffusion durch den Verdrängungsstrom stets größer als bei der äquimolaren Diffusion. Die Ableitung und Integration der Gleichung (2.7) wird im Abschnitt 2.1.4. behandelt. Auf die Fälle 3 und 4, siehe [2.2], Abschnitt 34, wird nicht eingegangen.
Für die *nichtstationäre Diffusion* erhält man aus der Ableitung der Stoffbilanzgleichung im strömenden Medium gemäß Gleichung (2.53) mit $w_x = w_y = w_z = 0$

$$\frac{\partial c_1}{\partial t} = D\left(\frac{\partial^2 c_1}{\partial x^2} + \frac{\partial^2 c_1}{\partial y^2} + \frac{\partial^2 c_1}{\partial z^2}\right) \qquad (2.8)$$

Diese Gleichung wird auch als 2. *Ficksches Gesetz* bezeichnet. Lösungen für diese Gleichung sind wie bei der instationären Wärmeleitung für einfache Körper bekannt.

2.1.2. Stationäre Wärmeleitung

Als technisch sehr wichtige Fälle werden in diesem Abschnitt die Wärmeleitung durch die ebene Wand und Rohrwand behandelt. Grundlage ist das Gesetz von *Fourier* gemäß Gleichung (2.3).

2 Grundlagen der Wärme- und Stoffübertragung

Ebene Wand

Für eine ebene Wand mit der Wanddicke s und homogener Zusammensetzung gilt für den Wärmestrom in s-Richtung (s. auch Bild 2.1a):

$$\dot{Q} = -\lambda A \frac{\int_{T_{1w}}^{T_{2w}} dT}{\int_{0}^{s} ds}$$

$$\boxed{\dot{Q} = \frac{\lambda A (T_{1w} - T_{2w})}{s}} \qquad (2.9)$$

Für eine ebene Wand aus mehreren Schichten erhält man mit den Bezeichnungen des Bildes 2.1b:

$$\dot{q} = \frac{\lambda_1 (T_{1w} - T'_w)}{s_1} \quad \text{oder} \quad T_{1w} - T'_w = \dot{q} \frac{s_1}{\lambda_1}$$

$$\dot{q} = \frac{\lambda_2 (T'_w - T''_w)}{s_2} \quad \text{oder} \quad T'_w - T''_w = \dot{q} \frac{s_2}{\lambda_2}$$

$$\dot{q} = \frac{\lambda_3 (T''_w - T_{2w})}{s_3} \quad \text{oder} \quad T''_w - T_{2w} = \dot{q} \frac{s_3}{\lambda_3}$$

Die Summation der drei Gleichungen rechts ergibt:

$$T_{1w} - T_{2w} = \dot{q} \left(\frac{s_1}{\lambda_1} + \frac{s_2}{\lambda_2} + \frac{s_3}{\lambda_3} \right) \quad \text{oder}$$

$$\boxed{\dot{Q} = \frac{A(T_{1w} - T_{2w})}{\frac{s_1}{\lambda_1} + \frac{s_2}{\lambda_2} + \frac{s_3}{\lambda_3}} = \frac{A(T_{1w} - T_{2w})}{\sum_{n=1}^{z} \frac{s_n}{\lambda_n}}} \qquad (2.10)$$

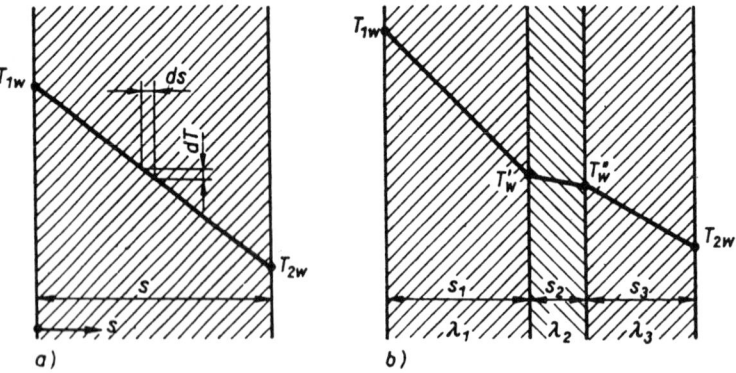

Bild 2.1. Wärmeleitung durch eine ebene Wand
a) einfache Wand
b) zusammengesetzte Wand aus 3 Schichten

Rohrwand

Bei einer Rohrwand ist die für die Wärmeleitung maßgebende Querschnittsfläche vom Radius abhängig. Die Integration unter Einführung eines Hohlzylinders mit der differentiellen Dicke dr gemäß Bild 2.2a ergibt:

$$\dot{Q} = -\lambda A \frac{dT}{dr} = -\lambda 2\pi r L \frac{dT}{dr}$$

$$\frac{\dot{Q}}{2\pi\lambda L} \int_{r_i}^{r_a} \frac{dr}{r} = - \int_{T_{1w}}^{T_{2w}} dT$$

$$\frac{\dot{Q}}{2\pi\lambda L} \ln \frac{r_a}{r_i} = T_{1w} - T_{2w}$$

$$\dot{Q} = \frac{2\pi\lambda L (T_{1w} - T_{2w})}{\ln \frac{d_a}{d_i}} \tag{2.11}$$

Für eine Rohrwand aus 3 bzw. z Schichten erhält man durch eine analoge Ableitung wie für eine ebene Wand aus mehreren Schichten mit den Bezeichnungen gemäß Bild 2.2b:

$$\dot{Q} = \frac{2\pi L (T_{1w} - T_{2w})}{\frac{1}{\lambda_1} \ln \frac{d_2}{d_1} + \frac{1}{\lambda_2} \ln \frac{d_3}{d_2} + \frac{1}{\lambda_3} \ln \frac{d_4}{d_3}} = \frac{2\pi L (T_{1w} - T_{2w})}{\sum_{n=1}^{z} \frac{1}{\lambda_n} \ln \frac{d_{n+1}}{d_n}} \tag{2.12}$$

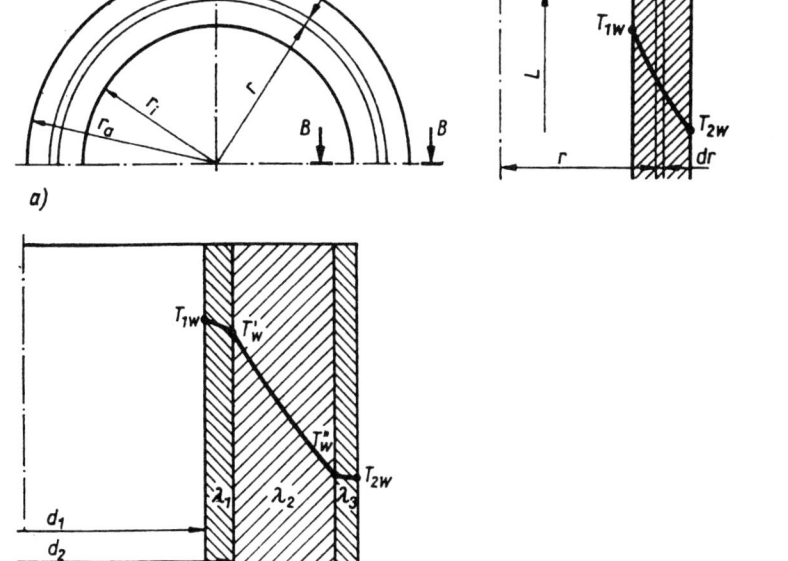

Bild 2.2. Wärmeleitung durch eine Rohrwand
a) eine Schicht
b) drei Schichten

Beispiel 2.1. Isolierte Rohrleitung für Kühlsole

Zur Kälteversorgung wird in einem Chemiewerk Kühlsole verwendet.

Gegeben:

Rohrleitung auf der Rohrbrücke 300 m lang mit 216/204 mm Durchmesser, Außentemperatur +25 °C, Eintrittstemperatur der Kühlsole −20 °C, Strömungsgeschwindigkeit der Sole 1,20 m/s, Stoffwerte der Sole: c_p = 2400 J/(kg K); ϱ = 1150 kg/m³, Wärmedämmung aus Schlackenwolle 100 mm dick mit λ = 0,041 W/(m K).

Aufgabe:

Um wieviel K wird die Kühlsole aufgewärmt?

Lösung:

Der Wärmestrom $\dot{Q}$ ist nach Gleichung (2.11) zu berechnen:

$$\dot{Q} = \frac{2\pi\lambda L(T_{1w} - T_{2w})}{\ln d_a/d_i}$$

Der zugeführte Wärmestrom erwärmt die Kühlsole:

$$\dot{Q} = w\varrho A_q c_p (T_A - T_E)$$

Eintrittstemperatur der Kühlsole $T_E = -20$ °C, die Austrittstemperatur T_A ist gesucht und noch nicht bekannt. Da nur die Wärmedämmung als entscheidendes Glied berücksichtigt wird, gilt $T_{1w} = T_u$, Umgebungstemperatur $T_u = 25$ °C. T_{2w} ergibt sich aus der mittleren Temperatur der Kühlsole $T_{2w} = (T_A + T_E)/2$. Der Massenstrom $\dot{M}$ ist:

$$\dot{M} = w\varrho A_q = 1{,}20 \cdot 1150 \cdot 0{,}204^2 \cdot \pi/4 = 45{,}08 \text{ kg/s}$$

Aus den obigen zwei Gleichungen für $\dot{Q}$ erhält man:

$$\frac{2\pi\lambda L\left(T_u - \dfrac{T_A + T_E}{2}\right)}{\ln d_a/d_i} = \dot{M}c_p(T_A - T_E)$$

Die Auflösung nach T_A ergibt:

$$T_A = \frac{\dfrac{2\pi\lambda L(T_u - T_E/2)}{\ln d_a/d_i} + \dot{M}c_p T_E}{\dfrac{\pi\lambda L}{\ln d_a/d_i} + \dot{M}c_p}$$

$$T_A = \frac{\dfrac{2\pi 0{,}041 \cdot 300[25 - (-20/2)]}{\ln 416/216} + 45{,}08 \cdot 2400 \cdot (-20)}{\dfrac{\pi 0{,}041 \cdot 300}{\ln 416/216} + 45{,}08 \cdot 2400}$$

$$T_A = -19{,}973 \text{ °C}$$

Die Aufwärmung der Kühlsole beträgt:

$$T_A - T_E = -19{,}951 - (-20{,}0) = 0{,}049 \text{ K}$$

2.1.3. Verschiedene Konzentrationsmaße

Die Verwendung verschiedener physikalischer Größen und Einheiten für die Konzentration wird wesentlich von den Gesetzen für das Phasengleichgewicht und einer angestrebten Konstanz der Stoffströme in jeder Phase im Apparat beeinflußt. So wird bei der Destillation grundsätzlich mit Molanteilen gerechnet, weil dann durch die Gesetze von *Raoult* und *Dalton* eine direkte Proportionalität zwischen der Zusammensetzung der dampfförmigen und flüssigen Phase besteht und die molaren Stoffströme in jeder Phase in der Kolonne etwa konstant sind. Die wichtigsten Konzentrationsmaße mit den benutzten Symbolen und Definitionen sind in Tabelle 2.1 aufgeführt. Für die unterschiedlichen Konzentrationsmaße gibt es eine Reihe von Umrechnungen. Auf die wichtigsten wird nachstehend eingegangen. Umrechnungen von Mol- und Massenanteilen:

$$x_i = \frac{M_i/M_i}{\sum_{i=1}^{z} M_i/M_i} = \frac{\bar{x}_i/M_i}{\sum_{i=1}^{z} \bar{x}_i/M_i} \tag{2.13}$$

$$\bar{x}_i = \frac{N_i M_i}{\sum_{i=1}^{z} N_i M_i} = \frac{x_i M_i}{\sum_{i=1}^{z} x_i M_i} \tag{2.14}$$

Die Gleichungen (2.13) und (2.14) ergeben sich in einfachster Weise durch eine Probe der Einheiten. Für die Umrechnung von Molverhältnis und Molanteil bei der Absorption gilt:

$$X_1 = \frac{x_1}{1 - x_1} \quad \text{bzw.} \quad Y_1 = \frac{y_1}{1 - y_1} \tag{2.15}$$

$$x_1 = \frac{X_1}{1 + X_1} \quad \text{bzw.} \quad y_1 = \frac{Y_1}{1 + Y_1} \tag{2.16}$$

Der Beweis für die Gleichungen (2.15) und (2.16) ist durch Einsetzen der Größen leicht möglich:

$$Y_1 = \frac{N_1}{N_2} = \frac{y_1}{1 - y_1} = \frac{\frac{N_1}{N_1 + N_2}}{1 - \frac{N_1}{N_1 + N_2}} = \frac{N_1}{N_1 + N_2 - N_1} = \frac{N_1}{N_2}$$

$$y_1 = \frac{N_1}{N_1 + N_2} = \frac{Y_1}{1 + Y_2} = \frac{N_1/N_2}{1 + N_1/N_2} = \frac{N_1}{N_1 + N_2}$$

In der gasförmigen Phase kann in den meisten Fällen die Voraussetzung getroffen werden, daß es sich um ein ideales Gas handelt. Mit der Zustandsgleichung idealer Gase ergibt sich für die Umrechnung von Konzentrationen und Drücken:

$$p_1 v_{M1} = RT \quad \text{oder} \quad p_1 V = N_1 RT \quad \text{oder} \quad c_1 = \frac{N_1}{V} = \frac{p_1}{RT}$$

R ist hierbei die allgemeine Gaskonstante mit 8314 J/(kmol K). Für eine beliebige Komponente i gilt:

$$c_i = \frac{p_i}{RT} \tag{2.17}$$

2 Grundlagen der Wärme- und Stoffübertragung

Tabelle 2.1. Übersicht zu den Bezeichnungen und Symbolen der Konzentrationsmaße für zwei Phasen, z. B. flüssige und gasförmige Phase

Bezeichnung	Symbol	Einheit	Komponente i	Summe aller Komponenten
Molanteil	x_i	$\dfrac{\text{kmol}}{\text{kmol}}$	$x_i = \dfrac{N_{iF}}{\sum N_{iF}} = \dfrac{N_{iF}}{N_F}$	$\sum x_i = 1$
	y_i	$\dfrac{\text{kmol}}{\text{kmol}}$	$y_i = \dfrac{N_{iG}}{\sum N_{iG}} = \dfrac{N_{iG}}{N_G}$	$\sum y_i = 1$
Massenanteil	$\bar{x}_i$	$\dfrac{\text{kg}}{\text{kg}}$	$\bar{x}_i = \dfrac{M_{iF}}{\sum M_{iF}} = \dfrac{M_{iF}}{M_F}$	$\sum \bar{x}_i = 1$
	$\bar{y}_i$	$\dfrac{\text{kg}}{\text{kg}}$	$\bar{y}_i = \dfrac{M_{iG}}{\sum M_{iG}} = \dfrac{M_{iG}}{M_G}$	$\sum \bar{y}_i = 1$
Volumenanteil	φ_{iF}	$\dfrac{\text{m}^3}{\text{m}^3}$	$\varphi_{iF} = \dfrac{V_{iF}}{V}$	$\sum \varphi_{iF} = 1$
	φ_{iG}	$\dfrac{\text{m}^3}{\text{m}^3}$	$\varphi_{iG} = \dfrac{V_{iG}}{V}$	$\sum \varphi_{iG} = 1$
molare Dichte	c_{iF}	$\dfrac{\text{kmol}}{\text{m}^3}$	$c_{iF} = \dfrac{N_{iF}}{V}$	$\sum c_{iF} = c_F$
	c_{iG}	$\dfrac{\text{kmol}}{\text{m}^3}$	$c_{iG} = \dfrac{N_{iG}}{V}$	$\sum c_{iG} = c_G$
Massendichte	ϱ_{iF}^K	$\dfrac{\text{kg}}{\text{m}^3}$	$\varrho_{iF}^K = \dfrac{M_{iF}}{V}$	$\sum \varrho_{iF}^K = \varrho_F^K$
	ϱ_{iG}^K	$\dfrac{\text{kg}}{\text{m}^3}$	$\varrho_{iG}^K = \dfrac{M_{iG}}{V}$	$\sum \varrho_{iG}^K = \varrho_G^K$
Partialdruck	p_i	Pa	$p_i = \dfrac{N_{iG}}{N_G} p = \dfrac{V_{iG}}{V} p$	$\sum p_i = p$
Molverhältnis[1]) (Molbeladung)	X_1	$\dfrac{\text{kmol}}{\text{kmol}}$	$X_1 = \dfrac{N_{1F}}{N_W}$	
	Y_1	$\dfrac{\text{kmol}}{\text{kmol}}$	$Y_1 = \dfrac{N_{1G}}{N_2}$	
Massenverhältnis[1]) (Massenbeladung)	$\bar{X}_1$	$\dfrac{\text{kg}}{\text{kg}}$	$\bar{X}_1 = \dfrac{M_{1F}}{M_W}$	
	$\bar{Y}_1$	$\dfrac{\text{kg}}{\text{kg}}$	$\bar{Y}_1 = \dfrac{M_{1G}}{M_2}$	

[1]) Bei dem Mol- und Massenverhältnis handelt es sich nur um zwei Komponenten. Es bedeuten: 1 lösliche Komponente, 2 inerte Gaskomponente, W reine Waschflüssigkeit

Bei der Lösung von Aufgaben wird für die gasförmige Phase unter der Voraussetzung eines idealen Gases oft das Gasgesetz von *Dalton* benötigt:

$$\frac{p_i}{p} = \frac{V_i}{V} = \frac{N_i}{N} \tag{2.18}$$

Umrechnung von Volumenanteilen in Molanteile bzw. Massenanteile: In der *gasförmigen Phase* sind die Volumenanteile für ein ideales Gas gemäß Gleichung (2.18) identisch mit Molanteilen. Die Umrechnung von Volumenanteilen in Massenanteile erfolgt dann nach

Gleichung (2.14). Sind in der *flüssigen Phase* die Volumenanteile einer Mischung gegeben, so gilt unter der Voraussetzung, daß bei dem Mischen der Stoffkomponenten keine Volumenänderung erfolgt, für die Umrechnung in Massenanteile bzw. Molanteile:

$$\bar{x}_i = \frac{\varphi_{iF} \varrho_{iF}^K}{\sum_{i=1}^{z} \varphi_{iF} \varrho_{iF}^K} \tag{2.19}$$

$$x_i = \frac{\varphi_{iF} c_{iF}}{\sum_{i=1}^{z} \varphi_{iF} c_{iF}} = \frac{\varphi_{iF} \varrho_{iF}^K / M_{iF}}{\sum_{i=1}^{z} \varphi_{iF} \varrho_{iF}^K / M_{iF}} \tag{2.20}$$

Für die Massendichte gelten folgende Umrechnungen:

$$\varrho_{iG}^K = y_i M_{iG} c_G = \bar{y}_i \varrho_G^K = \varphi_{iG} M_{iG} c_G = c_{iG} M_{iG} = \frac{p_i M_{iG}}{RT} \tag{2.21}$$

$$\varrho_{iF}^K = \frac{x_i \varrho_F^K M_{iF}}{M_F} = \bar{x}_i \varrho_F^K = \varphi_{iF} \varrho_{iF} = c_{iF} M_{iF} \tag{2.22}$$

2.1.4. Diffusion in Gasen

Als Spezialfälle werden die äquimolare Diffusion von zwei Komponenten und die einseitige Diffusion einer Komponente behandelt.

Äquimolare Diffusion von zwei Komponenten

Das Gesetz von *Fick* gemäß Gleichung (2.6) lautet mit unterschiedlichen Konzentrationsmaßen in s-Richtung:

$$\dot{n}_1 = -D_G \frac{dc_1}{ds} = -\frac{D_G}{RT} \frac{dp_1}{ds} = -D_G c \frac{dy_1}{ds} \tag{2.23}$$

oder

$$\dot{m}_1 = -D_G \frac{d\varrho_1^K}{ds} = -\frac{D_G M_1}{RT} \frac{dp_1}{ds} = -D_G \varrho^K \frac{d\bar{y}_1}{ds} \tag{2.24}$$

Für das gewählte Beispiel gemäß Bild 2.3 liegt für die Komponente 1 im Kern der Strömung ein höherer Partialdruck vor als an der Phasengrenzfläche; für die Komponente 2 gilt das Umgekehrte. Die Phasengrenzfläche sei für die Komponenten 1 und 2 voll durchlässig. Gemäß Gleichung (2.23) gilt unter Beachtung der Richtung der Ortskoordinate s:

$$\dot{n}_1 = -\frac{D_G}{RT} \frac{dp_1}{ds} \quad \text{und} \quad \dot{n}_2 = \frac{D_G}{RT} \frac{dp_2}{ds} \quad \text{mit} \quad \dot{n}_1 = \dot{n}_2$$

In integrierter Form erhält man:

$$\int_0^s ds = -\frac{D_G}{\dot{n}_1 RT} \int_{p_{1I}}^{p_{1P}} dp_1$$

$$\dot{n}_1 = \frac{D_G}{RT} \frac{p_{1I} - p_{1P}}{s} = D_G \frac{c_{1I} - c_{1PI}}{s} \quad \text{mit} \quad T \text{ in K} \tag{2.25}$$

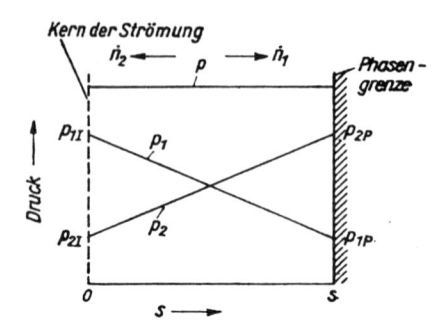

Bild 2.3. Druck in Abhängigkeit vom Weg bei der äquimolaren Diffusion in einem Gas

Zur Berechnung des Diffusionskoeffizienten

Mit Hilfe der kinetischen Gastheorie kann man physikalisch begründete Gleichungen zur Berechnung des Diffusionskoeffizienten gewinnen. Die Genauigkeit dieser Gleichungen ist geringer im Vergleich zu halbempirischen Gleichungen, bei denen die Gesetzmäßigkeiten der kinetischen Gastheorie berücksichtigt und zusätzlich Modellparameter an die experimentellen Werte angepaßt werden. In der Fachliteratur sind mehrere Gleichungen veröffentlicht worden, siehe auch [2.10], Abschnitt 8. Für niedrige Drücke haben *Slattery* und *Bird* im Jahre 1958, siehe auch [2.10], Abschnitt 8.2.2., folgende Gleichung angegeben:

$$D_G = a_1 \frac{\left(\frac{M_1 + M_2}{M_1 M_2}\right)^{0,5} \left(\frac{T}{(T_{k1}T_{k2})^{0,5}}\right)^{a_2} (p_{k1}p_{k2})^{1/3} (T_{k1}T_{k2})^{5/12}}{p} \tag{2.26}$$

Gemische ohne Wasserdampf $a_1 = 1,28 \cdot 10^{-8}$ und $a_2 = 1,823$
Gemische mit Wasserdampf $a_1 = 1,70 \cdot 10^{-8}$ und $a_2 = 2,334$
Temperaturen in K, Drücke in MPa und D_G in m²/s.
Ist der Diffusionskoeffizient D_{G0} unter Normalbedingungen (101,3 kPa und 273 K) bekannt, so kann die Umrechnung auf andere Drücke und Temperaturen bei genügender Entfernung vom kritischen Punkt nach folgender Gleichung erfolgen:

$$D_G = D_{G0} \frac{p_0}{p} \left(\frac{T}{T_0}\right)^{1,5} \tag{2.27}$$

Eine ausführliche Darstellung zur Temperaturabhängigkeit des Diffusionskoeffizienten ist in [2.10], Abschnitt 8.3.2., enthalten.

Einseitige Diffusion

Die Phasengrenzfläche ist nur für die Stoffkomponente 1 durchlässig, jedoch nicht für die Stoffkomponente 2. Letztere, die auch aus mehreren Komponenten bestehen kann, wird als inertes Gas bezeichnet. Dieser Sonderfall der Diffusion hat zum Beispiel technische Bedeutung bei der Absorption, bei der eine Komponente aus dem Gas selektiv durch die Waschflüssigkeit aufgenommen wird. Die Verhältnisse für die einseitige Diffusion sind im Bild 2.4 in gleicher Weise wie bei der äquimolaren Diffusion wischen der Phasengrenzfläche und der Zusammensetzung im Kern der Phase I dargestellt.
Da die Phasengrenzfläche nur für die Stoffkomponente 1 durchlässig ist, entsteht an der Phasengrenzfläche für die Komponente 2 ein höherer Partialdruck als im Kern der Phase I. Dies bedingt eine Rückströmung der Stoffkomponente 2 von der Phasengrenze zum Kern

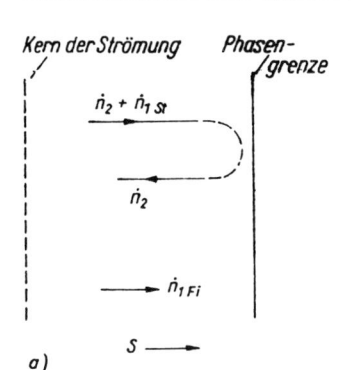

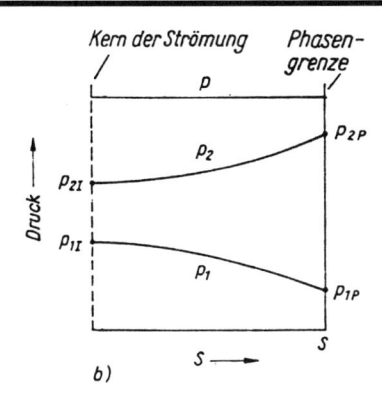

Bild 2.4. Einseitige Diffusion in einem Gas
a) Mengenstromdichten
b) Drücke

der Phase I. Diese Rückströmung der Stoffkomponente 2 führt unter der Voraussetzung eines stationären Zustandes zu einem zusätzlichen konvektiven Stoffstrom, auch *Stefan*-Strom genannt, vom Kern der Phase I zur Phasengrenze, der aus $\dot{n}_2 + \dot{n}_{1St}$ besteht. Damit ergibt sich bei der einseitigen Diffusion für die Stoffstromdichte:

$$\dot{n}_1 = \dot{n}_{1Fi} + \dot{n}_{1St}$$

Für die Stoffstromdichten $\dot{n}_{1Fi}$ und $\dot{n}_2$ gilt nach dem Gesetz von *Fick*:

$$\dot{n}_{1Fi} = -\frac{D_G}{RT}\frac{dp_1}{ds}$$

$$\dot{n}_2 = -\frac{D_G}{RT}\frac{dp_2}{ds} = \frac{D_G}{RT}\frac{dp_1}{ds}, \quad da \quad \frac{dp_2}{ds} = -\frac{dp_1}{ds}$$

Der zusätzliche konvektive *Stefan*-Strom für die Komponente 1 ergibt sich entsprechend dem Verhältnis der Partialdrücke zu

$$\dot{n}_{1St} = -\dot{n}_2\frac{p_1}{p_2} = -\dot{n}_2\frac{p}{p-p_1}$$

Aus der vorangehenden Gleichung $\dot{n}_2$ eingesetzt, ergibt:

$$\dot{n}_{1St} = -\frac{D_G}{RT}\frac{dp_1}{ds}\frac{p_1}{p-p_1}$$

Damit gilt für die gesamte Stoffstromdichte der Komponente 1:

$$\dot{n}_1 = \dot{n}_{1Fi} + \dot{n}_{1St} = -\frac{D_G}{RT}\frac{dp_1}{ds} - \frac{D_G}{RT}\frac{dp_1}{ds}\frac{p_1}{p-p_1}$$

umgeformt:

$$\dot{n}_1 = -\frac{D_G}{RT}\frac{dp_1}{ds}\left(1 + \frac{p_1}{p-p_1}\right) \quad \text{oder}$$

$$\dot{n}_1 = -\frac{D_G}{RT}\frac{p}{p-p_1}\frac{dp_1}{ds} = -D_G\frac{c}{c-c_1}\frac{dc_1}{ds} = -D_G c\frac{1}{1-y_1}\frac{dy_1}{ds} \quad (2.28)$$

Wird statt der Stoffstromdichte die Massenstromdichte verwendet, so erhält man:

$$\dot{m}_1 = -\frac{D_G M_1}{RT}\frac{p}{p-p_1}\frac{dp_1}{ds} = -D_G\frac{\varrho^K}{\varrho^K - \varrho_1^K}\frac{d\varrho_1^K}{ds} = -D_G \varrho^K\frac{1}{1-\bar{y}_1}\frac{d\bar{y}_1}{ds} \quad (2.29)$$

Die einseitige Diffusion unterscheidet sich von der äquimolaren Diffusion durch den zusätzlichen Faktor

$$\frac{c}{c-c_1} \quad \text{bzw.} \quad \frac{\varrho^K}{\varrho^K-\varrho_1^K} \quad \text{bzw.} \quad \frac{p}{p-p_1} \quad \text{bzw.} \quad \frac{1}{1-y_1} \quad \text{bzw.} \quad \frac{1}{1-\bar{y}_1}$$

der durch einen zusätzlichen konvektiven Stoffstrom bedingt ist. Dadurch wird der übertragene Stoffstrom bei der einseitigen Diffusion gegenüber der äquimolaren Diffusion vergrößert. Die Integration der Gleichung (2.29) ergibt:

$$\dot{n}_1 = -D_G c \int_{c_{1I}}^{c_{1PI}} \frac{dc_1}{c-c_1} \frac{1}{\int_0^s ds} \quad \text{und} \quad \int_{c_{1I}}^{c_{1P}} \frac{dc_1}{c-c_1} = -\ln\frac{c-c_{1PI}}{c-c_{1I}}$$

$$\dot{n}_1 = \frac{D_G c}{s} \ln\frac{c-c_{1PI}}{c-c_{1I}} \tag{2.30}$$

Meist wird für die Konzentrationsdifferenz ein logarithmisches Mittel eingeführt, das wie folgt definiert wird:

$$c_{2m} = \frac{c_{2PI}-c_{2I}}{\ln\frac{c_{2PI}}{c_{2I}}} \quad \text{oder} \quad (c-c_1)_m = \frac{(c-c_{1PI})-(c-c_{1I})}{\ln\frac{c-c_{1PI}}{c-c_{1I}}} \tag{2.31}$$

Gleichung (2.31) in Gleichung (2.30) eingesetzt, ergibt:

$$\dot{n}_1 = \frac{D_G}{s}\frac{c}{c_{2m}}(c_{1I}-c_{1PI}) \tag{2.32}$$

Analog enthält man mit anderen Konzentrationsmaßen nachstehende Formen der *Stefan*-Gleichung:

Drücke:

$$\dot{n}_1 = \frac{D_G}{sRT}\frac{p}{p_{2m}}(p_{1I}-p_{1P}) \quad \text{mit} \quad p_{2m} = \frac{p_{2P}-p_{2I}}{\ln\frac{p_{2P}}{p_{2I}}} = \frac{(p-p_{1P})-(p-p_{1I})}{\ln\frac{p-p_{1P}}{p-p_{1I}}} \tag{2.33}$$

Molanteile:

$$\dot{n}_1 = \frac{D_G p}{sRT}\frac{1}{y_{2m}}(y_1-y_{1P}) \quad \text{mit} \quad y_{2m} = \frac{y_{2P}-y_2}{\ln\frac{y_{2P}}{y_2}} = \frac{(1-y_{1P})-(1-y_1)}{\ln\frac{1-y_{1P}}{1-y_1}} \tag{2.34}$$

Molverhältnisse:

$$\dot{n}_1 = \frac{D_G p}{sRT}\frac{1}{(1+Y_1)_m}(Y_1-Y_{1P}) \quad \text{mit} \quad (1+Y_1)_m = \frac{(1+Y_{1P})-(1+Y_1)}{\ln\frac{1+Y_{1P}}{1+Y_1}} \tag{2.35}$$

Massendichten:

$$\dot{m}_1 = \frac{D_G}{s}\frac{\varrho^K}{\varrho_{2m}^K}(\varrho_{1I}^K-\varrho_{1PI}^K) \quad \text{mit} \quad \varrho_{2m}^K = \frac{\varrho_{2PI}^K-\varrho_{2I}^K}{\ln\frac{\varrho_{2PI}^K}{\varrho_{2I}^K}} = \frac{(\varrho^K-\varrho_{1PI}^K)-(\varrho^K-\varrho_{1I}^K)}{\ln\frac{\varrho^K-\varrho_{1PI}^K}{\varrho^K-\varrho_{1I}^K}} \tag{2.36}$$

Der Diffusionskoeffizient bei einseitiger Diffusion ist in gleicher Weise wie bei der äquimolaren Diffusion zu berechnen. Liegt bei der einseitigen Diffusion jedoch eine Gasmischung vor, in der mehrere inerte Komponenten 2 bis z enthalten sind, so gilt für die Diffusion der Komponente 1 durch die Gasmischung folgender Diffusionskoeffizient D_{1M}:

$$D_{1M} = \frac{1 - y_1}{\sum_{i=2}^{z} y_i / D_{1i}} \tag{2.37}$$

Besteht das inerte Gas zum Beispiel aus 3 Komponenten, so ist $z = 4$, und es gilt:

$$D_{1M} = \frac{1 - y_1}{y_2/D_{12} + y_3/D_{13} + y_4/D_{14}}$$

Beispiel 2.2. Diffusionskoeffizient in der gasförmigen Phase

Für das Dampfgemisch Chloroform (1) und Tetrachlorkohlenstoff (2) mit 85,0 Mol-% Chloroform ist der Diffusionskoeffizient zu bestimmen; Temperatur 62,9 °C, Druck 101,3 kPa.

Lösung:

Der Diffusionskoeffizient wird nach Gleichung (2.26) berechnet:

$$D_G = a_1 \frac{\left(\frac{M_1 + M_2}{M_1 M_2}\right)^{0,5} T_R^{a_2}}{p(p_{k1} p_{k2})^{-1/3} (T_{k1} T_{k2})^{-5/12}} \text{ in m}^2/\text{s}$$

mit

$$T_R = \frac{T}{(T_{k1} T_{k2})^{0,5}}; \quad a_1 = 0,128 \cdot 10^{-6}; \quad a_2 = 1,823$$

Aus Tabellenwerken wird entnommen:

	Chloroform	CCl$_4$
p_k in MPa	5,46	4,56
T_k in K	533	556
M in kg/kmol	119,4	153,8

$$T_R = \frac{336}{(533 \cdot 556)^{0,5}} = 0,617$$

Damit erhält man:

$$D_G = \frac{0,0128 \cdot 10^{-6} \sqrt{\frac{119,4 + 153,8}{119,4 \cdot 153,8}} \, 0,617^{1,823}}{0,1013 (5,46 \cdot 4,56)^{-1/3} (533 \cdot 556)^{-5/12}} = 3,56 \cdot 10^{-6} \text{ m}^2/\text{s}$$

Beispiel 2.3. Stoffübertragung durch einseitige Diffusion

In einem zylindrischen offenen Behälter befindet sich Schwefelsäure. Über den offenen Behälter strömt laminar Luft mit einer Temperatur von 20 °C und einer relativen Luftfeuchtigkeit von 50%;

2 Grundlagen der Wärme- und Stoffübertragung

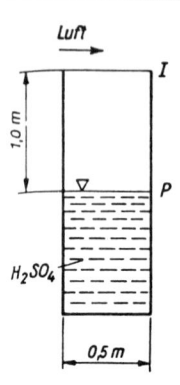

Bild 2.5. Einseitige Diffusion im oberen Teil eines Behälters

Abmessungen des Behälters siehe Bild 2.5. Der in der Luft enthaltene Wasserdampf wird von der Schwefelsäure absorbiert. Dabei tritt in der flüssigen Phase kein Diffusionswiderstand auf. Der Gesamtdruck beträgt 101,3 kPa.

Aufgabe:

Die von der Schwefelsäure aufgenommene Wassermenge ist mit unterschiedlichen Einheiten für die Triebkraft zu berechnen:

1. Druck,
2. Konzentration (Molarität),
3. Molanteil,
4. Molverhältnis.

Lösung:

Es handelt sich um einen Vorgang der einseitigen Diffusion von Wasserdampf durch Luft. Gemäß Aufgabenstellung tritt in der flüssigen Phase kein Diffusionswiderstand auf. Eine Stoffübertragung durch Konvektion erfolgt nicht, da die Luft an der Oberfläche des Gefäßes laminar vorbeiströmt, siehe Bild 2.5.

Diffusionskoeffizient für das Gasgemisch Luft–Wasserdampf bei 0 °C und 101,3 kPa: $D_0 = 2{,}20 \times 10^{-5}$ m²/s. Die Umrechnung auf 20 °C erfolgt mit Gleichung (2.27)

$$D = D_0 \frac{p_0}{p} \left(\frac{T}{T_0}\right)^{3/2} = 2{,}20 \cdot 10^{-5} \left(\frac{293}{273}\right)^{3/2} = 2{,}446 \cdot 10^{-5} \text{ m}^2/\text{s}$$

Zu 1.

Für die einseitige Diffusion gilt gemäß Gleichung (2.33):

$$\dot{N}_1 = \frac{DAp}{sRT} \frac{p_{11} - p_{1p1}}{p_{2m}}$$

Der Partialdruck der löslichen Komponente im Kern der Phase I ergibt sich aus dem Dampfdruck für Wasserdampf bei 20 °C: $p_S = 2{,}33$ kPa; also

$$p_{11} = \varphi p_S = 0{,}5 \cdot 2{,}33 = 1{,}167 \text{ kPa}$$

Partialdruck der löslichen Komponente an der Phasengrenzfläche:

$$p_{1P1} = 0 \text{ kPa}$$

da kein Diffusionswiderstand in der flüssigen Phase auftritt.

Mittlerer Partialdruck des Inertgases:

$$p_{2m} = \frac{p_{2P1} - p_{21}}{\ln(p_{2P1}/p_{21})}$$

Ist der Quotient p_{2P1}/p_{21} kleiner als 1,3, so kann zur Mittelwertbildung das arithmetische Mittel benutzt werden.

$p_{2p1} = p - p_{1P1} = 101,3 - 0 = 101,3$ kPa

$p_{21} = p - p_{11} = 101,3 - 1,167 = 100,1$ kPa

$p_{2m} = \dfrac{101,3 + 100,1}{2} = 100,7$ kPa

Stoffübertragungsfläche:

$$A = \frac{\pi d^2}{4} = \frac{\pi \cdot 0,5^2}{4} = 0,1963 \text{ m}^2$$

Allgemeine Gaskonstante: $R = 8314$ Nm/(kmol K)

$$\dot{N}_1 = \frac{2{,}446 \cdot 10^{-5} \cdot 0{,}1963 \cdot 101{,}3 \cdot 10^3}{1{,}00 \cdot 8314 \cdot 293} \frac{1167 - 0}{0{,}7 \cdot 10^3}$$

$\dot{N}_1 = 2{,}314 \cdot 10^{-9}$ kmol/s

Zu 2.

$$\dot{N}_1 = \frac{DAc}{s} \frac{c_{11} - c_{1P1}}{c_{2m}} \qquad (2.32)$$

Für ideale Gase gilt: $c = \dfrac{N}{V} = \dfrac{p}{RT}$

$c = \dfrac{101{,}3 \cdot 10^3}{8314 \cdot 293} = 0{,}04158$ kmol/m³

$c_{11} = \dfrac{p_{11}}{RT} = \dfrac{1167}{8314 \cdot 293} = 4{,}791 \cdot 10^{-4}$ kmol/m³

$c_{1P1} = 0$ kmol/m³ ; $\quad c_{2P1} = 0{,}04158$ kmol/m³

$c_{21} = \dfrac{p_{21}}{RT} = \dfrac{100{,}1 \cdot 10^3}{8314 \cdot 293} = 0{,}04109$ kmol/m³

$c_{2m} = \dfrac{c_{21} + c_{2P1}}{2} = \dfrac{0{,}04109 + 0{,}04158}{2} = 0{,}041134$ kmol/m³

$$\dot{N}_1 = \frac{2{,}446 \cdot 10^{-5} \cdot 0{,}1963 \cdot 0{,}04158}{1{,}00} \frac{4{,}791 \cdot 10^{-4} - 0}{0{,}04134}$$

$\dot{N}_1 = 2{,}314 \cdot 10^{-9}$ kmol/s

Zu 3.

$$\dot{N}_1 = \frac{DAp}{sRT} \frac{y_1 - y_{1P}}{y_{2m}} \qquad (2.34)$$

Für ein ideales Gas gilt: $\dfrac{p_1}{p} = \dfrac{N_1}{N} = y_1$

$y_1 = \dfrac{1{,}167 \cdot 10^3}{101{,}3 \cdot 10^3} = 0{,}01152; \qquad y_{1P} = 0; \qquad y_{2P} = 1{,}000$

$y_2 = 1 - y_1 = 1 - 0{,}01152 = 0{,}9885$

$y_{2m} = \dfrac{y_2 + y_{2P}}{2} = \dfrac{0{,}9885 + 1{,}000}{2} = 0{,}9942$

$\dot{N}_1 = \dfrac{2{,}446 \cdot 10^{-5} \cdot 0{,}1963 \cdot 101{,}3 \cdot 10^3}{1{,}00 \cdot 8314 \cdot 293} \dfrac{0{,}01152 - 0}{0{,}9942}$

$\dot{N}_1 = 2{,}314 \cdot 10^{-9} \text{ kmol/s}$

Zu 4.

$$\dot{N}_1 = \dfrac{DAp}{sRT} \dfrac{Y_1 - Y_{1P}}{(1 + Y_1)_m} \qquad (2.35)$$

$Y_1 = \dfrac{y_1}{1 - y_1} = \dfrac{0{,}01152}{1 - 0{,}01152} = 0{,}01165; \qquad Y_{1P} = 0$

$(1 + Y_1)_m = \dfrac{(1 + Y_1)_P + (1 + Y_1)}{2} = \dfrac{1{,}00 + 1{,}01165}{2} = 1{,}006$

$\dot{N}_1 = \dfrac{2{,}446 \cdot 10^{-5} \cdot 0{,}1963 \cdot 101{,}3 \cdot 10^3 \cdot 0{,}01165}{1{,}00 \cdot 8314 \ 293 \cdot 1{,}006}$

$\dot{N}_1 = 2{,}314 \cdot 10^{-9} \text{ kmol/s}$

2.1.5. Diffusion in Flüssigkeiten

Der Kenntnisstand darüber ist geringer als bei Gasen. Es gibt keine theoretische Grundlage wie bei der Diffusion in der gasförmigen Phase mit der kinetischen Gastheorie. Es werden die gleichen Gesetzmäßigkeiten wie in der gasförmigen Phase zugrunde gelegt.

Äquimolare Diffusion:

$$\dot{n}_1 = -D_F \dfrac{dc_1}{ds} \quad \text{integriert} \quad \dot{n}_1 = -D_F \dfrac{c_{1PII} - c_{1II}}{s} \qquad (2.38)$$

Einseitige Diffusion:

$$\dot{n}_1 = -D_F \dfrac{c}{c - c_1} \dfrac{dc_1}{ds} \qquad (2.39)$$

integriert:

$$\dot{n}_1 = -D_F \dfrac{c}{c_{2m}} \dfrac{c_{1PII} - c_{1II}}{s} \quad \text{mit} \quad c_{2m} = \dfrac{c_{2II} - c_{2PII}}{\ln \dfrac{c_{2II}}{c_{2PII}}}$$

Mit vorstehenden Ansätzen wird aus Experimenten der Diffusionskoeffizient in der flüssigen Phase bestimmt.
In einem flüssigen Zweistoffgemisch kann der Diffusionskoeffizient nach *Wilke* und *Chang* in Verbindung mit der Gleichung von *Stokes-Einstein*, siehe auch [2.10], Abschnitt 8.2.2., wie folgt berechnet werden:

$$\frac{D_F \eta_F}{T} = \frac{d \ln \gamma_1}{d \ln x_1} \left(x_1 \frac{D_{2F0} \eta_{F1}}{T} + x_2 \frac{D_{1F0} \eta_{F2}}{T} \right) \quad (2.40)$$

$$\frac{D_{1F0} \eta_{F2}}{T} = 1{,}173 \cdot 10^{-16} \frac{(A_{z2} M_2)^{0,5}}{v_{M1}^{0,6}} \quad \text{und} \quad \frac{D_{2F0} \eta_{F1}}{T} = 1{,}173 \cdot 10^{-16} \frac{(A_{z1} M_1)^{0,5}}{v_{M2}^{0,6}}$$

γ_1 Aktivitätskoeffizient der Komponente 1, T in K
D_{1F0} Diffusionskoeffizient der Komponente 1 mit sehr kleiner Konzentration im Lösungsmittel Komponente 2
v_M flüssiges Molvolumen
A_z Assoziationsfaktor für Wasser 2,6; für Methanol 1,9; für Ethanol 1,5; für nicht assoziierende Stoffe wie Benzol 1,0.

Sowohl die Berechnung als auch die experimentelle Bestimmung von Diffusionskoeffizienten in der flüssigen Phase ist mit großen Unsicherheiten verbunden.

Beispiel 2.4. Diffusionskoeffizient in der flüssigen Phase

Für das Flüssigkeitsgemisch Chloroform (1) und Tetrachlorkohlenstoff (2) mit 77,5 Mol-% Chloroform ist der Diffusionskoeffizient bei Siedetemperatur zu bestimmen; Druck 101,3 kPa.

Gegeben:

$T_S = 62{,}9\ °C$; Viskosität bei 63 °C: $\eta_{F1} = 3{,}87 \cdot 10^{-4}$ Pa s;
$\eta_{F2} = 5{,}64 \cdot 10^{-4}$ Pa s
Dichte bei 63 °C: $\varrho_{F1} = 1410\ kg/m^3$; $\varrho_{F2} = 1510\ kg/m^3$

Lösung:

Der Diffusionskoeffizient wird nach Gleichung (2.40) berechnet:

$$\frac{D_F \eta_F}{T} = \frac{d \ln \gamma_1}{d \ln x_1} \left(x_1 \frac{D_{2F0} \eta_{F1}}{T} + x_2 \frac{D_{1F0} \eta_{F2}}{T} \right)$$

Als erstes wird der Diffusionskoeffizient für Chloroform bei sehr kleiner Konzentration bestimmt:

$$\frac{D_{1F0} \eta_{F2}}{T} = 1{,}173 \cdot 10^{-16} \frac{(A_{z2} M_2)^{0,5}}{v_{M1}^{0,6}}$$

Flüssige Molvolumina für Chloroform und Tetrachlorkohlenstoff:

$$v_{M1} = \frac{M_1}{\varrho_{F1}} = \frac{119{,}4}{1410} = 0{,}0847\ m^3/kmol; \quad v_{M2} = 0{,}1019\ m^3/kmol$$

$$\frac{D_{1F0} \eta_{F2}}{T} = 1{,}173 \cdot 10^{-16} \frac{(1 \cdot 153{,}8)^{0,5}}{0{,}0847^{0,6}} = 64{,}0 \cdot 10^{-16} \frac{m\ kg}{s^2\ K}$$

Analog erhält man für Tetrachlorkohlenstoff:

$$\frac{D_{2F0} \eta_{F1}}{T} = 1{,}173 \cdot 10^{-16} \frac{(1 \cdot 119{,}4)^{0,5}}{0{,}1019^{0,6}} = 50{,}5 \cdot 10^{-16} \frac{m\ kg}{s^2\ K}$$

Das Gemisch verhält sich nahezu ideal, so daß das Glied $d \ln \gamma_1 / d \ln x_1$ in Gleichung (2.40) 1 ist. Die Viskosität des Gemisches wird nach *Arrhenius* berechnet:

$$\eta_F = \eta_{F_1}^{x_1} \eta_{F_2}^{x_2} = 0{,}000\,387^{0{,}775} \cdot 0{,}000\,564^{0{,}225} = 0{,}000\,421 \text{ Pa s}$$

Für den Diffusionskoeffizienten des Gemisches erhält man aus Gleichung (2.40):

$$D_F = \frac{336}{0{,}000\,421} (0{,}775 \cdot 50{,}5 \cdot 10^{-16} + 0{,}225 \cdot 64{,}0 \cdot 10^{-16})$$

$$D_F = 4{,}27 \cdot 10^{-9} \text{ m}^2/\text{s}$$

Zu beachten ist, daß bei berechneten Diffusionskoeffizienten in flüssiger Phase verhältnismäßig große Abweichungen von den wirklichen Werten möglich sind, da die Berechnungsgleichungen keine theoretisch fundierte Grundlage haben.

2.1.6. Diffusion in festen Stoffen

Auch jedes Feststoffsystem sucht durch Ausgleich immanenter Konzentrationsunterschiede den Zustand minimaler innerer Energie einzunehmen. Der dadurch hervorgerufene Stofftransport wird wesentlich von der sehr mannigfaltigen Feststoffstruktur geprägt. Die Transportmechanismen unterscheiden sich insbesondere in porenfreien und in porösen Stoffen.
Neben Konzentrationsunterschieden können auch Temperaturgradienten, mechanische Spannungen oder elektrische Felder einen inneren Stofftransport bewirken. Alle diese Transportarten werden in dem gemeinsamen Begriff Diffusion zusammengefaßt. Es ist üblich, sie mit dem Ansatz (2.6) nach *Fick* zu beschreiben, wobei der Diffusionskoeffizient D entsprechend dem jeweiligen Prozeß nach unterschiedlichen Modellen zu berechnen ist.

Porenfreie Feststoffe

Den Stofftransport im Inneren porenfreier Festkörper hat man sich als sprungförmige Platzwechselvorgänge von Partikeln molekularer Größenordnung vorzustellen. Bekannt ist das Wandern von Atomen oder Ionen in den Fehlstellen von Kristallgittern. Bei Hochpolymeren bilden sich solche Fehlstellen infolge der Wärmebewegung einzelner Segmente der Makromoleküle und ermöglichen so z. B. die Diffusion von Weichmachern.
Die Modellierung des Vorgangs erfolgt nach dem *Fick*schen Gesetz (2.6). Der Diffusionskoeffizient D hängt ab von der Aktivierungsenergie E, der Gaskonstanten R und der Temperatur T:

$$D = D_\infty \, e^{-E/RT} \tag{2.41}$$

Der Faktor D_∞ ist eine Stoffkonstante und entspricht formal einem Diffusionskoeffizienten bei unendlich hoher Temperatur. Der Diffusionskoeffizient D porenfreier Feststoffe ist extrem niedrig und liegt entsprechend der unterschiedlichen Struktur der Stoffe zwischen 10^{-15} und 10^{-30} m²/s.
Aber nicht alle beobachteten Diffusionsvorgänge in porenfreien Feststoffen lassen sich mit diesem Berechnungsmodell wiedergeben. So kann z. B. die Weichmacherdiffusion in quellfähigen Hochpolymeren mit Änderung der inneren Struktur beim Quellen damit nicht beschrieben werden. Man spricht dann auch von anormaler Diffusion. Die Begriffe normal und anormal werden im Zusammenhang mit der Diffusion nicht einheitlich gebraucht. Im folgenden wird der Ausdruck Normaldiffusion für solche Prozesse verwendet, die dem *Fick*schen Gesetz (2.6) folgen.

Poröse Feststoffe

Abhängig vom Durchmesser der Feststoffporen sind unterschiedliche Transportmechanismen möglich: In weiten Poren (Makrokapillaren, $d_P = 10^{-7}$ bis 10^{-4} m) kann das Fluid als kontinuierliche Phase strömen, in sehr feinen Poren (Mikrokapillaren, $d_P < 10^{-7}$ m) ist nur die Diffusion einzelner Moleküle möglich. Eine Vorstellung vom Zusammenhang zwischen Porendurchmesser und Transportmechanismus vermittelt Bild 2.6.

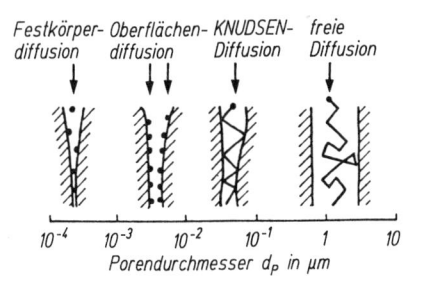

Bild 2.6. Schematischer Zusammenhang zwischen Porendurchmesser und Transportmechanismus bei der Stoffübertragung in porösen Feststoffen nach [2.11]

Die Struktur poröser Feststoffe wird durch die folgenden Parameter charakterisiert:

- (Gesamt-)Porosität

$$\text{Porosität} = \frac{\text{Porenvolumen}}{\text{Gesamtvolumen oder Gesamtmasse}} \text{ in } m^3/m^3 \text{ oder } m^3/kg$$

- Porenradius bzw. -durchmesser
  Dabei sind sowohl der geometrische als auch der hydraulische Durchmesser üblich.
- Porenradius-Verteilung bzw. -Verteilungsdichte
  Die Porenradien eines Festkörpers variieren im allgemeinen in weiten Grenzen. Dieses Spektrum wirkt maßgeblich auf die Porendiffusion ein. Zur Beschreibung nutzt man die gleichen Methoden wie zur Charakterisierung des granulometrischen Zustandes grobdisperser Stoffsysteme [2.7].
  Der Porenradien-Verteilungsfunktion $H(r)$ entnimmt man den Anteil aller Poren mit einem Radius $r_P \leq r_x$ an der Gesamtporosität. Methoden zur Messung und Anwendung der Porenradienverteilung hat *Muchlenow* [2.12] zusammengestellt. Die Verteilungsdichte $h(r)$ ist die Differentialkurve der Verteilungsfunktion. Sie beschreibt den mengenmäßigen Anteil der Poren mit dem Radius r_p an der Gesamtporosität und ist damit ein wesentliches Merkmal der Porenstruktur eines Feststoffes.

$$H(r_P) = \int_{r_{P\min}}^{r_P} h(r_P)\, dr_P\,; \qquad h(r_P) = \frac{dH(r_P)}{dr_P}$$

- spezifische Oberfläche

$$\text{spezifische Oberfläche} = \frac{\text{Oberfläche aller Poren}}{\text{Gesamtvolumen oder -masse}} \text{ in } m^2/m^3 \text{ oder } m^2/kg$$

- Labyrinthfaktor, der die Krümmung der Poren berücksichtigt

$$\text{Labyrinthfaktor} = \frac{\text{Länge der Verbindungsgeraden zweier Porenquerschnitte}}{\text{reale Entfernung zwischen beiden Querschnitten}}$$

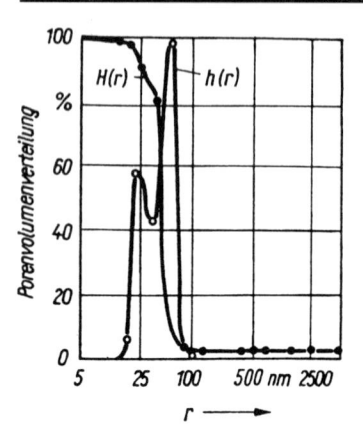

Bild 2.7. Porenradienverteilung in einem Katalysator nach [2.12]

Arten der Porendiffusion für Gase

- Freie Diffusion der Fluidmoleküle in weiten Poren, deren Durchmesser größer ist als die mittlere freie Weglänge $\bar{\lambda}$ eines Moleküls ($d_P > 10^{-7}$ m)

$$D_{frD} = \frac{1}{3}\bar{\lambda}\bar{w} = C\frac{T^{(1,5...2)}}{p} = 10^{-5} ... 10^{-4} \text{ m}^2/\text{s (bei 20 °C, 0,1 MPa)} \quad (2.42)$$

$\bar{w}$ mittlere Molekülgeschwindigkeit der Wärmebewegung

- *Knudsen*-Diffusion in Poren, deren Durchmesser kleiner ist als die mittlere freie Weglänge $\bar{\lambda}$ eines Moleküls, so daß diese häufiger auf die Wand treffen als sie untereinander zusammenstoßen. Der Porendurchmesser liegt bei etwa 10^{-7} bis 10^{-8} m, der Diffusionskoeffizient ist um eine Größenordnung niedriger als bei der freien Diffusion. In Gl. (2.42) tritt an die Stelle der freien Weglänge $\bar{\lambda}$ der Porendurchmesser d_P:

$$D_{Kn} = \frac{1}{3}d_P\bar{w} = \frac{1}{3}d_P\sqrt{\frac{8RT}{\pi M_1}} \approx 10^{-6} \text{ m}^2/\text{s (bei 20 °C, 0,1 MPa)} \quad (2.43)$$

- Oberflächendiffusion. *Vollmer* hat nachgewiesen, daß auch an der Porenwand adsorbierte Moleküle in Richtung geringerer Belegungsdichte diffundieren können. Setzt man als Bezugsfläche in Gleichung (2.6) den Querschnitt der Belegungsschicht an, so kann man für den Fall monomolekularer Bedeckung formal schreiben:

$$D_{Vo} = D_{Vo\infty}\, e^{-E_{Vo}/RT} \approx 10^{-7} \text{ m}^2/\text{s (bei 20 °C, 0,1 MPa)} \quad (2.44)$$

Diese Diffusionsart tritt zwar an allen Oberflächen auf, praktische Bedeutung hat sie aber nur für Porendurchmesser $<10^{-8}$ m. Bei der Adsorption von CO_2 an Aktivkohle (0 °C, 0,1 MPa) macht sie etwa 50% aus [2.13].

- Festkörperdiffusion. In sehr feinen Poren ($d_P < 5 \cdot 10^{-9}$ m) überschneidet sich der Einfluß benachbarter Wände. Das führt zur Festkörperdiffusion, die formal der Oberflächendiffusion gleicht. Hinsichtlich des Temperatureinflusses unterscheiden sich beide Diffusionsarten aber deutlich: Durch die mit steigender Temperatur zunehmende Desorption sinkt die Oberflächendiffusion, während die Festkörperdiffusion stark ansteigt.

$$D_{Fe} = D_{Fe\infty}\, e^{-E_{Fe}/RT} \approx 10^{-9} \text{ m}^2/\text{s (0 °C, 0,1 MPa)} \quad (2.45)$$

Die Berechnung des diffundierenden Stoffstromes erfolgt bei den vorstehenden Diffusionsarten nach der meist experimentellen Ermittlung des Diffusionskoeffizienten in der Regel mit dem Gesetz von *Fick*. Technisch wichtige poröse Feststoffe sind Adsorbentien, Katalysatoren, feuchte Güter, feste Membranen. In solchen Feststoffen können die Porendurchmesser einen Bereich von 10^{-4} bis 10^{-9} m umfassen, so daß verschiedene Arten der Diffusion wirksam werden. Besonders für Adsorbentien und Katalysatoren ist es üblich, durch Versuche effektive Diffusionskoeffizienten zu ermitteln, welche die verschiedenen Arten der Diffusion in einem integralen Wert enthalten.

2.1.7. Analogie von Impuls-, Wärme- und Stoffübertragung

Bei der Veröffentlichung des Gesetzes über die molekulare Diffusion wies *Fick* bereits auf die formale Analogie von Diffusion und Wärmeleitung hin. Die Gesetze für den eindimensionalen Fall in x-Richtung lauten:

$$\dot{n}_1 = -D \frac{dc_1}{dx} \qquad (2.6)$$

$$\dot{q} = -\lambda \frac{dT}{dx} \qquad (2.3)$$

Von *Reynolds* wurde später die zusätzliche Analogie zum Gesetz von *Newton* für die laminare Strömung einer reibungsbehafteten Flüssigkeit ausgesprochen:

$$\tau = -\eta \frac{dw_y}{dx} \qquad (2.46)$$

| Die molekulare Impulsstromdichte ist proportional der dynamischen Viskosität und dem Geschwindigkeitsgradienten.

Medien, für die der lineare Ansatz gemäß Gleichung (2.46) nicht gilt, werden Nicht-*Newton*sche-Medien genannt (rheologische Strömungen). Dementsprechend wären auch Nicht-*Fick*sche und Nicht-*Fourier*sche Medien möglich, deren Einführung mit diesen Bezeichnungen aber nicht üblich ist.
Die in den vorstehenden Gesetzen enthaltenen Stoffwerte η, λ und D werden auch als *molekulare Transportkoeffizienten* bezeichnet.

| Eine sehr grobe Einschätzung der Transportkoeffizienten führt zu der Aussage, daß der Wärmeleitkoeffizient eine fallende Tendenz von festen Stoffen über Flüssigkeiten zu Gasen aufweist, desgleichen die dynamische Viskosität eine fallende Tendenz von Flüssigkeiten zu Gasen, während der Diffusionskoeffizient steigende Tendenz vom festen Stoff über Flüssigkeiten zu Gasen besitzt.

Dieses grundsätzlich verschiedene Verhalten von dynamischer Viskosität und Wärmeleitkoeffizient einerseits und dem Diffusionskoeffizienten andererseits ist auf die unterschiedliche Dichte der Stoffe zurückzuführen. Das unterschiedliche Verhalten in festen Stoffen ist auch dadurch bedingt, daß in diesen ein Massenstrom bei der Diffusion bevorzugt den Weg über zusammenhängende oder nahe beieinander liegende Poren nimmt, während ein Wärmestrom bei der Wärmeleitung bevorzugt den Weg durch den zusammenhängenden festen Stoff unter Umgehung der Poren nimmt. Die gute Wärmeleitung in Metallen hat ihre Ursache im gleichen kristallinen Aufbau.
Eine tiefere Einsicht in das verschiedene Verhalten von festen, flüssigen und gasförmigen Stoffen erhält man durch molekularkinetische Betrachtungen. Diese führen bei Gasen auf der Grundlage der kinetischen Gastheorie mit der enschränkenden Voraussetzung, daß keine Anziehungs- und Abstoßkräfte zwischen den Molekülen wirken, bereits zu Ergebnissen, die teilweise in guter Übereinstimmung mit dem tatsächlichen Verhalten stehen. Bei

Flüssigkeiten führen molekularkinetische Betrachtungen nur zu tendenziellen Ergebnissen. Bezüglich weiterer Einzelheiten wird auf [2.10], Abschnitt 8., verwiesen. Wärmeleit- und Diffusionskoeffizienten für feste Stoffe sind entsprechend dem unterschiedlichen Aufbau durch einen großen Zahlenbereich gekennzeichnet, z. B. Wärmeleitfähigkeit bei Metallen sehr gut, bei Isolierstoffen (makroporöse Struktur mit Gaseinschlüssen) sehr klein bis zur Größenordnung der Gase. In Tabelle 2.2 sind die Zahlenwerte für die Transport- und Ausgleichskoeffizienten für ein Metall, einen Isolierstoff, Wasser und zwei Gase angegeben, um eine Vorstellung über die Größenordnung zu vermitteln.

Tabelle 2.2. Transport- und Ausgleichskoeffizienten für verschiedene Stoffe bei 0,1 MPa und 0 °C

	Stahl	Kork	Wasser	Luft	Wasserstoff
η in kg m^{-1} s^{-1}	–	–	$1{,}77 \cdot 10^{-3}$	$1{,}79 \cdot 10^{-5}$	$0{,}873 \cdot 10^{-5}$
λ in W m^{-1} K^{-1}	52,0	0,03	0,552	0,0243	0,176
D in m^2 s^{-1}	–	$\approx 10^{-15}$	$2{,}0 \cdot 10^{-9}$ [1)]	$1{,}5 \cdot 10^{-5}$ [2)]	$5{,}9 \cdot 10^{-5}$ [3)]
v in m^2 s^{-1}	–	–	$1{,}77 \cdot 10^{-6}$	$1{,}33 \cdot 10^{-5}$	$9{,}70 \cdot 10^{-5}$
a_T in m^2 s^{-1}	$14{,}1 \cdot 10^{-6}$	$5{,}3 \cdot 10^{-6}$	$1{,}31 \cdot 10^{-3}$	$1{,}87 \cdot 10^{-5}$	$1{,}39 \cdot 10^{-4}$

[1)] CO_2 in Wasser
[2)] CO_2 und Luft
[3)] CO_2 und Wasserstoff

Die molekularen Ausgleichskoeffizienten

- kinematische Viskosität für den Impuls,
- Temperaturleitkoeffizient für die Wärme und
- Diffusionskoeffizient für den Stoff

kennzeichnen die Geschwindigkeit für die Ausbreitung von Impuls, Wärme und Stoff in einem gegebenen Volumen. Mit den Ausgleichskoeffizienten lauten die obigen Gleichungen für die Stoff-, Wärme- und Impulsstromdichte:

$$\dot{n}_1 = -D \frac{dc_1}{dx} \tag{2.21}$$

$$\dot{q} = -a_T \varrho c_p \frac{dT}{dx} \tag{2.47}$$

$$\tau = -v\varrho \frac{dw_y}{dx} \tag{2.48}$$

Stoffe mit niedrigerer Dichte (Gase) besitzen im Vergleich zu Stoffen höherer Dichte (Flüssigkeiten) höhere Ausgleichskoeffizienten für Impuls, Wärme und Stoff, siehe auch Tabelle 2.2. In isotropen Medien sind die molekularen Transport- und Ausgleichskoeffizienten richtungsunabhängig.

2.2. Bilanzgleichungen

Diese beruhen auf der Erhaltung von Masse, Energie und Impuls in einem abgeschlossenen System, das durch einen Bilanzkreis gekennzeichnet wird. Die Erhaltungssätze sind in der Verfahrenstechnik streng gültig, da Umwandlungen zwischen Masse und Energie, wie zum

Bilanzgleichungen 2.2.

Beispiel in einem Kernkraftwerk, nicht in Betracht kommen. Die Bilanzgleichungen für ein differentielles Volumenelement führen zu *differentiellen Bilanzgleichungen*. Die Bilanzgleichungen für Bilanzräume größer als ein differentielles Volumenelement, und zwar für

- ein endliches Volumenelement,
- einen Teil des Apparates, wobei oft besonders zweckmäßig die Betrachtung eines beliebigen Querschnittes bis zu einem Ende des Apparates ist,
- einen Apparat,
- mehrere Apparate (verfahrenstechnisches System)

führen auf *integrale Bilanzgleichungen*.
Differentielle Bilanzgleichungen stellen die Grundlage für die Berechnung von Geschwindigkeits-, Temperatur- und Konzentrationsfeldern dar. Integrale Bilanzgleichungen können durch Integration der differentiellen Bilanzgleichungen erhalten werden, soweit eine analytische oder numerische Lösung möglich ist. Ein Temperatur- und Konzentrationsfeld kann auch durch Betrachtungen geeigneter Volumenteile in einem Apparat erhalten werden, z. B. in Bodenkolonnen das Konzentrations- und Temperaturprofil durch Ermittlung dieser Größen auf jedem Boden. In der Technik werden integrale Bilanzgleichungen häufiger durch Bilanzieren der ein- und ausgehenden Stoffströme für das betrachtete Bilanzgebiet aufgestellt. In die Bilanzen sind alle Transport-, Speicher- und Umwandlungseffekte (z. B. chemische Reaktion oder Energieumwandlung) einzubeziehen, wobei die beiden letzteren an der Grenzfläche oder innerhalb des Volumens des betrachteten Bilanzgebietes auftreten können. Die allgemeine Bilanz in verbaler Form lautet:

$$\begin{bmatrix}\text{Summe der in das Bilanz-}\\ \text{gebiet eintretenden Grö-}\\ \text{ßen} \triangleq \text{Transport (Zufuhr)}\end{bmatrix} + \begin{bmatrix}\text{Summe der im Bilanzgebiet}\\ \text{durch Umwandlung gebilde-}\\ \text{ten Größen} \triangleq \text{Umwandlung}\end{bmatrix} + \begin{bmatrix}\text{Abnahme der im}\\ \text{Bilanzgebiet ge-}\\ \text{speicherten Größen}\\ \triangleq \text{Abnahme}\\ \text{Speicherung}\end{bmatrix}$$

$$= \begin{bmatrix}\text{Summe der aus dem Bilanz-}\\ \text{gebiet austretenden Größen}\\ \triangleq \text{Transport (Abfuhr)}\end{bmatrix} + \begin{bmatrix}\text{Zunahme der im Bilanzge-}\\ \text{biet gespeicherten Größen}\\ \triangleq \text{Zunahme Speicherung}\end{bmatrix} \quad (2.49)$$

Unter Größen sind in der Gleichung (2.49) Massen oder Mengen oder deren Ströme zu verstehen. Die Bilanzierung von Transport-, Speicher- und Umwandlungsgrößen ist mathematisch ausführlich in [2.3] behandelt worden. Die Aufstellung integraler Bilanzgleichungen durch Bilanzierung der ein- und ausgehenden Stoffströme in einem betrachteten Bilanzgebiet wird später bei zahlreichen Apparaten behandelt, z. B. für Wärmeübertrager im Abschnitt 3.2. und für Destillationskolonnen in den Abschnitten 4.2. und 4.3. Auf die Differentialgleichungen für Impuls, Energie und Stoff bzw. Masse wird nachstehend eingegangen. Der Erhaltungssatz für die gesamte Masse ohne Stoffübertragung führt zur *Kontinuitätsgleichung*, Ableitung siehe [2.6]:

$$\frac{\partial \varrho}{\partial t} + \frac{\partial (\varrho w_x)}{\partial x} + \frac{\partial (\varrho w_y)}{\partial y} + \frac{\partial (\varrho w_z)}{\partial z} = 0 \qquad (2.50\text{a})$$

oder bei konstanter Dichte

$$\frac{\partial w_x}{\partial x} + \frac{\partial w_y}{\partial y} + \frac{\partial w_z}{\partial z} = 0 \qquad (2.50\text{b})$$

Die Impulsbilanz an einem differentiellen Volumenelement ergibt die allgemeine Bewegungsgleichung von *Navier-Stokes*, die für das Geschwindigkeitsfeld maßgebend ist. Sie lautet in x-Richtung für inkompressible, zähe Flüssigkeiten im stationären Zustand:

$$\varrho\left(w_x\frac{\partial w_x}{\partial x} + w_y\frac{\partial w_x}{\partial y} + w_z\frac{\partial w_x}{\partial z}\right) = \varrho g_x - \frac{\partial p}{\partial x} + \eta\left(\frac{\partial^2 w_x}{\partial x^2} + \frac{\partial^2 w_x}{\partial y^2} + \frac{\partial^2 w_x}{\partial z^2}\right) \quad (2.51)$$

Ableitung der Stoffbilanzgleichung im strömenden Medium mit Stoffübertragung

Die Bilanz wird an einem differentiellen Volumenelement in Würfelform mit den Kantenlängen dx, dy und dz für stationären Zustand aufgestellt. Es wird vorausgesetzt, daß keine Speicherung und Umwandlung auftritt. Für das betrachtete Volumenelement ist die in x-Richtung eintretende Mengenstromdichte der Komponente 1 durch Konvektion:

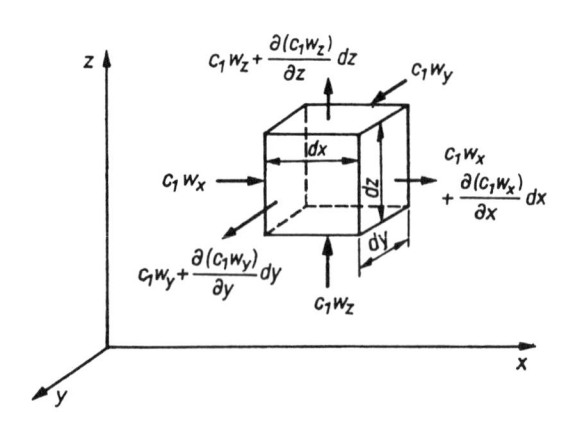

$$\dot{n}_{1x} = c_1 w_x$$

Bild 2.8. Stoffbilanz an einem Volumenelement dV im strömenden Medium mit Stoffübertragung

Für die austretende Mengenstromdichte der Komponente 1 hat sich durch Stoffübertragung die Geschwindigkeit um $\frac{\partial w_x}{\partial x}dx$ und die Konzentration um $\frac{\partial c_1}{\partial x}dx$ verändert:

$$\dot{n}_{1x+dx} = c_1 w_x + \frac{\partial(c_1 w_x)}{\partial x}dx$$

Die Änderung der Mengenstromdichte der Komponente 1 in x-Richtung ist

$$d\dot{n}_{1x} = \dot{n}_{1x} - \dot{n}_{1x+dx} = -\frac{\partial(c_1 w_x)}{\partial x}dx$$

Analog ergibt sich die Änderung der Mengenstromdichte in y-Richtung und z-Richtung zu:

$$d\dot{n}_{1y} = -\frac{\partial(c_1 w_y)}{\partial y}dx \quad \text{und} \quad d\dot{n}_{1z} = -\frac{\partial(c_1 w_z)}{\partial z}dx$$

Die Gesamtänderung der Mengenstromdichte $d\dot{n}_1$ für alle 3 Ortskoordinaten ist

$$d\dot{n}_1 = d\dot{n}_{1x} + d\dot{n}_{1y} + d\dot{n}_{1z}$$

$$d\dot{n}_1 = -\left[\frac{\partial(c_1 w_x)}{\partial x} + \frac{\partial(c_1 w_y)}{\partial y} + \frac{\partial(c_1 w_z)}{\partial z}\right]dx$$

$$d\dot{n}_1 = -\left[c_1\left(\frac{\partial w_x}{\partial x} + \frac{\partial w_y}{\partial y} + \frac{\partial w_z}{\partial z}\right) + w_x\frac{\partial c_1}{\partial x} + w_y\frac{\partial c_1}{\partial y} + w_z\frac{\partial c_1}{\partial z}\right]dx$$

Unter Beachtung von Gleichung (2.50a) ergibt sich:

$$d\dot{n}_1 = -\left(w_x\frac{\partial c_1}{\partial x} + w_y\frac{\partial c_1}{\partial y} + w_z\frac{\partial c_1}{\partial z}\right)dx$$

Für die Konzentrationsänderung durch Diffusion in dem betrachteten Volumenelement gilt:

$$d\dot{n}_{1x} = \frac{\partial \dot{n}_{1x}}{\partial x} dx = -\frac{\partial \left(D \frac{\partial c_1}{\partial x}\right)}{\partial x} dx = -D \frac{\partial^2 c_1}{\partial x^2} dx$$

Die Gesamtänderung der Mengenstromdichte in den drei Raumrichtungen ergibt sich zu:

$$d\dot{n}_1 = -D \left(\frac{\partial^2 c_1}{\partial x^2} + \frac{\partial^2 c_1}{\partial y^2} + \frac{\partial^2 c_1}{\partial z^2}\right) dx$$

Aus Bilanzgründen muß die durch Konvektion und Diffusion auftretende Stoffstromdichte $d\dot{n}_1$ gleichgroß sein, da weder Speicherung noch Umwandlung auftreten:

$$w_x \frac{\partial c_1}{\partial x} + w_y \frac{\partial c_1}{\partial y} + w_z \frac{\partial c_1}{\partial z} = D \left(\frac{\partial^2 c_1}{\partial x^2} + \frac{\partial^2 c_1}{\partial y^2} + \frac{\partial^2 c_1}{\partial z^2}\right) \quad (2.52)$$

oder in vektorieller Schreibweise:

$w \, \text{grad} \, c_1 = D \nabla^2 c_1$

Bei einem instationären Prozeß kommt auf der linken Seite der Gleichung (2.52) das Glied $\partial c_1/\partial t$ hinzu:

$$\frac{\partial c_1}{\partial t} + w_x \frac{\partial c_1}{\partial x} + w_y \frac{\partial c_1}{\partial y} + w_z \frac{\partial c_1}{\partial z} = D \left(\frac{\partial^2 c_1}{\partial x^2} + \frac{\partial^2 c_1}{\partial y^2} + \frac{\partial^2 c_1}{\partial z^2}\right) \quad (2.53)$$

Mit den Gleichungen (2.52) bzw. (2.53) wird das Konzentrationsfeld beschrieben.

Ableitung der Energiebilanzgleichung im strömenden Medium mit Wärmeübertragung

Die analoge Ableitung wie bei der Stoffbilanzgleichung im strömenden Medium ergibt im stationären Zustand für die eintretende Wärmestromdichte in x-Richtung

$\dot{q}_x = c_p \varrho T w_x$

und eine Änderung auf der Länge dx

$$d\dot{q}_x = -c_p \varrho \frac{\partial (T w_x)}{\partial x} dx$$

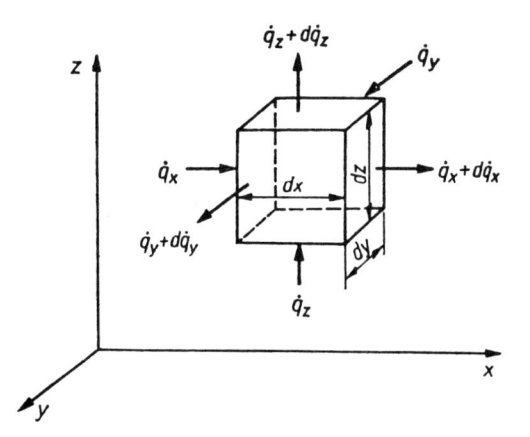

Bild 2.9. Energiebilanz an einem Volumenelement dV im strömenden Medium mit Wärmeübertragung

Für die drei Ortskoordinaten gilt:

$$d\dot{q} = -c_p\varrho \left[\frac{\partial(Tw_x)}{\partial x} + \frac{\partial(Tw_y)}{\partial y} + \frac{\partial(Tw_z)}{\partial z}\right] dx \quad \text{oder}$$

$$d\dot{q} = -c_p\varrho \left[T\left(\frac{\partial w_x}{\partial x} + \frac{\partial w_y}{\partial y} + \frac{\partial w_z}{\partial z}\right) + w_x\frac{\partial T}{\partial x} + w_y\frac{\partial T}{\partial y} + w_z\frac{\partial T}{\partial z}\right] dx$$

$$d\dot{q} = -c_p\varrho \left(w_x\frac{\partial T}{\partial x} + w_y\frac{\partial T}{\partial y} + w_z\frac{\partial T}{\partial z}\right) dx$$

Für die Wärmestromdichteänderung durch Wärmeleitung in dem betrachteten differentiellen Volumenelement gilt:

$$d\dot{q}_x = \frac{\partial q_x}{\partial x} dx = -\frac{\partial\left(\lambda\frac{\partial T}{\partial x}\right)}{\partial x} dx = -\lambda \frac{\partial^2 T}{\partial x^2} dx$$

Die Gesamtänderung der Wärmestromdichte ergibt sich zu:

$$d\dot{q} = -\lambda \left(\frac{\partial^2 T}{\partial x^2} + \frac{\partial^2 T}{\partial y^2} + \frac{\partial^2 T}{\partial z^2}\right) dx$$

Die durch Konvektion und Wärmeleitung übertragenen Wärmestromdichten sind aus Bilanzgründen gleichgroß:

$$w_x\frac{\partial T}{\partial x} + w_y\frac{\partial T}{\partial y} + w_z\frac{\partial T}{\partial z} = a_T\left(\frac{\partial^2 T}{\partial x^2} + \frac{\partial^2 T}{\partial y^2} + \frac{\partial^2 T}{\partial z^2}\right) \tag{2.54}$$

Bei einem instationären Prozeß kommt auf der linken Seite das Glied $\partial T/\partial t$ hinzu:

$$\frac{\partial T}{\partial t} + w_x\frac{\partial T}{\partial x} + w_y\frac{\partial T}{\partial y} + w_z\frac{\partial T}{\partial z} = a_T\left(\frac{\partial^2 T}{\partial x^2} + \frac{\partial^2 T}{\partial y^2} + \frac{\partial^2 T}{\partial z^2}\right) \tag{2.55}$$

Durch die Gleichungen (2.54) bzw. (2.55) wird das Temperaturfeld beschrieben. Wenn in einer Strömung eine Dissipationsenergie – Umwandlung von Druck- oder Reibungskräften in innere Energie – wirksam wird, so kommen in den Gleichungen (2.54) und (2.55) folgende Ausdrücke auf der rechten Seite hinzu (Ableitung s. [2.3], Abschn. 2.3.3).

$$\frac{\eta}{\varrho c_p}\left[2\left(\frac{\partial w_x}{\partial x}\right)^2 + 2\left(\frac{\partial w_y}{\partial y}\right)^2 + 2\left(\frac{\partial w_z}{\partial z}\right)^2 + \left(\frac{\partial w_x}{\partial y} + \frac{\partial w_y}{\partial x}\right)^2 + \left(\frac{\partial w_x}{\partial z} + \frac{\partial w_z}{\partial x}\right)^2 \right.$$
$$\left. + \left(\frac{\partial w_y}{\partial z} + \frac{\partial w_z}{\partial y}\right)^2\right] \tag{2.56}$$

Bei Gasströmungen ist die Dissipationsenergie so klein, daß keine Temperaturänderung erfolgt. Dagegen kann bei hochviskosen strömenden Flüssigkeiten die Temperaturerhöhung durch Dissipationsenergie merklich sein.

Bei technischen Problemen der konvektiven Wärme- und Stoffübertragung erfolgt in der Regel keine Berechnung des übertragenen Wärme- oder Stoffstroms durch Ermittlung des Temperatur- oder Konzentrationsfeldes nach den Gleichungen (2.52) oder (2.54). Meistens gibt es dafür noch keine Lösungsmethoden, und falls für bestimmte Aufgabenstellungen numerische Lösungsmethoden bekannt sind, so ist der Aufwand dafür extrem hoch.

2.3. Wärme- und Stoffübertragung durch Konvektion

Unter *Konvektion* versteht man den Transport von Masseteilchen in einer Strömung. Die Strömung ist umfassend durch das Geschwindigkeitsfeld charakterisiert und wird oft genügend genau durch die mittlere Geschwindigkeit in Strömungsrichtung und bei Vorhandensein von Turbulenz durch die turbulente Schwankungsbewegung gekennzeichnet. Es sind zu unterscheiden:
— *Erzwungene Strömungen*, wie sie in der Technik auf der Grundlage von Druckdifferenzen, z. B. erzeugt durch Pumpen bzw. Kompressoren, die größte Bedeutung besitzen. Sie können laminar oder turbulent sein, gekennzeichnet durch die Re-Zahl. Turbulente Strömungen besitzen Geschwindigkeitskomponenten in allen Raumrichtungen, also auch quer zur Strömungsrichtung. Ein Maß für die Turbulenz ist der Turbulenzgrad.
— *Freie Strömungen*, die gleichfalls laminar oder turbulent sein können. Ursache für freie Strömungen in der Technik sind Temperatur- und Dichteunterschiede in Verbindung mit der Schwerkraft.

In laminaren Strömungen kann Wärme bzw. Stoff quer zur Strömungsrichtung nur durch Leitung bzw. Diffusion übertragen werden. Dagegen erfolgt bei Auftreten von *Turbulenz* durch die turbulenten Schwankungsbewegungen und den damit verbundenen Transport von Masseteilchen in Form von Turbulenzballen eine Übertragung auch quer zur Strömungsrichtung, wodurch die Wärme- und Stoffübertragung stark intensiviert wird.

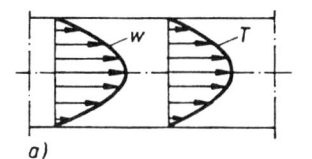

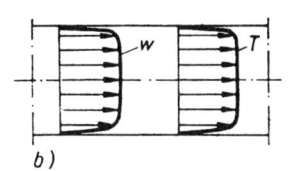

Bild 2.10. Geschwindigkeits- und Temperaturfeld im Rohr
a) laminare Strömung
b) turbulente Strömung

Die Einführung von *Grenzschichten* hat sich als sehr fruchtbringend erwiesen. Von einer Geschwindigkeitsgrenzschicht spricht man, wenn der überwiegende Teil der Geschwindigkeitsänderung zwischen dem fluiden Medium und der Wand in einer kleinen wandnahen Schicht erfolgt. Entsprechend den Wechselbeziehungen zwischen dem Geschwindigkeits-, Temperatur- und Konzentrationsfeld treten Geschwindigkeits-, Temperatur- und Konzentrationsgrenzschichten auf (s. Bild 2.10).
Die Temperatur des Mediums in Strömungsrichtung eines Kanals ist im Bild 2.11a als mittlerer Wert des betreffenden Querschnittes angegeben, während im Bild 2.11b bis d für einen Querschnitt entsprechend der Strömungsform das wirkliche Temperaturprofil darge-

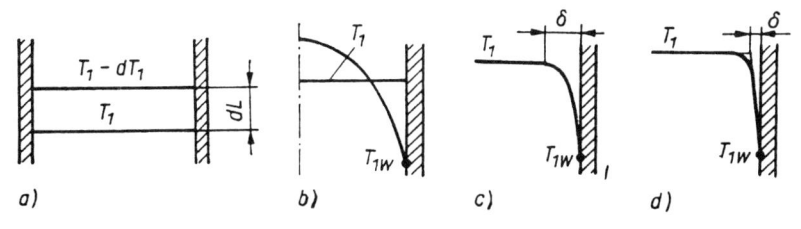

Bild 2.11. Strömung eines fluiden Mediums 1 in einem Rohr mit Wärmeübertragung
a) Temperaturabfall dT_1 auf der Weglänge dL
b) Temperaturverlauf bei laminarer Strömung
c) Temperaturverlauf bei turbulenter Strömung mit turbulenter Grenzschicht und laminarer Unterschicht
d) Temperaturverlauf bei turbulenter Strömung mit laminarer Grenzschicht

stellt ist. In einem durchströmten Kanal, z. B. einem Rohr, tritt bei laminarer Strömung keine Grenzschicht auf (s. Bild 2.11 b). Bei turbulenter Strömung tritt an der Wand eine turbulente Grenzschicht mit einer laminaren Unterschicht (Bild 2.11c) oder eine laminare Grenzschicht (Bild 2.11d) auf. An umströmten Körpern treten Grenzschichten bei genügend großer Abmessung der Strömung auch bei laminarer Strömung auf.

Kopplung von Wärme- und Stoffübertragung

Aufgaben der Wärme- bzw. Stoffübertragung sind in der Behandlung einfacher, wenn eine gekoppelte Betrachtung der Wärme- und Stoffübertragung nicht erforderlich ist. Aufgaben mit einer Übertragung von Wärme zwischen einem fluiden Medium und einer festen Wand ohne Phasenänderung stellen ausschließlich Probleme der Wärmeübertragung dar. Die Phasenänderung eines reinen Stoffes, dessen Zusammensetzung sich nicht ändert, kann grundsätzlich als ein alleiniges Wärmeübertragungsproblem behandelt werden, obwohl Stoff von einer Phase in die andere übertragen wird. Die Stoffübertragung ist in der Regel mit einer Übertragung von Energie gekoppelt (Änderung der Enthalpie bei Phasenänderung oder auftretende Mischungsenthalpie). Zahlreiche Probleme der Stoffübertragung können trotz der Übertragung großer Energieströme ohne Kopplung mit der Wärmeübertragung behandelt werden, z. B. die Destillation.

2.3.1. Grundbegriffe und Grundgleichungen

Die Problemstellung wird zunächst am Beispiel der *konvektiven Wärmeübertragung* erläutert. Ein in einem Rohr strömendes fluides Medium 1 mit der mittleren Temperatur T_1 kühlt sich auf der Länge dL um dT_1 ab (s. Bild 2.11a).

Aus der Energiebilanz folgt daraus die Veränderung des Enthalpiestroms:

$$d\dot{H}_1 = \dot{M}_1 c_{p1} dT_1 \tag{2.57}$$

Der Enthalpiestrom wird von dem strömenden Medium 1 an die Wand übertragen und wird dann als Wärmestrom bezeichnet, wobei gemäß dem Gesetz von der Erhaltung der Energie $d\dot{Q} = d\dot{H}_1$ gelten muß. Dieser Prozeß wird als Wärmeübergang bezeichnet:

> Wärmeübergang ist die Übertragung von Energie vom fluiden Medium an die Wand oder Phasengrenze bzw. umgekehrt. Beim Wärmeübergang können alle drei Mechanismen auftreten:
> - Wärmeleitung quer zur Strömung und in laminaren Grenzschichten,
> - Konvektion durch turbulenten Transport,
> - Strahlung bei großen Temperaturdifferenzen zwischen dem Medium und der Wand.

Für den Wärmeübergang zwischen einem fluiden Medium und der Wand machte bereits *Newton* folgenden phänomenologischen Ansatz:

$$\boxed{d\dot{Q} = \alpha_1 \, dA(T_1 - T_{1w}) \quad \text{bzw.} \quad \dot{q} = \alpha_1 (T_1 - T_{1w})} \tag{2.58}$$

> Der bei der Konvektion übertragene Wärmestrom durch Wärmeübergang ist proportional dem Wärmeübergangskoeffizienten α_1, der Wärmeübertragungsfläche und der Temperaturdifferenz zwischen dem fluiden Medium und der Wand. Der Wärmeübergangskoeffizient hat die Einheit $W/(m^2 K)$.

Die Wärmeübertragungsfläche beeinflußt proportional die Kosten des Wärmeübertragers. Große Temperaturdifferenzen senken zwar die Kosten des Wärmeübertragers, vergrößern aber die Exergieverluste. Der Wärmeübergangskoeffizient ist kein Stoffwert. Er ist insbesondere vom Strömungsfeld, dem Temperaturfeld, den stofflichen Eigenschaften des Mediums und der geometrisch-konstruktiven Ausführung des Wärmeübertragers abhängig (s. Abschn. 2.3.2.). Bei örtlichen Unterschieden des Wärmeübergangskoeffizienten kann ein mittlerer Wärmeübergangskoeffizient nach folgender Gleichung eingeführt werden:

$$\alpha_1 = \frac{\frac{1}{A}\int_0^A \dot{q}\,dA}{\frac{1}{A}\int_0^A (T_1 - T_{1w})\,dA} = \frac{\int_0^A \alpha_1(T_1 - T_{1w})\,dA}{\int_0^A (T_1 - T_{1w})\,dA} \qquad (2.59)$$

Eine Mittelwertbildung gemäß Gleichung (2.59) ist sehr aufwendig und wird bei praktischen Berechnungen kaum benutzt. Durch Verwendung mittlerer Stoffwerte für das fluide Medium zwischen Ein- und Austritt des Wärmeübertragers wird der mittlere Wärmeübergangskoeffizient genügend genau bestimmt, wobei auch die Berechnungsgleichungen unter Einbeziehung experimenteller Werte auf diese Art und Weise ermittelt werden.

Im Bild 2.10 b−d ist der Temperaturverlauf schematisch dargestellt. Bei laminarer Strömung entspricht die Temperatur T_1 der mittleren Temperatur in dem betreffenden Querschnitt, während bei turbulenter Strömung die mittlere Temperatur faktisch weitgehend der Temperatur im Kern der Strömung entspricht. Gemäß den obigen Ausführungen ist zwischen der mittleren Temperatur in einem Querschnitt und der mittleren Temperatur des fluiden Mediums im gesamten Wärmeübertrager zu unterscheiden, wobei grundsätzlich letztere zur Ermittlung des mittleren Wärmeübergangskoeffizienten zu verwenden ist.

Wenn der Temperaturabfall zwischen dem fluiden Medium und der Wand in einer turbulenten Strömung nur in einer laminaren Grenzschicht an der Wand erfolgt, so gilt:

$$\dot{q} = -\lambda \frac{dT}{\partial\delta} \quad \text{oder} \quad \dot{q} = \frac{\lambda}{\delta}(T_1 - T_{1w})$$

In einer *laminaren Grenzschicht* gilt:

$$\alpha = \frac{\lambda}{\delta} \qquad (2.60)$$

Die Berechnung des Wärmeübergangskoeffizienten nach Gleichung (2.60) wird nur scheinbar vereinfacht, da die komplexen Probleme sich dann auf die Bestimmung der Dicke der laminaren Grenzschicht δ verlagern. Außerdem muß die Voraussetzung erfüllt sein, daß die Temperaturänderung von T_1 auf T_{1w} nur in einer laminaren Grenzschicht erfolgt. Für die Berechnung industrieller Wärmeübertrager besitzt Gleichung (2.60) keine Bedeutung. Eine Wärmeübertragung durch direkten Kontakt zwischen zwei unlöslichen fluiden Phasen ohne Stoffübertragung wird in der Technik selten angewendet. Statt der festen Wärmeübertragungsfläche ist dann die Phasengrenzfläche zwischen den beiden fluiden Phasen maßgebend.

Stoffübertragung durch Konvektion

Diese tritt in einer Phase auf. Die zwischen zwei Phasen gebildete Phasengrenzfläche = Stoffübertragungsfläche ist im Gegensatz zum Wärmeübertrager nicht nur vom Apparat abhängig, sondern auch von den zwei Phasen, zwischen denen sich die Phasengrenzfläche ausbildet (s. Abschn. 2.6.2.). Die Triebkraft (s. Abschn. 2.7.3.) ergibt sich als Differenz aus den Konzentrationen an der Phasengrenzfläche und in der Strömung. An der Phasengrenzfläche wird in der Regel Phasengleichgewicht zwischen den beiden Phasen vorausgesetzt. Die Konzentration an der Phasengrenzfläche wird durch den Index P gekennzeichnet. Als Modellvorstellung wird oft davon ausgegangen, daß die Konzentrationsänderung in einer dünnen Grenzschicht an der Phasengrenze erfolgt, während im Kern der Strömung die Konzentration konstant ist. Die Konzentration im Kern der Strömung wird ohne Index geschrieben. Damit sind für die Stoffübertragung durch Konvektion in einer Phase I die im Bild 2.12 dargestellten Konzentrationsverläufe möglich, wobei die molare Dichte und der Molanteil als Konzentrationsmaße verwendet wurden.

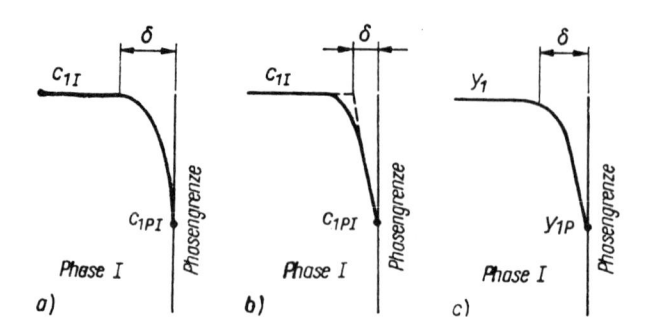

Bild 2.12. Schematische Darstellung des Konzentrationsverlaufs bei der konvektiven Stoffübertragung an der Phasengrenze mit der molaren Dichte bzw. dem Molanteil
a) turbulente Grenzschicht
b) laminare Grenzschicht
c) turbulente Grenzschicht

Ein molarer Stoffstrom $\dot{N}$, der aus zwei oder mehr Komponenten besteht, soll seine Konzentration um dc_1 an der Phasengrenzfläche dA verändern. Für die Stoffbilanz gilt dann:

$$d\dot{N}_1 = \dot{N} dc_1 \quad \text{bzw.} \quad d\dot{n}_1 = \dot{n} dc_1 \tag{2.61}$$

oder bei Veränderung des gesamten Stoffstroms in dem betrachteten Bilanzgebiet

$$d\dot{N}_1 = d(\dot{N} c_1) \quad \text{bzw.} \quad d\dot{n}_1 = d(\dot{n} c_1) \tag{2.61a}$$

Der differentielle Stoffstrom $d\dot{N}_1$ ist an die Phasengrenze transportiert worden. Dieser Prozeß wird als Stoffübergang bezeichnet.

> Stoffübergang ist die Übertragung mindestens einer Stoffkomponente zwischen einem fluiden Medium und der Phasengrenzfläche. Beim Stoffübergang können folgende Mechanismen auftreten:
> - Diffusion in einer laminaren Grenzschicht an der Phasengrenzfläche oder quer zur konvektiven Strömung,
> - Konvektion durch turbulenten Transport.

Für den Stoffübergang wird folgender phänomenologischer Ansatz gemacht (s. Bild 2.12):

$$\boxed{d\dot{N}_1 = \beta_{\text{I}} dA(c_{1\text{I}} - c_{1P\text{I}}) \quad \text{bzw.} \quad \dot{n}_1 = \beta_{\text{I}}(c_{1\text{I}} - c_{1P\text{I}})} \quad \text{mit } \beta_{\text{I}} \text{ in } \frac{m}{s} \tag{2.62}$$

> Der bei der Konvektion übertragene Stoffstrom ist proportional dem Stoffübergangskoeffizienten, der Phasengrenzfläche und der Konzentrationsdifferenz zwischen dem fluiden Medium und der Phasengrenzfläche.

Die Einheit des Stoffübergangskoeffizienten β_{I} ergibt sich gemäß Gleichung (2.62)

$$\frac{\dot{n}_1}{c_{1\text{I}} - c_{1P\text{I}}} = \beta_{\text{I}} \quad \text{mit} \quad \frac{\text{kmol}}{m^2 s} \cdot \frac{m^3}{\text{kmol}} = \frac{m}{s}$$

Mit anderen Konzentrationsmaßen lautet der phänomenologische Ansatz für den Stoffübergang:

$$\mathrm{d}\dot{N}_1 = \beta_I \,\mathrm{d}A(y_1 - y_{1P}) \quad \text{bzw.} \quad \dot{n}_1 = \beta_I(y_1 - y_{1P}) \qquad \text{mit } \beta_I \text{ in } \frac{\mathrm{kmol}}{\mathrm{m}^2\,\mathrm{s}} \qquad (2.63)$$

$$\mathrm{d}\dot{M}_1 = \beta_I \,\mathrm{d}A(\varrho_{1I}^K - \varrho_{1Pl}^K) \quad \text{bzw.} \quad \dot{m}_1 = \beta_I(\varrho_{1I}^K - \varrho_{1Pl}^K) \qquad \text{mit } \beta_I \text{ in } \frac{\mathrm{m}}{\mathrm{s}} \qquad (2.64)$$

$$\mathrm{d}\dot{M}_1 = \beta_I \,\mathrm{d}A(\bar{y}_1 - \bar{y}_{1P}) \quad \text{bzw.} \quad \dot{m}_1 = \beta_I(\bar{y}_1 - \bar{y}_{1P}) \quad \text{mit } \beta_I \text{ in } \frac{\mathrm{kg}}{\mathrm{m}^2\,\mathrm{s}} \qquad (2.65)$$

$$\mathrm{d}\dot{N}_1 = \beta_I \,\mathrm{d}A(p_{1I} - p_{1Pl}) \quad \text{bzw.} \quad \dot{n}_1 = \beta_I(p_{1I} - p_{1Pl}) \quad \text{mit } \beta_I \text{ in } \frac{\mathrm{kmol}}{\mathrm{m}^2\,\mathrm{s}\,\mathrm{Pa}} \qquad (2.66)$$

$$\mathrm{d}\dot{N}_1 = \frac{\beta_I \,\mathrm{d}A}{RT}(p_{1I} - p_{1Pl}) \quad \text{bzw.} \quad \dot{n}_1 = \frac{\beta_I}{RT}(p_{1I} - p_{1Pl}) \quad \text{mit } \beta_I \text{ in } \frac{\mathrm{m}}{\mathrm{s}} \qquad (2.66\mathrm{a})$$

$$\mathrm{d}\dot{N}_1 = \beta_I \,\mathrm{d}A(Y_1 - Y_{1P}) \quad \text{bzw.} \quad \dot{n}_1 = \beta_I(Y_1 - Y_{1P}) \qquad \text{mit } \beta_I \text{ in } \frac{\mathrm{kmol}}{\mathrm{m}^2\,\mathrm{s}} \qquad (2.67)$$

$$\mathrm{d}\dot{M}_1 = \beta_I \,\mathrm{d}A(\bar{Y}_1 - \bar{Y}_{1P}) \quad \text{bzw.} \quad \dot{m}_1 = \beta_I(\bar{Y}_1 - \bar{Y}_{1P}) \qquad \text{mit } \beta_I \text{ in } \frac{\mathrm{kg}}{\mathrm{m}^2\,\mathrm{s}} \qquad (2.68)$$

Bei Vorhandensein einer laminaren Grenzschicht kann in dieser die Stoffübertragung nur durch Diffusion erfolgen. Es gilt dann (s. Bild 2.12b):

$$\dot{n}_1 = \beta_I(c_{1I} - c_{1Pl}) = \frac{D}{\delta}(c_{1I} - c_{1Pl})$$

Für den Konzentrationsabfall ausschließlich in einer laminaren Grenzschicht mit der Dicke δ gilt für den Stoffübergangskoeffizienten

$$\beta_I = \frac{D}{\delta} \qquad (2.69)$$

Die Probleme bei Verwendung von Gleichung (2.69) konzentrieren sich dann auf die Bestimmung der Dicke der laminaren Grenzschicht, vergleiche Gleichung (2.60).
Die Einheiten für den Stoffübergangskoeffizienten ergeben sich aus der jeweiligen Einheitengleichung, z. B. in Gleichung (2.63)

$$\frac{\dot{n}_1}{y_1 - y_{1P}} = \beta_I \quad \text{ergibt} \quad \frac{\mathrm{kmol}}{\mathrm{m}^2\,\mathrm{s}} \frac{\mathrm{kmol}}{\mathrm{kmol}} = \frac{\mathrm{kmol}}{\mathrm{m}^2\,\mathrm{s}}$$

In diesem Lehrbuch werden bei den Stoffübergangskoeffizienten die benutzten Konzentrationsmaße grundsätzlich nicht gekennzeichnet. Es wird davon ausgegangen, daß zur Bearbeitung jeder Aufgabe auch die Überprüfung der Einheiten gehört, so daß sich daraus zwangsläufig die zutreffende Einheit für den Stoffübergangskoeffizienten ergibt. Nachstehend werden wesentliche Beispiele für die Umrechnung verschiedener Stoffübergangskoeffizienten angegeben, wobei eine Kennzeichnung der Stoffübergangskoeffizienten durch einen zusätzlichen Index entsprechend der benutzten Konzentration erfolgt, also

β_{1c}, β_{1y}, $\beta_{1\varrho}$, $\beta_{1\bar{y}}$, β_{1p}, β_{1Y} und $\beta_{1\bar{Y}}$

$$\beta_{1y} = c\beta_{1c} \tag{2.70}$$

$$\beta_{1\bar{y}} = \varrho_1^K \beta_{1\varrho} \tag{2.71}$$

Die Umrechnung zwischen β_{1y} mit Molanteil und β_{1Y} mit Molverhältnis (Beladung) erhält man durch folgende Betrachtung:

$$\dot{n}_1 = \beta_{1y}(y_1 - y_{1P}) = \beta_{1Y}(Y_1 - Y_{1P})$$

Unter Verwendung von Gleichung (2.16) erhält man:

$$\beta_{1y}\left(\frac{Y_1}{1+Y_1} - \frac{Y_{1P}}{1+Y_{1P}}\right) = \beta_{1Y}(Y_1 - Y_{1P})$$

Eine einfache algebraische Umformung ergibt:

$$\beta_{1Y} = \frac{\beta_{1y}}{(1+Y_1)(1+Y_{1P})} \tag{2.72}$$

Entsprechend erhält man für den Zusammenhang zwischen $\beta_{1\bar{y}}$ und $\beta_{1\bar{Y}}$

$$\beta_{1\bar{Y}} = \frac{\beta_{1\bar{y}}}{(1+\bar{Y}_1)(1+\bar{Y}_{1P})} \tag{2.73}$$

In der Trocknungstechnik ist es üblich, den Stoffübergangskoeffizienten gemäß Gleichung (2.68) mit kg Wasserdampf je kg trockene Luft als Konzentrationsmaß Verdunstungskoeffizient zu nennen.

Bei Prozessen mit zwei fluiden Phasen wird die Phasengrenzfläche durch das Aufeinanderwirken der beiden Phasen gebildet. Besonders bei Bodenkolonnen bestehen erhebliche Schwierigkeiten zur Vorausberechnung der Phasengrenzfläche. Manchmal wird deshalb statt eines flächenbezogenen Stoffübergangskoeffizienten, wie er in den Gleichungen (2.62) bis (2.68) verwendet wurde, ein volumenbezogener Stoffübergangskoeffizient eingeführt, der auf das Arbeitsvolumen bezogen ist, in dem die Stoffübertragung stattfindet. Die Aussagekraft mit einem volumenbezogenen Stoffübergangskoeffizienten ist wesentlich geringer, da in dem Arbeitsvolumen sich sehr unterschiedlich große Phasengrenzflächen ausbilden können. Mit einem volumenbezogenen Stoffübergangskoeffizienten, der durch den Index V gekennzeichnet wird, erhält man zum Beispiel:

$$d\dot{N}_1 = \beta_{V1}\,dV(y_1 - y_{1P}) \quad \text{bzw.} \quad \dot{n}_1 = \beta_{V1}(y_1 - y_{1P}) \quad \text{mit} \quad \beta_{V1} \quad \text{in} \quad \frac{\text{kmol}}{\text{m}^3\,\text{s}} \tag{2.74}$$

2.3.2. Modellierung des Wärmeübergangs auf der Grundlage der Ähnlichkeitstheorie

Das Differentialgleichungssystem für die konvektive Wärmeübertragung wurde bereits im Abschnitt 2.2. mit den Bilanzgleichungen (2.50a), (2.51) und (2.54) angegeben. Als Randbedingung kommen die Gleichungen für den Wärmeübergang (2.58) und (2.60) mit laminarer Grenzschicht hinzu:

$$\dot{q} = \alpha_1(T_1 - T_{1w}) = \frac{\lambda_1}{\delta_1}(T_1 - T_{1w}) \tag{2.75}$$

Dieses Differentialgleichungssystem wurde bereits 1879 von *Oberbeck* aufgestellt. Es ist in allgemeiner Form nicht lösbar. Das Differentialgleichungssystem kann für spezielle Fälle wie folgt genutzt werden:

1. Ableitung von Ähnlichkeitskennzahlen, wobei dies keine Lösung darstellt, sondern lediglich zu einer vertieften physikalischen Deutung der Ähnlichkeitskennzahlen führt.
2. Lösung mit Hilfe der Grenzschichttheorie als Sonderfall, z. B. für die turbulente Strömung im Rohr mit laminarer Grenzschicht. Bei einer Ablösung der Strömung, wie sie zum Beispiel hinter einem quer angeströmten Rohr eintritt, kann eine Grenzschicht nicht definiert werden. Lösungen mit Hilfe der Grenzschichttheorie sind dann nicht möglich.
3. Numerische Lösung des Differentialgleichungssystems für Sonderfälle mit komplizierten Methoden auf Computern, wobei mit sehr großem numerischem Aufwand das Geschwindigkeits- und Temperaturfeld durch Ermittlung der Geschwindigkeiten und Temperaturen an einer genügend großen Zahl von Punkten berechnet wird.

Für die industrielle Praxis haben für die konvektive Wärmeübertragung Berechnungsgleichungen auf der Grundlage der Ähnlichkeitstheorie die bei weitem größte Bedeutung. Daher wird nur auf diese eingegangen. Bezüglich einer ausführlichen Darstellung der Ähnlichkeitstheorie wird auf andere Fachbücher, z. B. [2.41] verwiesen. Im Rahmen dieses Abschnittes wird nur die Problemstellung bei der Ähnlichkeitstheorie erläutert. Dann erfolgt die Anwendung auf die konvektive Wärmeübertragung. Abschließend werden für die konvektive Wärmeübertragung in Rohren und im Rohrbündel Berechnungsgleichungen als wesentliche Beispiele angegeben.

Ähnlichkeitstheorie — Problem- und Zielstellung

Die geometrische Ähnlichkeit war bereits im Altertum bekannt. Die physikalische Ähnlichkeit ist viel weitgehender.

> Die physikalische Ähnlichkeit beinhaltet ähnliche Geschwindigkeits-, Temperatur-, Stoffwertfelder und Felder weiterer physikalischer Größen, die für den betrachteten Prozeß in zwei zu vergleichenden Aufgaben, z. B. Modell und technische Ausführung, von Bedeutung sind.

Elemente der physikalischen Ähnlichkeit wurden bereits von *Galilei* und *Newton* benutzt. Aus dem 19. Jahrhundert sind besonders Arbeiten von *Fourier*, *Froude*, *Helmholtz* und *Reynolds* hervorzuheben. Anfang dieses Jahrhunderts wurden wesentliche Grundlagen der Ähnlichkeitstheorie von *Rayleigh* mit der Exponentenmethode bei der Dimensionsanalyse, von *Buckingham* mit dem Π-Theorem und von *Nußelt* mit der Anwendung auf die Wärmeübertragung geschaffen. Zahlreiche Forscher haben in diesem Jahrhundert Beiträge erbracht, z. B. hat *Damköhler* die Ähnlichkeit im Jahre 1936 auch auf chemische Reaktionen ausgedehnt. Die Ähnlichkeitstheorie beinhaltet zwei wesentliche Zielstellungen:

1. Durch Modellversuche werden Einflußparameter eines Prozesses mit dem Ziel der mathematischen Modellierung einschließlich einer nachfolgend gewünschten Optimierung untersucht und anschließend auf das technische Objekt übertragen, wobei die physikalisch-chemischen Gesetzmäßigkeiten nur teilweise oder gar nicht bekannt sind. Als Begründer der Modellversuche kann man *Froude* ansehen, der im Jahre 1869 unter Nutzung der Ähnlichkeiten den Wellenwiderstand von Schiffen untersuchte. Modellversuche sind auf zahlreichen Gebieten der Technik, insbesondere der Verfahrenstechnik und Strömungstechnik (z. B. Windkanäle) von großer Bedeutung. Je mehr Einflußgrößen einen Prozeß maßgeblich beeinflussen, um so schwieriger ist eine völlige physikalische Ähnlichkeit gemäß der obigen Kennzeichnung zu erreichen. Oft liegt nur partielle

physikalische Ähnlichkeit vor, wobei dann viel Sachkenntnis und Erfahrung notwendig ist, um zu klären, inwieweit Ergebnisse aus Modellversuchen mit ausreichender Genauigkeit auf die technische Ausführung übertragen werden können.

2. Durch die Ähnlichkeitstheorie werden die Zahl der Einflußgrößen und damit der Versuchsaufwand vermindert. Nach dem Π-Theorem von *Buckingham* gilt:

$$s = n - r \tag{2.76}$$

    s Zahl der Ähnlichkeitskennzahlen (dimensionslose Potenzprodukte),
    n Zahl der wesentlichen Einflußgrößen,
    r auftretende Grundeinheiten des benutzten Einheitensystems in den Einflußgrößen, z. B. kg, m, s, K.

Die Verminderung des Versuchsaufwandes durch Anwendung der Ähnlichkeitstheorie wird durch folgendes Beispiel deutlich. Für einen Prozeß seien 7 Einflußgrößen mit 4 Grundeinheiten maßgebend. Bei Anwendung der Ähnlichkeitstheorie kann dieses Problem durch $s = 7 - 4 = 3$ Ähnlichkeitskennzahlen beschrieben werden. Unter der Voraussetzung, daß jede Einflußgröße mit 6 verschiedenen Zahlenwerten untersucht werden soll, ergeben sich für die 7 Einflußgrößen formal $6^7 = 279\,936$ Experimente, während der Versuchsaufwand zur Lösung des gleichen Problems unter Nutzung der Ähnlichkeitstheorie mit 3 Ähnlichkeitskennzahlen $6^3 = 216$ Experimente, also weniger als ein Tausendstel, beträgt.

Aus dem Beispiel wird auch deutlich, daß mit steigender Zahl der Einflußgrößen zunehmend dieser Vorteil der Ähnlichkeitstheorie verlorengeht, da dann die Zahl der Ähnlichkeitskennzahlen so groß wird, daß eine systematische Variation der Ähnlichkeitskennzahlen mit vertretbarem Versuchsaufwand auch nicht mehr möglich ist.

Ähnlichkeitstheorie bei der konvektiven Wärmeübertragung

Geometrische und physikalische Ähnlichkeit erfordern die Ähnlichkeit der Felder für Geschwindigkeit, Temperatur, Stoffwerte und andere Einflußgrößen. Dies kann erreicht werden, indem in einem Modell und einer technischen Ausführung sehr viele Teilchen betrachtet werden, siehe Bild 2.13 mit vier eingezeichneten Teilchen. Wird ein Proportionalitätsfaktor j eingeführt, so muß dieser für einander entsprechende Teilchen des Modells und

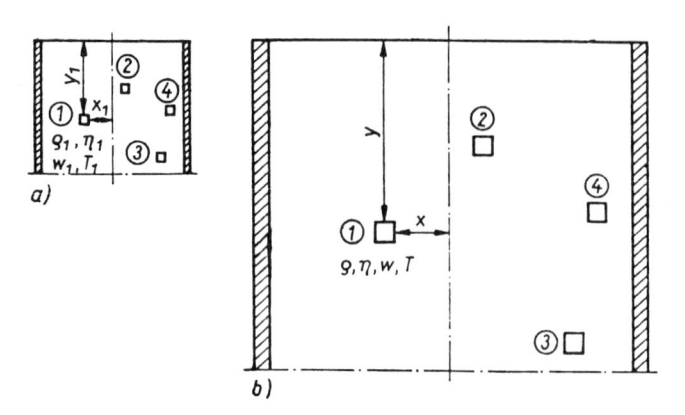

Bild 2.13. Zur geometrischen und physikalischen Ähnlichkeit der Felder für Geschwindigkeit, Temperatur und Stoffwerte bei der Wärmeübertragung
a) Modell (Index 1)
b) technische Ausführung (ohne Index)

der technischen Ausführung hinsichtlich der betreffenden Größe gleich groß sein:

$$j_L = \frac{y_1}{y} = \frac{x_1}{x}; \quad j_\eta = \frac{\eta_1}{\eta}; \quad j_\varrho = \frac{\varrho_1}{\varrho}; \quad j_\lambda = \frac{\lambda_1}{\lambda}$$

$$j_w = \frac{w_1}{w} = \frac{w_{x1}}{w_x}; \quad j_\alpha = \frac{\alpha_1}{\alpha}; \quad j_T = \frac{T_1}{T}; \quad j_{c_p} = \frac{c_{p1}}{c_p}; \quad j_{a_T} = \frac{a_{T1}}{a_T} \qquad (2.77)$$

Das Differentialgleichungssystem (2.50a), (2.51), (2.54) und (2.75) trifft sowohl für die technische Ausführung als auch das Modell zu. Als Beispiel wird die Energiebilanz mit Wärmeübertragung im strömenden Medium betrachtet. Für die technische Ausführung trifft die Gleichung (2.54) zu, für das Modell folgende Gleichung:

$$w_{x1} \frac{\partial T_1}{\partial x_1} = a_{T1} \frac{\partial^2 T_1}{\partial y_1^2}$$

und mit Einführung der Proportionalitätsfaktoren j

$$\frac{j_w j_T}{j_L} w_x \frac{\partial T}{\partial x} = \frac{j_{a_T} j_T}{j_L^2} a_T \frac{\partial^2 T}{\partial x^2} \qquad (2.78)$$

Die Gleichungen (2.54) und (2.78) müssen identisch sein, da sie für das gleiche Problem gelten. Daraus folgt:

$$\frac{j_w j_T}{j_L} = \frac{j_{a_T} j_T}{j_L^2} \quad \text{oder} \quad \frac{j_w j_L}{j_{a_T}} = 1 \quad \text{oder} \quad \frac{w_1 L_1}{a_{T1}} = \frac{wL}{a_T}$$

Damit ist durch Ähnlichkeitsbetrachtungen aus Gleichung (2.54) eine Ähnlichkeitskennzahl gefunden worden, die nach *Peclet* (Pe-Zahl) benannt wird:

$$\boxed{\text{Pe} = \frac{wL}{a_T}} \qquad (2.79)$$

Durch analoge Betrachtungen erhält man aus Gleichung (2.51) die nach *Reynolds* benannte Re-Zahl:

$$\boxed{\text{Re} = \frac{wL}{\nu} = \frac{wL\varrho}{\eta}} \qquad (2.80)$$

Aus der Randbedingung Gleichung (2.75) erhält man durch Ähnlichkeitsbetrachtungen die nach *Nußelt* benannte Nu-Zahl:

$$\boxed{\text{Nu} = \frac{\alpha L}{\lambda}} \qquad (2.81)$$

Es liegt im Wesen der Ähnlichkeitstheorie, daß in den Gleichungen (2.79) bis (2.81) für L bei einem Rohr als kennzeichnende geometrische Abmessung der Durchmesser verwendet wird. Bei anderen geometrischen Formen kann die Längenabmessung unter Benutzung einer am besten geeigneten geometrischen Größe anders eingeführt werden. Aus der Pe- und

Re-Zahl erhält man die nach *Prandtl* benannte Pr-Zahl:

$$\Pr = \frac{\text{Pe}}{\text{Re}} = \frac{v}{a_T} = \frac{\eta c_p}{\lambda} \qquad (2.82)$$

Vorstehende Ähnlichkeitskennzahlen haben folgende physikalische Bedeutung:

$$\text{Pe} = \frac{wL}{a_T} = \frac{w\varrho c_p \Delta T}{\lambda \Delta T/L} = \frac{\text{Wärmetransport durch Konvektion}}{\text{Wärmetransport durch Leitung}}$$

$$\text{Re} = \frac{wL\varrho}{\eta} = \frac{w^2\varrho}{w\eta/L} = \frac{\text{Trägheitskraft}}{\text{Viskositätskraft}}$$

$$\text{Nu} = \frac{\alpha L}{\lambda} = \frac{\alpha \Delta T}{\lambda \Delta T/L} = \frac{\text{Wärmeübergang durch Konvektion}}{\text{Wärmeübergang durch Leitung}}$$

$$\Pr = \frac{v}{a_T} = \frac{\text{molekularer Ausgleichskoeffizient für Impulstransport}}{\text{molekularer Ausgleichskoeffizient für Wärmetransport}}$$

Von den drei Ähnlichkeitskennzahlen Pe-, Re- und Pr-Zahl sind infolge des Zusammenhangs zwischen diesen Kennzahlen nur zwei zu verwenden, wobei in der Regel die Re- und Pr-Zahl benutzt werden. Für die erzwungene und freie Strömung erhält man folgenden Zusammenhang:

$$\begin{array}{ll} \text{erzwungene Strömung} & \text{Nu} = \text{Nu}(\text{Re}, \Pr) \\ \text{freie Strömung} & \text{Nu} = \text{Nu}(\text{Gr}, \Pr) \end{array} \qquad \begin{array}{l}(2.83)\\(2.84)\end{array}$$

Die nach *Grashof* benannte Gr-Zahl kennzeichnet durch das Verhältnis von Auftriebskraft zu Viskositätskraft die freie Strömung:

$$\text{Gr} = \frac{g \varkappa \Delta T L^3}{v^2} \qquad (2.85)$$

Die Anwendung der Ähnlichkeitstheorie auf das Differentialgleichungssystem für die Wärmeübertragung liefert nur Ähnlichkeitskennzahlen. Der quantitative Zusammenhang zwischen den Ähnlichkeitskennzahlen in Form eines mathematischen Modells kann nur auf der Grundlage von Versuchsdaten gewonnen werden. Dabei haben sich Potenzproduktansätze als brauchbar erwiesen:

$$\begin{array}{ll} \text{erzwungene Strömung} & \text{Nu} = a_1 \, \text{Re}^{a_2} \, \Pr^{a_3} \\ \text{freie Strömung} & \text{Nu} = a_1 \, \text{Gr}^{a_2} \, \Pr^{a_3} \end{array} \qquad \begin{array}{l}(2.86)\\(2.87)\end{array}$$

Die Parameter a_1 bis a_3 werden an die experimentellen Daten so angepaßt, daß die Differenz zwischen experimentellen und berechneten Werten nach dem benutzten Modellansatz ein Minimum wird. Damit handelt es sich um ein Optimierungsproblem, das meistens nach der Methode der kleinsten Fehlerquadrate behandelt wird:

$$\sum_{n=1}^{z} \sqrt{(\text{Nu}_{\text{exp},n} - \text{Nu}_{\text{ber},n})^2} \to \text{Minimum}$$

Die Anpassung von Parametern in einem mathematischen Modell an z experimentelle Werte mit dem Ziel eines minimalen Fehlers zwischen berechneten ($\mathrm{Nu_{ber}}$) und experimentellen Werten ($\mathrm{Nu_{exp}}$) ist eine häufige Aufgabe in der Verfahrenstechnik. Dazu stehen Programme nach verschiedenen Methoden, insbesondere das Gradientenverfahren nach *Marquardt* und das Verfahren von *Rosenbrock* mit einer schrittweisen Veränderung der Anpassungsparameter, zur Verfügung, so daß nur ein kurzes Zusatzprogramm für den benutzten Modellansatz zu erarbeiten ist. Bei Potenzproduktansätzen mit zwei unabhängigen Variablen gemäß Gleichung (2.86) bzw. (2.87) ist auch eine grafische Lösung in einem Diagramm mit logarithmischen Koordinaten möglich. Die Anwendung der Ähnlichkeitstheorie auf die konvektive Wärmeübertragung und Entwicklung der Gleichungen (2.83) bis (2.87) erfolgte von *Nußelt* im Jahre 1910. Damit wurden die wissenschaftlichen Grundlagen der konvektiven Wärmeübertragung geschaffen.

Hinweis auf die Dimensionsanalyse

Ähnlichkeitskennzahlen können aus den Differentialgleichungen wie oben dargestellt oder mit Hilfe der Dimensionsanalyse ermittelt werden. Für die Wärmeübertragung bei erzwungener Strömung im Rohr wird nachfolgend die Anwendung der Dimensionsanalyse kurz gekennzeichnet. Aus der Analyse des Problems erhält man folgende 7 wesentliche Einflußgrößen einschließlich der gesuchten Größe:

$$\underbrace{L,}_{\text{geometr.}} \quad \underbrace{w,}_{\text{betriebl. Größe}} \quad \underbrace{\varrho, c_p, \eta, \lambda,}_{\text{Stoffwerte}} \quad \underbrace{\alpha}_{\text{gesuchte Größe}}$$

oder $\alpha = f(L, w, \varrho, c_p, \eta, \lambda)$

Nach dem Π-Theorem Gleichung (2.76) erhält man $s = 7 - 4 = 3$ Ähnlichkeitskennzahlen

Mit SI-Einheiten ergeben sich als Grundeinheiten m, kg, s, K. Bei diesem einfachen Problem kann die Ermittlung der Ähnlichkeitskennzahlen nach der Exponentenmethode von *Rayleigh* (1915 veröffentlicht) erfolgen. Aus den Einflußgrößen sind drei dimensionslose Potenzprodukte Π_i zu bilden:

$$L^a w^b \varrho^c (\varrho c_p)^d \eta^e \lambda^f \alpha^g = 1 = \Pi_1 \Pi_2 \Pi_3$$

oder als Einheitengleichung mit den SI-Grundeinheiten

$$\mathrm{m}^a \left(\frac{\mathrm{m}}{\mathrm{s}}\right)^b \left(\frac{\mathrm{kg}}{\mathrm{m}^3}\right)^c \left(\frac{\mathrm{kg}}{\mathrm{s}^2 \mathrm{m\, K}}\right)^d \left(\frac{\mathrm{kg}}{\mathrm{m\, s}}\right)^e \left(\frac{\mathrm{kg\, m}}{\mathrm{s}^3 \mathrm{K}}\right)^f \left(\frac{\mathrm{kg}}{\mathrm{s}^3 \mathrm{K}}\right)^g = 1 = \mathrm{m}^0 \mathrm{s}^0 \mathrm{kg}^0 \mathrm{K}^0$$

Für die Grundeinheiten erhält man folgende Gleichungen:

$\mathrm{m}^{a+b-3c-d-e+f} = 1 = \mathrm{m}^0$

$\mathrm{s}^{-b-2d-e-3f-3g} = 1 = \mathrm{s}^0$

$\mathrm{kg}^{c+d+e+f+g} = 1 = \mathrm{kg}^0$

$\mathrm{K}^{d-f-g} = 1 = \mathrm{K}^0$

oder

$a + b - 3c - d - e + f = 0$

$-b - 2d - e - 3f - 3g = 0$

$c + d + e + f + g = 0$

$-d - f - g = 0$

Das vorstehende lineare Gleichungssystem für die 7 Exponenten ist so zu lösen, daß die Gleichungen bezüglich der auszuwählenden 4 Exponenten voneinander nicht abhängig sind. Dies ist ein Problem der linearen Algebra unter Einbeziehung der Matrizenrechnung und des *Gauß*schen Algorithmus. Es kann vereinfachend durch Probieren gelöst werden, indem man jeweils eine Einflußgröße sucht, in welcher die Grundeinheit möglichst einfach und allein vorkommt. Für das Meter ist dies die Länge L mit dem Exponenten a, für die Sekunde die Geschwindigkeit w mit dem Exponenten b, für das Kilogramm die Dichte ϱ mit dem Exponenten c und für Kelvin die spezifische Wärmekapazität mit dem Exponenten d. Die Auflösung des linearen Gleichungssystems nach a, b, c und d ergibt:

$$a = -e - f; \quad b = -e - f - g; \quad c = -e; \quad d = -f - g$$

Durch Einsetzen in die Ausgangsgleichung für die drei dimensionslosen Potenzprodukte erhält man:

$$L^{-e-f} w^{-e-f-g} \varrho^{-e} (\varrho c_p)^{-f-g} \eta^e \lambda^f \alpha^g = 1 \quad \text{oder}$$

$$\left(\frac{\eta}{L w \varrho}\right)^e \left(\frac{\lambda}{L w \varrho c_p}\right)^f \left(\frac{\alpha}{w \varrho c_p}\right)^g = 1 = \Pi_1^e \Pi_2^f \Pi_3^g$$

Die Exponenten der dimensionslosen Kennzahlen e, f, und g können verschiedene Werte annehmen. Sie werden meistens zweckmäßigerweise mit $+1$ oder -1 gewählt. Bei der vorstehenden Lösung erhält man für $e = -1$ die Re-Zahl und für $f = -1$ die Pe-Zahl. Es sind Umwandlungen mit den bereits erhaltenen Kennzahlen möglich:

$$\frac{\Pi_3}{\Pi_2} = \frac{\alpha L}{\lambda} = \text{Nu} \quad \text{und} \quad \frac{\Pi_1}{\Pi_2} = \frac{\eta c_p}{\lambda} = \text{Pr}$$

Aus vorstehenden Betrachtungen wird bei der Lösung der vorgegebenen Aufgabe deutlich, daß man auch über die Dimensionsanalyse die Ähnlichkeitskennzahlen Nu, Re und Pr erhalten kann, daß aber die Aufgabe auch mit anderen Ähnlichkeitskennzahlen prinzipiell lösbar ist, was im Wesen der Ähnlichkeitstheorie begründet liegt. Bezüglich weiterer Einzelheiten zur Dimensionsanalyse wird auf [2.41] verwiesen.

Wärmeübergang bei turbulenter Strömung im Rohr

Der grundlegende Zusammenhang geht aus Gleichung (2.86) hervor:

$$\text{Nu} = a_1 \, \text{Re}^{a_2} \, \text{Pr}^{a_3}$$

Aus Experimenten wurden als typische Werte für den Exponenten der Re-Zahl 0,8 und für die Pr-Zahl 0,4 ermittelt. Damit ergibt sich folgende Proportionalität zwischen dem Wärmeübergangskoeffizienten und den wesentlichen Einflußgrößen

$$\text{Nu} \sim \text{Re}^{0,8} \, \text{Pr}^{0,4} \quad \text{oder} \quad \alpha \sim \frac{w^{0,8} \varrho^{0,8} \lambda^{0,6} c_p^{0,4}}{d^{0,2} \eta^{0,4}} \tag{2.88}$$

Der Wärmeübergangskoeffizient kann in erster Linie durch die Wahl der Geschwindigkeit beeinflußt werden. Die stofflichen Größen sind durch das Medium vorgegeben. Der Einfluß des Durchmessers ist relativ gering. Hinzu kommt, daß für Rohrbündelwärmeübertrager mit Rücksicht auf die Kompaktheit des Apparates einerseits und die mechanische Reinigung in den Rohren andererseits vorzugsweise Rohre mit 25 mm Außendurchmesser verwendet werden. Entsprechend der großen technischen Bedeutung des Wärmeübergangs im Rohr sind im Laufe der vergangenen 80 Jahre verschiedene Gleichungen bekannt geworden. Sie unterscheiden sich durch den Umfang der einbezogenen Experimente, die Berücksichtigung des Temperatureinflusses und des Übergangsbereiches bis zur voll ausgebildeten Turbulenz. Im allgemeinen beträgt der Unterschied berechneter Wärmeübergangskoeffizienten nach verschiedenen Gleichungen im Rohr, die seit den 60er Jahren in der Literatur angegeben worden sind, weniger als 10%. Die Rauhigkeit der Oberfläche beeinflußt den Wärmeübergang durch die Turbulenz, wobei eine stärker rauhe Oberfläche durch die Erhöhung der

Turbulenz den Wärmeübergang verbessert. Die Rauhigkeit von Rohren ist im Betrieb über längere Zeiträume veränderlich, z. B. durch Korrosion. Allein durch unterschiedliche Rauhigkeiten lassen sich Veränderungen im Wärmeübergangskoeffizienten bis zu 10% erklären. *Gnielinski* [2.14] hat unter Einbeziehung der Rauhigkeit folgende Gleichung angegeben, die im Aufbau die aus der Grenzschichttheorie von *Prandtl* angegebene Gleichung berücksichtigt:

$$\mathrm{Nu} = \frac{\frac{\zeta}{8}(\mathrm{Re} - 100)\,\mathrm{Pr}}{1 + 12{,}7\sqrt{\frac{\zeta}{8}}(\mathrm{Pr}^{2/3} - 1)} \left[1 + \left(\frac{d_i}{L}\right)^{2/3}\right] K_T \qquad (2.89)$$

Gültig für Re = 2320 ... $1 \cdot 10^6$, Pr = 0,5 ... 500, $L/d_i > 1$. Der Widerstandsbeiwert ζ kann wie folgt berechnet werden:

$$\zeta = (1{,}82 \log \mathrm{Re} - 1{,}64)^{-2}$$

Hausen [2.15] hat durch die Bildung einer Differenz bei der Re-Zahl auch den Übergangsbereich bis zur voll ausgebildeten Turbulenz von Re = 2320 ... 20000 erfaßt. Von *Gnielinski* [2.14] sind nach dieser Vorgehensweise folgende Gleichungen vorgeschlagen worden:

$$\mathrm{Nu} = 0{,}0214(\mathrm{Re}^{0{,}8} - 100)\,\mathrm{Pr}^{0{,}4}\left[1 + \left(\frac{d_i}{L}\right)^{2/3}\right] K_T \qquad (2.90)$$

Gültig für Gase Pr = 0,5 ... 1,5, Re = 2320 ... $1 \cdot 10^6$, $L/d_i > 1$.

$$\mathrm{Nu} = 0{,}012(\mathrm{Re}^{0{,}87} - 280)\,\mathrm{Pr}^{0{,}4}\left[1 + \left(\frac{d_i}{L}\right)^{2/3}\right] K_T \qquad (2.91)$$

Gültig für Flüssigkeiten Pr = 1,5 ... 500, Re = 2320 ... $1 \cdot 10^6$, $L/d_i > 1$.
Beim Eintritt des Fluids in das Rohr treten Einlaufstörungen auf, welche den Wärmeübergang positiv beeinflussen. Dieser Einfluß wird durch das Glied $1 + (d_i/L)^{2/3}$ erfaßt. Die Abkühlung und Aufwärmung von Fluiden sind nicht ähnlich, da die Stoffwertfelder in unterschiedlicher Weise von der Temperatur abhängig sind. Die Stoffwertfelder beeinflussen zusätzlich das Geschwindigkeitsfeld. Bei Flüssigkeiten kann vor allem die Viskosität in Abhängigkeit von der Temperatur einen großen Bereich umfassen. Daher gibt es Vorschläge, den Einfluß der Temperatur bei Flüssigkeiten durch das Glied $K_T = (\eta/\eta_w)^{0{,}14}$ zu berücksichtigen. Nach neueren Erkenntnissen ist bei Flüssigkeiten besser die Pr-Zahl zu benutzen, wobei ohne Index die Stoffwerte für die mittlere Temperatur der Flüssigkeit und mit Index w die Stoffwerte der Flüssigkeit bei der mittleren Wandtemperatur zu verwenden sind:

$$K_T = (\mathrm{Pr}/\mathrm{Pr}_w)^{a_1} \qquad (2.92)$$

Kutateladse [2.16] gibt für das Erwärmen $a_1 = 0{,}06$ und für das Abkühlen 0,25 an; *Gnielinski* [2.14] gibt einheitlich $a_1 = 0{,}11$ an. Bei Gasen ist die Abhängigkeit der Stoffwerte von der Temperatur unterschiedlich, wodurch eine Erfassung schwieriger ist.
Meistens wird ein Temperaturverhältnis benutzt:

$$K_T = (T/T_w)^{a_1} \qquad (2.93)$$

Ohne Index ist die mittlere Gastemperatur; mit Index w ist die mittlere Wandtemperatur zu verwenden. Der Exponent a_1 ist für unterschiedliche Gase verschieden ermittelt worden. Soweit keine konkreten Daten verfügbar sind, wird von *Gnielinski* $a_1 = 0{,}45$ empfohlen. Die Temperaturen T und T_w sind in K einzusetzen. Ein erheblicher Vorteil ist, daß durch experimentelle Untesuchungen nachgewiesen wurde, daß für nicht kreisrunde Kanäle bei turbulenter Strömung dieselben Berechnungsgleichungen verwendet werden können, wenn der gleichwertige Durchmesser d_{gl} statt des Rohrdurchmessers in der Nu- und Re-Zahl verwendet wird:

$$d_{gl} = 4A_q/U \qquad (2.94)$$

Wärmeübergang bei freier Strömung

Der Wärmeübergangskoeffizient kann bei freier Strömung für verschiedene Körperformen einheitlich dargestellt werden. *Hausen* [2.42] hat für die senkrechte Wand und das waagerechte Rohr aus Experimenten eine Gleichung mit großem Gültigkeitsbereich abgeleitet:

$$\text{Nu} = 0{,}11(\text{Gr Pr})^{1/3} + (\text{Gr Pr})^{0,1} \qquad (2.95)$$

Gültig für Gr Pr $= 10^{-7} \ldots 10^{12}$, in die Nu- und Gr-Zahl ist die Höhe bzw. der Durchmesser einzusetzen, Gr siehe Gleichung (2.85).

Beispiel 2.5. Wärmeübergangskoeffizient bei turbulenter Strömung

Der Wärmeübergangskoeffizient von Wasser ist bei turbulenter Strömung im Rohr nach verschiedenen Gleichungen zu berechnen.

Gegeben:

Rohrdurchmesser $d_i = 21$ mm, Rohrlänge $L = 6$ m, $w = 1{,}00$ m/s, mittlere Temperatur des Wassers 20 °C, mittlere Wandtemperatur 40 °C, Stoffdaten des Wassers:

bei 20 °C $c_p = 4180$ J/(kg K), $\eta = 0{,}001005$ kg/(m s), $\lambda = 0{,}588$ W/(m K)

bei 40 °C $c_p = 4170$ J/(kg K), $\eta = 0{,}000656$ kg/(m s), $\lambda = 0{,}627$ W/(m K)

Lösung:

Die Berechnung erfolgt nach den zwei Gleichungen (2.91) und (2.89) in Verbindung mit Gleichung (2.92) für K_T mit $a_1 = 0{,}11$.

$$\text{Re} = \frac{w d_i \varrho}{\eta} = \frac{1{,}00 \cdot 0{,}021 \cdot 998}{0{,}001005} = 20850$$

$$\text{Pr} = \frac{\eta c_p}{\lambda} = \frac{0{,}001005 \cdot 4180}{0{,}588} = 7{,}144 \quad \text{und} \quad \text{Pr}_w = \frac{0{,}000656 \cdot 4170}{0{,}627} = 4{,}363$$

$$\text{Nu} = 0{,}012(\text{Re}^{0,87} - 280)\text{Pr}^{0,4}\left[1 + \left(\frac{d_i}{L}\right)^{2/3}\right](\text{Pr}/\text{Pr}_w)^{0,11} \qquad (2.91)$$

$$\text{Nu} = 0{,}012(20850^{0,87} - 280)\, 7{,}144^{0,4}\left[1 + \left(\frac{0{,}021}{6}\right)^{2/3}\right]\left(\frac{7{,}144}{4{,}363}\right)^{0,11}$$

$$\text{Nu} = 154{,}9 \quad \text{und} \quad \alpha = \frac{\text{Nu}\,\lambda}{d_i} = \frac{154{,}9 \cdot 0{,}588}{0{,}021} = \underline{\underline{4338\,\frac{\text{W}}{\text{m}^2\,\text{K}}}}$$

Nach Gleichung (2.89) erhält man:

$\zeta = (1{,}82 \log \text{Re} - 1{,}64)^{-2}$

$\zeta = (1{,}82 \log 20850 - 1{,}64)^{-2} = 0{,}02584$

$$\text{Nu} = \frac{\dfrac{0{,}02584}{8}(20850 - 1000)\,7{,}144}{1 + 12{,}7\sqrt{\dfrac{0{,}02584}{8}}(7{,}144^{2/3} - 1)} \left[1 + \left(\frac{0{,}021}{6}\right)^{2/3}\right]\left(\frac{7{,}144}{4{,}363}\right)^{0{,}11}$$

$\text{Nu} = 167{,}5$ und $\alpha = \underline{4689\,\dfrac{\text{W}}{\text{m}^2\,\text{K}}}$

Der Unterschied zwischen den zwei berechneten Wärmeübergangskoeffizienten beträgt 7,5%.

Beispiel 2.6. Wärmeübergangskoeffizient bei freier Strömung

Von einer senkrechten Platte mit den Abmessungen $H = 1$ m, $B = 0{,}5$ m und einer Wandtemperatur von 40 °C geht durch freie Strömung Wärme an die Luft über.

Gegeben:

Lufttemperatur $T_L = 20$ °C, Stoffdaten der Luft bei $(T_L + T_w)/2 = 30$ °C:

$\text{Pr} = 0{,}707;\quad \lambda = 0{,}0264\,\text{W}/(\text{m K});\quad v = 16{,}0 \cdot 10^{-6}\,\text{m}^2/\text{s}$

Aufgabe:

Der von der Platte an die Luft übergehende Wärmestrom ist zu berechnen.

Lösung:

Die Berechnung des Wärmeübergangskoeffizienten erfolgt nach Gleichung (2.95):

$\text{Nu} = 0{,}11(\text{Gr Pr})^{1/3} + (\text{Gr Pr})^{0{,}1}\quad \text{mit}\quad \text{Gr} = \dfrac{g\varkappa\,\Delta T H^3}{v^2}$

Der Ausdehnungskoeffizient $\varkappa$ ist bei idealen Gasen $\varkappa = 1/T = 1/303$.

$\text{Gr} = \dfrac{9{,}81(40 - 20)\,1^3}{303 \cdot 16^2 \cdot 10^{-12}} = 25{,}29 \cdot 10^8$ und $\text{Gr Pr} = 1{,}788 \cdot 10^9$

$\text{Nu} = 0{,}11(1{,}788 \cdot 10^9)^{1/3} + (1{,}788 \cdot 10^9)^{0{,}1} = 141{,}9$

$\alpha = \dfrac{\text{Nu}\,\lambda}{H} = \dfrac{141{,}9 \cdot 0{,}0264}{1} = 3{,}746\,\text{W}/(\text{m}^2\,\text{K})$

Übergehender Wärmestrom:

$Q = \alpha A(T_w - T_L) = 3{,}746 \cdot 1 \cdot 0{,}5(40 - 20) = \underline{37{,}5\,\text{W}}$

2.3.3. Modellierung des Stoffübergangs

Es handelt sich um die Stoffübertragung durch Konvektion in einer fluiden Phase. Dafür sind das Differentialgleichungssystem (2.50) bis (2.52) und folgende Randbedingung gemäß den Gleichungen (2.62) und (2.69) zutreffend:

$\dot{n}_1 = \beta_1(c_{1I} - c_{1Pl}) = \left(\dfrac{D}{\delta}\right)_P (c_{1I} - c_{1Pl})$

Wie bei der konvektiven Wärmeübertragung ist das vorstehende Gleichungssystem allgemein nicht lösbar. Es kann wie folgt genutzt werden:

1. Ableitung von Ähnlichkeitskennzahlen, was nur eine bessere physikalische Interpretation der Ähnlichkeitskennzahlen beinhaltet, aber keine Lösung des Differentialgleichungssystems.
2. Lösung mit Hilfe der Grenzschichttheorie, die im Vergleich zur konvektiven Wärmeübertragung eine geringere Rolle spielt.
3. Numerische Lösungsmethoden für Sonderfälle auf Computern.

Berechnungsgleichungen mit Ähnlichkeitskennzahlen auf der Grundlage der Ähnlichkeitstheorie sind am weitesten verbreitet. Die Bedingungen für das Vorliegen physikalischer Ähnlichkeit sind viel ungünstiger als bei der konvektiven Wärmeübertragung. Die Stoffübertragung ist in der Technik nur von Bedeutung im Zusammenhang von zwei Phasen, zwischen denen Stoff übertragen wird. Die Stoffübertragung durch Konvektion in einer Phase steht damit bezüglich der Fluiddynamik in Wechselwirkung mit einer anderen fluiden Phase oder festen Phase und dementsprechenden Rückwirkungen auf die konvektive Stoffübertragung in einer Phase. Handelt es sich um zwei fluide Phasen, z. B. bei der Destillation, Absorption, Extraktion, so wird durch das Aufeinanderwirken der beiden Phasen die Phasengrenzfläche (s. Abschn. 2.6.2.) gebildet, wobei dann die Wechselwirkungen zwischen den beiden Phasen mit Beeinflussung der Stoffübertragung in jeder Phase besonders intensiv sind. Zusätzlich werden Grenzflächenphänomene wirksam, auf die am Ende dieses Abschnittes eingegangen wird. Liegen eine fluide und eine feste Phase vor, so ist bei unterschiedlicher Gestaltung der festen Phase nur begrenzte Ähnlichkeit zwischen verschiedenen Aufgaben vorhanden.

Ähnlichkeitstheorie

Aus dem Differentialgleichungssystem für die konvektive Stoffübertragung können Ähnlichkeitskennzahlen abgeleitet werden: Aus Gleichung (2.51) die Re-Zahl, aus Gleichung (2.52) die Pe'-Zahl (in bestimmten Fällen auch Bo-Zahl nach *Bodenstein* genannt):

$$\text{Pe}' = \frac{wL}{D} \qquad (2.96)$$

und durch den Quotienten Pe'/Re die *Schmidt*-Zahl Sc:

$$\boxed{\text{Sc} = \frac{v}{D}} \qquad (2.97)$$

Aus den Randbedingungen erhält man die *Sherwood*-Zahl Sh:

$$\boxed{\text{Sh} = \frac{\beta L}{D}} \qquad (2.98)$$

Entsprechend der Analogie zwischen den Differentialgleichungssystemen für die konvektive Wärmeübertragung und die konvektive Stoffübertragung ergeben sich auch analoge Ähnlichkeitskennzahlen. Dies wird aus folgender Gegenüberstellung deutlich:

Wärmeübertragung *Stoffübertragung*

$$\text{Re} = \frac{wL}{v} \qquad \text{Re} = \frac{wL}{v}$$

$$\text{Pe} = \frac{wL}{a_T} \qquad \text{Pe}' = \frac{wL}{D}$$

$$\text{Pr} = \frac{v}{a_T} \qquad \text{Sc} = \frac{v}{D}$$

$$\text{Nu} = \frac{\alpha L}{\lambda} \qquad \text{Sh} = \frac{\beta L}{D}$$

$$\text{Gr} = \frac{g\varkappa \Delta T \, L^3}{v^2} \qquad \text{Gr}' = \frac{gL^3 \, \Delta\varrho}{\varrho v^2}$$

$$\text{Nu} = f(\text{Re}, \text{Pr}, \text{Gr}) \qquad \text{Sh} = f(\text{Re}, \text{Sc}, \text{Gr}')$$

Erzwungene Strömung:

$$\text{Nu} = f(\text{Re}, \text{Pr}) \qquad \text{Sh} = f(\text{Re}, \text{Sc})$$

Die Ähnlichkeitskennzahlen bei der konvektiven Stoffübertragung besitzen eine analoge physikalische Bedeutung wie bei der konvektiven Wärmeübertragung:

$$\text{Pe}' = \frac{wL}{D} = \frac{wc \, \Delta y_1}{Dc \, \Delta y_1/L} = \frac{\text{Stofftransport durch Konvektion}}{\text{Stofftransport durch Diffusion}}$$

$$\text{Sc} = \frac{v}{D} = \frac{\text{molekularer Ausgleichskoeffizient für Impulstransport}}{\text{molekularer Ausgleichskoeffizient für Stofftransport}}$$

$$\text{Sh} = \frac{\beta L}{D} = \frac{\beta c \, \Delta y_1}{Dc \, \Delta y_1/L} = \frac{\text{Stoffübergang durch Konvektion}}{\text{Stoffübergang durch Diffusion}}$$

c molare Dichte des strömenden Mediums, Δy_1 Konzentrationsdifferenz der Komponente 1.

Bei der Anpassung an experimentelle Ergebnisse wird häufig ein Potenzproduktansatz verwendet:

$$\boxed{\text{Sh} = a_1 \, \text{Re}^{a_2} \, \text{Sc}^{a_3}} \qquad (2.99)$$

Bei der konvektiven Stoffübertragung mit 3 Ähnlichkeitskennzahlen gemäß Gleichung (2.99) werden 6 Einflußgrößen berücksichtigt: L, w, ϱ, η, D und β. Mit 3 Grundgrößen m, kg und s wird damit das Π-Theorem gemäß Gleichung (2.76) erfüllt. Natürlich ist die Zahl der Einflußgrößen gemäß den Ausführungen zu Beginn dieses Abschnittes größer, wobei aber häufig durch die Zweiphasenströmung mit Stoffübertragung in jeder Phase nur bedingt Ähnlichkeit erreicht wird. Dadurch sind bei Problemen der konvektiven Stoffübertragung die Gültigkeitsgrenzen von Berechnungsgleichungen auf der Grundlage der Ähnlichkeitstheorie im Vergleich zur Wärmeübertragung meistens enger und die Abweichungen größer. Auf Beispiele von Berechnungsgleichungen für die industrielle Praxis auf der Grundlage der Ähnlichkeitstheorie wird in den Abschnitten 2.3.4. bis 2.3.6. eingegangen.

Filmtheorie

Die Filmtheorie beinhaltet für die konvektive Strömung das Auftreten einer laminaren Grenzschicht an der Phasengrenzfläche, die den entscheidenden Widerstand darstellt.

Das Wesen der Filmtheorie wurde damit bereits im Abschnitt 2.3.1. mit $\beta_1 = D/\delta$ behandelt, siehe Gleichung (2.75) und Bild 2.12b. Das Auftreten von laminaren Grenzschichten bei der Stoffübertragung zwischen zwei fluiden Medien ist zweifelhaft, da die Phasengrenzfläche oft durch die bis unmittelbar an die Phasengrenzfläche reichenden bewegten Masseteilchen (Turbulenzballen) gebildet wird. Die Bedingungen für das Auftreten laminarer Grenzschichten sind bei Beteiligung einer fluiden und einer festen Phase günstiger. Die Probleme der konvektiven Stoffübertragung mit Einführung einer laminaren Grenzschicht als den entscheidenden Widerstand spiegeln sich in der Dicke dieser laminaren Grenzschicht wieder, für die es Berechnungsgleichungen nur mit einem kleinen Gültigkeitsbereich gibt. Die Filmtheorie ist damit zur Beschreibung der konvektiven Stoffübertragung nur sehr begrenzt geeignet. Andererseits ist die Filmtheorie bei komplizierten Problemen der Stoffübertragung zwischen zwei fluiden Phasen mit mehreren auftretenden Widerständen in manchen Fällen gut als sehr vereinfachte Modellvorstellung geeignet, z. B. bei der Stoffübertragung fluid-fluid mit gleichzeitiger chemischer Reaktion oder bei der vereinfachten Behandlung der konvektiven Stoffübertragung in einer fluiden Phase in Verbindung mit der Stoffübertragung einer beteiligten festen Phase, z. B. bei der Adsorption oder Extraktion fest-flüssig.

Die Filmtheorie ist von *Nernst* im Jahre 1904 inhaltlich ausgesprochen worden. Oftmals werden als Begründer der Filmtheorie auch *Whitman* und *Lewis* genannt, die sie im Jahre 1924 auf die Absorption anwandten. Die Filmtheorie wird auch als Zweifilmtheorie bezeichnet, wenn bei zwei fluiden Phasen in jeder Phase eine laminare Grenzschicht vorausgesetzt wird. Die mathematische Formulierung lautet dann unter Berücksichtigung der Gleichungen (2.62) und (2.69)

$$\dot{n}_1 = \left(\frac{D}{\delta}\right)_I (c_{1I} - c_{1PI}) = \left(\frac{D}{\delta}\right)_{II} (c_{1PII} - c_{1II}) \tag{2.100}$$

Penetrationstheorie (Eindringtheorie)

Dieses Modell wurde von *Higbie* im Jahre 1935 bei Versuchen zur Absorption von reinem CO_2 in Wasser bei Laborversuchen entwickelt. Er ging davon aus, daß die Kontaktzeit zwischen zwei fluiden Medien zur Ausbildung eines Konzentrationsgradienten in einer Grenzschicht als stationärer Zustand nicht ausreicht. Deshalb nahm er an, daß die Stoffübertragung in der flüssigen Phase bei sehr kurzer Kontaktzeit als instationäre Diffusion erfolgt. Die Flüssigkeitsteilchen sollen aus der Hauptmasse der Flüssigkeit durch turbulente Bewegung an die Phasengrenzfläche transportiert werden. Damit wird die Turbulenz bis an die Phasengrenzfläche ausgedehnt. An der Phasengrenzfläche soll sich augenblicklich

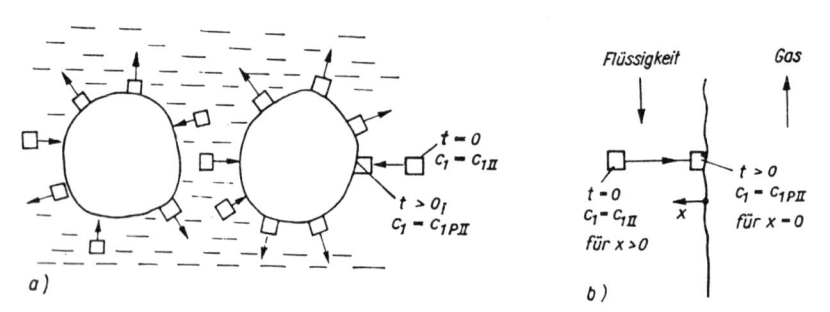

Bild 2.14. Schematische Darstellung der turbulenten Bewegung von Flüssigkeitsteilchen nach der Penetrationstheorie
a) Blasenregime
b) Filmregime

das Phasengleichgewicht einstellen, so daß $c_1 = c_{1PII}$ gilt. Dann beginnt das Eindringen (englisch: penetration) des Gases in die Flüssigkeit durch instationäre Diffusion. Bei der sehr kurzen konstanten Verweilzeit (Größenordnung Sekunde) der Flüssigkeitsteilchen an der Phasengrenzfläche wird das Lösliche nur in die obere Flüssigkeitsschicht eindringen, so daß die Tiefe der Flüssigkeit mit der Konzentration c_{1II} als unendlich angenommen werden kann. Ein stationärer Zustand wird hierbei nicht erreicht, weil das Flüssigkeitsteilchen vorher wieder in den Kern der Strömung zurückgeführt wird (s. Bild 2.14).
Die Sättigung der Waschflüssigkeit mit dem Löslichen in Abhängigkeit von der Kontaktzeit zeigt Bild 2.15.

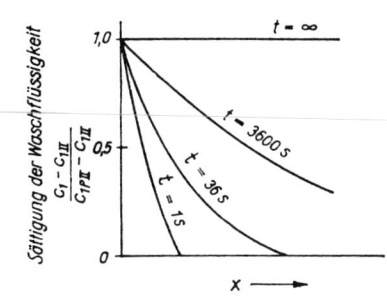

Bild 2.15. Prinzipielle Darstellung der Sättigung der Waschflüssigkeit in Abhängigkeit von der Eindringtiefe x des Löslichen und der Zeit nach der Penetrationstheorie

Zur Lösung der Differentialgleichung für die instationäre Diffusion in x-Richtung

$$\frac{\partial c_1}{\partial t} = D \frac{\partial^2 c_1}{\partial x^2} \tag{2.8}$$

sind damit folgende Randbedingungen zutreffend:

$t = 0$ für $x > 0$ ist $c_1 = c_{1II}$

$t > 0$ für $x = 0$ ist $c_1 = c_{1PII}$

$t > 0$ für $x = \infty$ ist $c_1 = c_{1II}$

Unter Verwendung der Transformation von *Laplace* erhält man mit diesen drei Randbedingungen folgende Lösung aus der Gleichung (2.8):

$$\dot{N}_1 = A(c_{1PII} - c_{1II}) \sqrt{\frac{D_{II}}{\pi t}}$$

Vorstehende Gleichung gibt den augenblicklich übertragenen Stoffstrom zur Zeit t an. Für eine endliche Zeit t_e erhält man:

$$\dot{N}_1 = A(c_{1PII} - c_{1II}) \sqrt{\frac{D_{II}}{\pi}} \frac{1}{t_e} \int_0^{t_e} \frac{dt}{\sqrt{t}}$$

oder

$$\dot{N}_1 = 2A(c_{1PII} - c_{1II}) \sqrt{\frac{D_{II}}{\pi t_e}} \tag{2.101}$$

Korrelationen für t_e mit einem größeren Gültigkeitsbereich für Stoffübertragungsapparate sind nicht bekannt. Der übertragene Stoffstrom vergrößert sich, wenn die Rückwirkung und damit die Turbulenz der Flüssigkeit größer werden (Verkleinerung von t_e). Die Proportionalität $\dot{N}_1 \sim \sqrt{D}$ wurde für die Stoffübertragung in der flüssigen Phase durch zahlreiche Experimente bestätigt, dagegen $\dot{N}_1 \sim D$ bei der Zweifilmtheorie nicht. Zusammengefaßt gilt folgendes zur Kennzeichnung der Penetrationstheorie:

> Die Penetrationstheorie beinhaltet den Transport von Masseteilchen durch turbulente Bewegung an die Phasengrenzfläche, wobei sich augenblicklich Phasengleichgewicht an der Phasengrenzfläche einstellt und anschließend die Übergangskomponente durch instationäre Diffusion in die Phase eindringt, ohne daß ein stationärer Zustand erreicht wird. Der übertragene Stoffstrom ist proportional $\sqrt{D}$, der Konzentrationsdifferenz, der Phasengrenzfläche und umgekehrt proportional der Kontaktzeit $\sqrt{t_e}$.

Oberflächenerneuerungstheorie

Es handelt sich um eine Modifizierung der Penetrationstheorie. *Higbie* setzte voraus, daß alle Flüssigkeitselemente die gleiche Kontaktzeit an der Phasengrenze besitzen. Diese Voraussetzung ist für turbulente Strömungen infolge des stochastischen Charakters der Geschwindigkeitsverteilung nicht zutreffend. *Danckwerts* variierte im Jahre 1951 die Penetrationstheorie in der Weise, daß er eine Zufallsverteilung der Kontaktzeit zwischen den Flüssigkeitselementen und der Gasphase voraussetzte. Unter Verwendung des Ergebnisses bei der Penetrationstheorie erhält man:

$$\dot{n}_1 = 2(c_{1PII} - c_{1II}) \sqrt{\frac{D}{\pi t_e}} \, \Phi(t_e) \, dt_e \qquad (2.102)$$

Zur Lösung ist eine Annahme über die Altersverteilung der Flüssigkeitsteilchen an der Phasengrenze zu treffen. *Danckwerts* setzte voraus, daß die Wahrscheinlichkeit des turbulenten Transportes von Flüssigkeitsteilchen von der Phasengrenze in den Kern der Strömung proportional der Anzahl der vorhandenen Teilchen des jeweiligen Alters ist:

$$-\frac{d\Phi(t_e)}{dt_e} = f\Phi(t_e), \quad \text{integriert} \quad (t_e) = a_1 e^{-f t_e}$$

Die Konstante a_1 ergibt sich unter Beachtung der Bedingung

$$\int_{t_e=0}^{\infty} \Phi(t_e) \, dt_e = 1 \quad \text{zu} \quad a_1 = f$$

Durch Einsetzen in die Gleichung (2.102) und Integration erhält man

$$\dot{n}_1 = (c_{1PII} - c_{1II}) \sqrt{Df} \qquad (2.103)$$

Weitere Modelle

Eine Kombination der Film- und Penetrationstheorie durch *Toor* und *Marchello* im Jahre 1958 brachte prinzipiell keinen Fortschritt, so daß hier auf eine Darstellung verzichtet wird. *Kishinevskij* hat in den 50er Jahren Vorschläge für eine Turbulenztheorie bei der Stoffübertragung mit zwei beteiligten Phasen entwickelt, deren wesentliche Grundlage der auftretende Druckverlust in der Zweiphasenströmung gewesen ist. Die Proportionalität zwischen Stoffübertragung und Druckverlust ist jedoch in unterschiedlicher Weise von geometrischen, betrieblichen und stofflichen Einflußgrößen abhängig, so daß sich diese Vorschläge nicht durchgesetzt haben.

Für die Modellierung der konvektiven Stoffübertragung sind für konkrete Probleme der Stoffübertragung fluid-fluid und fluid-fest auch zahlreiche Modelle mit stark vereinfachten physikalisch-chemischen Vorstellungen entwickelt worden, durch welche wesentliche Erscheinungen richtig wiedergegeben und besonders die für die Stoffübertragung zwischen den beiden Phasen entscheidenden Widerstände einbezogen werden. Wesentliche Einflußgrößen werden dann in der Originalform modifiziert oder in dimensionsloser Form benutzt, wofür in den Abschnitten 2.3.5. und 2.5. Beispiele gebracht werden.

Grenzflächenphänomene

Darunter werden die bei der Stoffübertragung zwischen zwei fluiden Phasen zusätzlich auftretende Phänomene verstanden:
1. Grenzflächenturbulenz durch sich selbst anfachende Instabilitäten an der Phasengrenze in Form von Rollzellen oder durch Störungen an der Oberfläche fluider Partikel mit einem eruptionsartigen Aufreißen der Phasengrenzfläche, siehe Bild 2.16.
2. Beeinflussung der Stabilität von Flüssigkeitsfilmen in günstiger oder ungünstiger Weise durch Dickenänderung dünner Flüssigkeitsschichten.

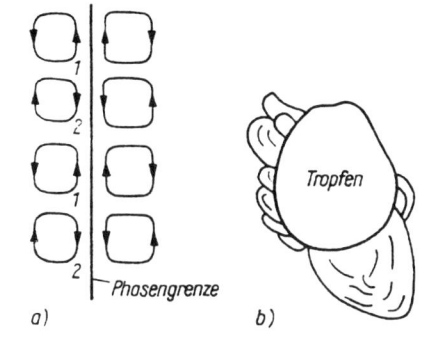

Bild 2.16. Grenzflächenturbulenz
a) Ausbildung von Rollzellen an der Phasengrenze
 1 Bereich kleiner Grenzflächenspannung
 2 Bereich großer Grenzflächenspannung
b) eruptionsartiges Aufreißen der Phasengrenzfläche am Tropfen

Durch die vorgenannten Einflüsse kann die Stoffübertragung bis auf das Dreifache erhöht werden. Hauptursache für die Grenzflächenphänomene ist der Grenzflächenspannungsgradient $d\sigma/dx_1$ (x_1 Konzentration der übertragenen Komponente 1) in Verbindung mit den Viskositäten und Diffusionskoeffizienten in den beiden fluiden Phasen.

Die Grenzflächenspannung stellt die reversible Arbeit bei konstanter Temperatur dar, die zur Bildung von 1 m² Grenzfläche benötigt wird. Ihre Einheit ist $J/m^2 = N/m$. Die Grenzflächenspannung zwischen der flüssigen bzw. festen Phase und ihrem eigenen Dampf wird auch als Oberflächenspannung bezeichnet. Wasser hat mit 0,07225 N/m eine sehr große Oberflächenspannung. Bei vielen organischen Stoffen liegt sie zwischen 0,015 bis 0,035 N/m. Für binäre flüssige Gemische liegt eine Oberflächenspannung meistens zwischen den Oberflächenspannungen der reinen Komponenten. Der Oberflächenspannungsgradient für ein binäres Gemisch $d\sigma/dx_1$ stellt die Tangente dar bzw. kann für genügend kleine Abschnitte als Differenzenquotient $\Delta\sigma/\Delta x_1$ ermittelt werden. Bezüglich Tabellenwerte und Berechnungsmethoden für Grenz- bzw. Oberflächenspannungen von reinen Stoffen und Gemischen wird auf [2.10], Abschnitt 9., verwiesen.

Die Instabilitäten zwischen zwei Flüssigkeiten wurden bereits von *Marangoni* vor über 100 Jahren beobachtet und werden nach ihm *Marangoni*-Instabilitäten genannt. Eine theoretische Analyse über das Auftreten von Grenzflächenturbulenz durch *Sternling* und *Scriven* [2.17] ergab folgende Bedingungen für das Auftreten:

— Vorzeichen des Grenzflächenspannungsgradienten $d\sigma/dx_1$,
— Stoffübertragungsrichtung (Phase II in Phase I bzw. umgekehrt),
— Quotient der Diffusionskoeffizienten der übergehenden Komponente in den beiden Phasen,
— Quotient der kinetischen Viskositäten der beiden Phasen.

Bei der Destillation tritt zum Beispiel Grenzflächenturbulenz auf, wenn $d\sigma/dx_1 < 0$ (x_1 leichter flüchtige Komponente) und $D_{1F}/D_{1G} < 1$ ist. Der Oberflächenspannungsgradient und die dadurch mögliche *Marangoni*-Instabilität wirken bei der Destillation auf den Flüssigkeitsfilm stabilisierend, wenn in der kontinuierlichen Phase $d\sigma/dx_1 < 0$ ist. Die Erfassung der geschilderten Grenzflächenphänomene ist einzeln oder in der Gesamtheit auf die Stoffübertragung durch direkte Messung nicht möglich. Nur durch vergleichende Untersuchungen bei der Stoffübertragung zwischen verschiedenen Stoffsystemen, bei denen Grenzflächenphänomene unterschiedlich wirksam werden, ist eine indirekte Erfassung möglich, wodurch die Quantifizierung beeinträchtigt wird. Die Beeinflussung der Stabilität von Flüssigkeitsfilmen müßte in der Wirkung stärker der Phasengrenzfläche zugeordnet werden. In den vergleichenden systematischen Untersuchungen, mit denen bisher eine Erfassung des Einflusses der Grenzflächenphänomene auf die Stoffübertragung erfolgte, wurden die Auswirkungen ausschließlich in den Stoffübergangskoeffizienten berücksichtigt.

Die Grenzflächenphänomene zeigen besonders deutlich, daß es wesentliche Unterschiede zwischen dem Wärmeübergang an eine feste Wand und dem Stoffübergang an eine Phasengrenzfläche gibt.

2.3.4. Stoffübergang bei Blasen und Tropfen

Beim Stoffübergang an fluide Partikel sind zwei Teilprozesse zu unterscheiden:

1. Bildung des fluiden Partikels mit besonders intensiver Stoffübertragung, weil bei einer sich in Erneuerung befindlichen Phasengrenzfläche der Stoffübergang im Vergleich zu einer bereits ausgebildeten Phasengrenzfläche wesentlich intensiver ist.
2. Stoffübergang zwischen dem Partikel und der kontinuierlichen Phase ohne wesentliche Veränderung der geometrischen Form des Partikels, wobei wesentlich ist, ob es sich um starre Partikel oder Partikel mit innerer Zirkulation handelt.

In technischen Stoffübertragungsapparaten wird die Stoffübertragung zwischen den Partikeln und der kontinuierlichen Phase wesentlich durch die Fluiddynamik der Disperion beeinflußt: Bildung der Partikel und anschließende Bewegung der Partikel unter Beachtung einer möglichen weiteren Dispergierung und Koaleszenz. In hochturbulenten Dispersionen der Stoffübertragungsapparate flüssig-gasförmig und flüssig-flüssig kann über die Bildung der Partikel und die anschließende Bewegung der Partikel mit Fortgang der Dispergierung und Koaleszenz die Partikelverteilung nicht bestimmt werden, da die Gesetzmäßigkeiten in Partikelschwärmen dafür unzureichend bekannt sind. Im folgenden wird der Stoffübergang zwischen einem Partikel und der kontinuierlichen Phase betrachtet. Dabei handelt es sich dem Wesen nach um einen instationären Vorgang. Unter den Voraussetzungen, daß die Partikel lediglich aus der löslichen Komponente bestehen und die Änderung des Durchmessers vernachlässigt werden kann, wird der Vorgang stationär, wobei der Widerstand dann nur in der kontinuierlichen Phase liegt. Eine zusammenfassende Darstellung der instationären Stoffübertragung an Partikeln mit speziellen Lösungen der partiellen Differentialgleichung findet man in [2.3], Abschnitt 14.22.

Aus experimentellen Untersuchungen zahlreicher Autoren wurden hauptsächlich Gleichungen mit Ähnlichkeitskennzahlen unter Zugrundelegung eines stationären Vorgangs abgeleitet. Für die Stoffübertragung an den einzelnen Tropfen bzw. die Blase, bestehend nur aus löslicher Komponente, mit dem Widerstand nur in der kontinuierlichen Phase (Index c) wird vorzugsweise folgender Ansatz verwendet:

$$Sh_c = a_1 + a_2 \, Re_c^{a_3} \, Sc_c^{a_4} \tag{2.104}$$

Brauer [2.3], Abschnitt 14.32, hat in Auswertung von Experimenten verschiedener Autoren für 6 Stoffsysteme flüssig-flüssig an Einzeltropfen die Parameter a_1 bis a_4 wie folgt ermittelt:

$$Sh_c = 2 + 0{,}0511\, Re_c^{0{,}724}\, Sc_c^{0{,}7} \tag{2.105}$$

Gültigkeitsbereich: $Re_c = w_{rel}d/v_c = 40 \ldots 1000$, $Sc_c = 130 \ldots 23600$, Tropfendurchmesser $d = 0{,}1 \ldots 2{,}5$ mm. Durchschnittliche Abweichung der Meßwerte von Gleichung (2.104) $\pm 25\%$.

In [2.18] wurden aus Versuchen bei der Absorption von CO_2-Blasen in Wasser und wäßrigen Glucoselösungen mit einem Blasendurchmesser von 5 bis 16 mm die Parameter in Gleichung (2.104) wie folgt angepaßt:

$$Sh_c = 2 + 0{,}000945\, Re_c^{1{,}07}\, Sc_c^{0{,}888} \tag{2.106}$$

Gültigkeitsbereich: $Re_c = w_{rel}d/v_c = 1 \ldots 5000$, $Sc_c = 480 \ldots 1{,}37 \cdot 10^7$.

In [2.19] wurden aus Experimenten an 4 Stoffsystemen flüssig-flüssig für die Stoffübergangskoeffizienten an Einzeltropfen mit innerer Zirkulation folgende Gleichungen für den Stoffübergang in der dispersen Phase (Index d) angegeben (Widerstand der kontinuierlichen Phase Null):

$$Sh_d = 31{,}4\, Sc_d^{-0{,}125}\, We^{0{,}37}\, Fo_d^{-0{,}34} \tag{2.107}$$

Es liegen 115 Meßpunkte zugrunde, Anpassung mit einem durchschnittlichen Fehler von $\pm 34\%$.

Für oszillierende Einzeltropfen wurde in [2.19] und [2.20] ermittelt:

$$Sh_d = 0{,}32\, Re_c^{0{,}68}\, Fo_d^{-0{,}14} \left(\frac{\sigma^3 \varrho_c^2}{g\eta_c^4 \Delta\varrho} \right)^{0{,}10} \tag{2.108}$$

Es liegen 110 Meßpunkte zugrunde, Anpassung mit einem durchschnittlichen Fehler von 15,6%, untersuchter Bereich der Oberflächenspannung $\sigma = 0{,}0035 \ldots 0{,}021$ N/m. In den Gleichungen (2.107) und (2.108) bedeuten:

$$Sh_d = \frac{\beta_d d}{D_d}; \quad Sc_d = \frac{v_d}{D_d}; \quad We = \frac{dw_{rel}^2 \varrho_d}{\sigma}; \quad Fo_d = \frac{4D_d t}{d^2}; \quad Re_c = \frac{dw_{rel}}{v_c}$$

d Tropfendurchmesser, t Kontaktzeit, $\Delta\varrho = |\varrho_c - \varrho_d|$.

Der Stoffübergang an Partikel wird durch folgende Größen, die sich zum Teil wiederum komplex aus verschiedenen Einflüssen ergeben, beeinflußt:

- Fluiddynamik der bewegten Partikel: Partikelform (vor allem bei Gasen sehr starke Abweichung von der Kugelform), Formänderung mit einer bestimmten Frequenz (Oszillation), innere Zirkulation (hängt vor allem vom Partikeldurchmesser ab) und Nachlaufströmungen (an der Rückseite von Tropfen und bei unregelmäßig geformten Blasen).
- Stoffsystem: Grenzflächenturbulenz und Stabilisierung von Flüssigkeitsfilmen (s. Grenzflächenphänomene), Einfluß oberflächenaktiver Stoffe.
- Veränderungen durch den Stofftransport: Konzentrationsänderungen mit Rückwirkungen auf den Grenzflächenspannungsgradienten und auf Grenzflächenphänomene, Änderungen der Partikelgröße (hauptsächlich bei starker Volumenzunahme oder -abnahme).

In den bekannten Gleichungen für die Stoffübertragung an die Einzelblase bzw. den Einzeltropfen sind Grenzflächenerscheinungen und deformierbare Phasengrenzflächen nicht berücksichtigt bzw. gelten nur unter den Bedingungen der jeweils einbezogenen Experimente. Die allgemeine Anwendung von Gleichungen für die Stoffübertragung an Einzeltropfen bzw. Einzelblasen auf verschiedene Stoffsysteme ist daher nicht möglich. Ungleich schwieriger werden die Verhältnisse bei den in technischen Ausrüstungen auftretenden Dispersionen mit Tropfen- bzw. Blasenschwärmen und den dabei auftretenden Wechselwirkungen zwischen Tropfen bzw. Blasen. Die große Zahl der dafür bekannten Gleichungen gilt im wesentlichen nur für die in den Experimenten untersuchten Bereiche und sind nur im geringen Maße auf andere Bedingungen (geometrische Abmessungen, Stoffsysteme, Belastungen) extrapolierbar.

2.3.5. Stoffübergang bei der Filmströmung

Die Filmströmung von zwei Phasen flüssig-gasförmig ist von großer technischer Bedeutung. Die technische Ausführung erfolgt durch senkrecht angeordnete Rohre bzw. Platten oder durch Füllkörperschüttungen bzw. regelmäßig aufgebaute Packungskolonnen. Die theoretische Beschreibung der Filmströmung an Rohren ist bei glattem Rieselfilm unter bestimmten Voraussetzungen noch gut möglich, vergleiche auch das Folgende. Bei welliger Oberfläche des Rieselfilms an Rohren erfolgt die Berechnung der Filmdicke des Rieselfilms durch empirische Gleichungen. In Füllkörperschüttungen ist eine theoretische Beschreibung des Strömungsfeldes infolge der örtlichen und zeitlichen Schwankungen durch stochastische Einflüsse nicht möglich.

Senkrechtes Rohr

Typische Werte für den durch Schwerkraft im Rohr abwärts strömenden Flüssigkeitsfilm sind: Oberflächengeschwindigkeit 0,5 bis 2 m/s und Filmdicke 0,05 bis 1 mm. Das Gas strömt im Rohr aufwärts (Gegenstrom) oder abwärts (Gleichstrom) durch erzwungene Strömung. Bei Ausführung eines Rohrbündelapparates kann beispielsweise um die Rohre außen durch ein Kühlmedium Wärme abgeführt werden, was in Sonderfällen von Bedeutung ist. Die Bedingungen für die Ähnlichkeit sind bei Rohren noch relativ gut erfüllt. Eine Beeinträchtigung der Ähnlichkeit erfolgt durch die Oberfläche des Rieselfilms und Grenzflächenphänomene. Ein Ansatz gemäß Gleichung (2.99) führt teilweise zu brauchbaren Ergebnissen.

Gasförmige Phase

Für den Stoffübergang im Gasfilm haben die meisten Autoren Experimente durch Verdampfen von Flüssigkeiten in den Gasstrom durchgeführt, wobei der Widerstand nur in der gasförmigen Phase liegt. Durch Anpassung an experimentelle Daten wurde in [2.21] eine analoge Gleichung wie bei dem Wärmeübergang gefunden:

$$Sh_G = 0,023\ Re_G^{0,8}\ Sc_G^{0,4} \qquad (2.109)$$

Gültigkeitsbereich: $Re_G = 2300 \ldots 35000$. In Sh_G und Re_G ist als charakteristische Längenabmessung der Durchmesser einzusetzen.

Flüssige Phase

Meistens wurden Experimente mit schwer löslichen Gasen, die absorbiert oder desorbiert werden, durchgeführt, so daß der Widerstand faktisch nur in der flüssigen Phase auftritt. Ein häufig benutzter empirischer Ansatz für die Auswertung der Versuchsergebnisse ist:

$$Sh_F = a_1\ Re_F^{a_2}\ Sc_F^{a_3} \left(\frac{\vartheta}{L}\right)^{a_4}$$

Hobler [2.22] hat die Anpassungsparameter aus Experimenten wie folgt bestimmt:

$$\mathrm{Sh}_F = 0{,}725 \, \mathrm{Re}_F^{0,33} \, \mathrm{Sc}_F^{0,5} \left(\frac{\vartheta}{L}\right)^{0,5} \tag{2.110}$$

$$\mathrm{Sh}_F = \frac{\beta_F \vartheta}{D_F}; \quad \vartheta = (v_F^2/g)^{1/3}; \quad \mathrm{Re}_F = \frac{4\Gamma}{\eta_F}$$

Γ Flüssigkeitsbelastung am Umfang des Rohres in kg/(m s), ϑ kennzeichnet die Dicke des Flüssigkeitsfilms, L Länge des Rohres. Es gilt auch folgender Zusammenhang $\vartheta/L = \mathrm{Ga}^{-1/3}$, wobei die *Galilei*-Zahl $\mathrm{Ga} = gL^3/v_F^2$. Gültigkeitsbereich: $\mathrm{Re} < 2100$ und $\mathrm{Re}_F^{2/3}(\mathrm{Sc}_F \vartheta/L)^{0,5} > 2{,}6$.

Die Berechnung der Stoffübergangskoeffizienten nach den Gleichungen (2.109) und (2.110) kann bei Vorhandensein von Widerständen in den beiden Phasen — die Gleichungen wurden für Spezialfälle mit Auftreten des Widerstandes faktisch in einer Phase ermittelt — und durch Grenzflächenphänomene zu beträchtlichen Abweichungen führen. So können sich die nach verschiedenen Gleichungen berechneten Stoffübergangskoeffizienten in der flüssigen Phase bis um das Dreifache unterscheiden.

Füllkörperschüttung

Die Flüssigkeit strömt infolge der Schwerkraft von oben nach unten und bildet auf den regellos geschütteten Füllkörpern einen Flüssigkeitsfilm. Die gasförmige Phase strömt von unten nach oben, vergleiche Bild 4.50. Nur die von Flüssigkeit benetzte Oberfläche nimmt an der Stoffübertragung teil. Vielfach werden Berechnungsgleichungen aus Experimenten abgeleitet, bei denen der Widerstand nur in einer Phase maßgebend ist. Oft wird ein Ansatz mit Ähnlichkeitskennzahlen gemäß Gleichung (2.99) verwendet.

Žavoronkov, *Gildenblatt* und *Ramm* [2.23] ermittelten die Anpassungsparameter für die Gleichung (2.99) durch Experimente mit verdampfendem Naphthalin (Widerstand nur in der gasförmigen Phase) in Kolonnen 123 und 500 mm Durchmesser wie folgt:

$$\mathrm{Sh}_G = 0{,}407 \, \mathrm{Re}_G^{0,655} \, \mathrm{Sc}_G^{1/3} \tag{2.111}$$

In Sh_G und Re_G ist $d_{gl} = 4\varepsilon/a$ einzusetzen; ε Porosität der Schüttung, a spezifische Oberfläche der Schüttung, w_G ist auf den leeren Querschnitt der Kolonne zu beziehen. Gültigkeitsbereich: $\mathrm{Re} = 10 \ldots 10000$, Raschigringe $10 \ldots 50$ mm, Pallringe 50 mm.

Ramm und *Čagina* [2.24] ermittelten aus Experimenten zur Desorption von Sauerstoff aus sauerstoffangereichertem Wasser mit dem Widerstand nur in der flüssigen Phase folgende Gleichung:

$$\mathrm{Sh}_F = a_1 \, \mathrm{Re}_F^{0,77} \, \mathrm{Sc}_F^{0,5} \quad \mathrm{mit} \quad \mathrm{Re}_F = \frac{4w_F}{av_F} \tag{2.112}$$

Sh_F und ϑ siehe Gleichung (2.110), w_F ist auf den leeren Querschnitt der Kolonne zu beziehen. Für Raschigringe 8 bis 50 mm geschüttet ist $a_1 = 0{,}00216$ und für Pallringe 50 mm $a_1 = 0{,}0236$. *Semmelbauer* [2.25] erhielt aus der Analyse von Versuchsergebnissen verschiedener Autoren bei der Absorption bzw. Desorption folgende Gleichungen:

$$\mathrm{Sh}_F = a_1 \, \mathrm{Re}_F^{0,59} \, \mathrm{Sc}_F^{0,5} \, \mathrm{Ga}_F^{0,17} \quad \mathrm{mit} \quad \mathrm{Ga}_F = \frac{d_m^3 g}{v_F^2} \tag{2.213}$$

$a_1 = 0{,}32$ für Raschigringe geschüttet und $a_1 = 0{,}25$ für Berlsättel geschüttet, gültig für $\mathrm{Re}_F = 3 \ldots 3000$.

$$\mathrm{Sh}_G = a_1 \, \mathrm{Re}_G^{0,59} \, \mathrm{Sc}_G^{0,33} \tag{2.114}$$

$a_1 = 0{,}69$ für Raschigringe geschüttet und $a_1 = 0{,}86$ für Berlsättel geschüttet, gültig für $Re_G = 100 \ldots 10000$. In Sh_G, Sh_F, Re_G, Re_F und Ga_F ist der mittlere Füllkörperdurchmesser d_m einzusetzen; in Re_G bzw. Re_F die Gas- bzw. Flüssigkeitsgeschwindigkeit, bezogen auf den leeren Querschnitt der Kolonne. Die Gleichungen (2.113) und (2.114) gelten für Raschig- und Pallringe 10 bis 50 mm.

Onda, *Takeuchi* und *Okumoto* [2.26] haben folgende Gleichungen vorgeschlagen:

$$Sh_G = 5{,}23\ Re_G^{0,7}\ Sc_G^{0,33}(ad)^{-2} \tag{2.115a}$$

$$Sh_F = 0{,}0051(Re_F/\varphi_B)^{2/3}\ Sc_F^{-0,5}(ad)^{0,4} \tag{2.115b}$$

$$\varphi_B = 1 - \exp[-1{,}45(\sigma_c/\sigma)^{0,75}\ Re_F^{0,1}\ Fr^{-0,05}\ We^{0,2}] \tag{2.116}$$

$$Re_G = \frac{w_G}{av_G}; \quad Re_F = \frac{w_F}{av_F}; \quad Sh_G = \frac{\beta_G}{aD_G}; \quad Sh_F = \beta_F\left(\frac{1}{v_F g}\right)^{1/3};$$

$$Fr = \frac{w_F^2 a}{g}; \quad We = \frac{w_F^2 \varrho_F}{\sigma a}$$

Gültigkeitsbereich: $Re_F = 1 \ldots 500$, $Re_G = 2 \ldots 1000$, Raschigringe 10 bis 50 mm, Berlsättel und Pallringe 12 bis 25 mm; w_G und w_F sind auf den leeren Querschnitt der Kolonne zu beziehen. Die kritische Oberflächenspannung σ_c in Gleichung (2.116) beträgt für Keramik 0,0609 N/m, für PVC 0,0403 N/m, für Stahl 0,0706 N/m und für Glas 0,0726 N/m.

Beispiel 2.7. Stoffübergangskoeffizienten in einer Füllkörperkolonne

In einer Füllkörperkolonne wird aus Luft mit 6 Vol.-% Aceton das Aceton weitgehend mit Wasser ausgewaschen.

Gegeben:

$\varrho_G = 1{,}28\ kg/m^3$; $\quad \eta_G = 3{,}22 \cdot 10^{-4}\ Pa\,s$; $\quad D_G = 0{,}935 \cdot 10^{-5}\ m^2/s$

$\varrho_F = 1000\ kg/m^3$; $\quad \eta_F = 0{,}00100\ Pa\,s$; $\quad D_F = 0{,}931 \cdot 10^{-9}\ m^2/s$

Raschigringe $25 \times 25 \times 2{,}4$ mm mit $a = 200\ m^2/m^3$ und Leerraumanteil $\varepsilon = 0{,}79$; Wasserstrom 2280 kg/h; Gasstrom 1063 m³/h i. N. am Eintritt; Betriebsbedingungen: 21 °C und 101,3 kPa, Innendurchmesser der Kolonne 600 mm.

Aufgabe:

Es sind die Stoffübergangskoeffizienten am Eintritt des Luft-Aceton-Gemisches zu bestimmen.

Lösung:

Die Berechnung erfolgt nach verschiedenen Gleichungen (2.111) bis (2.116). Ausführlich wird die Berechnung nach den Gleichungen (2.111) und (2.112) dargestellt.

Stoffübergangskoeffizient in der gasförmigen Phase

$$Sh_G = 0{,}407\ Re_G^{0,655}\ Sc_G^{1/3} \tag{2.111}$$

$$Re_G = \frac{w_G d_{gl}}{v_G}; \quad d_{gl} = \frac{4\varepsilon}{a} = \frac{4 \cdot 0{,}79}{200} = 0{,}01580\ m$$

$$w_G = \frac{\dot{V}}{A_q}; \quad A_q = 0{,}6^2 \frac{\pi}{4} = 0{,}283 \text{ m}^2$$

$$\dot{V} = \dot{V}_0 \frac{p_0}{p} \frac{T}{T_0} = 1063 \cdot \frac{101{,}3 \cdot 294}{101{,}3 \cdot 273} = 1145 \text{ m}^3/\text{h}$$

$$w_G = \frac{1145}{0{,}283 \cdot 3600} = 1{,}125 \text{ m/s}$$

$$v_G = \frac{\eta_G}{\varrho_G} = \frac{3{,}22 \cdot 10^{-4}}{1{,}28} = 2{,}516 \cdot 10^{-4} \text{ m}^2/\text{s}$$

$$\text{Re}_G = \frac{1{,}125 \cdot 0{,}01580}{2{,}516 \cdot 10^{-4}} = 70{,}6$$

Damit liegt die Re-Zahl innerhalb des Gültigkeitsbereiches Re = 10 bis 10^4 von Gleichung (2.111).

$$\text{Sc}_G = \frac{v_G}{D_G} = \frac{2{,}516 \cdot 10^{-4}}{0{,}935 \cdot 10^{-5}} = 26{,}9$$

$$\text{Sh}_G = 0{,}407 \cdot 70{,}6^{0{,}655} \cdot 26{,}9^{1/3} = 19{,}83$$

$$\beta_G = \frac{\text{Sh}_G D_G}{d_{gl}} = \frac{19{,}83 \cdot 0{,}935 \cdot 10^{-5}}{0{,}0158} = 0{,}01173 \text{ m/s}$$

Durch Multiplikation mit ϱ_G/M_G erhält man β_G in kmol/(m² s):

$$M_G = y_1 M_1 + y_2 M_2 = 0{,}06 \cdot 58{,}1 + 0{,}94 \cdot 29{,}0 = 30{,}75 \text{ kg/kmol}$$

$$\beta_G = \frac{0{,}00173 \cdot 1{,}28}{30{,}75} = \underline{0{,}488 \cdot 10^{-3} \text{ kmol/(m}^2 \text{ s)}}$$

Stoffübergangskoeffizient in der flüssigen Phase

$$\text{Sh}_F = 0{,}00216 \text{ Re}_F^{0{,}77} \text{ Sc}_F^{0{,}5} \quad (2.112)$$

$$\text{Re}_F = \frac{d_{gl} w_F}{v_F} = \frac{4 w_F}{a v_F}; \quad v_F = \frac{0{,}00100}{1000} = 1{,}00 \cdot 10^{-6} \text{ m}^2/\text{s}$$

$$w_F = \frac{\dot{M}}{\varrho A_q} = \frac{2280}{1000 \cdot 0{,}283 \cdot 3600} = 0{,}00224 \text{ m/s}$$

$$\text{Re}_F = \frac{4 \cdot 0{,}00224}{200 \cdot 1{,}00 \cdot 10^{-6}} = 44{,}8$$

$$\text{Sc}_F = \frac{v_F}{D_F} = \frac{1{,}00 \cdot 10^{-6}}{0{,}931 \cdot 10^{-9}} = 1074$$

$$\text{Sh}_F = 0{,}00216 \cdot 44{,}8^{0{,}77} \cdot 1074^{0{,}5} = 1{,}322$$

$$\text{Sh}_F = \frac{\beta_F \vartheta}{D_F}$$

$$\vartheta = \left(\frac{v_F^2}{g}\right)^{1/3} = \left[\frac{(1{,}00 \cdot 10^{-6})^2}{9{,}81}\right]^{1/3} = 0{,}467 \cdot 10^{-4} \text{ m}$$

$$\beta_F = \frac{\text{Sh}_F D_F}{\vartheta} = \frac{1{,}322 \cdot 0{,}931 \cdot 10^{-9}}{0{,}467 \cdot 10^{-4}} = 2{,}636 \cdot 10^{-5} \text{ m/s}$$

$$\beta_F = \frac{2{,}636 \cdot 10^{-5} \cdot 1000}{18} = \underline{1{,}464 \cdot 10^{-3} \text{ kmol/(m}^2 \text{ s)}}$$

Die Berechnung ergibt nach den anderen Gleichungen:

$\text{Re}_G = 111{,}8\,; \quad \text{Sh}_G = 33{,}1\,; \quad \beta_G = 0{,}515 \cdot 10^{-3}\,\dfrac{\text{kmol}}{\text{m}^2\,\text{s}}$ nach (2.114)

$\text{Re}_F = 56{,}0\,; \quad \text{Ga}_F = 1{,}533 \cdot 10^8\,; \quad \text{Sh}_F = 2780\,; \quad \beta_F = 5{,}75 \cdot 10^{-3}\,\dfrac{\text{kmol}}{\text{m}^2\,\text{s}}$ nach (2.113)

$\text{Re}_G = 22{,}4\,; \quad \text{Sh}_G = 5{,}46\,; \quad \beta_G = 0{,}425 \cdot 10^{-3}\,\dfrac{\text{kmol}}{\text{m}^2\,\text{s}}$ nach (2.115a)

$\text{Re}_F = 11{,}2\,; \quad \text{Sh}_F = 0{,}00148\,; \quad \beta_F = 1{,}764 \cdot 10^{-3}\,\dfrac{\text{kmol}}{\text{m}^2\,\text{s}}\,; \quad \varphi_B = 1$ nach (2.115b)

Ein Vergleich der Ergebnisse zeigt erhebliche Unterschiede; weitere Diskussion dazu siehe im Beispiel 2.11.

2.3.6. Wärme- und Stoffübergang an festen Grenzflächen

Eine wesentliche Besonderheit des Stoff- oder Wärmeübergangs an festen Grenzflächen ist deren im Vergleich zu flüssigen oder gasförmigen Grenzflächen geringe Veränderungsgeschwindigkeit infolge Schrumpfung, Quellung oder Auflösung. Es darf deshalb in vielen Fällen mit konstant bleibender Gestalt und Abmessung gerechnet werden.
Die theoretische Vorausberechnung von Übergangskoeffizienten erfordert die Lösung der allgemeinen Bilanzgleichung (2.49). Eine generelle, für alle Fälle gültige Lösung ist nicht bekannt, jedoch wurden bei der Vereinheitlichung der Darstellung erhebliche Fortschritte gemacht [2.33, 2.34, 2.14], indem die unterschiedliche Geometrie des umströmten Körpers mit angepaßten Ausdrücken für Anströmlänge und -geschwindigkeiten berücksichtigt wird:

$L = A/U$ = aktive Fläche/Umfang der Schattenfläche

Als Anströmgeschwindigkeit ist definiert

$w = w_0/\psi$ = Leerraumgeschwindigkeit/freier Flächenanteil

Krischer [2.33] konnte zeigen, daß sich mit Hilfe dieser beiden Größen der Zusammenhang zwischen den *Nußelt*- und den *Reynolds*-Zahlen für Körper unterschiedlichster Form mit einer maximalen Abweichung von 15% durch einen gemeinsamen Kurvenzug – die sog. *Mittelkurve* – wiedergeben läßt. Nach *Gnielinski* [2.14] erreicht man dieses Ergebnis auch analytisch durch Überlagerung der Ausdrücke Nu_{lam} für laminare und Nu_{turb} für turbulente Strömung:

$$\text{Nu} = \text{Nu}_{\min} + \sqrt{\text{Nu}_{\text{lam}}^2 + \text{Nu}_{\text{turb}}^2} \tag{2.117}$$

Dabei werden zunächst unabhängig von der Form des Körpers die Beziehungen für die ebene Platte eingesetzt:

$$\text{Nu}_{\text{lam}} = 0{,}664\,\text{Re}^{1/2}\,\text{Pr}^{1/3} \tag{2.118}$$

$$\text{Nu}_{\text{turb}} = \frac{0{,}037\,\text{Re}^{0{,}8}\,\text{Pr}}{1 + 2{,}443\,\text{Re}^{-0{,}1}(\text{Pr}^{2/3} - 1)} \tag{2.119}$$

$\text{Nu}_{\min}$ bezeichnet den Minimalwert der *Nußelt*-Zahl bei reiner Wärmeleitung im stagnierenden Medium.
Die nach Gleichung (2.120) berechnete Nu-Zahl ist im Falle größerer Temperaturunterschiede zwischen Kanalwand und Körperoberfläche noch zu korrigieren:

$$\text{Nu}_T = k\,\text{Nu} \tag{2.120}$$

Der Faktor k berücksichtigt die Temperaturabhängigkeit der Stoffwerte. Für Gase wird empfohlen [2.34]:

$$k_{\text{Gas}} = (T/T_w)^{0,14} \qquad (2.121)$$

Für Flüssigkeiten gilt

$$k_{\text{Flüss}} = (\text{Pr}/\text{Pr}_w)^n \qquad (2.122)$$

mit

$$n = n(\text{Pr}/\text{Pr}_w) = 0{,}25 \quad \text{für} \quad \text{Pr}/\text{Pr}_w > 1 \text{ bei Erwärmung} \qquad (2.123)$$

$$n = n(\text{Pr}/\text{Pr}_w) = 0{,}11 \quad \text{für} \quad \text{Pr}/\text{Pr}_w < 1 \text{ bei Abkühlung} \qquad (2.124)$$

Verwendet man die oben eingeführte Anströmlänge und -geschwindigkeit, so können diese zunächst für die ebene Platte aufgestellten Beziehungen mit einer Abweichung von maximal 15% auch für andere Konfigurationen verwendet werden: *Kugeln, Zylinder (Rohre und Drähte unterschiedlicher Form des Querschnitts), Rohrreihen (einzeln und in Bündeln hintereinander), Festbetten* und *Wirbelschichten*.

Die unterschiedlichen Parameter der einzelnen Konfigurationen sind Tabelle 2.3 zu entnehmen. Bei einzelnen Rohrreihen oder den in Anströmrichtung vorn liegenden Rohrreihen von Rohrbündeln sind bei niedrigen Turbulenzgraden bis zu 40% niedrigere Werte gemessen worden, als nach den angeführten Beziehungen berechnet werden.

Tabelle 2.3. Parameter zur Berechnung von Wärmeübergangskoeffizienten nach den Gleichungen (2.118) bis (2.122) für unterschiedliche geometrische Anordnungen

Konfiguration	Anström-länge L	Minimale Nußelt-Zahl $\text{Nu}_{\min}$	Anteil des freien Kanalquerschnitts ψ	Gültigkeitsbereich
Ebene Platte (längsüberströmt)	1	0	1	$10 < \text{Re}_L < 10^7;\ 0{,}5 < \text{Pr} < 2000$
Zylinder (querangeströmt)	$\dfrac{\pi}{2}d$	0,3	$1 - \dfrac{\pi}{4}\dfrac{d}{H}$	$1 < \text{Re}_L < 10^7;\ 0{,}6 < \text{Pr} < 1000$
Kugel, einzeln	d	2	$1 - \dfrac{2}{3}\dfrac{d^2}{D^3}$	$1 < \text{Re}_L < 10^5;\ 0{,}6 < \text{Pr} < 1000$

Kugeln, in monodisperser Schüttung:	$\text{Nu} = \left(1 + \dfrac{3}{2}\dfrac{V_{\text{Kugeln}}}{V_{\text{ges}}}\right)\text{Nu}_{\text{Einzelkugel}}$	$0 < \dfrac{V_{\text{Kugeln}}}{V_{\text{ges}}} < 0{,}74$
Kugeln, in monodisperser Wirbelschicht:	$\text{Nu} = \text{Nu}_{\text{Einzelkugel}}\ (\text{Re} = \text{Re}_{\text{Austrag}},\ \text{Pr})$	

Befindet sich der umströmte Körper nicht in einem unendlich ausgedehnten Medium, sondern in einem Kanal, so ist als Anströmgeschwindigkeit die auf den freien Strömungsquerschnitt bezogene mittlere Geschwindigkeit einzusetzen.

2.3.7. Stoffübergangskoeffizient bei einseitiger Stoffübertragung

Bei der Behandlung der einseitigen Diffusion im Abschnitt 2.1.4. wurde durch das Auftreten eines zusätzlichen Massenstroms (*Stefan*-Strom) eine Vergrößerung der Stoffübertragung gefunden, siehe Gleichungen (2.28) bis (2.36). Diese für die einseitige Diffusion gültigen

Beziehungen werden teilweise auch auf die konvektive Stoffübertragung angewendet. Strenggenommen ist eine solche Vorgehensweise nur gerechtfertigt, wenn bei der konvektiven Stoffübertragung als entscheidender Widerstand eine laminare Grenzschicht vorliegt, in der die Stoffübertragung durch Diffusion erfolgt. Im folgenden werden die Gesetze der Diffusion auf die einseitige konvektive Stoffübertragung angewendet. Ein Vergleich der zutreffenden Gleichungen

$$\dot{n}_1 = \beta_1 (c_{11} - c_{1Pl}) = \frac{D_1}{\delta_1} (c_{11} - c_{1Pl}) \qquad (2.62), (2.69)$$

$$\dot{n}_1 = \frac{D_1}{\delta_1} (c_{11} - c_{1Pl}) \frac{c}{c_{2m}} \qquad (2.32)$$

führt für die einseitige konvektive Stoffübertragung in Analogie zur einseitigen Diffusion zu folgendem Ergebnis:

$$\dot{n}_1 = \left[\beta_1 (c_{11} - c_{1Pl}) \frac{c}{c_{2m}} \right]_{in}$$

Der Index in soll das Vorhandensein eines inerten Gases, also einseitige Diffusion, kennzeichnen. Damit gilt bei einseitiger konvektiver Stoffübertragung:

$$\mathrm{Sh} = \frac{\beta_{1\,in} L}{D_1} = \frac{\beta_1 L}{D_1} \frac{c_{2m}}{c} \qquad (2.125)$$

$$\beta_1 = \beta_{1\,in} \frac{c}{c_{2m}} \qquad (2.126)$$

Bei Verwendung anderer Größen für die Triebkraft ergibt sich gemäß den Gleichungen (2.33) bis (2.36):

$$\beta_1 = \beta_{1\,in} \frac{p}{p_{2m}} = \frac{\beta_{1\,in}}{y_{2m}} = \frac{\beta_{1\,in}}{(1 + Y_1)_m} = \beta_{1\,in} \frac{\varrho^K}{\varrho^K_{2m}} \qquad (2.127)$$

Stoffübergangskoeffizienten werden in der Regel nach Gleichungen berechnet, die an Experimente angepaßt wurden. Bei Verwendung von Stoffübergangskoeffizienten bei einseitiger Stoffübertragung müssen dann auch die Experimente entsprechend ausgewertet worden sein. Die einseitige Stoffübertragung wird nur teilweise bei der Absorption und bei der gekoppelten Wärme- und Stoffübertragung flüssig-gasförmig (z. B. Verdunsten von Wasser in einem Luftstrom) berücksichtigt. Bei der Extraktion flüssig-flüssig wird die einseitige Stoffübertragung nicht berücksichtigt.

2.3.8. Analogie von Impuls-, Wärme- und Stoffübertragung

Für die molekulare Impuls-, Wärme- und Stoffübertragung wurde die Analogie bereits im Abschnitt 2.1.7. behandelt. In diesem Abschnitt wird die Analogie in turbulenten Strömungen dargestellt. Die Impuls-, Wärme- und Stoffübertragung wird in turbulenten Strömungen durch die Schwankungsbewegungen zur Hauptrichtung der Strömung, ausgedrückt durch den Turbulenzgrad, erhöht. Es können eingeführt werden:

— Turbulente Viskosität η_t,
— ein turbulenter Wärmeleitkoeffizient λ_t und
— ein turbulenter Diffusionskoeffizient D_t.

Diese turbulenten Koeffizienten für die Impuls-, Wärme- und Stoffübertragung stellen keine Stoffwerte dar, sondern sind vom turbulenten Strömungsfeld abhängig. In Analogie zur molekularen Impuls-, Wärme- und Stoffübertragung können für den turbulenten Transport mit der Wegkoordinate x definiert werden:

$$\tau_t = -\eta_t \frac{dw_y}{dx} = -\varrho v_t \frac{dw_y}{dx} \tag{2.128}$$

$$\dot{q}_t = -\lambda_t \frac{dT}{dx} = -\varrho c_p a_{Tt} \frac{dT}{dx} \tag{2.129}$$

$$\dot{n}_{1t} = -D_t \frac{dc_1}{dx} \tag{2.130}$$

Die gesamte Impuls-, Wärme- und Stoffübertragung setzt sich aus einem molekularen Anteil mit den molekularen Transportkoeffizienten η, λ und D und einem turbulenten Anteil mit den turbulenten Transportkoeffizienten η_t, λ_t und D_t zusammen. Statt der Transportkoeffizienten können auch die molekularen Ausgleichskoeffizienten v, a_T und D und die turbulenten Ausgleichskoeffizienten v_t, a_{Tt} und D_t verwendet werden. Die Summe ergibt sich aus dem molekularen und turbulenten Anteil, wobei der turbulente Anteil in der Regel wesentlich größer ist.

$$\tau = -(\eta + \eta_t)\frac{dw_y}{dx} = -\varrho(v + v_t)\frac{dw_y}{dx} \tag{2.131}$$

$$\dot{q} = -(\lambda + \lambda_t)\frac{dT}{dx} = -\varrho c_p (a_T + a_{Tt})\frac{dT}{dx} \tag{2.132}$$

$$\dot{n}_1 = (D + D_t)\frac{dc_1}{dx} \tag{2.133}$$

Die Messung der turbulenten Transportkoeffizienten erfordert die Kenntnis der Schwankungsbewegungen in der turbulenten Strömung. Solche Messungen, z. B. nach der Methode der Hitzdraht-Anemometrie oder der Laser-Doppler-Anemometrie, sind aufwendig. Die Bedeutung der turbulenten Transportkoeffizienten könnte künftig darin liegen, daß durch Kopplung mit Kenngrößen der turbulenten Strömung wie dem Mikro- und Makromaßstab der Turbulenz praktikable Lösungen möglich werden. Ein Vorteil ist, daß für die turbulenten Ausgleichskoeffizienten oft folgende Näherungsbeziehung gilt:

$$v_t \approx a_{Tt} \approx D_t \tag{2.134}$$

Für Berechnungen in der Technik werden bei konvektiven Strömungen, die turbulent oder laminar sein können, meistens folgende empirische Ansätze für die Wärme- und Stoffübertragung verwendet:

$$\dot{q} = \alpha_1(T_1 - T_{1w}) \tag{2.58}$$

$$\dot{n}_1 = \beta_G(y_1 - y_{1P}) \tag{2.63}$$

Für die Impulsübertragung entspricht den beiden vorstehenden Gleichungen folgender Ansatz:

$$\tau = \gamma(w_1 - w_{1w})$$

γ Impulsübergangskoeffizient in kg/(m² s)

Bei zahlreichen technischen Prozessen wird statt der Impulsübertragung der Druckverlust verwendet:

$$\Delta p = \zeta \frac{w^2 \varrho}{2}$$

Von besonderem Interesse ist, inwieweit durch die Analogie zwischen Impuls-, Wärme- und Stoffübertragung Experimente eingeschränkt werden können, indem rechnerisch Zusammenhänge zwischen der Impuls-, Wärme- und Stoffübertragung ermittelt werden können.

Analogie für die Impuls- und Wärmeübertragung nach Reynolds

Reynolds erarbeitete die Grundlagen für diese Analogie mit folgenden Ergebnissen:

$v + v_t = a_T + a_{Tt}$ bzw. $v = a_T$ und $v_t = a_{Tt}$

$$\alpha = \frac{c_p \tau}{w} \quad \text{bzw.} \quad \gamma = \frac{\alpha}{c_p}$$

γ siehe Seite 83, w mittlere Strömungsgeschwindigkeit.

Die Analogie $v = a_T$ ist im allgemeinen nicht zutreffend. Dagegen ist in turbulenten Strömungen die Analogie $v_t = a_{Tt}$ oft relativ gut erfüllt, s. Gl. (2.134). Betrachtung von Wärme- und Impulsübertragung:

Wärmeübertragung $\dot{q}A = \dot{M}c_p(T_1 - T_{1w})$

Impulsübertragung $\tau_w A = \dot{M}w$

$$\frac{\dot{q}}{\tau_w} = \frac{c_p(T_1 - T_{1w})}{w}$$

Die Wandschubspannung τ_w muß der Schubspannung in der Flüssigkeit entsprechen.

$$\frac{\dot{q}}{T_1 - T_{1w}} = \alpha \frac{c_p \tau}{w}$$

Diese Gleichung ist im allgemeinen zur Ermittlung von Wärmeübergangskoeffizienten nicht geeignet. Unter Einbeziehung des Geschwindigkeitsprofils in der Grenzschicht, die *Prandtl* erstmals vornahm, wird jedoch letztendlich die Analogie von Impuls- und Wärmeübertragung genutzt.

Analogie für die Wärme- und Stoffübertragung

Diese wurde von *Nußelt* 1930 und von *Schmidt* 1929 wie folgt formuliert:

$\text{Nu} = a_1 \, \text{Re}^{a_2} \, \text{Pr}^{a_3}$ \hfill (2.86)

$\text{Sh} = a_1 \, \text{Re}^{a_2} \, \text{Pr}^{a_3}$ \hfill (2.99)

Unter der Voraussetzung, daß die Parameter a_1 und a_2 gleichgroß sind, erhält man

$$\frac{\text{Nu}}{\text{Sh}} = \left(\frac{\text{Pr}}{\text{Sc}}\right)^{a_3}$$

$$\frac{\alpha L}{\lambda} \frac{D}{\beta L} = \left(\frac{v}{a_T} \frac{D}{v}\right)^{a_3} \quad \text{bzw.} \quad \frac{\alpha D}{\lambda \beta} = \left(\frac{D}{a_T}\right)^{a_3}$$

$$\frac{D\alpha}{a_T c_p \varrho \beta} = \left(\frac{D}{a_T}\right)^{a_3} \quad \text{mit} \quad \lambda = a_T c_p \varrho$$

$$\frac{\alpha}{c_p \varrho \beta} = \left(\frac{D}{a_T}\right)^{a_3 - 1} \hfill (2.135)$$

Setzt man bei Gasen näherungsweise $a_T = D$ bzw. $Pr = Sc$, so erhält man aus Gleichung (2.135):

$$\beta = \frac{\alpha}{c_p \varrho} \tag{2.136}$$

Gleichung (2.136) wurde durch Analogiebetrachtungen von *Lewis* 1922 mit ähnlichen Betrachtungen wie von *Reynolds* gefunden und wird deshalb nach *Lewis* benannt.
Durch zahlreiche Untersuchungen ist nachgewiesen worden, daß die einfachen Analogien nach *Reynolds* und *Lewis* nur für Spezialfälle gelten. Die Analogien sind durch Betrachtungen verschiedener Forscher erweitert worden. Grundsätzlich sind die Analogiebeziehungen zwischen der Impuls-, Wärme- und Stoffübertragung als Näherungsbeziehungen zu betrachten, die für ausgewählte Spezialfälle gelten und für zahlreiche Anwendungsfälle Näherungslösungen ergeben.

2.4. Gekoppelte Wärme- und Stoffübertragung

Diese liegt bei Prozessen vor, die mit einer Phasenänderung (Änderung des Aggregatzustandes) verbunden sind. Zu den wichtigsten Phasenänderungen gehören

- das *Kondensieren* und das *Verdampfen*,
- das *Erstarren* bzw. *Schmelzen* mit geringerer Bedeutung.

Das Desublimieren (Solidisieren) und Sublimieren findet nur eine sehr geringe technische Anwendung. Wenn es sich bei der Phasenänderung um reine Stoffe handelt oder die beiden Phasen sich in der Zusammensetzung nur wenig unterscheiden, kann die gekoppelte Wärme- und Stoffübertragung auf ein Problem der Wärmeübertragung zurückgeführt werden, wodurch sich die Behandlung wesentlich vereinfacht (s. Abschn. 3.3. und 3.4.). Die Wärmeübertragung durch den direkten Kontakt von zwei Phasen ausschließlich zum Zwecke der Wärmeübertragung hat nur geringe technische Bedeutung. Dagegen besitzt die Stoffübertragung durch den direkten Kontakt von zwei Phasen technisch größte Bedeutung, wobei zahlreiche Probleme nur auf die Betrachtung der Stoffübertragung zurückgeführt werden können.
Die gekoppelte Wärme- und Stoffübertragung ist besonders bei Prozessen zu berücksichtigen, bei denen ein inertes Gas beteiligt ist und die Temperaturen im Kern und an der Phasengrenzfläche unterschiedlich sind. Wichtige Beispiele sind die Abkühlung einer Flüssigkeit durch Verdunstung und die Kondensation von Dampf aus einem Dampf-Gas-Gemisch. Diese beiden Fälle werden nachstehend behandelt.

2.4.1. Abkühlung eines Gases bzw. einer Flüssigkeit durch Verdunstung

Ein typisches Beispiel ist die Verdunstung einer Flüssigkeit in ein inertes Gas. Für die Modellierung wird angenommen, daß eine stagnierende Grenzschicht konstanter Dicke vorliegt und der Widerstand gegenüber der Stoffübertragung allein auf die Gasphase konzentriert ist.

Es werden folgende Voraussetzungen getroffen:
— Die Feuchtigkeit liegt vollständig als freies Wasser an der Gutoberfläche vor. Ihr Dampfdruck ist gleich dem Sättigungsdruck.
— Stoffübertragung erfolgt nur durch Diffusion senkrecht zur Grenzschicht; Wärmeleitung und -strahlung treten nicht auf.

- An der Phasengrenzfläche herrscht Gleichgewicht zwischen Flüssigkeit und Gas.
- Es liegt Beharrungszustand vor.
- Der Prozeß verläuft adiabat, alle zur Verdunstung notwendige Energie wird dem Gas entnommen.

Damit lassen sich einfache Beziehungen für die Berechnung der Verdunstung ableiten. Können die Annahmen in besonderen Fällen nicht aufrechterhalten werden, so stehen in der Literatur genauere, aufwendige Lösungen zur Verfügung [2.29, 2.33, 2.34]. Nach den Gleichungen (2.64) und (2.127) erhält man für den an einer einseitig durchlässigen Phasengrenzfläche übergehenden Dampfmengenstrom

$$\dot{M}_1 = \beta_1 A (\varrho_{1Pl}^K - \varrho_{1I}^K) \frac{\varrho^K}{\varrho_{2m}^K}$$

Dürfen sowohl das inerte Gas als auch die Übergangskomponente als ideale Gase behandelt werden, wie das z. B. für die Konvektionstrocknung bei Normaldruck zutrifft, so kann an die Stelle des Quotienten ϱ^K/ϱ_{2m}^K auch das Druckverhältnis p/p_{2m} treten.

Für das Verhältnis der Intensitätskoeffizienten des Wärme- und Stoffübergangs war im Abschn. 2.3.8. abgeleitet worden

$$\frac{\alpha}{\beta} = \varrho c_p \left(\frac{D}{a_T}\right)^{a_3 - 1} \tag{2.137}$$

wobei gilt:

$$\varrho c_p = \varrho_1 c_{p1} + \varrho_2 c_{p2}$$

Nach Krischer [2.33] lassen sich vom stagnierenden Film abweichende Strömungsformen durch unterschiedliche Zahlenwerte des Exponenten a_3 berücksichtigen (s. Tab. 2.4.).

Tabelle 2.4. Zahlenwert des Exponenten a_3 in Abhängigkeit von der Strömungsform

Fall	Art der Strömung	a_3	α/β
1	Rein laminar	0	$\varrho c_p \dfrac{a_T}{D} = \dfrac{\lambda}{D}$
2	Turbulent mit laminarer Grenzschicht	1/3	$\varrho c_p \left(\dfrac{a_T}{D}\right)^{2/3}$
3	Anlaufvorgang in reibungsfreier Strömung	1/2	$\varrho c_p \left(\dfrac{a_T}{D}\right)^{1/2}$
4	Rein turbulent (ohne Berücksichtigung der laminaren Unterschicht)	1	ϱc_p

Die Fälle 1 und 4 stellen theoretische Grenzwerte dar. Da der Widerstand für den Stoffübergang zum Teil in der laminaren Unterschicht, zum Teil in der turbulenten Grenzschicht liegt, sind in praktischen Fällen Werte zwischen beiden Grenzen zu erwarten. *Krischer* [2.33] empfiehlt die Verwendung des geometrischen Mittels. Das entspricht Fall 3 nach Tabelle 2.4.

$$\frac{\alpha}{\beta} = \varrho c_p \sqrt{\frac{a_T}{D}}$$

Damit können aus bekannten Wärmeübergangskoeffizienten die zur Berechnung des übergehenden Stoffstroms nach Gleichung (2.137) benötigten Stoffübergangskoeffizienten berechnet werden.

2.4. Gekoppelte Wärme- und Stoffübertragung

Da die bei der Ableitung von Gleichung (2.137) eingeführten Annahmen in der Praxis häufig nicht erfüllt sind, wird für praktische Berechnungen meist ein Ansatz analog zu Gleichung (2.68) vorgezogen.
Der durch diese Vernachlässigung bedingte Fehler bleibt unter 10%, solange die Kühlgrenztemperatur $<60\,°C$ ist [2.43].
In der Klima- und Trocknungstechnik wird anstelle des Symbols $\beta_{1\bar{y}}$ gemäß Gleichung (2.73) in der Regel der Verdunstungskoeffizient σ verwendet:

$$\dot{M} = \sigma A (Y_P - Y) \qquad (2.138)$$

Für die Umrechnung gilt analog Gl. (2.71)

$$\sigma = \varrho_1^K \beta_1 \qquad (2.139)$$

Abkühlung (und Befeuchtung) eines Gases durch Verdunstung

Die Abkühlung eines Luftstroms mittels Wasserverdunstung ist eine der Standardaufgaben der Klimatechnik.
Die Massen- und Enthalpiestrombilanzen für den im Bild 2.17 angegebenen Bilanzbereich lauten

$$d\dot{M}_F = d\dot{M}_D = \dot{M}_G\,dY \qquad (2.140)$$

und

$$d\dot{H}_F = d\dot{H}_G$$

oder mit dem Enthalpiestrom $\dot{H} = \dot{M}h$:

$$\dot{M}_F\,dh_F + d\dot{M}_F h_F = \dot{M}_G\,dh_G \qquad (2.141)$$

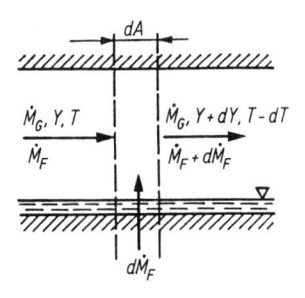

Bild 2.17. Abkühlung eines Gases durch Verdunsten — Bilanzgrößen

Die spezifische Enthalpie h_F der Flüssigkeit kann bei diesem Prozeß als konstant angenommen werden:

$$d\dot{M}_F h_F = \dot{M}_G\,dY\,h_F = \dot{M}_G\,dh_G$$

oder

$$\frac{dh_G}{dY} = h_F \qquad (2.142)$$

Für den Fall der Verdunstung von Wasser in Luft ist das die Gleichung einer Nebelisotherme im *Mollier-h, Y-Diagramm*. Die Feuchte Y der Luft wird gefunden, indem die Nebelisotherme in das ungesättigte Gebiet verlängert und mit der Isotherme T zum Schnitt gebracht wird.

Der Schnittpunkt von Nebelisotherme und Sättigungslinie liefert die sogenannte Kühlgrenztemperatur. Der Name beruht darauf, daß T_s die niedrigste Temperatur ist, auf die Wasser mittels Luft des gegebenen Zustands Y, T abgekühlt werden kann.
Zur analytischen Ermittlung benötigt man neben Gleichung (2.142) die Definitionsgleichung der Enthalpie feuchter Luft [2.44]

$$h = h_G + rY$$

und eine Beziehung für den Wasserdampfpartialdruck, z. B. die *Antoine*-Gleichung [2.27]:

$$\lg p_D = 7{,}19621 - 1780{,}63/(233{,}426 + T)$$

T ist in °C einzusetzen, p_D erhält man in kPa, der Gültigkeitsbereich ist 1 ... 100 °C, Gleichung (2.142) wird als Differenzengleichung geschrieben und mit o. a. Beziehungen zweckmäßig mittels *Newton*-Verfahren gelöst:

$$h_E - h_A - c_F T_F (Y_s - Y_E) = 0 \qquad (2.143)$$

Beispiel 2.8. Luftfeuchte-Messung mittels Psychrometer

An einem Psychrometer wurden bei einem Absolutdruck von 100 kPa 85 °C am trockenen und 68 °C am feuchten Thermometer abgelesen.

Gegeben:

Für die spezifischen Wärmekapazitäten sollen folgende Mittelwerte verwendet werden: $c_{p,\text{Luft}} = 1{,}0$ kJ/(kg K); $c_{p,\text{Dampf}} = 1{,}86$ kJ/(kg K); $c_{p,\text{Wasser}} = 4{,}19$ kJ/(kg K). Für die Verdampfungsenthalpie wird der Wert bei 0 °C verwendet [2.44]:
$r = 2500$ kJ/kg.

Aufgabe:

Welche absolute und relative Luftfeuchte liegen vor? Welche Abweichung gegenüber der Isenthalpen ergibt sich?

Lösung:

Mittels der Gleichung für p_D findet man für den Luftzustand am feuchten Thermometer $p_s = 28488$ Pa; $Y_s = 247{,}8$ g/kg; $h_s = 718{,}8$ kJ/kg. Aus der iterativen Lösung folgt für den gesuchten Luftzustand $Y = 239{,}34$ g/kg bzw. $\varphi = 48{,}2\%$. Die Abweichung gegenüber der Isenthalpen dürfte mit $\Delta h = 2{,}4$ kJ/kg in den meisten Fällen vernachlässigbar sein.

Sollten im verwendeten h,Y-Diagramm keine Nebelisothermen eingezeichnet sein, so kann man näherungsweise die Isenthalpen als Kühlgrenzlinien verwenden, da der Zahlenwert von h_F klein ist und die Neigung der Nebelisothermen und der Isenthalpen deshalb fast übereinstimmt. Formal führt das zu

$$\boxed{\frac{dh_G}{dY} = h_F \approx 0; \qquad dh_G \approx 0; \qquad h_G \approx \text{const}} \qquad (2.144)$$

Abkühlung einer Flüssigkeit durch Verdunstung

Dieser Prozeß besitzt für die Abkühlung von Wasser in Rückkühlwerken große technische Bedeutung. Für die Modellierung können die Massen- und Enthalpiestrombilanzen (2.140)

2.4. Gekoppelte Wärme- und Stoffübertragung

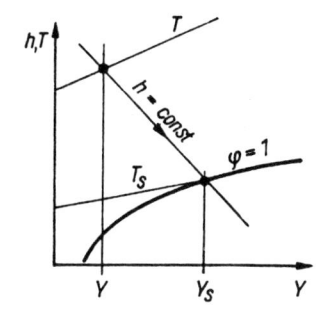

Bild 2.18. Abkühlung einer Flüssigkeit durch Verdunstung — Bilanzgrößen

und (2.141) übernommen werden. Die Verringerung des Flüssigkeitsdurchsatzes infolge Verdunstung liegt in technischen Anlagen bei 1 ... 3% und kann in der Massenstrombilanz vernachlässigt werden:

$$d\dot{M}_F \approx 0$$

Mit der Berücksichtigung der Enthalpie des feuchten Gases [2.44] folgt dann aus der Enthalpiestrombilanz (2.141):

$$\dot{M}_F \, dh_F = \dot{M}_G \, dh_G = \dot{M}_G(c_{pG} \, dT_G + r \, dY)$$
$$= \alpha(T_S - T_G) \, dA + \sigma r(Y_S - Y) \, dA$$
$$= \sigma \left[\frac{\alpha}{\sigma c_{pG}} (h_G^* - h_G) + r(Y_S - Y) \, dA \right] \quad (2.145)$$

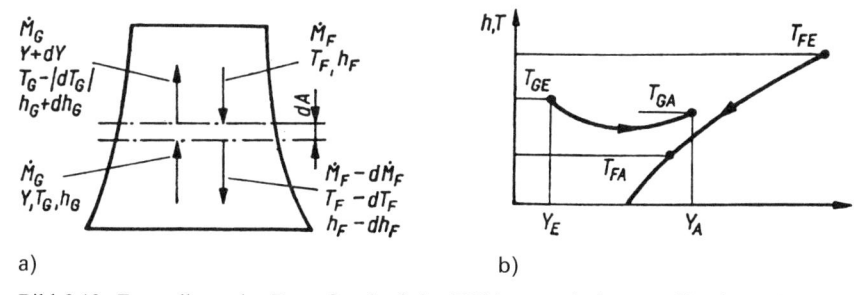

a)   b)

Bild 2.19. Darstellung des Prozeßverlaufs im Kühlturm mit dem Mollier-h,Y-Diagramm
a) Kühlturm
b) Darstellung im h,T-Y-Diagramm

Unterstellt man die Gültigkeit des Satzes von *Lewis* (2.136), rechnet nach Gleichung (2.139) um und setzt entsprechend der unterschiedlichen Größe beider Summanden

$$r(Y_S - Y) < (h_G^* - h_G)$$

so folgt

$$\dot{M}_F \, dh_F = \dot{M}_G c_G \, dT_F \approx \sigma(h_G^* - h_G) \, dA \quad (2.146)$$

Das ist die bereits 1925 von *Merkel* angegebene sogenannte *Hauptgleichung*. Mit ihr war erstmals eine Darstellung der Vorgänge im Kühlturm allein mit der Enthalpieänderung ohne Berücksichtigung der Luftfeuchteänderung möglich. Das brachte große Vorteile bezüglich der Auslegung von Kühltürmen und der Darstellung der in ihnen ablaufenden Zustandsänderung der Luft.

Die notwendige Phasengrenzfläche im Kühlturm läßt sich durch Umstellung der Gleichung (2.146) unter Berücksichtigung von Gleichung (2.145) in gleicher Weise ermitteln wie bei Füllkörperkolonnen (s. Abschn. 2.8.2. und 4.3.3.):

$$\int_0^A dA = A = \frac{\dot{M}_G}{\sigma} \int_{h_{GA}}^{h_{GE}} \frac{dh_G}{h_G^* - h_G}$$

2.4.2. Kondensation von Dämpfen aus Dampf-Gas-Gemischen

In der Industrie fallen unter bestimmten Bedingungen Dampf-Gas-Gemische an, z. B. bei Dämpfen in Vakuumanlagen (Luft als inerter Bestandteil) und bei manchen Gemischen aus Reaktoren.

Bei der Kondensation von Dampf aus einem Dampf-Gas-Gemisch reichert sich am Kondensatfilm in einer Grenzschicht von der Dicke s das inerte Gas an, durch die der Dampf hindurchdiffundieren muß, siehe Bild 2.20. Diese Grenzschicht stellt einen zusätzlichen Widerstand dar, der oft für den Wärmeübergang entscheidend ist. Entsprechend dem fallenden Partialdruck des Dampfes p_1 in der Grenzschicht vermindert sich auch die Kondensationstemperatur, siehe Bild 2.20b. Die flüssige und gasförmige Phase besitzen durch das Vorhandensein des inerten Gases eine unterschiedliche Zusammensetzung, so daß die Kondensation des Dampfes aus einem Dampf-Gas-Gemisch als *gekoppelter Prozeß der Wärme- und Stoffübertragung* zu behandeln ist.

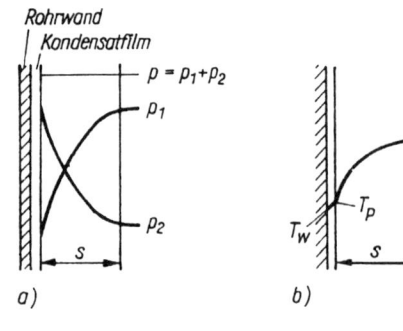

Bild 2.20. Druck- und Temperaturverlauf bei der Kondensation eines Dampf-Gas-Gemisches
a) Partialdrücke des Dampfes (Index 1) und des Gases (Index 2)
b) Temperaturverlauf
T_G Dampf-Gas-Gemisch
T_P Temperatur an der Phasengrenze (Oberfläche des Kondensatfilms)

Der übertragene Wärmestrom setzt sich aus der Kondensationsenthalpie an der Phasengrenzfläche (Hauptanteil) und der Abkühlung des Dampf-Gas-Gemisches von T_G auf T_P zusammen:

$$d\dot{Q} = d\dot{H} = d\dot{M}_1 r_1 + d\dot{M}_{\text{ges}} c_{p\,\text{ges}}(T_G - T_P)$$

Für die Wärmestromdichte gilt im stationären Zustand im Kondensatfilm (Index F), berechnet wie bei der Kondensation von Dämpfen ohne inertes Gas

$$\dot{q} = \alpha_F(T_P - T_w)$$

und für den Widerstand in der mit inertem Gas angereicherten Grenzschicht

$$\dot{q} = \alpha(T_G - T_P) = \alpha_G(T_G - T_P) + r_1 \dot{m}$$

α_G ist der Wärmeübergangskoeffizient für das Dampf-Gas-Gemisch ohne Berücksichtigung der Kondensation.

Gekoppelte Wärme- und Stoffübertragung 2.4.

Für beide Widerstände gilt mit dem Wärmeübergangskoeffizienten α' folgender Ansatz:

$$\dot{q} = \alpha'(T_G - T_w) \tag{2.147}$$

Aus den letzten drei Gleichungen kann man unter der Voraussetzung einer gleichen Oberfläche (Vernachlässigung der Dicke des Kondensatfilms) über die Temperaturdifferenzen ableiten:

$$\frac{1}{\alpha'} = \frac{1}{\alpha_F} + \frac{1}{\alpha} = \frac{1}{\alpha_F} + \frac{1}{\alpha_G + \dfrac{r_1 \dot{m}_1}{T_G - T_P}} \tag{2.148}$$

Für die Massenstromdichte $\dot{m}_1$ sind die Gesetzmäßigkeiten der Stoffübertragung maßgebend. Für die Diffusion in einer laminaren Grenzschicht gilt unter Beachtung der einseitigen Diffusion die bereits abgeleitete Gleichung

$$\dot{n}_1 = \frac{\dot{m}_1}{M_1} = \frac{D_1}{sR_1 T} \frac{p}{p_{2m}} (p_1 - p_{1P}) \tag{2.33}$$

D_1 Diffusionskoeffizient des Dampfes in der laminaren Grenzschicht von der Dicke s. Für die Berechnung des maßgebenden Faktors D_1/s in Gleichung (2.33) ist von *Chilton* und *Colburn* 1934 die Analogie zur Wärmeübertragung vorgeschlagen worden. Wenn vorausgesetzt wird, daß bei diesem Problem eine volle Analogie zwischen Wärme- und Stoffübertragung besteht (vgl. Abschn. 2.3.8.), so können die Gleichungen für die Wärmeübertragung auf die Stoffübertragung angewendet werden.

Da die Analogie zwischen Wärme- und Stoffübertragung nur begrenzt zutrifft, sind Gleichungen, abgeleitet aus Experimenten an Dampf-Gas-Gemischen, vorteilhaft, soweit sie einen genügend großen Gültigkeitsbereich haben. *Renker* [2.31] hat aus Messungen bei der Kondensation von Wasserdampf und Isobutanoldampf mit Luft, Stickstoff und Waserstoff als inerte Gase mit Geschwindigkeiten des Dampf-Gas-Gemisches von 5 bis 25 m/s die Gleichung (2.148) in folgender Form verwendet:

$$\alpha' = \frac{\alpha_F}{1 + \dfrac{\alpha_F}{\alpha}}$$

Durch einige Vereinfachungen und Eliminierung der Größen an der Phasengrenzfläche kam *Renker* unter Verwendung von Ähnlichkeitskennzahlen für die Stoffübertragung in turbulenter Strömung zu folgender Gleichung:

$$\alpha' = \frac{\alpha_F}{1 + \dfrac{\alpha_F}{K_1 \left(\dfrac{p_1}{p_2}\right)^{K_2}}} \tag{2.149}$$

mit $K_1 = 0{,}0105 \dfrac{rD_1 p \, \mathrm{Re}^{0,95} \, \mathrm{Sc}^{0,92}}{(T_G - T_{KM}) R_1 T_G d}$ und $K_2 = 0{,}38 \, \mathrm{Sc}_1^{-0,27}$

$\mathrm{Re} = wd/v$, w Strömungsgeschwindigkeit des Gemisches, $\mathrm{Sc} = v/D_1$ (v auf das Gemisch mit der Temperatur T_G bezogen), $\mathrm{Sc}_1 = v_1/D_1$ (v_1 auf den Dampf mit der Temperatur T_G bezogen), T_{KM} Temperatur des Kühlmittels, D_1 Diffusionskoeffizient des Dampfes im inerten Gas, R_1 Gaskonstante des Dampfes, p_1 und p_2 sind die Partialdrücke des Dampfes und des inerten Gases in der turbulenten Strömung. Gemäß Ableitung ist die Gleichung (2.149) dimensionsecht, wobei die Exponenten für Re, Sc, Sc_1 und die Konstanten in K_1 und K_2

Anpassungsparameter an die Experimente darstellen. Die Stoffwerte und Temperatur T_G sind auf $p_1/p_2 = 1$ zu beziehen.

Bild 2.21 gibt einen guten Eindruck über den starken Einfluß des inerten Gases auf den Wärmeübergang. Bereits wenige Prozente inerten Gases führen zu einer starken Verschlechterung des Wärmeübergangskoeffizienten gegenüber reinem Dampf. Andererseits führen bereits wenige Prozente Dampfgehalt im Dampf-Gas-Gemisch zu einer Erhöhung des Wärmeübergangskoeffizienten gegenüber dem reinen Gas. Abschließend sei darauf hingewiesen, daß die Berechnung des Wärmeübergangskoeffizienten bei einem Dampf-Gas-Gemisch infolge der starken Veränderung des Inertgasgehaltes, der Temperatur und damit der örtlichen Wärmeübergangskoeffizienten differentiell bzw. für geeignete Teilabschnitte des Wärmeübertragers erfolgen muß (vgl. Abschn. 3.3.).

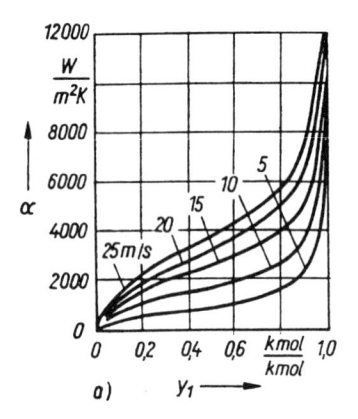

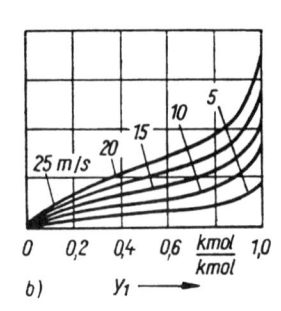

Bild 2.21. Wärmeübergangskoeffizient in Abhängigkeit vom Dampfanteil und der Strömungsgeschwindigkeit
a) Wasserdampf-Luft-Gemisch
b) Isobutanol-Stickstoff-Gemisch

2.5. Wärme- und Stoffdurchgang

Unter Wärmedurchgang versteht man die Übertragung von Wärme von einem fluiden Medium auf ein anderes fluides Medium. Von großer technischer Bedeutung ist der Wärmedurchgang zwischen zwei fluiden Medien durch eine feste Wand. Der Wärmedurchgang setzt sich aus drei Teilprozessen zusammen:
— Wärmeübergang vom fluiden Medium an die Wand, meistens durch Konvektion;
— Wärmeleitung durch die feste Wand (können mehrere Schichten sein);
— Wärmeübergang von der Wand an das fluide Medium, meistens durch Konvektion.

Der vorstehend dargestellte Wärmedurchgang beinhaltet damit drei Widerstände. Der Wärmedurchgang durch feste Wände wird im Abschnitt 2.5.1. behandelt.
Der Wärmedurchgang von einem fluiden Medium auf ein anderes fluides Medium, die im direkten Kontakt stehen, z. B. zwischen Gas und Flüssigkeit oder zwischen zwei nichtmischbaren Flüssigkeiten, ausschließlich zum Zweck der Übertragung von Wärme spielt in der Technik nur in Sonderfällen eine Rolle.

Unter Stoffdurchgang versteht man die Übertragung einer Stoffkomponente bzw. von mehreren Stoffkomponenten von einer Phase über eine Phasengrenze hinweg in eine andere Phase.

Es können insbesondere folgende Hauptfälle unterschieden werden:

1. *Stoffdurchgang fluid-fluid* (s. Abschn. 2.5.2.)

Dieser setzt sich grundsätzlich aus zwei Teilprozessen zusammen:

– Stoffübergang vom Kern des fluiden Mediums an die Phasengrenze, meistens durch Konvektion;
– Stoffübergang von der Phasengrenze an ein anderes fluides Medium, meistens durch Konvektion.

Der Stoffdurchgang beinhaltet damit einen Widerstand in jeder fluiden Phase. Es wird vorausgesetzt, daß die Phasengrenze keinen Widerstand darstellt.

Die Übertragung von Stoff von einer Phase in eine andere Phase ist in der Regel mit der Übertragung von Wärme gekoppelt, insbesondere bei Änderung des Aggregatzustandes der übertragenen Komponente. In zahlreichen Fällen braucht die Übertragung von Wärme nicht berücksichtigt zu werden, was zu einer wesentlichen Vereinfachung des Problems führt. Dies trifft insbesondere bei der Destillation zu, weil die Übertragung der großen Wärmeströme zwischen den beiden Phasen sich ausgleicht. Auch bei der Absorption braucht die Übertragung von Wärme trotz der beachtlichen Absorptionsenthalpie nicht berücksichtigt werden, wenn es sich bei großen Waschflüssigkeitsströmen um einen praktisch isothermen Prozeß handelt.

2. *Stoffdurchgang fluid-fest* (s. Abschn. 2.5.3.)

Die beteiligten Teilprozesse sind für die verschiedenen Prozeßeinheiten nicht einheitlich. Oft sind folgende Teilprozesse beteiligt:

– Stoffübergang vom fluiden Medium an die äußere Oberfläche des festen Stoffes bzw. umgekehrt, oft durch Konvektion;
– Diffusion innerhalb der Poren bei porösen festen Körpern (Adsorbentien, feuchte Stoffe, Katalysatoren, feste Membranen);
– Änderung des Aggregatzustandes innerhalb des festen Körpers, z. B. bei der adsorptiven Bindung an den Feststoff;
– Anlagerung von Molekülen an ein Kristall bei der Kristallisation bzw. Abspaltung von Molekülen von den Feststoffpartikeln bzw. ebenen Oberflächen beim Auflösen.

Die Zahl der Widerstände ist entsprechend den beteiligten Teilprozessen unterschiedlich und wird für technisch wichtige Prozeßeinheiten im Abschnitt 2.5.3. behandelt.

Auch die Stoffübertragung zwischen einer fluiden und einer festen Phase ist mit der Übertragung von Wärme gekoppelt. Wenn der Prozeß mit genügender Genauigkeit als isotherm betrachtet werden kann, ist eine gekoppelte Behandlung von Stoff- und Wärmedurchgang nicht erforderlich, wodurch das Problem wesentlich vereinfacht wird.

3. *Gekoppelter Wärme- und Stoffdurchgang fluid-fluid*

Es sind folgende Teilprozesse zu berücksichtigen:

– Stoffübergang vom Kern der fluiden Phase an die Phasengrenze,
– Wärmeübergang vom Kern der fluiden Phase an die Phasengrenze,
– Stoffübergang von der Phasengrenze an ein anderes fluides Medium,
– Wärmeübergang von der Phasengrenze an ein anderes fluides Medium.

In der Regel dominiert bei allen Teilprozessen die konvektive Übertragung. Wenn alle 4 Teilprozesse berücksichtigt werden müssen, wird die Lösung sehr kompliziert und erfordert numerische Methoden.

4. *Stoffdurchgang fluid-fluid mit chemischer Reaktion* (s. Abschn. 2.5.4.)

Es wird eine Reaktion der Komponenten A und B zum Reaktionsprodukt C in einer Phase vorausgesetzt, wobei die Komponente A über die Phasengrenze übertragen wird. Folgende Teilprozesse können bedeutsam sein:

- Stoffübergang der Komponente A vom Kern des fluiden Mediums Phase I an die Phasengrenze, meistens durch Konvektion;
- Lösen der Komponente A an der Phasengrenze;
- Geschwindigkeit der Reaktion in der Phase II zwischen den Komponenten A und B mit Bildung des Reaktionsproduktes C;
- Transport der Komponente B vom Kern der Phase II in die Nähe der Phasengrenze durch Diffusion oder Konvektion;
- Transport des Reaktionsproduktes C in Phase II von der Phasengrenze in Richtung Kern der Strömung durch Diffusion oder Konvektion (bei reversiblen Reaktionen zu beachten);
- Widerstand an der Phasengrenze im Zusammenhang mit der Reaktion (wird oft vernachlässigt).

Der Transport der Komponenten A und B als die reagierenden Komponenten und C als Reaktionsprodukte in der Phase II durch Diffusion oder Konvektion wird maßgeblich durch die Wechselwirkung mit der Reaktionskinetik geprägt. Oft dominieren bestimmte Teilprozesse, so daß man dann von einem reaktions-kontrollierten oder stoffübertragungs-kontrollierten Prozeß spricht. Der Stoffdurchgang fluid-fluid mit chemischer Reaktion ist bedeutsam bei der

- Absorption mit chemischer Reaktion,
- Extraktion flüssig-flüssig mit Reaktion (Reaktivextraktion).
- Destillation mit Reaktion.

2.5.1. Wärmedurchgang durch feste Wände

Für den Wärmedurchgang wird folgender Ansatz verwendet, der den Charakter einer Definitionsgleichung besitzt:

$$\boxed{d\dot{Q} = k\, dA(T_1 - T_2) \quad \text{bzw.} \quad \dot{Q} = kA\, \Delta T_m} \qquad (2.150)$$

Der mittels Wärmedurchgang übertragene Wärmestrom muß über die Energiebilanz zu einer entsprechenden Enthalpieänderung der beiden beteiligten Ströme 1 und 2 mit differentiellen Temperaturänderungen führen:

$$\boxed{d\dot{Q} = k\, dA(T_1 - T_2) = \dot{M}_1 c_{p1}\, dT_1 = \dot{M}_2 c_{p2}\, dT_2} \qquad (2.151)$$

Dabei ist k der für den Wärmedurchgang bestimmende Intensitätsfaktor, der *Wärmedurchgangskoeffizient* genannt wird. In den seltensten Fällen ist die Temperaturdifferenz für den gesamten Wärmeübertrager konstant, so daß in der Regel eine mittlere Temperaturdifferenz ΔT_m (s. Abschn. 2.7.2.) benutzt werden muß. Die Gleichung (2.150) für den Wärmedurchgang besitzt den Vorteil, daß nur die Temperaturen der fluiden Medien, aber keine Wandtemperaturen benötigt werden.

Ebene Wand

Für den Wärmedurchgang gilt für die drei Teilprozesse unter Bezugnahme auf Bild 2.22:

$$d\dot{Q} = \alpha_1 \, dA(T_1 - T_{1w}) \quad \text{bzw.} \quad T_1 - T_{1w} = \frac{d\dot{Q}}{\alpha_1 \, dA}$$

$$d\dot{Q} = \frac{\lambda \, dA(T_{1w} - T_{2w})}{s} \quad \text{bzw.} \quad T_{1w} - T_{2w} = \frac{d\dot{Q}s}{\lambda \, dA}$$

$$d\dot{Q} = \alpha_2 \, dA(T_{2w} - T_2) \quad \text{bzw.} \quad T_{2w} - T_2 = \frac{d\dot{Q}}{\alpha_2 \, dA}$$

Die Summe der 3 Gleichungen rechts ergibt:

$$T_1 - T_2 = \frac{d\dot{Q}}{dA}\left(\frac{1}{\alpha_1} + \frac{s}{\lambda} + \frac{1}{\alpha_2}\right) \quad \text{oder} \quad d\dot{Q} = \frac{dA(T_1 - T_2)}{\frac{1}{\alpha_1} + \frac{s}{\lambda} + \frac{1}{\alpha_2}} = k \, dA(T_1 - T_2)$$

Daraus erhält man:

$$\boxed{\frac{1}{k} = \frac{1}{\alpha_1} + \frac{s}{\lambda} + \frac{1}{\alpha_2}} \quad \text{bzw.} \quad \boxed{\frac{1}{k} = \frac{1}{\alpha_1} + \sum_{n=1}^{z} \frac{s_n}{\lambda_n} + \frac{1}{\alpha_2}} \qquad (2.152)$$

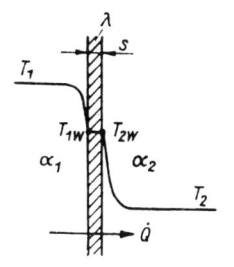

Bild 2.22. Wärmedurchgang für eine ebene Wand

Einfluß der einzelnen Glieder auf k

Der Wärmeübergangskoeffizient ist stets kleiner als α_1, α_2 oder λ_n/s_n.

> Der Wärmeübergangskoeffizient kann nur wirksam vergrößert werden, indem von den Größen α_1, α_2, λ_n/s_n der kleinste Wert verbessert wird.

Bei den Wärmeübergangskoeffizienten kann eine Verbesserung in erster Linie durch Erhöhung der Geschwindigkeit erfolgen, siehe dazu Gleichung (2.88), bei λ_n/s_n durch Verminderung der Dicke und einen Werkstoff mit besserem Wärmeleitkoeffizienten. Für die feste Wand werden meist metallische Werkstoffe verwendet, die einen hohen Wärmeleitkoeffizienten besitzen. Die feste metallische Wand stellt daher meist einen kleinen Widerstand dar. Ein erheblicher Widerstand kann jedoch durch feste Ansätze in Form von Schmutz oder Verkrustungen auftreten.

Beispiel 2.9. Wärmedurchgang in einer zusammengesetzten ebenen Wand

In einem Kühlhaus mit ebenen Wänden soll innen eine wärmedämmende Schicht aus Schaumpolystyrol mit $\lambda_{po} = 0{,}06$ W/(m K) angebracht werden.

Gegeben:

Dicke der Betonwand 0,45 m mit $\lambda_B = 0{,}95$ W/(m K)
Temperatur im Kühlhaus $T_K = 4\,°C$
Außenluft $T_{La} = 30\,°C$ mit einer relativen Luftfeuchtigkeit $\varphi = 0{,}8$
zulässiger maximaler einströmender Wärmestrom 15 W/m²
$\alpha_i = 15$ W/(m² K); $\alpha_a = 25$ W/(m² K)

Aufgabe:

1. Die Dicke der Isolierschicht ist unter Beachtung eines vorgegebenen maximal einströmenden Wärmestroms von 15 W/m² zu ermitteln.
2. Die Wandtemperaturen sind zu bestimmen.
3. Es ist zu überprüfen, ob sich außen Schwitzwasser bildet.

Lösung:

Zu 1.

Gemäß den Gleichungen (2.150) und (2.152) gilt für eine ebene Wand:

$$\dot{Q} = k A \Delta T_m = \frac{A \Delta T_m}{\dfrac{1}{\alpha_i} + \dfrac{s_{po}}{\lambda_{po}} + \dfrac{s_B}{\lambda_B} + \dfrac{1}{\alpha_a}}$$

Die Temperaturdifferenz ist bei dieser Aufgabe konstant: außen 30 °C, innen 4 °C. Vorstehende Gleichung nach s_{po} aufgelöst:

$$s_{po} = \lambda_{po} \left(\frac{A \Delta T}{\dot{Q}} - \frac{1}{\alpha_i} - \frac{s_B}{\lambda_B} - \frac{1}{\alpha_a} \right)$$

$$s_{po} = 0{,}06 \left(\frac{30 - 4}{15} - \frac{1}{15} - \frac{0{,}45}{0{,}95} - \frac{1}{25} \right) = \underline{\underline{0{,}0692\ \text{m}}}$$

Es wird eine Isolierung mit 70 mm Schaumpolystyrol ausgeführt.

Zu 2.

Bezeichnungen s. Bild 2.23. Da die Isolierstärke etwas größer gewählt wurde als unter 1. berechnet, ist die Wärmestromdichte neu zu bestimmen:

$$\dot{q} = k \Delta T = \frac{30 - 4}{\dfrac{1}{15} + \dfrac{0{,}070}{0{,}060} + \dfrac{0{,}45}{0{,}95} + \dfrac{1}{25}} = 0{,}572 \cdot 26 = 14{,}88\ \text{W/m}^2$$

$$\dot{q} = \alpha_i (T_{iw} - T_i) \tag{2.58}$$

$$T_{iw} = T_i + \frac{\dot{q}}{\alpha_i} = 4 + \frac{14{,}88}{15} = \underline{\underline{4{,}99\ °C}}$$

$$\dot{q} = \frac{\lambda_{po}}{s_{po}} (T_{1w} - T_{iw}) \tag{2.3}$$

$$T_{1w} = T_{iw} + \frac{\dot{q}s_{po}}{\lambda_{po}} = 4{,}99 + \frac{14{,}88 \cdot 0{,}070}{0{,}060} = \underline{\underline{22{,}35\,^\circ\text{C}}}$$

$$\dot{q} = \frac{\lambda_{Be}}{s_{Be}}(T_{aw} - T_{1w})$$

$$T_{aw} = 22{,}35 + \frac{14{,}88 \cdot 0{,}45}{0{,}95} = \underline{\underline{29{,}4\,^\circ\text{C}}}$$

Die Überprüfung der richtigen numerischen Berechnung der Wandtemperaturen kann durch nachstehende Zusatzrechnung erfolgen:

$$\dot{q} = \alpha_a(T_a - T_{aw}); \qquad T_{aw} = 30 - \frac{14{,}88}{25} = 29{,}4\,^\circ\text{C}$$

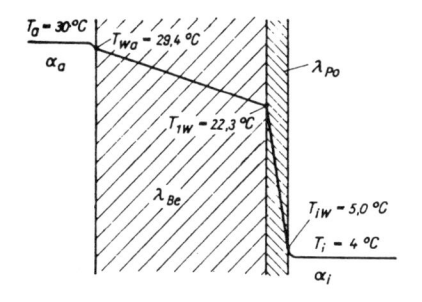

Bild 2.23. Temperaturverlauf in einer Kühlhauswand

Zu 3.

Der Partialdruck des Wasserdampfes p_1 in der Außenluft beträgt:

$p_1 = \varphi p_S$; aus Dampfdrucktabelle: $p_S = 4{,}24$ kPa für 30 °C

$p_1 = 0{,}8 \cdot 4{,}24 = 3{,}39$ kPa

Ein Wasserdampfdruck von 3,39 kPa entspricht einer Sättigungstemperatur von 26,1 °C. Bei einer Wandtemperatur außen von 29,4 °C tritt damit keine Schwitzwasserbildung auf.

Beispiel 2.10. Wandtemperaturen bei Bildung von Kesselstein

In einem Heizkraftwerk hat sich infolge ungenügender Aufbereitung des Kesselspeisewassers in den Stahlrohren (4 mm dick, $\lambda_{St} = 40$ W/(m K)) eine 2 mm dicke Schicht von Kesselstein mit $\lambda_{Ke} = 1{,}1$ W/(m K) gebildet. Durch eine Rostschicht außen auf den Rohren entsteht ein zusätzlicher Widerstand $R_{Ro} = 0{,}0006$ m² K/W. Das Rohr soll näherungsweise wie eine ebene Wand behandelt werden.

Aufgabe:

1. Es ist der Wärmedurchgangskoeffizient zu bestimmen, der bei sehr hohen Wärmeübergangskoeffizienten bestenfalls möglich ist.
2. Die höchste Temperatur der Stahlwand mit und ohne Kesselstein ist unter der Voraussetzung zu ermitteln, daß sich in den Rohren Wasser von 280 °C mit $\alpha_i = 6000$ W/(m² K) und um die Rohre Rauchgase (einschließlich strahlendes Mauerwerk) mit 1200 °C und $\alpha_a = 250$ W/(m² K) befinden.

Lösung:

Zu 1:

Bei Vernachlässigung des Widerstandes durch Wärmeübertragung auf beiden Seiten des Rohres (Wärmeübergangskoeffizienten sehr hoch) gilt:

$$\frac{1}{k} = \frac{s_{Ke}}{\lambda_{Ke}} + \frac{s_{St}}{\lambda_{St}} + R_{Ro} \qquad (2.152)$$

$$\frac{1}{k} = \frac{0{,}002}{1{,}1} + \frac{0{,}004}{40} + 0{,}0006 = 0{,}001818 + 0{,}000100 + 0{,}0006$$

$\underline{k = 397 \text{ W/(m}^2\text{ K)}}$ ist der höchstmögliche Wärmedurchgangskoeffizient.

Zu 2.

Mit Kesselstein:

$$\dot{q} = k\,\Delta T_m \qquad (2.150)$$

$$\frac{1}{k} = \frac{1}{6000} + \frac{0{,}002}{1{,}1} + \frac{0{,}004}{40} + 0{,}0006 + \frac{1}{250} \qquad (2.152)$$

$k = 149{,}6 \text{ W/(m}^2\text{ K)}; \qquad \dot{q} = 149{,}6\,(1200 - 280) = \underline{137{,}6 \text{ kW/m}^2}$

Ohne Kesselstein:

$k = 205{,}5 \text{ W/(m}^2\text{ K)}; \qquad \dot{q} = \underline{189{,}0 \text{ kW/m}^2}$

Die höchste Temperatur der Stahlwand $T_{St\,max}$ liegt außen an der verrosteten Oberfläche vor.

$$\dot{q} = \alpha_a(T_a - T_{St\,max}) \quad \text{oder} \quad T_{St\,max} = T_a - \frac{\dot{q}}{\alpha_a} \qquad (2.58)$$

Mit Kesselstein:

$$T_{St\,max} = 1200 - \frac{137\,600}{255} = \underline{650\ ^\circ\text{C}}$$

Ohne Kesselstein:

$$T_{St\,max} = 1200 - \frac{189\,000}{250} = \underline{444\ ^\circ\text{C}}$$

Die höchste Temperatur der Stahlwand T_{St} außen direkt unter der Rostschicht beträgt: Mit Kesselstein: $T_{St} = 567\ ^\circ\text{C}$ und ohne Kesselstein: $T_{St} = 331\ ^\circ\text{C}$.
Der Ansatz von Kesselstein kann durch die höhere Wandtemperatur und die dadurch verminderte Festigkeit des Stahls zur Zerstörung der Rohre (Rohrreißer) führen.

2.5.2. Stoffdurchgang fluid-fluid

Der Stoffdurchgang zwischen zwei fluiden Phasen beinhaltet für die 2 Teilprozesse 2 Widerstände:

— Stoffübergang vom Kern des fluiden Mediums an die Phasengrenze und
— Stoffübergang von der Phasengrenze an ein anderes fluides Medium.

Es wird vorausgesetzt, daß die Phasengrenze selbst keinen Widerstand darstellt.

Triebkraft

Die Konzentrationsdifferenz (Triebkraft) für den Stoffübergang bei Konvektion ist im Abschnitt 2.3.1. eingeführt worden, siehe auch Bild 2.12. Für den Stoffdurchgang werden die Triebkräfte nachfolgend am Beispiel der Absorption dargestellt. Für das Phasengleichgewicht gilt bei kleinen Konzentrationen der löslichen Komponente (Index 1) in der flüssigen Phase das Gesetz von *Henry*:

$$p_1 = H_A x_1 \tag{2.153}$$

H_A Absorptionskoeffizient nach *Henry* in Pa, x_1 in kmol 1 je kmol Gemisch in der flüssigen Phase. Für die gasförmige Phase gilt unter der Voraussetzung eines idealen Gases:

$$p_1 = y_1 p \tag{2.154}$$

Aus den Gleichungen (2.153) und (2.154) erhält man den unmittelbaren Zusammenhang zwischen den Konzentrationen der löslichen Komponente 1 in den beiden Phasen:

$$y_1^* = \frac{H_A}{p} x_1 \tag{2.155}$$

Der Stern bedeutet, daß die gasförmige Phase (gekennzeichnet durch y_1^*) im Gleichgewicht mit der flüssigen Phase x_1 steht. Dieser Sachverhalt wird in diesem Lehrbuch durch folgende Schreibweise ausgedrückt $y_1^* \;|||\; x_1$, gesprochen: y_1^* im Gleichgewicht mit x_1. Die Gleichung (2.155) kann auch nach x_1 aufgelöst werden. Dann gilt $x_1^* \;|||\; y_1$, und Gleichung (2.155) lautet dann:

$$x_1^* = \frac{p}{H_A} y_1$$

Es ist also zu beachten, daß der Stern einen physikalischen Sachverhalt ausdrückt, der nicht als mathematisches Zeichen zu behandeln ist.

Durch Stoffbilanzen wird die Zusammensetzung der flüssigen und gasförmigen Phase in jedem Querschnitt der Kolonne bestimmt (über den Querschnitt wird konstante Zusammensetzung vorausgesetzt), siehe Bild 2.24.

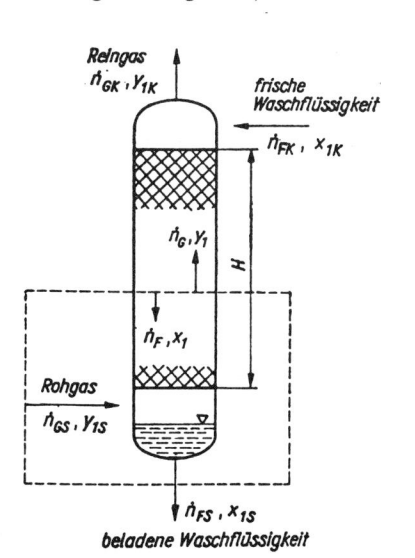

Die Zusammensetzung am Kopf wird durch den Index K gekennzeichnet, die Zusammensetzung am Sumpf durch den Index S. Es genügt jeweils die Angabe für eine Komponente, da sich bei einem Zweistoffgemisch der Molanteil der anderen Komponente aus der Differenz zu Eins ergibt.

Die Zusammensetzung in einem beliebigen Querschnitt der Kolonne wird durch eine Stoffbilanz durch diesen betrachteten Querschnitt gefunden, wobei der Bilanzkreis zweckmäßigerweise bis zum Sumpf (im Bild 2.24 verwendet) oder Kopf verwendet wird. Unter

Bild 2.24. Zur Stoffbilanz für eine Absorptionskolonne

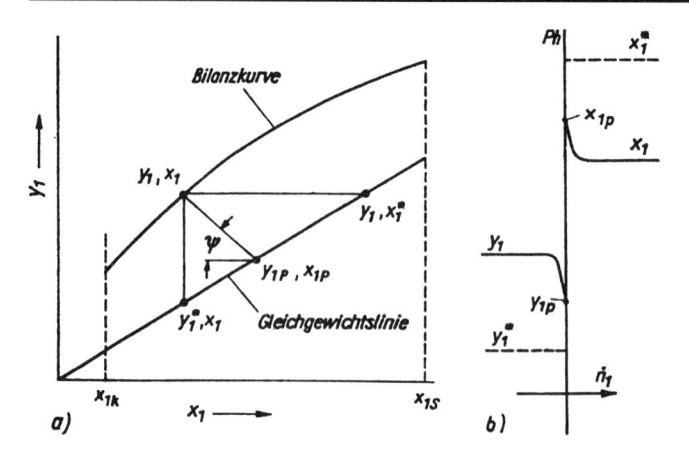

Bild 2.25. Darstellung der Triebkraft für einen Punkt der Bilanzlinie bei der Absorption
a) im $y_1 x_1$-Diagramm
b) an der Phasengrenze

Bezugnahme auf Bild 2.24 lautet die Stoffbilanz für einen beliebigen Querschnitt in der Kolonne für die Komponente 1:

$$y_{1S}\dot{n}_{GS} + x_1 \dot{n}_F = y_1 \dot{n}_G + x_{1S}\dot{n}_{FS} \qquad (2.156)$$

Die Zusammensetzung gemäß Phasengleichgewicht und die effektive Zusammensetzung der flüssigen und gasförmigen Phase gemäß Stoffbilanz können günstig in einem Diagramm mit den Koordinaten y_1 und x_1 dargestellt werden (s. Bild 2.25a). Da dieses Diagramm die Zusammensetzung der beiden Phasen kennzeichnet, wird es in diesem Lehrbuch als *Phasendiagramm* bezeichnet. In der Fachliteratur ist dafür auch der Ausdruck Gleichgewichtsdiagramm üblich. Für die Absorption ergibt sich im Phasendiagramm mit Molanteilen für das Phasengleichgewicht gemäß Gleichung (2.155) eine Gerade. Sie wird *Gleichgewichtslinie* bzw. *Gleichgewichtskurve* genannt. Aus der Stoffbilanz für verschiedene Querschnitte der Kolonne ergibt sich die *Bilanzkurve*, auch bezeichnet als *Betriebs-* oder

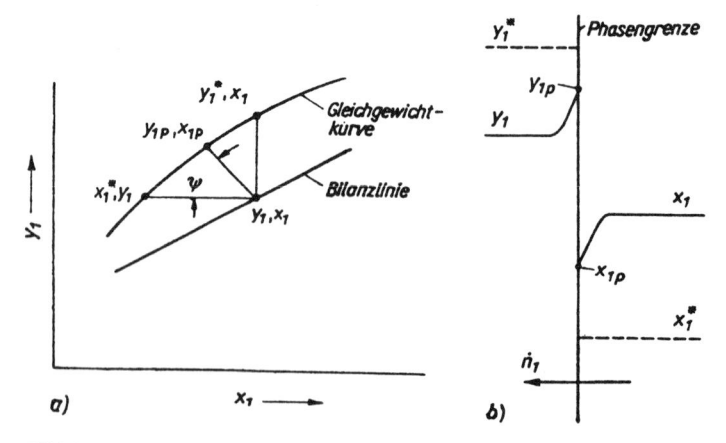

Bild 2.26. Darstellung der Triebkraft für einen Punkt der Bilanzlinie bei der Destillation
a) im $y_1 x_1$-Diagramm
b) an der Phasengrenze

Arbeitskurve. Die Bilanzkurve wird im x_1,y_1-Diagramm eine Gerade, wenn die Stoffströme in der flüssigen und gasförmigen Phase über der Höhe der Kolonne konstant sind. Dies ist bei der Absorption nicht der Fall, da die Stoffströme in der gasförmigen und flüssigen Phase vom Sumpf zum Kopf abnehmen.

Zur näheren Erläuterung der Triebkraft wird ein beliebiger Querschnitt der Kolonne mit der Zusammensetzung y_1 in der gasförmigen Phase und x_1 in der flüssigen Phase betrachtet. An der *Phasengrenzfläche* wird *Phasengleichgewicht* vorausgesetzt, also y_{1P} ||| x_{1P}. Für die Zusammensetzung an der Phasengrenzfläche kann auf die zusätzliche Kennzeichnung durch einen Stern verzichtet werden, da gemäß Voraussetzung an der Phasengrenzfläche immer Phasengleichgewicht vorliegt.

Die Triebkraft muß stets positiv sein. Dies wird besonders deutlich durch eine Darstellung der Konzentrationen an der Phasengrenze gemäß Bild 2.25b, wobei lediglich alle Konzentrationen aus Bild 2.25a übernommen und entsprechend ihrer Größe senkrecht aufgetragen werden. Der Stoffstrom wird vom Gas zur Flüssigkeit übertragen. Eine Differenz $y_1 - x_1$ darf *nicht* als Triebkraft verwendet werden, da diese wegen des Sprungs an der Phasengrenzfläche falsch ist. Für die Destillation sind in analoger Weise für einen Punkt der Bilanzlinie y_1 und x_1 die Triebkräfte im Bild 2.26 dargestellt.

Vergleich der Triebkräfte beim Wärmedurchgang und Stoffdurchgang fluid-fluid

Dieser Vergleich ergibt zwei wesentliche Unterschiede:

1. Der Temperaturverlauf beim Wärmedurchgang ist stetig (s. Bild 2.22). Bei der Stoffübertragung über eine Phasengrenze tritt an der Phasengrenze entsprechend dem Phasengleichgewicht ein Sprung auf.

> Bei Verwendung der Partialdrücke oder der chemischen Potentiale als Konzentrationsmaße würde kein Sprung an der Phasengrenzfläche auftreten. Da diese Konzentrationsmaße bei Experimenten nicht für Messungen benutzt werden können, ist es nicht üblich, diese zu verwenden.

2. Beim Wärmedurchgang ist die gesamte Temperaturdifferenz örtlich $T_1 - T_2$. Bei der Stoffübertragung ist die gesamte Konzentrationsdifferenz beim Stoffdurchgang stets auf eine Phase zu beziehen, also in der gasförmigen Phase $y_1^* - y_1$ bzw. $y_1 - y_1^*$ und in der flüssigen Phase $x_1^* - x_1$ bzw. $x_1 - x_1^*$.

Stoffdurchgangskoeffizient

Die Berechnung des übertragenen Stoffstroms über eine Phasengrenzfläche mit den Stoffübergangskoeffizienten in jeder Phase setzt die Kenntnis der Konzentrationen an der Phasengrenzfläche voraus. Diese können meistens experimentell nicht gemessen werden. Es wird ein Stoffdurchgangskoeffizient, auch als gesamter Stoffübergangskoeffizient bezeichnet, eingeführt, der auf eine konkrete Phase zu beziehen ist. Es werden folgende Voraussetzungen getroffen:

1. Die Phasengrenzfläche stellt für die Stoffübertragung keinen Widerstand dar.
2. An der Phasengrenzfläche herrscht Phasengleichgewicht, also c_{1PI} ||| c_{1PII} bzw. y_{1P} ||| x_{1P}, wobei auf die Kennzeichnung des Phasengleichgewichtes durch einen Stern verzichtet wird.
3. Das Phasengleichgewicht zwischen den beiden Phasen folgt einer linearen Beziehung

$$c_{1I}^* = bc_{1II} \quad \text{bzw.} \quad y_1^* = bx_1 \tag{2.157}$$

4. Das Gemisch in den beiden Phasen besteht jeweils aus zwei Komponenten.

Die Voraussetzung 1 dürfte in den meisten Fällen zutreffend sein; Abweichungen sind bei der Stoffübertragung mit chemischer Reaktion möglich. Die Voraussetzung 2 stellt einen Grenzfall dar, der an der Phasengrenze oft erfüllt ist. Die Voraussetzung 3 ist in zahlreichen Fällen auch nicht annähernd zutreffend. Es muß dann abschnittsweise (stufenweise) gerechnet werden, wobei dann die Gleichgewichtskurve für diesen Abschnitt näherungsweise durch eine Gerade ersetzt wird. Bei mehr als zwei Komponenten kann der Anstieg der Gleichgewichtslinie (bei 3 Komponenten räumlich und bei mehr als 3 Komponenten geometrisch nicht mehr darstellbar) formal durch Matrizen eingeführt werden. Außerdem kann sich der Stoffdurchgangskoeffizient bei mehr als zwei Komponenten für jede Komponente unterscheiden.

Bei der Definitionsgleichung für den Stoffdurchgangskoeffizienten wird als Triebkraft die Differenz zwischen dem Phasengleichgewicht und der effektiven Konzentration verwendet. Beide Konzentrationen sind auf den Kern der gleichen Phase bezogen, wobei die Phasengleichgewichts-Konzentration auf den Kern der anderen Phase bezogen wird. Die Definitionsgleichung lautet dann:

$$\boxed{\dot{n}_1 = K_G(y_1 - y_1^*) = K_F(x_1^* - x_1)} \qquad \text{bzw.} \qquad (2.158)$$

$$\boxed{d\dot{N}_1 = K_G\, dA(y_1 - y_1^*) = K_F\, dA(x_1^* - x_1)} \qquad \text{mit} \quad y_1^* \;|||\; x_1 \quad \text{und} \quad x_1^* \;|||\; y_1$$

Die Triebkraft muß in jedem Fall positiv sein, so daß entsprechend den Verhältnissen bei dem Prozeß die Triebkraftdifferenz in den vorstehenden Gleichungen auch umgekehrt lauten kann. Für den Stoffübergang an einer bestimmten örtlichen Stelle gilt:

$$\dot{n}_1 = \beta_G(y_1 - y_{1P}) = \beta_F(x_{1P} - x_1) \qquad (2.159)$$

Beziehung zwischen den Stoffübergangs- und dem Stoffdurchgangskoeffizienten

Im stationären Zustand muß der übertragene Stoffstrom konstant sein. Es gilt:

$$\dot{n}_1 = \beta_G(y_1 - y_{1P}) = K_G(y_1 - y_1^*)$$

Nach K_G aufgelöst:

$$\frac{1}{K_G} = \frac{1}{\beta_G} \frac{y_1 - y_1^*}{y_1 - y_{1P}}$$

algebraisch umgeformt:

$$\frac{1}{K_G} = \frac{1}{\beta_G} \frac{y_1 - y_{1P}}{y_1 - y_{1P}} + \frac{1}{\beta_G} \frac{y_{1P} - y_1^*}{y_1 - y_{1P}}$$

Setzt man aus Gl. (2.159)

$$\frac{1}{\beta_G} = \frac{1}{\beta_F} \frac{y_1 - y_{1P}}{x_{1P} - x_1}$$

ein, so erhält man:

$$\frac{1}{K_G} = \frac{1}{\beta_G} + \frac{1}{\beta_F} \frac{y_{1P} - y_1^*}{x_{1P} - x_1}$$

Für den Anstieg der Gleichgewichtslinie ergibt sich gemäß Bild 2.25a

$$\tan \omega = b = \frac{y_1}{x_1^*} = \frac{y_1^*}{x_1} = \frac{y_{1P} - y_1^*}{x_{1P} - x_1}$$

In die Gleichung für K_G^{-1} eingesetzt:

$$\boxed{\frac{1}{K_G} = \frac{1}{\beta_G} + \frac{b}{\beta_F}} \qquad (2.160)$$

Analog kann man für den auf die flüssige Phase bezogenen Stoffdurchgangskoeffizienten ableiten:

$$\boxed{\frac{1}{K_F} = \frac{1}{b\beta_G} + \frac{1}{\beta_F}} \qquad (2.161)$$

Damit gilt die Beziehung:

$$K_F = bK_G \qquad (2.162)$$

> Der Stoffdurchgangskoeffizient ist stets auf eine Phase zu beziehen. Der Widerstand beim Stoffdurchgang ergibt sich additiv aus den beiden Widerständen bei der Stoffübertragung durch Konvektion, modifiziert durch den Anstieg der Gleichgewichtslinie b.

Aus der Gleichung (2.159) erhält man (s. auch Bild 2.25)

$$\tan \psi = \frac{y_1 - y_{1P}}{x_{1P} - x_1} = \frac{\beta_F}{\beta_G}$$

Weiterhin ergeben sich aus den Gleichungen (2.160) und (2.161) folgende Spezialfälle:

Ist $\beta_F/b \gg \beta_G$, dann gilt näherungsweise $K_G \approx \beta_G$.
Ist $b\beta_G \gg \beta_F$, dann gilt näherungsweise $K_F \approx \beta_F$.

Diese Spezialfälle werden genutzt, um experimentell durch Verwendung geeigneter Stoffgemische Stoffübergangskoeffizienten in einer Phase zu bestimmen.

Vergleich zwischen Wärme- und Stoffdurchgang

Der Vergleich bezieht sich auf den Wärmedurchgang durch eine feste Wand und den Stoffdurchgang bei zwei fluiden Phasen. Die Tatsache, daß beim Wärmedurchgang und der Stoffübertragung über eine Phasengrenzfläche der Gesamtwiderstand sich übereinstimmend durch Addition der Einzelwiderstände ergibt, darf nicht darüber hinwegtäuschen, daß es insbesondere folgende wesentliche Unterschiede zwischen den beiden Prozessen gibt:

— Die Widerstände beim Wärmedurchgang sind experimentell einzeln bestimmbar. Beim Stoffdurchgang zwischen zwei fluiden Phasen kann experimentell nur der gesamte Widerstand gemessen werden. Die Zusammensetzung an der Phasengrenzfläche kann nur in wenigen Sonderfällen ermittelt werden.
— Die Wärmeübertragungsfläche ist in Form fester Wände vorgegeben. Die Phasengrenzfläche beim Stoffdurchgang wird bei zwei fluiden Phasen wesentlich durch deren Aufeinanderwirken bestimmt. Oft ist die Größe der Phasengrenzfläche nicht genügend bekannt.

— Der Wärmedurchgang ist durch drei Widerstände bei der Wärmeübertragung charakterisiert: Konvektion im fluiden Medium — Wärmeleitung in der festen Wand — Konvektion im fluiden Medium. Beim Stoffdurchgang wird im allgemeinen von einem Widerstand in jeder Phase ausgegangen und an der Phasengrenzfläche kein Widerstand angenommen.
— An der Phasengrenze ist bei der Stoffübertragung das Phasengleichgewicht zu beachten. Dabei wird in der Regel vorausgesetzt, daß an der Phasengrenzfläche Phasengleichgewicht vorliegt.

Der im Vergleich zum Wärmedurchgang *wesentlich geringere Erkenntnisstand bei der Vorausberechnung des Stoffdurchgangs* hat vor allem folgende Ursachen:

— schwierigere Bedingungen bei der Durchführung von Experimenten,
— bei zwei fluiden Phasen keine theoretische Grundlage für die Zweiphasenströmung bei den in Stoffübertragungsapparaten vorherrschenden komplizierten Strömungsbedingungen,
— mehr Einflußfaktoren,
— Größe der Phasengrenzfläche oft unbekannt.

Der bisher betriebene große Forschungsaufwand für die Stoffübertragung hat bei technisch wichtigen Anwendungen mit vereinfachten Modellvorstellungen zu geeigneten Berechnungsmethoden geführt.

Beispiel 2.11. Stoffdurchgangskoeffizient bei der Absorption in einer Füllkörperkolonne

Das Beispiel aus dem Abschnitt 2.3.5. ist fortzuführen. Der Anstieg der Gleichgewichtslinie $b = 1,68$; die Gleichgewichtszusammensetzung am Sumpf $y_1^* = 0,0360$.

Aufgabe:

Der Stoffdurchgangskoeffizient am Eintritt des Luft-Aceton-Gemisches in die Kolonne ist zu bestimmen.

Lösung:

Die einseitige Stoffübertragung, die im Abschnitt 2.3.7. behandelt wurde, soll berücksichtigt werden. Damit sind in der gasförmigen Phase die im Beispiel des Abschnittes 2.3.5. ermittelten Stoffübergangskoeffizienten nach den Gleichungen (2.125) und (2.127) zu korrigieren. Unter Verwendung der Gleichung (2.111) erhält man dann:

$$Sh_G = \frac{\beta_G d_{gl} y_{2m}}{D_G}$$

Geschätzt: $y_{2P} = 0,96$; $y_2 = 1 - y_1 = 1 - 0,06 = 0,94$

Da y_2 etwa gleich y_{2P} ist, kann y_{2m} mit genügender Genauigkeit als arithmetisches Mittel berechnet werden:

$$y_{2m} = \frac{y_2 + y_{2P}}{2} = \frac{0,94 + 0,96}{2} = 0,95$$

$$\beta_G = \frac{Sh_G D_G}{d_{gl} y_{2m}} = \frac{19,83 \cdot 0,935 \cdot 10^{-5}}{0,01580 \cdot 0,95} = 0,01235 \frac{m}{s} \quad \text{bzw.} \quad 0,514 \cdot 10^{-3} \frac{kmol}{m^2 \, s}$$

Stoffdurchgangskoeffizient

$$\frac{1}{K_G} = \frac{1}{\beta_G} + \frac{b}{\beta_F} = \frac{1}{0,514 \cdot 10^{-3}} + \frac{1,68}{1,464 \cdot 10^{-3}}$$

$$K_G = \underline{0,323 \cdot 10^{-3} \, kmol/(m^2 \, s)}$$

Überprüfung des geschätzten Wertes für y_{2P} (Iteration)

Es gilt: $\dot{N}_1 = \beta_G A(y_1 - y_{1P}) = K_G A(y_1 - y_1^*)$

Daraus erhält man: $y_{1P} = \dfrac{\beta_G y_1 - K_G(y_1 - y_1^*)}{\beta_G}$

Gemäß Aufgabe ist: $y_1 = 0{,}06$; $y_1^* = 0{,}0360$

$$y_{1P} = \frac{0{,}514 \cdot 10^{-3} \cdot 0{,}06 - 0{,}323 \cdot 10^{-3}(0{,}06 - 0{,}0360)}{0{,}514 \cdot 10^{-3}} = 0{,}0449$$

$y_{2P} = 1 - y_{1P} = 0{,}955$

Der berechnete Wert $y_{2P} = 0{,}955$ stimmt mit dem geschätzten Wert $y_{2P} = 0{,}96$ genügend genau überein, so daß eine nochmalige Durchrechnung nicht erforderlich ist.
Analog ergibt die Berechnung nach den anderen Gleichungen:

$\beta_G = 0{,}542 \cdot 10^{-3} \dfrac{\text{kmol}}{\text{m}^2 \text{ s}}$ mit $y_{2m} = 0{,}95$ \hfill nach (2.114)

Mit $\beta_F = 5{,}75 \cdot 10^{-3}$ kmol/(m² s) nach Gleichung (2.113) erhält man dann

$K_G = \underline{0{,}468 \cdot 10^{-3}\text{ kmol}/(\text{m}^2\text{ s})}$.

$\beta_G = 0{,}447 \cdot 10^{-3} \dfrac{\text{kmol}}{\text{m}^2 \text{ s}}$ mit $y_{2m} = 0{,}95$ \hfill nach (2.115)

Mit $\beta_F = 1{,}764 \cdot 10^{-3}$ kmol/(m² s) nach Gleichung (2.115b) erhält man dann

$K_G = \underline{0{,}314 \cdot 10^{-3}\text{ kmol}/(\text{m}^2\text{ s})}$.

Die berechneten Stoffdurchgangskoeffizienten unterscheiden sich bis zu 50%. Es wird empfohlen, den Stoffdurchgangskoeffizienten mit dem niedrigsten berechneten Wert zu verwenden. Meistens wird ein Zuschlag von 20% gemacht, falls nicht besondere Umstände zu anderen Entscheidungen führen. Für die Auslegung einer industriellen Absorptionskolonne mit einem neuen Stoffgemisch, bei dem für die Trennung eine große Höhe benötigt wird, empfehlen sich zur Kontrolle Technikumsversuche.

2.5.3 Stoffdurchgang fluid-fest

Die Annahme eines auf eine schmale Grenzschicht konzentrierten Widerstandes für die Stoffübertragung analog zum Fluid auch auf der Seite des Feststoffs hat sich nicht bewährt. Hier laufen in der Regel mehrere, einzeln nur schwierig zu erfassende Teilprozesse ab. So unterscheidet man bei der Adsorption die Teilschritte

— Stoffübergang vom Kern des fluiden Mediums an die Phasengrenze,
— Diffusion von der äußeren an die innere Oberfläche entlang der Poren (s. a. Abschn. 2.1.6.),
— Anlagerung und Verdichtung der diffundierten Komponenten an der inneren Oberfläche (eigentliche Adsorption).

Ein Stoffdurchgangskoeffizient müßte die Widerstände aller dieser Teilprozesse berücksichtigen. Dieses Konzept hat sich deshalb nicht allgemein durchgesetzt. Historisch bedingt haben sich bei den einzelnen Prozessen unterschiedliche Verfahrensweisen herausgebildet. Während bei der Konvektionstrocknung eine weitgehend empirische Behandlung noch weit verbreitet ist, hat die theoretische Durchdringung der Teilprozesse bei der Adsorption bereits einen beachtlichen Stand erreicht (s. a. Abschn. 8.). Die heute übliche Modellierung der Konvektionstrocknung beschränkt sich darauf, den Gesamtprozeß durch einen seiner Teilprozesse zu erfassen: den Stoffübergang von der äußeren Oberfläche des feuchten Gutes an das Trocknungsmittel. Zur Beschreibung des variablen Zustandes dieser Oberfläche wird die experimentell bestimmte Trocknungsgeschwindigkeit herangezogen (Näheres s. Abschn. 7.).

Um das Verhältnis der Widerstände für die Stoffübertragung im Fluid und im Feststoff zu charakterisieren, wurde die *Biot*-Zahl eingeführt. Sie entspricht formal der *Nußelt*- bzw. *Sherwood*-Zahl bei der Wärme- bzw. Stoffübertragung in Fluiden und setzt beide Widerstände ins Verhältnis

$$\text{Bi} = \frac{\beta s}{D} = \frac{s/D}{1/\beta} = \frac{\text{Widerstand in der festen Phase}}{\text{Widerstand im Fluid}} \tag{2.163}$$

Für Bi < 0,1 kann man den Diffusionswiderstand in der festen Phase vernachlässigen und berücksichtigt allein den Stoffübergang an der äußeren Oberfläche. Umgekehrt rechnet man bei Bi > 30 allein mit der Diffusion im Feststoff und vernachlässigt den Widerstand des Stoffübergangs an der äußeren Oberfläche. Beim Ionenaustausch bezeichnet man diese beiden Grenzfälle anschaulich mit Filmkinetik und Gelkinetik.

Auch bei Berücksichtigung allein der Feststoffdiffusion sind infolge der unterschiedlichen Sorptionsmechanismen noch sehr unterschiedliche Lösungen zu erwarten. Als Beispiel dafür soll der zeitliche Ablauf der isothermen Adsorption eines einzelnen kugelförmigen Adsorbenskorns in einem unendlich ausgedehnten Gasvolumen bei vernachlässigbar kleinem Stoffübergangswiderstand in der Gasphase (Bi → ∞) berechnet werden. Zur Verfügung stehen zwei Adsorbentien mit unterschiedlichen Sorptionseigenschaften, die sich in unterschiedlichen Sorptionsisothermen nach Bild 2.27 ausdrücken.

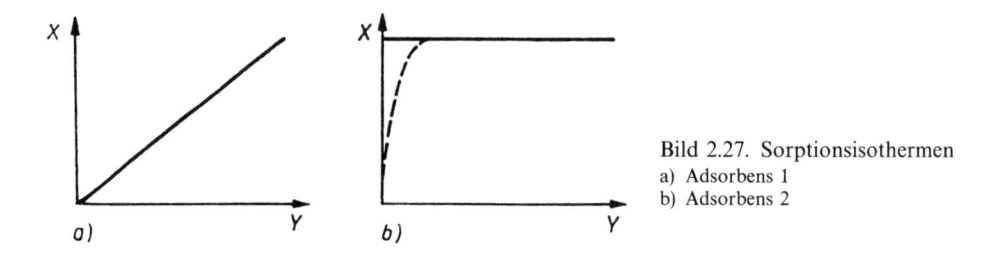

Bild 2.27. Sorptionsisothermen
a) Adsorbens 1
b) Adsorbens 2

Die lineare Sorptionsisotherme des Adsorbens 1 führt zur Ausbildung von Konzentrationsprofilen im Korninneren, die den Temperaturprofilen bei der instationären Wärmeleitung entsprechen. Ihre Berechnung erfolgt mit dem 2. *Fick*schen Gesetz nach Gleichung (2.8), das in Kugelkoordinaten lautet

$$\frac{\partial X}{\partial t} = \nabla^2(D_{\text{eff}} X) = \bar{D}_{\text{eff}} \left(\frac{\partial^2 X}{\partial x^2} + \frac{2}{x} \frac{\partial X}{\partial x} \right) \tag{2.164}$$

Die Randbedingungen für den vorliegenden Fall lauten:

— Gleichgewichtseinstellung zwischen Gas und Feststoff an der äußeren Oberfläche entsprechend der Gaskonzentration

$$x = R: X = X_R = \bar{X}^*$$

— kugelsymmetrische Profile

$$x = 0: \partial X / \partial r = 0$$

Als Lösung von Gleichung (2.164) erhält man unter den gegebenen Randbedingungen für die mittlere Konzentration $\bar{X}$ der Übergangskomponente im Korn [2.5]

$$\frac{\bar{X}}{\bar{X}^*} = 1 - \frac{6}{\pi^2} \sum_{n=1}^{\infty} n^{-2} \exp(-n^2\pi^2 \text{Fo}) \qquad (2.165)$$

Die Reihe konvergiert infolge der Wirkung des Produktes $n^2\pi^2$ Fo sehr rasch. Für Fo $\geq 0{,}1$ ergibt die Berücksichtigung allein des ersten Gliedes genügend genaue Resultate

$$\frac{\bar{X}}{\bar{X}^*} \approx 1 - \frac{6}{\pi^2} \exp(-\pi^2 \text{Fo}) \qquad (2.166)$$

Das entspricht dem sogenannten regulären Regime [2.5]. Es tritt ein, nachdem sich das Konzentrations- oder Temperaturprofil in einem Körper vollständig ausgebildet hat und nunmehr — konstante äußere Bedingungen vorausgesetzt — nur noch sein Niveau, nicht aber seine Form ändert (s. a. Bild 2.29).

Löst man Gleichung (2.166) nach der *Fourier*-Zahl Fo, so folgt

$$\text{Fo} = \frac{\bar{D}_{\text{eff}} t}{R^2} = -\frac{1}{\pi^2} \ln\left[\frac{\pi^2}{6}\left(1 - \frac{\bar{X}}{\bar{X}^*}\right)\right] \qquad (2.167)$$

Beim Adsorbens 2 habe die Sorptionsisotherme einen völlig anderen Verlauf (s. Bild 2.27). Schon bei geringen Werten der Gasbeladung Y kann es sich völlig mit der Übergangskomponente sättigen und die Gleichgewichtskonzentration $\bar{X}^*$ annehmen. Für das Beispiel soll der reale Verlauf idealisiert werden, indem völlige Indifferenz gegenüber der Gasbeladung angenommen wird: $\bar{X}^* = $ const. $\neq \bar{X}^*(Y)$. Dieses Verhalten entspricht dem sogenannten Schicht-Modell mit Ausbildung einer scharfen Konzentrationsfront zwischen gesättigter Schale und unbeladenem Korn nach Bild 2.28. Solche Profile sind sowohl bei der Adsorption als auch beim Ionenaustausch nachgewiesen worden [2.28, 2.30]. Ist die Intensität der Stoffübertragung nicht zu hoch, so kann man mit einer quasistationären Ausbreitung der nach dem 1. *Fick*schen Gesetz entsprechend Gleichung (2.6) rechnen:

$$d\dot{M} = -\varrho_s^k \bar{D}_{\text{eff}} 4\pi x^2 \frac{dY}{dx} \qquad (2.168)$$

Mit den Randbedingungen

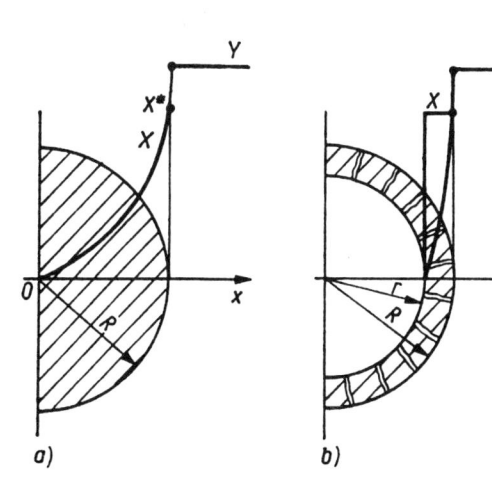

$x = R: Y_P = Y = $ const
$x = 0: Y = 0$

Bild 2.28. Konzentrationsprofile
a) Adsorbens 1
b) Adsorbens 2

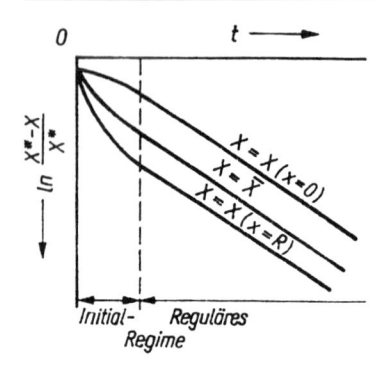

Bild 2.29. Reguläres Regime (schematisch für eine unendlich ausgedehnte Platte)

folgt für die Gasbeladung längs der Poren [2.5]

$$Y(x) = Y_P \frac{r}{R-r}\left(1 - \frac{r}{x}\right) \tag{2.169}$$

Mit der mittleren Beladung des Korns entsprechend dem Volumen einer Hohlkugel

$$\frac{\bar{X}}{\bar{X}^*} = 1 - \left(\frac{r}{R}\right)^3 = 1 - \zeta^3 \tag{2.170}$$

erhält man die *Fourier*-Zahl beim Adsorbens 2 zu

$$\text{Fo} = \frac{\bar{D}_{\text{eff}} t}{R^2} = \frac{\bar{X}^*}{Y}\left(\frac{\zeta^2}{2} - \frac{\zeta^3}{3}\right) \tag{2.171}$$

Es ergeben sich demnach für beide Adsorbentien unterschiedliche Lösungen. Berechnet man mit Hilfe beider Modelle die Werte des effektiven Diffusionskoeffizienten $\bar{D}_{\text{eff}}$ aus Messungen des zeitlichen Konzentrationsverlaufes $\bar{X}(t)$, so ergeben sich in der Regel unterschiedliche Werte. Detaillierte Kenntnisse über die im Inneren des Feststoffs ablaufenden Mikroprozesse sind also für diese Modellierung der Fest-Fluid-Stoffübertragung unerläßlich.

Der aus einem adäquaten Modell abgeleitete Diffusionskoeffizient ist aber bei Fest-Fluid-Systemen nur dann ein Stoffwert, wenn die Feststoffstruktur gleich bleibt und sich auch der Mechanismus des inneren Stofftransports nicht ändert. Ist der Wert $\bar{D}_{\text{eff}}$ bekannt, so dient dieser analog zur Wärmeleitfähigkeit λ in Gleichung (2.4) im 2. *Fick*schen Gesetz (2.8) und seinen Lösungen zur Vorausberechnung des zeitlichen Prozeßverlaufs und ist so ein wichtiges Hilfsmittel zur Maßstabsübertragung.

Kristallisation

Die Keimbildungs- und Kristallwachstumsgeschwindigkeit sind bei der Kristallisation die maßgebenden Mikroprozesse, welche den gesamten Kristallisationsprozeß entscheidend beeinflussen.

Bei der Keimbildung unterscheidet man:

– *Homogene Keimbildung* ohne Einwirkung von Fremdstoffen innerhalb der kristallierenden Phase mit zwei wesentlichen Arten:
  • Primäre Keimbildung, wobei lawinenartig Keime aus der übersättigten Lösung entstehen (für technische Kristallisationsprozesse meistens ungeeignet; da zu feines Korn entsteht).

- Sekundäre Keimbildung in Verbindung mit Kristallen der gleichen Substanz durch Keime an der Oberfläche größerer Kristalle oder mechanischem Abrieb an der Wandung und Einbauten des Kristallisators.

2.5.4. Stoffdurchgang fluid-fluid mit chemischer Reaktion

Die Prozesse der Absorption, Extraktion flüssig-flüssig und Destillation können mit einer chemischen Reaktion gekoppelt sein. Die Reaktion findet in einer Phase statt. Es handelt sich dann um eine homogene Reaktion in einem heterogenen Stoffsystem. Als typisches Beispiel wird die Absorption mit chemischer Reaktion in der flüssigen Phase behandelt. Im einfachsten Fall reagiert in der flüssigen Phase die gelöste Komponente A mit einem Reagens B zu einer neuen Verbindung C.

$$v_A A + v_B B \rightarrow v_C C \tag{2.172}$$

Die Reaktion nach Gleichung (2.172) sei eine Elementarreaktion, d. h. eine einfache Reaktion, die nach der stöchiometrischen Gleichung ohne Zwischenstadien abläuft. Der stöchiometrische Koeffizient v_A der Komponente A wird im folgenden stets eins gesetzt und v_B bzw. v_C dementsprechend bestimmt.

Weiteres zur Reaktion:

$\dot{r}$ Reaktionsgeschwindigkeit in kmol/(m³ s) unter Bezugnahme auf die Volumeneinheit,
k_1 Reaktionsgeschwindigkeitskonstante für eine Reaktion erster Ordnung in s^{-1},
k_2 Reaktionsgeschwindigkeitskonstante für eine Reaktion 2. Ordnung in m³/(kmol s).

Für die Reaktionsgeschwindigkeitsgleichung der Reaktion gemäß Gleichung (2.172) mit $v_A = 1$ gilt:

$$\dot{r}_A = k_2 c_A c_B \quad \text{und} \quad \dot{r}_B = v_B \dot{r}_A \tag{2.173}$$

Für weitere Betrachtungen zur Reaktionsgeschwindigkeit wird auf [2.35] verwiesen.

Bei der Chemosorption handelt es sich um eine Kopplung von Stoffübertragung (Konvektion und/oder Diffusion) und Reaktion. Die Teilprozesse und die Vereinfachung des Prozesses auf einen entscheidenden Widerstand (reaktions-kontrolliert oder stoffübertragungs-kontrolliert) wurden bereits auf Seite 94 dargestellt. Von den verschiedenen Modellen für die konvektive Stoffübertragung, siehe Abschnitt 2.3.3., wird im folgenden das Filmmodell als einfachstes Modell verwendet. Ohne Berücksichtigung der Reaktion gilt für die Stoffstromdichte der Komponente A unter Verwendung molarer Konzentrationen gemäß Gleichung (2.100):

$$\dot{n}_A = \beta_F (c_{AP} - c_A) = \frac{D_{AF}}{\delta_F} (c_{AP} - c_A) \tag{2.174}$$

Dabei bedeutet c_{AP} die Gleichgewichtszusammensetzung der flüssigen Phase an der Phasengrenze, für die man bei Gültigkeit des Henryschen Gesetzes erhält:

$$c_{AP} = \frac{p}{H_A} c_F y_A$$

c_F Konzentration des Flüssigkeitsgemisches

Bei Anwendung des Filmmodells auf die gasförmige Phase unter Verwendung von Drücken als Konzentrationsmaß erhält man:

$$\dot{n}_A = \frac{\beta_G}{RT} (p_A - p_{AP}) = \frac{D_{AG}}{\delta_G RT} (p_A - p_{AP}) \tag{2.175}$$

Des weiteren wird im wesentlichen nur die flüssige Phase mit der Kopplung von Stoffübertragung und Reaktion betrachtet. Im stationären Zustand gilt für die Diffusion der Komponente A mit der Ortskoordinate s:

$$D_{AF}\frac{d^2c_A}{ds^2} = 0$$

Die Stoffbilanz für die Komponente A unter Berücksichtigung von Diffusion und Reaktion gemäß Gleichung (2.173) ergibt:

$$D_{AF}\frac{d^2c_A}{ds^2} - k_2 c_A c_B = 0 \qquad (2.176)$$

und analog für die Komponente B

$$D_{BF}\frac{d^2c_B}{ds^2} - v_B k_2 c_A c_B = 0 \qquad (2.177)$$

Die Randbedingungen an der Phasengrenze Gas-Flüssigkeit sind:
$c_A = c_{AP}$ und $dc_B/ds = 0$ für $s = 0$
Für die Komponente B erhält man: $c_B = c_B$ für $s = \delta_F$
Bei der Komponente A ist zu beachten, daß ein Teil innerhab der Grenzschicht δ_F und der andere Teil im Kern der flüssigen Phase reagieren kann. Mit dem Volumenanteil an flüssiger Phase (Flüssigkeits-Holdup) φ_F und der spezifischen Phasengrenzfläche a (in m^2 je m^3 Apparatevolumen) ist das Volumen im Kern der flüssigen Phase proportional dem Ausdruck $(\varphi_F/a - \delta_F)$ und man erhält:

$$-D_{AF}\left(\frac{dc_A}{ds}\right)_{s=\delta_F} = k_2 c_A c_B \left(\frac{\varphi_F}{a} - \delta_F\right) \qquad (2.178)$$

Eine vollständige analytische Lösung des Differentialgleichungssystems (2.176) bis (2.178) gibt es nicht. Näherungslösungen auf numerischer und analytischer Grundlage unter Beachtung von Randbedingungen sind bekannt, übersichtliche Zusammenstellungen siehe [2.36] und [2.37]. Analytische Näherungslösungen wurden bereits von *van Krevelen* und *Hoftijzer* im Jahre 1948 angegeben, wobei die nachfolgend behandelten Größen zur übersichtlichen Darstellung der Lösungen eingeführt wurden. Der *Erhöhungsfaktor E* (Reaktionsfaktor) kennzeichnet die Erhöhung des übertragenen Stoffstroms durch die Absorption mit chemischer Reaktion im Vergleich zur rein physikalischen Absorption. Dabei wird vorausgesetzt, daß im Kern der Flüssigkeit *A* vollständig mit *B* reagiert, so daß $c_A = 0$.

$$\dot{n}_A = E\beta_F c_{AP} \qquad (2.179)$$

Für den Stoffdurchgangskoeffizienten bei der Chemosorption erhält man dann aus den Gleichungen (2.160) und (2.179):

$$\frac{1}{K_G} = \frac{1}{\beta_G} + \frac{b}{E\beta_F} \qquad (2.180)$$

Die dimensionslose *Hatta*-Zahl Ha verknüpft die Stoffübertragung mit der chemischen Reaktion:

$$\mathrm{Ha} = \frac{(D_{AF}k_2 c_B)^{0,5}}{\beta_F} \quad \text{für eine Reaktion 2. Ordnung} \qquad (2.181)$$

und bei Verwendung des Filmmodells mit $\beta_F = D_{AF}/\delta_F$ erhält man

$$\mathrm{Ha} = (k_2 c_B/D_{AF})^{0,5}\, \delta_F \quad \text{für eine Reaktion 2. Ordnung.} \qquad (2.182)$$

2.5. Wärme- und Stoffdurchgang

Für eine Reaktion m, n-ter Ordnung lautet die Ha-Zahl:

$$\text{Ha} = \frac{\left(D_{AF} k_{m,n} c_{AP}^{m-1} c_B^n \dfrac{2}{m+1}\right)^{0,5}}{\beta_F} \tag{2.183}$$

Teilweise wird auch die dimensionslose *Damköhler*-Zahl Da verwendet, die wie folgt definiert ist:

$$\text{Da} = \frac{\text{chemisch umgesetzte Molmenge}}{\text{mittels Stoffübertragung zugeführte Molmenge}}$$

Folgender Zusammenhang besteht zwischen der Da- und Ha-Zahl:

$$\text{Ha} = \left(\frac{2}{n} \frac{\text{Da}}{\text{Sh}^2}\right)^{0,5}$$

Weiterhin wird ein Konzentrations-Diffusionsparameter Z eingeführt:

$$Z = \frac{D_{BF} c_B}{\nu_B D_{AF} c_{AP}}; \quad \nu_B \text{ siehe Gl. (2.172)} \tag{2.184}$$

Der Einfluß der chemischen Reaktion kann in übersichtlicher Weise in Abhängigkeit von der Ha-Zahl dargestellt werden.

1. Sehr langsame Reaktion im Kern der flüssigen Phase Ha < 0,02

Der Gesamtprozeß ist infolge der sehr langsamen Reaktion reaktionskontrolliert. Ein Apparat mit einem großen Flüssigkeits-Holdup ist zweckmäßig, z. B. eine Blasenkolonne.

2. Langsame Reaktion im Kern der flüssigen Phase Ha = 0,02 bis 0,3

Von A reagiert ein bestimmter Teil bereits in der Flüssigkeits-Grenzschicht. Die spezifische Phasengrenzfläche und das Flüssigkeits-Holdup sollen groß sein, z. B. Ausführung einer Rührmaschine. Es liegt ein reaktionskontrollierter Prozeß vor.

3. Mäßig schnelle Reaktion Ha = 0,3 bis 3

Erst für diesen Bereich ist die Einführung eines Erhöhungsfaktors zweckmäßig, da $E > 1$ wird. Für Ha < 0,3 ist $E < 1$, so daß E faktisch keinen Sinn mehr hat, da eine Behandlung mit dem Schwerpunkt über die Reaktionskinetik notwendig ist. In dem Bereich Ha = 0,3 bis 3 wird der Prozeß zunehmend durch die Stoffübertragung bestimmt. Die Phasengrenzfläche gewinnt an Bedeutung, während die Bedeutung des Flüssigkeits-Holdup sinkt. Damit können für diesen Bereich und noch größere Ha-Zahlen bevorzugt Kolonnen eingesetzt werden.

4. Schnelle Reaktion in der Grenzschicht Ha > 3

Die Reaktion findet vollständig in der Grenzschicht statt (s. Bild 2.30a). Daher ist $c_A = 0$, und die Gleichung (2.179) ist gültig. Der Prozeß ist stoffübertragungs-kontrolliert, so daß vor allem eine große Phasengrenzfläche vorteilhaft ist. Der Einsatz von Kolonnen mit Böden, Füllkörpern oder Packungen (s. Abschn. 4.) ist günstig. *Van Krevelen* und *Hoftijzer* haben schon 1948 für eine irreversible Reaktion 2. Ordnung mit der Ha-Zahl gemäß Gleichung (2.181) den Erhöhungsfaktor aus dem Differentialgleichungssystem (2.176) bis

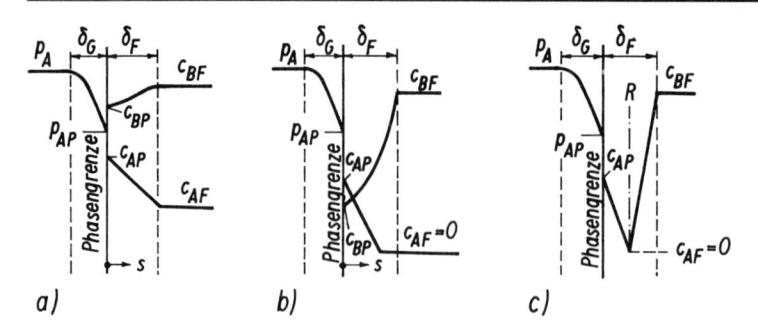

Bild 2.30. Schematisch dargestellte Konzentrationsprofile bei der Stoffübertragung mit chemischer Reaktion in der flüssigen Phase (Filmtheorie)
a) Ha = 0,3 ... 3
b) Ha > 3 und $c_A = 0$
c) Ha > 10E_M

(2.178) wie folgt ermittelt:

$$E = \frac{\text{Ha}\left(\dfrac{E_M - E}{E_M - 1}\right)^{0,5}}{\tanh\left[\text{Ha}\left(\dfrac{E_M - E}{E_M - 1}\right)^{0,5}\right]} \qquad (2.185)$$

E_M ist der Erhöhungsfaktor für eine Momentanreaktion:

$$E_M = 1 + Z = 1 + \frac{D_{BF}c_B}{v_B D_{AF}c_{AP}} \qquad (2.186)$$

v_B siehe Gleichung (2.172).

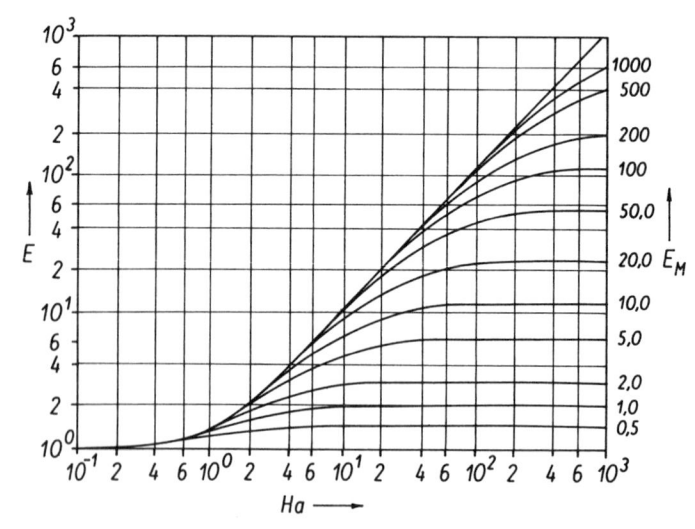

Bild 2.31. Erhöhungsfaktor E für eine schnelle irreversible Reaktion 2. Ordnung in Abhängigkeit von der Ha-Zahl

Für einen gegebenen Wert von E_M steigt der Erhöhungsfaktor mit der Ha-Zahl an und erreicht schließlich immer den Grenzwert $E_M = E$. Die Gleichung (2.185) ist im Bild 2.31 dargestellt. Im folgenden wird noch auf zwei wesentliche Fälle eingegangen.

Schnelle Reaktion pseudoerster Ordnung $3 < Ha < E_M/2$

Die Reaktion wird pseudoerster Ordnung, wenn $c_B \gg c_{AP}$, siehe Bild 2.30b. Man erhält für $Ha > 3$ und $c_A = 0$:

$$\dot{n}_A = \frac{Ha}{\tanh Ha} \beta_F c_{AP}; \quad \text{also} \quad E = \frac{Ha}{\tanh Ha} \tag{2.187}$$

Oft ist E etwa Ha.

Momentanreaktion $Ha > 10 E_M$

Die Reaktion zwischen den Komponenten A und B erfolgt augenblicklich. Es wird vorausgesetzt, daß die Konzentration an B gering ist, so daß die Reaktion gemäß Bild 2.30c an einer Reaktionsfläche R stattfindet, bei der dann c_B und c_A etwa Null sind. Für die Stoffstromdichte gilt unter Verwendung der Filmtheorie:

$$\dot{n}_A = \frac{D_{AF}(c_{AP} - 0)}{\delta_A} = \beta_F c_{AP}$$

Für die Stoffstromdichte von A und B gilt:

$$\frac{D_{AF}(c_{AP} - 0)}{\delta_A} = \frac{D_{BF}(c_B - 0)}{v_B(\delta_F - \delta_A)} \tag{2.188}$$

Aus den letzten beiden Gleichungen kann δ_A eliminiert werden, und man erhält:

$$\dot{n}_A = \beta_F c_{AP} \left(1 + \frac{D_{BF} c_B}{v_B D_{AF} c_{AP}}\right) = \beta_F c_{AP} E_M \tag{2.189}$$

E_M siehe Gleichung (2.186). Für $c_{AP} \ll c_B$ fällt die Reaktionsfläche mit der Phasengrenzfläche zusammen, wobei dann der Partialdruck der Komponente A in der gasförmigen Phase an der Phasengrenzfläche Null ist. Dieser Fall kann benutzt werden, um $\beta_F a$ und damit die Phasengrenzfläche experimentell zu bestimmen.

Alle bisherigen Betrachtungen wurden unter Verwendung der Filmtheorie durchgeführt. Im Abschnitt 2.3.3. wurden unter anderem die Film-, Penetrations- und Oberflächenerneuerungstheorie behandelt. Für das vorstehend behandelte mathematische Modell bei der Chemosorption gemäß dem Differentialgleichungssystem (2.176) bis (2.178) wurde durch Berechnungen festgestellt, daß die Verwendung der genannten drei Theorien im wesentlichen zu den gleichen Ergebnissen führt, wobei die Lösungen mit der Penetrations- oder Oberflächenerneuerungstheorie komplizierter werden. Die gleichen Ergebnisse können dadurch erklärt werden, daß bei den verschiedenen Modellen nur eine unterschiedliche Proportionalität zu D vorliegt, die unter Beachtung der verschiedenen Teilprozesse das Endergebnis nicht maßgeblich beeinflußt.

Zusammenfassend kann festgestellt werden, daß die Stoffübertragung mit chemischer Reaktion durch die Lösung des Differentialgleichungssystems mit den daraus abgeleiteten Kenngrößen, z. B. den Erhöhungsfaktor, erfolgreich mit Stoffdurchgangskoeffizienten behandelt werden kann. Allerdings ist zu beachten, daß bei der Übertragung mehrerer Stoffkomponenten die Lösung des Gleichungssystems mit den verschiedenen Teilprozessen meistens ohne Verwendung des Stoffdurchgangskoeffizienten erfolgt. Die entscheidende Schwachstelle liegt in dem Differentialgleichungssystem als Ansatz, weil die Gleichungen (2.176) und (2.177) nur die Stoffübertragung durch Diffusion berücksichtigen.

114   **2** Grundlagen der Wärme- und Stoffübertragung

Beispiel 2.12. Erhöhungsfaktor für die Absorption mit chemischer Reaktion

Für die Absorption von CO_2 in einer Natriumcarbonatlösung sind gegeben:

$\beta_F = 1,05 \cdot 10^{-5}$ m/s (ohne Einfluß der Reaktion), $\beta_G = 0,00210$ m/s, Diffusionskoeffizient für CO_2 in der flüssigen Phase

$D_F = 1,50 \cdot 10^{-9}$ m²/s,

Reaktionsgeschwindigkeitskonstante $k_1 = 1,60$ s^{-1} bei 25 °C.
In der flüssigen Phase ist das Verhältnis Natriumcarbonat zu gelöstem CO_2 sehr groß, so daß es sich um eine Reaktion pseudoerster Ordnung handelt.

Aufgabe:

Der Erhöhungsfaktor und Stoffdurchgangskoeffizient sind zu ermitteln.

Lösung:

Die Ha-Zahl für eine Reaktion 1. Ordnung ist, siehe auch Gleichung (2.183):

$$\text{Ha} = (D_{AF} k_1)^{0,5} / \beta_F$$

$$\text{Ha} = \frac{(1,50 \cdot 10^{-9} \cdot 1,60)^{0,5}}{1,05 \cdot 10^{-5}}$$

$$\text{Ha} = 4,67$$

Gemäß Gleichung (2.187) gilt:

$$E = \frac{\text{Ha}}{\tanh \text{Ha}}$$

$$E = \frac{4,67}{\tanh 4,67} = \frac{4,67}{0,9998} = \underline{4,67}$$

Für den Stoffdurchgangskoeffizienten gilt gemäß Gleichung (2.180):

$$\frac{1}{K_G} = \frac{1}{\beta_G} + \frac{b}{E \beta_F}$$

$$\frac{1}{K_G} = \frac{1}{0,00210} + \frac{0,45}{4,67 \cdot 1,05 \cdot 10^{-5}}$$

$$K_G = \underline{1,089 \cdot 10^{-4} \text{ m/s}}$$

Ohne Berücksichtigung der chemischen Reaktion erhält man:

$K_G = 0,231 \cdot 10^{-4}$ m/s

2.6.   Übertragungsfläche

Beim Wärme- und Stoffdurchgang ist die Übertragungsfläche dem Wärme- und Stoffstrom linear proportional, siehe z. B. die Gleichungen (2.150) und (2.158). Eine unterschiedliche Wirksamkeit der Übertragungsfläche wird in der Regel nicht durch Veränderung der Proportionalität erfaßt, sondern im Wärme- bzw. Stoffdurchgangskoeffizienten berücksichtigt.

| Die Größe des Apparates und seine Einbauten bestimmen am stärksten die Übertragungsfläche.

Die Übertragungsfläche kann durch feste Wände (Wärmeübertragung) oder feste Körper (Einbauten oder feste Phase, die an der Stoffübertragung teilnimmt) ganz oder weitgehend vorgebildet sein oder durch das Aufeinanderwirken von zwei fluiden Phasen unter Mitwirkung von Einbauten entstehen.

2.6.1. Wärmeübertragungsfläche

Bei der Wärmeübertragung durch feste Wände in Rekuperatoren oder an feste Körper in Regeneratoren (instationärer Prozeß) ist die *Wärmeübertragungsfläche ausschließlich durch den Apparat mit seinen Einbauten* gegeben. Die Größe der Wärmeübertragungsfläche in m^2 je m^3 Apparatevolumen kennzeichnet die *Kompaktheit* des Wärmeübertragers. Das *Masse-Leistungs-Verhältnis* ist die Leistung (in diesem Fall übertragener Wärmestrom) je kg Masse des Apparates. Eine größere Kompaktheit des Wärmeübertragers verbessert oft das Masse-Leistungs-Verhältnis, wobei der Einfluß der Kompaktheit des Wärmeübertragers (zugleich die Bauart) auf den Wärmedurchgangskoeffizienten zu beachten ist. Nachstehend werden typische Werte für die Kompaktheit von verschiedenen Bauarten der Wärmeübertrager (s. Abschn. 3.1.) angegeben:

Rohrbündelwärmeübertrager mit Rohren 25 mm Außendurchmesser	50 ... 70 m^2/m^3
Plattenwärmeübertrager (8 ... 4 mm Plattenabstand)	125 ... 250 m^2/m^3
Rohrregisterwärmeübertrager mit Rippenrohren	200 ... 300 m^2/m^3
Strahlungsvorheizer (Strahlungsteil)	3 ... 10 m^2/m^3
Plattenrippenwärmeübertrager	1200 ... 1800 m^2/m^3
Regeneratoren (metallische Füllung)	500 ... 2000 m^2/m^3

Rohrbündelwärmeübertrager werden in der Industrie am häufigsten eingesetzt (vgl. Abschn. 3.1.). Die extrem hohe Kompaktheit bei Plattenrippenwärmeübertragern hat wesentliche Nachteile bei der Herstellung und dem Betrieb, z. B. keine Möglichkeit der Reparatur bei Undichtigkeiten. Der Regenerator führt durch seine Arbeitsweise zwangsläufig zu einer bestimmten Vermischung der beiden Medien, was nur in bestimmten Fällen zugelassen werden kann. Der sehr niedrigen Kompaktheit eines Strahlungsvorheizers steht gegenüber, daß die Wärmestromdichte durch die Gesetze der Strahlung mit $\dot{q}$ proportional T^4 bei Temperaturen >750 K sehr groß ist. Daraus wird deutlich, daß die Übertragungsfläche je m^3 Apparatevolumen eine wichtige Größe darstellt, aber nur in Verbindung mit prozeßtechnischen (Stoffwerte, Temperatur des Heizmediums u. a.) und betrieblichen Gesichtspunkten (Reinigung, Werkstoff, Reparatur u. a.) eine weitergehende technisch-ökonomische Beurteilung möglich ist.

2.6.2. Phasengrenzfläche

Die Stoffübertragungsfläche wird durch das Aufeinanderwirken von zwei Phasen im direkten Kontakt gebildet. Sie wird daher Phasengrenzfläche genannt.

Zwei fluide Phasen

Bei einer flüssigen und gasförmigen Phase ist die Erzeugung der Phasengrenzfläche prinzipiell durch 4 Formen möglich: Filme, Blasen, Tropfen und Strahlen. Bei Filmen ist die

Phasengrenzfläche durch die Geometrie der Einbauten weitgehend vorgebildet, wobei die Benetzung der Einbauten von Bedeutung ist. Bei Dispersionen (Blasen und Tropfen) entsteht die Phasengrenzfläche durch das komplizierte Zusammenwirken von stofflichen, betrieblichen und konstruktiven Einflußgrößen.

Filme

Eine Filmströmung mit einer großen Oberfläche kann in technischen Apparaten durch Füllkörper, z. B. Raschigringe, verwirklicht werden. Bei Packungen sind die Einbauten regelmäßig angeordnet, wofür ein Beispiel Pakete aus Blechen ist (Rieselfilmkolonne).

Blasen oder Tropfen

Bei Dispergierung der gasförmigen Phase entstehen Blasen (Blasenregime), bei Dispergierung der flüssigen Phase Tropfen (Tropfenregime). Teilweise bildet sich auch ein Strömungsregime, das durch stark zerrissene Phasengrenzflächen mit der gasförmigen Phase als disperse Phase und einzelnen Tropfen gekennzeichnet ist.

Flüssigkeitsstrahlen

Die Erzeugung der Phasengrenzfläche durch Flüssigkeitsstrahlen hat technisch geringe Bedeutung, da die Dicke von Flüssigkeitsstrahlen wesentlich größer als von Flüssigkeitsfilmen ist und dadurch die Phasengrenzfläche kleiner wird.

Zwei flüssige Phasen

Eine flüssige Phase wird in Tropfen dispergiert. Die stabile Ausbildung von Flüssigkeitsfilmen in zwei flüssigen Phasen mit einer großen Phasengrenzfläche ist zu wenig effektiv und in der Technik ohne Bedeutung.

Zur Größe der Phasengrenzfläche

Typische Werte für die spezifische Phasengrenzfläche in m^2 je m^3 Arbeitsvolumen sind:

flüssig-gasförmig

Dispersionen (Blasen oder Tropfen)	200 ... 1500 m^2/m^3
Flüssigkeitsfilme Füllkörperkolonnen	60 ... 300 m^2/m^3
Packungskolonnen	150 ... 400 m^2/m^3
Laborfüllkörperkolonnen (Drahtwendeln)	bis 4000 m^2/m^3

flüssig-flüssig

Dispersionen   500 ... 2000 m^2/m^3

Die spezifische Phasengrenzfläche ist eine wichtige Kenngröße. Sie muß jedoch zur Beurteilung der Leistungsfähigkeit eines Apparates mit seinen Einbauten in Einheit zum Aufwand für die Erzeugung dieser Phasengrenzfläche — Kosten für Einbauten und Druckverlust — gesehen werden.

Zur Ermittlung der Phasengrenzfläche

Die *experimentelle* Bestimmung der Phasengrenzfläche kann hauptsächlich erfolgen durch:

Fotografische Methoden für Dispersionen, indem durch die Glaswand des Apparates fotografiert oder eine Lichtsonde in die Dispersion eingebracht wird;

lichtelektrische Methoden für Dispersionen, indem das Gefäß mit der Dispersion durchstrahlt und die Lichtschwächung gemessen wird (vorangehende Eichung ist erforderlich) oder mit Lichtleiterfasern, die in der Dispersion Impulse für eine weitergehende elektronische Auswertung aufnehmen;
chemische Methoden für Dispersionen und Filme, indem eine Reaktion angewendet wird, die von der Fluiddynamik unabhängig ist.

Die experimentelle Bestimmung ist mit zahlreichen Problemen verbunden, insbesondere hinsichtlich des Stoffsystems (real und Modell) und der möglichen Beeinträchtigung der Dispersion durch die Meßmethode. Die verschiedenen Meßmethoden führen teilweise zu erheblichen Unterschieden. Der Aufwand ist beträchtlich.

Die *mathematische Modellierung* der Phasengrenzfläche erfolgt bei Filmen und Dispersionen unterschiedlich. Beim Filmregime wird ein Benetzungsfaktor eingeführt, der das Verhältnis der benetzten Oberfläche zur geometrisch vorhandenen Oberfläche darstellt (s. Abschn. 4.3.3.). Bei Dispersionen sind die beiden Grundregimes das *Tropfen-* und das *Blasenregime*. Die Modellierung erfolgt in der Regel mit dem mittleren Partikeldurchmesser d_{32} (Volumen-Oberflächen-Durchmesser oder *Sauter*durchmesser) und dem Volumenanteil der dispersen Phase φ_d, für d_{32} gilt:

$$d_{32} = \frac{\sum_{i=1}^{z} N_i d_i^3}{\sum_{i=1}^{z} N_i d_i^2} \tag{2.190}$$

N Partikelzahl, d Partikeldurchmesser. Für die Partikelverteilung in Dispersionen sind die mathematischen Gesetze der Wahrscheinlichkeit und Statistik heranzuziehen. Aus dem Verhältnis von Volumen und Oberfläche einer Kugel ergibt sich für den Volumen-Oberflächen-Durchmesser:

$$\frac{\text{Volumen einer Kugel}}{\text{Oberfläche einer Kugel}} = \frac{d^3 \pi}{6} \frac{1}{d^2 \pi} = \frac{d}{6}$$

Die spezifische Phasengrenzfläche in m^2/m^3 ergibt sich für kugelförmige Partikel damit

$$a = 6\varphi_d/d_{32} \tag{2.191}$$

Bei der Stoffübertragung flüssig-gasförmig in Dispersionen auf Kolonnenböden liegt häufig ein Sprudelregime mit stark zerrissenen Phasengrenzflächen vor, für das weder experimentell noch theoretisch eine Bestimmung mit genügender Genauigkeit möglich ist. Hinzu kommt, daß gerade im günstigen Arbeitsbereich von technischen Kolonnen auf einem Boden oft ein Mischregime über die Höhe des Bodens vorliegt: Unmittelbar über der Bodenoberfläche ein Blasenregime, das dann in ein Sprudelregime und im obersten Teil der Dispersion in ein Tropfenregime übergeht. In Berechnungsmethoden zur Stoffübertragung für Bodenkolonnen wird daher oft das Produkt aus Stoffdurchgangskoeffizient und Phasengrenzfläche zusammen berechnet, z. B. im Austauschgrad (s. Abschn. 4.7.).

Einflußgrößen auf die Phasengrenzfläche

Stoffliche Größen: Oberflächenspannung, Dichte der beiden Phasen, Viskosität der beiden Phasen.
Betriebliche Größen: Massenströme der beiden Phasen.
Konstruktive Größen: Durchmesser und Einbauten mit mehreren kennzeichnenden Größen.

Wirksamkeit der Phasengrenzfläche

Die Phasengrenzfläche ist am wirksamsten im Entstehungszustand. Es kommt also nicht nur auf eine zahlenmäßig große Phasengrenzfläche an, sondern auch auf die Erneuerungsrate.

Eine fluide Phase und eine feste Phase

Die Phasengrenzfläche wird durch die feste Phase gebildet und damit durch diese am stärksten beeinflußt. Der Apparat, in dem die feste Phase vorliegt, hat demgegenüber meistens einen geringen Einfluß.

Trocknung feuchter Güter

Bei *Konvektionstrocknern* ist die äußere Oberfläche des festen Gutes maßgebend. Diese kann mit Rücksicht auf die Gebrauchseigenschaften des festen Gutes nur in wenigen Fällen, insbesondere durch Zerkleinern, vergrößert werden, wobei das zerkleinerte Gut dann besser dem weiteren Verwendungszweck entsprechen muß. Nur zum Zwecke der Vergrößerung der Phasengrenzfläche ist es selten wirtschaftlich, ein Gut zu zerkleinern. Das feuchte Gut soll möglichst vollständig vom Trocknungsmedium umströmt werden, was durch die Konstruktion des Konvektionstrockners beeinflußt wird. Bei *Kontakttrocknern* ist vor allem die ausgeführte Heizfläche für die Stoffübertragungsfläche entscheidend, des weiteren der Kontakt der Heizfläche mit dem feuchten Gut. Die spezifische Phasengrenzfläche ist bei Konvektionstrocknern oft um das 10fache und mehr größer als bei Kontakttrocknern.

Die innere Oberfläche des festen Gutes ist entscheidend für den Transport der Feuchtigkeit an die Oberfläche. Bei der Vielzahl der feuchten Güter ist es nicht üblich, die innere Oberfläche selbst zu bestimmen, sondern ihren Einfluß über die Trocknungsverlaufskurve zu erfassen.

Adsorption

Entscheidend ist die innere Oberfläche der Adsorbentien, für die folgende Werte typisch sind:

Aktivkohle	700 ... 1000 m^2/g
Silikagel	300 ... 750 m^2/g
Zeolithe (Molekularsiebe)	1400 ... 1640 m^2/g

Die äußere Oberfläche der Adsorbentien ist gegenüber der inneren Oberfläche von geringerer Bedeutung und beeinflußt hauptsächlich den Druckverlust des durchströmenden Gases.

Extraktion fest-flüssig

Die innere Oberfläche des zu extrahierenden Gutes ist eine gegebene Größe und kann nicht beeinflußt werden. Dagegen kann oft die Phasengrenzfläche zwischen der äußeren Oberfläche des festen Stoffes und der flüssigen Phase beeinflußt werden.

So wird zum Beispiel bei der Extraktion von Wachs aus Braunkohle mit Benzol als Extraktionsmittel die Braunkohle gemahlen, so daß große Oberflächen entstehen, andererseits aber kein zu feines Korn, welches die Fluiddynamik des Extraktionsprozesses ungünstig beeinflussen würde.

Kristallisation

Die Kristalle stellen zugleich die Phasengrenzfläche und das gewünschte Endprodukt dar. Die Phasengrenzfläche ist abhängig von der Kristallgrößenverteilung und dem Feststoffanteil in der Suspension.

Unter der Voraussetzung kugelförmiger Kristalle gelten die Gleichungen (2.190) und (2.191). Die Keimbildung von Kristallen und Kristallwachstumsgeschwindigkeit und deren Beeinflussung dient nicht vordergründig der Größe der Phasengrenzfläche, sondern der gewünschten Korngrößenverteilung des Endproduktes.

2.7. Phasenführung und Triebkraft

Aus den Gleichungen für den Wärmedurchgang

$$\dot{Q} = kA\,\Delta T_m \qquad (2.150)$$

und einer analogen Gleichung für den Stoffdurchgang

$$\dot{N}_1 = K_G A\,\Delta y_{1m} \qquad (2.192)$$

geht hervor, daß die Triebkraft zusammen mit der Phasengrenzfläche und dem Intensitätskoeffizienten maßgebend für den übertragenen Wärme- und Stoffstrom ist. Die Benutzung der Gleichung (2.192) mit einer mittleren Triebkraft Δy_{1m} ist beim Stoffdurchgang in Abhängigkeit von der Problemstellung nur in bestimmten Fällen möglich. Die Triebkraft stellt eine Temperaturdifferenz oder Konzentrationsdifferenz dar. Bei Membrantrennprozessen kann die Triebkraft für die Stofftrennung auch eine Druckdifferenz sein, z. B. bei der Umkehrosmose. Konzentrationsdifferenzen unter Verwendung des Phasengleichgewichtes haben ihre Grundlage im chemischen Potential μ_i:

$$\mu_i = \left(\frac{\partial G}{\partial n_i}\right)_{p,T}$$

G freie molare Enthalpie. Für die Übertragung eines bestimmten Wärme- oder Stoffstroms ist eine große Triebkraft nützlich, da sich dann die Größe des Apparates vermindert. Andererseits führen größere Triebkräfte zu größeren Exergieverlusten, siehe [2.38] und [2.39]. Die Phasenführung beeinflußt wesentlich die Triebkraft und wird als nächstes behandelt.

2.7.1. Grundformen der Phasenführung

Die beiden Phasen bzw. die beiden durch eine feste Wand getrennten Medien strömen

- in entgegengesetzter Richtung — *Gegenstrom*,
- in gleicher Richtung — *Gleichstrom*,
- mit einem Winkel von 90 Grad zueinander — *Kreuz- oder Querstrom*.

Grundsätzlich ist bei Gegenstrom die Triebkraft am größten und bei Gleichstrom am kleinsten, Kreuzstrom liegt dazwischen.

Für den Fall, daß ein Medium bei der Wärmeübertragung konstante Temperatur hat (z. B. Verdampfung oder Kondensation eines reinen Stoffes) sind Gegen-, Kreuz- und Gleichstrom gleichwertig.

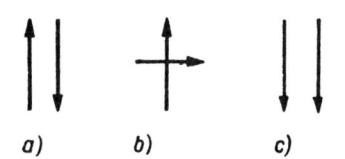

Bild 2.32. Grundformen der Phasen- bzw. Strömungsführung
a) Gegenstrom
b) Kreuzstrom (Querstrom)
c) Gleichstrom

Bei der Stoffübertragung sind die verschiedenen Phasenführungen gleichwertig, wenn die Konzentration bei der Stoffübertragung konstant bleibt. Beispiele sind:
— Verdunsten einer reinen Flüssigkeit in eine gasförmige Phase bei Sattdampftemperatur (z. B. 1. Trocknungsabschnitt).
— Die von einer Phase in die andere Phase übertragene Stoffkomponente reagiert in der aufnehmenden Phase mit einem Reagens, so daß die aufnehmende Phase keinen Partialdruck für die übertragene Stoffkomponente besitzt.

Es sind folgende Strömungen als Grenzfälle von großer Bedeutung:
- *Kolbenströmung*, bei der es keine Rückvermischung gibt; typisches Beispiel ist die Strömung in einem Rohr ohne Rückvermischung.
- *Vollkommen durchmischte Strömung*; typisches Beispiel ist die Strömung in einem Rührkessel.

Die gewünschte Phasenführung wird durch das reale Strömungsverhalten der Phasen beeinflußt, so daß es bei Gegenstrom zum Beispiel Abweichungen von der Kolbenströmung der beiden Phasen gibt. Dann wird die Phasenführung verändert und entspricht nicht mehr den Grundformen gemäß Bild 2.32. Die *reale Phasenführung* von zwei miteinander im Kontakt stehenden Phasen wird eindeutig durch das *Verweilzeitverhalten* der beiden Phasen bestimmt. Zum Verweilzeitverhalten sind seit 1950 leistungsfähige Methoden zur experimentellen Bestimmung entwickelt und zahlreiche mathematische Modelle aufgestellt worden, siehe [2.40].
Bei *Prozessen mit einer festen und fluiden Phase* wird bei starrer Anordnung der festen Phase der Prozeß meistens instationär, z. B. Adsorption mit fest angeordnetem Adsorbens, Regenerator. In einem *mehrgängigen Rohrbündelwärmeübertrager* (s. Abschn. 3.1.) werden Gegen- und Gleichstrom innerhalb eines Apparates kombiniert.

2.7.2. Triebkraft bei der Wärmeübertragung

Eine Wärmeübertragung zwischen zwei Medien wird so lange erfolgen, wie eine Temperaturdifferenz vorhanden ist.

Die Temperaturdifferenz stellt die Triebkraft dar. Beim Wärmedurchgang durch eine feste Wand ergibt sich die Triebkraft aus der Kombination von Bilanz und Prozeß zu (s. Bild 2.33):

$$d\dot{Q} = k\, dA(T_1 - T_2) = \dot{M}_1 c_{p1}\, dT_1 = \dot{M}_2 c_{p2}\, dT_2 \tag{2.151}$$

Dabei ist vorausgesetzt, daß der Wärmeverlust an die Umgebung Null ist. Das Produkt Mc_p ist die Wärmekapazität W, die im folgenden verwendet wird. Die Integration über die Fläche des gesamten Wärmeübertragers ergibt:

$$\int_0^A dA = A = \dot{M}_1 \int_{T_{1A}}^{T_{1E}} \frac{c_{p1}}{k} \frac{dT_1}{T_1 - T_2} = \dot{M}_2 \int_{T_{2E}}^{T_{2A}} \frac{c_{p2}}{k} \frac{dT_2}{T_1 - T_2} \tag{2.193}$$

Falls k, c_{p1} oder c_{p2} stark von der Temperatur und damit indirekt von der Wärmeübertragungsfläche abhängen, ist eine analytische Lösung des Integrals nicht möglich. Wenn für k, c_{p1} und c_{p2} mit mittleren Werten für den gesamten Wärmeübertrager gerechnet werden kann, was in den meisten Fällen möglich ist, und der Wärmeverlust an die Umgebung Null ist, so ist das Integral für Gleich- und Gegenstrom analytisch lösbar. Bei Einführung einer mittleren Temperaturdifferenz gemäß Gleichung (2.150) in Verbindung mit den Bilanzen für die Enthalpieströme erhält man:

$$\dot{Q} = kA\, \Delta T_m = \dot{W}_1(T_{1E} - T_{1A}) = \dot{W}_2(T_{2A} - T_{2E}) \tag{2.194}$$

Phasenführung und Triebkraft 2.7.

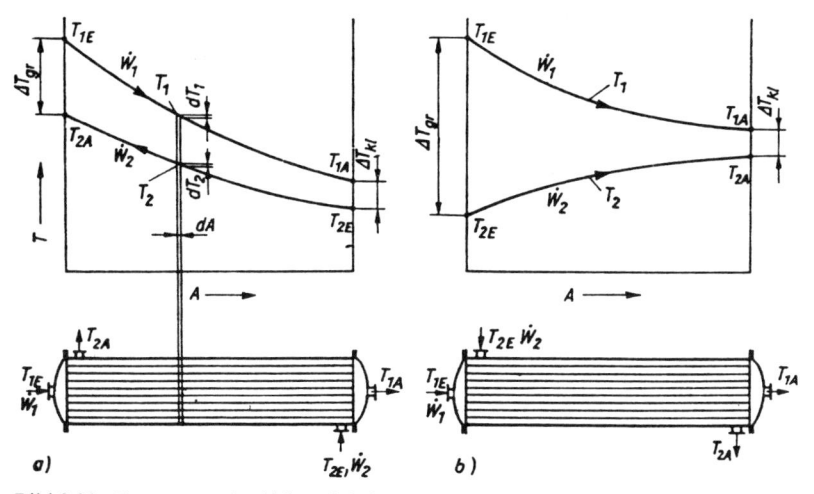

Bild 2.33. Temperatur in Abhängigkeit von der Wärmeübertragungsfläche
a) Gegenstrom $\dot{W}_1 < \dot{W}_2$
b) Gleichstrom $\dot{W}_1 < \dot{W}_2$

Aus den Gleichungen (2.193) und (2.194) kann man die mittlere Temperaturdifferenz auch wie folgt schreiben:

$$\int_{T_{1A}}^{T_{1E}} \frac{dT_1}{T_1 - T_2} = \frac{T_{1E} - T_{1A}}{\Delta T_m} \quad \text{oder} \quad \int_{T_{2E}}^{T_{2A}} \frac{dT_2}{T_1 - T_2} = \frac{T_{1A} - T_{2E}}{\Delta T_m} \tag{2.195}$$

Mittlere Temperaturdifferenz bei Gegen- und Gleichstrom

Ausgangsgrundlage ist die Gleichung (2.194). Die Ableitung wird für Gegenstrom unter Bezugnahme auf Bild 2.33a mit den Voraussetzungen k, c_{p1} und c_{p2} konstant, Wärmeverlust an die Umgebung Null, durchgeführt. Aus Gleichung (2.151) erhält man:

$$dT_1 = -\frac{k\,dA(T_1 - T_2)}{\dot{W}_1} \quad \text{und} \quad dT_2 = \frac{k\,dA(T_1 - T_2)}{\dot{W}_2}$$

Die Substraktion dieser beiden Gleichungen ergibt:

$$dT_1 - dT_2 = -\frac{k\,dA(T_1 - T_2)}{\dot{W}_1} + \frac{k\,dA(T_1 - T_2)}{\dot{W}_2}$$

oder

$$d(T_1 - T_2) = -k\,dA(T_1 - T_2)\left(\frac{1}{\dot{W}_1} - \frac{1}{\dot{W}_2}\right)$$

Die Integration über die gesamte Fläche des Wärmeübertragers ergibt:

$$\int_{T_{1E}-T_{2A}}^{T_{1A}-T_{2E}} \frac{d(T_1 - T_2)}{T_1 - T_2} = k\left(\frac{1}{\dot{W}_1} - \frac{1}{\dot{W}_2}\right)\int_0^A dA$$

$$\ln\frac{T_{1A} - T_{2E}}{T_{1E} - T_{2A}} = -kA\left(\frac{1}{\dot{W}_1} - \frac{1}{\dot{W}_2}\right) \tag{2.196}$$

Wenn man $kA = \dot{Q}/\Delta T_m$ in die Gleichung (2.196) einsetzt, erhält man:

$$\ln \frac{T_{1A} - T_{2E}}{T_{1E} - T_{2A}} = \frac{1}{\Delta T_m}\left(\frac{\dot{Q}}{\dot{W}_1} - \frac{\dot{Q}}{\dot{W}_2}\right) \tag{2.197}$$

Die *Energiebilanz* für den gesamten Wärmeübertrager ergibt:

$$\dot{Q} = \dot{M}_1 c_{p1}(T_{1E} - T_{1A}) \quad \text{und} \quad \dot{Q} = \dot{M}_2 c_{p2}(T_{2A} - T_{2E}) \tag{2.198}$$

Aus den beiden letzten Gleichungen erhält man:

$$\ln \frac{T_{1E} - T_{2A}}{T_{1A} - T_{2E}} = \frac{1}{\Delta T_m}(T_{1E} - T_{2A}) - (T_{2A} - T_{2E})$$

oder

$$\Delta T_m = \frac{(T_{1E} - T_{2A}) - (T_{1A} - T_{2E})}{\ln \dfrac{T_{1E} - T_{2A}}{T_{1A} - T_{2E}}} \tag{2.199}$$

Die Ableitung der mittleren Temperaturdifferenz für *Gleichstrom* führt zu dem gleichen Ergebnis. Gleichung (2.199) kann auch in folgender Form geschrieben werden:

$$\Delta T_m = \frac{\Delta T_{gr} - T_{kl}}{\ln \dfrac{\Delta T_{gr}}{\Delta T_{kl}}} \tag{2.200}$$

> Die mittlere Temperaturdifferenz beim Wärmedurchgang für einen Wärmeübertrager ergibt sich bei Gegen- und Gleichstrom aus den Temperaturdifferenzen an den Enden des Wärmeübertragers gemäß Gleichung (2.200).

Darstellung im $T_1 T_2$-Diagramm

Die Darstellung des Temperaturverlaufs bei der Wärmeübertragung erfolgt vorzugsweise in Abhängigkeit von der Fläche, vergleiche Bild 2.33. Wird T_1 in Abhängigkeit von T_2 aufgetragen, so liegen die Temperaturen der beiden Produktströme auf einer Geraden, die man Bilanz- oder Arbeitslinie nennt (s. Bild 2.34). Die 45°-Gerade stellt die *Gleichgewichtslinie* dar.

In einem beliebigen Querschnitt des Wärmeübertragers sei die Temperatur des warmen Mediums T_1 und die Temperatur des kalten Mediums T_2, die beide auf der Bilanzlinie liegen. Die Gleichgewichtstemperatur wird mit einem Stern gekennzeichnet. Dann ist die Triebkraft, bezogen auf das Medium 1

$$T_1 - T_1^* = T_1 - T_2$$

und die Triebkraft, bezogen auf das Medium 2

$$T_2^* - T_2 = T_1 - T_2$$

Die *Bilanzlinie* erhält man aus einer Energiebilanz für einen beliebigen Querschnitt des Wärmeübertragers (s. Bild 2.34):

$$\dot{W}_1 T_{1E} + \dot{W}_2 T_2 = \dot{W}_1 T_1 + \dot{W}_2 T_{2A}$$

oder

$$\frac{\dot{W}_2}{\dot{W}_1} = \frac{T_{1E} - T_1}{T_{2A} - T_2} = \tan \psi$$

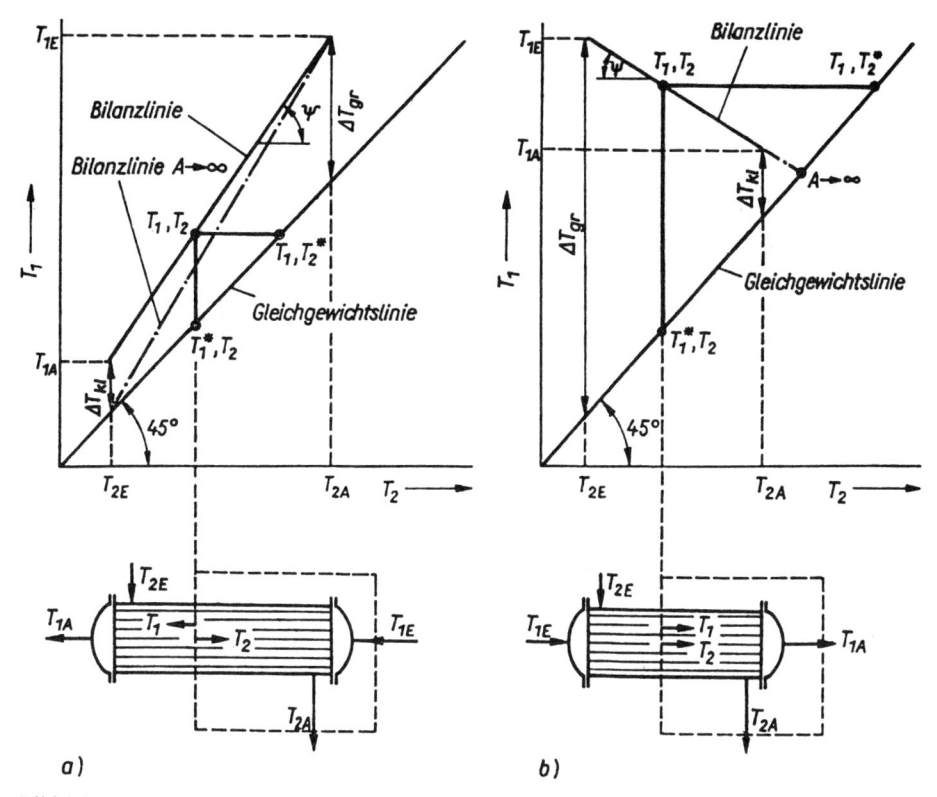

Bild 2.34. Darstellung des Temperaturverlaufs im $T_1 T_2$-Diagramm
a) Gegenstrom
b) Gleichstrom

Der Anstieg der Bilanzlinie wird durch das Verhältnis der Wärmekapazitäten $\dot{W}_2/\dot{W}_1$ bestimmt. Die Bilanzlinie wird dann eine Gerade, wenn c_{p1}, c_{p2} und k für den Wärmeübertrager konstant sind. Bei einem Schnittpunkt von Bilanz- und Gleichgewichtslinie wird die Triebkraft Null, was bei A gegen unendlich der Fall ist. Im Bild 2.34 ist die Bilanzlinie für eine unendlich große Fläche strichpunktiert eingezeichnet. Die Darstellung des Temperaturverlaufs für die beiden Medien mit Bilanz- und Gleichgewichtslinie entspricht der Behandlung mit Bilanz- und Gleichgewichtslinie bei Prozessen der Stoffübertragung.

Triebkraftintegral analytisch nicht lösbar

Gemäß den Ausführungen zu Beginn dieses Abschnittes ist dies der Fall, wenn k, c_{p1} oder c_{p2} stark von der Temperatur und damit von der Fläche abhängig sind. Für die spezifische Wärmekapazität ist in der Regel eine Mittelwertbildung für den Wärmeübertrager zulässig. Auch der Wärmedurchgangskoeffizient stellt in den meisten Fällen genügend genau einen Mittelwert für den Wärmeübertrager dar, wenn mit Mittelwerten der Stoffwerte die Wärmeübergangskoeffizienten berechnet werden. In Sonderfällen können sich die Stoffwerte um mehrere Größenordnungen unterscheiden, z. B. beim Abkühlen von Öl die Viskosität. Dadurch unterscheidet sich der Wärmedurchgangskoeffizient örtlich sehr stark. In solchen Fällen ist die Mittelwertbildung für die Stoffwerte zu ungenau. Bei einer genauen Rechnung muß die Temperaturabhängigkeit von k berücksichtigt werden. Man erhält aus Gleichung (2.151):

$$A = \dot{W}_1 \int_{T_{1A}}^{T_{1E}} \frac{dT_1}{k(T_1 - T_2)} \quad \text{bzw.} \quad A = \dot{W}_2 \int_{T_{2E}}^{T_{2A}} \frac{dT_2}{k(T_1 - T_2)} \quad (2.201)$$

Infolge des nichtlinearen Zusammenhangs $k = k(T_1)$ bzw. $k = k(T_2)$ wird das Integral numerisch oder grafisch gelöst.

Beispiel 2.13. Triebkraftintegral mit temperaturabhängigen Wärmedurchgangskoeffizienten

Es ist die Oberfläche eines Wärmeübertragers zu berechnen, in dem 3 t/h heißes Extraktionsöl von 100 °C auf 25 °C abgekühlt werden sollen mit Hilfe von kaltem Öl, das sich von 20 °C auf 40 °C erwärmt. Die Phasenführung ist Gegenstrom. Es ist bekannt, daß sich der Wärmedurchgangskoeffizient in folgender Weise mit der Temperatur ändert:

T in °C	100	80	60	40	30	25
k in W/(m² K)	305	302	295	265	200	143

Die spezifische Wärmekapazität des Öles ist 0,4 kcal/(kg K)

Lösung:

Entsprechend den Voraussetzungen der Aufgabe ändert sich der Wärmedurchgangskoeffizient während des Wärmeübertragungsprozesses in erheblichem Maße. Es wird daher die Wärmedurchgangsgleichung in differentieller Form gemäß Geichung (2.193) verwendet:

$$A = \dot{M}_1 c_{p1} \int_{T_{1A}}^{T_{1E}} \frac{dT_1}{k(T_1 - T_2)}$$

Das Integral in vorstehender Gleichung wird grafisch gelöst. T_1 ist die Temperatur der heißen und T_2 die Temperatur der kalten Flüssigkeit. Das Produkt $\dot{M}_1 c_{p1}$ bleibt an der ganzen Wärmeübertragungsfläche unverändert und ist deshalb vor das Integral gesetzt worden.
Zunächst werden die Größen berechnet, die erforderlich sind, um das Diagramm mit der Ordinate

$$\frac{1}{k(T_1 - T_2)}$$ und der Abszisse T_1 zu konstruieren. Zu diesem Zweck werden verschiedene Werte von

T_1 gewählt und die Temperaturen T_2 der kalten Flüssigkeit aus der Energiebilanz berechnet:

$$\dot{M}_1 c_{p1}(T_{1E} - T_1) = \dot{M}_2 c_{p2}(T_{2A} - T_2)$$

Werden in diese Gleichung die Randwerte der Temperatur der heißen und der kalten Flüssigkeit eingesetzt, so erhält man:

$$\frac{\dot{M}_1 c_{p1}}{\dot{M}_2 c_{p2}} = \frac{T_{2A} - T_{2E}}{T_{1E} - T_{1A}} = \frac{40 - 20}{100 - 25} = 0{,}267$$

Folglich ist $T_2 = T_{2A} - \dfrac{\dot{M}_1 c_{p1}}{\dot{M}_2 c_{p2}}(T_{1E} - T_1) = 40 - 0{,}267(100 - T_1)$.

Für verschiedene Werte von T_1 des heißen Öles erhält man nach dieser Gleichung die zugehörigen Temperaturen des kalten Öles T_2. Zum Beispiel für $T_1 = 80$ °C ergibt sich:

$$T_2 = 40 - 0{,}267(100 - 80) = 34{,}7 \text{ °C}$$

Ferner ergibt sich der Ordinatenwert für $T_1 = 80$ °C zu

$$\frac{1}{k(T_1 - T_2)} = \frac{1}{302(80 - 34{,}7)} = 0{,}731 \cdot 10^{-4} \text{ m}^2/\text{W}$$

Phasenführung und Triebkraft 2.7.

Tabelle 2.5. Werte zur graphischen Lösung des Integrals $\int \dfrac{dT_1}{k(T_1 - T_2)}$

T_1 in °C	T_2 in °C	$T_1 - T_2$ in K	k in W/(m² K)	$\dfrac{1}{k(T_1 - T_2)}$ in m²/W
100	40,0	60,0	305	$0,546 \cdot 10^{-4}$
80	34,7	45,3	302	$0,731 \cdot 10^{-4}$
60	29,3	30,7	295	$1,10 \cdot 10^{-4}$
40	24,0	16,0	265	$2,36 \cdot 10^{-4}$
30	21,3	8,7	200	$5,74 \cdot 10^{-4}$
25	20,0	5,0	143	$13,9 \cdot 10^{-4}$

Nach den Werten der Tabelle 2.3 kann die Kurve im Bild 2.35 konstruiert werden. Das Ausplanimetrieren der Fläche im Bild 2.35 ergibt 363 mm². Unter Beachtung der Maßstäbe ergibt sich der Wert des Integrals zu:

$$\int_{T_{1A}}^{T_{1E}} \frac{dT_1}{k(T_1 - T_2)} \cong 363 \text{ mm}^2 \cong 363 \cdot 0,2 \cdot 10^{-4} \cdot 2 \text{ m}^3 \text{ K/W} = 0,01452 \text{ m}^2 \text{ K/W}$$

Die Wärmeübertragungsfläche A ergibt sich damit zu:

$$A = \dot{M}_1 c_{p1} \int_{T_{1A}}^{T_{1E}} \frac{dT_1}{k(T_1 - T_2)} = \frac{3000 \cdot 0,4 \cdot 4187 \cdot 0,01452}{3600} = \underline{\underline{20,3 \text{ m}^2}}$$

Einheitenkontrolle:

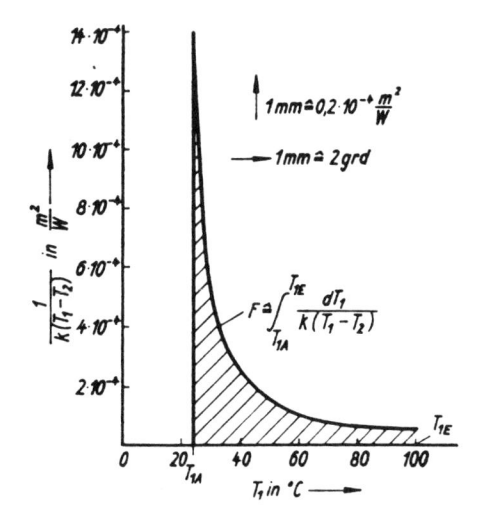

$$\frac{\text{kg}}{\text{h}} \frac{\text{h}}{\text{s}} \frac{\text{J}}{\text{kg K}} \frac{\text{K s m}^2 \text{ K}}{\text{J K}} = \text{m}^2$$

Bild 2.35. Grafische Lösung des Integrals

2.7.3. Triebkraft bei der Stoffübertragung

Eine Stoffübertragung in einer Phase kommt zustande, wenn eine Konzentrationsdifferenz als Triebkraft vorhanden ist. In einer Phase kann die Triebkraft für technische Prozesse nur schwer aufrechterhalten werden. In der Industrie haben die Prozesse zur Stoffübertragung große Bedeutung, bei denen durch Wechselwirkung von zwei Phasen die Triebkraft in jeder Phase aufrechterhalten wird.

Für die technisch wichtigen Prozesse der Stoffübertragung zwischen zwei Phasen gibt es deshalb zwei wesentliche Aufgaben:
1. Bildung der zweiten Phase,
2. Erzeugung einer Triebkraft, indem sich die Gleichgewichtskonzentration von der effektiven Zusammensetzung des zu trennenden Gemisches unterscheidet und diese Triebkraft in den zwei beteiligten Phasen bis zur gewünschten Trennung aufrechterhalten wird.

Die zweite Phase kann gebildet werden durch

- *Energiezufuhr*, z. B. bei der Destillation oder Trocknung bzw. Energieabfuhr, z. B. bei der Kristallisation (Löslichkeit des festen Stoffes nimmt mit sinkender Temperatur ab),
- einen *Zusatzstoff*, z. B. durch die Waschflüssigkeit bei der Absorption, das Extraktionsmittel bei der Extraktion oder das Adsorbens bei der Adsorption.

Die Art des Zusatzstoffes, der die zweite Phase bildet, bestimmt das Phasengleichgewicht zwischen den beiden Phasen und damit die zur Verfügung stehende Triebkraft. Eine wichtige Kenngröße für die Wirksamkeit des Zusatzstoffes ist der *Trennfaktor*, auch Selektivität genannt. Bei der Extraktion flüssig-flüssig lautet dieser Trennfaktor α_{12} zur Trennung eines Stoffgemisches, bestehend aus den Komponenten 1 und 2:

$$\alpha_{12} = \frac{y_2^*/x_2}{y_1^*/x_1} \tag{2.202}$$

y Extraktphase, x Raffinatphase, Komponente 2 ist die Übergangskomponente. Bei der Destillation wird der Trennfaktor, auch relative Flüchtigkeit genannt, nach den Gesetzen von *Raoult* und *Dalton* hauptsächlich durch die Dampfdrücke der zu trennenden Komponenten 1 und 2 des Flüssigkeitsgemisches und Abweichungen davon als nichtideales Verhalten bestimmt. Der Trennfaktor lautet bei der Destillation:

$$\alpha_{12} = \frac{y_1^*/x_1}{y_2^*/x_2} \tag{2.203}$$

Komponente 1 ist die leichter flüchtige Komponente. Bei bestimmten Prozessen wird die zweite Phase durch Energiezufuhr gebildet und das Phasengleichgewicht zusätzlich durch einen Zusatzstoff beeinflußt, z. B. bei der Extraktiv- und Azeotropdestillation. Bei einem Trennfaktor von eins haben beide Phasen die gleiche Zusammensetzung, und die Triebkraft ist Null. Je mehr der Trennfaktor von eins abweicht, um so größere Triebkräfte sind möglich.

Triebkraft zwischen zwei fluiden Phasen

Bei der Stoffübertragung zwischen zwei fluiden Phasen können grundsätzlich beide Phasen an der Stoffübertragung teilnehmen. Es können Triebkräfte in jeder Phase im Zusammenhang mit den Stoffübergangs- und Stoffdurchgangskoeffizienten eingeführt werden.

Phasenführung und Triebkraft 2.7.

Die Triebkraft ist grundsätzlich auf eine Phase zu beziehen. Bei der Bezugnahme auf den Kern der Strömung einer Phase erhält man die Triebkraft, die für den Stoffdurchgang maßgebend ist, z. B. $y_1^* \;|||\; x_1$. Dagegen erhält man bei der Bezugnahme auf die Konzentration an der Phasengrenzfläche die Triebkraft, die für den Stoffübergang maßgebend ist, z. B. $y_{1P} \;|||\; x_{1P}$.

Der Stern bei der Gleichgewichtskonzentration y_{1P} an der Phasengrenzfläche wird weggelassen, da gemäß Voraussetzung an der Phasengrenze Gleichgewicht vorliegen soll. Die Triebkräfte wurden im Zusammenhang mit der Behandlung der Stoffdurchgangskoeffizienten im Abschnitt 2.5.2. am Beispiel des Absorptionsprozesses mit der übertragenen Komponente 1 eingeführt, siehe Gleichungen (2.158) und (2.159). Im folgenden werden diese Gleichungen mit der Bilanz gekoppelt.

Stoffdurchgang gasförmige Phase:

$$d\dot{N}_1 = K_G \, dA(y_1 - y_1^*) = d(\dot{N}_G, y_1)$$

Stoffdurchgang flüssige Phase:

$$d\dot{N}_1 = K_F \, dA(x_1^* - x_1) = d(\dot{N}_F, x_1)$$

Stoffübergang gasförmige Phase:

$$d\dot{N}_1 = \beta_G \, dA(y_1 - y_{1P}) = d(\dot{N}_G, y_1)$$

Stoffübergang flüssige Phase:

$$d\dot{N}_1 = \beta_F \, dA(x_{1P} - x_1) = d(\dot{N}_F, x_1)$$

Bei der Absorption verändern sich in der Kolonne sowohl die Konzentrationen der übertragenen Komponente 1 als auch die Mengenströme. Führt man das Molverhältnis (Beladung) als Konzentrationsmaß ein, so bleiben die Mengenströme in der Kolonne konstant.

$$X_1 = \frac{\dot{N}_{1F}}{\dot{N}_w} \quad \text{und} \quad Y_1 = \frac{\dot{N}_{1G}}{\dot{N}_2} \tag{2.204}$$

$\dot{N}_w$ Mengenstrom an Waschflüssigkeit, $\dot{N}_2$ Mengenstrom an inertem Gas. Die Mengenströme $\dot{N}_w$ und $\dot{N}_2$ bleiben in der Kolonne konstant. Mit Molverhältnissen lauten die vorstehenden Gleichungen, die den Prozeß mit der Bilanz koppeln:

Stoffdurchgang, bezogen auf die gasförmige Phase:

$$d\dot{N}_1 = K_G \, dA(Y_1 - Y_1^*) = \dot{N}_2 \, dY_1 \tag{2.205}$$

Stoffdurchgang, bezogen auf die flüssige Phase:

$$d\dot{N}_1 = K_F \, dA(X_1^* - X_1) = \dot{N}_w \, dX_1 \tag{2.206}$$

Stoffübergang gasförmige Phase:

$$d\dot{N}_1 = \beta_G \, dA(Y_1 - Y_{1P}) = \dot{N}_2 \, dY_1 \tag{2.207}$$

Stoffübergang flüssige Phase:

$$d\dot{N}_1 = \beta_F \, dA(X_{1P} - X_1) = \dot{N}_w \, dX_1 \tag{2.208}$$

Diese 4 Gleichungen führen bei Rechnungen auf dasselbe Ergebnis. Die Konzentrationen an der Phasengrenzfläche sind nicht bekannt und müßten rechnerisch über die Bilanzen und Stoffübergangskoeffizienten bestimmt werden. Daher werden die Gleichungen (2.205) bzw. (2.206) verwendet. Von Interesse ist bei der Auslegung der Kolonnen die Phasengrenzfläche als entscheidend für die Größe der Kolonne. Aus Gleichung (2.205) erhält man:

$$\int_0^A dA = A = \frac{\dot{N}_2}{K_G} \int_{Y_{1K}}^{Y_{1S}} \frac{dY_1}{Y_1 - Y_1^*} \qquad (2.209)$$

Index K Kopf, Index S Sumpf. Das Triebkraftintegral in Gleichung (2.209) muß meistens numerisch gelöst werden, da Y_1^* eine komplizierte Funktion von Y_1 ist. Für andere Prozesse bei der Stoffübertragung zwischen zwei fluiden Phasen mit Gemischen aus zwei Komponenten gilt das Analoge, z. B. für die Destillation (Index D für die dampfförmige Phase):

$$d\dot{N}_1 = K_D \, dA(y_1^* - y_1) = \dot{N}_D \, dy_1 \qquad (2.210)$$

Der Mengenstrom $\dot{N}_D$ ist in der Kolonne oft konstant. Für die Phasengrenzfläche erhält man:

$$\int_0^A dA = A = \frac{\dot{N}_D}{K_D} \int_{y_{1S}}^{y_{1K}} \frac{dy_1}{y_1^* - y_1} \qquad (2.211)$$

Auf die numerisch-grafische Lösung des Triebkraftintegrals wird im Abschn. 4.3.3. eingegangen. Bei Einführung einer mittleren Triebkraft lautet die Gleichung für den Prozeß mit Bilanz bei der Absorption mit Molverhältnis:

$$\dot{N}_1 = K_G A \, \Delta Y_{1m} = \dot{N}_2(Y_{1S} - Y_{1K}) \qquad (2.212)$$

Der Vergleich mit Gleichung (2.209) ergibt:

$$\Delta Y_{1m} = \frac{Y_{1S} - Y_{1K}}{\int_{Y_{1K}}^{Y_{1S}} \frac{dY_1}{Y_1 - Y_1^*}} \qquad (2.213)$$

Bei der Destillation erhält man:

$$\dot{N}_1 = K_D A \, \Delta y_{1m} = \dot{N}_D(y_{1K} - y_{1S}) \qquad (2.214)$$

$$\Delta y_{1m} = \frac{y_{1K} - y_{1S}}{\int_{y_{1S}}^{y_{1K}} \frac{dy_1}{y_1^* - y_1}} \qquad (2.215)$$

Unter Bezugnahme auf die flüssige Phase lauten die Gleichungen analog. Ein Vergleich der mittleren Triebkraft bei der Stoffübertragung gemäß den Gleichungen (2.213) und (2.215) mit der mittleren Temperaturdifferenz gemäß Gleichung (2.194) zeigt eine völlige Übereinstimmung.

> Der wesentliche Unterschied bei der mittleren Triebkraft zwischen Wärme- und Stoffübertragung besteht darin, daß bei der Wärmeübertragung das Triebkraftintegral in den meisten Fällen analytisch lösbar ist, während dies bei der Stoffübertragung nur in Sonderfällen zutrifft. Deshalb wird bei der Wärmeübertragung vorzugsweise die mittlere Triebkraft verwendet, dagegen bei der Stoffübertragung nur in Sonderfällen.

Aufgaben, die auf Differentialgleichungssysteme führen

Aufgaben können auf Differentialgleichungssysteme führen, deren Lösung nicht auf ein einfaches Triebkraftintegral gemäß Gleichung (2.209) bzw. (2.211) zurückgeführt werden kann. Dies betrifft vor allem zwei Klassen von Aufgaben:

1. Die Phasenführung weicht von den Grundformen ab und stellt beispielsweise einen Gegenstrom mit Rückvermischung in jeder Phase dar (s. Abschn. 2.7.1.). Unter Verwendung des Dispersionsmodells führt dies auf zwei gekoppelte Differentialgleichungen 2. Ordnung; dieser Fall wird im Abschnitt 4.3.3. behandelt.
2. Sind mehr als 2 Komponenten (allgemein z Komponenten) vorhanden, so erhält man ein gekoppeltes Differentialgleichungssystem mit einer Zahl von Gleichungen entsprechend der Zahl der übertragenen Komponenten, bzw. für die Destillation $(z-1)$ Gleichungen, z. B. mit 4 Komponenten:

$$d\dot{N}_1 = K_{D1}\,dA(y_1^* - y_1) = \dot{N}_D\,dy_1$$
$$d\dot{N}_2 = K_{D2}\,dA(y_2^* - y_2) = \dot{N}_D\,dy_2$$
$$d\dot{N}_3 = K_{D3}\,dA(y_3^* - y_3) = \dot{N}_D\,dy_3$$

Die Indizes 1 bis 3 beziehen sich auf die entsprechenden Komponenten. Die Lösung eines solchen Differentialgleichungssystems kann infolge der stark nichtlinearen Phasengleichgewichte und der gegenseitigen Abhängigkeiten nur numerisch durch Ersatz der Differentiale mit Differenzen erfolgen. Dabei müssen Kriterien bekannt sein, wie klein die Differenzen gewählt werden können, um einerseits eine genügend große Genauigkeit zu erreichen und andererseits den Rechenaufwand auf Computern durch die häufige Berechnung der Phasengleichgewichte nicht zu groß werden zu lassen.

In der industriellen Praxis wird die Stoffübertragung bei mehreren Komponenten selten durch numerische Lösung der Differentialgleichungen vorgenommen, sondern durch Verwendung vereinfachter Modellvorstellungen. Als Beispiel dazu wird die Mehrstoffdestillation im Abschnitt 4.4. behandelt.

Triebkraft zwischen einer fluiden und einer festen Phase

In einer festen Phase kann kein Konzentrationsgradient mit einem anschließenden Konzentrationsausgleich durch örtliche Verlagerung von Molekülen erfolgen, da die Moleküle einer festen Phase im Vergleich zu einer fluiden Phase sich nicht frei bewegen können. Daher ist es nicht möglich, bei der Stoffübertragung zwischen einer fluiden und festen Phase in der letzteren einen Stoffübergangskoeffizienten, eine dementsprechende Triebkraft und durch Kombination beider Phasen Stoffdurchgangskoeffizienten wie bei der Stoffübertragung zwischen zwei fluiden Phasen einzuführen.
In *porösen Festkörpern*, wie sie als Adsorbentien, feuchte Güter oder als Extraktanten bei der Extraktion fest-flüssig vorliegen, kann sich ein fluides Medium auf Grund eines Konzentrations- und Druckgradienten bewegen. Das sich im porösen Festkörper bewegende fluide Medium hat in der Regel denselben Aggregatzustand wie das fluide Medium außerhalb des Festkörpers. An der Grenzfläche zwischen Festkörper und fluidem Medium tritt meistens kein Konzentrationssprung auf, so daß es sich bei dem fluiden Medium außerhalb des Festkörpers und in den Poren des Festkörpers um eine Phase handelt. Diese Betrachtungen sind bei bestimmten Prozessen hinsichtlich folgender Gesichtspunkte zu präzisieren.

1. Bei der Adsorption einer gasförmigen Komponente an einem Feststoff erfolgt unmittelbar an der porösen Feststoffoberfläche eine Verflüssigung, verbunden mit zusätzlichen Wechselwirkungskräften zwischen dem Adsorbens und der adsorbierten Komponente. Die Adsorption mit einem Phasenwechsel der fluiden Komponente an der Feststoffoberfläche erfolgt praktisch momentan in etwa 10^{-8} Sekunden und stellt damit keinen Widerstand dar.
2. Bei der Trocknung eines Feststoffes, in dessen Poren sich Feuchtigkeit befindet, liegt diese im Feststoff in flüssiger Phase vor und geht an der Grenzfläche zwischen Feststoff und Gas in die gasförmige Phase über. Der Transport der flüssigen Phase im Festkörper stellt wegen der

Wechselwirkung zwischen dem fluiden Medium und dem Feststoff einen Widerstand dar. Es wäre formal möglich, einen Widerstand für den Transport der Feuchtigkeit im Festkörper und in der gasförmigen Phase einzuführen. Die Einführung einer Triebkraft in der flüssigen Phase des Festkörpers, die eine einheitliche Zusammensetzung hat, würde auf prinzipielle Schwierigkeiten stoßen. Es ist daher üblich, eine Gleichgewichtsfeuchte gemäß der Desorptionsisotherme (s. Bild 7.3) einzuführen und den Widerstand der Feuchtigkeit beim Transport in dem Festkörper gesondert durch Einführung eines 2. Trocknungsabschnittes zu behandeln.
3. Bei der Kristallisation kann man formal einen Stoffdurchgangskoeffizienten mit zwei Triebkräften $(c - c_P)$ und $(c_P - c^*)$ einführen, wobei letztere sich auf die Oberflächenreaktion bezieht. Analog kann man bei dem Auflösen eines Feststoffes in eine Flüssigkeit als dem umgekehrten Prozeß der Kristallisation verfahren.

Bei Prozessen zwischen einer fluiden und festen Phase werden in einfachen Fällen *mittlere Triebkräfte für eine Phase* eingeführt. Ein wichtiges Beispiel ist die Trocknung im 1. Trocknungsabschnitt mit $Y_P = Y_S$ (Sättigungszustand) an der Phasengrenze und einer mittleren Triebkraft ΔY_m in der gasförmigen Phase:

$$\dot{M}_D = \sigma A \, \Delta Y_m \quad \text{mit} \quad \Delta Y_m = \frac{(Y_S - Y_E) - (Y_S - Y_A)}{\ln \dfrac{Y_S - Y_E}{Y_S - Y_A}} \tag{2.217}$$

Die mittlere Triebkraft ist in diesem Spezialfall nur von den Triebkräften am Eingang und Ausgang des Apparates abhängig.

2.8. Vereinfachte Modellvorstellungen bei der Stoffübertragung

Die komplizierten Verhältnisse bei der Stoffübertragung in thermischen Trennprozessen haben frühzeitig zur Einführung vereinfachter technischer Modellvorstellungen geführt, deren Gebrauch sich auch nach der weiteren wissenschaftlichen Durchdringung der Trennprozesse in vielen Fällen als nützlich erwiesen hat. Die beiden wichtigsten vereinfachten technischen Modellvorstellungen sind:
1. Der theoretische Boden bzw. die theoretische Stufe für die Stoffübertragung bei stufenweisem Kontakt der Phasen und
2. die Übertragungseinheit für die Stoffübertragung bei stetigem Kontakt der Phasen. Die Zahl der Übertragungseinheiten ist ein Maß für die Triebkraft, und die Höhe einer Übertragungseinheit erfaßt vor allem den Einfluß der Stoffübergangskoeffizienten und der Phasengrenzfläche.

2.8.1. Stufenweiser Kontakt der Phasen

Der theoretische Boden bzw. die theoretische Stufe stellt eine vereinfachte technische Modellvorstellung dar und wird durch folgende Voraussetzungen gekennzeichnet:
1. Das *Phasengleichgewicht* zwischen den zwei beteiligten Phasen *wird erreicht*.
2. Es werden geeignete Voraussetzungen zur Fluiddynamik getroffen, die sich in Abhängigkeit von den beteiligten Phasen unterscheiden:
   — Bei *zwei flüssigen Phasen* wird vorausgesetzt, daß nach Erreichen des Phasengleichgewichtes eine Trennung der beiden nichtmischbaren flüssigen Phasen erfolgt.
   — Bei *einer flüssigen und gasförmigen Phase* wird vorausgesetzt, daß

- die Flüssigkeit auf dem Boden vollkommen durchmischt ist,
- der Dampf keine Flüssigkeit zum nächsten Boden mitreißt und
- der Dampf am Eintritt zum nächsten Boden eine einheitliche Zusammensetzung besitzt.

Der theoretische Boden wird bei der Stoffübertragung flüssig-gasförmig in der industriellen Praxis relativ gut durch einen Boden dargestellt. Deshalb wird bei Bodenkolonnen meistens der Begriff theoretischer Boden verwendet, dagegen bei anderen Ausrüstungen der Begriff theoretische Stufe, so daß beide denselben Inhalt haben. Bei der Extraktion flüssig-flüssig wird eine theoretische Stufe näherungsweise durch eine Rührmaschine (Mischer) und einen Absetzer (meistens Schwerkraftabsetzer) dargestellt.
Die Abweichungen von dem theoretischen Boden bzw. der theoretischen Stufe werden durch einen Austauschgrad berücksichtigt:

$$\text{Austauschgrad} = \frac{\text{theoretische Bodenzahl}}{\text{effektive Bodenzahl}}$$

Zur Berechnung der theoretischen Bodenzahl bzw. der theoretischen Stufenzahl werden nur Phasengleichgewichte und Bilanzen benötigt. Die Abweichungen vom realen Boden bzw. einer realen Stufe werden durch einen Austauschgrad berücksichtigt, so daß die eigentlichen Probleme der Stoffübertragung im Austauschgrad enthalten sind. Für den Austauschgrad sind bei richtiger fluiddynamischer Auslegung der Ausrüstungen folgende typische Werte zutreffend:
— Bei der Destillation und Absorption in Bodenkolonnen vorzugsweise 50 bis 80% und
— bei der Extraktion flüssig-flüssig in Mischer-Absetzer-Extraktoren 80 bis 95%.

Der Zusammenhang zwischen dem Austauschgrad einerseits und Kenngrößen der Stoffübertragung — Stoffdurchgangskoeffizient und Phasengrenzfläche — andererseits soll am Beispiel der Stoffübertragung flüssig-dampfförmig bei der Destillation eines Zweistoffgemisches gezeigt werden. Man unterscheidet in einer Bodenkolonne folgende Austauschgrade:

— Lokaler Austauschgrad für den Teil eines Bodens, für den die Flüssigkeitskonzentration konstant ist,
— Bodenaustauschgrad für einen Boden,
— Kolonnenaustauschgrad für die Kolonne.

Der Zusammenhang zwischen dem Austauschgrad und der Stoffübertragung kommt deutlich im lokalen Austauschgrad zum Ausdruck und wird nachfolgend behandelt. Die am häufigsten benutzte Definition des lokalen Austauschgrades η_L lautet:

$$\eta_{LDj} = \frac{y_{1j} - y_{1j-1}}{y_{1j}^* - y_{1j-1}} \qquad (2.218)$$

$y_{1j}^* ||| x_{j1}$, Index D gasförmige Phase, weitere Bezeichnungen siehe Bild 2.36.
Im Austauschgrad wird die reale Anreicherung auf dem Boden ins Verhältnis zur theoretisch möglichen Anreicherung bis zum Erreichen des Phasengleichgewichtes gesetzt. Bei dem lokalen Austauschgrad für einen Boden, bezogen auf die dampfförmige Phase, werden folgende Voraussetzungen getroffen:

1. Die Flüssigkeit besitzt in dem betrachteten lokalen Teil des Bodens konstante Zusammensetzung.
2. Der Dampf durchströmt die Dispersion auf dem Boden als Kolbenströmung (keine Rückvermischung).

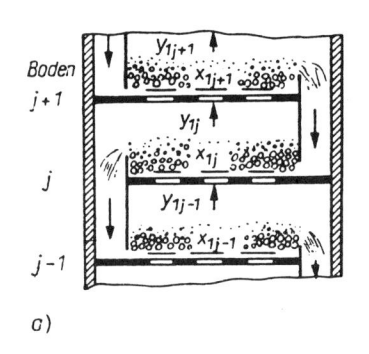

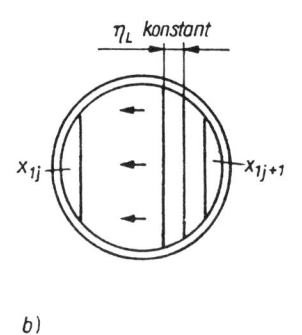

Bild 2.36. Zur Definition des Austauschgrades bei der Destillation
a) 3 Böden
b) Draufsicht auf den Boden j

Aus der Kopplung der Gleichung für den Stoffdurchgang mit der Bilanzgleichung erhält man für die differentielle Fläche dA und dem konstanten Dampfmengenstrom $\dot{D}$ mit der Konzentrationsänderung dy_1 in der Dispersion (s. Bild 2.37):

$$d\dot{N}_1 = K_D \, dA(y_1^* - y_1) = \dot{D} \, dy_1 \tag{2.219}$$

Durch Integration an der lokalen Stelle des Bodens j erhält man:

$$\int_{y_{1j-1}}^{y_{1j}} \frac{dy_1}{y_1^* - y_1} = \frac{K_D \int_0^A dA}{\dot{D}} = \frac{K_D A}{\dot{D}} \tag{2.220}$$

Bei konstanter Flüssigkeitszusammensetzung x_{1j} ist auch y_{1j}^* konstant. Die Integration ergibt:

$$-\ln \frac{y_{1j}^* - y_{1j}}{y_{1j}^* - y_{1j-1}} = \frac{K_D A}{\dot{D}} \quad \text{oder} \quad \ln\left(1 - \frac{y_{1j} - y_{1j-1}}{y_{1j}^* - y_{1j-1}}\right) = -\frac{K_D A}{\dot{D}}$$

Mit dem lokalen Austauschgrad gemäß Gleichung (2.218) erhält man:

$$\ln(1 - \eta_{LD}) = -\frac{K_D A}{\dot{D}}$$

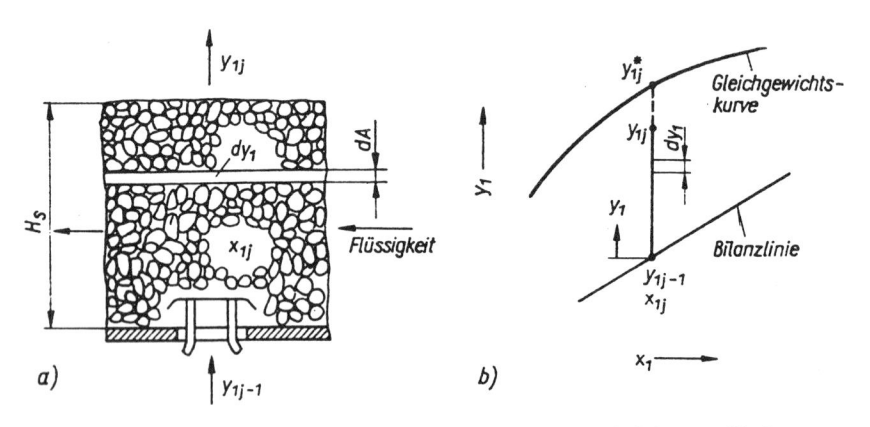

Bild 2.37. Stoffübertragung an einer lokalen Stelle des Bodens bei der Destillation
a) Zweiphasendispersion an der lokalen Stelle
b) Darstellung im $y_1 x_1$-Diagramm

oder

$$\eta_{LD} = 1 - \exp\left(-\frac{K_D A}{\dot{D}}\right) = 1 - e^{-N_{D\,ges}} \qquad (2.221)$$

Der lokale Austauschgrad ist über eine e-Funktion gemäß Gleichung (2.221) von dem Stoffdurchgangskoeffizienten, der Phasengrenzfläche und dem Dampfmengenstrom abhängig. Die Phasengrenzfläche in Bodenkolonnen ist oft unzureichend bekannt. Daher wird häufig als neue Größe die Zahl der Übertragungseinheiten $N_{D\,ges}$ eingeführt, die sich aus Gleichung (2.220) ergibt.

In ähnlicher Weise kann auch für andere Prozesse, insbesondere die Absorption und Extraktion flüssig-flüssig, der Austauschgrad in Abhängigkeit vom Stoffdurchgangskoeffizienten und von der Phasengrenzfläche abgeleitet werden. Bei der Stoffübertragung fluid-fest spielt die theoretische Stufe bei Berechnungen eine geringere Rolle.

2.8.2. Stetiger Kontakt der Phasen

Eine Stoffübertragung mit stetigem Kontakt der beiden Phasen liegt bei Gegenstrom vor. Typische Ausrüstungen dafür sind:

— Füllkörper- und Packungskolonnen bei der Stoffübertragung flüssig-gasförmig,
— Drehscheibenextraktor bei der Stoffübertragung flüssig-flüssig,
— Gegenstromtrockner,
— Adsorption im Bewegtbettverfahren.

Die Darstellung erfolgt am Beispiel der physikalischen Absorption von einer Komponente, für welche bereits die Gleichungen (2.205) bis (2.208) dargestellt wurden. Bei Einführung von Übertragungseinheiten ist die Höhe der Ausrüstung zu verwenden. Diese erhält man mit Hilfe

— der spezifischen Phasengrenzfläche a, die geometrisch vorgebildet ist, wobei nur die benetzte Fläche wirksam ist, was durch Einführung des Benetzungsgrades φ_B berücksichtigt wird,
— der Querschnittsfläche A_q des Apparates:

$$dA = a\,dV\varphi_B = aA_q\,dH\,\varphi_B \qquad (2.222)$$

Aus den Gleichungen (2.205) und (2.222) erhält man für Gegenstrom der beiden Phasen ohne Rückvermischung:

$$\int_0^H dH = H = \frac{\dot{N}_2}{K_G a A_q \varphi_B} \int_{Y_{1K}}^{Y_{1S}} \frac{dY_1}{Y_1 - Y_1^*} = H_{G\,ges} N_{G\,ges} \qquad (2.223)$$

Die Höhe einer gesamten Übertragungseinheit $H_{G\,ges}$, bezogen auf die gasförmige Phase, ist:

$$H_{G\,ges} = \frac{\dot{N}_2}{K_G a A_q \varphi_B} \quad \text{mit der Einheit Meter}$$

Die Zahl der gesamten Übertragungseinheiten, bezogen auf die gasförmige Phase, ist:

$$N_{G\,ges} = \int_{Y_{1K}}^{Y_{1S}} \frac{dY_1}{Y_1 - Y_1^*}$$

Unter Verwendung der flüssigen Phase mit Gleichung (2.206) erhält man:

$$H = \frac{\dot{N}_w}{K_F a A_q \varphi_B} \int_{X_{1K}}^{X_{1S}} \frac{dX_1}{X_1^* - X_1} = H_{Fges} N_{Fges} \qquad (2.224)$$

Bei Verwendung von Stoffübergangskoeffizienten mit den Gleichungen (2.207) und (2.208) erhält man die partiellen Übertragungseinheiten H_G bzw. H_F und N_G bzw. N_F:

$$H = \frac{\dot{N}_2}{\beta_F a A_q \varphi_B} \int_{Y_{1K}}^{Y_{1S}} \frac{dY_1}{Y_1 - Y_{1P}} = H_G N_G \qquad (2.225)$$

$$H = \frac{\dot{N}_w}{\beta_F a A_q \varphi_B} \int_{X_{1K}}^{X_{1S}} \frac{dX_1}{X_1 - X_{1P}} = H_F N_F \qquad (2.226)$$

Die Verwendung partieller Übertragungseinheiten mit den beiden letzten Gleichungen ist nicht zweckmäßig, wenn die Konzentrationen an der Phasengrenzfläche unbekannt sind.
Bei der Trocknung von feuchtem Gut gilt im 1. Trocknungsabschnitt für die gasförmige Phase mit Übertragung des Massenstroms an Wasserdampf $\dot{M}_D$:

$$d\dot{M}_D = \sigma \, dA(Y_P - Y) = \dot{M}_L \, dY$$

$\dot{M}_L$ Massenstrom trockene Luft. Da nur eine Phase betrachtet wird und die Konzentration Y_P an der Phasengrenzfläche konstant ist, sind partielle Übertragungseinheiten H_G und N_G zu verwenden. Mit $dA = a A_q \, dH$ erhält man:

$$H = \frac{\dot{M}_L}{\sigma a A_q} \int_{Y_E}^{Y_A} \frac{dY}{Y_P - Y} = H_G N_G \qquad (2.227)$$

oder

$$N_G = \int_{Y_E}^{Y_A} \frac{Y}{Y_P - Y} = \frac{\sigma A}{\dot{M}_L} \qquad (2.228)$$

Bei Berechnungen zur Stoffübertragung mit Übertragungseinheiten wird das Triebkraftintegral numerisch oder analytisch gelöst. Die Höhe der Übertragungseinheit wird mit empirischen Beziehungen ermittelt.

Bei Einführung von Übertragungseinheiten ist es nicht notwendig, Stoffdurchgangskoeffizient und Phasengrenzfläche einzeln zu bestimmen. Dies stellt bei Experimenten und deren Auswertung eine Vereinfachung dar. Andererseits wirken sich die Einflußgrößen unterschiedlich auf den Stoffdurchgangskoeffizienten und die Phasengrenzfläche aus, so daß die Maßstabsübertragung bei der Verwendung von Übertragungseinheiten ungünstig beeinflußt wird. Allerdings ist die Maßstabsübertragung bei Verwendung von Stoffdurchgangskoeffizient und Phasengrenzfläche nur dann besser, wenn es gelingt, diese Größen experimentell genügend genau zu bestimmen und geeignete Modelle zu entwickeln.

Der Zusammenhang zwischen der gesamten Höhe einer Übertragungseinheit und den partiellen Übertragungseinheiten kann wie folgt gefunden werden:

$$\frac{1}{K_G} = \frac{1}{\beta_G} + \frac{b}{\beta_F} \qquad (2.160)$$

Setzt man K_G, β_G und β_F aus den Gleichungen (2.223) bis (2.226) ein, so erhält man:

$$H_{G\,ges} = H_G + \frac{b\dot{N}_2}{\dot{N}_w} H_F \quad \text{bzw.} \quad H_{F\,ges} = \frac{\dot{N}_w}{b\dot{N}_2} H_G + H_F \tag{2.229}$$

Zur Ermittlung der theoretischen Bodenzahl bzw. der theoretischen Stufenzahl gibt es leistungsfähige Berechnungsmethoden. Daher wird teilweise auch zur Berechnung von Ausrüstungen mit stetigem Kontakt der Phasen der theoretische Boden in Form des HETB-Wertes (Höhe äquivalent einem theoretischen Boden) bzw. des HETS-Wertes (Höhe äquivalent einer theoretischen Stufe) verwendet:

$$H = \text{HETB}\, n_{th} \quad \text{bzw.} \quad H = \text{HETB}\, n_{th} \tag{2.230}$$

H Höhe der Einbauten, n_{th} theoretische Bodenzahl. Der theoretische Boden mit einem stufenweisen Abbau der Triebkraft entspricht dem tatsächlichen Triebkraftverlauf in einer Ausrüstung mit stetigem Kontakt der Phasen in keiner Weise. Daher wird die Maßstabsübertragung bei Verwendung des HETB-Wertes erschwert. Zum Vergleich verschiedener Ausrüstungen ist die Wertungszahl n_t

$$n_t = \frac{1}{\text{HETB}} \tag{2.231}$$

eine wichtige Größe, welche die theoretische Bodenzahl je m Höhe angibt.

Übungsaufgaben

Ü 2.1. Eine Ofenwandung besteht aus zwei Schichten:
a) feuerfeste Mauerung (M) mit $s_1 = 400$ mm,
b) Ziegelmauerwerk (Z) mit $s_2 = 200$ mm.

Die Temperatur T_1 im Ofen beträgt 1100 °C, die Temperatur T_2 im umgebenden Raum ist 23 °C.
Der Wärmeübergangskoeffizient von den Feuergasen an die Wand ist $\alpha_1 = 28$ W/(m² K), der Wärmeübergangskoeffizient von der Wand an die umgebende Luft ist
$\alpha_2 = 12$ W/(m² K),
$\lambda_M = 0{,}9$ W/(m K); $\quad \lambda_Z = 0{,}5$ W/(m K)

Aufgabe:

1. Bestimmung des Wärmeverlustes je m² Wandfläche
2. Berechnung der Temperatur T_3 an der Grenzfläche zwischen den feuerfesten Steinen und dem Ziegelmauerwerk.

Ü 2.2. Ein Reaktor mit einem lichten Durchmesser des Stahlrohres von 2000 mm und einer Reaktionstemperatur von 800 °C soll so isoliert werden, daß die Oberflächentemperatur gegen die Umgebung $T_{wa} = 50$ °C nicht übersteigt und die Temperatur der Stahlwand 400 °C nicht überschreitet. Der Wärmeleitwiderstand der Stahlwand ist zu vernachlässigen.

Gegeben:

$\alpha_i = 210$ W/(m² K); $\alpha_a = 25$ W/(m² K)
Umgebungstemperatur 20 °C; Dicke der Stahlwand 10 mm; Isoliermaterial im Reaktor innen $\lambda_i = 1{,}15$ W/(m K); Isoliermaterial am Reaktor außen $\lambda_a = 0{,}075$ W/(m K).

Aufgabe:

Die Dicke der Isolierung für den Reaktor innen s_i und außen s_a sind zu bestimmen.
Hinweis: Die Isolierung um den Reaktor ist näherungsweise als ebene Wand zu behandeln; im Reaktor als Zylinder.

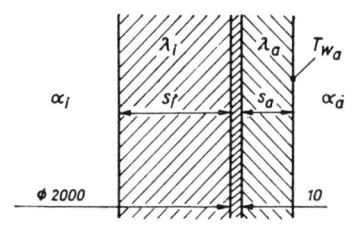

Bild 2.38. Kennzeichnung der zusammengesetzten Wand zu Ü 2.2

Ü 2.3. Durch die Rohre eines Wärmeübertragers mit 25/20 mm Durchmesser strömen 6780 kg/h Methanol (13 Rohre, 4 m lang). Mittlere Temperatur des Methanols 50 °C, mittlere Wandtemperatur 80 °C. Stoffwerte für Methanol

bei 50 °C:

$\eta = 3{,}96 \cdot 10^{-4}$ Pa s
$\lambda = 0{,}191$ W/(m K)
$c_p = 2680$ J/(kg K)
$\varrho = 765$ kg/m³

bei 80 °C:

$\eta = 2{,}10 \cdot 10^{-4}$ Pa s
$\lambda = 0{,}179$ W/(m K)
$c_p = 2890$ J/(kg K)
$\varrho = 735$ kg/m³

Der Wärmeübergangskoeffizient ist zu berechnen.

Ü 2.4. In einem Doppelrohrwärmeübertrager soll ein Gasgemisch, das im wesentlichen aus Wasserstoff besteht, mit einem Druck von 31,0 MPa von 200 auf 50 °C gekühlt werden. Der Wasserstoff wird im Rohr geführt; das Kühlwasser im Ringraum. Lichter Durchmesser des Innenrohres 24 mm, Länge 6 m. Stoffwerte für das Gasgemisch:

$\eta = 1{,}38 \cdot 10^{-5}$ Pa s, $\quad \lambda = 0{,}175$ W/(m K),

$c_p = 13700$ J/(kg K), $\quad M = 3{,}10$ kg/kmol,

Gasvolumenstrom 400 m³/h im Normalzustand, $T_w = 85$ °C.
Der Wärmeübergangskoeffizient für Wasserstoff ist zu berechnen.

Ü 2.5. In einer Kugel mit 1,0 m lichtem Durchmesser soll flüssiger Stickstoff bei -140 °C gelagert werden; Dicke der Stahlwand 10,0 mm, Außentemperatur $+25$ °C. Wie dick muß die Korkisolierung mit $\lambda_{Is} = 0{,}025$ W/(m K) ausgeführt werden, wenn nicht mehr als 150 W Wärme einströmen sollen?

Ü 2.6. Mit einem Straßenfahrzeug wird flüssiges Argon transportiert. Der Behälter hat 1600 mm lichten Durchmesser, ist 8 m lang und faßt 15,3 m³. Das Argon wird flüssig bei Umgebungsdruck (101,3 kPa) in den Behälter gefüllt. Der Transport erfolgt ohne zusätzliche Kühlung, so daß durch Erwärmung des flüssigen Argons der Druck ansteigt. Dampfdruck des Argons:

Druck in MPa abs.	0,1013	0,196	0,490	0,980	1,96
Temperatur in °C	$-185{,}9$	$-180{,}0$	$-167{,}2$	$-155{,}5$	$-142{,}0$

Isolierung: 100 mm dick, $\lambda_{Is} = 0{,}021$ W/(m K)
Außentemperatur der Luft: $+30$ °C

flüssiges Argon:

c_p in J/(kg K)	1130	1220	1380
T in °C	−180	−160	−140

$\varrho = 1820$ kg/m³ bei −180 °C; Oberfläche eines Bodens 2,9 m².
Wie lange kann das Argon transportiert werden, wenn ein Anstieg des Druckes zugelassen wird auf 0,196; 0,490; 0,980 und 1,96 MPa abs.?

Ü 2.7. Es liegen 20000 m³/h Gasgemisch i. N. mit 18 Mol-% NH_3 vor, der Rest ist Luft. Durch Absorption mit reinem Wasser soll das NH_3 bis auf 0,1 Mol-% entfernt werden. Das Wasser ist bis auf 24 Masse-% anzureichern. Die Zusammensetzung im Kopf und Sumpf in der flüssigen Phase in kmol NH_3/kmol Wasser und in der gasförmigen Phase in kmol NH_3/kmol Luft sind zu ermitteln.

Ü 2.8. Der Diffusionskoeffizient in der gasförmigen Phase ist zu berechnen für:
1. Wasserdampf und Luft bei 0 °C und 101,3 kPa
2. Benzol und Luft bei 30 °C und 136 kPa

und mit experimentell bestimmten Diffusionskoeffizienten zu vergleichen.

Ü 2.9. Der Diffusionskoeffizient in der flüssigen Phase ist bei sehr geringer Konzentration der zuerst genannten Komponente zu bestimmen:
1. CO_2 und Wasser für 2,65 MPa und 25 °C
2. Tetrachlorkohlenstoff und Methanol bei 101,3 kPa und 64,7 °C.

Ü 2.10. Der Diffusionskoeffienzient ist für ein Flüssigkeitsgemisch Chloroform und Tetrachlorkohlenstoff mit 57,5 Mol-% Chloroform bei Siedetemperatur und einem Gesamtdruck von 101,3 kPa zu bestimmen.

Ü 2.11. In einem Gasgemisch, bestehend aus Sauerstoff und Stickstoff, liegen an zwei ebenen Begrenzungsflächen mit 3 cm Entfernung unterschiedliche Konzentrationen an Sauerstoff vor: an der einen Seite 21 Vol-% und an der anderen Seite 35 Vol-%. Der durch Diffusion übertragene Massenstrom in kg/(m² s) bei 101,3 kPa und 30 °C ist zu berechnen:
1. für äquimolare Diffusion
2. für die einseitige Diffusion von Sauerstoff

Gegeben: $D = 0{,}181 \cdot 10^{-5}$ m²/s bei 101,3 kPa und 0 °C.

Ü 2.12. Bei der Kondensation eines Stickstoff-Benzol-Dampfgemisches diffundiert dampfförmiges Benzol durch einen Stickstoffilm von 0,5 mm Dicke, wobei die Konzentration des Benzols auf der einen Seite 20 Vol-% und auf der anderen Seite 10 Vol-% ist. Der durch Diffusion übertragene Massenstrom an Benzol für einen Gesamtdruck von 104 kPa ist in kg/(m² s) zu berechnen. $T = 20$ °C; $D = 0{,}78 \cdot 10^{-5}$ m²/s.

Ü 2.13. Die Verbrennung von Kohleteilchen in einer Kohlestaubfeuerung soll durch die Diffusion des Sauerstoffs an das Kohleteilchen bestimmt werden. In 0,5 mm Entfernung vom Kohleteilchen ist die Zusammensetzung des Gases in Vol-%: 68% N_2, 9,8% O_2, 10,8% CO_2, 11,4% CO. Die Diffusionskoeffizienten sind wie folgt in 10^{-4} m²/s gegeben: O_2-N_2 2,26; O_2-CO 2,00; O_2-CO_2 1,74. Infolge der schnell ablaufenden Reaktion soll angenommen werden, daß unmittelbar am Kohleteilchen der Sauerstoffanteil im Gas Null ist. Wie lange dauert die Verbrennung eines Kohleteilchens mit einem Kugeldurchmesser von 0,43 mm, wenn bei der Verbrennung 62 Vol-% CO und 38 Vol-% CO_2 entstehen? Die Zusammensetzung des Kohleteilchens soll vereinfachend aus 90% Kohlenstoff und 10%

138   **2** Grundlagen der Wärme- und Stoffübertragung

Asche mit einer Dichte von 1380 kg/m³ angenommen werden. Betriebsdruck 101,3 kPa; Temperatur 1400 °C.

Ü 2.14. In einem Absorber, ausgeführt als stehender Rohrbündelapparat, wird aus einem Luft-Ammoniak-Gemisch das Ammoniak durch Wasser absorbiert. Das Wasser rieselt als Film in den Rohren herab, während das Luft-Ammoniak-Gemisch im Gegenstrom zum Rieselfilm geführt wird. Um die Rohre strömt Kühlwasser, so daß der Absorptionsprozeß isotherm durchgeführt wird.

Gegeben:

Gasstrom 5210 kg/h mit einer Zusammensetzung von 16 Vol-% NH_3, Rest Luft. Rohrbündelapparat 1400 mm lichter Manteldurchmesser, 703 Rohre 38/32 mm Durchmesser, Dicke des Rieselfilms 1 mm. Die Zusammensetzung des Gases an der Phasengrenzfläche sei mit 14,5 Vol-% NH_3 bekannt. Betriebstemperatur 39 °C, Betriebsdruck 101,3 kPa. Gasförmige Phase $D = 2{,}07 \cdot 10^{-5}$ m²/s, $\eta = 1{,}22 \cdot 10^{-5}$ Pa s

Aufgabe:

Der Stoffdurchgangskoeffizient ist zu berechnen, wobei der Widerstand in der flüssigen Phase zu vernachlässigen ist.

Ü 2.15. In einem Apparat wird SO_2 aus Luft durch Wasser absorbiert. Der Stoffdurchgangskoeffizient, bezogen auf die gasförmige Phase, ist experimentell mit 0,82 kmol/(m² h) bestimmt worden. In einem bestimmten Querschnitt enthält das Gas 14,5 Vol-% SO_2 und das Wasser 0,5 Masse-% SO_2; Temperatur 30 °C, Gesamtdruck 101,3 kPa. Unter der Voraussetzung, daß für den Widerstand beim Stoffdurchgang in der flüssigen Phase 56% liegen, sind zu berechnen:
1. die Stoffübergangskoeffizienten in der flüssigen und gasförmigen Phase,
2. die Zusammensetzung an der Phasengrenzfläche.

Ü 2.16. An einer ebenen Platte bzw. einem Rohr von 109 mm Außendurchmesser mit einer Wandtemperatur von -10 °C bildet sich eine Eisschicht (beim Rohr außen). Das Wasser hat eine Temperatur von 0 °C. Der Wärmeübergangswiderstand an der Phasengrenze Wasser — Eis kann vernachlässigt werden.
Wärmeleitkoeffizient für Eis $\lambda_E = 2{,}326$ W/(m K), Schmelzenthalpie für Eis $l_S = 335$ kJ/kg, Dichte für Eis $\varrho_E = 900$ kg/m³.
Es ist die erforderliche Zeit zu bestimmen, um eine Eisschicht von 100 mm zu bilden
1. an einer ebenen Platte,
2. am Rohr außen.

Ü 2.17. Aus einem Rohgas wird eine Komponente 1 durch Absorption entfernt. In einer bestimmten Höhe der Kolonne wird im Gasstrom eine Konzentration der Komponente 1 von $y_1 = 0{,}040$ gemessen, Flüssigkeitskonzentration an dieser Stelle $x_1 = 0{,}01435$. Weiterhin sind bekannt: Konzentration an der Phasengrenzfläche (Flüssigkeitsseite) $x_{1P} = 0{,}01547$, Stoffübergangskoeffizient in der Gasphase $\beta_G = 5{,}50 \cdot 10^{-4}$ kmol/(m² s), Absorptionskoeffizient nach Henry $H_A = 0{,}240$ MPa, Druck in der Kolonne $p = 0{,}1013$ MPa.
1. Bestimmen Sie die Stoffstromdichte $\dot{n}_1$ und den Stoffdurchgangskoeffizienten K_G!
2. Stellen Sie die Konzentrationen maßstäblich in einem $y_1 x_1$-Diagramm dar, desgleichen schematisch an der Phasengrenzfläche.
3. Geben Sie die vier möglichen Triebkräfte zahlenmäßig an!

Ü 2.18. In einer Kolonne wird ein Benzol(1)-Toluol(2)-Gemisch destilliert. Für einen bestimmten Kolonnenquerschnitt wurden folgende Konzentrationen gemessen: $x_1 = 0{,}30$

und $y_1 = 0{,}40$. Weiterhin sind bekannt: $x_{1P} = 0{,}280$ und $y_{1P} = 0{,}488$; Gesamtdruck $p = 0{,}1013$ MPa. *Antoine*-Konstanten siehe Ü 4.1. Das Gemisch verhält sich ideal.

1. Stellen Sie die Konzentrationen maßstäblich in einem $y_1 x_1$-Diagramm dar, desgleichen schematisch an der Phasengrenzfläche.
2. Geben Sie die vier möglichen Triebkräfte zahlenmäßig an!

Kontrollfragen

K 2.1. Kennzeichnen Sie die drei grundsätzlichen Transportmechanismen der Wärmeübertragung!
K 2.2. Kennzeichnen Sie die zwei grundsätzlichen Transportmechanismen der Stoffübertragung!
K 2.3. Welchen Inhalt hat das Gesetz von *Fourier* über die stationäre Wärmeleitung?
K 2.4. Leiten Sie die Gleichung für die Wärmeleitung in einer aus mehreren Schichten zusammengesetzten ebenen Wand ab!
K 2.5. Wie bestimmen Sie die Wandtemperaturen einer aus drei Schichten bestehenden kreisrunden Wand, in der Wärme durch Wärmeleitung übertragen wird?
K 2.6. Nennen Sie vier verschiedene Konzentrationsmaße zur Kennzeichnung der Triebkraft bei Stoffübertragungsprozessen!
K 2.7. Wie rechnen Sie Massenanteile in Molanteile um?
K 2.8. Kennzeichnen Sie die äquimolare und die einseitige Diffusion!
K 2.9. Geben Sie die grundlegenden Gesetze für die äquimolare und die einseitige Diffusion im stationären Zustand an!
K 2.10. Mit welchen Gesetzmäßigkeiten rechnet man bei der Diffusion in der flüssigen Phase?
K 2.11. Die Größe des Diffusionskoeffizienten ist qualitativ vergleichsweise für gasförmige, flüssige und feste Stoffe zu kennzeichnen!
K 2.12. Kennzeichnen Sie die verschiedenen Arten der Diffusion eines Fluids in einem porösen festen Stoff!
K 2.13. Von welchen wesentlichen Größen ist die Diffusion nach *Knudsen* in den Poren eines festen Stoffes abhängig?
K 2.14. Nennen Sie die grundlegenden Gesetze der Impuls-, Wärme- und Stoffübertragung durch molekulare Bewegung!
K 2.15. Nennen Sie die molekularen Transportkoeffizienten und molekularen Ausgleichskoeffizienten für den Impuls-, Wärme- und Stofftransport, und stellen Sie qualitativ Vergleiche für ein Metall, eine Flüssigkeit und ein Gas an!
K 2.16. Was verstehen Sie unter Konvektion?
K 2.17. Welche Bedeutung hat eine Grenzschicht bei der Strömung? Welche Auswirkungen ergeben sich auf Temperatur- und Konzentrationsgrenzschichten?
K 2.18. Kennzeichnen Sie das Differentialgleichungssystem für die
a) konvektive Wärmeübertragung,
b) konvektive Stoffübertragung!
K 2.19. Welche grundsätzlichen Lösungsmethoden gibt es für das Differentialgleichungssystem der
a) konvektiven Wärmeübertragung,
b) konvektiven Stoffübertragung!
K 2.20. Kennzeichnen Sie das Prinzip der Ähnlichkeit bei der Wärmeübertragung!
K 2.21. Nennen Sie zwei wesentliche Zielstellungen der Ähnlichkeitstheorie!
K 2.22. Welchen physikalischen Inhalt haben die *Reynolds*-, *Prandtl*-, *Peclet*- und *Nußelt*-Zahl?

K 2.23. Welcher grundsätzliche Zusammenhang besteht bei der Wärmeübertragung zwischen den Ähnlichkeitskennzahlen
a) bei der erzwungenen Strömung (Auftriebskraft ohne Bedeutung),
b) bei der freien Strömung?

K 2.24. Welche Einflüsse berücksichtigen die Glieder $[1 + (d/L)^{2/3}]$ und $(Pr/Pr_w)^{a_1}$ in den Gleichungen zur Berechnung der Nu-Zahl für den Wärmeübergangskoeffizienten?

K 2.25. Geben Sie die Definitionsgleichung für den Wärmeübergangskoeffizienten für ein fluides Medium ohne Phasenänderung nach *Newton* an!

K 2.26. Kennzeichnen Sie den Wärmeübergang von einem fluiden Medium an eine Wand und die dabei auftretenden Transportmechanismen!

K 2.27. Warum ist der Wärmeübergangskoeffizient bei Gasen kleiner als bei Flüssigkeiten?

K 2.28. Wie berechnen Sie den Wärmeübergangskoeffizienten für eine turbulente Strömung in einem nicht kreisrunden Kanal?

K 2.29. Kennzeichnen Sie die Methode der kleinsten Fehlerquadrate bei der mathematischen Modellierung der Wärmeübertragung in Auswertung von Experimenten!

K 2.30. Von welchen Einflußgrößen ist der Wärmeübergangskoeffizient bei turbulenter Strömung im Rohr hauptsächlich abhängig?

K 2.31. Kennzeichnen Sie das Prinzip der Ähnlichkeit bei der Stoffübertragung!

K 2.32. Geben Sie die Gleichung für die konvektive Stoffübertragung mit dem Stoffübergangskoeffizienten und verschiedenen Konzentrationsmaßen der Triebkraft an!

K 2.32. Kennzeichnen Sie die physikalische Bedeutung der *Peclet*-, *Schmidt*- und *Sherwood*-Zahl bei der konvektiven Stoffübertragung!

K 2.33. Welcher grundsätzliche Zusammenhang besteht zwischen den Ähnlichkeitskennzahlen bei der konvektiven Stoffübertragung vom Kern der Strömung an die Phasengrenze?

K 2.34. Kennzeichnen Sie die Auswirkungen eines turbulenten Transportes auf die Wärme- und Stoffübertragung!

K 2.35. Was besagt die Zweifilmtheorie? Welche Voraussetzungen beinhaltet sie? Welche Fortschritte beinhaltet die Penetrationstheorie gegenüber der Zweifilmtheorie?

K 2.36. Kennzeichnen Sie die Oberflächenerneuerungstheorie!

K 2.37. Welchen Aufbau haben die meisten Korrelationen für die konvektive Stoffübertragung? Nennen Sie die dabei benutzten Größen!

K 2.38. Was versteht man unter Grenzflächenphänomenen bei der Stoffübertragung?

K 2.39. Kennzeichnen Sie die Turbulenztheorie bei der Stoffübertragung!

K 2.40. Unter welchen Voraussetzungen besteht eine Analogie zwischen Stoff- und Wärmeübertragung? Geben Sie den Zusammenhang zwischen Stoff- und Wärmeübergangskoeffizient an, wenn der Temperaturleitkoeffizient und der Diffusionskoeffizient gleich groß sind!

K 2.41. Nennen Sie Prozesse, bei denen Wärme- und Stoffübertragung gekoppelt sind! Unter welchen Bedingungen kann bei Prozessen auf die mathematische Behandlung der gekoppelten Wärme- und Stoffübertragung verzichtet werden?

K 2.42. Stellen Sie die wesentlichen Teilprozesse der gekoppelten Wärme- und Stoffübertragung dar:
a) bei der Kondensation eines Dampfes aus einem Dampf-Gas-Gemisch,
b) bei der Abkühlung einer Flüssigkeit durch Verdunstung!

K 2.43. Was verstehen Sie unter Wärmedurchgang?

K 2.44. Leiten Sie den Wärmedurchgangskoeffizienten für eine ebene Wand ab!

K 2.45. Welches Glied ist für den Wärmedurchgang entscheidend? Welche Schlußfolgerungen sind daraus zu ziehen?

K 2.46. Zeichnen Sie den prinzpiellen Temperaturverlauf für den Wärmedurchgang an einer Kühlhauswand auf! Diese besteht aus 30 cm Mauerwerk und hat innen eine Wärmedämmschicht von 6 cm Dicke.
K 2.47. Geben Sie den mathematischen Zusammenhang zwischen Stoffdurchgangs- und Stoffübergangskoeffizienten für zwei fluide Medien an!
K 2.48. Kennzeichnen Sie die Gemeinsamkeiten und Unterschiede zwischen dem Wärmedurchgang durch eine Wand und dem Stoffdurchgang zwischen zwei fluiden Phasen!
K 2.49. Warum ist der Stoffdurchgangskoeffizient auf eine Phase zu beziehen?
K 2.50. Kennzeichnen Sie verbal den Wärme- und Stoffdurchgang am Beispiel des Wärmedurchgangs durch eine feste Wand und des Stoffdurchgangs zwischen zwei fluiden Medien!
K 2.51. Wie sind flächenbezogene und volumenbezogene Stoffübergangskoeffizienten definiert? Welche Vor- und Nachteile besitzen sie?
K 2.52. Welchen physikalischen Inhalt hat die *Biot*-Zahl?
K 2.53. Kennzeichnen Sie für den Stoffdurchgang fluid-fest unter Beteiligung eines porösen festen Stoffes die auftretenden Teilprozesse!
K 2.54. Nennen Sie für den Stoffdurchgang fluid-fluid mit chemischer Reaktion die auftretenden Teilprozesse!
K 2.55. Kennzeichnen Sie den Erhöhungsfaktor für den Stoffdurchgang bei der Chemosorption!
K 2.56. Kennzeichnen Sie das Verhältnis Wärmeübertragungsfläche je m^3 Apparatevolumen (Kompaktheit) bei Wärmeübertragern!
K 2.57. Welche Möglichkeiten zur Erzeugung einer großen Phasengrenzfläche bei Stoffübertragungsprozessen mit einer flüssigen und einer gasförmigen Phase kennen Sie?
K 2.58. Wie erzeugt man eine große Phasengrenzfläche zwischen zwei flüssigen Phasen?
K 2.59. Nennen Sie die Größenordnung der inneren Oberfläche von Adsorbentien!
K 2.60. In einem Diagramm mit Molanteilen x_1 und y_1 sind ein Punkt der Bilanzlinie mit den Koordinaten x_1, y_1 und die Gleichgewichtskurve gegeben. Es sind die möglichen Triebkräfte mit den Gleichgewichtskonzentrationen und den Konzentrationen an der Phasengrenzfläche im $x_1 y_1$-Diagramm gemäß Bild 2.39 und an der Phasengrenzfläche für die Destillation und Absorption schematisch darzustellen.

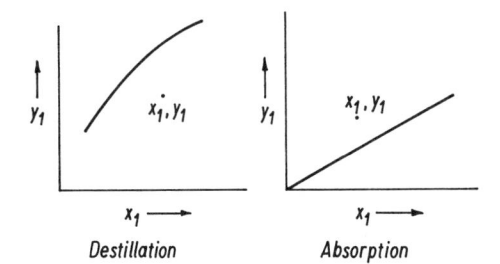

Bild 2.39. Gleichgewichtskurve und ein Punkt der Bilanzlinie im $x_1 y_1$-Diagramm

K 2.61. Mit den nach K 2.60 ermittelten vier Triebkräften für die Absorption sind die Gleichungen für die konvektive Stoffübertragung anzugeben.
K 2.62. Worin besteht der Unterschied der Triebkraft bei dem Stoffübergang und dem Stoffdurchgang?
K 2.63. Wie berechnen Sie die mittlere Temperaturdifferenz für einen Wärmeübertrager bei Gegen- und Gleichstrom?
K 2.64. Wie berechnen Sie die Wärmeübertragungsfläche bei stark temperaturabhängigen Wärmedurchgangskoeffizienten?

K 2.65. Welche vereinfachten technischen Modellvorstellungen werden häufig bei der Stoffübertragung zwischen zwei Phasen bei stufenweisem und bei stetigem Kontakt angewendet?

K 2.66. Nennen Sie die Ausgangsgleichungen und Voraussetzungen für die Ableitung des Zusammenhangs zwischen dem lokalen Austauschgrad und dem Stoffdurchgangskoeffizienten!

K 2.67. Von welchen wesentlichen Größen hängt bei Kolonnen mit Filmströmung die Zahl und Höhe der Übertragungseinheiten ab?

K 2.68. Welcher Zusammenhang besteht zwischen der gesamten Höhe der Übertragungseinheit und der partiellen Höhe der Übertragungseinheit?

3. Prozesse und Apparate der Wärmeübertragung

Die Wärmeübertragung ist für die Verfahrenstechnik und andere Ingenieurdisziplinen von größter Bedeutung. In diesem Abschnitt werden wesentliche Bauformen von Wärmeübertragern und ihre Berechnung ohne und mit Phasenänderung unter Verwendung der Grundlagen im Abschnitt 2. behandelt. Für die wirtschaftlich günstige Nutzung der Energie gehören die Wärmeübertrager zu den wichtigsten Ausrüstungen. Der prinzipielle Zusammenhang zwischen der Auslegung von Wärmeübertragern und den technisch-ökonomischen Auswirkungen wird gezeigt. An Monographien in deutscher Sprache wird auf [3.1] bis [3.3] und [2.42] verwiesen. In den Verfahrenstechnischen Berechnungsmethoden [3.1] sind diese für die technisch wichtigen Wärmeübertrager einschließlich der Wärmeübertrager mit direktem Kontakt der beiden Medien übersichtlich dargestellt und gut aufbereitet.
In Fachzeitschriften sind weltweit jährlich über tausend Veröffentlichungen zu Problemen der Wärmeübertragung enthalten. Für eine schnelle Erfassung sind verschiedene Informationsdienste nützlich. Einen aktuellen Überblick geben zahlreiche Tagungen zur Wärmeübertragung, insbesondere der aller vier Jahre stattfindende internationale Kongreß »Heat Transfer«. Forschungen zur Wärmeübertragung erhalten hauptsächlich Impulse durch

— neue volkswirtschaftliche Anforderungen für sich entwickelnde neue Gebiete wie die Raumfahrt und die Kernenergietechnik, aber auch durch die verschiedensten Anforderungen für eine umfassende Energieeinsparung im Interesse einer verminderten Umweltbelastung;
— Vertiefung der wissenschaftlich-technischen Grundlagen, z. B. die Fluiddynamik.

Die Berechnung von Wärmeübertragern erfordert in zahlreichen Fällen die Lösung nichtlinearer Gleichungssysteme durch iterative Berechnung. Der numerische Rechenaufwand erhöht sich weiter durch das Anliegen, unter Einbeziehung von Kostenfunktionen für die Energie und den Wärmeübertrager (Amortisation, Kapitalzinsen) zu einer technisch-ökonomisch günstigen Lösung zu kommen, so daß oft mehrere Wärmeübertrager berechnet werden müssen. Diese Tatsachen in Verbindung mit dem häufigen Einsatz von Wärmeübertragern in der Industrie haben bereits Ende der fünfziger Jahre mit der Verfügbarkeit von Digitalrechnern zur Ausarbeitung von Rechenprogrammen geführt. Bereits seit einiger Zeit stehen für die technisch wichtigen Wärmeübertrager Rechenprogramme zur Verfügung. Durch leistungsfähige Personalcomputer bzw. Bildschirmarbeitsplätze in Verbindung mit zentralen Computern hat der Verfahrensingenieur mit entsprechender Software schnell Zugriff. Dabei ist wichtig, daß der Nutzer von Rechenprogrammen über die grundsätzliche Vorgehensweise bei der Berechnung und die einbezogenen Berechnungsgleichungen informiert ist.
In diesem Abschnitt und auch den folgenden Abschnitten wird die Nutzung von Computern für verfahrenstechnische Probleme hauptsächlich durch die Darstellung der wesentlichen Berechnungsschritte bzw. einen Programmablaufplan gekennzeichnet. In den einbezogenen Beispielen werden bewußt vollständig durchgerechnete Beispiele bevorzugt, da hieraus deutlich wird, welche Größen und Stoffwerte tatsächlich zu verwenden sind. Die Erfahrung zeigt, daß bei der Nutzung von Rechenprogrammen zur Lösung verfahrenstechnischer Aufgaben bei geringer Sachkenntnis die Beurteilung der Ergebnisse beeinträchtigt wird.

3.1. Wichtige Bauformen für technische Wärmeübertrager

Wärmeübertrager gehören nach den Behältern zu den am häufigsten ausgeführten Apparaten in der Stoffwirtschaft und Energietechnik. Schon frühzeitig hat sich der Rohrbündelwärmeübertrager (RWÜ) als eine Bauform herausgebildet, die für unterschiedlichste Drücke, Temperaturen und Werkstoffe einsetzbar ist und gut abgedichtet werden kann. Außer dem RWÜ sind weitere wichtige Bauformen: Rohrregister-, Platten- und Strahlungswärmeübertrager. Für die Wahl der Bauform eines Wärmeübertragers sind vor allem folgende Gesichtspunkte neben dem Preis je m^2 Fläche maßgebend:

— Betriebsbedingungen: Druckbereich vom Vakuum bis zu 250 MPa (Hochdruck-Polyethylen), Temperaturen von -240 bis über 1500 °C.
— Vorliegende Massenströme der beiden fluiden Medien.
— Art der Heiz- und Kühlmedien: Wichtigstes Heizmedium bis etwa 250 °C ist Wasserdampf. Bei Temperaturen über 250 °C werden in der Regel Verbrennungsgase, erzeugt aus Primärenergieträgern, genutzt. Wichtigste Kühlmedien sind Wasser und Luft. In allen stoffwirtschaftlichen Anlagen stellt die Nutzung der Energie einschließlich der Sekundärenergie (Abwärme) eine erstrangige Aufgabe dar. Unterhalb der Umgebungstemperatur ist Kälteenergie (Kältemittel, zusätzlicher Kälteprozeß) erforderlich.
— Dichtheit des Apparates, wobei die Betriebsbedingungen und die Eigenschaften des fluiden Mediums von Bedeutung sind.
— Feststoffansätze an der Wandung und Möglichkeiten ihrer Entfernung bzw. Verhinderung.
— Unterschiedliche Temperaturen der beiden Medien, die über unterschiedliche Wandtemperaturen zu Wärmespannungen führen.
— Werkstoff entsprechend den Korrosionsbedingungen: Unlegierter Stahl bis zu hochlegierten Stählen, Nichteisenmetalle wie Kupfer, Messing, Aluminium bis zu Sondermetallen wie Titan und Tantal, imprägnierter Graphit (Korobon), in Sonderfällen Kunststoffe (Polytetrafluorethylen) und Glas.
— Druckverlust.

Vorstehende Gesichtspunkte sind von unterschiedlicher Wertigkeit. Manche sind durch die Technologie für die Erzeugung des Produktes vorgegeben, z. B. die Massenströme und der Druck, andere sind durch objektive Bedingungen in dem betreffenden Betrieb gegeben, z. B. Heizmedien, und schließlich können andere Größen wie der Druckverlust im Wärmeübertrager unter Berücksichtigung wirtschaftlich günstiger Bedingungen durch die Wahl der Geschwindigkeiten maßgebend beeinflußt werden.

Rohrbündelwärmeübertrager

RWÜ sind die am universellsten einsetzbaren Wärmeübertrager, besonders hinsichtlich des Druck- und Temperaturbereiches und der Werkstoffe. Hinzu kommen oft günstige Kosten gegenüber anderen Wärmeübertragern. RWÜ werden deshalb am häufigsten von allen Wärmeübertragern ausgeführt. Mit Rücksicht auf unterschiedliche Temperaturen zwischen den Innenrohren und dem Mantel und den dadurch bedingten Wärmespannungen gibt es zwei Hauptformen:

• RWÜ mit festem Rohrbündel, bei denen die Rohre in die Rohrböden vorzugsweise eingeschweißt, manchmal auch eingewalzt, sind, siehe Bild 3.1a,
• RWÜ mit ausziehbarem Rohrbündel (schwimmender Kopf), um die unterschiedliche Ausdehnung der Innenrohre und des Mantels auszugleichen, siehe Bild 3.1b.

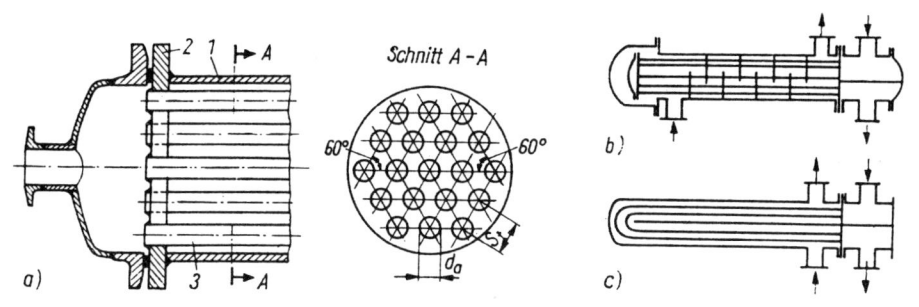

Wichtige Bauformen für technische Wärmeübertrager 3.1.

Bild 3.1. Verschiedene Ausführungsformen von Rohrbündelwärmeübertragern
a) mit festem Rohrbündel
b) mit ausziehbarem Rohrbündel (schwimmender Kopf)
c) mit U-förmig gebogenen Rohren

Der erreichte Stand bei der Entwicklung und Ausführung von RWÜ rechtfertigt eine angemessene Standardisierung. Dies erfolgte mit mehreren Normen:

- Rohrteilung DIN 28182,
- Benennung der wichtigsten Bauteile von RWÜ DIN 28183,
- Rohranzahl und Zahl der Gänge für RWÜ von 150 bis 1200 mm Manteldurchmesser in DIN 28184, 28190 und 28191, siehe Anhang Tabelle A1.

Auf weitere Sonderformen sei am Beispiel des U-Rohrbündelwärmeübertragers hingewiesen, bei dem keine Wärmespannungen durch die U-förmig gebogenen Rohre auftreten (s. Bild 3.1c).
Die Anpassung des RWÜ an sehr unterschiedliche Massenströme erfolgt im Außenraum durch Ausführung von Umlenkblechen (s. Bild 3.1b) und in den Rohren durch Ausführung mehrerer Gänge (s. Bild 3.2). Bezüglich der Phasenführung bedeutet die Ausführung mehrerer Gänge einen kombinierten Gegen- und Gleichstrom. Bei sehr unterschiedlichen Wärmeübergangskoeffizienten, z. B. $\alpha_i : \alpha_a > 10 : 1$, können durch die Ausführung von Rippenrohren erhebliche Vorteile erzielt werden (vgl. auch Abschn. 3.5). Der Doppelrohrwärmeübertrager gemäß Bild 3.3 kann als eine Spezialform des RWÜ angesehen werden, die aber sehr teuer ist.

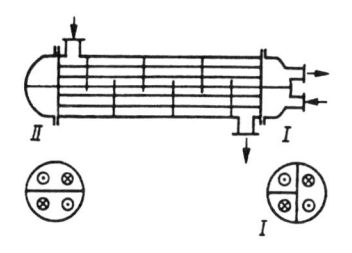

Bild 3.2. Rohrbündelwärmeübertrager mit Umlenkblechen und 4 Gängen

Bild 3.3. Doppelrohrwärmeübertrager

Rohrregisterwärmeübertrager

Dabei handelt es sich um einen Wärmeübertrager mit einem Bündel von Rohren in rechteckigen Böden. Sie werden insbesondere als Luftkühler eingesetzt oder als Luftvorwärmer mit Wasserdampf als Heizmedium. Die steigende Wasserknappheit in den Industrieländern führte in den letzten zwei Jahrzehnten zum verstärkten Einsatz von Luftkühlern. In vielen Fällen ist die Luftkühlung bereits ökonomischer als die Wasserkühlung. So liegt die untere wirtschaftliche Temperaturgrenze bei der Kondensation von Dämpfen etwa bei 50 bis 60 °C unter den klimatischen Verhältnissen in der BRD. Selbst bei hohen Drücken wurden in den letzten Jahren in steigendem Maße Luftkühler angewendet, z. B. zum Auskondensieren von Ammoniak bzw. Methanol aus dem Kreislaufgas in Syntheseanlagen.

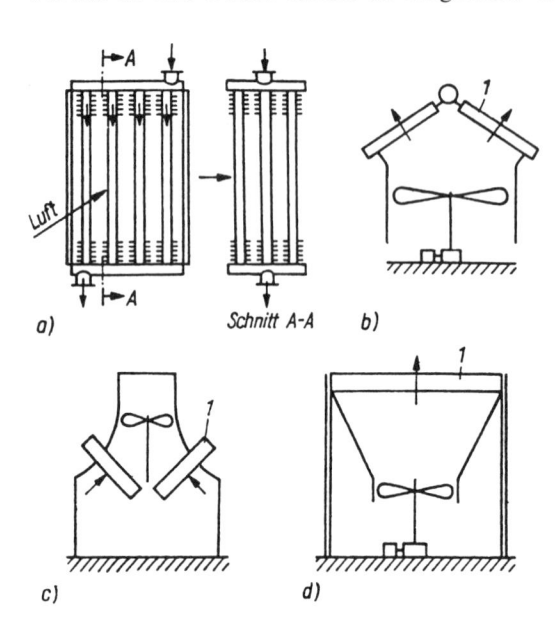

Infolge der unterschiedlichen Wärmeübergangskoeffizienten sind Rippenrohre vorzusehen (vgl. auch Abschn. 3.6.), so daß der schlechte Wärmeübergang auf der Luftseite durch eine vergrößerte Oberfläche teilweise ausgeglichen wird. Wesentliche Beispiele für die technische Gestaltung gehen aus Bild 3.4 hervor.

Bild 3.4. Luftkühler
a) Segment eines Luftkühlers
b) Luftkühler in Dachbauform
c) Luftkühler in V-Bauform
d) Luftkühler in Horizontalbauform
1 Segmente des Luftkühlers

Typische Abmessungen eines Rippenrohres sind: Außendurchmesser des Rohres zwischen 18 bis 25 mm, Höhe der Kreisrippen 8 bis 20 mm, meist spiralig gewickelt und Abstand der Rippen 3 bis 5 mm. Die Segmente werden in unterschiedlichen Formen je nach Platzmöglichkeiten angeordnet (s. Bild 3.4b bis d). Bei sehr beengten Platzverhältnissen wurden Luftkühler auch schon am Kopf von Destillationskolonnen in großer Höhe (50 m und mehr) freitragend mit einem Durchmesser bis zu über 10 m angeordnet.

Plattenwärmeübertrager

Es werden bis zu einigen hundert Platten in einem Gestell angeordnet, übliche Größen der Platten 0,1 bis 1,5 m². Die Platten sind profiliert, um die Turbulenz und den Wärmeübergang zu vergrößern (s. Bild 3.5a). Der Einsatz der Plattenwärmeübertrager wird insbesondere durch folgende Einsatzgrenzen gekennzeichnet: Druck bis etwa 2 MPa, Temperatur hängt vom Dichtungsmaterial ab, das sich zwischen den Platten befindet; Größe bis über 1000 m²; Werkstoffe sind hauptsächlich legierter Stahl (kein unlegierter Stahl wegen der geringen Plattendicke) sowie Nichteisenmetalle. Eine Reinigung ist durch Demontage gut möglich. Gemäß Bild 3.5b kann eine sehr unterschiedliche Aufteilung der Produktionsströme zur Erreichung geeigneter Geschwindigkeiten vorgenommen werden. Im Vergleich zu RWÜ sind insbesondere vorteilhaft:

— Masse je m² Wärmeübertragungsfläche ist kleiner, da die Kompaktheit größer als beim RWÜ (vgl. Abschn. 2.6.1.) und die Wanddicke kleiner ist;
— höhere Wärmeübergangskoeffizienten infolge größerer Turbulenz durch die profilierten Platten;
— gute Reinigung.

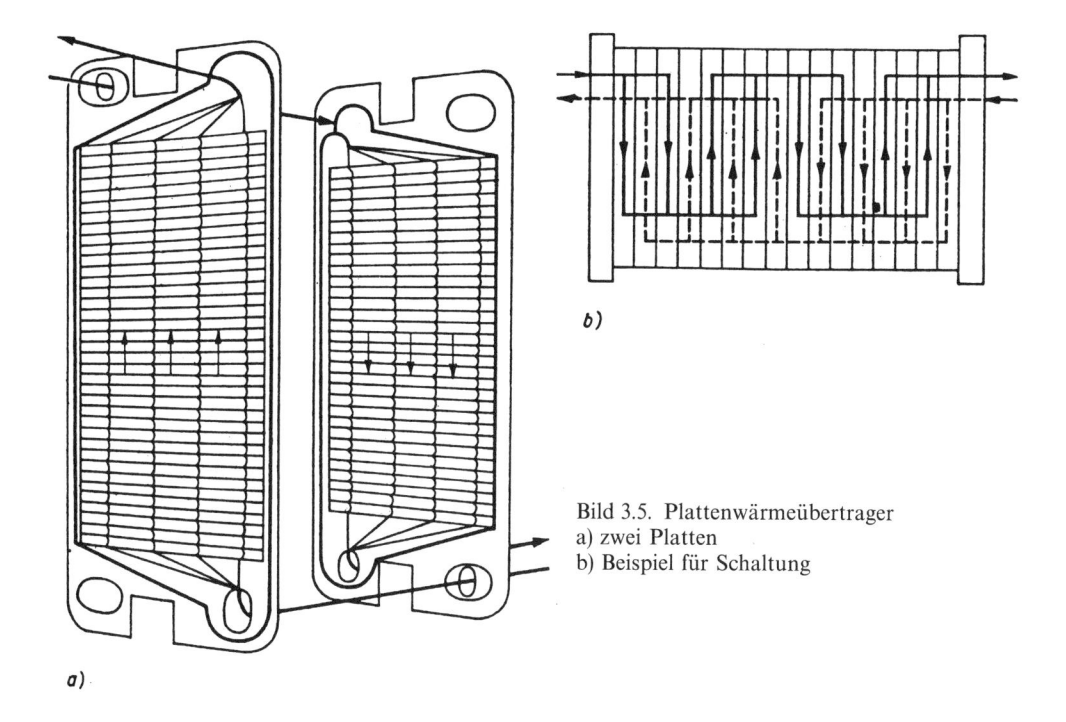

Bild 3.5. Plattenwärmeübertrager
a) zwei Platten
b) Beispiel für Schaltung

Nachteilig gegenüber dem RWÜ sind die Einsatzgrenzen bezüglich Druck und Temperatur und sehr große Dichtflächen. Bei mäßigen Drücken und den obengenannten Werkstoffen zeigt der Einsatz von Plattenübertragen eine steigende Tendenz.

Strahlungswärmeübertrager

Sind fluide Medien auf über 250 °C zu erwärmen, so werden meistens Strahlungswärmeübertrager mit Kohle, Heizgas oder Heizöl als Energieträger angewendet. Strahlungsquellen sind leuchtende Flammen, heiße Apparatewände (Mauerwerk) und die Rauchgase, da Wasserdampf und Kohlendioxid selektive Strahler sind. Der Strahlungsteil wird in Form einer Rohrreihe oder von maximal zwei versetzt angeordneten Rohrreihen an der Wand ausgeführt. Die Form der Strahlungswärmeübertrager ist rund oder rechteckig mit Höhen zwischen 5 bis 15 m für den Strahlungsteil. Die Rohre haben meist einen Durchmesser zwischen 50 bis 150 mm. An den Strahlungsteil schließt sich in der Regel ein Konvektionsteil an, in dem die Rauchgase von etwa 500 bis 600 °C bis zur Abgastemperatur von 150 bis 180 °C abgekühlt werden.
Die Phasenführung im Strahlungsteil ist von untergeordnetem Einfluß auf die mittlere Temperaturdifferenz. Entscheidend für die verfahrenstechnische Berechnung ist, eine örtliche Überhitzung des Wandmaterials und damit das Reißen von Rohren zu verhindern.

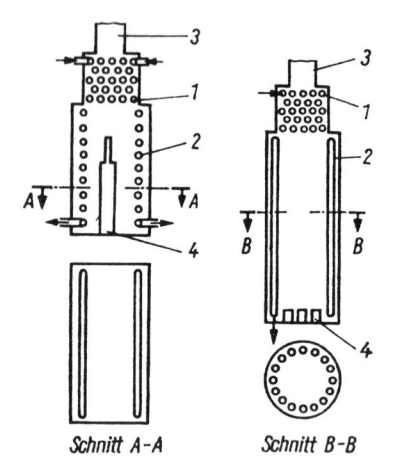

Bild 3.6. Strahlungswärmeübertrager mit rechteckigem und rundem Querschnitt
1 Konvektionszone
2 Strahlungszone
3 Schornstein
4 Brenner

Hinweise auf einige Sonderbauformen

Verschiedene Sonderbauformen von Wärmeübertragern werden für spezielle Zwecke eingesetzt. Bei sehr kleinen Produktströmen kann es zweckmäßig sein, die Wärmeübertragungsfläche in Form einer Rohrschlange auszubilden, die in einem Gefäß angeordnet wird. Dadurch kann für den kleinen Produktstrom in der Rohrschlange eine technisch angemessene Geschwindigkeit erreicht werden. Bei Kühlung befindet sich um die Rohrschlange Kühlwasser (s. Bild 3.7a), beim Aufwärmen Wasserdampf (s. Bild 3.7b). Übliche Abmessungen sind: Durchmesser 0,3 bis 1 m, Höhe 0,8 bis 2 m, Rohr für die Schlange 20 bis 50 mm Durchmesser.

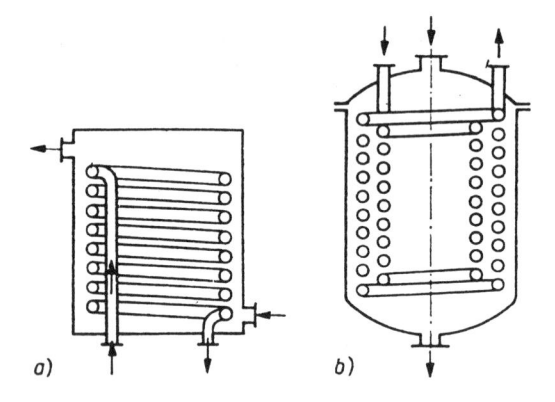

Bild 3.7. Wärmeübertrager mit Rohrschlange
a) Kühler mit einfacher Rohrschlange
b) Vorwärmer mit Doppelrohrschlange

Muß einem Behälter oder einer Rührmaschine Wärme zu- oder abgeführt werden, so erfolgt dies durch einen Doppelmantel oder (und) einer Rohrschlange im Inneren. Statt der Ausführung eines Doppelmantels kann auf die Behälterwand außen auch ein Halbrohr aufgeschweißt werden. Dies ist vor allem dann wirtschaftlicher, wenn das Heiz- oder Kühlmedium einen entsprechend hohen Betriebsdruck erfordert. Bei Polymerisationsreaktoren dürfen wegen Produktansätze in der Rührmaschine teilweise keine Rohrschlangen ausgeführt werden, so daß die Abführung der Reaktionswärme durch den Mantel mit seiner begrenzten Fläche dann erhebliche Probleme bereitet.
Der Spiralwärmeübertrager (s. Bild 3.8) besteht aus zwei spiralförmig aufgerollten Flächen, deren Stirnfläche durch zwei ebene Platten abgeschlossen wird, so daß zwei Spiralkanäle mit rechteckigem

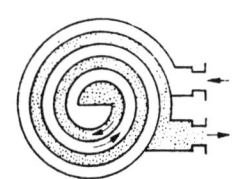

Bild 3.8. Spiralwärmeübertrager 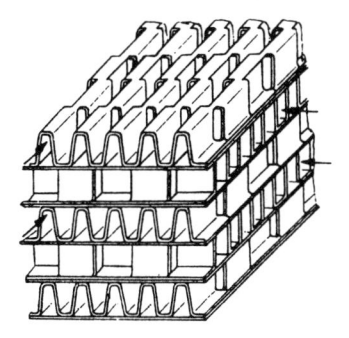   Bild 3.9. Plattenrippenwärmeübertrager

Querschnitt entstehen. Dieser Wärmeübertrager wird bevorzugt in der Lebensmittelindustrie eingesetzt. Er läßt sich leicht demontieren und gut reinigen.
Als letztes Beispiel einer Sonderbauform wird auf den Plattenrippenwärmeübertrager (s. Bild 3.9) verwiesen. Es ist der kompakteste Wärmeübertrager, der bisher ausgeführt wurde. In einem m^3 Volumen können bis zu 1800 m^2 Fläche untergebracht werden. Er wird auch als Wirbelzelle wegen der großen Turbulenzwirkung bezeichnet. Dieser Wärmeübertrager kann nur für absolut reine Medien eingesetzt werden, da eine Reinigung nicht möglich ist. Als Werkstoff wird in der Regel Aluminium verwendet. Die Verbindung der Rippenstege mit den Platten erfolgt durch Löten im Salzbad. Durch Einsatz dieser Spezialwärmeübertrager konnte die Luftzerlegung zur Gewinnung von Sauerstoff und Stickstoff gegenüber dem Einsatz von Regeneratoren wesentlich wirtschaftlicher gestaltet werden.

3.2. Wärmeübertrager ohne Phasenänderung

Typisch sind insbesondere folgende Aufgaben:
1. Gleichzeitige Aufwärmung eines kalten Produktstroms und Abkühlung eines anderen warmen Produktstroms mit dem Ziel, die Energie des warmen Produktstroms nutzbar zu machen. Dies sollte bevorzugt angewendet werden.
2. Abkühlung eines warmen Produktstroms ohne Nutzung der Energie (Kühler). Die billigsten und wichtigsten Kühlmedien sind Wasser und Luft (Luftkühler, vgl. Bild 3.4). Die Abkühlung eines warmen Produktstroms ist in allen Fällen notwendig, bei denen auf Grund des niedrigen Temperaturniveaus und der objektiven Verwendungsmöglichkeiten die Energie nicht mehr nutzbar gemacht werden kann.
3. Aufwärmung eines kalten Produktstroms (Vorwärmer, Aufheizer). Heizmedium ist bis etwa 200 °C Wasserdampf. Dies ist dann notwendig, wenn eine Aufwärmung eines Produktstroms gemäß Punkt 1 mit Sekundärenergie nicht möglich ist.

Darüber hinaus gibt es eine Reihe von Kombinationen, z. B. Kombination von Punkt 1 und 2 bzw. Punkt 1 und 3 und weitere Möglichkeiten der Nutzung der Energie eines warmen Produktstroms, z. B. zur Gebäudeheizung.

3.2.1. Grundlagen

Die wesentlichen Grundlagen der Wärmeübertragung wurden in Wechselwirkung mit der Stoffübertragung hauptsächlich in den Abschnitten 2.1., 2.3., 2.5. bis 2.7. behandelt. Im folgenden werden diese Grundlagen im Hinblick auf technisch wichtige Anwendungsfälle vertieft.

Wärmedurchgang im Rohrbündelwärmeübertrager

Bei der Rohrwand für Rohre eines RWÜ ergeben sich je nach benutzter Bezugsfläche

$$A_i = z d_i \pi L \quad \text{bzw.} \quad A_a = z d_a \pi L \quad \text{bzw.} \quad A_m = z \frac{d_a + d_i}{2} \pi L \tag{3.1}$$

unterschiedliche k-Werte. Die mittlere Fläche A_m wird selten benutzt. Für den Wärmedurchgang mit

$$\dot{Q} = k_i A_i \Delta T_m \quad \text{bzw.} \quad \dot{Q} = k_a A_a \Delta T_m \tag{3.2}$$

ergeben sich mit einer Ableitung analog wie für die ebene Wand folgende Gleichungen:

$$\frac{1}{k_i} = \frac{1}{\alpha_i} + \frac{d_i}{2\lambda} \ln \frac{d_a}{d_i} + \frac{1}{\alpha_a} \frac{d_i}{d_a} \qquad \text{Wand mit einer Schicht} \tag{3.3}$$

$$\frac{1}{k_i} = \frac{1}{\alpha_i} + \sum_{n=1}^{z} \frac{d_i}{2\lambda_n} \ln \frac{d_{n+1}}{d_n} + \frac{1}{\alpha_a} \frac{d_i}{d_a} \qquad \text{mehrere Schichten} \tag{3.4}$$

$$\frac{1}{k_a} = \frac{1}{\alpha_i} \frac{d_a}{d_i} + \frac{d_a}{2\lambda} \ln \frac{d_a}{d_i} + \frac{1}{\alpha_a} \qquad \text{Wand mit einer Schicht} \tag{3.5}$$

$$\frac{1}{k_a} = \frac{1}{\alpha_i} \frac{d_a}{d_i} + \sum_{n=1}^{z} \frac{d_a}{2\lambda_n} \ln \frac{d_{n+1}}{d_n} + \frac{1}{\alpha_a} \qquad \text{mehrere Schichten} \tag{3.6}$$

Zu den Bezeichnungen für die Rohrdurchmesser der Wand mit mehreren Schichten wird auf Bild 3.10 verwiesen. Zu beachten ist, daß bei Benutzung der Rohrinnenoberfläche A_i das zugehörige k_i und bei der Rohraußenoberfläche A_a das zugehörige k_a verwendet wird. In der Fachliteratur wird meistens für den Wärmedurchgangskoeffizienten nur der Buchstabe k ohne Index verwendet, so daß aus dem jeweiligen Zusammenhang die Bezugsfläche zu ermitteln ist.

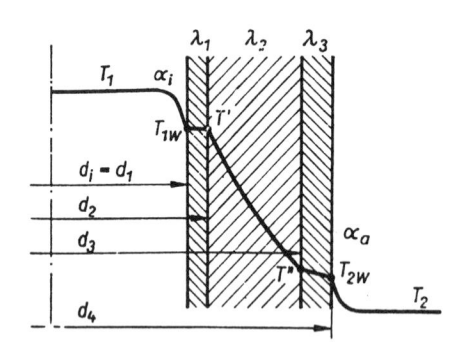

Bild 3.10. Wärmedurchgang für eine Rohrwand aus 3 Wandschichten

Mittlere Temperaturdifferenz bei verschiedener Phasenführung

Im Abschnitt 2.7.2. wurde die mittlere Temperaturdifferenz für Gegen- und Gleichstrom abgeleitet zu

$$\Delta T_m = \frac{\Delta T_{gr} - \Delta T_{kl}}{\ln \Delta T_{gr}/\Delta T_{kl}} \tag{2.200}$$

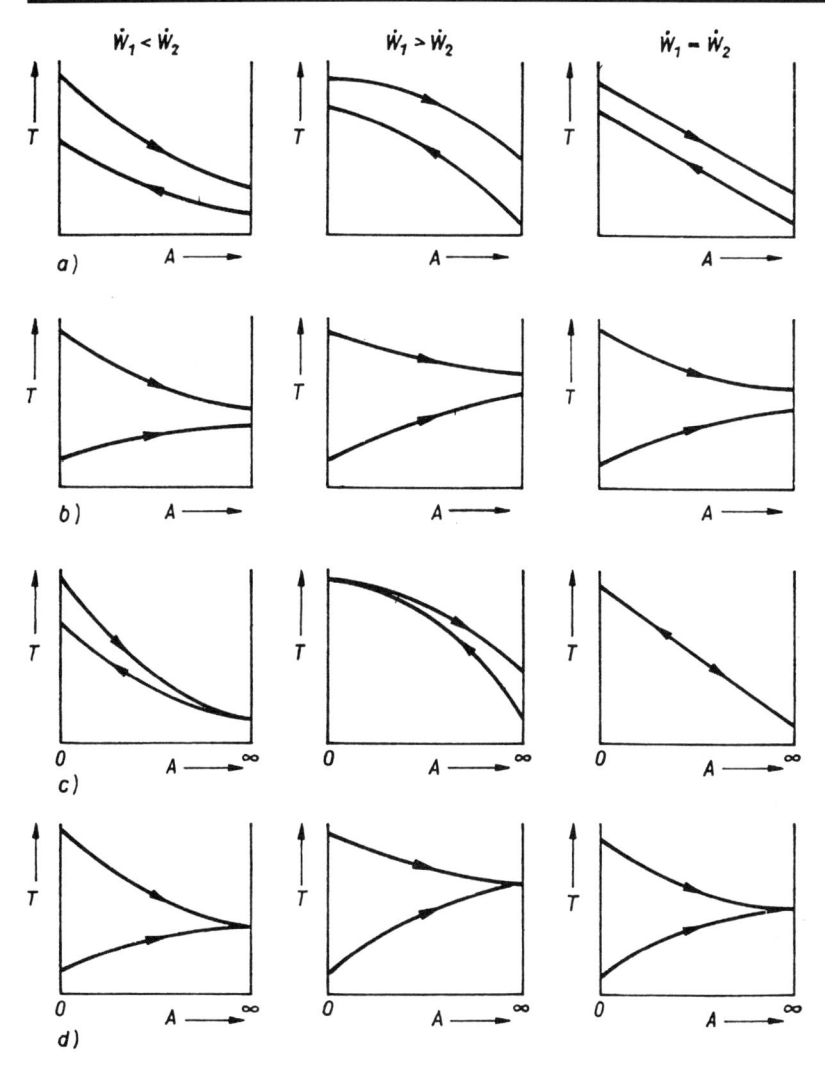

Bild 3.11. Temperaturverlauf in Abhängigkeit von der Wärmeübertragungsfläche bei verschiedenen Verhältnissen der Wärmekapazitäten (*1* wärmeres Medium, *2* kälteres Medium)
a) Gegenstrom
b) Gleichstrom
c) Gegenstrom A gegen unendlich
d) Gleichstrom A gegen unendlich

Vergleich von Gegenstrom und Gleichstrom

Im Bild 3.11 werden Gegen- und Gleichstrom bei verschieden großen Wärmekapazitäten für eine endliche und eine unendlich große Wärmeübertragungsfläche dargestellt.

Für Medien ohne Phasenänderung ist die mittlere Temperaturdifferenz bei Gegenstrom immer größer als bei Gleichstrom. Insbesondere ist es bei einem Wärmeübertrager mit

Gegenstrom möglich, die Austrittstemperatur des kälteren Mediums über die Austrittstemperatur des warmen Mediums zu erhöhen. Dies ist bei einem Wärmeübertrager mit Gleichstrom auch bei unendlich großer Fläche nicht möglich.

Als Phasenführung ist daher Gegenstrom zu bevorzugen. Die konstruktive Gestaltung des Wärmeübertragers erfordert teilweise die Ausführung von kombiniertem Gegen- und Gleichstrom oder von Kreuzstrom.

Kombinierter Gegen- und Gleichstrom

Bei einem mehrgängigen Wärmeübertrager tritt zwangsläufig sowohl Gegen- als auch Gleichstrom auf. Die mittlere Temperaturdifferenz ist damit kleiner als bei reinem Gegenstrom. Zur Berechnung wird meistens die mittlere Temperaturdifferenz von Gegenstrom mit einem Korrekturfaktor $\varepsilon < 1$ verwendet:

$$\Delta T_{m\,\text{Mehrgang}} = \varepsilon\, \Delta T_{m\,\text{Gegen}} \tag{3.7}$$

Ein mehrgängiger Wärmeübertrager besitzt durch die höhere Geschwindigkeit in den Rohren einen besseren Wärmedurchgangskoeffizienten, aber eine verminderte Triebkraft. Der Korrekturfaktor ε (s. Bild 3.12) sollte größer als 0,8 sein, wobei oft Werte $\varepsilon > 0,9$ anzustreben sind. Ein mehrgängiger Wärmeübertrager kann dann nicht ausgeführt werden, wenn die Austrittstemperatur des kälteren Mediums über die Austrittstemperatur des warmen Mediums erhöht werden soll, was sich dann auch in einem sehr kleinen ε ausdrücken würde. Zur Erzielung höherer Geschwindigkeiten in den Rohren müssen dann mehrere Rohrbündelwärmeübertrager hintereinandergeschaltet werden, um reinen Gegenstrom zu erreichen.

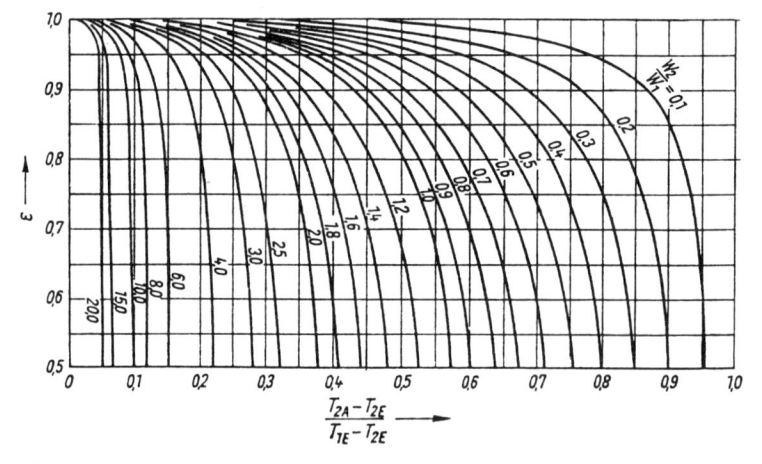

Bild 3.12. Korrekturfaktor ε zur Berechnung der mittleren Temperaturdifferenz bei einem mehrgängigen Rohrbündelwärmeübertrager, Durchgänge innen 2, 4, 6 usw., außen 1 Durchgang (Index 1 wärmeres Medium, Index 2 kälteres Medium)

Kreuzstrom

Die mittlere Temperaturdifferenz bei Kreuzstrom liegt zwischen der von Gegen- und Gleichstrom. Ein Beispiel für den Temperaturverlauf bei einfachem Kreuzstrom zeigt Bild 3.13. Die Integration zur Ermittlung der mittleren Temperaturdifferenz führt auf

*Bessel*sche Funktionen. Bei der Berechnung wird meistens ein Korrekturfaktor ε benutzt, der aus Tabellen oder Diagrammen, siehe [3.2], entnommen wird:

$$\Delta T_{m\,\text{Kreuz}} = \varepsilon\, \Delta T_{m\,\text{Gegen}} \tag{3.8}$$

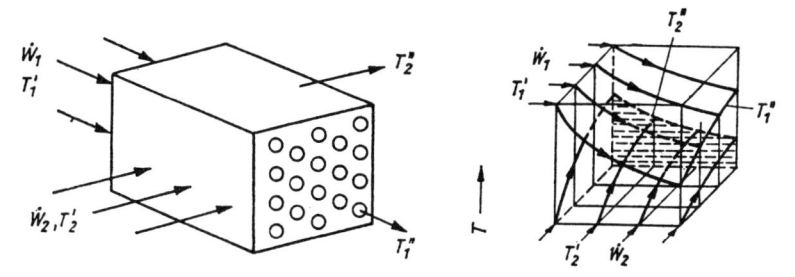

Bild 3.13. Prinzipieller Temperaturverlauf in einem Wärmeübertrager mit Kreuzstrom

Wärmeübergang im Außenraum von RWÜ

Der *Wärmeübergang bei der Strömung im Außenraum von RWÜ* ist für die Auslegung von RWÜ sehr bedeutsam. Von der Strömungsform ist zu erwarten, daß die Genauigkeit von Berechnungsgleichungen geringer ist, da für die verschiedenen geometrischen Verhältnisse nur bedingt Ähnlichkeit vorliegt. Ohne Umlenkbleche können bei einem genügend langen Wärmeübertrager – Länge zu Manteldurchmesser größer als 5:1 – unter Verwendung des gleichwertigen Durchmessers die Gleichungen für den Wärmeübergang im Rohr benutzt werden. Dabei wird der auftretende Querstrom beim Ein- und Austritt mit seiner positiven Auswirkung auf den Wärmeübergang nicht berücksichtigt. Der gleichwertige Durchmesser, der in der Nu- und Re-Zahl zu verwenden ist, ergibt sich für den Mantelraum zu:

$$d_{gl} = \frac{4 A_q}{U} = \frac{D_i^2 - z d_a^2}{D_i + z d_a} \tag{3.9}$$

Bei dem Vorhandensein von Umlenkblechen liegt ein kombinierter Längs- und Querstrom vor (s. Bild 3.14).
Die bisher bekannt gewordenen Gleichungen im Außenraum von RWÜ mit Umlenkblechen können nur bedingt befriedigen, da sie wegen des Versuchsaufwandes vorzugsweise an RWÜ mit kleinem Durchmesser ermittelt wurden. Fehler von $\pm 25\%$ und teilweise noch höher

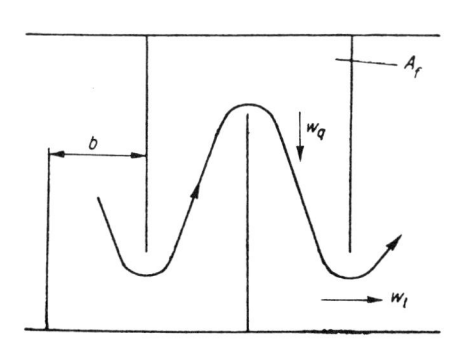

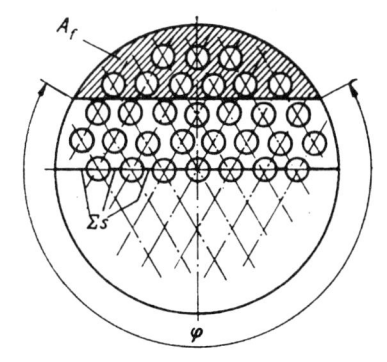

Bild 3.14. Rohrbündelwärmeübertrager mit Umlenkblechen

sind zu erwarten. Von *Donohue* [3.6] wurde folgende Gleichung aus Experimenten an kleinen RWÜ ermittelt:

$$\text{Nu} = 0{,}22\,\text{Re}^{0{,}6}\,\text{Pr}^{0{,}33}(\eta/\eta_w)^{0{,}14} \quad \text{für} \quad \text{Re} = 4\ldots 50000 \tag{3.10}$$

In der Nu- und Re-Zahl ist der Außendurchmesser d_a zu verwenden. Die Geschwindigkeit ist auf die effektive Fläche A_{qe} zu beziehen, die unter Bezugnahme auf Bild 3.14 wie folgt zu ermitteln ist: $A_{qe} = \sqrt{A_f A_q}$ mit $A_q = b\sum s$; A_f freie Fläche bei Längsstrom.
Das Erwärmen bzw. Abkühlen als unterschiedlicher Prozeß wurde in Gleichung (3.10) durch den Faktor $(\eta/\eta_w)^{0{,}14}$ berücksichtigt; dies sollte besser durch den Faktor K_T gemäß den Gleichungen (2.92) und (2.93) erfolgen.
Eine genauere Berechnung des Wärmeübergangs im Außenraum von RWÜ erfordert die Berücksichtigung von Spaltverlusten in den Spalten zwischen den Bohrungen der Umlenkbleche und den Rohren und zwischen den Umlenkblechen und dem Mantelrohr, siehe [3.2].

Wärmeübergang bei laminarer Strömung im Rohr

Hausen [3.7] hat folgende Gleichung angegeben:

$$\text{Nu} = \left[3{,}65 + \frac{0{,}19\,(\text{Re}\,\text{Pr}\,d/L)^{0{,}8}}{1 + 0{,}117\,(\text{Re}\,\text{Pr}\,d/L)^{0{,}467}}\right]\left(\frac{\eta}{\eta_w}\right)^{0{,}14} \tag{3.11}$$

Gültig für Re < 2320 und Re Pr $d/L = 0{,}1\ldots 10^4$. Das Erwärmen bzw. Abkühlen sollte besser durch den Faktor K_T gemäß den Gleichungen (2.92) und (2.93) berücksichtigt werden, siehe auch Gleichung (3.10).

Wärmeübergang bei einem quer angeströmten Rohrbündel

Hausen [3.8] hat aus Experimenten abgeleitet:

$$\text{Nu} = a_1 f_A\,\text{Re}^{a_2}\,\text{Pr}^{0{,}31} \tag{3.12}$$

Gültig für Re $2000\ldots 200000$ und Pr $= 0{,}5\ldots 500$. In der Re- und Nu-Zahl ist als Länge der Außendurchmesser d_a zu verwenden.

Fluchtende Anordnung der Rohre

$a_1 = 0{,}34;\quad a_2 = 0{,}60$

$$f_A = 1 + \left(\frac{s_q}{d_a} + \frac{7{,}17\,d_a}{s_q} - 6{,}52\right)\left[\frac{0{,}266}{\left(\frac{s_l}{d_a} - 0{,}8\right)^2} - 0{,}12\right]\left(\frac{1000}{\text{Re}}\right)^{0{,}5}$$

Für $s_l/d_a > 1{,}5$ ist der Wert $f_A = 1{,}5$ zu verwenden.

Versetzte Anordnung der Rohre

$a_1 = 0{,}35;\quad a_2 = 0{,}57;\quad f_A = 1 + 0{,}1\,s_q/d_a + 0{,}34\,d_a/s_l$

Bezeichnungen s_q und s_l siehe Bild 3.15. Bei Queranströmung des Rohrbündels mit dem Winkel $\psi < 90°$ ist statt w die Geschwindigkeit $w\sin\psi$ zu verwenden.

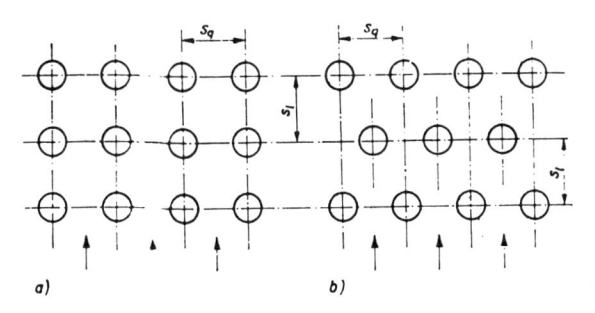

Bild 3.15. Rohranordnung bei Querstrom
a) fluchtend
b) versetzt

Wärmeübergang durch Strahlung

Der durch Strahlung übertragene Wärmestrom ist:

$$\dot{Q}_{12} = C_{12} A_1 [(T_1/100)^4 - (T_2/100)^4] \tag{3.13}$$

C_{12} Strahlungskoeffizient zwischen den Körpern 1 und 2
T_1, T_2 Temperaturen der strahlenden Körper in K

Aus Gleichung (3.13) kann ein Wärmeübergangskoeffizient durch Strahlung eingeführt werden:

$$\alpha_{Str} = C_{12} \frac{(T_1/100)^4 - (T_2/100)^4}{T_1 - T_2} \tag{3.14}$$

Der gesamte Wärmeübergangskoeffizient α_{ges} aus Konvektion α_K und Strahlung α_{Str} ist:

$$\alpha_{ges} = \alpha_K + \alpha_{Str} \tag{3.15}$$

Ermittlung des Strahlungskoeffizienten C_{12} für technisch wichtige Fälle, wozu die Strahlungskoeffizienten C_1 und C_2 der Körper 1 und 2 erforderlich sind:

$$C_1 = \varepsilon_1 C_s; \quad C_2 = \varepsilon_2 C_s \quad \text{mit} \quad C_s = 5{,}67 \text{ W}/(\text{m}^2 \text{ K}^4) \tag{3.16}$$

C_s Strahlungskoeffizient des schwarzen Körpers
ε Emissionsverhältnis

Für planparallele gegenüberliegende Wände von unendlicher Ausdehnung gilt:

$$C_{12} = \varepsilon_{12} C_s = \frac{C_s}{\dfrac{1}{\varepsilon_1} + \dfrac{1}{\varepsilon_2} - 1} \tag{3.17}$$

Für umhüllende Flächen von zwei Körpern, z. B. Mantelrohr mit der Oberfläche A_2 (strahlt diffus) und Innenrohr mit der Oberfläche A_1 gilt:

$$C_{12} = \varepsilon_{12} C_s = \frac{C_s}{\dfrac{1}{\varepsilon_1} + \dfrac{A_1}{A_2}\left(\dfrac{1}{\varepsilon_2} - 1\right)} \tag{3.18}$$

Beliebig zueinander liegende strahlende Flächen

Zwischen den Flächen befinde sich Gas, das strahlungsdurchlässig ist. Zur Ermittlung des übergehenden Wärmestroms teilt man die beiden strahlenden Flächen in Flächenelemente

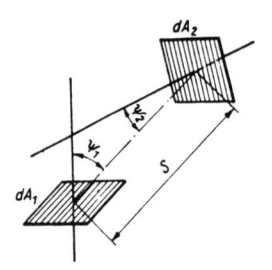

Bild 3.16. Zwei beliebig angeordnete Flächenelemente im Raum

auf. Im Bild 3.16 sind die Verhältnisse für je ein Flächenelement der beiden strahlenden Flächen dargestellt.
Durch Integration erhält man für den übergehenden Wärmestrom durch Strahlung:

$$\dot{Q}_{12} = C_{12} A_1 \varphi_{12} \left[\left(\frac{T_1}{100}\right)^4 - \left(\frac{T_2}{100}\right)^4 \right] \tag{3.19}$$

mit $C_{12} = \varepsilon_1 \varepsilon_2 C_s$ und

$$A_1 \varphi_{12} = \int\limits_{A_1} \int\limits_{A_2} \frac{\cos \psi_1 \cos \psi_2}{\pi s^2} \, dA_1 \, dA_2$$

Dabei ist vorausgesetzt, daß das Emissionsverhältnis der beiden strahlenden Flächen A_1 und A_2 annähernd Eins ist. Der mittlere Einstrahlkoeffizient ist eine dimensionslose geometrische Kenngröße in Abhängigkeit von der Form, den Abmessungen, der Anordnung und des Abstandes der beiden strahlenden Flächen, dessen Ermittlung schwierig ist.

Gasstrahlung

Ein- und zweiatomige Gase (N_2, O_2, H_2 u. a.) sind praktisch strahlungsdurchlässig. Mehratomige Gase strahlen in bestimmten Spektralbereichen (Banden). Für die technische Anwendung ist besonders die Strahlung von Kohlendioxid und Wasserdampf von Bedeutung. Der durch Gasstrahlung übertragene Wärmestrom ist proportional der Gastemperatur $T_G^{a_1}$, wobei a_1 kleiner als 4 ist. Oft wird die für die Strahlung fester Körper zutreffende Proportionalität T^4 auch für die Gasstrahlung beibehalten und der veränderte Exponent im Emissionsverhältnis für die Gasstrahlung, das dann schwierig zu bestimmen ist, berücksichtigt. Die wesentlichen Einflußgrößen auf die Gasstrahlung werden gut in den Gleichungen von *Schack*, siehe auch [3.9], erkennbar:

$$\dot{Q}_{CO_2} = 1{,}625 \varepsilon_w A (ps)^{0,4} \left[(T_G/100)^{3,2} - (T_w/100)^{3,2} \left(\frac{T_G}{T_w}\right)^{0,65} \right] \tag{3.20}$$

gültig für $ps = 0{,}3 \ldots 40$ kPa m und $T_G = 773 \ldots 2073$ K
p Partialdruck des CO_2 in kPa
s Schichtdicke des CO_2 in m
$\dot{Q}_{CO_2}$ in W
T_G und T_w in K
Index w bezieht sich auf die Wand mit der Fläche A

$$\dot{Q}_{H_2O} = \varepsilon_w A (2{,}90 - 0{,}0519 \, ps)(ps)^{0,6} \left[(T_G/100)^a - (T_w/100)^a \right] \tag{3.21}$$
$a = 2{,}32 + 0{,}293 (ps)$

Einheiten wie in Gleichung (3.20), p Partialdruck des Wasserdampfes. Die Schichtdicke s ist bei üblichen Werten ps bei verschiedenen Körpern wie folgt zu verwenden:

Kugel mit dem Durchmesser d	$s = 0{,}60d$
Würfel mit der Kantenlänge L	$s = 0{,}60L$
unendlich langer Zylinder mit dem Durchmesser d	$s = 0{,}90d$
Zwischenraum zwischen zwei parallelen Wänden von unendlicher Ausdehnung mit dem Abstand L	$s = 1{,}8L$

Sind in einem Gasgemisch sowohl Wasserdampf als auch Kohlendioxid vorhanden, so tritt eine geringe Verminderung der gesamten Gasstrahlung ein, da die für die Strahlung wirksamen Spektralbereiche der beiden Gase zu einem kleinen Teil zusammenfallen. Die Verminderung beträgt bei den technisch üblicherweise vorkommenden Fällen 1 bis 5%, meistens weniger als 2% und kann deshalb in erster Näherung vernachlässigt werden.

Flammenstrahlung

In technischen Feuerungen werden durch die Strahlung leuchtender Flammen beträchtliche Wärmeströme übertragen. In erster Linie ist dies auf Rußteilchen, die bei Sauerstoffmangel in sehr feiner Verteilung entstehen, des weiteren auf Asche- und Kohleteilchen zurückzuführen. Die Flammenstrahlung hängt von der Form und Größe der Feuerung, der Art der Verbrennung und des Brennstoffes, des zugeführten Luftstroms und anderen Faktoren ab.

Beispiel 3.1. Wärmeverlust und Wandtemperaturen für ein isoliertes Rohr

Ein Gasgemisch, das aus einem Reaktor mit 300 °C austritt, wird in einer 10 m langen Rohrleitung einem Nachreaktor zugeführt. Das Gas soll sich möglichst wenig abkühlen.

Gegeben:

Rohrleitung: Stahlrohr 318/303 Durchmesser, $\lambda_{St} = 59$ W/(m K);
Isolierung aus Schlackenwolle, 110 mm dick;

T in °C	30	150	300
λ_{Is} in W/(m K)	0,050	0,064	0,087

Zur Berücksichtigung von Stützgliedern für die Isolierung (Stopfverfahren) ist ein Zuschlag von 10% für vorgenannte Werte zu machen. Außen ist um die Isolierung ein verzinkter Stahlblechmantel angebracht.
Umgebungstemperatur $T_a = 20$ °C
Gas in der Rohrleitung $w = 15$ m/s, $M = 82$ kg/kmol
Druck 1040 kPa, spezifische Wärmekapazität 1172 J/(kg K);
$\alpha_i = 80$ W/(m² K); $\alpha_a = 25$ W/(m² K).

Aufgabe:

1. Bestimmung des Wärmeverlustes
2. Abkühlung des Gases
3. Bestimmung der Wandtemperaturen.

Lösung:

Zu 1.

Der Wärmeleitwiderstand des Strahlrohres und des verzinkten Blechmantels können vernachlässigt werden. Die Berechnung wird auf die Außenfläche bezogen. Es sind dann die Gleichungen (3.2) und (3.5) zutreffend. Zur Bestimmung der mittleren Temperaturdifferenz wird die Austrittstemperatur des Gases benötigt, die jedoch erst im Verlauf der Berechnung ermittelt wird. Es liegt damit ein nichtlineares Gleichungssystem vor, das durch Iteration zu lösen ist. Durch die gute Isolierung ist zu erwarten, daß der Temperaturabfall des Gases gering ist. Dieser wird mit 1 K geschätzt.

$$\dot{Q} = k_a A_a \Delta T_m \tag{3.2}$$

Isolierung: $d_i = 318$ mm; $d_a = 538$ mm

$$A_a = d_a \pi L = 0{,}538 \cdot \pi \cdot 10 = 16{,}9 \text{ m}^2$$

$$\frac{1}{k_a} = \frac{1}{\alpha_i}\frac{d_a}{d_i} + \frac{d_a}{2\lambda_{ls}} \ln \frac{d_a}{d_i} + \frac{1}{\alpha_a} \tag{3.5}$$

Näherungsweise wird mit einem mittleren Wärmeleitkoeffizienten aus den 3 angegebenen Werten für die Isolierung gerechnet:

$$\lambda_{ls} = \frac{0{,}050 + 0{,}064 + 0{,}087}{3} = 0{,}0670 \text{ W/(m K)}$$

10% Zuschlag für Stützglieder: $\lambda_{ls} = 0{,}0737$ W(m K)

Bei einer genauen Berechnung müßte eine Integration über den Zylinderquerschnitt unter Berücksichtigung des temperaturabhängigen Wärmeleitkoeffizienten der Isolierung bzw. mit Gleichung (3.6) eine abschnittsweise Berechnung erfolgen. Die Näherung genügt für technische Zwecke, da andere Einflüsse wie die technische Ausführung (s. obigen Zuschlag) nur mit begrenzter Genauigkeit erfaßt werden können.

$$\frac{1}{k_a} = \frac{1}{80}\frac{538}{303} + \frac{0{,}538}{2 \cdot 0{,}0737} \ln \frac{538}{318} + \frac{1}{25} = 0{,}0222 + 1{,}919 + 0{,}0400$$

$$k_a = 0{,}505 \text{ W/(m}^2\text{ K)}$$

Hinweis: Bei einer guten technischen Isolierung ist der k-Wert meist im folgenden Bereich zu erwarten:

$k = (0{,}3 \text{ bis } 0{,}7)$ W/(m² K)

Die mittlere Temperaturdifferenz ergibt sich aus den Temperaturdifferenzen am Eintritt ΔT_E und Austritt ΔT_A zu:

$$\Delta T_m = \frac{\Delta T_E + \Delta T_A}{2} = \frac{(300 - 20) + (299 - 20)}{2} = 279{,}5 \text{ K}$$

$$\dot{Q} = 16{,}9 \cdot 0{,}505 \cdot 279{,}5 = \underline{2385 \text{ W}}$$

Zu 2.

Der Temperaturabfall des Gases durch Wärmeverluste ergibt sich zu:

$$\Delta T = \frac{\dot{Q}}{\dot{M} c_p}$$

Masse des Gases: $\dot{M} = \varrho w A_q$

Für ein ideales Gas gilt:

$$\varrho = \varrho_0 \frac{p}{p_0}\frac{T_0}{T} = \frac{M}{22{,}4}\frac{p}{p_0}\frac{T_0}{T}$$

Der Index o bezieht sich auf den Normalzustand.

$$\varrho = \frac{82}{22,4} \frac{104,0}{101,3} \frac{273}{573} = 1,790 \text{ kg/m}^3$$

$$\dot{M} = 1790 \cdot 15 \cdot 0,303^2 \cdot \frac{\pi}{4} = 1,935 \text{ kg/s}$$

$$\Delta T = \frac{2385}{1,935 \cdot 1172} = \underline{1,052 \text{ K}}$$

Der Temperaturabfall des Gases in der 10 m langen isolierten Rohrleitung beträgt 1,05 K. Dies stimmt gut mit dem unter 1. geschätzten Temperaturabfall von 1 K überein, so daß eine nochmalige Berechnung mit einer korrigierten mittleren Temperaturdifferenz nicht erforderlich ist.

Zu 3.

In der Wand des Stahlrohres und der Verblechung ist die Temperatur praktisch konstant. Am einfachsten werden die Wandtemperaturen mit dem Wärmeübergangskoeffizienten bestimmt (s. auch Bild 3.17):

$$\dot{Q} = \alpha_i A_i (T_i - T_{iw})$$

$$T_{iw} = T_i - \frac{\dot{Q}}{\alpha_i A_i} = 299,5 - \frac{2385}{80 \cdot 0,303 \cdot \pi \cdot 10} = \underline{296,4 \text{ °C}}$$

Vorstehende Rechnung bezieht sich auf die mittlere Temperatur des Gases von 299,5 °C in der Rohrleitung.

$$\dot{Q} = \alpha_a A_a (T_{aw} - T_a)$$

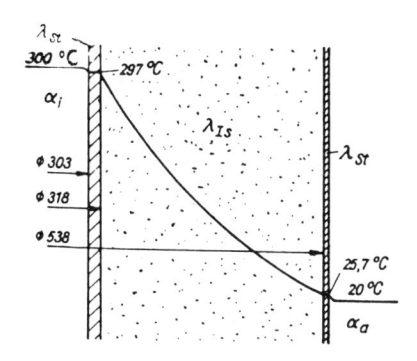

$$T_{aw} = T_a + \frac{\dot{Q}}{\alpha_a A_a} = 20 + \frac{2385}{25 \cdot 16,9} = \underline{25,6 \text{ °C}}$$

Bild 3.17. Temperaturverlauf in einem isolierten Stahlrohr gemäß Beispiel 3.1

Beispiel 3.2. Wärmedurchgang bei der Abkühlung einer stark viskosen Flüssigkeit

In einem Rohrbündelwärmeübertrager wird Öl von 110 auf 50 °C im Gegenstrom durch Wasser in den Rohren gekühlt, das sich von 23 auf 38 °C erwärmt.

Gegeben:

Innenrohre 25/20 mm Durchmesser aus Stahl, Länge 6 m; gleichwertiger Durchmesser im Außenraum des Rohrbündels $d_{gl} = 0,0261$ m, in den Rohren innen: 0,3 mm duroplastischer Überzug

$\lambda_L = 1$ W/(m K), Ölgeschwindigkeit 1,2 m/s, $\alpha_i = 5800$ W/(m² K)

Stoffdaten für Schmieröl

T in °C	50	70	90	110
η in 10^{-6} Pa s	3270	2320	1650	1220

bei 80 °C: $\lambda = 0{,}124$ W/(m K); $c_p = 2200$ J/(kg K); $\varrho = 730$ kg/m³

bei 50 °C: $\lambda = 0{,}131$ W/(m K); $c_p = 2050$ J/(kg K); $\varrho = 710$ kg/m³

Aufgabe:

Der Wärmedurchgangskoeffizient, bezogen auf d_a, ist zu berechnen.

Lösung:

Gemäß Gleichung (3.6) gilt:

$$\frac{1}{k_a} = \frac{1}{\alpha_i}\frac{d_a}{d_i} + \sum_{n=1}^{2} \frac{d_a}{2\lambda_n}\ln\frac{d_{n+1}}{d_n} + \frac{1}{\alpha_a}$$

Mit den gegebenen Werten erhält man für die Re-Zahl bei einer mittleren Öltemperatur von 80 °C:

$$\text{Re} = \frac{w d_{gl} \varrho}{\eta} = \frac{1{,}2 \cdot 0{,}0261 \cdot 730}{1950 \cdot 10^{-6}} = 11720$$

Es liegt turbulente Strömung vor, auch bei der niedrigsten Öltemperatur von 50 °C. Deshalb ist es vertretbar, den Ölkühler mit einer mittleren Öltemperatur von 80 °C zu berechnen. Würde teilweise laminare Strömung auftreten, müßte auf jeden Fall abschnittsweise gerechnet werden.

$$\text{Pr} = \frac{\eta c_p}{\lambda} = \frac{1950 \cdot 2200}{10^6 \cdot 0{,}124} = 34{,}6$$

Mit einer geschätzten Wandtemperatur von 56 °C erhält man $\text{Pr}_w = 51{,}6$. Mit den Gleichungen (2.91) und (2.92) erhält man:

$$\text{Nu} = 0{,}012\,(\text{Re}^{0{,}87} - 280)\,\text{Pr}^{0{,}4}[1 + (d/L)^{2/3}]\,(\text{Pr}/\text{Pr}_w)^{0{,}11}$$

$$\text{Nu} = 0{,}012(11720^{0{,}87} - 280)\,34{,}6^{0{,}4}\left[1 + \left(\frac{0{,}0261}{6}\right)^{2/3}\right]\left(\frac{34{,}6}{51{,}6}\right)^{0{,}11}$$

$$\text{Nu} = 155$$

$\alpha_a = \text{Nu}\,\lambda/d_{gl} = 155 \cdot 0{,}124/0{,}0261 = 737$ W/(m² K)

$$\frac{1}{k_a} = \frac{1}{5800}\frac{25}{19{,}4} + \frac{0{,}025}{2 \cdot 1}\ln\frac{20}{19{,}4} + \frac{0{,}025}{2 \cdot 59}\ln\frac{25}{20} + \frac{1}{737}$$

$k_a = \underline{498\text{ W/(m² K)}}$

Nachprüfung der geschätzten Wandtemperatur

Der mittels Wärmedurchgang und Konvektion übertragene Wärmestrom muß gleich groß sein:

$$\dot{Q} = k_a A_a \Delta T_m = \alpha_a A_a (T_{\text{Öl}} - T_w)$$

Daraus erhält man für die Wandtemperatur

$$T_w = T_{\text{Öl}} - \frac{k_a d_a \Delta T_m}{\alpha_a d_a}$$

Die mittlere Temperaturdifferenz ist:

$$\Delta T_m = \frac{\Delta T_{gr} - \Delta T_{kl}}{\ln \Delta T_{gr}/\Delta T_{kl}} = \frac{72 - 27}{\ln 72/27} = 45{,}9 \text{ K}$$

$$T_w = 80 - \frac{498 \cdot 0{,}0194 \cdot 45{,}9}{737 \cdot 0{,}025} = 55{,}9 \text{ °C}$$

Die Differenz zwischen der geschätzten Wandtemperatur von 56 °C und der berechneten Wandtemperatur von 55,9 °C ist so klein, daß der Einfluß auf den k-Wert nicht mehr wirksam wird.

Beispiel 3.3. Mittlere Temperaturdifferenz bei mehrgängigen Rohrbündelwärmeübertragern

Bei der Auslegung eines Rohrbündelwärmeübertragers (RWÜ) ist zu untersuchen, ob die Anwendung von Mehrgängigkeit Vorteile bringt. Bei eingängiger Ausführung ist Gegenstrom anzuwenden. Das warme Medium wird in den Rohren geführt. Für das kalte Medium im Außenraum des RWÜ können Umlenkbleche zur Erhöhung der Geschwindigkeit verwendet werden.

Gegeben:

Wärmekapazität des warmen Mediums $\dot{M}_1 c_{p1} = 195 \text{ kW/K}$
Wärmekapazität des kalten Mediums $\dot{M}_2 c_{p2} = 378 \text{ kW/K}$
$\alpha_a = 1200 \text{ W/(m}^2 \text{ K)}$, $\alpha_i = 935 w^{0,80}$ in W/(m² K) mit w in m/s
bei eingängiger Ausführung des RWÜ ist $w_i = 0{,}453$ m/s
Eintrittstemperatur des warmen Mediums $T_{1E} = 160 \text{ °C}$
Eintrittstemperatur des kalten Mediums $T_{2E} = 20 \text{ °C}$
Stahlrohr 25/20 mm Durchmesser

Aufgabe:

Die Wärmeübertragungsfläche ist zu bestimmen bei Abkühlung des warmen Mediums:
1. bis auf $T_{1A} = 72 \text{ °C}$
2. bis auf $T_{1A} = 27 \text{ °C}$

Lösung:

Es wird jeweils die Ausführung eines eingängigen, zweigängigen und viergängigen RWÜ geprüft.

Zu 1.

Die Austrittstemperatur des kalten Mediums T_{2A} wird mit einer Energiebilanz bestimmt. Der Wärmeverlust an die Umgebung wird dabei vernachlässigt.

$$\dot{H}_1 = \dot{H}_2; \quad \dot{M}_1 c_{p1}(T_{1E} - T_{1A}) = \dot{M}_2 c_{p2}(T_{2A} - T_{2E})$$

$$T_{2A} = T_{2E} + \frac{\dot{M}_1 c_{p1}}{\dot{M}_2 c_{p2}}(T_{1E} - T_{1A}) = T_{2E} + \frac{\dot{H}_1}{\dot{M}_2 c_{p2}}$$

$$T_{2A} = 20 + \frac{195}{378}(160 - 72) = 65{,}4 \text{ °C}$$

Zur Ermittlung der Wärmeübertragungsfläche wird Gleichung (3.3) mit dem auf die Innenfläche bezogenen Wärmedurchgangskoeffizienten verwendet. Der Wärmeleitwiderstand des Stahlrohres wird vernachlässigt.

$$\dot{Q} = k_i A_i \Delta T_m \quad \text{und} \quad \frac{1}{k_i} = \frac{1}{\alpha_i} + \frac{1}{\alpha_a}\frac{d_i}{d_a}$$

Eingängige Ausführung:

Es wird zunächst der Wärmedurchgangskoeffizient bestimmt.

$\alpha_i = 935 w^{0,80} = 935 \cdot 0,453^{0,80} = 496 \text{ W/(m}^2 \text{ K)}$

$\dfrac{1}{k_i} = \dfrac{1}{496} + \dfrac{1}{1200}\dfrac{20}{25}$

$k_i = 373 \text{ W/(m}^2 \text{ K)}$

Die mittlere Temperaturdifferenz ist nach Gleichung (2.200):

$\Delta T_m = \dfrac{\Delta T_{gr} - \Delta T_{kl}}{\ln \dfrac{\Delta T_{gr}}{\Delta T_{kl}}}$

$\Delta T_{gr} = 169 - 65,4 = 94,6 \text{ K}; \qquad \Delta T_{kl} = 72 - 20 = 52 \text{ K}$

(s. auch Bild 3.18)

$\Delta T_m = \dfrac{94,6 - 52}{\ln \dfrac{94,6}{52}} = 71,2 \text{ K}$

Damit erhält man für die Wärmeübertragungsfläche:

$A_i = \dfrac{\dot{Q}}{k_i \, \Delta T_m}$

$\dot{Q} = \dot{M}_1 c_{p1}(T_{1E} - T_{1A}) = 195(160 - 72) = 17,16 \cdot 10^3 \text{ kW} = 17,16 \cdot 10^6 \text{ W}$

$A_i = \dfrac{17,16 \cdot 10^6}{373 \cdot 71,2} = \underline{\underline{647 \text{ m}^2}}$

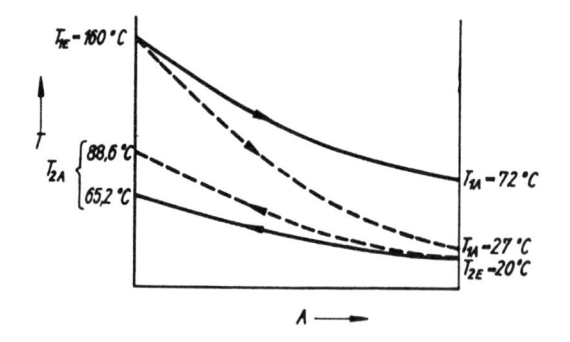

Bild 3.18. Temperaturverlauf gemäß Beispiel 3.3

Zwei- und mehrgängige Ausführung:

Es wird vorausgesetzt, daß bei der zweigängigen Ausführung die Geschwindigkeit in den Rohren doppelt, $w_i = 0,906$ m/s, und bei viergängiger Ausführung viermal so groß ist, $w_i = 1,812$ m/s. Tatsächlich wird die Geschwindigkeit noch etwas größer sein, weil durch die Anbringung von Leitblechen in den Umlenkkammern für die mehrgängige Führung des Mediums in den Rohren einige Rohre wegfallen. Bis auf die Bestimmung der mittleren Temperaturdifferenz ist der Rechnungsgang dem der eingängigen Ausführung gleich. Bei mehrgängiger Ausführung gilt

$\Delta T_{m \text{ Mehrgang}} = \varepsilon \, \Delta T_{m \text{ Gegen}}$ \hfill (3.7)

Wärmeübertrager ohne Phasenänderung 3.2.

Der Korrekturfaktor ε ist bei einem zwei- und viergängigen RWÜ mit einem Durchgang außen aus Bild 3.12 zu entnehmen. Für die vorliegende Aufgabe erhält man mit

$$\frac{\dot{W}_2}{\dot{W}_1} = \frac{378}{195} = 1{,}938 \quad \text{und} \quad \frac{T_{2A} - T_{2E}}{T_{1E} - T_{2E}} = \frac{65{,}4 - 20}{160 - 20} = 0{,}324$$

aus Bild 3.12 für die zwei- und viergängige Ausführung $\varepsilon = 0{,}915$. Damit wird die mittlere Temperaturdifferenz beim mehrgängigen RWÜ:

$$\Delta T_{m\,\text{Mehrgang}} = 0{,}915 \cdot 71{,}3 = 65{,}1 \text{ K}$$

Die anderen Größen sind analog wie für die eingängige Ausführung zu bestimmen und in Tabelle 3.1 aufgeführt.

Tabelle 3.1. Zusammenstellung der Größen für die ein-, zwei- und viergängige Ausführung des RWÜ

	Eingängig	Zweigängig	Viergängig
w_i in m/s	0,453	0,906	1,812
α_i in W/(m² K)	496	864	1504
k_i in W/(m² K)	373	548	751
ΔT_m in K	71,2	65,1	65,1
A_i in m²	647	481	351

Zur Entscheidung über die auszuwählende Variante ist die Beurteilung des Druckverlustes (zur Verfügung stehende Druckdifferenz, Kosten für die Druckerzeugung) heranzuziehen. Es ist zu vermuten, daß dabei die Variante mit der zweigängigen Ausführung am günstigsten sein wird.

Zu 2.

Die Berechnung erfolgt analog wie unter 1.

$$T_{2A} = 20 + \frac{195}{378}(160 - 27) = 88{,}6 \,°C$$

Eingängige Ausführung:

Mittlere Temperaturdifferenz:

$$\Delta T_{gr} = 160 - 88{,}6 = 71{,}4 \text{ K}; \quad \Delta T_{kl} = 27 - 20 = 7 \text{ K}$$

$$\Delta T_m = \frac{71{,}4 - 7}{\ln \dfrac{71{,}4}{7}} = 27{,}7 \text{ K}$$

Wärmeübertragungsfläche:

$$\dot{Q} = 195(160 - 27) = 25{,}9 \cdot 10^3 \text{ kW} = 25{,}9 \cdot 10^6 \text{ W}$$

$$A_i = \frac{25{,}9 \cdot 10^6}{373 \cdot 27{,}7} = \underline{2510 \text{ m}^2}$$

Zwei- und viergängige Ausführung:

Für $\dfrac{\dot{W}_2}{\dot{W}_1} = 1{,}938$ und $\dfrac{T_{2A} - T_{2E}}{T_{1E} - T_{2E}} = \dfrac{88{,}6 - 20}{160 - 20} = 0{,}490$

kann aus Bild 3.12 kein Wert für ε abgelesen werden, da ε gegen Null geht. Dieser Sachverhalt wird bei Betrachtung des Temperaturverlaufs im Bild 3.18 verständlich, da es mit partiellem Gleichstrom nicht möglich ist, eine höhere Austrittstemperatur für das kalte Medium gegenüber der Austrittstemperatur des warmen Mediums zu erreichen.

Wenn die Geschwindigkeit bei der vorliegenden eingängigen Ausführung mit 0,453 m/s für die Wirtschaftlichkeit zu klein ist, müssen zwei oder mehrere hintereinander geschaltete Rohrbündelwärmeübertrager mit reinem Gegenstrom ausgeführt werden.

Beispiel 3.4. Wärmeübergang durch Strahlung zwischen zwei Körpern

In einem großen gemauerten Raum mit ε = 0,93 und einer Wandtemperatur von 30 °C befindet sich ein Stahlrohr mit 89 mm Außendurchmesser und ε = 0,79 und einer Wandtemperatur von 305 °C. Rohrlänge 3 m.

Aufgabe:

1. Der durch Strahlung übertragene Wärmestrom $\dot{Q}_{12}$ ist zu ermitteln.
2. Wie groß wird $\dot{Q}_{12}$, wenn sich das Stahlrohr in einem gemauerten Kanal mit einem Querschnitt von 0,3 × 0,4 m befindet statt in einem großen Raum?

Lösung:

Zu 1.

Aus den Gleichungen (3.13) und (3.18) erhält man mit $A_2 \to \infty$:

$\dot{Q}_{12} = \varepsilon_1 C_s A_{\text{Rohr}} [(T_1/100)^4 - (T_2/100)^4]$

$\dot{Q}_{12} = 0{,}79 \cdot 5{,}67 \cdot 0{,}089\pi \cdot 3 (5{,}78^4 - 3{,}03^4)$

$\dot{Q}_{12} = \underline{3880 \text{ W}}$

Zu 2.

$$C_{12} = \frac{C_s}{\dfrac{1}{\varepsilon_1} + \dfrac{A_1}{A_2}\left(\dfrac{1}{\varepsilon_2} - 1\right)} \tag{3.18}$$

$\dfrac{A_1}{A_2} = \dfrac{0{,}089\pi \cdot 3}{(2 \cdot 0{,}3 + 2 \cdot 0{,}4)\,3} = 0{,}1997$ und $C_{12} = \dfrac{5{,}67}{\dfrac{1}{0{,}79} + 0{,}1997\left(\dfrac{1}{0{,}93} - 1\right)}$

$C_{12} = 4{,}43 \text{ W/(m}^2\text{ K}^4)$

Mit Gleichung (3.13) erhält man:

$\dot{Q}_{12} = 4{,}43 \cdot 0{,}089\pi \cdot 3(5{,}78^4 - 3{,}03^4) = \underline{3830 \text{ W}}$

3.2.2. Auslegung von Wärmeübertragern

Als erstes ist eine Energiebilanz aufzustellen, die auf eine Bezugstemperatur zu beziehen ist. Wenn alle Temperaturen oberhalb 0 °C liegen, kann 0 °C als Bezugstemperatur gewählt werden, sonst eine entsprechend niedrigere Temperatur. Unter Bezugnahme auf

3.2. Wärmeübertrager ohne Phasenänderung

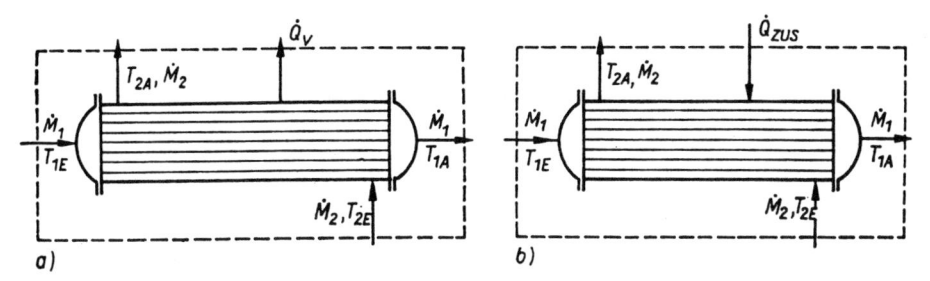

Bild 3.19. Energiebilanz für den gesamten Wärmeübertrager
a) oberhalb Umgebungstemperatur
b) unterhalb Umgebungstemperatur

Bild 3.19a gilt:

$$\dot{M}_1 c_{p1}(T_{1E} - T_0) + \dot{M}_2 c_{p2}(T_{2E} - T_0) = \dot{M}_1 c_{p1}(T_{1A} - T_0)$$
$$+ \dot{M}_2 c_{p2}(T_{2A} - T_0) + \dot{Q}_v \quad \text{oder}$$

$$\dot{M}_1 c_{p1}(T_{1E} - T_{1A}) = \dot{M}_2 c_{p2}(T_{2A} - T_{2E}) + \dot{Q}_v \tag{3.22}$$

Entsprechend ergibt die Energiebilanz gemäß Bild 3.19b:

$$\dot{M}_1 c_{p1}(T_{1A} - T_{1E}) + \dot{Q}_{zus} = \dot{M}_2 c_{p2}(T_{2A} - T_{2E}) \tag{3.23}$$

In zahlreichen Fällen kann der Wärmeverlust $\dot{Q}_v$ bzw. $\dot{Q}_{zus}$ gegenüber den Enthalpieströmen im Wärmeübertrager vernachlässigt werden.
Gesucht sind in der Regel die Wärmeübertragungsfläche und Hauptabmessungen des Wärmeübertragers. Aus Gleichung (2.150) erhält man:

$$A = \frac{\dot{Q}}{k \, \Delta T_m}$$

Die mittlere Temperaturdifferenz kann bei Gegen- und Gleichstrom nach Gleichung (2.200) berechnet werden. Dann sind noch zwei Unbekannte in Gleichung (2.150), k und A. Zur Bestimmung des k-Wertes sind die Wärmeübergangskoeffizienten auf beiden Seiten zu ermitteln. Diese hängen gemäß den im Abschnitt 2.3.2. angegebenen Gleichungen hauptsächlich von der Geschwindigkeit und den Stoffdaten η, λ, ϱ, c_p ab. Die Geschwindigkeit ergibt sich jedoch aus den konstruktiven Hauptabmessungen des Wärmeübertragers, die zu wählen sind. Weiterhin ist der Werkstoff festzulegen, um den Wärmeleitwiderstand der Rohrwand bestimmen zu können, wobei dieses Glied meist von sehr geringem Einfluß ist. Damit liegt ein nichtlineares Gleichungssystem vor, zu dessen Lösung auch die Hauptabmessungen des Wärmeübertragers benötigt werden. Es ist nur eine iterative Lösung möglich.
Zweckmäßigerweise wird so vorgegangen, daß für die erste Durchrechnung der Wärmedurchgangskoeffizient geschätzt und damit die Fläche ermittelt wird. Nach Wahl einer bestimmten Bauart (meist RWÜ) kann der Wärmeübertrager dann unter Beachtung der vorgegebenen Massenströme und wirtschaftlich geeigneter Geschwindigkeiten dimensioniert werden. Der Wärmedurchgangskoeffizient kann Werte zwischen 10 und 3000 W/(m² K) annehmen. In Tabelle 3.2 sind gemäß Erfahrungen einige typische Werte für k aufgeführt.
Die große Schwankungsbreite für die k-Werte ist durch unterschiedliche physikalische Eigenschaften der fluiden Medien und verschieden ausgeführte Geschwindigkeiten zu erklären. Eine schlechte Schätzung des k-Wertes hat auf das Endergebnis keinen Einfluß. Allerdings wird dann die Zahl der Durchrechnungen erhöht.

Tabelle 3.2. Erfahrungswerte für Wärmedurchgangskoeffizienten

	k in W/(m² K)
Gas (0,1 MPa) gegen Gas (0,1 MPa)	10 ... 70
Gas (>20 MPa) gegen Gas (>20 MPa)	150 ... 450
Gas (>20 MPa) gegen Gas (0,1 MPa)	20 ... 100
Flüssigkeit gegen Gas (0,1 MPa)	20 ... 100
Flüssigkeit gegen Flüssigkeit	150 ... 1500
Kondensation von Dampf — Kühlmittel Wasser[1])	1500 ... 3000
Kondensation von Dampf — Kühlmittel Gas (0,1 MPa)	25 ... 100
Verdampfer mit natürlichem Umlauf:	
verdampfende zähe Flüssigkeit — Heizmittel Wasserdampf[1])	350 ... 1000
verdampfende wenig zähe Flüssigkeit — Heizmittel Wasserd.[1])	600 ... 2000

[1]) ohne Schmutzschichten oder andere Ablagerungen an der Wand

Zur Wahl der wirtschaftlichen Geschwindigkeit

Höhere Geschwindigkeiten der fluiden Medien bedeuten bessere Wärmeübergangskoeffizienten und damit eine kleinere Fläche, aber höhere Energiekosten wegen des größeren Druckverlustes. Die gegenläufige Tendenz der daraus resultierenden Kosten zeigt in prinzipieller Weise Bild 3.20.

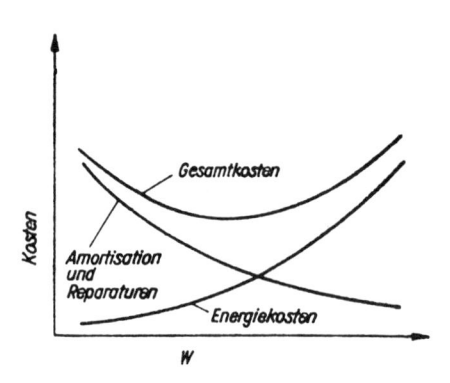

Bild 3.20. Prinzipieller Zusammenhang zwischen Kosten und Geschwindigkeit bei der Wärmeübertragung

Es ergibt sich ein Kostenminimum aus der Summe von Energiekosten und Amortisationskosten einschließlich Kapitalzinsen und Reparaturen. Erfahrungsgemäß ist dieses Kostenminimum in folgenden Geschwindigkeitsbereichen zu erwarten:

Flüssigkeiten	0,5 ... 2 m/s
Gase (Niederdruck)	10 ... 25 m/s
Gase (Hochdruck > 10 MPa)	8 ... 15 m/s

Extreme Verhältnisse können zu wesentlichen Abweichungen von diesen Orientierungswerten führen. So ist zum Beispiel bei Kernreaktoren mit Druckwasser, bei denen infolge der besonderen Verhältnisse auf kleinstem Raum große Wärmeströme abzuführen sind, eine Wassergeschwindigkeit bis zu 10 m/s durchaus wirtschaftlich.

Zur Wahl der wirtschaftlichen Temperaturdifferenz ΔT_{kl}

Die kleinere Temperaturdifferenz ΔT_{kl} am Ende des Wärmeübertragers beeinflußt wesentlich die Ausnutzung der Energie. Es wird davon ausgegangen, daß die Energie genutzt wird, so daß hier nicht der Fall der Abkühlung von Produkten durch Kühlwasser bzw. Luft ohne Nutzung der Energie betrachtet wird.

Je kleiner ΔT_{kl} gewählt wird, um so besser wird die Energie genutzt; aber um so größer werden die Wärmeübertragungsfläche und die Investitionskosten. Als erste Orientierungswerte für Wirtschaftlichkeitsbetrachtungen können dienen:
Bei Flüssigkeiten: ΔT_{kl} 3 ... 10 K und
bei Gasen ΔT_{kl} 10 ... 25 K.

Es ist verständlich, daß diese Orientierungswerte insbesondere von dem Energiepreis, den Kosten für den Werkstoff und der Art der Einbeziehung des Wärmeübertragers in das Gesamtsystem beeinflußt werden. So sind bei der sehr teuren Kälteenergie von $-190\,°C$ im Zusammenhang mit der Luftverflüssigung $\Delta T_{kl} = 2$ K am kalten Ende für Gas und die dazu notwendigen großen Wärmeübertragungsflächen wirtschaftlich gerechtfertigt. Bild 3.21 zeigt den prinzipiellen Zusammenhang der Kosten in Abhängigkeit von ΔT_{kl}.

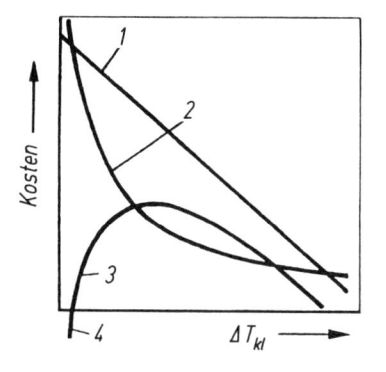

Bild 3.21. Aufwand und Gewinn bei der Nutzung von Sekundärenergie in Abhängigkeit von der kleinen Temperaturdifferenz ΔT_{kl} am Ende des Wärmeübertragers
1 Kostengutschrift durch Energiegewinnung
2 Aufwand (Kapitalzinsen, Amortisation, Reparaturen)
3 Gewinn
4 Verlust

Die *Hauptschritte bei der Auslegung* eines Wärmeübertragers können wie folgt zusammengefaßt werden:

1. Energiebilanz aufstellen, dazu alle Größen ermitteln, ΔT_m berechnen.
2. Mit einem geschätzten k-Wert überschläglich die Wärmeübertragungsfläche bestimmen.
3. Unter Berücksichtigung der Massenströme, wirtschaftlich zweckmäßiger Geschwindigkeiten und der gemäß Punkt 2 ermittelten Fläche die Hauptabmessungen des Wärmeübertragers festlegen. Meist werden RWÜ verwendet, dazu DIN beachten.
4. Wärmeübergangskoeffizienten und Wärmedurchgangskoeffizient berechnen.
5. Die notwendige Wärmeübertragungsfläche mit dem unter Punkt 4 ermittelten k-Wert ist zu bestimmen und mit der überschläglich ermittelten Fläche gemäß Punkt 2 zu vergleichen. Bei Abweichungen der beiden Flächen ist zu prüfen, ob es genügt, bei einem RWÜ nur die Länge zu variieren. Dann ist keine neue Durchrechnung erforderlich. Falls Manteldurchmesser und Rohrzahl verändert werden, ist der Wärmeübertrager neu durchzurechnen und mit Punkt 3 zu beginnen.
6. Die Druckverluste für die fluiden Medien auf beiden Seiten des Wärmeübertragers sind zu berechnen und zu prüfen, ob die Druckverluste im Rahmen des gesamten Verfahrens vertretbar sind. Es kann auch sein, daß ein bestimmter Druckverlust zur Verfügung steht; der errechnete wesentlich kleiner ist, so daß dann zu prüfen ist, ob die Geschwindigkeit erhöht wird, um den k-Wert zu verbessern und die Wärmeübertragungsfläche zu verkleinern. Gegebenenfalls müssen im Rahmen einer Wirtschaftlichkeitsberechnung mehrere Varianten des Wärmeübertragers mit unterschiedlichen Geschwindigkeiten zur Ermittlung der optimalen Kosten untersucht werden.

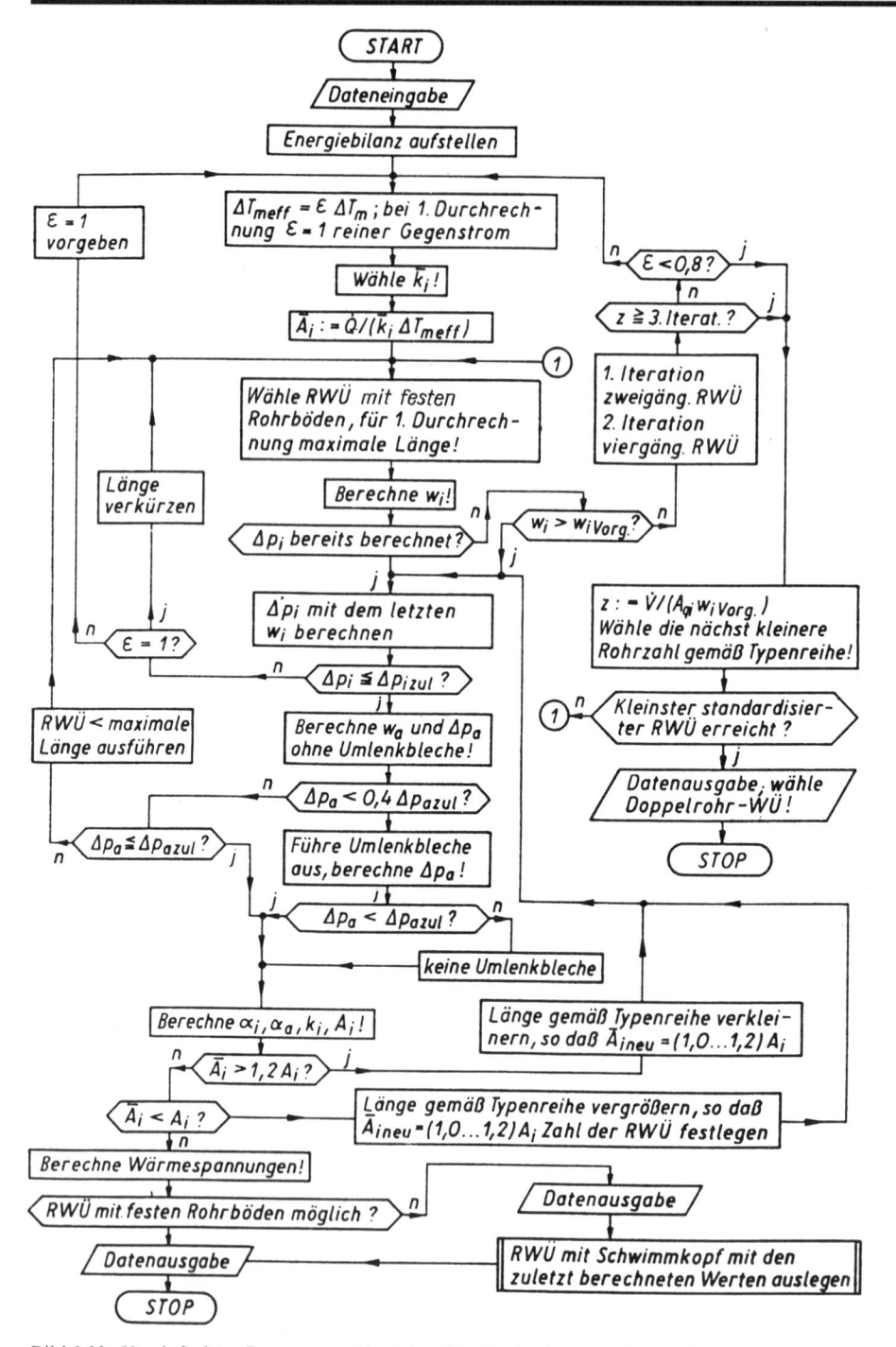

Bild 3.22. Vereinfachter Programmablaufplan für die Auslegung eines Rohrbündelwärmeübertragers mit glatten Rohren für fluide Medien bei vorgegebenen Druckverlusten

7. Bei der Nutzung der Sekundärenergie ist unter Einbeziehung von Kostenfunktionen die wirtschaftliche Temperaturdifferenz ΔT_{k1} zu ermitteln (s. Bild 3.21).

Ein Beispiel für die Auslegung eines Rohrbündelwärmeübertragers mit glatten Rohren mittels Rechenprogramm wird im Bild 3.22 gezeigt und nachstehend mit den Hauptschritten erläutert.

1. Dateneingabe: Stoffdaten, Massenströme, Temperaturen, Druckverluste, Gesamtdruck, Typenreihen für Wärmeübertrager.
2. Energiebilanz aufstellen, Ein- und Austrittstemperaturen der fluiden Medien ermitteln.
3. Mittlere Temperaturdifferenz bestimmen; bei der 1. Durchrechnung reinen Gegenstrom annehmen.
4. Wärmedurchgangskoeffizienten bezogen auf die innere Fläche wählen (bei Dateneingabe vorgeben).
5. Wärmeübertragungsfläche A_i mit dem gewählten Wärmedurchgangskoeffizienten berechnen.
6. RWÜ mit festem bzw. ausziehbarem Rohrbündel nach DIN vorgeben.
7. Geschwindigkeit w_i in den Rohren berechnen.
8. Berechnung des Druckverlustes und Ausführung einer technisch zweckmäßigen Geschwindigkeit in den Rohren. Dazu sind verschiedene Schritte im Programmablaufplan vorgesehen.
9. Berechnung der Geschwindigkeit und des Druckverlustes um die Rohre: Als erste Variante werden die Geschwindigkeit und der Druckverlust im Außenraum ohne Umlenkbleche berechnet. Ist $\Delta p_a > 0{,}4 \Delta p_{a\,zul}$, so erfolgt die Ausführung ohne Umlenkbleche, wobei der Wert 0,4 gewählt wurde. Dann wird geprüft, ob $\Delta p_a \leqq \Delta p_{a\,zul}$; falls ja, ist die Auslegung abgeschlossen. Ist $\Delta p_a > \Delta p_{a\,zul}$, so ist ein neuer RWÜ mit verminderter Geschwindigkeit w_a auszulegen. Dies führt auf eine Parallelschaltung. Die Vorgabe für $\bar{w}_a$ kann nach folgender Beziehung erfolgen.
$\bar{w}_a := 0{,}9 w_a \sqrt{\Delta p_{a\,zul}/\Delta p_a}$. Ist $\Delta p_a < 0{,}4 \Delta p_{a\,zul}$, so wird der zur Verfügung stehende Druckverlust im Außenraum noch zu wenig genutzt. Es werden daher Umlenkbleche vorgesehen. Durch die anschließende Berechnung von Δp_a und den Vergleich, ob $\Delta p_a < 0{,}8 \Delta p_{a\,zul}$ ist, wird gemäß Programmablaufplan eine geeignete Dimensionierung erreicht. Als letztes wird noch einmal geprüft, ob $\Delta p_a < \Delta p_{a\,zul}$ ist.
10. Nach der erfolgten Dimensionierung des Wärmeübertragers werden die Wärmeübergangskoeffizienten α_i und α_a, der Wärmedurchgangskoeffizient k_i und die notwendige Fläche A_i berechnet.
11. Überprüfung der angenommenen und berechneten Wärmeübertragungsfläche: Es wird geprüft, ob die angenommene Fläche $\bar{A}_i > 1{,}2 A_i$ ist. Falls ja, wird die Länge verkleinert, und die Berechnung beginnt neu mit Punkt 8. Dann wird geprüft, ob $\bar{A}_i < A_i$ ist. Falls ja, wird die Länge vergrößert, und die Berechnung beginnt neu ab Punkt 8; falls nein, wird zu Punkt 12 übergegangen.
12. Auf Grund der berechneten Wärmespannungen ist zu entscheiden, ob ein RWÜ mit festen Rohrböden ausgeführt werden kann. Bei positiver Beantwortung ist die Berechnung abgeschlossen. Gegebenenfalls kann als Variantenrechnung eine nochmalige Durchrechnung mit einem fest vorgegebenen Manteldurchmesser (nächst größerer und nächst niedriger Wert der Typenreihe) erfolgen, um zu prüfen, ob eine zweckmäßigere Lösung mit den vorgegebenen Druckverlusten und der benötigten Fläche möglich ist.
13. Ist die Ausführung eines RWÜ mit festen Rohrböden nicht möglich, so erfolgt die Datenausgabe mit einem entsprechenden Zusatz. Die Berechnung ist dann neu unter Verwendung der Typenreihe mit schwimmendem Kopf und einer geringen Variation des vorliegenden Programms zu beginnen, da bei einem RWÜ mit schwimmendem Kopf immer die Gangzahl 2 bzw. 4 vorliegt.
14. Die Datenausgabe wird normalerweise umfassen: Abmessungen des Wärmeübertragers, Zahl der hintereinander bzw. parallel geschalteten RWÜ, α_a, α_i, k_i Geschwindigkeiten, Δp_i, Δp_a benötigte und ausgeführte Wärmeübertragungsfläche.

Oft wird vorher geklärt, ob ein RWÜ mit festen Rohrböden oder mit Schwimmkopf ausgeführt wird, so daß dann ein Rechenprogramm mit einer definierten Ausführung des RWÜ verwendet wird.

170   **3** Prozesse und Apparate der Wärmeübertragung

Beispiel 3.5. Auslegung eines Wärmeübertragers mit Wirtschaftlichkeitsbetrachtungen

In einer Absorptionsanlage wird aus Synthesegas Schwefelwasserstoff durch Sulfosolvanlauge chemisch absorbiert, Schema der Anlage siehe Bild 5.1. In einem Laugewärmeübertrager 3 sollen $\dot{M}_1 = 110$ t/h regenerierte Sulvosolvanlauge mit 105 °C mit dem gleichen Massenstrom an kalter Sulvosolvanlauge $\dot{M}_2 = 110$ t/h mit 32 °C aus der Absorptionskolonne möglichst weitgehend abgekühlt werden. Dabei wird die von der kalten Lauge in der Absorptionskolonne aufgenommene Menge an CO_2 und H_2S vernachlässigt. In einem nachgeschalteten Kühler 4 erfolgt die weitere Abkühlung der regenerierten Lauge auf 23 °C. In den warmen Sommermonaten wird dazu Kälteenergie benötigt. Als Werkstoff ist für den Laugewärmeübertrager Aluminium erforderlich.

Gegeben:

Stoffdaten für die Lauge:

$\varrho = 1170$ kg/m³ ; $\lambda = 0{,}58$ W/(m K) ; $c_p = 2{,}97$ kJ/(kg K)

T in °C	50	60	70	80
v in 10^{-6} m²/s	2,35	1,86	1,53	1,32

Aluminium: $\lambda_{Al} = 203$ W/(m K)

Für die Wirtschaftlichkeitsberechnung sind zu verwenden:
1 m² Wärmeübertragungsfläche aus Aluminium mit Zubehör (Umlenkstücke, Stahlbau für Gerüste) je m² 1250 DM,
elektrische Energie: 150 DM für 10^3 kWh,

Wasserkühler 4: Kosten für Wasserkühler und anteilig im Sommer Kälteenergie plus Kosten für Amortisation, Kapitalzinsen und Reparaturen als Jahresmittelwert 4,20 DM für die Abführung von 1 GJ.

Vorwärmer 5: Für 1 t Dampf 2,4 bar 32,0 DM; Kosten für Amortisation, Kapitalzinsen und Reparaturen 0,60 DM für die Zuführung von 1 GJ.

Aufgabe:

1. Der Laugevorwärmer 3 ist als Rohrbündelwärmeübertrager auszulegen. Es sind Rohre mit 25/21 mm Durchmesser zu verwenden, Länge der Rohre maximal 6 m. Der Wärmeverlust an die Umgebung ist zu vernachlässigen.
2. Es ist die optimale Größe des Laugewärmeübertragers auf der Grundlage einer Wirtschaftlichkeitsberechnung zu ermitteln.

Lösung:

Zu 1. Auslegung des Laugewärmeübertragers

Der Algorithmus für die Auslegung eines neuen Wärmeübertragers ohne Optimierung ist in verbaler Form im Abschnitt 3.2.2. aufgeführt.

1. Energiebilanz und mittlere Temperaturdifferenz

Die Temperaturdifferenz am kalten Ende des Wärmeübertragers wird mit 7 K gewählt, s. auch Abschn. 3.2.2. Zu dieser Temperaturdifferenz werden später noch Wirtschaftlichkeitsbetrachtungen durchgeführt. Mit der Temperaturdifferenz von 7 K ergibt sich T_{1A} zu 39 °C

und $\dot{H}_1 = \dot{M}_1 c_{p1}(T_{1E} - T_{1A}) = 110000 \cdot 2{,}97(105 - 39)\dfrac{1}{3600} = 5990$ kW.

Bei Vernachlässigung des Wärmeverlustes an die Umgebung ist $\dot{H}_1 = \dot{H}_2$. Da $\dot{M}_1 c_{p1} = \dot{M}_2 c_{p2}$ ist, muß die Temperaturdifferenz am warmen Ende gleichfalls 7 K sein. Damit ist auch die mittlere Temperaturdifferenz $\Delta T_m = 7$ K.

2. Überschlägliche Bestimmung der Wärmeübertragungsfläche

Dazu ist der Wärmedurchgangskoeffizient zu schätzen. Der k-Wert wird relativ hoch sein, da zwei Flüssigkeiten vorliegen und eine Verschmutzung nicht zu erwarten ist. Mit einem geschätzten Wert $k_a = 1200$ W/(m² K) ergibt sich die Wärmeübertragungsfläche zu

$$A_a = \frac{\dot{Q}}{k_a \Delta T_m} = \frac{5990 \cdot 10^3}{1200 \cdot 7} = \underline{713 \text{ m}^2}$$

3. Festlegungen der Hauptabmessungen des Wärmeübertragers unter Beachtung wirtschaftlich günstiger Geschwindigkeiten

Als erstes ist zu entscheiden, welches Medium in den Rohren geführt wird. Für diese Entscheidung können die Bildung von festen Ablagerungen an der Wärmeübertragungsfläche (in den Rohren bessere Reinigungsmöglichkeit) und die Größe der Volumenströme bedeutsam sein. Bei der vorliegenden Aufgabe spielen diese Faktoren keine Rolle. Zur Verminderung des Wärmeverlustes wird die heiße Lauge in den Rohren geführt. Mit einer gewählten Rohrlänge von 6 m erhält man eine Rohrzahl von

$$z = \frac{A_a}{d_a \pi L} = \frac{713}{0{,}025 \cdot \pi \cdot 6} = 1514 \text{ Rohre}$$

Querschnittsfläche eines Rohres $f_{qi} = 0{,}021^2 \dfrac{\pi}{4} = 0{,}000346 \text{ m}^2$

Volumenströme $\dot{V}_1 = \dot{V}_2 = \dot{V} = \dfrac{110000}{1170 \cdot 3600} = 0{,}0261 \text{ m}^3/\text{s}$

Damit ergibt sich die Geschwindigkeit in den Rohren zu

$$w_i = \frac{\dot{V}}{A_{qi}} = \frac{0{,}0261}{1514 \cdot 0{,}000346} = 0{,}0498 \text{ m/s}$$

Eine Geschwindigkeit von 0,0498 m/s führt zu laminarer Strömung und liegt weit unterhalb der zu erwartenden optimalen Geschwindigkeit. Die weitere Auslegung des Wärmeübertragers erfolgt mit einer Vorgabe von 1,2 m/s in den Rohren. Ein mehrgängiger Wärmeübertrager scheidet aus, da ein partieller Gleichstrom wegen der vorliegenden Temperaturverhältnisse (s. Bild 3.11a) nicht möglich ist. Man erhält:

$$A_{qi} = \frac{\dot{V}}{w_i} = \frac{0{,}0261}{1{,}20} = 0{,}0218 \text{ m}^2 ; \qquad z = \frac{A_{qi}}{f_{qi}} = \frac{0{,}0218}{0{,}000346} = 62{,}8 \text{ Rohre}$$

In einem Rohrbündelwärmeübertrager mit festen Rohrböden mit 309 mm Mantel-Innendurchmesser können 66 Rohre mit einer Dreiecksteilung von 32 mm untergebracht werden. Es wird vorausgesetzt, daß Al-Rohre mit 309 mm Innendurchmesser zur Verfügung stehen. Entsprechend der Aufgabe ist zu übersehen, daß die Temperaturen des Mantelrohres und der Innenrohre sich um weniger als 10 K unterscheiden, so daß ein Rohrbündelwärmeübertrager mit festen Rohrböden ausgeführt werden kann.

Geschwindigkeit in den Rohren

$$w_i = \frac{\dot{V}}{z f_{qi}} = \frac{0{,}0261}{66 \cdot 0{,}000346} = 1{,}143 \text{ m/s}$$

Geschwindigkeit um die Rohre

$$w_a = \frac{\dot{V}}{A_{qa}} = \frac{0{,}0261}{0{,}309^2 \frac{\pi}{4} - 66 \cdot 0{,}025^2 \frac{\pi}{4}} = 0{,}613 \text{ m/s}$$

Fläche eines Wärmeübertragers

$$A_w = z d_a L \pi = 66 \cdot 0{,}025 \pi \cdot 6 = 31{,}1 \text{ m}^2$$

Zahl der Wärmeübertrager Z_w, die hintereinander geschaltet sind:

$$Z_w = \frac{A}{A_w} = \frac{713}{31{,}1} = 22{,}9 \text{ Wärmeübertrager}$$

Für einen Wärmeübertrager mit einem Manteldurchmesser $D_i = 0{,}254$ m und 44 Rohren 25/21 mm bei einer Dreieckteilung von 32 mm erhält man:

$w_i = 1{,}713$ m/s; $\quad w_a = 0{,}898$ m/s; $\quad A_w = 20{,}7$ m^2; $\quad Z_w = 34{,}4$ Wärmeübertrager.

Die weitere Berechnung erfolgt mit diesem Wärmeübertrager.

4. Berechnung des Wärmedurchgangskoeffizienten

Berechnung des α_i-Wertes

Es wird die Gleichung (2.91) verwendet. Zunächst werden die Ähnlichkeitskennzahlen ermittelt. Die mittlere Temperatur der heißen Lauge ist $(105 + 39)/2 = 71$ °C; dafür ist $v = 1{,}49 \cdot 10^{-6}$ m^2/s

$$\text{Re} = \frac{w_i d_i}{v} = \frac{1{,}713 \cdot 0{,}021 \cdot 10^6}{1{,}49} = 24140, \text{ also turbulente Strömung;}$$

$$\text{Pr} = \frac{\eta c_p}{\lambda} = \frac{v \varrho c_p}{\lambda} = \frac{1{,}49 \cdot 1170 \cdot 2970}{10^6 \cdot 0{,}58} = 8{,}93$$

Der Faktor K_T kann infolge der kleinen Temperaturdifferenz zwischen Lauge und Wand vernachlässigt werden. Mit Gleichung (2.91) erhält man:

$$\text{Nu} = 0{,}012(24140^{0{,}87} - 280) 8{,}93^{0{,}4}[1 + (0{,}021/6)^{2/3}]$$

$$\text{Nu} = 183{,}3$$

$$\alpha_i = \frac{\text{Nu}\,\lambda}{d_i} = \frac{183{,}3 \cdot 0{,}58}{0{,}021} = \underline{5060 \text{ W/(m}^2\text{ K)}}$$

Berechnung des α_a-Wertes

Der gleichwertige Durchmesser ergibt sich nach Gleichung (3.9) zu:

$$d_{gl} = \frac{D_i^2 - z d_a^2}{D_i + z d_a} = \frac{0{,}254^2 - 44 \cdot 0{,}025^2}{0{,}254 + 44 \cdot 0{,}025} = 0{,}0273 \text{ mm}$$

$$\text{Re} = w_a d_{gl}/v = \frac{0{,}898 \cdot 0{,}0273}{1{,}675 \cdot 10^{-6}} = 14640$$

$$\text{Pr} = \frac{v \varrho c_p}{\lambda} = \frac{1{,}675 \cdot 10^{-6} \cdot 1170 \cdot 2970}{0{,}58} = 10{,}04$$

Mit Gleichung (2.91) erhält man dann:

$$\text{Nu} = 0{,}012(14640^{0{,}87} - 280) 10{,}04^{0{,}4}[1 + (0{,}0273/6)^{2/3}]$$

$$\text{Nu} = 121{,}8$$

$$\alpha_a = \frac{\text{Nu}\,\lambda}{d_{gl}} = \frac{121{,}8 \cdot 0{,}58}{0{,}0273} = \underline{2590 \text{ W/(m}^2\text{ K)}}$$

Berechnung des Wärmedurchgangskoeffizienten

$$\frac{1}{k_a} = \frac{1}{\alpha_i} \frac{d_a}{d_i} + \frac{d_a}{2\lambda} \ln \frac{d_a}{d_i} + \frac{1}{\alpha_a} \qquad (3.5)$$

$$\frac{1}{k_a} = \frac{0{,}025}{5060 \cdot 0{,}021} + \frac{0{,}025}{2 \cdot 203} \ln \frac{25}{21} + \frac{1}{2590}$$

$$k_a = \underline{1580 \text{ W/(m}^2 \text{ K)}}$$

5. Vergleich der berechneten und geschätzten Wärmeübertragungsfläche

In diesem Fall wird der Unterschied zwischen angenommenem k-Wert und dem unter Punkt 4 berechneten k-Wert nur durch die Zahl der in Serie geschalteten Wärmeübertrager berücksichtigt. Eine Nachrechnung ist nicht erforderlich, da die Geschwindigkeit sich dabei nicht verändert. Mit dem berechneten k_a sind erforderlich:

$$A_a = \frac{\dot{Q}}{k_a \Delta T_m} = \frac{5\,990\,000}{1580 \cdot 7} = 542 \text{ m}^2$$

Auf die berechnete Fläche wird ein Zuschlag von 15% gemacht, um Unsicherheiten der Berechnung zu berücksichtigen. Dann ergibt sich $A_a = 623 \text{ m}^2$ und $Z_w = 30{,}1$ Wärmeübertrager. Es werden 30 Wärmeübertrager ausgeführt.
Dies entspricht einem ausgeführten Wärmedurchgangskoeffizienten:

$$k_a = \underline{1378 \text{ W/(m}^2 \text{ K)}}$$

6. Druckverluste

Druckverlust für heiße Lauge

Druckverlust in den Rohren $\Delta p = \zeta \dfrac{L}{d} \dfrac{w_i^2 \varrho}{2}$

Für Re = 24140 und eine Rauhigkeit von 0,15 mm ergibt sich nach *Colebrook* $\zeta = 0{,}036$.

$$\Delta p = 0{,}036 \frac{6{,}00}{0{,}021} \frac{1{,}713^2 \cdot 1170}{2} = 17\,700 \text{ Pa}$$

Es sind weiterhin zu berücksichtigen:

Druckverlust in Krümmern $\qquad \Delta p = \zeta \dfrac{w_{kr}^2 \varrho}{2}$

Druckverlust Austritt aus den Rohren $\qquad \Delta p = \dfrac{\varrho}{2}(w_i - w)^2$

Druckverlust Eintritt in die Rohre $\qquad \Delta p = \dfrac{\varrho}{2} w_i^2 \left(\dfrac{1}{\gamma} - 1\right)$

γ Kontraktionszahl

Eine Überschlagsrechnung ergab, daß vorstehend genannte Druckverluste etwa 10% des Druckverlustes in den Rohren betragen. Druckverlust eines Wärmeübertragers:

$\Delta p_{wi} = 1{,}1 \cdot 17{,}7 = 19{,}5 \text{ kPa}$

Gesamter Druckverlust für heiße Lauge Δp_i in 30 Wärmeübertragern:

$\Delta p_i = 30 \cdot 19{,}5 = \underline{585 \text{ kPa}}$

Druckverlust für kalte Lauge

Druckverlust um die Rohre $\Delta p = \zeta \dfrac{L}{d_{gl}} \dfrac{w_a^2 \varrho}{2}$

Für Re = 14640 und eine Rauhigkeit von 0,15 mm erhält man $\zeta = 0{,}038$ und

$\Delta p = 0{,}038 \dfrac{6}{0{,}0273} \dfrac{0{,}898^2 \cdot 1170}{2} = 3940 \text{ Pa}$

Zusätzlicher Druckverlust durch Umlenkungen etwa 10%

$\Delta p_{wa} = 1{,}1 \cdot 3{,}94 = 4{,}33 \text{ kPa}$

$\Delta p_a = 30 \cdot 4{,}33 = \underline{130 \text{ kPa}}$

Zu 2. Optimale Größe des Laugewärmeübertragers

Die optimale Größe des Laugewärmeübertragers ist abhängig von

1. der Temperaturdifferenz,
2. den ausgeführten Geschwindigkeiten für heiße und kalte Lauge.

Zur Übersichtlichkeit und zur Einschränkung des Rechenaufwandes werden beide Einflußfaktoren getrennt untersucht.

2.1. Variation der Temperaturdifferenz

Die Gesamtkosten K bei unterschiedlichen Temperaturdifferenzen an den Enden des Laugewärmeübertragers mit den unter Punkt 1 gewählten Geschwindigkeiten setzen sich zusammen aus:

$K = K_L + K_K + K_V$

$K_L = K_{L1} + K_{L2}$ Kosten für Laugewärmeübertrager

K_{L1} Kosten für Amortisation, Kapitalzinsen und Reparaturen für den Laugewärmeübertrager
K_{L2} Kosten für elektrische Energie für den Laugewärmeübertrager
K_K Kosten für Kühler, Pos. 4, siehe Bild 5.1
K_V Kosten für Vorwärmer, Pos. 5, siehe Bild 5.1.

Bei K_K und K_V werden die Kosten berücksichtigt, die zur Beurteilung der wirtschaftlichen Größe des Laugewärmeübertragers beitragen. Nachstehend werden die Gleichungen zur Berechnung der Kosten ausgegeben. Die numerische Berechnung erfolgt als Beispiel mit einer mittleren Temperaturdifferenz von 7 K und entspricht somit dem unter Punkt 1 ausgelegten Laugewärmeübertrager.

Laugewärmeübertrager

Im Laugewärmeübertrager abzuführender Wärmestrom:

$\dot{Q}_1 = \dot{M}_1 c_{p1}(T_{1E} - T_{1A}) = 90{,}75(105 - T_{1A}) \text{ in kW}$.

Mit $\Delta T_m = 7$ K und $k_a = 1378$ W/(m² K) erhält man:
30 Wärmeübertrager mit $A_a = 621$ m² (vgl. Auslegung).
Investitionskosten des Laugewärmeübertragers:

$K_I = 1250 A_a = 1250 \cdot 621 = 776 \text{ TDM}$

Kosten für Amortisation, Kapitalzinsen und Reparaturen:

$K_{L1} = K_I \cdot 0{,}14 = 776 \cdot 0{,}14 = 108{,}7 \text{ TDM/a}$

Bei dieser Aufgabe ergibt sich K_{L1} in Abhängigkeit von A in m² zu:

$K_{L1} = 0{,}14 \cdot 1250 \cdot 10^{-3} A = 0{,}175 A$ in TDM/a

Kosten für elektrische Energie K_{L2}:

$$N = \frac{\dot{V} \Delta p}{\eta}$$

Der Wirkungsgrad η für Pumpen und Elektromotoren wird mit 70% angenommen. Für die Wirtschaftlichkeitsberechnung können die Druckverluste innen und außen zusammengefaßt werden, da es sich um die gleichen Volumenströme handelt.

$\Delta p = \Delta p_i + \Delta p_a = 585 + 130 = 715$ kPa

$$N = \frac{0{,}0261 \cdot 715}{0{,}7} = 26{,}7 \text{ kW}$$

Die Kosten je Jahr für Elektroenergie bei 8000 Betriebsstunden ergeben sich zu

$$K_{L2} = 8000 \frac{150}{1000} N = 8000 \cdot 0{,}15 \cdot 26{,}7 = 32{,}0 \text{ TDM/a}$$

Bei dieser Aufgabe ergibt sich K_{L2} in Abhängigkeit von Δp in kPa zu:

$$K_{L2} = \frac{0{,}0261 \cdot 8000 \cdot 0{,}15}{0{,}7 \cdot 1000} \Delta p = 0{,}04475 \, \Delta p \text{ in TDM/a}$$

Die Kosten für den Laugewärmeübertrager sind:

$K_L = K_{L1} + K_{L2} = 69{,}6 \cdot 32{,}0 = \underline{\underline{101{,}6 \text{ TDM/a}}}$

Kühler

Im Kühler sind bei 8000 h/a an Wärme abzuführen:

$\dot{Q}_K = \dot{M}_1 c_{p1}(T_{1A} - 23) \, 3600 \cdot 8000 = 2614(T_{1A} - 23)$ in GJ/a;

T_{1A} in °C

Einheitengleichung: $\dfrac{\text{kg}}{\text{h}} \dfrac{\text{kJ}}{\text{kg K}} \text{K} \dfrac{\text{h}}{\text{a}} 10^6 = \dfrac{\text{GJ}}{\text{a}}$

$K_K = 2614 \cdot 4{,}20(T_{1A} - 23) = 10{,}98(T_{1A} - 23)$ in TDM/a

Für $\Delta T_m = 7$ K ist $T_{1A} = 39$ °C und $K_K = 10{,}98(39 - 23) = \underline{\underline{175{,}7 \text{ TDM/a}}}$

Vorwärmer

Im Vorwärmer sind bei 8000 h/a für das Erwärmen der Lauge auf 105 °C zuzuführen:

$\dot{Q}_V = 2614 \cdot (105 - T_{2A})$ in GJ/a; $\quad T_{2A}$ in °C

1 t Dampf 2,40 bar kostet 32 DM

Verdampfungsenthalpie $r = 2185$ kJ/kg

Demnach kostet die Wärmeenergie

$$\frac{32}{2{,}185} = 14{,}65 \text{ DM/GJ}$$

Dazu kommen 0,60 DM/GJ für Amortisation, Kapitalzinsen und Reparaturen. Die Kosten für die Zuführung von 1 GJ Wärmeenergie im Vorwärmer ergeben sich zu 15,25 DM.

$K_V = 2614 \cdot 15{,}25(105 - T_{2A}) = 39{,}86(105 - T_{2A})$ in TDM/a

Für $\Delta T_m = 7$ K ist $T_{2A} = 98$ °C; $K_V = 39{,}86 \cdot 7 = 279{,}0$ TDM/a

176   3 Prozesse und Apparate der Wärmeübertragung

Tabelle 3.3. Kosten in Abhängigkeit von der mittleren Temperaturdifferenz

ΔT_m in K	3	4	5	6	7	9	13
T_{1A} in °C	35	36	37	38	39	41	45
T_{2A} in °C	102	101	100	99	98	96	92
$\dot{Q}$ in kW	6350	6260	6170	6080	5990	5810	5440
A in m²	1536	1136	896	735	621	468	304
Z_w Zahl der WÜ[1])	74,2	54,9	43,3	35,5	30,0	22,6	14,7
k in W/(m² K)	1378	1378	1378	1378	1378	1378	1378
K_I in TDM	1920	1420	1120	919	776	585	380
Δp in kPa	1768	1309	1031	846	715	539	351
K_{L1} in TDM/a	268,8	198,8	156,8	128,6	108,7	81,9	53,2
K_{L2} in TDM/a	79,1	58,6	46,1	37,9	32,0	24,1	15,7
K_L in TDM/a	347,9	257,4	202,9	166,5	140,7	106,0	68,9
K_K in TDM/a	131,8	142,7	153,7	164,7	175,7	197,7	241,6
K_V in TDM/a	119,6	159,4	199,3	239,2	279,0	358,7	516,2
$K_L + K_K + K_V$ in TDM/a	599	560	556	570	596	662	829

[1]) Für den Vergleich wurde die Zahl der Wärmeübertrager nicht auf eine ganze Zahl aufgerundet.

In Tabelle 3.3 sind die Kosten für verschiedene Werte von ΔT_m aufgeführt, wobei der Wärmedurchgangskoeffizient mit 1310 W/(m² K) zugrunde gelegt wurde. Die Änderungen des Wärmedurchgangskoeffizienten durch andere Viskositäten durch Veränderungen von ΔT_m sind kleiner als 2%. Der wirtschaftliche Bereich liegt bei $\Delta T_m = 4 \ldots 6$ K, wobei das Minimum der Kosten bei etwa $\Delta T_m = 5$ K liegt. Mit Rücksicht auf die Investitionskosten und die Bauhöhe der übereinander liegenden Wärmeübertrager ist es vertretbar, $\Delta T_m = 6$ K mit 36 in Serie geschalteten Wärmeübertragern zu wählen.

2.2. Variation der Laugegeschwindigkeiten

Eine Veränderung der Laugegeschwindigkeiten ist möglich durch Ausführung eines Wärmeübertragers mit $D_i = 309$ mm und 66 Rohre, 25/21 mm Durchmesser mit 32 mm Dreiecksteilung.

Tabelle 3.4 Kosten für 2 verschiedene Lauge-Wärmeübertrager

	RWÜ $D_i = 309$ mm 66 Rohre		RWÜ $D_i = 254$ mm 44 Rohre	
	$\Delta T_m = 4$ K	5 K	$\Delta T_m = 4$ K	5 K
k in W/(m² K)	1106	1106	1378	1378
A in m²	1415	1132	1136	896
Z_w Zahl der WÜ	45,5	36,4	54,9	43,3
Δp in kPa	511	409	1309	1031
Investitionskosten für Lauge-WÜ in TDM	1769	1415	1420	1120
K_{L1} in TDM/a	247,6	198,1	198,8	156,8
K_{L2} in TDM/a	22,9	18,3	58,6	46,1
K_K in TDM/a	142,7	153,7	142,7	153,7
K_V in TDM/a	159,4	199,3	159,4	199,3
Gesamtkosten in TDM/a	573	569	560	556

Die Durchrechnung für den RWÜ mit $D_i = 0,309$ m und 66 Rohren 25/21 mm ergibt: $\alpha_i = 3510$, $\alpha_a = 1804$ und $k_a = 1106$ W/(m² K). Die analoge Berechnung für die Kosten ergibt die in Tabelle 3.4 aufgeführten Werte. Der Vergleich mit dem RWÜ mit $D_i = 0,254$ m weist aus, daß der RWÜ mit $D_i = 0,309$ zu geringfügig höheren Kosten (etwa 2%) im Vergleich zum Wärmeübertrager mit $D_i = 0,254$ m führt.

Die Zahl der hintereinander geschalteten Wärmeübertrager ist bei dieser Aufgabe ungewöhnlich hoch. Eine Verminderung wäre erreichbar, wenn Rohre 20/16 mm statt Rohre 25/21 mm in den Wärmeübertragern ausgeführt werden. In dem RWÜ mit 0,254 m Durchmesser können 76 Rohre 20/16 mm ausgeführt werden, so daß die Fläche 28,7 m² gegenüber 20,7 m² mit Rohren 25/21 mm beträgt und die Zahl der RWÜ sich um 28% vermindert.

3.2.3. Betriebliches Verhalten von Wärmeübertragern

In Produktionsanlagen der Stoffwirtschaft steht der Ingenieur häufig vor der Aufgabe, Wärmeübertrager zu beurteilen. Dabei sollten möglichst beide Massenströme mit den Eintritts- und Austrittstemperaturen gemessen werden. Durch eine Energiebilanz kann die Genauigkeit der Messungen überprüft werden, wobei Unterschiede in der Energiebilanz von $\pm 5\%$ bei üblichen betrieblichen Messungen und der damit zu erreichenden Genauigkeit bereits als gut zu bezeichnen sind. Teilweise betragen die Unterschiede 10% und mehr. Die Energiebilanz ist abzugleichen, d. h., die bei den Messungen aufgetretenen möglichen Fehler sind unter Berücksichtigung der Genauigkeit der Messungen für Mengenströme und Temperaturen so auszugleichen, daß in der Energiebilanz keine Differenzen mehr auftreten. Der Wärmedurchgangskoeffizient kann aus den gemessenen Daten und der gegebenen Wärmeübertragungsfläche mit Gleichung (2.150) bestimmt werden:

$$k = \frac{\dot{Q}}{A \, \Delta T_m}$$

Anschließend wird der Wärmedurchgangskoeffizient berechnet. Aus dem Vergleich des berechneten und gemessenen Wärmedurchgangskoeffizienten können weitere Rückschlüsse gezogen werden, z. B. bezüglich möglicher Wandansätze. Aus solchen Untersuchungen an vorhandenen Wärmeübertragern kann der Verfahrensingenieur *Schlußfolgerungen für eine Intensivierung der Anlage* hinsichtlich Produktionserhöhung, Qualitätssteigerung, Einsparung von Energie und Material ziehen.

Die Bildung von Wandansätzen gehört zu den stärksten Beeinträchtigungen eines Wärmeübertragers im Betrieb. Die Ermittlung von Wandansätzen in Abhängigkeit von der Betriebszeit, der Geschwindigkeit des Fluids, der Art und Konzentration des festen Stoffes im Fluid und anderen Größen ist in der Regel nicht möglich. Der Wandansatz kann insbesondere bei Wärmeübertragern mit hohen Wärmedurchgangskoeffizienten zum bestimmenden Widerstand für den Wärmedurchgang werden, so daß dadurch die gesamte Berechnung des Wärmeübertragers problematisch wird.

Grundsätzlich sollte das Medium, bei dem die Gefahr einer festen Ablagerung besteht, in den Rohren geführt werden, um eine mechanische Reinigung zu ermöglichen. Eine chemische Reinigung ist prinzipiell in den Rohren und im Mantelraum des RWÜ möglich, aber oft durch die Korrosion, hervorgerufen durch das Reinigungsmittel, eingeschränkt. Speziell für Kühlwasser sollte die Ausführung eines duroplastischen Überzuges von 0,2 bis 0,3 mm Dicke, auf dem sich erfahrungsgemäß keine Ablagerungen festsetzen können, beachtet werden. Der duroplastische Überzug stellt zwar einen Widerstand dar, der ständig wirkt. Dieser Widerstand ist aber wesentlich kleiner als derjenige durch die Bildung einer Schmutzschicht aus dem Wasser.

Eine andere wichtige Problemstellung ist die Ermittlung der erreichbaren Austrittstemperaturen T_{1A} und T_{2A} unter den jeweiligen betrieblichen Bedingungen. Dann sind gegeben: A, $\dot{M}_1$, $\dot{M}_2$, T_{1E} und T_{2E}. Der Wärmedurchgangskoeffizient wird berechnet. Bei Gegenstrom erhält man die Austrittstemperatur T_{1A} durch Delogarithmieren der Gleichung (2.196) zu

$$T_{1A} = T_{1E} - (T_{1E} - T_{2E}) \frac{\dot{W}_2}{\dot{W}_1} \left[1 - \frac{1 - \dot{W}_1/\dot{W}_2}{1 - \frac{\dot{W}_1}{\dot{W}_2} \exp\left[-\frac{kA}{\dot{W}_1} \left(1 - \frac{\dot{W}_1}{\dot{W}_2} \right) \right]} \right] \qquad (3.24)$$

und für den Sonderfall $\dot{W}_1 = \dot{W}_2$ bei Gegenstrom mit Hilfe der Regel von *L'Hospital* zu

$$T_{1A} = T_{1E} - \frac{T_{1E} - T_{2A}}{1 + \frac{\dot{W}_1}{kA}} \qquad (3.25)$$

Bei Gleichstrom erhält man:

$$T_{1A} = \frac{(T_{1E} - T_{2E}) \exp\left[-kA \left(\frac{1}{\dot{W}_1} + \frac{1}{\dot{W}_2} \right) \right] + \frac{\dot{W}_1}{\dot{W}_2} T_{1E} + T_{2E}}{1 + \dot{W}_1/\dot{W}_2} \qquad (3.26)$$

Die andere Austrittstemperatur T_{2A} wird dann mit Hilfe der Energiebilanz bestimmt.
Bei einem im Betrieb befindlichen Wärmeübertrager kann es zu Veränderungen des übertragenen Wärmestroms insbesondere durch die Änderung der Massenströme und der Eintrittstemperaturen kommen. In den Produktionsanlagen der chemischen Industrie kann der Durchsatz durch Rationalisierungsmaßnahmen oft wesentlich gesteigert werden. Wenn zum Beispiel die Produktion um 30% erhöht wird und dadurch im Wärmeübertrager auch der Durchsatz eines Mediums um 30% steigt, so verändert sich der Wärmeübergangskoeffizient bei turbulenter Strömung wie folgt, vergleiche auch Gleichung (2.88):

$$\text{Nu} \sim \text{Re}^{0,8} \quad \text{bzw.} \quad \alpha \sim w^{0,8} \quad \text{und damit} \quad \frac{\alpha_1}{\alpha_2} = \left(\frac{w_1}{w_2} \right)^{0,8}$$

$$\alpha_2 = \alpha_1 \, 1{,}3^{0,8} = \alpha_1 \, 1{,}234$$

also eine Erhöhung des Wärmeübergangskoeffizienten um 23,4% bei 30% erhöhtem Durchsatz und damit geringere Austrittstemperaturen. Diese können mit den Gleichungen (3.24) bis (3.26) für die neuen Betriebsbedingungen bestimmt werden.

Beispiel 3.6. Austrittstemperaturen für einen in Betrieb befindlichen Wärmeübertrager

In einem Rohrbündelwärmeübertrager wird flüssiges Ethylbenzol mit Rückkühlwasser im Gegenstrom gekühlt. Das Rückkühlwasser wird in den Rohren geführt.

Gegeben:

Wärmeübertragungsfläche 40 m², bezogen auf den äußeren Rohrdurchmesser (Rohre 25/20 mm Durchmesser)
Wärmekapazität: Ethylbenzol $\dot{W}_1 = 10\,800$ W/K, Wasser $\dot{W}_2 = 43\,250$ W/K
Eintrittstemperatur: Ethylbenzol $T_{1E} = 80\,°C$, Wasser $T_{2E} = 26\,°C$

Wärmeübertrager ohne Phasenänderung 3.2.

Aufgabe:

Es sind die Austrittstemperaturen für folgende 2 Fälle zu bestimmen:

1. Ohne Schmutzansatz wurde ein Wärmedurchgangskoeffizient (bezogen auf die äußere Rohroberfläche) $k_a = 600$ W/(m² K) ermittelt.
2. Nach wenigen Monaten Betrieb hat sich auf der Kühlwasserseite ein Schmutzansatz von 0,6 mm Dicke gebildet; Wärmeleitkoeffizient $\lambda_{Sch} = 0,5$ W/(m K).
3. Es ist ein Vorschlag zu machen, wie durch Verhinderung der Verschmutzung die Leistung des Wärmeübertragers im Betriebszustand erhöht werden kann.

Lösung:

Für Gegenstrom gilt Gleichung (3.24):

$$T_{1A} = T_{1E} - (T_{1E} - T_{2E})\frac{\dot{W}_2}{\dot{W}_1}\left\{1 - \frac{1 - \dfrac{\dot{W}_1}{\dot{W}_2}}{1 - \dfrac{\dot{W}_1}{\dot{W}_2}\exp\left[-\dfrac{kA}{\dot{W}_1}\left(1 - \dfrac{\dot{W}_1}{\dot{W}_2}\right)\right]}\right\}$$

Zu 1.

$$T_{1A} = 80 - (80 - 26)\frac{43250}{10800}\left\{1 - \frac{1 - \dfrac{10800}{43250}}{1 - \dfrac{10800}{43250}\exp\left[-\dfrac{600 \cdot 40}{10800}\left(1 - \dfrac{10800}{43250}\right)\right]}\right\}$$

$$T_{1A} = 80 - 54 \cdot 4\left(1 - \frac{1 - 0,25}{1 - 0,25 \cdot e^{-1,667}}\right) = \underline{34,0\ °C}$$

Die Austrittstemperatur des kälteren Mediums T_{2A} (Wasser) wird aus einer Energiebilanz bestimmt. Es wird vorausgesetzt, daß die Wärmeverluste an die Umgebung vernachlässigt werden können.

$\dot{H}_1 = \dot{H}_2$

$\dot{W}_1(T_{1E} - T_{1A}) = \dot{W}_2(T_{2A} - T_{2E})$

$$T_{2A} = T_{2E} + \frac{\dot{W}_1}{\dot{W}_2}(T_{1E} - T_{1A}) = 26 + \frac{10800}{43250}(80,0 - 34,0) = \underline{37,5\ °C}$$

Zu 2.

Es ist als erstes der Wärmedurchgangskoeffizient k_{Betr} unter Berücksichtigung der Schmutzschicht zu bestimmen. Für die vorliegende zusammengesetzte Rohrwand gilt mit den Bezeichnungen d_i, d_a und $d_2 = 20$ mm

$$\frac{1}{k_{a\,Betr}} = \frac{1}{a_i}\frac{d_a}{d_i} + \frac{d_a}{2\lambda_{St}}\ln\frac{d_a}{d_2} + \frac{d_a}{2\lambda_{Sch}}\ln\frac{d_2}{d_1} + \frac{1}{a_a} \qquad (3.6)$$

Das 1., 2. und 4. Glied der rechten Seite sind bereits in dem k_a-Wert im neuen bzw. gereinigten Zustand enthalten, die für diese Aufgabe mit $k_{a\,neu} = 600$ W/(m² K) gegeben ist. Es gilt deshalb:

$$\frac{1}{k_{a\,Betr}} = \frac{1}{600} + \frac{0,025}{2 \cdot 0,5}\ln\frac{20}{18,8} = 0,001667 + 0,001547$$

$k_{a\,Betr} = \underline{311\ W/(m^2\ K)}$

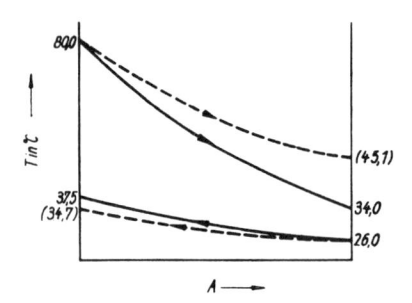

Bild 3.23. Temperaturen in Abhängigkeit von der Wärmeübertragungsfläche

Ausgezogene Kurve ohne Schmutzschicht, gestrichelte Kurve und eingeklammerte Zahlenwerte mit Schmutzschicht 0,6 mm

Die Austrittstemperaturen ergeben sich mit dem gleichen Rechnungsgang wie unter 1. zu:

$T_{1A} = \underline{\underline{45,1\ °C}}$; $T_{2A} = \underline{\underline{34,7\ °C}}$

Zu 3.

Aus dem Vergleich der unter 1. und 2. erhaltenen Ergebnisse ist die Schlußfolgerung zu ziehen, daß Maßnahmen gegen die Verschmutzung getroffen werden müssen. Dies kann wirksam durch einen duroplastischen Überzug der Innenfläche der Rohre geschehen, der den Ansatz von Schmutz verhindert und zugleich gegen Korrosion schützt. Bei einer Dicke des Überzuges von 0,25 mm und einem Wärmeleitkoeffizienten von $\lambda_L = 1,00$ W/(m K) ergibt sich dann der k-Wert während des Betriebes konstant zu:

$$\frac{1}{k_{a\,Betr}} = \frac{1}{k_{a\,neu}} + \frac{d_a}{2\lambda_L} \ln \frac{d_2}{d_i} = \frac{1}{600} + \frac{0,025}{2 \cdot 1} \ln \frac{20}{19,5}$$

$k_{a\,Betr} = \underline{\underline{504\ W/(m^2\ K)}}$

Durch den duroplastischen Überzug wird der k-Wert um 62% gegenüber einem Schmutzansatz von 0,6 mm Dicke gesteigert. Es ist zu beachten, daß bei Kühlwasser Schmutzansätze von 1 bis 2 mm Dicke nach mehrmonatigem Betrieb keine Seltenheit sind, so daß der k-Wert noch unter 311 W/(m² K) abfallen würde.

3.3. Kondensation

In der Industrie sind Dämpfe hauptsächlich zu kondensieren
— bei dem Eindampfen von Flüssigkeiten mit gelösten festen Stoffen,
— bei der Destillation von Flüssigkeitsgemischen am Kopf der Kolonne,
— bei der Kondensation gasförmiger Reaktionsprodukte,
— nach Turbinen im Kraftwerk, soweit der Dampf nicht als Gegendruckdampf für Heizzwecke genutzt werden kann.

3.3.1. Grundlagen

▎Voraussetzung für die Kondensation ist, daß die Wandtemperatur kleiner als die Kondensationstemperatur T_T (Tautemperatur) ist.

Für die Kondensation von Dämpfen — eine Komponente oder mehrere Komponenten — wird ein Ansatz wie bei der konvektiven Wärmeübertragung verwendet:

$$\dot{Q} = \alpha A (T_T - T_w) \qquad (3.27)$$

T_T Tautemperatur, die bei reinen Stoffen identisch mit der Siedetemperatur T_S ist.

Laminarer Kondensatfilm bei ruhendem Sattdampf

Dies ist einer der wenigen Prozesse von industrieller Bedeutung in der thermischen Verfahrenstechnik, bei dem durch technisch gerechtfertigte Vereinfachungen ein mathematisches Modell ohne Einbeziehung von Versuchsdaten abgeleitet werden konnte, und zwar bereits im Jahre 1916 von *Nußelt* [3.10]. Voraussetzungen:

— Das Kondensat bedeckt die Wand in Form eines laminaren Films, der infolge der Schwerkraft abwärts strömt.
— Von den drei auftretenden Widerständen beim Wärmeübergang
  • Transport des Dampfes an die Kondensatoberfläche,
  • Kondensation an der Phasengrenzfläche,
  • Wärmeleitung durch den entstehenden laminaren Kondensatfilm
  wird lediglich der letzte Widerstand als maßgebend berücksichtigt.
— Konstante Wandtemperatur,
— glatte Filmoberfläche,
— Beschleunigungskräfte werden vernachlässigt.

Für die Energiebilanz, bezogen auf die differentielle Höhe dx (s. Bild 3.24), mit der Übertragung der Energie durch Wärmeleitung im Kondensatfilm gilt:

$$d\dot{Q} = d\dot{M}\, r = \lambda\, dA\, \frac{T_T - T_w}{\delta} \quad \text{mit} \quad dA = B\, dx$$

$$d\dot{M} = d\dot{V} \varrho = B\, d\delta\, w_0 \varrho$$

$d\dot{M}$ in die vorangehende Gleichung eingesetzt:

$$\delta\, d\delta = \frac{\lambda\, dx (T_T - T_w)}{w_0 \varrho r} \qquad (3.28)$$

Die Geschwindigkeit des abwärts strömenden Kondensatfilms wird aus dem Kräftegleichgewicht von Schwerkraft dF_g und Viskositätskraft dF_η unter Einbeziehung von Gleichung (2.46) ermittelt:

$$dF_g = dF_\eta \quad \text{oder} \quad \frac{dM\, g}{dA} = \eta\, \frac{dw}{dy}$$

$$\frac{dA\, \delta \varrho g}{dA} = \eta\, \frac{dw}{dy}$$

$$\int_0^{w_0} dw = \frac{\delta \varrho g}{\eta} \int_0^{\delta} dy \quad \text{oder} \quad w_0 = \frac{\varrho g \delta^2}{\eta}$$

w_0 eingesetzt in Gleichung (3.28):

$$\int_0^{\delta_x} \delta^3 \, d\delta = \int_0^x \frac{\lambda \, dx (T_T - T_w) \eta \, dx}{\varrho^2 gr}$$

Die Integration ergibt an der Stelle x

$$\frac{\delta_x^4}{4} = \frac{\lambda (T_T - T_w) \eta x}{\varrho^2 rg}$$

Mit $\delta_x = \lambda/\alpha_x$ erhält man:

$$\alpha_x = \sqrt[4]{\frac{\lambda^3 \varrho^2 rg}{4(T_T - T_w)\eta x}} \tag{3.29}$$

Damit ist der Wärmeübertragungskoeffizient an der Stelle x bei der Dicke des Kondensatfilms δ_x gefunden. Der Wärmeübergangskoeffizient α_x nimmt entsprechend der unterschiedlichen Filmdicke über die Höhe unterschiedliche Werte an (s. Bild 3.24b). Für den mittleren Wärmeübergangskoeffizienten α über die gesamte Höhe gilt:

$$\alpha H = \int_0^H \alpha_x \, dx$$

Durch Einsetzen von Gleichung (3.29) erhält man:

$$\alpha H = \int_0^H \left(\frac{\lambda^3 \varrho^2 rg}{4(T_T - T_w)\eta} \right)^{0,25} \frac{dx}{x^{0,25}}$$

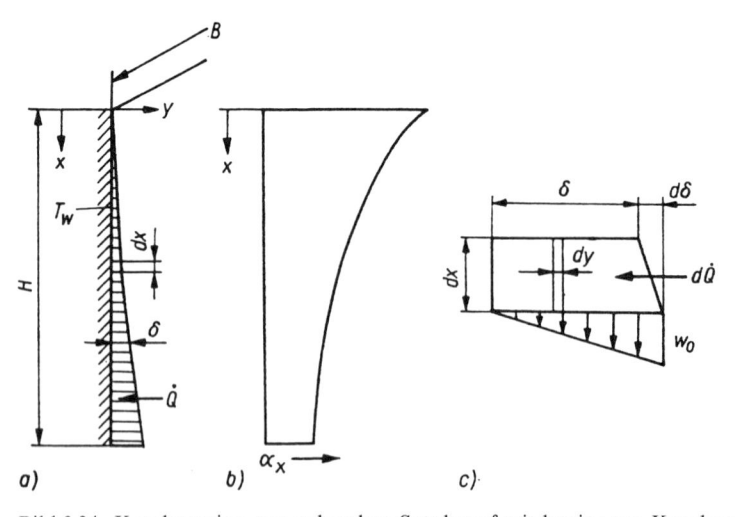

Bild 3.24. Kondensation von ruhendem Sattdampf mit laminarem Kondensatfilm
a) schematische Darstellung der senkrechten Wand (B Breite, H Höhe) mit dem Kondensatfilm (Dicke δ)
b) örtliche Wärmeübergangskoeffizienten α_x über die Höhe der Wand
c) Kondensatfilm mit der differentiellen Höhe

Die Integration und Auflösung nach α ergibt:

$$\alpha = \frac{4}{3} \sqrt[4]{\frac{\lambda^3 \varrho^2 r g}{4(T_T - T_w)\eta H}}$$

Die Zusammenfassung der Zahlenwerte ergibt schließlich die Berechnungsgleichung für eine *senkrechte Wand* bzw. ein *senkrechtes Rohr*:

$$\alpha = 0{,}943 \sqrt[4]{\frac{\lambda^3 \varrho^2 r g}{(T_T - T_w)\eta H}} \qquad (3.30)$$

Die Stoffdaten sind gemäß der Ableitung für das Kondensat bei der Temperatur $(T_T + T_w)/2$ einzusetzen. Experimentelle Daten zeigen gegenüber Gleichung (3.30) Abweichungen bis zu -15 und $+20\%$. Unter Berücksichtigung der ausschließlich auf theoretischer Grundlage erfolgten Ableitung ist diese Übereinstimmung bei dem komplizierten Prozeß der Kondensation bemerkenswert gut. Die Berechnungsgleichung (3.30) stellt damit ein *physikalisch voll begründetes mathematisches Modell* dar. Bei der Modellierung verfahrenstechnischer Prozesse handelt es sich meistens um physikalisch partiell begründete mathematische Modelle unter Einbeziehung von Anpassungsparametern an Experimente.

Bei der Kondensation an der Außenoberfläche eines *waagerechten Rohres* ist der Ablauf des Kondensats anders als bei einem senkrechten Rohr. *Nußelt* leitete ab, daß bei einem waagerechten Rohr sich die Zahlenkonstante verändert:

$$\alpha_w = 0{,}726 \sqrt[4]{\frac{\lambda^3 \varrho^2 r g}{(T_T - T_w)\eta\, d_\alpha}} \qquad (3.31)$$

Bei einem Vergleich des senkrechten und waagerechten Rohres ist zu beachten, daß bei einem liegenden Kondensator der Rohraußendurchmesser meistens 25 mm beträgt, während bei einem stehenden Kondensator die Höhe eines Rohres meistens 2 bis 4 m beträgt. Dadurch ergeben sich bei einem liegenden Kondensator in der Regel um 50 bis 300% höhere Wärmeübergangskoeffizienten bei der Kondensation gegenüber einem stehenden Kondensator.

Mehrere untereinander liegende Rohrreihen

In einem technischen Kondensator können 10 Rohrreihen und mehr untereinander liegen. Nach neueren Messungen ist der Wärmeübergangskoeffizient von untereinander liegenden Rohrreihen mit dem eines Rohres identisch, da die größere Dicke des laminaren Kondensatfilms bei den unteren Rohrreihen durch größere Turbulenz infolge der auftretenden Flüssigkeitstropfen ausgeglichen wird.

Heißdampf

Für Heißdampf kann prinzipiell der gleiche Kondensationsprozeß wie für Sattdampf angenommen werden, wenn $T_w < T_T$ ist. Zur Berechnung des Wärmeübergangskoeffizienten nach Gleichung (3.30) bzw. (3.31) ist für r die Verdampfungsenthalpie zuzüglich Überhitzungsenthalpie des Heißdampfes zu verwenden, des weiteren unverändert die Tautemperatur des Sattdampfes. Ist $T_w > T_T$, so ist der Heißdampf wie ein Gas zu behandeln. Die Berechnung des gesamten Kondensationsprozesses ist dann in zwei Abschnitte zu zerlegen: Abführung der Überhitzungsenthalpie und anschließend die Kondensation des Sattdampfes.

Turbulenter Kondensatfilm bei ruhendem Sattdampf

Die laminare Strömung des Kondensatfilms wird bei entsprechend großer Höhe turbulent. Wird Re = $w\delta/v$ für den Kondensatfilm eingeführt (δ Dicke), so kann ab Re > 350 mit turbulentem Kondensatfilm gerechnet werden. Durch den turbulenten Kondensatfilm wird der Wärmeübergang verbessert, so daß nach Eintritt der Turbulenz die Ausführung einer größeren Höhe zweckmäßig ist. Der Wärmeübergangskoeffizient kann nach *Grigull* [3.11] mit folgendem physikalisch partiell begründetem Modell, das sowohl den Anteil für den laminaren als auch turbulenten Kondensatfilm beinhaltet, berechnet werden:

$$\alpha = 0{,}0030 \left(\frac{H(T_T - T_w)\lambda^3 \varrho^2 g}{r\eta^3} \right)^{0,5} \tag{3.32}$$

Die Stoffwerte beziehen sich auf das Kondensat.

Kondensation bei strömendem Sattdampf

Bei Dampfgeschwindigkeiten, die 5 m/s wesentlich überschreiten, können die vom Dampf auf den Kondensatfilm ausgeübten Impulskräfte nicht mehr vernachlässigt werden. Für laminaren Kondensatfilm und konstante Dampfgeschwindigkeit hat bereits *Nußelt* [3.10] folgende Lösung für das senkrechte Rohr abgeleitet:

$$\alpha = 0{,}52 \left(\frac{\zeta \varrho_D w_D^2 r \lambda_F^2}{(T_T - T_w)\varrho_F \eta_F H} \right)^{1/3} \tag{3.33}$$

ζ Widerstandsbeiwert der Dampfströmung an der Filmoberfläche (in erster Näherung $\zeta = 0{,}02$). Der Umschlag vom laminaren in turbulenten Kondensatfilm erfolgt bereits bei kleineren Re-Werten als bei ruhendem Sattdampf. Für die Berechnung des Wärmeübergangskoeffizienten bei strömendem Sattdampf mit turbulentem Kondensatfilm gibt es mehrere Modelle, siehe z. B. [3.2].

Tropfenkondensation

Unter bestimmten Bedingungen entstehen bei der Kondensation des Dampfes an der gekühlten Wand Tropfen. Diese Flüssigkeitstropfen sind sehr klein und rollen ab einer bestimmten Größe an der Wand ab. Bei großen Kondensatbelastungen können sich die Tropfen zu unregelmäßigen Filmen beim Abrollen nach einer bestimmten Wegstrecke vereinigen. Der Widerstand bei der Tropfenkondensation ist wesentlich kleiner als bei der Filmkondensation, weil die Tropfen einen kleineren Widerstand im Vergleich zu einem zusammenhängenden Kondensatfilm darstellen. Bei der Tropfenkondensation von Wasserdampf wurde gemessen:

$\alpha_{\text{Tropfenkond.}} = 40000 \ldots 120000$ W/(m^2 K) = (5 ... 15) $\alpha_{\text{Filmkond.}}$

Die Untersuchungen zur Tropfenkondensation in verschiedenen Forschungsgruppen führten im wesentlichen zu folgenden Erkenntnissen:

1. Die Benetzbarkeit der festen Wand (Zusammenwirken der Grenzflächenspannungen Flüssigkeit-Dampf, Flüssigkeit-Wand, Dampf-Wand) ist für das Auftreten von Tropfenkondensation in Wechselwirkung mit der Wandrauhigkeit, der Geometrie der festen Wand, der Wärmestromdichte und der Temperaturdifferenz ($T_T - T_w$) von Bedeutung.
2. Für das Entstehen der Tropfen müssen Keime vorhanden sein, die durch Fremdstoffe (bei Wasserdampf genügt bereits ein Belag von $1/3$ bis $1/5$ Moleküldicke an Olivenöl)

oder durch Poren im Werkstoff gebildet werden. Polierte Werkstoffe, die grundsätzlich eine große Zahl mikroskopisch kleiner Poren enthalten, fördern die Tropfenkondensation. So konnte durch Oberflächenbeschichtung mit Edelmetallen wie Silber und Gold von nur 1 µm Dicke Tropfenkondensation bei Wasserdampf noch nach 10000 Betriebsstunden erreicht werden.

3. Tropfenkondensation ist vor allem bei Wasserdampf beobachtet worden. Bei organischen Dämpfen ist Tropfenkondensation schwieriger zu erreichen.

Die Tropfenbildung als Kernstück bei der Tropfenkondensation ist auf Grund der zahlreichen und schwierig zu erfassenden Einflußgrößen nur begrenzt quantitativ erfaßbar. Von den verschiedenen bekannten Modellen wird auf ein statistisches Modell zur Tropfenkondensation in [3.12], Abschnitt 12.5, verwiesen. Für technische Berechnungen wird empfohlen, grundsätzlich Filmkondensation vorauszusetzen. Die möglicherweise auftretende Tropfenkondensation bedeutet dann eine zusätzliche Sicherheit. Zu beachten ist, daß der mögliche höhere Wärmeübergangskoeffizient bei der Tropfenkondensation den Wärmedurchgangskoeffizienten (vgl. Abschn. 2.5.1.) infolge der anderen Widerstände meistens nur wenig verbessern kann.

Kondensation von Dampfgemischen

Sind die Komponenten des *Dampfgemisches* in flüssiger Form löslich, so ist im allgemeinen der gleiche Kondensationsprozeß wie bei einem reinen Dampf zu erwarten. Die Theorie der Filmkondensation nach *Nußelt* kann angewendet werden. Sind die Zusammensetzungen von Dampf und Kondensat sehr unterschiedlich, so sind Abweichungen gegenüber den von *Nußelt* angegebenen Gleichungen zu erwarten. Es sind verschiedene halbempirische Gleichungen mit begrenztem Gültigkeitsbereich bekannt geworden, siehe z. B. [3.2]. Die Kondensation von Dampf aus einem Dampf-Gas-Gemisch wurde als Prozeß der gekoppelten Wärme- und Stoffübertragung im Abschnitt 2.4.2. behandelt.

Beispiel 3.7. Kondensation von ruhendem Sattdampf am waagerechten und senkrechten Rohr

Für die Kondensation von Benzol bei atmosphärischem Druck (ruhender Sattdampf) bei einer Siedetemperatur von 82,8 °C ist der Wärmeübergangskoeffizient zu bestimmen. Die Wandtemperatur sei mit 77,2 °C bekannt.

Gegeben:

Stoffwerte des flüssigen Benzols für $(T_S + T_w)/2 = 80$ °C:

$\eta = 3{,}31 \cdot 10^{-4}$ Pa s; $\quad \lambda = 0{,}131$ W/(m K); $\quad r = 394$ kJ/kg; $\quad \varrho = 814$ kg/m³

Aufgabe:

Es ist der Wärmeübergangskoeffizient für ein Rohr von 4 m Länge und 25/20 mm Durchmesser zu bestimmen.

1. Rohr waagerecht, Kondensation außen
2. Rohr senkrecht, Kondensation außen
3. Es ist die Höhe, bei welcher der Kondensatfilm turbulent wird, zu ermitteln, wenn für den Wärmedurchgang gegeben sind:

$k_i = 645$ W/(m² K), $\quad \Delta T_m = 21{,}4$ K

Lösung:

Zu 1.

Für die Kondensation von ruhendem Sattdampf bei laminarem Kondensatfilm am waagerechten Rohr gilt nach Gleichung (3.31):

$$\alpha_w = 0{,}726 \sqrt[4]{\frac{\lambda^3 \varrho^2 rg}{(T_S - T_w)\eta d_a}}$$

Gemäß der Ableitung ist Gleichung (3.31) dimensionsecht, wie folgende Überprüfung zeigt:

$$\sqrt[4]{\frac{W^3\,kg^2\,J\,m\,m\,s}{m^3\,K^3\,m^6\,kg\,s^2\,K\,kg\,m}} = \sqrt[4]{\frac{W^4}{m^8\,K^4}} = W/(m^2\,K)$$

$$\alpha_w = 0{,}726 \sqrt[4]{\frac{0{,}1310^3 \cdot 814^2 \cdot 3{,}94 \cdot 10^5 \cdot 9{,}81}{(82{,}8 - 77{,}2)\,3{,}31 \cdot 10^{-4} \cdot 0{,}025}}$$

$$\alpha_w = 0{,}726 \sqrt[4]{124 \cdot 10^{12}} = \underline{2420\ W/(m^2\,K)}$$

Bei der Kondensation von organischen Dämpfen am waagerechten Rohr ist α meist in einem Bereich von 2000 bis 4000 W/(m² K), bei Wasserdampf von 10000 W/(m² K) zu erwarten.

Zu 2.

Die Überprüfung, ob der Kondensatfilm tatsächlich laminar ist, erfolgt unter Punkt 3. Für das senkrechte Rohr gilt bei laminarem Kondensatfilm:

$$\alpha_S = 0{,}943 \sqrt[4]{\frac{\lambda^3 \varrho^2 rg}{(T_S - T_w)\eta H}}$$

$$\alpha_S = 0{,}943 \sqrt[4]{\frac{0{,}1310^3 \cdot 814^2 \cdot 3{,}94 \cdot 10^5 \cdot 9{,}81}{(82{,}8 - 77{,}2)\,3{,}31 \cdot 10^{-4} \cdot 4{,}00}}$$

$$\alpha_S = 0{,}943 \sqrt[4]{0{,}776 \cdot 10^{12}} = \underline{885\ W/(m^2\,K)}$$

Der Wärmeübergangskoeffizient bei der Kondensation mit laminarem Kondensatfilm ist bei senkrechtem Rohr immer kleiner als bei waagerechtem Rohr. Oft ist die Verminderung in einem Bereich von $\alpha_S = (0{,}3$ bis $0{,}7)\,\alpha_w$ zu erwarten. Kondensatoren mit laminarem Kondensatfilm sollten deshalb liegend angeordnet werden.

Zu 3.

Ab Re > 350 kann turbulenter Kondensatfilm erwartet werden, vgl. auch S. 184, wobei $\mathrm{Re} = \dfrac{w\delta}{v} = \dfrac{\dot{M}_{Ko}}{\eta U}$ ist. Es bedeuten: δ Dicke des Kondensatfilms, $\dot{M}_{Ko}$ Massenstrom an Kondensat, U Umfang des Rohres. Für vorliegende Aufgabe wird der Kondensatfilm turbulent, wenn $\dot{M}_{Ko}$ = Re $U\eta$ = 350 · 0,025 · π · 3,31 · $10^{-4} \geqq 0{,}00910$ kg/s. Der Kondensatstrom ist aus dem Wärmedurchgang zu ermitteln.

$$\dot{Q} = k_i A_i \Delta T_m = \dot{M}_{Ko} r \quad \text{mit} \quad A_i = H d_i \pi$$

Damit wird die Höhe H, bei welcher der Kondensatfilm turbulent wird:

$$H = \frac{\dot{M}_{Ko} r}{k_i d_i \pi \Delta T_m} = \frac{0{,}00910 \cdot 3{,}94 \cdot 10^5}{6{,}45 \cdot 0{,}020 \cdot \pi \cdot 21{,}4} = \underline{\underline{4{,}13\ m}}$$

Der Kondensatfilm ist bei vorliegender Aufgabe gemäß Punkt 2 mit 4 m Höhe laminar.

3.3.2. Auslegung von Kondensatoren

Kondensatoren entsprechen in der Bauweise grundsätzlich den Wärmeübertragern ohne Phasenänderung, vergleiche Abschnitt 3.1. Bei Kondensatoren ist darauf zu achten, daß beim Rohrbündelwärmeübertrager der Eintrittsstutzen für den Dampf genügend groß ist, um die mechanische Beanspruchung der Rohre, auf die der Dampf auftritt, gering zu halten. Es muß an einer geeigneten örtlichen Stelle ein Entgasungsstutzen vorhanden sein, mit dem eine Entfernung des nicht kondensierbaren Gases aus dem Kondensator möglich ist.

Nur in seltenen Fällen erfolgt die Kondensation des Dampfes durch direkten Kontakt mit dem Kühlmittel (Einspritzkondensator). Einspritzkondensatoren sind zwar sehr effektiv; aber das Kühlmittel mischt sich zwangsläufig mit dem Kondensat, was in den meisten Fällen für die weitere Verwendung des Kondensats nicht zulässig ist.

Bei der Berechnung des Wärmeübergangs bei Kondensation geht die Wandtemperatur als wesentliche Größe ein, vergleiche die Gleichungen (3.30) bis (3.33). Die Wandtemperatur kann nicht explizit berechnet werden. Sie ist durch Iteration zu ermitteln, bis der Wärmedurchgang und Wärmeübergang durch Kondensation

$$\dot{Q} = kA \, \Delta T_m = \alpha_{Kond} A (T_T - T_w) \tag{3.34}$$

genügend genau übereinstimmen. Damit sind bei der Auslegung eines Kondensators zwei iterative Größen – überlicherweise k und T_w – einzuführen. Die Hauptschritte für die Berechnung eines Kondensators (RWÜ mit glatten Rohren oder Plattenwärmeübertrager) sind:

1. Energiebilanz aufstellen, ΔT_m berechnen.
2. Der k-Wert wird als iterative Größe geschätzt und A berechnet.
3. Der Wärmeübertrager ist in Übereinstimmung mit dem Standard zu dimensionieren. Zweckmäßigerweise wird bereits an dieser Stelle der Druckverlust des Kühlmediums überprüft.
4. Als zweite Iterationsgröße ist die Wandtemperatur auf der Kondensationsseite zu schätzen.
5. Es sind α_i, α_a und k zu berechnen.
6. Die Iterationsgröße T_w ist mit Gleichung (3.6) auf ihre Genauigkeit zu überprüfen. Der berechnete k-Wert ist gleichfalls zu überprüfen, wobei als Kriterium gilt, daß die ausgeführte Fläche 10 bis 20% größer sein soll als die berechnete Fläche. Bei nicht genügender Übereinstimmung der beiden Iterationsgrößen ist der Kondensator neu ab Punkt 2 bzw. 4 durchzurechnen.

Im Bild 3.25 ist ein vereinfachter Programmablaufplan für einen Kondensator (RWÜ mit glatten Rohren) dargestellt, aus dem weitere Einzelheiten für die Berechnung erkennbar sind.

Bei der *Kondensation eines Dampf-Gas-Gemisches* verändern sich im Kondensator α_{Kond} und die Tautemperatur in Abhängigkeit von dem sich verändernden Gasgehalt stark. Daher ist eine Berechnung mit Unterteilung des Kondensators in eine genügend große Zahl von Abschnitten notwendig. Für einen Abschnitt n mit der Fläche ΔA_n gilt:

$$\Delta A_n = \frac{\Delta \dot{Q}_n}{k_n \, \Delta T_{mn}} \tag{3.35}$$

Der übertragene Wärmestrom $\Delta \dot{Q}_n$ ergibt sich aus der Energiebilanz entsprechend einer vorgegebenen Abkühlung des Dampf-Gas-Gemisches und dem dabei kondensierten Dampfanteil.

Bei der *Kondensation eines Dampfgemisches* mit einer starken Veränderung der Tautemperatur ist gleichfalls eine abschnittsweise Berechnung erforderlich, wobei die Tautemperatur sich aus dem Phasengleichgewicht ergibt.

3 Prozesse und Apparate der Wärmeübertragung

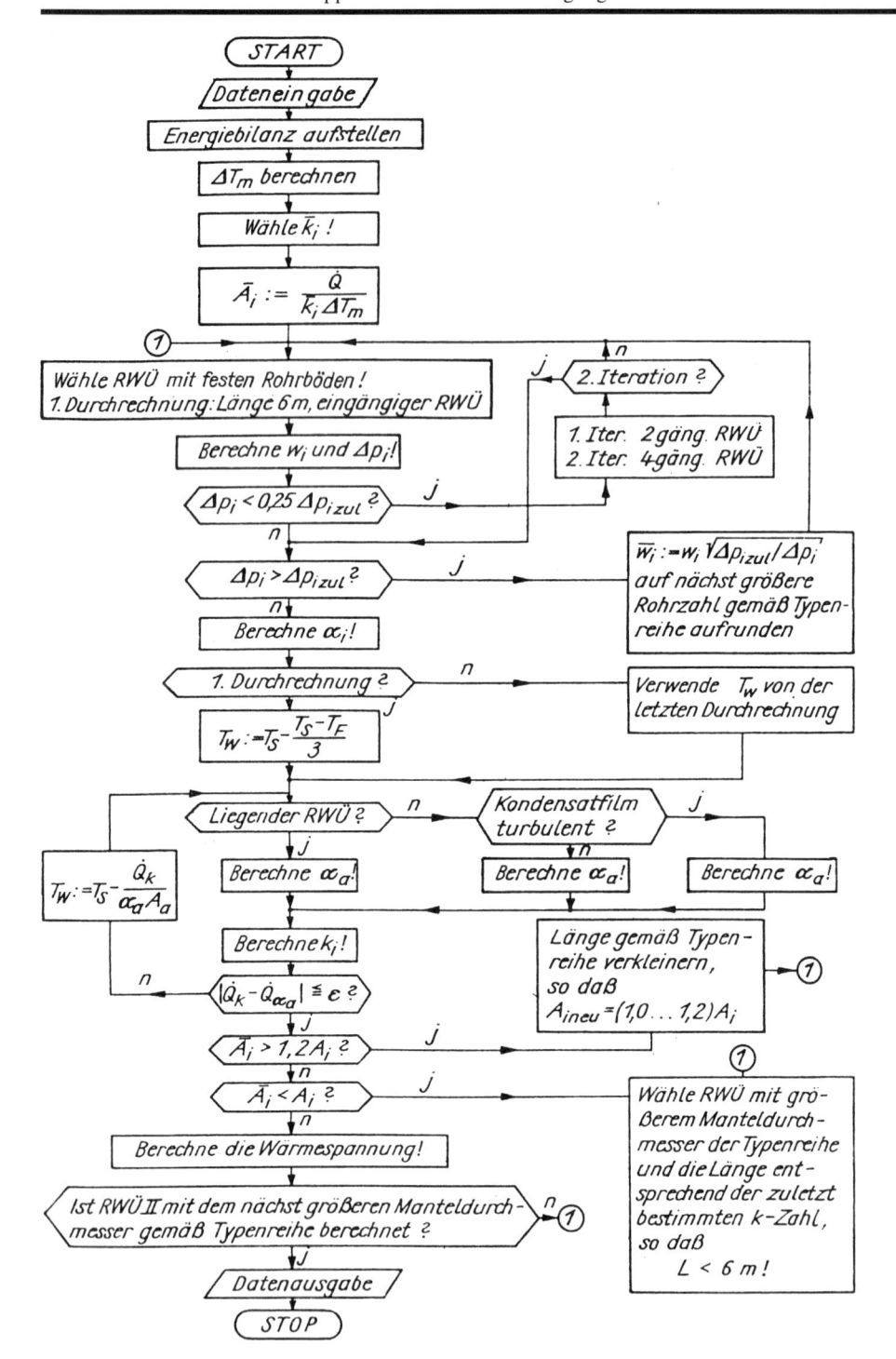

```
                    ( START )
                         │
                   / Dateneingabe /
                         │
              [ Energiebilanz aufstellen ]
                         │
                  [ $\Delta T_m$ berechnen ]
                         │
                   [ Wähle $\bar{k}_i$! ]
                         │
              [ $\bar{A}_i := \dfrac{\dot{Q}}{\bar{k}_i \Delta T_m}$ ]
                         │
    ①───────────────────┤                              ┌──── n ◄──┐
    │                                                   │          │
    │ [ Wähle RWÜ mit festen Rohrböden! ]      j   < 2. Iteration ? >
    │ [ 1. Durchrechnung: Länge 6m, eingängiger RWÜ ]   │
    │                    │                       ┌─────┴─────────┐
    │       [ Berechne $w_i$ und $\Delta p_i$! ] │ 1. Iter. 2gäng. RWÜ │
    │                    │                       │ 2. Iter. 4gäng. RWÜ │
    │       < $\Delta p_i < 0{,}25\,\Delta p_{i\,zul}$ ? >──j─────┘
    │                    │ n
    │       < $\Delta p_i > \Delta p_{i\,zul}$ ? >──j──┐
    │                    │ n                            │
    │              [ Berechne $\alpha_i$! ]             │  [ $\bar{w}_i := w_i \sqrt{\Delta p_{i\,zul}/\Delta p_i}$
    │                    │                              │   auf nächst größere
    │       < 1. Durchrechnung ? >──n──┐                │   Rohrzahl gemäß Typen-
    │                    │ j           │                │   reihe aufrunden ]
    │       [ $T_W := T_S - \dfrac{T_S - T_E}{3}$ ]  [ Verwende $T_W$ von der
    │                    │                            letzten Durchrechnung ]
    │          < Liegender RWÜ ? >──n──< Kondensatfilm turbulent ? >──j──┐
    │                    │ j                          │ n                 │
    │ [ $T_W := T_S - \dfrac{\dot{Q}_k}{\alpha_a A_a}$ ] [ Berechne $\alpha_a$! ]  [ Berechne $\alpha_a$! ]  [ Berechne $\alpha_a$! ]
    │                    │
    │              [ Berechne $k_i$! ]              [ Länge gemäß Typen-
    │                    │                           reihe verkleinern,
    │       < $|\dot{Q}_k - \dot{Q}_{\alpha_a}| \leq \varepsilon$ ? >──n──┐  so daß
    │                    │ j                                              $A_{i\,neu}=(1{,}0\ldots 1{,}2)A_i$ ]──①
    │       < $\bar{A}_i > 1{,}2 A_i$ ? >──j─────────────────────────────┘
    │                    │ n
    │       < $\bar{A}_i < A_i$ ? >──j──┐
    │                    │ n            │  [ Wähle RWÜ mit grö-
    │       [ Berechne die Wärmespannung! ]  ßerem Manteldurch-
    │                    │                   messer der Typenreihe
    │  < Ist RWÜ II mit dem nächst größeren Manteldurch-  und die Länge ent-
    │    messer gemäß Typenreihe berechnet ? >──n──①     sprechend der zuletzt
    │                    │ j                              bestimmten k-Zahl,
    │              / Datenausgabe /                       so daß
    │                    │                                $L < 6\,m$! ]
                    ( STOP )
```

Beispiel 3.8. Auslegung eines Kondensators

Im Kondensator einer Destillationsanlage für reines Methanol sind 35 t/h Methanol bei 101,3 kPa zu kondensieren. Zur Kühlung wird Rückkühlwasser verwendet, das sich von 27 °C auf 37 °C erwärmt. Zum Korrosionsschutz gegen das Wasser werden die Rohre innen mit einem duroplastischen Überzug (Lackschicht) von 0,2 mm Dicke, $\lambda_L = 1$ W/(m K), versehen. Die glatte Lackschicht verhindert die Bildung einer Schmutzschicht. Näherungsweise ist auf der Kondensationsseite mit ruhendem Sattdampf zu rechnen. Der Kondensator ist liegend auszuführen. Der Druckverlust auf der Wasserseite darf 40 kPa nicht überschreiten. Der Wärmeverlust kann vernachlässigt werden.

Aufgabe:

Der Rohrbündelwärmeübertrager aus Stahl ist zu berechnen und in Übereinstimmung mit den DIN auszuwählen. Die notwendigen Stoffdaten sind aus Tabellenwerken zu entnehmen.

Lösung:

Die Lösung der Aufgabe erfolgt schrittweise nach dem im Abschnitt 3.3.2. verbal angegebenen Algorithmus.

1. Energiebilanz und mittlere Temperaturdifferenz

$\dot{Q} = \dot{M} r = \dot{M}_W c_{pW} \Delta T_W$

Verdampfungsenthalpie für Methanol bei 101,3 kPa aus Tafelwerk: 263 kcal/kg

$\dot{Q} = 35000 \cdot 263 = 9{,}205 \cdot 10^6$ kcal/h = $\underline{10{,}69 \cdot 10^6 \text{ W}}$

Notwendige Wassermenge:

$\dot{M}_W = \dfrac{\dot{Q}}{c_{pW} \Delta T_W} = \dfrac{10{,}69 \cdot 10^6}{4187 \cdot (37-27)} = \underline{255 \text{ kg/s}} \triangleq 920 \text{ m}^3/\text{h}$

Mittlere Temperaturdifferenz:
Kondensationstemperatur für Methanol bei 101,3 kPa: 64,7 °C

$\Delta T_{gr} = 37{,}7$ K   und $\Delta T_{kl} = 27{,}7$ K

$\Delta T_m = \dfrac{37{,}7 - 27{,}7}{\ln \dfrac{37{,}7}{27{,}7}} = \underline{32{,}4 \text{ K}}$ gemäß Gleichung (2.200)

2. Überschlägliche Bestimmung von A mit einem geschätzten k-Wert

Der Wärmeübergang bei der Kondensation und auf der Wasserseite sind sehr gut. Einen zusätzlichen Widerstand stellt der duroplastische Überzug dar. Trotzdem ist ein relativ hoher Wärmedurchgangskoeffizient zu erwarten, geschätzt:

$k_i = 1300$ W/(m² K)

$A_i = \dfrac{\dot{Q}}{k_i \Delta T_m} = \dfrac{10{,}7 \cdot 10^6}{1300 \cdot 32{,}4} = \underline{254 \text{ m}^2}$

3. Dimensionierung

Mit Rücksicht auf den zu erwartenden großen α_a-Wert soll durch eine entsprechend hohe Wassergeschwindigkeit auch ein großer α_i-Wert angestrebt werden. Es wird auf die Ausführung einer

◄

Bild 3.25. Vereinfachter Programmablaufplan für einen Kondensator mit glatten Rohren unter Vorgabe eines maximal möglichen Druckverlustes für das Kühlmedium

Wassergeschwindigkeit w_i von etwa 1,5 m/s orientiert. Die Querschnittsfläche in den Rohren A_{qi} beträgt dann:

$$A_{qi} = \frac{\dot{M}_W}{\varrho w_i} = \frac{255}{1000 \cdot 1,5} = 0,1702 \text{ m}^2$$

und die dazu notwendige Rohrzahl $z = \dfrac{A_{qi}}{f_{qi}}$

Es werden Stahlrohre 25/20 mm Durchmesser gewählt. Der Querschnitt eines Rohres f_{qi} ist dann:

$$f_{qi} = \frac{0,020^2 \cdot \pi}{4} = 0,000\,314 \text{ m}^2 \quad \text{und} \quad z = \frac{0,179}{0,000\,314} = 542 \text{ Rohre}$$

Mit der unter 2. ermittelten Wärmeübertragungsfläche von 254 m² erhält man eine Länge von:

$$A_i = z L d_i \pi; \quad L = \frac{254}{542 \cdot 0,020 \cdot \pi} = 7,45 \text{ m}$$

Es wird folgender Kondensator gewählt:
Mantelinnendurchmesser $D_i = 1200$ mm, Gangzahl 2, 1048 Rohre 25/20 mm Durchmesser, 4 m lang, Wärmeübertragungsfläche $A_i = 1048 \cdot \pi \cdot 0,020 \cdot 4 = 263 \text{ m}^2$
Geschwindigkeit des Wassers:

$$w_i = \frac{\dot{M}_W}{A_{qi}}; \quad \text{zweigängige Ausführung:} \quad A_{qi} = \frac{z}{2} f_{qi}$$

Unter Berücksichtigung der Lackschicht ist die lichte Weite des Rohres 19,6 mm.

$$A_{qi} = \frac{1048 \cdot 0,0196^2}{2 \cdot 4} = 0,1580 \text{ m}^2; \quad w_i = \frac{255}{0,1580 \cdot 1000} = 1,614 \text{ m/s}$$

Zu beachten ist, daß bei der Kondensation reinen Dampfes Gegen- und Gleichstrom gleichwertig sind und dadurch eine zweigängige Ausführung die mittlere Temperaturdifferenz nicht beeinflußt.
Es ist zweckmäßig, bereits an dieser Stelle durch überschlägliche Berechnung des Druckverlustes zu prüfen, ob der maximal zulässige Druckverlust von 40 kPa ausreicht. Mit einem geschätzten Widerstandsbeiwert von 0,03 ist

$$\Delta p = \zeta \frac{L}{d} \frac{w_i^2 \varrho}{2} = \frac{0,03 \cdot 8 \cdot 1,614^2 \cdot 1000}{0,020 \cdot 2} = 15,63 \text{ kPa} < 40 \text{ kPa}$$

4. Schätzung der Wandtemperatur auf der Kondensationsseite

Diese wird durch den Wärmeleitwiderstand des duroplastischen Überzugs mehr in der Nähe der Kondensationstemperatur liegen, geschätzt:

$T_w = 55 \,°\text{C}$

5. Berechnung von α_i, α_a und k

Wärmeübergangskoeffizient für Wasser α_i
Stoffdaten für Wasser bei 32 °C:

$$\eta = 7,68 \cdot 10^{-4} \text{ Pa s}; \quad \lambda = 0,617 \text{ W/(m K)}; \quad c_p = 4180 \text{ J/(kg K)}$$

$$\text{Re} = \frac{w_i d_i \varrho}{\eta} = \frac{1,614 \cdot 0,0196 \cdot 1000}{7,68 \cdot 10^{-4}} = 41\,200$$

$$\text{Pr} = \frac{\eta c_p}{\lambda} = \frac{7,68 \cdot 10^{-4} \cdot 4180}{0,617} = 5,20$$

Mit Gleichung (2.91) erhält man:

$Nu = 0{,}012(Re^{0{,}87} - 280)\, Pr^{0{,}4}[1 + (d_i/L)^{2/3}]\, K_T$

Das Glied K_T kann vernachlässigt werden, da der Temperaturunterschied zwischen Flüssigkeit und Wand gering ist.

$Nu = 0{,}012(41\,200^{0{,}87} - 280)\, 5{,}20^{0{,}4}[1 + (0{,}0196/6)^{2/3}]$

$Nu = 239$

$\alpha_i = Nu\, \lambda/d_i = 239 \cdot 0{,}617/0{,}0196 = \underline{7520\ W/(m^2\ K)}$

Wärmeübergangskoeffizient für kondensierenden Methanoldampf: Für ruhenden kondensierenden Sattdampf bei laminarem Kondensatfilm gilt Gleichung (3.31). Stoffdaten für flüssiges Methanol bei

$\dfrac{T_S + T_w}{2} = \dfrac{64{,}7 + 55}{2} = 59{,}9\ °C:\qquad \eta = 3{,}30 \cdot 10^{-4}\ Pa\,s\,;$

$\lambda = 0{,}186\ W/(m\ K)\,;\qquad r = 1{,}10 \cdot 10^6\ J/kg\,;\qquad \varrho = 755\ kg/m^3$

$\alpha_a = 0{,}726\, \sqrt[4]{\dfrac{0{,}186^3 \cdot 755^2 \cdot 1{,}10 \cdot 10^6 \cdot 9{,}81}{(64{,}7 - 55)\, 3{,}3 \cdot 10^{-4} \cdot 0{,}025}} = 3450\ W/(m^2\ K)$

Der Wärmedurchgangskoeffizient ist wie für eine zusammengesetzte Wand gemäß Gleichung (3.4) zu berechnen.

$\dfrac{1}{k_i} = \dfrac{1}{\alpha_i} + \dfrac{d_{iLK}}{2\lambda_L}\ln\dfrac{d_i}{d_{iL}} + \dfrac{d_{iL}}{2\lambda_{St}}\ln\dfrac{d_a}{d_i} + \dfrac{1}{\alpha_a}\dfrac{d_{iL}}{d_a}$

$\dfrac{1}{k_i} = \dfrac{1}{7520} + \dfrac{0{,}0196}{2\cdot 1}\ln\dfrac{20}{19{,}6} + \dfrac{0{,}0196}{2\cdot 59}\ln\dfrac{25}{20} + \dfrac{1}{3450}\dfrac{19{,}6}{25}$

$k_i = \underline{1681\ W/(m^2\ K)}$

6. Überprüfung der angenommenen Werte für k_i und T_w

Notwendige Fläche gemäß dem errechneten k_i-Wert:

$A_i = \dfrac{\dot Q}{k_i\, \Delta T_m} = \dfrac{10{,}69 \cdot 10^6}{1681 \cdot 32{,}4} = 196\ m^2$

Die ausgeführte Fläche wurde gemäß der Rechnung im Punkt 5 auf die Innenfläche der Lackschicht bezogen:

$A_i = z d_{iL} \pi L = 1048 \cdot 0{,}0196 \cdot \pi \cdot 4 = 258\ m^2$

Erfolgt die Ausführung des Kondensators gemäß vorstehenden Betrachtungen, so entspricht die Differenz zwischen berechneter und ausgeführter Fläche einem Zuschlag von

$\dfrac{A_{ausg} - A_{ber}}{A_{ber}} = \dfrac{258 - 196}{196} = 31{,}6\%$

Unter Berücksichtigung des errechneten hohen Wärmedurchgangskoeffizienten, auf den sich bereits sehr geringe Wandansätze sehr stark auswirken, ist ein solcher Zuschlag gerechtfertigt. Bei Wärmedurchgangskoeffizienten mit Werten über $1000\ W/(m^2\ K)$ ist das Auftreten möglicher Wandansätze besonders sorgfältig zu prüfen, um eine zu kleine Dimensionierung des Wärmeübertragers zu vermeiden.

Überprüfung der geschätzten Wandtemperatur T_w:
Dies geschieht am einfachsten durch Bestimmen der Wandtemperatur aus dem errechneten α_a-Wert:

$\dot{Q} = \alpha_a A_a (T_S - T_w)$; $A_a = 1048 \cdot 0{,}025 \cdot \pi \cdot 4 = 329 \text{ m}^2$

$T_w = T_S - \dfrac{\dot{Q}}{\alpha_a A_a} = 64{,}7 - \dfrac{10{,}67 \cdot 10^6}{3450 \cdot 329} = 55{,}3 \text{ °C}$

Die Wandtemperatur ist gemäß diesem berechneten Wert im Punkt 4 mit 55 °C bereits sehr genau geschätzt worden.

7. Druckverlust in den Rohren

Für Re = 42 100 und eine geschätzte Rauhigkeit der Oberfläche von 0,1 mm ergibt sich nach Colebrook ein Widerstandsbeiwert von 0,033. Damit ist der Druckverlust in den Rohren:

$\Delta p = \dfrac{0{,}033 \cdot 8 \cdot 1{,}614^2 \cdot 1000}{0{,}0196 \cdot 2} = 17{,}5 \text{ kPa}$

Zusätzlich treten Druckverluste beim Ein- und Austritt und bei der Umlenkung des Wassers durch die zweigängige Ausführung auf. Die detaillierte Berechnung erfolgt nach Gleichungen, die aus Lehrbüchern der Strömungsmechanik oder technischen Handbüchern entnommen werden können. Hier wird für diese Verluste ein Zuschlag von 20% gemacht, so daß der Druckverlust des Wassers mit 21 kPa < 40 kPa zu erwarten ist.

3.3.3. Betriebliches Verhalten von Kondensatoren

Dieses ist in den meisten Fällen auf das engste mit der gewünschten Wärmeleistung des Kondensators und Wechselwirkungen des Kondensators mit anderen Apparaten innerhalb der Anlage verknüpft. Nachstehend wird auf ausgewählte technisch wichtige Fälle eingegangen.

1. Kondensation von Heizdämpfen

In den meisten Fällen wird Wasserdampf als Heizdampf verwendet. In zahlreichen Betrieben der Stoffwirtschaft gibt es Wasserdampf mit zwei bis drei verschiedenen Drücken, z. B. 0,35; 1,7 und 4,5 MPa. Die Kondensationsenthalpie des Dampfes dient dazu, um einen Flüssigkeitsstrom aufzuwärmen oder zu verdampfen. Damit wird in der Regel die Übertragung eines bestimmten Wärmestroms gewünscht. Das betriebliche Verhalten solcher Kondensatoren wird hauptsächlich durch Regelung des Heizdampfdruckes und damit über die mittlere Temperaturdifferenz vorgenommen (s. Bild 3.26). Kondensatableiter, die in großen Chemiebetrieben zu Hunderten vorhanden sind, arbeiten mechanisch so, daß nur Kondensat und kein Dampf den Apparat verläßt. Dabei wird meistens das Kondensat durch den Heizdampfdruck zu einem Sammelbehälter gefördert.

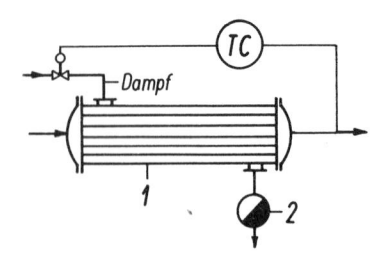

Bild 3.26. Regelung des Druckes bei dem Kondensieren von Heizdampf in einem Vorwärmer
1 Vorwärmer für Flüssigkeit, *2* Kondensatableiter

2. Kondensatoren in Destillationsanlagen

Destillationsanlagen und dementsprechend auch Kondensatoren werden drucklos, unter Druck oder Vakuum betrieben. Am häufigsten ist der drucklose Betrieb. Eine Destillationsanlage ist bezüglich ihres Druckverhaltens mit einem Dampfkessel vergleichbar, d. h., der Druck ist von der Temperatur abhängig. Ist die Fläche des Kondensators zu groß, so würde ohne Regelung der Druck beim Kondensieren sinken und dadurch die mittlere Temperaturdifferenz kleiner werden. Ist die Fläche des Kondensators zu klein, so steigt der Druck, wodurch die mittlere Temperaturdifferenz vergrößert wird. Kondensatoren müssen grundsätzlich mit Reserve ausgelegt werden, damit durch den Kondensator bei ungünstigen Veränderungen während des Betriebes, z. B. durch Wandansätze (vgl. auch Abschn. 3.2.3.) der gewünschte Wärmestrom noch abgeführt werden kann. Dann muß aber über einen größeren Teil der Betriebszeit verhindert werden, daß der zu große Kondensator den Druck in der Destillationskolonne reduziert. Bei drucklosen Destillationsanlagen wird die Wärmeleistung des Kondensators in einfacher Weise über eine Flüssigkeitstauchung beeinflußt und der Druck konstant gehalten.

Dies erfolgt in der Weise, daß inertes Gas (Luft oder Stickstoff) durch die Tauchung in den Kondensator eindringt und durch die Bildung eines Dampf-Gas-Gemisches der Wärmestrom gemindert wird (vgl. auch Abschn. 2.4.2.). Wenn eine Vergrößerung des Wärmestroms notwendig ist, so wird Dampf-Gas-Gemisch (relativ geringer Strom) über die Flüssigkeitstauchung abgeführt, so daß der inerte Gasgehalt im Kondensator vermindert wird. So wird sehr einfach, aber wirksam der Wärmestrom über die Gaskonzentration im Kondensator beeinflußt und der Druck konstant gehalten, z. B. mit 110 kPa, wenn der atmosphärische Druck 100 kPa und die Höhe der Flüssigkeitssäule in der Tauchung 1 m mit einer Dichte von 1000 kg/m^3 beträgt. Die Flüssigkeitstauchung übernimmt damit zugleich die Funktion eines Sicherheitsventils, da der Druck wie vorangehend erläutert 110 kPa nicht übersteigen kann.

Bei Destillationskolonnen unter Druck muß eine geeignete Regelung des Temperaturniveaus im Kondensator und im Verdampfer (Regelung des Heizdampfdruckes) ausgeführt werden, um eine bestimmte Kondensatorleistung bei einem bestimmten Druck zu gewährleisten. Ein Sicherheitsventil ist gesetzlich vorgeschrieben, da bei unsachgemäßer Bedienung der Druck unzulässig ansteigen kann und damit eine Gefährdung durch Zerbersten des Apparates eintreten könnte.

Bei der Vakuumdestillation tritt zwangsläufig etwas Luft über alle Dichtflächen ein, so daß für den Kondensator eine Vakuumpumpe bzw. ein Dampfstrahlsauger zur Absaugung eines Luft-Dampf-Gemisches vorgesehen werden muß, um die Gaskonzentration nicht ansteigen zu lassen. Das Kondensat wird abgesaugt oder über eine Falleitung entsprechender Höhe abgeführt.

3. Kondensatoren im Zusammenhang mit Eindampfanlagen

Eindampfanlagen werden oft mehrstufig mit Druckstufung ausgeführt. Kondensator und Verdampfer müssen in der Größe und Leistung aufeinander abgestimmt sein. Kleine, zwangsläufig nicht zu vermeidende Unterschiede in der Wärmeleistung von Kondensator und Verdampfer werden hauptsächlich durch Regelung des Heizdampfdruckes am Verdampfer ausgeglichen. Zur guten Ausnutzung des Dampfes bzw. bei temperaturempfindlichen Produkten kann der Kondensator auch unter Vakuum betrieben werden, wobei die unter Punkt 2 für Vakuum getroffenen Aussagen zu beachten sind.

4. Kondensatoren nach Turbinen im Kraftwerk

Entsprechend den großen Kraftwerksblöcken von 500 MW und mehr sind größte Wärmeströme abzuführen. Dazu werden Kondensatoren bis zu 3 m Durchmesser mit über 6000

Rohren ausgeführt. Je besser das Vakuum bei der Kondensation ist, um so besser ist die Ausnutzung der Enthalpie des Wasserdampfes in der Turbine. Unter den Bedingungen des Sommerbetriebes steht Rückkühlwasser von etwa 25 °C zur Verfügung, das bei einer Erwärmung auf 32 bis 35 °C je nach Größe und Effektivität des Kondensators eine Kondensationstemperatur des Wasserdampfes von 36 bis 40 °C entsprechend einem Druck von 5,94 bis 7,38 kPa ermöglicht.

Bei großen Kondensatoren ab etwa 2 m Durchmesser muß der Kondensator mit Dampfgassen ausgeführt werden, damit der Dampf mit geringem Strömungswiderstand alle Rohre des Kondensators erreicht (s. Bild 3.27).

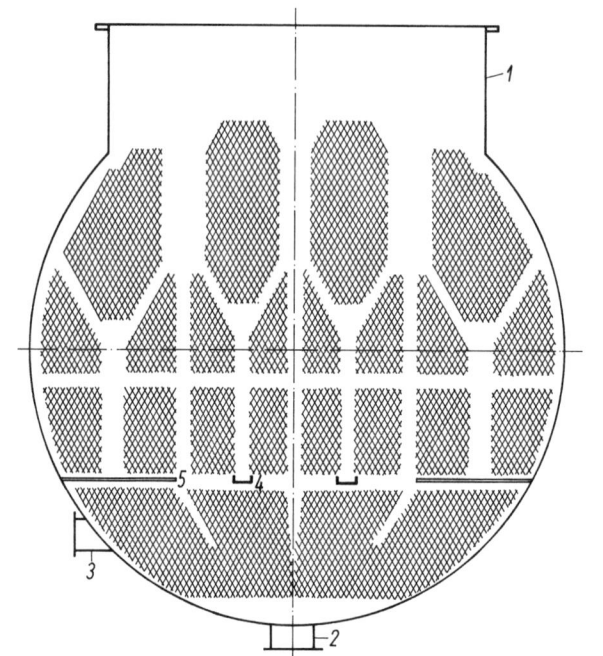

Bild 3.27. Kondensator für Wasserdampf nach einer Turbine im Kraftwerk
1 Dampfstutzen
2 Kondensatstutzen
3 Entlüftungsstutzen
4 und *5* Vorrichtungen zur Unterstützung des Kondensattransportes

Bei Kondensatoren nach Turbinen braucht bei einem zu großen Kondensator keine Verminderung der Kondensatorleistung wie bei einer Flüssigkeitstauchung zu erfolgen, da eine höhere Leistung des Kondensators das Vakuum erniedrigt, was wünschenswert ist.

Beispiel 3.9. Berechnung eines in Betrieb befindlichen Kondensators

In einem liegenden Kondensator (Rohrbündelapparat) wird Chloroform kondensiert. Kühlmedium ist Wasser, das in den Rohren fließt. Um den Einfluß der Verschmutzung auf der Kühlwasserseite festzustellen, wurden Messungen vorgenommen.

Gegeben:

Meßdaten: Kühlwasserverbrauch 111,5 m^3/h, Eintritts- und Austrittstemperatur des Kühlwassers $T_{2E} = 18{,}0$ °C, $T_{2A} = 28{,}4$ °C, Kondensat (Chloroform) 18,8 t/h; im Querschnitt I − I (s. Bild 3.28) wurden mit Thermoelementen gemessen: Kühlwassertemperatur $T_{Kü} = 23{,}0$ °C und Wandtemperatur an der Stahlwand innen $T_{iw} = 56{,}6$ °C.

Kondensation **3.3.** 195

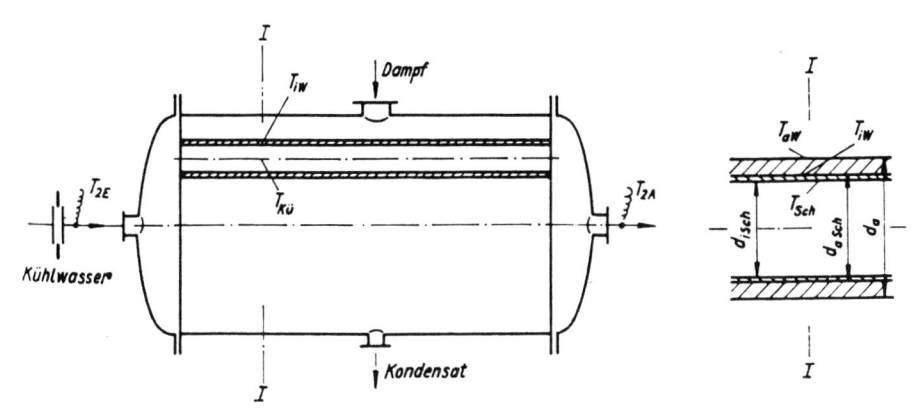

Bild 3.28. Rohrbündelwärmeübertrager zu Beispiel 3.9

Abmessungen des Rohrbündelwärmeübertragers: Manteldurchmesser 600 mm
265 Stahlrohre 25/20 mm Durchmesser und 6 m Länge, eingängig, $\lambda_{St} = 59$ W/(m K), Betriebsdruck 101,3 kPa.
Stoffdaten für flüssiges Chloroform: $\lambda = 0{,}1258$ W/(m K); $\varrho = 1554$ kg/m³; $\eta = 0{,}42 \cdot 10^{-3}$ Pa s; $r = 253$ kJ/kg.
Kondensationstemperatur des Chloroforms $T_S = 61{,}2$ °C bei 101,3 kPa.
Das Kondensat wird mit Siedetemperatur abgeführt.

Aufgabe:

Es sind zu bestimmen:

1. Der Wärmedurchgangskoeffizient.
2. Die Dicke der Schmutzschicht, wenn der Wärmeleitkoeffizient $\lambda_{Sch} = 0{,}45$ W/(m K) betragen soll.
3. Die Abweichung des Wärmeübergangskoeffizienten auf der Kondensatseite aus den gemessenen Daten gegenüber dem berechneten Wärmeübergangskoeffizienten bei laminarem Kondensatfilm und ruhendem Sattdampf.

Lösung:

Zu 1.

Der im Wärmeübertrager übertragene Wärmestrom ergibt sich aus den Meßwerten für das Kühlwasser und die Kondensatmenge.
Kühlwasser:

$$\dot{H}_w = \dot{M}_w c_{pw}(T_{2A} - T_{2E}) = \frac{111{,}5 \cdot 1000 \cdot 4187}{3600}(28{,}4 - 18{,}0) = 1{,}348 \cdot 10^6 \text{ W}$$

Einheitenkontrolle: $\dfrac{m^3}{h} \dfrac{kg}{m^3} \dfrac{h}{s} \dfrac{J}{kg\,K} K = \dfrac{J}{s} = W$

Kondensat:

$$\dot{H}_K = \dot{M} r = \frac{18\,800 \cdot 253\,500}{3600} = 1{,}324 \cdot 10^6 \text{ W}$$

Eine überschlägliche Berechnung für den Wärmeverlust mit $k = 25$ W/(m² K) für den nicht isolierten Wärmeübertrager mit $A = 15$ m² und einer Außentemperatur von 20 °C ergibt

$$\dot{Q}_v = 25 \cdot 15(82{,}8 - 20) = 23\,550 \text{ W}$$

Mit einer Energiebilanz für den Wärmeübertrager kann die Genauigkeit der Messungen beurteilt werden.

$\dot H_K = \dot H_w + \dot Q_v$

$1{,}324 \cdot 10^6 \text{ W} = (1{,}348 + 0{,}024)\, 10^6 \text{ W}$

$1{,}324 \cdot 10^6 \text{ W} = 1{,}372 \cdot 10^6 \text{ W}$

Differenz: $(1{,}372 - 1{,}324) \cdot 10^6 \text{ W} = 48\,000 \text{ W}$

Die Differenz zwischen den beiden Wärmeströmen beträgt etwa 3,7%, die durch Meßfehler bei den Mengen- und Temperaturmessungen hervorgerufen wird. Eine höhere Genauigkeit ist durch die Kondensatmessung zu erwarten, da sich beim Kühlwasser Meßfehler durch die eingehende Differenz der Temperaturen stärker auswirken. Im weiteren wird ein Wärmestrom von $\dot Q = 1{,}31 \cdot 10^6$ W verwendet.

Der Wärmedurchgangskoeffizient ergibt sich aus Gleichung (3.2):

$$k_i = \frac{\dot Q}{A_i \Delta T_m}$$

$A_i = z d_i \pi L = 265 \cdot 0{,}020 \cdot \pi \cdot 6 = 99{,}9 \text{ m}^2$

Mittlere Temperaturdifferenz mit Gleichung (2.200)

$\Delta T_{gr} = 43{,}2 \text{ K}; \quad \Delta T_{kl} = 32{,}8 \text{ K}$

$$\Delta T_m = \frac{43{,}2 - 32{,}8}{\ln \dfrac{43{,}2}{32{,}8}} = 37{,}8 \text{ K}$$

Bis $\Delta T_{gr} : \Delta T_{kl} \approx 1{,}3$ kann auch näherungsweise das arithmetische Mittel verwendet werden, wofür sich in disem Fall 38,0 °C ergibt (Abweichung <1%).

$$k_i = \frac{1{,}31 \cdot 10^6}{99{,}9 \cdot 37{,}8} = \underline{\underline{347 \text{ W}/(\text{m}^2 \text{ K})}}$$

Zu 2.

Die Dicke der Schmutzschicht wird aus den beiden gemessenen Temperaturen im Querschnitt I – I bestimmt. Dazu muß noch rechnerisch die Temperatur an der Oberfläche der Schmutzschicht T_{Sch} ermittelt werden, wozu die Kenntnis des Wärmeübergangskoeffizienten für Wasser erforderlich ist.

$\dot Q = \alpha_i A_{i\,Sch}(T_{Sch} - T_{Kü})$

$A_{i\,Sch}$ ist die Oberfläche der Schmutzschicht. Bei einer geschätzten Dicke der Schmutzschicht von 1 mm ist $d_{i\,Sch} = 18$ mm und

$A_{i\,Sch} = z d_{i\,Sch} L \pi = 265 \cdot 0{,}018 \cdot \pi \cdot 6 = 89{,}9 \text{ m}^2$

Der Wasserstrom $\dot V_W$ ergibt sich zu

$$\dot V_W = \frac{\dot Q}{c_p \Delta T \varrho} = \frac{1{,}31 \cdot 10^6}{4180(28{,}4 - 18{,}0)\,1000} = 0{,}0301 \text{ m}^3/\text{s}$$

und damit die Wassergeschwindigkeit in den Rohren

$$w_i = \frac{\dot V_w}{A_p} = \frac{0{,}0301 \cdot 4}{265 \cdot 0{,}018^2 \cdot \pi} = 0{,}447 \text{ m/s}$$

Der Wärmeübergangskoeffizient α_i wird mit Gleichung (2.91) berechnet:

$\text{Nu} = 0{,}012(\text{Re}^{0{,}87} - 280)\,\text{Pr}^{0{,}4}[1 + (d/L)^{2/3}]\,K_T$

Stoffwerte für Wasser bei 23 °C: $\lambda = 0{,}602$ W/(m K); $\varrho = 994$ kg/m³; $c_p = 4179$ J/(kg K); $\eta = 0{,}000941$ Pa s

$\text{Re} = w_i d_{i\text{Sch}} \varrho/\eta = 0{,}447 \cdot 0{,}018 \cdot 994/0{,}000941 = 8499$

$\text{Pr} = \eta c_p/\lambda = 0{,}000941 \cdot 4179/0{,}602 = 6{,}53$

K_T kann infolge der kleinen Temperaturdifferenz zwischen der Flüssigkeit und der Oberfläche der Schmutzschicht Eins gesetzt werden.

$\text{Nu} = 0{,}012(8499^{0{,}87} - 280) \, 6{,}53^{0{,}4} [1 + (0{,}018/6)^{2/3}] = 60{,}8$

$\alpha_i = \text{Nu} \, \lambda/d_{i\text{Sch}} = 60{,}8 \cdot 0{,}602/0{,}018 = 2030$ W/(m² K)

$T_{\text{Sch}} = T_{\text{Kü}} + \dfrac{\dot{Q}}{\alpha_i A_{i\text{Sch}}} = 23{,}0 + \dfrac{1{,}31 \cdot 10^6}{2030 \cdot 89{,}9} = 30{,}18\ °\text{C}$

Damit sind die Temperaturen der Schmutzschicht mit T_{Sch} (berechnet) und T_{iw} (gemessen) bekannt. Die Dicke der Schmutzschicht kann dann aus der Wärmeleitung durch einen Zylinder bestimmt werden:

$$\dot{Q} = \dfrac{2\pi L \lambda}{\ln \dfrac{d_{a\text{Sch}}}{d_{i\text{Sch}}}} (T_{iw} - T_{\text{Sch}})$$

Der Innendurchmesser d_i der Schmutzschicht ergibt sich aus dieser Gleichung zu:

$$d_{i\text{Sch}} = d_{a\text{Sch}} \exp\left[-\dfrac{2\pi z L \lambda_{\text{Sch}}(T_{iw} - T_{\text{Sch}})}{\dot{Q}} \right]$$

$$d_{i\text{Sch}} = 0{,}020 \exp\left[-\dfrac{2 \cdot \pi \cdot 265 \cdot 6 \cdot 0{,}45 (56{,}6 - 30{,}18)}{1{,}31 \cdot 10^6} \right] = 0{,}01827 \text{ m}$$

Die Dicke der Schmutzschicht s_{Sch} ist $(20 - 18{,}27)/2 = \underline{0{,}865 \text{ mm}}$

Eine 2. Durchrechnung mit der vorstehend ermittelten Schmutzschicht ergibt: $\alpha_i = 1970$ W/(m² K) und $d_{i\text{Sch}} = 0{,}01828$ m, also faktisch die gleiche Dicke der Schmutzschicht.

Zu 3.

Zur experimentellen Bestimmung des α_a-Wertes durch Kondensation steht die Wandtemperatur an der Stahlwand innen $T_{iw} = 56{,}6\ °\text{C}$ zur Verfügung. Für den α_a-Wert wird die Wandtemperatur an der Stahlwand außen T_{aw} (s. auch Bild 3.28) benötigt:

$\dot{Q} = \alpha_a A_a (T_S - T_{aw}); \quad A_a = z d \pi L = 125 \text{ m}^2$

Für die Wärmeleitung in einem Rohr gilt Gleichung (2.11):

$$\dot{Q} = \dfrac{2\pi L \lambda}{\ln \delta_a/d_i} (T_{aw} - T_{iw})$$

bzw.

$$T_{aw} = \dfrac{\dot{Q}}{z 2\pi L \lambda} \ln \dfrac{d_a}{d_i} + T_{iw}$$

$$T_{aw} = \dfrac{1{,}31 \cdot 10^6}{265 \cdot 2\pi 6 \cdot 59} \ln \dfrac{25}{20} + 56{,}6 = 57{,}095$$

$$\alpha_a = \dfrac{\dot{Q}}{A_a(T_S - T_w)} = \dfrac{1{,}31 \cdot 10^6}{125(61{,}2 - 57{,}095)}$$

$\underline{\alpha_a = 2550 \text{ W/(m}^2 \text{ K)}}$ experimentell

Für den berechneten α_a-Wert erhält man für einen liegenden Kondensator mit Gleichung (3.31):

$$\alpha_a = 0{,}726 \sqrt[4]{\frac{\lambda^3 \varrho^2 rg}{(T_S - T_w)\eta d_a}}$$

$$\alpha_a = 0{,}726 \sqrt[4]{\frac{0{,}1258^3 \cdot 1554^2 \cdot 253\,500 \cdot 9{,}81}{(61{,}2 - 57{,}1)\,0{,}42 \cdot 10^{-3} \cdot 0{,}025}} = \underline{2960\ \text{W}/(\text{m}^2\ \text{K})}$$

Der Unterschied zwischen dem experimentell bestimmten und dem berechneten α_a-Wert beträgt 16%.

3.4. Verdampfung

Es wird die Wärmeübertragung an einer festen Heizfläche betrachtet. Charakteristisch für das Verdampfen ist, daß bei einer Temperatur der Heizfläche oberhalb Siedetemperatur $T_w > T_S$ Dampfblasen an der Heizfläche entstehen, die sich von der Wand lösen und in der Flüssigkeit aufsteigen. In Abhängigkeit von der Flüssigkeitstemperatur unterscheidet man zwei Arten:

> Beim *Verdampfen* oder *Sieden* entspricht die Flüssigkeitstemperatur der Siedetemperatur bzw. ist etwas höher $T_F > T_S$, so daß die in der Flüssigkeit aufsteigenden Dampfblasen schließlich die Flüssigkeit an der Oberfläche (Phasengrenze Flüssigkeit-Dampf) verlassen.
> Beim *örtlichen Sieden*, auch Oberflächensieden oder Verdampfungskühlung genannt, ist $T_F < T_S$, so daß die an der Heizfläche entstehenden und in der Füssigkeit aufsteigenden Blasen wieder kondensieren.

Im folgenden wird das Verdampfen behandelt. Auf das örtliche Sieden, das für Spezialfälle zur Übertragung großer Wärmestromdichten, z. B. in Kernreaktoren, Bedeutung besitzt, wird nicht eingegangen. Zusammengefaßte Darstellungen in der Literatur siehe [3.1], [3.2], [3.5], [3.18].

3.4.1. Grundlagen

Der für das Verdampfen wichtigste Mikroprozeß ist die Blasenbildung an der beheizten Wand. Deshalb wird zunächst auf den Mechanismus der Blasenbildung eingegangen. Blasen entstehen an Keimstellen; das sind winzige Gaseinschlüsse an der Wand — inertes Gas beim Anfahren bzw. Restdampf, der beim Ablösen von Dampfblasen an der Wand verbleibt. Durch Vertiefungen in der Wand, die an allen technischen Oberflächen vorhanden sind, wird die Blasenbildung gefördert (s. Bild 3.29a).
An polierten und sorgfältig entgasten Oberflächen sind keine Keimstellen für die Blasenbildung vorhanden, so daß hohe Überhitzungen der Flüssigkeit bis mehr als 100 °C oberhalb Siedetemperatur auftreten, ohne daß Verdampfen einsetzt. Die Blasen entstehen somit immer an den Keimstellen (1 bis 100 je cm^2) und lösen sich beim Erreichen einer bestimmten Größe ab. Blasenfrequenzen von 20 bis 100 Blasen je Sekunde sind bei der Blasenverdampfung typisch. Die Blasen steigen in der Flüssigkeit auf und verlassen die Flüssigkeit an der Oberfläche, wenn $T_F > T_S$ (Temperaturdifferenz z. B. 0,5 K) ist.

> Die Wärme wird von der beheizten Wand an die Flüssigkeit übertragen (guter Wärmeübergang) und von der Flüssigkeit an die Blase (s. Bild 3.29a). Beim Ablösen der Blasen kommt es zu einer prallartigen Flüssigkeitsströmung in den Raum, der durch

die Blasenablösung frei geworden ist. Die gute Wärmeübertragung bei der Blasenverdampfung ist auf eine starke turbulente Grenzschicht in der Zone der Blasenbildung und -ablösung zurückzuführen.

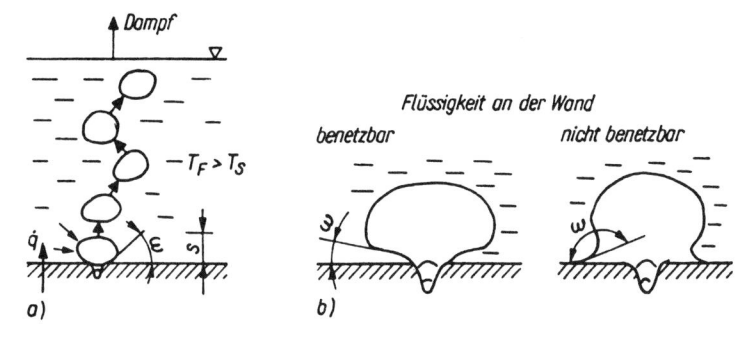

Bild 3.29. Schematische Darstellung der Blasenbildung und des Blasenaufstieges
a) Blasenbildung an einer Vertiefung in der Wand und Blasenaufstieg
b) Einfluß der Benetzung bei der Blasenbildung

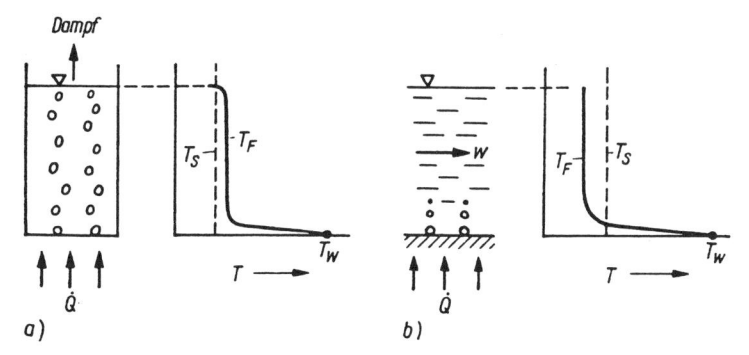

Bild 3.30. Temperaturprofil in einem am Boden beheizten Gefäß
a) Sieden
b) örtliches Sieden

Aus Vorstehendem folgt, daß der Temperaturabfall in einer Grenzschicht an der beheizten Wand erfolgt, in der die Blasenbildung und -ablösung erfolgt (s. Bild 3.30). Beim Sieden ist die Flüssigkeitstemperatur etwas höher als die Siedetemperatur (s. Bild 3.30a), weil die aufsteigenden Blasen in der Flüssigkeit nur existieren können, wenn der Dampfdruck p_D in der Blase größer als in der umgebenden Flüssigkeit ist. Beim örtlichen Sieden ist $T_F < T_S$, so daß die von der beheizten Wand aufsteigenden Blasen in der Flüssigkeit wieder kondensieren (s. Bild 3.30b).

Zur Ermittlung des Blasendurchmessers in der Flüssigkeit ergibt eine Kräftebilanz an einer geschnittenen Blase mit dem Durchmesser d und der Oberflächenspannung σ:

$$p_D \frac{d^2 \pi}{4} = p_F \frac{d^2 \pi}{4} + d\pi\sigma$$

oder

$$\Delta p = p_D - p_F = \frac{4\sigma}{d}$$

Bei einem Blasendurchmesser kleiner als d kann die Blase nicht mehr existieren und kondensiert. Die Bildung der Blase ist nur möglich, wenn $T_F > T_S$ ist. Daraus weiterführende Überlegungen, die hier nicht dargestellt werden, führen zu folgender Gleichung:

$$\Delta p = \frac{4\sigma \varrho_F}{d(\varrho_F - \varrho_D)}$$

Nach der Beziehung von *Clausius-Clapeyron* gilt:

$$\left(\frac{dp}{dT}\right)_{T=T_S} = \frac{r}{T_S(v_D - v_F)} = \frac{r\varrho_F\varrho_D}{T_S(\varrho_F - \varrho_D)}$$

Bei einer kleinen Differenz $\Delta T = T_w - T_S$ können die Differentiale durch Differenzen ersetzt werden:

$$\Delta p = \frac{r\varrho_F\varrho_D(T_w - T_S)}{T_S(\varrho_F - \varrho_D)}$$

Aus den beiden vorstehenden Gleichungen für Δp erhält man durch Gleichsetzen den Mindestdurchmesser der Blase, die in der Flüssigkeit existieren kann:

$$d_{\min} = \frac{4\sigma T_S}{r(T_w - T_S)\varrho_D} \tag{3.36}$$

Die Auswirkungen der Benetzbarkeit der Flüssigkeit an der Wand auf die Bildung der Dampfblasen werden im Bild 3.29 gezeigt. Die Wärmeübertragung nimmt unter sonst gleichen Bedingungen von der nicht benetzbaren zur voll benetzbaren Flüssigkeit zu, weil die Fläche zur Wärmeübertragung von der Flüssigkeit an die Blase vergrößert wird und der Blasendurchmesser bei gleichzeitiger Vergrößerung der Blasenzahl sinkt.

Eine Blase an der beheizten Wand wächst nur bis zu einem bestimmten Durchmesser; dann reißt sie ab. *Fritz* [3.13] hat diesen Abreißdurchmesser der Blase d_A bei verschiedenen Kontaktwinkeln ω (s. Bild 3.29) theoretisch ermittelt. Für kugelförmige Blasen kann das Ergebnis durch folgende Gleichung dargestellt werden:

$$d_A = 0{,}0144\omega \left[\frac{2\sigma}{g(\varrho_F - \varrho_D)}\right]^{0,5} \tag{3.37}$$

Für den Wärmeübergang beim Verdampfen wird ein analoger Ansatz wie bei der Wärmeübertragung ohne Phasenänderung verwendet:

$$\boxed{d\dot{Q} = \alpha\, dA(T_w - T_S) \quad \text{bzw.} \quad \dot{q} = \alpha(T_w - T_S)} \tag{3.38}$$

Unter Beachtung des Mechanismus der Blasenbildung existieren drei typische Bereiche für die Verdampfung, die experimentell nachgewiesen wurden und wie folgt physikalisch erklärt werden (s. Bild 3.31):

1. Freie Konvektion

Es entstehen an der Heizfläche nur wenige Dampfblasen. Die Temperaturdifferenz $(T_w - T_S)$ und die Wärmestromdichte sind klein. Der Wärmeübergang ist schlecht, da im wesentlichen nur eine freie Konvektion in der Flüssigkeit durch die wenigen aufsteigenden Blasen wirksam wird (s. Bild 3.31 bis Punkt A).

2. Blasenverdampfung

Mit wachsender Heizflächenbelastung und wachsender Temperaturdifferenz $(T_w - T_S)$ steigt die Zahl der Blasen. Es kommt zu der bereits beschriebenen Ausbildung einer stark

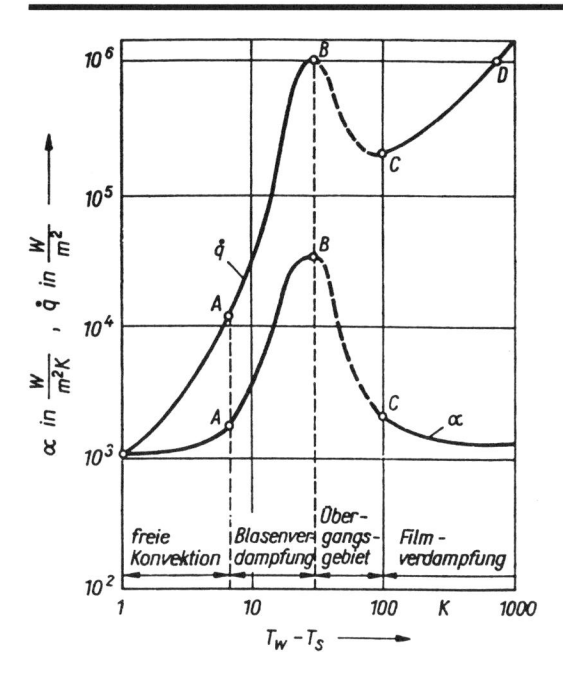

Bild 3.31. Wärmeübergangskoeffizient und Wärmestromdichte in Abhängigkeit von der Temperaturdifferenz für verschiedene Bereiche beim Verdampfen ohne aufgeprägte Außenströmung, Zahlenwerte gelten für Wasser

turbulenten Grenzschicht an der beheizten Wand infolge der Blasenbildung und -ablösung, wodurch der Wärmeübergang stark verbessert wird. Dieser Bereich wird Blasenverdampfung genannt (s. Bild 3.31, Bereich A bis B).

3. Filmverdampfung

Bei weiter steigender Temperaturdifferenz $(T_w - T_S)$ beginnen die Blasen die beheizte Wand in Form eines Gasfilms zu bedecken. Dieser Film stellt einen zusätzlichen Wärmeübergangswiderstand dar, so daß sich der Wärmeübergang verschlechtert. Im Bereich B bis C (s. Bild 3.31) liegt partielle Filmverdampfung vor, wobei dieser Bereich nicht vollständig nachgebildet werden kann. Ab C ist die Filmverdampfung voll ausgebildet. Der Wärmeübergangskoeffizient bleibt dann konstant und liegt in der Größenordnung wie bei der freien Konvektion. Damit liegt bei der Filmverdampfung das bemerkenswerte Ergebnis vor, daß trotz steigender Temperaturdifferenz der übertragene Wärmestrom vermindert wird. Dies beobachtete als erster *Leidenfrost* experimentell. Man spricht daher auch vom *Leidenfrost*schen Phänomen.

Die vorstehende Darstellung gemäß Bild 3.31 trifft auf die Verdampfung ohne aufgeprägte äußere Strömung (weder freie noch erzwungene Konvektion) zu. Ein ähnliches Verhalten liegt auch beim Verdampfen mit einer zusätzlich aufgeprägten Strömung vor, z. B. in Verdampfern mit natürlichem Umlauf, Fallfilm- und Zwangsumlaufverdampfern. Allerdings wird dabei der Bereich der freien Konvektion infolge der zusätzlichen Konvektion der flüssigen Phase kaum wirksam. In technischen Verdampfern ist grundsätzlich Blasenverdampfung anzustreben.

Es sind zwei völlig unterschiedliche Arten der Energiezufuhr und der dabei auftretenden Temperaturdifferenzen zu unterscheiden, was nachfolgend behandelt wird.

1. Konstante Temperaturdifferenz

Die obere Temperatur des Heizmediums und damit auch die Temperaturdifferenz zwischen dem Heizmedium und der verdampfenden Flüssigkeit sind vorgegeben. Dies ist in der Industrie meist der Fall, z. B. bei kondensierendem Wasserdampf oder bei Rauchgasen.

2. Konstante Wärmestromdichte

Die Energiezufuhr erfolgt in einer Form, daß sie auf Grund anderer Gesetzmäßigkeiten mit einer entsprechend hohen Temperatur zwangsweise übertragen wird. Dies ist zum Beispiel bei elektrischer Beheizung und im Kernreaktor der Fall. Dabei ist das Verhalten der

Wärmestromdichte in Abhängigkeit von der Temperaturdifferenz ($T_w - T_S$) gemäß Bild 3.31 sehr wichtig. Wird der Verdampfer in der Nähe des Punktes B ausgelegt, so kann durch die Unsicherheit bei der Vorausberechnung effektiv schon der Punkt B überschritten sein. Es wird dann eine Temperaturdifferenz oberhalb von D gemäß Bild 3.31 erzwungen. Dies kann bereits dazu führen, daß der Verdampfer durch die thermische Beanspruchung zerstört wird. Man bezeichnet deshalb den Punkt B auch als Ausbrennpunkt.

3. Maximale Wärmestromdichte

Die Kenntnis der maximalen Wärmestromdichte $\dot{q}_{max}$ gemäß Punkt B im Bild 3.31 ist von großer Bedeutung, um den Verdampfungsprozeß darunter im Gebiet der Blasenverdampfung durchführen zu können. Einen Überblick über zu erwartende Werte für $\dot{q}_{max}$ gibt Tabelle 3.5.

Tabelle 3.5. Maximale Wärmestromdichte für einige Flüssigkeiten nach *Fritz* [3.15] bei der Verdampfung an einer beheizten Wand ohne aufgeprägte äußere Strömung

Flüssigkeit	Druck in MPa	$\dot{q}_{max}$ in kW/m²
Wasser	0,10	1150
	0,98	1850
	2,94	2900
	4,50	3950
	9,80	3700
	19,60	1850
Benzol	0,10	570
Methanol	0,10	500
Ethanol	0,10	600
Butanol	0,10	450
Heptan	0,10	350

In Abhängigkeit vom Druck steigt $\dot{q}_{max}$ bis zum etwa 0,35fachen des kritischen Druckes und fällt dann ab und muß theoretisch beim kritischen Druck Null sein (vgl. auch Tab. 3.5). Bei organischen Stoffen ist die maximale Wärmestromdichte kleiner als bei Wasser, was auch mit den Wärmeübergangskoeffizienten bei der Blasenverdampfung korrespondiert. Von den zahlreichen bekannt gewordenen Berechnungsgleichungen für $\dot{q}_{max}$ wird nachfolgend die von *Kutateladse* [3.14], Seite 306, physikalisch begründete Gleichung angegeben, die für kleine Dampfgehalte und Flüssigkeiten mit geringer Viskosität gilt:

$$\dot{q}_{max} = a_1 r \varrho_D^{0,5} [\sigma g (\varrho_F - \varrho_D)]^{0,25} \tag{3.39}$$

Der Anpassungsparameter $a_1 = 0,13$ bis $0,18$ in Abhängigkeit von der Beschaffenheit der Wand und den physikalischen Eigenschaften des Mediums, bevorzugt $a_1 = 0,14$. Bei einer von außen aufgeprägten Strömung hängt a_1 von dieser Strömung ab, ist aber größer, siehe [3.14], Kapitel 22.

3.4.2. Wärmeübergang bei Blasenverdampfung ohne aufgeprägte Strömung

Dazu gehören die Verdampfung in Rohrbündelwärmeübertragern ohne Umlauf der Flüssigkeit und die Verdampfung in Gefäßen. Entsprechend dem Mechanismus der Wärmeübertragung bei der Blasenverdampfung ist zu erwarten, daß die Größe und Geometrie der Heizfläche einen vernachlässigbaren Einfluß auf den Wärmeübergangskoeffizienten haben. Dies wurde durch Experimente bestätigt. So zeigten die experimentellen Ergebnisse bei Blasenverdampfung in beheizten Gefäßen von 0,01 bis 20 m² Heizfläche eine gute Übereinstimmung. Der Wärmeübergang bei der Blasenverdampfung ist hauptsächlich von folgenden Einflußgrößen abhängig:

1. Wärmestromdichte

Für einen bestimmten Stoff und einen bestimmten Druck ist die Wärmestromdichte die wichtigste Einflußgröße, was den Verdampfungsprozeß deutlich von anderen Wärmeübertragungsprozessen unterscheidet. Durch eine steigende Wärmestromdichte wird die Zahl der an der Heizwand entstehenden Blasen vergrößert, einmal durch steigende Temperaturdifferenz $T_w - T_S$ und Bildung kleinerer Blasen gemäß Gleichung (3.36) und zum anderen durch die Nutzbarmachung einer größeren Zahl von Keimstellen auf der Heizfläche. Die ersten brauchbaren Gleichungen für den Wärmeübergang beim Verdampfen in Gefäßen mit einem kleinen Gültigkeitsbereich hatten folgende Form:

$$\alpha = 1{,}48 \dot{q}^{0{,}76} \quad \text{mit SI-Einheiten} \tag{3.40}$$

Vorstehende Gleichung von *Fritz* ist für Wasser bei atmosphärischem Druck gültig.

2. Druck

Ein steigender Druck führt bis in die Nähe des kritischen Druckes zu steigenden Wärmeübergangskoeffizienten. Dies ist maßgeblich durch den Einfluß des Druckes auf die Blasengröße gemäß Gleichung (3.36) bedingt. Durch Erweiterung von Gleichung (3.40) mit einem Glied für den Druck kann die Gültigkeit für einen bestimmten Stoff auf einen Druckbereich ausgedehnt werden. Für Wasser ermittelte *Fritz* [3.15] durch Anpassung an experimentelle Daten folgende Gleichung:

$$\alpha = 3{,}39 \dot{q}^{0{,}75} p^{0{,}24} \tag{3.41}$$

gültig von 0,01 bis 15 MPa, SI-Einheiten, p in MPa.
Der Einfluß des Druckes auf $\dot{q}_{max}$ wurde bereits diskutiert. Bei höherem Druck wird $\dot{q}_{max}$ bereits bei einem kleineren $(T_w - T_S)$ erreicht.

3. Beschaffenheit der Heizfläche

Im Vergleich zum Wärmeübergang bei turbulenter Strömung ohne Phasenänderung und bei der Kondensation ist die Heizfläche beim Verdampfen von wesentlich größerem Einfluß. Durch die Rauhigkeit der Oberfläche (Zahl und Form der Vertiefungen in der Oberfläche) und durch den Werkstoff (Benetzbarkeit) wird wesentlich der Mechanismus der Blasenbildung beeinflußt.

Die durch Experimente gefundenen Unterschiede sind beträchtlich, z. B. ermittelten *Jakob* und *Fritz* experimentell bei der Verdampfung von Wasser mit $T_w - T_S = 5{,}6$ K mit Kupferplatten folgende Wärmeübergangskoeffizienten:

frisch sandgestrahlte Oberfläche	3860 W/(m² K)
sandgestrahlte Oberfläche nach längerem Gebrauch	2560 W/(m² K)
verchromte Oberfläche	1990 W/(m² K)

Der Einfluß der Oberfläche kann durch unterschiedliche Temperaturdifferenzen $(T_w - T_S)$ ausgeglichen werden, woraus aber Auswirkungen auf das Heizmedium resultieren. Der Vergleich und die Auswertung von Experimenten zur Aufstellung von Berechnungsgleichungen wird durch diesen starken Einfluß der Heizfläche sehr erschwert, da die genaue Kennzeichnung der Beschaffenheit der Oberfläche nicht ohne weiteres möglich ist und auch nachgewiesen ist, daß beim Betrieb von Verdampfern sich die Oberfläche und damit auch der Wärmeübergangskoeffizient verändern. Die Unsicherheit bei der Vorausberechnung von Verdampfern ist durch diesen Einfluß der Heizfläche zwangsläufig größer als bei anderen Wärmeübertragungsprozessen.

4. Stoffwerte

Die Stoffwerte σ, r und ϱ_D der zu verdampfenden Flüssigkeit beeinflussen den Blasendurchmesser. Bei der Übertragung der Wärme von der Wand an die Flüssigkeit (Wärmeübergang in einer turbulenten Grenzschicht) sind weiterhin c_{pF}, λ_F, ϱ_F und η_F von Einfluß.

Berechnungsgleichungen für den Wärmeübergang bei Blasenverdampfung

Die vorstehend dargestellten Abhängigkeiten des Wärmeübergangs von zahlreichen Einflußgrößen bedingen, daß der Gültigkeitsbereich der an Experimente angepaßten Gleichungen begrenzt ist und größere Ungenauigkeiten zu erwarten sind. Von mehreren bekannt gewordenen Gleichungen ist die Gleichung von *Labunzov* [3.16] eine der Gleichungen mit einem großen Gültigkeitsbereich, da Experimente von Wasser, Methanol, Ethanol, Heptan, Tetrachlorkohlenstoff, Sauerstoff, Quecksilber und Natrium einbezogen wurden. Bei der Verdampfung kann der Wärmeübergang von der Heizfläche an die Flüssigkeit in der stark turbulenten Grenzschicht seinem Wesen nach als Wärmeübergang an eine Flüssigkeit bei erzwungener Konvektion betrachtet werden. In neueren Gleichungen wird daher eine Darstellung Nu = Nu (Re, Pr) bevorzugt, wobei modifizierte Nu- und Re-Zahlen verwendet werden, welche den Mechanismus der Blasenbildung berücksichtigen. *Labunzov* hat aus den oben genannten Experimenten folgende Gleichung angegeben:

$$\begin{aligned} \text{Nu} &= 0{,}125\, \text{Re}^{0{,}65}\, \text{Pr}_F^{1/3} \quad \text{für} \quad \text{Re} = 0{,}01 \text{ bis } 10000 \\ \text{Nu} &= 0{,}065\, \text{Re}^{0{,}5}\, \text{Pr}_F^{1/3} \quad \text{für} \quad \text{Re} = 10^{-5} \text{ bis } 0{,}01 \end{aligned} \qquad (3.42)$$

Es wurden Meßwerte von $\text{Pr}_F = 0{,}86$ bis $7{,}6$ und Drücke von $0{,}004$ bis 15 MPa einbezogen. Die Abweichungen der Meßwerte gegenüber Gleichung (3.42) betragen $\pm 40\%$, die aus dem großen Umfang der einbezogenen Stoffe erklärlich sind. Die Nu- und Re-Zahl in Gleichung (3.42) ergeben sich unter Berücksichtigung des Mechanismus der Blasenbildung mit einer modifizierten Länge und Geschwindigkeit wie folgt:

$$L = \frac{c_{pF}\sigma\varrho_F T_S}{(r\varrho_D)^2}; \quad w = \frac{\dot q}{r\varrho_D}; \quad \text{Nu} = \frac{\alpha c_{pF}\sigma\varrho_F T_S}{\lambda_F(r\varrho_D)^2}; \quad \text{Re} = \frac{\dot q c_{pF}\sigma\varrho_F T_S}{(r\varrho_D)^3 \nu_F}$$

Die Stoffwerte der Flüssigkeit sind auf die Wandtemperatur zu beziehen, die des Dampfes auf Siedetemperatur, T_S in K.

Gorenflo hat unter Berücksichtigung der Arbeiten von mehreren Autoren in [3.2], Abschnitt Ha, folgenden Ansatz für die Blasenverdampfung gemacht:

$$\frac{\alpha}{\alpha_0} = a_w F(p_r)\, (\dot q/\dot q_0)^n \qquad (3.43)$$

a_w Funktion der Oberflächenbeschaffenheit
$p_r = p/p_k$ reduzierter Druck

$$F(p_r) = 1{,}2\, p_r^{0{,}27} + \left(2{,}5 + \frac{1}{1-p_r}\right) p_r \quad \text{mit} \quad n = 0{,}9 - 0{,}3\, p_r^{0{,}3}$$

$\dot q_0$ ist ein Bezugswert, für den α_0 bekannt ist, so daß der gesuchte Wärmeübergangskoeffizient α, korrespondierend mit dem jeweiligen $\dot q$, bestimmt werden kann. Für Wasser wurde abweichend ermittelt:

$$F(p_r) = 1{,}73\, p_r^{0,27} + \left(6{,}1 + \frac{0{,}68}{1 - p_r^2}\right) p_r^2 \quad \text{mit} \quad n = 0{,}9 - 0{,}3\, p_r^{0,15}$$

Der Wärmeübergang bei *Blasenverdampfung mit aufgeprägter Strömung*, die in Verdampfern mit natürlichem Umlauf (s. Abschn. 3.4.3), Zwangsumlauf- und Fallfilmverdampfern vorliegt, ist besser als in Verdampfern ohne aufgeprägte Strömung, weil sich dann zusätzlich die konvektive Strömung der verdampfenden Flüssigkeit positiv auswirkt. Auch $\dot{q}_{max}$ ist bei aufgeprägter Strömung größer als ohne Strömung der verdampfenden Flüssigkeit. Auf die Verdampfung von Flüssigkeitsgemischen wird nicht eingegangen, siehe z. B. [3.1], Abschnitt 6.1.1.6.

3.4.3. Wesentliche Bauarten von Verdampfern

Der Rohrbündelwärmeübertrager stellt für Verdampfer die wichtigste Bauform dar, teilweise in modifizierter Bauweise dem Verdampfungsprozeß angepaßt. Vereinzelt werden auch Plattenwärmeübertrager eingesetzt. Strahlungswärmeübertrager werden in Dampfkraftwerken verwendet.

Verdampfer ohne aufgeprägte Strömung

Als Bauarten kommen in Betracht:

- Gefäße, beheizt durch Doppelmantel oder mit offener Flamme. Die Fläche ist klein und relativ teuer.
- Rohrbündelwärmeübertrager, der im Außenraum partiell mit Flüssigkeit gefüllt ist, die verdampft.

Verdampfer mit natürlichem Umlauf

Als Bauart wird grundsätzlich der Rohrbündelwärmeübertrager verwendet. Eine typische Anordnung, die für die Wärmeübertragung günstig ist, zeigt Bild 3.32. Umlaufverdampfer an Destillationskolonnen werden in der Regel so ausgeführt; aber auch bei Eindampfanlagen ist diese Ausführung zweckmäßig. Als Vorteile einer Trennung von Behälter und Verdampfer gemäß Anordnung im Bild 3.32 sind zu nennen:

- Günstigere Strömungsverhältnisse und dadurch besserer Wärmeübergang,
- leichter Ausbau, Reinigung in den Rohren ist ohne Schwierigkeiten möglich,
- standardisierte RWÜ können eingesetzt werden.

Der Umlaufverdampfer kann auch liegend angeordnet werden, wobei sich das verdampfende Medium im Außenraum befindet. Dadurch können größere Wärmeübertragungsflächen untergebracht werden; aber der Platzbedarf ist wesentlich größer.

Verdampfer mit Zwangsumlauf

Die Flüssigkeit wird mit relativ hoher Geschwindigkeit von 2 bis 4 m/s durch die Rohre von einer Pumpe gedrückt, siehe Bild 3.33 als typisches Beispiel. Die Dampfbildung erfolgt außerhalb des Rohrbündels. Zwangsumlaufverdampfer werden für hochviskose Flüssigkeiten oder Flüssigkeiten, bei denen eine Krustenbildung zu erwarten ist, eingesetzt, also für Sonderfälle.

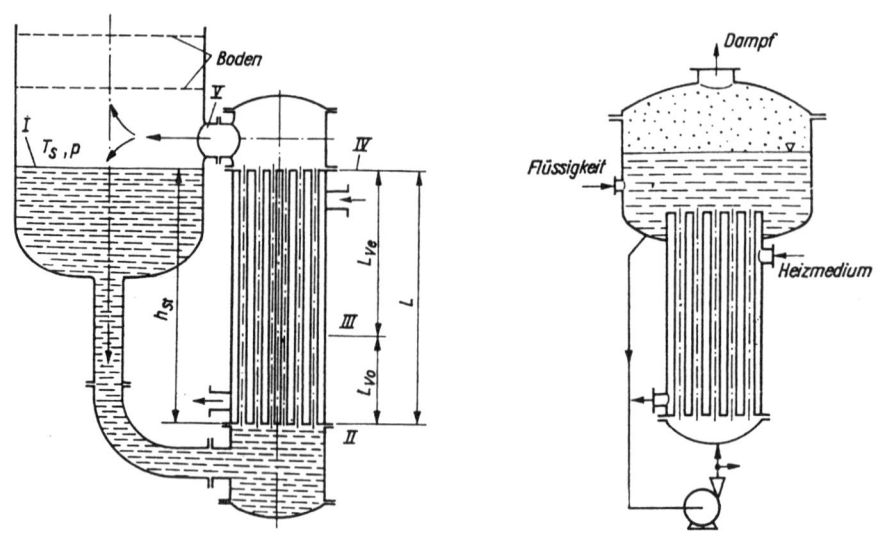

Bild 3.32. Verdampfer mit natürlichem Umlauf   Bild 3.33. Verdampfer mit Zwangsumlauf

Filmverdampfer

Für die Verdampfung temperaturempfindlicher Produkte ist der Umlaufverdampfer wenig geeignet, da die Verweilzeit relativ lang und für die einzelnen Flüssigkeitsteilchen unterschiedlich ist.

Beim *Fallfilmverdampfer* rieselt die Flüssigkeit in Form eines Films an der Wand herunter. Die Bauart ist ein stehender RWÜ (s. Bild 3.34). Es kann Gleich- oder Gegenstrom angewendet werden. Die Flüssigkeit ist möglichst gleichmäßig durch eine geeignete Aufgabevorrichtung auf die Rohre zu verteilen.

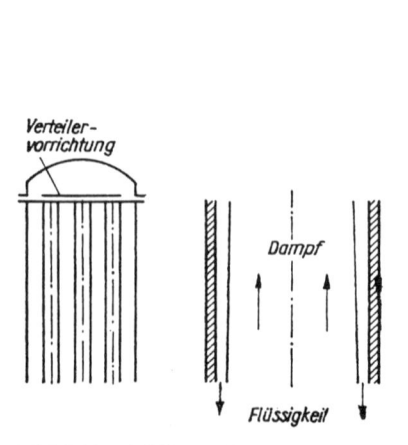

Bild 3.34. Fallfilmverdampfer 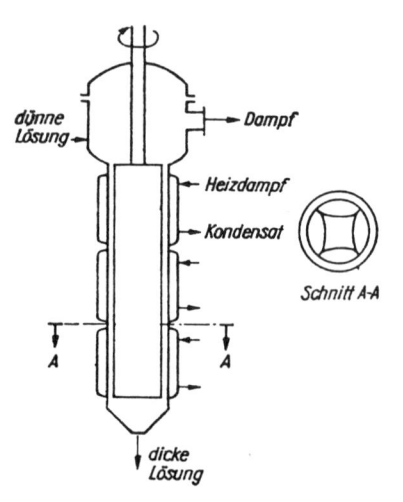   Bild 3.35. Rotationsdünnschichtverdampfer

Beim *Steigfilmverdampfer* wird am unteren Rohrboden des stehenden RWÜ die Flüssigkeit aufgegeben. Der aufsteigende Dampf reißt die Flüssigkeit mit. Es ist nur Gleichstrom möglich. Dieser Typ wird relativ selten ausgeführt.
In *Verdampfern mit rotierenden Einbauten* wird durch einen Rotor, der zur Innenwand des Außenrohres einen Abstand von etwa 0,5 bis 1 mm hat, ein dünner, gleichmäßiger Film an der Innenwand des Außenrohres erzwungen. Dieser Verdampfer stellt eine komplizierte Maschine dar, die mit sehr kleinen Toleranzen zwischen Rotor und Außenrohr herzustellen ist. Der Rotor wird entweder in Form starrer Flügel ausgebildet (s. Bild 3.35) oder in Form von Wischern, die durch die Zentrifugalkraft an die Wand gepreßt werden. Die Wärmeübertragungsfläche ist um mindestens eine Größenordnung teurer als bei den vorgenannten Verdampfertypen. Der Einsatz erfolgt nur dann, wenn die Qualität des einzudampfenden Produktes durch Verwendung anderer Verdampfertypen nicht gewährleistet werden kann. Die größte ausgeführte Fläche dieses Verdampfers beträgt etwa 24 m². Größere Flächen sind durch die erhöhten Fertigungskosten unwirtschaftlich. Infolge der teuren Heizfläche ist es bei neuen Produkten zweckmäßig, einen Versuch mit einem Verdampfer im Technikum, zum Beispiel 0,5 m², durchzuführen und die Ergebnisse auf den notwendigen größeren Verdampfer unter Beachtung der geltenden Gesetzmäßigkeiten zu übertragen.

3.4.4. Berechnung von Umlaufverdampfern

Diese ist durch die enge Verknüpfung von Zweiphasenströmung und verschiedenen Zonen der Wärmeübertragung sehr kompliziert. Im Kolonnensumpf bzw. im Behälter liegt die Flüssigkeit mit Siedetemperatur bei dem Druck p vor. Am unteren Rohrboden des Umlaufverdampfers herrscht der Druck p_{Ve}, wobei $p_{Ve} = p + h_{st}\varrho_F g$ ist. Da $p_{Ve} > p$ ist, liegt die Flüssigkeit nicht mehr siedend vor. Im ersten Teil des Umlaufverdampfers — der Vorwärmzone — muß deshalb die Flüssigkeit wieder auf Siedetemperatur erwärmt werden. Nachdem die Flüssigkeit die Siedetemperatur bei dem Druck p_{Va} am Austritt der Vorwärmzone erreicht hat, erfolgt bei weiterer Wärmezufuhr Verdampfung, die gleichzeitig mit einer Erhöhung des Wärmeübergangskoeffizienten verbunden ist. In der Verdampfungszone herrschen über die Länge L_{Ve} sehr unterschiedliche Verhältnisse, da der Dampfgehalt ständig zunimmt. Der Umlauf an Flüssigkeit kommt durch eine kleinere Dichte in der Verdampfungszone und den daraus bedingten kleineren statischen Druck zustande. Wenn der Flüssigkeitsspiegel im Sumpf der Kolonne und der obere Rohrboden des Umlaufverdampfers auf gleicher Höhe liegen, was in der Regel die zweckmäßigste Ausführung ist, gilt für die Druckbilanz gemäß Bild 3.32

$$h_{st}\varrho_F g = L_{Vo}\varrho_F g + g \int_0^{L_{Va}} \varrho \, dL_{Ve} + \Delta p \qquad (3.44)$$

ϱ Dichte der Zweiphasenströmung Flüssigkeit und Dampf,
Δp gesamter Druckverlust in der Zuleitung von der Kolonne zum Umlaufverdampfer, im Umlaufverdampfer und in der Zuleitung vom Umlaufverdampfer zur Kolonne

Entsprechend der Differenz des statischen Druckes auf den beiden Seiten der Gleichung (3.44) kann eine solche Flüssigkeitsmenge umgewälzt werden, daß im gesamten System ein Druckverlust Δp entsteht.
Für den Druckverlust gilt unter Bezugnahme auf Bild 3.32

$$\Delta p = \Delta p_R|_I^{II} + \Delta p_R|_{II}^{III} + \Delta p_R|_{III}^{IV} + \Delta p_{Be}|_{III}^{IV} + \Delta p_{st}|_{IV}^{V} + \Delta p_R|_{IV}^{V} \qquad (3.45)$$

Index R Reibung, Index st statisch, Index Be Beschleunigung

Es bestehen enge Wechselwirkungen zwischen dem Wärmeübergang auf der Verdampfungsseite und der Fluiddynamik. In der *Vorwärmzone* erfolgt der Wärmeübergang durch Konvektion. Bei der üblichen technischen Ausführung liegt turbulente Strömung vor, so daß die Berechnung des Wärmeübergangskoeffizienten in der Vorwärmzone durch eine Gleichung für erzwungene turbulente Strömung erfolgen kann. Tatsächlich wird der Wärmeübergangskoeffizient noch etwas höher sein, da sich bereits vereinzelt Dampfblasen bilden, die in der Flüssigkeit sofort kondensieren (örtliches Sieden). Die Länge der Vorwärmzone ist hauptsächlich abhängig von der Größe der Unterkühlung, dem Wärmeübergangskoeffizienten und der Temperaturdifferenz zwischen Heizmedium und verdampfendem Produkt.

In der *Verdampfungszone* liegt im ersten Teil eine Blasenverdampfung vor, sofern die Temperaturdifferenz zwischen Heizmedium und verdampfendem Medium entsprechend gewählt wurde. Das Volumen in der Verdampfungszone nimmt durch den gebildeten Dampf schnell zu, so daß sich eine Zweiphasenströmung ausbildet. Im zweiten Teil der Verdampfungszone ist die Wärmeübertragung durch Konvektion an eine Zweiphasenströmung charakterisiert, wobei der Wärmeübergang durch verdampfende Flüssigkeit an der Wand verbessert wird.

Zur *mittleren Temperaturdifferenz* wurden von *Kirschbaum* [3.17] experimentelle Untersuchungen an einem Doppelrohrverdampfer durchgeführt, die auch für ein Rohrbündel mit mehreren Rohren zutreffend sind. Einen typischen gemessenen Temperaturverlauf für einen 4 m langen Verdampfer mit 40 mm Innendurchmesser, Kupferrohr, für siedendes Wasser bei 50 °C zeigt Bild 3.36a. Die mittlere Temperaturdifferenz kann bei Berechnungen näherungsweise gemäß Bild 3.36b bestimmt werden. Es bedeuten:

$T_{\text{Sätt}\,A}$ Siedetemperatur bei Austritt aus der Verdampfungszone,
$T_{\text{Sätt}\,E}$ Siedetemperatur bei Eintritt in die Verdampfungszone,
T_S Siedetemperatur im Sumpf der Kolonne bzw. im Behälter.

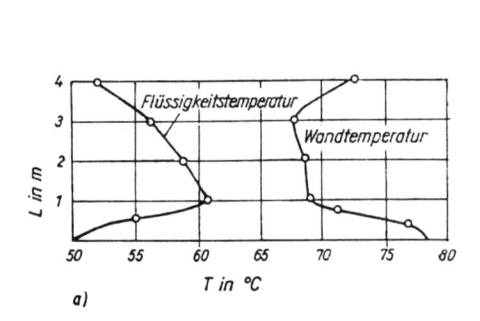

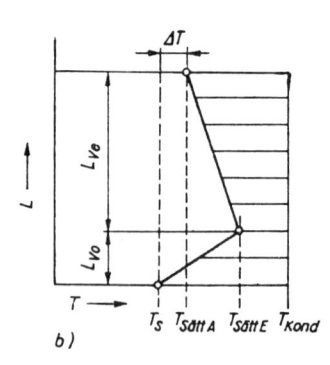

Bild 3.36. Temperaturverlauf in einem Verdampfer mit natürlichem Umlauf, Heizmedium: kondensierender Dampf
a) Messungen nach *Kirschbaum* [3.17]
b) näherungsweise angenommener Temperaturverlauf in linearisierter Form für die Berechnung

Die Vorgehensweise zur Lösung des umfangreichen nicht linearen Gleichungssystems mit mindestens drei iterativen Größen in Kopplung mit der geometrischen Ausführung des Umlaufverdampfers kann unterschiedlich gestaltet werden. Die im Bild 3.37 dargestellte Berechnung geht davon aus, daß zunächst der Verdampfer vorgegeben wird. Dazu wird die Baureihe der Verdampfer mit den wesentlichen geometrisch-konstruktiven Daten in das Programm einbezogen. Die umfangreiche Berechnung erfolgt dann detailliert unter Vorgabe

Verdampfung **3.4.** 209

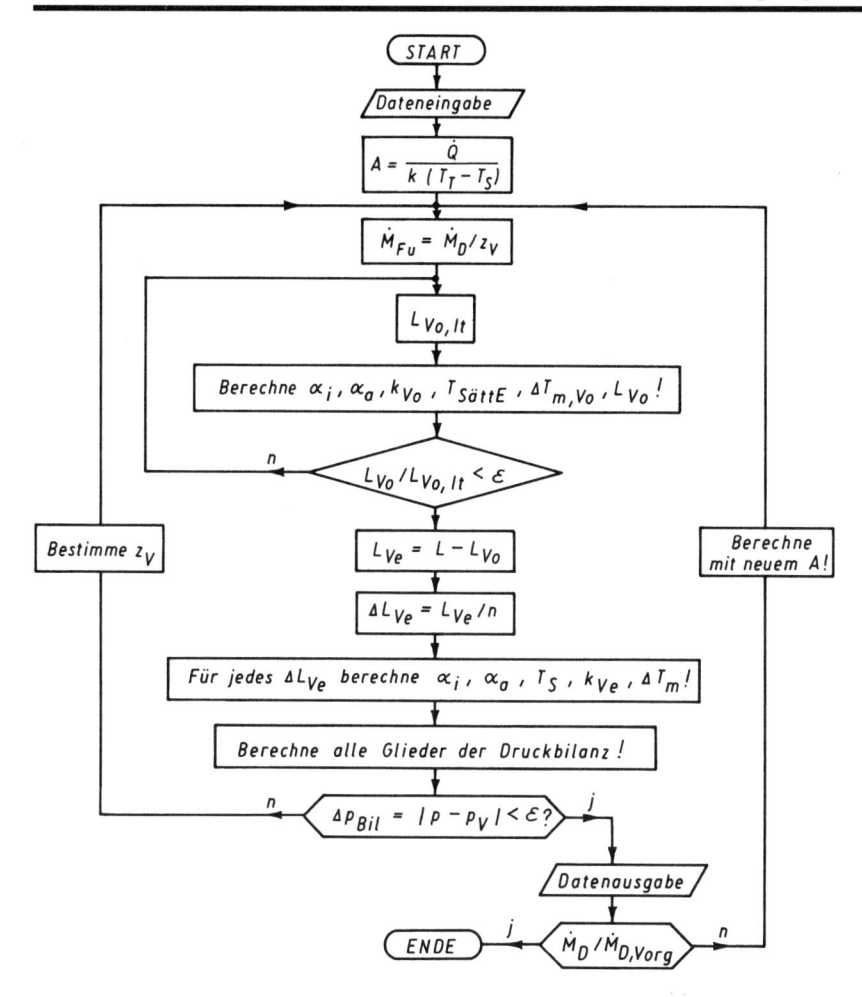

Bild 3.37. Stark vereinfachter Programmablaufplan für einen Umlaufverdampfer

des umlaufenden Massenstroms an Flüssigkeit $\dot{M}_{Fu}$ durch Festlegung des Verdampfungsgrades z_V am Austritt des Verdampfers und der Länge der Vorwärmzone L_{Vo}. Die Hauptschritte für die Berechnung gemäß Bild 3.37 ergeben sich mit drei iterativen Größen, k, z_V und L_{Vo}, wie folgt:

1. Die Wärmeübertragungsfläche A wird entsprechend der vorgegebenen Verdampferleistung und des daraus resultierenden Wärmestroms $\dot{Q}$ mit einem angenommenen Wärmedurchgangskoeffizienten k und einer grob genäherten mittleren Temperaturdifferenz $\Delta T_m = T_T - T_S$ (kondensierender Dampf als Heizmedium) bestimmt. Ein geeigneter Verdampfer wird aus der Baureihe ausgewählt.
2. Der Verdampfungsgrad $z_V = \dot{M}_D/\dot{M}_{Fu}$ am Austritt des Verdampfers bestimmt den umlaufenden Massenstrom an Flüssigkeit $\dot{M}_{Fu}$, $\dot{M}_D$ ist der gewünschte Massenstrom an Dampf (Verdampferleistung). Die iterative Größe z_V wird vorgegeben; Empfehlung für die erste Iteration $z_V = 0{,}10$ für Wasser und wäßrige Lösungen und $z_V = 0{,}20$ für organische Flüssigkeiten.

14 Therm. Verfahrenstechnik

3. Berechnung der Vorwärmzone: Die Länge der Vorwärmzone L_{V_o} wird als iterative Größe eingeführt, z. B. $L_{V_o,It} = 0,1L$. Die Vorwärmzone kann dann mit α_i, α_a, k_{V_o}, $T_{\text{Sätt }E}$ und $\Delta T_{m,V_o}$ berechnet werden:

$\dot{Q}_{V_o} = k_{V_o} A \, \Delta T_{m,V_o} L_{V_o}/L$ bzw. $L_{V_o} = \dot{Q}_{V_o} L/(k_{V_o} A \, \Delta T_{m,V_o})$

Die Temperatur am Ende der Vorwärmzone $T_{\text{Sätt }E}$ hängt infolge des hydrostatischen Druckes der Flüssigkeit und des Druckverlustes von der Länge der Vorwärmzone selbst mit ab.

4. Berechnung der Verdampfungszone: Es herrschen über die Länge L_{V_e} durch den unterschiedlichen Dampfanteil in Verbindung mit dem Druckverlust sehr unterschiedliche Verhältnisse, so daß die Verdampfungszone abschnittsweise (meistens gleiche Länge der Abschnitte) zu berechnen ist. Eine Zahl von $n = 5 \ldots 15$ Abschnitten ist meistens geeignet. Für den 1. Abschnitt der Verdampfungszone werden die Anschlußwerte vom Ende der Vorwärmzone verwendet, desgleichen für jeden weiteren Abschnitt der Verdampfungszone die Ergebnisse des vorangehenden Abschnittes.

5. Druckbilanz: Diese wird nach den Gleichungen (3.44) und (3.45) aufgestellt, wobei die Einzeldruckverluste nach den jeweils zutreffenden Gleichungen zu berechnen sind. Die Druckbilanz wird durch den Vergleich der Drücke im Sumpf der Kolonne p und am Austritt des Verdampfers p_V (s. Bild 3.32) auf die erreichte Übereinstimmung geprüft:

$\Delta p_{\text{Bil}} = |p - p_V| < \varepsilon$

Die Differenz $|p - p_V|$ muß kleiner als eine vorgegebene Genauigkeitsschranke sein. Ist dies nicht gegeben, so beginnt die nächste Iteration mit einem neuen $\dot{M}_{Fu}$, und zwar

$\Delta p_{\text{Bil}} < 0$, so wird $\dot{M}_{Fu}$ vergrößert.

$\Delta p_{\text{Bil}} > 0$, so wird $\dot{M}_{Fu}$ verkleinert.

Mit einem geeigneten Zusammenhang, der quantitativ programmierbar ist, wird der Verdampfungsgrad z_V neu festgelegt. Die Erfüllung der gesamten Druckbilanz wird bei der hier dargestellten Vorgehensweise zum entscheidenden Kriterium für den Abbruch der Berechnung, vergleiche auch Bild 3.37.

6. Dampfmassenstrom $\dot{M}_D$: Gibt es einen wesentlichen Unterschied zwischen dem berechneten Dampfmassenstrom $\dot{M}_{D,\text{Vorg}}$, so erfolgt mit einer neuen Wärmeübertragungsfläche A (Auswahl eines Verdampfers aus der Baureihe) eine vollständig neue Berechnung. Im Dialogbetrieb wird der Nutzer des Programms diese Entscheidung eigenverantwortlich treffen.

3.4.5. Betriebliches Verhalten von Verdampfern

Dabei sind verschiedene Gesichtspunkte zu betrachten, insbesondere das Verweilzeitverhalten der zu verdampfenden Flüssigkeit, das Leistungsverhalten (Dampfstrom), Instandhaltung und Reparaturen, das Anfahrverhalten. Das Verweilzeitverhalten der Flüssigkeit wird bei der Verdampfung temperaturempfindlicher Produkte zu einem entscheidenden Gesichtspunkt für die Auswahl der Verdampfer-Bauart. Bei Umlaufverdampfern sind mittlere Verweilzeiten der Flüssigkeit von 0,5 bis 2 Stunden typisch, wobei eine erhebliche Beeinflussung durch die Größe des Behälters bzw. der Höhe der Sumpfflüssigkeit bei Destillationskolonnen einschließlich der technologischen Bedingungen bei der Destillation erfolgt. Bei Umlaufverdampfern ist infolge der zeitlich ungleichmäßigen Verteilung zu beachten, daß einzelne Flüssigkeitsteilchen eine wesentlich größere Verweilzeit haben, z. B. 10 Stunden. Demgegenüber ist die Verweilzeit in Fallfilmverdampfern eindeutiger definiert und liegt in der Größenordnung von Sekunden und erreicht nur manchmal Minuten. Ausdrücklich sei darauf hingewiesen, daß die Bezeichnung Fallfilmverdampfer sich auf den

Verdampfung 3.4. 211

Flüssigkeitsfilm bezieht und nicht mit der Filmverdampfung zu verwechseln ist, die grundsätzlich zu vermeiden ist (s. Abschn. 3.4.1.). Für das Eindampfen stark viskoser Flüssigkeiten kann es vorteilhaft sein, mit einem Rotationsdünnschichtverdampfer den Flüssigkeitsfilm durch Zentrifugalkräfte zu beeinflussen (s. Abschn. 3.4.3.).
Die Leistung des Verdampfers, also der Dampfstrom, hängt von der wärmetechnischen Berechnung und Auslegung ab, die für ausgewählte Probleme in den vorangehenden Teilabschnitten behandelt wurden. Bei der Verdampfung von Flüssigkeit aus Lösungen (feste Stoffe gelöst) ist die Verkrustung der Heizfläche besonders zu beachten. Durch einen Vergleich von gemessenen und berechneten Wärmedurchgangskoeffizienten kann beurteilt werden, inwieweit sich feste Wandansätze gebildet haben. Der gemessene Wärmedurchgangskoeffizient wird indirekt über Temperaturmessungen und den übertragenen Wärmestrom ermittelt.
Bei den meisten Verdampfern wird kondensierender Dampf (oft Wasserdampf) als Heizmedium verwendet. Die Regelung der Dampfleistung erfolgt dann am einfachsten über den Druck des Heizmediums, vgl. Bild 4.27. Es ist eine mittlere Temperaturdifferenz von 10 bis 40 K anzustreben, um Filmverdampfung zu vermeiden. Temperaturdifferenzen kleiner als 10 K sind möglich, wenn dies durch den zur Verfügung stehenden Heizdampf bzw. dessen Mehrfachnutzung (Mehrkörperverdampfung) erforderlich ist.
Die Instandhaltung und Reparaturen für Verdampfer in Rohrbündelbauweise sind mit anderen Rohrbündelwärmeübertragern vergleichbar. Rotationsdünnschichtverdampfer sind komplizierte Maschinen und erfordern einen relativ großen Instandhaltungsaufwand. Das Anfahren dieser Maschinen muß langsam erfolgen, damit es durch thermische Ausdehnung des Werkstoffes nicht zu einer Berührung der rotierenden Teile mit der festen Wand kommt.

Beispiel 3.10. Verdampfung im Gefäß

In einem Gefäß ist Wasser bei einem Druck von 250 kPa (absolut) zu verdampfen. Es liegt Blasenverdampfung vor. Die Zuführung der Wärme erfolgt durch Abkühlung eines flüssigen Reaktionsproduktes von 200 °C auf 155 °C. Der Wärmeübergangskoeffizient der Flüssigkeit ist mit 1050 W/(m² K) gegeben. Der Wärmeleitwiderstand der Wand wird vernachlässigt.

Aufgabe:

Der Wärmedurchgangskoeffizient und die Wärmestromdichte sind zu bestimmen.

Lösung:

Für den Wärmedurchgang an einer ebenen Wand gilt gemäß den Gleichungen (2.150) und (2.152) unter Vernachlässigung des Wärmeleitwiderstandes der Wand:

$$\dot{q} = k \, \Delta T_m = \frac{\Delta T_m}{\dfrac{1}{\alpha_1} + \dfrac{1}{\alpha_2}}$$

Gemäß Aufgabe ist $\alpha_1 = 1050$ W/(m² K), während $c_2 = c_v$ zu berechnen ist. Aus der Dampfdrucktafel für Wasser wird für 250 kPa entnommen: $T_S = 127{,}4$ °C.
Mittlere Temperaturdifferenz:

$\Delta T_{gr} = 200 - 127{,}4 = 72{,}6$ K ; $\quad \Delta T_{kl} = 155 - 127{,}4 = 27{,}6$ K

$$\Delta T_m = \frac{72{,}6 - 27{,}6}{\ln \dfrac{72{,}6}{27{,}6}} = 46{,}5 \text{ K}$$

Für die Blasenverdampfung von Wasser gilt die Gleichung (3.41):
$$\alpha_v = 3{,}39 \dot{q}^{0{,}72} p^{0{,}24}$$
Zusammen mit der Wärmedurchgangsgleichung liegt ein nichtlineares Gleichungssystem vor, das durch mehrmalige Iteration mit einer geschätzten Wärmestromdichte gelöst wird.

1. Durchrechnung

Es wird geschätzt: $\dot{q} = 50000 \text{ W/m}^2$

$$\alpha_v = 3{,}39 \cdot 50000^{0{,}72} \cdot 0{,}25^{0{,}24} = 5870 \text{ W/(m}^2 \text{ K)}$$

$$k = \cfrac{1}{\cfrac{1}{1050} + \cfrac{1}{5870}} = 891 \text{ W/(m}^2 \text{ K)}$$

$$\dot{q} = k \, \Delta T_m = 891 \cdot 46{,}5 = 41400 \text{ W/m}^2$$

Die Übereinstimmung zwischen der geschätzten und der errechneten Heizflächenbelastung ist nicht ausreichend.

2. Durchrechnung

Neu geschätzt: $\dot{q} = 40000 \text{ W/m}^2$

$$\alpha_v = 3{,}39 \cdot 40000^{0{,}72} \cdot 0{,}25^{0{,}24} = 5000 \text{ W/(m}^2 \text{ K)}$$

$$k = \cfrac{1}{\cfrac{1}{1050} + \cfrac{1}{5000}} = \underline{868 \text{ W/(m}^2 \text{ K)}}$$

$$\dot{q} = k \, \Delta T_m = 868 \cdot 46{,}5 = \underline{40400 \text{ W/m}^2}$$

Die errechnete Heizflächenbelastung unterscheidet sich von der angenommenen Heizflächenbelastung nur um 1%; auf weitere Durchrechnung kann daher verzichtet werden.

Beispiel 3.11. Blasenverdampfung in einer ruhenden Flüssigkeit

In einem Rohrbündelwärmeübertrager wird Methanol bei 101,3 kPa verdampft. Es liegt eine Blasenverdampfung in einer ruhenden Flüssigkeit vor. Heizmedium ist Wasser, das sich von 95 auf 85 °C abkühlt und in den Rohren mit 1 m/s strömt.

Gegeben:

Stahlrohre 25/20 mm Durchmesser und 3 m lang, $\lambda_{St} = 59$ W/(m K), Methanol bei 101,3 kPa: $T_S = 64{,}7\,°\text{C}$, $r = 1100$ kJ/kg, $\sigma = 0{,}020$ N/m

Aufgabe:

Der Wärmedurchgangskoeffizient k_a ist zu berechnen.

Lösung:

$$\frac{1}{k_a} = \frac{1}{\alpha_i} \frac{d_a}{d_i} + \frac{d_a}{2\lambda_{St}} \ln \frac{d_a}{d_i} + \frac{1}{\alpha_a} \qquad (3.5)$$

Berechnung von α_i nach Gleichung (2.91):

$$\text{Nu} = 0{,}012 \, (\text{Re}^{0{,}87} - 280) \, \text{Pr}^{0{,}4} \, [1 + (d_i/L)^{2/3}] \, (\text{Pr}/\text{Pr}_w)^{0{,}11}$$

Verdampfung **3.4.**

Stoffwerte für Wasser: $\lambda = 0{,}676$ W/(m K) bei 90 °C

T in °C	70	80	90
Pr	2,56	2,23	1,96
v in 10^{-6} m²/s	0,413	0,363	0,326

Die mittlere Temperatur für Wasser ist 90 °C. Die mittlere Wandtemperatur wird mit 78 °C geschätzt. Dann erhält man:

$\text{Re} = w_i d_i / v = 1{,}00 \cdot 0{,}020 \cdot 10^6 / 0{,}326 = 61350$

$\text{Nu} = 0{,}012 \, (61350^{0{,}87} - 280) \, 1{,}96^{0{,}4} \, [1 + (0{,}020/3)^{2/3}] \left(\dfrac{1{,}96}{2{,}29}\right)^{0{,}11}$

$\text{Nu} = 228{,}6\,; \quad \alpha_i = \text{Nu}\,\lambda/d_i = 228{,}6 \cdot 0{,}676/0{,}020 = 7760 \text{ W}/(\text{m}^2\,\text{K})$

Berechnung von α_a nach Labunzov, Gleichung (3.42)

$$\text{Re} = \dfrac{\dot{q} c_{pF} \sigma \varrho_F T_S}{(r \varrho_D)^3 \, v_F}\,; \quad \text{Nu} = \dfrac{\alpha c_{pF} \sigma \varrho_F T_S}{\lambda_F (r \varrho_D)^2}$$

Es ist als erstes die Re-Zahl zu bestimmen. Die Wärmestromdichte $\dot{q}$ ist zu schätzen und mit der Gleichung für den Wärmedurchgang $\dot{q} = k \, \Delta T_m$ auf ihre Richtigkeit zu überprüfen. Die Stoffdaten der Flüssigkeit für das verdampfende Medium sind auf die Wandtemperatur zu beziehen; Annahme: $T_w = 78$ °C.

$\varrho_F = 739$ kg/m³; $\quad c_{pF} = 2830$ J/(kg K); $\quad \lambda_F = 0{,}182$ W/(m K); $\quad \eta_F = 0{,}275 \cdot 10^{-3}$ Pas

Für die Dichte des Dampfes bei Siedetemperatur wird die Gültigkeit der Zustandsgleichung idealer Gase vorausgesetzt:

$\varrho_D = \varrho_{D0} \dfrac{p}{p_0} \dfrac{T_0}{T} = \dfrac{32{,}0}{22{,}4} \dfrac{273}{338} = 1{,}154$ kg/m³

1. Durchrechnung

Es wird geschätzt: $\dot{q} = 40000$ W/m²

$\text{Re} = \dfrac{40000 \cdot 2830 \cdot 20 \cdot 10^{-3} \cdot 739 \cdot 338 \cdot 739}{(263 \cdot 4187 \cdot 1{,}154)^3 \, 0{,}275 \cdot 10^{-3}} = 0{,}741$

$\text{Nu} = 0{,}125 \, \text{Re}^{0{,}65} \, \text{Pr}_F^{1/3}$ \hfill (3.42)

$\text{Pr}_F = \left(\dfrac{c_p \eta}{\lambda}\right)_F = \dfrac{2830 \cdot 0{,}275 \cdot 10^{-3}}{0{,}182} = 4{,}28$

$\text{Nu} = 0{,}125 \cdot 0{,}741^{0{,}65} \cdot 4{,}28^{1/3} = 0{,}1668$

$\alpha_a = \dfrac{\text{Nu}\,\lambda_F (r \varrho_D)^2}{c_{pF} \sigma \varrho_F T_S}$

$\alpha_a = \dfrac{0{,}167 \cdot 0{,}182 \,(263 \cdot 4187 \cdot 1{,}154)^2}{2830 \cdot 20 \cdot 10^{-3} \cdot 739 \cdot 338} = 0{,}167 \cdot 20800 = 3470 \text{ W}/(\text{m}^2\,\text{K})$

Damit erhält man für den k-Wert:

$\dfrac{1}{k_a} = \dfrac{1}{7760} \dfrac{25}{20} + \dfrac{0{,}025}{2 \cdot 59} \ln \dfrac{25}{20} + \dfrac{1}{3470} = (1{,}64 + 0{,}473 + 2{,}88) \, 10^{-4}$

$\underline{\underline{k_a = 2014 \text{ W}/(\text{m}^2\,\text{K})}}$

Die Wärmestromdichte ergibt sich damit zu:

$$\dot{q} = \frac{\dot{Q}}{A_a} = k\,\Delta T_m; \qquad \Delta T_m = \frac{\Delta T_{gr} - \Delta T_{kl}}{\ln\dfrac{\Delta T_{gr}}{\Delta T_{kl}}} = \frac{30{,}3 - 20{,}3}{\ln\dfrac{30{,}3}{20{,}3}} = 25{,}0 \text{ K}$$

$\dot{q} = 2014 \cdot 25{,}0 = \underline{\underline{50400 \text{ W/m}^2}}$

Die Übereinstimmung zwischen dem geschätzten $\dot{q} = 40000$ W/m² und dem berechneten $\dot{q} = 50400$ W/m² genügt nicht.

2. Durchrechnung

Mit einem geschätzten $\dot{q} = 51500$ W/m² erhält man:

Re = 0,954;   Nu = 0,197; $\alpha_a = 4090$ W/(m² K);

$k_a = 2190$ W/(m² K); $\dot{q} = 2190 \cdot 25{,}0 = \underline{\underline{54800 \text{ W/m}^2}}$

3. Durchrechnung

Mit einem geschätzten $\dot{q} = 56000$ W/м² erhält man:

Re = 1,036;   Nu = 0,210; $\alpha_a = 4370$ W/(m² K);

$k_a = 2290$ W/(m² K); $\dot{q} = \underline{\underline{57200 \text{ W/m}^2}}$

In der 3. Durchrechnung ist die Übereinstimmung zwischen geschätztem und berechnetem $\dot{q}$ mit 1% Unterschied genügend genau. Auf den berechneten k_a-Wert wird ein Zuschlag von 40% gemacht, da für den Wärmeübergangskoeffizienten gemäß Gleichung (2.175) die Abweichung bis zu 40% betragen kann und außerdem geringe zusätzliche Widerstände durch die mit Rost bedeckten Stahloberflächen berücksichtigt werden sollen:

$$k_a = \frac{2290}{1{,}4} = \underline{\underline{1640 \text{ W/(m}^2\text{ K)}}}$$

Abschließend wird die Wandtemperatur auf der Methanolseite im Hinblick auf die Stoffdaten überprüft:

$$\dot{q} = \alpha_a(T_w - T_S); \qquad T_w = T_S + \frac{\dot{q}}{\alpha_a} = 64{,}7 + \frac{57200}{4370} = 77{,}8 \text{ °C}$$

3.5. Zur Leistungssteigerung von Wärmeübertragern

Die Maßnahmen dafür werden zweckmäßigerweise in solche während der Vorbereitungsphase (Entwicklung, Projektierung) und in solche während des Betriebes unterteilt. In der Vorbereitungsphase geht es vor allem darum, die aus der Technologie abgeleitete Aufgabe für die Wärmeübertragung mit einem günstigen Masse-Leistungs-Verhältnis zu realisieren. Bei Wärmeübertragern ohne Phasenänderung und ohne Strahlungsanteil sind dabei folgende Gesichtspunkte von Bedeutung:

1. Ausführung einer wirtschaftlichen Geschwindigkeit unter Beachtung des Druckverlustes (s. Bild 3.20).
2. Ausführung von Rippenrohren, wenn $\alpha_i : \alpha_a > 10$ ist.
3. Verhinderung von festen Ansätzen, z. B. bei Kühlwasser durch einen duroplastischen Überzug.

4. Auswahl der Bauart des Wärmeübertragers, hauptsächlich Rohrbündelübertrager, weiterhin Plattenwärmeübertrager.
5. Große Temperaturdifferenzen verkleinern die Wärmeübertragungsfläche, vergrößern aber die Exergieverluste [2.38]. Besonders bei der Ausnutzung von Sekundärenergie kann die Größe des Wärmeübertragers nur in einer Einheit von Nutzbarmachung an Energie bei entsprechender Temperaturdifferenz gesehen werden (s. Bild 3.21).

Bei Wärmeübertragern mit Phasenänderung ohne Strahlungsanteil sind zusätzlich zu beachten:

1. Bei der Kondensation mit laminarem Kondensatfilm Art der räumlichen Anordnung, wobei die liegende Anordnung zu bevorzugen ist.
2. Verdampfer mit natürlichem Umlauf bzw. Filmverdampfer auf der Grundlage von Schwerkraft sind zu bevorzugen.

Beim Betreiben vorhandener Wärmeübertrager konzentrieren sich die Möglichkeiten zur Beeinflussung unter Beachtung einer konstanten Produktion hauptsächlich auf das Vermeiden von Wandansätzen. Ist dies nicht möglich, so sind die Wärmeübertrager in bestimmten Zeitabständen mechanisch oder chemisch zu reinigen. Bei Wärmeübertragern, die von der Jahreszeit beeinflußt werden, ist die Reinigung möglichst kurz vor der Periode der höchsten Belastung vorzunehmen.

Aus vorstehenden Darlegungen wird deutlich, daß Wärmeübertrager vor allem in der Phase der Projektierung, also bei der Neuauslegung, beeinflußt werden können. Grundlagen zur Berücksichtigung der vorgenannten Gesichtspunkte sind in vorangegangenen Abschnitten bereits behandelt worden, ausgenommen Rippenrohrwärmeübertrager.

Wärmeübertragung mit Rippenrohren

Zur Vergrößerung der Wärmeübertragungsfläche außen sind die wichtigsten Rippenformen (s. Bild 3.38):

— Kreisrunde Rippen, am billigsten in der Fertigung durch Aufwickeln eines Metallbandes (Spiralrippenrohre);
— Längsrippenrohre, bei denen U-förmig gebogene Profile auf das Kernrohr aufgeschweißt werden;
— Stiftrohre mit aufgeschweißten zylindrischen Stiften.

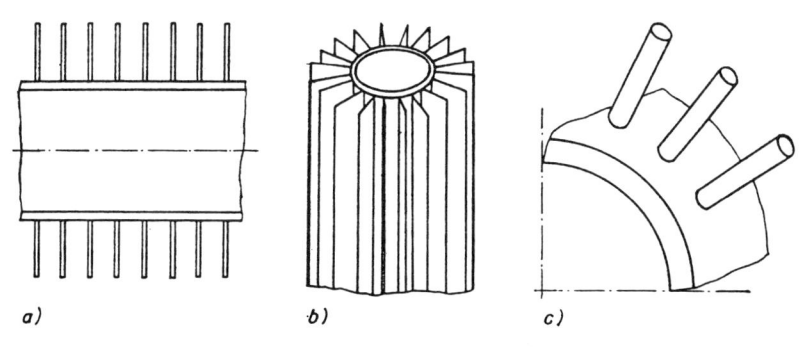

Bild 3.38. Verschiedene Rippenrohre
a) Rippenrohr mit kreisrunden Rippen (oft Spiralrippenrohr)
b) Längsrippenrohr
c) Stiftrohr

Die Oberfläche auf der Außenseite des Rohrs kann durch Rippen etwa bis zum 25fachen gegenüber der Innenfläche vergrößert werden, bei Stiftrohren allerdings weniger. Zu beachten ist, daß die Wärme durch die Rippen durch Wärmeleitung mit einem Temperaturabfall auf das Kernrohr zu übertragen ist und deshalb unbedingt eine feste Verbindung zwischen Rippe und Kernrohr vorhanden sein muß. Im folgenden wird ein Überblick über wichtige Grundlagen zur Berechnung der Wärmeübertragung bei Rippenrohren gegeben.
Ausgehend von Gleichung (2.150), wird der Wärmedurchgangskoeffizient auf die äußere Oberfläche — Rippen plus freie Fläche des Kernrohres — bezogen. Der Einfachheit halber wird mit ausreichender Näherung das Rohr wie eine ebene Wand behandelt.

Ohne Rippen gilt: $\dfrac{1}{k} = \dfrac{1}{\alpha_i} + \dfrac{s}{\lambda} + \dfrac{1}{\alpha_a}$

Mit Rippen: $\dfrac{1}{kA} = \dfrac{1}{\alpha_i A_i} + \dfrac{s_G}{\lambda_G}\dfrac{1}{A_i} + \dfrac{1}{\alpha_a A}$

A Oberfläche der Rippen plus freie Fläche des Kernrohres außen
A_i Oberfläche der Rohre innen

$$\frac{1}{k} = \frac{A}{A_i}\left(\frac{1}{\alpha_i} + \frac{s_G}{\lambda_G}\right) + \frac{1}{\alpha_a} \qquad (3.46)$$

Es wird mit einem mittleren Wärmeübergangskoeffizienten an der Rippenoberfläche gerechnet, wobei zweckmäßigerweise auch die freie Oberfläche des Kernrohres einbezogen wird. Zu beachten ist, daß in Wirklichkeit die Wärmeübergangskoeffizienten sowohl an verschiedenen Stellen der Rippenoberfläche als auch an der freien Oberfläche des Kernrohres sehr unterschiedlich sind, wie experimentelle Messungen zeigten. Ist Θ_R die Temperaturdifferenz zwischen Rippe und Umgebung, Θ die Temperaturdifferenz zwischen Kernrohr und Umgebung, so gilt für den durch die Rippe und das Kernrohr übertragenen Wärmestrom:

$$\dot{Q} = \alpha_R A_R \Theta_R + \alpha_G A_G \Theta_G = \alpha_a A \Theta_G \qquad (3.47)$$

Index G weist auf das Kernrohr hin, Index R auf die Rippe.
Gleichung (3.47) besitzt mit $\alpha_R = \alpha_G$ den Charakter einer Definitionsgleichung. Bezüglich der Ermittlung von α_R wird auf die Spezialliteratur [3.4] verwiesen. Aus Gleichung (3.47) erhält man:

$$\alpha_a = \alpha_R\left(\frac{A_G}{A} + \frac{\Theta_R}{\Theta_G}\frac{A_R}{A}\right) = \alpha_R\left(\frac{A_G}{A} + \frac{A_R}{A}\right) \qquad (3.48)$$

Rippenwirkungsgrad

In der Rippe muß die Wärme durch Wärmeleitung übertragen werden, wodurch ein Temperaturabfall auftritt (s. Bild 3.39). Der Temperaturgradient in der Rippe kann durch eine Differentialgleichung für Kreis- und Längsrippen nach [2.42] dargestellt werden.
Der durch Wärmeleitung in der Rippe übertragene Wärmestrom ist:

$$\dot{Q} = -\lambda_R L y \frac{d\Theta}{dx} = -\lambda_R 2\pi\left(\frac{d_a}{2} + x\right) y \frac{d\Theta}{dx}$$

Differenziert nach dx erhält man:

$$\frac{d\dot{Q}}{dx} = -\lambda_R 2\pi y \frac{d\Theta}{dx} - \lambda_R 2\pi\left(\frac{d_a}{2} + x\right) y \frac{d^2\Theta}{dx^2}$$

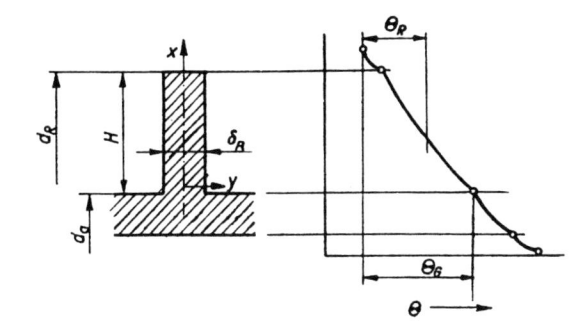

Bild 3.39. Temperaturdifferenzen beim Rippenrohr

Die äußere Oberfläche ist angenähert $L\,dx$, so daß zusätzlich eine Wärmeübertragung durch Konvektion um die Rippe erfolgt:

$$-d\dot{Q} = \alpha_R \Theta L\,dx \quad \text{oder} \quad \frac{d\dot{Q}}{dx} = -\alpha_R \Theta L$$

Durch Gleichsetzen der beiden Gleichungen $d\dot{Q}/dx$ und eine einfache Umformung mit $L = 2\pi(x + d_a/2)$ erhält man:

$$\frac{d^2\dot{Q}}{dx^2} + \left(\frac{1}{y}\frac{dy}{dx} + \frac{1}{x + d_a/2}\right)\frac{d\dot{Q}}{dx} - \frac{\alpha_R \Theta}{\lambda_R y} = 0 \qquad (3.49)$$

Bei geraden Rippen ist $d_a = \infty$ und damit das Glied mit d_a Null. Die Lösung der Differentialgleichung (3.49) zur Ermittlung des Rippenwirkungsgrades führt bei geraden Rippen auf hyperbolische Funktionen

$$\vartheta = \frac{\tan hz}{z} \quad \text{mit} \quad z = H\sqrt{\frac{2\alpha_R}{\lambda_R \delta_R}} \qquad (3.50)$$

und bei Kreisrippen auf *Bessel*sche und *Hankel*sche Funktionen. Eine Näherungslösung für Kreisrippen stellt dar:

$$\vartheta = \frac{\tan hz}{z} \quad \text{mit} \quad z = H\left(1 + 0{,}35 \ln \frac{d_R}{d_a}\right)\sqrt{\frac{2\alpha_R}{\lambda_R \delta_R}} \qquad (3.51)$$

Übungsaufgaben

Ü 3.1. Der Wärmeverlust einer Destillationskolonne, die im Freien aufgestellt ist, soll berechnet werden.

Gegeben:

Kopftemperatur $T_K = 120\,°C$, Sumpftemperatur $T_S = 180\,°C$, Außentemperatur $T_a = 20\,°C$, Isolierung mit Glaswolle 100 mm dick und $\lambda_{Is} = 0{,}048$ W/(m K), Wärmeübergangskoeffizient zwischen Kolonne außen und Umgebung $\alpha_a = 25$ W/(m² K). Kolonne: 3 m Durchmesser, 40 m zylindrische Höhe und Fläche eines Bodens 14,5 m².

Ü 3.2. Der Wärmedurchgangskoeffizient k_a für einen Luftvorwärmer ist zu berechnen.

Gegeben:

Rohrbündelwärmeübertrager 4 m lang, Luft mit einer mittleren Temperatur von 60 °C wird durch warmes Wasser mit einer mittleren Temperatur von 82 °C erwärmt.

Luft um die Rohre 14,5 m/s, Druck 104 kPa;
Wasser in den Rohren 0,70 m/s;
Stahlrohre 25/20 mm Durchmesser mit $\lambda_{St} = 59$ W/(m K);
Luft bei 60 °C: $c_p = 1,009$ kJ/(kg K), $\lambda = 0,0285$ W/(m K),
$\eta = 0,200 \cdot 10^{-4}$ Pa s, $M = 29$ kg/kmol.
Wasser bei 82 °C: $\varrho = 971$ kg/m³, $c_p = 4,19$ kJ/(kg K), $\lambda = 0,670$ W/(m K),
$\eta = 3,47 \cdot 10^{-4}$ Pa s.
Gleichwertiger Durchmesser $d_{gl} = 0,0255$ m.

Ü 3.3. Die Enthalpie einer heißen Erdölfraktion wird in einem Wärmeübertrager zur Vorwärmung von Erdöl genutzt. Eintrittstemperatur der Erdölfraktion 292 °C, Eintrittstemperatur des Erdöls 120 °C.

1. Es ist die mittlere Temperaturdifferenz zu bestimmen, wenn die Austrittstemperatur der Erdölfraktion 190 °C und die Austrittstemperatur des Erdöls 172 °C beträgt: a) Gleichstrom b) Gegenstrom.

2. Es sind die Austrittstemperaturen und die mittlere Temperaturdifferenz zu bestimmen, wenn bei Gegenstrom örtlich die niedrigste Temperaturdifferenz im Wärmeübertrager 10 K beträgt. Um wieviel Prozent mehr Wärme kann gemäß Punkt 2 im Vergleich zu Punkt 1 zwischen den beiden Produktströmen übertragen werden?

Ü 3.4. Ein Rohrbündel mit mehreren hintereinander liegenden Rohrreihen in der Konvektionszone eines Strahlungsvorheizers wird von Rauchgasen im Querstrom durchströmt. Geschwindigkeit 10,5 m/s, bezogen auf den engsten Querschnitt. Abmessungen des Rohrbündels: Außendurchmesser der Rohre 76 mm, Querteilung 95 mm, Längsteilung 99 mm. Mittlere Temperatur der Rauchgase 400 °C mit folgenden Stoffdaten: $\varrho = 0,525$ kg/m³, $c_p = 1150$ J/(kg K), $\lambda = 0,0570$ W/(m K), $\eta = 3,17 \cdot 10^{-5}$ Pa s. Der Wärmeübergangskoeffizient für die Rauchgase ist zu berechnen für 1. versetzte Anordnung und 2. fluchtende Anordnung der Rohre.

Ü 3.5. Ein Rauchgas mit 9 Vol.-% CO_2 und 11 Vol.-% Wasserdampf strömt durch ein Rohr. Emissionsverhältnis 0,85. Eintrittstemperatur des Rauchgases 900 °C, Austrittstemperatur 700 °C, Temperatur der Rohrwand am Eintritt 650 °C und am Austritt 590 °C. Rohrdurchmesser 402 mm, Druck 104 kPa. Es ist der durch Gasstrahlung an 1 m² Fläche übertragene Wärmestrom zu berechnen.

Ü 3.6. In einem Rohrbündelwärmeübertrager soll Methanol $\dot{M}_M = 70000$ kg/h von Siedetemperatur $T_{1E} = 64,7$ °C auf $T_{1A} = 37$ °C abgekühlt werden. Als Kühlmittel steht Kühlwasser mit $T_{2E} = 24$ °C zur Verfügung, das um 10 K erwärmt werden soll. Für den Wärmeübertrager sind unlegierte Stahlrohre mit $\lambda_{St} = 59$ W/(m K), 25/20 mm Durchmesser zu verwenden. In den Rohren wird ein duroplastischer Überzug von 0,2 mm Dicke mit $\lambda_L = 1$ W/(m K) ausgeführt.
Stoffwerte:

	c_p in J/(kg K)	λ in W/(m K)	ϱ in kg/m³	η in Pa s
Methanol bei 50,9 °C	2655	0,191	768	0,000402
Wasser bei 29 °C	4178	0,614	998	0,000797

Für Methanol ist die Viskosität bei Wandtemperatur 0,000432 Pa s; die übrigen Stoffwerte sollen bei Wandtemperatur unverändert sein. Aufgabe: Der Wärmeübertrager ist auszulegen:

Ü 3.7. Für die Kondensation von Benzoldampf soll ein vorhandener Rohrbündelwärmeübertrager genutzt werden: Mantelinnendurchmesser 0,6 m, 265 Rohre 25/20 mm Durchmesser, 5 m lang, λ_{St} = 59 W/(m K). Als Kühlmittel steht Wasser zur Verfügung, das um 10 K erwärmt wird. Kondensationstemperatur des Benzols 80,1 °C. Die Rohre sind innen mit einem duroplastischen Überzug von 0,2 mm Dicke mit λ_L = 1 W/(m K) versehen.

1. Wieviel Benzoldampf kann je Stunde kondensiert werden, wenn der Kondensator liegend ausgeführt wird? α_i = 5500 W/(m² K).
2. Wieviel Kühlwasser wird benötigt?
3. Überprüfen Sie den unter Punkt 1 angegebenen Wärmeübergangskoeffizienten für Wasser! Welche Veränderungen ergeben sich?

Stoffwerte für Wasser: c_p = 4,179 kJ/(kg K); ϱ = 996 kg/m³; η_w = 0,000 801 5 Pa s; λ_w = 0,612 W/(m K)
Stoffwerte für Benzol: r = 394,3 kJ/kg; T_S = 80,1 °C

T in °C	40	50	60	70	80,1
ϱ in kg/m³	857	847	836	825	815
λ in W/(m K)	0,1375	0,1361	0,1344	0,1328	0,1308
η in 10^{-3} Pa s	0,505	0,437	0,385	0,335	0,301

Ü 3.8. In einem Gefäß wird Tetrachlormethan bei einem Druck von 200 kPa verdampft. Es ist das gleiche Heizmedium wie im Beispiel 3.10 zu verwenden. Für die Verdampfung von Tetrachlormethan gilt: $\alpha = 0{,}6825 \dot{q}^{0{,}72} p^{0{,}24}$ (p in bar, $\dot{q}$ in W/m², α in W/(m² K).
Wie groß ist der Wärmeübergangskoeffizient bei der Verdampfung?

Ü 3.9. Berechnen Sie für die Blasenverdampfung von Methanol den Wärmeübergangs- und Wärmedurchgangskoeffizienten, wenn das Methanol bei 150 kPa verdampft wird. Die abweichenden Stoffwerte zu Beispiel 3.11 sind: Siedetemperatur 75 °C, Viskosität für Methanol bei T_w = 85 °C η_F = 0,000 243 Pa s.

Kontrollfragen

K 3.1. Diskutieren Sie wesentliche Gesichtspunkte bei der Auswahl verschiedener Bauarten von Wärmeübertragern!
K 3.2. Welche Vorzüge besitzt der Rohrbündelwärmeübertrager?
K 3.3. Schätzen Sie die Genauigkeit von berechneten Wärmeübergangskoeffizienten ein:
a) für Strömungen in kreisrunden Rohren und anderen Kanälen,
b) für Strömungen im Außenraum von Rohrbündeln mit Umlenkblechen!
K 3.4. Welche Möglichkeiten kennen Sie zur Berechnung des Wärmeübergangskoeffizienten im Außenraum von Rohrbündeln?
K 3.5. Welche Unterschiede gibt es zwischen versetzter und nicht versetzter Rohranordnung beim Wärmeübergang an quer angeströmte Rohrbündel?
K 3.6. Zeichnen Sie den prinzipiellen Temperaturverlauf für den Wärmedurchgang an einer 2 mm starken Rohrwand aus Stahl auf, wobei um das Rohr eine erzwungene Strömung von Gas mit 15 m/s und im Rohr eine erzwungene Strömung von Flüssigkeit mit 1 m/s vorliegt! Das Gas wird durch die Flüssigkeit gekühlt.
K 3.7. Zeichnen Sie den prinzipiellen Temperaturverlauf für den Wärmedurchgang an einem gut isolierten Stahlrohr auf: innen trocken gesättigter Wasserdampf, außen atmosphärische Luft!
K 3.8. Wie ist der Wärmeübergangskoeffizient durch Strahlung definiert?

K 3.9. Charakterisieren Sie die Strahlung von Gasen und Dämpfen im Vergleich zu festen Körpern!

K 3.10. Stellen Sie eine Energiebilanz für einen Wärmeübertrager auf!

K 3.11. Wieviel Größen aus der Energiebilanz können Sie für einen Wärmeübertrager berechnen, und wieviel Größen müssen demnach durch die Aufgabe vorgegeben sein bzw. gewählt werden?

K 3.12. Zeichnen Sie den prinzipiellen Temperaturverlauf in Abhängigkeit von der Wärmeübertragungsfläche für einen Rohrbündelwärmeübertrager bei Gleich- und Gegenstrom!
a) $\dot{W}_1 < \dot{W}_2$
b) $\dot{W}_1 > \dot{W}_2$
c) $\dot{W}_1 = \dot{W}_2$
Welches Verhalten ergibt sich beim dem Grenzfall einer unendlich großen Fläche?

K 3.13. Erläutern Sie das unterschiedliche Vorgehen bei der Bestimmung der wirksamen Temperaturdifferenzen bei einem neu auszulegenden und bei einem vorhandenen Wärmeübertrager bei Gleich- und Gegenstrom!

K 3.14. Von welchen Größen ist die mittlere Temperaturdifferenz abhängig bei
a) Kreuzstrom,
b) einem mehrgängigen Rohrbündelwärmeübertrager,
c) einem eingängigen Rohrbündelwärmeübertrager, im Außenraum Umlenkbleche (Kreuz- und Gegenstrom)?

K 3.15. Welche Phasenführung (Gleich-, Gegen- oder Kreuzstrom) wählen Sie für die beiden Medien in einem Wärmeübertrager im Interesse eines großen zu übertragenden Wärmestromes?

K 3.16. Stellen Sie für einen Wärmeübertrager mit zwei Flüssigkeiten
a) die Kosten für Energie,
b) die Kosten für Amortisation, Reparatur und Kapitalzinsen,
c) die Gesamtkosten
in prinzipieller Weise in Abhängigkeit von der Strömungsgeschwindigkeit in einem Diagramm dar!

K 3.17. Welche Richtwerte für Strömungsgeschwindigkeit und Temperaturdifferenz am Ende des Wärmeübertragers (Nutzung der Energie) wählen Sie bei der ersten Durchrechnung unter Berücksichtigung der Wirtschaftlichkeit?

K 3.18. Diskutieren Sie den Einfluß fester Wandansätze bei Wärmeübertragern auf das betriebliche Verhalten! Nennen Sie Maßnahmen zur Verhinderung bzw. Entfernung von Wandansätzen!

K 3.19. Wie werden tendenziell die Austrittstemperaturen eines in Betrieb befindlichen Wärmeübertragers für zwei fluide Medien (ohne Phasenänderung) beeinflußt, wenn der Durchsatz eines Mediums um 30% gesteigert wird?

K 3.20. Unter welchen Voraussetzungen ist die Vergrößerung der Wärmeübertragungsfläche durch Rippen zweckmäßig?

K 3.21. Wie werden der Wärmedurchgangskoeffizient und der Wärmestrom bei Rippenrohren bestimmt?

K 3.22. Nennen Sie die wichtigsten technischen Ausführungsformen von Rippenrohren!

K 3.23. Welche Gesichtspunkte sind für einen Wärmeübertrager zur Erreichung eines hohen Masse-Leistungs-Verhältnisses zu beachten?

K 3.24. Kennzeichnen Sie die Voraussetzungen bei der Ableitung des Wärmeübergangskoeffizienten für kondensierenden ruhenden Sattdampf nach Nußelt!

K 3.25. Ist der Wärmeübergang bei Kondensation von Sattdampf mit laminarem Kondensatfilm in einem waagerechten oder senkrechten Rohr günstiger?

K 3.26.	Wie wirken sich mehrere waagerecht untereinander liegende Rohre auf den Wärmeübergang bei Kondensation in einem waagerecht liegenden Rohrbündelwärmeübertrager aus?
K 3.27.	Wann kann der Kondensatfilm bei der Kondensation von Dämpfen turbulent werden? Wie wirkt sich das auf den Wärmeübergangskoeffizienten aus?
K 3.28.	Wann tritt Tropfenkondensation auf, und wie wirkt sich diese aus?
K 3.29.	Wie ändert sich der Kondensationsvorgang bei strömendem Sattdampf? Welche Auswirkungen ergeben sich dadurch auf den Wärmeübergangskoeffizienten?
K 3.30.	Wann kann man bei der Wärmeübertragung Heißdampf wie Sattdampf behandeln?
K 3.31.	Bedeutet Heißdampf eine Verbesserung des Wärmeübergangs gegenüber Sattdampf?
K 3.32.	Wie wird beim Betreiben eines Kondensators der stationäre Zustand hinsichtlich des Druckes und des abzuführenden Wärmestromes gewährleistet?
K 3.33.	Stellen Sie die grundsätzlichen Bereiche der Wärmeübertragung bei der Verdampfung im Gefäß in einem Diagramm dar!
K 3.34.	Wie wird die Wärme bei der Blasenverdampfung von der beheizten Wand der verdampfenden Flüssigkeit zugeführt?
K 3.35.	Worauf sind die relativ niedrigen Wärmeübergangskoeffizienten bei der Filmverdampfung zurückzuführen?
K 3.36.	Wodurch unterscheiden sich Verdampfungsvorgänge bei konstanter Temperaturdifferenz?
K 3.37.	Erläutern Sie Ansätze zur Vorausberechnung der Wärmeübergangskoeffizienten bei der Blasenverdampfung! Welche physikalischen Vorstellungen liegen zugrunde?
K 3.38.	Erläutern Sie die grundsätzlichen Vorgänge der Wärmeübertragung und Fluiddynamik bei Verdampfern mit natürlichem Umlauf!
K 3.39.	Stellen Sie eine Druckbilanz für einen Verdampfer mit natürlichem Umlauf auf!
K 3.40.	Erläutern Sie die wesentlichen Schritte der Rechnung bei der Auslegung eines Naturumlaufverdampfers!
K 3.41.	Welche technisch wichtigen Ausführungsformen von Verdampfern kennen Sie?
K 3.42.	Welche Verdampferarten können bei temperaturempfindlichen Produkten ausgeführt werden?

4. Destillation

Die Trennung eines Gemisches, bestehend aus ineinander löslichen flüssigen Stoffkomponenten, kann durch Destillation auf der Grundlage der unterschiedlichen Zusammensetzung von Flüssigkeit und Dampf (Phasengleichgewicht) erfolgen, Begriffserklärung siehe Seite 21. Die Anfänge der Destillation begannen mit der Herstellung von konzentriertem Alkohol aus Wein durch mehrfache Destillation bereits im 11. Jahrhundert. Das Prinzip der Destillation durch ständige Stoffübertragung zwischen einem vom Kopf der Kolonne abwärts strömenden Flüssigkeitsstrom und einem aufwärts strömenden Dampfstrom, gekoppelt mit einer Wärmezufuhr am Sumpf der Kolonne zur partiellen Verdampfung von Flüssigkeit und der Kondensation der Dämpfe am Kopf der Kolonne mit einer partiellen Zurückführung von Flüssigkeit (Rücklauf), ist Anfang des 19. Jahrhunderts entwickelt worden. Es gibt eine große Zahl von Flüssigkeitsgemischen mit großer technischer Bedeutung, die zu trennen sind. Auch verschiedene Gasgemische werden nach vorausgegangener Verflüssigung durch Destillation getrennt. Eine Unterteilung der Flüssigkeitsgemische kann nach ihrem Anfall wie folgt vorgenommen werden:

— Bei den in der Natur vorkommenden Rohstoffen in flüssiger Form ist Erdöl mit einer Weltjahresförderung von etwa 3 Milliarden Tonnen je Jahr der bei weitem bedeutsamste. Die Luftverflüssigung mit anschließender Destillation bei $-190\,°C$ dient zur Gewinnung von Sauerstoff und Stickstoff. Bei der Kohleveredlung anfallende flüssige Wertstoffe werden hauptsächlich durch Destillation getrennt.
— Synthesen, insbesondere organische Synthesen, führen oft zu Flüssigkeitsgemischen, z. B. bei der Herstellung von Methanol, Vinylchlorid, Ethylen, Propylen, Butadien, Vinylacetat und vielen anderen Massenprodukten der chemischen Industrie.
— Bei zahlreichen Technologien zur Verarbeitung von Produkten in der Stoffwirtschaft fallen oft Flüssigkeitsgemische an, die zu trennen sind.
— Biotechnisch gewonnene Produkte fallen oft als Flüssigkeitsgemische an, z. B. Ethylalkohol aus der Gärung.

Entsprechend der großen industriellen Bedeutung der Destillation ist die Zahl der Veröffentlichungen trotz des erreichten hohen Entwicklungsstandes sehr groß. Von den zahlreichen Tagungen sei an dieser Stelle lediglich auf die in längeren Zeitabständen stattfindenden Internationalen Symposien in England, siehe [4.1] und [4.9], verwiesen. Angesichts der großen Zahl an Fachbüchern wird hier lediglich auf eine kleine Auswahl, die später bei den zutreffenden Abschnitten zitiert wird, hingewiesen: [4.8, 4.13, 4.17, 4.32, 4.41].

4.1. Grundbegriffe

Nachstehend wird eine Übersicht über wesentliche Grundlagen der Destillation gegeben.

Grundbegriffe 4.1.

1. Prinzip der Destillation

Durch die unterschiedliche Zusammensetzung von Flüssigkeit und Dampf entsprechend dem Phasengleichgewicht kann eine Anreicherung an leichter flüchtiger Komponente im Dampf (Kopfprodukt K nach Kondensation) und an schwerer flüchtiger Komponente im Sumpf S erreicht werden (s. Bild 4.1a). In den meisten Fällen genügt die durch einmalige Destillation erzielte Reinheit nicht. Das Schema einer fünffachen Destillation zeigt Bild 4.1b, wobei die Lösung durch den hohen Energiebedarf sehr ungünstig ist. Die mehrfache Destillation wird auch Rektifikation genannt. Im folgenden wird nur der Begriff Destillation verwendet.

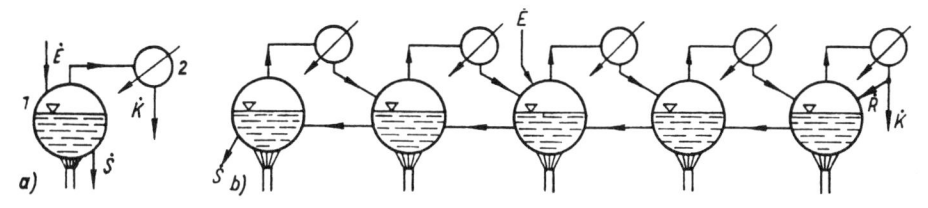

Bild 4.1. Destillation in Laborblase
a) eine Blase (1 Blase, 2 Kondensator)
b) fünffache Destillation in Laborblasen

2. Geeignete technische Prinziplösung

Eine mehrfache Destillation mit mehrfacher Energiezufuhr zur Verdampfung und Energieabfuhr bei der Kondensation (s. Bild 4.1b) ist energiewirtschaftlich sehr ungünstig. Bereits im Jahre 1813 wurde von dem Franzosen *Cellier-Blumenthal* eine technische Lösung erfunden, bei der nur einmal Energie am Sumpf zum Verdanpfen zugeführt und einmal Energie für die Kondensation am Kopf der Kolonne abgeführt wird. Die flüssige Phase wird vom Kopf zum Sumpf geführt, die dampfförmige Phase vom Sumpf zum Kopf. Bei der kontinuierlichen Destillation wird das zu trennende Einlaufprodukt E an der Stelle in der Kolonne eingeführt, wo die flüsige Phase etwa die Zusammensetzung des Einlaufproduktes besitzt. Oberhalb des Einlaufs der Kolonne ist nur dann eine Stoffübertragung zwischen den Phasen möglich, wenn am Kopf der Kolonne ein Teil der kondensierten Dämpfe als Rücklauf R in die Kolonne zurückgeführt wird. Das Schema einer kontinuierlichen Destillationsanlage für ein Zweistoffgemisch ist im Bild 4.2 dargestellt. Dabei zeigt Bild 4.2a schematisch besser die räumliche Anordnung von Kolonne, Umlaufverdampfer und Kondensator. Letzterer wird bei den oft 20 bis 100 m hohen Destillationskolonnen in der Nähe des Erdbodens räumlich angeordnet, weil dies bautechnisch die billigste Lösung darstellt. Für die Aufgabe des Rücklaufs am Kopf der Kolonne ist dann eine Kreiselpumpe erforderlich. Im weiteren wird die schematische Darstellung gemäß Bild 4.2b verwendet.

3. Effektive Stoffübertragung

Entsprechend den bereits behandelten Grundlagen der Stoffübertragung sind gemäß Gleichung (2.158) eine geeignete Triebkraft, eine große Phasengrenzfläche und ein großer Stoffdurchgangskoeffizient anzustreben. Eine *Triebkraft* ist wirksam, wenn sich die Gleichgewichtszusammensetzung und effektive Zusammensetzung zwischen Dampf und Flüssigkeit unterscheiden. Dies wird durch geeignete Mengenströme von Dampf und Flüssigkeit, die im Gegenstrom geführt werden, realisiert. Die *Phasengrenzfläche* wird durch Einbauten

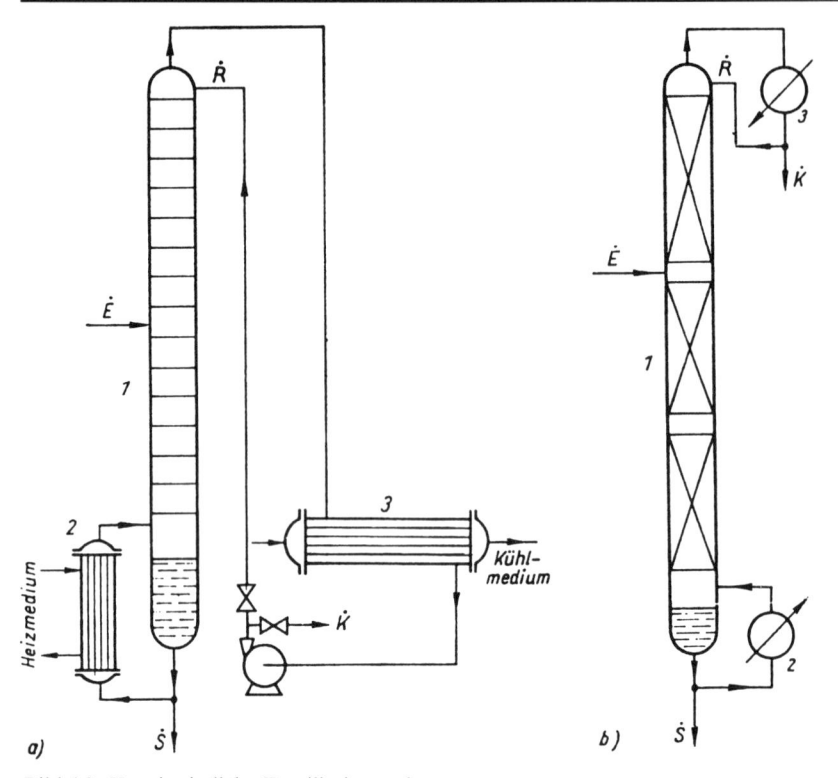

Bild 4.2. Kontinuierliche Destillationsanlage
a) schematische Darstellung einer Bodenkolonne mit Umlaufverdampfer und Kondensator unter Beachtung der räumlichen Anordnung
b) schematische Darstellung einer Füllkörperkolonne mit Sinnbildern für Kondensator und Verdampfer
1 Kolonne
2 Umlaufverdampfer
3 Kondensator

erzeugt. Bei einer Bodenkolonne entstehen Dispersionen auf jedem Boden (vgl. Bild 2.36). Es handelt sich um eine Stoffübertragung mit stufenweisem Kontakt, wobei sich die Triebkraft in jeder Dispersion auf einem Boden durch Annäherung an das Phasengleichgewicht vermindert. Bei Füllkörperkolonnen handelt es sich um eine Stoffübertragung mit stetigem Kontakt (vgl. Bild 4.50 und Abschn. 4.5.). Der *Stoffdurchgangskoeffizient* mit dem Stoffübergang in der flüssigen und dampfförmigen Phase wird durch stoffliche, betriebliche und geometrisch-konstruktive Einflußgrößen in Wechselwirkung mit der komplizierten Zweiphasenströmung beeinflußt.

4. Zweiphasenströmung

In der Destillationskolonne hat die Zweiphasenströmung entweder den Charakter einer Dispersion (s. Bild 4.5) oder einer Filmströmung auf vorgebildeten geometrischen Oberflächen (s. Bild 4.51). Die Zweiphasenströmung beeinflußt maßgebend

— die Phasengrenzfläche, die durch das Aufeinanderwirken der beiden fluiden Phasen entsteht,
— die Größe des Stoffdurchgangskoeffizienten und
— durch Rückvermischung in jeder Phase (Abweichung vom Gegenstrom) die Triebkraft in ungünstiger Weise.

Grundbegriffe **4.1.** 225

5. Betriebsweise

Der Destillationsprozeß kann kontinuierlich oder diskontinuierlich durchgeführt werden. Die kontinuierliche Betriebsweise überwiegt. Nur bei kleinen Durchsätzen von wenigen hundert Tonnen je Jahr oder anderen speziellen Bedingungen kann eine diskontinuierliche Destillation (Behandlung im Abschn. 4.9.) wirtschaftliche Vorteile bringen.

6. Destillation von Mehrstoff- und Vielstoffgemischen

Für die kontinuierliche Destillation eines Zweistoffgemisches ist eine Kolonne mit Verdampfer und Kondensator erforderlich (s. Bild 4.2). Bei einem Mehrstoffgemisch mit z Komponenten kann man sich leicht überzeugen, daß bei der Gewinnung aller Stoffkomponenten mit einer gewünschten hohen Reinheit in einer kontinuierlichen Destillationsanlage $(z-1)$ Kolonnen mit den entsprechenden Verdampfern und Kondensatoren benötigt werden. Die Behandlung der Mehrstoffdestillation erfolgt im Abschnitt 5.4. Erdöl stellt ein Vielstoffgemisch (Komplexgemisch) mit Zehntausenden von Verbindungen dar. Die Trennung erfolgt in Fraktionen nach Siedegrenzen, z. B. Benzin von 50 bis 180 °C, Dieselkraftstoff von 260 bis 340 °C.

7. Dampf-Flüssigkeits-Gleichgewichte

Physikalische Grundlage für die Trennung durch Destillation ist, daß Dampf und Flüssigkeit bei Phasengleichgewicht eine unterschiedliche Zusammensetzung besitzen. Das Dampf-Flüssigkeits-Gleichgewicht bestimmt maßgebend den Trennaufwand. Für *ideale Flüssigkeitsgemische* gelten das Gesetz von *Raoult*

$$p_i = x_i \pi_i \tag{4.1}$$

und das Gesetz von *Dalton*

$$p_i = y_i p \tag{4.2}$$

Daraus ergibt sich das Gesetz von *Raoult-Dalton*:

$$y_i^* = x_i \frac{\pi_i}{p} \tag{4.3}$$

y_i bzw. x_i Molanteil der Komponente i in der dampfförmigen bzw. flüssigen Phase
π_i Dampfdruck der reinen Komponente i
p Gesamtdruck

Die Abweichungen vom idealen Verhalten für Flüssigkeitsgemische werden in der flüssigen Phase durch Aktivitätskoeffizienten γ_i und in der dampfförmigen Phase durch Fugazitätskoeffizienten φ_i^* berücksichtigt (s. [4.3] und [4.2]):

$$y_i^* = \frac{\gamma_i x_i \pi_i}{\varphi_i^* p} \tag{4.4}$$

Das Phasengleichgewicht ist für einige tausend Zweistoffgemische vermessen worden und in Sammelwerken zugänglich (s. z. B. [4.3]). Bei dem erreichten Kenntnisstand bei Dampf-Flüssigkeits-Gleichgewichten können in vielen Fällen auch für Mehrstoffgemische die Phasengleichgewichte unter Berücksichtigung des nichtidealen Verhaltens berechnet werden (s. z. B. [4.1] und [4.2]).
Für den Siedepunkt eines Flüssigkeitsgemisches gilt:

$$\sum_{i=1}^{z} y_i^* = 1 \quad \text{bzw.} \quad \sum_{i=1}^{z} \frac{\gamma_i x_i \pi_i}{\varphi_i^* p} = 1 \tag{4.5}$$

15 Therm. Verfahrenstechnik

Analog gilt für den Taupunkt eines Gemisches:

$$\sum_{i=1}^{z} x_i^* = 1 \quad \text{bzw.} \quad \sum_{i=1}^{z} \frac{\varphi_i^* y_i p}{\gamma_i \pi_i} = 1 \tag{4.6}$$

Die beiden vorstehenden Gleichungssysteme sind durch die Dampfdrücke nichtlinear und müssen durch Iteration gelöst werden.

Die *relative Flüchtigkeit* α_{12}, manchmal auch Trennfaktor genannt, charakterisiert die Schwierigkeit der Trennung. Für ein Zweistoffgemisch gilt gemäß Gleichung (2.203):

$$\alpha_{12} = \frac{y_1^*/x_1}{y_2^*/x_2}$$

Die Bedeutung der relativen Flüchtigkeit für die Gleichgewichtskurve und den Trennaufwand geht aus Bild 4.3 hervor.

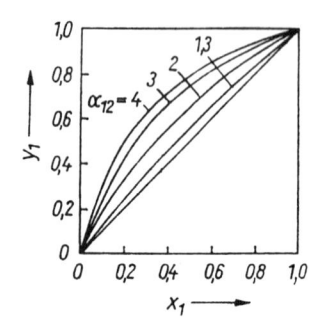

Bild 4.3. Phasendiagramm mit Gleichgewichtskurven für verschiedene relative Flüchtigkeiten eines Zweistoffgemisches

8. Destillation eines Flüssigkeitsgemisches mit azeotropem Punkt

Wenn das zu trennende Flüssigkeitsgemisch einen azeotropen Punkt (gleiche Zusammensetzung von Flüssigkeit und Dampf) besitzt, so ist eine Trennung mit der herkömmlichen Destillation nur bis in die Nähe des azeotropen Punktes möglich. Durch spezielle Destillationsprozesse, die hauptsächlich mit einem geeigneten Zusatzstoff arbeiten, ist auch die Trennung solcher Gemische möglich.

4.2. Bilanzen

Als Bilanzräume kommen hauptsächlich in Betracht

— die Destillationskolonne mit Verdampfer und Kondensator,
— Teil einer Kolonne von einem beliebigen Querschnitt bis zum Ende der Kolonne einschließlich Verdampfer bzw. Kondensator,
— andere endliche Bilanzräume innerhalb der Kolonne, z. B. Bilanz um den Einlaufboden,
— Bilanzen für ein differentielles Volumenelement.

Große Bedeutung besitzen für die verschiedenen Bilanzräume die Stoff- und Energiebilanz. Die Impulsbilanz spielt eine relativ geringe Rolle, da es in der Regel nicht möglich ist, die Zweiphasenströmung mit dem Strömungsfeld über die Impulsbilanz darzustellen. Aus der Impulsbilanz für ein differentielles Volumenelement folgt die Differentialgleichung von *Navier-Stokes* (2.51), welche auf die Zweiphasenströmung mit Wechselwirkungen zwischen diesen Phasen ausgedehnt werden müßte. Numerische Lösungsmethoden zur Darstellung des Strömungs- und Konzentrationsfeldes für die Zweiphasenströmung bei der Destillation aus den Bilanzgleichungen am differentiellen Volumenelement (vgl. Abschn. 2.2.) sind bisher nicht bekannt geworden. Die Impulsbilanz wird in einer stark vereinfachten Form zur Berechnung des Druckverlustes der dampfförmigen Phase in der Kolonne mit den auftretenden Dampf- und Flüssigkeitsströmen angewendet, wozu eine gekoppelte Behandlung mit der Stoff- und Energiebilanz nicht erforderlich ist.

4.2.1. Bilanzen für eine kontinuierliche Destillationskolonne

Die Mengenströme werden durch große Buchstaben gekennzeichnet: $\dot{D}$ Dampfmengenstrom, $\dot{E}$ Einlaufmengenstrom, $\dot{F}$ Flüssigkeitsmengenstrom, $\dot{K}$ Kopfmengenstrom, $\dot{R}$ Rücklaufmengenstrom, $\dot{S}$ Sumpfmengenstrom in kmol/s (s. Bild 4.4). Bei den Molanteilen kennzeichnet der erste Index die Komponente ($i = 1, 2, ..., z$), der zweite Index die örtliche Lage (E Eintritt, K Kopf, S Sumpf bzw. die Bodennummer $j = 1, 2, ..., z$). Bei der Destillation wird grundsätzlich mit Molmengenströmen und Molanteilen gerechnet, weil die Phasengleichgewichte in einfacher Weise nur mit Molanteilen darstellbar und die Molmengenströme vom Sumpf bis zum Einlauf und vom Einlauf bis zum Kopf näherungsweise konstant sind (s. Abschn. 4.2.2.). Oft liegt folgende Aufgabenstellung vor:

Gegeben: $\dot{E}$, x_{iE}

Gesucht: $\dot{S}$, $\dot{K}$, x_{iS}, x_K

Die Stoffbilanz für jede Komponente ergibt für die gesamte Kolonne (s. Bild 4.4a):

$$\dot{E}x_E = \dot{K}x_{iK} + \dot{S}x_{iS} \tag{4.7}$$

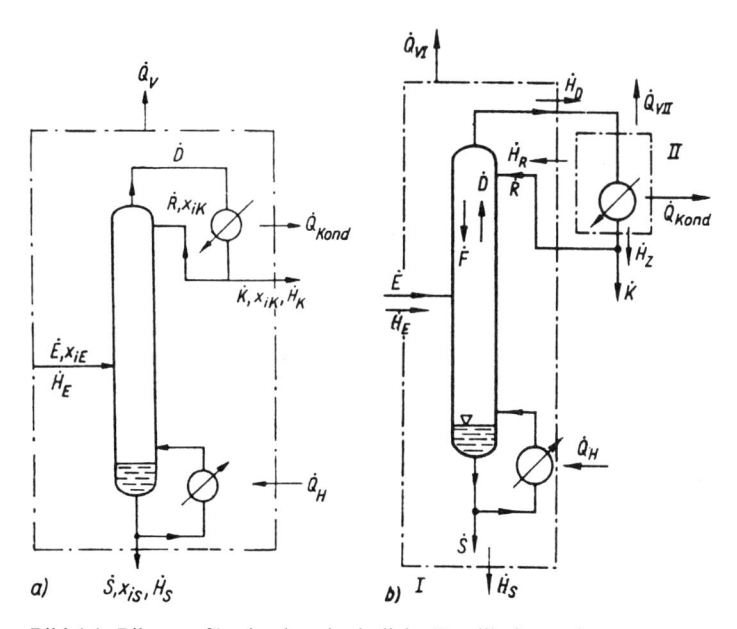

Bild 4.4. Bilanzen für eine kontinuierliche Destillationsanlage
a) ein Bilanzkreis
b) zwei Bilanzkreise für die Energiebilanz

Weitere zwei Gleichungen liefern die stöchiometrischen Beziehungen:

$$\sum_{i=1}^{z} x_{iS} = 1 \quad \text{und} \quad \sum_{i=1}^{z} x_{iK} = 1$$

Damit stehen für z Komponenten $(z + 2)$ Gleichungen für $(2z + 2)$ Unbekannte zur Verfügung. Entsprechend der technisch zu lösenden Aufgabe sind z Größen anzunehmen. Dabei sind nur 2 Größen frei wählbar. Bei der Mehrstoffdestillation müssen $(z - 2)$ iterative Größen eingeführt und über das Phasengleichgewicht, Stoff- und Energiebilanzen überprüft werden, wie im Abschnitt 4.4.1. näher erläutert wird. Der Rücklaufmengenstrom $\dot{R}$ wird durch Einführung eines Rücklaufverhältnisses v gekennzeichnet:

$$v = \frac{\dot{R}}{\dot{K}} \quad \text{bzw.} \quad v = \frac{\dot{F}}{\dot{K}} \tag{4.8}$$

Wenn der Rücklauf siedend flüssig zugeführt wird, so ist der äußere Rücklauf $\dot{R}$ gleich dem inneren Rücklauf $\dot{F}$, anderenfalls kann der Flüssigkeitsmengenstrom $\dot{F}$ aus einer Energiebilanz unter Beachtung des thermischen Eintrittszustandes des Rücklaufmengenstroms $\dot{R}$ bestimmt werden.

Für ein Zweistoffgemisch erhält man aus den Stoffbilanzen:

$$\dot{E} = \dot{K} + \dot{S}$$
$$\dot{E} x_{1E} = \dot{K} x_{1K} + \dot{S} x_{1S}$$
$$\dot{K} = \dot{E} \frac{x_{1E} - x_{1S}}{x_{1K} - x_{1S}} \tag{4.9}$$

Energiebilanz

Nach der Aufstellung der Stoffbilanz und Festlegung des Rücklaufverhältnisses kann die Energiebilanz aufgestellt werden. Durch die Energiebilanz sollen in der Regel der dem Verdampfer zuzuführende Wärmestrom $\dot{Q}_H$ und der im Kondensator abzuführende Wärmestrom $\dot{Q}_{Kond}$ ermittelt werden. Es können verschiedene Bilanzkreise gewählt werden. Für die im Bild 4.4b dargestellten Bilanzkreise ergibt der Bilanzkreis I (Kolonne und Verdampfer):

$$\dot{Q}_H + \dot{H}_E + \dot{H}_R = \dot{H}_S + \dot{H}_D + \dot{Q}_{VI} \quad \text{oder} \quad \dot{Q}_H = \dot{H}_S + \dot{H}_D + \dot{Q}_{VI} - \dot{H}_E - \dot{H}_R \tag{4.10}$$

Aus dem Bilanzkreis II (Kondensator) erhält man:

$$\dot{H}_D = \dot{Q}_{Kond} + \dot{H}_Z + \dot{Q}_{VII} \quad \text{oder} \quad \dot{Q}_{Kond} = \dot{H}_D - \dot{H}_Z - \dot{Q}_{VII} \tag{4.11}$$

Die Energiebilanz ist auf eine Bezugstemperatur T_0 zu beziehen (meist 0 °C). Falls in der Kolonne Temperaturen unter 0 °C auftreten, ist die Bezugstemperatur so zu wählen, daß sie gleich oder kleiner ist als die niedrigste Temperatur in der Kolonne. Für die Enthalpieströme in den vorstehenden Gleichungen benötigt man hauptsächlich die spezifische Enthalpie der siedenden Flüssigkeit und des gesättigten Dampfes:

$$h' = \sum_{i=1}^{z} x_i c_{piF} M_i (T_S - T_0) + h_M \tag{4.12}$$

$$h'' = \sum_{i=1}^{z} y_i [c_{piF} M_i (T_T - T_0) + r_i M_i] \tag{4.13}$$

h_M molare Mischungsenthalpie
T_S Siedetemperatur
r_i Verdampfungsenthalpie der reinen Komponente i bei der Temperatur T_T

Als Beispiel wird die Ermittlung des Enthalpiestroms des Dampfes am Kopf gezeigt:
$$\dot{H}_D = \dot{D} h_D'' = (\dot{K} + \dot{R}) h_D'' = \dot{K}(1 + v) h_D'' \tag{4.14}$$
Meistens wird im Kondensator nur die Verdampfungsenthalpie abgeführt und das Kondensat siedend flüssig abgezogen. Dann ist es zweckmäßig, den Bilanzkreis um die gesamte Destillationsanlage gemäß Bild 4.4a zu verwenden:

$$\dot{Q}_H + \dot{H}_E = \dot{Q}_{\text{Kond}} + \dot{H}_K + \dot{H}_S + \dot{Q}_V \quad \text{mit} \quad \dot{Q}_{\text{Kond}} = \dot{D} \sum_{i=1}^{z} x_{iK} r_i M_i \tag{4.15}$$

Beispiel 4.1. Stoff- und Energiebilanz für eine Destillationskolonne

Es sind 8,45 t/h Methanol(1)-Wasser(2)-Gemisch, davon 4,30 t/h Methanol, in einer Destillationsanlage zu trennen. Das Eintritts- und Rücklaufprodukt werden siedend flüsig zugeführt. Das Methanol soll mit einer Reinheit von 99,5 Mol-% gewonnen werden. Im Wasser dürfen sich nach der Destillation höchstens noch 0,2 Mol-% Methanol befinden. Der Betriebsdruck ist 101,3 kPa.

Aufgabe:

Zu ermitteln sind:

1. Die im Kopf anfallende Methanolmenge und der Verlust an Methanol, das mit dem Wasser aus der Destillationsanlage verloren geht.
2. Die Heizdampfmenge (Sattdampf 200 kPa abs.) und der Kühlwasserverbrauch ($\Delta T = 10$ K). Das Rücklaufverhältnis soll mit $v = 0{,}94$ ausgeführt werden.

Lösung:

Zu 1.

Die Stoffbilanz wird mit Molmengen durchgeführt.

	$\dot{M}_i$ kg/h	M_i kg/kmol	$\dot{N}_i$ kmol/h	x_{iE}
Methanol	4300	32	134,4	0,368
Wasser	4150	18	231,0	0,632
Gemisch	8450		365,4	1,000

Gesamte Stoffbilanz: $\quad \dot{E} = \dot{K} + \dot{S}$
Stoffbilanz für Methanol: $\quad x_{1E} \dot{E} = x_{1K} \dot{K} + x_{1S} \dot{S}$

$$\dot{K} = \dot{E} \frac{x_{1E} - x_{1S}}{x_{1K} - x_{1S}} = 365{,}4 \frac{0{,}368 - 0{,}002}{0{,}995 - 0{,}002} = 134{,}6 \text{ kmol/h}$$

Im Kopfprodukt befinden sich 133,9 kmol/h = 4285 kg/h Methanol und 0,680 kmol/h = 12,24 kg/h Wasser.
$\dot{S} = \dot{E} - \dot{K} = 365{,}4 - 134{,}6 = 230{,}8$ kmol/h
Im Sumpfprodukt befinden sich 0,462 kmol/h = 14,8 kg/h Methanol und gehen mit dem Wasser verloren.

Zu 2.

Die Siedetemperaturen werden mit den Gleichgewichtsdaten im Anhang durch Zeichnen eines $T x_1 y_1$-Diagramms bestimmt.

230   **4** Destillation

Eintrittsprodukt: $T_S = 76{,}0\ °C$
Kopfprodukt: $T_S = 64{,}7\ °C$
Sumpfprodukt: $T_S = 100{,}0\ °C$

Für die Energiebilanz kann infolge der hohen Reinheit das Kopfprodukt genügend genau als reines Methanol und das Sumpfprodukt als reines Wasser behandelt werden.
Gemäß Bild 4.4 gilt:

$$\dot Q_H = \dot H_S + \dot H_D - \dot H_E - \dot H_R$$

$$\dot Q_{kond} = \dot H_D - \dot H_Z$$

Die Wärmeverluste an die Umgebung werden vernachlässigt.
Aus Tabellenwerken:

Methanol: $c_p = 87{,}6\ kJ/(kmol\ K)$; $r = 35\,300\ kJ/kmol$
Wasser: $c_p = 75{,}5\ kJ/(kmol\ K)$; $r = 40\,600\ kJ/kmol$

Sumpf- und Kopfprodukt werden infolge der hohen Reinheit wie reine Flüssigkeiten behandelt. Die Energiebilanz wird auf 0 °C bezogen.

$$\dot H_S = 230{,}8 \cdot 75{,}50 \cdot 100 = 1{,}743 \cdot 10^6\ kJ/h$$

$$\dot H_D = \dot K(1+v)\,h''$$

$$\dot H_D = 134{,}6(1+0{,}94)(87{,}6 \cdot 64{,}7 + 35\,300) = 10{,}70 \cdot 10^6\ kJ/h$$

$$\dot H_E = \dot E h'_E = \dot E(x_{1E} h'_{1E} + x_{2E} h'_{2E})$$

$$\dot H_E = 365{,}4(0{,}368 \cdot 87{,}6 + 0{,}632 \cdot 75{,}5)\,76{,}0 = 2{,}22 \cdot 10^6\ kJ/h$$

$$\dot H_R = v\dot K h'_R = 0{,}94 \cdot 134{,}6 \cdot 87{,}6 \cdot 64{,}7 = 0{,}717 \cdot 10^6\ kJ/h$$

$$\dot Q_H = (1{,}743 + 10{,}65 - 2{,}22 - 0{,}717)\,10^6 = 9{,}46 \cdot 10^6\ kJ/h$$

Die Kondensationsenthalpie für Heizdampf 200 kPa ist 2200 kJ/kg. Der Heizdampfverbrauch $\dot M_D$ ist:

$$\dot M_D = \frac{9{,}46 \cdot 10^6}{2200} = 4300\ kg/h$$

$$\dot H_Z = \dot K(v+1)\,h'_R = 134{,}6 \cdot 1{,}94 \cdot 87{,}6 \cdot 64{,}7 = 1{,}480 \cdot 10^6\ kJ/h$$

$$\dot Q_{kond} = \dot H_D - \dot H_Z = (10{,}70 - 1{,}48)\,10^6 = 9{,}22 \cdot 10^6\ kJ/h$$

Der Kühlwasserverbrauch $\dot M_W$ ist:

$$\dot M_W = \frac{9{,}22 \cdot 10^6}{4{,}19 \cdot 10} = 2{,}20 \cdot 10^5\ kg/h = 220\ m^3/h$$

4.2.2. Bilanzen für den Teil einer kontinuierlichen Kolonne

Bilanzen für den Teil einer Kolonne werden zur Ermittlung der Mengenströme und ihrer Zusammensetzungen in einem beliebigen Querschnitt der Kolonne benötigt. Die Bilanzen für einen beliebigen Querschnitt oberhalb des Einlaufs lauten unter Bezugnahme auf Bild 4.5 für den eingezeichneten Bilanzkreis zwischen den Böden j und $j+1$ bis zum Kopf:

Gesamte Stoffbilanz:

$$\dot D_{j+1} = \dot F_j + \dot K \tag{4.16}$$

Stoffbilanz für jede Komponente:

$$y_{ij+1} \dot D_{j+1} = x_{ij} \dot F_j + x_{iK} \dot K \tag{4.17}$$

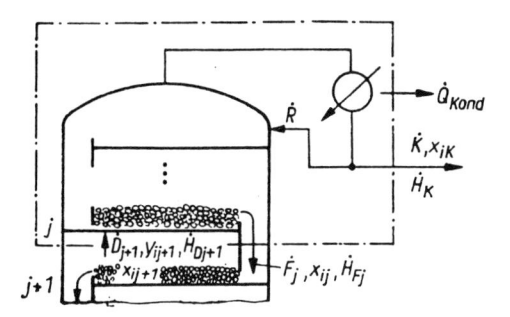

Bild 4.5. Stoff- und Energiebilanz für einen beliebigen Querschnitt der Verstärkungskolonne

Energiebilanz

$$\dot{H}_{Dj+1} = \dot{Q}_{Kond} + \dot{H}_{Fj} + \dot{H}_K \qquad (4.18)$$

Der Teil der Kolonne oberhalb des Einlaufs bis zum Kopf wird *Verstärkungskolonne* (Obersäule) genannt, der Teil unterhalb des Einlaufs bis zum Sumpf *Abtriebskolonne* (Untersäule). Für die Abtriebskolonne können die Bilanzgleichungen analog aufgestellt werden.

Konstante Stoffmengenströme an Dampf und Flüssigkeit

Unter dieser Voraussetzung erhält man für die Bilanzen in der Verstärkungskolonne:

$$\dot{D} = \dot{F} + \dot{K}$$

$$y_{ij+1}\dot{D} = x_{ij}\dot{F} + x_{iK}\dot{K}$$

Das Aufstellen der Energiebilanz ist nicht mehr erforderlich, da für jeden Querschnitt der Verstärkungskolonne gilt:

$$\dot{H}_D = \dot{Q}_{Kond} + \dot{H}_F + \dot{H}_K$$

Für konstante Stoffmengenströme an Dampf und Flüssigkeit in der Verstärkungskolonne bzw. Abtriebskolonne sind folgende Voraussetzungen erforderlich:

1. Gleiche molare Verdampfungsenthalpien für die Stoffkomponenten als wichtigste Voraussetzung. Nach der Erfahrungsregel von *Trouton-Pictet* ist dies näherungsweise zutreffend:

$$\frac{rM}{T_{S\,1\,bar}} = \text{konstant} = 88 \frac{\text{kJ}}{\text{kmol K}}$$

2. Mischungsenthalpien treten nicht auf.
3. Wärmeverluste an die Umgebung treten nicht auf.
4. Unterschiedliche Enthalpiewerte der siedenden Flüssigkeit in verschiedenen Querschnitten der Kolonne werden vernachlässigt.

Bilanzlinien für ein Zweistoffgemisch

In einem x_1,y_1-Diagramm (Phasendiagramm) läßt sich übersichtlich die effektive Zusammensetzung von Flüssigkeit und Dampf in jedem Querschnitt der Kolonne durch die Bilanzlinie darstellen.

Die Bilanzlinie wird eine Kurve, wenn sich die Stoffmengenströme $\dot{F}_j$ und $\dot{D}_j$ über die Höhe der Kolonne verändern. Die Bilanzlinie wird eine Gerade, wenn die Stoffmengenströme $\dot{F}$ und $\dot{D}$ in der Verstärkungs- und Abtriebskolonne konstant sind.

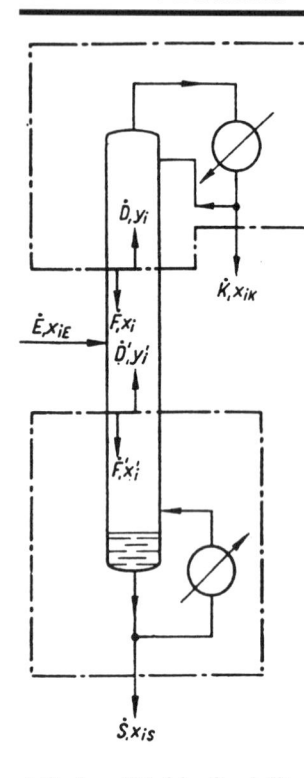

Bild 4.6. Bilanzkreise für einen beliebigen Querschnitt in der Verstärkungs- und Abtriebskolonne einer kontinuierlichen Destillation

Nachfolgend werden die Bilanzlinien unter Bezugnahme auf Bild 4.6 bei konstanten Stoffmengenströmen abgeleitet. Für die *Verstärkungskolonne* gilt:

Gesamte Stoffbilanz:

$$\dot{D} = \dot{F} + \dot{K}$$

Stoffbilanz für die Komponente 1:

$$y_1 \dot{D} = x_1 \dot{F} + x_{1K} \dot{K}$$

oder

$$y_1(\dot{F} + \dot{K}) = x_1 \dot{F} + x_{1K} \dot{K}$$

$$y_1 = \frac{\dot{F}}{\dot{F} + \dot{K}} x_1 + \frac{\dot{K}}{\dot{F} + \dot{K}} x_{1K} \quad \text{oder}$$

$$y_1 = \frac{\dot{F}/\dot{K}}{\dot{F}/\dot{K} + 1} x_1 + \frac{x_{1K}}{\dot{F}/\dot{K} + 1}$$

Mit dem Rücklaufverhältnis nach Gleichung (4.8) erhält man:

$$y_1 = \frac{v}{v+1} x_1 + \frac{x_{1K}}{v+1} \tag{4.19}$$

Diese Gleichung wird Verstärkungsgerade genannt. Ihre Lage ergibt sich im x_1, y_1-Diagramm durch die folgende Betrachtung. Für $y_1 = x_1$ erhält man aus Gleichung (4.19):

$$y_1(v + 1) = v y_1 + x_{1K} \quad \text{oder} \quad y_1 = x_{1K} = x_1$$

Der Schnittpunkt der Verstärkungsgerade mit der 45°-Gerade liegt bei der Zusammensetzung x_{1K}. Die Neigung der Verstärkungsgerade wird durch das Rücklaufverhältnis bestimmt:

$$\tan \psi = \frac{v}{v+1} = \frac{\dot{F}}{\dot{D}} < 1$$

Für den Grenzfall $v = \infty$ wird kein Sumpf- und Kopfprodukt abgenommen; die Kolonne fährt in sich. Die Verstärkungsgerade fällt dann mit der 45°-Gerade zusammen, da

$$\frac{x_{1K}}{v+1} = 0 \quad \text{und} \quad \dot{F}/\dot{D} = 1$$

In der *Abtriebskolonne* erhalten alle Größen zur Unterscheidung von der Verstärkungskolonne einen Strich, also $\dot{D}'$, $\dot{F}'$, y_1', x_1'. Die analogen Betrachtungen ergeben:

$$\dot{F}' = \dot{D}' + \dot{S}$$

$$x_1' \dot{F}' = y_1' \dot{D}' + x_{1S} \dot{S}$$

$$y_1' = \frac{\dot{F}'}{\dot{F}' - \dot{S}} x_1' - \frac{\dot{S}}{\dot{F}' - \dot{S}} x_{1S} \tag{4.20}$$

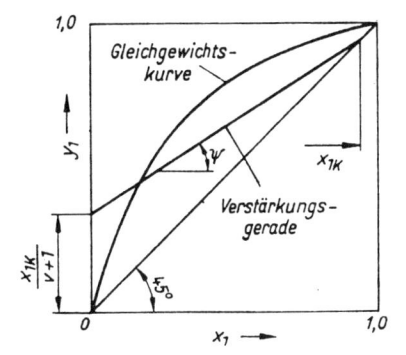

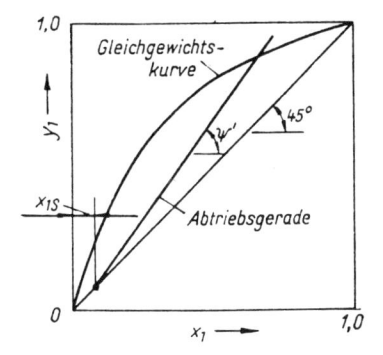

Bild 4.7. Lage der Verstärkungsgerade im Phasendiagramm

Bild 4.8. Lage der Abtriebsgerade im Phasendiagramm

Diese Gleichung wird Abtriebsgerade genannt. Ihre Lage ergibt sich im x_1,y_1-Diagramm (s. Bild 4.8) wie folgt:

Für $y'_1 = x'_1$ ist $x'_1 = x_{1S}$

Neigung $\tan \psi' = \dfrac{\dot{F}'}{\dot{F}' - \dot{S}'} > 1$

Schnittpunkt der Verstärkungs- und Abtriebsgeraden

Dieser Schnittpunkt kann durch das Aufstellen der Gleichungen (4.19) und (4.20) und das Einzeichnen von Verstärkungs- und Abtriebsgerade in das x_1,y_1-Diagramm ermittelt werden. Eine andere oft benutzte Möglichkeit besteht in dem Aufstellen einer Stoff- und Energiebilanz um den Einlaufboden (s. Bild 4.9):

$\dot{E} + \dot{F} + \dot{D}' = \dot{F}' + \dot{D}$

$x_{1E}\dot{E} + x_1\dot{F} + y'_1\dot{D}' = x'_1\dot{F}' + y_1\dot{D}$

Für die Energiebilanz kann folgende spezielle Darstellung benutzt werden:

$$\dot{F}' = \dot{F} + a_T\dot{E} \quad \text{mit} \quad a_T = 1 + \dfrac{h'_E - h_E}{r_M} \tag{4.21}$$

h'_E molare Enthalpie des Einlaufproduktes bei Siedetemperatur
h_E molare Enthalpie des Einlaufproduktes, die effektiv vorliegt
r_M molare Verdampfungsenthalpie des Einlaufproduktes

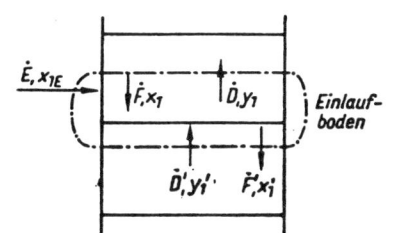

Bild 4.9. Bilanz um den Einlaufboden

Der thermische Zustand des Einlaufproduktes wird durch a_T gekennzeichnet:

$a_T = 1$ Einlaufprodukt siedend flüssig,
$a_T > 1$ Einlaufprodukt flüssig, Temperatur < Siedetemperatur,
$0 < a_T < 1$ Einlaufprodukt zum Teil dampfförmig,
$a_T = 0$ Einlaufprodukt gesättigter Dampf,
$a_T < 0$ Einlaufprodukt überhitzter Dampf.

Für die Stoffbilanz erhält man mit Gleichung (4.21):

$$\dot{E} + \dot{F} + \dot{D}' = \dot{F} + a_T\dot{E} + \dot{D}$$
$$\dot{D}' - \dot{D} = \dot{E}(a_T - 1)$$

Für den Schnittpunkt der Verstärkungs- und Abtriebsgeraden muß gelten:

$$x_1 = x_1' \quad \text{und} \quad y_1 = y_1'$$

Damit ergibt sich aus der Stoffbilanz für die Komponente 1:

$$x_{1E}\dot{E} + x_1\dot{F} + y_1\dot{D}' = x_1\dot{F}' + y_1\dot{D}$$

oder

$$x_{1E}\dot{E} + x_1\dot{F} + y_1(\dot{D}' - \dot{D}) = x_1(\dot{F} + a_T\dot{E})$$

oder

$$x_{1E}\dot{E} + y_1\dot{E} + y_1\dot{E}(a_T - 1) = x_1 a_T\dot{E}$$

oder

$$y_1 = \frac{a_T}{a_T - 1}x_1 - \frac{x_{1E}}{a_T - 1} \tag{4.22}$$

Die Lage der Schnittpunktsgeraden gemäß Gleichung (4.22) erhält man im Phasendiagramm mit $y_1 = x_1$:

$$x_1 = \frac{a_T}{a_T - 1}x_1 - \frac{x_{1E}}{a_T - 1} \quad \text{oder} \quad x_1 = x_{1E}$$

Demnach liegt ein Punkt der Schnittpunktsgeraden immer auf der 45°-Gerade bei x_{1E}. Im Bild 4.10 ist dies der Punkt Q. Die Steigung der Schnittpunktsgeraden ω ist gemäß

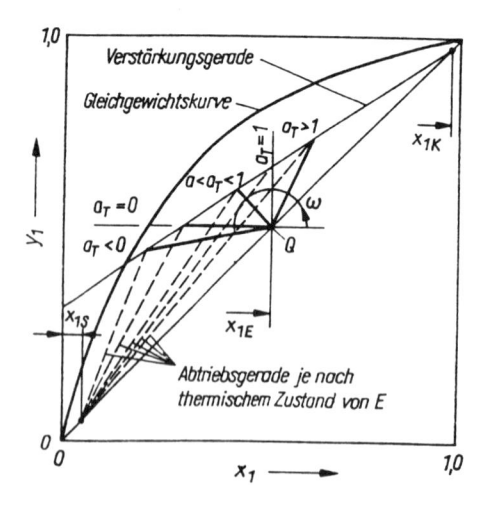

Bild 4.10. Lage des Schnittpunktes der beiden Bilanzlinien bei der kontinuierlichen Destillation

Gleichung (4.22):

$$\tan \omega = \frac{a_T}{a_T - 1}$$

Aus Bild 4.10 ist deutlich die unterschiedliche Lage des Schnittpunktes von Verstärkungs- und Abtriebsgerade in Abhängigkeit vom thermischen Zustand des Einlaufproduktes sichtbar. Häufig wird in industriellen Kolonnen das Einlaufprodukt siedend flüssig zugeführt; dann ist $\tan \omega = \infty$, also $\omega = 90°$. Dies bedeutet, daß der Schnittpunkt von Verstärkungs- und Abtriebsgeraden mit x_{1E} zusammenfällt.

4.3. Kontinuierliche Destillation von Zweistoffgemischen

Die Ermittlung des Rücklaufverhältnisses (s. Abschn. 4.3.1.) erfolgt unabhängig von den Einbauten der Destillationskolonne. Dagegen wird die Höhe bei Bodenkolonnen entsprechend der Stoffübertragung mit stufenweisem Kontakt der Phasen über die theoretische Bodenzahl im Abschnitt 4.3.2. einschließlich Austauschgrad (Abschn. 4.7.) und bei Füllkörperkolonnen im Abschnitt 4.3.3. entsprechend der Stoffübertragung mit stetigem Kontakt der Phasen berechnet. Die numerische Ermittlung der theoretischen Bodenzahl wird im Abschnitt 4.4. behandelt.

4.3.1. Rücklaufverhältnis

Das Rücklaufverhältnis v ist gemäß Gleichung (4.8) definiert. Seine Ermittlung erfolgt durch die Berechnung des minimalen Rücklaufverhältnisses.

| Das minimale Rücklaufverhältnis v_{min} ist das Rücklaufverhältnis, bei dem die Phasengrenzfläche gerade unendlich groß und damit die Kolonne unendlich hoch wird.

Im Phasendiagramm ist v_{min} durch den Schnittpunkt der Verstärkungs- und Abtriebsgeraden mit der Gleichgewichtskurve gegeben. Im Bild 4.10 ist v_{min} für siedend flüssiges Einlaufprodukt ($a_T = 1$) und für Einlaufprodukt als gesättigter Dampf ($a_T = 0$) dargestellt.

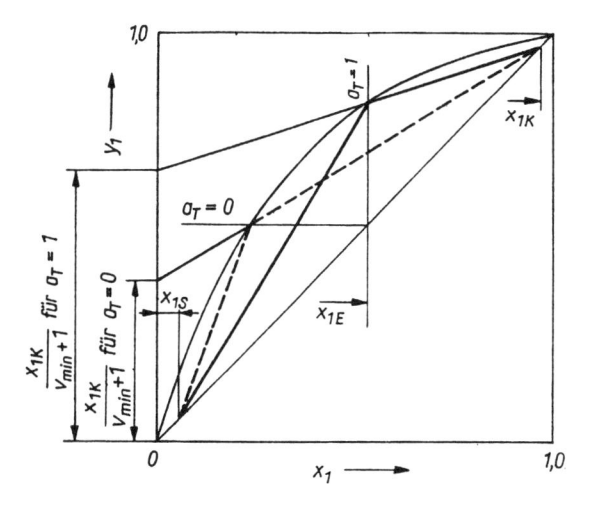

Bild 4.11. Grafische Darstellung des minimalen Rücklaufverhältnisses im Phasendiagramm für $a_T = 1$ und $a_T = 0$ bei der kontinuierlichen Destillation

Mit kleiner werdendem a_T wird $v_{\min}$ größer. Ein Rücklaufverhältnis kleiner als $v_{\min}$ ist für die vorgegebene Aufgabenstellung technisch sinnlos, d. h., die vorgegebene Aufgabe kann nicht gelöst werden.

Das minimale Rücklaufverhältnis kann man am besten gemäß Bild 4.11 grafisch ermitteln. Für siedend flüssiges Einlaufprodukt mit $a_T = 1$ kann $v_{\min}$ auch analytisch bestimmt werden. Es gilt $y_{1E}^* \parallel x_{1E}$ und damit gemäß Gleichung (4.19):

$$y_{1E}^* = \frac{v_{\min}}{1 + v_{\min}} x_{1E} + \frac{x_{1K}}{1 + v_{\min}}$$

$$v_{\min} = \frac{x_{1K} - y_{1E}^*}{y_{1E}^* - x_{1E}} \quad \text{gültig für} \quad a_T = 1 \tag{4.23}$$

Weist die Gleichgewichtskurve zusätzlich Maxima oder Minima auf, so ist darauf zu achten, daß die Bilanzlinien an keiner Stelle die Gleichgewichtskurve schneiden. Das Rücklaufverhältnis wird dann zweckmäßigerweise grafisch bestimmt.

Technisch-ökonomische Bedeutung des Rücklaufverhältnisses

Das ausgeführte Rücklaufverhältnis beeinflußt entscheidend die Ökonomie bei der Destillation. Die Gesamtkosten K_{ges} ergeben sich aus den Energiekosten K_{En} (Heizmedium am Sumpf und Kühlmedium am Kopf) und den Amortisationskosten K_{Am} einschließlich Reparaturkosten (Investitionskosten proportional) und der Verzinsung der Investitionsmittel (Kapitalzinsen):

$$K_{ges} = K_{En} + K_{Am} \tag{4.24}$$

Die vorstehende Kostenfunktion ist im Bild 4.12 prinzipiell darstellt und zeigt folgendes Verhalten:

1. Das minimale Rücklaufverhältnis stellt den unteren Grenzwert dar, bei dem die Energiekosten ein Minimum betragen, aber die Investitionskosten unendlich groß sind und damit auch die Kosten für Amortisation unendlich groß werden.
2. Mit steigendem Rücklaufverhältnis steigen die Energiekosten, wobei die Investitionskosten und damit K_{Am} zunächst eine stark fallende Tendenz aufweisen und damit die Gesamtkosten kleiner werden. Mit der weiteren Vergrößerung des Rücklaufverhältnisses vermindert sich die Kolonnenhöhe nur noch geringfügig, so daß die Gesamtkosten infolge steigender Energiekosten (in erster Näherung linearer Anstieg) steigen.
3. Ist v sehr groß gegenüber $v_{\min}$, so steigt K_{Am} wieder an, weil der Kolonnendurchmesser größer wird. Die Gesamtkosten steigen dann stark an.

Vorstehende Betrachtungen erfordern eine mehrfache Durchrechnung der Kolonne mit unterschiedlichem Rücklaufverhältnis, um das Kostenminimum zu ermitteln, vgl. Beispiel 4.11. Dadurch wird der rechnerische Aufwand bedeutend vergrößert. In der Nähe des Kostenminimums ist der Kurvenverlauf für die Gesamtkosten relativ flach, so daß die Ausführung des Rücklaufverhältnisses in einem bestimmten Bereich wirtschaftlich vertreten werden kann. Bei den meisten Destillationsprozessen ist das Kostenminimum in dem Bereich

$$\boxed{v = (1{,}1 \ldots 1{,}5)\, v_{\min} = \ddot{u} v_{\min}} \tag{4.25}$$

zu erwarten, bevorzugt bei $v = (1{,}1 \ldots 1{,}2)\, v_{\min}$. Der optimale Überschußfaktor $\ddot{u}_{opt}$, der die geringsten Gesamtkosten ergibt, wird durch das Verhältnis von K_{En} zu K_{Am} beeinflußt. Steigende Energiekosten wirken auf einen Wert $\ddot{u}_{opt}$ in Richtung 1,1 hin, während steigende

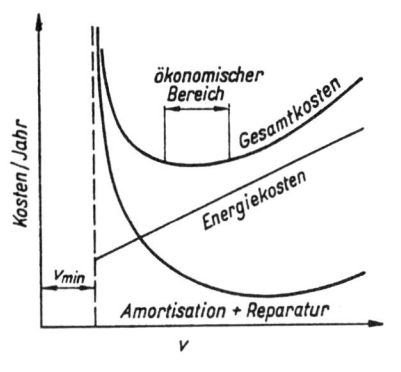

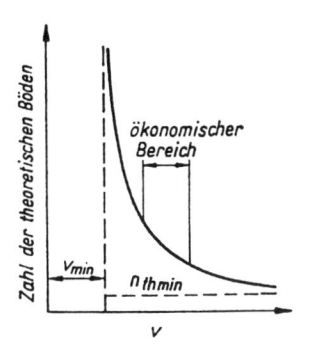

Bild 4.12. Prinzipieller Einfluß des Rücklaufverhältnisses auf die Kosten

Bild 4.13. Theoretische Bodenzahl als Funktion des Rücklaufverhältnisses

Amortisationskosten (große Kolonnenhöhe, teurer Werkstoff für die Kolonne, kleiner Kolonnendurchmesser) $ü_{opt}$ in Richtung 1,5 beeinflussen. Bei $v_{min} < 1$ wirkt sich $ü$ geringer auf die Steigerung von v aus, so daß dann $ü_{opt}$ in Richtung 1,5 tendiert.
Manchmal wird auch die theoretische Bodenzahl in Abhängigkeit vom Rücklaufverhältnis mit den zwei Grenzwerten $n_{th} = \infty$ für v_{min} und $n_{th} = n_{th\,min}$ für $v = \infty$ ermittelt (s. Bild 4.13).

Beispiel 4.2. Minimales Rücklaufverhältnis bei unterschiedlichen thermischen Bedingungen des Einlaufproduktes

Für die kontinuierliche Destillation von Ethanol(1)-Wasser(2) ist das minimale Rücklaufverhältnis zu bestimmen.

Gegeben:

Kopfprodukt $x_{1K} = 0{,}81$; Sumpfprodukt $x_{1S} = 0{,}01$; Einlaufprodukt $x_{1E} = 0{,}24$

Aufgabe:

Das minimale Rücklaufverhältnis ist grafisch im $y_1 x_1$-Diagramm zu bestimmen, wenn

1. das Einlaufprodukt seidend flüssig,
2. das Einlaufprodukt als trocken gesättigter Dampf vorliegt.

Lösung:

Zu 1.

Die grafische Bestimmung ist im Bild 4.14 als strichpunktierte Linie eingetragen und ergibt $v_{min} = 0{,}84$. Diese Lösung ist bei der vorliegenden Gleichgewichtskurve falsch, da eine negative Triebkraft auftritt. Damit die theoretische Bodenzahl gerade unendlich wird, ist das minimale Rücklaufverhältnis in diesem Fall durch Zeichnen einer Tangente von x_{1K} (Schnittpunkt mit der 45°-Gerade) aus an die Gleichgewichtskurve zu ermitteln (ausgezogene Gerade im Bild 4.14):

$$\frac{x_{1K}}{v_{min} + 1} = 0{,}360; \quad v_{min} = \frac{0{,}81}{0{,}360} - 1 = \underline{\underline{1{,}25}}$$

Auch die Verwendung der Gleichung (4.23) würde zu einem falschen Ergebnis führen.

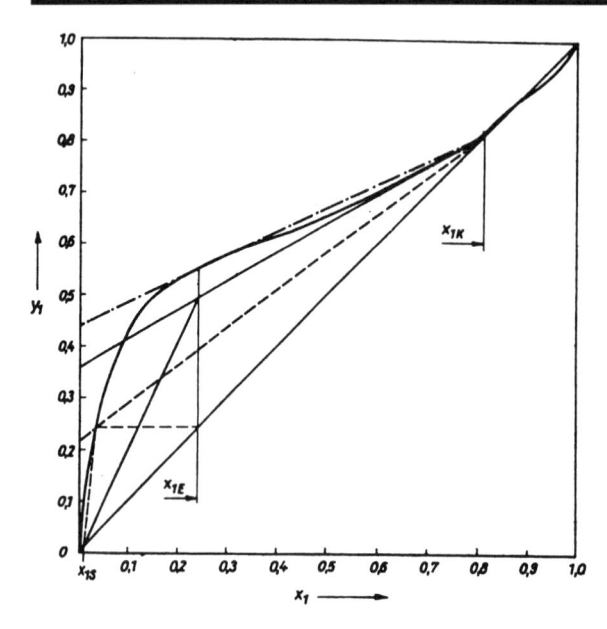

Bild 4.14. Zur Bestimmung des minimalen Rücklaufverhältnisses gemäß Beispiel 4.2

Zu 2.

Die Verstärkungsgerade bei minimalem Rücklaufverhältnis für ein Einlaufprodukt als trocken gesättigter Dampf wird mit Hilfe des Schnittpunktes der beiden Bilanzlinien mit der Gleichgewichtskurve durch eine Waagerechte von x_{1E} (Schnittpunkt mit der 45°-Gerade) aus erhalten (s. Bild 4.14).

$$\frac{x_{1K}}{v_{\min} + 1} = 0{,}215 \quad \text{und daraus} \quad v_{\min} = \underline{\underline{2{,}77}}$$

4.3.2. Theoretische Bodenzahl

Der theoretische Boden ist eine vereinfachte technische Modellvorstellung, die im Abschnitt 2.8. erläutert wurde.

> Die Verwendung des theoretischen Bodens hat den Vorteil, daß zur Berechnung der theoretischen Bodenzahl nur Phasengleichgewichte und Bilanzen benötigt werden.

Durch Einführung des Austauschgrades — entspricht theoretischer Bodenzahl zu effektiver Bodenzahl — werden die Abweichungen vom theoretischen Boden und damit die reale Stoffübertragung berücksichtigt (vgl. Abschn. 2.8.1.). Die theoretische Bodenzahl kann grafisch oder analytisch unter Vereinfachungen oder numerisch durch Berechnung aller Böden ermittelt werden. Numerische Berechnungen beruhen auf der Lösung der Bilanzgleichungen und Phasengleichgewichte für jeden Boden, die bei der Mehrstoffdestillation (vgl. Abschn. 4.4.) behandelt werden. Die Arbeitshöhe der Kolonne H ergibt sich aus der effektiven Bodenzahl n_{eff} und dem Bodenabstand ΔH zu:

$$H = n_{\text{eff}} \Delta H \quad \text{bzw.} \quad H = \frac{n_{\text{th}} \Delta H}{\eta_{\text{Kol}}} \tag{4.26}$$

Grafische Ermittlung im Phasendiagramm

Mit grafischen Lösungsmethoden im Phasendiagramm kann mit relativ geringem Aufwand die theoretische Bodenzahl bestimmt und besser als bei numerischen Lösungsmethoden eine übersichtliche Darstellung von Einflußgrößen erreicht werden. Es wird vorausgesetzt, daß die Stoffmengenströme $\dot{F}$ und $\dot{D}$ in der Verstärkungskolonne bzw. Abtriebskolonne konstant sind. Als erstes ist die Stoffbilanz für die gesamte Kolonne aufzustellen (s. Abschn. 4.2.1.). Dann ist im x_1, y_1-Diagramm das minimale Rücklaufverhältnis zu bestimmen und das effektive Rücklaufverhältnis bevorzugt mit (1,1 bis 1,2) v_{min} zu wählen (s. Abschn. 4.3.1.). Nach der Festlegung des effektiven Rücklaufverhältnisses können die Bilanzlinien (Verstärkungs- und Abtriebsgerade) eingezeichnet werden (s. Abschn. 4.2.2.). Für die weitere Darstellung wird auf das Bild 4.15 verwiesen. Der vom obersten Boden 1 aufsteigende Dampf wird im Kondensator vollständig kondensiert, daher gilt $y_{11}^* = x_{1K}$. Dies ergibt im Bild 4.15 eine Waagerechte bis zum Punkt 1. Auf dem Boden 1 herrscht Phasengleichgewicht, also $y_{11}^* \parallel x_{11}$, so daß sich eine Senkrechte bis B ergibt. Für einen Bilanzkreis zwischen den Böden 1 und 2 bis zum Kopf der Kolonne gilt entsprechend der Verstärkungsgerade

$$y_{12}^* = \frac{v}{v+1} x_{11} + \frac{x_{1K}}{v+1}$$

Dies bedeutet, daß y_{12}^* und x_{11} einen Punkt der Bilanzlinie darstellen. Dementsprechend findet man durch eine Waagerechte vom Punkt B aus den Punkt 2. So setzt sich die Betrachtung von Boden zu Boden fort.

> Die theoretische Bodenzahl ergibt sich damit durch einen treppenförmigen Linienzug zwischen der Gleichgewichtskurve und Bilanzlinie, wobei der treppenförmige Linienzug stets auf der Bilanzlinie beginnt und endet. Die Punkte 1, 2 usw. im Bild 4.15 sind identisch mit den theoretischen Böden. Die Zuführung des Einlaufproduktes E muß am Schnittpunkt der beiden Bilanzlinien erfolgen; im Bild 4.15 ist dies zwischen Boden 3 und 4.

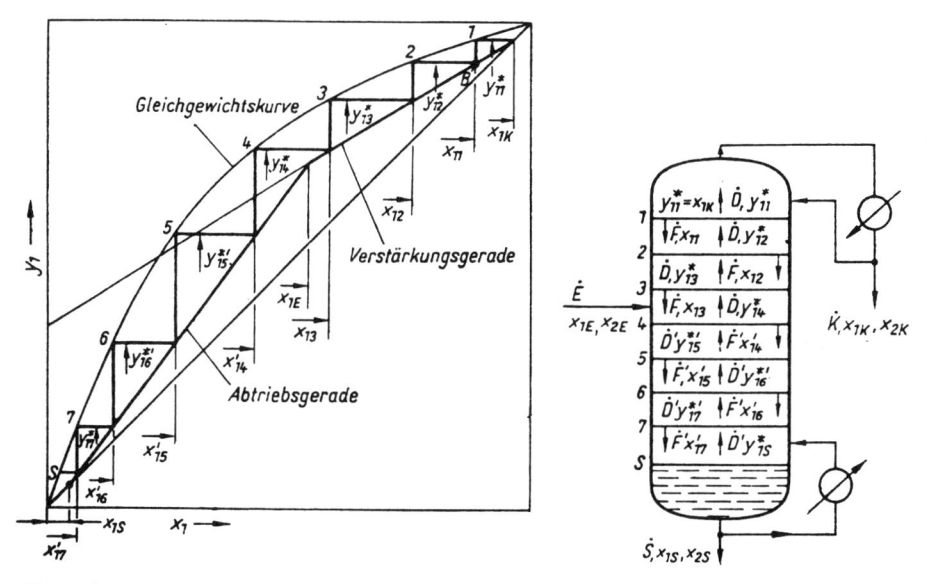

Bild 4.15. Grafische Ermittlung der theoretischen Bodenzahl nach *McCabe-Thiele* für eine kontinuierliche Destillation, Einlaufprodukt siedend flüssig

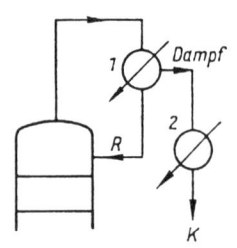

Bild 4.16. Verstärkung der Trennwirkung durch partielle Kondensation

Zur Unterscheidung von Verstärkungs- und Abtriebskolonne erhalten alle Bezeichnungen in der Abtriebskolonne einen Strich (ausgenommen Sumpf). Gemäß Bild 4.15 wird mit 7 theoretischen Böden bereits eine höhere Reinheit im Sumpf x_{1S} erreicht, als gemäß der Aufgabenstellung erforderlich ist. Statt 7 theoretischer Böden wären etwa 6,3 erforderlich. Es ist üblich, die theoretische Bodenzahl auf eine ganze Zahl aufzurunden. Zu beachten ist, daß der Sumpf einem theoretischen Boden entspricht. Diese grafische Lösungsmethode wurde von *McCabe* und *Thiele* bereits im Jahre 1925 veröffentlicht und hat wesentlich zur Ausarbeitung weiterer grafischer Lösungsmethoden in der Verfahrenstechnik beigetragen.

Im Kondensator wird gemäß Bild 4.15 der gesamte Dampfstrom kondensiert. Manchmal wird eine Schaltung gemäß Bild 4.16 angewendet. Im Kondensator 1, der dann als Dephlegmator bezeichnet wird, wird nur der Teil des Dampfstroms kondensiert, der als Rücklauf der Kolonne wieder zugeführt wird. Dadurch wird eine zusätzliche Trennwirkung erreicht, die über Phasengleichgewicht und Stoffbilanz errechnet werden kann. Infolge des zusätzlichen technischen Aufwandes (Unterteilung des Kondensators, zusätzliche Regelung) wird bei industriellen Kolonnen die Schaltung nach Bild 4.16 nur selten ausgeführt.

Die Bezeichnungen Verstärkungs- und Abtriebskolonne sind historisch entstanden und so zu deuten, daß in der Verstärkungskolonne eine Verstärkung (Anreicherung) der leichter flüchtigen Komponente (hohe Reinheit der Komponente 1 am Kopf) erfolgt, während in der Abtriebskolonne die leichter flüchtige Komponente abgetrieben wird (hohe Reinheit der Komponente 2 am Sumpf).

Das *methodische Vorgehen der grafischen Ermittlung der theoretischen Bodenzahl* bei der kontinuierlichen Destillation nach *McCabe* und *Thiele* ist durch folgende Hauptschritte charakterisiert:

1. Stoffbilanz für die gesamte Kolonne aufstellen
2. Phasengleichgewicht ermitteln
3. Phasendiagramm mit Gleichgewichtskurve zeichnen
4. Minimales Rücklaufverhältnis unter Beachtung des thermischen Zustandes des Einlaufproduktes ermitteln und effektives Rücklaufverhältnis wählen
5. Energiebilanz für die gesamte Kolonne aufstellen
6. Verstärkungs- und Abtriebsgerade in das Phasendiagramm einzeichnen
7. Zahl der theoretischen Böden durch einen treppenförmigen Linienzug zwischen Gleichgewichtskurve und Bilanzlinien ermitteln
8. Gegebenenfalls mehrfache Durchrechnung der Kolonne mit unterschiedlichen Rücklaufverhältnissen, um das Optimum der Gesamtkosten zu bestimmen.

Minimale theoretische Bodenzahl

Bei unendlich großem Rücklaufverhältnis fährt die Kolonne in sich selbst, siehe Bild 4.17. Die theoretische Bodenzahl wird ein Minimum. Für die gesamte Kolonne gilt für unendlich großes Rücklaufverhältnis und unter der Voraussetzung gleicher Stoffmengenströme $\dot{F}/\dot{D} = 1$, während bei endlichem Rücklaufverhältnis in der Verstärkungskolonne $\dot{F}/\dot{D} < 1$

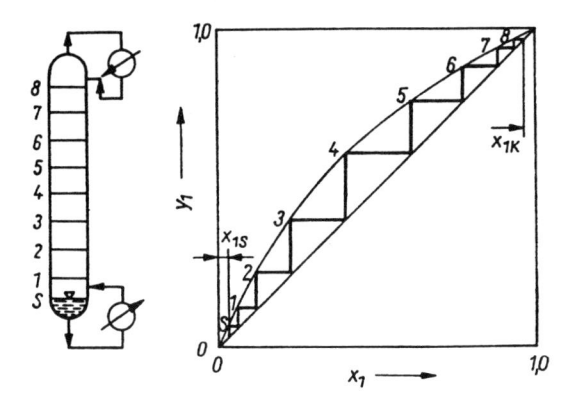

Bild 4.17. Destillationsprozeß mit unendlich großem Rücklaufverhältnis

und in der Abtriebskolonne $\dot{F}/\dot{D} > 1$ ist. Die Bilanzlinie fällt bei $\dot{F}/\dot{D} = 1$ mit der 45°-Gerade zusammen. Die minimale theoretische Bodenzahl $n_{\text{th min}}$ ergibt sich deshalb durch einen treppenförmigen Linienzug zwischen der Gleichgewichtskurve und der 45°-Geraden (s. Bild 4.17).
Experimente im Labor und Technikum werden oft mit $\dot{F}/\dot{D} = 1$ wegen des einfach zu realisierenden Betriebsverhältnisses ausgeführt. In der Industrie wird die Betriebsweise $\dot{F}/\dot{D} = 1$ manchmal bei Betriebsstörungen gewählt, um die Kolonne betriebsbereit zu halten.

Analytische Lösung

Von *Fenske* wurde eine analytische Lösung im Jahre 1931 unter folgenden Voraussetzungen entwickelt:

1. Konstante Stoffmengenströme an Flüssigkeit und Dampf in jedem Querschnitt der Kolonne.
2. Rücklaufverhältnis unendlich groß,
3. Relative Flüchtigkeit konstant.

Die ersten zwei Voraussetzungen sind dieselben wie bei der oben angegebenen grafischen Lösung. Bei der analytischen Lösung nach *Fenske* kommt als dritte Voraussetzung eine konstante relative Flüchtigkeit hinzu. Auch für ideale Gemische ist die relative Flüchtigkeit temperaturabhängig und damit in der Kolonne nicht konstant. Bei konstanter relativer Flüchtigkeit gilt:

$$\alpha_S = \alpha_1 = \alpha_2 = \ldots = \alpha_n$$

Die Indizes beziehen sich auf die Bodennummer; auf die Indizes für die Komponente wurde verzichtet.
Eine Stoffbilanz zwischen dem Boden 1 und 2 bis zum Kopf ergibt für die Komponente 1:

$$y_{11}^* \dot{D} = x_{12} \dot{F} + x_{1K} \dot{K}$$

$\dot{K} = 0$; $\dot{D} = \dot{F}$ wegen $v = \infty$, damit gilt $y_{11}^* = x_{12}$. Bei $\dot{F}/\dot{D} = 1$ ist auf jedem Boden die Konzentration des zuströmenden Dampfes identisch mit der Konzentration der ablaufenden Flüssigkeit, also $x_{11} = y_{1S}^*$, $x_{12} = y_{11}^*$ und für den letzten Boden n ist $x_{1n} = y_{1n-1}^*$. Damit erhält man für

Boden 1 $\quad \dfrac{x_{11}}{x_{21}} = \dfrac{y_{1S}^*}{y_{2S}^*} = \alpha_S \dfrac{x_{1S}}{x_{2S}}$

16 Therm. Verfahrenstechnik

Boden 2 $\quad \dfrac{x_{12}}{x_{22}} = \dfrac{y^*_{11}}{y^*_{21}} = \alpha_1 \dfrac{x_{11}}{x_{21}} = \alpha_1 \alpha_S \dfrac{x_{1S}}{x_{2S}}$

Boden n $\quad \dfrac{x_{1n}}{x_{2n}} = \dfrac{y^*_{1n-1}}{y^*_{2n-1}} = \alpha_{n-1} \ldots \alpha_1 \alpha_S \dfrac{x_{1S}}{x_{2S}}$

Für den vom Boden n aufsteigenden Dampf gilt:

$$\dfrac{y^*_{1K}}{y^*_{2K}} = \alpha_n \dfrac{x_{1n}}{x_{2n}} = \alpha^{n+1}_{\text{mittel}} \dfrac{x_{1S}}{x_{2S}} = \dfrac{x_{1K}}{x_{2K}}$$

Die Logarithmierung ergibt:

$\lg \dfrac{x_{1K}}{x_{2K}} = (n+1) \lg \alpha_{\text{mittel}} + \lg \dfrac{x_{1S}}{x_{2S}}$ oder mit $n = n_{\text{th min}}$

$$n_{\text{th min}} + 1 = \dfrac{\lg \left(\dfrac{x_{1K} x_{2S}}{x_{2K} x_{1S}} \right)}{\lg \alpha_{\text{mittel}}} \tag{4.27}$$

Damit ist $n_{\text{th min}}$ nach *Fenske* nur abhängig von der Zusammensetzung des Kopf- und Sumpfproduktes und der mittleren relativen Flüchtigkeit α_{mittel}. Letztere wird häufig als geometrisches Mittel aus drei charakteristischen Punkten der Kolonne bestimmt:

$$\alpha_{\text{mittel}} = \sqrt[3]{\alpha_S \alpha_K \alpha_{TM}}$$

α_{TM} relative Flüchtigkeit bei der mittleren Temperatur der Kolonne. Die Gleichung (4.27) ist gut geeignet, um sich mit geringem Aufwand einen Überblick über den Einfluß der relativen Flüchtigkeit auf den Trennaufwand zu schaffen. Für eine Reinheit $x_{1K} = 0{,}99$ und $x_{1S} = 0{,}01$ erhält man in Abhängigkeit von der relativen Flüchtigkeit eines Zweistoffgemisches α_{12} folgende minimale theoretische Bodenzahlen:

α_{12}	1,02	1,05	1,1	1,3	1,5	2,0
$n_{\text{th min}}$	463,1	187,4	95,4	34,0	21,7	12,3

Die wirkliche theoretische Bodenzahl ist oft um das 0,5- bis 2fache größer als $n_{\text{th min}}$, wobei dies von dem Dampf-Flüssigkeits-Gleichgewicht, dem gewählten Rücklaufverhältnis und der Einlaufkonzentration abhängig ist. Wenn man annimmt, daß die wirkliche theoretische Bodenzahl um 100% höher ist als die minimale, so erhält man bei $\alpha_{12} = 1{,}1$ bereits 191 theoretische Böden oder mit einem Austauschgrad von 50% 382 effektive Böden. Dies würde bei einem Bodenabstand von 0,5 m zwei hintereinander geschaltete Kolonnen von fast 100 m Höhe bedeuten. Dies wird bei der Trennung des Gemisches Propylen-Propan tatsächlich ausgeführt. Aus diesen Ergebnissen ist zu schlußfolgern, daß der Trennaufwand für $1{,}0 < \alpha_{12} < 1{,}1$ so hoch wird, daß die herkömmliche Destillation meistens durch andere Prozesse wie die Extraktivdestillation oder die Extraktion flüssig-flüssig mit einem geeigneten Zusatzstoff zu ersetzen ist.

Beispiel 4.3. Grafische Ermittlung der theoretischen Bodenzahl für ein Zweistoffgemisch

Das bei einer chemischen Produktion anfallende Flüssigkeitsgemisch Dichlormethan (1)-Tetrachlorkohlenstoff (2) ist in einer kontinuierlichen Destillationskolonne zu trennen.

Kontinuierliche Destillation von Zweistoffgemischen 4.3.

Gegeben:

24 kt/a Gemisch, davon 8,33 kt/a Dichlormethan; 8000 Betriebsstunden je Jahr. Das Eintrittsprodukt wird der Kolonne siedend flüssig zugeführt.

Geforderte Reinheit: $\quad x_{1S} = 0,015$ Molanteile
$\quad\quad\quad\quad\quad\quad\quad\quad\quad x_{1K} = 0,99$ Molanteile

Gesamtdruck 101,3 kPa

Aufgabe:

Es sind zu bestimmen

1. Stoffmengen der beiden Komponenten in kmol/h, die im Kopf und Sumpf abgezogen werden,
2. Die theoretische Bodenzahl für das 1,3fache des minimalen Rücklaufverhältnisses.

Lösung:

Zu 1.

Die Zusammensetzung des Eintrittsproduktes ist in Massenanteilen gegeben. Sie muß in Molanteile umgerechnet werden.

Dichlormethan CH_2Cl_2: $\quad\quad M_1 = 84,9$ kg/kmol
Tetrachlorkohlenstoff CCl_4: $\quad M_2 = 153,8$ kg/kmol

$$\dot{M} = \frac{24 \cdot 10^6}{8000} = 3000 \text{ kg/h}; \quad \dot{M}_1 = \frac{8,33 \cdot 10^6}{8000} = 1041 \text{ kg/h}$$

$$\dot{M}_2 = \dot{M} - \dot{M}_1 = 3000 - 1041 = 1959 \text{ kg/h}$$

$$\dot{N}_1 = \frac{1041}{84,9} = 12,26 \text{ kmol/h}; \quad \dot{N}_2 = \frac{1959}{153,8} = 12,73 \text{ kmol/h}$$

$$\dot{E} = 25,0 \text{ kmol/h}$$

Damit ergeben sich die Molanteile des Eintrittsproduktes zu:

$$x_{1E} = \frac{12,26}{25,00} = 0,490 \quad \text{und} \quad x_{2E} = 0,510$$

Der Kopfmengenstrom $\dot{K}$ ergibt sich aus einer Stoffbilanz zu:

$$\dot{K} = \dot{E} \frac{x_{1E} - x_{1S}}{x_{1K} - x_{1S}} = 25,0 \frac{0,490 - 0,015}{0,99 - 0,015} = 12,18 \text{ kmol/h}$$

$$\dot{S} = \dot{E} - \dot{K} = 25,0 - 12,18 = 12,82 \text{ kmol/h}$$

Durch Multiplikation mit den zugehörigen Molanteilen ergeben sich die Mengenströme zu:

	Sumpf	Kopf
CH_2Cl_2 in kmol/h	0,1923	12,06
CCl_4 in kmol/h	12,63	0,1218

Zu 2.

Es wird als erstes die Gleichgewichtskurve in das Phasendiagramm eingezeichnet. Die Dampf-Flüssigkeits-Gleichgewichte für binäre Gemische können oft aus Tabellenwerken entnommen werden.

244   **4** Destillation

Anderenfalls können aus wenigen gemessenen Dampf-Flüssigkeits-Gleichgewichten weitere Phasengleichgewichte für andere Zusammensetzungen mit Hilfe der Thermodynamik der Mischphasen berechnet werden. Für die in diesem Buch oft benutzten binären Gemische sind die Phasengleichgewichte im Anhang aufgeführt. Zu bemerken ist, daß die in Tabellenwerken enthaltenen Phasengleichgewichte mit Fehlern behaftet sind (schwierige experimentelle Bestimmung) und deshalb ein Test auf thermodynamische Konsistenz zweckmäßig ist.

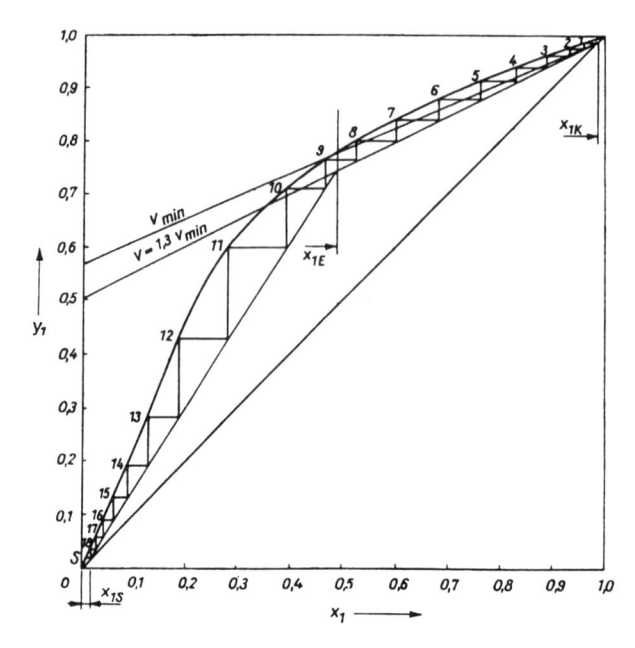

Bild 4.18. Ermittlung der theoretischen Bodenzahl im Phasendiagramm gemäß Beispiel 4.3

Im Phasendiagramm (Bild 4.18) werden x_{1K}, x_{1E} und x_{1S} gekennzeichnet. Gemäß Abschnitt 4.2.2. ist der Schnittpunkt von x_{1K} mit der 45°-Gerade (für x_1 und y_1 gleiche Maßstäbe vorausgesetzt) ein Punkt der Verstärkungsgerade und der Schnittpunkt von x_{1S} mit der 45°-Gerade ein Punkt der Abtriebsgerade. Bei siedend flüssigem Eintrittsprodukt fällt der Schnittpunkt der Verstärkungs- und Abtriebsgerade gemäß Bild 4.11 mit x_{1E} zusammen. Das minimale Rücklaufverhältnis wird graphisch ermittelt, indem die Verstärkungsgerade durch den gemeinsamen Schnittpunkt von Verstärkungs-, Abtriebsgerade und Gleichgewichtskurve (Triebkraft dann Null) gezeichnet wird (s. Bild 4.18). Das minimale Rücklaufverhältnis kann nun entsprechend der Gleichung der Verstärkungsgerade, Gleichung (4.19)

$$y_1 = \frac{v}{v+1} x_1 + \frac{x_{1K}}{v+1}$$

sowohl aus dem Anstieg der Gerade $v/(v+1)$ als auch aus dem Ordinatenabschnitt $x_{1K}/(v+1)$ bestimmt werden.
Aus Bild 4.18 wird abgelesen:

$$\frac{x_{1K}}{v_{min}+1} = 0{,}566; \quad \text{daraus} \quad v_{min} = \frac{x_{1K}}{0{,}566} - 1 = \frac{0{,}99}{0{,}566} - 1; \quad v_{min} = 0{,}749$$

Ist das Eintrittsprodukt siedend flüssig, so kann v_{min} auch nach

$$v_{min} = \frac{x_{1K} - y_{1E}^*}{y_{1E}^* - x_{1E}}$$

berechnet werden. Von der Gleichgewichtskurve wird $y_1^* = 0{,}777$ abgelesen, so daß sich ergibt:

$$v_{min} = \frac{0{,}99 - 0{,}777}{0{,}777 - 0{,}49} = 0{,}742$$

Die Differenz ist auf Ableseungenauigkeiten zurückzuführen. Es wird mit $v_{min} = 0{,}742$ weitergerechnet. Das effektive Rücklaufverhältnis soll gemäß Aufgabe sein:

$$v = 1{,}3 v_{min} = 1{,}3 \cdot 0{,}742 = 0{,}965$$

Die entsprechende Verstärkungsgerade wird am einfachsten durch Ermitteln des Ordinatenabschnittes

$$\frac{x_{1K}}{v+1} = \frac{0{,}99}{0{,}965 + 1} = 0{,}504$$

in das Phasendiagramm eingezeichnet. Anschließend wird die Abtriebsgerade eingezeichnet, von der 2 Punkte (Schnittpunkt von x_{1S} mit der 45°-Gerade, Schnittpunkt von Verstärkungsgerade mit x_{1E}) zur Verfügung stehen (s. Bild 4.18).
Die theoretische Bodenzahl wird durch einen treppenförmigen Linienzug zwischen der Gleichgewichtskurve und den Arbeitslinien ermittelt, beginnend bei x_{1K}, bis der Wert von x_{1S} erreicht bzw. überschritten ist. Aus Bild 4.18 ergibt sich:
Theoretische Bodenzahl $n_{th} = 18$ plus Sumpf, davon 8 theoretische Böden in der Verstärkungskolonne und 10 in der Abtriebskolonne. Manchmal werden bis zum Erreichen des genauen Wertes von x_{1S} für den letzten Boden auch Bruchteile angegeben; in diesem Falle aus Bild 4.18 etwa 0,3 theoretische Böden, insgesamt dann 17,3 theoretische Böden plus Sumpf.

Beispiel 4.4. Bodenzahl bei unterschiedlichem Rücklaufverhältnis

Für die Destillation gemäß Beispiel 4.3 ist bei unterschiedlichem Rücklaufverhältnis die theoretische Bodenzahl zu bestimmen:

$$\frac{v}{v_{min}} = 1{,}1\,;\quad 1{,}2\,;\quad 1{,}5\,;\quad 2{,}0\,;\quad 3{,}0\,;$$

Lösung:

Die grafische Ermittlung im Phasendiagramm analog wie im Beispiel 4.3 ergibt folgende theoretische Bodenzahlen gemäß Tabelle 4.1.

Tabelle 4.1. Theoretische Bodenzahl in Abhängigkeit des Vielfachen des minimalen Rücklaufverhältnisses

$\dfrac{v}{v_{min}}$	1,0	1,1	1,2	1,3	1,6	2,0	3,0	∞
n_{th}	∞	21	19	18	15	13	11	8

Bei $v = \infty$ wird kein Produkt zugeführt und abgenommen – die Kolonne fährt in sich selbst. Die 45°-Gerade stellt dann die Bilanzlinie dar. Die Lösung für die vorliegende Aufgabe für $v = \infty$ ist im Bild 4.19 dargestellt.
Im Bild 4.20 ist die theoretische Bodenzahl in Abhängigkeit des Rücklaufverhältnisses gemäß den Werten von Tabelle 4.1. dargestellt. Bei einer Wirtschaftlichkeitsberechnung mit Ermittlung der

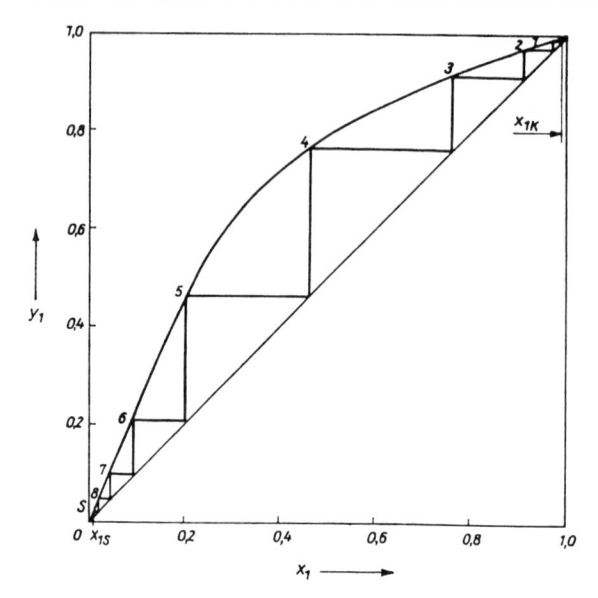

Bild 4.19. Ermittlung der theoretischen Bodenzahl bei unendlich großem Rücklaufverhältnis gemäß Beispiel 4.4

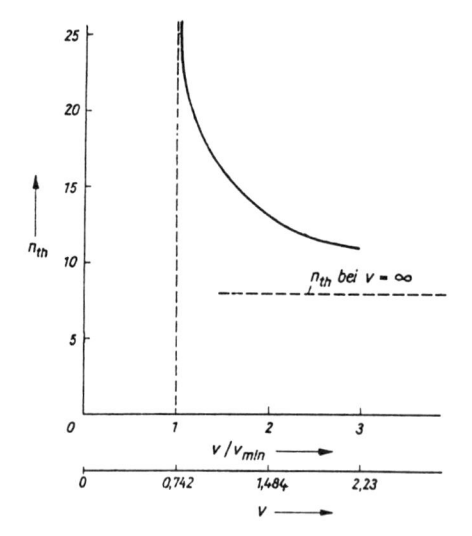

Bild 4.20. Theoretische Bodenzahl in Abhängigkeit vom Rücklaufverhältnis gemäß Beispiel 4.4

Gesamtkosten ist zu erwarten, daß das optimale Rücklaufverhältnis in diesem Fall bei $v = 1{,}1v_{min}$ liegt, da die Mehrkosten für 2 theoretische Böden (etwa 3 effektive Böden) gegenüber $v = 1{,}2\,v_{min}$ eine einmalige Kostenausgabe darstellen, aber Wärmeenergie und Kühlwasser ständig auf die Kosten einwirken.

Beispiel 4.5. Theoretische Bodenzahl nach *Fenske*

Für die Destillation gemäß Beispiel 4.3 ist bei unendlich großem Rücklaufverhältnis die theoretische Bodenzahl nach *Fenske* zu bestimmen.

Lösung:

Für $v = \infty$ und konstante Flüchtigkeit gilt nach *Fenske* [s. Gl. (4.27)]:

$$n_{th} + 1 = \frac{\lg\left(\frac{x_1}{x_2}\right)_K \left(\frac{x_2}{x_1}\right)_S}{\lg \alpha_{mittel}}$$

Die Mittelwertbildung für die relative Flüchtigkeit stellt eine Näherung dar. Unter Berücksichtigung der gegebenen Phasengleichgewichte für das Gemisch $CH_2Cl_2 - CCl_4$ werden zur Mittelwertbildung für α_{12} die Werte $x_1 = 0{,}1$; $0{,}5$ und $0{,}9$ herangezogen. Für $x_1 = 0{,}1$ erhält man:

$$\alpha_{12} = \frac{y_1^*/x_1}{y_2^*/x_2} = \frac{0{,}22 \cdot 0{,}90}{0{,}10 \cdot 0{,}78} = 2{,}54$$

und analog für $x_1 = 0{,}5 \rightarrow \alpha_{12} = 3{,}65$; $x_1 = 0{,}9 \rightarrow \alpha_{12} = 3{,}26$.
Das geometrische Mittel aus den drei α_{12}-Werten ergibt:

$$\alpha_{mittel} = \sqrt[3]{2{,}54 \cdot 3{,}65 \cdot 3{,}26} = 3{,}11$$

Mit der vorgegebenen Zusammensetzung im Kopf und Sumpf erhält man nach Gleichung (4.27):

$$n_{th} = \frac{\lg\left(\frac{0{,}99}{0{,}01} \cdot \frac{0{,}985}{0{,}015}\right)}{\lg 3{,}11} - 1 = 6{,}73 \quad \text{für} \quad v = \infty$$

Im Beispiel 4.4 (s. Bild 4.19) ist für $v = \infty$ eine theoretische Bodenzahl von 8 ermittelt worden, wobei bereits eine größere Reinheit im Sumpf erreicht wurde. Effektiv sind für eine Reinheit $x_{1S} = 0{,}015$ gemäß Bild 4.1 etwa 7,5 theoretische Böden erforderlich. Die Übereinstimmung zwischen der genaueren grafischen Ermittlung und der numerischen Berechnung nach *Fenske* ist befriedigend.

4.3.3. Stoffübertragung in Füllkörperkolonnen und Schütthöhe

In Füllkörperkolonnen liegt eine Filmströmung vor. Die in diesem Abschnitt behandelten Berechnungsmethoden sind bezüglich des methodischen Vorgehens für alle Kolonnen mit Filmströmung zutreffend. Zur Berechnung der Schütthöhe von Füllkörperkolonnen werden zwei verschiedene Modelle angewendet:

1. Modell mit kontinuierlichem Kontakt der beiden Phasen

Dieses Modell entspricht dem Wesen der Filmströmung, die in Füllkörperkolonnen vorliegt, vergleiche auch Abschnitt 2.8.2. Eine Bilanz für einen differentiellen Höhenabschnitt dH ergibt:

$$\dot{D} y_1 + K_D \, dA(y_1^* - y_1) = \dot{D}(y_1 + dy_1) \quad \text{oder}$$

$$\boxed{d\dot{N}_1 = K_D \, dA(y_1^* - y_1) = \dot{D} \, dy_1} \tag{4.28}$$

Mit Gleichung (2.222) für $dA = \varphi_B A_q a \, dH$ erhält man dann:

$$\int_0^H dH = H = \frac{\dot{D}}{\varphi_B a A_q K_D} \int_{y_{1S}}^{y_{1K}} \frac{dy_1}{y_1^* - y_1} = H_{D\,ges} N_{D\,ges} \tag{4.29}$$

Der Ausdruck vor dem Integral entspricht der Höhe einer gesamten Übertragungseinheit $H_{D\,ges}$, das Integral der Zahl der gesamten Übertragungseinheiten $N_{D\,ges}$, jeweils bezogen auf die dampfförmige Phase. Die Berechnung mittels Stoffdurchgangskoeffizient und Phasengrenzfläche über den Benetzungsgrad besitzt physikalisch die günstigste Grundlage und sollte vorzugsweise angewendet werden. Infolge mangelnder Kenntnis des Benetzungsgrades wurden früher meistens und werden teilweise gegenwärtig noch empirisch ermittelte Korrelationen für $H_{D\,ges}$ analog Gleichung (2.229) zur Berechnung der Schütthöhe H benutzt.

2. Modell mit stufenweisem Kontakt der beiden Phasen

Der Begriff des theoretischen Bodens, der sich bei Bodenkolonnen als sehr fruchtbringend erwiesen hat, wird auf Füllkörperkolonnen angewandt. Die Höhe der Füllkörperschüttung erhält man dann aus dem Produkt von theoretischer Bodenzahl und dem HETB-Wert, siehe Gleichung (2.230). Vom Wesen her ist der theoretische Boden für die Stoffübertragung mit stufenweisem Kontakt in einer Bodenkolonne gut geeignet, aber wenig günstig für die Stoffübertragung mit kontinuierlichem Kontakt in einer Füllkörperkolonne.

Phasengrenzfläche

In Füllkörperkolonnen ist die Oberfläche durch Füllkörper weitgehend vorgebildet, Werte siehe Tabelle A3. Wirksam wird nur die mit Flüssigkeit benetzte Oberfläche, die durch den Benetzungsgrad φ_B charakterisiert wird:

$$\varphi_B = \frac{\text{effektiv wirksame Phasengrenzfläche}}{\text{geometrisch vorhandene Oberfläche}} \leqq 1 \tag{4.30}$$

In der effektiv wirksamen Phasengrenzfläche ist auch die Fläche erfaßt, die durch Bildung von Tropfen in den Hohlräumen der Füllkörper entsteht. Die durch Flüssigkeitstropfen gebildete Phasengrenzfläche ist bis etwa 80% der Flutpunkts-Dampfgeschwindigkeit (vgl. Abschn. 4.6.3.) gegenüber der durch Filmströmung gebildeten Phasengrenzfläche sehr klein. In der Nähe der Flutpunkts-Dampfgeschwindigkeit wird der Flüssigkeitsfilm zerrissen, und es erfolgt eine starke Tropfenbildung. Dadurch ist es möglich, daß die Phasengrenzfläche größer als die geometrisch vorhandene Oberfläche der Füllkörper wird, also $\varphi_B > 1$. Um bei dem Betrieb von Füllkörperkolonnen fluiddynamisch stabile Verhältnisse zu gewährleisten, werden Füllkörperkolonnen in der Industrie mit maximal 80% der Flutpunkts-Dampfgeschwindigkeit betrieben, bei der noch Filmströmung vorliegt.
Der Benetzungsgrad ist am stärksten von der Flüssigkeitsstromdichte $\dot{v}_F$ abhängig. Bei $\dot{v}_F > 15 \text{ m}^3/(\text{m}^2\,\text{h})$ wird der maximale Benetzungsgrad $\varphi_{\max}$ erreicht. Der Benetzungsgrad wird weiterhin vom Füllkörperdurchmesser d und dem Kontaktwinkel ω beeinflußt. Der Kontaktwinkel hängt von der Oberflächenspannung der flüssigen Phase, den Eigenschaften des Werkstoffes der Füllkörper und der Temperatur ab. Es sind mehrere Modelle zur Berechnung des Benetzungsgrades bekannt. Die berechneten Benetzungsgrade nach verschiedenen Modellen unterscheiden sich zum Teil erheblich, wobei auch unterschiedliche experimentelle Methoden zur Ermittlung der von Flüssigkeit benetzten Oberfläche zu beachten sind. *Heinrich* [4.4] hat aus Experimenten mit einem Stoffsystem bei Absorption mit chemischer Reaktion, bei dem der Stoffdurchgangskoeffizient unabhängig von den fluiddynamischen Bedingungen ist, folgende Gleichungen zur Berechnung des Benetzungsgrades abgeleitet:

$$\varphi_B = \varphi_{\max} - (\varphi_{\max} - \varphi_{\min}) \exp(-0{,}21\dot{v}_F) \tag{4.31}$$

mit

$$\varphi_{max} = \exp\left(-0{,}105\,\frac{\omega}{d^{0,5}}\right) \quad \text{für} \quad 0 \leq \omega < 58°$$

$$\varphi_{max} = 0{,}489 \exp\left[\left(\frac{0{,}0192}{d^{0,5}} - \frac{0{,}39}{d} + \frac{1{,}245}{d^2}\right)\omega\right] \quad \text{für} \quad 58° \leq \omega \leq 90°$$

$$\varphi_{min} = 3{,}327 d^{0,0257} - 0{,}00724\omega - 3{,}172$$

d in mm, $\dot{v}_F$ in m^3/(m^2 h), ω in Grad. Die Gleichung (4.31) ist gültig für Raschig- und Pallringe 10 bis 50 mm Durchmesser, Dampfgeschwindigkeit unterhalb Staupunkt (s. Abschn. 4.6.3.), für Schütthöhen >1 m mit mindestens einer Flüssigkeitsaufgabe je 180 cm^2 Kolonnenquerschnitt, für Schütthöhen <1 m mit mindestens einer Flüssigkeitsaufgabe je 14 cm^2 Kolonnenquerschnitt. Die Übertragung des mit der Chemosorption ermittelten Benetzungsgrades auf die Destillation ist problematisch.

Besonders wichtig ist es, darauf zu achten, daß dasjenige Modell zur Berechnung des Benetzungsgrades verwendet wird, mit dem Experimente zur Stoffübertragung für die Ermittlung des Stoffdurchgangskoeffizienten ausgewertet wurden.

Stoffübertragung

Einige Autoren gehen von der Voraussetzung aus, daß die Ergebnisse zur Stoffübertragung bei der Absorption auf die Destillation übertragen werden können. Umfangreiche eigene Experimente haben dies nicht bestätigt. Das ist auch verständlich, wenn man berücksichtigt, daß bei der Absorption die Stoffübertragung nur von der gasförmigen Phase erfolgt, während bei der Destillation etwa gleichgroße Mengenströme in beiden Richtungen und außerdem große Energieströme ausgetauscht werden. Die Auswertung der Experimente zur Destillation [2.32] ergab, daß die Grenzflächenphänomene den Stoffübergang stark beeinflussen. Eine Erfassung war in Anlehnung an *Moens* [4.5] durch den sogenannten stabilisierenden Ausdruck möglich:

$$M = -\frac{d\sigma}{dx_1}(y_1^* - y_1) \tag{4.32}$$

Verschiedene Autoren haben gefunden, daß der Stoffdurchgangskoeffizient bei der Stoffübertragung in Füllkörperkolonnen linear von der Dampfgeschwindigkeit abhängig ist. Auch die eigenen Versuchsergebnisse zeigten diese Abhängigkeit (s. Bild 4.21).

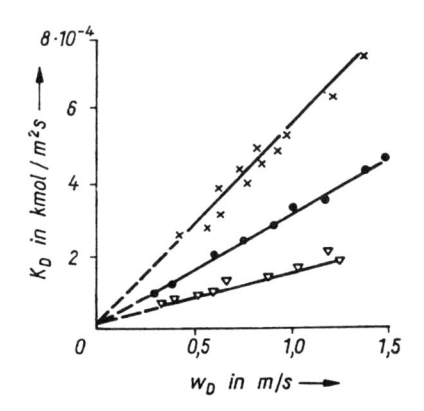

Bild 4.21. Stoffdurchgangskoeffizient in Abhängigkeit von der Dampfgeschwindigkeit bei der Destillation, Füllkörperkolonne 0,4 m Durchmesser, Pallringe 25 mm Porzellan, Mengenstromverhältnis $\dot{F}/\dot{D} = 1$

× Methanol/Wasser
● Methanol/Ethanol,
▽ Chloroform/Ethanol

Diese lineare Abhängigkeit wurde von *Schmidt* [4.6] benutzt, um einen Ansatz auf der Grundlage von

$$\frac{1}{K_D} = \frac{1}{\beta_D} + \frac{b}{\beta_F} \sim \frac{1}{ew_D + f} \qquad (4.33)$$

für die Verteilung des gesamten Widerstandes auf die beiden Phasen zu entwickeln; e Anstieg der Geradengleichung, f Ordinatenabschnitt.

$$\beta_D = ew_D + 2f + \frac{f^2}{ew_D} \qquad (4.34)$$

$$\beta_F = \left[\frac{e^2 w_F^2 \varrho_F^2 M_D^2}{f \varrho_D^2 M_F^2} \left(\frac{\dot{D}}{\dot{F}}\right)^{-1,8} + 2ew_F \frac{\varrho_F M_D}{\varrho_D M_F} \left(\frac{\dot{D}}{\dot{F}}\right)^{-1,5} + f \right] b \qquad (4.35)$$

Für $\dot{F}/\dot{D} > 1$ ist $\dot{F}/\dot{D} = 1$ zu setzen, w_D und w_F bezogen auf den leeren Kolonnenquerschnitt, β_D und β_F in kmol/(m² s).
Der Anstieg der Geraden im Bild 4.21 ist von den Grenzflächenphänomenen stark abhängig. Es wurde folgender Ansatz verwendet:

$$e = a_1 \frac{\varrho_D}{M_D} \left[2 - \exp\left(-\left|\frac{M}{0,0009}\right|\right) \right]^{a_2} \qquad (4.36)$$

Für $d\sigma/dx_1 < |0,001|$ N/m ist $M = 0$ zu setzen. Aus der Anpassung an die 200 Versuchspunkte wurden erhalten $a_2 = 0,74$ für $M > 0$ und $a_2 = -1,26$ für $M < 0$; M siehe Gleichung (4.32); Angaben über a_1 und f für verschiedene Füllkörper siehe Tabelle 4.2. Der mittlere Fehler bei der Anpassung an 200 Meßpunkte betrug in [4.6] $+6,1\%$ und $-4,7\%$.

Tabelle 4.2. Angaben über a_1 und f in den Gleichungen (4.35) und (4.36)

Füllkörper	Werkstoff	a_1	f in $10^{-5} \frac{\text{kmol}}{\text{m}^2 \text{ s}}$
Raschigringe	Keramik	$0,0156 \left(\frac{\varepsilon}{1-\varepsilon}\right)^{0,21}$	0,69
Pallringe	Keramik	$0,114 \left(\frac{\varepsilon}{1-\varepsilon}\right)^{0,356}$	1,39
Pallring 25 mm	Stahl	0,0101	2,22
Pallring 35 mm	Stahl	0,01705	2,22
Pallring 50 mm	Stahl	0,0192	2,22
Pallring 25 mm	Polypropylen	0,00915	2,22
Pallring 35 mm	Polypropylen	0,01785	2,22

Schütthöhe bei reinem Gegenstrom

Grundlage für die Berechnung der Schütthöhe ist die bereits abgeleitete Gleichung (4.29)

$$H = \frac{\dot{D}}{\varphi_B a A_q K_D} \int_{y_{1S}}^{y_{1K}} \frac{dy_1}{y_1^* - y_1}$$

Kontinuierliche Destillation von Zweistoffgemischen **4.3.** 251

Der Stoffdurchgangskoeffizient wird zweckmäßigerweise nach den Gleichungen (4.33) bis (4.36) und damit der Benetzungsgrad nach Gleichung (4.31) berechnet. Die Auswertung des Integrals in Gleichung (4.29) kann relativ einfach durch grafische Integration erfolgen (s. Bild 4.22). Dazu wird die wirksame Triebkraft ($y_1^* - y_1$) aus dem x_1, y_1-Diagramm nach Einzeichnen der Gleichgewichtskurve und Bilanzlinien an verschiedenen Stellen zwischen Sumpf und Kopf abgelesen. Genauer ist die rechnerische Bestimmung der Triebkraft, indem Werte für x_1 vorgegeben, dafür das Phasengleichgewicht y_1^* und über die Stoffbilanz y_1 berechnet werden. Der Kehrwert der Triebkraft wird in Abhängigkeit von y_1 aufgetragen, wobei die Fläche unterhalb der Kurve in diesem Diagramm dem Wert des Integrals entspricht (s. Bild 4.22).

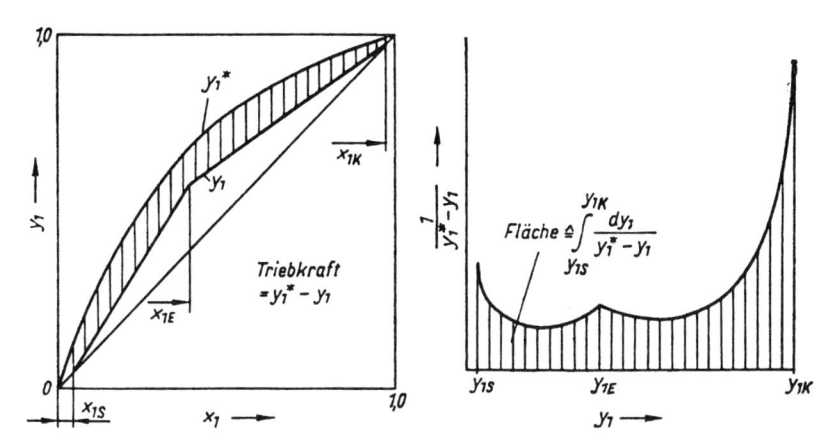

Bild 4.22. Zur Bestimmung der Zahl der Übertragungseinheiten bei der Destillation eines Zweistoffgemisches (Einlaufprodukt siedend flüssig)

Schütthöhe bei axialer Durchmischung

Bei den bisherigen Betrachtungen ist reiner Gegenstrom zwischen den beiden Phasen vorausgesetzt worden. In Wirklichkeit gibt es in der Füllkörperkolonne durch axiale Durchmischung in der dampfförmigen und flüssigen Phase Abweichungen vom reinen Gegenstrom. Hinzu kommen noch zusätzliche Einflüsse durch Ungleichverteilung der beiden Phasen über den Querschnitt. Die axiale Durchmischung wird durch Einführung des *Dispersionskoeffizienten*, auch als Wirbeldiffusions- oder Durchmischungskoeffizienten bezeichnet, in jeder Phase erfaßt.
Eine differentielle Betrachtung am Höhenabschnitt dH mit einer Stoffbilanz für die Komponente 1 gemäß Bild 4.23 ergibt:

$$\dot{D} y_1 + K_D \varphi_B a A_q \, dH (y_1^* - y_1) + D_{ED} A_q \varphi_D c_D \left(\frac{dy_1}{dH} + \frac{d^2 y_1}{dH^2} dH \right)$$
$$= \dot{D}(y_1 + dy_1) + D_{ED} A_q \varphi_D c_D \frac{dy_1}{dH}$$

Das Produkt $\varphi_D c_D$ ist der Dampfinhalt (Dampf-Holdup) in kmol/m³. Aus vorstehender Gleichung erhält man nach Kürzen der gleichen Glieder auf beiden Seiten der Gleichung und durch Dividieren mit dH:

$$\dot{D} \frac{dy_1}{dH} - D_{ED} A_q \varphi_D c_D \frac{d^2 y_1}{dH^2} = K_D \varphi_B a A_q (y_1^* - y_1) \qquad (4.37)$$

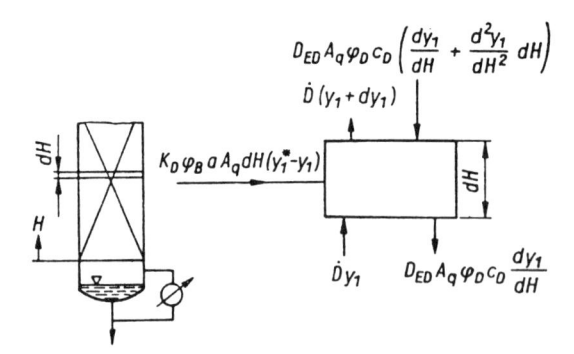

Bild 4.23. Stoffbilanz für die Komponente 1 mit Rückvermischung an einem differentiellen Ausschnitt einer Füllkörperkolonne bei der Destillation

Analog erhält man für die flüssige Phase unter Berücksichtigung einer Abnahme der leichter flüchtigen Komponente 1:

$$\dot{F}\frac{dx_1}{dH} + D_{EF}A_q\varphi_F c_F \frac{d^2 x_1}{dH^2} = K_F \varphi_B a A_q (x_1 - x_1^*) \tag{4.38}$$

Das Produkt $\varphi_F c_F$ ist der Flüssigkeitsinhalt in kmol/m³. Die Differentialgleichungen (4.37) und (4.38) können mit Hilfe von Randbedingungen numerisch gelöst werden. Die Dispersionskoeffizienten D_{ED} und D_{EF} in den beiden Phasen können nur experimentell durch Verweilzeitmessungen in Füllkörperkolonnen bestimmt werden. Es sind mehrere Korrelationen aus solchen Messungen zur Vorausberechnung der Dispersionskoeffizienten bekannt. Die Vorausberechnung ist noch mit großen Unsicherheiten behaftet, zumal nur wenig Meßwerte für Dispersionskoeffizienten bei Durchmessern >0,8 m infolge des großen Versuchsaufwandes vorliegen. Die Dispersionskoeffizienten werden oft auch dimensionslos in Form der *Peclet-Zahl*, auch *Bodenstein-Zahl* genannt, dargestellt:

$$\mathrm{Pe}_D = \frac{w_D d}{D_{ED}} \quad \text{und} \quad \mathrm{Pe}_F = \frac{w_F d}{D_{EF}} \tag{4.39}$$

w_D und w_F Geschwindigkeiten, bezogen auf den leeren Kolonnenquerschnitt
d Füllkörperdurchmesser

Die Stoffübergangskoeffizienten gemäß den Gleichungen (4.33) bis (4.36) sind in einer Füllkörperkolonne 0,4 m Durchmesser mit 3 m Schütthöhe ermittelt worden. Die axiale Durchmischung wurde nicht gesondert berücksichtigt, so daß in diesen Gleichungen der Einfluß der axialen Durchmischung bei 0,4 m Durchmesser mit enthalten ist. Die dann notwendige Korrektur für größere Kolonnendurchmesser führt in zahlreichen Fällen auf eine Vergrößerung der Schütthöhe von 10 bis 20% durch die axiale Durchmischung, weitere Berechnungsunterlagen siehe [2.32], Abschnitt 2.4.7.

Wertungszahl bzw. HETB-Wert

Die typische Abhängigkeit der Wertungszahl von dem Dampfbelastungsfaktor zeigt Bild 4.24. In der Literatur sind verschiedene Gleichungen zur Berechnung des HETB-Wertes veröffentlicht worden. Diese Gleichungen haben den Nachteil, daß die Grenzflächenturbulenz, die bei Füllkörperkolonnen eine entscheidende Rolle spielt [s. Gl. (4.32) und (4.36)], nicht berücksichtigt wurde. Folgender Modellansatz für die Wertungszahl beseitigt diesen Nachteil [4.48]:

$$n_t = \frac{a\varphi_B}{w_D^{0,05}}\left(a_1\left|\frac{d\sigma}{dx_1}10^3\right|^{a_2} + a_3\right) \tag{4.40}$$

Alle Einheiten nach SI. Der Benetzungsfaktor ist nach Gleichung (4.31) zu berechnen. Für die Anpassungsparameter wurden unter Zugrundelegung von über 200 Versuchswerten an 9 Zweistoffgemischen in einer Füllkörperkolonne 0,4 m Durchmesser und 3 m Schütthöhe mit Pall- und Raschigringen folgende Werte ermittelt:
Für ein positives Gemisch mit $d\sigma/dx_1 < 0$ gilt:

$a_1 = 0{,}00215$; $a_2 = 0{,}361$; $a_3 = 0{,}0172$

und für ein negatives Gemisch mit $d\sigma/dx_1 > 0$ gilt:

$a_1 = 0{,}00135$; $a_2 = 0$; $a_3 = 0{,}0172$

Die Gleichung (4.40) ist insbesondere für folgende Bedingungen gültig: $d\sigma/dx_1 = -0{,}085$ bis $+0{,}005$ N/m, $\varrho_D = 0{,}5 \ldots 3{,}5$ kg/m^3, 30 bis 80% der Flutpunkts-Dampfgeschwindigkeit. Relativer Fehler durchschnittlich $\pm 10\%$ und maximal $\pm 25\%$. Zur Genauigkeit ist zu beachten, daß in der Gleichung (4.40) verschiedene Einflußfaktoren, wie die Konstruktion der Flüssigkeitsverteiler und die Schütthöhe (von 1,5 bis 4 m Höhe, meistens geringer Einfluß), nicht berücksichtigt wurden.

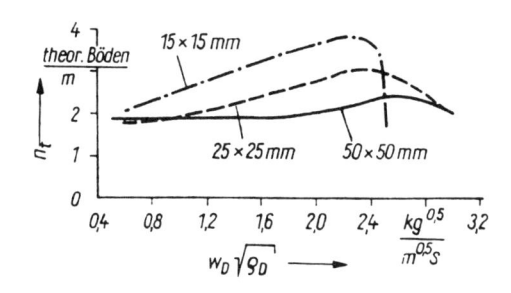

Bild 4.24. Wertungszahl in Abhängigkeit von der Dampfgeschwindigkeit

Vergleichende Betrachtung zwischen der theoretischen Bodenzahl und der Zahl der Übertragungseinheiten

Die theoretische Bodenzahl und die Zahl der Übertragungseinheiten sind zwei verschieden definierte Begriffe (s. Abschn. 2.8.) und ergeben unterschiedliche Zahlenwerte. Lediglich für den Sonderfall, daß die Bilanz- und Gleichgewichtslinie parallel verlaufende Geraden im x_1, y_1-Diagramm sind, stimmt die theoretische Bodenzahl mit der Zahl der Übertragungseinheiten überein.

Dies soll nachfolgend begründet werden. Auf dem theoretischen Boden j (s. Bild 4.25a) verändert sich die Konzentration des Dampfes (Kolbenströmung) von y_{1j-1} (zuströmender Dampf) auf y_{1j}^* (abströmender Dampf). Die Flüssigkeitskonzentration x_{1j} bleibt auf dem Boden j konstant und verändert ihre Zusammensetzung nur von Boden zu Boden. Für den theoretischen Boden j erhält man im Bild 4.25a die zwei eingezeichneten Punkte auf der Bilanzlinie.
Gemäß Gleichung (4.28) gilt für die Dispersion auf jedem Boden:

$d\dot{N}_1 = K_D \, dA (y_1^* - y_1) = \dot{D} \, dy_1$

Durch den stufenweisen Kontakt bei beiden Phasen auf dem theoretischen Boden j verändert sich die Dampfkonzentration von y_{1j-1} auf y_{1j}^*, so daß man aus vorstehender Gleichung erhält:

$$\int_{y_{1j-1}}^{y_{1j}^*} \frac{dy_1}{y_1^* - y_1} = \frac{K_D A}{\dot{D}} \triangleq 1 \quad \text{theor. Boden} \qquad (4.41)$$

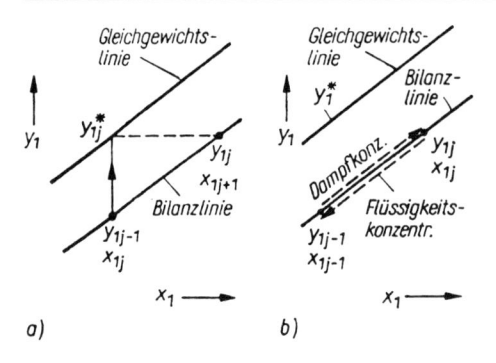

Bild 4.25. Vergleichende Betrachtung zwischen der theoretischen Bodenzahl und der Zahl der Übertragungseinheiten bei gleicher Neigung von Gleichgewichts- und Bilanzlinie
a) Darstellung eines theoretischen Bodens
b) Darstellung einer Übertragungseinheit

Die vom Boden $j+1$ kommende Flüssigkeit verändert beim Eintritt auf den Boden j ihre Zusammensetzung nahezu schlagartig von x_{1j-1} auf x_{1j}, weil der Boden mit einer Rührmaschine vergleichbar ist. Dagegen verändern die beiden Phasen bei der Stoffübertragung mit stetigem Kontakt auf der Bilanzlinie stetig die Zusammensetzung (s. Bild 4.25 b). Wenn die gleichen Konzentrationsänderungen wie bei einem theoretischen Boden eingeführt werden, so erhält man in der Füllkörperkolonne die jeweils zusammengehörigen Konzentrationen x_{1j}, y_{1j} und x_{1j-1}, y_{1j-1} auf der Bilanzlinie. Entsprechend Gleichung (4.29) gilt:

$$H = \frac{\dot{D}}{\varphi_B a A_q K_D} \int_{y_{1j-1}}^{y_{1j}} \frac{dy_1}{y_1^* - y_1} = H_{Dges} N_{Dges}$$

Die Triebkraft ist konstant, also $y_1^* - y_1 = a_1 = $ konstant. Andererseits gilt gemäß den getroffenen Voraussetzungen:

$$y_1^* - y_1 = y_{1j} - y_{1j-1} = a_1$$

Damit erhält man für das Triebkraftintegral:

$$N_{Dges} = \int_{y_{1j-1}}^{y_{1j}} \frac{dy_1}{y_1^* - y_1} = \int_{y_{1j-1}}^{y_{1j}} \frac{dy_1}{a_1} = \frac{y_{1j} - y_{1j-1}}{a_1} \hat{=} 1 \text{ Übertragungseinheit}$$

Damit ist bewiesen, daß bei parallel verlaufenden Geraden für die Gleichgewichts- und Bilanzlinie eine Übertragungseinheit identisch mit einer theoretischen Stufe ist.

Sind die Bilanz- und Gleichgewichtslinie keine parallel verlaufenden Geraden, so wird die Umrechnung zwischen der Zahl der theoretischen Böden und der Zahl der Übertragungseinheiten komplizierter. Ist die Gleichgewichtslinie eine Kurve, was bei der Destillation grundsätzlich der Fall ist, so ist eine Umrechnung durch eine Beziehung zwischen diesen beiden Größen nicht möglich. Es müssen dann sowohl die theoretische Bodenzahl als auch die Zahl der Übertragungseinheiten einzeln bestimmt und miteinander verglichen werden.

Beispiel 4.6. Höhe einer Füllkörperschüttung bei der Destillation

In einer Füllkörperkolonne wurden im Technikum Destillationsversuche mit dem Stoffgemisch Ethanol/Wasser bei unendlich großem Rücklaufverhältnis durchgeführt.
Abmessungen der Kolonne:
lichter Durchmesser $D_i = 0{,}412$ m,
Füllkörper: Raschigringe Keramik $35 \times 35 \times 4{,}0$ mm; Schütthöhe $2{,}52$ m

Kontinuierliche Destillation von Zweistoffgemischen **4.3.** 255

Meßdaten:
Flüssigkeitsstrom im Rücklauf der Kolonne 0,955 $\frac{m^3}{h}$, durch Probenentnahme und Analyse $y_{1S} = 0,009$
und $y_{1K} = 0,805$

Aufgabe:

Mit den gegebenen Daten ist der bei den Experimenten ermittelte Stoffdurchgangskoeffizient zu bestimmen. Dieser ist mit dem berechneten Stoffdurchgangskoeffizienten zu vergleichen.

Lösung:

1. *Stoffdurchgangskoeffizient auf der Grundlage der experimentellen Werte*

Die Auswertung erfolgt nach Gleichung (4.29), aufgelöst nach K_D:

$$K_D = \frac{\dot{D}}{\varphi_B a A_q H} \int_{y_{1S}}^{y_{1K}} \frac{dy_1}{y_1^* - y_1}$$

Entsprechend der benutzten Gleichung ist vorausgesetzt, daß in der benutzten Kolonne reiner Gegenstrom für die beiden Phasen vorlag. Abweichungen vom Gegenstrom bei Kolonnen größeren Durchmessers können dann beispielsweise nach dem Dispersionsmodell, s. Gleichungen (4.37) bis (4.39), berücksichtigt werden.
Die Größen vorstehender Gleichung werden im folgenden bestimmt, wobei $H = 2,52$ m und $a = 137$ m²/m³ für die benutzten Füllkörper unmittelbar gegeben sind. Für $v = \infty$ gilt $\dot{F}/\dot{D} = 1$. Somit erhält man:

$$\dot{D} = \dot{F} = \frac{\dot{V}_R \varrho_{FR}}{M_R}$$

Für $y_{1K} = 0,823$ sind die Stoffwerte für das Gemisch $\varrho_{FR} = 742$ kg/m³ und $M_R = 41,1$ kg/kmol

$$\dot{D} = \frac{0,955 \cdot 742}{41,1} = 17,24 \frac{kmol}{h}$$

Der Kolonnenquerschnitt ist: $A_q = \frac{D_i^2 \pi}{4} = \frac{0,412^2 \cdot \pi}{4} = 0,1333$ m²

Für einen Kontaktwinkel von 3 Grad erhält man nach Gleichung (4.31):

$$\varphi_{max} = \exp\left(-0,105 \frac{3}{\sqrt{35}}\right) = 0,948$$

$$\varphi_{min} = 3,327 \cdot 35^{0,0257} - 0,00724 \cdot 3 - 3,172 = 0,451$$

$$\varphi_B = 0,948 - (0,948 - 0,451) \exp\left(-\frac{0,21 \cdot 0,955}{0,1333}\right) = 0,838$$

Das Triebkraftintegral wird grafisch ausgewertet. Für ein unendlich großes Rücklaufverhältnis gilt $y_1 = x_1$. Die Triebkraft $y_1^* - y_1$ kann in diesem Fall direkt mit Hilfe der Gleichgewichtsdaten aus Tabelle A5 ermittelt werden. Die zur Auswertung des Integrals benötigten Werte sind in Tabelle 4.3 aufgeführt.
Aus Bild 4.26 erhält man mit den Maßstäben: Ordinate 1 mm ≙ 0,5; Abszisse 1 mm ≙ 0,005 eine Fläche von 3350 mm² (durch den Druck veränderte Maßstäbe):

$$\int_{0,009}^{0,805} \frac{dy_1}{y_1^* - y_1} \cong 3350 \cdot 0,5 \cdot 0,005 = 8,375$$

Aus Gleichung (4.29) erhält man $K_{D\,exp}$ zu

$$K_{D\,exp} = \frac{17{,}24 \cdot 8{,}375}{0{,}838 \cdot 137 \cdot 0{,}1333 \cdot 2{,}52} = 3{,}74 \frac{\text{kmol}}{\text{m}^2\,\text{h}} = \underline{\underline{0{,}001\,040 \frac{\text{kmol}}{\text{m}^2\,\text{s}}}}$$

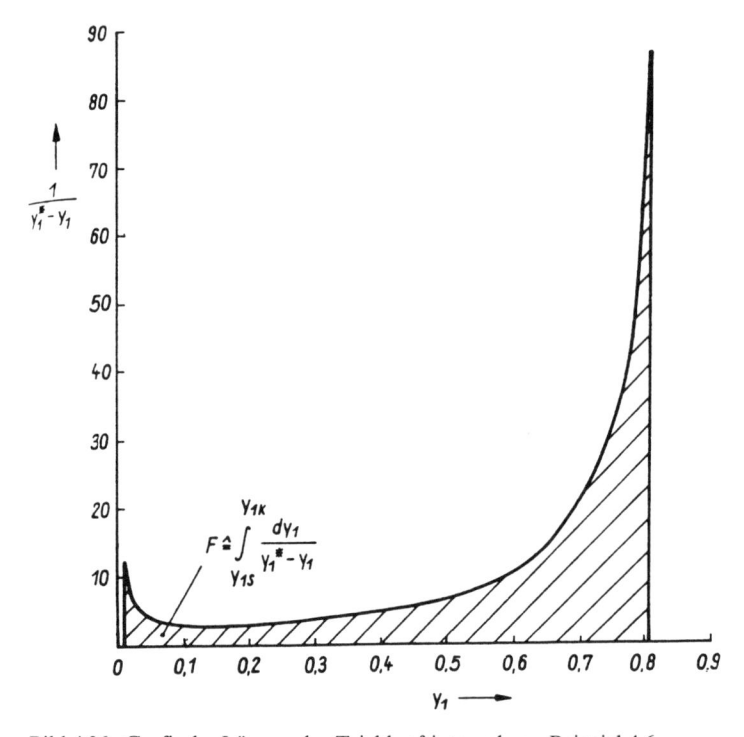

Bild 4.26. Grafische Lösung des Triebkraftintegrals zu Beispiel 4.6

Tabelle 4.3. Werte für die grafische Lösung des Triebkraftintegrals im Beispiel 4.6

$x_1 = y_1$	0,0090	0,0302	0,0715	0,143	0,206	0,321	0,430	0,545	0,663	0,750	0,805
y_1^*	0,0910	0,231	0,362	0,487	0,530	0,586	0,626	0,673	0,733	0,780	0,816
$y_1^* - y_1$	0,0820	0,2008	0,2905	0,344	0,324	0,265	0,196	0,128	0,070	0,030	0,011
$\dfrac{1}{y_1^* - y_1}$	12,20	4,98	3,44	2,91	3,09	3,77	5,10	7,81	14,3	33,3	90,9

2. Berechneter Stoffdurchgangskoeffizient

Die Berechnung erfolgt mit den Gleichungen (4.34) und (4.35). Bei dem Gemisch Ethanol/Wasser ist der Oberflächenspannungsgradient negativ ($\sigma_1 = 0{,}01554$ N/m und $\sigma_2 = 0{,}0532$ N/m), und M gemäß Gleichung (4.32) wird damit positiv (positives Gemisch). Der Oberflächenspannungsgradient in Verbindung mit der Triebkraft ist bei der Destillation mit Filmströmung von großem Einfluß auf die Stoffübertragung. Die Oberflächenspannung des Gemisches wird nach *Weinaug* und *Katz* [4.7] unter

Kontinuierliche Destillation von Zweistoffgemischen **4.3.**

Vernachlässigung der Dampfdichte berechnet:

$$\sigma = 0{,}001 \left[\frac{(x_1 P_1 + x_2 P_2)\, 0{,}001}{\dfrac{x_1 M_1}{\varrho_{F1}} + \dfrac{x_1 M_2}{\varrho_{F2}}} \right]^4 \quad (4.42)$$

$P_1 = 125{,}3$ Parachor für Ethanol, $P_2 = 50{,}8$ Parachor für Wasser; SI-Einheiten in Gleichung (4.42).
Für verschiedene x_1-Werte erhält man:

x_1	0,10	0,20	0,30	0,40	0,50	0,60	0,70	0,80	0,90
σ in 10^{-3} N/m	39,6	31,8	27,2	23,7	21,3	19,6	18,3	17,2	16,3

Der Ausdruck $M = -\dfrac{d\sigma}{dx_1}(y_1^* - y_1)$

nimmt bei diesem Stoffsystem sehr unterschiedliche Werte an.

x_1	0,009	0,15	0,30	0,45	0,60	0,75	0,805
$\dfrac{d\sigma}{dx_1}$ in $\dfrac{N}{m}$	−0,152	−0,078	−0,0405	−0,024	−0,0150	−0,0110	−0,010
$y_1^* - y_1$	0,0820	0,342	0,277	0,185	0,10	0,030	0,011
M in $\dfrac{N}{m}$	0,0125	0,0267	0,0112	0,00444	0,00150	0,000330	0,00011
C	1,670	1,670	1,670	1,666	1,552	1,219	1,084

$$C = \left[2 - \exp\left(-\left|\frac{M}{0{,}0009}\right|\right) \right]^{0{,}74} \quad \text{[siehe auch Gleichung (4.36)]}$$

Bei der starken Veränderlichkeit des Anstieges der Gerade entsprechend der Größe C (siehe oben) wäre es zu ungenau, mit einem Mittelwert für den gesamten Bereich $x_1 = 0{,}009 \ldots 0{,}832$ zu rechnen. Unter Beachtung der Veränderlichkeit von C und der Auswertung des Triebkraftintegrals im Bild 4.26 werden 3 Bereiche zur Berechnung des Stoffdurchgangskoeffizienten gewählt:

$x_{1\mathrm{I}} = 0{,}009 \ldots 0{,}60;\quad C_\mathrm{I} = 1{,}646;\quad A_\mathrm{I} \triangleq 1110\ \mathrm{mm}^2 = 33{,}1\%$
$x_{1\mathrm{II}} = 0{,}60 \ldots 0{,}75;\quad C_\mathrm{II} = 1{,}386;\quad A_\mathrm{II} \triangleq 1065\ \mathrm{mm}^2 = 31{,}8\%$
$x_{1\mathrm{III}} = 0{,}75 \ldots 0{,}805;\quad C_\mathrm{III} = 1{,}152;\quad A_\mathrm{III} \triangleq 1175\ \mathrm{mm}^2 = 35{,}1\%$
$\phantom{x_{1\mathrm{III}} = 0{,}75 \ldots 0{,}805;\quad C_\mathrm{III} = 1{,}152;\quad} A \triangleq 3350\ \mathrm{mm}^2 = 100{,}0\%$

Unter Beachtung der ermittelten Anteile des Triebkraftintegrals für die 3 Bereiche ergibt sich dann der berechnete Stoffdurchgangskoeffizient zu:

$K_{D\,\mathrm{ber}} = 0{,}331 K_{D\mathrm{I}} + 0{,}318 K_{D\mathrm{II}} + 0{,}351 K_{D\mathrm{III}}$

Für die Berechnung der Stoffdurchgangskoeffizienten werden die Dichten, Molekularmassen und Geschwindigkeiten (bezogen auf den leeren Kolonnenquerschnitt) benötigt. Dazu werden die mittleren Flüssigkeitskonzentrationen in dem jeweiligen Bereich verwendet.

	ϱ_D in kg/m³	ϱ_F in kg/m³	$M_D = M_F$ in kg/kmol	w_D in m/s	w_F in 10^{-3} m/s
$x_{1\mathrm{I}} = 0{,}305$	0,910	822	26,4	1,04	1,154
$x_{1\mathrm{II}} = 0{,}675$	1,275	757	37,0	1,04	1,756
$x_{1\mathrm{III}} = 0{,}778$	1,38	746	40,0	1,04	1,926

Für die Geschwindigkeiten w_D und w_F sind unter der Voraussetzung konstanter molarer Stoffströme folgende Gleichungen zutreffend:

$$w_D = \frac{\dot{D} M_D}{\varrho_D A_q 3600} \quad \text{und} \quad w_F = \frac{\dot{F} M_F}{\varrho_F A_q 3600}$$

Die Berechnung von K_{DI} im I. Bereich ergibt

$$\beta_D = e w_D + 2f + \frac{f^2}{e w_D} \tag{4.34}$$

$$e = a_1 \frac{\varrho_D}{M_D} C$$

$$a_1 = 0{,}0156 \left(\frac{\varepsilon}{1-\varepsilon}\right)^{0{,}21} = 0{,}0156 \left(\frac{0{,}75}{1-0{,}75}\right)^{0{,}21} = 0{,}01965$$

$$e = 0{,}01965 \cdot \frac{0{,}910}{26{,}4} \cdot 1{,}646 = 0{,}001\,115 \text{ kmol/m}^3$$

$$\beta_D = 0{,}001\,115 \cdot 1{,}04 + 2 \cdot 0{,}69 \cdot 10^{-5} + \frac{(0{,}69 \cdot 10^{-5})^2}{0{,}001\,115 \cdot 1{,}04}$$

$$\beta_D = 0{,}001\,174 \, \frac{\text{kmol}}{\text{m}^2 \text{ s}}$$

$$\frac{\beta_F}{b} = \frac{e^2 w_F^2 \varrho_F^2 M_D^2}{f \varrho_D^2 M_F^2} \left(\frac{\dot{D}}{\dot{F}}\right)^{-1{,}8} + 2 e w_F \frac{\varrho_F M_D}{\varrho_D M_F} \left(\frac{\dot{D}}{\dot{F}}\right)^{-1{,}5} + f \tag{4.35}$$

$$\frac{\beta_F}{b} = \frac{0{,}001\,115^2 \cdot 0{,}001\,154^2 \cdot 822^2}{0{,}69 \cdot 10^{-5} \cdot 0{,}91^2} + \frac{2 \cdot 0{,}001\,115 \cdot 0{,}001\,154 \cdot 822}{0{,}910} + 0{,}69 \cdot 10^{-5}$$

$$\frac{\beta_F}{b} = 0{,}1982 \, \frac{\text{kmol}}{\text{m}^2 \text{ s}}$$

$$\frac{1}{K_D} = \frac{1}{\beta_D} + \frac{b}{\beta_F} = \frac{1}{0{,}001\,174} + \frac{1}{0{,}1982}$$

$$K_{DI} = 0{,}001\,167 \, \frac{\text{kmol}}{\text{m}^2 \text{ s}}$$

Analog ergibt sich für den II. und III. Bereich:

	II. Bereich	III. Bereich
e in kmol/m³	0,000939	0,000781
β_D in kmol/(m²s)	0,000990	0,000826
$\dfrac{\beta_F}{b}$ in kmol/(m²s)	0,141	0,0981
K_D in kmol/(m²s)	0,000983	0,000820

Damit erhält man den Stoffdurchgangskoeffizienten zu:

$$K_{D\,\text{ber}} = 0{,}331 \cdot 0{,}001\,167 + 0{,}318 \cdot 0{,}000\,983 + 0{,}351 \cdot 0{,}000\,820$$

$$K_{D\,\text{ber}} = 0{,}000\,987 \text{ kmol/(m}^2 \text{ s)}$$

Der relative Fehler Δ zwischen dem experimentell bestimmten und dem berechneten Stoffdurchgangskoeffizienten beträgt:

$$\Delta = \frac{K_{D\exp} - K_{D\text{ber}}}{K_{D\exp}}$$

$$\Delta = \frac{0{,}00104 - 0{,}000987}{0{,}00104} \cdot 100 = \underline{\underline{5{,}10\%}}$$

Bei Benutzung eines Computers kann die abschnittsweise Berechnung wesentlich erweitert werden, z. B. mit Abschnitten von 0,1 m Höhe in Gleichung (4.28).

4.3.4. Betriebliches Verhalten von Destillationskolonnen

Wesentliche Gesichtspunkte beim betrieblichen Verhalten sind: Energieverbrauch, Änderung des Durchsatzes, Sicherung der Qualität der Endprodukte bei Veränderung des Einlaufproduktes bezüglich Menge und/oder Konzentration.
Eine Analyse zum Energieverbrauch und dessen Beurteilung kann wirksam durch eine Energie- und Stoffbilanz mit entsprechenden Meßwerten erfolgen: Mengenströme, im Verdampfer zugeführter Wärmestrom und im Kondensator abgeführter Wärmestrom (s. auch Abschn. 4.2.), wobei Fehler in der Energiebilanz auf Grund fehlerbehafteter Meßwerte bis 5% üblich, aber auch bis 10% und mehr möglich sind. Der Vergleich des gemessenen und berechneten Rücklaufstroms in Verbindung mit der Stoffübertragung (Reinheit der Endprodukte) kann bereits zur Energieeinsparung durch Verminderung des Rücklaufverhältnisses führen. Über die gemessenen Konzentrationen des Kopf- und Sumpfproduktes durch Analysen im Labor und den Vergleich mit der berechneten theoretischen Bodenzahl erhält man für eine Bodenkolonne den Kolonnenaustauschgrad bzw. den Austauschgrad für Teile der Kolonne. Dies ermöglicht Rückschlüsse auf die Arbeitsweise der Böden.
Die gemessenen Durchsätze und die daraus ermittelten Belastungen im freien Querschnitt der Kolonne, im Öffnungsquerschnitt der Böden und im Ablaufschacht (Fluiddynamik, s. Abschn. 4.6.) ermöglichen Schlußfolgerungen bezüglich der Durchsatzsteigerung. Bereits bei der Auslegung der Kolonne wird angestrebt, daß die Kolonneneinbauten bis 50% Teillast, bezogen auf die projektierte Leistung, dieselbe Trennwirkung erreichen.
Die wichtigsten Veränderungen bei dem Betrieb einer Destillationskolonne sind Mengen- und Konzentrationsänderungen des Einlaufproduktes. Die Änderungen können aus der Technologie der gesamten Anlage (z. B. bei der Synthese von organischen Produkten Alterung des Katalysators mit Veränderungen der Zusammensetzung des Reaktionsproduktes) resultieren. Mengenänderungen des Einlaufproduktes erfordern eine proportionale Veränderung des Heizdampf- und Rücklaufstroms. Durch die Berechnung des neuen stationären Zustandes ist mit der veränderten Zusammensetzung des Einlaufproduktes zu prüfen, ob durch Veränderung des Rücklaufstroms die Qualität gesichert werden kann. Sind größere Änderungen der Zusammensetzung des Einlaufproduktes zu erwarten, so können mehrere Einlaufböden, über die Höhe der Kolonne verteilt, bereits in der Phase der Auslegung vorgesehen werden, um das Einlaufprodukt entsprechend seiner Zusammensetzung an der örtlich richtigen Stelle der Kolonne zuführen zu können.
Bezüglich des betrieblichen Verhaltens des Kondensators und Verdampfers wird auf den Abschnitt 3. und die Behandlung der Regelung von Destillationskolonnen im Abschnitt 4.3.5. verwiesen. Das betriebliche Verhalten der Kolonne bei veränderten Bedingungen, insbesondere der Einlaufkonzentrationen und des Rücklaufverhältnisses, kann durch Rechnung mit Ermittlung des jeweiligen stationären Zustandes simuliert werden, siehe dazu Beispiel 4.9.

4.3.5. Regelung von Destillationskolonnen

Der Begriff Destillationskolonne ist zwangsläufig mit der Ausführung eines Kondensators und Verdampfers verknüpft, falls nicht in Sonderfällen das Heizmedium am Sumpf direkt der Kolonne zugeführt wird (z. B. bei dem Sumpfprodukt Wasser) bzw. am Kopf das Produkt dampfförmig weiter verwendet wird. Damit liegt grundsätzlich eine Anlage vor, deren Regelung drei Hauptgrößen umfaßt: Flüssigkeitsstand (Sumpf der Kolonne und Behälter für das Kopfprodukt), Druck der Kolonne und Konzentrationen der austretenden Ströme. Dabei sind mit der Regelung der Konzentrationen der austretenden Ströme die größten Probleme verbunden.

Standregelung

Die Destillationskolonne stellt zugleich einen Flüssigkeitsbehälter dar, der bis zu 10% Flüssigkeit enthält. Bei Kolonnen mit Querstromböden ist infolge der Flüssigkeitsschächte der Flüssigkeitsanteil größer als bei Füllkörper- und Packungskolonnen (oft weniger als 5%). Der Sumpf der Kolonne wird mit 1 bis 2 m Flüssigkeitshöhe bewußt als Flüssigkeitsspeicher ausgeführt. Nach dem Kondensator wird in der Regel ein Behälter von vorzugsweise 1 bis 2 m^3 Inhalt angeordnet. Von diesem Behälter aus werden mit einer geeigneten Regelung der Kopfprodukt- und Rückflußstrom abgeleitet (s. Bild 4.27).

Druckregelung

Die Druckregelung einer Kolonne unter Vakuum oder atmosphärischem Druck erfolgt am wirksamsten über ein inertes Gas mit unterschiedlicher Konzentration im Dampfraum des Kondensators. Gemäß der starken Abhängigkeit des Wärmeübergangskoeffizienten bei der Kondensation von Dampf aus einem Dampf-Gas-Gemisch (s. Abschn. 2.4.2.) ist diese Regelung für die Wärmeleistung des Kondensators und in der Rückwirkung auf den Druck der Kolonne sehr wirksam. Bei einer Vakumkolonne wird der Inertgasgehalt durch die Vakuumvorrichtung (Dampfstrahler bzw. Vakuumpumpe) beeinflußt, während bei einer atmosphärischen Kolonne der Inertgasgehalt im Kondensator über eine Flüssigkeitstauchung geregelt wird (s. Abschn. 3.3.3.).
Eine Regelung des Druckes der Kolonne ist auch über die Beeinflussung der Wärmeleistung des Kondensators durch Regelung der Temperatur und damit des Massenstroms des Kühlmittels möglich. Diese Regelung ist verhältnismäßig träge, wie man sich leicht über den Einfluß der mittleren Temperaturdifferenz im Kondensator überzeugen kann. Hinzu kommt, daß Rückkühlwasser mit Rücksicht auf den Betrieb des Rückkühlwerkes um eine bestimmte Temperaturdifferenz (oft 10 K) erwärmt werden soll. Bei Flußwasser ist zu beachten, daß bei zu großer Temperaturerhöhung, z. B. über 40 °C, verstärkt feste Ausscheidungen erfolgen können. Eine Regelung des Kondensators ist prinzipiell auch über den Stand des Kondensats möglich, indem das Kondensat eine unterschiedlich große Wärmeübertragungsfläche bedeckt. Bei einer Kolonne unter Druck erfolgt die Regelung der Wärmeleistung des Kondensators vorzugsweise nach den zwei letztgenannten Möglichkeiten. Sind in einer Druckkolonne nennenswerte Anteile inertes Gas (z. B. wenige Volumenprozent des Dampfgemisches) enthalten, so kann die Regelung auch über die Inertgaskonzentration im Kondensator durch eine Entspannung von Inertgas (Druckregler) erfolgen.
Aufschlußreich sind auch die Zeitkonstanten für die Druckregelung. Bei der Regelung über die Inertgaskonzentration liegt die Zeitkonstante in der Größenordnung von einer Sekunde, da der Inertgasgehalt in Abhängigkeit von der Größe der Tauchung bzw. der Beeinflussung der Absaugvorrichtung schnell beeinflußt werden kann. Bei einer Regelung über den

Kühlmittelstrom ist die Beeinflussung vom dynamischen Verhalten des Kondensators über die Veränderung des Kühlmittelstroms abhängig. Die Regelung über den Kondensatstand hängt vom Volumen ab, so daß die Kondensation in den Rohren erfolgen sollte. Die Regelung über den Kühlmittelstrom bzw. den Kondensatstand ist wesentlich träger als über die Regelung der Inertgaskonzentration. Die Zeitkonstante kann sich um das Zehnfache und mehr unterscheiden.

Konzentrationsregelung

Die Konzentrationen der Entnahmeströme (Sumpf, Kopf, Seitenstrom soweit vorhanden) sind für die Qualität der Endprodukte entscheidend. Die Messung der Konzentrationen ist wesentlich aufwendiger als die Messung der Größen bei der Druck- und Standregelung. In Betracht kommen verschiedene Analysengeräte, hauptsächlich Chromatographen und Refraktometer. In zahlreichen Kolonnen erfolgt daher die Konzentrationsmessung nicht durch Analysen, sondern indirekt, insbesondere über geeignete Temperaturen in der Kolonne.
Eine Störung auf die Konzentration des Sumpf- und Kopfproduktes kann hauptsächlich durch Änderung der Konzentrationen und des Mengenstroms des Einlaufproduktes erfolgen. Eine Änderung des Mengenstroms ist dann ohne Einfluß, wenn entsprechend proportional der Heizdampf- und Rücklaufstrom erhöht werden.

Regelung der kompletten Destillationskolonne

In Abhängigkeit von den Bedingungen und betrieblichen Erfordernissen sind mehrere Grundausführungen für die Regelung bekannt. Im Bild 4.27 sind zwei Grundausführungen dargestellt, die nachstehend erläutert werden. Die Druck- und Standregelung sind gemäß den bereits gemachten Ausführungen ohne prinzipielle Schwierigkeiten ausführbar. Die im Bild 4.27 dargestellten zwei Standregelungen im Sumpf der Kolonne und in dem Kopfproduktbehälter sind typisch.

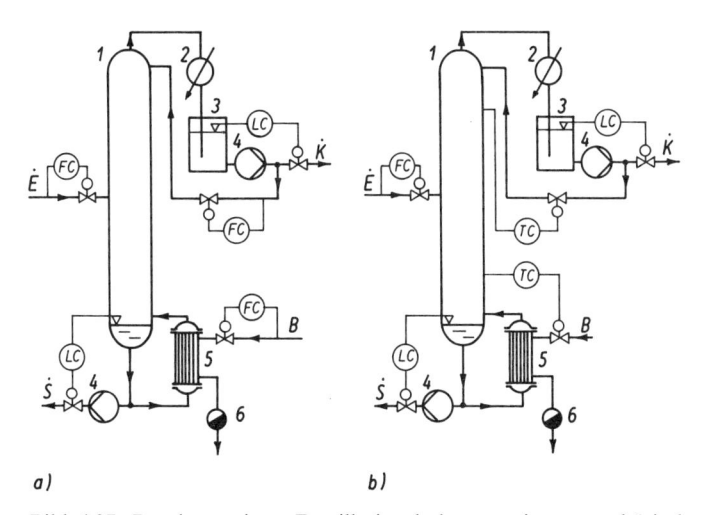

a)   b)

Bild. 4.27. Regelung einer Destillationskolonne mit atmosphärischem Druck oder Vakuum zur Trennung eines Zweistoffgemisches, B Heizdampf
a) bevorzugt für konstante Zusammensetzung des Einlaufstromes
b) bevorzugt für variable Zusammensetzung des Einlaufstromes

Die Einhaltung konstanter Konzentrationen für das Sumpf- und Kopfprodukt kann bei konstantem Einlaufmengenstrom $\dot{E}$ durch einen konstanten Rücklaufstrom und durch konstante Heizdampfzuführung (Mengenregelung) erreicht werden (s. Bild 4.27a). Für diesen Fall dürfen die Schwankungen der Einlaufkonzentrationen nur so sein, daß durch eine geeignete Auslegung der Kolonne die gewünschten Konzentrationen der Endprodukte erreicht werden. Diese Regelung hat den Nachteil, daß bei größeren Änderungen der Einlaufkonzentrationen und bei Änderung des Einlaufmengenstroms (neuer Sollwert) auch neue Sollwerte für den Rücklauf- und Heizdampfstrom notwendig werden.

Prinzipiell kann auch das Temperaturprofil in der Kolonne zur Regelung genutzt werden, indem mit einer Temperatur in der Abtriebskolonne der Heizdampfstrom und analog mit einer Temperatur aus der Verstärkungskolonne der Rücklaufstrom geregelt wird (s. Bild 4.27b). Die Temperaturmessung sollte in einiger Entfernung vom Sumpf bzw. Kopf erfolgen, da dann die Temperaturänderung infolge einer Störung größer ist. Allerdings liegt die Zeitkonstante für diese Regelung bei mehreren Minuten, so daß die Regelung bezüglich des Erreichens eines stabilen Zustandes auf Probleme stoßen kann. Im Vergleich dazu beträgt die Zeitkonstante bei Veränderung des Heizdampfstroms und damit des Dampfstroms in der Kolonne nur Sekunden, da zum Beispiel bei einer typischen Dampfgeschwindigkeit von 1,5 m/s in einer 30 m hohen Kolonne der geänderte Dampfstrom in 20 Sekunden am Kopf eintrifft.

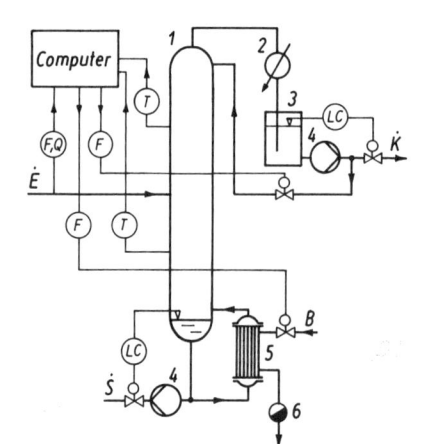

Bild. 4.28. Computergesteuerte Regelung einer Destillationskolonne
1 Kolonne
2 Kondensator
3 Kopfproduktbehälter
4 Pumpe
5 Verdampfer
6 Kondensatableiter
B Heizdampf

Bei Destillationskolonnen ist eine Störgrößenaufschaltung für die Regelung des Heizdampf- und Rücklaufstroms oft günstig, um nicht allein vom trägen Verhalten der Temperaturmessung der Flüssigkeit in der Kolonne abhängig zu sein. So könnte ein wechselnder Einlaufmengenstrom, der nicht geregelt wird, als Störgröße für den temperaturgeregelten Heizdampf- und Rücklaufstrom aufgeschaltet werden. Wirksamer kann dies durch Einbeziehung eines Computers in direkter Schaltung mit den Meßgrößen (on-line) erreicht werden, siehe Bild 4.28. Bei einer Veränderung des Einlaufstroms oder/und den Einlaufkonzentrationen als den wichtigsten äußeren Störgrößen werden durch den Computer auf der Grundlage von Berechnungen mit dem Prozeßmodell der Heizdampf- und Rücklaufstrom verändert, wobei gleichzeitig als zusätzliche Größe eine Temperatur bzw. mehrere Temperaturen aus der Abtriebs- und Verstärkungskolonne berücksichtigt werden können. Durch eine solche Strategie, die zum Teil durch die Einbeziehung der gemessenen Konzentrationen der Endprodukte (größere Zeitabstände) wirksamer gestaltet werden kann, ist es möglich

— in unmittelbarer Nähe des minimalen Rücklaufverhältnisses die Kolonne stabil zu betreiben, z. B. bei $1{,}05 v_{min}$, und
— die gewünschten Reinheiten der Endprodukte innerhalb eines kleinen Konzentrationsbereiches sicher zu gewährleisten.

Damit kann durch die computergeführte Regelung (Prozeßsteuerung) im Vergleich zur herkömmlichen Regelung eine Energieeinsparung von oft 10% und mehr erreicht werden.
Durch billige mikroelektronische Bauelemente werden Destillationsanlagen verstärkt mit einer optimalen Steuerung betrieben. Ein hinreichend genaues Prozeßmodell, das aber auch kurze Rechenzeiten (Größenordnung 10 bis 60 Sekunden) ermöglicht, ist erforderlich.
Für die Auslegung der Kolonne mit dem stationären Betriebsverhalten genügt die Kenntnis des stationären Prozeßmodells. Das dynamische Prozeßmodell, das die zeitliche Veränderung des Prozesses beinhaltet, stellt die theoretische Grundlage für die Regelung einer Kolonne dar. Dies wird im Zusammenhang mit der Destillation von Mehrstoffgemischen im Abschnitt 4.4.7. behandelt.

4.4. Kontinuierliche Destillation von Mehrstoffgemischen

Es handelt sich um Mehrstoffgemische mit definierten Komponenten. Komplexgemische, z. B. Erdöl und seine Fraktionen, werden nach Siedegrenzen charakterisiert. Diese können durch Einführung von 20 bis 50 Pseudokomponenten, die das Komplexgemisch kennzeichnen, auch wie Mehrstoffgemische mit definierten Komponenten behandelt werden.
Die bei der Mehrstoffdestillation im folgenden behandelten Methoden bei der Übertragung von mehreren Stoffkomponenten sind für die Berechnung theoretischer Stufenzahlen von grundsätzlicher Bedeutung für andere Gegenstromprozesse mit Stufen, z. B. die Absorption und die Extraktion flüssig-flüssig. Durch Einführung des HETS-Wertes (vgl. Abschn. 2.8.2.) sind diese Berechnungsmethoden auch bedeutsam bei stetigem Kontakt der beiden Phasen.

4.4.1 Problemstellung

Für die Trennung eines Mehrstoffgemisches mit z Komponenten, die alle ohne Seitenstromentnahme zu gewinnen sind, werden $(z - 1)$ Kolonnen benötigt. Bei mehr als zwei Komponenten sind mehrere Schaltungen möglich, die mit der Zahl der Komponenten rasch ansteigen:

Zahl der Komponenten	2	3	4	5	6	7	8	9
Zahl der Kolonnen	1	2	3	4	5	6	7	8
Zahl der Schaltungen	1	2	5	14	42	132	429	1430

Im Bild 4.29 sind für die Trennung eines Vierstoffgemisches die fünf möglichen Schaltungen für die drei Kolonnen angegeben. Die Schaltung beeinflußt die Gesamtkosten, die sich hauptsächlich aus Energie- und Amortisationskosten, siehe Gleichung (4.24), zusammensetzen. Das Auffinden der optimalen Schaltung mit den geringsten Gesamtkosten wird bereits ab 5 Komponenten mit 14 Schaltungen sehr aufwendig, wenn jede Schaltung berechnet werden muß. Von *Hacker* und *Hartmann* [4.10] wurden für ideale Mehrstoffgemische, die in Hauptkolonnen getrennt werden (Entnahme nur im Sumpf und Kopf) heuristische Regeln für das Auffinden der optimalen Schaltung ausgearbeitet. Unter

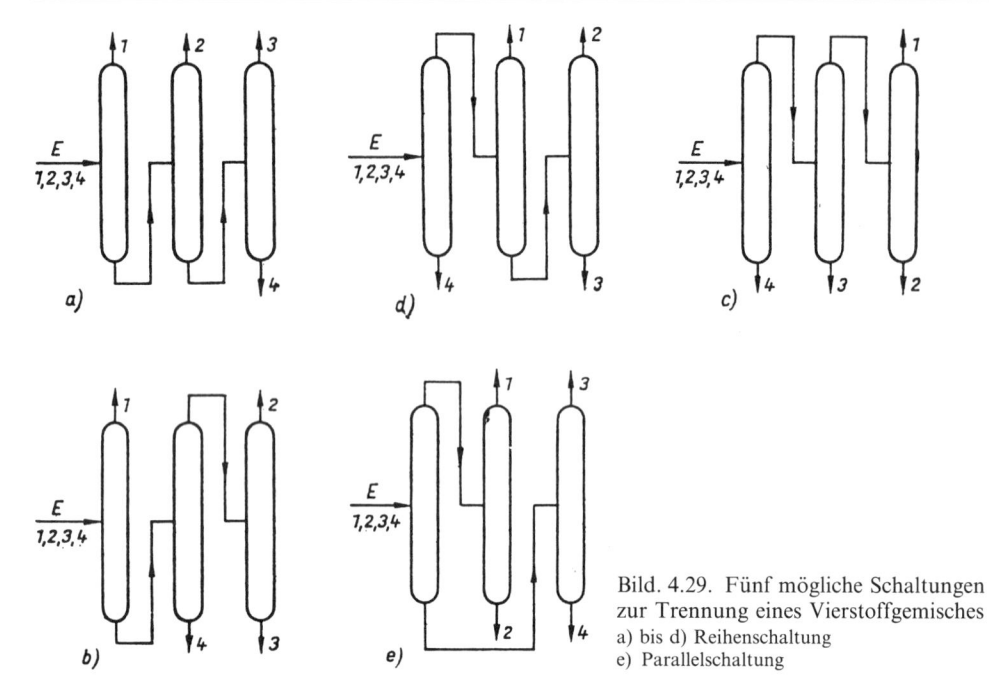

Bild. 4.29. Fünf mögliche Schaltungen zur Trennung eines Vierstoffgemisches
a) bis d) Reihenschaltung
e) Parallelschaltung

Beachtung von Seitenstromentnahmen, die unter bestimmten Bedingungen hauptsächlich zur Einsparung von Energie führen können, wird die Zahl der möglichen Schaltungen erheblich vergrößert. Dies wird am Beispiel eines Dreistoffgemisches mit verschiedenen Schaltungen bei Seitenstromentnahmen im Bild 4.30 gezeigt.

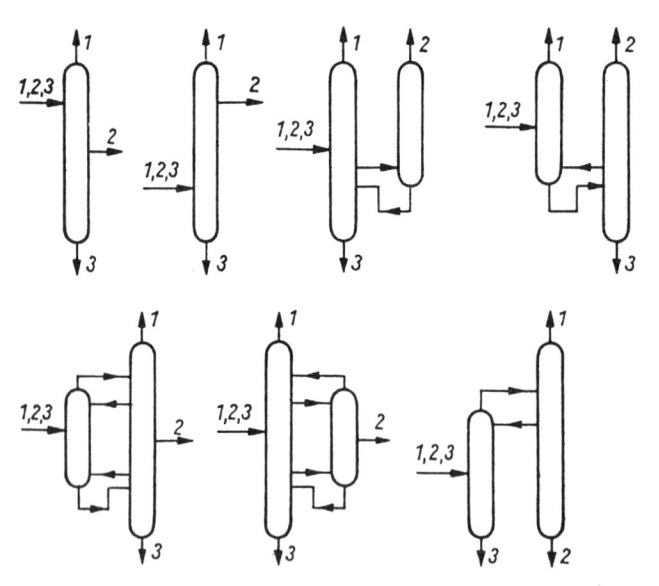

Bild. 4.30. Möglichkeiten der Schaltung mit Seitenstromentnahme bei der Destillation eines Dreistoffgemisches

Kontinuierliche Destillation von Mehrstoffgemischen **4.4.** 265

Gleichungssystem für eine Mehrstoffdestillationskolonne
Es wird der einfachste Fall betrachtet:
- Kolonne mit einem Einlaufprodukt, dessen Zusammensetzung gegeben ist,
- vollständige Kondensation im Kondensator und partielle Verdampfung im Sumpf,
- Komponenten 1 ... i ... z,
- theoretische Böden 1 ... j ... n, wobei der Sumpf einen Boden darstellt, gesamte theoretische Bodenzahl $n_{th} = n$.

Die Zahl der Unbekannten ist dann:

1. Konzentrationen auf jedem Boden x_{ij} und y_{ij} $2zn$
2. Mengenströme auf jedem Boden $\dot{D}_j$ und $\dot{F}_j$ $2n$
3. Temperaturen auf jedem Boden T_{Fj} und T_{Dj} $2n$
4. Drücke auf jedem Boden n
5. Aus der Stoffbilanz für die gesamte Kolonne (s. Abschn. 4.2.1.) $2z + 2$
   ergeben sich

Summe Unbekannte $2zn + 5n + 2z + 2$

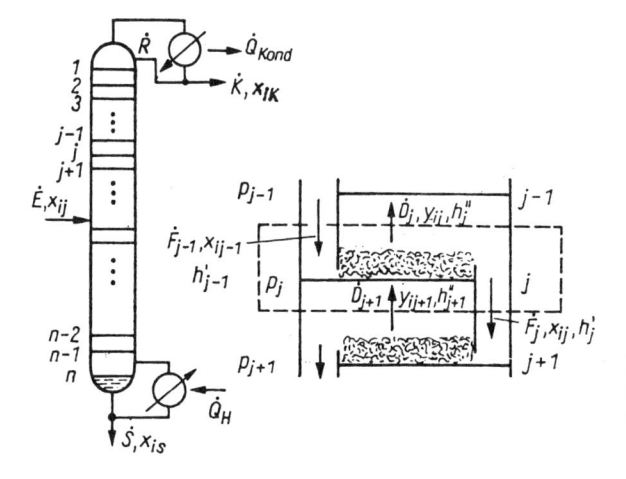

Bild. 4.31. Mehrstoffdestillation mit einem Einlauf, vollständiger Kondensation am Kopf und partieller Verdampfung am Sumpf

Aus den Bilanzen und Phasengleichgewichten können folgende Gleichungen aufgestellt werden (s. Bild 4.31):

1. Stoffbilanz für jede Komponente auf jedem Boden

$$y_{ij+1}\dot{D}_{j+1} + x_{ij-1}\dot{F}_{j-1} = y_{ij}\dot{D}_j + x_{ij}\dot{F}_j \tag{4.43a}$$ nz

2. Phasengleichgewicht auf jedem Boden

$$y_{ij}^* = \frac{y_{ij}\pi_{ij}x_{ij}}{\varphi_{ij}^*p} \quad \text{bzw.} \quad K_{ij} = \frac{y_{ij}^*}{x_{ij}} = \frac{\gamma_{ij}\pi_{ij}}{\varphi_{ij}^*p} \tag{4.43b}$$ nz

γ_{ij} Aktivitätskoeffizienten
π_{ij} Dampfdrücke der reinen Komponenten

3. Enthalpiebilanzen auf jedem Boden unter Vernachlässigung von Wärmeverlusten an die Umgebung (bei technischen Kolonnen meistens gut zutreffend)

$$h_{j+1}''\dot{D}_{j+1} + h_{j-1}'\dot{F}_{j-1} = h_j''\dot{D}_j + h_j'\dot{F}_j \tag{4.44}$$ n

4. Stöchiometrische Gleichungen

$$\sum_{i=1}^{z} y_{ij} = 1 \quad \text{und} \quad \sum_{i=1}^{z} x_{ij} = 1 \qquad (4.45) \qquad 2n$$

5. Weitere Bestimmungsgleichungen
Für jeden theoretischen Boden gilt, daß die Siede- und Tautemperatur gleich groß sind

$$T_{Fj} = T_{Dj} = T_j \qquad\qquad n$$

Das Profil für die Gesamtdrücke auf jedem Boden in der Kolonne ergibt sich aus dem Druck p_k am Kopf und dem Druckverlust Δp_j auf jedem Boden

$$p_K + \sum_{1}^{j} \Delta p_j = p_j \qquad (4.46) \qquad n$$

Für die vollständige Kondensation gilt $y_{i1} = x_{iK}$ $\qquad\qquad z$
Stoffbilanz für die gesamte Kolonne gemäß Gleichung (4.7)

$$\dot{E} x_{iE} = \dot{K} x_{iK} + \dot{S} x_{iS} \qquad\qquad z$$

Damit sind die Kopf- und Sumpfkonzentrationen über das Gleichungssystem (4.43) bis (4.46) und (4.7) gekoppelt.

Summe der zur Verfügung stehenden Gleichungen $\qquad\qquad 2nz + 5n + 2z$

Hinweise zu den Unbekannten und Bestimmungsgleichungen:

1. Die stöchiometrischen Gleichungen (4.45) dienen zur Bestimmung der Temperaturen auf jedem Boden (z. B. iterative Berechnung Siedepunkt) und zur Prüfung der Übereinstimmung der Stoffbilanzen gemäß Gleichung (4.43), was besonders deutlich bei der geschlossenen Lösung des Gleichungssystems mit Matrizenmethoden wird.
2. Die Energiebilanzen für die gesamte Kolonne dienen zur Bestimmung von $\dot{Q}_H$ und Q_{Kond}. Diese Größen sind nicht als Unbekannte aufgenommen worden.
3. Das Rücklaufverhältnis v bzw. $\dot{R}$ ist vorzugeben, da keine Aufnahme in die Unbekannten erfolgte.
4. Für einen theoretischen Boden gilt $y_{ij}^* = y_{ij}$ bzw. $x_{ij}^* = x_{ij}$.

Aus dem Vergleich der Summe der Unbekannten und der Summe der zur Verfügung stehenden Gleichungen ergibt sich, daß zwei voneinander unabhängige Variable vorzugeben sind, z. B.

— 2 Konzentrationen der Schlüsselkomponenten am Kopf und Sumpf bzw. 2 Mengenströme an Schlüsselkomponenten
— Gesamtzahl der theoretischen Böden n und des Kopfmengenstroms $\dot{K}$

Entsprechend vorstehenden Betrachtungen ergibt sich die Größe des zu lösenden Gleichungssystems für eine Mehrstoffdestillationskolonne mit einem Einlauf, einer vollständigen Kondensation im Kondensator und einer partiellen Verdampfung im Sumpf für die praktische Berechnung zu:

Stoffbilanzen für jede Komponente auf jedem Boden $\qquad\qquad nz$
Phasengleichgewichte auf jedem Boden $\qquad\qquad nz$
Enthalpiebilanz auf jedem Boden $\qquad\qquad n$
stöchiometrische Bedingungen $\qquad\qquad 2n$
Stoffbilanz für jede Komponente für die gesamte Kolonne $\qquad\qquad z$

Summe der Gleichungen $\qquad\qquad n(2z + 3) + z$

Die Drücke für jeden Boden werden im allgemeinen vorgegeben, indem der Druck am Kopf festgelegt und für jeden Boden der Druckverlust (oft für die Verstärkungs- und Abtriebskolonne jeweils gleicher Druckverlust) entsprechend den vorausgegangenen fluiddynamischen Berechnungen vorgegeben wird. Weiterhin entfallen wegen $T_{Fj} = T_{Dj} = T_j$ n-Gleichungen. Bei vollständiger Kondensation im Kondensator gilt $x_{iK} = y_{i1}$. Damit entfallen gegenüber der ersten Auflistung der Gleichungen $2n + z$.

> Das Problem der Berechnung einer Mehrstoffdestillationskolonne zur Bestimmung der Konzentrations-, Temperatur- und Mengenstromprofile besteht in der Lösung eines sehr großen nichtlinearen Gleichungssystems.

Für 50 theoretische Böden und 4 Komponenten beträgt die Zahl der Gleichungen:

$n(2z + 3) + z = 50(2 \cdot 4 + 3) + 4 = 554$ Gleichungen;

aber für 30 theoretische Böden und 40 Pseudokomponenten zur Darstellung eines Komplexgemisches wie Erdöl (keine Berücksichtigung von Seitenströmen) ergeben sich 2530 Gleichungen. Das Gleichungssystem ist nichtlinear durch die Kopplung der Phasengleichgewichte auf jedem Boden mit den Enthalpiebilanzen und den stöchiometrischen Gleichungen. Verhält sich das zu trennende Gemisch ideal, so sind die Konzentrationen nur über die Dampfdrücke von der Temperatur abhängig. Je stärker das zu trennende Gemisch nichtlinear ist, um so größer wird die Nichtlinearität des Gleichungssystems infolge der Wechselbeziehungen zwischen den Konzentrationen über die Aktivitätskoeffizienten.

Die Rechenzeit für eine Erdöldestillationskolonne mit 30 theoretischen Böden und 40 Pseudokomponenten liegt auf einem Digitalrechner großer Leistungsfähigkeit in der Größenordnung von einer Stunde. Dies ist eine große Rechenzeit für ein verfahrenstechnisches Problem, was auf den großen numerischen Rechenumfang zurückzuführen ist.

Numerische Lösungsmethoden für das Gleichungssystem

Als Ergebnis erhält man für jeden theoretischen Boden die Temperaturen, Konzentrationen und Mengenströme von Flüssigkeit und Dampf und damit die entsprechenden Profile für die Kolonne. Die numerischen Lösungsmethoden für das Gleichungssystem bei der Mehrstoffdestillation können in vier Gruppen gegliedert werden.

1. Berechnung von Boden zu Boden zur Ermittlung der theoretischen Bodenzahl

Diese beinhaltet die schrittweise Lösung des Gleichungssystems durch die Berechnung von Boden zu Boden. Im allgemeinen werden für die zwei frei wählbaren Variablen die Schlüsselkomponenten im Kopf- und Sumpfprodukt vorgegeben (zu Schlüsselkomponenten s. Seite 271). Die Nichtschlüsselkomponenten werden geschätzt und stellen Iterationsgrößen dar. Zweckmäßigerweise erfolgt dann die Durchrechnung von Boden zu Boden vom Sumpf bis zum Einlauf und vom Kopf bis zum Einlauf. Am Einlaufboden ist die Stoffbilanz mit den aus der Abtriebs- und Verstärkungskolonne berechneten Stoffströmen und dem Einlaufmengenstrom ein Maßstab für die Richtigkeit der Iterationsgrößen. Mehrere Durchrechnungen der Kolonne sind zwangsläufig notwendig. Für die neue Vorgabe der Nichtschlüsselkomponenten als Iterationsgrößen gibt es faktisch keine geeigneten Kriterien, die eine Konvergenz nach einigen iterativen Durchrechnungen der Kolonne gewährleisten.

Diese numerische Lösungsmethode stand im Vordergrund bei der Berechnung ohne Digitalrechner, wobei der numerische Rechenaufwand durch vereinfachende Voraussetzungen — konstante Stoffmengenströme in der Verstärkungs- und Abtriebskolonne und konstante relative Flüchtigkeiten — erheblich vermindert werden konnte. Im Prinzip ist diese Methode der Berechnung von Boden zu Boden mit den Gleichungen für die Bilanzen und Phasengleichgewichte von *Lewis* und *Matheson* bereits 1932 veröffentlicht worden, weshalb man auch von der *Lewis-Matheson*-Methode spricht. Wegen des großen numerischen Rechenaufwandes war die Mehrstoffdestillation eines der ersten Gebiete der Verfahrenstechnik, auf das Ende der fünfziger Jahre die damals verfügbaren Digitalrechner angewendet wurden. Infolge des Fehlens geeigneter Konvergenzkriterien besitzt diese Lösungsmethode für Digitalrechner nur eine geringe Bedeutung.

2. Berechnung bei vorgegebener Kolonne nach Thiele-Geddes

Die Kolonne wird nach Kurzmethoden (s. Abschn. 4.4.2.) berechnet und mit ihrer Bodenzahl einschließlich der Lage des Einlaufbodens vorgegeben. *Thiele* und *Geddes* [4.11] schlugen 1933 vor, für die Berechnung der Kolonne von einem Temperaturprofil in der Kolonne auszugehen. Der prinzipielle Berechnungsablauf für jede neue Iteration gestaltet sich dann folgendermaßen. Es werden die aus der letzten Iteration ermittelten Flüssigkeitskonzentrationen benutzt oder besser die mit Hilfe eines Konvergenzkriteriums korrigierten Flüssigkeitskonzentrationen. Damit werden die Siedetemperaturen auf jedem Boden (Temperaturprofil) über das Phasengleichgewicht berechnet. Anschließend werden die neuen Mengenströme für Dampf und Flüssigkeit auf jedem Boden über die Enthalpiebilanzen bestimmt. Schließlich können über die Stoffbilanzen die neuen Flüssigkeitskonzentrationen auf jedem Boden ermittelt werden, die Ausgangspunkt für die nächste Iteration sind. Diese Berechnungsmethode hat mit dem Einsatz von Digitalrechnern in Verbindung mit dem sogenannten Θ-Konvergenzkriterium (s. Abschn. 4.4.3.) Bedeutung erlangt.

3. Matrizenmethoden

Für die Lösung großer linearer Gleichungssysteme sind leistungsfähige Methoden mittels Matrizen bekannt. Zur Determinierung des Gleichungssystems ist wie unter Punkt 2 die Kolonne durch Berechnung nach Kurzmethoden vorzugeben. Infolge des großen numerischen Aufwandes setzt die gleichzeitige Lösung des großen Gleichungssystems durch Matrizen den Einsatz von Digitalrechnern voraus. Seit Ende der sechziger Jahre haben die Matrizenmethoden an Bedeutung gewonnen und sind Grundlage zahlreicher Rechenprogramme. Die Berücksichtigung des nichtlinearen Zusammenhangs zwischen den Phasengleichgewichten, Konzentrationen und Mengenströmen erfordert eine gesonderte Berechnung, wodurch es zu Unterschieden in den Matrizenmethoden kommt.

4. Relaxationsmethode

Unter Relaxation versteht man physikalisch ganz allgemein die Rückkehr eines instationären Zustandes bzw. eines Nichtgleichgewichtszustandes, der durch äußere Einwirkungen erzeugt wurde, in den stationären Zustand bzw. Gleichgewichtszustand. Bei der Mehrstoffdestillation beinhaltet die Relaxationsmethode den Übergang von dem instationären Zustand in den stationären Zustand, wobei als charakteristische Größe der Flüssigkeitsinhalt (Flüssigkeits-Holdup) und der daraus abgeleitete Relaxationsfaktor eingeführt wird. Die Kolonne ist vorzugeben. Die Lösung des Gleichungssystems erfolgt durch Matrizenmethoden analog Punkt 3.

Die ausführlichen Berechnungsmethoden zur Mehrstoffdestillation durch die Lösung des sehr großen nichtlinearen Gleichungssystems haben ein hohes Niveau erreicht. Die Genauigkeit der Ergebnisse bei der Berechnung von Mehrstoffdestillationskolonnen wird daher gegenwärtig weniger von den numerischen Lösungsmethoden begrenzt, sondern stärker von der Genauigkeit der Phasengleichgewichte, insbesondere bei stark nichtidealen Mehrstoffgemischen.

> Bei den ausführlichen Berechnungsmethoden für die Mehrstoffdestillation dominieren diejenigen, bei denen die Kolonne nach Kurzmethoden vorgegeben wird. Die Berechnung der vorgegebenen Kolonne liefert die Temperatur-, Konzentrations- und Mengenstrom-

profile für Flüssigkeit und Dampf. Durch kritische Analyse ist zu entscheiden, ob die Trennung mit den berechneten Sumpf- und Kopfkonzentrationen bei der vorgegebenen theoretischen Bodenzahl, dem gewählten Rücklaufverhältnis und der Lage des Einlaufbodens bzw. von Seitenstromentnahmen der Aufgabenstellung unter Beachtung eines niedrigen Aufwandes entspricht.

Beispiel 4.7. Theoretische Bodenzahl in der Abtriebskolonne mit Berechnung von Boden zu Boden

Es ist ein Algorithmus für die Berechnung der theoretischen Bodenzahl in der Abtriebskolonne von Boden zu Boden zu entwickeln.

Gegeben:

Die Stoffbilanz für die gesamte Kolonne mit Schlüsselkomponenten und geschätzten Nichtschlüsselkomponenten sei bereits aufgestellt, und das Rücklaufverhältnis sei bereits festgelegt.

Aufgabe:

Der Algorithmus für die Berechnung der Abtriebskolonne von Boden zu Boden ist für 4 Komponenten für den Sumpf und den Boden 1 darzustellen:
1. mit konstanten Stoffmengenströmen,
2. mit konstanten Stoffmengenströmen und konstanten relativen Flüchtigkeiten.

Lösung:

Zu 1.

Für die Berechnung von Boden zu Boden werden nur die Stoffbilanz und die Phasengleichgewichte benötigt. Die Energiebilanz entfällt durch die Voraussetzung von konstanten Stoffmengenströmen. Unter Bezugnahme auf Bild 4.32 gilt:

$$\dot{F} x_{ij} = \dot{D} y_{ij-1} + \dot{S} x_{iS} \quad \text{oder} \quad \frac{\dot{F}}{\dot{S}} x_{ij} = \frac{\dot{D}}{\dot{S}} y_{ij-1} + x_{iS}$$

Für $j = 1$ entspricht $j - 1$ dem Sumpf.

Sumpf

Komponente	x_{iS}	T_{SS}	y_{iS}
1	x_{1S}	$x_{1S}\pi_{1S}$	$x_{1S}\pi_{1S}/p$
2	x_{2S}	$x_{2S}\pi_{2S}$	$x_{2S}\pi_{2S}/p$
3	x_{3S}	$x_{3S}\pi_{3S}$	$x_{3S}\pi_{3S}/p$
4	x_{4S}	$x_{4S}\pi_{4S}$	$x_{4S}\pi_{4S}/p$
Summe	1,000	p Iteration	1,000

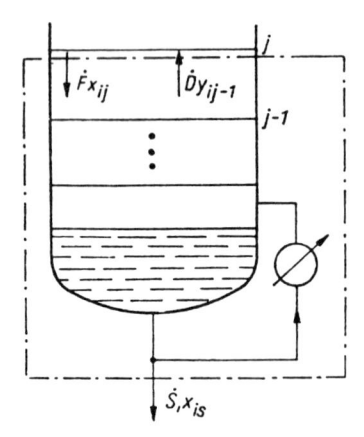

Bild. 4.32. Stoffbilanz für jeden Boden der Abtriebskolonne

Boden 1

Komponente	$\frac{F}{S} x_{i1}$	x_{i1}	T_{S1}	y_{i1}
1	$\frac{D}{S} y_{1S} + x_{1S}$	$\dfrac{\frac{D}{S} y_{1S} + x_{1S}}{F/S}$	$x_{11}\pi_{11}$	$x_{11}\pi_{11}/p$
2	$\frac{D}{S} y_{2S} + x_{2S}$	$\dfrac{\frac{D}{S} y_{2S} + x_{2S}}{F/S}$	$x_{21}\pi_{21}$	$x_{21}\pi_{21}/p$
3	$\frac{D}{S} y_{3S} + x_{3S}$	$\dfrac{\frac{D}{S} y_{3S} + x_{3S}}{F/S}$	$x_{31}\pi_{31}$	$x_{31}\pi_{31}/p$
4	$\frac{D}{S} y_{4S} + x_{4S}$	$\dfrac{\frac{D}{S} y_{4S} + x_{4S}}{F/S}$	$x_{41}\pi_{41}$	$x_{41}\pi_{41}/p$
Summe	F/S	1,000	p Iteration	1,000

Der Algorithmus setzt sich für jeden folgenden Boden analog fort.

Zu 2.

Die zusätzliche Voraussetzung hinsichtlich konstanter relativer Flüchtigkeiten bedeutet durch den Wegfall der iterativen Berechnung der Phasengleichgewichte eine wesentliche Vereinfachung. Mit der Bezugskomponente u für die relative Flüchtigkeit erhält man:

$$y_{ij} = \frac{y_{ij}}{\sum_{i=1}^{z} y_{ij}} = \frac{\pi_i x_{ij}}{\sum_{i=1}^{z} \pi_i x_{ij}} = \frac{x_{ij}\pi_i/\pi_{iu}}{\sum_{i=1}^{z} x_i \pi_i/\pi_{iu}} = \frac{\alpha_{iu} x_{ij}}{\sum_{i=1}^{z} \alpha_{iu} x_i}$$

Für ein Vierstoffgemisch mit der Bezugskomponente 3 für die relative Flüchtigkeit ergibt sich:

Sumpf

Komponente	x_{iS}	$\alpha_{i3} x_{iS}$	y_{iS}
1	x_{1S}	$\alpha_{23} x_{1S}$	$\alpha_{13} x_{1S} / \sum \alpha_{i3} x_{iS}$
2	x_{2S}	$\alpha_{23} x_{2S}$	$\alpha_{23} x_{2S} / \sum \alpha_{i3} x_{iS}$
3	x_{3S}	$\alpha_{33} x_{3S}$	$\alpha_{33} x_{3S} / \sum \alpha_{i3} x_{iS}$
4	x_{4S}	$\alpha_{43} x_{4S}$	$\alpha_{43} x_{4S} / \sum \alpha_{i3} x_{iS}$
Summe	1,000	$\alpha_{i3} x_{iS}$	1,000

Boden 1

Komponente	$\dfrac{F}{S} x'_{i1}$	$\alpha_{i3} \dfrac{F}{S} x_{i1}$	y_{i1}
1	$\dfrac{D}{S} y_{1S} + x_{1S}$	$\alpha_{13}\left(\dfrac{D}{S} y_{1S} + x_{1S}\right)$	$\alpha_{13}\left(\dfrac{D}{S} y_{1S} + x_{1S}\right) \Big/ \sum 1$
2	$\dfrac{D}{S} y_{2S} + x_{2S}$	$\alpha_{23}\left(\dfrac{D}{S} y_{2S} + x_{2S}\right)$	$\alpha_{23}\left(\dfrac{D}{S} y_{2S} + x_{2S}\right) \Big/ \sum 1$
3	$\dfrac{D}{S} y_{3S} + x_{3S}$	$\alpha_{33}\left(\dfrac{D}{S} y_{3S} + x_{3S}\right)$	$\alpha_{33}\left(\dfrac{D}{S} y_{3S} + x_{3S}\right) \Big/ \sum 1$
4	$\dfrac{D}{S} y_{4S} + x_{4S}$	$\alpha_{43}\left(\dfrac{D}{S} y_{4S} + x_{4S}\right)$	$\alpha_{43}\left(\dfrac{D}{S} y_{4S} + x_{4S}\right) \Big/ \sum 1$
Summe	F/S	$\sum 1$	1,000

Der Algorithmus setzt sich für jeden folgenden Boden analog wie für den Boden 1 fort.

4.4.2 Kurzmethoden zur Berechnung der Mehrstoffdestillation

Die Kurzmethoden haben eine überschlägliche Berechnung der Mehrstoffdestillation unter teilweise stark einschränkenden Voraussetzungen zum Inhalt. Solche Voraussetzungen sind insbesondere konstante Stoffmengenströme, konstante relative Flüchtigkeiten und die Einführung von Schlüsselkomponenten.

| Als *Schlüsselkomponenten* werden die Komponenten definiert, zwischen denen der Schnitt erfolgt.

Dies bedeutet, daß die leichte Schlüsselkomponente (Index L) entsprechend den gewünschten Reinheiten weitgehend im Kopf und die schwere Schlüsselkomponente (Index H) weitgehend im Sumpf anfällt. Alle anderen Komponenten sind Nichtschlüsselkomponenten. Die leichten Nichtschlüsselkomponenten fallen entsprechend ihrer Flüchtigkeit noch weitgehender als die leichte Schlüsselkomponente im Kopf an, während die schweren Nichtschlüsselkomponenten weitgehender als die schweren Schlüsselkomponenten im Sumpf anfallen.
Die Kurzmethoden liefern gute Ergebnisse vor allem bei idealen Gemischen. Dagegen können größere Fehler bei stark nichtidealen Gemischen auftreten. Wenn die Nichtidealität so stark ist, daß azeotrope Punkte vorhanden sind, so können die Kurzmethoden nicht

angewendet werden. Wenn in dem Einlaufprodukt vorzugsweise die Schlüsselkomponenten vorhanden sind (z. B. über 90%), so ergeben die Kurzmethoden im Vergleich zu den ausführlichen Berechnungsmethoden in vielen Fällen schon recht genaue Ergebnisse.

Rücklaufverhältnis

Die im Abschnitt 4.3.1. gegebene Definition des Rücklaufverhältnisses ist auch für ein Mehrstoffgemisch zutreffend. Bezüglich der grafischen Ermittlung von v_{min} bei einem Zweistoffgemisch wird auf Bild 4.15 verwiesen. Bei der Mehrstoffdestillation ist die Ermittlung von v_{min} wesentlich komplizierter. Eine Vorstellung über die Unterschiede des minimalen Rücklaufverhältnisses bei der Destillation von Zweistoff- und Mehrstoffgemischen vermittelt Bild 4.33, wobei die Schlüsselkomponenten verwendet werden. Würden nur die zwei Schlüsselkomponenten vorhanden sein (entspricht dann einem Zweistoffgemisch), so ergibt sich für siedend flüssiges Einlaufprodukt als Schnittpunkt von Gleichgewichts- und Bilanzlinie der Punkt I. Bei einer Bodenzahl, die gegen unendlich geht, verändert sich in der Nähe des Punktes I die Konzentration praktisch nicht mehr (wird häufig schon bei 100 Böden erreicht). Der Punkt I wird auch als Pinchpunkt bezeichnet. Bei einem Mehrstoffgemisch sind in der Verstärkungskolonne leichterflüchtige Komponenten im Vergleich zur leichten Schlüsselkomponente, so daß sich der Punkt H als Pinchpunkt ergibt, während sich in der Abtriebskolonne durch das Vorhandensein von schwererflüchtigen Komponenten im Vergleich zur schweren Schlüsselkomponente der Punkt G als Pinchpunkt ergibt. Auf der Erkenntnis von zwei Pinchpunkten bei der Mehrstoffdestillation kann eine Berechnungsmethode für v_{min} entwickelt werden, die aber numerisch sehr aufwendig ist, da sehr große theoretische Bodenzahlen verwendet werden müssen. Meistens erfolgt die Durchrechnung einer Mehrstoffdestillationskolonne mit mehreren Rücklaufverhältnissen, wobei durch Analyse der berechneten Ergebnisse ein wirtschaftliches Rücklaufverhältnis gefunden wird. Unter Beachtung des Vorhandenseins von zwei Pinchpunkten ergibt sich in der Abtriebskolonne in der Nähe des Einlaufbodens eine Zone konstanter Zusammensetzung mit den Schlüsselkomponenten und den schweren Nichtschlüsselkomponenten, während in der Verstärkungskolonne in der Nähe des Einlaufbodens eine Zone konstanter Zusammensetzung, bestehend aus den Schlüsselkomponenten und den leichten Nichtschlüsselkomponenten, auftritt (s. Bild 4.34). In den unmittelbar am Einlaufboden vorhandenen Böden ergibt sich infolge des Einlaufproduktes eine variable Zusammensetzung.

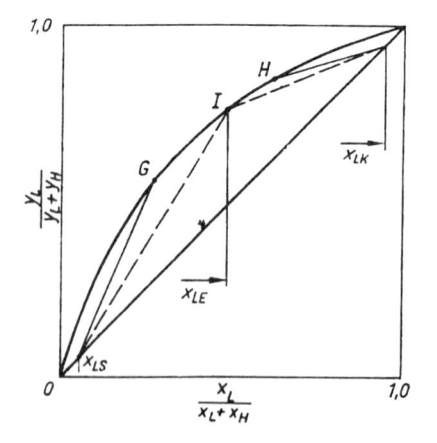

Bild. 4.33. Pinchpunkte im Phasendiagramm für ein Mehrstoffgemisch (G, H) und für ein Zweistoffgemisch (I), Einlaufprodukt siedend flüssig

Es gibt mehrere Kurzmethoden zur Berechnung des minimalen Rücklaufverhältnisses. Die Methode nach *Underwood* [4.12] bringt im Vergleich zu anderen Kurzmethoden günstige Ergebnisse bei geringem numerischem Rechenaufwand. *Underwood* hat mit den Voraussetzungen

— Stoffmengenströme an Flüssigkeit und Dampf in der Verstärkungs- und Abtriebskolonne konstant und
— relative Flüchtigkeit konstant

folgende Berechnungsmethode entwickelt:

$$v_{min} + 1 = \sum_{i=1}^{z} \frac{\alpha_{iu} x_{iK}}{\alpha_{iu} - \vartheta} \quad \text{mit} \quad \alpha_{Lu} > \vartheta > \alpha_{Hu} \tag{4.47}$$

$$1 - a_T = \sum_{i=1}^{z} \frac{\alpha_{iu} x_{iE}}{\alpha_{iu} - \vartheta} \tag{4.48}$$

Die relativen Flüchtigkeiten α_{iu} (u Bezugskomponente) sind näherungsweise für die Zusammensetzung x_{iE} zu ermitteln. Genauer ist die Verwendung der relativen Flüchtigkeiten als Mittelwert für die beiden Zonen konstanter Zusammensetzung (s. Bild 4.34), da die Pinchzusammensetzung maßgebend für v_{min} ist. Die oben getroffene Voraussetzung konstanter Stoffmengenströme kann deshalb auch auf die Zonen konstanter Zusammensetzung reduziert werden. Der Rechnungsgang ist folgender: ϑ aus Gleichung (4.48) mit a_T nach Gleichung (4.21) und mit dem gefundenen ϑ v_{min} aus Gleichung (4.47) berechnen.

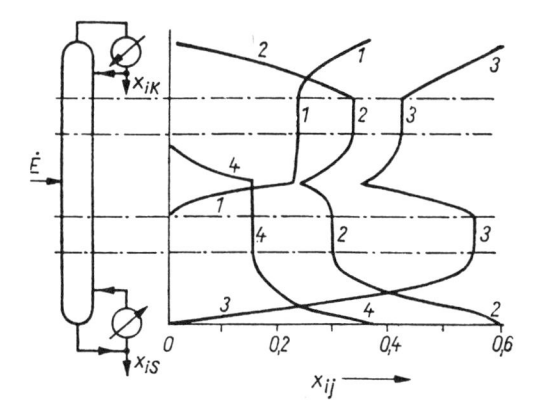

Bild. 4.34. Typisches Konzentrationsprofil für eine Mehrstoffdestillationskolonne bei minimalem Rücklaufverhältnis mit großen Unterschieden in den relativen Flüchtigkeiten
1 leichte Nichtschlüsselkomponente
2 leichte Schlüsselkompontente
3 schwere Schlüsselkomponente
4 schwere Nichtschlüsselkomponente

Die vorstehenden Gleichungen von *Underwood* setzen voraus, daß nur die Schlüsselkomponenten über die gesamte Kolonne vorliegen, während die schweren Nichtschlüsselkomponenten im Kopf und die leichten Nichtschlüsselkomponenten im Sumpf nicht auftreten dürfen (s. Bild 4.34). Deshalb gilt auch die Zusatzbedingung in Gleichung (4.47) für ϑ.

Minimale theoretische Bodenzahl

Bei einem Mehrstoffgemisch kann $n_{th\,min}$ wie bei einem binären Gemisch bestimmt werden, siehe Gleichung (4.27), wenn die mittlere relative Flüchtigkeit der Schlüsselkomponenten

α_{LHm} verwendet wird:

$$n_{th\,min} = \frac{\lg\left(\dfrac{x_{LK}}{x_{HK}}\dfrac{x_{HS}}{x_{LS}}\right)}{\lg \alpha_{LHm}} - 1 \qquad (4.49)$$

Der Sumpf wird in Gleichung (4.49) nicht als Boden gezählt; α_{LHm} wird meistens als geometrisches Mittel aus den relativen Flüchtigkeiten der Schlüsselkomponenten am Kopf, Sumpf und der mittleren Temperatur der Kolonne bestimmt:

$$\alpha_{LHm} = (\alpha_{LHS}\alpha_{LHK}\alpha_{LHTM})^{1/3}$$

Theoretische Bodenzahl nach Kurzmethoden

Bei Kenntnis von $n_{th\,min}$, v_{min} und v sind in Auswertung von Berechnungen für zahlreiche Zwei- und Mehrstoffgemische Berechnungsmethoden entwickelt worden, um die theoretische Bodenzahl zu ermitteln. Die bekanntesten Näherungsmethoden stammen von *Gilliland* [4.13], Seite 45 und von *Erbar* und *Maddox* [4.14] (s. Bild 4.35).

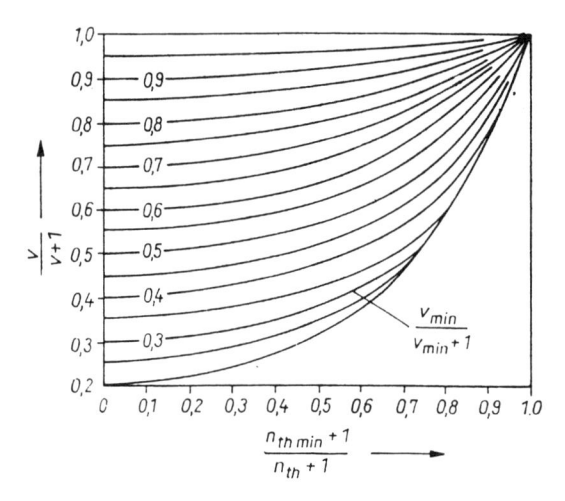

Bild 4.35. Zusammenhang zwischen theoretischer Bodenzahl und Rücklaufverhältnis nach *Erbar* und *Maddox* [4.14] mit v_{min} nach den Gleichungen (4.47) und (4.48), eingezeichnete Kurven für konstantes $v_{min}/(v_{min} + 1)$, Einlaufprodukt siedend flüssig

Nach Berechnung von v_{min} nach *Underwood* und Festlegung des effektiven Rücklaufverhältnisses wird aus Bild 4.35 der Schnittpunkt von $v/(v + 1)$ und $v_{min}/(v_{min} + 1)$ ermittelt und der zugehörige Wert $(n_{th\,min} + 1)/(n_{th} + 1)$ auf der Abszisse abgelesen. Damit kann n_{th} ermittelt werden, wobei n_{th} die theoretische Bodenzahl ohne den Sumpf darstellt.

Bezüglich des Fehlers nach dieser Näherungsmethode ist zu bemerken, daß durch Einbeziehung des effektiven und minimalen Rücklaufverhältnisses die Bedingungen in der Verstärkungskolonne mit den getroffenen Voraussetzungen richtig widergespiegelt werden, aber eine wesentliche Beeinträchtigung durch unterschiedliche Bedingungen in der Abtriebskolonne erfolgen und dadurch größere Fehler auftreten können. Die Methode nach *Erbar* und *Maddox* gemäß Bild 4.35 ist genauer als die Methode nach *Gilliland*, weil mehr berechnete Werte für verschiedene Mehrstoffdestillationskolonnen einbezogen worden sind.

Lage des Einlaufbodens

Diese kann mit einer modifizierten Gleichung nach *Fenske* berechnet werden, indem $n_{th\,min}$ für die Verstärkungskolonne (Index Ver) und die Abtriebskolonne (Index Abt) berechnet werden:

Böden Verstärkungskolonne ohne Einlaufboden

$$n_{\text{th min Ver}} = \frac{\lg\left(\dfrac{x_{LK}}{x_{HK}}\dfrac{x_{HE}}{x_{LE}}\right)}{\lg \alpha_{LH\,\text{Ver}}} \qquad (4.50)$$

Böden Abtriebskolonne ohne Sumpf mit Einlaufboden

$$n_{\text{th min Abt}} + 1 = \frac{\lg\left(\dfrac{x_{LE}}{x_{HE}}\dfrac{x_{HS}}{x_{LS}}\right)}{\lg \alpha_{LH\,\text{Abt}}} \qquad (4.51)$$

Es sind mittlere relative Flüchtigkeiten für die Schlüsselkomponenten in der Verstärkungs- und Abtriebskolonne zu verwenden:

$$\alpha_{LH\,\text{Ver}} = (\alpha_{LHE}\alpha_{LHK})^{0.5} \quad \text{und} \quad \alpha_{LH\,\text{Abt}} = (\alpha_{LHE}\alpha_{LHS})^{0.5}$$

Es kann kleine Unterschiede zwischen $n_{\text{th min}}$ für die gesamte Kolonne und der Summe von $n_{\text{th min}}$ für die Teilkolonnen durch den Einfluß der relativen Flüchtigkeiten geben. Im allgemeinen erhält man:

$$n_{\text{th min Ver}} + n_{\text{th min Abt}} \geqq n_{\text{th min}}$$

Kopf- und Sumpfkonzentrationen

Smith und *Brinkley* [4.15] haben eine Berechnungsmethode zur Ermittlung der Kopf- und Sumpfkonzentrationen bei der Destillation, Absorption und Extraktion angegeben. Für die Destillation lauten die Gleichungen:

$$\frac{x_{iS}\dot{S}}{x_{iE}\dot{E}} = \frac{(1 + S_V^{n-m}) + v(1 - S_V)}{1 - S_V^{n-m} + a_i S_V^{n-m}(1 - S_A^{m+1})} \qquad (4.52)$$

  n theoretische Bodenzahl in der gesamten Kolonne,
  m theoretische Bodenzahl in der Abtriebskolonne,
  S_V Trennfaktor in der Verstärkungskolonne $S_{Vi} = K_i \dot{D}/\dot{F}$
  S_A Trennfaktor in der Abtriebskolonne $S_{Ai} = K_i \dot{D}'/\dot{F}'$
  a_i kennzeichnet den thermischen Zustand des Einlaufproduktes, für vorwiegend siedend flüssiges Produkt gilt

$$a_i = \frac{K_i'}{K_i}\frac{\dot{F}}{\dot{F}'}\left(\frac{1 - S_V}{1 - S_A}\right)_i$$

Die vorstehende Berechnungsmethode setzt die Kenntnis der Kolonne (Bodenzahl, Lage des Einlaufbodens) voraus. Es ist eine iterative Berechnung wegen der Einbeziehung der Gleichgewichtskonstanten K_i erforderlich.
Eine weitere Berechnungsmethode für die Verteilung der Nichtschlüsselkomponenten erhält man durch Kombination der Gleichung (4.49) mit den Komponentenbilanzen

$$x_{iE}\dot{E} = x_{iK}\dot{K} + x_{iS}\dot{S} = \dot{k}_i + \dot{s}_i$$

Mit einer Bezugskomponente (Index b) erhält man:

$$\frac{\dot{k}_i}{\dot{s}_i} = \left(\frac{\alpha_{iu}}{\alpha_{bu}}\right)^{n_{\text{th min}}}\frac{\dot{k}_b}{\dot{s}_b}$$

Unter Verwendung einer durchschnittlichen relativen Flüchtigkeit für die Schlüsselkomponenten α_{LHd}

$$\alpha_{LHd} = \frac{\alpha_{Lu} + \alpha_{Hu}}{2}$$

erhält man folgendes Gleichungssystem für die Ermittlung der Konzentrationen der leichten Nichtschlüsselkomponenten

$$\dot{s}_i = \frac{x_{iE}\dot{E}}{1 + \frac{\dot{k}_H}{\dot{s}_H}\left(\frac{\alpha_{iu}}{\alpha_{Hu}}\right)^{n_{\text{th min}}}}$$

und für die Konzentrationen der schweren Nichtschlüsselkomponenten

$$\dot{k}_i = \frac{x_{iE}\dot{E}}{1 + \frac{\dot{s}_L}{\dot{k}_L}\left(\frac{\alpha_{Lu}}{\alpha_{iu}}\right)^{n_{\text{th min}}}}$$

Beispiel 4.8. Berechnung einer Mehrstoffdestillationskolonne mit Kurzmethoden

Ein Dreistoffgemisch Benzol(1)-Toluol(2)-Ethylbenzol(3) soll kontinuierlich getrennt werden. Der Schnitt erfolgt zwischen den Komponenten 1 und 2. Das Gemisch verhält sich ideal.

Gegeben:

Einlaufstrom $\dot{E} = 100$ kmol/h; $x_{1E} = 0{,}30$; $x_{2E} = 0{,}40$; $x_{3E} = 0.30$. Die Reinheit der Komponente 1 im Kopf soll mindestens $x_{1K} = 0{,}993$ Molanteile sein; im Sumpf $x_{1S} \leq 0{,}006$. Der Dampfdruck wird nach der Gleichung von *Antoine* berechnet:

$$\lg \pi = A - \frac{B}{C + T}; \pi \text{ in Torr, } T \text{ in } °C$$

Komponente	1	2	3
A	6,87987	6,95087	6,96580
B	1196,76	1342,31	1429,55
C	219,161	219,187	213,767
r_0 in kJ/kmol	35270	39340	43690
r_T in kJ/(kmol K)	55,97	52,94	56,41

Verdampfungsenthalpie $r = r_0 - r_T$; r_0 bei 0 °C; r_T Korrektur für die Temperatur T in °C; r bei der Temperatur T

Druck am Kopf 101,3 kPa, Druckverlust je theoretischen Boden 500 Pa; Eintritt des Einlaufproduktes siedend flüssig mit 102,7 °C

Aufgabe:

Die Kolonne ist mit Kurzmethoden auszulegen.

Lösung:

1. Stoffbilanz

Die Komponente 3 ist im Kopf nur in Spuren vorhanden, geschätzt $x_{3K} = 1 \cdot 10^{-8}$ Molanteile. Damit erhält man für die Kopfkonzentrationen gemäß Aufgabenstellung:

$x_{1K} = 0{,}993$ und $x_{2K} = 0{,}007$ Molanteile.

Aus der Bilanz um die gesamte Kolonne ergibt sich:

$x_{1E}\dot{E} = x_{1K}\dot{K} + x_{1S}\dot{S}$ und $\dot{E} = \dot{K} + \dot{S}$; man erhält

$$\dot{K} = \dot{E}\frac{x_{1E} - x_{1S}}{x_{1K} - x_{1S}} = 100\,\frac{0{,}39 - 0{,}006}{0{,}993 - 0{,}006} = 29{,}7 \text{ kmol/h}$$

$\dot{S} = \dot{E} - \dot{K} = 100 - 29{,}79 = 70{,}21$ kmol/h

Aus der Bilanz für die Komponente 2 erhält man:

$$x_{2S} = \frac{x_{2E}\dot{E} - x_{2K}\dot{K}}{\dot{S}} = \frac{0{,}40 \cdot 100 - 0{,}007 \cdot 29{,}79}{70{,}21} = 0{,}5667$$

$x_{3S} = 1 - x_{1S} - x_{2S} = 1 - 0{,}006 - 0{,}5667 = 0{,}4273$

2. Ermittlung der relativen Flüchtigkeiten:

Als Bezugskomponente wird die Komponente 2 gewählt; dann ist $\alpha_{22} = 1$. Für die anderen Komponenten gilt bei idealem Verhalten: $\alpha_{12} = \pi_1/\pi_2$ und $\alpha_{32} = \pi_3/\pi_2$. Es erfolgt eine Mittelwertbildung für die Kopf-, Einlauf- und Sumpftemperatur. Die berechneten Werte sind nachfolgend aufgeführt.

T in °C	Kopf 80,24	Einlauf 102,7	Sumpf 119,2
π_1 in Torr	763,3	1449,3	2201,6
π_2 in Torr	293,7	602,9	963,5
π_3 in Torr	126,9	280,6	470,1
$\alpha_{12} = \pi_1/\pi_2$	2,599	2,404	2,285
$\alpha_{32} = \pi_3/\pi_2$	0,432	0,465	0,488

Die geometrische Mittelwertbildung ergibt:

$\alpha_{12} = (2{,}599 \cdot 2{,}404 \cdot 2{,}285)^{1/3} = \underline{\underline{2{,}426}}$ und $\alpha_{32} = \underline{\underline{0{,}461}}$

3. Minimales Rücklaufverhältnis nach Underwood

$$1 - a_T = \frac{\alpha_{12} x_{1E}}{\alpha_{12} - \vartheta} + \frac{\alpha_{22} x_{2E}}{\alpha_{22} - \vartheta} + \frac{\alpha_{32} x_{3E}}{\alpha_{32} - \vartheta} \qquad (4.48)$$

$$0 = \frac{2{,}426 \cdot 0{,}30}{2{,}426 - \vartheta} + \frac{1 \cdot 0{,}4}{1 - \vartheta} + \frac{0{,}461 \cdot 0{,}30}{0{,}461 - \vartheta}$$

Die Lösung der Gleichung (4.48) erfolgt mit einem Taschenrechner am effektivsten durch Probieren. Man erhält:

	1,50	1,60	1,560
Wert der rechten Seite Gl. (4.48)	0,0930	−0,147	0,000250

Der Wert $\vartheta = 1{,}560$ ist genügend genau. Mit Gleichung (4.47) erhält man:

$$v_{min} + 1 = \frac{\alpha_{12} x_{1K}}{\alpha_{12} - \vartheta} + \frac{\alpha_{22} x_{2K}}{\alpha_{22} - \vartheta} + \frac{\alpha_{32} x_{3K}}{\alpha_{32} - \vartheta}$$

$$v_{min} = \frac{2{,}426 \cdot 0{,}993}{2{,}426 - 1{,}56} + \frac{1 \cdot 0{,}007}{1 - 1{,}56} + \frac{0{,}461 \cdot 1 \cdot 10^{-8}}{0{,}461 - 1{,}56} - 1 = \underline{\underline{1{,}769}}$$

Gewählt:

$v = 1{,}15 v_{\min} = 1{,}15 \cdot 1{,}769 = \underline{\underline{2{,}034}}$

4. Theoretische Bodenzahl nach Erbar-Maddox und Lage des Einlaufbodens

$$\frac{v_{\min}}{v_{\min} + 1} = \frac{1{,}769}{1 + 1{,}769} = 0{,}639 \quad \text{und} \quad \frac{v}{v + 1} = \frac{2{,}034}{3{,}034} = 0{,}670$$

Aus Bild 4.35 erhält man:

$(n_{\text{th min}} + 1)/(n_{\text{th}} + 1) = 0{,}39$

Die minimale theoretische Bodenzahl erhält man aus Gleichung (4.49):

$$n_{\text{th min}} = \frac{\lg\left(\dfrac{x_{LK} x_{HS}}{x_{HK} x_{LS}}\right)}{\lg \alpha_{LHm}} - 1 = \frac{\lg\left(\dfrac{0{,}993}{0{,}007} \cdot \dfrac{0{,}5667}{0{,}006}\right)}{\lg 2{,}426} = 10{,}72 - 1 = 9{,}72$$

$$n_{\text{th}} = \frac{n_{\text{th min}} + 1}{0{,}39} - 1 = \frac{10{,}72}{0{,}39} - 1 = 26{,}5$$

Ausgeführt:

27 theoretische Böden

Für die Lage des Einlaufbodens wird die theoretische Bodenzahl in der Verstärkungskolonne bestimmt, siehe Gleichung (4.50):

$$n_{\text{th min Ver}} = \frac{\lg\left(\dfrac{x_{LK} x_{HE}}{x_{HK} x_{LE}}\right)}{\lg \alpha_{LH\,\text{Ver}}} = \frac{\lg\left(\dfrac{0{,}993}{0{,}007} \cdot \dfrac{0{,}4}{0{,}3}\right)}{\lg 2{,}500} = 14{,}7$$

Die mittlere relative Flüchtigkeit α_{12} in der Verstärkungskolonne ist:

$\alpha_{12} = (2{,}599 \cdot 2{,}404)^{0{,}5} = 2{,}500$

Es wird der 15. Boden (gezählt vom Kopf) als Einlaufboden ausgeführt.

4.4.3 Berechnung bei vorgegebener Kolonne nach *Thiele-Geddes*

Die Berechnung der Konzentrations-, Temperatur- und Mengenstromprofile für eine vorgegebene Kolonne führt schneller zur Konvergenz. Bei der Nachrechnung einer in Betrieb befindlichen Kolonne sind die Bodenzahl (Vorgabe von theoretischen Böden) und Lage des Einlaufbodens prinzipiell bekannt. Handelt es sich um eine Auslegung, so wird die Kolonne nach Kurzmethoden berechnet und vorgegeben. Als zwei voneinander unabhängige Variable werden oft die Gesamtzahl der theoretischen Böden und der Kopfmengenstrom $\dot{K}$ vorgegeben. Unter Beachtung der fortlaufenden Numerierung der Böden vom Kopf bis zum Sumpf gemäß Bild 4.36 wird auf die zusätzliche Kennzeichnung der Konzentrationen und Mengenströme mit einem Strich in der Abtriebskolonne verzichtet.

Nach der auf Seite 268 dargestellten Vorgehensweise werden mit den aus der letzten Iteration bekannten Temperaturen, den aus den Phasengleichgewichten ermittelten Dampfkonzentrationen und den aus den Energiebilanzen bekannten Mengenströmen auf jedem Boden für die nächste Iteration zunächst die Flüssigkeitskonzentrationen auf jedem Boden ermittelt. Dabei werden für die Komponentenströme im Kopf und Sumpf folgende Bezeichnungen eingeführt:

$\dot{s}_i = x_{iS} \dot{S}$ und $\dot{k}_i = x_{iK} \dot{K}$

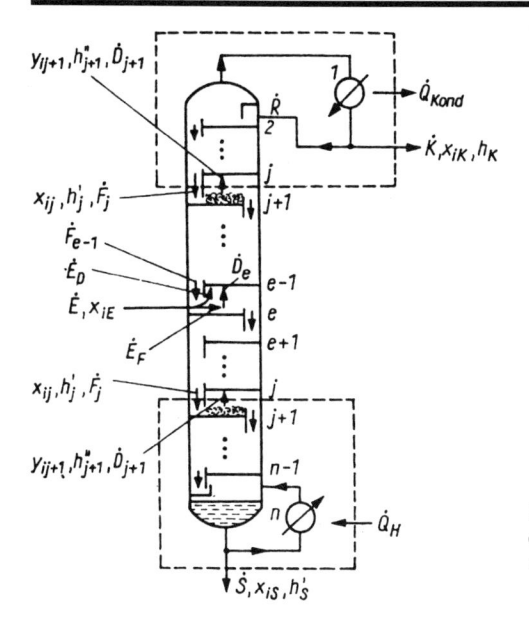

Bild. 4.36. Mehrstoffdestillationskolonne mit einem Einlauf, vollständiger Kondensation am Kopf und partieller Verdampfung am Sumpf

Stoffbilanz für jede Komponente in der Verstärkungskolonne

$$y_{ij+1}\dot{D}_{j+1} = x_{ij}\dot{F}_j + x_{iK}\dot{K} \quad \text{oder} \quad \frac{x_{ij}\dot{F}_j}{\dot{k}_i} = \frac{y_{ij+1}\dot{D}_{j+1}}{\dot{k}_i} - 1 \qquad (4.53)$$

und in der Abtriebskolonne

$$x_{ij}\dot{F}_j = y_{ij+1}\dot{D}_{j+1} + x_{iS}\dot{S} \quad \text{oder} \quad \frac{x_{ij}\dot{F}_j}{\dot{s}_i} = \frac{y_{ij+1}\dot{D}_{j+1}}{\dot{s}_i} - 1 \qquad (4.54)$$

Die Stoffbilanz für jede Komponente für die gesamte Kolonne ergibt:

$$x_{iE}\dot{E} = x_{iS}\dot{S} + x_{iK}\dot{K} = \dot{s}_i + \dot{k}_i \quad \text{oder} \quad \dot{k}_i = \frac{x_{iE}\dot{E}}{1 + \dot{s}_i/\dot{k}_i} \qquad (4.55)$$

Ein beliebiger thermischer Zustand des Einlaufstroms wird durch folgenden Ansatz berücksichtigt:

$$\dot{E} = \dot{E}_D + \dot{E}_F$$

$\dot{E}_D$ dampfförmiger Anteil
$\dot{E}_F$ flüssiger Anteil

Ist zum Beispiel $\dot{E}$ vollständig flüssig, so wird $\dot{E}_D = 0$. Es wird nun eine Beziehung zwischen $\dot{s}_i/\dot{k}_i$ und den Konzentrationen am Einlaufboden aus der Durchrechnung von Verstärkungs- und Abtriebskolonne gesucht. Die Stoffbilanzen für einen Bilanzkreis oberhalb des Einlaufbodens bis zum Kopf ergeben:

$$\dot{D}_e + \dot{E}_D = \dot{F}_{e-1} + \dot{K}$$

$$y_{ie}\dot{D}_e + y_{iE}\dot{E}_D = x_{ie-1}\dot{F}_{e-1} + x_{iK}\dot{K}$$

oder

$$\frac{y_{ie}\dot{D}_e}{\dot{k}_i} + \frac{y_{iE}\dot{E}_D}{\dot{k}_i} = \frac{x_{ie-1}\dot{F}_{e-1}}{\dot{k}_i} + 1$$

Das 1. Glied wird mit $\dot{s}_i$ erweitert; die Auflösung der Gleichung nach $\dot{s}_i/\dot{k}_i$ ergibt:

$$\frac{\dot{s}_i}{\dot{k}_i} = \frac{\dfrac{x_{ie-1}\dot{F}_{e-1}}{\dot{k}_i} + 1 - \dfrac{y_{iE}\dot{E}_D}{\dot{k}_i}}{y_{ie}\dot{D}_e/\dot{s}_i}$$

Das Glied $y_{iE}\dot{E}_D/\dot{k}_i$ kann wie folgt umgeformt werden:

$$\frac{y_{iE}\dot{E}_D}{\dot{k}_i} \frac{\dot{E}x_{iE}}{\dot{E}x_{iE}} = \left(1 - \frac{\dot{E}_F x_{iE}}{\dot{E}x_{iE}}\right)\left(1 + \frac{\dot{s}_i}{\dot{k}_i}\right)$$

da

$$\frac{\dot{E}_D y_{iE}}{\dot{E}x_{iE}} = 1 - \frac{\dot{E}_F x_{iE}}{\dot{E}x_{iE}} \quad \text{und} \quad \frac{\dot{E}x_{iE}}{\dot{k}_i} = \frac{\dot{k}_i}{\dot{k}_i} + \frac{\dot{s}_i}{\dot{k}_i}$$

In die obige Gleichung einsetzen, die Klammern ausrechnen und $\dot{s}_i/\dot{k}_i$ auf die linke Seite bringen:

$$\frac{\dot{s}_i}{\dot{k}_i}\left(\frac{y_{ie}\dot{D}_e}{\dot{s}_i} - \frac{\dot{E}_F x_{iE}}{\dot{E}x_{iE}} + 1\right) = \frac{x_{ie-1}\dot{F}_{e-1}}{\dot{k}_i} + \frac{x_{iE}\dot{E}_F}{x_{iE}\dot{E}}$$

oder

$$\frac{\dot{s}_i}{\dot{k}_i} = \frac{x_{ie-1}\dot{F}_{e-1}/\dot{k}_i + \dot{E}_F/\dot{E}}{\dfrac{y_{ie}\dot{D}_e}{\dot{s}_i} + \dfrac{y_{iE}\dot{E}_D}{x_{iE}\dot{E}}} \tag{4.56}$$

Nach erfolgter Durchrechnung der Verstärkungs- und Abtriebskolonne von Boden zu Boden kann $\dot{s}_i/\dot{k}_i$ nach Gleichung (4.56) ermittelt werden und nach Einsetzen in Gleichung (4.55) $\dot{k}_i$. Die Berechnung ist dann hinreichend genau, wenn

$$\sum_{i=1}^{z} \dot{k}_i - \dot{K} = 0 \tag{4.57}$$

wird, weil dann die Zusammensetzung im Kopf und Sumpf richtig geschätzt wurde. Ist Gleichung (4.57) nicht genügend genau erfüllt, könnten für die nächste Durchrechnung der Kolonne die mit Gleichung (4.55) neu ermittelten $\dot{k}_i$-Werte und die dann aus der gesamten Stoffbilanz leicht zu berechnenden $\dot{s}_i$-Werte verwendet werden. Diese Methode konvergiert jedoch relativ langsam.

Einführung eines Konvergenzkriteriums

Die Bedingung gemäß Gleichung (4.55) kann als Grundlage zur Einführung eines Konvergenzkriteriums verwendet werden. Dazu wurden Vorschläge von *Lyster* u. a. [4.16] gemacht. Der Ansatz hierzu ist:

$$(\dot{s}_i/\dot{k}_i)_{kor} = \Theta(\dot{s}_i/\dot{k}_i)_{ber} \tag{4.58}$$

Es bedeuten:
ber zuletzt berechneter Wert
kor korrigierter Wert, welcher für die nächste Iteration zu verwenden ist

Nach dem eingeführten charakteristischen Faktor Θ ist die Bezeichnung Θ-Konvergenzkriterium üblich. Eine Stoffbilanz $\dot{E}x_{iE} = (\dot{s}_i)_{kor} + (\dot{k}_i)_{kor}$ ergibt analog zu

Gleichung (4.55):

$$(\dot{k}_i)_{\text{kor}} = \frac{\dot{E}x_{iE}}{1 + \Theta(\dot{s}_i/\dot{k}_i)_{\text{ber}}} \qquad (4.59)$$

Gemäß dem Ansatz nach Gleichung (4.58) wird die Erfüllung der Bedingung nach Gleichung (4.57) eine Funktion von Θ

$$f(\Theta) = \sum_{i=1}^{z} (\dot{k}_i)_{\text{kor}} - \dot{K}$$

$$f(\Theta) = \sum_{i=1}^{z} \frac{\dot{E}x_{iE}}{1 + \Theta(\dot{s}_i/\dot{k}_i)_{\text{ber}}} - \dot{K} \qquad (4.60)$$

$(\dot{s}_i/\dot{k}_i)_{\text{ber}}$ entspricht den aus der letzten Durchrechnung erhaltenen Werten nach Gleichung (4.56). Es ist die positive Nullstelle für Gleichung (4.60) zu bestimmen. Dafür kommen verschiedene mathematische Methoden in Betracht, z. B. die Regula falsi oder die *Newton*sche Näherungsmethode:

$$\Theta_{z+1} = \Theta_z - f(\Theta)/f'(\Theta)$$

Nach Ermittlung von Θ nach Gleichung (4.60) werden berechnet: $(\dot{k}_i)_{\text{kor}}$ nach Gleichung (4.59) und $(\dot{s}_i)_{\text{kor}}$ nach Gleichung (4.58). Auf der Grundlage der neu ermittelten Werte $(\dot{k}_i)_{\text{kor}}$ und $(\dot{s}_i)_{\text{kor}}$ wird für die nächste Iteration die neue Temperaturverteilung in der Kolonne bestimmt. Dazu wird die Zusammensetzung der Flüssigkeit benötigt.

Abtriebskolonne

$$x_{ij} = \frac{(\dot{F}_j x_{ij}/\dot{s}_i)_{\text{ber}} (\dot{s}_i)_{\text{kor}}}{\sum_{i=1}^{z} (\dot{F}_j x_{ij}/\dot{s}_i)_{\text{ber}} (\dot{s}_i)_{\text{kor}}} \qquad (4.61)$$

Verstärkungskolonne

$$x_{ij} = \frac{(\dot{F}_j x_{ij}/\dot{k}_i)_{\text{ber}} (\dot{k}_i)_{\text{kor}}}{\sum_{i=1}^{z} (\dot{F}_j x_{ij}/\dot{k}_i)_{\text{ber}} (\dot{k}_i)_{\text{kor}}} \qquad (4.62)$$

Mit dem Unterprogramm Phasengleichgewicht (Siedetemperatur) werden das neue Temperaturprofil und die Dampfkonzentrationen mit den nach den Gleichungen (4.61) und (4.62) ermittelten Flüssigkeitskonzentrationen berechnet. Anschließend werden die spezifischen Enthalpiewerte mit den bekannten Flüssigkeits- und Dampfkonzentrationen berechnet. Dann werden mit den Energiebilanzen die Mengenströme berechnet. Für die Verstärkungskolonne gilt:

$$\dot{F}_j = \frac{\dot{Q}_{\text{Kond}} + \dot{K}(h'_K - h'_{j+1})}{h''_{j+1} - h'_j} \qquad (4.63)$$

und für die Abtriebskolonne

$$\dot{D}_j = \frac{\dot{Q}_H + \dot{S}(h'_{j+1} - h'_s)}{h''_j - h'_{j+1}} \qquad (4.64)$$

Aus der gesamten Stoffbilanz erhält man in der Verstärkungskolonne

$$\dot{D}_{j+1} = \dot{F}_j + \dot{K} \quad \text{mit} \quad \dot{D}_2 = \dot{K} + \dot{R} \qquad (4.65)$$

und in der Abtriebskolonne

$$\dot{F}_j = \dot{D}_{j+1} - \dot{S} \qquad (4.66)$$

Gemäß der vorstehenden Darstellung ergeben sich für ein Rechenprogramm folgende Hauptschritte:

1. Annahme eines Temperaturprofils für die Kolonne, z. B. linearer Temperaturabfall vom Sumpf bis zum Kopf.
2. Berechnung der Gleichgewichtskonstanten K_{ij} mit Hilfe des angenommenen Temperaturprofils. Bei dieser ersten Iteration wird beim Phasengleichgewicht ideales Verhalten vorausgesetzt.
3. Berechnung der Flüssigkeitskonzentrationen in der Verstärkungs- und Abtriebskolonne nach den Gleichungen (4.53) und (4.54).
4. Berechnung von $\dot{s}_i/\dot{k}_i$ nach Gleichung (4.56).
5. Berechnung von Θ nach Gleichung (4.60).
6. Prüfung auf die erreichte Genauigkeit. Für den Abbruchtest $(1 - \Theta) \leq \varepsilon$ wird die Genauigkeitsschranke ε meistens in dem Bereich $10^{-2} \ldots 10^{-5}$ gewählt.
7. Berechnung von $(\dot{k}_i)_{\text{korr}}$ nach Gleichung (4.59) und $(\dot{s}_i)_{\text{korr}}$ nach Gleichung (4.58).
8. Berechnung der neuen korrigierten Flüssigkeitskonzentrationen nach den Gleichungen (4.61) und (4.62).
9. Berechnung der Phasengleichgewichte (Siedetemperatur) auf allen Böden und damit Ermittlung der Dampfkonzentrationen.
10. Berechnung der spezifischen Enthalpiewerte h_j'' und h_j' auf jedem Boden.
11. Berechnung der neuen Mengenströme $\dot{D}_j$ und $\dot{F}_j$ nach den Gleichungen (4.63) bis (4.66).
12. Neue Iteration ab Punkt 3.

Zu beachten ist, daß die Komponenten, die im Kopf oder Sumpf nur in Spuren vorhanden sind, gesondert zu behandeln sind, um Konvergenz zu erreichen (separierte Komponenten). Eine ausführliche Darstellung der Methode nach *Thiele-Geddes* mit Θ-Konvergenzkriterium unter Berücksichtigung des Einsatzes von Digitalrechnern erfolgte nach *Holland* [4.17]. Der Faktor Θ ist einerseits Konvergenzbeschleuniger und andererseits Konvergenzkriterium, da Θ gemäß Definition genau den Wert Eins annehmen muß. Die zulässige Abweichung von eins wird mit einer Genauigkeitsschranke festgelegt (vgl. Punkt 6 oben).
Bei mehreren Einläufen bzw. Seitenströmen ist die Methode nach *Thiele-Geddes* weniger geeignet, da teilweise keine Konvergenz erreicht wird. Oft werden dann die im nächsten Abschnitt dargestellten Matrizenmethoden bevorzugt. Eine neue leistungsfähige Theta-Konvergenzmethode wird im Abschnitt 4.4.6. dargestellt.

Beispiel 4.9. Simulation des betrieblichen Verhaltens einer Mehrstoffdestillationskolonne

Die im Beispiel 4.8 nach Kurzmethoden ausgelegte Mehrstoffdestillationskolonne zur Trennung des Gemisches Benzol(1)-Toluol(2)-Ethylbenzol(3) ist nachzurechnen und im betrieblichen Verhalten zu simulieren.

Aufgabe:

1. Die Konzentrations- und Temperaturprofile sind für die Kolonne gemäß Beispiel 4.8 (Auslegungsfall) zu berechnen und mit den geforderten Reinheiten zu vergleichen (Variante 1).
2. Zur Simulation des betrieblichen Verhaltens wird im Vergleich zu Variante 1 jeweils eine Größe variiert.
Rücklaufverhältnis Variante 2 mit $v = 1{,}3 v_{\min}$
Variante 3 mit $v = 1{,}1 v_{\min}$
Variante 4 möglichst kleines v bei Einhaltung der geforderten Reinheiten im Kopf und Sumpf.

Kopfproduktmengenstrom Variante 5 mit $\dot{K} = 30{,}00$ kmol/h
Variante 6 mit $\dot{K} = 27{,}00$ kmol/h

Einlaufboden
Variante   7   8   9   10
Einlaufboden Nummer 12   18   14   16
Konzentration des Einlaufproduktes
Variante 11: $x_{1E} = 0{,}30$; $x_{2E} = 0{,}45$; $x_{3E} = 0{,}25$
Variante 12: $x_{1E} = 0{,}35$; $x_{2E} = 0{,}35$; $x_{3E} = 0{,}30$
Variante 13: $x_{1E} = 0{,}35$; $x_{2E} = 0{,}35$; $x_{3E} = 0{,}30$ und $\dot{K} = 34{,}85$ kmol/h.

Lösung:

Die Lösung erfolgt mit einem Rechenprogramm nach der Methode von *Thiele-Geddes* auf einem Personalcomputer. Es wird mit konstanten Mengenströmen für Dampf und Flüssigkeit in der Verstärkungskolonne gerechnet. Die Zahl der Iterationen für die Kolonne ist kleiner als 10, und die Rechenzeiten sind klein.

1. Berechnung für den Auslegungsfall (Variante 1)

Für die nach Kurzmethoden ausgelegte Kolonne (Variante 1) werden die Konzentrations- und Temperaturprofile berechnet, Ergebnisse siehe Tabelle 4.4. Die Durchrechnung der Kolonne erfordert nur 6 Iterationen:

Iteration	1	2	3	4	5	6
Θ	0,7256	1,645	0,7096	1,1348	0,9743	1,0047

Die gewünschten Reinheiten $x_{1K} \geq 0{,}993$ und $x_{1S} \leq 0{,}006$ werden erreicht (s. Tab. 4.4).
Weitere Rechenergebnisse: Druck im Sumpf 114,8 kPa; $\dot{Q}_H = 3{,}113$ GJ/h; $\dot{Q}_{Kond} = 2{,}784$ GJ/h

Verstärkungskolonne: $\dot{F} = 60{,}59$ kmol/h; $\dot{D} = 90{,}38$ kmol/h
Abtriebskolonne: $\dot{F} = 160{,}6$ kmol/h; $\dot{D} = 90{,}38$ kmol/h

Tabelle 4.4. Konzentrations- und Temperaturprofile für den Auslegungsfall gemäß Beispiel 4.9

Boden Nr.	in Molanteilen			T in °C
	x_1	x_2	x_3	
Kopf	0,9962	0,00378	$0{,}146 \cdot 10^{-7}$	80,18
1	0,9902	0,00976	$0{,}872 \cdot 10^{-7}$	80,30
2	0,9800	0,01996	$0{,}375 \cdot 10^{-6}$	80,66
3	0,9630	0,03700	$0{,}149 \cdot 10^{-5}$	81,17
4	0,9354	0,06456	$0{,}573 \cdot 10^{-5}$	81,90
5	0,8931	0,1069	$0{,}212 \cdot 10^{-4}$	82,96
6	0,8328	0,1672	$0{,}742 \cdot 10^{-4}$	84,45
7	0,7554	0,2443	$0{,}243 \cdot 10^{-3}$	86,40
8	0,6681	0,3311	0,000162	88,71
9	0,5823	0,4157	0,002037	91,14
10	0,5078	0,4896	0,005253	93,43
11	0,4491	0,5382	0,01271	95,43
12	0,4045	0,5663	0,02913	97,17
13	0,3689	0,5678	0,06327	98,93
14	0,3355	0,5360	0,1285	101,09
15	0,2985	0,4642	0,2373	104,15

284 **4** Destillation

Tabelle 4.4. Fortsetzung

Boden Nr.	in Molanteilen			T in °C
	x_1	x_2	x_3	
16	0,2779	0,4821	0,2400	105,16
17	0,2514	0,5052	0,2434	106,44
18	0,2194	0,5330	0,2476	107,99
19	0,1836	0,5643	0,2521	109,76
20	0,1496	0,5963	0,2568	111,64
21	0,1124	0,6263	0,2612	113,49
22	0,08248	0,6522	0,2653	115,18
23	0,05826	0,6726	0,2691	116,63
24	0,03971	0,6867	0,2736	117,84
25	0,02606	0,6928	0,2811	118,88
26	0,01629	0,6860	0,2977	119,92
27	0,00939	0,6533	0,3373	121,33
Sumpf	0,00459	0,5681	0,4273	123,84

2. *Berechnung und Diskussion der Varianten 2 bis 13 zum betrieblichen Verhalten*

Die wesentlichen Ergebnisse der Varianten 2 bis 13 sind in Tabelle 4.5 aufgeführt.

Tabelle 4.5. Ergebnisse der Simulation des betrieblichen Verhaltens mit einem Computer gemäß Beispiel 4.9, Variante 1 Auslegungsfall mit 27 theoretischen Böden und $x_{1E} = 0,30$; $x_{2E} = 0,40$; $x_{3E} = 0,30$ (für alle Varianten verwendet, ausgenommen 11 bis 13)

Var.	in Molanteilen		v	$\dot{K}$	n_E	p_K	$\dot{Q}_H$
	x_{1K}	x_{1S}		in kmol/h		in kPa	in GJ/h
1	0,9962	0,00378	2,034	29,79	15	101,3	3,113
2	0,9994	0,00323	2,300	29,79	15	101,3	3,386
3	0,9925	0,00619	1,946	29,79	15	101,3	3,022
4	0,9932	0,00587	1,960	29,79	15	101,3	3,037
5	0,9920	0,00343	2,034	30,00	15	101,3	3,135
6	0,9991	0,04141	2,034	27,00	15	101,3	2,814
7	0,9957	0,00481	2,034	29,79	12	101,3	3,113
8	0,9870	0,00852	2,034	29,79	18	101,3	3,112
9	0,9969	0,00429	2,034	29,79	14	101,3	3,113
10	0,9944	0,00538	2,034	29,79	16	101,3	3,113
11[1])	0,9910	0,00680	2,034	29,79	15	101,3	3,095
12[2])	0,9998	0,07430	2,034	29,79	15	101,3	3,104
13[2])	0,9996	0,00251	2,034	34,85	15	101,3	3,651

[1]) $x_{1E} = 0,30$; $x_{2E} = 0,45$; $x_{3E} = 0,25$
[2]) $x_{1E} = 0,35$; $x_{2E} = 0,35$; $x_{3E} = 0,30$
n_E Lage des Einlaufbodens, vom Kopf aus gezählt.

Variation des Rücklaufverhältnisses

Die Erhöhung des Rücklaufverhältnisses auf $1,3 v_{min}$ in Variante 2 erhöht die Reinheit. Dafür ist der Energieverbrauch im Vergleich zu Variante 1 um 8,8% höher. Die Mehrkosten für Heizdampf ΔP_{En}

bei 8000 Betriebsstunden je Jahr und einem Preis von 22,30 DM/GJ betragen:

$\Delta P_{En} = 8000 \cdot 0{,}273 \cdot 22{,}30 = 48\,700$ DM/a

Falls die höhere Reinheit gewünscht wird, könnte diese wirtschaftlicher durch die zusätzliche Ausführung von 2 bis 3 theoretischen Böden erreicht werden. Die Variante 3 mit $v = 1{,}1 v_{min} = 1{,}946$ führt nicht ganz zu den gewünschten Reinheiten. Über weitere Durchrechnungen der Kolonne mit verschiedenen Rücklaufverhältnissen findet man, daß ein Rücklaufverhältnis von $v = 1{,}108 v_{min} = 1{,}96$ noch zu den gewünschten Reinheiten führt. Obwohl mit dem 1,108fachen von v_{min} schon ein günstiger Wert erreicht ist, wäre anzustreben, durch die Ausführung von drei weiteren theoretischen Böden die Möglichkeit zu schaffen, daß auch das 1,07fache von v_{min} realisiert werden kann. Da mit der Berechnung des Austauschgrades und der Festlegung der effektiven Bodenzahl meistens die Sicherheit bezüglich einer genügenden Bodenzahl erhöht wird, kann auf eine weitere Durchrechnung mit höheren theoretischen Bodenzahlen verzichtet werden. Die Energieeinsparung beträgt bei $1{,}07 v_{min}$ gegenüber $1{,}108 v_{min}$ 0,130 GJ/h, was mit den obigen Werten einer Kosteneinsparung von 23 200 DM/a entspricht.

Variation des Kopfmengenstroms

Die Ergebnisse der Varianten 5 und 6 weisen aus, daß es bezüglich der gewünschten Reinheiten nachteilig ist, wenn der Kopfmengenstrom gegenüber dem berechneten Wert verändert wird. Diese sollte bei der Regelung beachtet werden, vergleiche auch Abschnitt 4.3.5.

Variation des Einlaufbodens

Die Lage des Einlaufbodens würde für den Auslegungsfall mit dem Boden Nummer 14 noch etwas günstiger sein als mit dem Boden 15. Damit stimmt die berechnete Lage des Einlaufbodens nach der ausführlichen Berechnung relativ gut mit der nach Kurzmethoden überein. Wird die Lage des Einlaufbodens stärker in Richtung Sumpf angeordnet, siehe Variante 8 mit dem Boden 18 als Einlaufboden, so werden die gewünschten Reinheiten nicht mehr erreicht. Dagegen werden bei einer gleichfalls falschen Anordnung des Einlaufbodens in Richtung Kopf, siehe Variante 7 mit dem Boden 12 als Einlaufboden, nahezu die gewünschten Reinheiten erreicht.

Variation der Konzentrationen des Einlaufproduktes

Diese können sich in der industriellen Praxis zum Beispiel bei organischen Synthesen in Abhängigkeit von der Alterung des Katalysators verändern. Variante 11 zeigt, daß bei einem erheblichen Anstieg der Konzentration der Komponente 2 von 0,40 auf 0,45 Molanteile noch eine Kopfkonzentration $x_{1K} = 0{,}991$ erreicht wird, so daß eine geringe Erhöhung des Rücklaufverhältnisses erforderlich ist. Falls in der Verstärkungskolonne ein theoretischer Boden mehr ausgeführt wird, wäre die Erhöhung des Rücklaufverhältnisses nicht erforderlich. Bei einer Veränderung des Molanteils der Komponente 1 ist auf jeden Fall eine Veränderung des Kopfproduktmengenstroms erforderlich, wie ein Vergleich der Varianten 12 und 13 deutlich ausweist.

4.4.4. Matrizen- und Relaxationsmethoden

Nach diesen Methoden werden für eine vorgegebene Mehrstoffdestillationskolonne die Konzentrations-, Temperatur- und Mengenstromprofile berechnet. Der wesentliche Unterschied zur Methode nach *Thiele-Geddes* besteht darin, daß bei den Matrizenmethoden auf einem Digitalrechner eine simultane Lösung des Gleichungssystems in jeder Iteration erfolgt, während bei der Methode nach *Thiele-Geddes* nach Vorgabe des Temperaturprofils in der Kolonne die Berechnung von Boden zu Boden erfolgt. Die numerische Lösung von Gleichungssystemen wird durch leistungsfähige Matrizenmethoden beschleunigt, weshalb zahlreiche Rechenprogramme für die Mehrstoffdestillation Matrizenmethoden einbeziehen.

Mit der Verfügbarkeit von Digitalrechnern arbeiteten *Amundson* und *Pontinen* [4.18] einen ersten Vorschlag für eine Matrizenmethode bei der Mehrstoffdestillation aus. Die von *Wang* und *Henke* [4.19] eingeführte sogenannte *Tridiagonalmatrixmethode*, die nachstehend dargestellt wird, brachte einen weiteren Fortschritt.

Zur Übersichtlichkeit wird der einfachste Fall für eine Mehrstoffdestillationskolonne mit einem Einlauf gemäß Bild 4.36 zugrunde gelegt. Das bereits im Abschnitt 4.4.1. aufgestellte Gleichungssystem ist zu vereinfachen, indem mit Hilfe der Phasengleichgewichte entweder die Dampf- oder Flüssigkeitskonzentrationen eliminiert werden. Werden erstere eliminiert, so erhält man aus Gleichung (4.42) durch Einsetzen von Gleichung (4.43)

$$y_{ij} = K_{ij}x_{ij} \quad \text{bzw.} \quad y_{ij+1} = K_{ij+1}x_{ij+1}$$

nach einer Umformung:

$$x_{ij-1}\dot{F}_{j-1} - x_{ij}(\dot{F}_j + \dot{D}_J K_{ij}) + x_{ij+1}\dot{D}_{j+1}K_{ij+1} = 0 \tag{4.67}$$

$$x_{ij-1}A_j + x_{ij}B_j + x_{ij+1}C_j = 0 \tag{4.68}$$

Die Gleichungen (4.67) und (4.68) sind identisch, wobei für die Matrizen die Schreibweise mit A_j, B_j und C_j übersichtlicher ist. Die rechte Seite der Gleichungen ist Null; lediglich am Einlaufboden erhält man auf der rechten Seite $\dot{E}x_{1E} = G_e$. Zur Ermittlung der Flüssigkeitskonzentrationen x_{ij} erhält man für jede Komponente i gemäß Gleichung (4.68) eine Matrix der folgenden Form:

$$\begin{bmatrix} B_1 & C_1 & & & & & \\ A_2 & B_2 & C_2 & & & & \\ & A_3 & B_3 & C_3 & & & \\ & & & \vdots & & & \\ & & & A_e & B_e & C_e & \\ & & & & & \vdots & \\ & & & & & A_{n-1} & B_{n-1} & C_{n-1} \\ & & & & & & A_n & B_n \end{bmatrix} \cdot \begin{bmatrix} x_{i1} \\ x_{i2} \\ x_{i3} \\ \vdots \\ x_{ie} \\ \vdots \\ x_{in-1} \\ x_{in} \end{bmatrix} = \begin{bmatrix} 0 \\ 0 \\ 0 \\ \vdots \\ \dot{E}x_{1E} \\ \vdots \\ 0 \\ 0 \end{bmatrix}$$

Eine Matrix der vorstehenden Art, die nur Eingänge für die Hauptdiagonale B_j und die zwei benachbarten Diagonalen A_j und C_j hat, wird *Tridiagonalmatrix* genannt. Zur Ermittlung der Flüssigkeitskonzentration x_{ij} nach vorstehender Matrix müssen $\dot{D}_j$, $\dot{F}_j$ und K_{ij} bekannt sein. Auf die mathematische Lösung der Tridiagonalmatrix durch Inversion wird nicht eingegangen. Meistens stehen für Computer Standardprogramme zur Lösung von Gleichungssystemen mittels Matrizen zur Verfügung.

Die Größen $\dot{D}_j$, $\dot{F}_j$ und K_{ij} sind mit den zu ermittelnden Flüssigkeitskonzentrationen x_{ij} über nichtlineare Zusammenhänge durch Phasengleichgewichte und Energiebilanzen gekoppelt. Nach Vorliegen der x_{ij} aus der Lösung der Tridiagonalmatrix können über die Phasengleichgewichte (iterative Berechnung) die Siedetemperaturen und Dampfkonzentrationen auf jedem Boden berechnet werden. Die berechneten x_{ij} aus den Tridiagonalmatrizen weichen auf jedem Boden von der Summe 1 ab, wenn die benutzten $\dot{D}_j$, $\dot{F}_j$ und K_{ij} noch ungenau sind. Auf jedem Boden werden die x_{ij} so korrigiert, daß die Summe Eins ergibt. Nach Berechnung der Phasengleichgewichte können mit den bekannten x_{ij} und y_{ij} die spezifischen Enthalpiewerte h'_j und h''_j nach den Gleichungen (4.12) und (4.13) berechnet werden. Die neuen Dampfmengenströme $\dot{D}_j$ können aus den Enthalpiebilanzen um jeden Boden gemäß Gleichung (4.44) berechnet werden. Wenn die Flüssigkeitsmengenströme durch die Dampfmengenströme unter Beachtung folgender Gleichung

$$\dot{D}_{j+1} + \dot{F}_{j+1} = \dot{D}_j + \dot{F}_j$$

ersetzt werden, erhält man folgende Gleichungen für die Energiebilanzen (Bezeichnungen s. Bild 4.36):

Kondensator

$$(h_2'' - h_1') \dot{D}_2 = \dot{Q}_{Kond}$$

oder

$$C_1 \dot{D}_2 = G_1$$

Boden j VK

$$(h_j'' - h_{j-1}') \dot{D}_j - (h_{j+1}'' - h_j') \dot{D}_{j+1} = (h_j' - h_{j-1}') \dot{K}$$

oder

$$B_j \dot{D}_j + C_j \dot{D}_{j+1} = G_j$$

Einlaufboden

$$(h_e'' - h_{e-1}') \dot{D}_e - (h_{e+1}'' - h_e') \dot{D}_{e+1} = (h_E - h_{e-1}') \dot{K} + (h_E - h_e') \dot{S}$$

oder

$$B_e \dot{D}_e + C_e \dot{D}_{e+1} = G_e$$

Boden j AK

$$(h_j'' - h_{j-1}') \dot{D}_j - (h_{j+1}'' - h_j') \dot{D}_{j+1} = -(h_j' - h_{j-1}') \dot{S}$$

oder

$$B_j \dot{D}_j + C_j \dot{D}_{j+1} = G_j'$$

Sumpf ($S = n$)

$$(h_n'' - h_{n-1}') \dot{D}_n = \dot{Q}_H - (h_n' - h_{n-1}') \dot{S}$$

oder

$$B_n \dot{D}_n = G_n$$

VK Verstärkungskolonne
AK Abtriebskolonne
h_E Enthalpie des Einlaufproduktes

Vorstehende Gleichungen sind bezüglich der gesuchten Dampfmengenströme $\dot{D}_j$ linear und können über die folgende Bidiagonalmatrix gelöst werden.

$$\begin{bmatrix} 0 & C_1 & & & & & & \\ & B_2 & C_2 & & & & & \\ & & \ddots & & & & & \\ & & & B_j & C_j & & & \\ & & & & \ddots & & & \\ & & & & & B_e & C_e & \\ & & & & & & \ddots & \\ & & & & & & B_j & C_j \\ & & & & & & & \ddots \\ & & & & & & & B_{n-1} & C_{n-1} \\ & & & & & & & & B_n \end{bmatrix} \begin{bmatrix} 0 \\ \dot{D}_2 \\ \vdots \\ \dot{D}_j \\ \vdots \\ \dot{D}_e \\ \vdots \\ \dot{D}_j \\ \vdots \\ \dot{D}_{n-1} \\ \dot{D}_n \end{bmatrix} = \begin{bmatrix} G_1 \\ G_2 \\ \vdots \\ G_j \\ \vdots \\ G_e \\ \vdots \\ G_j \\ \vdots \\ G_{n-1} \\ G_n \end{bmatrix}$$

Nach Berechnung der Dampfmengenströme $\dot{D}_j$ werden durch einfache Bilanzen die $\dot{F}_j$ berechnet. Damit ist eine Iteration abgeschlossen. Als Maß für die erreichte Genauigkeit bei der iterativen Berechnung können die Abweichungen $\sum x_{ij}$ von Eins auf jedem Boden dienen. Eine Genauigkeitsschranke ε für jeden Boden kann lauten:

$$\sum_{i=1}^{z} x_{ij} - 1 \leq \varepsilon \tag{4.69}$$

Theoretisch müßte bei einer genauen Lösung ε Null sein. Eine Genauigkeit für ε von 10^{-2} bis 10^{-3} wird oft den Erfordernissen genügen. Die Hauptschritte für die Berechnung einer Mehrstoffdestillationskolonne mittels Matrizenmethoden ergeben sich damit wie folgt:

1. Annahme der Temperaturen (für die 1. Iteration am einfachsten linear vom Sumpf zum Kopf) und Stoffmengenströme (für die 1. Iteration am einfachsten konstant) auf jedem Boden für die vorgegebene Kolonne.
2. Berechnung der Gleichgewichtskonstanten K_{ij} unter Annahme eines idealen Verhaltens des Gemisches bei der 1. Iteration.
3. Berechnung der Flüssigkeitskonzentrationen x_{ij} mittels der Tridiagonalmatrizen mit den bekannten $\dot{D}_j$, $\dot{F}_j$ und K_{ij} aus der vorausgegangenen Iteration.
4. Mit den nach Punkt 3 ermittelten x_{ij} (normiert auf die Summe Eins auf jedem Boden) werden über die Phasengleichgewichte (Siedetemperaturen) K_{ij} und y_{ij} berechnet.
5. Berechnung der Enthalpiewerte h'_j und h''_j.
6. Berechnung der Mengenströme $\dot{D}_j$ (meistens über die Matrix) und $\dot{F}_j$.
7. Überprüfung der Genauigkeit der iterativen Lösung durch ein Konvergenzkriterium, z. B. nach Gleichung (4.69); bei Nichterreichen neue Iteration ab Punkt 3.

Für die Berechnung ist wesentlich, ob es sich um ideale oder stark nichtideale Gemische handelt. Bei letzteren ist die Nichtlinearität des Gleichungssystems besonders groß, so daß spezielle numerische Lösungsmethoden zur Erreichung der Konvergenz notwendig werden können. Daher gibt es zahlreiche Untersuchungen und Veröffentlichungen für eine simultane Lösung des nichtlinearen Gleichungssystems gemäß den Punkten 4 bis 6. Dazu werden als mathematische Methode besonders ein Quasi-*Newton*-Verfahren und die *Newton-Raphson*-Methode verwendet. In die Matrix zur Ermittlung der Mengenströme werden dann oft differentielle Ableitungen einbezogen.

Relaxationsmethode

Zur Kennzeichnung des Übergangs vom instationären Zustand in den stationären Zustand (s. auch S. 268) wird der Flüssigkeitsinhalt U_j in kmol auf jedem Boden verwendet. Für die Stoffbilanz gemäß Gleichung (4.42) ergibt sich unter Berücksichtigung des instationären Zustandes mit U_j:

$$\frac{d(U_j x_{ij})}{dt} = y_{ij+1} \dot{D}_{j+1} + x_{ij-1} \dot{F}_{j-1} - y_{ij} \dot{D}_j - x_{ij} \dot{F}_j \tag{4.70}$$

Wird die zeitliche Veränderung des Flüssigkeitsinhaltes vernachlässigt, also $\partial U_j / \partial t = 0$, so erhält man:

$$\frac{d(U_j x_{ij})}{dt} = U_j \frac{\partial U_j}{\partial t} + x_{ij} \frac{\partial U_j}{\partial t} = U_j \frac{\partial x_{ij}}{\partial t}$$

Ersetzt man den Differentialquotienten durch einen Differenzenquotienten, so erhält man für Gleichung (4.70):

$$U_j \frac{\Delta x_{ij}}{\Delta t} = y_{ij+1} \dot{D}_{j+1} + x_{ij-1} \dot{F}_{j-1} - y_{ij} \dot{D}_j - x_{ij} \dot{F}_j \tag{4.71}$$

mit $\Delta x_{ij} = x_{ij} - x_{ij}^z$, dabei bedeutet z die Iteration z. Folgende Größe $\omega_j = \Delta t / U_j$ wird als *Relaxationsfaktor* bezeichnet.

Der Relaxationsfaktor bestimmt maßgeblich die Konvergenz. Er kann in einem großen Bereich von 10^{-4} bis 10^3 angenommen werden. Bei einem kleinen Relaxationsfaktor wird das Konvergenzverhalten günstig beeinflußt, aber die Zahl der Iterationen kann relativ groß werden (bis zu einigen hundert). Bei einem großen Relaxationsfaktor kann Instabilität auftreten, d. h. es tritt keine Konvergenz ein. Diese Betrachtungen zum Relaxationsfaktor zeigen, daß es sich nicht um einen realen instationären Zustand handelt.

Die Umformung der Gleichung (4.71) durch Ersatz der Dampfkonzentrationen mit den Gleichgewichtskonstanten ergibt ein ähnliches Gleichungssystem wie (4.67):

$$\frac{x_{ij}^{z+1} - x_{ij}^z}{\omega_j} = x_{ij-1}^{z+1} \dot{F}_{j-1} - x_{ij}^{z+1}(\dot{F}_j + \dot{D}_j K_{ij}) + x_{ij+1}^{z+1} \dot{D}_{j+1} K_{ij+1}$$

oder

$$\frac{x_{ij}^z}{\omega_j} = x_{ij-1}^{z+1} \dot{F}_{j-1} - x_{ij}^{z+1}\left(\dot{F}_j + \dot{D}_j K_{ij} + \frac{1}{\omega_j}\right) + x_{ij+1}^{z+1} \dot{D}_{j+1} K_{ij+1} \qquad (4.72)$$

$$G_j = x_{ij-1} A_j + x_{ij} B_j + x_{ij+1} C_j \qquad (4.73)$$

Die Gleichung (4.73) stellt nur eine übersichtlichere Schreibweise gegenüber der Gleichung (4.72) für den Aufbau der Tridiagonalmatrizen dar, wobei auf die Kennzeichnung der neuen Iteration durch $(z + 1)$ verzichtet wurde. Bei der Relaxationsmethode werden als Vorgabewerte zusätzlich die x_{ij} aus der vorangegangenen Iteration benötigt.

Die Relaxationsmethode zeigt im Vergleich zu anderen numerischen Lösungsmethoden ein günstiges Konvergenzverhalten, so daß auch schwierige Probleme gelöst werden können. Dafür ist durch die größere Zahl der Iterationen der numerische Rechenaufwand gegenüber anderen Lösungsmethoden oft größer.

4.4.5. Extraktiv- und Azeotropdestillation

Gemische, bei denen durch starkes nichtideales Verhalten ein Azotrop auftritt — Flüssigkeit und Dampf haben die gleiche Zusammensetzung — können nicht mit der konventionellen Destillation getrennt werden. Häufig wird dann die Extraktiv- oder Azeotropdestillation angewendet. Das Wesen besteht darin, daß ein Zusatzstoff zugegeben wird, der das nichtideale Verhalten so beeinflußt, daß eine Trennung durch unterschiedliche Zusammensetzung von Flüssigkeit und Dampf möglich wird. Dies bedeutet, daß die Selektivität (relative Flüchtigkeit) eines Zweistoffgemisches mit azeotropem Punkt

$$\alpha_{12} = \frac{\gamma_1 \pi_1}{\gamma_2 \pi_2} = 1$$

durch die Beeinflussung der Aktivitätskoeffizienten mittels des Zusatzstoffes so verändert wird, daß $\alpha_{12} > 1$ wird. Der Zusatzstoff wird oft Extraktionsmittel (bei der Extraktivdestillation) oder Schleppmittel (bei der Azeotropdestillation) genannt.

Extraktivdestillation

Der Zusatzstoff ist wesentlich schwerer flüchtig als die Komponenten des zu trennenden Gemisches (Siedepunktsdifferenz meistens mehr als 50 K). Er wird in der Nähe des Kopfes der Extraktivdestillationskolonne I zugegeben. Die Erläuterung erfolgt am Beispiel der Trennung von Ethanol-Wasser (s. Bild 4.37). Das Ethanol(E)-Wasser(W)-Gemisch besitzt

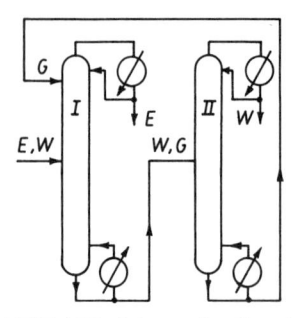

Bild 4.37. Schema der Extraktivdestillation
E Ethanol
W Wasser
G Ethylenglykol

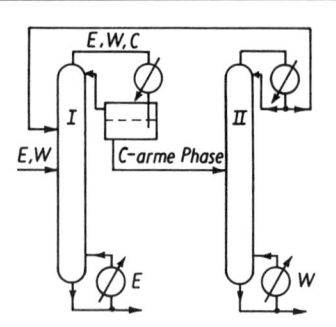

Bild 4.38 Schema der Azeotropdestillation
C Cyclohexan

bei 89,4 Mol-% entsprechend einer Temperatur von 78,15 °C einen azeotropen Punkt. Zweckmäßigerweise wird das Ethanol-Wasser-Gemisch mit einer Zusammensetzung nahe der azeotropen, z. B. 85 Mol-%, der Kolonne I zugeführt. Ein geeigneter Zusatzstoff ist Ethylenglykol (G) mit einer Siedetemperatur von 197,4 °C bei 101,3 kPa. In der Kolonne I tritt am Sumpf ein W-G-Gemisch aus, während am Kopf das Ethanol in der gewünschten Reinheit, z. B. mit 99,8 Mol-%, anfällt. Das W-G-Gemisch wird in der Kolonne II getrennt und das Ethylenglykol der Kolonne I wieder zugeführt.

Die Berechnung der Extraktivdestillation erfolgt nach den Methoden der Merhstoffdestillation, siehe auch Beispiel 4.10. Der Austauschgrad in der Extraktivdestillationskolonne I ist kleiner (oft 30 bis 50%) als bei der üblichen Destillation. Dies ist vor allem auf das schwer flüchtige Extraktionsmittel und die dadurch erhöhte Viskosität der flüssigen Phase zurückzuführen [4.45]. Der Anteil des Zusatzstoffes in der Kolonne I liegt oft bei 30 bis 60 Mol-% und beeinflußt entsprechend seiner Konzentration das Phasengleichgewicht.

Azeotropdestillation

Bei der Azeotropdestillation wird ein geeigneter Zusatzstoff zugegeben, dessen Siedepunkt zwischen dem Siedepunkt der Komponenten des zu trennenden Gemisches liegt und der meistens mit dem zu trennenden Gemisch ein neues Heteroazeotrop bildet. Ein typisches technologisches Schema ist im Bild 4.38 am Beispiel der Herstellung von Reinethanol dargestellt. Das Ethanol(E)-Wasser(W)-Gemisch wird mit einer Ethanolkonzentration in der Nähe des azeotropen Punktes, z. B. 85 Mol-%, der Azeotropdestillationskolonne I zugeführt. Bekannte Schleppmittel bei der Herstellung von Reinethanol sind Benzol (Siedepunkt 80,1 °C bei 101,3 kPa) und Cyclohexan (Siedepunkt 80,8 °C bei 101,3 kPa), wobei neuerdings Cyclohexan wegen der Giftigkeit von Benzol bevorzugt wird. Über Kopf der Kolonne I geht ein Gemisch mit einer Zusammensetzung nahe des ternären Heteroazeotrops, das nach der Kondensation durch mechanisches Absetzen in zwei nicht mischbare flüssige Phasen — eine C-arme und C-reiche Phase — zerfällt. Die C-reiche Phase wird der Kolonne I als Rücklauf zugeführt, während die C-arme und damit wasserreiche Phase in der Kolonne II in Wasser und ein E-W-C-Gemisch zerlegt wird, das am einfachsten der Kolonne I wieder zugeführt wird. Das Schleppmittel zirkuliert also nur im oberen Teil (Verstärkungskolonne) der Kolonnen I und II.

Die Berechnung der Azeotropdestillation unterscheidet sich prinzipiell nicht von den im Abschnitt 4.4.3. bzw. 4.4.4. behandelten Berechnungsmethoden. Die Konvergenz wird durch das stark nichtideale Verhalten ungünstig beeinflußt. Im obersten Teil der Kolonne I (bei der Trennung von Ethanol-Wasser oft nur 2 bis 3 Böden) liegt ein Gemisch mit zwei flüssigen Phasen (Mischungslücke) und einer dampfförmigen Phase vor. Der Austauschgrad wird durch das Auftreten von zwei flüssigen Phasen nicht signifikant beeinflußt, d. h., der Austauschgrad liegt in Abhängigkeit von der Fluiddynamik vorzugsweise zwischen 50 bis 80%.

Zum Vergleich von Extraktiv- und Azeotropdestillation

Die jeweilige Technologie ist begründet durch die Wirkung des Zusatzstoffes, siehe vorstehende Erläuterungen. Bei der Extraktivdestillation lassen sich oft besser geeignete Zusatzstoffe finden als bei der Azeotropdestillation, was mit dem Siedeverhalten des Zusatzstoffes zusammenhängt. Die Azeotropdestillation wird zunächst energetisch ungünstig dadurch beeinflußt, daß der Zusatzstoff durch Zirkulation im oberen Teil der Kolonne I und II verdampft und kondensiert werden muß. Allerdings muß jeweils ein konkreter Vergleich erfolgen. Bei der Herstellung von Reinethanol sind die Azeotrop- und Extraktivdestillation in Abhängigkeit von dem jeweiligen Zusatzstoff und den gewählten Prozeßbedingungen energetisch etwa gleichwertig. In der Industrie dominiert zur Herstellung von Reinethanol die Azeotropdestillation. Bei der Trennung von Gemischen mit azeotropem Punkt bzw. einer relativen Flüchtigkeit in unmittelbarer Nähe von Eins hat insgesamt die Extraktivdestillation in der Industrie eine größere Bedeutung als die Azeotropdestillation.

4.4.6. Berechnung mit einer neuen Theta-Konvergenzmethode

Die Theta-Konvergenzmethode ist 1959 von *Lyster* u. a. [4.16] eingeführt worden vgl. Abschn. 4.4.3.). Sie gehört bei der Destillation zu den numerischen Berechnungsmethoden mit den kürzesten Rechenzeiten. Bei stark nichtidealen Gemischen können Schwierigkeiten mit der Konvergenz auftreten. Eine verbesserte neue Konvergenzmethode wird nachfolgend am Beispiel einer Extraktivdestillationskolonne mit zwei Einläufen dargestellt. Die Böden werden vom Sumpf zum Kopf gezählt. Die Bilanzen für die Destillationsanlage gemäß Bild 4.39a können in bekannter Weise aufgestellt werden. Die Bilanzen für den Boden j gemäß Bild 4.39b ergeben:

Gesamte Stoffbilanz

$$\dot{D}_{j-1} + \dot{F}_{j+1} + \dot{E}_j - \dot{D}_j - \dot{F}_j = 0$$

Komponenten-Stoffbilanzen

$$y_{ij-1}\dot{D}_{j-1} + x_{ij+1}\dot{F}_{j+1} + x_{iE}\dot{E}_j - y_{ij}\dot{D}_j - x_{ij}\dot{F}_j = 0$$

Enthalpiebilanz

$$h''_{j-1}\dot{D}_{j-1} + h'_{j+1}\dot{F}_{j+1} + h_{Ej}\dot{E}_j - h''_j\dot{D}_j - h'_j\dot{F}_j = 0$$

Die neue numerische Methode zur Lösung des Gleichungssystems geht von dem Superpositionsprinzip für jede Komponente mit einem speziellen Verfahren der Korrektur des Intervalls aus, wobei für jeden Mengenstrom, der die Kolonne verläßt, ein Theta-Wert eingeführt wird. Im vorliegenden Fall sind dies Θ_S für das Sumpfprodukt und Θ_K für das Kopfprodukt. Bei der Ausdehnung des Algorithmus auf Seitenströme ist für jeden Seitenstrom ein Θ-Wert einzuführen.

Die Berechnung wird vom Sumpf zum Kopf von Boden zu Boden durchgeführt. Im Sumpf werden zwei Konzentrationen so gewählt, daß die reale Konzentration im Sumpf auf jeden Fall zwischen diesen beiden gewählten Konzentrationen liegt. Die untere Grenze (1) für die Sumpfkonzentration ist:

$$x_{iS}^{(1)} = 0 \quad \text{und} \quad y_{iS}^{(1)} = 0 \tag{4.74a}$$

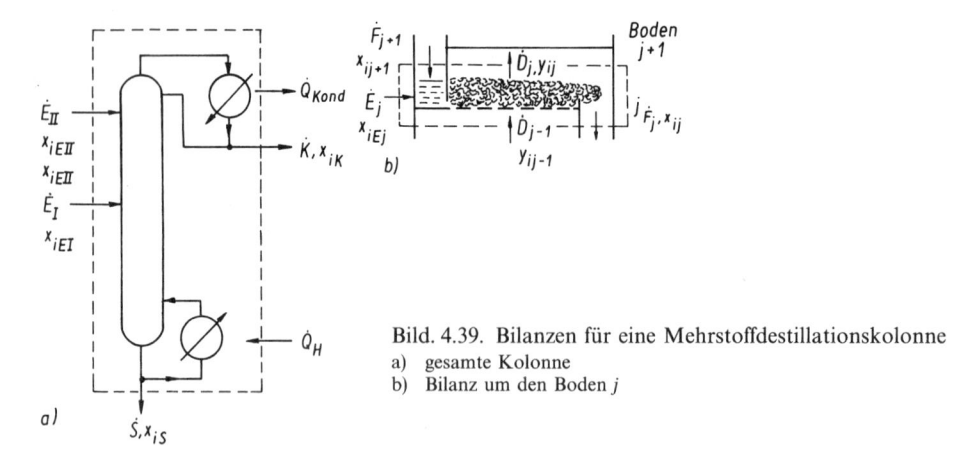

Bild. 4.39. Bilanzen für eine Mehrstoffdestillationskolonne
a) gesamte Kolonne
b) Bilanz um den Boden j

Die obere Grenze (2) für die Sumpfkonzentration ist:

$$x_{iS}^{(2)} = \frac{x_{iEI}\dot{E}_I + x_{iEII}\dot{E}_{II}}{\dot{S}} \quad \text{und} \quad y_{iS}^{(2)} = K_{iS}x_{iS}^{(2)} \tag{4.74b}$$

Die Konzentrationsprofile für Flüssigkeit und Dampf werden mit den beiden Grenzwerten wie folgt ermittelt:

$$x_{ij+1} = (y_{ij}\dot{D}_j - x_{iE}\dot{E}_j + \dot{S}x_{iS})/\dot{F}_{j+1} \quad \text{und} \quad y_{ij} = K_{ij}x_{ij} \tag{4.75}$$

Bei der Ermittlung der Konzentrationen $x_{ij}^{(1)}$ und $x_{ij}^{(2)}$ können die Zahlenwerte sehr groß werden, besonders für die leicht flüchtigen Komponenten. Zur Verhinderung wird eine Kontrolle der Größe der Konzentrationen mit nachfolgender Korrektur eingeführt:

$$x_{ij} = (1 + W)x_{ij}^{(2)} - Wx_{ij}^{(1)} \quad \text{und} \quad y_{ij} = (1 + W)y_{ij}^{(2)} - Wy_{ij}^{(2)} \tag{4.76}$$

W wird nach folgenden Gleichungen berechnet:

$$W = \frac{x_{ij}^{(2)}}{x_{ij}^{(1)} - x_{ij}^{(2)}} \quad \text{für } x_{ij}^{(1)} \quad \text{und} \quad W = \frac{x_{ij}^{(2)} - 1}{x_{ij}^{(1)} - x_{ij}^{(2)}} \quad \text{für } x_{ij}^{(2)} \tag{4.77}$$

Die Werte der Konzentrationen können für die folgende Iteration nicht benutzt werden, da die Bedingung

$$\sum_{i=1}^{z} x_{ij} = 1$$

nicht erfüllt ist. Daher erfolgt eine Korrektur nach der folgenden Gleichung (4.78), die zugleich die Einhaltung der Komponenten-Stoffbilanzen gewährleistet:

$$s_{i,ko} = \Theta_S c_i s_{i,ber} \quad \text{und} \quad k_{i,ko} = \Theta_K c_i k_{i,ber}$$
$$\sum_{i=1}^{z} s_{i,ko} = \dot{S} \quad \text{und} \quad \sum_{i=1}^{z} k_{i,ko} = \dot{K} \tag{4.78}$$

Die Korrekturkoeffizienten c_i für jede Komponente werden wie folgt ermittelt:

$$c_i = \frac{x_{iEI}\dot{E}_I + x_{iEII}\dot{E}_{II}}{s_i\Theta_S + k_i\Theta_K} \tag{4.79}$$

Zur Berechnung von Θ_S und Θ_K dienen folgende Gleichungen:

$$\Theta_S \sum_{i=1}^{z} \frac{x_{iS,\text{ber}}(x_{iEI}\dot{E}_I + x_{iEII}\dot{E}_{II})}{\Theta_S s_i + \Theta_K k_i} - 1 = 0$$

$$\Theta_K \sum_{i=1}^{z} \frac{x_{iK,\text{ber}}(x_{iEI}\dot{E}_I + x_{iEII}\dot{E}_{II})}{\Theta_S s_i + \Theta_K k_i} - 1 = 0 \qquad (4.80)$$

Eine effektive Methode zur Lösung des Gleichungssystems (4.80) zur Bestimmung der Θ-Parameter ist die der einfachen Iteration mit spezieller Beschleunigung der Schrittweite. Nach der Berechnung der Θ-Parameter und c_i-Werte gemäß Gleichung (4.79) werden die neuen korrigierten Konzentrationen wie folgt ermittelt:

$$x_{ij,\text{ko}} = \frac{c_i x_{ij,\text{ber}}}{\sum_{i=1}^{z} c_i x_{ij,\text{ber}}} \quad \text{und} \quad y_{ij,\text{ko}} = \frac{c_i y_{ij,\text{ber}}}{\sum_{i=1}^{z} c_i y_{ij,\text{ber}}} \qquad (4.81)$$

Die erreichte Genauigkeit bei jeder Iteration wird durch den Fehler F mit der Genauigkeitsschranke ε überprüft:

$$F = \left| \sum_{i=1}^{z} x_{ij} - 1 \right| < \varepsilon \qquad (4.82)$$

Eine Übersicht über den Berechnungsablauf gibt Bild 4.40. Es gibt zwei wesentliche Schleifen. Ein maximaler Wert ε für die Abweichung bei den stöchiometrischen Gleichungen darf nicht überschritten werden. Die erreichte Genauigkeit bei jeder Iteration der gesamten Kolonne wird durch Gleichung (4.82) überprüft.

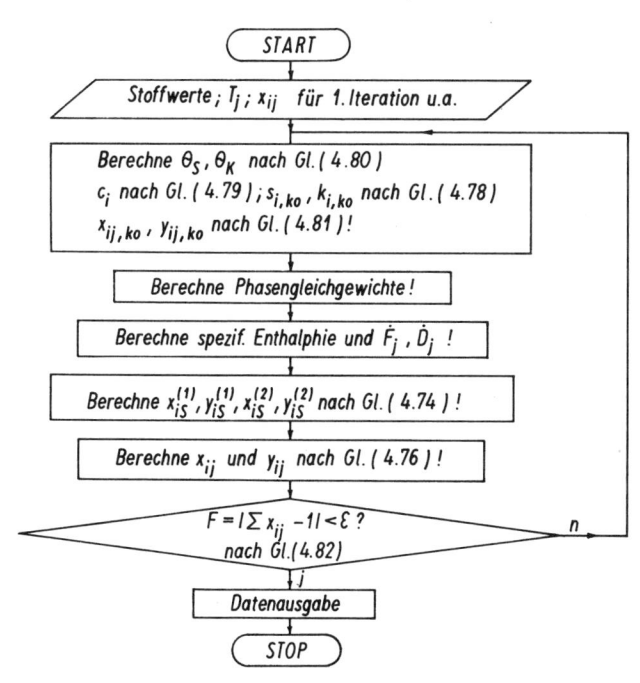

Bild. 4.40. Vereinfachter Programmablaufplan zur Berechnung einer Mehrstoffdestillationskolonne nach einer neuen Konvergenzmethode

Die Berechnung kann bei Einführung eines Bodenaustauschgrades η_{BDij} (Vorgabe oder Berechnung) auch mit realen Konzentrationen durchgeführt werden:

$$\eta_{BDij} = \frac{y_{ij} - y_{ij-1}}{y_{ij}^* - y_{ij-1}} \quad \text{oder} \quad y_{ij} = y_{ij-1}(1 - \eta_{BDij}) + y_{ij}^* \eta_{BDij}$$

Beispiel 4.10. Berechnung der theoretischen Bodenzahl für eine Extraktivdestillation

Zur Erzeugung von Reinethanol ist ein Ethanol(1)-Wasser(2)-Gemisch mit Ethylenglykol(3) als Extraktionsmittel zu destillieren. Die *Antoine*-Konstanten und NRTL-Parameter für die drei binären Gemische sind in Tabelle 4.6 aufgeführt.

Tabelle 4.6. *Antoine*-Konstanten und NRTL-Parameter für das Gemisch Ethanol(1)-Wasser(2)-Ethylglykol(3)

$$\log \pi_i = A - \frac{B}{T + C}, \quad \pi_i \text{ in kPa}, T \text{ in °C}$$

	1	2	3
A	7,23703	7,19614	7,21566
B	1592,864	1730,630	2088,936
C	226,184	233,426	203,454

NRTL-Parameter

Gemisch	A_{ik}	A_{ki}	α_{ik}
12	−109,6339	1332,3134	0,3031
13	1644,0484	−203,7691	0,3704
23	1787,1035	−1335,5503	0,3359

Lösung:

Die Berechnung erfolgt mit 25 effektiven Böden plus Sumpf plus Kondensator. Für die Böden werden folgende Austauschgrade vorgegeben: 42% für die Böden 1 bis 13; 35% für die Böden 14 bis 23; 60%

Tabelle 4.7. Berechnung des Gemisches Ethanol(1)-Wasser(2)-Ethylenglykol(3),
a) Kennzeichnung der Iterationen z,

z	F	I	Θ_S	Θ_K	c_3	c_2	c_1
1	11,09	26	0,799	1,292	1,249	1,239	1,254
2	9,456	27	33,01	0,0171	0,0281	0,0305	54,18
3	6,667	27	1,283	0,751	0,786	0,800	1,317
4	11,82	27	0,786	1,320	1,271	1,202	0,779
5	2,164	26	0,763	1,365	1,310	1,270	0,750
6	4,862	23	1,051	0,944	0,951	0,954	1,057
7	3,948	27	1,304	0,739	0,767	0,779	1,342
8	1,131	21	1,141	0,860	0,876	0,895	1,157
9	1,278	23	1,014	0,984	0,986	0,987	1,016
10	1,590	22	0,932	1,084	1,073	1,065	0,926
11	0,398	13	0,953	1,057	1,050	1,045	0,949
12	0,571	22	0,999	1,001	1,001	1,001	0,999
13	0,558	19	1,040	0,956	0,962	0,965	1,044
14	0,024	4	1,016	0,982	0,984	0,986	1,017
15	0,000	0	1,002	0,998	0,998	0,999	1,002

b) Konzentrationen und Temperaturen bei der letzten Iteration $z = 15$

	x_{1j}	x_{2j}	x_{3j}	T in °C
Kopf	0,99389	0,00638	0,00021	78,33
25	0,99170	0,00604	0,00217	78,33
24	0,98865	0,00584	0,00549	78,41
23	0,64035	0,00699	0,35265	82,43
22	0,63826	0,00919	0,35254	82,46
21	0,63557	0,01181	0,35261	82,49
20	0,63225	0,01494	0,35280	82,52
19	0,62826	0,01869	0,35304	82,54
18	0,62351	0,02331	0,35332	82,57
17	0,61791	0,02849	0,35358	82,59
16	0,61131	0,03487	0,35381	82,65
15	0,60353	0,04248	0,35397	82,68
14	0,59438	0,05158	0,35402	82,68
13	0,67418	0,08231	0,24350	81,19
12	0,67145	0,08477	0,24376	81,20
11	0,66772	0,08809	0,24418	81,22
10	0,66263	0,09257	0,24479	81,24
9	0,65570	0,09859	0,24569	81,26
8	0,64624	0,10671	0,24709	81,29
7	0,63322	0,11767	0,24910	81,33
6	0,61512	0,13253	0,25234	81,40
5	0,58963	0,15279	0,25757	81,50
4	0,55320	0,18060	0,26619	81,72
3	0,50041	0,21899	0,28059	82,12
2	0,42317	0,27195	0,30486	82,98
1	0,31154	0,34265	0,34586	85,22
Sumpf	0,02095	0,14966	0,82938	146,34

für die Böden 24 und 25. Durch das schwer flüchtige Extraktionsmittel (hohe Viskosität) wird der Austauschgrad verschlechtert. Die Zuführung des Ethanol-Wasser-Gemisches erfolgt auf dem Boden 13 und die des Extraktionsmittels auf dem Boden 23. Rücklaufverhältnis 1,7; Druck 101,3 kPa; Zusammensetzung von E_I mit $x_{1,EI} = 0,1483$; $x_{2,EI} = 0,8517$; von E_{II} mit $x_{1,EII} = 0,001532$; $x_{2,EII} = 0,001744$ und $x_{3,EII} = 0,996724$. Der zulässige Fehler F gemäß Gleichung (4.82) wurde mit $\varepsilon < 0,001$ vorgegeben. Die Zahl der Böden, auf denen die Genauigkeitsschranke nicht erreicht wurde, ist in Tabelle 4.7a mit I bezeichnet worden. Die Ergebnisse der Computerberechnung sind in Tabelle 4.7 aufgeführt.

4.4.7. Dynamisches Verhalten von Mehrstoffdestillationskolonnen

In den vorangehenden Abschnitten wurde das Modell für eine Mehrstoffdestillationskolonne im stationären Zustand aufgestellt. Das dynamische Modell hat die Aufgabe, bei Änderung einer Eingangsgröße (vgl. Abschn. 4.3.5.) das zeitliche Verhalten auf die Temperatur- und Konzentrationsprofile in der Kolonne wiederzugeben. Die Lösung des Problems führt auf ein System von linearen Differentialgleichungen 1. Ordnung hoher Dimension. Das dynamische Modell stellt insbesondere die theoretische Grundlage für die Regelung von Kolonnen dar. Aus der umfangereichen Literatur sei auf das Buch von *Deshpande* [4.8] verwiesen.

Mit der gestiegenen Leistungsfähigkeit der Computer wird zunehmend das Regelverhalten über das dynamische Modell beurteilt. Allerdings ist das ausführliche dynamische

Modell zu kompliziert, um unter Beachtung der Rechenzeit dieses Modell unmittelbar zur Lenkung und operativen Steuerung bei einer computergeführten Regelung einsetzen zu können. Das Modell ist dann wesentlich zu vereinfachen, teilweise bis zu einem statistischen Modell. Ein solches statistisches Modell wird zweckmäßigerweise für die betreffende Anlage mit Hilfe der Simulation von Änderungen der Einflußgrößen durch vorausgehende Berechnungen auf dem Computer gewonnen.

Mathematisches Modell

Es wird der einfachste Fall für eine Mehrstoffdestillationskolonne mit der Trennung eines Einlaufgemisches in ein Kopf- und Sumpfprodukt zugrunde gelegt. Der Einlauf mehrerer Ströme bzw. der Abzug von Seitenströmen bedeutet zwar eine Komplikation, aber kein grundsätzlich anderes Modell. Voraussetzungen:

1. Es wird mit theoretischen Böden gerechnet.
2. Der Flüssigkeits-Holdup eines Bodens umfaßt die Flüssigkeit in der Dispersion und im Ablaufschacht. Der Dampf-Holdup wird im Vergleich zum wesentlich größeren Flüssigkeits-Holdup vernachlässigt.
3. Das dynamische Verhalten im Sumpf der Kolonne einschließlich Umlaufverdampfer und im Kopfproduktbehälter einschließlich Kondensator wird vernachlässigt, d. h., es wird eine wirksame Standregelung vorausgesetzt (vgl. Bild 4.27).
4. Der Druck in der Kolonne wird nicht verändert.

Die Böden werden vom Kopf aus gezählt 1 ... n (Kopf und Sumpf werden nicht als Böden gezählt); U ist der Flüssigkeits-Holdup.

Bilanzen um den Kondensator mit einem nachgeschalteten Behälter für das Kopfprodukt

$$\frac{dU_K}{dt} = \dot{N}_K - \dot{R} - \dot{K}, \quad \text{wobei} \quad \dot{N}_K = \dot{R} + \dot{K} \tag{4.83}$$

$$\frac{d(U_K x_{iK})}{dt} = x_{iK}(\dot{N}_K - \dot{R} - \dot{K}) \tag{4.84}$$

Bilanzen um jeden Boden mit dem Flüssigkeits-Holdup U_j

$$\frac{dU_j}{dt} = \dot{F}_{j-1} + \dot{D}_{j+1} - \dot{F}_j - \dot{D}_j \tag{4.85}$$

$$\frac{d(U_j x_{ij})}{dt} = x_{ij-1}\dot{F}_{j-1} + y_{ij+1}\dot{D}_{j+1} - x_{ij}\dot{F}_j - y_{ij}\dot{D}_j \tag{4.86}$$

Für den Einlaufboden kommt auf der rechten Seite das Glied E bzw. $x_{iE}E$ hinzu.
Energiebilanz:

$$h'_{j-1}\dot{F}_{j-1} + h''_{j+1}\dot{D}_{j+1} - h'_j\dot{F}_j - h''_j\dot{D}_j = 0 \tag{4.87}$$

Bilanzen um den Sumpf mit dem Flüssigkeits-Holdup U_S

$$\frac{dU_S}{dt} = \dot{F}_n - \dot{D}_S - \dot{S}, \quad \text{wobei} \quad \dot{F}_n = \dot{D}_S + \dot{S} \tag{4.88}$$

$\dot{F}_n$ Flüssigkeitsstrom von Boden n (oberhalb des Sumpfes)

$$\frac{d(x_{iS}U_S)}{dt} = x_{in}\dot{F}_n - y_{iS}\dot{D}_S - x_{iS}\dot{S} \tag{4.89}$$

Kontinuierliche Destillation von Mehrstoffgemischen 4.4.

Fluiddynamik des Bodens

Es ist die vom Boden abströmende Flüssigkeit zu ermitteln. Dies erfolgt am einfachsten unter der Annahme einer Überströmung der Flüssigkeit am Wehr mit der Wehrüberhöhung $h_{üW}$, vgl. Gleichung (4.113):

$$\dot{V}_{Fj} = \mu W_L \sqrt{2g}\, h_{üWj}^{3/2} \quad \text{und} \quad \dot{F}_j = \dot{V}_{Fj}\varrho_{Fj}/M_{Fj} \tag{4.90}$$

Phasengleichgewicht

$$y_{ij}^* = \gamma_{ij}\pi_{ij}x_{ij}/p \tag{4.91}$$

Bei der Verwendung von theoretischen Böden werden die Gleichgewichtskonzentrationen verwendet. Bei Einbeziehung des Austauschgrades wird mit den effektiven Böden und Konzentrationen gerechnet:

$$y_{ij} = y_{ij-1} + \eta_{BD,j}(y_{ij}^* - y_{ij-1}) \tag{4.92}$$

Dynamik des Temperaturprofils

Für den Druck p_j auf dem Boden j gilt:

$$p_j = \sum_{i=1}^{z} \gamma_{ij}x_{ij}\pi_{ij}$$

Die Differentiation nach der Zeit ergibt:

$$\frac{dp_i}{dt} = \sum_{i=1}^{z} \left(\gamma_{ij}x_{ij}\frac{d\pi_{ij}}{dt} + \pi_{ij}\gamma_{ij}\frac{dx_{ij}}{dt} + x_{ij}\pi_{ij}\frac{d\gamma_{ij}}{dt} \right) \tag{4.93}$$

Die Aktivitätskoeffizienten γ_{ij} sind von der Temperatur T_j und den Flüssigkeitskonzentrationen x_{ij} abhängig:

$$\frac{d\gamma_{ij}}{dt} = \frac{\partial \gamma_{ij}}{\partial x_{ij}}\frac{dx_{ij}}{dt} + \frac{\partial \gamma_{ij}}{\partial t}$$

Man erhält eine Beziehung für $d\gamma_{ij}/dt$ mit der Gleichung nach *Wilson* für die Aktivitätskoeffizienten. Die Dampfdrücke, z. B. Gleichung von *Antoine*, sind nur von der Temperatur abhängig:

$$\log \pi_{ij} = A_i - \frac{B_i}{C_i + T_j}$$

differenziert:

$$\frac{1}{\pi_{ij}}\frac{d\pi_{ij}}{dT} = \frac{B_i}{(C_i + T)^2}$$

Gleichung (4.93) kann in eine Differentialgleichung 1. Ordnung für dT_j/dt durch Setzen von $dp/dt = 0$ umgeformt werden:

$$\frac{dT_j}{dt} = \frac{\sum_{i=1}^{z}\left(\gamma_{ij}\pi_{ij}\dfrac{dx_{ij}}{dt} + x_{ij}\pi_{ij}\sum_{m=1}^{z}\dfrac{\partial \gamma_{ij}}{\partial x_{mj}}\dfrac{dx_{mj}}{dt}\right)}{\sum_{i=1}^{z}\left(x_{ij}\pi_{ij}\dfrac{x_{ij}}{\partial T_j} + \gamma_{ij}x_{ij}\dfrac{\partial \pi_{ij}}{\partial T_j}\right)} \tag{4.94}$$

Gemäß den getroffenen Voraussetzungen für den Kopfproduktbehälter und den Sumpfstand gilt:

U_K = konstant und $dU_K/dt = 0$ (4.95)

U_S = konstant und $dU_S/dt = 0$ (4.96)

Für die Regelung des Rücklaufstroms $\dot{R}$ und Dampfstroms $\dot{D}_S$ (erfolgt durch die Regelung des Heizdampfstroms) gelten folgende Gleichungen:

$$\dot{R} = \dot{R}_0 - K_c[T(T_k)^{(m)} - T(T_k)] \qquad (4.97)$$

$$\dot{K}_0 = \dot{D}_K - \dot{R}_0 \qquad (4.98)$$

$$\dot{D}_S = \dot{D}_{S0} + K_c[T(T_1)^{(m)} - T(T_1)] \qquad (4.99)$$

$$\dot{D}_{S0}r = \dot{Q}_{H0} - \dot{F}_n(h'_S - h'_n) \quad \text{mit} \quad \dot{F}_n = \dot{S}_0 + \dot{D}_{S0} \qquad (4.100)$$

K_c Konstante
T_k und T_l Regelungsgrößen
m Zählgröße (s. Bild 4.41)
Index 0 Anfangszustand.

Numerische Lösung des Systems von Differentialgleichungen und algebraischen Gleichungen

Es kommen hauptsächlich folgende Lösungsmethoden in Betracht:

— Methode nach *Euler* mit Zeitschritten Δt und einer Taylorreihe, wobei die Genauigkeit der numerischen Integration stark vom Zeitschritt Δt abhängt.
— *Runge-Kutta*-Verfahren 4. Ordnung; dieses Verfahren ist genauer als die Methode von *Euler*, dafür ist die Zahl der Rechenschritte größer.
— Methode nach *Gear* [4.21] zur Lösung eines Systems linearer Differentialgleichungen.

Erkenntnisse zum dynamischen Verhalten von Destillationskolonnen

Das dynamische Verhalten von Destillationskolonnen wurde typisch mit den Gleichungen (4.83) bis (4.100) dargestellt. Erkenntnisse lassen sich daraus nur nach umfangreichen numerischen Rechnungen gewinnen. Es gibt zahlreiche Betrachtungen zur Vereinfachung der Modellierung des dynamischen Verhaltens von Destillationskolonnen, z. B. von *Skogestad* [4.22]. Der einfachste Fall liegt bei der Trennung eines Zweistoffgemisches mit konstanter relativer Flüchtigkeit vor, weiter vereinfacht durch ein Modell mit zwei Zeitkonstanten. Durch Verwendung von Schlüsselkomponenten ist eine Ausdehnung auf Mehrstoffdestillationskolonnen möglich. Durch eine Zeitkonstante τ_1 wird die Antwortfunktion auf die Änderung von äußeren Strömen angenähert. Äußere Ströme sind das Kopf- und Sumpfprodukt, also eine Änderung des Verhältnisses $\dot{K}/\dot{S}$. Die Zeitkonstante τ_1 ist erster Ordnung. Dazu gibt es Erkenntnisse bereits seit den 50er Jahren, z. B. in [4.23]. So ist zum Beispiel das dynamische Modell einer Destillationskolonne mit 49 Böden und einem Kondensator theoretisch von 50. Ordnung, tatsächlich aber von 1. Ordnung. Der Hauptgrund für dieses Verhalten liegt darin begründet, daß alle Böden dieselbe Antwortfunktion haben, so daß letztendlich trotz unterschiedlicher Flüssigkeitskonzentrationen auf den Böden die gesamte Kolonne als ein Rührbehälter betrachtet werden kann, für den die Zeitkonstante 1. Ordnung ist. Die Zeitkonstante τ_1 ist groß und liegt in der Größenordnung von Stunden, bei vielen Problemen 1 bis 3 Stunden. Bei hohen Reinheiten im Kopf und Sumpf, z. B. 0,9999, kann $\tau_1 > 10$ Stunden sein.

Die Zeitkonstante τ_2 erfaßt Änderungen in den inneren Strömen der Kolonne, z. B. Änderung von $\dot{R}$ und $\dot{D}$ bzw. $\dot{Q}_H$ bei konstantem $\dot{K}$ und $\dot{S}$. Die Zeitkonstante τ_2 ist gleichfalls

1. Ordnung, aber um eine Größenordnung kleiner als τ_1, typische Werte für τ_2 10 bis 30 Minuten. Oft werden lineare Beziehungen zwischen den Änderungen der Eingangs- und Ausgangsgrößen (Konzentrationen im Kopf und Sumpf) angenommen. Durch die Verwendung von Sumpf- und Kopfkonzentrationen im logarithmischen Maßstab, z. B. $\ln x_{1S}$ statt x_{1S} wird das nichtlineare Verhalten der Kolonne stark linearisiert. Destillationskolonnen mit hohen Reinheiten im Kopf und Sumpf sind sehr empfindlich gegenüber Änderungen der äußeren Ströme, aber weniger empfindlich gegenüber Änderungen der inneren Ströme.

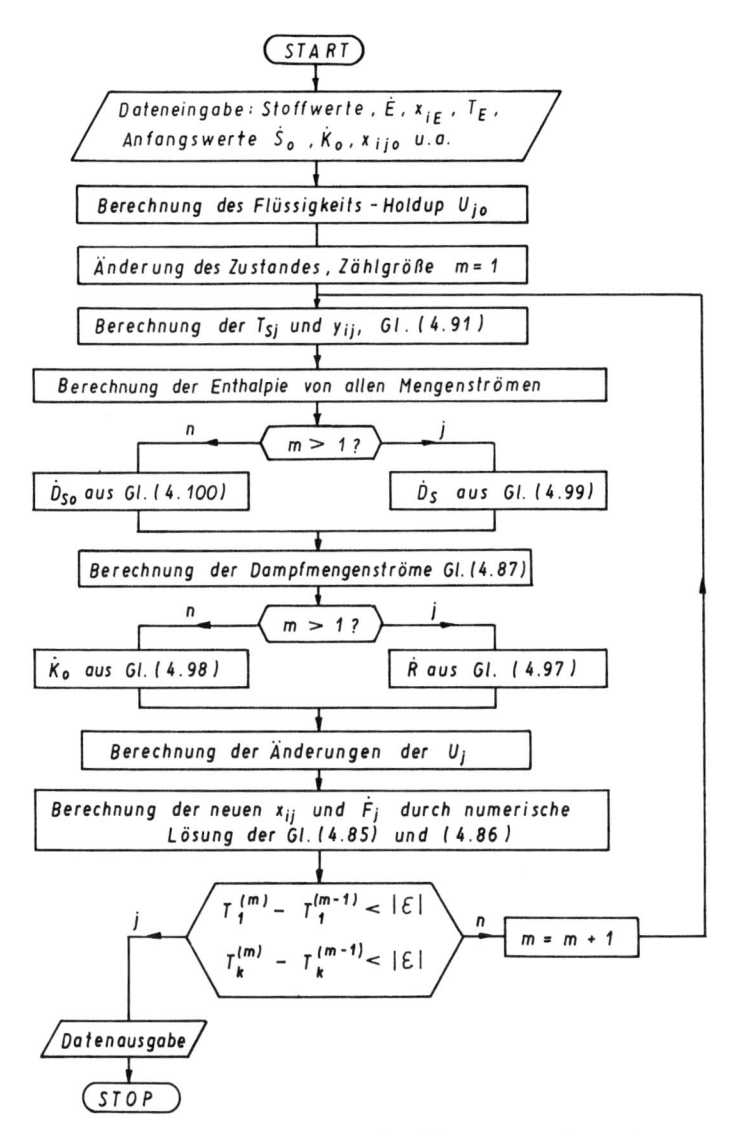

Bild 4.41. Vereinfachter Programmablaufplan zur Berechnung der Temperatur-, Konzentrations- und Mengenstromprofile für das dynamische Verhalten einer Mehrstoffdestillationskolonne

Zur Ermittlung der Zeitkonstante τ_1 sind mehrere Methoden bekannt:

— Ausführung der Kolonne mit der Zahl der Böden und ihrer Fluiddynamik zur Bestimmung des Flüssigkeits-Holdup.
— Eigenwerte eines linearisierten Modells (z. B. konstante relative Flüchtigkeit und konstante Mengenströme) über eine inverse Matrix.
— Vergleich mit einer Rührmaschine mit den Werten zum Holdup und den Anfangs- und Endwerten der Komponentenströme am Kopf und Sumpf:

$$\tau_1 \approx \frac{\sum\limits_{j=1}^{n} U_j x_{1j}}{\dot{K}^e |x_{1K}^e - x_{1K}^a| + \dot{S}^e |x_{1S}^e - x_{1K}^a|}$$

(Index e Ende, a Anfang)

Damit ist τ_1 etwa das Verhältnis des Flüssigkeits-Holdup einer Komponente zur zeitlichen Veränderung der Menge dieser Komponente.
— Aus der Antwortfunktion mit den Anfangswerten.

Die Ermittlung der Zeitkonstante τ_2 kann durch Simulation der Änderung der inneren Ströme oder durch die Auswertung der Antwortfunktion mit den Anfangswerten erfolgen.
Der wesentliche Unterschied des dynamischen Verhaltens einer Destillationskolonne bei Änderungen der äußeren und inneren Ströme wird aus Bild 4.42 [4.22] deutlich. Änderungen der äußeren Ströme ($\dot{K}$ und $\dot{S}$) sind bei dem dynamischen Verhalten in der Antwort durch die große Zeitkonstante langsam, aber von großem Einfluß auf die Konzentration des Sumpf- und Kopfproduktes, während Änderungen in den inneren Strömen eine schnelle Anwortfunktion durch die kleine Zeitkonstante bedingen, aber von geringerem Einfluß auf die Konzentrationen der Endprodukte sind.

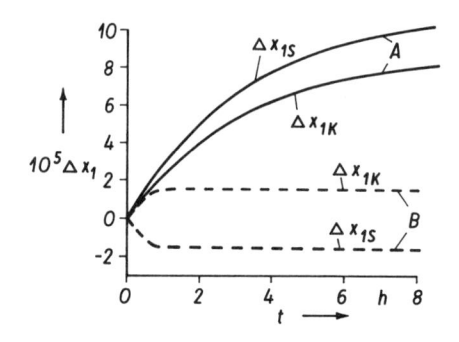

Bild 4.42. Zeitliche Änderung der Konzentrationen für eine Destillationskolonne zur Trennung eines Zweistoffgemisches (keine Regelung): 40 theoretische Böden, $\alpha_{12} = 1,5$; $x_{1E} = 0,50$; $x_{1K} = 0,99$; $x_{1S} = 0,01$; $v/v_{min} = 1,39$; $\dot{E}$ konstant
Fall A — Änderung des Rücklaufstromes $\Delta \dot{R}/\dot{E} = 0,0001$;
$\Delta \dot{D} = 0$, Änderung in den äußeren Strömen
Fall B — Änderung des Rücklauf- und Dampfstromes
$\Delta \dot{R}/\dot{E} = \Delta \dot{D}/\dot{E} = 0,001$, Änderungen in den inneren Strömen

4.4.8. Schütthöhe in Füllkörperkolonnen

Nachfolgend wird nur die Problemstellung bei der Berechnung der Schütthöhe von Füllkörperkolonnen mit mehreren übergehenden Stoffkomponenten behandelt. Wie bei der Destillation von Zweistoffgemischen in Füllkörperkolonnen (s. Abschn. 4.3.3.) gibt es zwei verschiedene Methoden.

1. Methode auf der Grundlage eines Modells mit stufenweisem Kontakt der beiden Phasen

Die Füllkörperhöhe ergibt sich aus der theoretischen Bodenzahl und dem HETB-Wert. Der Vorteil besteht darin, daß die Berechnungsmethoden für die theoretische Bodenzahl einen hohen Entwicklungsstand besitzen. Dagegen ist die Berechnung des HETB-Wertes mit Problemen verbunden, zumal der Prozeß nicht einem stufenweisen Kontakt entspricht. Die Ausdehnung der für Zweistoffgemische bekannten Berechnungsgleichungen, siehe Gl. (4.40), auf Mehrstoffgemische ist fallweise zu prüfen. In der industriellen Praxis dominiert die Berechnung nach dieser Methode.

2. Methode auf der Grundlage eines Modells mit stetigem Kontakt der beiden Phasen

Das Differentialgleichungssystem für z Komponenten lautet im einfachsten Fall mit

$$\mathrm{d}A = aA_q\varphi_B\,\mathrm{d}H$$
$$\mathrm{d}\dot{N}_1 = K_{D1}aA_q\varphi_B\,\mathrm{d}H(y_1^* - y_1) = \dot{D}\,\mathrm{d}y_1$$
$$\vdots$$
$$\mathrm{d}\dot{N}_{z-1} = K_{Dz-1}aA_q\varphi_B\,\mathrm{d}H(y_{z-1}^* - y_{z-1}) = \dot{D}\,\mathrm{d}y_{z-1}$$

(4.101)

Die Voraussetzungen für das vorstehende Gleichungssystem sind:
— Mengenströme an Dampf und Flüssigkeit sind konstant.
— Eine axiale Durchmischung in den beiden Phasen wird nicht berücksichtigt.

Die Lösung des Differentialgleichungssystems (4.101) ist am einfachsten mit endlichen Differenzen statt Differentialen möglich. Die Wahl des Höhenabschnittes ΔH_j ist dann von entscheidender Bedeutung für die Genauigkeit der Rechnung. Erste numerische Rechnungen zeigen, daß Werte von 0,025 bis 0,10 m für den Höhenabschnitt geeignet sind [4.44].

4.5. Gestaltung von Kolonneneinbauten

Kolonnen werden für den Kontakt einer flüssigen und gasförmigen Phase in der Technik im großen Umfang für die Destillation, Absorption, Be- und Entfeuchtung eingesetzt. Die Destillation, die zu den wichtigsten Anwendungen in der Technik gehört, wird grundsätzlich in Kolonnen ausgeführt, ausgenommen die einfache Destillation (s. Abschn. 4.8.). Die Kolonnen können in drei Grundtypen gegliedert werden: Boden-, Füllkörper- und Packungskolonnen, weiterhin Sondertypen.

Bodenkolonnen

Bodenkolonnen werden bis zu 100 m Höhe mit etwa 200 Böden und bis über 10 m Durchmesser ausgeführt. Der Bodenabstand beträgt bei der Aufstellung von Kolonnen im Freien (Normalfall) 0,4 bis 0,6 m; bei Aufstellung im Gebäude kann sich der Bodenabstand bis auf 0,2 m vermindern. Auf jedem Boden wird eine Dispersion gebildet (s. Bild 4.43), so daß die Stoffübertragung durch stufenweisen Kontakt der beiden Phasen erfolgt.
Die *Phasengrenzfläche* wird durch das Aufeinanderwirken von Flüssigkeit und Dampf in der Weise erzeugt, daß der Dampf mit hoher Geschwindigkeit aus den Öffnungen des Bodens auf die flüssige Phase trifft und sich eine Dispersion bildet. In Abhängigkeit von der Dampf- und Flüssigkeitsbelastung und der Konstruktion des Bodens entstehen ein Blasen-, Tropfen- oder Sprudelregime, wobei auch ein Mischregime (s. Bild 4.43) auftreten kann. Das Öffnungsverhältnis (freie Querschnittsfläche im Boden für den durchströmenden Dampf zur Bodenfläche) beträgt bevorzugt 5 bis 20%, so daß der Dampf mit einer hohen Geschwindigkeit ($w_{D0}/w_D = 20$ bis 5) auf die Flüssigkeit trifft.

Bodenkolonnen werden hinsichtlich der Flüssigkeitsführung unterschieden in

- *Querstrombodenkolonnen*, bei denen eine Flüssigkeitszwangsführung durch einen Ablaufschacht von Boden zu Boden erfolgt (s. Bild 4.43) und
- *Gegenstrombodenkolonnen*, bei denen keine Flüssigkeitszwangsführung vorhanden ist, so daß die Öffnungen im Boden sowohl für den aufsteigenden Dampf als auch die ablaufende Flüssigkeit genutzt werden (s. Bild 4.47b).

Bei Querstrombodenkolonnen ist die Phasenführung durch die gesonderte Abführung der Flüssigkeit im Ablaufschacht eindeutig, während es bei Gegenstrombodenkolonnen zu beträchtlichen Schwankungen (Schwingungen) der Dispersion auf einem Boden kommen kann.

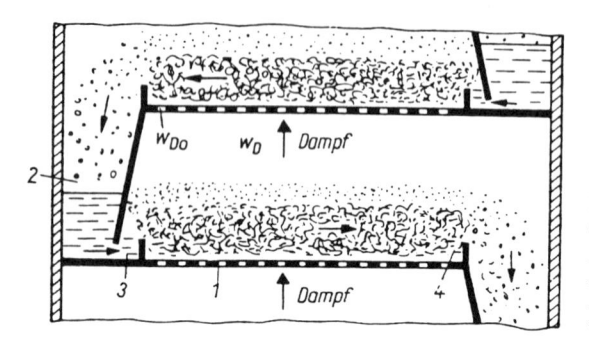

Bild 4.43. Prinzipielle Gestaltung eines Querstrombodens
1 Boden
2 Ablaufschacht
3 Zulaufwehr
4 Ablaufwehr

Die prinzipielle Arbeitsweise eines Querstrombodens soll anhand des Bildes 4.43 erklärt werden. Bei richtiger fluiddynamischer Berechnung des Bodens (s. Abschn. 4.6.) erfolgt in einer bestimmten Höhe oberhalb des Bodens eine Trennung zwischen Dampf und Flüssigkeit durch Schwerkraft, so daß nur der Dampf zum nächsten Boden weiterströmt. Die Höhe der Dispersion auf einem Boden hängt von der Dampf- und Flüssigkeitsbelastung, der Konstruktion des Bodens und den Stoffwerten ab.
Die Flüssigkeit soll dem Boden gleichmäßig zuströmen, was durch ein Zulaufwehr erreicht wird. Bei sehr großen Flüssigkeitsbelastungen kann auf das Zulaufwehr verzichtet werden. Im oberen Teil des Ablaufschachtes erfolgt die Trennung von Flüssigkeit und Dampf durch Schwerkraft. Entsprechend der Flüssigkeitsbelastung wird der Ablaufschacht verschieden groß gestaltet. Bei einer geringen Belastung der Kolonne (Betrieb bei Teillast) hat das Zulaufwehr zusätzlich die Aufgabe, daß der Dampf nicht durch den Ablaufschacht strömt, wodurch die Kolonne ihre Funktionstüchtigkeit verlieren

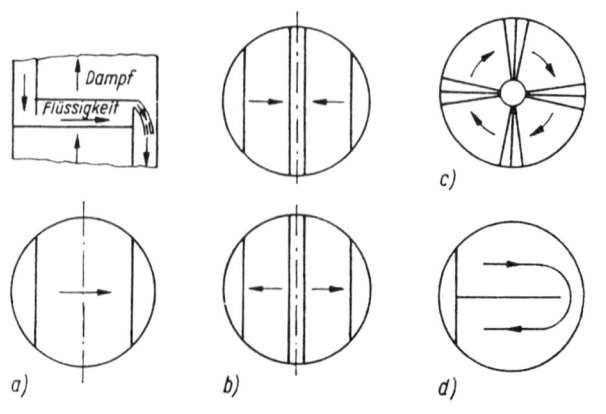

Bild 4.44. Schematische Darstellung von Böden mit Flüssigkeitszwangsführung (Querstromböden)
a) einflutig
b) zweiflutig
c) vierflutig
d) Umkehrstromboden

würde. Das Zulaufwehr sollte deshalb mindestens so hoch wie das Ablaufwehr ausgeführt werden. Das Ablaufwehr ist bei einem Bodenabstand von 0,4 bis 0,6 m bevorzugt 30 bis 60 mm hoch. Bei mäßigen und mittleren Dampfbelastungen beeinflußt das Ablaufwehr die Höhe der Dispersion und damit die Stoffübertragung bei hohen Dampfbelastungen (70 bis 80% der maximalen) faktisch nicht mehr.

In Abhängigkeit von dem Kolonnendurchmesser und dem Flüssigkeitsstrom wird der Boden ein- oder mehrflutig ausgeführt (s. Bild 4.44). Der einflutige Boden wird bis etwa 2 m Durchmesser vorzugsweise verwendet. Bei über 2 m Durchmesser wird der Boden wegen der großen Flüssigkeitsbelastung je m Wehrlänge meistens zweiflutig ausgeführt. Bei kleinen Flüssigkeitsströmen und kleinem Bodendurchmesser können in Sonderfällen Umkehrstromböden gewählt werden.

Von den über 20 in der Industrie eingesetzten Bodenkonstruktionen sind die wichtigsten Bodentypen: Glocken-, Ventil-, Sieb-, Streckmetall- und Gitterböden.

Glockenböden

Die Glockenbodenkolonne wurde bereits im Jahre 1813 durch den Franzosen *Cellier-Blumenthal* erfunden. Bis in die fünfziger Jahre dieses Jahrhunderts dominierte in der Welt der Glockenboden. Der klassische Glockenboden (s. Bild 4.45a) ist technisch wegen zu hoher Investitionskosten und der ungünstigeren verfahrenstechnischen Parameter im Vergleich zu modernen Böden überholt.

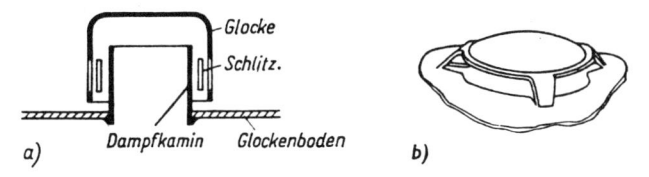

Bild 4.45. Verschiedene Bodenarten mit fest angeordneten Stoffaustauschelementen
a) Glocke (klassische Ausführung)
b) V_0-Ventil mit aus dem Boden ausgestanzter Haube

Weitere Entwicklungsarbeiten an Glockenböden führten in den letzten Jahrzehnten durch neue Bauformen zu einer Senkung der Investitionskosten (s. Bild 4.45b). Extrem ist diese Entwicklung am V_0-Ventilboden erkennbar, bei dem die Haube über die Lochöffnung aus dem Boden ausgestanzt wird. Glockenböden werden nur als Querstromböden ausgeführt. Der Glockenboden wird nur noch wenig ausgeführt.

Ventilböden

Dies sind Böden mit dynamisch arbeitenden Stoffaustauschelementen, die man Ventile nennt. Sie haben sich als sehr effektiv erwiesen und werden in großem Umfang angewendet. Die Ausführung erfolgt nur als Querstromboden. Bild 4.46 zeigt das V_1-Ventil, wie es von der USA-Firma Glitsch Anfang der fünfziger Jahre eingeführt wurde. Das Prinzip besteht darin, daß das Ventil durch die kinetische Energie des Dampfes angehoben wird. Dadurch zeigt der Boden ein günstigeres Teillastverhalten. Wichtig ist, daß das Ventil bei seinen Bewegungen nicht verkantet. Dies ist durch die Ausführung mit drei Füßen gewährleistet. Aus Bild 4.46 sind deutlich die einfache Herstellung und der geringe Materialverbrauch erkennbar. Es sind zahlreiche Ventile entwickelt und ausgeführt worden, sogar quadratische Ventile in Frankreich. Nachstehend werden die Abmessungen eines typischen Ventils genannt: Ventildurchmesser 52 mm, Bohrung im Boden 38,5 mm, Ventilblechdicke 1 bis 2 mm, Ventilmasse 38 oder 20 g (letztere für Vakuum bei geringem Druckverlust),

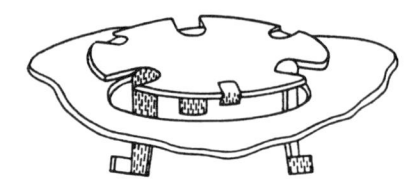

Bild 4.46. V_1-Ventil

Anfangshub 3 mm, Maximalhub 9 mm. Ventilböden sind gegenüber den klassischen Glockenböden um etwa 20 bis 30% billiger und in maßgebenden verfahrenstechnischen Parametern mit etwa 20% höherem spezifischem Durchsatz und 10% besserem Austauschgrad günstiger. Ventilböden sind bereits bis 8 m Durchmesser ausgeführt worden, wobei von 0,4 bis 8 m die gleichen Ventile verwendet werden.

Siebböden

Diese gehören zu den Böden ohne besondere Stoffaustauschelemente auf den Böden, d. h. es sind lediglich Öffnungen im Boden — Löcher bei Siebböden, rechteckige Schlitze bei Gitterböden oder Streckmetallschlitze im Streckmetall — vorhanden, siehe Bild 4.47. Die Herstellungskosten sind daher bei diesen Böden am kleinsten. Siebböden sind bereits seit über 100 Jahren bekannt.

Siebböden wurden zunächst hauptsächlich bei der Destillation flüssiger Luft mit einem Lochdurchmesser von etwa 1 mm (sehr saubere Flüssigkeit notwendig, um Verstopfungen zu vermeiden), Dicke des Bodens nur 1 mm (um kleine Bohrungen noch mit vertretbarem technischem Aufwand durchführen zu können), Bodenabstand 80 bis 200 mm. Mehrere Böden werden bei diesem kleinen Bodenabstand mit Distanzbolzen in Form starrer Pakete hergestellt.

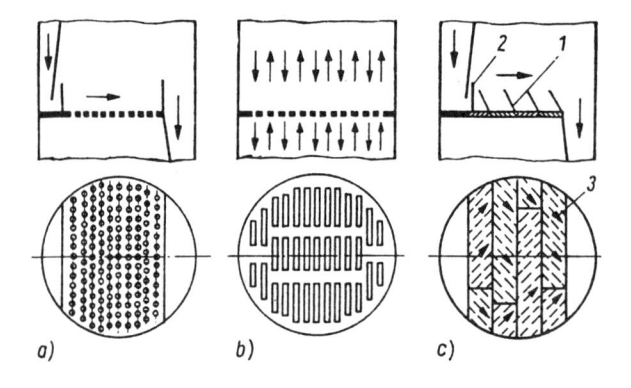

Bild 4.47. Böden ohne Stoffaustauschelemente
a) Siebböden
b) Gitterboden
c) Performkontaktboden (Draufsicht ohne Strombrecher gezeichnet),
 1 Strombrecher
 2 Zulaufwehr
 3 Streckmetallsegment

Durch Forschungsarbeiten seit den fünfziger Jahren wurde die Verwendung bis auf 25 mm Lochdurchmesser ausgedehnt, z. B. Lochdurchmesser 12 mm, Lochteilung 36 mm, Öffnungsverhältnis 8%. Wesentliche Einflüsse des Lochdurchmessers, des Öffnungsverhältnisses und der Bodendicke auf die Belastungen und die Stoffübertragung sind erkannt worden [4.24]. International gehört der Siebboden wegen seiner Einfachheit, Billigkeit und der günstigen verfahrenstechnischen Parameter zu den in der Industrie häufig ausgeführten Böden.

Siebböden werden auch manchmal als Gegenstromböden ausgeführt. Man bezeichnet sie dann auch als Regensiebböden, weil die Flüssigkeit durch die Löcher auf den darunter liegenden Boden durchregnet. Das Öffnungsverhältnis ist bei dieser Ausführung größer und liegt zwischen 20 bis 35%.

Streckmetallböden

Entsprechend dem Streckmetall sind diese Böden durch einen Transporteffekt des Dampfes auf die Flüssigkeit in Richtung Ablaufschacht gekennzeichnet, da der Dampf mit einem spitzen Winkel von 15 ... 30 Grad gegenüber dem waagerechten Boden aus den Streckmetallschlitzen strömt. Dadurch werden die Flüssigkeits- und Dampfbelastung günstig im Sinne einer Steigerung beeinflußt. Dagegen führt die geringere Verweilzeit der Flüssigkeit auf dem Boden zu einem kleineren Flüssigkeitsinhalt in der Dispersion, wodurch die Stoffübertragung ungünstig beeinflußt wird. Beim *Performkontaktboden* als einer speziellen Form des Streckmetallbodens wird der ungünstige Einfluß auf die Stoffübertragung teilweise dadurch ausgeglichen; daß zusätzlich Strombrecher (s. Bild 4.47c) angeordnet werden, welche zur Vergrößerung des Flüssigkeitsinhaltes in der Dispersion beitragen. Weiterhin wirkt sich die spezielle Anordnung der Blasrichtung gemäß Bild 4.47c (Draufsicht) günstig aus.

Der Performkontaktboden, hat sich in industriellen Anwendungen, vor allem bei hohen Flüssigkeitsbelastungen, bewährt. Er wird mit Zulaufwehr, aber ohne Ablaufwehr ausgeführt, da das Ablaufwehr durch den Transporteffekt des Dampfes auf die Flüssigkeit seine Wirksamkeit verliert. Bei sehr hohen Flüssigkeitsbelastungen kann auf das Zulaufwehr verzichtet werden. Das Streckmetall wird für die Destillation bevorzugt mit Schlitzweiten von 2,0; 2,5 und 3 mm entsprechend einem Öffnungsverhältnis von 7 bis 12% ausgeführt. Die Schlitzweite kann bis auf 5 mm vergrößert werden, wenn ein günstiges Teillastverhalten ohne Bedeutung ist.

Gitterböden

Diese werden als Gegenstromböden ausgeführt, meistens mit rechteckigen Schlitzen, siehe Bild 4.47b. Das Öffnungsverhältnis beträgt 20 bis 35%. Das Teillastverhalten und die Stoffübertragung sind bei Gitterböden schlechter als bei Querstromböden. Die Ausführung von Gitterböden in der Industrie ist gering.

Boden mit Ventil- und Streckmetallsegmenten

Entwicklungsarbeiten für einen neuen Venstreckboden mit etwa 60% Ventilsegmenten und 40% Streckmetallsegmenten für die aktive Fläche wurden an der Martin-Luther-Universität Halle-Wittenberg im Institut für Thermische Verfahrenstechnik durchgeführt, siehe auch [4.47]. Die umfangreichen Untersuchungen in einer Rechteckkolonne (2 m × 0,4 m) mit 3 Venstreckböden 0,5 m Bodenabstand führten zu dem Ergebnis,

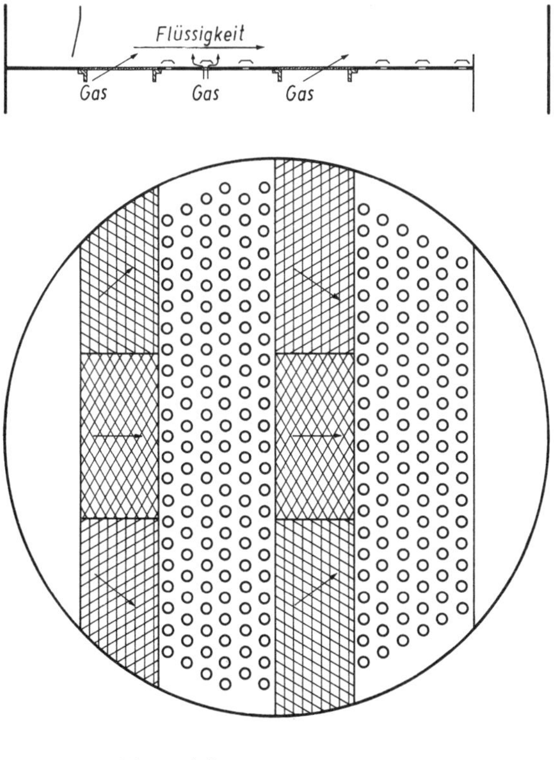

Bild 4.48. Kolonnenböden mit Streckmetall- und Ventilsegmenten

4 Destillation

daß der Druckverlust etwa 20% kleiner und der spezifische Durchsatz mindestens 15% höher als bei Ventilböden ist. Bei Venstreckböden kann die Wehrflüssigkeitsbelastung bis etwa 140 m³/(m h) zugelassen werden. Der Teillastbereich ist wesentlich höher als bei Streckmetallböden. Der Venstreckboden (s. Bild 4.48) vereinigt damit die Vorzüge von Ventil- und Streckmetallböden. Toträume bei der Stoffübertragung werden bei Venstreckböden vermieden. Eine industrielle Anwendung erfolgte bis 1992 noch nicht.

Füllkörperkolonnen

Bis Anfang der 80er Jahre erfolgte die Ausführung vorzugsweise bis 2 m Durchmesser. Verschiedene technische Verbesserungen, insbesondere geeignete Flüssigkeitsverteiler bei der Aufgabe der Flüssigkeit auf die Füllkörper, ermöglichen die Ausführung größter Kolonnen. So wurden für die Absorption bei der Entfernung von SO_2 aus Rauchgasen mit wäßriger Na_2SO_3/$NaHSO_3$-Lösung Füllkörperschüttungen bis über 10 m Durchmesser ausgeführt. Die Füllkörper sind unregelmäßig geschüttet. Die Höhe einer Schüttung beträgt vorzugsweise 3 bis 5 m. Bei bruchgefährdeten Füllkörpern aus Porzellan oder Steinzeug ist die untere Grenze zu bevorzugen. Die Zahl der Schüttungen hängt vom benötigten Trennaufwand ab. Typisch ist für das Strömungsregime das Filmregime. Die Stoffübertragung erfolgt durch stetigen Kontakt der beiden Phasen.

Die ersten wirksamen Füllkörper waren die von *Raschig* im Jahre 1907 erfundenen und nach ihm benannten Raschigringe (s. Bild 4.49a) (Höhe gleich Durchmesser). Einen Fortschritt stellte der im Jahre 1950 eingeführte Pallring (s. Bild 4.49b) aus Metall dar, der sich gegenüber dem Raschigring aus Metall durch einen bis zu 20% höheren Durchsatz und eine bis zu 15% bessere Stoffübertragung auszeichnet. In den 80er Jahren wurden mehrere Ringe mit stark durchbrochener Oberfläche (gitterartige Struktur) entwickelt (s. Bild 4.49e), z. B. Hiflowringe, Nor-Pac-Ringe. Eine andere Ausführungsform sind Sättel (hauptsächlich aus Keramik) mit den Berl- und Intaloxsätteln als wesentliche Ausführungsformen. Sättel und Ringe werden bevorzugt mit 25 bis 50 mm in der Industrie eingesetzt, kennzeichnende Daten siehe Tabelle A 3. Auch kleinere Abmessungen bis 6 mm und Abmessungen bis 75 oder 100 mm (geringe Trennwirkung infolge der kleineren spezifischen Oberfläche) sind möglich.

Füllkörper werden aus unterschiedlichen Werkstoffen ausgeführt: Metall (hauptsächlich austenitischer Stahl mit einer kleinen Blechstärke, s. Tabelle A 3), Kunststoff, Porzellan,

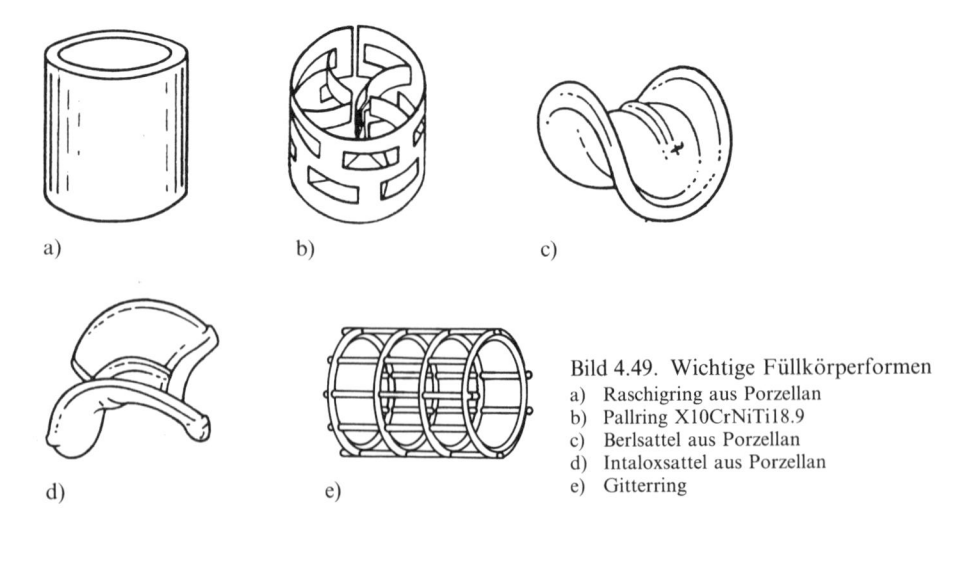

a) b) c)

d) e)

Bild 4.49. Wichtige Füllkörperformen
a) Raschigring aus Porzellan
b) Pallring X10CrNiTi18.9
c) Berlsattel aus Porzellan
d) Intaloxsattel aus Porzellan
e) Gitterring

Gestaltung von Kolonneneinbauten **4.5.** 307

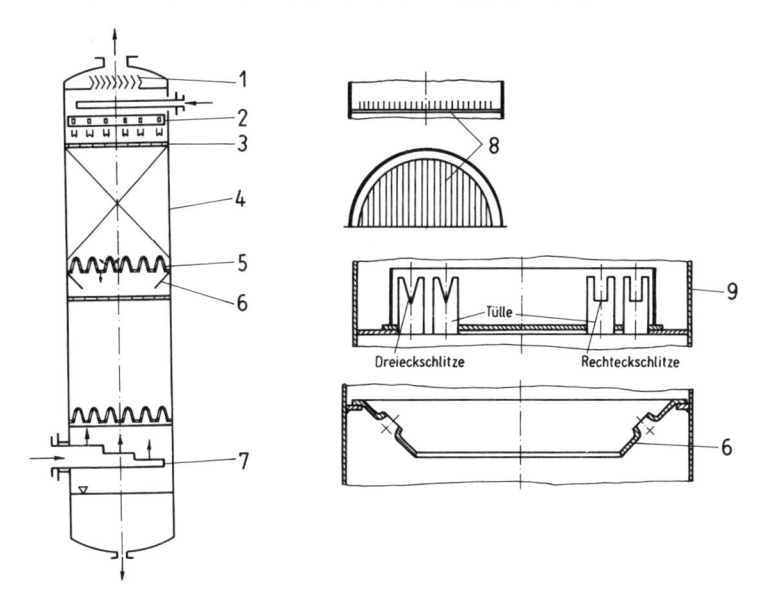

Bild 4.50. Prinzipieller Aufbau einer Füllkörperkolonne
1 Tropfenabscheider
2 Flüssigkeitsverteiler, z. B. Kanalrinnenverteiler (s. Bild 4.51)
3 Niederhalterost
4 Füllkörperschüttung
5 Auflagerost mit abgestumpften Kegeln (vergrößerte Oberfläche)
6 kegelige Mittenrückführung (Ausgleich der Randgängigkeit der Flüssigkeit)
7 Verteilervorrichtung für das Gas
8 Auflagerost in Stabform
9 Flüssigkeitsverteiler in Form eines Tüllenbodens

Keramik. Füllkörper aus Kunststoffen, z. B. Polypropylen, werden hauptsächlich für die Absorption in der Nähe der Umgebungstemperatur eingesetzt. Insgesamt kann eingeschätzt werden, daß die Entwicklung der Füllkörper einen hohen technischen Stand erreicht hat.
Füllkörperkolonnen bestehen hauptsächlich aus den Füllkörperschüttungen, geeigneten Tragelementen (Auflageroste) und Verteilervorrichtungen für die Flüssigkeit (s. Bild 4.50). Die Füllkörperschüttung wird durch einen Niederhalterost oben abgeschlossen, um bei Bedienungsfehlern mit dem Erreichen der Flutgrenze ein Aufwirbeln der Füllkörper zu vermeiden. Tropfenabscheider werden vor allem oberhalb der Füllkörperschüttung am Kopf der Kolonne angeordnet, um das Austragen von Flüssigkeit mit dem Gasstrom zu vermeiden.
Die Verteilervorrichtung für die Flüssigkeit ist zur Vermeidung der Ungleichverteilung (Maldistribution) der Flüssigkeit in der Schüttung von großer Bedeutung. Das Verhältnis Kolonnendurchmesser zu Füllkörperdurchmesser soll mindestens 10:1 betragen; bei Industriekolonnen liegt dieses Verhältnis oft über 50. Bei verschiedenen Füllkörperschüttungen ist eine Tendenz zu einer verstärkten Flüssigkeitsströmung (Randgängigkeit) in der Nähe der Kolonnenwand vorhanden. Unterhalb jeder Füllkörperschüttung kann eine kegelige Mittenrückführung angeordnet (s. Bild 4.50) werden, um der Randgängigkeit der Flüssigkeit entgegenzuwirken.
Füllkörperkolonnen zeichnen sich infolge der Filmströmung im Vergleich zu Bodenkolonnen durch kleinere Druckverluste aus. Ihr Einsatz ist daher besonders vorteilhaft, wo der Druckverlust einen entscheidenden Kostenanteil ausmacht, z. B. bei der Absorption

durch die Kompressionsenergie. Bei aggressiven Medien können Füllkörper aus Keramik oder Steinzeug infolge ihrer Korrosionsbeständigkeit und ihres niedrigen Preises vorteilhaft sein.

Packungskolonnen

Sie bestehen aus regelmäßig aufgebauten Einbauten, welche die beiden Phasen im Gegenstrom bei stetigem Kontakt führen. Abweichungen vom Gegenstrom gibt es durch die Ungleichverteilung der Flüssigkeit, welche die Triebkraft und damit die Stoffübertragung mindert. Die geometrische Oberfläche ist vorgebildet. Ein typischer Wert ist 250 m^2/m^3, insgesamt beträgt der Bereich 150 bis 750 m^2/m^3. Es kommt darauf an, die geometrische Oberfläche möglichst vollständig zu benetzen. Durch den gleichmäßigen Aufbau von Packungen, die geringe Querschnittsverminderung durch die Einbauten und die Realisierung eines weitgehend reinen Gegenstroms haben Packungskolonnen niedrigere Druckverluste als Füllkörperkolonnen.

Weltweit sind mehr als 10 verschiedene Packungen industriell im Einsatz, von denen einige erst in den letzten Jahren entwickelt wurden. Gründe für diese Vielfalt der Packungen sind die Verbesserung verfahrenstechnischer Parameter bei vertretbaren Investitionskosten, Einsatz verschiedener Werkstoffe, aber auch die Realisierung nach Patenten durch die Herstellerbetriebe.

Packungen aus Drahtgewebe mit etwa 0,16 mm Drahtdurchmesser werden seit 20 Jahren ausgeführt, größter Durchmesser 6 m. Das Drahtgewebe wird durch Kapillarwirkung auch bei kleinen Flüssigkeitsstromdichten (unterer Wert etwa 0,2 m^3/(m^2 h)) noch gut benetzt. Bei der Vakuumdestillation mit 25 mbar werden bei einem Dampfbelastungsfaktor von 2 Pa^{0,5} für die Sulzer Gewebepackung BX mit 450 m^2/m^3 aus Metall bis zu sechs

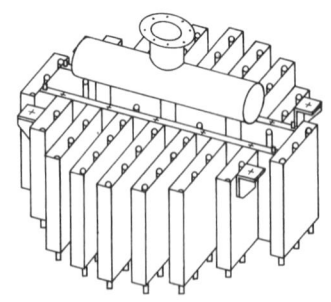

Bild 4.51. Packung aus Blechstreifen, z. B. Montz-Packung mit Flüssigkeitsverteiler (Kanalrinnenverteiler) nach Prospekten der Julius Montz GmbH

theoretischen Stufen je m erreicht. Drahtgewebepackungen sind mit 25 ... 40 TDM/m³ relativ teuer.
Eine Entwicklungsrichtung seit Mitte der 70er Jahre stellen Packungen mit Bändern oder anderen Profilteilen dar, so daß Kanäle mit verschiedenen Winkeln entstehen. Packungen von verschiedenen Firmen sind zum Beispiel unter den Bezeichnungen Mellapak, Ralupak, Montzpak, Rombopak bekannt. Die spezifische Oberfläche kann zwischen 150 bis 450 m²/m³ liegen, vorzugsweise 250 m²/m³. Von der Firma Sulzer ist Mellapak für eine Vakuumkolonne zur Trennung eines Ethylbenzol-Styrol-Gemisches mit über 12 m Durchmesser ausgeführt worden. Im Bild 4.51 ist als Beispiel eine Montzpak mit einem Kanalrinnenverteiler dargestellt.

Sonderbauarten

Außer den bereits behandelten Grundtypen von Kolonnen gibt es mehrere Sonderbauarten. Kolonnen mit rotierenden Einbauten, in denen die Flüssigkeit in jeder Stufe versprüht wird, werden bei stark temperaturempfindlichen Gemischen in der Vakuumdestillation in Sonderfällen eingesetzt. Auch Rotationsdünnschichtverdampfer können durch zusätzliche Kühlwirkung mit einem Innenrohr zur Destillation eingesetzt werden, wobei allerdings die Stufenzahl gering ist, z. B. Einsatz bei der Destillation des sehr temperaturempfindlichen Caprolactams. Eine weitere Sonderbauart stellen Kolonnen mit Böden dar, auf denen sich zusätzliche Wirbelelemente, z. B. Kugeln aus Plast mit 10 mm Durchmesser, befinden, so daß eine Dreiphasendispersion vorliegt. Solche Kolonnen mit Wirbelkörpern sind relativ unempfindlich gegenüber festen Teilchen, wenn diese im Flüssigkeitsgemisch vorhanden sind. Eine industrielle Anwendung aller Sonderbauarten ist bisher nur sehr wenig erfolgt.

Technisch-ökonomische Kennwerte für Kolonneneinbauten

Grundsätzlich sind verschiedene Kolonneneinbauten zur Lösung einer Trennaufgabe geeignet. Die Auswahl der Einbauten wird hauptsächlich beeinflußt von

— den Investitionskosten für die Kolonne zur Lösung der vorgegebenen Trennaufgabe, wodurch bereits die unterschiedlichen verfahrenstechnischen Parameter der Einbauten berücksichtigt werden,
— dem betrieblichen Verhalten, insbesondere Teillast und Empfindlichkeit gegen Verschmutzung bzw. andere Ansätze,
— dem Reparaturaufwand.

Die wesentlichen verfahrenstechnischen Parameter sind:

— Dampfbelastungsfaktor $w_D \sqrt{\varrho_D}$ (s. Abschn. 4.6.), der charakteristisch für den spezifischen Durchsatz ist,
— die Zahl der theoretischen Böden je m Kolonnenhöhe, wodurch die Effektivität der Stoffübertragung gekennzeichnet wird,
— Druckverlust je theoretischen Boden.

Der Druckverlust in einer Destillationskolonne ist dann von Bedeutung, wenn das zu trennende Flüssigkeitsgemisch temperaturempfindlich und daher eine Vakuumdestillation erforderlich ist oder wenn die Kopfproduktdämpfe energetisch weiter genutzt werden (s. Abschn. 4.10.3.). Dagegen ist der Druckverlust bei der Absorption immer dann von Bedeutung, wenn dieser durch Kompressionsenergie für die Gase aufgebracht werden muß. In Tabelle 4.8 wird ein Überblick über verfahrenstechnische Parameter und Preise von Kolonneneinbauten gegeben. Auf weitere technisch-ökonomische Betrachtungen bei der Auswahl von Einbauten wird im Abschnitt 4.10.1. eingegangen.

Tabelle 4.8. Beispiele von Kolonneneinbauten und typische Kennwerte

	Böden	Füllkörper	Packungen	Sprühzonen
	Siebböden	Ringe (mit Öffn.)	Mellapak	Düsen
	Ventilb.	Sättel	Ralupak	rotier. Zerst.
	Streckmet.	stabförmige Ringe	Montzpak	
			Rombopak	
	2 Böd./m	25 mm	250 m²/m³	
$w_G \sqrt{\varrho_G}^{1)}$ in $\sqrt{Pa}$	1,8 ... 2,6	1,8 ... 2,4	2,0 ... 2,6	2,2 ... 3,0
Δp in Pa/m	700 ... 1800	300 ... 600	150 ... 300	30 ... 60
n_{th} in m	1,0 ... 1,7	1,8 ... 2,4	2,0 ... 2,8	0,15 ... 0,3
$\Delta p/n_{th}$ in Pa/th. B.	500 ... 1200	150 ... 350	60 ... 150	150 ... 250
Orientierungspreise unleg. St in TDM/m³	1 ... 1,5			
X8CrNiTi18,10 in TDM/m³	2,5 ... 4	3 ... 5	3 ... 6	
Porzellan in TDM/m³		2 ... 3		

¹) $\varrho_F = 800 ... 1000$ kg/m³

4.6. Zur Fluiddynamik von Kolonnen

Für die Berechnung von Kolonnen sind die zwei wichtigsten Teilgebiete die thermische Trennwirkung und die Fluiddynamik. Aus der letzteren werden als wichtige verfahrenstechnische Größen ermittelt:

— der maximale Durchsatz und der minimale zur Beurteilung des Teillastverhaltens,
— Festlegung der konstruktiven Abmessungen der Einbauten im Zusammenhang mit der vorgenannten Aufgabe,
— Druckverlust.

Die Zweiphasenströmung beeinflußt aber auch entscheidend die Stoffübertragung, insbesondere durch

— das Zusammenwirken der zwei Phasen mit Bildung der Phasengrenzfläche,
— das Verweilzeitverhalten (Phasenführung) und
— das Auftreten verschiedener Strömungsregimes.

4.6.1. Zur Zweiphasenströmung

Diese ist international Gegenstand umfangreicher Forschungsarbeiten. Allein die Zweiphasenströmung flüssig-gasförmig ist weit über thermische Trennprozesse hinausgehend von Bedeutung, z. B. für jeden Verdampfer bis zu Kernreaktoren und beim Begasen in biochemischen Prozessen. Zusammenfassende Monographien im deutschsprachigen Schrifttum sind [4.25] und [4.26]. Fortschrittsberichte über internationale Konferenzen wie [4.27] geben einen Überblick über Fortschritte.

Zu den Bilanzgleichungen für die Zweiphasenströmung am differentiellen Volumenelement liegen umfangreiche Arbeiten vor, z. B. [4.28]. Die wichtigsten Vereinfachungen führen zu dem homogenen Modell und dem Schlupfmodell. Beim homogenen Modell wird die Zweiphasenströmung als homogenes Fluid betrachtet, wobei die Bildung von Mittelwerten auf Komplikationen stößt. Beim Schlupfmodell wird vorausgesetzt, daß die beiden Phasen mit einer unterschiedlichen Geschwindigkeit (Schlupf) nebeneinander in dem betrachteten Querschnitt strömen. Die Berechnung des Strömungsfeldes über die numerische Lösung der Bilanzgleichungen führte bisher auch unter Berücksichtigung von Vereinfachungen für die komplizierte Zweiphasenströmung flüssig-gasförmig in Kolonnen zu keinen geeigneten Lösungsmethoden. Dies ist auf die komplizierten Wechselwirkungen zwischen den beiden Phasen mit den veränderlichen fluiden Phasengrenzen zurückzuführen. Die Impulsbilanz wird im allgemeinen nur durch einfache Betrachtungen zum Druckverlust berücksichtigt.

Kennzeichnende Größen

Auf die Größen zur Kennzeichnung einer Zweiphasenströmung flüssig-gasförmig in Kolonnen wird nachstehend eingegangen. Gemäß den obigen Ausführungen wird dabei nicht von den Differentialgleichungen für das differentielle Volumenelement ausgegangen.

Volumenanteile der beiden Phasen

Aus den stöchiometrischen Bedingungen gilt für eine Dispersion in einer Bodenkolonne

$$\frac{V_F}{V} + \frac{V_D}{V} = 1 \quad \text{oder} \quad \varphi_F + \varphi_D = 1 \quad \text{oder} \quad \frac{H_F}{H_S} + \frac{H_D}{H_S} = 1 \quad (4.102)$$

und für die Zweiphasenströmung in einer Füllkörper- oder Packungskolonne mit der Porosität (Lückengrad) ε

$$\varphi_F + \varphi_D = \varepsilon$$

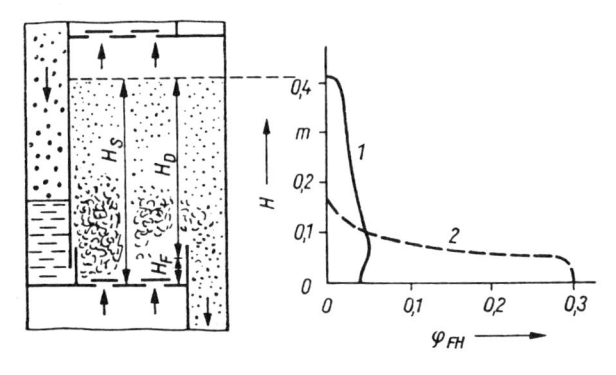

Bild 4.52. Schematische Darstellung der klaren Flüssigkeitshöhe H_F und der Dampfhöhe H_D auf einem Ventilboden 0,4 m Durchmesser und Dispersionsdichteprofile φ_{FH}, gemessen mittels Gammadurchstrahlung, Wehrhöhe 50 mm, $\dot{F}/\dot{D} = 1$, Methanol-Ethanol
1 $w_D \sqrt{\varrho_D} = 2{,}52$
2 $w_D \sqrt{\varrho_D} = 0{,}69 \text{ kg}^{0{,}5}/(\text{m}^{0{,}5}\,\text{s})$

Für Dispersionen werden oft auch gleichwertig die klare Flüssigkeitshöhe H_F und die Gashöhe H_D verwendet (s. Bild 4.52). Die Volumenanteile der beiden Phasen sind in einer Dispersion über die Höhe unterschiedlich (Dispersionsdichteprofil) und sind hauptsächlich von der Dampf- und Flüssigkeitsbelastung, den Dichten und der Konstruktion des Bodens abhängig. Im Bild 4.52 sind zwei gemessene Dispersionsdichteprofile für einen Ventilboden dargestellt.

Strömungsparameter

Die Mengenströme und Dichten der beiden Phasen beeinflussen die Zweiphasenströmung in Verbindung mit der konstruktiven Gestaltung der Einbauten am stärksten. Die Einführung eines Strömungsparameters mit den Mengenströmen und Dichten erfolgte von *Sherwood* bereits 1938 für Füllkörperkolonnen und später für Bodenkolonnen:

$$\frac{\dot{F}}{\dot{D}}\left(\frac{\varrho_D}{\varrho_F}\right)^{0,5} \text{ oder } \frac{\dot{M}_F}{\dot{M}_D}\left(\frac{\varrho_D}{\varrho_F}\right)^{0,5} = \frac{\dot{V}_F}{\dot{V}_D}\left(\frac{\varrho_F}{\varrho_D}\right)^{0,5} = \frac{w_F}{w_D}\left(\frac{\varrho_F}{\varrho_D}\right)^{0,5} \tag{4.103}$$

Bei der Destillation handelt es sich in den beiden Phasen um die gleichen Stoffe. In vielen Fällen sind die Konzentrationsunterschiede zwischen den beiden Phasen gering, so daß auch die Unterschiede zwischen den Molmassen der beiden Phasen klein sind. Dann gilt $\dot{F}/\dot{D}$ etwa gleich $\dot{m}_F/\dot{m}_D$. Der Strömungsparameter stellt für die Vakuumdestillation (z. B. Ethylbenzol-Styrol), die atmosphärische Destillation (z. B. Cyclohexan/n-Heptan) und die Druckdestillation (z. B. n-Butan/i-Butan) charakteristische Werte dar (s. Tab. 4.9).

Tabelle 4.9. Strömungsparameter für Beispiele der Vakuumdestillation, atmosphärischen Destillation und Druckdestillation

	Ethylbenzol	Cyclohexan	n-Butan
Druck in MPa	0,006	0,110	1,20
Siedetemperatur in °C	55,5	83,7	88,3
Molmasse in kg/kmol	106,2	84,1	58,1
ϱ_D in kg/m³	0,233	3,12	23,2
ϱ_F in kg/m³	838	716	486
$\dot{F}/\dot{D}$ in kmol/kmol	1	1	1
$\frac{\dot{F}}{\dot{D}}\left(\frac{\varrho_D}{\varrho_F}\right)^{0,5}$	0,0167	0,0660	0,218

Strömungsregime

Die Hauptformen bei Dispersionen sind:
— Blasenregime mit der flüssigen Phase als kontinuierliche Phase,
— Tropfenregime mit der dampfförmigen Phase als kontinuierliche Phase und
— Sprudelregime als Mischregime mit stark zerrissenen Phasengrenzflächen. Die flüssige Phase ist dabei vorzugsweise die kontinuierliche Phase.

Mit dem Blasen- und Tropfenregime als den Grundformen können folgende Eigenschaften qualitativ zugeordnet werden:

	Blasenregime	Tropfenregime
Phasengrenzfläche	groß	klein
Stoffübertragung	günstig	ungünstig
Empfindlichkeit zum Schäumen	hoch	gering

Im Bild 4.53 erfolgte eine schematische Darstellung der auftretenden Strömungsregimes nach *Hofhuis* und *Zuiderweg* [4.29].

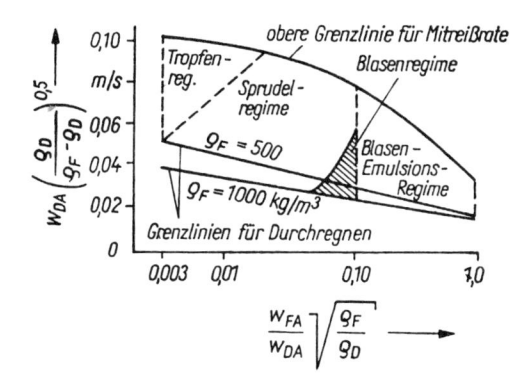

Bild 4.53. Darstellung der auftretenden Strömungsregimes auf einem Siebboden 0,8 m × 1,0 m Querschnitt mit dem Belastungsfaktor und dem Strömungsparameter als Koordinaten nach [4.29], Wehrlänge 0,6 m, Lochdurchmesser 10 mm, Bodenabstand 0,5 m

Das in [4.29] eingeführte Blasen-Emulsions-Regime zeichnet sich durch einen hohen Füssigkeitsgehalt und kleine Blasen aus. Nach eigenen visuellen Beobachtungen und Auswertungen von Dispersionsdichteprofilen erscheint es wenig wahrscheinlich, daß ein solches Strömungsregime bis zur Trennfläche zwischen Dampf und Flüssigkeit erhalten bleibt.

Partikelverteilung, Benetzungsgrad und Phasengrenzfläche

Bei kugelförmigen Tropfen bzw. Blasen berechnet sich der mittlere Tropfen- bzw. Blasendurchmesser nach Gleichung (2.190) und die Phasengrenzfläche nach Gleichung (2.191). Im Blasen- und Tropfenregime ist eine experimentelle Bestimmung und Modellierung der Partikelverteilung in Abhängigkeit wesentlicher Einflußgrößen möglich. Beim Sprudelregime, das meistens auf Kolonnenböden vorherrschend ist (s. Bild 4.53) stößt dies auf die größten Schwierigkeiten. Für das Sprudelregime auf Kolonnenböden stehen daher keine genügend genauen Berechnungsgleichungen für den Partikeldurchmesser und die Phasengrenzfläche zur Verfügung.

Blasen und Tropfen sind die Grundlage bei Betrachtung der Mikroprozesse in Dispersionen. Für die Aufstiegsgeschwindigkeit einer einzelnen Blase w_B gilt nach *Mersmann* [4.30]:

$$w_B = 1{,}55 \left[\frac{\sigma g(\varrho_F - \varrho_D)}{\varrho_F^2}\right]^{0{,}25} \left(\frac{\varrho_D}{\varrho_F}\right)^{1/24}$$

Mit den Dichten aus Tabelle 4.9 ergibt sich für

Ethylbenzol mit $\sigma = 0{,}025$ N/m $\quad w_B = 0{,}144$ m/s und

n-Butan mit $\sigma = 0{,}0051$ N/m $\quad w_B = 0{,}136$ m/s.

Wenn man annimmt, daß im Blasenregime $\varphi_D = 0{,}6$ ist, dann würde man einen Durchsatz entsprechend einer Dampfgeschwindigkeit von etwa 0,08 bis 0,09 m/s erhalten. Die Dampfgeschwindigkeit für Kolonnenböden ist bei den üblichen Belastungswerten (vgl. Tab. 4.10) wesentlich größer (Ethylbenzol $w_D = 4{,}45$ m/s und n-Butan $w_D = 0{,}332$ m/s). Neben der Bildung sehr großer Blasen, die durch Stau beim Dampfaustritt aus den Bodenöffnungen entstehen, ist die wesentlich höhere Dampfgeschwindigkeit so zu erklären, daß die Zweiphasendispersion mit dem Dampf sich als ganzes zusätzlich nach oben schiebt. Damit wird auch erklärbar, daß die aus vielen Messungen stammenden Untersuchungen über die Blasenbildung und -größen aus einzelnen Öffnungen für Dispersionen auf Kolonnenböden nicht brauchbar sind. Günstiger für die Vorausberechnung liegen die Verhältnisse bei der Ausbildung von Tropfenregime, wobei dieses allein aber selten auftritt.

Bei einer geometrisch weitgehend vorgebildeten Phasengrenzfläche, wie dies für Füllkörperkolonnen und die meisten Packungskolonnen typisch ist, wird über den Benetzungsgrad die Phasengrenzfläche ermittelt (s. Abschn. 4.3.3.).

4 Destillation

Verweilzeitverhalten der beiden Phasen

Wünschenswert ist für eine große Triebkraft ein reiner Gegenstrom. Dieser ist in Füllkörper- und Packungskolonnen theoretisch möglich, wobei es aber zu Abweichungen durch axiale Durchmischung in den beiden Phasen kommt. Die Berücksichtigung erfolgt meistens durch das Dispersionsmodell (s. Abschn. 4.3.3.).
Bei Querstrombodenkolonnen handelt es sich über die Kolonnenhöhe um Gegenstrom und auf dem einzelnen Boden um Querstrom (Kreuzstrom). Folgende Grenzfälle sind für technische Bodenkolonnen besonders bedeutsam:

— Dampf Kolbenströmung und Flüssigkeit auf dem Boden vollkommen durchmischt (für Kolonnen bis 0,6 m Durchmesser gut zutreffend),
— Dampf Kolbenströmung und Flüssigkeit auf dem Boden in Strömungsrichtung Kolbenströmung, Abweichungen in der flüssigen Phase werden entweder durch das Dispersions- oder das Zellenmodell erfaßt (s. Abschn. 4.7.).

Druckverlust

Meistens erfolgt die Unterteilung in einen trockenen Druckverlust Δp_t ohne Flüssigkeitsströmung und einen zusätzlichen Anteil durch die Flüssigkeitsströmung. Dies entspricht im einfachsten Fall dem Ansatz

$$\Delta p = \Delta p_t + \Delta p_f \qquad (4.104)$$

Manchmal wird in vorstehender Gleichung ein zusätzliches Glied Δp_σ für die Arbeit bei der Bildung der Blasen bzw. Tropfen berücksichtigt. Dieses Glied ist sehr klein. Eine andere Aufgliederung ist durch folgenden Ansatz möglich:

$$\Delta p = \Delta p_t + \Delta p_F + \Delta p_R \qquad (4.105)$$

Δp_F berücksichtigt den Druckverlust durch den hydrostatischen Druck der klaren Flüssigkeitshöhe; Δp_R berücksichtigt die anderen Einflüsse, insbesondere den Reibungsdruckverlust, der durch Schubspannungen zwischen den beiden Phasen auftritt.

Weitere kennzeichnende Größen

Kenngrößen für die turbulente Strömung, wie Mikromaßstab und Makromaßstab, wurden bisher wenig genutzt. Eine Kopplung ausgewählter stofflicher, betrieblicher und konstruktiver Einflußgrößen ist bei Bodenkolonnen mit folgender Größe [4.29] möglich:

$$\frac{\dot{V}_{FL}}{w_D} \sqrt{\frac{\varrho_F}{\varrho_D}}$$

Mit den bekannten und noch einzuführenden kennzeichnenden Größen erscheint es durchaus möglich, weitere Fortschritte in der wissenschaftlichen Durchdringung und Verallgemeinerung der Fluiddynamik in Kolonnen zu erreichen. Dabei sind aber unbedingt Experimente an Kolonnen mit technischen Abmessungen einzubeziehen.

Experimente und Maßstabsübertragung

Auf die Zweiphasenströmung wirken zahlreiche Einflußgrößen:

Betriebliche Einflußgrößen — Mengenströme $\dot{D}$ und $\dot{F}$,
stoffliche Einflußgrößen — Dichten ϱ_F und ϱ_D, Viskositäten η_F und η_D, Oberflächenspannung und Schaumfähigkeit,
konstruktive Einflußgrößen bei Bodenkolonnen — Kolonnendurchmesser, Wehrlänge, Wehrhöhe, Bodenabstand, Öffnungsfläche im Boden, Art und Größe der Bohrungen bzw.

der Stoffaustauschelemente, Verhältnis der Querschnittsfläche des Ablaufschachtes zur aktiven Bodenfläche,
konstruktive Einflußgrößen bei Füllkörperkolonnen — Füllkörperform und -abmessungen, Kolonnendurchmesser, Höhe der Füllkörperschüttung.

Es handelt sich um mindestens 12 Einflußgrößen. Bei Verwendung von Ähnlichkeitskennzahlen ergibt dies bei drei Grundgrößen einen Satz von mindestens 9 Ähnlichkeitskennzahlen. Die Zahl der Experimente wäre außerordentlich groß, wenn alle Kopplungen berücksichtigt werden, z. B. für einen Bereich mit 5 Zahlenwerten für jede Ähnlichkeitskennzahl ergeben sich formal $5^9 = 1,95 \cdot 10^6$ Experimente.

Effektiver werden die Experimente mit den kennzeichnenden Größen ausgeführt, wobei die experimentellen Ergebnisse teilweise mit Ähnlichkeitskennzahlen modelliert werden. Besonders schwierig ist bei den Experimenten, daß die meisten Einflußgrößen nicht einzeln verändert werden können, sondern daß jeweils mehrere Einflußgrößen zwangsläufig gekoppelt sind. So können die Stoffwerte nicht einzeln untersucht werden, da sich für jedes Stoffgemisch mehrere Stoffwerte verändern, oder die Veränderung der Dampfbelastung führt bei der Destillation zwangsläufig zu Veränderungen der Flüssigkeitsbelastung.
Zahlreiche Experimente wurden in Laborkolonnen von 30 bis 100 mm Durchmesser durchgeführt. Experimente in Laborkolonnen sind für die Fluiddynamik von technischen Kolonnen relativ wenig aussagefähig, da durch die geringen Mengenströme und den Wandeinfluß wesentlich geänderte Bedingungen vorliegen.

> Experimente zur Fluiddynamik bei gleichzeitiger Stoffübertragung durch Destillation werden vorzugsweise in kleintechnischen Kolonnen 0,2 bis 0,5 m Durchmesser oder adäquatem rechteckigem Querschnitt durchgeführt. In wenigen Forschungszentren der Welt sind Untersuchungen in Kolonnen bis 2,4 m Durchmesser möglich.

Zu den größten und wichtigsten Testzentren für Kolonneneinbauten zur Untersuchung der Fluiddynamik und Stoffübertragung bei der Destillation gehört das Fractionation Research Inc. (FRI) in Kalifornien/USA, das in Kolonnen mit 1,2 und 2,4 m die Tests von Kolonneneinbauten auf Kundenwunsch gegen Bezahlung vornimmt. Weit verbreitete Testgemische sind Cyclohexan/n-Heptan bei 1,6 bar und 0,3 bar und n-Butan/i-Butan bis 3,5 MPa.
Experimente mit Luft-Wasser sind erheblich billiger als Experimente unter Destillationsbedingungen, da die Heizung am Sumpf und die Kondensation der Dämpfe entfallen. Kolonnenprüfstände mit Luft-Wasser sind bereits bis 4 m Durchmesser ausgeführt worden. Experimente mit Luft-Wasser werden meisten mit Flüssigkeitsstromdichten von 1 bis 100 m^3/(m^2 h) im gesamten möglichen Belastungsbereich für Luft (0,3 bis 3 m/s, teilweise auch darüber) ausgeführt.
Der vorstehende geschilderte erhebliche experimentelle Aufwand hat für häufig eingesetzte Kolonneneinbauten zu empirischen Berechnungsunterlagen geführt, mit denen gut bis zufriedenstellend die Auslegung der Kolonnen möglich ist, ausgenommen für extreme Bedingungen. Bezüglich der weiteren Optimierung der Prozeßparameter und der Einbauten sind tiefergehende Kenntnisse zur Zweiphasenströmung in kleintechnischen und technischen Kolonnen erforderlich. Dies soll nur an dem folgenden Problem verdeutlicht werden. Der Mechanismus des Transportes der Flüssigkeit in einer Dispersion auf einem Boden vom Zulaufschacht bis zum Ablaufschacht ist noch unzureichend bekannt. Damit sind auch die Wechselwirkungen zwischen der Dispersion auf dem Boden und dem Ablaufschacht unzureichend geklärt, wobei diese Wechselwirkungen erheblich die Fluiddynamik und Stoffübertragung beeinflussen.

Abschließend sei auf die Probleme der Maßstabsübertragung bei der Destillation am Beispiel von unterschiedlichen Flüssigkeitsstromdichten (durch den Stoff und Druck bedingt) und unterschiedlichen Flüssigkeitswehrbelastungen (durch den Stoff, Druck und Bodendurchmesser bedingt) hingewiesen (Zahlenbeispiele s. Tab. 4.10).

Tabelle 4.10. Flüssigkeitsstromdichten und Wehrbelastungen für Beispiele der Vakuumdestillation, atmosphärischen Destillation und Druckdestillation ($\dot{F}/\dot{D} = 1$, ϱ_D und ϱ_F siehe Tab. 4.9)

		Ethylbenzol	Cyclohexan	n-Butan
Druck in MPa		0,006	0,110	1,20
Dampfbelastungsfaktor $w_D \sqrt{\varrho_D}$ in $\sqrt{Pa}$		2,15	2,40	1,60
Dampfgeschwindigkeit w_D in m/s		4,45	1,36	0,332
$w_D \sqrt{\varrho_D/(\varrho_F - \varrho_D)}$ in m/s		0,0743	0,0899	0,0744
$\dot{v}_F$ in m³/(m² h)		4,46	21,3	57,1
$D_B = 0,8$ m	$\dot{V}_F$ in m³/h	2,24	10,7	28,7
	$\dot{V}_{FL}$[1]) in m³/(m h)	4,31	20,6	55,2
$D_B = 2,0$ m	$\dot{V}_F$ in m³/h	14,0	66,9	179,3
	$\dot{V}_{FL}$[1]) in m³/(m h)	10,8	51,5	137,9

[1]) für $W_L/D_B = 0,65$

Für die Flüssigkeitsstromdichte gilt:

$$\frac{\dot{F}}{\dot{D}} = \frac{\dot{M}_F M_D}{\dot{M}_D M_F} = \frac{\dot{V}_F \varrho_F M_D}{w_D A_q \varrho_D M_F} = \frac{\dot{v}_F \varrho_F M_D}{w_D A_q \varrho_D M_F}$$

$$\dot{v}_F = w_D \frac{\dot{F}}{\dot{D}} \frac{\varrho_D}{\varrho_F} \frac{M_F}{M_D} \qquad (4.106)$$

Bei der Destillation ist häufig die Molmasse M_F etwa M_D. Das Mengenstromverhältnis $\dot{F}/\dot{D}$ ist häufig für die Verstärkungskolonnen 0,5 ... 0,9 und für die Abtriebskolonnen 1,1 ... 1,6. Die Flüssigkeitsstromdichte ist damit hauptsächlich von der Dampfdichte abhängig. Für die gewählten Beispiele in Tabelle 4.10 in Fortsetzung der Tabelle 4.9 ergibt sich für die Druckdestillation eine 12,8fach höhere Flüssigkeitsstromdichte als für die Vakuumdestillation. Betrachtet man zwei Kolonnen mit 0,8 und 2 m Durchmesser, so betragen für diese Beispiele die Extremwerte für die Flüssigkeitswehrbelastung $\dot{V}_{FL} = 2,24$ und 137,9 m³/(m h) und unterscheiden sich um das 61,6fache. Die Wehrbelastung wirkt sich stark auf den Flüssigkeitsgehalt der Zweiphasendispersion und die Gestaltung des Ablaufschachtes aus. Üblicherweise sollte die Wehrflüssigkeitsbelastung 90 m³/(m h) bei Böden ohne Transporteffekt des Dampfes auf die Flüssigkeit nicht übersteigen, so daß in dem Beispiel für n-Butan und der Kolonne mit 2 m Durchmesser eine zweiflutige Ausführung erforderlich ist. Daraus wird auch deutlich, daß bei einer kleintechnischen Bodenkolonnen von 0,2 m Durchmesser oder gar bei einer Laborbodenkolonne von 50 mm Durchmesser wesentlich andere Dispersionen entstehen.

4.6.2. Bodenkolonnen

Es sind umfangreiche Berechnungsunterlagen für die wichtigsten Bodentypen vorhanden. Für das deutschsprachige Schrifttum wird auf [4.13], Abschnitt 2.2., und [4.32] verwiesen. Es handelt sich hauptsächlich um Berechnungsgleichungen mit stark vereinfachten physikalischen Betrachtungen und im wesentlichen Anpassung an die Experimente. Die Darstellung in [4.32] zeichnet sich dadurch aus, daß möglichst weitgehend vereinfachte physikalische

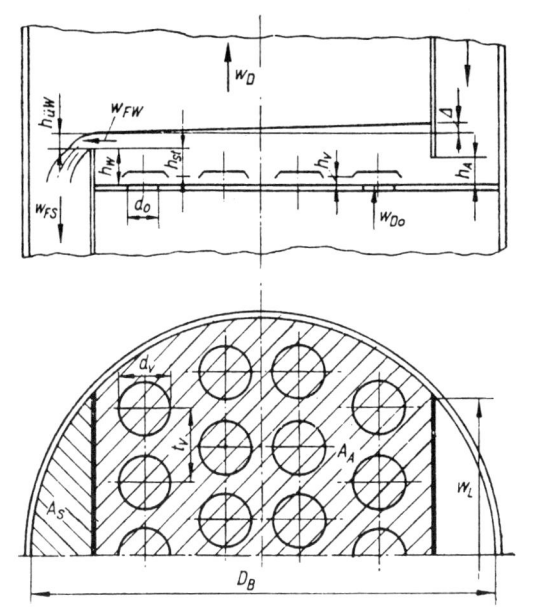

Bild 4.54. Kennzeichnung wichtiger konstruktiver Größen für die fluiddynamische Berechnung eines Ventilbodens
A_A aktive Bodenfläche
A_S Fläche des Ablaufschachtes
$f_0 = d_0^2 \pi/4$ Bohrungsfläche eines Ventils
$A_0 = N f_0$ Bohrungsfläche eines Bodens
N Zahl der Ventile
h_W Wehrhöhe
d_v Durchmesser des Ventiltellers

Überlegungen einbezogen werden. In diesem Abschnitt wird die Darstellung auf Berechnungsgrundlagen für Ventilböden begrenzt, die zugleich methodisch Beispiele für andere Querstrombodenkolonnen darstellen. Für Ventilböden sind wichtige konstruktive Größen mit Einfluß auf die Fluiddynamik im Bild 4.54 aufgeführt:

Bodenabstand ΔH, vorzugsweise 0,4 ... 0,6 m,
Wehrhöhe h_W, vorzugsweise 30 bis 50 mm,
Wehrlänge W_L, die sich aus dem Wehrverhältnis W_L/D_B mit 0,55 bis 0,80 ergibt,
aktive Bodenfläche A_A, über der sich die Dispersion ausbildet, Öffnungsfläche (Bohrungsfläche) A_0 im Boden, daraus abgeleitet das Öffnungsverhältnis A_0/A_B bzw. A_0/A_A,
Art der Stoffaustauschelemente (bei Ventilböden sind dies Ventile),
Abstände der Öffnungen im Boden, z. B. Ventilteilung bei Ventilböden oder Lochteilung bei Siebböden,
statische Eintauchtiefe als Differenz $h_W - h_V$.

Tabelle 4.11. Charakteristische konstruktive Größen für Ventilböden

W_L/D_B in %	A_S/A_B in %	t_V/d_V	A_0/A_B in %	
55	4	1,4	15 ... 20	⎫
65	7	1,6	12 ... 14	⎬ einflutig
75	11	1,8	8 ... 10	⎭
55	8	1,6	11 ... 13	⎫
65	14	1,6	8 ... 11	⎬ zweiflutig
75	22	1,8	5 ... 6	⎭

Aus den konstruktiven Abmessungen ergeben sich in Verbindung mit den Mengenströmen $\dot{D}$ und $\dot{F}$:

w_D Dampfgeschwindigkeit, bezogen auf den gesamten Kolonnenquerschnitt,
w_{D0} Dampfgeschwindigkeit, bezogen auf die Öffnungsfläche A_0,

w_{DA} Dampfgeschwindigkeit, bezogen auf die aktive Fläche A_A,
w_{DQ} Dampfgeschwindigkeit, bezogen auf die freie Querschnittsfläche der Kolonne (Kolonnenquerschnitt minus einem Ablaufschachtquerschnitt bei einem einflutigen Boden),
w_F Flüssigkeitsgeschwindigkeit, bezogen auf den gesamten Kolonnenquerschnitt,
w_{FA} Flüssigkeitsgeschwindigkeit, bezogen auf die aktive Fläche A_A,
w_{FS} Flüssigkeitsgeschwindigkeit, bezogen auf die Querschnittsfläche des Ablaufschachtes.

Auf wichtige verfahrenstechnische Größen wie klare Flüssigkeitshöhe, Dispersionshöhe, Mitreißen und Durchregnen von Flüssigkeit wird in den folgenden Ausführungen eingegangen.

Arbeitsbereich von Böden

Dieser wird durch die Dampfströme $\dot{V}_D$ und Flüssigkeitsströme $\dot{V}_F$ gekennzeichnet. Der Arbeitsbereich wird so definiert, daß innerhalb des Arbeitsbereichs sich ein Strömungsregime ausbildet, durch das eine »gute« Stoffübertragung möglich ist, wobei diese Stoffübertragung allerdings »unterschiedlich gut« ist und somit der Arbeitsbereich keine völlig einheitlichen Bedingungen für die Stoffübertragung beinhaltet. Der Arbeitsbereich ist schematisch im Bild 4.55 dargestellt. Die Grenzlinien können wie folgt erklärt werden:

1 Grenzlinie für das Durchregnen von Flüssigkeit bzw. pulsierendes Arbeiten des Bodens. Das Betreiben unterhalb dieser Grenzlinie ist unter Umständen noch mit vertretbarer Stoffübertragung möglich, wenn man die Vibrationen, die sich auch mechanisch auswirken können, in Kauf nimmt.
2 Grenzlinie für die Überflutung des Bodens mit Flüssigkeit; oberhalb dieser Grenzlinie ist das Betreiben des Bodens nicht mehr möglich.
3 Obere Grenzbelastung für den Dampfstrom, gekennzeichnet durch das Mitreißen von Flüssigkeit mit einem definierten Wert von $e < 0,1$ kg Flüssigkeit je kg Dampf. Oberhalb dieser Grenzlinie ist zwar ein Betreiben des Bodens noch möglich, wobei sich aber die Stoffübertragung merklich verschlechtert.
4 Grenzlinie für die minimale Flüssigkeitsbelastung. Unterhalb dieser Grenzlinie ist eine stark ungleichmäßige Verteilung der Flüssigkeit auf dem Boden mit einer Verschlechterung der Stoffübertragung kennzeichnend.

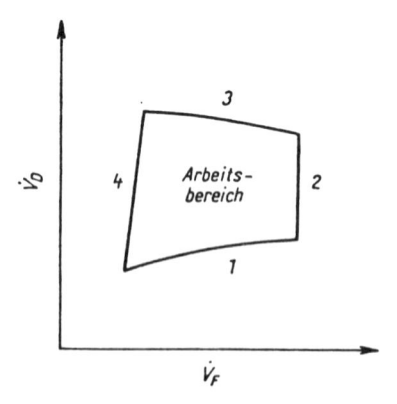

Bild 4.55. Prinzipielle Darstellung des Arbeitsbereiches eines Ventilbodens

In den Grenzlinien des Arbeitsbereiches sind sowohl physikalisch bedingte Grenzen für das Betreiben des Bodens als auch aus Erfahrung bedingte Grenzen mit Rücksicht auf eine gewünschte gute Stoffübertragung enthalten. Nachstehend wird auf die Grenzlinien näher eingegangen.

Obere Grenzbelastung für den Dampfdurchsatz

Diese stellt die wichtigste Grenzbelastung dar, da sie in der Regel bestimmend für den Kolonnendurchmesser ist. Mit steigender Dampfgeschwindigkeit werden vom Dampf zunehmend Flüssigkeitstropfen zum nächsten Boden mitgerissen. Dadurch wird die Stoffübertragung, gekennzeichnet durch den Austauschgrad, verschlechtert, da die Triebkraft durch Mitreißen von Flüssigkeit auf den darüberliegenden Boden vermindert wird. Es ist üblich, die zulässige Mitreißrate mit 0,1 kg Flüssigkeit je kg Dampf festzulegen. In der obersten Zone einer Zweiphasendispersion auf dem Boden bildet sich bei der Trennung von Flüssigkeit und Dampf vorzugsweise ein Tropfenregime aus. Die Dampfgeschwindigkeit darf nur so groß sein, daß die Mehrzahl der mitgerissenen Flüssigkeitstropfen vor Erreichen des nächsten Bodens wieder abgeschieden werden und in die Dispersion zurückfallen. Aus einer Kräftebilanz für den Dampf und die mitgerissenen Tropfen mit dem Tropfendurchmesser d oberhalb der Zweiphasendispersion erhält man für die Schwer-, Auftriebs- und Widerstandskraft:

$$\frac{d^2\pi}{6}\varrho_F g - \frac{d^3\pi}{6}\varrho_D g - \frac{d^2\pi}{4}\frac{\varrho_D w_{DQ}^2}{2}\xi = 0$$

Daraus erhält man für w_{DQ}:

$$w_{DQ} = \sqrt{\frac{4}{3}\frac{dg}{\xi}}\sqrt{\frac{\varrho_F - \varrho_D}{\varrho_D}} = c_{\ddot{u}}\sqrt{\frac{\varrho_F - \varrho_D}{\varrho_D}} \qquad (4.107)$$

Vorstehende Gleichung wurde von *Souders* und *Brown* 1934 angegeben. Die Dampfgeschwindigkeit w_{DQ} ist auf den freien Querschnitt der Kolonne oberhalb der Dispersion zu beziehen, also bei einem einflutigen Boden $A_B - A_S$. Aus Gleichung (4.103) folgt als charakteristische Belastungsgröße der Belastungsfaktor

$$w_{DQ}\sqrt{\frac{\varrho_D}{\varrho_F - \varrho_D}}$$

bzw. der Dampfbelastungsfaktor $w_{DQ}\sqrt{\varrho_D}$.
Da die Flüssigkeitsdichte für verschiedene Stoffgemische oft nur wenig schwankt, wird oftmals der Dampfbelastungsfaktor verwendet.
Die eigentlichen Probleme der Fluiddynamik stecken in dem Faktor $c_{\ddot{u}}$ in Gleichung (4.107). Durch *Fair* wurde 1961 ein weiterer Fortschritt dadurch erreicht, daß $c_{\ddot{u}}$ in Abhängigkeit vom Strömungsparameter gemäß Gleichung (4.103) mit dem Bodenabstand als Parameter dargestellt wurde. Für Ventilböden hat *Nitschke* [4.33] auf der Grundlage von Versuchsergebnissen an Ventilböden mit Luft-Wasser eine analoge Auswertung vorgenommen, die im Bild 4.56 dargestellt ist. Die Berechnungsgleichung mit dem Faktor $c_{\ddot{u}}$ im Bild 4.56 lautet:

$$w_{DQ\max} = S_{\ddot{u}} k_s c_{\ddot{u}}\sqrt{\frac{\varrho_F - \varrho_D}{\varrho_D}} \qquad (4.108)$$

$w_{DQ\max}$ bezogen auf $A_B - A_S$ (einflutiger Boden) in m/s,
$S_{\ddot{u}}$ Sicherheitsfaktor, zu wählen mit etwa 0,8,
k_s Berücksichtigung des Schaumverhaltens von Flüssigkeiten,
$c_{\ddot{u}}$ Beiwert gemäß Bild 4.56 mit $\Delta H' = \Delta H - h_w$ in m.

Für das Schaumverhalten wird von verschiedenen Autoren $k_s = 0,6$ für stark schäumende Gemische und abgestuft bis $k_s = 1$ für nicht schäumende Gemische vorgeschlagen. Auf Grund eigener Experimente

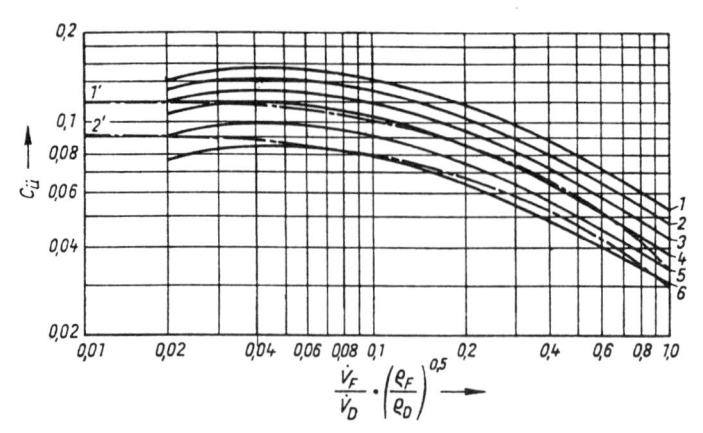

Bild 4.56. Beiwert $c_ü$ zur Berechnung der maximal zulässigen Dampfgeschwindigkeit (ΔH in m ist Parameter)
Glockenboden *1'* 0,60 m, *2'* 0,45 m
Ventilboden *1* 0,61 m, *2* 0,56 m, *3* 0,51 m, *4* 0,46 m, *5* 0,41 m, *6* 0,36 m

an 8 binären Stoffgemischen in einer Ventilbodenkolonne 0,4 m Durchmesser wird empfohlen, den Schaumfaktor $k_s = 1$ zu wählen, soweit keine speziellen Informationen für das Schäumen eines Gemisches vorliegen.

Die Gleichung (4.108) mit dem Beiwert $c_ü$ gemäß Bild 4.56 ergibt relativ hohe Dampfbelastungsfaktoren. Für die Auslegung einer Kolonne wird empfohlen, die zulässige Dampfgeschwindigkeit $w_{DQ\,zul} = 0{,}8 w_{DQ\,max}$ auszuführen. Nach Berechnung der Dampfgeschwindigkeit und dem daraus resultierenden Bodendurchmesser D_B ist der Boden zu dimensionieren. Das Wehrverhältnis W_L/D_B wird unter Beachtung der Flüssigkeitswehrbelastung gewählt. Für $\dot{V}_{FL} < 30$ m^3/(m h) sollte das kleinste Wehrverhältnis $W_L/D_B = 0{,}55$ ausgeführt werden. Durch einen Vergleich des Belastungsfaktors für das jeweilige Stoffgemisch bei der Destillation mit Luft (L)-Wasser (w) bei 20 °C kann man die vergleichbare Luftgeschwindigkeit w_L bzw. den vergleichbaren Luftstrom $\dot{V}_L$ ermitteln, wobei ($\varrho_F - \varrho_D$) etwa ϱ_F gesetzt wird:

$$w_L \left(\frac{\varrho_L}{\varrho_w}\right)^{0,5} = w_D \left(\frac{\varrho_D}{\varrho_F}\right)^{0,5} \quad \text{oder} \quad \dot{V}_L = \dot{V}_D \left(\frac{\varrho_D}{\varrho_L}\frac{\varrho_w}{\varrho_F}\right)^{0,5} \tag{4.109}$$

In [4.32] wurde unter der Voraussetzung eines Tropfenregimes auf dem Boden die obere Grenzbelastung durch einen Vergleich des Mitreißens von Tropfen unter Verwendung der aktiven Fläche gemäß Gleichung (4.109)

$$d = \frac{3}{4} \frac{\xi}{g(\varrho_F - \varrho_D)} w_{DA}^2 \varrho_D$$

und der Tropfenbildung durch die kinetische Energie des Dampfstrahls beim Austritt aus den Öffnungen des Bodens

$$\xi d^2 \frac{\pi}{4} \frac{\varrho_D w_{Do}^2}{2} = d\pi\sigma$$

abgeleitet. Aus der letzten Gleichung folgt als maßgebende Größe die *Weber*-Zahl. Die Tropfen sind bis zu einem kritischen Wert der *Weber*-Zahl We$_{kr}$ stabil, so daß man erhält:

$$\text{We}_{kr} = \frac{w_{Do}^2 \varrho_D d}{\sigma} = \frac{w_{DA}^2 \varrho_D d}{\sigma (A_0 A_A)^2} \quad \text{oder} \quad d = \frac{\text{We}_{kr}\, \sigma (A_0/A_A)^2}{w_{DA}^2 \varrho_D}$$

Durch Gleichsetzen der beiden Gleichungen für den Tropfendurchmesser erhält man für den maximalen Dampfbelastungsfaktor

$$w_{DA\,max}\sqrt{\varrho_D} = \left[\frac{4\,\text{We}_{kr}\,\sigma(\varrho_F - \varrho_D)\,g(A_0/A_A)^2}{3\xi}\right]^{0,25}$$

Die kritische Weberzahl für Tropfen ist mit guter Näherung $\text{We}_{kr} = 12$. Der Widerstandsbeiwert $\xi = 0,44$ ist in einem großen Bereich $\text{Re} = 10^3 \ldots 10^5$ konstant. Damit erhält man aus vorstehender Gleichung

$$w_{DA\,max}\sqrt{\varrho_D} = 2,46(A_0/A_A)^{0,5}\,[\sigma g(\varrho_F - \varrho_D)]^{0,25} \qquad (4.110)$$

Gleichung (4.110) gibt die maximale Dampfgeschwindigkeit an, bei welcher der Boden noch nicht leergeblasen wird. Deshalb ist diese Gleichung nur für sehr große Bodenabstände gültig und ergibt bei einem Bodenabstand von 0,5 m noch zu hohe Dampfgeschwindigkeiten, so daß nur die Tendenz richtig wiedergegeben wird.

Überprüfung des Bodens gegen Überflutung

Die Überflutung des Bodens kann bei extrem großen Flüssigkeitsströmen eintreten, wie sie bei der Druckdestillation (s. Tab. 4.10) vorliegen können. Die Überprüfung erfolgt nach Erfahrungswerten durch zwei Möglichkeiten:

1. Flüssigkeitsgeschwindigkeit im Ablaufschacht
Gemäß [4.13], Seite 63, wird folgende Gleichung empfohlen

$$w_{FS} = 0,0082[\Delta H(\varrho_F - \varrho_D)]^{0,5}\,k_s \qquad (4.111)$$

SI-Einheiten in Gleichung (4.111), k_s siehe Gleichung (4.108).

2. Bodenabstand

$$H_A = \frac{\Delta p}{\varrho_F g} + h_W + h_{üW} \quad \text{und} \quad H'_A = \frac{H_A}{0,5 \ldots 0,8} \qquad (4.112)$$

H_A Höhe der klaren Flüssigkeit im Ablaufschacht
H'_A Höhe der Flüssigkeit im Ablaufschacht unter Berücksichtigung eines Gasanteils
$h_{üW}$ Wehrüberhöhung

Zur Sicherheit wählt man den Bodenabstand meistens $\Delta H = (1,8 \ldots 2)\,H'_A$. Bei der Berechnung der Wehrüberhöhung $h_{üW}$ (s. Bild 4.54) wird angenommen, daß oberhalb des Wehrs eine Flüssigkeit ohne Gasgehalt vorliegt:

$$\dot{V}_F = w_{FW}A_W = \mu\sqrt{2gh_{üW}}\,W_L h_{üW} \quad \text{oder} \quad h_{üW} = \left(\frac{\dot{V}_F}{W_L\mu\sqrt{2g}}\right)^{2/3} \qquad (4.113)$$

$\mu = 0,4 \ldots 0,5$ Kontraktionskoeffizient

Da der Flüssigkeitsgehalt der Zweiphasendispersion meistens nur 5 bis 20% beträgt, ist die Wehrüberhöhung eine fiktive Größe, deren Aussagekraft sehr gering ist. Eine Flüssigkeitsneigung Δ (s. Bild 4.54) oder genauer ein Gefälle der Zweiphasendispersion tritt bei großen Bodendurchmessern auf. Für Ventilböden 2 m Durchmesser mit Luft-Wasser lagen die Unterschiede innerhalb der Ablesegenauigkeit bei der stark bewegten Oberfläche der Dispersion. Auf eine Berücksichtigung der Flüssigkeitsneigung kann daher bei Ventilböden generell verzichtet werden.

Druckverlust und weitere verfahrenstechnische Größen

Für den Druckverlust wird der Ansatz gemäß Gleichung (4.104) verwendet.

Trockener Druckverlust

Bei Einphasenströmung lautet die Gleichung für den Druckverlust in einem Rohr

$$\Delta p = \zeta \frac{L}{d} \frac{w_D^2 \varrho_D}{2}$$

Der trockene Druckverlust auf Kolonnenböden kann befriedigend mit einem Ansatz $\Delta p \sim w_D^2 \varrho_D$ dargestellt werden, so daß sich in einem Diagramm $\lg \Delta p_t = f(\lg w_{D0})$ eine Gerade ergibt. Bei einem Ventilboden sind drei Betriebsbereiche zu unterscheiden:

Bereich I: Ventil nicht abgehoben,
Bereich II: Ventil abgehoben mit $h_{V\min} < h_V < h_{V\max}$,
Bereich III: Ventil voll abgehoben mit $h_V = h_{V\max}$.

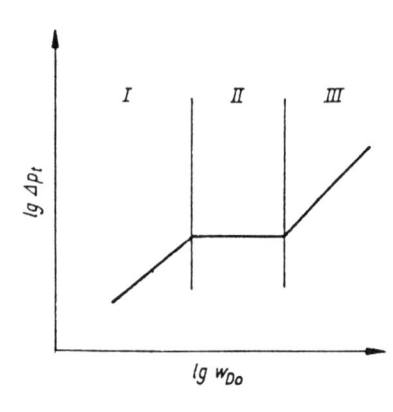

Bild 5.57. Grundsätzliches Verhalten des trockenen Druckverlustes in Abhängigkeit von der Dampfgeschwindigkeit für einen Ventilboden

In den Bereichen I und III ist eine Abhängigkeit $\Delta p_t \sim w_{D0}^2$ zu erwarten. Im Bereich II werden bei steigender Dampfbelastung die Ventile angehoben, so daß in erster Näherung die Dampfgeschwindigkeit und damit auch Δp_t konstant bleiben. Dieses grundsätzliche Verhalten des Druckverlustes auf Ventilböden ist auch für die Zweiphasenströmung zutreffend.

Nitschke [4.34] hat in Anpassung an experimentelle Ergebnisse bei Ventilböden mit Luft-Wasser eine Gleichung aufgestellt, die für alle drei Bereiche gilt:

$$\Delta p_t = \frac{8{,}04 m_V}{f_0} + \left(6 - \frac{0{,}219}{A_0/A_B}\right) \exp\left[0{,}032 \left(7{,}5 + \frac{0{,}036}{m_V}\right) w_{D0} \sqrt{\varrho_D}\right] \quad (4.114)$$

SI-Einheiten in Gleichung (4.114), Δp_t in Pa, Gleichung (4.114) ist gültig bis $w_{D0}\sqrt{\varrho_D} = 18 \text{ kg}^{0,5}/(\text{m}^{0,5} \text{ s})$.

Flüssigkeitsseitiger Druckverlust

Dieser kann experimentell gemäß Gleichung (4.104) ermittelt werden aus $\Delta p_f = \Delta p - \Delta p_t$. Korrespondierend zu Δp_t wurde in [4.34] folgende Korrelation für Ventilböden abgeleitet:

$$\Delta p_f = 0{,}25 \frac{(A_0/A_B)^{-0,3} \dot{v}_{FA}^{0,3} h_W^{0,5} \varrho_F}{[w_{D0}(\varrho_D/\varrho_F)^{0,5}]^{1,5\sqrt{h_w}}} \quad (4.115)$$

$\dot{v}_{FA}$ bezogen auf A_A in m^3/(m^2 h), sonst SI-Einheiten.

Klare Flüssigkeitshöhe

Aus Experimenten an Ventilböden 1,2 bis 2 m Durchmesser mit Luft-Wasser wurde in [4.13] folgende Korrelation angegeben:

$$H_F = 0{,}1434(A_0/A_B)^{-0{,}25} w_{D0}^{-0{,}365} h_W^{0{,}575} \dot{V}_{FL}^{0{,}235} \tag{4.116}$$

$\dot{V}_{FL}$ in m³/(m h), sonst SI-Einheiten. Die nach verschiedenen Literaturangaben berechneten H_F können sich bis zu 50% unterscheiden.

Dispersionshöhe

Aus eigenen Experimenten an Ventilböden 0,4 m Durchmesser wurde mit verschiedenen Zweistoffgemischen folgende Korrelation abgeleitet:

$$H_S = 0{,}04(w_{DA}\sqrt{\varrho_D})^{1{,}7} + 1{,}88 h_W - 0{,}0405 \tag{4.117}$$

SI-Einheiten.

Mitreißrate an Flüssigkeit (Flüssigkeits-Entrainment)

Die mit dem Dampf mitgerissene Flüssigkeit zum nächsten Boden verschlechtert die Triebkraft und damit den Austauschgrad. Bei der Mitreißrate handelt es sich grundsätzlich um das Mitreißen von kleinen Flüssigkeitstropfen. Aus einer Dispersion kann auch fontänenartig Flüssigkeit hochspritzen, wobei diese Form die Mitreißrate nur dann beeinflußt, wenn die Dispersion bis nahe an den nächsten Boden ausgedehnt ist. Die Mitreißrate ist hauptsächlich abhängig von dem Dampfbelastungsfaktor und dem Bodenabstand bzw. der Differenz Bodenabstand ΔH minus Dispersionshöhe H_S. Die Flüssigkeitsbelastung und der Bodentyp sind von geringem Einfluß. Dagegen ist die Größe der Öffnungsfläche des Bodens von Bedeutung, wobei eine größere Öffnungsfläche die Mitreißrate erniedrigt. Eine Änderung der Gasbelastung um 10% in der Nähe der oberen Grenzbelastung kann die Mitreißrate um ein mehrfaches erhöhen, d. h., es ist dann nur noch eine geringe Belastungssteigerung bis zum Erreichen von 10% Mitreißrate (also 0,1 kg Flüssigkeit je kg Dampf) möglich. In [4.36] wurde aus einer Betrachtung der Dispersion als Sprudelregime mit einem Tropfenregime im oberen Teil folgende Gleichung für die Mitreißrate abgeleitet:

$$e = 0{,}262 \frac{A_0 A_A H_{FTr}\varrho_F \varrho_D^{0{,}2}\eta_D^{0{,}4} w_{DQ}^{2{,}8} M_D}{A_V^2 \, \Delta H \, \sigma [\sigma(\varrho_F - \varrho_D)]^{0{,}6} \, M_F} \tag{4.118}$$

Die Konstante als Anpassungsparameter wurde aus Experimenten mit drei Stoffgemischen unter Destillationsbedingungen in einer Kolonne mit 0,4 m Durchmesser ermittelt. Die klare Flüssigkeitshöhe H_F setzt sich gemäß der Kombination von Blasen- und Tropfenregime (Index Tr) aus zwei Anteilen zusammen:

$$H_F = H_{FB} + H_{FTr} \tag{4.119}$$

Die Phasenumkehr vom Blasenregime (Index B) zum Tropfenregime wird nach folgenden zwei Gleichungen mit je zwei Anpassungsparametern (Experimente siehe oben) ermittelt:

$$\frac{H_{FB}}{H_F} = 1 - \exp\left[-0{,}873\left(\frac{H_F}{H_{Fu}}\right)^{1{,}032}\right] \tag{4.120}$$

$$H_{Fu} = \frac{w_{DV}^2 \varrho_D}{g(\varrho_F - \varrho_D)(2{,}785 - 0{,}0165 w_{DV}^2 \varrho_D h_{Ve}/\sigma)} \tag{4.121}$$

$w_{DV} = \dot{V}_D/A_V$ mit $A_V = z_V \pi d_V h_{Ve}$ (Ventilhubfläche), h_{Ve} Ventilhub plus Öffnungshöhe des Ventils in Ruhelage, $w_{DQ} = \dot{V}_D/A_Q$, freie Fläche für die Dampfströmung $A_Q = A_B - A_S$ bei einem einflutigen Boden.

Beispiel 4.11. Auslegung einer kontinuierlichen Destillationsanlage zur Trennung eines binären Gemisches mit Wirtschaftlichkeitsbetrachtungen

In einem chemischen Werk fällt ein Flüssigkeitsgemisch von 400 kt Benzol und Toluol in einem Jahr an. Es sind 8000 Betriebsstunden je Jahr anzunehmen.

Gegeben:

Eintritt Dampf-Flüssigkeits-Gemisch mit 10 Mol-% Dampf; Rücklauf R flüssig mit Siedetemperatur; Druck 101,3 kPa; $x_{1E} = 0,58$; $x_{2E} = 0,42$; gewünschte Reinheit im Kopf $x_{1K} = 0,99$; gewünschte Reinheit im Sumpf $x_{1S} = 0,01$; Heizdampf mit 240 kPa Überdruck.

	Benzol	Toluol
molare Verdampfungsenthalpie bei 101,3 kPa in kJ/kmol	30850	32700
molare spez. Wärmekapazität 0 bis 80 °C in kJ/kmol	139,1	161,9
molare spez. Wärmekapazität 0 bis 110 °C in kJ/kmol	142,8	167,1

Aus anderen Untersuchungen ist bekannt, daß der mittlere Bodenwirkungsgrad für die Kolonne 72% beträgt.
Für die Wirtschaftlichkeitsbetrachtung: 1 t Dampf 240 kPa 34,00 DM; Kühlwasser 90 DM je 1000 m³ mit $T = 10$ K; für Amortisation, Kapitalzinsen und Reparaturen sind 20% je Jahr, bezogen auf die Investitionskosten, anzusetzen.

Aufgabe:

Es ist eine kontinuierliche Destillationsanlage unter Berücksichtigung der Wirtschaftlichkeit auszulegen.

Lösung:

Die Aufgabe wird mit folgenden Hauptschritten gelöst:
1. Aufstellen der Stoffbilanz,
2. Ermittlung des Rücklaufverhältnisses,
3. Energiebilanz,
4. Bestimmung der theoretischen und effektiven Bodenzahl,
5. Fluiddynamische Auslegung der Kolonne,
6. Wirtschaftlichkeitsbetrachtungen.

Es wird vorausgesetzt, daß die Molmengen an Flüssigkeit und Dampf in der Kolonne konstant sind.

1. Stoffbilanz

Ergebnisse: $\dot{M}_E = 400000 : 8000 = 50$ t/h $= 50000$ kg/h; $M = 84$ kg/kmol; $\dot{E} = 595$ kmol/h; $\dot{K} = 346$ kmol/h; $\dot{S} = 249$ kmol/h.

2. Rücklaufverhältnis

Ergebnisse: Siedetemperatur des eintretenden Dampf-Flüssigkeits-Gemisches 90,3 °C; $x_{1E} = 0,58$ (gemäß Aufgabe), $y_{1E} = 0,762$ (berechnet), $h_E = 0,9 h'_E + 0,1 h''_E = 16700$ kJ/kmol; $h'_E = 13480$ kJ/kmol;

$r = 0,58 \cdot 30850 + 0,42 \cdot 32700 = 31600$ kJ/kmol

$$a_T = 1 + (h'_E - h_E)/r = 1 + \frac{13480 - 16700}{31600} = 0{,}898$$

Neigung der Schnittpunktgerade: $\dfrac{a_T}{a_T - 1} = \dfrac{0{,}898}{0{,}898 - 1} = -8{,}80$ bzw. 6,5 Grad

Das minimale Rücklaufverhältnis ergibt sich mit dem aus dem Bild 4.58 grafisch ermittelten Ordinatenabschnitt von 0,467 zu:

$$v_{\min} = x_{1K}/0{,}467 - 1 = \frac{0{,}990}{0{,}467} - 1 = 1{,}12$$

Gewählt: $1{,}42 v_{\min} = 1{,}42 \cdot 1{,}12 = 1{,}59$. Für die Wirtschaftlichkeit werden außerdem das 1,07-, 1,1- und 1,25fache untersucht.

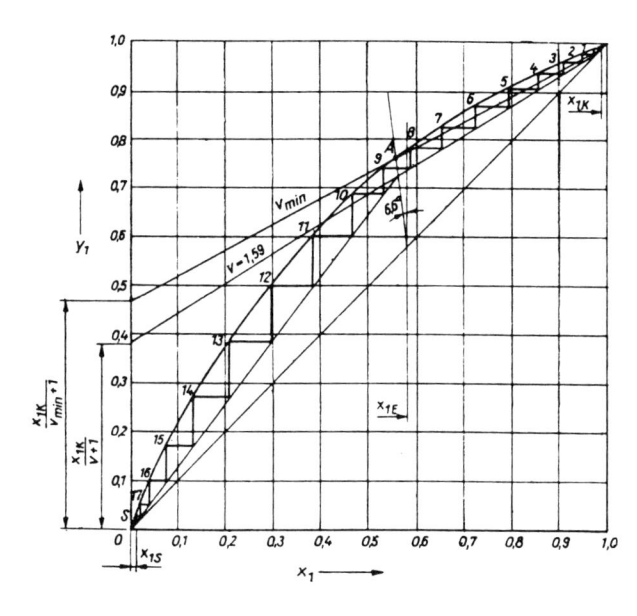

Bild 4.58. Bestimmung des minimalen Rücklaufverhältnisses und der theoretischen Bodenzahl für $v = 1{,}59$ gemäß Beispiel 4.11

3. Energiebilanz

$$\dot{Q}_H = \dot{H}_S + \dot{H}_D + \dot{Q}_{V1} - \dot{H}_E - \dot{H}_R \qquad (4.10)$$

$$\dot{Q}_{\text{Kond}} = \dot{H}_D - \dot{H}_Z - \dot{Q}_{V\text{II}} \qquad (4.11)$$

Als Bezugstemperatur für die Energiebilanz wird 0 °C gewählt.

$H_S = 1270 \text{ kW}$ mit $T_S = 110 \text{ °C}$; $\quad H_D = 10460 \text{ kW}$

Wärmeverlust an die Umgebung: Die Oberfläche von Kolonne und Verdampfer mit Zubehör wird auf 200 m² geschätzt. Mit $k = 0{,}6 \text{ W/(m}^2\text{ K)}$ und $\Delta T_m = 85 \text{ K}$ erhält man

$$\dot{Q}_{V1} = 0{,}6 \cdot 200 \cdot 85 = 10200 \text{ W} = 10{,}2 \text{ kW}$$

$\dot{H}_E = 2760 \text{ kW}$; $\quad \dot{R} = \dot{F} = v\dot{K} = 0{,}1528 \text{ kmol/s}$; $\quad \dot{H}_R = 1700 \text{ kW}$; $\quad \underline{\dot{Q}_H = 7280 \text{ kW}}$

Der Wärmeverlust $\dot{Q}_{V1}$ beträgt nur 0,14% des dem Verdampfer zuzuführenden Wärmestroms $\dot{Q}_H$. Energiebilanz um den Kondensator mit Vernachlässigung des Wärmeverlustes:

$$\dot{Q}_{\text{Kond}} = \dot{H}_D - \dot{H}_Z = 10460 - 2780 = 7680 \text{ kW}$$

Dampfverbrauch

$$\dot{M}_D = \dot{Q}_H/r = 7280 : 2150 = 3{,}39 \text{ kg/s} = \underline{\underline{12{,}2 \text{ t/h}}}$$

Kühlwasserverbrauch

$$\dot{M}_w = \frac{\dot{Q}_{\text{Kond}}}{c_p \Delta T} = \frac{7680}{4{,}180 \cdot 10} = 183{,}7 \text{ kg/s} \quad \text{und} \quad \underline{\underline{\dot{V}_w = 661 \text{ m}^3/\text{h}}}$$

4. Bestimmung der theoretischen und effektiven Bodenzahl

Mit dem vorgegebenen Rücklaufverhältnis von 1,59 ergibt sich ein Ordinatenabschnitt von

$$\frac{x_{1K}}{v+1} = \frac{0{,}99}{1{,}59 + 1} = 0{,}382$$

Damit können die Verstärkungs- und Abtriebsgerade im Bild 4.58 eingezeichnet werden. Die grafische Ermittlung im Bild 4.58 ergibt 17 *theoretische Böden*.

Effektive Bodenzahl

$$n_{\text{eff}} = \frac{n_{th}}{0{,}72} = \frac{17}{0{,}72} = 23{,}6 \rightarrow \underline{\underline{24 \text{ Böden}}}$$

Lage des Einlaufbodens

Der Einlauf ist zwischen dem 8. und 9. theoretischen Boden bzw. dem 11. und 12. effektiven Boden zu wählen, wenn vorausgesetzt wird, daß der Kolonnenwirkungsgrad in der Verstärkungs- und in der Abtriebskolonne gleich groß ist. Das ist oft nicht zutreffend. Meist wird die Möglichkeit vorgesehen, das Einlaufprodukt an 3 verschiedenen Böden mit jeweils 2 Böden Differenz zuführen zu können.

5. Fluiddynamische Auslegung der Kolonne

5.1. Bestimmung des Bodendurchmessers

Der Bodendurchmesser wird für den untersten Boden der Abtriebskolonne und den obersten Boden der Verstärkungskolonne berechnet. Auf die Berechnung des Bodendurchmessers auf dem Einlaufboden und dem darüber liegenden Boden wird in diesem Beispiel verzichtet. Da im Sumpf und Kopf ein Produkt mit hoher Reinheit abgezogen wird, kann mit genügender Genauigkeit auf dem untersten Boden der Abtriebskolonne mit reinem Toluol und auf dem obersten Boden der Verstärkungskolonne mit reinem Benzol gerechnet werden.
Die maximale Dampfgeschwindigkeit wird nach Gleichung (4.108) bestimmt:

$$w_{DQ\,\text{max}} = S_{\ddot{u}} k_s c_{\ddot{u}} \sqrt{\frac{\varrho_F - \varrho_D}{\varrho_D}}$$

Oberster Boden der Verstärkungskolonne

Die Siedetemperatur ist für reines Benzol 80,2 °C bei 101,3 kPa; die Dichte der Flüssigkeit ist $\varrho_F = 813 \text{ kg/m}^3$. Die Dampfdichte wird mit Hilfe der Zustandsgleichung idealer Gase ermittelt:

$$\varrho_D = \varrho_{D0} \frac{p}{p_0} \frac{T_0}{T} = \frac{78{,}1}{22{,}4} \frac{273{,}1}{353{,}3} = 2{,}695 \text{ kg/m}^3$$

Die vom obersten Boden aufsteigende Dampfmenge ergibt sich zu:

$$\dot{D} = \dot{K}(1 + v) = \frac{346}{3600}(1 + 1{,}59) = 0{,}249 \ \frac{\text{kmol}}{\text{s}}$$

$$\dot{V}_D = \dot{D}M/\varrho_D = \frac{0{,}249 \cdot 78{,}1}{2{,}695} = 7{,}22 \ \text{m}^3/\text{s}$$

Flüssigkeitsstrom $\dot{F} = \dot{K}v = \dfrac{346 \cdot 1{,}59}{3600} = 1{,}528 \ \dfrac{\text{kmol}}{\text{s}}$

$$\dot{V}_F = \frac{1{,}528 \cdot 78{,}1}{813} = 0{,}0147 \ \text{m}^3/\text{s}$$

$$\frac{\dot{V}_F}{\dot{V}_D}\left(\frac{\varrho_F}{\varrho_D}\right)^{0{,}5} = \frac{0{,}0147}{7{,}22}\left(\frac{813}{2{,}695}\right)^{0{,}5} = 0{,}0354$$

Der Bodenabstand ΔH wird mit 500 mm gewählt. Bei Ausführung einer Wehrhöhe von 50 mm ergibt sich $\Delta H'$ zu 0,450 m. Damit erhält man aus Bild 4.56, Kurve 4, den Beiwert $c_{\ddot{u}} = 0{,}12$. Der Sicherheitsfaktor gegen Überfluten wird mit $S_{\ddot{u}} = 0{,}80$ gewählt. Über das Schäumen dieses Gemisches ist nichts bekannt, so daß $k_s = 1$ gewählt wird.
Für $w_{DQ\,\text{max}}$ erhält man:

$$w_{DQ\,\text{max}} = 0{,}80 \cdot 1{,}0 \cdot 0{,}12 \sqrt{\frac{813 - 2{,}695}{2{,}695}} = 1{,}665 \ \frac{\text{m}}{\text{s}}$$

Es wird ausgeführt:

$$w_{DQ\,\text{zul}} = 0{,}8 w_{DQ\,\text{max}} = 0{,}8 \cdot 1{,}665 = \underline{1{,}33 \ \text{m/s}}$$

Die Dampfgeschwindigkeit ist auf den leeren Kolonnenquerschnitt abzüglich Ablaufschacht A_s zu beziehen.

$$A_B - A_s = \frac{\dot{V}_D}{w_{DQ\,\text{zul}}} = \frac{7{,}22}{1{,}33} = 5{,}43 \ \text{m}^2$$

Bei einem großen einflutigen Boden mit einem Wehrverhältnis von 0,65 beträgt die Fläche eines Ablaufschachtes etwa 7% der Bodenfläche (vgl. auch Tabelle A 2). Damit erhält man:

$$A_B - 0{,}07 A_B = 5{,}43 \ \text{m}^2 \quad \text{oder} \quad A_B = \frac{5{,}43}{0{,}93} = 5{,}84 \ \text{m}^2$$

$$D_B = \left(\frac{4 A_B}{\pi}\right)^{0{,}5} = \left(\frac{4 \cdot 5{,}84}{3{,}14}\right)^{0{,}5} = 2{,}73 \ \text{m}$$

In Übereinstimmung mit Tabelle A 2 wird der Ventilboden wie folgt dimensioniert:

Bodendurchmesser $D_B = 2{,}8$ m mit $A_B = 6{,}16$ m^2
Wehrverhältnis $W_L/D_B = 0{,}65$ und Wehrlänge $W_L = 1{,}82$ m
einflutiger Boden, Ventilteilung 72 mm, 740 Ventile mit 38 g Masse je Ventil
aktive Fläche $A_A = 5{,}32$ m^2 und $A_A/A_B = 0{,}864$
Schachtfläche (1 Schacht) $A_S = 0{,}419$ m^2; $A_S/A_B = 0{,}068$
Bohrungsfläche $A_0 = 0{,}862$ m^2, $A_0/A_B = 0{,}140$
Bodenabstand $\Delta H = 0{,}5$ m und Wehrhöhe $h_W = 0{,}05$ m

Das Wehrverhältnis von 0,65 wurde mit Rücksicht auf die hohe Flüssigkeitsbelastung in der Abtriebskolonne gewählt. Für die so dimensionierte Ventilbodenkolonne erhält man:

$$w_{DQ} = \frac{\dot{V}_D}{A_B - A_S} = \frac{7{,}22}{6{,}16 - 0{,}419} = 1{,}258 \ \frac{\text{m}}{\text{s}} < w_{DQ\,\text{zul}}$$

$$w_{D0} = \dot{V}_D / A_0 = 7{,}22 : 0{,}862 = 8{,}38 \ \text{m/s}$$

Dampfbelastungsfaktor, bezogen auf die Bodenfläche A_B

$$w_D \sqrt{\varrho_D} = \frac{7{,}22}{6{,}16} \sqrt{2{,}695} = 1{,}92 \left(\frac{\text{kg}}{\text{m}}\right)^{0{,}5} \frac{1}{\text{s}}$$

Wehrflüssigkeitsbelastung $\dot{V}_{FL}$

$$\dot{V}_{FL} = \frac{\dot{V}_F}{W_L} = \frac{0{,}0147}{1{,}82} = 0{,}008\,08 \, \frac{\text{m}^3}{\text{m s}} = 29{,}1 \, \frac{\text{m}^3}{\text{m h}}$$

Geschwindigkeit der Flüssigkeit im Ablaufschacht

$$w_{FS} = \frac{\dot{V}_F}{A_S} = \frac{0{,}0147}{0{,}419} = 0{,}0351 \, \frac{\text{m}}{\text{s}} < 0{,}165 \, \frac{\text{m}}{\text{s}} \quad \text{nach Gl. (4.111)}$$

Unterster Boden der Abtriebskolonne

Die analogen Untersuchungen ergeben:
Der Druck im Sumpf ist gegeben durch den Druck am Kopf der Kolonne plus den Druckverlust in der Kolonne. Unter Punkt 4 wurden 24 Böden ermittelt. Der Druckverlust je Boden wird auf 0,6 kPa geschätzt. Der Druck im Sumpf beträgt dann

$$101{,}3 + 0{,}6 \cdot 24 = 115{,}7 \text{ kPa}$$

Für reines Toluol entspricht dies einer Siedetemperatur von 116 °C. Die Dichte der Flüssigkeit ist $\varrho_F = 780 \text{ kg/m}^3$.

$$\varrho_D = \varrho_{D0} \frac{p}{p_0} \frac{T_0}{T} = \frac{92{,}1}{22{,}4} \cdot \frac{115{,}7}{101{,}3} \cdot \frac{273}{389} = 3{,}30 \text{ kg/m}^3$$

Der aufsteigende Dampfstrom wird näherungsweise durch den dem Verdampfer zugeführten Wärmestrom bestimmt:

$$\dot{D}' = \dot{Q}_H/r = \frac{7280}{32700} = 0{,}223 \, \frac{\text{kmol}}{\text{s}}$$

$$\dot{V}_D = \frac{\dot{D}'M}{\varrho_D} = \frac{0{,}223 \cdot 92{,}1}{3{,}30} = 6{,}22 \, \frac{\text{m}^3}{\text{s}}$$

Die Flüssigkeitsbelastung in der Abtriebskolonne ergibt sich aus einer Stoffbilanz zu:

$$\dot{F}' = \dot{D}' + \dot{S} = 0{,}223 + \frac{249}{3600} = 0{,}292 \, \frac{\text{kmol}}{\text{s}}$$

$$\dot{V}_F = \frac{\dot{F}'M}{\varrho_F} = \frac{0{,}292 \cdot 92{,}1}{780} = 0{,}0345 \, \frac{\text{m}^3}{\text{s}}$$

$$\frac{\dot{V}_F}{\dot{V}_D} \left(\frac{\varrho_F}{\varrho_D}\right)^{0{,}5} = \frac{0{,}0345}{6{,}22} \left(\frac{780}{3{,}30}\right)^{0{,}5} = 0{,}0853$$

Aus Bild 4.56 erhält man $c_{\ddot{u}} = 0{,}108$
Mit $S_{\ddot{u}} = 0{,}80$ und $k = 1$ erhält man:

$$w_{DQ\,\text{max}} = 0{,}80 \cdot 1{,}0 \cdot 0{,}108 \sqrt{\frac{780 - 3{,}30}{3{,}30}} = 1{,}326 \, \frac{\text{m}}{\text{s}}$$

$$w_{DQ\,\text{zul}} = 0{,}8 \cdot 1{,}326 = 1{,}060 \text{ m/s}$$

Für die bereits dimensionierte Kolonne gilt:

$$w_{DQ} = \frac{\dot{V}_D}{A_B - A_S} = \frac{6{,}22}{6{,}16 - 0{,}419} = 1{,}08 \,\frac{\text{m}}{\text{s}} \approx w_{DQ\,zul}$$

$$w_D \sqrt{\varrho_D} = \frac{6{,}22}{6{,}16}\sqrt{3{,}30} = 1{,}83 \left(\frac{\text{kg}}{\text{m}}\right)^{0{,}5} \frac{1}{\text{s}} \quad \text{(bezogen auf } A_B\text{)}$$

$$\dot{V}_{FL} = \frac{0{,}0345}{1{,}82} = 0{,}01896 \,\frac{\text{m}^3}{\text{m s}} = 68{,}2 \,\frac{\text{m}^3}{\text{m h}}$$

Zulässige Geschwindigkeit im Ablaufschacht w_{FS} nach Gleichung (4.111):

$$w_{FS} = 0{,}00082[\Delta H(\varrho_F - \varrho_D)]^{0{,}5} k_s$$

$$w_{FS} = 0{,}00082[0{,}5(780 - 3{,}30)]^{0{,}5} = 0{,}162 \text{ m/s}$$

Die ausgeführte Geschwindigkeit im Ablaufschacht ist:

$$w_{FS} = \dot{V}_F/A_S = 0{,}0345 : 0{,}419 = 0{,}0823 \text{ m/s} < 0{,}162 \text{ m/s} \quad \text{nach Gleichung (4.111)}$$

5.2. *Berechnung des Druckverlustes*

Druckverlust für den *Boden am Kopf*: Für den trockenen Druckverlust erhält man nach Gleichung (4.114):

$$\Delta p_t = \frac{8{,}04 m_V}{f_0} + \left(6 - \frac{0{,}219}{A_0/A_B}\right) \exp\left[0{,}032\left(7{,}5 + \frac{0{,}036}{m_V}\right) w_{DO}\sqrt{\varrho_D}\right]$$

Bohrungsfläche eines Ventils $f_0 = d_0^2 \cdot \frac{\pi}{4} = 0{,}0385^2 \cdot \frac{\pi}{4} = 0{,}001164 \text{ m}^2$

$$\Delta p_t = \frac{8{,}04 \cdot 0{,}038}{0{,}001164} + \left(6 - \frac{0{,}219}{0{,}140}\right) \exp\left[0{,}032\left(7{,}5 + \frac{0{,}036}{0{,}038}\right) 8{,}38 \sqrt{2{,}695}\right]$$

$$\Delta p_t = 445 \text{ Pa}$$

Überprüfung des Gültigkeitsbereiches von Gleichung (4.114):

$$w_{DO}\sqrt{\varrho_D} = 8{,}38 \cdot 2{,}695 = 13{,}8 \text{ kg}^{1/2} \text{ m}^{-1/2} \text{ s}^{-1} < 18 \text{ kg}^{1/2} \text{ m}^{-1/2} \text{ s}^{-1}$$

Der flüssigkeitsseitige Druckverlust Δp_f ergibt sich gemäß Gleichung (4.115) zu:

$$\Delta p_f = 0{,}25 \frac{(A_0/A_B)^{-0{,}3} v_{FA}^{0{,}3} h_W^{0{,}5} \varrho_F}{[w_{DO}(\varrho_D/\varrho_F)^{0{,}5}]^{1{,}5\sqrt{h_w}}}$$

$$\dot{v}_{FA} = \frac{\dot{V}_F}{A_A} = \frac{0{,}0147}{5{,}23} = 0{,}00276 \,\frac{\text{m}^3}{\text{m}^2 \text{ s}} = 9{,}95 \,\frac{\text{m}^3}{\text{m}^2 \text{ h}}$$

$$w_{LV0} = w_{DO}\sqrt{\frac{\varrho_w \varrho_D}{\varrho_L \varrho_F}} = 8{,}38 \sqrt{\frac{1000 \cdot 2{,}695}{1{,}293 \cdot 813}} = 13{,}4 \,\frac{\text{m}}{\text{s}}$$

$$\Delta p_f = \frac{0{,}25 \cdot 0{,}140^{-0{,}3} \cdot 9{,}95^{0{,}3} \cdot 0{,}05^{0{,}5} \cdot 813}{(8{,}38 \sqrt{2{,}695 : 813})^{1{,}5\sqrt{0{,}050}}} = 209 \text{ Pa}$$

$$\Delta p = \Delta p_t + \Delta p_f = 445 + 209 = \underline{654 \text{ Pa}} \quad \text{für einen Boden}$$

Druckverlust für den *Boden am Sumpf*: Die analoge Berechnung ergibt:

$$\Delta p_t = 416 \text{ Pa} : \Delta p_f = 263 \text{ Pa}$$

$$\Delta p = 416 + 263 = \underline{679 \text{ Pa}} \quad \text{für einen Boden}$$

Der Druckverlust ist für die Böden in der Abtriebs- und Verstärkungskolonne etwa gleich groß. Der Druckverlust für 11 Böden in der Verstärkungskolonne und 13 Böden in der Abtriebskolonne ist dann:

$\Delta p_{Kol} = 11 \cdot 654 + 13 \cdot 679 = \underline{\underline{16{,}02 \text{ kPa}}}$

Zur Berechnung des untersten Bodens der Abtriebskolonne unter Punkt 5.1 war der Druckverlust in der Kolonne mit $0{,}6 \cdot 24 = 14{,}4$ kPa geschätzt worden. Eine nochmalige Berechnung des untersten Bodens der Verstärkungskolonne ist bei der geringen Differenz des Gesamtdruckes von 115,7 kPa (geschätzt) gegenüber 117,3 kPa (berechnet) nicht erforderlich.

5.3. Überprüfung des Bodens gegen Überfluten

Gemäß Gleichung (4.112) gilt:

$H_A = \dfrac{\Delta p}{\varrho_F g} + h_W + h_{\ddot{u}W}$

Die Überprüfung erfolgt für den untersten Boden der Abtriebskolonne. Eine Überprüfung in der Verstärkungskolonne ist wegen des wesentlich kleineren Flüssigkeitsstroms nicht erforderlich. Die Wehrüberhöhung $h_{\ddot{u}W}$ ist gemäß Gleichung (4.113):

$h_{\ddot{u}W} = \left(\dfrac{\dot{V}_F}{W_L \mu \sqrt{2g}}\right)^{2/3} = \left(\dfrac{0{,}0345}{1{,}82 \cdot 0{,}5 \sqrt{2 \cdot 9{,}81}}\right)^{2/3} = 0{,}0418 \text{ m}$

$H_A = \dfrac{679}{780 \cdot 9{,}81} + 0{,}050 + 0{,}0418 = 0{,}187 \text{ m}$

$H'_A = \dfrac{H_A}{0{,}7} = \dfrac{0{,}181}{0{,}7} = 0{,}259 \text{ m}$

Zur Sicherheit wird meist gewählt: $H = 2H'_A = 2 \cdot 0{,}259 = 0{,}518$ m.
In diesem Fall wurde statt der 2fachen Höhe das $0{,}50 : 0{,}259 = 1{,}93$fache ausgeführt. Desgleichen ist $w_{FS} < w_{FS\,zul}$ (s. Punkt 5.1.).

5.4. Klare Flüssigkeitshöhe

Diese kann für Ventilböden nach Gleichung (4.116) berechnet werden:

$H_F = 0{,}1434 (A_0/A_B)^{-0{,}25} w_{D0}^{-0{,}365} h_W^{0{,}575} \dot{V}_{FL}^{0{,}235}$

$\dot{V}_{FL}$ in m³/(m h), übrige Einheiten gemäß SI.
Für den Boden am Sumpf erhält man:

$H_F = 0{,}1434 \cdot 0{,}140^{-0{,}25} \cdot 7{,}22^{-0{,}365} \cdot 0{,}05^{0{,}575} \cdot 68{,}2^{0{,}235}$

$H_F = \underline{\underline{0{,}0549 \text{ m}}}$

Für den Boden am Kopf erhält man:

$H_F = 0{,}1434 \cdot 0{,}140^{-0{,}25} \cdot 8{,}38^{-0{,}365} \cdot 29{,}1^{0{,}235} = \underline{\underline{0{,}0425 \text{ m}}}$

5.5. Mitreißen von Flüssigkeit

Die Berechnung erfolgt mit Gleichung (4.118), wobei als erstes der Anteil der klaren Flüssigkeitshöhe im Tropfenregime H_{FTr} zu ermitteln ist. Für den obersten Boden der Verstärkungskolonne erhält man:

$H_{Fu} = \dfrac{w_{DV}^2 \varrho_D}{g(\varrho_F - \varrho_D)(2{,}785 - 0{,}0165 w_{DV}^2 \varrho_D h_{Ve}/\sigma)}$ (4.121)

$$w_{DV} = \dot{V}_D/A_V = \frac{7{,}22}{1{,}087} = 6{,}642\,\frac{\text{m}}{\text{s}} \quad \text{mit} \quad A_V = 740 \cdot \pi \cdot 0{,}052 \cdot 0{,}009 = 1{,}087\,\text{m}^2$$

$$H_{Fu} = \frac{6{,}642^2 \cdot 2{,}695}{9{,}81 \cdot 810{,}3 \left(2{,}785 - \dfrac{0{,}0165 \cdot 6{,}642^2 \cdot 2{,}695 \cdot 0{,}009)}{0{,}0210}\right)} = 0{,}00769\,\text{m}$$

$$\frac{H_{FB}}{H_F} = 1 - \exp\left[-0{,}873\left(\frac{H_F}{H_{Fu}}\right)^{1{,}032}\right] \tag{4.120}$$

$$\frac{H_{FB}}{H_F} = 1 - \exp\left[-0{,}873\left(\frac{0{,}0425}{0{,}00769}\right)^{1{,}032}\right] = 0{,}99386$$

$$H_{FTr} = 0{,}00614\,H_F = 0{,}000261\,\text{m}$$

$$e = 0{,}262\,\frac{A_0 A_A H_{FTr}\varrho_F \varrho_D^{0{,}2}\eta_D^{0{,}4} w_{DQ}^{2{,}8} M_D}{A_V^2\,\Delta H\,\sigma[\sigma(\varrho_F - \varrho_D)]^{0{,}6}\,M_F} \tag{4.118}$$

$$e = \frac{0{,}262 \cdot 0{,}862 \cdot 5{,}32 \cdot 0{,}000261 \cdot 813 \cdot 2{,}695^{0{,}2}(0{,}914 \cdot 10^{-5})^{0{,}4} \cdot 1{,}258^{2{,}8}}{1{,}087^2 \cdot 0{,}5 \cdot 0{,}021(0{,}021 \cdot 810{,}3)^{0{,}6}}$$

$$e = \underline{0{,}0839\,\text{kg Fl/kg Da}} < e_{\text{zul}}$$

Die Berechnungen für den untersten Boden der Abtriebskolonne ergeben:

$H_{Fu} = 0{,}00747\,\text{m}$, $H_{FTr} = 0{,}0000587\,\text{m}$, $e = 0{,}0180\,\text{kg Fl/kg Da} < e_{\text{zul}}$

6. Wirtschaftlichkeitsbetrachtungen

Mit sinkendem Rücklaufverhältnis vermindert sich der Heizdampf- und Kühlwasserverbrauch, während die Bodenzahl und damit die Kosten für Amortisation und Kapitalzinsen ansteigen.
Die Ergebnisse der Nachrechnung bei verschiedenem Rücklaufverhältnis und die daraus resultierenden unterschiedlichen Kosten sind in Tabelle 4.12 zusammengestellt. Für die Investitionskosten der Kolonne sind als spezifische Kosten 3300 DM/m³ (bezogen auf die komplette Kolonne) zugrunde gelegt worden. Die Höhe H der Kolonne wurde ermittelt zu:

$$H = n_{\text{eff}}\,\Delta H + 3$$

Tabelle 4.12. Vergleich der Kosten bei unterschiedlichem Rücklaufverhältnis

v	1,20	1,232	1,40	1,59
$v : v_{\min}$	1,07	1,10	1,25	1,42
$\dot{M}_D$ in t/h	10,3	10,4	11,3	12,2
$\dot{V}_w$ in m³/h	562	570	613	661
n_{th}	25	24	20	17
n_{eff}	35	33	28	24
D_B in m	2,8	2,8	2,8	2,8
Höhe der Kolonne in m	20,5	19,5	17,0	15,0
Kosten der Kolonne in TDM	416	396	345	305
K_{Dampf} in TDM/a	2802	2829	3074	3318
K_{Wasser} in TDM/a	405	410	441	476
$K_{\text{Amort.}}$ in TDM/a	83,2	79,2	69,0	61,0
Summe Kosten in TDM/a	3290	3318	3584	3855

Für den Sumpf und Kopf der Kolonne wurden insgesamt 3 m Zuschlag gemacht. Die Investitionskosten für Verdampfer und Kondensator werden in diese Vergleichsrechnung nicht mit einbezogen, da infolge der stufenweisen Veränderung der Wärmeübertragungsfläche gemäß den Standards nur bedingt eine Anpassung an das unterschiedliche Rücklaufverhältnis möglich ist.
Der starke Einfluß des Rücklaufverhältnisses auf die Kosten geht deutlich aus Tabelle 4.12 hervor. So betragen die Mehrkosten bei Ausführung des 1,42fachen des minimalen Rücklaufverhältnisses mit 24 effektiven Böden gegenüber dem 1,1fachen des minimalen Rücklaufverhältnisses mit 33 effektiven Böden 537 TDM je Jahr. Daraus erkennt man, daß bereits bei der Projektierung der Destillationsanlage entscheidend die künftigen Betriebskosten beeinflußt werden und daß nicht die Kolonne mit den niedrigsten Investitionskosten die wirtschaftliche Lösung darstellt. Das wirtschaftliche Rücklaufverhältnis liegt hier noch unter dem 1,1fachen des minimalen Rücklaufverhältnisses. In dem vorliegenden Fall sollte die Kolonne mit mindestens 35 effektiven Böden ausgeführt werden, damit das Bedienungspersonal die Kolonne mit $1,1 v_{min}$ bzw. $1,07 v_{min}$ betreiben kann.

4.6.3. Füllkörperkolonnen

Die Gleichmäßigkeit der Flüssigkeitsverteilung in der Füllkörperschüttung ist von wesentlicher Bedeutung für die Fluiddynamik und Stoffübertragung. Eine Ungleichverteilung der Flüssigkeit auf weitgehend stochastischer Grundlage ergibt sich vor allem durch
Bachbildung, wobei eine vorliegende Bachbildung nur durch eine starke Überflutung beseitigt werden kann und
Randgängigkeit, durch die an der Kolonnenwand relativ mehr Flüssigkeit als in der Schüttung strömt.
Maßnahmen gegen die Randgängigkeit:

— Neuverteilung der Flüssigkeit, indem nach einer Schütthöhe von 2 bis 4 m die Flüssigkeit von der Kolonnenwand durch eine keglige Mittenrückführung (s. Bild 4.50) weggeleitet wird.
— Das Verhältnis Kolonnendurchmesser zu Ringdurchmesser soll mindestens 10 : 1 sein.

Eine Ungleichverteilung der Flüssigkeit kann weiterhin durch ungleichmäßige Aufgabe am Kopf bzw. bei der Neuverteilung in der Kolonne und durch eine nicht einwandfreie senkrechte Montage der Kolonne hervorgerufen werden. In stark vereinfachter Weise wird die Ungleichverteilung der flüssigen und dampfförmigen Phase durch das Dispersionsmodell mit einem experimentell ermittelten Dispersionskoeffizienten erfaßt, siehe Gleichungen (4.37) bis (4.39).

Im folgenden wird auf den Druckverlust und die obere Grenzgeschwindigkeit als den wichtigsten fluiddynamischen Größen eingegangen.

Druckverlust

Auch bei Füllkörperkolonnen wird die Unterteilung in den trockenen und flüssigkeitsseitigen Druckverlust vorgenommen. Für den trockenen Druckverlust ist entsprechend dem Druckverlust in einem leeren Rohr zu erwarten

$$\Delta p_t \sim \varrho_G w_G^2$$

Der gesamte Druckverlust ist entsprechend der Berieselungsdichte $\dot{v}_F$ größer. Im Bild 4.59 sind folgende charakteristische Bereiche ausgewiesen:
Linie 1-1: Die Staugrenze wird erreicht. Die Flüssigkeit wird durch die kinetische Energie des Gases bzw. Dampfes gestaut.
Linie 1-1 bis 2-2: Oberhalb der Staugrenze wächst der Druckverlust rascher; der Exponent für w_G liegt bei etwa 2,9.

Dadurch wird schon mit einer verhältnismäßig geringen Steigerung der Gasgeschwindigkeit die Flutgrenze erreicht, bei der die Flüssigkeit − einschließlich der Füllkörper, falls keine konstruktiven Gegenmaßnahmen getroffen werden − vom Gas ausgetragen wird. In der Industrie werden Kolonnen aus Sicherheit gegen Fluten grundsätzlich unterhalb des Staupunktes betrieben, obwohl im Bereich zwischen Stau- und Flutpunkt durch Vergrößerung der Phasengrenzfläche die Stoffübertragung verbessert wird.
Entsprechend den umfangreichen durchgeführten Versuchen, meist mit Luft/Wasser, an Füllkörperschüttungen mit verschiedenen Füllkörpern (Arten und Abmessungen) gibt es zahlreiche Korrelationen, die auf vorstehenden grundsätzlichen Betrachtungen basieren. Unter Einbeziehung eigener Versuche in einer Destillationskolonne 0,4 m Durchmesser wurden folgende Gleichungen für den Druckverlust bei der Destillation entwickelt, siehe auch [4.37].

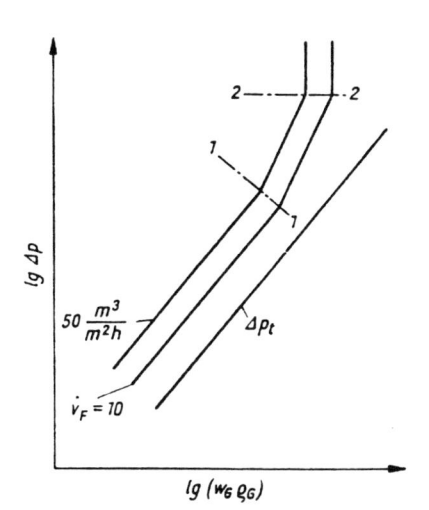

Bild 4.59. Grundsätzliches Verhalten des Druckverlustes in einer Füllkörperkolonne, trockener Druckverlust Δp_t und gesamter Druckverlust für zwei Flüssigkeitsstromdichten

Für Pallringe

Trockener Druckverlust

$$\frac{\Delta p_t}{H} = \zeta \frac{1-\varepsilon}{\varepsilon^3} \frac{\varrho_D w_D^2}{d_r} \tag{4.122}$$

mit $\zeta = \dfrac{150}{\mathrm{Re}_d} + 1{,}75$; $\quad \mathrm{Re}_D = \dfrac{w_D d_r \varrho_d}{(1-\varepsilon)\eta_D}$; $\quad d_r = \dfrac{6(1-\varepsilon)}{a}$

w_D bezogen auf den leeren Querschnitt der Kolonne

Gesamter Druckverlust

$$\Delta p_{ges} = \Delta p_t \left(\frac{\varrho_F}{\varrho_W}\right)^{-0{,}85} \left(\frac{\varrho_D}{\varrho_F}\right)^{0{,}033} \left(\frac{\eta_F}{\eta_W}\right)^{0{,}25} a_1^{\dot v_F(1+0{,}12 w_D)} \tag{4.123}$$

Index W Wasser, $\dot v_F$ in m³ m⁻² h⁻¹, w_D in m/s

In Gleichung (4.123) ist a_1 für verschiedene Pallringe wie folgt einzusetzen:

	PR25K	PR35K	PR50K	PR25M	PR35M	PR50M
a_1	1,13	1,09	1,055	1,06	1,045	1,012

K Keramik, M Metall

Für Raschigringe

Trockener Druckverlust

$$\frac{\Delta p_t}{H} = \frac{\zeta a_2 (1-\varepsilon) \varrho_D w_D^2}{d_r \varepsilon^3} \qquad (4.124)$$

mit $\quad \zeta = \dfrac{64}{\mathrm{Re}_D} + \dfrac{2{,}6}{\mathrm{Re}_D^{0,1}}; \qquad \mathrm{Re}_D = \dfrac{2 w_D d_r \varrho_D}{3(1-\varepsilon) \eta_d}; \qquad d_r = \dfrac{6(1-\varepsilon)}{a}$

Der gesamte Druckverlust wird nach Gleichung (4.123) bestimmt, wobei a_1 in Gleichung (4.123) und a_2 in Gleichung (4.124) für Raschigringe aus Keramik wie folgt einzusetzen sind:

RR25: $a_1 = 1{,}06 \qquad a_2 = 2{,}325$
RR35: $a_1 = 1{,}03 \qquad a_2 = 2{,}70$

Bei ringförmigen Füllkörpern mit stark durchbrochener Oberfläche wie bei Hiflowringen kann der Druckverlust bis zu 25% niedriger sein als bei Pallringen.

Grenzgeschwindigkeit am Flutpunkt

Die erste brauchbare Korrelation zur Bestimmung der Grenzgeschwindigkeit am Flutpunkt $w_{G\,Gr}$ stammt von *Sherwood* aus dem Jahr 1938 mit folgender Darstellung:

$$\frac{w_{G\,Gr}^2 a \varrho_G \eta_F^{0,2}}{g \varepsilon^3 \varrho_F} = f \left(\frac{\dot{V}_F}{\dot{V}_G} \sqrt{\frac{\varrho_F}{\varrho_G}} \right)^{1/4}$$

a spezifische Füllkörperfläche
ε Lückengrad der Schüttung

Mehrere Korrelationen anderer Autoren haben einen ähnlichen Aufbau.
Kafarow gibt in [4.35] folgende Gleichung an:

$$\lg \left(\frac{w_{G\,Gr}^2 a \varrho_G \eta_F^{0,16}}{g \varepsilon^3 \varrho_F} \right) = a_1 - 1{,}75 \left(\frac{\dot{M}_F}{\dot{M}_G} \sqrt{\frac{\varrho_G}{\varrho_F}} \right)^{1/4} \qquad (4.125)$$

a in m^2/m^3, ϱ_G und ϱ_F in kg/m^3, η_F in cP, $g = 9{,}81$ m/s^2; $w_{G\,Gr}$ in m/s, a_1 Konstante mit $-0{,}125$ für Destillation und $+0{,}022$ für Absorption.
In den bekannten Korrelationen zur Ermittlung der Grenzgeschwindigkeit am Flutpunkt werden die wichtigsten Einflußgrößen berücksichtigt. Solche Einflußgrößen wie Ungleichverteilung von Flüssigkeit und Gas in der Schüttschicht (weitgehend stochastisches Verhalten), geometrische Kenngrößen der Schüttung: Schütthöhe zu Kolonnendurchmesser, Kolonnendurchmesser zu Füllkörperdurchmesser, werden meist nicht erfaßt. Streuungen der experimentellen Werte gegenüber den berechneten sind deshalb erklärlich. Die meisten Korrelationen zur Ermittlung der Grenzgeschwindigkeit am Flutpunkt weisen eine Streuung von $\pm 25\%$ auf. Es ist deshalb zu empfehlen, bei der Vorausberechnung einer Kolonne als obere Grenzgeschwindigkeit w_G zu wählen:

$w_G = 0{,}7 w_{G\,Gr}$

4.7. Austauschgrad bei der Stoffübertragung in Bodenkolonnen

Der Austauschgrad als vereinfachte Modellvorstellung bei der Stoffübertragung mit stufenweisem Kontakt der Phasen wurde im Abschnitt 2.8.1. eingeführt.

4.7.1. Einflußgrößen auf den Austauschgrad

Das komplexe Zusammenwirken wesentlicher Einflußgrößen auf den Austauschgrad ist in vereinfachter Form im Bild 4.60 dargestellt. Die Einflußgrößen wirken sich komplex vor allem über die Zweiphasenströmung aus (vgl. Arbeitsbereich von Böden, S. 318). Bei den experimentellen Ergebnissen zum Austauschgrad wird sich auf folgende Quellen gestützt:

— Eigene Experimente in einer Kolonne 0,4 m Durchmesser mit 3 Ventilböden,
— Experimente an der Kolonne 1,2 m Durchmesser des Fractionation Research Inc. und des Chemieanlagenbaus Leipzig-Grimma.

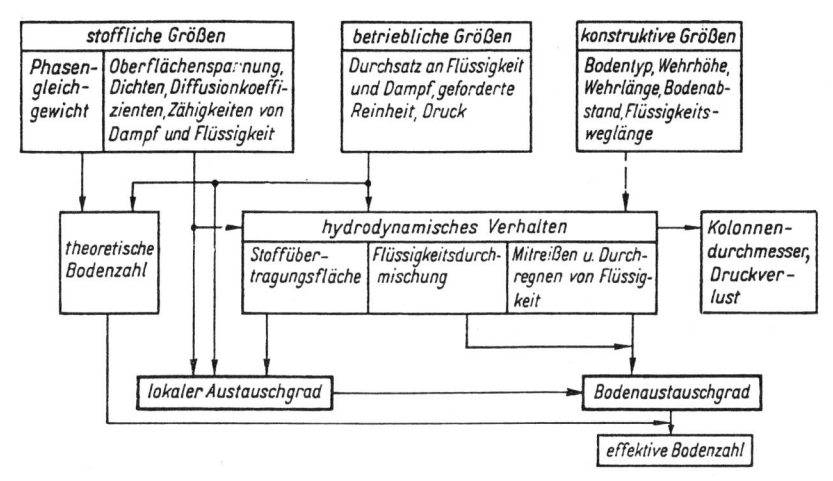

Bild 4.60. Vereinfachte Darstellung des Zusammenwirkens wesentlicher Einflußgrößen auf die Stoffübertragung bei der Destillation in Bodenkolonnen

Betriebliche Einflußgrößen

Der Austauschgrad in Abhängigkeit vom Dampfbelastungsfaktor ist für den Betreiber sehr wichtig, weil daraus auch die Stoffübertragung bei Teillast beurteilt werden kann. Kolonnen werden oft mit 80% der maximal zulässigen Dampfgeschwindigkeit als Normalbelastung ausgelegt. Für unterschiedliche Produktionsanforderungen wird meistens bis 50% der maximal zulässigen Dampfgeschwindigkeit, manchmal noch niedriger, das Betreiben der Kolonne gewünscht. Der Austauschgrad sollte bei Teillast möglichst nicht abfallen, weil sonst die Kolonne mit größerem Aufwand für diesen Fall ausgelegt werden müßte. Verschiedene Querstromböden wie Ventilböden, Siebböden und Glockenböden zeigen eine solche Charakteristik. Der Austauschgrad bleibt über einen größeren Belastungsbereich etwa konstant bzw. nimmt mit steigendem Dampfbelastungsfaktor leicht ab (s. Bilder 4.61 und 4.62). Der Abfall des Austauschgrades mit steigender Dampfbelastung ist hauptsächlich auf den sinkenden Flüssigkeitsinhalt der Dispersion (Übergang vom Blasen- zum Tropfenregime) und bei Dampfgeschwindigkeiten in der Nähe der oberen Grenzbelastung auf die steigende Mitreißrate von Flüssigkeit zurückzuführen. So kann auch das Absinken des Austauschgrades bei niedrigerem Druck durch die kleinere Flüssigkeitsstromdichte und damit den kleineren Flüssigkeitsinhalt der Dispersion erklärt werden (s. Bild 4.61).

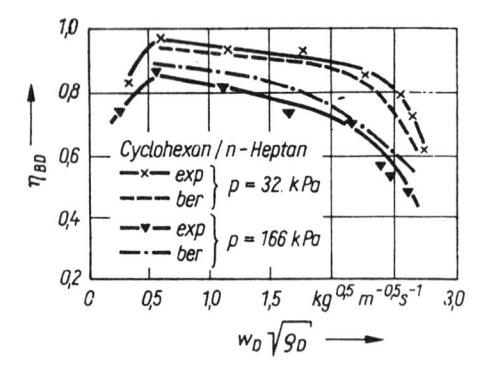

Bild 4.61. Austauschgrad für Ventilböden 1,2 m Durchmesser (Messung im FRI), gestrichelte und strichpunktierte Kurve sind berechnete Werte gemäß den Gleichungen (4.129) bis (4.131)

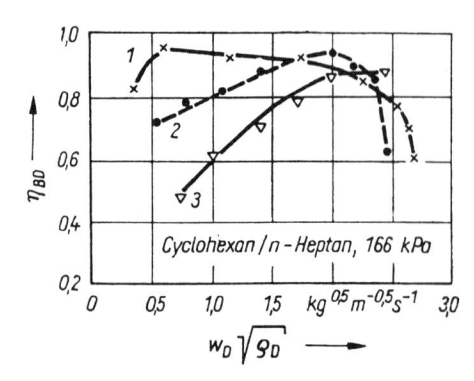

Bild 4.62. Austauschgrad für verschiedene Böden 1,2 m Durchmesser
1 Ventilboden: 136 Ventile V1, Wehrhöhe 51 mm, Wehrlänge 0,91 m, $A_0/A_B = 17,5\%$
2 Siebboden: Löcher 12,7 mm, Wehrhöhe 51 mm, Wehrlänge 0,91 m, $A_0/A_B = 6,2\%$
3 Performkontaktboden: Streckmetall 2 mm mit Strombrechern

Bei Böden mit einem Transporteffekt des Dampfes auf die Flüssigkeit in Richtung Ablaufschacht wird die Stoffübertragung durch den kleineren Flüssigkeitsinhalt der Dispersion ungünstig beeinflußt, dafür aber der Durchsatz günstig, vor allem bei sehr großen Flüssigkeitsbelastungen. Die Charakteristik eines Streckmetallbodens, z. B. des Performkontaktbodens, ist daher wesentlich anders. Die Stoffübertragung wird mit steigender Dampfgeschwindigkeit und der damit steigenden Flüssigkeitsbelastung günstiger und erreicht unmittelbar vor der oberen Grenzbelastung ihr Maximum (s. Bild 4.62). Mit sinkendem *Mengenstromverhältnis* $\dot{F}/\dot{D}$ werden der Flüssigkeitsinhalt in der Dispersion kleiner und damit die Stoffübertragung und der Austauschgrad ungünstiger, siehe [4.38]. Damit wird der Austauschgrad in der Verstärkungskolonne mit $\dot{F}/\dot{D} < 1$ ungünstig beeinflußt. Dies wird sich bei kleineren Bodendurchmessern stärker auswirken als bei größeren Böden mit höherer Flüssigkeitsbelastung.

Geometrisch-konstruktive Einflußgrößen

Am stärksten wirkt die Konstruktion des Bodentyps als ganzes, siehe Bild 4.62. Dabei ist zu beachten, daß im Bild 4.62 nur Böden mit günstiger Stoffübertragung aufgeführt sind, während Gegenstromböden wie der Gitterboden oft ungünstigere Austauschgrade ergeben. Nachfolgend wird lediglich auf den Einfluß des Kolonnendurchmessers und der Wehrhöhe bei Ventilböden eingegangen. Der *Kolonnendurchmesser* wirkt sich bei Querstromböden hauptsächlich durch die unterschiedlichen Flüssigkeitsbelastungen aus, die man durch die Wehrflüssigkeitsbelastung kennzeichnen kann (s. Tab. 4.10). Der Flüssigkeitsgehalt der Dispersion und damit auch der Austauschgrad werden zunächst mit steigendem Kolonnendurchmesser günstig beeinflußt. Andererseits wirken mit steigendem Bodendurchmesser stagnierende Zonen (s. Bild 4.64) sich ungünstig aus. Außerdem ist die Ableitung der Flüssigkeit im Ablaufschacht zu beachten.

Die *Wehrhöhe* ist bei kleinen und mittleren Dampfbelastungsfaktoren von Einfluß auf den Austauschgrad, siehe [4.38], weil die Wehrhöhe beim Blasenregime den Flüssigkeitsinhalt auf dem Boden beeinflußt. Bei hohen Dampfbelastungsfaktoren und dem Dominieren des Tropfenregimes verliert die Wehrhöhe zunehmend an Wirksamkeit.

Stoffliche Einflußgrößen

Die Dichten wirken sich erheblich auf das Strömungsregime (s. auch Strömungsparameter, Seite 312) und damit auf die Stoffübertragung aus. Die anderen Stoffwerte: Viskositäten und Diffusionskoeffizienten in den beiden Phasen und die Oberflächenspannung unterscheiden sich für siedende Flüssigkeiten nicht allzu stark, so daß ihr Einfluß in der Regel gering ist. Größere Diffusionskoeffizienten wirken sich auf die Stoffübertragung günstig aus (gemäß Penetrationstheorie $\dot{n}_1 \sim D^{0,5}$). Eine steigende Viskosität der flüssigen Phase führt zu einer kleineren Phasengrenzfläche und damit zu einer Verschlechterung des Austauschgrades. Dies wirkt sich insbesondere bei der Extraktivdestillation durch die wesentlich höhere Viskosität im Vergleich zur herkömmlichen Destillation mit einem Austauschgrad von 30 bis 50% aus.

Oberflächenspannung

Diese wirkt auf die Stoffübertragung durch zwei Effekte:

1. Die Dispergierung wird durch die absolute Größe der Oberflächenspannung beeinflußt, wobei dieser Einfluß auf die Stoffübertragung und die Dispersion im allgemeinen gering ist.
2. Der Oberflächenspannungsgradient in Verbindung mit der Triebkraft (damit auch betriebliche Einflußgröße) kann Grenzflächenphänomene hervorrufen (s. Abschn. 2.3.3.).

Bei Experimenten mit verschiedenen Stoffgemischen (negatives, neutrales und positives Gemisch) auf einem Ventilboden, siehe [4.38], wurde nachgewiesen, daß in der stark turbulenten Dispersion Grenzflächenphänomene sich nicht nachweisbar auswirken, was im Gegensatz zur turbulenten Filmströmung in Füllkörperkolonnen steht.

Thermischer Einfluß

Dieser stellt eine Kombination von stofflichen und betrieblichen Einflußgrößen dar. Durch den thermischen Einfluß wird berücksichtigt, daß es sich bei der Stoffübertragung in einer Destillationskolonne zugleich um die Übertragung beträchtlicher Wärmeströme zwischen den beiden Phasen bei adiabatem Gesamtverhalten handelt.

Kirschbaum wies in den vierziger Jahren als erster auf diesen Einfluß hin, indem er ein übereinstimmendes tendenzielles Verhalten zwischen dem Austauschgrad und dem übertragenen Wärmestrom auf einem Boden unter Beachtung der Temperaturdifferenz zwischen dem eintretenden Dampf und der Flüssigkeit feststellte. Der sinkende Austauschgrad bei kleinen Konzentrationsdifferenzen (also bei hohen Reinheiten bzw. in der Nähe eines azeotropen Punktes) kann dadurch erklärt werden.

4.7.2. Zur Modellierung des Austauschgrades

Für unterschiedlich gewählte Bilanzräume kann man drei Austauschgrade einführen:
Lokaler Austauschgrad für den Teil eines Bodens mit konstanter Flüssigkeitskonzentration (s. Bild 2.36):

$$\eta_{LDj} = \frac{y_{1j} - y_{1j-1}}{y_{1j}^* - y_{1j-1}} \quad \text{mit} \quad y_{1j}^* \mid\mid\mid x_{1j} \qquad (2.218)$$

Bodenaustauschgrad nach *Murphree*, wobei die Gleichgewichtskonzentration auf die Flüssigkeitskonzentration im Ablaufschacht (Index A) bezogen wird:

$$\eta_{BDj} = \frac{y_{1j} - y_{1j-1}}{y_{1j}^* - y_{1j-1}} \quad \text{mit} \quad y_{1j} \mid\mid\mid x_{1jA} \qquad (4.126)$$

Der Unterschied zwischen dem lokalen Austauschgrad und dem Bodenaustauschgrad besteht also in der Bezugsbasis der Flüssigkeitskonzentration, mit der die Gleichgewichtskonzentration ermittelt wird. Der Bodenaustauschgrad kann in Sonderfällen Werte größer als Eins annehmen, wenn auf dem Boden ein Konzentrationsgefälle vorliegt und entsprechend Gleichung (4.126) die Flüssigkeitskonzentration im Ablaufschacht verwendet wird. Es gibt noch andere Definitionen für den Austauschgrad. Am häufigsten wird der Austauschgrad nach den vorstehenden Gleichungen verwendet.

Kolonnenaustauschgrad für die gesamte Kolonne oder eine Teilkolonne

$$\eta_{Kol} = \frac{n_{th}}{\eta_{eff}} \qquad (4.127)$$

Der lokale Austauschgrad in Gleichung (2.218) wurde auf die dampfförmige Phase bezogen. Dabei wurde für die dampfförmige Phase Kolbenströmung und für die flüssige Phase in dem betrachteten Teil des Bodens vollkommene Durchmischung vorausgesetzt (vgl. Bild 2.36). Theoretisch wäre es auch möglich, einen Austauschgrad unter Bezugnahme auf die flüssige Phase zu definieren:

$$\eta_{LF} = \frac{x_{1j+1} - x_{1j}}{x_{1j+1} - x_{1j}^*} \quad \text{mit} \quad x_{1j}^* \,|||\, y_{1j}$$

Vorstehende Gleichung setzt voraus: Flüssigkeit auf dem Boden Kolbenströmung, Dampf vollkommen durchmischt. Dies entspricht für technische Böden auch nicht annähernd dem wirklichen Prozeß, so daß ein auf die flüssige Phase bezogener Austauschgrad nicht verwendet werden sollte.

Lokaler Austauschgrad

Zwischen dem lokalen Austauschgrad gemäß Gleichung (2.218) einerseits und dem Stoffdurchgangskoeffizienten und der Phasengrenzfläche andererseits wurde im Abschnitt 2.8.1. folgende Gleichung abgeleitet:

$$\eta_{LD} = 1 - \exp\left(-\frac{K_D A}{\dot{D}}\right) = 1 - e^{-N_{D\,ges}} \qquad (2.221)$$

Soweit Berechnungsgleichungen für die Phasengrenzfläche auf Kolonnenböden vorliegen, haben diese nur einen engen Gültigkeitsbereich und sind für eine Vorausberechnung der Phasengrenzfläche zur Lösung einer Aufgabe mit anderen Bedingungen meistens wenig geeignet. Deshalb wird die Modellierung meistens mit der Zahl der gesamten Übertragungseinheiten $N_{D\,ges}$ vorgenommen.

$N_{D\,ges}$ kann über die partiellen Übertragungseinheiten N_D und N_F berechnet werden. Aus der Gleichung

$$d\dot{N}_1 = \beta_D \, dA(y_{1P} - y_1) = \dot{D} \, dy_1$$

erhält man:

$$\int \frac{dy_1}{y_{1P} - y_1} = N_D = \frac{\dot{D}}{\beta_D A}$$

Analog erhält man bei Bezugnahme auf die flüssige Phase

$$\int \frac{dx_1}{x_1 - x_{1P}} = N_F = \frac{\dot{F}}{\beta_F A}$$

Unter Beachtung von Gleichung (2.160)

$$\frac{1}{K_D} = \frac{1}{\beta_D} + \frac{b}{\beta_F}$$

erhält man:

$$\frac{\dot{D}}{N_{D\,ges}A} = \frac{\dot{D}}{N_D A} + \frac{b\dot{F}}{N_F A} \quad \text{oder} \quad \frac{1}{N_{D\,ges}} = \frac{1}{N_D} + \frac{b\dot{D}}{\dot{F} N_F} = \frac{1}{N_D} + \frac{\lambda}{N_F} \qquad (4.128)$$

Die Größe $\lambda = b\dot{D}/\dot{F}$ ist identisch mit dem Quotienten des Anstieges von Gleichgewichts- und Bilanzlinie. Die Gleichungen (4.128) und (2.221) sind physikalisch begründet unter Beachtung der getroffenen Voraussetzungen. Für die partiellen Übertragungseinheiten N_D und N_F werden Korrelationen mit den Einflußgrößen auf den Austauschgrad aus Experimenten gewonnen, wobei für häufig eingesetzte Böden mehrere Korrelationen für $N_{D\,ges}$ bekannt sind. Da die Experimente zur Ableitung solcher Gleichungen häufig in Kolonnen bis 0,2 m Durchmesser erfolgten, in denen wesentlich andere Bedingungen für das Strömungsregime vorliegen, führen die meisten Korrelationen bei der Anwendung auf technische Kolonnen zu größeren Abweichungen. Der größere Widerstand bei der Destillation liegt meistens in der dampfförmigen Phase vor, so daß teilweise auch $N_{D\,ges} = N_D$ gesetzt wird.
In einem eigenen mehrjährigen Versuchsprogramm wurden an Ventilböden mit 0,4 m Durchmesser vor allem betriebliche und stoffliche Einflußgrößen untersucht. Aus diesen Untersuchungen wurde ein Modell unter Berücksichtigung des Strömungsregimes entwickelt [4.38].
Für die Zahl der Übertragungseinheiten wird das gemeinsame Auftreten von Blasen- bzw. Sprudelregime (Index B) und Tropfenregime durch zwei Anteile in der dampfförmigen Phase berücksichtigt und vorausgesetzt, daß in der flüssigen Phase kein Widerstand auftritt. Dann gilt:

$$N_{D\,ges} = N_{DB} + N_{DTr} \qquad (4.129)$$

N_{DB} Anteil der Übertragungseinheiten im Blasenregime,
N_{DTr} Anteil der Übertragungseinheiten im Tropfenregime.

Zur Kennzeichnung der beiden Strömungsregimes wird die klare Flüssigkeitshöhe verwendet, siehe Gleichungen (4.119) bis (4.121).
Für das Blasenregime erhält man durch Analyse der wesentlichen Einflußgrößen und Anpassung an die Versuchsdaten:

$$N_{DB} = 0{,}212\,\mathrm{Sc}_D^{-0{,}5}\left(\frac{g\varrho_F H_{FB}^2}{\eta_D w_{DA}}\right)^{0{,}158} \qquad (4.130)$$

Ausgehend von dem Zusammenhang

$$N_{DTr} = \int_0^{A_{Tr}} \frac{\beta_{DTr}}{\dot{D}}\,\mathrm{d}A$$

kann mit Vereinfachungen für den Stoffübergangskoeffizienten im Tropfenregime β_{DTr} und die Phasengrenzfläche eine Beziehung für N_{DTr} abgeleitet werden. Wesentliche Voraussetzungen sind:

— Die Tropfengrößenverteilung soll einer Rechteckverteilung entsprechen.
— Der maximale Tropfendurchmesser wird über die *Weber*-Zahl bestimmt:

$$\mathrm{We} = \frac{w_{DV}\varrho_D d_{\max}}{\sigma} = 12$$

- Zur Bestimmung der Relativgeschwindigkeit zwischen Dampf und Tropfen wird von starren Tropfen (unbeschleunigte Bewegung) ausgegangen, das Kräftegleichgewicht gebildet und der Widerstandsbeiwert eingeführt.
- Der Stoffübergangskoeffizient wird nach der Penetrationstheorie gemäß Gleichung (2.101) berechnet. Für die Kontaktzeit wird von der Proportionalität zum Quotienten aus Tropfendurchmesser und Relativgeschwindigkeit zwischen Dampf und Tropfen ausgegangen.

Die Lösung des Integrals für N_{DTr} mit diesen Voraussetzungen ergibt:

$$N_{DTr} = 0{,}0363 \frac{A_a A_Q D_D^{0,5} H_{FTr}}{A_V^2} \left[\frac{[g(\varrho_F - \varrho_D)]^{0,3} \varrho_D^{0,9} w_{DQ}^{1,1}}{\sigma \eta_D^{0,2}} - 0{,}261 \frac{A_{QD}}{A_V} \left(\frac{\varrho_D}{\sigma}\right)^{1,5} w_{DQ}^{2,5} \right] \quad (4.131)$$

A_Q freie Querschnittsfläche der Kolonne ohne Ablaufschacht,
w_{DQ} Dampfgeschwindigkeit bezogen auf A_Q,
A_V siehe Gleichung (4.121)

In Gleichung (4.131) wurde lediglich der Faktor 0,0363 an die Versuchsdaten angepaßt.
Das Modell mit den Gleichungen (4.129) bis (4.131) kann für den folgenden Bereich angewendet werden:
Flüssigkeitsstromdichte (auf A_B bezogen) 2 ... 40 m^3/(m^2 h),
Wehrflüssigkeitsbelastung 1 ... 50 m^3/(m h),
Dichteverhältnis $\varrho_F/\varrho_D = 150 ... 2000$.
Die Berechnung des Austauschgrades für Ventilböden 1,2 m Durchmesser und der Vergleich mit experimentellen Werten ist gemäß Bild 4.61 befriedigend.

Bodenaustauschgrad

Dieser ist hauptsächlich abhängig von

- dem lokalen Austauschgrad als der wichtigsten Einflußgröße,
- dem Konzentrationsgradienten der Flüssigkeit auf dem Boden (Verweilzeitverhalten), der am größten bei Kolbenströmung ist, wodurch der Bodenaustauschgrad vergrößert wird,
- der Mitreißrate bei hohen Dampfgeschwindigkeiten bzw. Durchregenrate an Flüssigkeit bei niedrigen Dampfgeschwindigkeiten, wodurch der Bodenaustauschgrad verkleinert wird.

Die Berücksichtigung des Verweilzeitverhaltens der Flüssigkeit auf dem Boden ist sehr problematisch, weil der Mechanismus des Flüssigkeitstransportes in der Dispersion wenig bekannt ist. Hinzu kommt, daß wegen des Aufwandes nur wenig Experimente zum Verweilzeitverhalten auf großen Kolonnenböden bekannt sind. Im folgenden wird auf die wesentlichen, stark vereinfachten Modelle eingegangen.

Kolbenströmung der Flüssigkeit auf dem Boden

Es gilt folgende von *Lewis* abgeleitete Gleichung:

$$\eta_{BD} = \frac{1}{\lambda} (e^{\lambda \eta_{LD}} - 1) \quad (4.132)$$

Für einen Streckmetallboden ohne Strombrecher kann näherungsweise Kolbenströmung für die flüssige Phase auf dem Boden vorausgesetzt werden.

Dispersionsmodell

Die Abweichungen der Flüssigkeitsströmung auf dem Boden von der Kolbenströmung werden durch Einführung eines Dispersionskoeffizienten D_E berücksichtigt. Eine ähnliche Betrachtung wie auf

Seite 251 für die Füllkörperkolonne ergibt für die Stoffbilanz der Komponente 1 bei einer differentiellen Betrachtung für die Weglänge ds auf dem Boden gemäß Bild 4.63:

$$\dot{F}x_1 = D_E A_q \varphi_F c_F \left(\frac{\mathrm{d}x_1}{\mathrm{d}s} + \frac{\mathrm{d}^2 x_1}{\mathrm{d}s^2} \mathrm{d}s \right) + \frac{y_{1j-1}\dot{D}_1}{L_F} \mathrm{d}s$$

$$= \dot{F}(x_1 + \mathrm{d}x_1) + D_E A_q \varphi_F c_F \frac{\mathrm{d}x_1}{\mathrm{d}s} + \frac{y_{1j}\dot{D}}{L_F} \mathrm{d}s$$

$$D_E A_q \varphi_F c_F \frac{\mathrm{d}^2 x_1}{\mathrm{d}s^2} - \dot{F}\frac{\mathrm{d}x_1}{\mathrm{d}s} = (y_{1j} - y_{1j-1})\frac{\dot{D}}{L_F} \qquad (4.133)$$

Das Produkt $\varphi_F c_F$ ist der Flüssigkeitsinhalt der Zweiphasendispersion auf dem Boden in kmol/m³, $A_q = H_S L_b$ mit $L_b = A_A L_F$.
Die von *Anderson* angegebene Lösung der Differentialgleichung (4.133) unter Einführung der Pe-Zahl lautet:

$$\eta_{BD} = \eta_{LD} \left[\frac{1 - e^{-(A+\mathrm{Pe})}}{(A + \mathrm{Pe})\left(1 + \frac{A + \mathrm{Pe}}{A}\right)} + \frac{e^A - 1}{A\left(1 + \frac{A}{A + \mathrm{Pe}}\right)} \right]$$

mit

$$A = \frac{\mathrm{Pe}}{2}\left(\sqrt{1 + \frac{4\lambda\eta_{LD}}{\mathrm{Pe}}} - 1 \right) \qquad (4.134)$$

Im AIChE-Bericht [4.39] wurde für Glockenböden bis 0,6 m Durchmesser aus Versuchsergebnissen folgende Korrelation für den Durchmischungskoeffizienten abgeleitet:

$$\mathrm{Pe} = \frac{L_F^2}{D_E t_E} \quad \text{mit} \quad t_F = \frac{H_F L_F}{\dot{V}_{Fb}}$$

und

$$D_E = (1{,}07 + 4{,}85 w_{DA} + 1044 \dot{V}_{Fb} + 51{,}0 h_W)\,10^{-4} \qquad (4.135)$$

Alle Einheiten gemäß SI.
Das Problem bei vorstehendem Modell und zahlreichen anderen bekannten Modellen besteht in der Bestimmung des Dispersionskoeffizienten. Die experimentellen Daten resultieren in den meisten Fällen von wesentlich kleineren Böden als in der Industrie oder einem rechteckigen Querschnitt, so daß wesentliche Unterschiede zu Böden in der Industrie bestehen.

Zellenmodell

Der Boden wird in Strömungsrichtung der Flüssigkei in Zellen unterteilt, die jeweils die gleiche Flüssigkeitszusammensetzung besitzen, vergleiche auch Bild 2.36. *Gautreaux* und *O'Connel* [4.40] leiten folgende Beziehung ab:

$$\eta_{BD} = \frac{\left(1 + \frac{\lambda \eta_{LD}}{z}\right)^z - 1}{\lambda} \qquad (4.136)$$

z Zellenzahl.

Oft kann erwartet werden, daß die Länge einer Zelle in Strömungsrichtung der Flüssigkeit 0,2 bis 0,4 m beträgt. Geht die Zellenzahl gegen unendlich, so liegt eine Kolbenströmung vor, und Gleichung (4.136) geht in Gleichung (4.132) über.

4 Destillation

Mitreißen von Flüssigkeit

Das Mitreißen von Flüssigkeit bzw. Durchregnen von Flüssigkeit wird bei genauer Betrachtung in der Differentialgleichung berücksichtigt und die Stoffbilanz gemäß Bild 4.63 entsprechend erweitert. Solche Differentialgleichungen sind bekannt und numerisch ausgewertet worden. Eine Näherung stellt zur Berücksichtigung des Mitreißens von Flüssigkeit folgender korrigierter Bodenaustauschgrad dar:

$$\eta_{BD\,kor} = \frac{\eta_{BD}}{1 + \dfrac{e\,\eta_{BD}}{\dot{F}/\dot{D}}} \qquad (4.137)$$

Dagegen hat das *Durchregnen von Flüssigkeit* nur dann Einfluß auf den Bodenaustauschgrad, wenn dadurch die Dispersion beeinflußt wird.

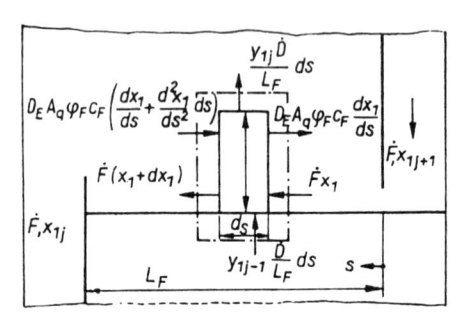

Bild 4.63. Stoffbilanz an einem Ausschnitt einer Dispersion auf einem Destillationsboden mit teilweiser Rückvermischung der Flüssigkeit, Dampf Kolbenströmung

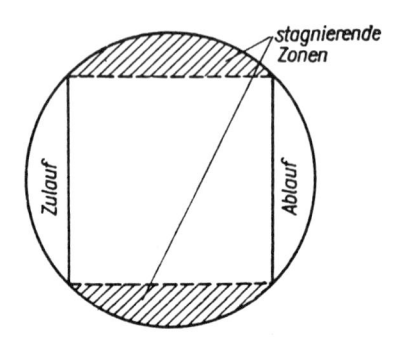

Bild 4.64. Schematische Darstellung von stagnierenden Zonen auf großen Kolonnenböden

Zusammenfassung

Die entscheidende Größe für den Bodenaustauschgrad ist der lokale Austauschgrad. Die Berücksichtigung des Verweilzeitverhaltens der Flüssigkeit auf dem Boden erfordert Experimente mit den in der Industrie üblichen Bodenabmessungen bis zu mehreren Metern Durchmesser. Die Mehrzahl der Experimente wurde jedoch auf Kolonnenböden bis 0,8 m Durchmesser oder einem adäquaten rechteckigen Querschnitt durchgeführt. Die Extrapolation der dabei gewonnenen Ergebnisse auf größere Böden ergibt vor allem bei größeren Werten von $\lambda = b\dot{D}/\dot{F}$ zu große Werte für den Bodenaustauschgrad, teilweise über 1, die nach allen Beobachtungen wenig wahrscheinlich sind. Nach neueren Untersuchungen treten vor allem bei Böden über ein Meter Durchmesser stagnierende Zonen auf (s. Bild 4.64), welche die Stoffübertragung durch Verminderung der Triebkraft verschlechtern. In der Industrie wird daher berechtigt oft so vorgegangen, daß $\eta_{LD} = \eta_{BD}$ gesetzt wird, also die Flüssigkeit auf dem Boden vollkommen durchmischt vorausgesetzt wird. Dagegen sollte der Einfluß der Mitreißrate auf den Austauschgrad gemäß Gleichung (4.137) berücksichtigt werden. Der Bodenaustauschgrad ist bei leistungsfähigen Bodenarten innerhalb des Arbeitsbereiches vorzugsweise zwischen 50 bis 80% zu erwarten.

Komponentenbezogener Austauschgrad für Mehrstoffgemische

Die bisherige Darstellung bezog sich auf den Austauschgrad eines Zweistoffgemisches. Für die Komponenten eines Mehrstoffgemisches kann der komponentenbezogene Austauschgrad analog wie für das Zweistoffgemisch eingeführt werden:

$$\eta_{LDij} = \frac{y_{ij} - y_{ij-1}}{y_{ij}^* - y_{ij-1}} \quad \text{bzw.} \quad \eta_{BDij} = \frac{y_{ij} - y_{ij-1}}{y_{ij}^* - y_{ij-1}} \tag{4.138}$$

Für ein Mehrstoffgemisch mit z Komponenten können unter Berücksichtigung der Stoffbilanzen $(z - 1)$ voneinander unabhängige komponentenbezogene Austauschgrade vorliegen. Bisher werden die Berechnungen für die Mehrstoffdestillation meistens mit einem einheitlichen Austauschgrad für alle Komponenten durchgeführt.

Beispiel 4.12. Austauschgrad bei der Destillation auf Ventilböden

Bei der Trennung eines Wasser-Diemethylformamid-Gemisches (Wasser leichter flüchtige Komponente 1), das bei der Spinnbadaufbereitung in der Polyacrylnitrilfaserherstellung anfällt, wurde in einer Ventilbodenkolonne auf einem Boden in der Nähe des Kolonnenkopfes ein Austauschgrad von 56% experimentell ermittelt. Die Angaben über diese Kolonne sind nachstehend aufgeführt.
Geometrisch-konstruktive Daten:

Bodendurchmesser $D_B = 2{,}40$ m, einflutig,
Flüssigkeitsweglänge auf dem Boden $L_F = 1{,}82$ m,
Wehrlänge $W_L = 1{,}45$ m, Wehrhöhe $h_W = 0{,}050$ m,
Bodenabstand $\Delta H = 0{,}50$ m,
aktive Fläche des Bodens $A_A = 3{,}91$ m^2,
Zahl der Ventile auf einem Boden $z_V = 606$,
Bohrungsdurchmesser des Ventils $d_0 = 0{,}0385$ m,
Durchmesser des Ventiltellers $d_T = 0{,}050$ m,
Hubhöhe des Ventils $h_V = 0{,}008$ m,
Öffnungshöhe des Ventils in Ruhelage $0{,}002$ m.
Betriebliche Größen:
Flüssigkeitsstrom $\dot{V}_F = 2{,}37$ m^3/h,
Mengenstrom Dampf $\dot{D} = 0{,}0660$ kmol/s,
Flüssigkeitskonzentration auf dem untersuchten Boden $x_1 = 0{,}99$,
Druck 13,33 kPa (Vakuumdestillation),
Siedetemperatur 323 K,
Stoffdaten für $p = 13{,}33$ kPa und $T_S = 323$ K:
Dichten $\varrho_F = 988$ kg/m^3, $\varrho_D = 0{,}0913$ kg/m^3,
Viskositäten $\eta_F = 5{,}50 \cdot 10^{-4}$ kg/(m s), $\eta_D = 9{,}90 \cdot 10^{-6}$ kg/(m s),
Diffusionskoeffizienten $D_F = 1{,}78 \cdot 10^{-9}$ m^2/s, $D_D = 6{,}20 \cdot 10^{-5}$ m^2/s,
Molekularmassen $M_F = 18{,}55$ kg/kmol, $M_D = 18{,}40$ kg/kmol,
Oberflächenspannung $\sigma = 0{,}0670$ N/m.

Aufgabe:

Der Bodenaustauschgrad ist zu berechnen und mit dem gemessenen zu vergleichen.

Lösung:

Diese erfolgt mit dem Modell gemäß den Gleichungen (4.129) bis (4.131) und (4.119) bis (4.121). Die Querschnittsflächen sind:

Bodenfläche $A_B = D_B^2 \dfrac{\pi}{4} = 2{,}4^2 \dfrac{\pi}{4} = 4{,}522$ m^2

Bohrungsfläche $A_0 = z_V d_0^2 \dfrac{\pi}{4} = 606 \cdot 0{,}0385^2 \dfrac{\pi}{4} = 0{,}7051 \text{ m}^2$

Ventilhubfläche $A_V = z_V \pi \, d_V h_{V_e} = 606 \cdot \pi \cdot 0{,}050 \cdot 0{,}010 = 0{,}9514 \text{ m}^2$

Freier Querschnitt für die Dampfströmung

$A_Q = A_B - A_S = A_B - \dfrac{A_B - A_A}{2} = 4{,}522 - \dfrac{4{,}522 - 3{,}91}{2} = 4{,}216 \text{ m}^2$

Geschwindigkeiten und Ströme:

$\dot{V}_D = \dfrac{\dot{D} M_D}{\varrho_D} = \dfrac{0{,}0660 \cdot 18{,}40}{0{,}0913} = 13{,}30 \, \dfrac{\text{m}^3}{\text{s}}$

$w_{DA} = \dot{V}_D / A_A = \dfrac{13{,}30}{3{,}91} = 3{,}402 \, \dfrac{\text{m}}{\text{s}}$

$w_D = \dot{V}_D / A_B = \dfrac{13{,}30}{4{,}522} = 2{,}94 \, \dfrac{\text{m}}{\text{s}}$

$w_{DQ} = \dot{V}_D / A_Q = \dfrac{13{,}30}{4{,}216} = 3{,}155 \, \dfrac{\text{m}}{\text{s}}$

$w_{D0} = \dot{V}_D / A_0 = \dfrac{13{,}30}{0{,}7051} = 18{,}86 \, \dfrac{\text{m}}{\text{s}}$

$w_{DV} = \dot{V}_D / A_V = \dfrac{13{,}30}{0{,}9514} = 13{,}98 \, \dfrac{\text{m}}{\text{s}}$

$\dot{V}_{FL} = \dot{V}_F / W_L = \dfrac{2{,}37}{1{,}45} = 1{,}634 \, \dfrac{\text{m}^3}{\text{m h}}$

$\dot{F} = \dot{V}_F \varrho_F / M_F = \dfrac{2{,}37 \cdot 988}{18{,}55 \cdot 3600} = 0{,}035\,06 \, \dfrac{\text{kmol}}{\text{s}}$

$\dot{F}/\dot{D} = \dfrac{0{,}035\,06}{0{,}0660} = 0{,}531$

Klare Flüssigkeitshöhe gemäß Gleichung (4.116):

$H_F = 0{,}1434 (A_0/A_B)^{-0{,}25} w_{D0}^{-0{,}365} h_W^{0{,}575} \dot{V}_{FL}^{0{,}235}$

$H_F = 0{,}1434 \left(\dfrac{0{,}7051}{4{,}522}\right)^{-0{,}25} \cdot 18{,}86^{-0{,}356} \cdot 0{,}050^{0{,}575} \cdot 1{,}634^{0{,}235}$

$H_F = 0{,}0141 \text{ m}$

Klare Flüssigkeitshöhe bei Phasenumkehr H_{Fu} gemäß Gleichung (4.121) und im Blasenregime H_{FB}/H_F gemäß Gleichung (4.120):

$H_{Fu} = \dfrac{13{,}98^2 \cdot 0{,}0913}{9{,}81(988 - 0{,}0193)\left(2{,}785 - \dfrac{0{,}0165 \cdot 13{,}98^2 \cdot 0{,}0913 \cdot 0{,}010}{0{,}0670}\right)}$

$H_{Fu} = 0{,}000672 \text{ m}$

$\dfrac{H_{FB}}{H_F} = 1 - \exp\left[-0{,}873 \left(\dfrac{0{,}0141}{0{,}000672}\right)^{1{,}032}\right]$

$\dfrac{H_{FB}}{H_F} = 1 - 1{,}706 \cdot 10^{-9}$

Das vorstehende Ergebnis weist aus, daß faktisch kein Tropfenregime auf dem Boden existiert. Damit werden auch N_{DTr} und die Mitreißrate e Null. Die Ursachen liegen im Vakuumbetrieb und dem mäßigen Belastungsfaktor

$$w_D \sqrt{\varrho_D} = 2{,}94 \sqrt{0{,}0913} = 0{,}889 \text{ kg}^{0{,}5} \text{ m}^{-0{,}5} \text{ s}^{-1}$$

In diesem Spezialfall ist dann gemäß Gleichung (4.129) $N_{Dges} = N_{DB}$. Die Berechnung von N_{DB} erfolgt nach Gleichung (4.130).

$$\text{Sc}_D = \frac{\eta_D}{\varrho_D D_D} = \frac{9{,}90 \cdot 10^{-6}}{0{,}0913 \cdot 6{,}20 \cdot 10^{-5}} = 1{,}749$$

$$N_{DB} = 0{,}212 \cdot 1{,}749^{-0{,}5} \left(\frac{9{,}81 \cdot 988 \cdot 0{,}0141^2}{9{,}90 \cdot 10^{-6} \cdot 3{,}402} \right)^{0{,}158}$$

$$N_{DB} = 0{,}905 = N_{Dges}$$

Damit erhält man für den lokalen Austauschgrad:

$$\eta_{LD} = 1 - \exp(-N_{Dges}) = 1 - 1/e^{0{,}905} = \underline{0{,}596}$$

Gemäß der im Abschnitt 4.7.2. geführten Diskussion zum Bodenaustauschgrad wird der lokale Austauschgrad bei Ventilböden zugleich als Bodenaustauschgrad verwendet. Der gemessene Austauschgrad ist 56%, so daß mit dem berechneten Austauschgrad von 59,6% eine gute Übereinstimmung vorliegt. Der Gültigkeitsbereich des Modells mit den Gleichungen (4.129) bis (4.131) wurde mit dem Dichteverhältnis $\varrho_F/\varrho_D = 150 \ldots 2000$ angegeben. In diesem Beispiel beträgt das Dichteverhältnis $\varrho_F/\varrho_D = 988 : 0{,}0913 = 10820$. Daraus wird deutlich, daß teilweise auch eine Nutzung des Modells über den empfohlenen Gültigkeitsbereich hinaus möglich ist.

4.8. Einfache Destillation

Die Destillation wird nur einmalig ausgeführt. Es sind zu unterscheiden:

1. Offene Destillation, bei welcher der entstehende Dampf ständig abgezogen wird.
2. Geschlossene Destillation (Flash-Destillation), bei welcher Flüssigkeit und Dampf ständig in Kontakt bleiben, z. B. durch Verdampfen eines Teiles der Flüssigkeit im geschlossenen Gefäß. Es kann sich der Gleichgewichtszustand einstellen, daher auch die Bezeichnung Gleichgewichtsdestillation.

Offene Destillation

Sie kann kontinuierlich im Rotationsdünnschichtapparat oder diskontinuierlich in einer Blase durchgeführt werden. Nachstehend wird die diskontinuierliche Betriebsweise gemäß Bild 4.65 für ein Zweistoffgemisch behandelt.
Es wird vorausgesetzt, daß der Dampf, der im Augenblick der Entstehung von der Flüssigkeit getrennt wird, im Gleichgewicht mit der Flüssigkeit steht. Die Flüssigkeit verändert ihre Zusammensetzung und reichert sich mit der schwerer flüchtigen Komponente 2 an. Dementsprechend ist auch die Zusammensetzung des Dampfes unterschiedlich. Zur Zeit t sei der Blaseninhalt B in kmol und die Zusammensetzung x_{1B} (Index B weist auf Blase hin). Zur Zeit $t + dt$ ist der Blaseninhalt $B - dB$, die Zusammensetzung $x_{1B} - dx_{1B}$, dafür hat sich aber eine Dampfmenge dB mit der Zusammensetzung y_{1B}^* gebildet. Die gesamte Stoffmenge für die Komponente 1 muß in der Blase unter Beachtung der flüssigen und dampfförmigen

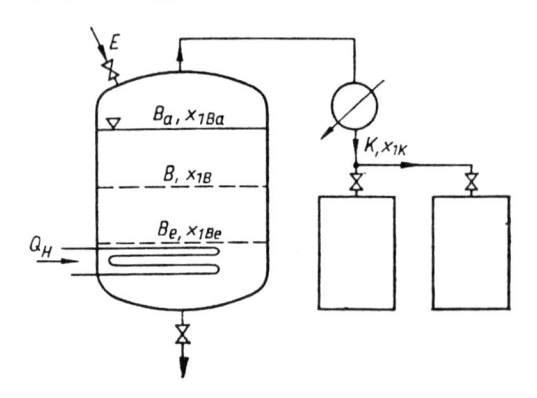

Bild 4.65. Einfache diskontinuierliche Destillation in einer Blase

Phase sowohl zur Zeit t als auch zur Zeit $t + dt$ gleich groß sein:

$Bx_{1B} = (B - dB)(x_{1B} - dx_{1B}) + y^*_{1B}\, dB$

$Bx_{1B} = Bx_{1B} - x_{1B}\, dB - B\, dx_{1B} + dB\, dx_{1B} + y^*_{1B}\, dB$

Unter Vernachlässigung des Gliedes $dB\, dx_{1B}$ erhält man:

$B\, dx_{1B} = dB(y^*_{1B} - x_{1B})$

$$\int_{B_e}^{B_a} \frac{dB}{B} = \int_{x_{1B_e}}^{x_{1B_a}} \frac{dx_{1B}}{y^*_{1B} - x_{1B}}$$

B_a und B_e Blaseninhalt am Anfang und Ende,
x_{1B_a} und x_{1B_e} Molanteil der Komponente 1 in der Blase am Anfang und Ende

$$\ln \frac{B_a}{B_e} = \int_{x_{1B_e}}^{x_{1B_a}} \frac{dx_{1B}}{y^*_{1B} - x_{1B}} \qquad (4.139)$$

Die Auswertung des Integrals in Gleichung (4.139) in grafischer Form wird im Bild 4.66 gezeigt.

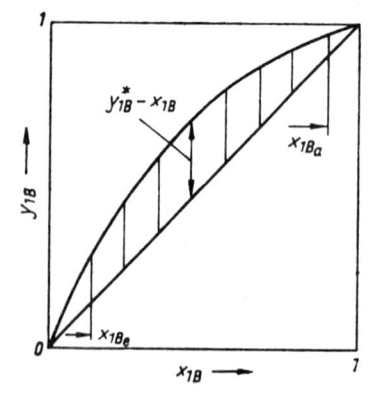

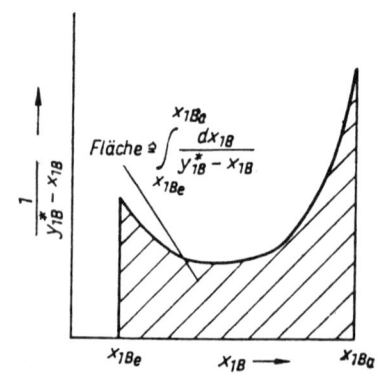

Bild 4.66. Zur Ermittlung von Konzentration und Menge bei der einfachen diskontinuierlichen Destillation eines Zweistoffgemisches

Sind zum Beispiel B_a, x_{1B_a} und x_{1B_e} vorgegeben, so ermittelt man B_e mit Gleichung (4.139) und die Kopfmenge K (Destillat) und deren durchschnittliche Zusammensetzung x_{1K} über Stoffbilanzen:

$$K = B_a - B_e \tag{4.140}$$

$$x_{1K}K = x_{1B_a}B_a - x_{1B_e}B_e \tag{4.141}$$

Wird umgekehrt ein Dampf partiell in der Weise kondensiert, daß das entstehende Kondensat vom Dampf sofort getrennt wird, so ergibt eine ähnliche Betrachtung

$$\ln \frac{D_a}{D_e} \int_{y_{1D_e}}^{y_{1D_a}} \frac{dy_{1D}}{y_{1D} - x_1^*} \tag{4.142}$$

Die entstehende Kondensatmenge K ist

$$K = D_a - D_e \tag{4.143}$$

Geschlossene Destillation

Sie kann kontinuierlich oder diskontinuierlich gemäß Bild 4.67 ausgeführt werden. Die Zusammensetzung und Mengen werden über Phasengleichgewicht, Stoff- und Energiebilanzen bestimmt.

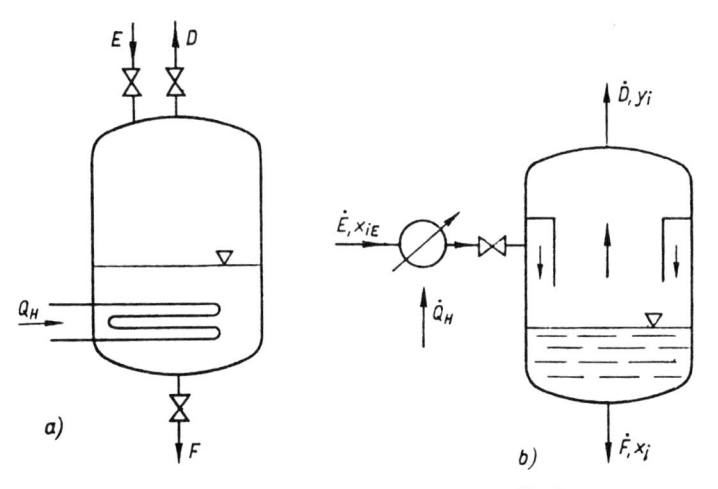

Bild 4.67. Schema für die einfache geschlossene Destillation
a) diskontinuierlich
b) kontinuierlich (Flash-Destillation)

Beispiel 4.13. Einfache Destillation

In einer Blase wird durch einfache Destillation ein Ethanol-Wasser-Gemisch bei 101,3 kPa diskontinuierlich getrennt. Blasenfüllung 100 kmol Gemisch mit 60 Mol-% Ethanol und 40 Mol-% Wasser. Der Sumpfrückstand soll nach der Destillation noch 5 Mol-% Ethanol enthalten.

Aufgabe:

Es sind zu bestimmen:
1. Mengen an Destillat und Sumpfrückstand,
2. Zusammensetzung des Destillates.

Lösung:

Zu 1.

Für das Verhältnis der Menge in der Blase am Anfang und Ende des Destillationsprozesses gilt

$$\ln \frac{B_a}{B_e} = \int_{x_{1B_e}}^{x_{1B_a}} \frac{dx_{1B}}{y_{1B}^* - x_{1B}} \qquad (4.139)$$

Mit den im Anhang aufgeführten Werten für das Dampf-Flüssigkeits-Gleichgewicht von Ethanol-Wasser wird die Gleichgewichtskurve im $x_1 y_1$-Diagramm gezeichnet (s. Bild 4.68a). Dann wird für eine angemessene Anzahl von Werten zwischen $x_{1B_a} = 0{,}60$ und $x_{1B_e} = 0{,}05$ die Differenz $y_{1B}^* - x_{1B}$ bestimmt (s. Tab. 4.13). Die in Tabelle 4.13 ermittelten Werte $\dfrac{1}{y_{1B}^* - x_{1B}}$ wurden in Abhängigkeit von x_{1B} im Bild 4.68b aufgetragen.

Tabelle 4.13. Werte zur grafischen Lösung des Integrals $\int \dfrac{dx_{1B}}{y_{1B}^* - x_{1B}}$ zu Beispiel 4.13

x_{1b}	y_{1B}^*	$y_{1B}^* - x_{1B}$	$\dfrac{1}{y_{1B}^* - x_{1B}}$
0,050	0,310	0,260	3,85
0,0715	0,362	0,2905	3,44
0,143	0,487	0,344	2,91
0,206	0,530	0,324	3,09
0,321	0,586	0,265	3,77
0,430	0,626	0,196	5,10
0,545	0,673	0,128	7,81
0,600	0,700	0,100	10,00

alle Werte in Molanteilen

Der Zahlenwert des Integrals ergibt sich aus Bild 4.68b mit einer ausgezählten Fläche von 2550 mm² und den Maßstäben 1 mm $\triangleq$ 0,1 und 1 mm $\triangleq$ 0,01 zu

$$\int_{0,05}^{0,6} \frac{dx_{1B}}{y_1^* - x_{1B}} = 2550 \cdot 0{,}1 \cdot 0{,}01 = 2{,}55$$

und

$$\ln \frac{B_a}{B_e} = 2{,}55; \quad \frac{B_a}{B_e} = 12{,}8$$

Sumpfrückstand $\quad B_e = \dfrac{B_a}{12{,}8} = \dfrac{100}{12{,}8} = \underline{\underline{7{,}81 \text{ kmol}}}$

Destillat $\quad K = B_a - B_e = 100 - 7{,}81 = \underline{\underline{92{,}2 \text{ kmol}}}$

Zu 2.

Die Stoffbilanz für die Komponente 1 ergibt:

$$x_{1K} K = x_{1B_a} B_a - x_{1B_e} B_e$$

$$x_{1K} = \frac{0{,}60 \cdot 100 - 0{,}05 \cdot 7{,}82}{92{,}2} = \underline{\underline{0{,}647}}$$

Das Destillat enthält 64,7 Mol-% Ethanol und 35 Mol-% Wasser.

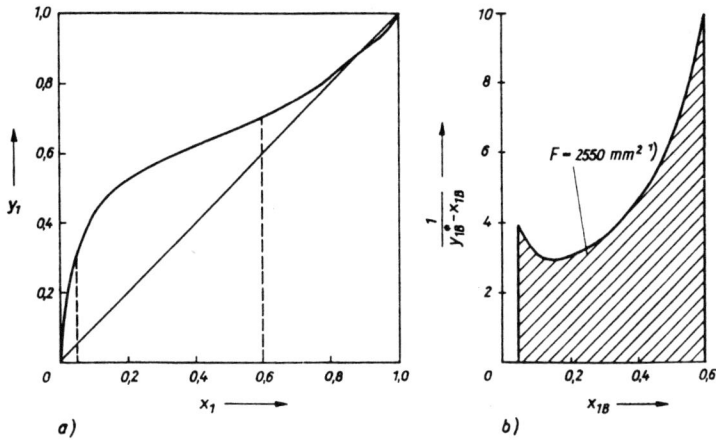

Bild 4.68 Grafische Lösung des Integrals im Beispiel 4.13
a) Gleichgewichtskurve zur Bestimmung der Triebkraft
b) grafische Integration
[1]) Maßstäbe beim Druck verändert

4.9. Diskontinuierliche Destillation

Bei einer diskontinuierlichen Destillation gemäß Bild 4.69 wird Produkt aus einem Behälter, der sogenannten Destillationsblase, auf der meist die Kolonne direkt angeordnet ist, zum Teil verdampft und nach Erfordernis das Kopfprodukt in mehreren Gefäßen gesammelt. Der Rückstand wird unmittelbar an der Blase abgezogen.

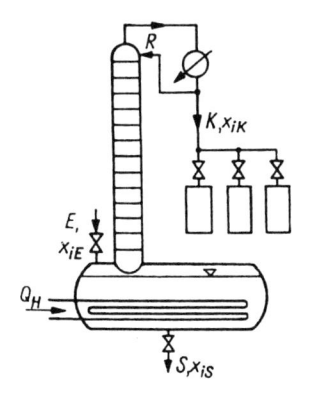

Bild 4.69. Diskontinuierliche Destillation mit Blase und Kolonne

Vorteile
— Mit einer Kolonne können verschiedene anfallende Produkte nacheinander aufgearbeitet werden.
— Ein Mehrstoffgemisch kann mit einer Kolonne getrennt werden, indem die einzelnen Komponenten nacheinander über Kopf abgetrieben werden (Reinheit begrenzt).

Nachteile
— Zeitlich veränderliche Bedingungen, dadurch erhöhter Bedienungsaufwand und komplizierte Regelung,

– meist geringere Reinheit gegenüber der kontinuierlichen Destillation,
– Anwendung nur bei kleinen Mengen, meist nicht über einige 100 t/a.

Es sind zwei grundsätzliche Möglichkeiten der Betriebsweise vorhanden:

– konstante Zusammensetzung des Kopfproduktes bei variablen Rücklauf,
– konstanter Rücklauf bei variabler Zusammensetzung des Kopfproduktes.

Diese zwei Betriebsweisen werden im folgenden für ein Zweistoffgemisch näher behandelt. Es bedeuten:

B_a und B_e Blaseninhalt am Anfang und Ende
x_{1B_a} und x_{1B_e} Molanteile der Komponente 1 in der Blase am Anfang und Ende.

Konstante Zusammensetzung des Kopfproduktes

Es sei eine Kolonne mit 5 theoretischen Böden plus Sumpf (also insgesamt 6 theoretische Böden) gegeben. Die Zusammensetzung x_{1B_a} am Anfang der Blasenfüllung erfordert das Rücklaufverhältnis v_a im Bild 4.70, um mit 6 theoretischen Böden die Reinheit x_{1K} zu erzielen. Das Rücklaufverhältnis muß auf v_e gesteigert werden, um die Zusammensetzung x_{1B_e} in der Blase bei konstantem x_{1K} zu erreichen. Aus der Stoffbilanz (Anfang und Ende der Destillation) erhält man:

$$B_a - B_e = K$$
$$x_{1B_a} B_a - x_{1B_e} B_e = x_{1K} K$$
$$x_{1B_a} B_a - x_{1B_e}(B_a - K) = x_{1K} K$$
$$B_a(x_{1B_a} - x_{1B_e}) = K(x_{1K} - x_{1B_e})$$

$$K = B_a \frac{x_{1B_a} - x_{1B_e}}{x_{1K} - x_{1B_e}} \qquad (4.144)$$

Das durchschnittliche Rücklaufverhältnis v für die Destillation der Blasenfüllung ergibt sich zu:

$$dR = v\, dK$$

$$\int_{R_a}^{R_e} dR = R = \int_{K_a}^{K_e} v\, dK \quad \text{oder} \quad v = \frac{R}{K} = \frac{\int_{K_a}^{K_e} v\, dK}{K} \qquad (4.145)$$

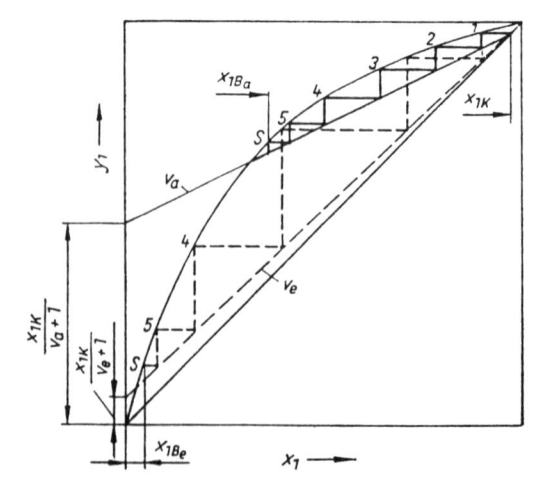

Bild 4.70. Variables Rücklaufverhältnis bei der diskontinuierlichen Destillation im Phasendiagramm

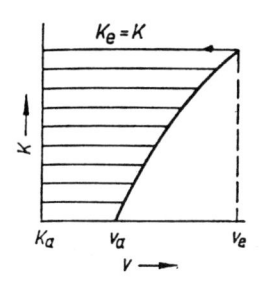

Bild 4.71. Kopfprodukt als Funktion des Rücklaufverhältnisses bei der diskontinuierlichen Destillation

Das Integral ist im Bild 4.71 als Fläche eingezeichnet. Für das Betreiben der Kolonne ist eine Bedienungsanweisung zur Regelung des Rücklaufes in Abhängigkeit von der Zusammensetzung bzw. der Siedetemperatur beim Zweistoffgemisch notwendig.

Konstanter Rücklauf

Bei vorgegebener Kolonne und konstantem Rücklauf verändert sich kontinuierlich die Zusammensetzung im Kopf. Durch die technische Aufgabe ist die zulässige Zusammensetzung am Anfang und Ende der Destillation gegeben. Im Bild 4.72 sind für eine Kolonne mit insgesamt 6 theoretischen Böden die Verhältnisse am Anfang und Ende der Destillation dargestellt. Das Kopfprodukt verändert dabei ständig seine Zusammensetzung:

$$x_{1K} \, dK = d(B x_{1B})$$

In der Blase ändert sich sowohl die Menge als auch die Zusammensetzung. Während des Destillationsvorganges wird nur Produkt am Kopf abgezogen, deshalb gilt:

$$dK = dB$$

in obige Gleichung eingesetzt und umgeformt:

$$x_{1K} \, dB = B \, dx_{1B} + x_{1B} \, dB; \qquad dB(x_{1K} - x_{1B}) = B \, dx_{1B}$$

$$\int_{B_e}^{B_a} \frac{dB}{B} \int_{x_{1B_e}}^{x_{1B_a}} \frac{dx_{1B}}{x_{1K} - x_{1B}} \quad \text{oder} \quad \ln \frac{B_a}{B_e} = \int_{x_{1B_e}}^{x_{1B_a}} \frac{dx_{1B}}{x_{1K} - x_{1B}} \qquad (4.146)$$

Die Funktion $x_{1K} = f(x_{1B})$ kann analytisch nicht dargestellt werden. Eine Auswertung erfolgt grafisch gemäß Bild 4.73, wobei $(x_{1K} - x_{1B})$ nach Bild 4.72 ermittelt wird.

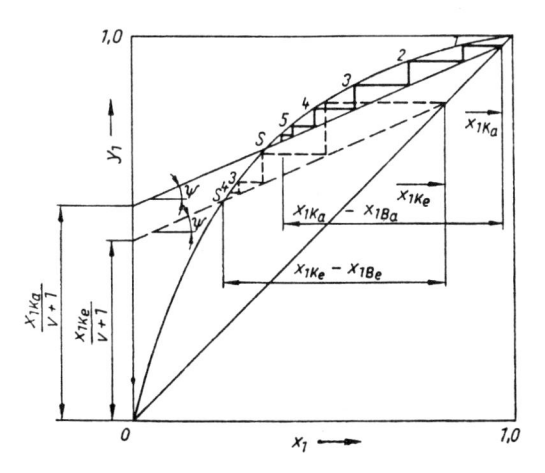

Bild 4.72. Konstantes Rücklaufverhältnis bei der diskontinuierlichen Destillation im Phasendiagramm

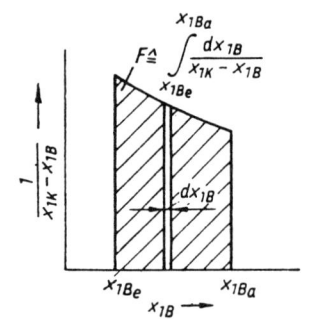

Bild 4.73. Grafische Auswertung des Integrals zur Bestimmung der Kopfproduktmenge bei konstantem Rücklauf

Ein Vergleich der Bilder 4.70 und 4.72 zeigt, daß durch Variation des Rücklaufverhältnisses der Destillationsvorgang erheblich elastischer gestaltet werden kann im Vergleich zur Betriebsweise bei konstantem Rücklaufverhältnis.

Beispiel 4.14. Diskontinuierliche Destillation in einer Kolonne mit Blase

Es sollen 100 kmol des Gemisches Benzol-Toluol in einer diskontinuierlichen Destillationskolonne aufgearbeitet werden. Im Einsatzgemisch sind 40 Mol-% Benzol enthalten. Die Destillation erfolgt in einer Kolonne mit 6 theoretischen Böden, die auf einer Blase angeordnet sind: Betriebsdruck 101,3 kPa. Es soll sowohl die Betriebsweise mit konstanter Zusammensetzung des Kopfproduktes als auch mit konstantem Rücklaufverhältnis untersucht werden.

Aufgabe:

1. Bei der Betriebsweise mit konstanter Zusammensetzung des Kopfproduktes mit $x_{1K} = 0{,}90$ sind zu bestimmen:
1.1. das Rücklaufverhältnis am Anfang des Destillationsprozesses,
1.2. das mittlere Rücklaufverhältnis unter der Voraussetzung, daß das maximal angewandte Rücklaufverhältnis das 10fache des minimalen Rücklaufverhältnisses nicht übersteigt.
2. Bei der Betriebsweise mit konstantem Rücklaufverhältnis $v = 3$ und einer Zusammensetzung in der Destillationsblase am Ende des Destillationsprozesses von 15 Mol-% Benzol sind zu bestimmen:
2.1. die im Kopf anfallende Stoffmenge und
2.2. deren mittlere Zusammensetzung.

Lösung:

1. *Betriebsweise mit konstanter Zusammensetzung des Kopfproduktes*

Zu 1.1.

Im $x_1 y_1$-Diagramm wird durch Probieren diejenige Verstärkungsgerade gefunden, bei der mit 6 theoretischen Böden die Zusammensetzung des Sumpfproduktes mit der Zusammensetzung zu Beginn des Destillationsprozesses $x_{1B_a} = 0{,}40$ erreicht wird (s. Bild 4.74). Man erhält einen Ordinatenwert

$$\frac{x_{1K}}{v_a + 1} = 0{,}385 \text{ und daraus } v_a = 1{,}337.$$

Zu 1.2.

Zunächst wird das maximal zulässige Rücklaufverhältnis bestimmt. Dazu wird das minimale Rücklaufverhältnis benötigt: Es kann grafisch durch Einzeichnen der Verstärkungsgeraden oder analytisch mit

Gleichung (4.23) bestimmt werden:

$$v_{min} = \frac{x_{1K} - y_{1S}^*}{y_{1S}^* - x_{1s}} = \frac{0,90 - 0,620}{0,620 - 0,40} = 1,272$$

$$v_{max} = 10 \cdot v_{min} = 10 \cdot 1,272 = 12,72$$

Die diesem maximalen Rücklaufverhältnis entsprechende Verstärkungsgerade wird im Bild 4.74 eingezeichnet. Der treppenförmige Linienzug zwischen Gleichgewichtskurve und Verstärkungslinie ergibt eine Zusammensetzung in der Blase am Ende des Destillationsprozesses von $x_{1B_e} = 0,074$ Molanteilen.

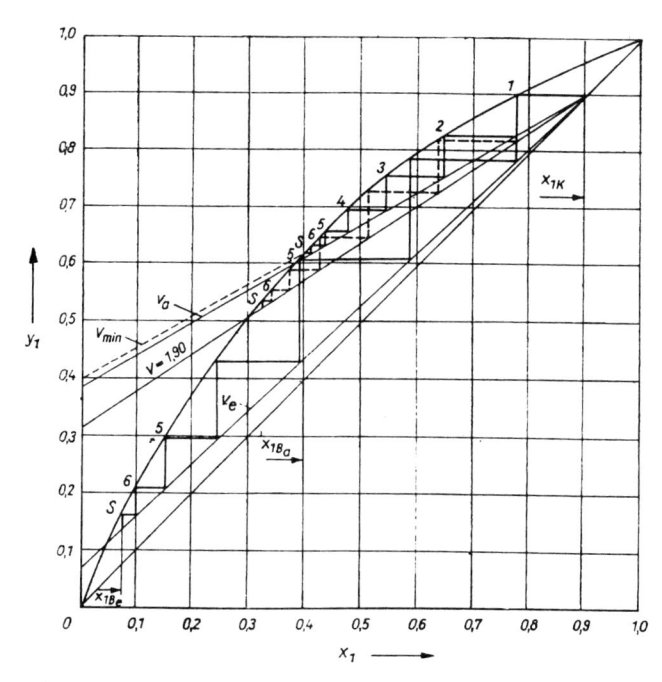

Bild 4.74. Diskontinuierliche Destillation eines Benzol-Toluol-Gemisches mit drei unterschiedlichen Rücklaufverhältnissen gemäß Beispiel 4.14

Das mittlere Rücklaufverhältnis bei konstanter Zusammensetzung des Kopfproduktes ergibt sich zu:

$$v = \frac{\int_{K_a}^{K_e} v \, dK}{K} \qquad (4.145)$$

Entsprechend der Ableitung von Gleichung (4.145) handelt es sich im Nenner um die gesamte im Kopf anfallende Destillatmenge $K = K_e$ bei der Destillation einer Blasenfüllung.
Die Lösung des vorstehenden Integrals erfolgt grafisch. Dazu ist entsprechend dem jeweiligen Zeitpunkt die im Kopf unterschiedlich angefallene Destillatmenge in Abhängigkeit von der Zusammensetzung der Blase x_{1B} zu ermitteln:

$$K = B_a \frac{x_{1B_a} - x_{1B}}{x_{1K} - x_{1B}} \qquad (4.144)$$

Dabei ist x_{1B} grafisch aus dem Phasendiagramm zu bestimmen. In das Phasendiagramm gemäß Bild 4.74 wurden wegen der Übersichtlichkeit nur die Verhältnisse bei $v_a = 1,337$, $v_e = 12,72$ und $v = 1,90$ eingezeichnet.

Für $v = 1,90$ wird aus dem Phasendiagramm im Sumpf $x_{1B} = 0,327$ ermittelt; dies ergibt:

$$K = 100 \frac{0,40 - 0,327}{0,90 - 0,327} = 12,74 \text{ kmol}$$

Die für x_{1B} und K bei verschiedenen Rücklaufverhältnissen ermittelten Werte zeigt Tabelle 4.14. Die aufgeführten Werte werden zur Lösung des Integrals in Gleichung (4.145) im Bild 4.75 aufgetragen. Daraus erhält man:

$$\int_{K_a}^{K_e} v \, dK \triangleq 2570 \text{ mm}^2 \triangleq 2770 \cdot 0,05 = 128,5 \text{ kmol}$$

Tabelle 4.14. Werte zur grafischen Lösung des Integrals $\int v \, dK$ zu Beispiel 4.14

v in	1,34	1,90	3,00	4,00	7,00	10,0	12,7
x_{1B} in Molanteilen	0,40	0,327	0,325	0,181	0,115	0,085	0,074
K in kmol	0	12,7	24,8	30,3	36,3	38,6	39,5

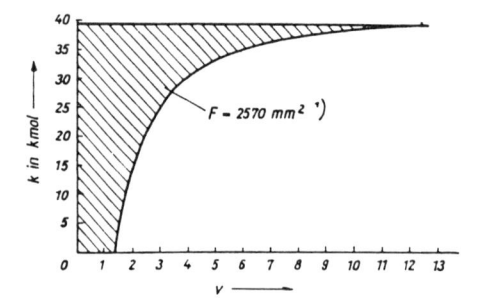

Bild 4.75. Grafische Lösung des Integrals $\int_{K_a}^{K_e} v \, dK$ im Beispiel 4.14

[1]) Maßstäbe bei Druck verändert

Das mittlere Rücklaufverhältnis ist $v_\text{mittel} = \dfrac{128,5}{39,5} = \underline{\underline{3,25}}$.

Von Interesse ist noch das Verhältnis $v_\text{mittel}/v_\text{min} = 3,25/1,272 = 2,56$.

Dieses Verhältnis würde bei der kontinuierlichen Destillation außerhalb des wirtschaftlichen Betriebsbereiches liegen.

2. *Betriebsweise mit konstantem Rücklaufverhältnis*

Zu 2.1.

Im $x_1 y_1$-Diagramm wird die Zusammensetzung des Kopfproduktes für verschiedene Verstärkungsgeraden jeweils mit $v = 3$ ermittelt, also der von der Zeit beeinflußte Zusammenhang $x_{1K} = f(x_{1B})$. Die Grenzwerte für x_{1K} sind durch folgende Bedingungen gegeben:

– x_{1K_a} durch die Bedingung, daß mit der vorgegebenen Kolonne am Anfang des Destillationsprozesses die Zusammensetzung des am Anfang in der Blase vorhandenen Produktes $x_{1B_a} = 0,40$ erreicht wird;

– x_{1K_e} durch die Bedingung, daß $x_{1B_e} = 0,15$ sein soll.

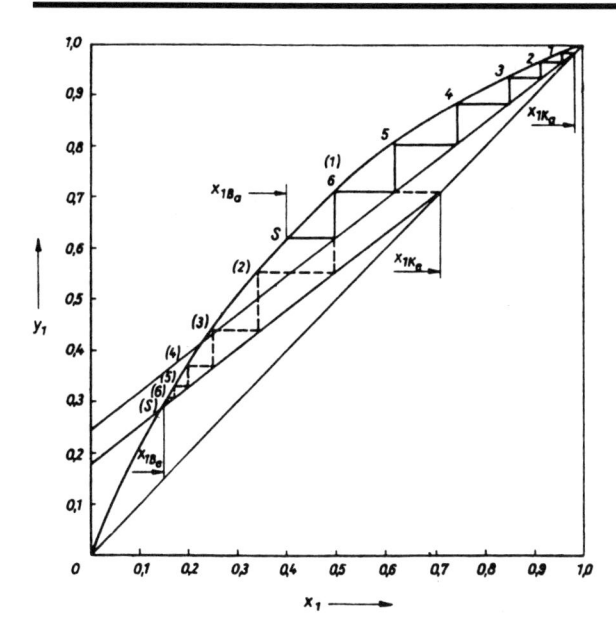

Bild 4.76. Konstantes Rücklaufverhältnis bei der diskontinuierlichen Destillation eines Benzol-Toluol-Gemisches gemäß Beispiel 4.14

Für die vorgegebenen Grenzwerte in der Blase, x_{1Ba} und x_{1Be}, wird die Ermittlung der zugehörigen Grenzwerte im Kopf x_{1Ka} und x_{1Ke} im Bild 4.76 gezeigt, wobei die Grenzwerte im Kopf durch Probieren gefunden wurden. Für die grafische Lösung des Integrals

$$\ln \frac{B_a}{B_a} = \int_{x_{1Be}}^{x_{1Ba}} \frac{\mathrm{d}x_{1B}}{x_{1K} - x_{1B}} \tag{4.146}$$

werden vier weitere Punkte zwischen x_{1Ka} und x_{1Ke} als ausreichend angesehen. Die Ergebnisse dieser grafischen Ermittlung von $x_{1K} = f(x_{1B})$ sind in Tabelle 4.15 aufgeführt.

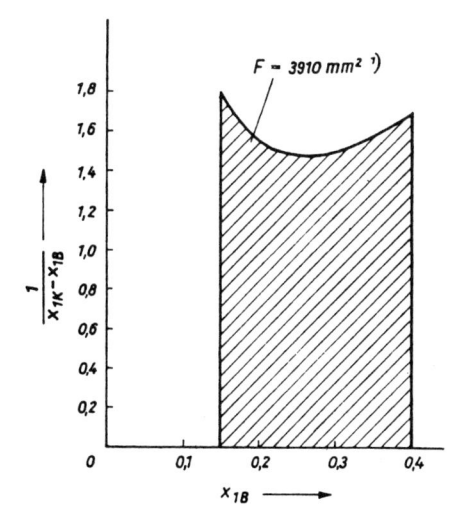

Bild 4.77. Grafische Lösung des Integrals

$$\int_{x_{1Be}}^{x_{1Ba}} \frac{\mathrm{d}x_{1B}}{x_{1K} - x_{1B}}$$

[1]) Maßstäbe bei Druck verändert

Tabelle 4.15. Werte zur grafischen Lösung des Integrals $\int \dfrac{dx_{1B}}{x_{1K} - x_{1B}}$ zu Beispiel 4.14

x_{1K} in Molanteilen	0,984	0,980	0,96	0,88	0,80	0,710
x_{1B} in Molanteilen	0,40	0,375	0,303	0,222	0,181	0,150
$\dfrac{1}{x_{1K} - x_{1B}}$	1,712	1,653	1,522	1,519	1,615	1,785

Die Lösung des Integrals gemäß Gleichung (4.146) erfolgt mit den in der Tabelle 4.15 angegebenen Werten grafisch im Bild 4.77. Aus Bild 4.77 erhält man eine Fläche von 3910 mm² und damit

$$\ln \dfrac{B_a}{B_e} = \int_{x_{1B_e}}^{x_{1B_a}} \dfrac{dx_{1B}}{x_{1K} - x_{1B}} = 3910 \cdot 0{,}02 \cdot 0{,}005 = 0{,}391$$

$B_e = 67{,}6 \text{ kmol}; \qquad K = B_a - B_e = \underline{\underline{32{,}4 \text{ kmol}}}$

Zu 2.2.

Die mittlere Zusammensetzung des Kopfproduktes x_{1Km} wird über eine Stoffbilanz bestimmt:

$x_{1Km} K = B_a x_{1B_a} - B_e x_{1B_e}$

$x_{1Km} = \dfrac{100 \cdot 0{,}40 - 67{,}5 \cdot 0{,}15}{32{,}4} = \underline{\underline{0{,}923}}$

4.10. Schwerpunkte bei der Optimierung von Destillationsprozessen und -anlagen

Zielfunktion bei der Optimierung zur Trennung eines homogenen Flüssigkeitsgemisches durch einen thermischen Trennprozeß sind minimale volkswirtschaftliche Aufwendungen. Ein homogenes Flüssigkeitsgemisch kann aus flüssigen Komponenten oder aus einer Flüssigkeit mit gelösten festen Komponenten bestehen. Im Zusammenhang mit der Destillation sind nur erstere Gemische von Interesse. Zu berücksichtigen ist, daß auch Gasgemische durch Anwendung tiefer Temperaturen verflüssigt werden können, allerdings mit großem Energieaufwand. Als erstes ist normalerweise eine Entscheidung zu treffen, welcher Prozeß für die Trennung eines homogenen Flüssigkeitsgemisches mit flüssigen Komponenten als wirtschaftlich günstiger Prozeß zu verwenden ist:

— Destillation, bei relativen Flüchtigkeiten größer als 1,1 oder kleiner als 0,9 am häufigsten ausgeführt,
— Azeotrop- und Extraktivdestillation mit Zusatzstoff,
— Extraktion flüssig-flüssig mit Zusatzstoff,
— in Sonderfällen Adsorption, Kristallisation oder Permeation (Pervaporation), s. Tab. 1.1.

Häufig kann durch Erfahrungen (heuristische Regeln) bereits eine begründete Auswahl des wirtschaftlich günstigen Prozesses erfolgen. In manchen Fällen sind dazu auch größere Untersuchungen notwendig, worauf hier nicht eingegangen wird.
Schwerpunkte bei der Optimierung von Destillationsprozessen und -anlagen sind:

Schwerpunkte bei der Optimierung von Destillationsprozessen und -anlagen **4.10.**

1. Energieeinsparung als eine sehr wichtige Aufgabe, da die Energiekosten bei der Destillation meistens den größten Anteil an den Gesamtkosten ausmachen.
2. Reinheit der gewünschten Endprodukte, die dem Verwendungszweck entsprechen soll.
3. Schaltung der Kolonnen bei der Mehrstoffdestillation (vgl. Abschn. 4.4.1.).
4. Wahl des Betriebsdruckes in der Kolonne.
5. Auswahl der Kolonneneinbauten.
6. Technische Gestaltung unter besonderer Berücksichtigung der Automatisierung, der räumlichen Anordnung der Anlage, der Ausführung der Ausrüstungen und des daraus während der Produktion resultierenden Bedienungs- und Reparaturaufwandes.

Die vorstehend genannten Schwerpunkte sind durch zahlreiche Wechselbeziehungen miteinander verknüpft. Nachstehend wird auf die Schwerpunkte 1, 4 und 5 näher eingegangen.

4.10.1. Auswahl der Kolonneneinbauten

Der Kolonnentyp — Boden-, Füllkörper- oder Packungskolonne — ist unter Berücksichtigung folgender Gesichtspunkte festzulegen:

— Investitionskosten,
— Werkstoff (hinsichtlich der Kosten bereits vorstehend berücksichtigt),
— Temperaturempfindlichkeit der Produkte,
— Druckverlust,
— Verhalten gegenüber festen Ablagerungen, soweit diese auftreten,
— Schaumverhalten,
— Teillastverhalten.

Vorgenannte Punkte sind von unterschiedlichem Gewicht. Entscheidend sind letztlich die Investitions- und Betriebskosten. Manche Einflüsse sind nicht ohne weiteres quantifizierbar, z. B. das Teillastverhalten. Bei der Destillation schäumender Gemische sind Füllkörperkolonnen günstiger als Bodenkolonnen, da der Schaum in Füllkörperkolonnen sich weniger ausbilden kann. Prinzipiell ist das Schaumverhalten in den Investitionskosten erfaßt, da es über den zulässigen Belastungsfaktor die Größe der Kolonne beeinflußt. Bei der Gefahr von festen Ablagerungen sind Bodenkolonnen meistens am besten geeignet.

Spezifische Kolonnenkosten

Mit den in Tabelle 4.8 aufgeführten technisch-ökonomischen Kennwerten ist eine weitergehende vergleichende Betrachtung durch Einführung des spezifischen Kolonnenvolumens und der spezifischen Kolonnenkosten nach *Billet* [4.41] möglich. Das spezifische Kolonnenvolumen V_{sp} wird wie folgt definiert:

$$V_{sp} = \frac{\text{Kolonnenvolumen}}{\text{Dampfstrom} \cdot \text{theoret. Bodenzahl}} = \frac{V_{Kol}}{\dot{V}_D n_{th}} \tag{4.147}$$

Daraus ergibt sich für alle Kolonnen

$$V_{sp} = \frac{H A_q}{w_D A_q n_{th}} = \frac{H}{w_D n_{th}} \tag{4.148}$$

und für Bodenkolonnen mit n_{eff} und dem Bodenabstand ΔH

$$V_{sp} = \frac{n_{eff} \Delta H}{w_D \eta_{Kol} n_{eff}} = \frac{\Delta H}{w_D \eta_{Kol}} \tag{4.148a}$$

Das Kolonnenvolumen erfordert sehr unterschiedliche Investitionskosten (vgl. Tab. 4.8). Die entscheidende Größe ist daher eine Kombination des spezifischen Kolonnenvolumens mit den Kosten je m³ Kolonnenvolumen $K_{1\,m^3}$

$$K_{sp} = V_{sp} K_{1\,m^3} \tag{4.149}$$

Zu beachten ist, daß die Größe spezifische Kolonnenkosten entsprechend der Definition zur Trennung des jeweiligen untersuchten Stoffgemisches eine gute Aussagekraft besitzt, aber nicht zur Beurteilung der Trennung unterschiedlicher Stoffgemische geeignet ist. Bezüglich weiterer Einzelheiten zu Angaben über Kosten von Kolonneneinbauten und ausgewählte Beispiele wird auf [4.13], Abschnitt 2.10 und [4.31] verwiesen.

Druckverlust

Bei der Destillation temperaturempfindlicher Gemische wird der Druckverlust zu einer entscheidenden Größe.
Am Kopf einer Kolonne kann durch eine leistungsfähige Vorrichtung für die Vakuumerzeugung zum Beispiel ein Druck von 1000 Pa aufrechterhalten werden. Für die Siedetemperatur der Flüssigkeit ist aber der Druck am Sumpf maßgebend. Wenn beispielsweise 40 theoretische Böden benötigt werden, so kann gemäß Tabelle 4.8 mit $\Delta p/n_{th} = 100$ Pa für eine Packungskolonne und 500 Pa für eine Bodenkolonne folgender Druck am Sumpf p_S erreicht werden:

$$p_S = p_K + n_{th} \frac{\Delta p}{n_{th}}$$

für eine Packungskolonne $p_S = 1000 + 40 \cdot 100 = 5000$ Pa
für eine Bodenkolonne $p_S = 1000 + 40 \cdot 500 = 21000$ Pa

Daraus wird deutlich, daß ein hoher Aufwand zur Vakuumerzeugung am Kopf der Kolonne sich nur dann auswirkt, wenn Einbauten mit kleinen Druckverlusten ausgeführt werden.
Bei der Destillation von Flüssigkeitsgemischen, deren Temperatur bei der Destillation in einem größeren Bereich gewählt werden kann, wird der Druckverlust zu einer untergeordneten Größe. Eine Destillationskolonne entspricht bezüglich der Druckerzeugung einem Dampfkessel. Ein höherer Druckverlust in der Kolonne und der dementsprechende höhere Druck im Sumpf wird durch eine höhere Siedetemperatur ausgeglichen, wobei dieser bei den sehr unterschiedlichen Druckverlusten einer Packungs- und Bodenkolonne sich oft nur mit wenigen Kelvin auswirkt. Dies ist ein maßgebender Grund, weshalb Bodenkolonnen trotz ihrer größeren Druckverluste in der Industrie weit verbreitet sind. Andererseits sind Bodenkolonnen in zahlreichen Fällen sehr preisgünstige Kolonneneinbauten, vor allem aus unlegiertem Stahl (s. Tab. 4.8).
Natürlich wird der Druckverlust auch bei nicht temperaturempfindlichen Gemischen bedeutsam, wenn durch den höheren Druckverlust einer Bodenkolonne ein vorgesehenes preisgünstiges Heizmedium, z. B. Wasserdampf mit 0,35 MPa Druck, nicht mehr eingesetzt werden kann. Auch bei der Nutzung der Energie der Kopfproduktdämpfe über einen Wärmepumpenprozeß wird der Druckverlust bedeutsam.

4.10.2. Wahl des Kolonnendruckes

Bei der Destillation hängt der Kolonnendruck entscheidend von dem Phasengleichgewicht des zu trennenden Gemisches und der daraus resultierenden Siedetemperatur im Sumpf und der Kondensationstemperatur der Dämpfe am Kopf ab. Es ist anzustreben, den Kolonnendruck so zu wählen, daß dem Verdampfer am Sumpf die

Energie mit Wasserdampf bzw. mit Sekundärenergie zugeführt und am Kopf die Kondensationsenthalpie entweder nutzbringend verwertet oder mit einem billigen Kühlmittel — Wasser oder Luft — abgeführt werden kann.

Temperatur am Sumpf

Falls keine Sekundärenergie zur Verfügung steht, ist das billigste Heizmedium am Sumpf Wasserdampf. Üblicherweise steht in Betrieben der Stoffwirtschaft Wasserdampf über Dampfleitungsnetze mit zwei Drücken, z. B. 0,35 MPa mit 139 °C und 1,7 MPa mit 204 °C Kondensationstemperatur, zur Verfügung. Werden Sumpftemperaturen über 250 °C benötigt, so wird die Wärmeenergie meistens durch Rauchgase in Strahlungswärmeübertragern zugeführt.

Temperatur am Kopf

Falls die Energie der Kopfprodukte auf Grund ihres Temperaturniveaus und fehlender Abnehmer nicht verwertet werden kann, ist darauf zu achten, daß die Kondensationstemperatur 40 °C nicht unterschreitet, um auch im Sommer noch mit Kühlwasser die Kondensationsenthalpie abführen zu können. Wird die Kondensationstemperatur 50 °C oder höher, so ist die Luftkühlung in zahlreichen Fällen wirtschaftlicher als die Wasserkühlung. Wenn die Kopftemperatur eine Kondensation unterhalb Umgebungstemperatur erfordert, so ist ein energieaufwendiger Kälteprozeß notwendig. Dann wird die Kondensation mit dem Kälteprozeß zum aufwendigsten Teilprozeß der Destillation. Durch die Wahl eines höheren Kolonnendruckes (Druckdestillation) kann ein Kälteprozeß vermieden werden, z. B. bei der Druckdestillation von Vinylchlorid. Bei der Trennung tiefsiedender Gemische, z. B. ein Gemisch C_1 bis C_4 bei der Olefinerzeugung, werden Druck und tiefe Temperaturen kombiniert.

Kolonnendruck unter Beachtung der Nutzung von Sekundärenergie

Die Nutzung der Energie der Kopfproduktdämpfe wird entscheidend vom Temperaturniveau bestimmt. Die Temperatur der Kopfproduktdämpfe kann angehoben werden, indem das Temperaturniveau des Heizmediums am Sumpf ausgenutzt und eine Druckdestillation ausgeführt wird.

Dies soll am Beispiel einer Ethanol-Wasser-Destillation erläutert werden. Diese Destillation wird üblicherweise unter atmosphärischem Druck ausgeführt, z. B. am Kopf 0,103 MPa für Ethanol-Wasser in der Nähe des azeotropen Punktes 78 °C, im Sumpf der Kolonne unter Beachtung des Druckverlustes 0,12 MPa für Wasser eine Siedetemperatur von 104,8 °C. Es steht Heizdampf von 0,35 MPa zur Verfügung. Eine Temperaturdifferenz von 10 K im Umlaufverdampfer am Sumpf kann technisch ohne Schwierigkeiten ausgeführt werden, so daß eine Siedetemperatur für das Wasser im Sumpf von 129 °C entsprechend einem Druck im Sumpf von 0,26 MPa ausgeführt werden kann. Es ergeben sich dann folgende Bedingungen: Kopf 0,24 MPa Ethanol-Wasser nahe dem azeotropen Punkt, $T_T = 104$ °C; Sumpf 0,26 MPa Wasser, $T_S = 129$ °C.

Gemäß diesem Beispiel ist es praktisch ohne Mehraufwand möglich, durch Wahl des Kolonnendruckes unter Nutzung des Temperaturniveaus des Heizmediums die Tautemperatur für das Ethanol-Wasser-Gemisch am Kopf von 78 auf 104 °C anzuheben. Damit werden die Bedingungen zur Nutzung der Kondensationsenthalphie wesentlich günstiger.

4.10.3. Energieeinsparung

Wichtige Maßnahmen sind.
1. Nutzung der Energie der Kopfproduktdämpfe als effektivste Maßnahme.
2. Wirtschaftlich richtige Wahl des Rücklaufverhältnisses, siehe Gleichung (4.25).

3. Bei der Mehrstoffdestillation Auswahl einer wirtschaftlich günstigen Schaltung.
4. Bei der Mehrstoffdestillation mögliche Vorteile durch Seitenstromentnahmen überprüfen (s. Bild 4.30).
5. Verdampfung des Einlaufproduktes.
6. Temperaturgestufte Zuführung der Wärmeenergie in der Abtriebskolonne und temperaturgestufte Abführung in der Verstärkungskolonne.

Die Energieeinsparung muß natürlich technisch-ökonomisch hinsichtlich Einsparung und Aufwand (zusätzliche Investitionskosten) verglichen werden, siehe dazu Beispiele 4.11, 4.16, 4.17. Nachstehend werden weitere Darlegungen zu den Punkten 1, 5 und 6 gebracht.

Zur Auffindung von Verlustquellen für die Energie beim Destillationsprozeß ist eine energetische Analyse unter Einbeziehung der Exergie nützlich. Bei der Destillation sind die wichtigsten Verlustquellen für die Exergie:

1. Kondensationsenthalpie am Kopf als größte Verlustquelle, falls keine Nutzung erfolgt.
2. Übertragung der Energie in den Wärmeübertragern (Verdampfer, Kondensator), wobei die Exergieverluste um so größer werden, je größer die Temperaturdifferenzen in den Wärmeübertragern sind.
3. Konzentrationsdifferenzen in der Destillationskolonne bei der Stoffübertragung, deren Verminderung durch Beachtung der oben genannten Punkte 2 und 6 möglich ist.

Nutzung der Energie der Kopfproduktdämpfe

In vielen Fällen ist die im Sumpf dem Verdampfer zugeführte Wärmeenergie genauso groß wie die am Kopf im Kondensator abzuführende Energie. Diese Energien unterscheiden sich lediglich durch eine Temperaturdifferenz zwischen Sumpf und Kopf. Die Nutzung der Energie der Kopfproduktdämpfe außerhalb der Destillationsanlage ist nur in wenigen Fällen möglich, da in der Nähe meistens so große Verbraucher an Wärmeenergie unter Beachtung des Temperaturniveaus nicht vorhanden sind. Daher kommt in erster Linie eine Nutzung innerhalb der Destillationsanlage selbst in Betracht, wozu es hauptsächlich folgende Möglichkeiten gibt:

1. Geeignete Druckstufung der Kolonnen bei der Mehrstoffdestillation

Die Druckstufung der Kolonnen ist so vorzunehmen, daß der Kopfproduktdampf einer Kolonne als Heizmedium am Sumpf einer anderen Kolonne genutzt werden kann. Dazu sind zu beachten:

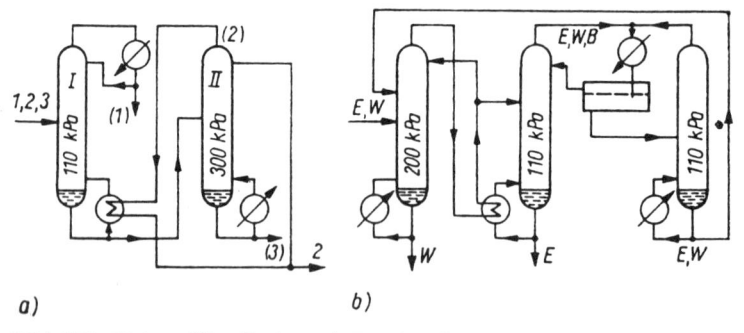

Bild 4.78. Mehrstoffdestillation mit Druckstufung
a) Destillation eines Dreistoffgemisches Benzol(*1*)-Toluol(*2*)-Xylol(*3*)
b) Destillation eines Ethanol-Wasser-Gemisches mit Vorkonzentrationskolonne
  E Ethanol
  W Wasser
  B Benzol

Schwerpunkte bei der Optimierung von Destillationsprozessen und -anlagen **4.10.**

— Phasengleichgewichte (s. obiges Beispiel, Wahl der Kolonnendrücke bei der Ethanol-Wasser-Destillation),
— zur Verfügung stehendes Heizmedium,
— benötigte Wärmeströme am Sumpf,
— mit dem Kopfprodukt zur Verfügung stehende Enthalpieströme.

Im Bild 4.78 sind zwei Beispiele aufgeführt, durch die eine Energieeinsparung von 30 bis 40% erreicht wird, was z. B. bei einer Erzeugung von 150 kt/a Reinethanol etwa einer Kosteneinsparung von 3 Millionen DM/a entspricht.

2. Ausführung von zwei Kolonnen mit Druckstufung bei der Destillation eines Zweistoffgemisches

Jeder Kolonne wird etwa die Hälfte des zu trennenden Flüssigkeitsgemisches zugeführt. Der Kopfproduktdampf der Kolonne mit höherem Druck wird als Heizmedium an der anderen Kolonne genutzt (s. Bild 4.79). Eine Beurteilung der Einflußgrößen mit Beispielen erfolgte in [4.42].

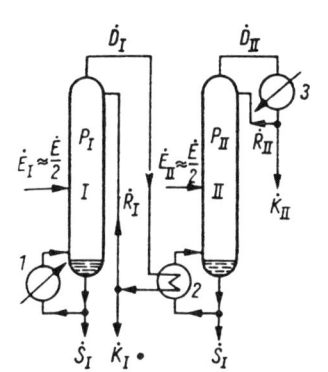

Bild 4.79. Schema zur Destillation eines Zweistoffgemisches in zwei Kolonnen mit Druckstufung
1 Umlaufverdampfer (Heizmedium Wasserdampf)
2 Umlaufverdampfer (Heizmedium Kopfprodukt)
3 Kondensator

3. Ausführung einer Wärmepumpe

Diese kann unter folgenden Bedingungen wirtschaftlich sein:

— Kleine Temperaturdifferenz zwischen Sumpf und Kopf, möglichst kleiner als 25 K für einen wirtschaftlichen Einsatz, besser < 10 K.
— Große Durchsätze (möglichst Kolonnendurchmesser > 2 m), so daß Turbokompressoren eingesetzt werden können,
— Hohe Kosten für das Heizmedium, das durch die Wärmepumpe ersetzt wird.
— Kein Korrosionsangriff durch das zu trennende Gemisch, so daß unlegierter Stahl für die Wärmepumpe ausgeführt werden kann.

Eine eingehende Analyse erfolgte in [4.43]. Es wird auch auf das Beispiel 4.17 verwiesen. Kompressoren stellen im Vergleich zu Kolonnen, Verdampfern und Kondensatoren wesentlich kompliziertere Ausrüstungen dar und erschweren damit den Betrieb. Daher sind zunächst andere Möglichkeiten der Nutzung der Energie der Kopfproduktdämpfe, insbesondere die Druckstufung der Kolonnen, zu untersuchen. Erfahrungsgemäß erfolgt die Ausführung von Wärmepumpen nur dann, wenn die wirtschaftlichen Vorteile im Vergleich zu anderen technischen Lösungen erheblich sind.

Verdampfung des Einlaufproduktes

Das Einlaufprodukt verdampft bei einer niedrigeren Temperatur als das Sumpfprodukt. Es kann in manchen Fällen deshalb Sekundärenergie mit einem Temperaturniveau zur Verfügung stehen, die zum Verdampfen des Einlaufproduktes geeignet ist, aber nicht zum Verdampfen des Sumpfproduktes. Unter Beachtung der Eigenschaften des Destillationsprozesses wird im Zusammenwirken mit dem Rücklaufverhältnis die zugeführte Energie zum Verdampfen des Einlaufproduktes in Wechselwirkung mit dem Wärmestrom am Sumpf nur zum Teil wirksam.

So werden bei der Destillation eines Benzol-Toluol-Gemisches durch Verdampfen des Einlaufproduktes mit $x_{1E} = 0{,}80$ etwa 75% der zugeführten Energie wirksam, dagegen bei $x_{1E} = 0{,}20$ nur 23%. Wenn der Anteil der Kopfkomponenten im Einlaufprodukt über 50% ist, so ist die Energieeinsparung erheblich; bei einem Anteil der Kopfkomponenten im Einlaufprodukt von kleiner als 30% ist die Verdampfung des Einlaufproduktes wegen zu geringer Energieeinsparung meistens nicht lohnend.

Temperaturgestufte Zuführung bzw. Abführung der Energie

Dadurch werden die Triebkräfte in der Kolonne und damit auch die Irreversibilitäten verkleinert. Unter Beachtung der zur Verfügung stehenden Heizmedien und der Nutzung der Produktdämpfe kommt eine Anwendung nur bei sehr großen Temperaturdifferenzen zwischen Sumpf und Kopf in Betracht.

Dieses Prinzip hat vor allem bei der Erdöldestillation Bedeutung. So beträgt bei der atmosphärischen Erdöldestillation die Sumpftemperatur etwa 340 °C und die Kopftemperatur etwa 50 °C. Es ist energetisch sehr günstig, wenn man Energie aus der Kolonne durch sogenannte zirkulierende Rückläufe zum Beispiel bei einem Temperaturniveau von 150, 200 und 290 °C abführt, wobei diese Energie in einem Wärmeübertragungssystem innerhalb der Erdöldestillationsanlage genutzt wird.

Beispiel 4.15. Vergleich verschiedener Kolonneneinbauten

Bei der Destillation eines Methanol-Ethanol-Gemisches mit folgenden Werten: Druck 100 kPa, $x_{1E} = 0{,}50$; $x_{1K} = 0{,}99$; $x_{1S} = 0{,}01$; $\dot{E} = 0{,}0548$ kmol/s, $v = 3{,}18$ ergaben verfahrenstechnische Berechnungen für verschiedene Kolonneneinbauten die in Tabelle 4.16 angegebenen Werte. Dichte $\varrho_D = 1{,}22$ kg/m³ in VK, $\varrho_D = 1{,}49$ in AK.

Tabelle 4.16. Berechnete verfahrenstechnische Werte und Preise für verschiedene Einbauten zum Beispiel 4.15

	PR $50 \times 50 \times 1$	PR $50 \times 50 \times 5$	PKB $s = 2$ mm	Ventilböden	Mellapak
VK $(w_D \sqrt{\varrho_D})_f$ in $\sqrt{\text{Pa}}$	2,94	2,25	2,40	2,22	2,90
VK $(n_{th}/H)_{80\%,f}$ in m^{-1}	1,04	0,93	1,30	1,30	2,70
AK $(w_D \sqrt{\varrho_D})_f$ in $\sqrt{\text{Pa}}$	2,56	1,96	2,40	2,20	2,90
AK $(n_{th}/H)_{80\%,f}$ in m^{-1}	2,25	1,93	1,40	1,40	2,70
unl. St. K_{1m^3} in DM/m³	2000	2400	1100	1100	
leg. St. K_{1m^3} in DM/m³	3000	2400	2500	2500	3200

PR Pallringe, PKB Performkontaktboden

Aufgabe:

Das spezifische Kolonnenvolumen für 80% der Flutpunktsgeschwindigkeit und die spezifischen Investitionskosten für die Verstärkungs- (VK) und Abtriebskolonne (AK) sind zu ermitteln. Der Vergleich ist für unlegierten und legierten Stahl durchzuführen, um den Einfluß des Werkstoffs beurteilen zu können.

Schwerpunkte bei der Optimierung von Destillationsprozessen und -anlagen **4.10.**   363

Lösung:

Das spezifische Kolonnenvolumen wird nach Gleichung (4.148), und die spezifischen Kolonnenkosten werden nach Gleichung (4.149) berechnet. Die Ergebnisse sind in Tabelle 4.17 aufgeführt.

Tabelle 4.17. Berechnete spezifische Kolonnenvolumina und Kosten für die Kolonnenbauten gemäß Beispiel 4.15

	PR $50 \times 50 \times 1$	PR $50 \times 50 \times 5$	PKB $s = 2$ mm	Ventilböden	Mellapak
VK $w_{D,80\%,f}$ in m/s	2,13	1,63	1,74	1,61	2,10
VK V_{sp} in s	0,451	0,660	0,443	0,478	0,176
VK K_{sp} in DMs/m³					
unleg. St	2345	1584	2259	2438	1619
leg. St	5863	1584	3677	3967	1619
AK $w_{D,80\%,f}$ in m/s	1,63	1,29	1,57	1,44	1,90
AK V_{sp} in s	0,265	0,403	0,454	0,495	0,195
AK K_{sp} in DMs/m³					
unleg. St	583	967	499	545	624
leg. St	795	967	1135	1238	624

Zur Bewertung der Ergebnisse:

Packungen wie Mellapak werden nur aus legiertem Stahl mit kleiner Wanddicke, z. B. 0,1 mm, hergestellt. Packungen aus Blech sind in den 80er Jahren billiger geworden, z. B. von 10000 auf 3000 DM/m³ für 250 m²/m³. Die Verbilligung der Packungen hat dazu geführt, daß in zahlreichen Fällen wie auch in diesem Beispiel Packungen im Vergleich zu Böden bei der Ausführung aus legiertem Stahl eine günstige Lösung darstellen. Bei unlegiertem Stahl sind Böden für dieses Beispiel bis zu etwa 20% billiger als Packungen. Allerdings kommt bei der Packung noch die Verteilervorrichtung für die Aufgabe der Flüssigkeit kostenmäßig hinzu. Unter Beachtung der Tatsache, daß die Wanddicke bei Böden wesentlich größer und damit die Ausführung robuster ist als bei der Packung, wird man sich bei der atmosphärischen Destillation aus unlegiertem Stahl häufig für Böden entscheiden. Dies gilt vor allem bei höheren spezifischen Flüssigkeitsbelastungen >40 m³/(m² h). Füllkörper aus Porzellan oder Keramik liegen preisgünstiger. Die Bruchgefahr während des Betriebes ist zu beachten. Eine weitere Modifikation ergibt sich durch unterschiedliche Prozeßbedingungen in der Verstärkungs- und Abtriebskolonne. Die grundsätzlichen Tendenzen bezüglich der Ausführung verschiedener Kolonneneinbauten werden dadurch nur unwesentlich beeinflußt.

Bei der atmosphärischen Destillation ist der Druckverlust in einem bestimmten Bereich unwesentlich, da faktisch keine Mehrkosten erforderlich sind (geringe Steigerung des Dampfdruckes und der Temperatur am Sumpf, ohne daß der Energiebedarf ansteigt). Dagegen wird der Druckverlust zu einer wesentlichen Größe bei der Absorption, da die Kompression des Gases entsprechende Elektroenergie für den Antrieb des Verdichters erfordert. In solchen Fällen ist die Ausführung von Packungen oder Füllkörpern mit geringem Druckverlust wirtschaftlich.

Beispiel 4.16. Wirtschaftliche Nutzung der Kondensationsenthalpie bei der Destillation

An einer vorhandenen Destillationsanlage zur Trennung von 200 kt/a eines Benzol-Toluol-Gemisches bei atmosphärischem Druck wurde eine Prozeßanalyse durchgeführt. Folgende Ergebnisse wurden erhalten: Rücklaufverhältnis $v = 1,23$; Dampfstrom am Kopf der Kolonne $\dot{D} = 400$ kmol/h; $x_{1k} = 0,995$; $x_{1S} = 0,01$; Bedarf an Wasserdampf bei 3,50 bar Druck im Sumpf 5,5 t/h, Kühlwasserbedarf

290 m³/h; Druck am Kopf 110 kPa und Tautemperatur 82 °C; Druck am Sumpf 125 kPa und Siedetemperatur 117 °C. Als Heizdampf wird Wasserdampf mit einem Druck von 3,50 bar abs. verwendet. Die Kondensationsenthalpie am Kopf wird durch Kühlwasser abgeführt, da Wärme bei 82 °C in dem Chemiewerk nicht nutzbringend verwertet werden kann. Die Destillationsanlage ist etwa 7600 h/a im Betrieb. Durchmesser der Ventilbodenkolonne 2,0 m.

Aufgabe:

Es sind Möglichkeiten zur wirtschaftlichen Nutzbarmachung der Kondensationsenthalpie zu finden. Bekannt sind zwei Bedarfsfälle:

1. In einem benachbarten Anlagenteil in 120 m Entfernung werden 3900 kW Wärmeenergie bei einer Temperatur von 122 °C benötigt, die durch Wasserdampf (Heizdampf mit 350 kPa Druck) aufgebracht werden.
2. In einer Anlage in 340 m Entfernung werden 3100 kW Wärmeenergie bei einer Temperatur von 140 °C benötigt, wofür Heizdampf mit 17 bar eingesetzt wird.

Lösung:

Es handelt sich um eine Aufgabe zur Energieökonomie, für deren Lösung Preise einzubeziehen sind. In dem betreffenden Werk sind folgende Industriepreise verbindlich: Wasserdampf 32 DM/t bei 3,50 bar Druck und 41 DM/t bei 1,70 MPa, 1000 m³ Rückkühlwasser 90 DM, Elektroenergie 0,15 DM/kWh.
Die Lösung der Aufgabe erfolgt in zwei Schritten:

— Prüfung zur Erhöhung der Kopftemperatur durch Umstellung auf eine Druckdestillation,
— kostenmäßige Bewertung.

Möglichkeit einer Druckdestillation

Wenn als Heizdampf Wasserdampf mit 1,7 MPa (T_T = 204 °C) eingesetzt wird, kann im Sumpf der Kolonne eine Temperatur von etwa 190 °C erreicht werden. Dies entspricht bei der Sumpfzusammensetzung x_{1S} = 0,01 einem Druck von 640 kPa. Bei einem Druckverlust von etwa 20 kPa in der Kolonne beträgt der Kopfdruck 620 kPa und mit x_{1K} = 0,995 die Temperatur 150 °C. Mit dieser Kopftemperatur könnte unter Nutzung der Kondensationsenthalpie sowohl der Bedarfsfall 1 als auch 2 gemäß Aufgabe gelöst werden.
Die Destillationskolonne müßte unter Beachtung eines Überdrucks von 540 kPa für einen Druck von mindestens 0,6 MPa geeignet sein. Die ausgeführte Wanddicke ist 10 mm, Streckgrenze des Materials 180 MPa/m². Mit einer 1,8fachen Sicherheit ist σ_{zul} = 100 MPa/m². Die Festigkeitsberechnung ergibt für den zylindrischen Mantel der Kolonne mit 2 m Durchmesser folgende Wanddicke:

$$s = \frac{p_i D_i}{2\sigma_{zul}} = \frac{0,6 \cdot 2,0}{2 \cdot 100} = \underline{\underline{0,006 \text{ m}}}$$

Die Prüfung auf Druck für andere Teile der Kolonne, z. B. halbellipsoide Böden, wird hier nicht behandelt. Die Kolonne kann nach Vorliegen der Genehmigung durch die Technische Überwachung als Druckkolonne mit dem gewünschten Druck betrieben werden.
Die Überprüfung der wesentlichen verfahrenstechnischen Größen bei der Druckdestillation umfaßt den Durchsatz und die Trennwirkung. Für dasselbe Stoffgemisch ist bei höherem Druck der spezifische Durchsatz grundsätzlich größer. Dies wird am einfachsten mit dem Belastungsfaktor gezeigt. Der ausgeführte Belastungsfaktor ist am Kopf der Kolonne bei der drucklosen Destillation:

$$A_q = D_i^2 \pi/4 = 2^2 \pi/4 = 3,14 \text{ m}^2$$

Schwerpunkte bei der Optimierung von Destillationsprozessen und -anlagen **4.10.** 365

$$\varrho_D = \varrho_{D_0} \frac{p}{p_0} \frac{T_0}{T} = \frac{78{,}1 \cdot 110 \cdot 273}{22{,}4 \cdot 101{,}3 \cdot 355} = 2{,}91 \text{ kg/m}^3$$

$$w_D = \frac{\dot{D}M_D}{\varrho_D A_q} = \frac{400 \cdot 78{,}1}{3600 \cdot 2{,}91 \cdot 3{,}14} = 0{,}950 \frac{\text{m}}{\text{s}}$$

Belastungsfaktor $w_D \sqrt{\varrho_D} = 0{,}950 \cdot 2{,}91 = 1{,}62 \text{ kg}^{0{,}5} \text{ m}^{-0{,}5} \text{ s}^{-1}$
Bei der Druckdestillation ergibt sich der Belastungsfaktor zu

$$w_D \sqrt{\varrho_D} = 0{,}201 \cdot 13{,}77 = 0{,}746 \text{ kg}^{0{,}5} \text{ m}^{-0{,}5} \text{ s}^{-1}$$

Die Nachprüfung der Trennwirkung unter Druck (Phasengleichgewicht ist druckabhängig), auf die hier nicht eingegangen wird, ergibt gleichfalls eine Eignung der Kolonne.

Bewertung des Bedarfsfalles 1 für die Wärmeenergie

Gemäß Aufgabe werden in 120 m Entfernung von der Destillationsanlage 3900 kW Wärmeenergie mit 122 °C benötigt. Die Kosten für die Destillation drucklos K_1 und unter Druck K_{1p} werden verglichen.
Drucklose Destillation:

Heizdampf	$5{,}5 \cdot 32 \cdot 7600 =$	1 338 000 DM/a
Kühlwasser	$290 \cdot 90 \cdot 7600 =$	198 000 DM/a
Summe K_1		1 536 000 DM/a

Druckdestillation:

Die Überprüfung der Wärmebilanz für die Destillationskolonne habe ergeben, daß der Wärmebedarf am Sumpf für die Destillation drucklos und unter Druck gleichgroß ist. Dann ist der Bedarf an Heizdampf

$\dot{M}_{D2}$ mit 1,7 MPa:

$$\dot{Q}_H = \dot{M}_{D1} r_1 = \frac{5500 \cdot 2150}{3600} = 3280 \text{ kW}$$

$$\dot{M}_{D2} = \frac{\dot{Q}_H}{r_2} = \frac{3280}{1922} = 1{,}707 \frac{\text{kg}}{\text{s}} = 6{,}14 \frac{\text{t}}{\text{h}}$$

Kosten K_{HD} für den Heizdampf 1,7 MPa:

$$K_{HD} = 6{,}14 \cdot 41 \cdot 7600 = \underline{1\,913\,000 \text{ DM/a}}$$

Durch Kondensation des Kopfproduktdampfes (faktisch Benzoldampf) bei 150 °C mit $rM = 26360$ kJ pro kmol kann folgender Wärmestrom $\dot{Q}_B$ genutzt werden:

$$\dot{Q}_B = rMD = \frac{26360 \cdot 400}{3600} = 2930 \text{ kW}$$

Der Benzoldampf muß in einer Rohrleitung 120 m transportiert werden. Die Rohrleitung aus Stahl wird mit 216/204 mm Durchmesser und damit einer Geschwindigkeit des Benzoldampfes von 19,3 m/s ausgeführt. Die Dicke der Isolierung aus Glasfasermatten wird mit 120 mm gewählt. Der Wärmeverlust $\dot{Q}_V$ ist bei alleiniger Berücksichtigung des entscheidenden Widerstandes der Isolierung bei einer Außentemperatur von 10 °C gemäß Gleichung (2.11)

$$\dot{Q}_v = \frac{2\pi \lambda L (T_{1w} - T_{2w})}{\ln d_a/d_i} = \frac{2\pi \, 0{,}056 \cdot 120 \cdot 140}{\ln \dfrac{456}{216}} = 7910 \text{ W}$$

Damit beträgt der Wärmeverlust nur

$$\dot{Q}_V/\dot{Q}_B = \frac{7{,}91}{2930} = 0{,}0027 = 0{,}27\%$$

des Enthalpiestroms des Benzoldampfes.
Von dem kondensierten Benzol wird der für die Kolonne benötigte flüssige Rücklauf

$$\dot{V}_{FR} = \frac{\dot{K}vM}{\varrho_F} = \frac{220{,}6 \cdot 78{,}1}{731} = 23{,}6 \text{ m}^3/\text{h}$$

in einer isolierten Stahlrohrleitung mit 70 mm lichtem Durchmesser entsprechend einer Geschwindigkeit von 1,70 m/s zurückgefördert. Der gesamte Wärmeverlust für die Dampf- und Flüssigkeitsleitung von 120 m Länge wird mit 0,5% angesetzt. Damit ist der nutzbare Wärmestrom:

$$\dot{Q}_{\text{Nutz}} = 0{,}995 \cdot \dot{Q}_B = 0{,}995 \cdot 2930 = 2915 \text{ kW}$$

Entsprechend diesem nutzbaren Wärmestrom kann an Heizdampf $\dot{M}_D$ mit 3,50 bar eingespart werden:

$$\dot{M}_D = \frac{\dot{Q}_{\text{Nutz}}}{r_D} = \frac{2915}{2150} = 1{,}356 \frac{\text{kg}}{\text{s}} = 4{,}88 \frac{\text{t}}{\text{h}}$$

Die Kostengutschrift K_{ND} beträgt:

$$K_{ND} = \dot{M}_D \cdot 32 \cdot 7600 = 4{,}88 \cdot 32 \cdot 7600 = \underline{1\,187\,000 \text{ DM/a}}$$

Der Druckverlust für die Förderung des flüssigen Rücklaufs $\dot{V}_{FR} = 23{,}6$ m³/h beträgt 36 kPa. Die Berechnung wird hier nicht dargestellt. Die benötigte Leistung für die Pumpe mit einem Wirkungsgrad $\eta = 70\%$ beträgt

$$P = \frac{\dot{V} \Delta p}{\eta} = \frac{23{,}6 \cdot 36000}{3600 \cdot 0{,}7} = 337 \text{ W}$$

Dafür werden folgende Kosten für die Elektroenergie K_{El} benötigt:

$$K_{El} = \frac{P \cdot 0{,}15 \cdot 7600}{1000} = \frac{337 \cdot 0{,}15 \cdot 7600}{1000} = \underline{384 \text{ DM/a}}$$

Eine Vernachlässigung der geringen Kosten K_{El} wäre gerechtfertigt. Für die zwei 120 m langen Rohrleitungen DN 200 für den Benzoldampf und DN 70 für den flüssigen Rücklauf werden 62000 DM Investitionskosten benötigt. Für Amortisation, Kapitalzinsen und Reparaturen sind 15% der Investitionskosten je Jahr erforderlich. Damit betragen die Kosten K_{Am}

$$K_{Am} = 62000 \cdot 0{,}15 = \underline{9300 \text{ DM/a}}$$

Die vergleichbaren Kosten für die Druckdestillation K_{1p} ergeben sich damit zu

$$K_{1p} = K_{HD} + K_{El} + K_{Am} - K_{ND}$$

$$K_{1p} = 1\,913\,000 + 384 + 9300 - 1\,187\,000 = \underline{736\,000 \text{ DM/a}}$$

Bei der Druckdestillation mit Nutzung der Kondensationsenthalpie als Wärmeenergie für den *Bedarfsfall* 1 können im Vergleich zur drucklosen Destillation eingespart werden:

$$K_{\text{Einsp}} = K_1 - K_{1p} = 1\,536\,000 - 736\,000 = \underline{800\,000 \text{ DM/a}}$$

Bewertung des Bedarfsfalles 2 für die Wärmeenergie

Gemäß Aufgabe werden in 340 m Entfernung von der Destillationsanlage 3100 kW Wärmeenergie mit 140 °C benötigt. Von der Kondensationsenthalpie $\dot{Q}_B$ kann unter Beachtung eines Wärmeverlustes von 1,5% in zwei Rohrleitungen DN 200 und DN 70 genutzt werden:

$$\dot{Q}_{\text{Nutz}} = 0{,}985 \cdot \dot{Q}_B = 0{,}985 \cdot 2930 = 2886 \text{ kW}$$

Schwerpunkte bei der Optimierung von Destillationsprozessen und -anlagen **4.10.**

Einsparung an Heizdampf mit 1,7 MPa Druck:

$$\dot{M}_D = \dot{Q}_{\text{Nutz}}/r_D = \frac{2886}{1922} = 1{,}502 \,\frac{\text{kg}}{\text{s}} = 5{,}406 \,\frac{\text{t}}{\text{h}}$$

Kostengutschrift:

$K_{HD\,\text{Gut}} = 5{,}406 \cdot 41 \cdot 7600 = 1\,685\,000 \text{ DM/a}$

Aufwand für die Rohrleitungen mit 176 000 DM Investitionskosten

$K_{Am} = 176\,000 \cdot 0{,}15 = 26\,400 \text{ DM/a}$

$K_{El} = 1090 \text{ DM/a}$

Kosten für die Druckdestillation K_{1p}:

$K_{1p} = K_{HD} + K_{El} + K_{Am} - K_{HD\,\text{Gut}} = \underline{238\,000 \text{ DM/a}}$

Für den Bedarfsfall 2 können im Vergleich zur drucklosen Destillation eingespart werden:

$K_{\text{Einsp}} = K_1 - K_{1p} = 1\,536\,000 - 238\,000 = \underline{1\,298\,000 \text{ DM/a}}$

Unter Beachtung der unterschiedlichen Kondensationstemperaturen — Wasserdampf 1,7 MPa bei 204 °C und Benzoldampf 620 kPa bei 150 °C — ist ein wesentlich größerer Wärmeübertrager für $\dot{Q}_{\text{Nutz}}$ erforderlich. Dadurch wird die Kosteneinsparung etwas gemindert.
In dem vorliegenden Beispiel wird die Nutzbarmachung der Kondensationsenthalpie besonders günstig durch den Bedarfsfall 2 mit einer Kosteneinsparung von etwa 1,3 Mio DM/a möglich. Das Beispiel zeigt anschaulich die bedeutsamen technisch-ökonomischen Auswirkungen bei der Nutzung von Sekundärenergie. Bei der Destillation kann durch Wahl eines günstigen Systemdruckes in zahlreichen Fällen eine erhebliche Senkung der Energiekosten erreicht werden.

Beispiel 4.17. Einsatz einer Wärmepumpe in einer Destillationsanlage

Zur Destillation von 112 kt/a Ethylbenzol(1)-Styrol(2)-Gemisch in 7600 Betriebsstunden je Jahr ist der Einsatz einer Wärmepumpe im Vergleich zu einer Heizung mit Wasserdampf 3,5 bar Druck bezüglich des Kostenaufwandes zu untersuchen.

Gegeben:

Konzentrationen: $x_{1E} = 0{,}59$; $x_{1K} = 0{,}998$; $x_{2S} = 0{,}998$ Molanteile. Kopfdruck $p_K = 5300$ Pa; Dampfstrom am Kopf $\dot{D} = 361$ kmol/h; Wärmestrom am Sumpf $\dot{Q}_H = 14{,}6$ GJ/h bei Heizung mit Wasserdampf; Preis der Wärmeenergie (Heizdampf) $k_w = 15{,}3$ DM/GJ; Elektroenergie $k_{El} = 0{,}15$ M/kWh. Kolonne 3,6 m Durchmesser, 34 theoretische Böden, Packungskolonne mit einem durchschnittlichen Druckverlust von 105 Pa je theoretischen Boden. Investitionskosten für die Wärmepumpe (Hauptkosten Kompressoren) 2,8 Mio DM/a; Aufwand für Amortisation, Kapitalzinsen und Reparatur 20% der Investitionskosten je Jahr.

Lösung:

Das Schema einer Destillationsanlage mit Wärmepumpe ist im Bild 4.80 dargestellt.

1. Temperaturen im Kopf und Sumpf

Antoine-Konstanten für die Dampfdrücke (s. [4.46]):

Ethylbenzol $A = 6{,}96580$; $B = 1429{,}55$; $C = 213{,}767$
Styrol $A = 7{,}50233$; $B = 1819{,}81$; $C = 248{,}662$

Für einen Druck am Kopf von 5300 Pa erhält man eine Kopftemperatur von 52,6 °C. Der Druck am Sumpf p_S ist:

$p_S = p_K + n_{\text{th}} \Delta p = 5300 + 34 \cdot 105 = 8870$ Pa

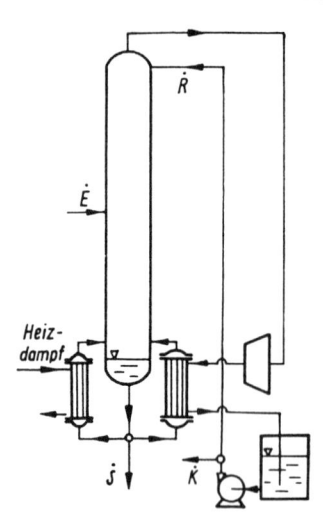

Bild 4.80. Schema einer Destillationsanlage mit Wärmepumpe

Damit ergibt sich am Sumpf eine Siedetemperatur des Styrols von 71,8 °C; zur Kontrolle:

$$\log p = A - \frac{B}{C+T}; \quad p \text{ in Torr und } T \text{ in } °C$$

$$\log p = 7{,}50233 - \frac{1819{,}81}{248{,}662 + 71{,}8} \quad \text{oder} \quad p = 66{,}62 \text{ Torr} = 8880 \text{ Pa}$$

Es wird eine Kondensationstemperatur des komprimierten Ethylbenzols von 79 °C gewählt. Dies ergibt einen Druck des Ethylbenzols nach dem Kompressor und damit am Sumpf von

$$\log p = 6{,}96580 - \frac{1429{,}55}{213{,}767 + 79} \quad \text{oder} \quad p = 16{,}13 \text{ kPa}$$

Damit ist die mittlere Temperaturdifferenz im Umlaufverdampfer

$\Delta T_m = 79{,}0 - 71{,}8 = 7{,}2 \text{ K}$

Unter Beachtung des Aufwandes für den Umlaufverdampfer und die Energie bei der Kompression ist das Optimum im Bereich $\Delta T_m = 5 \ldots 10 \text{ K}$ zu erwarten. Das Druckverhältnis für den Kompressor ergibt sich damit zu

$p_2/p_1 = 16{,}13 : 5{,}30 = \underline{\underline{3{,}043}}$

2. *Aufwand für die Wärmepumpe*

Für die polytrope Kompression eines idealen Gases gilt für die elektrische Leistung P

$$P = \frac{n\dot{D}RT}{n-1} [(p_2/p_1)^{(n-1)/n} - 1] \tag{4.141}$$

n Polytropenexponent, gewählt $n = 1{,}3$; damit ist $(n-1)/n = 0{,}231$

$$P = \frac{1{,}3 \cdot 361 \cdot 8314 \cdot 325{,}8}{(1{,}3 - 1)\, 3600} (3{,}043^{0{,}231} - 1) = 345 \text{ kW}$$

Mit einem Wirkungsgrad von 75% erhält man die effektive Leistung:

$P_{\text{eff}} = P/\eta = 345 : 0{,}75 = 460 \text{ kW}$

Kosten für die Elektroenergie K_{El}:

$K_{El} = 7600 \cdot 460 \cdot 0{,}15 = \underline{524\,400 \text{ DM/a}}$

Der komprimierte Ethylbenzoldampf mit einer Verdampfungsenthalpie von $r_M = 39\,600$ kJ/kmol bei 79 °C gibt bei der Kondensation folgenden Wärmestrom $\dot{Q}_B$ ab:

$\dot{Q}_B = \dot{D}r_M = 361 \cdot 39\,600 = 14{,}3 \text{ GJ/h}$

Da der Ethylbenzoldampf etwas überhitzt ist, kann erwartet werden, daß $\dot{Q}_H = 14{,}6$ GJ/h im Sumpf gedeckt wird. Der zusätzliche kleine Verdampfer gemäß Bild 4.80, der mit Wasserdampf beheizt wird, dient hauptsächlich zum Anfahren der Kolonne.

3. Vergleich zwischen Wärmepumpe und Heizung mit Wasserdampf

Die jährlichen Kosten für die Wärmepumpe betragen:

Elektroenergie	$K_{El} =$	524 TDM/a
20% der Investitionskosten für Amortisation und Kapitalzinsen $0{,}2 \cdot 2800$	$K_{Am} =$	560 TDM/a
Summe der Kosten für die Wärmepumpe	$K_{WP} =$	$\underline{1084 \text{ TDM/a}}$

Die Kosten für den Heizdampf K_{HD} betragen:

$K_{HD} = \dot{Q}_H b k_w = 14{,}6 \cdot 7600 \cdot 15{,}3 = \underline{1698 \text{ TDM/a}}$

Die Kosteneinsparung ΔK bei dem Einsatz einer Wärmepumpe beträgt:

$\Delta K = K_{HD} - K_{WP} = 2474 - 1698 = \underline{776 \text{ TDM/a}}$

Bei weiteren wirtschaftlichen Betrachtungen sind hauptsächlich zu beachten:

1. Der Druckverlust je theoretischem Boden, der bei modernen Packungen unter Beachtung des Dampfbelastungsfaktors bis auf etwa 50 Pa je theoretischem Boden gesenkt werden kann. Im vorliegenden Beispiel würde sich damit der Druckverlust in der Kolonne auf 1700 Pa vermindern und dann der Druck im Sumpf 7000 Pa betragen. Bei einer Berechnung unter vergleichbaren Bedingungen erhält man dann: Sumpftemperatur 66,1 °C, Kondensationstemperatur des komprimierten Ethylbenzols 73,3 °C entsprechend 12,9 kPa, Druckverhältnis $p_2/p_1 = 12{,}9 : 5{,}3 = 2{,}435$ und $P_{eff} = 358$ kW und $K_{el} = 408\,100$ DM/a. Im Vergleich zu einem Druckverlust von 105 Pa/theor. Boden erfolgt bei 50 Pa/theor. Boden eine Verminderung der Elektroenergiekosten um $524 - 408 = 116$ TDM/a, also um 22%.
2. Die mittlere Temperaturdifferenz für den Verdampfer am Sumpf kann variiert und damit das Druckverhältnis beeinflußt werden.
3. Der Kopfdruck kann variiert werden. Da das Kopfprodukt nicht mit Kühlwasser kondensiert wird, ist eine solche Wahl möglich, daß die Trennwirkung über die relative Flüchtigkeit günstig beeinflußt wird. Das ist gerade bei diesem Stoffgemisch stark der Fall.

Zusätzliche Symbole zum Abschnitt 4.

A_0	Bohrungsfläche bzw. Schlitzfläche eines Bodens	m²
A_A	aktive Fläche des Bodens	m²
A_B	Bodenfläche	m²
A_S	Schachtfläche	m²
a_T	Kennzeichnung des thermischen Zustandes des Einlaufproduktes s. Gl. (4.21)	—
B	Triebkraftfaktor bei dem thermischen Einfluß	—
B_a	Blasenfüllung am Anfang	kmol
B_e	Blasenfüllung am Ende	kmol

$\dot{D}$	Dampfmengenstrom	kmol/s
D_B	Bodendurchmesser	m
E	Einlaufprodukt	kmol
e	mitgerissene Flüssigkeitsmenge	$\dfrac{\text{kmol Flüss.}}{\text{kmol Dampf}}$
F	Flüssigkeitsmenge	kmol
H_F	klare Flüssigkeitshöhe auf dem Boden (Hold-up)	m
H_S	Dispersionshöhe (Schaumhöhe, Arbeitshöhe)	m
ΔH	Bodenabstand	m
h_{st}	statische Eintauchtiefe	m
$h_{\ddot{u}W}$	Wehrüberhöhung	m
h_v	Ventilhub	m
h_W	Wehrhöhe	m
$\dot{K}$	abgezogener Mengenstrom am Kopf	kmol/s
k_i	Stoffmenge der Komponente i des Kopfproduktes	kmol
L_F	Weglänge der Flüssigkeit vom Eintritts- bis zum Austrittswehr bzw. Flüssigkeitsschacht	m
M_v	Masse eines Ventils	kg
Δp_f	flüssigkeitsseitiger Druckverlust	Pa
Δp_t	trockener Druckverlust	Pa
$\dot{Q}_H$	dem Verdampfer zuzuführender Wärmestrom	W
$\dot{Q}_{Kond}$	im Kondensator abzuführender Wärmestrom	W
R	Rücklauf	kmol
S	Sumpfprodukt	kmol
s_i	Stoffmenge der Komponente i des Sumpfproduktes	kmol
$\dot{v}_F$	Flüssigkeitsstromdichte bezogen auf den gesamten Kolonnenquerschnitt	m³/(m² s)
$\dot{v}_{FA}$	Flüssigkeitsstromdichte bei Bodenkolonnen bezogen auf A_A	m³/(m² s)
$\dot{V}_{Fb}$	Flüssigkeitsstrom bezogen auf die mittlere Breite des Bodens	m³/(m s)
$\dot{V}_{FL}$	Flüssigkeitsstrom bezogen auf die Wehrlänge	m³/(m s)
W_L	Wehrlänge	m
w_D	Dampfgeschwindigkeit bezogen auf den gesamten Kolonnenquerschnitt	m/s
w_{Do}	Dampfgeschwindigkeit bezogen auf A_0	m/s
w_{DA}	Dampfgeschwindigkeit bezogen auf A_A	m/s
w_{DQ}	Dampfgeschwindigkeit bezogen auf den freien Querschnitt der Kolonne oberhalb der Dispersion A_Q	m/s
w_F	Geschwindigkeit der Flüssigkeit bezogen auf den gesamten Kolonnenquerschnitt	m/s
w_{FS}	Geschwindigkeit der Flüssigkeit im Ablaufschacht	m/s
$w_{G\,Gr}$	Grenzgeschwindigkeit des Gases am Flutpunkt bezogen auf den gesamten Kolonnenquerschnitt	m/s
w_L	vergleichbare Luftgeschwindigkeit bezogen auf den gesamten Kolonnenquerschnitt	m/s
α_{12}	relative Flüchtigkeit zwischen den Komponenten 1 und 2	—

Übungsaufgaben

Ü 4.1. Der Siedepunkt für ein Gemisch aus 100 kg Benzol und 100 kg Toluol bei einem Druck von 100 kPa ist zu berechnen. Es liegt ideales Verhalten vor. *Antoine*-

Konstanten:

Benzol $A = 6{,}87987$; $B = 1196{,}76$; $C = 219{,}161$
Toluol $A = 6{,}95087$; $B = 1342{,}31$; $C = 219{,}187$
o-Xylol $A = 7{,}01162$; $B = 1482{,}92$; $C = 214{,}595$

$\log \pi = A - B/(C + T)$; p in Torr, T in °C.

Ü 4.2. Die Taupunkttemperatur für ein Gemisch aus 100 kg Benzol und 100 kg Toluol, das dampfförmig bei einem Druck von 100 kPa vorliegt, ist zu berechnen; ideales Verhalten.

Ü 4.3. Ein Gemisch aus Benzol und Toluol siedet bei 100 °C und einem Gesamtdruck von 101,3 kPa. Die Zusammensetzung der Flüssigkeit und des Dampfes, die miteinander im Gleichgewicht stehen, ist zu bestimmen. Es liegt ideales Verhalten vor.

Ü 4.4. Für ein ideales Dreistoffgemisch mit folgender Zusammensetzung in Molanteilen Benzol $x_1 = 0{,}235$, Toluol $x_2 = 0{,}341$, o-Xylol $x_3 = 0{,}424$ ist bei idealem Verhalten der Siedepunkt für 101,3 kPa Gesamtdruck zu bestimmen, *Antoine*-Konstanten siehe Ü 4.1.

Ü 4.5. Für das Dreistoffgemisch Aceton $x_1 = 0{,}20$, Chloroform $x_2 = 0{,}30$, Methanol $x_3 = 0{,}50$ sind die Aktivitätskoeffizienten nach der Gleichung von *Wilson*

$$\ln \gamma_i = 1 - \ln \left[\sum_{j=1}^{z} x_j \lambda_{ij} \right] - \sum_{k=1}^{z} \frac{x_k \lambda_{ki}}{\sum_{k=1}^{z} x_j \lambda_{kj}}$$

$(\lambda_{11}, \lambda_{22}, \lambda_{33}$ usw. $= 1)$

zu bestimmen.

Gegeben: $\lambda_{12} = 1{,}17$; $\lambda_{13} = 0{,}674$; $\lambda_{23} = 1{,}27$;
           $\lambda_{21} = 1{,}58$; $\lambda_{31} = 0{,}846$; $\lambda_{32} = 1{,}03$

Ü 4.6. Für ein Benzol-Toluol-Gemisch sind bei 200 °C und einem Gesamtdruck von 0,902 MPa (absoluter Druck) zu ermitteln:

1. Die Gleichgewichtskonstante für Benzol,
2. die Zusammensetzung von Flüssigkeit und Dampf.

Hinweise: In der flüssigen Phase liegt ideales Verhalten vor. In der gasförmigen Phase ist die Abweichung vom idealen Verhalten mit der Fugazität nach dem Prinzip der korrespondierendenZustände zu berücksichtigen. In der flüssigen Phase ist die Fugazität nach folgender Gleichung zu korrigieren:

$$\lg \frac{f^L_{1(p)}}{f^L_{1(\pi_1)}} = \frac{v^L_{1(p-\pi_1)}}{2{,}3RT} \quad \text{mit } v^L_1 = 0{,}119 \text{ m}^3/\text{kmol für Benzol}$$

Ü 4.7. Ein Gemisch aus Benzol und Wasser, die ineinander unlöslich sind, siedet bei 80 °C. Es sind zu bestimmen:

1. Gesamtdruck,
2. Gleichgewichtszusammensetzung des Dampfes.

Ü 4.8. Für ein flüssiges Gemisch aus Toluol und Wasser ist unter Voraussetzung vollkommener gegenseitiger Unlöslichkeit die Siedetemperatur bei Normaldruck zu berechnen.

Ü 4.9. In einer Destillationsblase soll verunreinigtes Terpentin durch Destillation gereinigt werden. Es sind 2500 kg Gemisch, bestehend aus 88 Masse-% Terpentin und 12 Masse-%

Wasser, Ausgangstemperatur 30 °C, zu reinigen. Terpentin und Wasser sind unlöslich. Das Terpentin ist bei 96 °C durch direkte Einleitung von Sattdampf 147 kPa abs. (trocken gesättigt) zu verdampfen. Der Wärmeverlust an die Umgebung soll 10% der nutzbar verwendeten Wärme des Wasserdampfes betragen.
Stoffwerte für Terpentin.

$M = 136$ kg/kmol; $\quad c_p = 1760$ J/(kg K); $\quad r = 310$ kJ/kg;

bei 96 °C $\quad p_{Terp} = 15{,}33$ kPa.

Berechnen Sie den Wasserdampfverbrauch, wenn das Terpentin mit 70% Wasserdampf gesättigt ist.

Ü 4.10. Das Gemisch Chloroform (1) und Tetrachlorkohlenstoff (2), das sich ideal verhält, ist in einer kontinuierlichen Destillationskolonne zu trennen.

Gegeben:

80 kt je Jahr Gemisch, 8000 Betriebsstunden je Jahr.
Das Eintrittsprodukt enthält 54 Mol-% Chloroform und wird der Kolonne siedend flüssig zugeführt.
Gewünschte Reinheiten: $x_{1S} = 0{,}02$ Molanteile, $x_{1K} = 0{,}99$ Molanteile
Gesamtdruck 101,3 kPa, Phasengleichgewichte siehe Tabelle A 5.
Es sind zu bestimmen:

1. die Menge an Chloroform und Tetrachlorkohlenstoff im Kopf- und Sumpfprodukt in kg/h,
2. die theoretische Bodenzahl und die Lage des Einlaufbodens auf grafischem Wege für das 1,6fache des minimalen Rücklaufverhältnisses.

Ü 4.11. Für die Destillation eines Flüssigkeitsgemisches Chloroform-Tetrachlorkohlenstoff gemäß Ü 4.10 ist eine Füllkörperkolonne auszulegen. Es werden Pallringe aus Porzellan $35 \times 35 \times 4$ mm verwendet. Der Durchmesser der Kolonne ist für das 1,1- und 1,6fache des minimalen Rücklaufverhältnisses zu bestimmen, wobei die Abstufung der Durchmesser für Ventilböden zu verwenden ist.

Ü 4.12. Für die Destillation des Flüssigkeitsgemisches Chloroform-Tetrachlorkohlenstoff gemäß Ü 4.11 ist die Füllkörperhöhe für das 1,1fache des minimalen Rücklaufverhältnisses zu bestimmen, wenn der Kontaktwinkel Null Grad ist und der Stoffdurchgangskoeffizient als Mittelwert für die gesamte Kolonne 2,3 kmol/(m² h) beträgt.

Ü 4.13. Für die Destillation eines Flüssigkeitsgemisches Chloroform-Tetrachlorkohlenstoff gemäß Ü 4.10 sind für das 1,1fache des minimalen Rücklaufverhältnisses zu bestimmen:

1. der Durchmesser der Ventilbodenkolonne,
2. der Druckverlust, wenn die Wehrhöhe mit 40 mm ausgeführt wird.

Ü 4.14. Für ein binäres Gemisch mit einer relativen Flüchtigkeit von $\alpha_{12} = 1{,}20$ ist die Gleichgewichtskurve zu berechnen. Die Flüssigkeit tritt siedend flüssig ein.

Gegeben: $\quad x_{1K} = 0{,}99; \quad x_{1S} = 0{,}01; \quad x_{1E} = 0{,}45$

Es sind zu bestimmen:

1. theoretische Bodenzahl für das 1,3fache des minimalen Rücklaufverhältnisses,
2. theoretische Bodenzahl bei unendlichem Rücklaufverhältnis.

Ü 4.15. Bei Versuchen zur Destillation des binären Gemisches Methanol – Wasser in einer Kolonne 0,4 m Durchmesser mit 3 Ventilböden wurden bei einem unendlich großen

Rücklaufverhältnis folgende Methanolkonzentrationen gemessen:

$x_{1j} = 0{,}7474$; $x_{1j-1} = 0{,}6220$; $x_{1j+1} = 0{,}8445$

j mittlerer Boden, $j - 1$ darunter liegender Boden.

Dampfbelastungsfaktor $w_D \sqrt{\varrho_D} = 1{,}29 \text{ kg}^{0,5} \text{ m}^{-0,5} \text{ s}^{-1}$, bezogen auf den Kolonnenquerschnitt. Mit Hilfe der gemessenen Konzentrationen ist der auf die dampfförmige Phase bezogene Austauschgrad für die Böden j und $j - 1$ zu bestimmen.

Ü 4.16. Unter Bezugnahme auf Ü.4.15 ist der Austauschgrad für den Boden j zu berechnen:

Stoffwerte.

$\varrho_D = 0{,}96 \text{ kg/m}^3$; $\varrho_F = 785 \text{ kg/m}^3$; $\eta_D = 1{,}14 \cdot 10^{-5} \text{ Pa}$;
$D_D = 1{,}73 \cdot 10^{-5} \text{ m}^2/\text{s}$; $\sigma = 0{,}0231 \text{ N/m}$

Geometrie des Bodens.

0,4 m Durchmesser; aktive Fläche $A_A = 0{,}0798 \text{ m}^2$; 12 Ventile; Ventildurchmesser $d_V = 0{,}050$ m; Bohrungsdurchmesser $d_0 = 0{,}0385$ m; Ventilmasse 0,035 kg; Ventilhub 0,009 m; äquivalenter Ventilhub 0,011 m; Wehrhöhe 0,050 m; Wehrlänge 0,32 m; freier Strömungsquerschnitt für den Dampf 0,1211 m²; Bodenabstand 0,5 m.

Belastung.

$w_D = 1{,}317$ m/s, bezogen auf den Kolonnenquerschnitt; $\dot{V}_F = 0{,}730 \text{ m}^3/\text{h}$

Ü 4.17. Ein Dreistoffgemisch soll durch die Destillation getrennt werden.
Gegeben: Eintrittsprodukt $\dot{E} = 150$ kmol/h,

$x_{1E} = 0{,}31$ Molanteile $\alpha_{12} = 1{,}8$
$x_{2E} = 0{,}27$ Molanteile $\alpha_{22} = 1{,}0$
$x_{3E} = 0{,}42$ Molanteile $\alpha_{32} = 0{,}7$

Geforderte Reinheiten: $x_{1S} = 0{,}010$ Molanteile, $x_{2K} = 0{,}015$ Molanteile

Das Eintrittsprodukt und der Rücklauf werden der Kolonne flüssig mit Siedetemperatur zugeführt.
Es sind zu bestimmen:
1. die Molströme und die Zusammensetzung im Kopf und Sumpf der Kolonne,
2. das Rücklaufverhältnis, das als das 1,4fache des minimalen Rücklaufverhältnisses ausgeführt werden soll,
3. die theoretische Bodenzahl nach dem Näherungsverfahren von *Erbar* und *Maddox*,
4. die Lage des Einlaufbodens.

Ü 4.18. In einer diskontinuierlich arbeitenden Bodenkolonne soll bei atmosphärischem Druck ein Methanol-Wasser-Gemisch getrennt werden.
1. Wieviel theoretische Böden muß die Kolonne enthalten, wenn zu Beginn des Destillationsprozesses folgende Werte vorliegen sollen:

   Rücklaufverhältnis $v = 1{,}1$
   Kopfkonzentration $x_{1Ka} = 95$ Mol-%
   Sumpfkonzentration $x_{1Sa} = 35$ Mol-%

2. Bei konstanter Rücklaufmenge und konstanter Sumpfheizwärme soll (ausgehend vom Zustand unter 1. bei gleicher theoretischer Bodenzahl) so lange destilliert werden, bis die Kopfkonzentration einen Wert von $x_{1Ke} = 80$ Mol-% erreicht hat. Welche Sumpfkonzentration x_{1Se} liegt dann vor?

3. Welche Sumpfreinheit kann theoretisch maximal erreicht werden (mit der Zahl der theoretischen Böden aus Punkt 1), wenn die Kolonne so gefahren wird, daß bei konstanter Sumpfheizwärme die Kopfkonzentration $x_{1Ka} = 95$ Mol-% zeitlich konstant bleibt?
4. Die Sumpfheizwärme ist aus den unter Punkt 1 angegebenen Werten zu berechnen, wenn die Kopfproduktmenge $\dot{K} = 7{,}25$ kmol/h beträgt!
Stoffwerte: mittlere spezifische Wärmekapazität der Kopfflüssigkeit $c_{pm} = 79{,}5$ kJ/(kmol K)
Verdampfungsenthalpie $r = 35\,600$ kJ/kmol.
Die Siedetemperatur des Kopfproduktes bei $x_{1Ka} = 95$ Mol-% beträgt 65,8 °C, die Siedetemperatur des Sumpfproduktes 89,8 °C.

Hinweis: Der Unterschied zwischen Taupunkttemperatur des Kopfdampfes und Siedetemperatur des Kopfproduktes ist vernachlässigbar.

Ü 4.19. In einer Füllkörperkolonne werden $\dot{E} = 95$ kmol/h Hexan(1)-Toluol(2)-Gemisch getrennt. Der Einlaufstrom ist teilverdampft, und zwar $a_T = 1 + (h'_E - h_E)/r = 0{,}5$.

Gegeben:

Lichter Kolonnendurchmesser 1,00 m,
Füllkörper: Pallringe Stahl 50 mm Durchmesser mit $a = 140$ m^2/m^3, Konzentrationen: $x_{1E} = 0{,}60$; $x_{1K} = 0{,}98$; $x_{1S} = 0{,}01$; Benetzungsgrad 0,87; Stoffdurchgangskoeffizient $K_D = 1{,}93$ kmol/(m^2 h)

Aufgaben:

1. Ermittlung des minimalen Rücklaufverhältnisses,
2. Darstellung der Bilanzlinien im $x_1 y_1$-Diagramm mit $v = 1{,}2 v_{min}$,
3. Mengenströme $\dot{K}$ und $\dot{D}$ in der Verstärkungskolonne in kmol/h,
4. Schütthöhe für die Verstärkungskolonne.

Ü 4.20. Das Gemisch Ethanol(1)-Wasser(2) wird durch Destillation getrennt. Konzentrationen: $x_{1E} = 0{,}31$; $x_{1K} = 0{,}80$. Einlauf siedend flüssig.

Aufgaben:

1. grafische Ermittlung des minimalen Rücklaufverhältnisses,
2. Bestimmung von x_{1S}, wenn für die Abtriebskolonne folgende Arbeitslinie gegeben ist: $y'_1 = 1{,}23 x'_1 - 0{,}00131$.

Ü 4.21. An einer Kolonne mit 15 Ventilböden zur Trennung eines Hexan(1)-Toluol(2)-Gemisches wurden folgende Konzentrationen gemessen: $x_{1E} = 0{,}40$; $x_{1K} = 0{,}95$; $x_{1S} = 0{,}05$ Molanteile. Der Einlauf erfolgt siedend flüssig. In einem Querschnitt der Verstärkungskolonne wurden an der gleichen Stelle eine Flüssigkeits- und Dampfprobe entnommen; die Analyse ergab $x_1 = 0{,}60$ und $y_1 = 0{,}78$.
Freie Querschnittsfläche der Kolonne $A_Q = 1{,}42$ m^2. Werte für den Kopf: Molmasse 86,47 kg/kmol, $\dot{D} = 200$ kmol/h, $\varrho_D = 2{,}97$ kg/m^3.

Aufgaben:

1. Wie groß ist das minimale Rücklaufverhältnis?
2. Wie groß ist das Verhältnis v/v_{min}?
3. Wie groß ist die theoretische Bodenzahl?

4. Wie groß ist der Kolonnenaustauschgrad?
5. Wie groß ist $w_D/w_{D\,max}$, wenn $w_{D\,max} = 1{,}50$ m/s mit dem obigen Querschnitt berechnet wurde?

Ü. 4.22. In einer Füllkörperkolonne wird das Zweistoffgemisch Ethanol(1)-Wasser(2) kontinuierlich destilliert. Der Einlauf ist trocken gesättigter Dampf mit $x_{1E} = 0{,}50$.

Gegeben:

Konzentrationen: $x_{1K} = 0{,}80$; $x_{2S} = 0{,}999$ Molanteile.
Verstärkungskolonne $\dot{D} = 439{,}1$ kmol/h, Rücklaufverhältnis $v = 1{,}36$, Innendurchmesser der Kolonne 0,8 m; am Sumpf $p = 101{,}3$ kPa und $T_S = 100\,°C$. Molmasse für Ethanol 46,07 kg/kmol, Flüssigkeitsdichte für Ethanol 740 kg/m³ und für Wasser 965 kg/m³.

Aufgaben:

1. Die Mengenströme $\dot{E}$, $\dot{K}$ und $\dot{S}$ in kmol/h sind zu berechnen.
2. Das Verhältnis v/v_{min} ist zu ermitteln.
3. Der Dampfbelastungsfaktor $w_D\sqrt{\varrho_D}$ ist am Sumpf zu bestimmen.
4. In einem bestimmten Querschnitt der Kolonne wurde $y_1 = 0{,}30$ ermittelt; wie groß ist die Flüssigkeitsstromdichte in m³/(m² h)?

Ü 4.23. In einer Kolonne mit einem Innendurchmesser von 1,2 m wird das Gemisch Hexan(1)-Benzol(2)-Toluol(3) kontinuierlich destilliert.

Gegeben:

$x_{1E} = 0{,}21$; $x_{2E} = 0{,}24$; $\dot{S} = 110$ kmol/h, Mengenstrom der Komponente 3 am Sumpf $\dot{N}_{3S} = 106{,}7$ kmol/h, $\dot{N}_{3K} = 3{,}3$ kmol/h, Mengenstrom der Komponente 1 am Sumpf $\dot{N}_{1S} = 0{,}55$ kmol/h, Rücklaufverhältnis $v = 1{,}4$; am Sumpf der Kolonne Druck $p_S = 0{,}11$ MPa, $T_S = 110{,}6\,°C$, Verdampfungsenthalpie $r = 355{,}1$ kJ/kg und Molmasse 92,13 kg/kmol (reines Toluol).

Aufgaben:

1. Ermitteln Sie die Mengenströme $\dot{E}$ und $\dot{K}$ und die Konzentrationen x_{iS} und x_{iK}!
2. Ermitteln Sie $\dot{D}'$ in der Abtriebskolonne! Der Dampfbelastungsfaktor am Sumpf beträgt 2,284 $\sqrt{Pa}$, wobei die Geschwindigkeit w_D auf den gesamten Kolonnenquerschnitt bezogen ist.
3. Vom 25. Boden der Abtriebskolonne fließt Flüssigkeit mit der Konzentration von 0,850 Molanteile (Komponente 3) ab. Ermitteln Sie die Konzentration der Komponente 3 des vom Boden 26 aufsteigenden Dampfes (Numerierung von oben nach unten)!
4. Berechnen Sie den thermischen Zustand des Einlaufgemisches!

Ü 4.24. Das Beispiel 4.17 ist mit einer mittleren Temperaturdifferenz von 5 K im Umlaufverdampfer neu zu berechnen.

Aufgaben:

1. Wie groß ist die Einsparung an Elektroenergie im Vergleich zu Beispiel 4.17?
2. Um wieviel m² ist die Fläche des Umlaufverdampfers bei $\Delta T_m = 5$ K im Vergleich zu Beispiel 4.17 größer, Wärmedurchgangskoeffizient 790 W/(m² K)?
3. Diskutieren Sie das wirtschaftliche Ergebnis, wenn 1 m² Wärmeübertragungsfläche 320 DM kostet und jährlich 20% für Amortisation und Kapitalzinsen von den Investitionskosten berechnet werden!

Ü 4.25. Es sind 320 kt/a Gemisch aus 40 Mol-% Benzol, 38 Mol-% Toluol und 26 Mol-% o-Xylol in einer kontinuierlichen Kolonne zu destillieren, 8000 h/a. An der Kolonne I mit atmosphärischem Druck wurden im Sumpf gemessen: $x_{1S} = 0{,}0200$; $x_{2S} = 0{,}5556$; $\dot{S} = 269{,}8$ kmol/h. *Antoine*-Konstanten siehe Ü 4.1. Durch Druckerhöhung in der Kolonne II soll der Toluoldampf aus dem Kopf am Sumpf der Kolonne I als Heizmedium eingesetzt werden; ΔT_m im Verdampfer 8 K.
Heizdampf 0,35 MPa mit $T_T = 139$ °C und 35 DM/t, $r = 2150$ kJ/kg.
Kolonne I: Druck am Sumpf 0,1182 MPa und Rücklaufverhältnis $v_I = 2{,}2$.
Kolonne II: 50 Böden mit einem Druckverlust von 500 Pa je Boden.

Aufgaben:
1. Wie groß ist der Druck am Kopf der Kolonne II zu wählen?
2. Wie groß ist die Einsparung an Heizdampfkosten an Kolonne I?

Kontrollfragen

K 4.1. Stellen Sie das Gleichungssystem für die Stoffbilanz in einer kontinuierlichen Destillationskolonne für ein Dreistoffgemisch auf!
Gegeben: $\dot{E}$, x_{1E}, x_{1K}, x_{2K}, x_{3S}

K 4.2. Wieviel Unbekannte gibt es bei der Aufstellung der Stoffbilanz für eine Mehrstoffdestillationskolonne mit z Komponenten, die alle mit einer bestimmten Reinheit gewonnen werden sollen?

K 4.3. Es ist eine Energiebilanz zur Bestimmung des Wärmestroms aufzustellen, der dem Verdampfer einer kontinuierlichen Destillationskolonne zuzuführen ist.

K 4.4. Die Gleichungen zur Bestimmung der spezifischen Enthalpie für ein Mehrstoffgemisch für folgende Zustände sind anzugeben:
a) siedend flüssig, b) trocken gesättigter Dampf.

K 4.5. Wie wählen Sie die Bezugstemperaturen für eine Energiebilanz bei einer Destillationskolonne?

K 4.6. Wie bestimmen Sie den Wärmeverlust einer Destillationskolonne?

K 4.7. Welche Gesetze gelten für das Dampf-Flüssigkeits-Gleichgewicht eines idealen Gemisches?

K 4.8. Geben Sie die Bestimmungsgleichungen für die Ermittlung der Temperatur am Siede- und Taupunkt an! Wie lösen Sie numerisch das nichtlineare Gleichungssystem zur Bestimmung der Siede- und Tautemperatur?

K 4.9. Wann ist ideales Verhalten in der flüssigen und gasförmigen Phase bei Dampf-Flüssigkeits-Gleichgewichten zu erwarten?

K 4.10. Stellen Sie die charakteristischen Diagramme für das Phasengleichgewicht eines idealen Zweistoffgemisches auf:
Druck $= f(x_1)$; $T = T(x_1, y_1)$; $y_1 = y_1(x_1)$!

K 4.11. Welche Erkenntnisse bezüglich des Trennaufwandes können aus der relativen Flüchtigkeit abgeleitet werden?

K 4.12. Zeichnen Sie für ein azeotropes Zweistoffgemisch mit Dampfdruckerniedrigung die Diagramme
Druck $= f(x_1)$; $T = T(x_1, y_1)$; $y_1 = y_1(x_1)$!

K 4.13. Wie können Sie nichtideales Verhalten in der gasförmigen Phase bei Dampf-Flüssigkeits-Gleichgewichten berücksichtigen?

K 4.14. Unter welchen Voraussetzungen ergibt die Bilanzlinie bei der Destillation im x_1y_1-Diagramm eine Gerade?

K 4.15. Geben Sie die Voraussetzungen für einen theoretischen Boden an!

K 4.16. Welche Voraussetzungen liegen dem grafischen Verfahren nach *McCabe* und *Thiele* zur Bestimmung der theoretischen Bodenzahl bei der Destillation eines Zweistoffgemisches zugrunde?

K 4.17. Erläutern Sie, warum mit Hilfe einer treppenförmigen Konstruktion zwischen Gleichgewichts- und Bilanzlinie die theoretische Bodenzahl bei der Destillation ermittelt werden kann!

K 4.18. Stellen Sie eine Stoff- und Energiebilanz für den Einlaufboden zur kontinuierlichen Destillation eines Zweistoffgemisches auf!

K 4.19. Erläutern Sie die unterschiedliche Lage des Schnittpunktes der beiden Arbeitsgeraden bei der kontinuierlichen Destillation in Abhängigkeit vom thermischen Zustand des Eintrittsproduktes!

K 4.20. Was bedeutet das minimale Rücklaufverhältnis bei der Destillation?

K 4.21. Wie beeinflußt das Rücklaufverhältnis die Kosten für die Trennung durch Destillation?

K 4.22. Wie wird das minimale Rücklaufverhältnis bei der Destillation vom thermischen Zustand des Eintrittsproduktes beeinflußt?

K 4.23. In ein $x_1 y_1$-Diagramm ist für einen Destillationsprozeß bei angenommener Gleichgewichtskurve und Zusammensetzung im Kopf die Verstärkungsgerade für das minimale Rücklaufverhältnis einzuzeichnen für a) Eintrittsprodukt siedend flüssig, b) Eintrittsprodukt trocken gesättigter Dampf.

K 4.24. In welchem Bereich wird erfahrungsgemäß das Rücklaufverhältnis in Abhängigkeit vom minimalen Rücklaufverhältnis bei der Destillation gewählt? Wie können Sie das optimale Rücklaufverhältnis ermitteln?

K 4.25. Was bedeutet ein unendlich großes Rücklaufverhältnis hinsichtlich der Lage der Betriebsgerade und der theoretischen Bodenzahl bei der Destillation?

K 4.26. Stellen Sie die Hauptschritte des methodischen Vorgehens bei der grafischen Ermittlung der theoretischen Bodenzahl nach *McCabe* und *Thiele* für die kontinuierliche Destillation eines Zweistoffgemisches dar!

K 4.27. Welche Voraussetzungen werden bei der analytischen Ermittlung der theoretischen Bodenzahl nach *Fenske* für eine Destillationskolonne getroffen?

K 4.28. Das Schema einer kontinuierlichen Destillationsanlage zur Trennung eines Zweistoffgemisches ist aufzuzeichnen.

K 4.29. Welche unterschiedlichen Lösungsmethoden zur Bestimmung der theoretischen Bodenzahl für die Destillation eines Zweistoffgemisches kennen Sie?

K 4.30. Wieviel Kolonnen werden zur Trennung eines Vierstoffgemisches durch Destillation benötigt, wenn eine Komponente als Seitenstrom entnommen wird?

K 4.31. Was verstehen Sie unter Schlüsselkomponenten?

K 4.32. Wie wird das minimale Rücklaufverhältnis bei der Mehrstoffdestillation ermittelt?

K 4.33. Stellen Sie eine Stoffbilanz für eine Mehrstoffdestillation für einen beliebigen Querschnitt der Abtriebskolonne auf!

K 4.34. Geben Sie den Algorithmus für die Berechnung der Bodenzahl eines Dreistoffgemisches für den Sumpf und den 1. Boden der Abtriebskolonne bei konstanten Molströmen an Dampf und Flüssigkeit an!

K 4.35. Stellen Sie die Energie- und Stoffbilanz für die Verstärkungskolonne bei einer Mehrstoffdestillation für einen beliebigen Querschnitt auf!

K 4.36. Charakterisieren Sie das Θ-Konvergenzkriterium bei der Mehrstoffdestillation!

K 4.37. Kennzeichnen Sie die Methode von *Thiele* und *Geddes* zur Bestimmung der theoretischen Bodenzahl einer Mehrstoffdestillationskolonne!

K 4.38. Kennzeichnen Sie die Matrizenmethode zur Berechnung der theoretischen Bodenzahl für eine Mehrstoffdestillationskolonne!

K 4.39. Von welchen Einflußgrößen ist der lokale Austauschgrad bei der Destillation hauptsächlich abhängig?

K 4.40. Nach welchen Hauptschritten ist die Vorausberechnung des Bodenaustauschgrades für die Destillation vorzunehmen?

K 4.41. Leiten Sie für die Destillation den Zusammenhang auf einem Boden zwischen dem lokalen Austauschgrad, dem Stoffdurchgangskoeffizienten und der Phasengrenzfläche ab!

K 4.42. Welche Modelle kennen Sie in der Destillationskolonne zur Darstellung der Flüssigkeitsdurchmischung auf dem Boden?
Beschreiben Sie ein Modell näher!

K 4.43. Was ist bei der Destillation zur Berechnung des Austauschgrades bei der Übertragung der Ergebnisse aus einer Technikumsanlage in eine industrielle Kolonne hauptsächlich zu beachten?

K 4.44. In welchem Bereich können Zahlenwerte für den Austauschgrad bei einer Destillation in einer Bodenkolonne erwartet werden?

K 4.45. Welche grundsätzlichen Methoden werden zur Vorausberechnung von Kolonnen bei der Stoffübertragung flüssig-gasförmig mit kontinuierlichem Kontakt angewendet?

K 4.46. Was verstehen Sie unter der Höhe einer Übertragungseinheit und der Zahl der Übertragungseinheiten?

K 4.47. Wie ist der Benetzungsgrad definiert, und welchen Einfluß hat dieser auf die Stoffübertragung bei Kolonnen mit Filmströmung?

K 4.48. Für die Destillation eines Zweistoffgemisches in einer Füllkörperkolonne ist mit Hilfe eines $x_1 y_1$-Diagrammes die prinzipielle Vorgehensweise bei der Ermittlung der Höhe der Füllkörperschüttung darzustellen.

K 4.49. Kennzeichnen Sie das Dispersionsmodell (Diffusionsmodell) zur Berücksichtigung der axialen Durchmischung in einer Füllkörperkolonne!

K 4.50. Leiten Sie das Differentialgleichungssystem für die Stoffübertragung bei der Destillation in einer Füllkörperkolonne unter Berücksichtigung der axialen Durchmischung nach dem Dispersionsmodell ab!

K 4.51. Unterscheiden Sie die Kolonnen für die Destillation a) nach der Flüssigkeitszuführung, b) nach den Einbauten, und kennzeichnen Sie qualitativ den Umfang der Anwendung!

K 4.52. Welche wichtigen Bodenarten bei Bodenkolonnen kennen Sie, und wodurch unterscheiden sie sich?

K 4.53. Welche Füllkörperarten werden in der Industrie vor allem eingesetzt?

K 4.54. Wann sollten Kolonnen mit Packungen bevorzugt werden?

K 4.55. Welche Rolle spielt die Simulation mit einem Modellgemisch (meist Luft – Wasser) zur Ermittlung des fluiddynamischen Verhaltens von Kolonnen?

K 4.56. Von welchen Größen ist das fluiddynamische Verhalten bei Boden- und Füllkörperkolonnen hauptsächlich abhängig?

K 4.57. Welche theoretischen Überlegungen liegen der Bestimmung des Durchmessers einer Bodenkolonne zugrunde?

K 4.58. Wie gehen Sie bei der Bestimmung des Druckverlustes einer Bodenkolonne vor?

K 4.59. Welche Bedeutung besitzen Stau- und Flutpunkt bei einer Füllkörperkolonne?

K 4.60. Charakterisieren Sie den Arbeitsbereich für einen Ventilboden im $\dot{V}_D \dot{V}_F$-Diagramm!

K 4.61. Stellen Sie die Abhängigkeit des Druckverlustes einer Füllkörperkolonne von der Geschwindigkeit dar, $\lg \Delta p = f(\lg w_G)$!

K 4.62. Welchen Einfluß hat die Reinheit der gewünschten Endprodukte auf die Kosten bei der Destillation?

K 4.63. Welche Betriebsweisen sind bei einer diskontinuierlichen Destillation (Blase plus Destillationskolonne) möglich?
K 4.64. Welche Vor- und Nachteile hat die Anwendung einer diskontinuierlichen Destillation (Blase plus Destillationskolonne) gegenüber einer kontinuierlichen?
K 4.65. Ermitteln Sie die Kopfproduktmenge bei gegebener Blasenfüllung für eine diskontinuierliche Destillation mit konstanter Zusammensetzung des Kopfproduktes!
K 4.66. Stellen Sie die Stoffbilanz für eine diskontinuierliche einmalige Destillation in offener Betriebsweise auf!
K 4.67. Fertigen Sie eine Skizze von einer einmaligen kontinuierlichen Destillation an, bei der Dampf und Flüssigkeit ständig in Kontakt bleiben (geschlossene Betriebsweise)!
K 4.68. Charakterisieren Sie die prinzipielle Wirkungsweise einer Extraktivdestillation anhand eines vereinfachten technologischen Schemas!
K 4.69. Welche Bedeutung hat die Druckstufung bei der Mehrstoffdestillation für die Energieeinsparung?
K 4.70. Kennzeichnen Sie die Azeotropdestillation!
K 4.71. Unter welchen Bedingungen kann die Ausführung einer Wärmepumpe bei der Destillation wirtschaftlich sein?
K 4.72. Welche Kriterien sind bei der Wahl des Kolonnentyps zur Trennung durch Destillation hauptsächlich zur Beurteilung heranzuziehen?
K 4.73. Welchen Einfluß hat der zu wählende Betriebsdruck für eine Destillationskolonne auf die Energiekosten?
K 4.74. Bei der Destillation eines Flüssigkeitsgemisches stehen verschiedene Betriebsdrücke zur Auswahl:

	Sumpftemperatur in °C	Kopftemperatur in °C
$p = 120$ kPa	80	-10
$p = 500$ kPa	128	$+24$
$p = 900$ kPa	167	$+46$

Begründen Sie Ihre Entscheidung für die Auswahl eines Betriebsdruckes nach technisch-ökonomischen Gesichtspunkten!
K 4.75. Erläutern Sie die wichtigsten Größen, die an einer Destillationsanlage geregelt werden!
K 4.76. Geben Sie ein Beispiel für die Regelkreise an einer kontinuierlichen Destillationsanlage mit einer Kolonne in Form eines Schemas an! Erläutern Sie die Wirkungsweise!
K 4.77. Welche Vorteile hat die Prozeßsteuerung einer Destillationsanlage mittels Computer?
K 4.78. Wodurch unterscheidet sich das mathematische Modell für das dynamische Verhalten einer Mehrstoffdestillationskolonne vom mathematischen Modell für das stationäre Verhalten?
K 4.79. Warum ist das mathematische Modell für das dynamische Verhalten einer Destillationskolonne von 1. Ordnung?
K 4.80. Wie kann man Schwankungen des Einlaufmengenstroms, die gelegentlich auftreten, an einer Destillationskolonne während des Betriebes wirksam ausgleichen?
K 4.81. Welche Erkenntnisse erhält man aus Berechnungen der Destillationskolonne mit verschiedenen Konzentrationen des Einlaufproduktes, die während des Betriebes über lange Zeiträume möglich sind (Simulation des betrieblichen Verhaltens)?

5. Absorption

Die Absorption hat zahlreiche Gemeinsamkeiten mit der Destillation. Besonders die Kolonnen und ihre Fluiddynamik zeigen wegen der gleichen beteiligten Phasen flüssig-gasförmig eine weitgehende Übereinstimmung. Andererseits gibt es zwischen Absorption und Destillation auch wesentliche Unterschiede:

— Das Verhältnis der Massenströme $\dot{M}_F/\dot{M}_G$ ist bei der Absorption wesentlich unterschiedlicher als bei der Destillation.
— Bei der Absorption liegen in den beiden Phasen ganz unterschiedliche Stoffe vor, während es sich bei der Destillation in den beiden Phasen um dasselbe Stoffgemisch handelt.

Die Absorption ist volkswirtschaftlich von großer Bedeutung. Wesentliche industrielle Anwendungen sind:

1. Abtrennung einer Stoffkomponente bzw. von mehreren Stoffkomponenten aus einem Gasgemisch, das weiter verwendet wird, z. B. für chemische Synthesen. Typische Beispiele: Absorption von CO_2 aus Synthesegas mit verschiedenen Absorptionsmitteln, z. B. wäßrige Diethylaminlösung, Absorption von H_2S durch Sulfosolvanlauge. Soweit es sich um Absorption mit chemischen Reaktionen handelt, wird angestrebt, daß die entstandenen Verbindungen durch Erwärmung auf Siedetemperatur zerfallen und damit die Regenerierung relativ einfach in einer Destillationskolonne erfolgen kann.
2. Reinigung von Abluft oder von Rauchgasen nach der Verbrennung. Dabei hat die Absorption in den vergangenen 15 Jahren eine stark wachsende Bedeutung erlangt (s. auch Abschn. 5.7.). Am bedeutsamsten ist dabei die Rauchgasentschwefelung mit wäßriger Kalksuspension und der Erzeugung von Gips als Nebenprodukt. Die Absorption von organischen Verbindungen geringer Konzentration aus Abluft, z. B. Toluol, Azeton, Chlorkohlenwasserstoffe, gewinnt an Bedeutung. Meist handelt es sich dabei um eine physikalische Absorption mit Regenerierung der Waschflüssigkeit durch Destillation.
3. Gewinnung von Säuren durch Absorption des Anhydrids im Wasser, z. B. Absorption von SO_3, HCl.

5.1. Grundbegriffe

Absorbieren ist die selektive Aufnahme eines Gases in einer Flüssigkeit unter molekulardisperser Verteilung.

Die zweite Phase wird bei der Absorption durch eine zusätzliche Flüssigkeit gebildet. Diese Flüssigkeit, auch Absorptionsmittel, Waschflüssigkeit oder Lösungsmittel genannt, soll dabei selektiv möglichst nur eine Gaskomponente bzw. mehrere gewünschte Gaskomponenten lösen. Das Gasgemisch, das zu trennen ist, wird oft Rohgas genannt und das Gas nach der Absorption Reingas.

Bei der *physikalischen Absorption* werden nur physikalische Bindungskräfte wirksam. Bei zahlreichen Absorptionsprozessen in der Industrie geht das Gas eine chemische Bindung mit der Waschflüssigkeit ein, weshalb man von *Chemosorption* spricht. Die bei der Chemosorption frei werdende Energie ist größer als bei der physikalischen Absorption. Für die Wirtschaftlichkeit der Absorption als Gesamtprozeß ist die Regenerierung der Waschflüssigkeit, die man *Desorption* nennt, von großer Bedeutung. Die Desorption kann erfolgen durch

1. Erhitzen der Waschflüssigkeit auf Siedetemperatur in Verbindung mit einer destillativen Trennung (häufigste Art der Regenerierung).
2. Austreiben (Strippen) des gelösten Gases aus der Waschflüssigkeit durch einen inerten Gasstrom.
3. Druckentspannung bei der physikalischen Absorption, z. B. Absorption von CO_2 im Wasser unter Druck und Desorption des CO_2 durch Druckentspannung des Wassers (bei großen Wasserströmen Nutzen der Druckenergie des Wassers durch eine Wasserturbine).

Hinweis zu den Phasengleichgewichten: Bei der physikalischen Absorption gilt im einfachsten Fall, vorzugsweise bei niedrigen Konzentrationen des Gelösten, das Gesetz von *Henry*, siehe Gleichung (2.155). Bei der Absorption aus dem unterkritischen Dampfzustand ist das Gesetz von *Raoult* zutreffend, weitere Einzelheiten zum Phasengleichgewicht siehe z. B. [5.1]. Bei der Chemosorption reagiert die aufzunehmende Gaskomponente chemisch mit der flüssigen Phase, so daß der Gleichgewichtsdruck des Löslichen über der flüssigen Phase Null ist. Manchmal findet auch eine kombinierte physikalische und chemische Absorption statt, z. B. bei der Absorption von Ammoniak in Wasser.

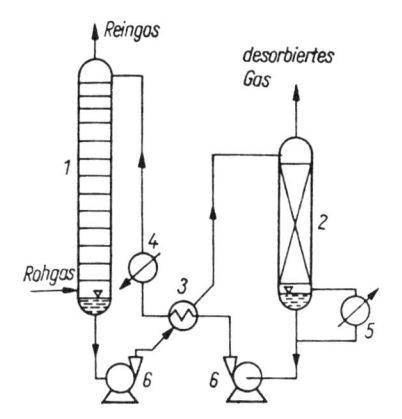

Bild 5.1. Schema einer Anlage zur Chemosorption
1 Absorptionskolonne
2 Desorptionskolonne
3 Wärmeübertrager für Waschflüssigkeit
4 Wasserkühler
5 Verdampfer
6 Kreiselpumpen

In den folgenden Abschnitten wird die *physikalische Absorption einer Komponente* behandelt. Bei der physikalischen Absorption mehrerer Komponenten kann eine methodische Behandlung analog wie bei der Mehrstoffdestillation erfolgen. Bei der Chemosorption kann die Stoffübertragung oder die Reaktionsgeschwindigkeit der entscheidende Schritt sein, oder es müssen beide Teilprozesse kombiniert betrachtet werden.

5.2. Bilanzen und Waschflüssigkeits-Mengenstrom

Es sind Stoff- und Energiebilanzen aufzustellen. Ist der Waschflüssigkeitsstrom sehr groß, so findet die Absorption faktisch isotherm statt. Dann spielt die Energiebilanz keine Rolle, z. B. bei der Druckwasserwäsche von CO_2. Nachstehend wird die Stoffbilanz und Bestimmung des Waschflüssigkeits-Mengenstroms bei der isothermen physikalischen Absorption einer Gaskomponente behandelt.

Die verfahrenstechnische Berechnung wird vereinfacht, wenn die Stoffströme über der Höhe der Kolonne konstant bleiben. Entsprechend dem Wesen des Prozesses bei der Absorption ist dies nicht der Fall, da der Gasmengenstrom vom Sumpf bis zum Kopf sich verringert, während der Flüssigkeitsmengenstrom sich vom Kopf bis zum Sumpf infolge der Aufnahme an gelöstem Gas sich vergrößert. Eine Konstanz der Mengenströme über der Höhe der Kolonne kann erreicht werden, indem als Bezugsbasis in der gasförmigen Phase die an der Absorption nicht beteiligte Stoffkomponente und in der flüssigen Phase die reine Waschflüssigkeit verwendet wird. Dies kann durch Verwendung von Beladungen (Mol- oder Massenverhältnisse) als Konzentrationsmaß erreicht werden, siehe Gleichung (2.15) und Bild 5.2:

$$Y_1 = \frac{\dot{N}_{1G}}{\dot{N}_2}; \quad Y_{1S} = \frac{\dot{N}_{1SG}}{\dot{N}_2}; \quad Y_{1K} = \frac{\dot{N}_{1KG}}{\dot{N}_2};$$

$$X_1 = \frac{\dot{N}_{1F}}{\dot{N}_w}; \quad X_{1S} = \frac{\dot{N}_{1SF}}{\dot{N}_w}; \quad X_{1K} = \frac{\dot{N}_{1KF}}{\dot{N}_w}$$

Stoffbilanz mit Molverhältnissen

Die Stoffbilanz für das Lösliche für die gesamte Kolonne ergibt (s. Bild 5.2):

$$\dot{N}_{1SG} + \dot{N}_{1KF} = \dot{N}_{1KG} + \dot{N}_{1SF} \quad \text{oder} \quad \dot{N}_2 Y_{1S} + \dot{N}_w X_{1K} = \dot{N}_2 Y_{1K} + \dot{N}_w X_{1S}$$

$$\dot{N}_2 (Y_{1S} - Y_{1K}) = \dot{N}_w (X_{1S} - X_{1K}) \tag{5.1}$$

Analog erhält man aus der Stoffbilanz für einen Bilanzkreis von einem beliebigen Querschnitt in der Kolonne bis zum Sumpf (s. Bild 5.2):

$$\dot{N}_2 (Y_{1S} - Y_1) = \dot{N}_w (X_{1S} - X_1) \tag{5.2}$$

Die Division der beiden letzten Gleichungen ergibt:

$$\frac{Y_{1S} - Y_1}{Y_{1S} - Y_{1K}} = \frac{X_{1S} - X_1}{X_{1S} - X_{1K}} \tag{5.3}$$

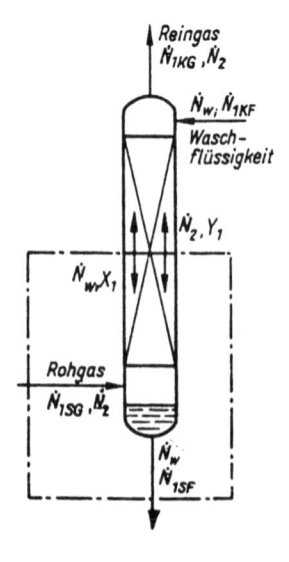

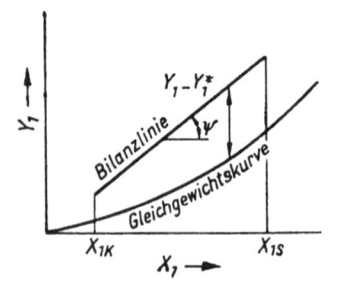

Bild 5.3. Bilanz- und Gleichgewichtslinie im Phasendiagramm mit Molverhältnissen

Bild 5.2. Stoffbilanz für einen beliebigen Querschnitt einer Absorptionskolonne

Gleichung (5.3) stellt die Bilanzlinie (Arbeits- oder Betriebslinie) dar und ergibt im Y_1X_1-Diagramm eine Gerade (s. Bild 5.3). Der Anstieg der Bilanzlinie hängt nur von den Mengenströmen ab:

$$\tan \psi = \frac{Y_{1S} - Y_{1K}}{X_{1S} - X_{1K}} = \frac{\dot{N}_w}{\dot{N}_2} \quad (5.1)$$

Im Y_1X_1-Diagramm stellt sich das Gesetz von *Henry* als Kurve gemäß folgender Gleichung dar:

$$\frac{Y_1^*}{1 + Y_1^*} = \frac{H_A}{p} \frac{X_1}{1 + X_1} \quad (5.4)$$

Von erheblicher technisch-ökonomischer Bedeutung ist das Problem, welcher Waschflüssigkeits-Mengenstrom mindestens notwendig ist, um die Aufgabe lösen zu können.

| Der minimale Waschflüssigkeits-Mengenstrom $\dot{N}_{w\min}$ ist so definiert, daß die Phasengrenzfläche gerade unendlich groß wird, d. h. die Kolonne wird unendlich groß.

Dies ist die analoge Definition wie für das minimale Rücklaufverhältnis bei der Destillation. Für eine technologische Aufgabe sind im allgemeinen die Konzentrationen X_{1K}, Y_{1K} und Y_{1S} vorgegeben. Bei dem minimalen Waschflüssigkeits-Mengenstrom muß mindestens ein Punkt der Bilanzlinie mit der Gleichgewichtslinie zusammenfallen, damit die Phasengrenzfläche unendlich groß wird. Dies kann dann nur für den Schnittpunkt Y_{1S} mit X_{1S}^* auf der Gleichgewichtslinie der Fall sein. Die Bilanzlinie für den minimalen Waschflüssigkeits-Mengenstrom $\dot{N}_{w\min}$ ist im Bild 5.4 gestrichelt eingezeichnet. Unter Beachtung von Gleichung (5.1) und der notwendigen Bedingung X_{1S}^* für $\dot{N}_{w\min}$ gilt dann:

$$\frac{\dot{N}_{w\min}}{\dot{N}_2} = \frac{Y_{1S} - Y_{1K}}{X_{1S}^* - X_{1K}} = \tan \psi_{\min} \quad (5.5)$$

Bei der Bearbeitung einer Absorptionsaufgabe mit den obengenannten Bedingungen — isotherme physikalische Absorption einer Komponente — ist zur Bestimmung des Waschflüssigkeits-Mengenstroms als erstes $\dot{N}_{w\min}$ zu berechnen. Dies erfolgt mit Gleichung (5.5). Die Gleichgewichtskonzentration X_{1S}^* kann numerisch aus folgender Gleichung

$$\frac{X_{1S}^*}{1 + X_{1S}^*} = \frac{p}{H_A} \frac{Y_{1S}}{1 + Y_{1S}} \quad \text{oder} \quad X_{1S}^* = \frac{1}{\dfrac{H_A}{Y_{1S}p} + \dfrac{H_A}{p} - 1} \quad (5.6)$$

oder graphisch aus dem Y_1X_1-Diagramm (s. Bild 5.4) ermittelt werden. Der Waschflüssigkeits-Mengenstrom ist für die Ökonomie der Absorption bedeutsam. Erfahrungsgemäß liegt man in einem günstigen Bereich, wenn

$$\dot{N}_w = (1{,}1 \dots 2{,}0) \, \dot{N}_{w\min} \quad (5.7)$$

gewählt wird.

Stoffbilanz mit Molanteilen

Die Stoffbilanz für das Lösliche ergibt gemäß Bild 2.24 für die gesamte Kolonne:

$$y_{1S}\dot{n}_{GS} + x_{1K}\dot{n}_{FK} = y_{1K}\dot{n}_{GK} + x_{1S}\dot{n}_{FS} \quad \text{oder} \quad y_{1S}\dot{n}_{GS} - y_{1K}\dot{n}_{GK} = x_{1S}\dot{n}_{FS} - x_{1K}\dot{n}_{FK} \quad (5.8)$$

Unter Einbeziehung der Stoffbilanz für einen beliebigen Querschnitt der Kolonne erhält man:

$$\frac{y_{1S}\dot{n}_{GS} - y_1\dot{n}_G}{y_{1S}\dot{n}_{GS} - y_{1K}\dot{n}_{GK}} = \frac{x_{1S}\dot{n}_{FS} - x_1\dot{n}_F}{x_{1S}\dot{n}_{FS} - x_{1K}\dot{n}_{FK}} \tag{5.9}$$

Die Bilanzlinie gemäß Gleichung (5.9) ergibt im Phasendiagramm mit Molanteilen eine Kurve, die Gleichgewichtslinie bei Gültigkeit des *Henry*schen Gesetzes eine Gerade.

Absorptionsgrad

Dieser ist wie folgt definiert:

$$\eta_A = \frac{Y_{1S} - Y_{1K}}{Y_{1S} - Y_{1K}^*} \quad \text{mit} \quad Y_{1K}^* \,\|\|\, X_{1K} \tag{5.10}$$

Der Absorptionsgrad (Auswaschungsgrad) kennzeichnet den Grad der Entfernung der löslichen Komponente. Im Grenzfall kann der Absorptionsgrad höchstens Eins werden. Dies wird besonders deutlich für den speziellen Fall erkennbar, wenn der Kolonne reine Waschflüssigkeit ohne Gelöstes zugeführt wird:

$$\eta_A = \frac{Y_{1S} - Y_{1K}}{Y_{1S}} = 1 - \frac{Y_{1K}}{Y_{1S}} \quad \text{mit} \quad X_{1K} = 0 \tag{5.11}$$

Gemäß vorstehender Gleichung wird der Absorptionsgrad Eins, wenn $Y_{1K} = 0$ wird. Je kleiner Y_{1K}/Y_{1S} wird, um so mehr nähert sich der Absorptionsgrad dem Wert Eins. Der Absorptionsgrad ist zur Kennzeichnung der Effektivität der Stoffübertragung in einer Ausrüstung wenig geeignet, da er stark von dem Anteil an Löslichem im Rohgas abhängig ist.

5.3. Stoffübertragung bei stufenweisem Kontakt

Bei der Absorption in einer Bodenkolonne ist analog wie bei der Destillation die Einführung der vereinfachten Modellvorstellung eines theoretischen Bodens mit folgenden Voraussetzungen vorteilhaft:

1. Auf jedem Boden wird in der Dispersion das Phasengleichgewicht zwischen Flüssigkeit und Gas erreicht.
2. Die Flüssigkeit auf dem Boden hat konstante Zusammensetzung.
3. Das Gas, das den Boden verläßt, enthält keine Flüssigkeit und besitzt über den Querschnitt konstante Zusammensetzung.

Die theoretische Bodenzahl kann grafisch im Y_1X_1-Diagramm mit der bekannten Gleichgewichts- und Bilanzlinie durch Einzeichnen eines treppenförmigen Linienzuges gemäß Bild 5.4 ermittelt werden (Begründung analog wie bei der Destillation im Abschnitt 4.3.2.). Der treppenförmige Linienzug beginnt auf der Bilanzlinie mit den Konzentrationen Y_{1S}, X_{1S} und wird so lange fortgeführt, bis der Punkt X_{1K}, Y_{1K} erreicht bzw. unterschritten ist. Für das Beispiel im Bild 5.4 ergeben sich 3 theoretische Böden.
Die Abweichungen gegenüber dem theoretischen Boden, die hauptsächlich durch das Nichterreichen des Phasengleichgewichtes bedingt sind, werden durch einen Austauschgrad berücksichtigt:

$$\eta_{LGj} = \frac{Y_{1j-1} - Y_{1j}}{Y_{1j-1} - Y_{1j}^*} \quad \text{mit} \quad Y_{1j}^* \,\|\|\, X_{1j} \tag{5.12}$$

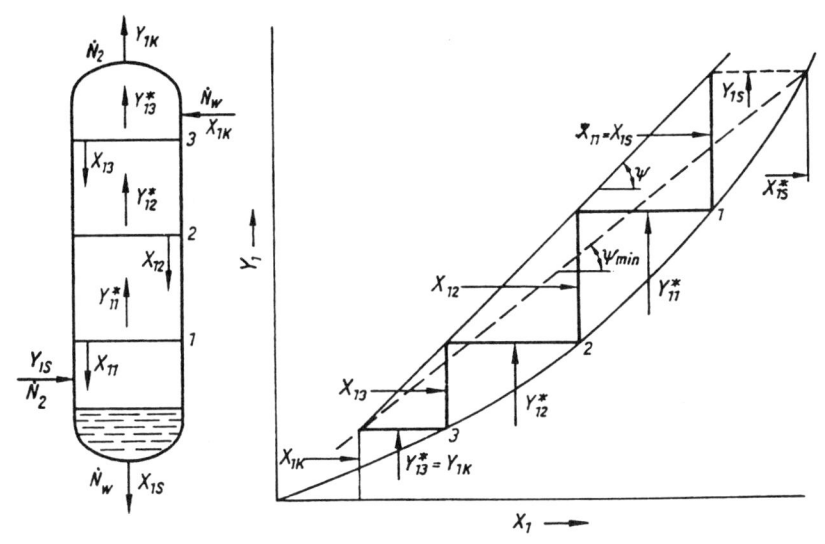

Bild 5.4. Ermittlung der theoretischen Bodenzahl bei der physikalischen Absorption einer löslichen Komponente im Phasendiagramm mit Molverhältnissen

Bei Verwendung des Bodenaustauschgrades erhält man analog Gleichung (4.126) mit der Flüssigkeitskonzentration im Ablaufschacht X_{1jA}:

$$\eta_{BDj} = \frac{Y_{1j-1} - Y_{1j}}{Y_{1j-1} - Y_{1j}^*} \quad \text{mit} \quad Y_{1j}^* \;|||\; X_{1jA}$$

Der Kolonnenaustauschgrad entspricht Gleichung (4.127).

Der Zusammenhang des lokalen Austauschgrades mit dem Stoffdurchgangskoeffizienten und der Phasengrenzfläche kann durch eine analoge Betrachtung wie im Abschnitt 2.8.1. ermittelt werden. An der betrachteten lokalen Stelle auf dem Boden gemäß Bild 5.5a wird für das Gas Kolbenströmung und für die Flüssigkeit konstante Zusammensetzung vorausgesetzt. Die variable Zusammensetzung des Gases in der Dispersion auf dem Boden j wird mit Y_1 bezeichnet (s. Bild 5.5b). An der Phasengrenzfläche dA wird der Mengenstrom d$\dot{N}_1$ übertragen, wobei sich die Konzentration des Gases um dY_1 verändert. Es gilt gemäß Gleichung (2.205):

$$d\dot{N}_1 = K_G \, dA (Y_1 - Y_1^*) = \dot{N}_2 \, dY_1 \tag{5.13}$$

Unter Bezugnahme auf Gleichung (2.72) wird K_{GY} (bezogen auf die Triebkraft mit Molverhältnis) aus K_{Gy} (bezogen auf die Triebkraft mit Molanteil) wie folgt berechnet:

$$K_{GY} = \frac{K_{Gy}}{(1 + Y_1)(1 + Y_1^*)} \tag{5.14}$$

Auf Indizes beim Stoffdurchgangskoeffizienten wird verzichtet (vgl. Seite 57). Die Integration der Gleichung (5.13) unter Beachtung der Grenzen für die Konzentrationen auf dem Boden j ergibt:

$$\int_{Y_{1j}}^{Y_{1j-1}} \frac{dY_1}{Y_1 - Y_{1j}^*} = \frac{K_G \int_0^A dA}{\dot{N}_2} \quad \text{und} \quad -\ln \frac{Y_{1j} - Y_{1j}^*}{Y_{1j-1} - Y_{1j}^*} = -\ln \left(1 - \frac{Y_{1j-1} - Y_{1j}}{Y_{1j-1} - Y_{1j}^*}\right) = \frac{K_G A}{\dot{N}_2}$$

$$\ln (1 - \eta_{LG}) = -\frac{K_G A}{\dot{N}_2} \quad \text{oder} \quad \eta_{LG} = 1 - \exp\left(-\frac{K_G A}{\dot{N}_2}\right) = 1 - e^{-N_{G\,ges}} \tag{5.15}$$

25 Therm. Verfahrenstechnik

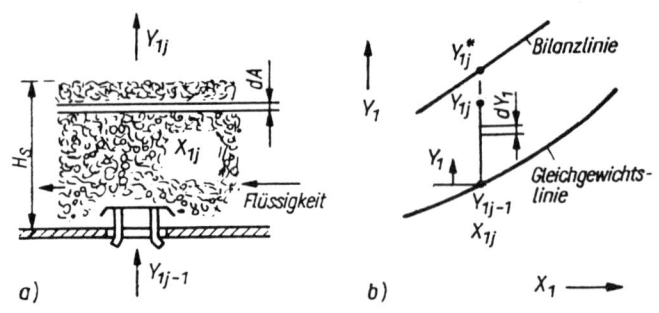

Bild 5.5. Stoffübertragung an einer lokalen Stelle des Bodens bei der Absorption mit konstanter Flüssigkeitskonzentration
a) Dispersion an der lokalen Stelle
b) Darstellung im Phasendiagramm

Diese Lösung entspricht dem lokalen Austauschgrad bei der Destillation gemäß Gleichung (2.221). Eine Berechnung des Austauschgrades nach Gleichung (5.15) ist prinzipiell möglich, erfolgt jedoch mangels Korrelationen mit größerem Gültigkeitsbereich für verschiedene Stoffgemische selten. Typische Werte für den Austauschgrad bei der physikalischen Absorption liegen zwischen 50 bis 90%, vorausgesetzt, daß der Boden im fluiddynamischen Arbeitsbereich betrieben wird. Der Austauschgrad ist wie bei der Destillation von stofflichen, betrieblichen und geometrisch-konstruktiven Einflußgrößen abhängig. In der industriellen Praxis wird der Austauschgrad oft mit 50% geschätzt, wenn keine Unterlagen aus Experimenten oder ausgeführten Anlagen zur Verfügung stehen. In wichtigen Fällen sind Experimente in einer Labor- oder Technikumsanlage mit dem betreffenden Stoffgemisch durchzuführen.

Beispiel 5.1. Theoretische Bodenzahl bei der Absorption

In einer Bodenkolonne wird Ammoniak aus einem Ammoniak-Luft-Gemisch durch Wasser absorbiert. Es wird isotherme Absorption vorausgesetzt.

Gegeben:

$Y_{1S} = 0{,}072$ kmol NH$_3$/kmol Luft; $X_{1S} = 0{,}045$ kmol NH$_3$/kmol Wasser
$Y_{1K} = 0{,}002$ kmol NH$_3$/kmol Luft; $X_{1K} = 0$ kmol NH$_3$/kmol Wasser
Druck $p = 101{,}3$ kPa; Temperatur $T = 30\,°C$

Aufgabe:

Die theoretische und effektive Bodenzahl sind zu bestimmen, wenn der mittlere Austauschgrad in der Kolonne $\eta_{\text{mittel}} = 0{,}50$ ist.

Lösung:

Bilanz- und Gleichgewichtslinie im $X_1 Y_1$-Diagramm

Die Bilanzlinie ist durch die Aufgabenstellung festgelegt und ergibt im $X_1 Y_1$-Diagramm (Bild 5.6) durch Verwendung von Molverhältnissen eine Gerade. Die Daten für das Phasengleichgewicht gemäß Tabelle A 6 sind vom Massenverhältnis auf das Molverhältnis umzurechnen. Damit können die Bilanz- und Gleichgewichtslinie in das $X_1 Y_1$-Diagramm im Bild 5.6 eingezeichnet werden.

Tabelle 5.1. Zur Ermittlung der Gleichgewichtskurve

kg NH_3/100 kg Wasser	5,0	4,0	2,5	1,6	1,2
X_1 in kmol NH_3/kmol Wasser	0,0530	0,0424	0,0265	0,01695	0,01272
p_{NH_3} in kPa	6,80	5,35	3,25	2,04	1,53
p_{Luft} in kPa	94,5	95,95	98,05	99,26	99,77
Y_1 in kmol NH_3/kmol Luft	0,0720	0,0558	0,0331	0,0206	0,01534

Theoretische Bodenzahl

Durch Einzeichnen des treppenförmigen Linienzuges zwischen Gleichgewichts- und Bilanzlinie im Bild 5.6 ergeben sich 9,2 theoretische Böden.

Effektive Bodenzahl

$n_{eff} = n_{th}/\eta_{mittel} = 9,2:0,5 = 18,4 \rightarrow$ <u>19 effektive Böden</u>

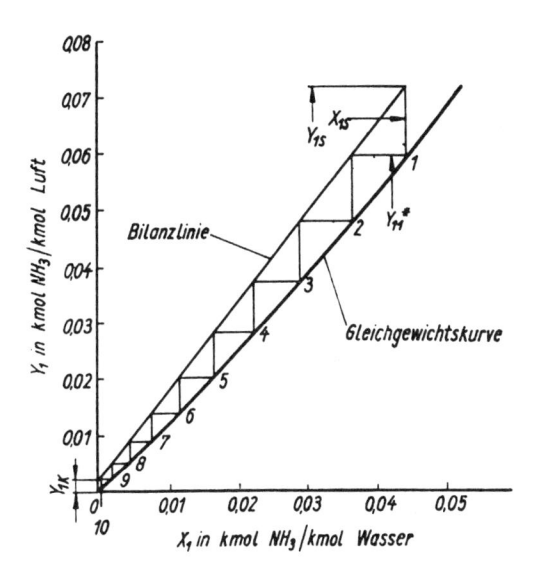

Bild 5.6. Grafische Ermittlung der Bodenzahl bei der Absorption im Beispiel 5.1.

5.4. Stoffübertragung in Füllkörperkolonnen bei isothermer Absorption

Die Berechnung bei der isothermen physikalischen Absorption einer Komponente kann wie bei der Destillation (s. Abschn. 4.3.3.) nach folgenden zwei grundsätzlichen Modellen erfolgen

1. Modell mit stetigem Kontakt der beiden Phasen

Dieses Modell entspricht weitgehend dem tatsächlichen Prozeßverhalten. Gemäß Behandlung im Abschnitt 2.8.2. erhält man mit Gleichung (2.223) für die Schütthöhe bei

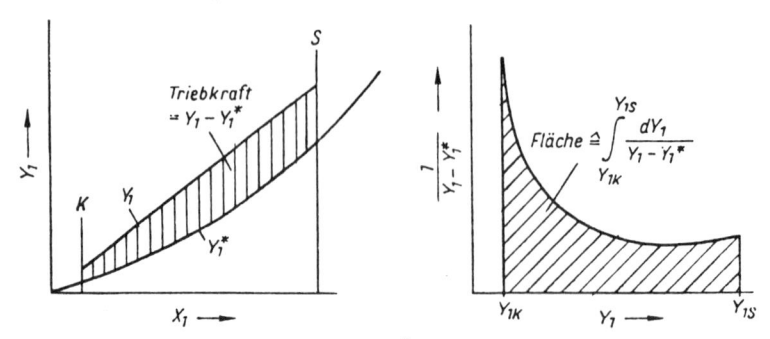

Bild 5.7. Zur Bestimmung der Zahl der Übertragungseinheiten bei der Absorption einer Komponente mit Molverhältnissen

Gegenstrom der beiden Phasen

$$H = \frac{\dot{N}_2}{K_G a A_q \varphi_B} \int_{Y_{1K}}^{Y_{1S}} \frac{dY_1}{Y_1 - Y_1^*} = H_{G\,ges} N_{G\,ges}$$

Der Stoffdurchgangskoeffizient wird nach Gleichung (2.160) und mit Stoffübergangskoeffizienten gemäß Abschnitt 2.3.5. berechnet. Die Lösung des Integrals kann grafisch (s. Bild 5.7) oder numerisch erfolgen.

Analytische Lösung des Triebkraftintegrals für einen Spezialfall

In einem Sonderfall können die Bilanz- und Gleichgewichtslinie Geraden werden: Konzentration des Löslichen im Rohgas klein (näherungsweise noch bis $y_{1S} \leqq 0,10$) und Gültigkeit des Gesetzes von *Henry*. Für den Stoffdurchgang in Verbindung mit der Bilanz für ein differentielles Volumenelement gilt mit dem näherungsweise konstanten Mengenstrom $\dot{N}_G$:

$$d\dot{N}_1 = K_G \, dA (y_1 - y_1^*) = \dot{N}_G \, dy_1 \tag{5.16}$$

Für die gesamte Kolonne gilt:

$$\dot{N}_1 = K_G A \Delta y_{1m} = \dot{N}_G (y_{1S} - y_{1K}) \tag{5.17}$$

Aus den beiden letzten Gleichungen folgt:

$$\Delta y_{1m} = \frac{y_{1S} - y_{1K}}{\displaystyle\int_{y_{1K}}^{y_{1S}} \frac{dy_1}{y_1 - y_1^*}} \tag{5.18}$$

Die Stoffbilanz für die gesamte Kolonne ergibt (s. Bild 5.8):

$$y_{1S}\dot{N}_G + x_{1K}\dot{N}_F = y_{1K}\dot{N}_G + x_{1S}\dot{N}_F \quad \text{oder} \quad \frac{\dot{N}_F}{\dot{N}_G} = \frac{y_{1S} - y_{1K}}{x_{1S} - x_{1K}} \tag{5.19}$$

Für einen beliebigen Querschnitt der Kolonne ergibt die Stoffbilanz für den Bilanzkreis gemäß Bild 5.8:

$$y_{1S}\dot{N}_G + x_1\dot{N}_F = y_1\dot{N}_G + x_{1S}\dot{N}_F \quad \text{oder} \quad \frac{\dot{N}_F}{\dot{N}_G} = \frac{y_{1S} - y_1}{x_{1S} - x_1} \tag{5.20}$$

Aus den Gleichungen (5.19) und (5.20) folgt, daß die Bilanzlinie eine Gerade ist. Die Gleichgewichtslinie wird gleichfalls eine Gerade, wenn das *Henry*sche Gesetz als gültig und

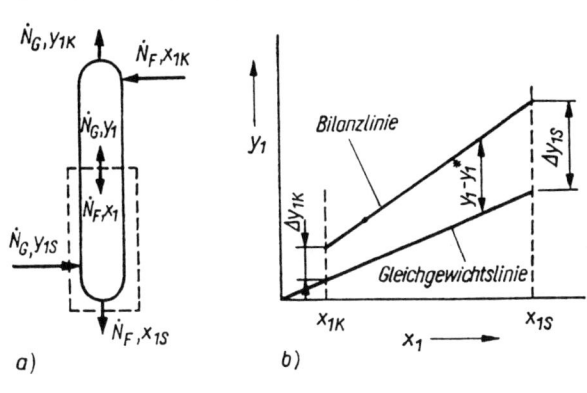

Bild 5.8. Der Absorptionsprozeß bei Gültigkeit des *Henry*schen Gesetzes und kleinem Molanteil des Löslichen
a) Kolonne
b) $y_1 x_1$-Diagramm

das Verhalten eines idealen Gases, siehe Gleichung (2.154), vorausgesetzt werden. Die Triebkraft Δy_1 ist an einer beliebigen Stelle der Kolonne:

$$\Delta y_1 = y_1 - y_1^*$$

Gemäß Gleichung (2.155) gilt:

$$y_{1S}^* - y_1^* = \frac{H_A}{p}(x_{1S} - x_1) \tag{5.21}$$

Mit y_1 aus Gleichung (5.20) und y_1^* aus der letzten Gleichung erhält man:

$$\Delta y_1 = y_1 - y_1^* = y_{1S} - \frac{\dot{N}_F}{\dot{N}_G}(x_{1S} - x_1) + \frac{H_A}{p}(x_{1S} - x_1) - y_{1S}^*$$

Die Triebkraft Δy_1, differenziert nach x_1, ergibt:

$$\frac{d \Delta y_1}{dx_1} = \frac{\dot{N}_F}{\dot{N}_G} - \frac{H_A}{p}$$

Eine Bilanz für die lösliche Komponente 1 und dA in der gasförmigen und flüssigen Phase ergibt:

$$\dot{N}_G \, dy_1 = \dot{N}_F \, dx_1$$

Aus der obigen Gleichung dx_1 eingesetzt:

$$dy_1 = \frac{\dot{N}_F}{\dot{N}_G} \frac{d \Delta y_1}{\dfrac{\dot{N}_F}{\dot{N}_G} - \dfrac{H_A}{p}}$$

Mit den Gleichungen (5.19) und (5.21) erhält man:

$$dy_1 = \frac{\dfrac{y_{1S} - y_{1K}}{x_{1S} - x_{1K}}}{\dfrac{y_{1S} - y_{1K}}{x_{1S} - x_{1K}} - \dfrac{y_{1S}^* - y_{1K}^*}{x_{1S} - x_{1K}}} d \Delta y_1 = \frac{y_{1S} - y_{1K}}{\Delta y_{1S} - \Delta y_{1K}} d \Delta y_1$$

$$\int_{y_{1K}}^{y_{1S}} \frac{dy_1}{y_1 - y_1^*} = \int_{y_{1K}}^{y_{1S}} \frac{y_{1S} - y_{1K}}{\Delta y_{1S} - \Delta y_{1K}} \frac{d \Delta y_1}{\Delta y_1} = \frac{y_{1S} - y_{1K}}{\Delta y_{1S} - \Delta y_{1K}} \ln \frac{\Delta y_{1S}}{\Delta y_{1X}} = \frac{y_{1S} - y_{1K}}{\Delta y_{1M}}$$

Für die mittlere Triebkraft erhält man aus vorstehender Gleichung:

$$\Delta y_{1m} = \frac{\Delta y_{1S} - \Delta y_{1K}}{\ln \dfrac{\Delta y_{1S}}{\Delta y_{1K}}} = \frac{\Delta y_{1\,gr} - \Delta y_{1\,kl}}{\ln \dfrac{\Delta y_{1\,gr}}{\Delta y_{1\,kl}}} \tag{5.22}$$

Die mittlere Triebkraft ergibt sich für den Spezialfall – Bilanzlinie und Gleichgewichtslinie sind Geraden – aus den Triebkräften an den Enden der Kolonne. Dies ist die gleiche Lösung wie beim Wärmedurchgang, vergleiche ΔT_m gemäß Gleichung (2.199).

2. Modell mit stufenweisem Kontakt der beiden Phasen

Die Modellvorstellung des theoretischen Bodens wird auf die Füllkörperkolonne mittels des HETB-Wertes angewandt:

$$H = \text{HETB}\, n_{\text{th}} \tag{5.23}$$

Der Vorteil liegt in der Benutzung der Berechnungsmethoden für die theoretische Bodenzahl. Der Nachteil besteht in der Einführung des HETB-Wertes, der dem realen Prozeß bei der Filmströmung nur wenig entspricht und für den es nur Korrelationen mit begrenztem Gültigkeitsbereich gibt.

Schütthöhe bei axialer Durchmischung

Diese kann in der analogen Weise durch Verwendung des Dispersionsmodells wie bei der Destillation mit den Gleichungen (4.37) bis (4.39) erfolgen.

Beispiel 5.2. Höhe einer Füllkörperschüttung bei isothermer Absorption

Bei isothermer Absorption von Aceton aus Luft durch Wasser gemäß Beispiel 2.7 soll das Aceton zu 98% aus der Luft entfernt werden.

Aufgabe:

Es sind zu bestimmen:

1. die Höhe der Füllkörperkolonne, wobei der im Beispiel 2.10 ermittelte kleinste Stoffdurchgangskoeffizient $K_G = 0{,}000314$ kmol/(m² s) für die gesamte Kolonne zutreffend sein soll;
2. das Vielfache des minimalen Waschflüssigkeitsstroms.

Lösung:

Zu 1.

Bei dem geringen Anteil des Löslichen mit 6 Vol-% kann auch bei Verwendung von Molanteilen die Bilanzlinie näherungsweise als Gerade angenommen werden. Für das Phasengleichgewicht gilt das Gesetz von *Henry*, so daß das Triebkraftintegral numerisch mit Gleichung (2.223) gelöst werden kann:

$$H = \frac{\dot{N}_G}{\varphi_B a A_q K_G} \frac{y_{1S} - y_{1K}}{\Delta y_{1m}}$$

$$\Delta y_{1m} = \frac{\Delta y_{1S} - \Delta y_{1K}}{\ln \dfrac{\Delta y_{1S}}{\Delta y_{1K}}} \tag{5.22}$$

Die Ermittlung der verschiedenen Größen in Gleichung (2.223) ergibt:

$$\dot{N}_G = \frac{1063}{22{,}4 \cdot 3600} = 0{,}01318 \text{ kmol/s}$$

Der Benetzungsgrad nach *Heinrich*, Gleichung (4.31), mit dem Kontaktwinkel 0° ist

$\varphi_{max} = 1$

$\varphi_{min} = 3{,}327 d^{0{,}0257} - 0{,}00724\omega - 3{,}172$

$\varphi_{min} = 3{,}327 \cdot 25^{0{,}0257} - 0 - 3{,}172 = 0{,}442$

$A_q = 0{,}6^2 \dfrac{\pi}{4} = 0{,}283 \text{ m}^2 \; ; \qquad \dot{v}_F = \dfrac{2{,}28}{0{,}283} = 8{,}06 \text{ m}^3/(\text{m}^2 \text{ h})$

$\varphi_B = \varphi_{max} - (\varphi_{max} - \varphi_{min}) \exp(-0{,}21 \dot{v}_F)$

$\varphi_B = 1 - (1 - 0{,}442) e^{-0{,}21 \cdot 8{,}06} = 0{,}897$

Die Konzentrationen sind gemäß Aufgabenstellung:

$y_{1S} = 0{,}06 \; ; \qquad y_{1K} = 0{,}06(1 - 0{,}98) = 0{,}0012 \; ; \qquad x_{1K} = 0$

Da das Wasser am Eintritt kein Aceton enthält, befindet sich am Sumpf nur die aus dem Gas absorbierte Acetonmenge im Wasser:

$\dot{N}_G(y_{1S} - y_{1K}) = 0{,}01318(0{,}06 - 0{,}0012) = 7{,}75 \cdot 10^{-4} \text{ kmol Aceton/s}$

Der gesamte Waschflüssigkeitsstrom ergibt sich damit zu:

$\dot{N}_F = \dfrac{2280}{18 \cdot 3600} + 7{,}75 \cdot 10^{-4} = 0{,}0360 \text{ kmol/s} \; ; \qquad x_{1S} = \dfrac{\dot{N}_{1S}}{\dot{N}_F} = \dfrac{7{,}75 \cdot 10^{-4}}{0{,}0360} = 0{,}0215$

Für die mittlere Triebkraft wird die Triebkraft am Sumpf und Kopf benötigt:

$y_1^* = 1{,}68 x_1$; daraus erhält man $y_{1S}^* = 1{,}68 \cdot 0{,}0215 = 0{,}0361$ und $y_{1K}^* = 0$

$\Delta y_{1S} = y_{1S} - y_{1S}^* = 0{,}06 - 0{,}0361 = 0{,}0239 \; ; \qquad \Delta y_{1K} = y_{1K} - y_{1K}^* = 0{,}0012$

$$\Delta y_{1m} = \dfrac{0{,}0239 - 0{,}0012}{\ln \dfrac{0{,}0239}{0{,}0012}} = 0{,}00759$$

Damit ergibt sich die Höhe der Füllkörperschüttung gemäß Gleichung (2.223) zu:

$$H = \dfrac{0{,}01318 \cdot (0{,}06 - 0{,}0012)}{0{,}897 \cdot 200 \cdot 0{,}283 \cdot 0{,}000314 \cdot 0{,}00759} = \underline{\underline{6{,}40 \text{ m}}}$$

Ausführung mit 20% Zuschlag: $H = 1{,}2 \cdot 6{,}40 = 7{,}7 \text{ m}$

Zu 2.

Für den minimalen Waschflüssigkeitsstrom mit Molanteilen erhält man unter der Voraussetzung, daß näherungsweise $\dot{N}_G$ und $\dot{N}_F$ über die Höhe der Kolonne konstant sind, über eine Stoffbilanz analog Gleichung (5.5):

$\dot{N}_{F\min} = \dot{N}_G \dfrac{y_{1S} - y_{1K}}{x_{1S}^* - x_{1K}} \; ; \qquad x_{1S}^* = \dfrac{y_{1S}}{1{,}68} = \dfrac{0{,}06}{1{,}68} = 0{,}0357$

$\dot{N}_{F\min} = 0{,}01318 \dfrac{0{,}060 - 0{,}0012}{0{,}0357 - 0} = 0{,}0217 \text{ kmol/s}$

Unter Vernachlässigung der geringen Acetonmenge in der flüssigen Phase ergibt sich ein Vielfaches des minimalen Waschflüssigkeitsstroms von

$$\dot{N}_w = \frac{2280}{18 \cdot 3600} = 0{,}0352 \text{ kmol/s}$$

$$\frac{\dot{N}_w}{\dot{N}_{w\min}} = \frac{0{,}0352}{0{,}0217} = \underline{\underline{1{,}62}}$$

5.5. Stoffübertragung in Füllkörperkolonnen bei nichtisothermer Absorption

Problemstellung

Bei der Absorption kondensierbarer Gaskomponenten werden bereits bei einer Konzentration der kondensierbaren Komponente von wenigen Vol.-% so große Enthalpieströme freigesetzt, daß sich die Absorptionsflüssigkeit um 10 K und mehr erwärmen kann. Entsprechend der Änderung der Temperatur gibt es Veränderungen im Phasengleichgewicht. So ist die im Beispiel 5.2 behandelte Aufgabe zur Absorption von 6 Vol.-% Aceton isotherm nur dann möglich, wenn an mehreren Stellen der Kolonne Energie durch eingebaute Kühlflächen mit einem Kühlmedium abgeführt wird. Meistens wird die Absorption adiabat ausgeführt, so daß sich die Waschflüssigkeit erwärmt. Im Bild 5.9 sind die Gleichgewichtslinien bei Temperaturen von 21 bis 36 °C und die für ein Beispiel sich ergebende effektive Gleichgewichtskurve eingetragen. Bei isothermer Absorption wurde im

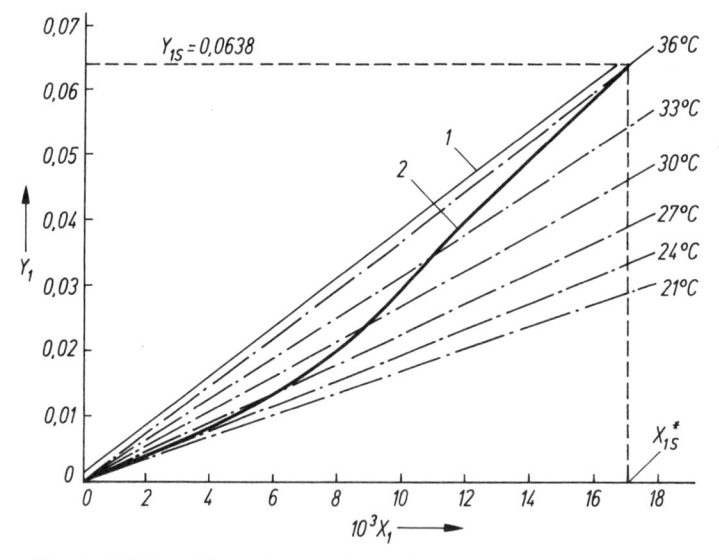

Bild 5.9. Adiabate Absorption von Aceton in Wasser analog zu Beispiel 5.2 mit einer Eintrittstemperatur des Wassers von 21 °C
1 Bilanzlinie
2 Effektive Gleichgewichtskurve

Stoffübertragung in Füllkörperkolonnen bei nichtisothermer Absorption **5.5.**

Beispiel 5.2 ein Verhältnis $\dot{N}_w/\dot{N}_{w\,\text{min}} = 1{,}62$ ermittelt, während sich dieses Verhältnis bei adiabater Absorption und dementsprechender Temperaturerhöhung der Waschflüssigkei zu $\dot{N}_w/\dot{N}_{w\,\text{min}} = 1{,}04$ ergibt.

Mathematische Modellierung und numerische Lösungsmethode

Das mathematische Modell ergibt sich aus den bekannten Gesetzmäßigkeiten der gekoppelten Stoff- und Wärmeübertragung und dem nichtidealen Phasengleichgewicht, z. B. Aktivitätskoeffizienten nach der NRTL-Gleichung. Unter Bezugnahme auf Bild 5.10 erhält man folgendes Gleichungssystem für einen Höhenabschnitt dH der Füllkörperkolonne:

Stoffbilanz (Bilanzkreis I):

$$d\dot{F}_{ij} - d\dot{G}_{ij} = 0 \qquad (5.24) \quad z$$

Stoffübertragung (Bilanzkreise II und III):

$$d\dot{G}_{ij} = \beta_{jG}\,dA(y_{ij} - y_{ijP}) = \dot{G}_j\,dy_{ij} \qquad (5.25) \quad z$$

$$d\dot{F}_{ij} = \beta_{jF}\,dA(x_{ijP} - x_{ij}) = \dot{F}_j\,dx_{ij} \qquad (5.26) \quad z$$

Phasengleichgewicht an der Phasengrenze:

$$y_{ijP} = x_{ijP}\gamma_{ij}\frac{\pi_{ij}}{p_j} \quad \text{oder} \quad K_{ijP} = \frac{y_{ijP}}{x_{ijP}} \qquad (5.27) \quad z$$

Energiebilanz (Bilanzkreis I):

$$d\dot{H}_{jF} - d\dot{H}_{jG} = 0 \quad \text{oder} \quad d\dot{F}_j h_{jF} - d\dot{G}_j h_{jG} = 0 \qquad (5.28) \quad 1$$

mit

$$h_{jG} = \sum_i y_{ij}[c_{ijG}(T_{jG} - T_0) + r_{ij}];$$

$$h_{jF} = \sum_i x_{ij}[c_{ijF}(T_{jF} - T_0) + h_{Aj}]$$

Wärmeübertragung:

$$d\dot{Q}_{jG} = \alpha_{jG}\,dA(T_{jG} - T_{jP}) = d\dot{G}_j h_{jGP} \qquad (5.29) \quad 1$$

$$d\dot{Q}_{jF} = \alpha_{jF}\,dA(T_{jP} - T_{jF}) = d\dot{F}_j h_{jFP} \qquad (5.30) \quad 1$$

Für die Konzentration des inerten Gases y_{2j} gilt:

$$y_{2j} = 1 - y_{1j} - y_{3j} \qquad (5.31) \quad 1$$

Summe der Gleichungen für 1 Höhenabschnitt dH $\qquad = 4z + 4$

Vorstehendes Gleichungssystem ist simultan zur Ermittlung folgender Unbekannten zu lösen: $dy_{ij}, dx_{ij}, y_{ijP}, x_{ijP}, y_{2j}, dT_{jF}, dT_{jG}, T_{jP}$. Für die Stoffübergangskoeffizienten β_{jG} und β_{jF} wurden die Gleichungen von *Onda* [2.26] verwendet; desgleichen für den Benetzungsgrad φ_B zur Berechnung der benetzten Phasengrenzfläche

$$dA = \varphi_B a A_q\,dH \qquad (5.32)$$

Für die Wärmeübergangskoeffizienten wurde die Analogie von Wärme- und Stoffübertragung nach [6.1] verwendet:

$$\alpha_G = \beta_G c_G \frac{p}{RT_G}\left(\frac{a_T}{D}\right)_G^{2/3} \quad \text{und} \quad \alpha_F = \beta_F c_F \frac{(a_T/D)_F^{0{,}5}}{v_F} \qquad (5.33)$$

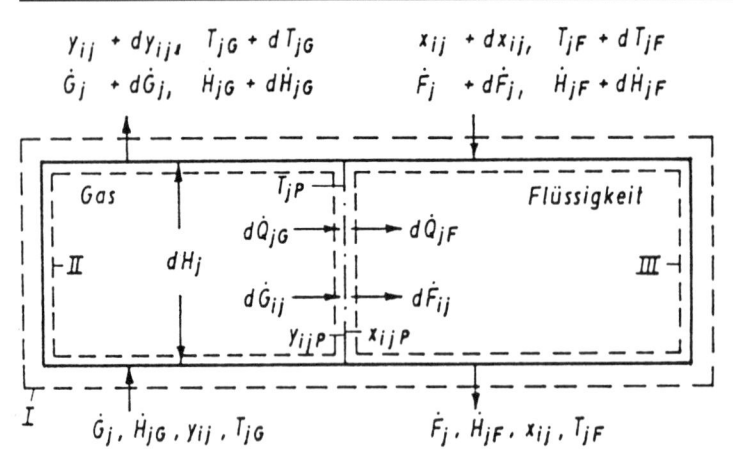

Bild 5.10. Schema des differentiellen Abschnittes j

Für die numerische Lösung wurden statt der differentiellen Größen Differenzen eingeführt, wobei entscheidend der Zahlenwert für den Höhenabschnitt ΔH_j ist [s. Gl. (5.32)]. Infolge der starken Nichtlinearität der Konzentrations- und Temperaturprofile erfolgt die numerische Lösung mit Einführung eines Relaxationsfaktors ω. Für die Gleichungen (5.24) und (5.28) erhält man für den instationären Zustand:

$$\left(\frac{\partial \dot{F}_i}{\partial H} - \frac{\partial \dot{G}_i}{\partial H}\right) \frac{1}{A_q} = \frac{\partial \varepsilon_{iF}}{\partial t} + \frac{\partial \varepsilon_{iG}}{\partial t} \qquad (5.24\,\mathrm{a})$$

$$\left(\frac{\partial \dot{H}_F}{\partial H} - \frac{\partial \dot{H}_G}{\partial H}\right) \frac{1}{A_q} = \frac{\partial \varepsilon_F h_F}{\partial t} \qquad (5.28\,\mathrm{a})$$

Mit dem Relaxationsfaktor $\omega = \Delta t/\varepsilon$ wurden die Gleichungen (5.24a) und (5.28a) in die entsprechende Form mit Differenzen überführt. Für das vorstehend dargestellte mathematische Modell wurden folgende Voraussetzungen getroffen: Gas und Flüssigkeit Kolbenströmung, Phasengleichgewicht an der Phasengrenze.

Einflußgrößen

Diese können für das vorliegende Problem eingeteilt werden in:

Stoffliche Größen — Von der Art des Stoffsystems hängen der Dampfdruck der kondensierbaren Komponenten und der Dampfdruck der verdampfenden Waschflüssigkeit (starke Temperaturabhängigkeit) ab. Weitere stoffliche Eigenschaften wie Viskosität der Waschflüssigkeit, Schaumverhalten, Diffusionskoeffizienten sind von untergeordneter Bedeutung, da sie durch eine meistens geringe Verifizierung der Höhe der Kolonne berücksichtigt werden können.

Betriebliche Größen — Verhältnis $\dot{M}_F : \dot{M}_G$, Konzentration der kondensierbaren Komponente. Die Temperaturen der Eintrittsströme hängen von technologischen Bedingungen bzw. von den Möglichkeiten der Kühlung ab (im Sommer mit Kühlwasser Abkühlung auf 35 °C, im Winter auf 15 °C).

Konstruktive Größen — Kolonnenhöhe, Art und Abmessungen der Füllkörper, Kolonnendurchmesser.

Stoffübertragung in Füllkörperkolonnen bei nichtisothermer Absorption 5.5.

Nachdem das Stoffsystem, die Konzentration der kondensierbaren Komponente und die Eintrittstemperaturen des Gases und der Waschflüssigkeit festgelegt sind, wird zu der entscheidenden Einflußgröße das Verhältnis $\dot{M}_F : \dot{M}_G$.

Beispiel 5.3. Nichtisotherme Absorption von Aceton in Wasser

Eine Füllkörperkolonne ist unter Variation der Schütthöhe und des Massenstromverhältnisses zu berechnen.

Gegeben:

Aceton(1)-Luft(2)-Wasserdampf(3)-Gemisch am Eintritt in die Kolonne: $y_{1S} = 0{,}0600$; $y_{2S} = 0{,}9232$; $y_{3S} = 0{,}0168$; Druck 101,3 kPa; Berlsättel 25 mm Keramik; Gasstrom am Eintritt $\dot{N}_{SG} = 287{,}4$ kmol/h; Eintrittstemperatur des Gases 15 °C; Eintrittstemperatur des Wassers 15 °C; reines Wasser am Kopf wird zugegeben; Kolonnendurchmesser 1,25 m.

Aufgabe:

Für die Füllkörperkolonne sind mit einem Rechenprogramm, das auf dem vorstehend dargestellten mathematischen Modell basiert, die Konzentrations- und Temperaturprofile bei unterschiedlichen Massenstromverhältnissen $\dot{M}_F : \dot{M}_G$ und Schütthöhen H zu berechnen. Die Verdampfung von Wasser ist ensprechend seinem Partialdruck zu berücksichtigen. Es sollen mindestens 93 Vol.-% des Acetons absorbiert werden.

Lösung:

Die Berechnung erfolgt auf einem Personalcomputer. Die Ergebnisse sind im Bild 5.11 und in der Tabelle 5.2 (7 Varianten) dargestellt. Zur Kennzeichnung des Rechenaufwandes ist die Zahl der Iterationen z_I in Tabelle 5.2 aufgeführt. Als Abbruchkriterien wurden die absoluten Fehler der Enthalpiebilanzen um jedes Höhenelement ΔH und die gesamte Kolonne sowie die Summen der absoluten Fehler der Komponentenbilanzen um jedes Höhenelement und die gesamte Kolonne verwendet. Es wurden verwendet: Höhenabschnitt $\Delta H_j = 0{,}1$ m und Relaxationsfaktor $\omega = 0{,}01$. Die Rechenzeit betrug für eine Variante 30 bis 60 Minuten.

Bei einem zu kleinen Verhältnis $\dot{M}_F : \dot{M}_G$ (vgl. Bilder 5.11 a und b) verschiebt sich das Temperaturmaximum in die Nähe des Kopfes. Dadurch tritt das Gas mit einer höheren Temperatur und dementsprechend einem größeren Gehalt an verdampfter Waschflüssigkeit aus. Der Absorptionsgrad

Tabelle 5.2. Wesentliche berechnete Größen für die Absorption von Aceton in Wasser bei verschiedenen Massenstromverhältnissen $\dot{M}_F : \dot{M}_G$ und Höhen der Füllkörperschüttung H (7 Varianten), Absorptionsgrad η_A gemäß Gleichung (5.11)

$\dot{M}_F/\dot{M}_G$ in kg/kg	H in m	z_I	y_{1K} in Mol-%	x_{1S} in Mol-%	T_{KG} in °C	$T_{G\max}$ in °C	T_{SF} in °C	$T_{F\max}$ in °C	η_A in %
1,50	4,5	146	0,3824	2,171	15,91	34,57	26,63	34,66	93,99
1,25	4,5	133	1,185	2,252	18,85	36,67	25,66	36,70	81,15
1,00	4,5	183	1,729	2,506	22,81	37,80	23,84	37,87	72,17
0,75	4,5	225	2,151	3,014	26,19	36,34	21,28	36,60	65,00
1,5	3,0	124	0,4485	2,148	16,07	31,74	26,45	32,17	92,94
1,5	6,0	198	0,3787	2,173	15,90	35,31	26,64	35,33	94,04
1,5	9,0	295	0,3784	2,173	15,90	35,50	26,64	35,50	94,05

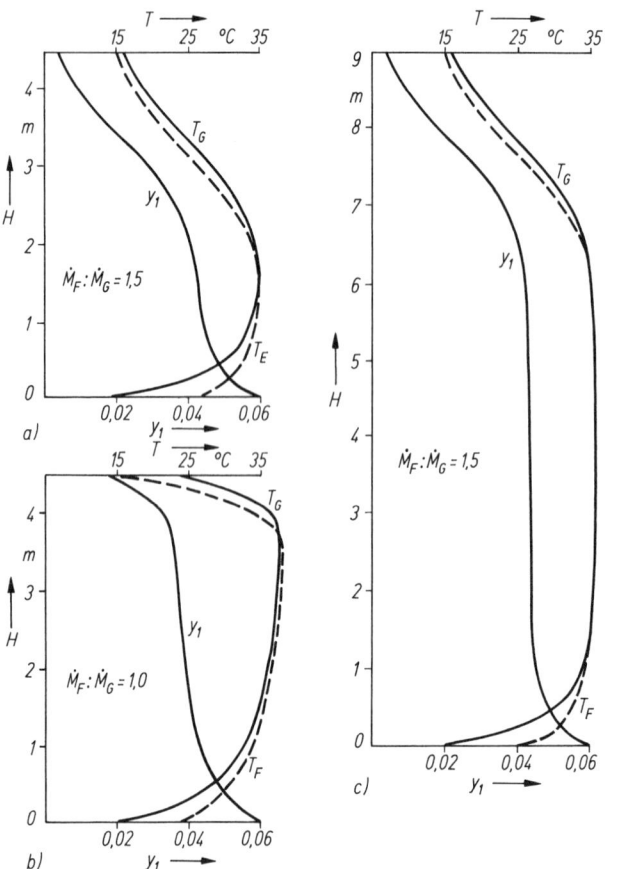

Bild 5.11. Temperatur- und Konzentrationsprofil für die Absorption von Aceton in Wasser gemäß Beispiel 5.4
a) Höhe der Füllkörperschüttung 4,5 m, $\dot{M}_F : \dot{M}_G = 1{,}5$
b) Höhe der Füllkörperschüttung 4,5 m, $\dot{M}_F : \dot{M}_G = 1{,}0$
c) Höhe der Füllkörperschüttung 9,0 m, $\dot{M}_F : \dot{M}_G = 1{,}5$

ist bei zu kleinem Verhältnis $\dot{M}_F : \dot{M}_G$ niedrig (s. auch Tab. 5.2):

$$\eta_A = 1 - \dot{N}_{1KG}/\dot{N}_{1SG}$$

Die Vergrößerung der Höhe hat nach Erreichen einer bestimmten Höhe faktisch keinen Einfluß mehr auf den Absorptionsgrad (vgl. Bilder 5.11 a und c und Tab. 5.2).

5.6. Ausrüstungen und Fluiddynamik

Die wichtigsten Ausrüstungen bei der Absorption sind *Kolonnen*, die den Kolonnen bei der Destillation (s. Abschn. 4.5.) entsprechen. Bei der Absorption ist der Druckverlust des Gases in der Kolonne meistens durch Kompression der Gase mit einem entsprechenden Energieverbrauch auszugleichen. Daher werden bei der Absorption bevorzugt Kolonnen mit niedrigem Druckverlust eingesetzt.

Außer Kolonnen werden unter speziellen Bedingungen manchmal auch andere Ausrüstungen verwendet, bei denen meistens nur annähernd eine theoretische Stufe realisiert werden kann (ausgenommen Ausrüstungen mit rotierenden Teilen):

— *Rührmaschinen* können bei großen Flüssigkeitsströmen und kleinen Gasströmen eingesetzt werden.
— *Blasenabsorber* sind leere Kolonnenapparate, die mit Flüssigkeit gefüllt sind und durch welche die gasförmige Phase in Form von Blasen aufsteigt. Sie können von Vorteil sein, wenn der Flüssigkeitsinhalt entscheidend ist, wie dies bei der Chemosorption für eine Ha-Zahl <0,3 (s. Abschn. 2.5.4.) zutrifft.
— *Ausrüstungen mit rotierenden Teilen*, in denen die flüssige Phase versprüht wird. Diese Ausrüstungen zeichnen sich durch eine große Phasengrenzfläche und kleinen Druckverlust aus. Sie sind teurer als Kolonnen mit Einbauten und werden häufig gleichzeitig zur Entfernung von festen Partikeln genutzt.
— *Venturiwäscher* sind sehr einfache Apparate, bei denen das Gas mit hoher Geschwindigkeit von 35 bis 100 m/s in einer Rohrverengung mit anschließender Erweiterung mit der Flüssigkeit in Kontakt gebracht wird. Die Flüssigkeit wird zerstäubt. Der Energiebedarf für die Druckerzeugung ist im Vergleich zu anderen Ausrüstungen sehr hoch. Auch die gleichzeitige Abscheidung von Staub ist möglich.
— *Strahlsauger*, bei denen mit der Flüssigkeit in einer Rohrverengung die gasförmige Phase angesaugt wird (kleine Durchsätze).

Fluiddynamik

Diese entspricht weitgehend der von Destillationskolonnen (s. Abschn. 4.6.). Bei Absorptionskolonnen können durch die Wahl der Waschflüssigkeit insbesondere folgende Probleme hinzukommen:

— Extreme Belastungen durch große Flüssigkeitsstromdichten.
— Der auftretende Bereich der Viskosität in der Flüssigkeit kann größer sein, wodurch die Phasengrenzfläche und die Stoffübertragung ungünstig beeinflußt werden.
— Bei manchen Waschflüssigkeiten gibt es eine starke Neigung zum Schäumen, wodurch die obere Belastungsgrenze stark herabgesetzt wird. Die Phänomene des Schäumens sind bisher wenig erforscht.

5.7. Absorption von organischen Stoffen aus Abgasen

Die technische Anleitung (TA) Luft vom 1. 3. 1986 gibt unter Beachtung des technischen Standes für die Abtrennung von organischen Stoffen aus Abgasen Grenzwerte je m³ i. N. an: Klasse I 20 mg/m³, Klasse II 100 mg/m³, Klasse III 150 mg/m³, ausgenommen krebszeugende Stoffe, für welche die Grenzwerte mit 0,1; 1 und 5 mg/m³ festgelegt sind. Die Absorption hat als Verfahren zur Abtrennung von organischen Stoffen aus Abluft erst in den 80er Jahren an Bedeutung gewonnen. Es ist überraschend, daß dies nicht früher erfolgte. Allerdings wurden in den 80er Jahren günstige neue hochsiedende Absorptionsmittel entwickelt. Folgende Eigenschaften sind für die Absorptionsmittel wünschenswert:

- sehr geringer Dampfdruck bei Umgebungstemperatur, damit keine Verunreinigung der Abluft mit der Waschflüssigkeit erfolgt; bei einem Dampfdruck <1 Pa ist bei einem Gesamtdruck von 1 bar in der Kolonne der Molanteil der Waschflüssigkeit im Gas $<1 \cdot 10^{-5}$,
- niedrige Molmasse, damit der Massenstrom an Waschflüssigkeit klein wird,
- günstiges Verhalten des Phasengleichgewichts, d. h. kleiner Aktivitätskoeffizient für den kondensierbaren organischen Stoff, um den Massenstrom an Waschflüssigkeit zu vermindern,
- niedrige Viskosität (in der Nähe von Wasser),

- gute Löslichkeit mit dem zu absorbierenden Stoff,
- hohe Zünd- und Flammtemperatur bzw. nicht brennbar,
- thermisch und chemisch stabil, nicht giftig,
- gute Verfügbarkeit und niedriger Preis.

In Tabelle 5.3 sind Stoffdaten für verschiedene Waschflüssigkeiten aufgeführt. Neu sind hauptsächlich Polyalkylenglycolether; davon ist in Tabelle 5.3 Polyethylenglycoldimethylether (PEG-DME) aufgeführt. Wasser kommt als Absorptionsmittel nur in Betracht, wenn der organische Stoff in Wasser gut löslich ist, dann ist meistens Wasser als Absorptionsmittel am günstigsten. Der verhältnismäßig hohe Dampfdruck des Wassers bei der Absorption stört nicht, da Wasserdampf in der Abluft keine Umweltbelastung darstellt. Die Regenerierung des Absorptionsmittels erfolgt grundsätzlich durch Destillation. Die prinzipielle Technologie ist im Bild 5.12 dargestellt.

Tabelle 5.3. Stoffwerte für verschiedene Absorptionsmittel bei 20 °C
(γ_∞ bei unendlich kleiner Konzentration)

	Dibutyl-phthalat	PEG-DME	Silicon-öl	Wasser
Molmasse in kg/kmol	280	270	3000	18
Dampfdruck in Pa	<0,1	0,2	<0,1	2300
Wasseraufnahme in Masse-%	0,2	∞	<0,1	—
Viskosität in 10^{-3} Pa s	21	8	50	1
Oberflächenspannung in mN/m	34	15	25	73
Siedetemperatur bei 1,013 bar in °C	183	>270	>200	100
Aktivitätskoeffizient γ_∞				
Methanol	2,80	0,50		2,38
Hexan	1,80	4,00		136000
Methylenchlorid	0,12	0,15	0,12	
Toluol	0,80	1,00	0,20	10000

Auf die Absorption in Kolonne 1 sind hauptsächlich von Einfluß:

— Art der gewählten Waschflüssigkeit mit der Molmasse und dem Phasengleichgewicht (Aktivitätskoeffizient), die maßgeblich den Massenstrom für das Absorptionsmittel bestimmen,
— Beladung der Abluft mit dem organischen Stoff, wobei die Absorption auch bei stärkeren Schwankungen der Konzentration des organischen Stoffes in der Abluft gut geeignet ist,
— Eintrittstemperatur der Waschflüssigkeit am Kopf der Absorptionskolonne.

Der minimale Waschflüssigkeitsstrom bei der Absorption ergibt sich gemäß Gleichung (5.20) für einen kleinen Molanteil des organischen Stoffes zu:

$$\frac{\dot{N}_{F\min}}{\dot{N}_G} = \frac{y_{1S} - y_{1K}}{x^*_{1S} - x_{1K}} \tag{5.34}$$

Das Verhältnis des gewählten Waschflüssigkeitsstroms zu einem minimalen Waschflüssigkeitsstrom, im folgenden Überschußfaktor $\ddot{u}$ genannt, bestimmt maßgeblich die Wirtschaftlichkeit im Zusammenwirken von Absorption und Regenerierung der Waschflüssigkeit durch Destillation. Ein höherer Überschußfaktor vermindert die Kosten bei der Absorption durch bessere Stoffübertragung in der Absorptionskolonne und erhöht die Kosten bei der Destillation. Auch die Kosten für den Wärmeübertrager 7 und Wasserkühler 3 (s. Bild 5.12) erhöhen sich mit einem steigenden Überschußfaktor. Für die Ermittlung des optimalen

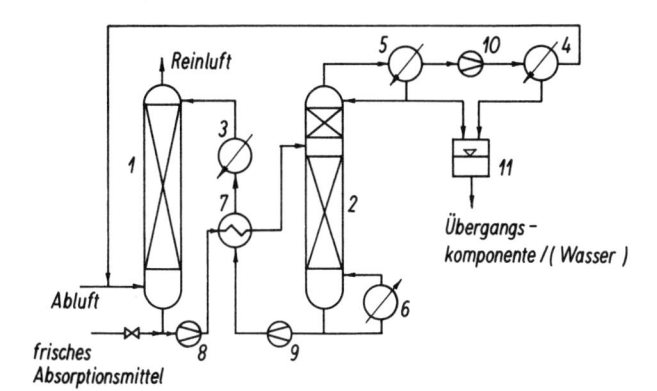

Bild 5.12. Vereinfachtes technologisches Schema der Absorption mit Regeneration der Waschflüssigkeit

1 Absorptionskolonne
2 Destillationskolonne
3 und *4* Kühler mit Wasser
5 Kühler (evtl. Kältemittel)
6 Umlaufverdampfer
7 Wärmeübertrager
8 und *9* Flüssigkeitspumpen
10 Vakuumpumpe
11 Behälter

Überschußfaktors sind mehrere Varianten kostenmäßig — hauptsächlich Amortisationskosten, Kapitalzinsen und Energiekosten — zu berechnen. Das Optimum der Kosten ist häufig in dem folgendem Bereich zu erwarten:

$$\ddot{u} = \dot{V}_F/\dot{V}_{F\min} = 1{,}5 \ldots 2{,}5 \tag{5.35}$$

Der Überschußfaktor ist deutlich höher als der Überschußfaktor $\ddot{u} = v/v_{\min}$ bei der ausschließlichen Destillation eines Flüssigkeitsgemisches [s. Gl. (4.25)].
Gemäß dem Phasengleichgewicht zwischen der Waschflüssigkeit (Komponente 2) und dem kondensierbaren organischen Stoff (Komponente 1) gilt gemäß Gleichung (4.4) für die Gleichgewichtskonzentration des organischen Stoffes x_1 in der Waschflüsigkeit

$$x_1^* = \frac{y_1 p}{\gamma_1 \pi_1} \tag{5.36}$$

Die Konzentration des organischen Stoffes y_1 in dem Abgas ist durch den Anfall des Abgases gegeben. Je höher die Konzentration des organischen Stoffes y_1 in dem Abgas ist, um so günstiger wird die Absorption. In der Regel findet die Absorption mit dem Druck p statt, mit dem das Abgas anfällt; dies ist meistens ein Druck in der Nähe des atmosphärischen Druckes. Der Dampfdruck des organischen Stoffes π_1 ist durch den organischen Stoff in dem Abgas gegeben und in bekannter Weise stark von der Temperatur abhängig. Damit ist die Gleichgewichtskonzentration des organischen Stoffes x_1 in der Waschflüssigkeit vor allem über den Aktivitätskoeffizienzen beeinflußbar (s. Tab. 5.3). Wasser als Absorptionsmittel scheidet aus, wenn die Löslichkeit des organischen Stoffes im Wasser sehr gering ist (für Toluol 0,47 kg/m³, für Hexan 0,05 kg/m³, jeweils bei 20 °C) und damit der Aktivitätskoeffizient extrem groß wird.
Die Temperatur der Waschflüssigkeit in der Absorptionskolonne hat auf die Gleichgewichtskonzentration des Absorptionsmittels und den Verlust an Absorptionsmittel mit dem austretenden Gas am Kopf großen Einfluß. Je höher die Temperatur der Waschflüssigkeit ist, um so kleiner ist x_1, und um so höher wird y_{1K}. Maßgebend ist die Eintrittstemperatur der Waschflüssigkeit am Kopf, die sich nach dem Kühler 3 (s. Bild 5.12) ergibt. Im Sommer steht als ungünstiger Fall oft Kühlwasser aus einem Rückkühlwerk mit 25 bis 28 °C zur Verfügung, so daß die Waschflüssigkeit auf etwa 35 °C abgekühlt werden kann. Im Winter ist eine Abkühlung der Waschflüssigkeit auf 20 °C oder niedriger möglich. Des weiteren wird die Temperatur der Waschflüssigkeit in der Absorptionskolonne von der Konzentration des organischen Stoffes im Abgas beeinflußt. Bei der Absorption des organischen Stoffes wird die Kondensationsenthalpie frei und damit das Absorptionsmittel erwärmt. Bis zu einer Konzentration von etwa 8 g organischer Stoff je m³ Abgas ist die Temperaturerhöhung gering; bei höheren Konzentrationen des organischen Stoffes ab etwa 12 g/m³ ist eine

Berechnung unter den Bedingungen der nichtisothermen Absorption zu prüfen (s. Abschn. 5.5.).

Die Regenerierung des Absorptionsmittels durch Destillation beeinflußt die Kosten hauptsächlich durch die benötigte Wärmeenergie am Sumpf der Kolonne 3, den Aufwand bei der Kondensation des organischen Produktes am Kopf und die Nutzung der Energie des Sumpfproduktes im Wärmeübertrager 7. Die Destillation ist bezüglich des Trennaufwandes relativ einfach, da der Unterschied der Siedetemperaturen zwischen dem organischen Stoff und dem Absorptionsmittel groß ist, meistens > 100 K. Allerdings sind hohe Reinheiten des Absorptionsmittels im Sumpf der Destillation erforderlich, oft 10^{-5} bis 10^{-6} Molanteile, die erreichbar sind.

Manche Absorptionsmittel sind temperaturempfindlich. So wird von der HOECHST AG als Hersteller von Genosorb 250 (Polyethylenglycoldimethylether) empfohlen, eine Temperatur von 150 °C mit Rücksicht auf eine mögliche Zersetzung nicht zu überschreiten. Es ist dann eine Vakuumdestillation erforderlich. In Abhängigkeit des Dampfdruck-Temperatur-Verhaltens des jeweiligen organischen Stoffes kann dann die Kondensationstemperatur so tief liegen (s. Tab. 5.4), daß die Kondensation mit Kühlwasser nicht mehr möglich ist. Es ist dann zu prüfen, ob die Kondensation mit einem Kältemittel wirtschaftlicher ist als die Kompression des Gemisches organischer Dampf/Luft mit einer Vakuumvorrichtung auf einen solchen Druck, daß mit Wasser kondensiert werden kann. Im Bild 5.12 ist für die Kondensation eine Variante dargestellt, daß der größere Teil des organischen Dampfes im Kondensator 5 kondensiert wird und nach der Vakuumpumpe 10 in einem weiteren Kondensator 4 organischer Dampf mit Wasser auskondensiert wird.

Tabelle 5.4. Siedetemperatur T_S für verschiedene organische Stoffe in Abhängigkeit vom Druck in der Destillationskolonne, Absorptionsmittel Polyethylenglycoldimethylether

Druck in bar		1,00	0,0157	0,0342	0,0486
Absorptionsmittel, organischer Stoff	T_S in °C	270	150	170	180
Aceton	T_S in °C	56,2	−29,0	−17,0	−11,0
Toluol	T_S in °C	110,6	9,0	23,0	29,9
Ethylbenzol	T_S in °C	136,2	28,7	43,5	50,8
Phenol	T_S in °C	182,0	76,4	90,9	98,0

Im Wärmeübertrager 7 wird Wärmeenergie zwischen dem kalten Absorptionsmittel aus dem Sumpf der Kolonne 1 und dem heißen Absorptionsmittel aus dem Sumpf der Destillationskolonne übertragen. Das Optimum für den Wärmeübertrager 7 ergibt sich aus einer Berechnung der Kosten für die Wärmeenergie und die Einsparung an Kühlwasser (Gutschrift) und dem Aufwand für den Wärmeübertrager (Amortisation, Kapitalzinsen und Reparaturen) (vgl. Bild 3.21). Der Wärmeübertrager 7 beeinflußt die Wirtschaftlichkeit erheblich. Die vorstehend behandelten Probleme machen deutlich, daß mehrere Prozeßparameter zwischen der Absorption und Destillation mit den entsprechenden Ausrüstungen zu optimieren sind.

Beispiel 5.4. Absorption von Toluol aus Abgasen

In einem Betrieb fallen $\dot{V}_G = 44500$ m^3/h i. N. Abgas mit einer Konzentration an Toluol von 20 g/m^3 i. N. an. Das Toluol ist durch Absorption mit Polyethylenglycoldimethylether auf 100 mg/^{3} i. N. im gereinigten Gas zu mindern.

Absorption von organischen Stoffen aus Abgasen 5.7.

Gegeben:

Eintrittstemperatur des Gases	$T_{GS} = 25\,°C$
Eintrittstemperatur des Absorptionsmittels	$T_{FK} = 30\,°C$
Aktivitätskoeffizient des Toluols (Index 1) im Absorptionsmittel	$\gamma_1 = 0{,}80$
Konzentration des Toluols im Absorptionsmittel am Kopf	$x_{1K} = 1 \cdot 10^{-5}$ Molant.
Druck am Kopf der Kolonne	$p = 1{,}013$ bar
Überschußfaktor	$\ddot{u} = N_F/N_{F\min} = 2{,}0$.

Es wird eine Kolonne mit Mellapak-Einbauten 250.Y aus austenitischem Stahl ausgeführt, von der für den Einsatzfall folgende Daten bekannt sind:

Gasbelastungsfaktor in $Pa^{0,5}$	2,08	1,96	1,72
Höhe einer Übertragungseinheit $H_{G\,ges}$ in m	0,370	0,361	0,354
Druckverlust in mbar/m	1,74	1,35	1,05

Aufgabe:

1. Ermittlung des Waschflüssigkeitsstroms
2. Dimensionierung der Kolonne mit Mellapak-Einbauten

Lösung:

Zu 1.

Der minimale Waschflüssigkeitsstrom ergibt sich bei einer kleinen Konzentration des löslichen Stoffes, für Toluol Index 1 gemäß Gleichung (5.34), zu:

$$\frac{\dot{N}_{F\min}}{\dot{N}_G} = \frac{y_{1S} - y_{1K}}{x_{1S} - x_{1K}}$$

Ermittlung der Konzentrationen in Molanteilen am Sumpf und Kopf

$y_{1S} = \varrho_{1S} v_{M1}/M_1 = 0{,}020 \cdot 22{,}41/92{,}14 = 0{,}004864$

$y_{1K} = \varrho_{1S} v_{M1}/M_1 = 0{,}00010 \cdot 22{,}41/92{,}14 = 2{,}432 \cdot 10^{-5}$.

Gleichgewichtskonzentration am Sumpf x_{1S}:

$x_{1S} = y_{1S} p/(\gamma_{1S} \pi_{1S})$

Konstanten für die *Antoine*-Gleichung

$A = 6{,}95087;\quad B = 1342{,}31;\quad C = 219{,}187$

$\log \pi_1 = A - B/(C + T)$ in Torr, T in °C

Zur Ermittlung des Dampfdruckes für Toluol am Sumpf π_{1S} wird die Austrittstemperatur der Waschflüssigkeit am Sumpf T_{FS} benötigt. Es handelt sich um eine nichtisotherme Absorption, für welche die Grundlagen im Abschnitt 5.5. behandelt wurden. Aus der Durchrechnung der nichtisothermen Absorption ist bekannt, daß die Austrittstemperatur $T_{GK} = 29{,}5\,°C$ für das Gas am Kopf beträgt. Damit kann über eine Energiebilanz die Temperatur der Waschflüssigkeit am Sumpf T_{FS} ermittelt werden (s. Bild 5.13).

Die Energiebilanz lautet:

$\dot{M}_{FE} T_{FE} c_{pF} + \dot{M}_{GE} T_{GE} c_{pG} + \dot{H}_{Abs} = \dot{M}_{FA} c_{pF} + \dot{M}_{GA} T_{GA} c_{pG}$

$\dot{M}_{GE} \approx \dot{M}_{GA};\quad \dot{M}_{FE} \approx \dot{M}_{FA}$

$\dot{M}_F T_{FA} c_{pF} = \dot{M}_G c_{pG}(T_{GE} - T_{GA}) + \dot{M}_F T_{FE} c_{pF} + \dot{H}_{Abs}$

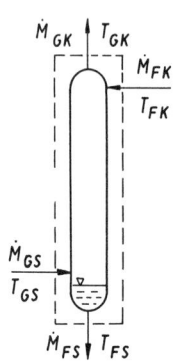

Bild 5.13. Energiebilanz für die Absorptionskolonne

Die bei der Kondensation des Toluols frei werdende Enthalpie ist

$\dot{H}_{Abs} = \dot{M}_{Kond} r_1$ mit r_1 für 29,5 °C

Bei einem Druck von 1,013 bar ist die Siedetemperatur von Toluol 110,65 °C und die Kondensationsenthalpie $r_2 = 356$ kJ/kg. Damit kann die Kondensationsenthalpie bei 29,5 °C ermittelt werden:

$$r_1 = r_2 \left(\frac{T_{kr} - T_1}{T_{kr} - T_2}\right)^{0,38} = 356 \left(\frac{318,55 - 29,5}{318,55 - 110,65}\right)^{0,38} = 403,5 \text{ kJ/kg}$$

Bei der kleinen Konzentration an Toluol gilt mit guter Näherung:

$\dot{V}_G = \dot{V}_{GS} \approx \dot{V}_{GK}$

$\dot{M}_1 = \dot{V}_G(\varrho_{1S}^K - \varrho_{1K}^K) = 44500(0,0200 - 0,0001) = 885,6$ kg/h

$\dot{H}_{Abs} = \dot{M}_1 r_1 = 885,6 \cdot 403,5 = 357300$ kJ/h

Für den Waschflüssigkeitsstrom gilt wegen des kleinen Stroms an Toluol mit sehr guter Näherung

$\dot{M}_F = \dot{M}_{FK} = \dot{M}_{FS}$

Der Waschflüssigkeitsstrom wird über $\dot{M}_{F\min}$ und das Vielfache von Zwei (gewählt) erst berechnet, so daß eine Iteration notwendig ist. Unter Berücksichtigung der hier nicht dargestellten vorausbegangenen Berechnung wird für die erste Iteration geschätzt:

$\dot{N}_{F\min} = 80,8$ kmol/h und $\dot{N}_F = 2\dot{N}_{F\min} = 2 \cdot 80,8 = 161,6$ kmol/h

Die Molmasse des Absorptionsmittels ist 230 kg/kmol. Dann ist der Massenstrom an Absorptionsmittel

$\dot{M}_F = M_F \dot{N}_F = 230 \cdot 161,6 = 37170$ kg/h

Der Massenstrom des Gases $\dot{M}_G$ ist:

$\dot{M}_G = 44500 \cdot 1,293 = 57540$ kg/h

Damit erhält man für die Sumpftemperatur der Waschflüssigkeit

$$T_{FS} = \frac{37170 \cdot 2,20 \cdot 30 + 57540 \cdot 1,007(25 - 29,5) + 357300}{37170 \cdot 2,20}$$

$T_{FS} = 31,18$ °C

Der Dampfdruck des Toluols ist bei 31,18 °C:

$\log \pi_1 = 6,95087 - 1342,31/(219,187 + 31,18)$

$\log \pi_1 = 1,58929$

$\pi_1 = 38,86$ Torr $= 5180$ Pa.

Die Gleichgewichtskonzentration ist dann

$$x^*_{1S} = \frac{0{,}004\,864 \cdot 101\,300}{0{,}8 \cdot 5180} = 0{,}1189$$

Man erhält für die Mengenströme $\dot{N}_G$ und $\dot{N}_{F\min}$

$$\dot{N}_G = \dot{V}_G/v_M = 44\,500 : 22{,}41 = 1986 \text{ kmol/h}$$

$$\dot{N}_{F\min} = 1986 \frac{0{,}004\,864 - 0{,}000\,024\,3}{0{,}1189 - 0{,}00001} = 80{,}84 \frac{\text{kmol}}{\text{h}}$$

Die Konzentration der Waschflüssigkeit am Sumpf ist

$$x_{1S} = (y_{1S} - y_{1K})\,\dot{N}_G/\dot{N}_F + x_{1K}$$

$$x_{1S} = (0{,}004\,864 - 0{,}000\,024\,3)\,1986/142{,}2 + 1 \cdot 10^{-5}$$

$$x_{1S} = 0{,}067\,60$$

Der berechnete Mengenstrom an Waschflüssigkeit

$$\dot{N}_F = 2{,}0 \cdot 80{,}84 = 161{,}7 \text{ kmol/h}$$

stimmt sehr gut mit dem angenommenen Mengenstrom für die erste Iteration überein, so daß sich eine weitere Iteration erübrigt. Der Massenstrom für die Waschflüssigkeit ist

$$\dot{M}_F = 230 \cdot 163{,}1 = 37\,190 \text{ kg/h}$$

Zu 2.

Als erstes wird der Durchmesser der Kolonne ermittelt. Es wird ein Gasbelastungsfaktor von 1,96 Pa^{0,5} gewählt; dies entspricht 1,96:2,45 = 0,80 des Gasbelastungsfaktors am Flutpunkt. Die Berechnung des Durchmessers erfolgt für den Kopf der Kolonne. Der Abgasstrom beträgt am Eintritt in die Kolonne 44 500 m³/h i. N., davon sind 99,514 Vol.-% Luft und 0,486 Vol.-% Toluol. Damit liegen 44 280 m³/h i. N. Luft vor, bei Vernachlässigung des sehr geringen Toluolanteils am Kopf der Kolonne erhält man für die Luft bei einem Druck von 101,3 kPa und einer Temperatur von 29,5 °C:

$$\dot{V}_G = \dot{V}_{G0} T/T_0 = 44\,280 \cdot 302{,}65/273{,}15 = 49\,060 \text{ m}^3/\text{h}$$

$$w_G = w_G \varrho_G^{0,5}/\varrho_G^{0,5} = 1{,}96 : 1{,}167^{0,5} = 1{,}814 \text{ m/s}$$

$$\varrho_G = \varrho_{G0} T_0/T = 1{,}293 \cdot 273{,}15/302{,}65 = 1{,}167 \text{ kg/m}^3.$$

Für den Querschnitt und Durchmesser D_K der Packung erhält man:

$$A_q = \dot{V}_G/w_G = 49\,060/(1{,}814 \cdot 3600) = 7{,}513 \text{ m}^2$$

$$D_K = (4A_q/\pi)^{0,5} = 3{,}09 \text{ m}.$$

Es wird ein Kolonnendurchmesser von 3,10 m gewählt. Für einen Gasbelastungsfaktor von 1,96 Pa^{0,5} ist $H_{G\text{ges}} = 0{,}361$ m. Sind die Bilanz und Gleichgewichtslinien Geraden, so gilt für die Zahl der Übertragungseinheiten:

$$N_{G\text{ges}} = (y_{1S} - y_{1K})/\Delta y_{1m}$$

$$\Delta y_{1m} = (\Delta y_{1S} - \Delta y_{1K})/\ln(\Delta y_{1S}/\Delta y_{1K})$$

$$\Delta y_{1S} = y_{1S} - y^*_{1S}.$$

Der Anstieg der Gleichgewichtslinie b ergibt sich aus den bereits ermittelten Werten zu:

$$b = y_{1S}/x^*_{1S} = 0{,}004\,864/0{,}1189 = 0{,}04091$$

Damit erhält man die Gleichgewichtskonzentration im Sumpf zu

$$y^*_{1S} = bx_{1S} = 0{,}04091 \cdot 0{,}06760 = 0{,}002\,765$$

$$\Delta y_{1S} = 0{,}004\,864 - 0{,}002\,765 = 0{,}002\,099 = 209{,}9 \cdot 10^{-5}$$

Analog wird Δy_{1K} ermittelt:

$y_{1K}^* = bx_{1K} = 0{,}04091 \cdot 10^{-5}$

$\Delta y_{1K} = y_{1K} - y_{1K}^* = 2{,}432 \cdot 10^{-5} - 0{,}04091 \cdot 10^{-5}$

$\Delta y_{1K} = 2{,}391 \cdot 10^{-5}$

$\Delta y_{1m} = (209{,}9 \cdot 10^{-5} - 2{,}391 \cdot 10^{-5})/\ln(209{,}9/2{,}391)$

$\Delta y_{1m} = 46{,}37 \cdot 10^{-5}$

$N_{G\,ges} = (0{,}004864 - 2{,}432 \cdot 10^{-5})/46{,}37 \cdot 10^{-5}$

$N_{G\,ges} = 10{,}44$ Übertragungseinheiten

$H = H_{G\,ges} N_{G\,ges} = 0{,}361 \cdot 10{,}44 = \underline{3{,}77 \text{ m}}$

Ausgeführt: 4,50 m

Damit sind $4{,}50 : 3{,}77 = 1{,}194$ also 19,4% mehr an Höhe ausgeführt als berechnet wurde.

5.8. Desorption des gelösten Stoffes aus einer Flüssigkeit

Das Strippen mit einem Gas, vorzugsweise Luft, stellt eine Möglichkeit zur Entfernung des gelösten Stoffes aus der Flüssigkeit dar. Die Desorption kann auch zur Reinigung eines Abwassers eingesetzt werden, um geringe Konzentrationen eines gelösten Stoffes auszutreiben. Das technologische Schema ist im Bild 5.14 dargestellt. Das mit dem ausgetriebenen organischen Stoff beladene Abgas muß gereinigt werden, wofür die Adsorption oder Absorption mit einer hoch siedenden Waschflüssigkeit in Betracht kommen. Bei Verwendung von Luft als Strippgas wird nach der Reinigung der beladenen Luft diese an die Atmosphäre abgegeben oder im Kreislauf wieder der Desorptionskolonne zugeführt.

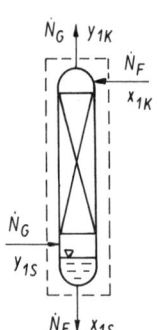

Bild 5.14. Desorptionskolonne

Die Konzentration des organischen Stoffes im Wasser ist gering, in der Regel <0,1 Ma.-%. Damit können für die Stoffbilanz die gesamten Mengenströme und Molanteile mit sehr guter Näherung verwendet werden:

$x_{1K}\dot{N}_F + y_{1S}\dot{N}_G = x_{1S}\dot{N}_F + y_{1K}\dot{N}_G$)

$$\frac{\dot{N}_G}{\dot{N}_F} = \frac{x_{1K} - x_{1S}}{y_{1K} - y_{1S}} \tag{5.37}$$

Die Bilanzlinie ist eine Gerade. Der Abwasserstrom ist gegeben. Dann ist der wirtschaftlich günstige Gasmengenstrom (Luft) für die Desorption zu ermitteln. Dazu wird der minimale Gasmengenstrom $\dot{N}_{G\,min}$ benötigt. Dieser liegt vor, wenn Bilanz- und Gleichgewichtslinie an

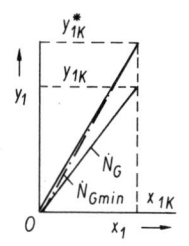

Bild 5.15. Bilanz- und Gleichgewichtsgerade für die Desorption

einem Punkt zusammenfallen (s. Bild 5.15), so daß die Triebkraft Null und damit die Stoffübertragungsfläche unendlich groß wird. Das liegt dann vor, wenn mit der Stoffbilanz die Gleichgewichtskonzentration y_{1K}^* erreicht wird:

$$\frac{\dot{N}_{G\min}}{\dot{N}_F} = \frac{x_{1K} - x_{1S}}{y_{1K}^* - y_{1S}} \qquad (5.38)$$

Bei dem Phasengleichgewicht ist zu beachten, ob es sich um kondensierbare Komponenten handelt. Im Wasser gelöste organische Stoffe sind in der Regel kondensierbare Komponenten. Dafür gilt das Dampf-Flüssigkeits-Gleichgewicht:

$$y_1 = \gamma_1 \pi_1 x_1/p$$

Für die Absorption und Desorption gilt bei nicht kondensierbaren Komponenten

$$y_1^* = H_A x_1/p$$

Aus den zwei vorangehenden Gleichungen ergibt sich für den *Henry*-Koeffizienten bei einer kondensierbaren Komponente

$$H_A = \gamma_1 \pi_1$$

Damit ergibt sich y_{1K}^* in Gleichung (5.38) zu:

$$y_{1K}^* = \gamma_1 \pi_1 x_1/p = H_A x_1/p$$

Der Aktivitätskoeffizient ergibt sich für den Grenzfall einer unendlich kleinen Konzentration des organischen Stoffes $x_{1,lö}$ im Wasser:

$$\gamma_{1\infty} = 1/x_{1,lö} \qquad (5.40)$$

Die Höhe der Einbauten ergibt sich bei konstanten Mengenströmen der beiden Phasen zu

$$d\dot{N}_1 = K_G A \Delta y_{1m} = \dot{N}_G(y_{1K} - y_{1S}) \quad \text{und} \quad A = a\varphi_B A_q H$$

$$H = \frac{\dot{N}_G}{a\varphi_B A_q K_G} \frac{y_{1K} - y_{1S}}{\Delta y_{1m}} = H_{G\,ges} N_{G\,ges} \qquad (5.41)$$

Beispiel 5.5. Desorption von Trichlorethylen aus Abwasser

Es sind 195 m³/h Wasser mit 38 g Trichlorethylen je m³ Wasser durch Desorption mit Luft zu reinigen. Gewünschte Endreinheit des Wassers 0,04 g/m³ Wasser, Temperatur 25 °C, *Henry*-Koeffizient bei 25 °C 530 bar. Der Durchmesser und die Höhe der Füllkörperkolonne mit Hiflowringen, 50 mm Durchmesser, aus Polypropylen sind zu berechnen. Aus den Untersuchungen zur Fluiddynamik von Hiflowringen 50 mm aus Kunststoff mit Luft-Wasser sind folgende Werte für den Flutpunkt (Index F) bekannt:

$\dot{v}_F$ in m³/(m² h)	50	100	150	200
$(w_G \varrho_G^{0,5})_F$ in Pa^{0,5}	2,45	1,90	1,40	0,95

Lösung:

Zu 1. Durchmesser der Kolonne

Aus den in der Aufgabe gegebenen Angaben für Trichlorethylen mit der Molmasse von 131,4 kg/kmol werden die Molanteile bestimmt.

$$x_{1K} = \frac{0{,}038/131{,}4}{1000/18{,}02 + 0{,}038/131{,}4} = 5{,}212 \cdot 10^{-6}$$

$$x_{1S} = \frac{0{,}040 \cdot 10^{-3}/131{,}4}{1000/18{,}02} = 5{,}486 \cdot 10^{-9}$$

$$y_{1K}^* = 530 x_{1K} = 530 \cdot 5{,}212 \cdot 10^{-6} = 2{,}762 \cdot 10^{-3}$$

Gemäß Gleichung (5.38) erhält man den minimalen Gasmengenstrom. Der Flüssigkeitsstrom ist gemäß Aufgabe:

$$\dot{N}_F = \dot{M}_F/M_F = 195000/18{,}02 = 10820 \text{ kmol/h}$$

Da x_{1S} klein und y_{1S} Null ist, gilt nach Gleichung (5.38):

$$\dot{N}_{G\min}/\dot{N}_F = x_{1K}/y_{1K}^* = 5{,}212 \cdot 10^{-6}/2{,}762 \cdot 10^{-3} = 0{,}001887$$

$$\dot{N}_{G\min} = 10820 \cdot 0{,}001887 = 20{,}42 \text{ kmol/h}$$

Die Gasdichte für Luft ist für den vorliegenden Druck und die Temperatur

$$\varrho_G = \varrho_{G0}\frac{T_0}{T}\frac{p}{p_0} = 1{,}293\,\frac{273{,}15}{298{,}15}\,\frac{1{,}000}{1{,}013} = 1{,}169 \text{ kg/m}^3$$

Der minimale Gasstrom mit 20,42 kmol/h = 591 kg/h ist sehr klein, so daß sich ein extrem großes Massenstromverhältnis ergibt

$$\dot{M}_F/\dot{M}_{G\min} = 195000/591 = 330$$

Daher ist zu erwarten, daß ein Mehrfaches von $\dot{M}_{G\min}$ zu verwenden ist. Es werden gewählt $\dot{M}_G/\dot{M}_{G\min} = 4$ und $\dot{v}_F = 180 \text{ m}^3/(\text{m}^2 \text{ h})$. Für den Kolonnendurchmesser erhält man dann:

$$A_q = \dot{V}_F/\dot{v}_F = 195/180 = 1{,}083 \text{ m}^2 \text{ und } D_K = 1{,}17 \text{ m}$$

Ausgeführt: $D_K = 1{,}20$ m mit $A_q = 1{,}131$ m²

$$\dot{v}_F = 195/1{,}131 = 172{,}5 \text{ m}^2/\text{m}^3$$

Für den Gasstrom, die Gasgeschwindigkeit und den Gasbelastungsfaktor erhält man:

$$\dot{V}_{G\min} = \dot{N}_{G\min} v_M = 20{,}42 \cdot 22{,}41 = 457{,}6 \text{ m}^3/\text{h i. N.}$$

$$\dot{V}_{G\min} = 457{,}6 \varrho_{G0}/\varrho_G = 457{,}6 \cdot 1{,}293/1/1{,}169 = 506{,}2 \text{ m}^3/\text{h}$$

$$\dot{V}_G = 4\dot{V}_{G\min} = 4 \cdot 506{,}2 = 2025 \text{ m}^3/\text{h}$$

$$w_G = \dot{V}_G/A_q = 2025/(1{,}131 \cdot 3600) = 0{,}4973$$

$$w_G \varrho_G^{0{,}5} = 0{,}4973 \cdot 1{,}169^{0{,}5} = 0{,}5377 \text{ Pa}^{0{,}5}$$

Für $\dot{v}_F = 172{,}5 \text{ m}^3/(\text{m}^2 \text{ h})$ beträgt der Gasbelastungsfaktor am Flutpunkt 1,2 Pa$^{0{,}5}$. Damit sind nur

$$0{,}5377 : 1{,}2 = 0{,}448$$

also knapp 45% des Gasbelastungsfaktors am Flutpunkt ausgeführt. Eine weitere Senkung des Überschußfaktors würde eine Verminderung des Kolonnendurchmessers und damit eine weitere Steigerung der schon sehr hohen Flüssigkeitsstromdichte bedeuten.

Zu 2. Höhe der Füllkörperschüttung

Mit den Gleichungen (5.18) und (5.22) erhält man

$N_{Gges} = (y_{1K} - y_{1S})/\Delta y_{1m}$

$\Delta y_{1m} = (\Delta y_{1gr} - \Delta y_{1kl})/\ln(\Delta y_{1gr}/\Delta y_{1kl})$

$\Delta y_{1gr} = y_{1K}^* - y_{1K} = (2{,}762 - 0{,}6898)\,10^{-3} = 2{,}072 \cdot 10^{-3}$

Die Konzentration des Trichlorethylens am Kopf ist

$y_{1K} - y_{1S} = (x_{1K} - x_{1S})\,\dot{N}_F/\dot{N}_G$

$y_{1K} = (5{,}12 - 0{,}005486)\,10^{-6} \cdot 10820/81{,}68$

$y_{1K} = 0{,}0006898$

Für Δy_{1kl} gilt:

$\Delta y_{1kl} = y_{1S}^* - y_{1S}$ mit $y_{1S} = 0$

$y_{1S}^* = 530\,x_{1S} = 530 \cdot 5{,}486 \cdot 10^{-9} = 2{,}908 \cdot 10^{-6} = \Delta y_{1kl}$

$\Delta y_{1m} = (2072 - 2{,}908)\,10^{-6}/\ln 2072/2{,}908 = 3{,}154 \cdot 10^{-4}$

Die Zahl der Übertragungseinheiten:

$N_{Gges} = 6{,}898 \cdot 10^{-4}/3{,}154 \cdot 10^{-4} = 2{,}19$

Die Höhe einer Übertragungseinheit wird nach Ergebnissen in [5.2] und eigenen Experimenten mit 1,8 m geschätzt. Damit wird die Höhe der Füllkörperschüttung:

$H = H_{Gges} N_{Gges} = 1{,}8 \cdot 2{,}19 = \underline{\underline{3{,}94\ \text{m}}}$

Die Höhe der Füllkörperschüttung wird mit etwa 4 m ausgeführt.

5.9. Gesichtspunkte zur Optimierung von Absorptionsanlagen

Bei der gewünschten Trennung eines Gasgemisches ist als erstes zu untersuchen, welcher Prozeß mit den geringsten volkswirtschaftlichen Aufwendungen in Betracht kommt:
– Absorption,
– Adsorption,
– Destillation mit vorangehender Verflüssigung,
– Teilkondensation bei tiefen Temperaturen.

Ein detaillierter Vergleich kann durch die Ermittlung der Energie-, Material-, Amortisations-, Bedienungs- und Reparaturkosten für jeden Prozeß erfolgen. Durch heuristische Regeln für die Auswahl von Trennprozessen kann der Umfang der Untersuchungen eingeschränkt werden. Im folgenden wird nur auf wenige heuristische Regeln bezüglich der Absorption hingewiesen:

1. Die Absorption ist vor allem wirtschaftlich, wenn eine Gaskomponente als Schadstoff oder Wertstoff aus dem Gasgemisch möglichst weitgehend zu entfernen ist.
2. Wenn sowohl die Absorption als auch die Adsorption mit geeigneten Zusatzstoffen geeignet sind, so wird die Absorption in der Tendenz wirtschaftlicher, je höher die Konzentration der zu absorbierenden Komponente ist.
3. Wenn alle Komponenten des Gasgemisches möglichst rein zu gewinnen sind, führt die Absorption meistens nicht zu den gewünschten Reinheiten. Dann ist oft die aufwendige Verflüssigung des Gases mit anschließender Destillation die einzige technologische Lösung, z. B. Gewinnung von Sauerstoff aus Luft mit mindestens 99 Vol.-% Reinheit.

Wenn die Absorption als wirtschaftlicher Prozeß in Betracht kommt, so sind bei der verfahrenstechnischen Berechnung und Gestaltung der Absorptionsanlage für die Optimierung insbesondere von Bedeutung: Auswahl der Waschflüssigkeit, Aufwand bei der Regenerierung der Waschflüssigkeit, Auswahl der Ausrüstung, Festlegung der Prozeßbedingungen, gewünschte Reinheiten.

Auswahl der Waschflüssigkeit

Diese bestimmt am stärksten die Wirtschaftlichkeit. Bedeutsam sind hauptsächlich:
- Selektivität der Waschflüssigkeit gegenüber der (den) aufzunehmenden Komponente(n). Die Selektivität ist maßgebend für die Trennwirkung und damit für die Höhe der Einbauten.
- Kapazität der Waschflüssigkeit, welche den Mengenstrom an Waschflüssigkeit und damit den Aufwand bei der Regenerierung beeinflußt.
- Energieaufwand bei der Regenerierung der Waschflüssigkeit (Desorption). Bei einer Chemosorption sollte die Desorption durch Temperatureinfluß möglich sein. Die Verwendung eines zusätzlichen Reagens ist im allgemeinen zu aufwendig.
- Korrosionsverhalten der Waschflüssigkeit mit dem Ziel des Einsatzes eines billigen Werkstoffes, also möglichst unlegierter Stahl.
- Die Waschflüssigkeit sollte nicht giftig und nicht brennbar sein.
- Kosten je kg Waschflüssigkeit, die bedeutsam bei Verlusten sind.
- Niedriger Dampfdruck der Waschflüssigkeit, um die Verluste klein zu halten; aber andererseits nicht zu hohe Siedetemperaturen, wenn die Regenerierung durch Wärmezufuhr erfolgt.
- Niedrige Viskosität der Waschflüssigkeit.

Eine Waschflüssigkeit, die vorstehenden Wünschen voll gerecht wird, kann üblicherweise nicht gefunden werden. Es sind Kompromisse notwendig. Daraus ist auch erklärlich, daß für technisch wichtige Absorptionsprozesse, z. B. Absorption von CO_2, mehrere Absorptionsprozesse mit verschiedenen Waschflüssigkeiten großtechnisch in der Industrie betrieben werden. Für die Auswahl der Waschflüssigkeit sind Experimente im Labor bzw. Technikum und verfahrenstechnische Berechnungen notwendig. Stehen bereits ausgeführte technische Anlagen zur Verfügung, so stellen diese eine gute Grundlage für die weitere Prozeßoptimierung dar.

Aufwand bei der Regenerierung

Dieser wird entscheidend durch die Art der Regenerierung (Desorption) bestimmt. Die häufigsten Arten der Desorption sind die Druckentspannung (physikalische Absorption) und die Wärmezufuhr (Chemosorption). Der Bedarf an Wärmeenergie bzw. an Elektroenergie bei der Regenerierung durch Entspannung wird erheblich durch den Waschflüssigkeits-Mengenstrom $\dot{N}_w$, siehe Gleichungen (5.5) und (5.7) und Beispiel 5.3, beeinflußt.

Der minimale Waschflüssigkeits-Mengenstrom ist bei der physikalischen Absorption in einem bestimmten Bereich weitgehend unabhängig von der Konzentration des Löslichen im Rohgas, dagegen bei der Chemosorption unter Beachtung der Stöchiometrie ungefähr proportional der Konzentration des Löslichen im Rohgas. Daraus folgt, daß bei der physikalischen Absorption in einem bestimmten Bereich der Energiebedarf unabhängig von der Konzentration des Löslichen ist, dagegen bei der Chemosorption ungefähr linear proportional der Konzentration des Löslichen.

Wichtig ist, daß bei der Desorption durch Erhitzen der Waschflüssigkeit die heiße Waschflüssigkeit aus der Desorptionskolonne ihre Energie möglichst weitgehend an die kalte Waschflüssigkeit aus der Absorptionskolonne abgibt, also Optimierung des Wärmeübertragungsprozesses, siehe dazu Beispiel 3.5.

Auswahl der Ausrüstung

Von den bei Destillationskolonnen im Abschnitt 4.10.1. eingeführten Kennziffern für die Auswahl gewinnt bei der Absorption die Kennziffer Druckverlust je theoretischer Boden an Bedeutung, da meistens der Druckverlust durch Kompression mit Elektroenergie auszugleichen ist. Verstärkt werden deshalb bei der Absorption Füllkörper- und Pakkungskolonnen eingesetzt, soweit die Betriebsbedingungen dies zulassen. Auch die Abführung von Wärmeenergie während des Absorptionsprozesses (Bodenkolonne günstig) kann die Auswahl der Kolonne beeinflussen.

Festlegung der Prozeßbedingungen

Die physikalische Absorption wird am wirtschaftlichsten durchgeführt, wenn das Aufnahmevermögen der Waschflüssigkeit an löslichem Gas groß ist (große Kapazität), also bei niedriger Temperatur und hohem Druck. Fällt das Rohgas unter erhöhtem Druck an bzw. wird das Reingas anschließend bei erhöhtem Druck benötigt, so wird die physikalische Absorption bei diesem erhöhten Druck durchgeführt. Als Temperatur wird bei der physikalischen Absorption meistens die Umgebungstemperatur gewählt, da eine Abkühlung unterhalb Umgebungstemperatur energetisch sehr aufwendig ist.
Ist der gelöste Stoffstrom in der Waschflüssigkeit groß, so ist die Absorptionsenthalpie zu beachten. Es ist dann zu entscheiden, ob die adiabate Absorption vertretbar ist oder ob zusätzliche Kühlzonen notwendig sind, wie dies bei der Herstellung von Salpetersäure der Fall ist. Wird eine wäßrige Phase als Waschflüssigkeit verwendet, so kann die Befeuchtung oder Entfeuchtung des Gases mit Wasserdampf je nach den herrschenden Temperaturen von entscheidender Bedeutung sein.

Gewünschte Reinheiten

Durch Absorption ist die weitgehende Entfernung einer Komponente aus dem Gasgemisch möglich, in speziellen Fällen bis auf 10^{-6} Volumenanteile. Prinzipiell ist nur die Reinheit zu realisieren, die für die weitere technologische Verwendung des Gases erforderlich ist. Erheblich schwieriger ist es, durch Absorption eine Komponente in reiner Form zu gewinnen, da bei der Absorption in geringem Maße auch andere Komponenten von der Waschflüssigkeit gelöst werden und bei der Desorption dann nur eine begrenzte Reinheit erreicht werden kann.

5.10. Betriebliches Verhalten von Absorptionskolonnen

Absorptionskolonnen sind im Vergleich zu Destillationskolonnen durch das Grundprinzip der Verwendung eines Zusatzstoffes als Waschflüssigkeit wesentlich weniger gekoppelt. Der Druck in der Absorptionskolonne ist durch die Gasphase mit ihrer Einbindung in die Technologie bedingt. Innerhalb der Absorptionskolonne tritt lediglich ein determinierter Druckverlust auf. Eine Regelung des Druckes in der Kolonne ist nicht erforderlich.
Das betriebliche Verhalten einer Absorptionskolonne ist bezüglich des Durchsatzes und der Trennwirkung (Absorptionsgrad) wie folgt zu beurteilen:

— Eine Erhöhung des Gasstroms setzt voraus, daß dies durch die Einbauten entsprechend ihrer Fluiddynamik möglich ist. Wenn die Einbauten bereits an der oberen Belastungsgrenze betrieben werden, könnte eine Erhöhung des Durchsatzes nur durch eine aufwendige Veränderung der Einbauten erreicht werden.

- Der Absorptionsgrad kann durch eine Veränderung des Waschflüssigkeitsstroms und damit der Triebkraft bei der physikalischen Absorption beeinflußt werden. Die Temperatur ist von erheblichem Einfluß bei der physikalischen Absorption und der Chemosorption.
- Am wirksamsten kann der Absorptionsprozeß durch eine Veränderung der Waschflüssigkeit selbst beeinflußt werden (vgl. dazu Abschn. 5.7.). Ein Wechsel der Waschflüssigkeit bedarf sorgfältiger Untersuchungen und schließt meistens sowohl Experimente im Labor als auch theoretische und wirtschaftliche Betrachtungen ein.
- Die Absorptionstemperatur wird oft durch die Umgebungstemperatur beeinflußt, so daß die jahreszeitlichen Schwankungen zu beachten sind.
- Das Teillastverhalten wird durch die Einbauten mit der Wechselwirkung zur Trennwirkung bestimmt. Bei vielen Einbauten liegen genügend Kenntnisse und Erfahrungen zur Beurteilung vor.

Übungsaufgaben

Ü 5.1. Aus 20000 m³/h Gas i. N., das 1,5 Vol.-% SO_2 enthält, soll durch Chemosorption mit alkalischer Lauge das SO_2 bis auf 0,02 Vol.-% entfernt werden. Infolge der starken Selektivität der Waschflüssigkeit ist der Gleichgewichtsdruck des SO_2 über der Lösung Null. Es soll eine Füllkörperkolonne mit Pallringen 50 × 50 × 1,5 mm aus Polypropylen ausgeführt werden, zulässige Geschwindigkeit bis etwa 1,80 m/s. Für die Stoffübertragung ist folgende empirische Gleichung bekannt:

$K_G = 0,04 \dot{n}_G^{0,9}$ mit K_G und $\dot{n}_G$ in kmol/(m² h)

Benetzungsgrad $\varphi_B = 0,90$; Druck 101,3 kPa, Temperatur 60 °C.
Die Höhe der Füllkörperschüttung ist zu bestimmen.

Ü 5.2. In einer Bodenkolonne wird CO_2 aus einem Synthesegas durch Wasser bei 2,65 MPa abs. und 25 °C isotherm absorbiert. Der Kolonne werden 5000 m³/h i. N. Rohgas zugeführt, Konzentration des CO_2 am Eintritt 28,4 Vol.-%, am Austritt 2,0 Vol.-%. Das Wasser tritt mit einem Gehalt von 40 g CO_2 je m³ Wasser in die Kolonne ein. Das Vielfache der minimalen Waschflüssigkeitsmenge soll 1,4 betragen. Der Austauschgrad sei mit 45% bekannt. Es sind zu bestimmen: 1. Wassermengenstrom in kmol/h, 2. theoretische Bodenzahl, 3. effektive Bodenzahl.

Ü 5.3. Aus 24000 m³/h i. N. Abgas, die 4,5 Vol.-% NH_3 enthalten, ist das NH_3 bis auf 0,1 Vol.-% zu entfernen. Die Absorption durch Wasser erfolgt isotherm in einer Bodenkolonne bei 101,3 kPa und 30 °C. Das Wasser am Eintritt in die Kolonne enthält kein Ammoniak. Die Wassermenge soll das 1,2fache der minimalen betragen. Der Austauschgrad ist 72%. Es sind die theoretische und die effektive Bodenzahl zu bestimmen.

Ü 5.4. Aus 8400 m³/h i. N. Abgas mit 2,4 Vol.-% SO_2, Rest Luft, ist bei 20 °C und 101,3 kPa Betriebsdruck das SO_2 durch Wasser bis auf 0,1 Vol.-% auszuwaschen. Die Absorption soll isotherm erfolgen. Der Stoffdurchgangskoeffizient sei mit 0,8 kmol/(m² h) bekannt. Es werden Pallringe aus Keramik 35 × 35 × 4 mm verwendet. Die Wassermenge soll das 1,2fache der minimalen betragen. Es ist eine Kolonne mit 2,4 m Durchmesser vorhanden. Aufgaben:

1. Überprüfung der vorhandenen Kolonne auf Eignung,
2. benötigte Höhe der Füllkörperschüttung.

Ü 5.5. Die Aufgabe Ü 5.4 ist mit einer Sprühkolonne mit einer wäßrigen Kalksteinsuspension mit 10 Ma.-% $CaCO_3$ zu lösen. Durch die chemische Reaktion bildet sich Calciumsulfit, das mit dem Luftsauerstoff zu Calciumsulfat weiter reagiert. Für die Sprühkolonne ist ein

Gasbelastungsfaktor von 2,60 $\sqrt{Pa}$ zulässig. Die Flüssigkeitsstromdichte soll mindestens 50 m³/(m² h) betragen. Dichte der Kalksteinsuspension $\varrho_F = 1060$ kg/m³. Es sind zu ermitteln:

1. Durchmesser der Kolonne,
2. minimaler Waschflüssigkeitsstrom, wenn der Kalkstein chemisch zu 95% ausgenutzt wird,
3. Waschflüssigkeitsstrom mit 50 m³/(m² h),
4. Diskutieren Sie das Ergebnis im Vergleich zu Ü 5.4!

Ü 5.6. In einem Braunkohle-Kraftwerk mit einer elektrischen Leistung von 250 MW fallen 1060 m³/h i. N. Rauchgas an, das 0,3 Vol.-% SO_2 (Braunkohle mit etwa 2,5 Ma.-% Schwefel) und 20,5 Vol.-% Wasserdampf enthält, Druck 100 kPa. Die Absorption des SO_2 erfolgt mit einer Kalksteinsuspension mit 10 Ma.-% Feststoff und einem zulässigen Gasbelastungsfaktor von 2,6 $\sqrt{Pa}$, Dichte der Kalksteinsuspension $\varrho_F = 1060$ kg/m³. Das Rauchgas tritt mit 170 °C mit einer Dichte von 0,798 kg/m³ in den Sprühabsorber ein. Das Rauchgas wird zunächst auf Sättigungstemperatur abgekühlt und enthält dann 25,7 Vol.-% Wasserdampf. Es sind zu ermitteln:

1. Durchmesser des Sprühabsorbers,
2. Flüssigkeitsaufgabe für den Sprühabsorber in 4 Sprühzonen bei insgesamt 50 m³/(m² h),
3. Kalksteinbedarf, wenn das SO_2 zu 94% entfernt und der Kalkstein zu 98% ausgenutzt wird,
4. das Verhältnis der Volumenströme $\dot{V}_w/\dot{V}_{w\,min}$, wobei $\dot{V}_{w\,min}$ aus dem Kalksteinbedarf gemäß Punkt 3 berechnet wird.

Kontrollfragen

K 5.1. Kennzeichnen Sie die Absorption! Zeichnen Sie das Schema einer Absorptionsanlage mit Regenerierung der Waschflüssigkeit durch Druckentspannung! Nennen Sie wichtige industrielle Anwendungen der Absorption!

K 5.2. Stellen Sie das Schema einer Anlage zur Chemosorption mit Regenerierung der Waschflüssigkeit durch Destillation dar!

K 5.3. Geben Sie das Gesetz von *Henry* zur Löslichkeit eines Gases in einer Flüssigkeit an! Unter welchen Bedingungen gilt dieses Gesetz?

K 5.4. Für die Absorptionskolonne ist unter Voraussetzung einer löslichen Komponente eine Stoffbilanz für einen beliebigen Querschnitt der Kolonne mit Molverhältnissen aufzustellen!

K 5.5. Zeichnen Sie die Gleichgewichts- und Bilanzlinie bei der Absorption einer löslichen Komponente in ein $X_1 Y_1$-Diagramm mit Molverhältnissen!

K 5.6. Wie ermitteln Sie die theoretische Bodenzahl bei der physikalischen isothermen Absorption?

K 5.7. Wie bestimmen Sie die minimale Waschflüssigkeitsmenge bei der Absorption?

K 5.8. Welche technisch-ökonomische Bedeutung kommt der Waschflüssigkeitsmenge bei der Absorption zu?

K 5.9. Wann verwenden Sie bei der Absorption zweckmäßigerweise Molanteile und wann das Molverhältnis?

K 5.10. Unter welchen Voraussetzungen ergeben sich bei der Absorption für das Phasengleichgewicht und die Stoffbilanz im $x_1 y_1$-Diagramm Geraden?

K 5.11. Wie bestimmen Sie bei der physikalischen Absorption einer löslichen Komponente die erforderliche Höhe der Füllkörperschüttung?

K 5.12. Welche Ausrüstungen setzt man vorrangig bei der Absorption ein? Unter welchen Bedingungen verwendet man statt Kolonnen andere Ausrüstungen?

K 5.13. Welche Einflußgrößen sind für die Auswahl der Waschflüssigkeit bei der Absorption bedeutsam?

K 5.14. Was ist bei der nichtisothermen Absorption zu beachten?

K 5.15. Wie können Sie durch den Waschflüssigkeitsstrom das betriebliche Verhalten bei der isothermen und nichtisothermen Absorption beeinflussen?

K 5.16. Welche Prozesse kommen zur Trennung eines Gasgemisches in Betracht? Begründen Sie eine Auswahl für bestimmte Klassen von Trennaufgaben!

K 5.17. Geben Sie an, welche Prozesse zur Trennung eines Gasgemisches für die nachstehend genannten Fälle bevorzugt in Betracht kommen:
a) alle Komponenten des Gasgemisches sollen mit hoher Reinheit gewonnen werden,
b) eine Komponente ist aus dem Gemisch zu entfernen,
c) geringe Mengen an Wasserdampf sind nahezu vollständig aus einem Gasgemisch zu entfernen.

K 5.18. Welche Einbauten wählen Sie in Kolonnen bei der Absorption bevorzugt mit Rücksicht auf den Druckverlust?

K 5.19. Erläutern Sie, wie sich bei der Absorption eine Erhöhung des Waschflüssigkeitsstroms auf den Absorptionsprozeß und die anschließende Regenerierung durch Destillation auswirkt!

6. Extraktion flüssig-flüssig

Die Extraktion flüssig-flüssig ist ein thermischer Prozeß zur Trennung eines Flüssigkeitsgemisches mit Hilfe einer Zusatzflüssigkeit (Extraktions-, Lösungsmittel), die selektiv eine Komponente bzw. mehrere Komponenten aus dem zu trennenden Flüssigkeitsgemisch aufnimmt und mit der anderen Komponente eine Mischungslücke bildet.

Das beladene Extraktionsmittel wird meistens durch Destillation regeneriert, bei der Übertragung von Metallionen auch durch Rückextraktion und im Kreislauf gefahren.
Entscheidend für die Trennung eines homogenen Flüssigkeitsgemisches durch Extraktion flüssig-flüssig sind die Eigenschaften des Zusatzstoffes, der möglichst selektiv eine Komponente (bzw. mehrere Komponenten) in großer Menge aufnehmen soll und der gleichzeitig mit der nicht übergehenden Stoffkomponente des Ausgangsgemisches nicht bzw. nur partiell mischbar sein darf. Die Extraktion flüssig-flüssig kommt zur Trennung von homogenen Flüssigkeitsgemischen im Vergleich zu anderen Trennprozessen in folgenden Fällen in Betracht, vorausgesetzt, daß ein geeignetes Extraktionsmittel gefunden wird:

1. Die relative Flüchtigkeit des zu trennenden Flüssigkeitsgemisches ist eins bzw. nahe eins.
2. Gewinnung bzw. Entfernung eines kleinen Anteils (z. B. <1%) einer Stoffkomponente.
3. Trennung eines temperaturempfindlichen Flüssigkeitsgemisches bei Umgebungstemperatur.
4. Extraktion mit einem flüssigen Ionenaustauscher und Anreicherung der gewünschten Komponente (typisch sind gelöste Metallionen) durch Rückextraktion.

Die Extraktion flüssig-flüssig wird industriell hauptsächlich genutzt in der

— chemischen Industrie, z. B. Gewinnung von Aromaten C_6 bis C_8 aus einer Erdölfraktion,
— Metallurgie zur Konzentrierung von Metallen in wäßriger Lösung, wobei eine stark dynamische Entwicklung vor allem für die Nutzung metallarmer Erze erfolgt,
— Kernenergietechnik zur Gewinnung von Uran und Aufbereitung von Kernbrennstoff,
— Abwasserwirtschaft, z. B. Entfernung von Schwermetallionen geringer Konzentration aus Abwasser, Reinigung phenolhaltiger Abwässer aus der Braunkohle-Druckvergasung.

Im folgenden wird die Trennung von Zweistoffgemischen, bestehend aus den Komponenten A und B, mit Hilfe eines Extraktionsmittels C behandelt, so daß es sich um Dreistoffgemische handelt.
Als Literatur wird auf folgende ausgewählte Monographien verwiesen: [6.1, 6.2 und 4.13].
Aller zwei bis drei Jahre finden internationale Extraktionskonferenzen (ISEC — International Solvent Extraction Conference) statt, auf denen die Vorträge in Proceedings veröffentlicht werden, z. B. [6.3].

6.1. Grundbegriffe

Schematisch kann der Prozeß bei der Extraktion flüssig-flüssig im einfachsten Fall wie folgt gekennzeichnet werden:

$$AB + C_{AB} \to CB_A + A_{BC}$$

Durch die als Indizes geschriebenen Komponenten wird darauf hingewiesen, daß diese in kleinen Anteilen in der betreffenden Phase vorhanden sein können.
Phasen am Beginn der Extraktion: AB ist das zu trennende Flüssigkeitsgemisch mit den Komponenten A und B. Das Extraktionsmittel C_{AB} (im weiteren S genannt) besteht im wesentlichen aus der Komponente C und kann durch die Kreislauffahrweise noch A und B enthalten.
Phasen am Ende der Extraktion: CB_A nennt man Extrakt und A_{BC} Raffinat. Die Komponente B wird selektiv vom Extraktionsmittel aufgenommen und Übergangskomponente genannt.
Die beiden Komponenten A und C müssen ineinander unlöslich (am günstigsten) bzw. begrenzt löslich sein (ungünstiger). Ein wesentlicher Unterschied zwischen Extraktion flüssig-flüssig und Destillation bzw. Absorption besteht in dem Vorhandensein von zwei flüsigen Phasen bei der Extraktion mit einem relativ kleinen Dichteunterschied im Vergleich zu einer Zweiphasenströmung flüssig-gasförmig. Bei der Extraktion flüssig-flüssig ist die technisch einzig angewandte Möglichkeit zur Erzeugung einer großen Phasengrenzfläche die Dispergierung einer flüssigen Phase in Tropfen, wobei sowohl die Phase mit der größeren oder kleineren Dichte dispergiert werden kann. Eine Filmströmung für die Extraktion flüssig-flüssig ist zwar denkbar, hat aber technisch keine Bedeutung erlangt (Flüssigkeitsfilme zu dick und dadurch Phasengrenzfläche zu klein). Durch den geringen Dichteunterschied der beiden flüssigen Phasen ist es günstig, den Extraktoren zusätzlich mechanische Energie zuzuführen, meistens durch rotierende Bewegung, um die Dispergierung einer flüssigen Phase zu fördern und eine große Phasengrenzfläche zu erzeugen. Für die Extraktion flüssig-flüssig sind hauptsächlich zwei verschiedenartige Ausrüstungen typisch:
Rührmaschine-Absetzer-Extraktor, wobei in der Rührmaschine die Stoffübertragung der beiden flüssigen Phasen bis nahe an das Phasengleichgewicht geführt wird und anschließend

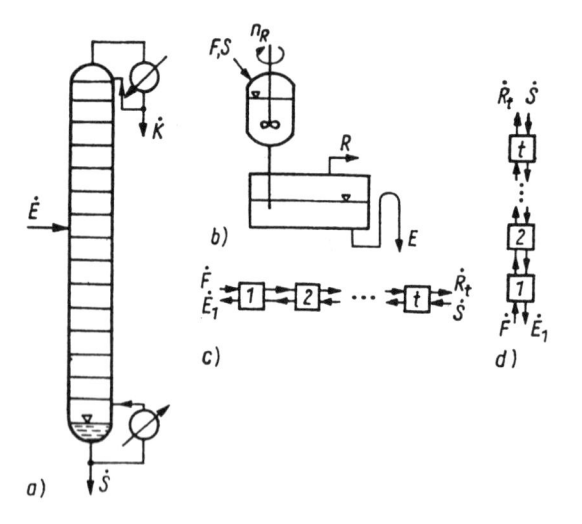

Bild 6.1. Stoffübertragung mit stufenweisem Kontakt
a) Destillation in einer Bodenkolonne
b) Extraktion flüssig-flüssig in einer Stufe Mischer-Absetzer
c) Mischer-Absetzer-Extraktor mit mehreren Stufen liegend (Schema)
d) Mischer-Absetzer-Extraktor mit mehreren Stufen stehend (Schema)

Grundbegriffe 6.1.

in einem Absetzer die mechanische Trennung der beiden nicht löslichen Phasen erfolgt. In den meisten Fällen sind für die notwendige Anreicherung mehrere Rührmaschinen-Absetzer (Stufen) notwendig, die man im Gegenstrom betreibt und auch als Kaskade bezeichnet. Es erfolgt eine Stoffübertragung mit stufenweisem Kontakt, die mit einer Bodenkolonne bei der Destillation vergleichbar ist (s. Bild 6.1).

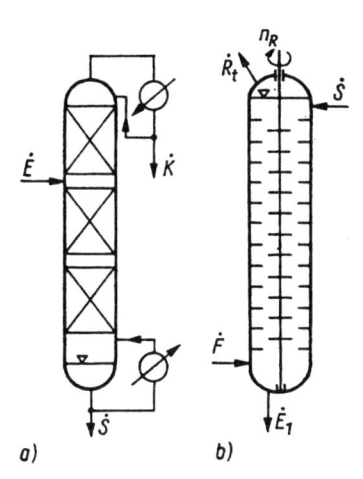

Bild 6.2. Stoffübertragung mit stetigem Kontakt
a) Destillation in einer Füllkörperkolonne
b) Extraktion flüssig-flüssig in einem Drehscheibenextraktor

Drehscheibenextraktor, bei dem auf einer rotierenden Welle Scheiben sitzen und zwischen zwei Rotorscheiben jeweils ein fest angeordneter Statorring am Mantel angebracht ist. Im Drehscheibenextraktor erfolgt eine Stoffübertragung mit kontinuierlichem Kontakt, vergleichbar mit einer Füllkörperkolonne bei der Destillation (s. Bild 6.2).

Darstellung im Dreiecksdiagramm

Bei der Extraktion flüssig-flüssig handelt es sich im einfachsten Fall um ein Dreistoffgemisch. Die Darstellung kann mit Dreieckskoordinaten in einem gleichseitigen Dreieck erfolgen. Die Eckpunkte stellen den reinen Stoff, die Dreiecksseiten Zweistoffgemische und Punkte innerhalb des Dreieckes Dreistoffgemische mit jeder beliebigen Zusammensetzung dar. Im

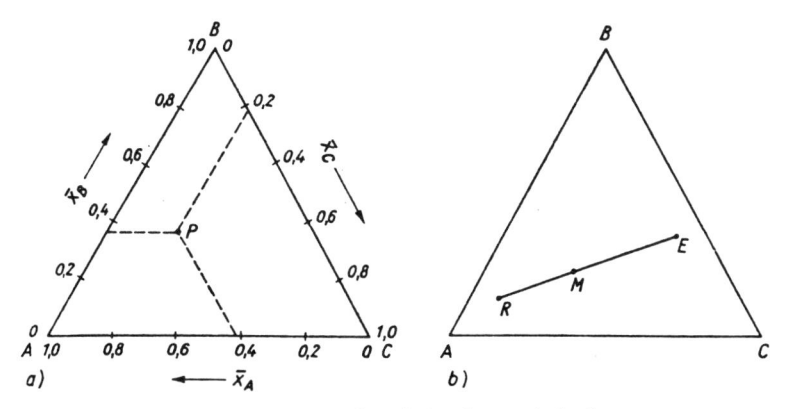

Bild 6.3. Darstellung eines Dreistoffgemisches im Dreiecksdiagramm
a) Kennzeichnung der Zusammensetzung
b) Mischung von 2 Massen mit der Zusammensetzung gemäß den Punkten E und R

Dreiecksdiagramm werden zweckmäßigerweise Massen- oder Molanteile verwendet. Die Komponenten A und B bedeuten das Ausgangsgemisch mit B als Übergangskomponente; C bedeutet das reine Extraktionsmittel. Unter Bezugnahme auf Tabelle 2.1 gilt für die Massenanteile:

$$\bar{x}_A = \frac{M_A}{M_A + M_B + M_C} = \frac{M_A}{M} \quad \text{und} \quad \bar{x}_A + \bar{x}_B + \bar{x}_C = 1$$

Die Konzentrationen eines Dreistoffgemisches im Dreiecksdiagramm werden gemäß Bild 6.3a durch Parallelen zu den Dreiecksseiten gefunden. Werden zwei Massen M_E (Konzentrationen gemäß Punkt E) und M_R (Konzentrationen gemäß Punkt R) miteinander gemischt, so erhält man die Konzentrationen der Mischung M mit der Masse M_M im Dreiecksdiagramm über eine Stoffbilanz. Diese gestaltet sich am einfachsten bei der Anwendung des Hebelgesetzes, z. B. gemäß Bild 6.3b:

$$\zeta R \quad M_M \overline{MR} = M_E \overline{ER} \quad \text{oder} \quad \zeta M \quad M_R \overline{MR} = M_E \overline{EM} \tag{6.1}$$

Die Strecken werden immer durch die zugehörigen zwei Punkte mit einem waagerechten Strich darüber gekennzeichnet, also $\overline{EM}$ entspricht der Strecke zwischen den Punkten E und M. Der Mischungspunkt M kann auch über Stoffbilanzen ermittelt werden:

$$\begin{aligned}
\text{Gesamte Stoffbilanz:} \quad & M_M = M_R + M_E \\
\text{Komponente } A: \quad & \bar{x}_{AM} M_M = \bar{x}_{AR} M_R + \bar{x}_{AE} M_E \\
\text{Komponente } B: \quad & \bar{x}_{BM} M_M = \bar{x}_{BR} M_R + \bar{x}_{BE} M_E \\
\text{Komponente } C: \quad & \bar{x}_{CM} M_M = \bar{x}_{CR} M_R + \bar{x}_{CE} M_E
\end{aligned} \tag{6.2}$$

Zur Bestimmung der Lage des Mischungspunktes M genügt die Bestimmung von zwei Massenanteilen für den Mischungspunkt, zum Beispiel $\bar{x}_{AM}$ und $\bar{x}_{BM}$. Bei den Bezeichnungen für den Massenanteil bezieht sich der erste Index auf die Stoffkomponente, der zweite Index auf die örtliche Lage und der ihr entsprechenden Zusammensetzung.

Einfluß des Phasengleichgewichtes auf die Trennung

Die Phasengleichgewichte zwischen zwei fluiden Phasen sind in [4.2] behandelt. Hier wird nur auf das Phasengleichgewicht von ternären Stoffsystemen bezüglich seines Einflusses auf den Aufwand für die thermische Stofftrennung eingegangen.
In der Technik sind für die Extraktion flüssig-flüssig am bedeutsamsten Stoffsysteme mit einer Mischungslücke, gefolgt von Stoffsystemen mit einer offenen Mischungslücke (s. Bild 6.4).
Die Kurve HKJ in den Bildern 6.4a und b kennzeichnet die Mischungslücke und wird Binodalkurve genannt. Die Binodalkurve kennzeichnet die Löslichkeit und Unlöslichkeit der beiden Phasen und stellt die Endpunkte der Konnoden dar. Die Binodalkurve selbst hat nichts mit dem Phasengleichgewicht zu tun. Eine Konnode kennzeichnet die miteinander im Phasengleichgewicht stehenden flüssigen Phasen. In einem ausgezeichneten Punkt, dem Punkt K, haben beide Phasen die gleiche Zusammensetzung. Bei einer offenen Mischungslücke im Bild 6.4c stellen die Kurven GH und JL die Binodalkurven dar. Die mit A angereicherte Phase wird Raffinatphase genannt (entspricht der Binodalkurve HK bzw. GH), die mit C angereicherte Phase Extraktphase (entspricht der Binodalkurve KJ bzw. JL). Die Raffinatphase wird durch den Massenanteil $\bar{x}$ gekennzeichnet, die Extraktphase durch $\bar{y}$.
Die Mischungslücke beeinflußt entscheidend die mögliche Trennung des Ausgangsgemisches F. Im Grenzfall ist bei einer Mischungslücke gemäß den Bildern 6.4a und b nur die Trennung

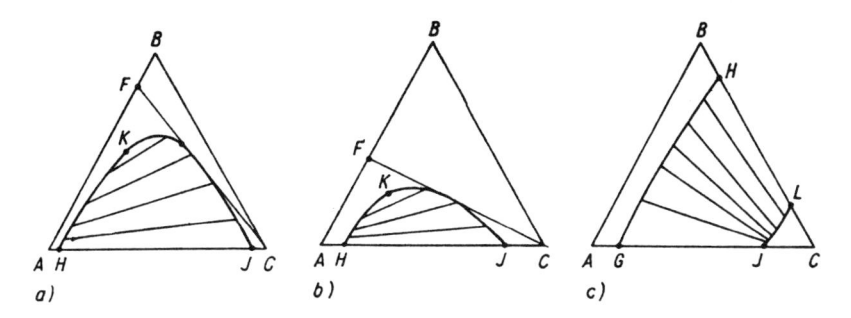

Bild 6.4. Typische Phasengleichgewichte und Mischungslücken für Dreistoffgemische im Dreiecksdiagramm
a) und b) eine Mischungslücke
c) offene Mischungslücke

des Ausgangsgemisches F mit der Zusammensetzung von A bis F möglich. Bei ternären Stoffsystemen mit einer offenen Mischungslücke kann die Trennung von F im gesamten Konzentrationsbereich erfolgen.

Die Neigung der Konnoden gegenüber der Waagerechten ist eine entscheidende Größe für die Charakterisierung des Aufwandes bei der Trennung. Durch Darstellung im Phasendiagramm mit den Koordinaten $\bar{x}_B$ und $\bar{y}_B$, welche die Verteilung der Übergangskomponente B in der Raffinat- und Extraktphase kennzeichnen, wird dies besser sichtbar als im Dreiecksdiagramm. Das $\bar{x}_B\bar{y}_B$-Diagramm wird auch Verteilungsdiagramm genannt und die Kurve Verteilungs- oder Gleichgewichtskurve. Der Schwierigkeitsgrad zur Trennung bei der Extraktion flüssig-flüssig kann mit einem Trennfaktor α_{ER} beurteilt werden, welcher der relativen Flüchtigkeit bei der Destillation analog ist:

$$\alpha_{ER} = \frac{\bar{y}_B/\bar{x}_B}{\bar{y}_A/\bar{x}_A} \tag{6.3}$$

Begrenzte Löslichkeit von A und C

Verschiedene Aufgaben lassen sich besser in Diagrammen lösen, bei denen Massenverhältnisse (Beladungen) als Koordinaten eingeführt werden. Als Bezugsbasis dienen die Komponenten A und B:

$$\bar{X} = \frac{M_{BR}}{M_{AR} + M_{BR}} = \frac{\bar{x}_B}{\bar{x}_A + \bar{x}_B}; \quad \bar{Y} = \frac{M_{BE}}{M_{AE} + B_{BE}} = \frac{\bar{y}_B}{\bar{y}_A + \bar{y}_B} \tag{6.4}$$

$$\bar{W} = \frac{M_{CR}}{M_{AR} + M_{BR}} = \frac{\bar{x}_C}{\bar{x}_A + \bar{x}_B}; \quad \bar{Z} = \frac{M_{CE}}{M_{AE} + M_{BE}} = \frac{\bar{y}_C}{\bar{y}_A + \bar{y}_B} \tag{6.5}$$

Vorstehende Koordinaten wurden von *Jänecke* vorgeschlagen; die mit diesen Koordinaten gebildeten Diagramme werden *Jänecke-Diagramme* genannt. Das $\bar{X}\bar{Y}$-Diagramm ist dem $\bar{x}_B\bar{y}_B$-Diagramm analog und wird als Verteilungsdiagramm (Phasen-, Gleichgewichtsdiagramm) bezeichnet. Gemäß den Definitionen in den Gleichungen (6.4) und (6.5) können die Massenverhältnisse folgende Zahlenwerte annehmen: $\bar{X}$ und $\bar{Y}$ Werte zwischen 0 und 1, $\bar{W}$ und $\bar{Z}$ beliebige Werte >0.

Das Hebelgesetz gilt auch für das *Jänecke-Diagramm*, wobei *nur die Massen der Komponenten A und B* zu verwenden sind, da diese die Bezugsbasis darstellen. Die Masse ohne die

Stoffkomponente C wird durch einen zusätzlichen Strich gekennzeichnet. Damit werden folgende Bezeichnungen für die Massen verwendet:

	Komp. A, B, C	Komp. A, B
Masse des Raffinates in kg	R	R'
Masse des Extraktes in kg	E	E'
Masse des Eintrittsgemisches in kg	F	F'
Masse des Extraktionsmittels in kg	S	S'
Masse einer Mischung in kg	M	M'

Unter Bezugnahme auf Bild 6.5b lautet das Hebelgesetz zum Beispiel um den Drehpunkt E:

$$\zeta E \quad M'\overline{EM} = R'\overline{ER} \tag{6.6}$$

Sind die Massenverhältnisse bekannt und die Massenanteile gesucht, so erfolgt die Umrechnung nach folgenden Beziehungen, von deren Gültigkeit man sich leicht überzeugen kann:

$$\bar{x}_A = \frac{1 - \bar{X}}{\bar{W} + 1} \quad \text{bzw.} \quad \bar{y}_A = \frac{1 - \bar{Y}}{\bar{Z} + 1} \tag{6.7}$$

$$\bar{x}_B = \frac{\bar{X}}{\bar{W} + 1} \quad \text{bzw.} \quad \bar{y}_B = \frac{\bar{Y}}{\bar{Z} + 1} \tag{6.8}$$

$$\bar{x}_C = \frac{\bar{W}}{\bar{W} + 1} \quad \text{bzw.} \quad \bar{y}_C = \frac{\bar{Z}}{\bar{Z} + 1} \tag{6.9}$$

A und C unlöslich

Wenn A und C in einem bestimmten Konzentrationsbereich praktisch unlöslich sind, können mit Vorteil solche Massenverhältnisse eingeführt werden, daß die Massenströme $\dot{M}_A$ und $\dot{M}_C$ in jeder Stufe konstant sind:

Extraktphase $$\bar{Y}_u = \frac{\dot{M}_{BE}}{\dot{M}_C} = \frac{\bar{y}_B}{\bar{y}_C} \tag{6.10}$$

Raffinatphase $$\bar{X}_u = \frac{\dot{M}_{BR}}{\dot{M}_A} = \frac{\bar{x}_B}{\bar{x}_A} \tag{6.11}$$

$\bar{X}_u$ und $\bar{Y}_u$ können beliebige positive Werte annehmen.

6.2. Die theoretische Stufe

Bei der Destillation und Absorption hat sich bei der stufenweisen Stoffübertragung die Einführung des theoretischen Bodens als vereinfachte Modellvorstellung als sehr zweckmäßig erwiesen. Dem entspricht bei der Extraktion flüssig-flüssig die Einführung der *theoretischen Stufe*, die durch folgende *zwei Merkmale* gekennzeichnet ist:

1. Einstellung des Phasengleichgewichtes zwischen den beiden Phasen, also $y_B^* ||| x_B$,
2. Trennung der beiden nicht mischbaren Phasen durch Absetzen.

Eine *theoretische Stufe wird näherungsweise durch eine Kombination Rührmaschine-Absetzer realisiert* (s. Bild 6.1b) und im folgenden schematisch durch ein Quadrat gekennzeichnet

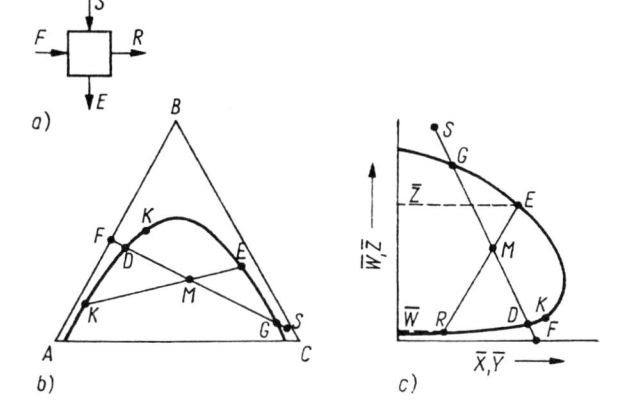

Bild 6.5. Darstellung einer theoretischen Stufe bei der Extraktion flüssig-flüssig
a) schematisch
b) im Dreiecksdiagramm
c) im *Jänecke*-Diagramm

(s. Bild 6.5a). Die Darstellung der theoretischen Stufe im Dreiecks- und *Jänecke*-Diagramm ist analog (s. Bilder 6.5b und c), wobei zu beachten ist, daß im *Jänecke*-Diagramm die Anwendung des Hebelgesetzes ohne die Komponente C erfolgen muß.

Die Stoffbilanz liefert: $F + S = M = E + R$; (6.12)

ohne Komponente C: $F' + S' = M' = E' + R'$ (6.13)

Die Lage des Mischungspunktes wird mit Hilfe des Hebelgesetzes im Dreiecksdiagramm gefunden:

$\zeta F \quad M\overline{FM} = S\overline{FS}; \quad \overline{FM} = \dfrac{S}{M}\overline{FS}$

Im *Jänecke*-Diagramm:

$\zeta F \quad M'\overline{FM} = S'\overline{FS}; \quad \overline{FM} = \dfrac{S'}{M'}\overline{FS}$

Nach Erreichen des Phasengleichgewichtes wird die Mischung mit der Masse M in die Extraktphase E und Raffinatphase R durch Absetzen getrennt. Die Massen an Extrakt und Raffinat werden durch die Stoffbilanz Gleichung (6.12) und das Hebelgesetz in einfacher Weise gefunden (s. Bilder 6.5b und c):

$\zeta R \quad M\overline{MR} = E\overline{ER}; \quad E = M\dfrac{\overline{MR}}{\overline{ER}} \quad \text{bzw.} \quad E' = M'\dfrac{\overline{MR}}{\overline{ER}}$

Bei der Verwendung des *Jänecke*-Diagramms sind nur die Massen E' und R' ohne Komponente C (man spricht auch von lösungsmittelfreiem Extrakt und Raffinat) gefunden worden. Die Gesamtmasse an Raffinat und Extrakt ergibt sich zu:

$E = E'(1 + \bar{Z})$ und $R = R'(1 + \bar{W})$ (6.14)

Die Gültigkeit der Gleichung (6.14) kann leicht durch Einsetzen der Einheiten nachgewiesen werden.

Der Mischungspunkt M hängt bei vorgegebener Masse F von der Masse des Extraktionsmittels S ab. Je nach unterschiedlicher Masse von S ergeben sich unterschiedliche Mischungspunkte, wobei die beiden Punkte D von G Grenzfälle darstellen, die allerdings für die Praxis ohne Bedeutung sind. Fällt der Mischungspunkt M mit dem Punkt D zusammen, so ergibt sich die minimale Lösungsmittelmenge S_{min} zu

(s. Bild 6.5b bzw. 6.5c):

$$\zeta D \quad S_{min}\overline{DS} = F\overline{DF}; \quad S_{min} = F\frac{\overline{DF}}{\overline{DS}} \quad \text{bzw.} \quad S'_{min} = F'\frac{\overline{DF}}{\overline{DS}} \quad (6.15)$$

Analog erhält man die maximale Lösungsmittelmenge S_{max} beim Zusammenfall des Mischungspunktes M mit dem Punkt G:

$$\zeta G \quad S_{max}\overline{GS} = F\overline{FG}; \quad S_{max} = F\frac{\overline{FG}}{\overline{GS}} \quad \text{bzw.} \quad S'_{max} = F'\frac{\overline{FG}}{\overline{GS}} \quad (6.16)$$

Besteht das Extraktionsmittel aus einer Komponente C, so fällt im Dreiecksdiagramm der Punkt S mit dem Punkt C zusammen. Dagegen liegt im *Jänecke*-Diagramm dann der Punkt S im Unendlichen, da

$$\bar{Z}_S = \frac{\dot{m}_{CS}}{\dot{m}_{AS} + \dot{m}_{BS}} = \frac{\dot{m}_{CS}}{0} = \infty$$

und die Linie FS wird eine Senkrechte. Der Mischungspunkt M im *Jänecke*-Diagramm kann dann nicht mehr grafisch, sondern muß über Teilstoffbilanzen der Stoffkomponenten B und C ermittelt werden.

Beispiel 6.1. Extraktion mit einer theoretischen Stufe

Aus dem Gemisch Dibutylether(A)-Essigsäure(B) mit 65 Ma.-% Essigsäure ist mit reinem Wasser(C) die Essigsäure so zu extrahieren, daß im Raffinat höchstens 2 Ma.-% Essigsäure verbleiben. Die Extraktion soll mit einer theoretischen Stufe erfolgen.

Aufgabe:

1. Wie groß ist der Wassermassenstrom bei $\dot{F} = 200$ kg/h zu trennendes Gemisch?
2. Ermitteln Sie den Extrakt- und Raffinatmassenstrom!

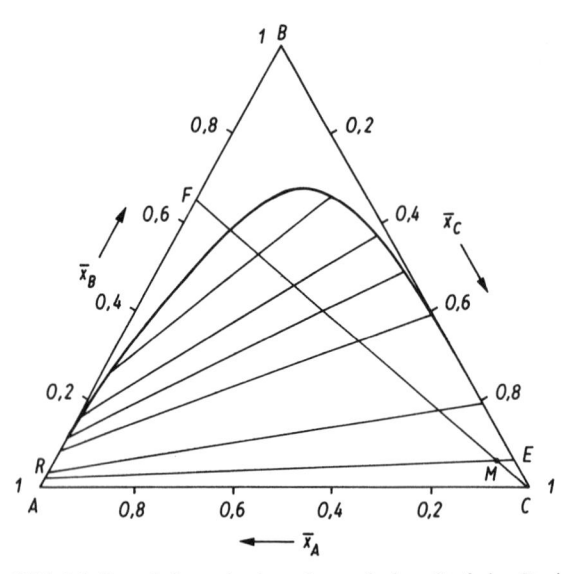

Bild 6.6. Extraktion mit einer theoretischen Stufe im Dreieckdiagramm gemäß Beispiel 6.1

Lösung:

Zu 1.

Die Lösung erfolgt im Dreiecksdiagramm gemäß Bild 6.6. Mit dem Hebelgesetz erhält man:

ζ_M $\dot{F}\overline{FM} = \dot{C}\overline{CM}$

$\dot{C} = \dot{F}\overline{FM}/\overline{CM} = 200 \cdot 151{,}5/17{,}5 = \underline{\underline{1731 \text{ kg/h}}}$

$\dot{M} = \dot{F} + \dot{C} = 200 + 1731 = 1931 \text{ kg/h}$

Zu 2.

ζ_R $\dot{M}\overline{MR} = \dot{E}\overline{ER}$

$\dot{E} = \dot{M}\overline{MR}/\overline{ER} = 1931 \cdot 176/183{,}5 = \underline{\underline{1852 \text{ kg/h}}}$

$\dot{R} = \dot{M} - \dot{E} = 1931 - 1852 = \underline{\underline{79 \text{ kg/h}}}$

Die Trennung des Gemisches mit einer theoretischen Stufe ist ökonomisch sehr ungünstig, da der Extraktmassenstrom groß und die Konzentration an Essigsäure im Extrakt zu gering ist, vergleiche auch Beispiel 6.2.

6.3. Ermittlung der theoretischen Stufenzahl

Bei der Extraktion flüssig-flüssig sind folgende Betriebsweisen zu unterscheiden:
1. Extraktor mit frischem Extraktionsmittel in jeder Stufe
2. Gegenstromextraktor
3. Gegenstromextraktor mit Rücklauf.

Die erste Betriebsweise hat technisch keine Bedeutung, da sie zu unwirtschaftlich ist. Die 2. und 3. Betriebsweise werden technisch betrieben, wobei es von der gewünschten Konzentration des Extraktes abhängt, ob Rücklauf notwendig ist.

6.3.1. Extraktor mit frischem Extraktionsmittel in jeder Stufe

Der Extraktor soll gemäß Bild 6.7 aus insgesamt t Stufen bestehen. Es wird in jeder theoretischen Stufe frisches Extraktionsmittel zugegeben. Manchmal wird diese Betriebsweise auch als Gleichstrom bezeichnet.
Die Extraktionsmittelmengen S_1, S_2 bis S_t können unterschiedlich groß sein. Sie sollen aber die gleiche Zusammensetzung besitzen. Die Lösung mit Hilfe des Dreiecks- oder *Jänecke*-Diagramms ist der im Abschnitt 6.2. dargestellten Behandlung für eine theoretische Stufe analog. Dies sei an folgendem Beispiel mit der Lösung im Bild 6.8 gezeigt.

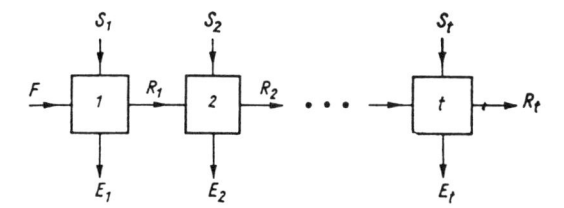

Bild 6.7. Schema eines Extraktors mit frischem Extraktionsmittel in jeder Stufe

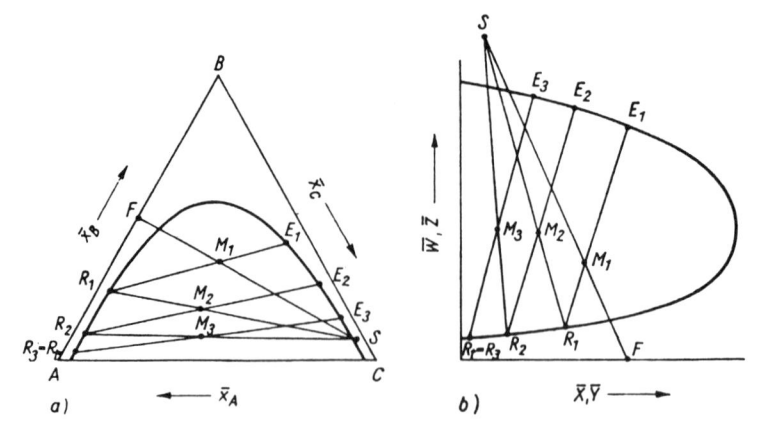

Bild 6.8. Zur Ermittlung der theoretischen Stufenzahl für einen Extraktor mit frischem Extraktionsmittel in jeder Stufe
a) im Dreiecksdiagramm
b) im *Jänecke*-Diagramm

Gegeben seien die Zusammensetzungen und die Massen des Zulaufes F und des Extraktionsmittels S_1, S_2 bis S_t und des Raffinates R_t. Gesucht sind die theoretische Stufenzahl und die Massen an Extrakt und Raffinat. In der 1. Stufe wird der Mischungspunkt M_1 aus der Mischung von F und S_1 gefunden.
Mit der Konnode durch M_1 werden die Zusammensetzung und Masse des Extraktes E_1 und Raffinates R_1 ermittelt. In der Stufe 2 werden R_1 und S_2 gemischt, daraus ergibt sich der Mischungspunkt M_1, und mit der Konnode durch M_2 werden die Zusammensetzung und Massen von R_2 und E_2 gefunden. Das Verfahren ist so lange fortzusetzen, bis das Raffinat die gewünschte Reinheit R_t erreicht hat. Der Nachteil dieser Betriebsweise besteht darin, daß viel Extraktionsmittel benötigt wird und die einzelnen Extraktmengen mit unterschiedlicher Zusammensetzung anfallen.

6.3.2. Gegenstromextraktor mit Stufen

Raffinat und Extrakt werden in einem Extraktor mit t Stufen im Gegenstrom geführt, siehe Bild 6.9.
Die Stoffbilanz ergibt für den gesamten Extraktor

$$\boxed{\dot{F} + \dot{S} = \dot{E}_1 + \dot{R}_t \quad \text{bzw.} \quad \dot{F} - \dot{E}_1 = \dot{R}_t - \dot{S} = \dot{P}} \tag{6.17}$$

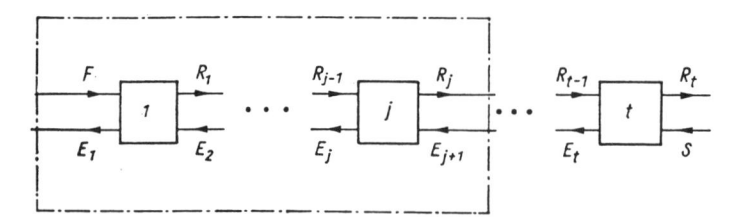

Bild 6.9. Schematische Darstellung eines Gegenstromextraktors

und für den Teilextraktor von Stufe 1 bis zu einer beliebigen Stufe j:

$$\dot F + \dot E_{j+1} = \dot E_1 + \dot R_j \quad \text{bzw.} \quad \dot F - \dot E_1 = \dot R_j - \dot E_{j+1} = \dot P \tag{6.18}$$

Die Gleichungen (6.17) und (6.18) bedeuten geometrisch, daß die Geraden $\overline{FE_1}$, $\overline{R_tS}$, $\overline{R_tE_{j+1}}$ Polstrahlen sind, die durch einen Pol P gehen.

Darstellung im Dreiecksdiagramm

Häufig wird folgende Aufgabe vorliegen.
Gegeben: Masse F, Zusammensetzung von F, S, R_t, E_1;
gesucht: Massen von S, R_t und E_1, theoretische Stufenzahl n_{th}.
Die Lösung erfolgt mit den Erkenntnissen aus der Stoffbilanz gemäß Gleichungen (6.17) und (6.18) in relativ einfacher Weise im Dreiecksdiagramm (s. Bild 6.10).
In das Dreiecksdiagramm werden als erstes die Gerade $\overline{E_1F}$ und $\overline{SR_t}$ eingezeichnet. Der Schnittpunkt dieser beiden Geraden ergibt den Polpunkt P. Die Konnode durch E_1 liefert das Raffinat R_1. Gemäß Stoffbilanz sind alle Geraden $\overline{PR_jE_{j+1}}$ Polstrahlen, so daß man durch den Polstrahl $\overline{PR_1}$ auf der Extraktseite der Binodalkurve den Extrakt der Stufe 2 E_2 findet. Durch Einzeichnen der Konnode durch E_2 erhält man R_2. Anschließend findet man durch den Polstrahl $\overline{PR_2}$ den Punkt E_3. Diese einfache Konstruktion wird so lange fortgesetzt, bis die Zusammensetzung von R_t gerade erreicht bzw. für die Komponente B unterschritten wird. Im Bild 6.10 ist $R_t = R_3$, also sind drei theoretische Stufen erforderlich.

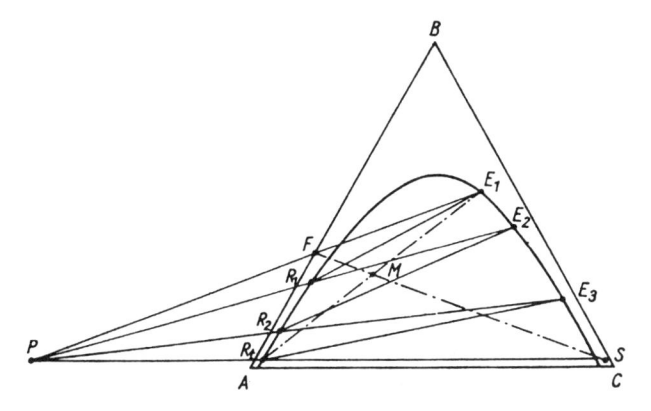

Bild 6.10. Zur Ermittlung der theoretischen Stufenzahl für einen Gegenstromextraktor im Dreiecksdiagramm

Bei der minimalen Extraktionsmittelmenge wird die Stufenzahl gerade unendlich. Das ist dann der Fall, wenn ein Polstrahl mit einer Konnode zusammenfällt.
Die Massen an Extraktionsmittel S, Raffinat R_t und Extrakt E_1 werden am einfachsten grafisch im Dreiecksdiagramm bestimmt. Der Mischungspunkt M der gesamten Kaskade wird als Schnittpunkt der Geraden $\overline{FS}$ und $\overline{R_tE_1}$ erhalten:

$$\zeta M \quad S = F\,\frac{\overline{FM}}{\overline{MS}}; \quad M = S + F \tag{6.19}$$

$$\zeta R_t \quad E_1 = M\,\frac{\overline{MR_t}}{\overline{E_1R_t}}; \quad R_t = M - E_1 \tag{6.20}$$

Auch für ein ternäres Stoffsystem mit zwei Mischungslücken kann die theoretische Stufenzahl durch das gleiche grafische Berechnungsverfahren im Dreiecksdiagramm bestimmt werden.

Darstellung im *Jänecke*-Diagramm

Die Bestimmung der theoretischen Stufenzahl bei Gegenstrom kann für alle Stoffsysteme auch im *Jänecke*-Diagramm erfolgen. Meist wird bei Stoffsystemen mit einer offenen Mischungslücke die Darstellung im *Jänecke*-Diagramm bevorzugt, da sie übersichtlicher als im Dreiecksdiagramm ist.

Bei der Darstellung im *Jänecke*-Diagramm sind die Massen ohne die Stoffkomponente C zu verwenden. Für die Stoffbilanz der Gesamt- und Teilkaskade ergibt sich analog zu den Gleichungen (6.17) und (6.18):

$$\dot{F}' - \dot{E}'_1 = \dot{R}'_t - \dot{S}' = \dot{P}' \tag{6.21}$$

$$\dot{F}' - \dot{E}'_1 = \dot{R}'_j - \dot{E}'_{j+1} = \dot{P}' \tag{6.22}$$

Die Bestimmung der theoretischen Stufenzahl gestaltet sich analog wie im Dreiecksdiagramm. Es wird ein Stoffgemisch mit einer offenen Mischungslücke gewählt. Die Bestimmung der theoretischen Stufenzahl wird in Verbindung mit Rücklauf im Bild 6.15 gezeigt.

Die Massen an sekundärem Lösungsmittel S', Raffinat R'_t und Extrakt E'_1 ergeben sich mit dem Hebelgesetz in Analogie zu den Gleichungen (6.19) und (6.20):

$$\zeta M \quad \dot{S}' = \dot{F}' \frac{\overline{FM}}{\overline{MS}}; \quad \dot{M}' = \dot{S}' + \dot{F}' \tag{6.23}$$

$$\zeta R'_t \quad \dot{E}'_1 = \dot{M}' \frac{\overline{MR}}{\overline{E_1 R_t}}; \quad \dot{R}'_t = \dot{M}' - \dot{E}'_1 \tag{6.24}$$

Die Gesamtmassen einschließlich Komponente C erhält man analog wie in Gleichung (6.14) zu:

$$\dot{E}_1 = \dot{E}'_1 (1 + \bar{Z}_1); \quad \dot{R}_t = \dot{R}'_t (1 + \bar{W}_t); \quad \dot{S} = \dot{S}'(1 + \bar{Z}_S) \tag{6.25}$$

Besteht das Extraktionsmittel S aus reiner Komponente C, so liegt $\bar{Z}_S$ im Unendlichen, und die Verbindungslinie $\overline{R_t S}$ wird eine Senkrechte. Dann werden die Massen an Extrakt E_1 und Raffinat R_t, welche den Extraktor verlassen, über Gesamt- und Teilstoffbilanzen ermittelt. Gesamtstoffbilanz unter Beachtung von

$$\dot{S}' = 0$$

$$\dot{F}' = \dot{R}'_t + \dot{E}'_1 \tag{6.26}$$

Teilstoffbilanz für die Komponente B:

$$\dot{F}' \bar{X}_F = \dot{R}'_t \bar{X}_t + \dot{E}'_1 \bar{Y}_1 ,$$

Unter Berücksichtigung von Gleichung (6.26) erhält man:

$$\dot{E}'_1 = \dot{F}' \frac{\bar{X}_F - \bar{X}_t}{\bar{Y}_1 - \bar{X}_t}; \quad \dot{R}'_t = \dot{F}' \frac{\bar{Y}_1 - \bar{X}_F}{\bar{Y}_1 - \bar{X}_t} \tag{6.27}$$

Mit der Gleichung (6.25) ermittelt man die gesamte Masse an Extrakt E_1 und Raffinat R_t. Die Masse an Extraktionsmittel S kann dann aus folgender Stoffbilanz bestimmt werden:

$$\dot{M} = \dot{E}_1 + \dot{R}_t = \dot{S} + \dot{F} \tag{6.28}$$

Darstellung im Verteilungsdiagramm bei völliger Unlöslichkeit

Bei völliger Unlöslichkeit der Komponenten A und C ergibt sich mit den nach den Gleichungen (6.10) und (6.11) definierten Massenverhältnissen eine einfache Lösung. Die Massenströme $\dot{M}_A$ und $\dot{M}_C$ bleiben in der gesamten Kaskade konstant, so daß die Bilanzlinie eine Gerade wird. Die Stoffbilanz für die Übergangskomponente B gemäß Bild 6.11a ergibt:

$$\dot{M}_A \bar{X}_{uF} + \dot{M}_C \bar{Y}_{uS} = \dot{M}_A \bar{X}_{ut} + \dot{M}_C \bar{Y}_{u1}$$

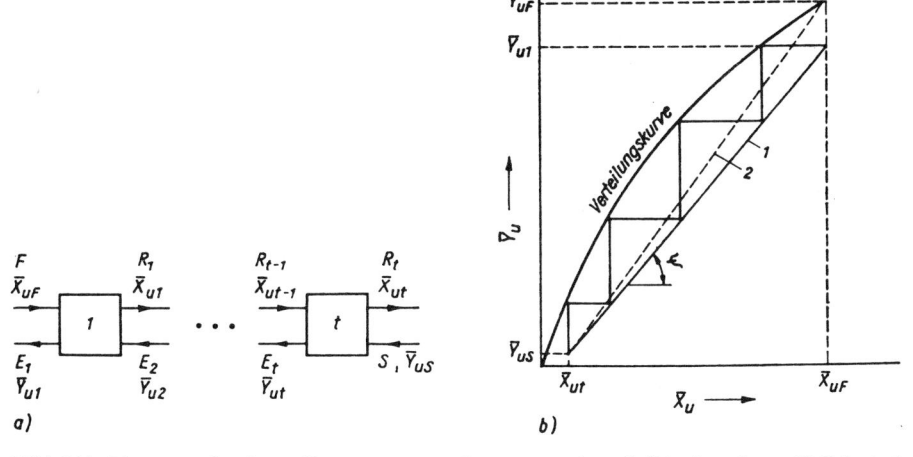

Bild 6.11. Trennung in einem Gegenstromextraktor, wenn A und C ineinander unlöslich sind
a) schematische Darstellung
b) zur Ermittlung der theoretischen Stufenzahl im Verteilungsdiagramm
1 Bilanzlinie mit einem Extraktionsmittel-Massenstrom größer als der minimale
2 Bilanzlinie für einen minimalen Extraktionsmittel-Massenstrom

oder

$$\frac{\dot{M}_A}{\dot{M}_C} = \frac{\bar{Y}_{u1} - \bar{Y}_{uS}}{\bar{X}_{uF} - \bar{X}_{ut}} = \tan \psi \qquad (6.29)$$

Die theoretische Stufenzahl wird im Verteilungsdiagramm durch einen treppenförmigen Linienzug zwischen Gleichgewichts- und Arbeitslinie gemäß Bild 6.11b ermittelt. Der treppenförmige Linienzug beginnt und endet auf der Bilanzlinie. Der minimale Extraktionsmittelmassenstrom $\dot{M}_{C\min}$ (reines C) ist so definiert, daß die theoretische Stufenzahl gerade unendlich wird. Dies ist der Fall, wenn die Bilanz- und Gleichgewichtslinie in einem Punkt zusammenfallen, so daß die Triebkraft Null wird. Bei der technischen Anwendung sind in der Regel $\bar{Y}_{uS}$, $\bar{Y}_{ut}$ und $\bar{Y}_{uF}$ vorgegeben. Damit kann die Bilanzlinie mit dem minimalen Extraktionsmittelmassenstrom nur die im Bild 6.11b gestrichelt eingezeichnete Lage besitzen. Der minimale Extraktionsmittelmassenstrom ergibt sich nach Gleichung (6.29), wobei gemäß Bild 6.11b die Konzentration $\bar{Y}_{uF}^*$ statt $\bar{Y}_{u1}$ zutreffend ist:

$$\dot{M}_{C\min} = \dot{M}_A \frac{\bar{X}_{uF} - \bar{X}_{ut}}{\bar{Y}_{uF}^* - \bar{Y}_{uS}} \qquad (6.30)$$

Beispiel 6.2. Gegenstromextraktor mit theoretischen Stufen im Dreiecksdiagramm

Die Trennung von 200 kg/h Gemisch Dibutylether(A)-Essigsäure(B) mit 35 Ma.-% A ist im Gegenstrom mit Wasser als Extraktionsmittel durchzuführen (vgl. auch Beispiel 6.1). Der Extrakt soll mindestens 45 Ma.-% und das Raffinat höchstens 2 Ma.-% Essigsäure enthalten.

Aufgabe:

1. Wieviel theoretische Stufen sind zur Trennung notwendig?
2. Wieviel Extraktionsmittel in kg/h wird benötigt?
3. Welcher Extrakt- und Raffinatstrom in kg/h fällt an?

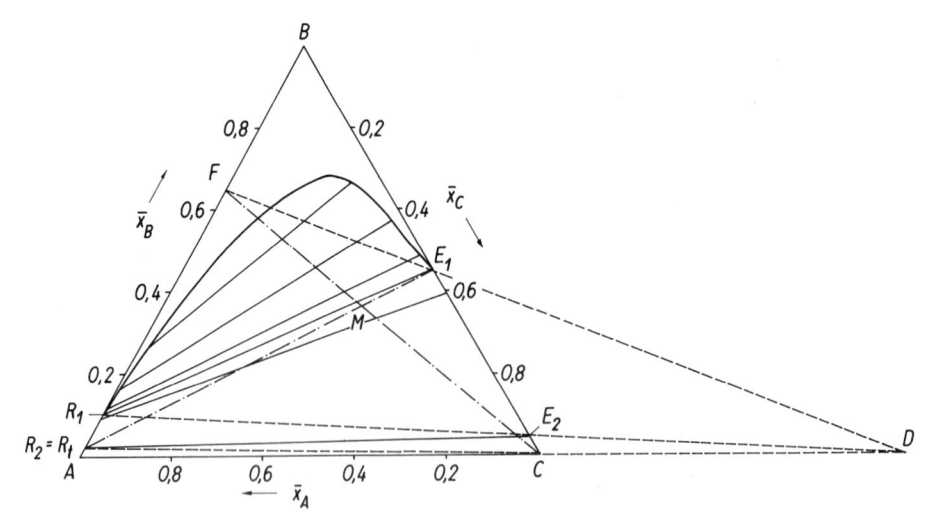

Bild 6.12. Theoretische Stufenzahl für einen Gegenstromextraktor gemäß Beispiel 6.2

Lösung:

Zu 1.

Die grafische Lösung im Bild 6.12 ergibt 2 theoretische Stufen.

Zu 2.

Die zwei Verbindungsgeraden $\overline{FS}$ und $\overline{E_1 R_t}$ ergeben den Mischungspunkt M für den gesamten Extraktor. Mit dem Hebelgesetz um M erhält man den Extraktmassenstrom $\dot{M}_S$:

$\zeta M \quad \dot{M}_F \overline{FM} = \dot{M}_S \overline{MS}$

Die Strecken erhält man aus dem Diagramm zu $\overline{FM} = 73{,}5$ mm und $\overline{MS} = 93$ mm.

$\dot{M}_S = \dot{M}_F \overline{FM}/\overline{MS} = 200 \cdot 73{,}5/93 = \underline{\underline{158 \text{ kg/h}}}$

Zu 3.

Der Massenstrom der Mischung $\dot{M}_M$ ist:

$\dot{M}_M = \dot{M}_F + \dot{M}_S = 200 + 158 = 358$ kg/h

Mit dem Hebelgesetz um R_t erhält man:

$\zeta R_t \quad \dot{M}_M \overline{MR_t} = \dot{M}_{E1} \overline{E_1 R_2}$

$\dot{M}_{E1} = \dot{M}_M \overline{MR_t}/\overline{E_1 R_2} = 358 \cdot 130{,}5/162 = \underline{\underline{288 \text{ kg/h}}}$

$\dot{M}_{Rt} = \dot{M}_M - \dot{M}_{E1} = 358 - 288 = \underline{\underline{70 \text{ kg/h}}}$

Im Vergleich zu Beispiel 6.1 ist der Gegenstrom — in diesem Beispiel nur mit 2 theoretischen Stufen — offenkundig günstiger.

Beispiel 6.3. Gegenstromextraktor mit theoretischen Stufen im Rechteckdiagramm

Aus 8500 kg/h Gemisch Wasser(A)-Aceton(B) mit 8,3 Ma.-% Aceton ist das Aceton mit Tetrachlorethan (C) als Extraktionsmittel abzutrennen. Das Raffinat darf höchstens 0,1 Ma.-% Aceton enthalten. Der

Ermittlung der theoretischen Stufenzahl 6.3.

Extraktmittelstrom soll das 1,2fache des minimalen Extraktmittelstroms betragen. Aus dem Tetrachlorethan wird durch Destillation das Aceton gewonnen, wobei das Tetrachlorethan noch 0,1 Ma.-% Aceton enthält. Tetrachlorethan ist in Wasser unlöslich.

Aufgabe:

1. Der Extraktmittelstrom ist zu ermitteln.
2. Die theoretische Stufenzahl ist zu bestimmen.

Lösung:

Zu 1.

Der minimale Extraktionsmittelstrom ergibt sich gemäß Gleichung (6.30) zu:

$$\dot{M}_{C\min} = \dot{M}_A \frac{\bar{X}_{uF} - \bar{X}_{ut}}{\bar{Y}^*_{uF} - \bar{Y}_{uS}}$$

Da C in A unlöslich ist, erfolgt die Lösung mit Massenverhältnissen $\bar{Y}_u$ und $\bar{X}_u$ gemäß Bild 6.13. Die Massenverhältnisse ergeben sich gemäß Aufgabe zu:

$\bar{X}_{uF} = \dot{M}_{BF}/\dot{M}_{AF} = \bar{x}_{BF}/\bar{x}_{AF} = 0{,}083/0{,}917 = 0{,}0905$

$\bar{X}_{ut} = \bar{x}_{Bt}/\bar{x}_{At} = 0{,}001/0{,}999 = 0{,}001\,001$

$\bar{Y}_{uS} = \bar{y}_{BS}/\bar{y}_{CS} = 0{,}001/0{,}999 = 0{,}001\,001$

Für $\bar{X}_{uF}$ ist die Gleichgewichtskonzentration $\bar{Y}^*_{uF} = 0{,}1693$.

$\dot{M}_A = \dot{M}_F \bar{x}_{AF} = 8500 \cdot 0{,}918 = 7795$ kg/h

$\dot{M}_{C\min} = 7795 \dfrac{0{,}0905 - 0{,}0010}{0{,}1693 - 0{,}0010} = \underline{4145 \text{ kg/h}}$

$\dot{M}_C = 1{,}2 \dot{M}_{C\min} = 1{,}2 \cdot 4145 = \underline{4974 \text{ kg/h}}$

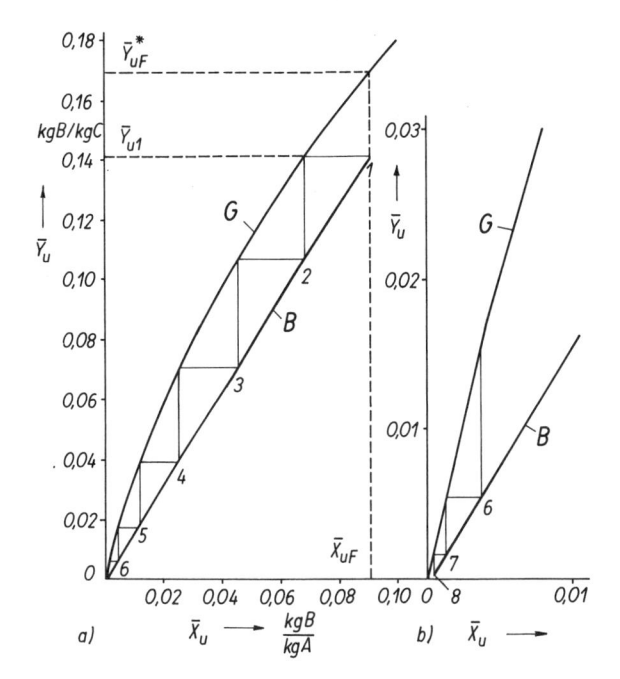

Bild 6.13. Theoretische Stufenzahl für einen Gegenstromextraktor im Rechteckdiagramm gemäß Beispiel 6.3

Zu 2.

Aus Gleichung (7.29) erhält man $\bar{Y}_{u1}$,

$$\bar{Y}_{u1} = \frac{\dot{M}_A(\bar{X}_{uF} - \bar{X}_{ut}) + \dot{M}_C \bar{Y}_{uS}}{\dot{M}_C}$$

$$\bar{Y}_{u1} = \frac{7795(0,0905 - 0,0010) + 4974 \cdot 0,0010}{4974} = 0,1413$$

Damit kann die Bilanzlinie in das $\bar{Y}_u\bar{X}_u$-Diagramm eingetragen werden (s. Bild 6.13). Der treppenförmige Linienzug zwischen der Bilanz- und Gleichgewichtslinie (beginnt und endet auf der Bilanzlinie) ergibt 8 theoretische Stufen. Gemäß Bild 6.13b wird mit 8 theoretischen Stufen bereits eine größere Reinheit des Raffinates $\bar{X}_{ut} = 0,0004$ erreicht, als gemäß Aufgabenstellung mit $\bar{X}_{ut} = 0,0010$ erforderlich ist.

6.3.3. Gegenstrom mit Rücklauf

Bei dem im letzten Abschnitt behandelten einfachen Gegenstrom konnte eine hohe Reinheit erreicht werden, aber nur eine begrenzte Anreicherung der Komponente B im Extrakt. Wird eine hohe Beladung des Extraktes gewünscht, so muß mit Rücklauf gearbeitet werden. Es ergeben sich dann gemäß Bild 6.14 zwei Teile: ein Raffinatteil, in welchem die Anreicherung des Raffinates mit A erfolgt (entspricht Abschn. 6.3.2.) und ein Extraktteil, in dem die Anreicherung mit B erfolgt. Das die Stufe 1 verlassende Extrakt E_1 wird einem Trennapparat zugeführt (meist Destillation), in dem das Extraktionsmittel S_E wiedergewonnen und eine B-reiche Fraktion abgetrennt wird. Die B-reiche Fraktion besteht vorzugsweise aus Komponente B und wird zum Teil als Rücklauf R_0 in die Kaskade zurückgegeben, ein anderer Teil wird als Endprodukt M_r abgezogen. Das wiedergewonnene Extraktionsmittel S_E wird in die Stufe t aufgegeben, wobei Extraktionsmittelverluste, die normalerweise nicht zu vermeiden sind, durch frisches Extraktionsmittel S_{neu} ausgeglichen werden.

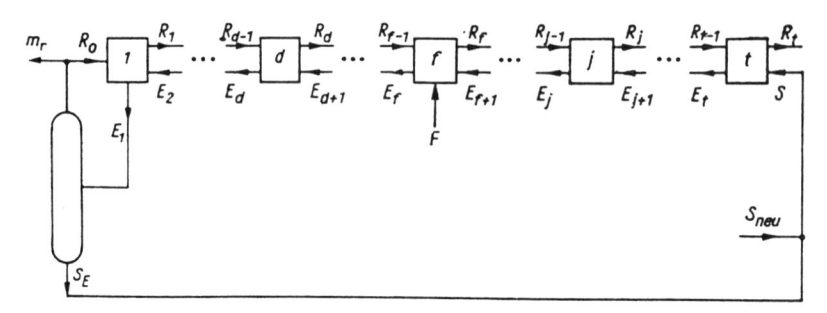

Bild 6.14. Schematische Darstellung eines Gegenstromextraktors mit Rücklauf

Enthält das Raffinat R_t Extraktionsmittel gelöst, so ist in der Regel eine Rückgewinnung dieses Extraktionsmittels aus dem Raffinat notwendig. Die Trennung des Raffinates R_t in eine Fraktion B, die vorzugsweise A enthält, und in eine Fraktion S_R, die vorzugsweise C enthält, erfolgt meistens durch Destillation. Die Fraktion S_R wird mit dem Extraktionsmittel in der Stufe t wieder in den Kreislauf zurückgegeben.

Gegenstrom mit Rücklauf wird sowohl bei Stoffgemischen mit einer Mischungslücke als auch mit einer offenen Mischungslücke angewendet. Die Behandlung des Gegenstroms mit Rücklauf erfolgt grundsätzlich im *Jänecke-* und Verteilungsdiagramm, weil dadurch eine übersichtlichere Darstellung als im Dreiecksdiagramm möglich ist. Zur Lösung werden mehrere Stoffbilanzen benötigt, die anhand des Bildes 6.14 aufgestellt werden.

Ermittlung der theoretischen Stufenzahl 6.3.

Raffinatkaskade für beliebige Stufe j

$$\dot{S}' + \dot{R}'_{j-1} = \dot{R}'_t + \dot{E}'_j \tag{6.31}$$

oder

$$\dot{S}' - \dot{R}'_j = \dot{E}'_t - \dot{R}'_{j-1} = \dot{P}'$$

Alle Geraden $\overline{R_{j-1}E_j}$ sind Polstrahlen und schneiden sich im Pol P. Das gleiche Ergebnis wurde bereits bei einfachem Gegenstrom mit Gleichung (6.22) gefunden.

Extraktkaskade für beliebige Stufe d

$$\dot{E}'_{d+1} = \dot{S}'_E + \dot{M}'_r + \dot{R}'_d$$

$$\dot{S}'_E + \dot{M}'_r = \dot{E}'_{d+1} - \dot{R}'_d = \pi' \tag{6.32}$$

Alle Geraden $\overline{E_{d+1}R_d}$ sind Polstrahlen und schneiden sich im Pol π

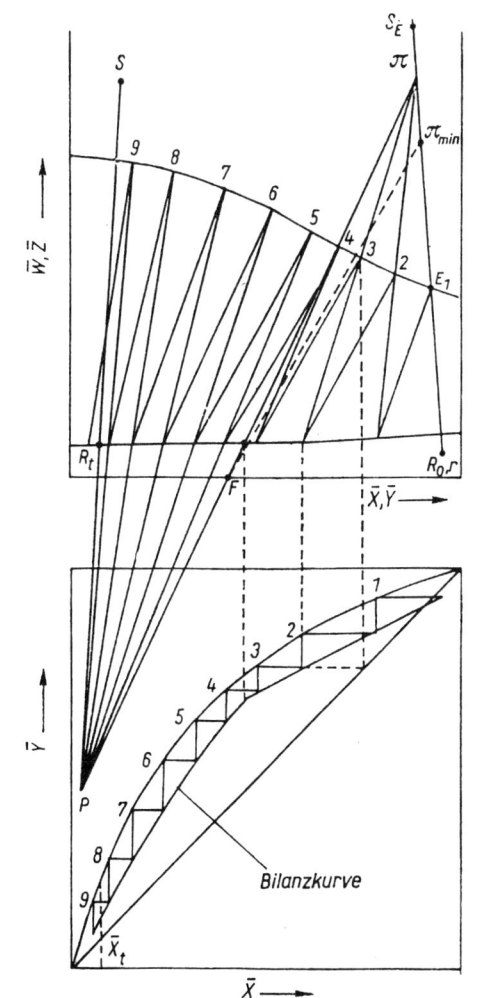

Beziehung zwischen den beiden Polen

Stoffbilanz für den gesamten Extraktor

$$\dot{F}' + \dot{S}' = \dot{R}'_t + \dot{M}'_r + \dot{S}'_E \tag{6.33}$$

$$\dot{F}' + \dot{P}' = \pi' \tag{6.34}$$

Die Hebelbeziehung gilt nur in einer Kaskade, nicht zwischen zwei verschiedenen Kaskaden.

Nach Ermittlung der Pole P und π kann die theoretische Stufenzahl grafisch bestimmt werden. In der Extraktionskaskade beginnt dies mit dem Polstrahl $\overline{\pi E_1 R_0}$ (s. Bild 6.15). Durch E_1 wird die Konnode gesucht, die den Punkt R_1 ergibt. Dann wird mit dem Polstrahl $\overline{\pi E_2 R_1}$ der Punkt E_2 gefunden. Mit der Konnode durch E_2 und den nächsten Polstrahl $\overline{\pi E_3 R_2}$ wird die grafische Ermittlung fortgeführt. Wenn durch eine Komponente die Hauptgerade $\overline{\pi FP}$ geschnitten wird, so ist die Ermittlung der theoretischen Stufen analog mit dem Polpunkt P in der Raffinatkaskade fortzuführen (s. Bild 6.15). Die Konnoden können mit Hilfe der Ver-

Bild 6.15. Zur Ermittlung der theoretischen Stufenzahl für eine Gegenstromkaskade mit Rücklauf

gleichskurve im $\bar{X}\bar{Y}$-Diagramm in einfacher Weise ermittelt werden, indem von der 45°-Gerade eine Senkrechte bis zum Extraktast und von der Verteilungskurve bei demselben $\bar{Y}$-Wert eine Senkrechte bis zum Raffinatast gezogen wird, wodurch die Lage der Konnode gefunden ist.

Das Rücklaufverhältnis wird analog wie bei der Destillation definiert:

$$v = \frac{R'_0}{M'_r} \quad \text{mit } M'_r \text{ als Masse am Punkt } r. \tag{6.35}$$

Mit dem Hebelgesetz findet man folgende Beziehung zwischen dem Rücklaufverhältnis und den Strecken im *Jänecke*-Diagramm gemäß Bild 6.15:

$$\begin{array}{c} \pi \\ E_1 \\ R_0 \end{array} \quad \frac{R'_0}{E'_1} = \frac{\overline{\pi E_1}}{\overline{\pi R_0}}; \quad \begin{array}{c} S_E \\ \pi \\ r \end{array} \quad \frac{S'_E}{M'_r} = \frac{\overline{\pi r}}{\overline{S_E \pi}}$$

$$\frac{R'_0}{E'_1} \frac{S'_E}{M'_r} = \frac{\overline{\pi E_1}}{\overline{\pi R_0}} \frac{\overline{\pi r}}{\overline{S_E \pi}}; \quad \frac{R'_0}{M'_r} = \frac{E'_1}{S'_E} \frac{\overline{\pi_1 E}}{\overline{S_E \pi}} \tag{6.36}$$

Das minimale Rücklaufverhältnis ist in der bekannten Weise definiert, daß die theoretische Stufenzahl gerade unendlich wird. Dies ist offensichtlich dann der Fall, wenn die Hauptgerade $\overline{P\pi F}$ mit der Konnode durch F (Verlängerung der Konnode von der Binodalkurve bis zum Punkt F) zusammenfällt (s. Bild 6.15, gestrichelt gezeichnet). Es gilt dann:

$$v_{\min} = \frac{R'_{0\min}}{M'_r} = \frac{E'_1}{S'_1} \frac{\overline{\pi_{\min} E_1}}{\overline{S_E \pi_{\min}}} \tag{6.37}$$

Das Verhältnis effektives zu minimalem Rücklaufverhältnis beeinflußte die Wirtschaftlichkeit ähnlich wie bei der Destillation. Das wirtschaftliche Rücklaufverhältnis ist aus der Summe von

– Energiekosten (vor allem Regenerierung des Extraktionsmittels beachten)
– Amortisations-, Reparaturkosten und Kapitalzinsen

zu ermitteln.
Beide Kostengruppen zeigen, ähnlich wie bei anderen technischen Prozessen, eine gegenläufige Tendenz. Das wirtschaftliche Rücklaufverhältnis wird oft in einem Bereich

$$v = (1, 2 \ldots 2, 0) v_{\min}$$

zu erwarten sein.

Extraktionsmittel besteht aus reinem C

In diesem Fall muß das aus dem Extrakt E_1 wiedergewonnene Extraktionsmittel S_E aus reinem C bestehen, und die Punkte S und S_E liegen im Unendlichen, da:

$$\bar{Z}_{S_E} = \frac{M_C}{M_A + M_B} = \frac{M_C}{0} = \infty$$

Die Geraden $\overline{R_0 \pi S_E}$ und $\overline{R_r SP}$ werden damit im *Jänecke*-Diagramm Senkrechte.
Das Rücklaufverhältnis wird mit Hilfe des Hebelgesetzes wie folgt ermittelt:

$$\varsigma r \frac{E'_1}{S'_E} = \frac{\overline{S_E r}}{\overline{E_1 r}}$$

Eingesetzt in Gleichung (6.36):

$$v = \frac{E'_1}{S'_E} \frac{\overline{\pi E_1}}{\overline{S_E \pi}} = \frac{\overline{S_E r}}{\overline{E_1 r}} \frac{\overline{\pi E_1}}{\overline{S_E \pi}}$$

Da der Punkt S_E im Unendlichen liegt, gilt: $\overline{S_E r} = \overline{S_E \pi}$.

Das Rücklaufverhältnis bei reinem C als Extraktionsmittel ergibt sich damit zu:

$$v = \frac{\overline{\pi E_1}}{\overline{E_1 r}} = \frac{\bar{Z}_\pi - \bar{Z}_1}{\bar{Z}_1 - \bar{W}r} \tag{6.38}$$

und das minimale Rücklaufverhältnis zu

$$v_{\min} = \frac{\overline{\pi_{\min} E_1}}{\overline{E_1 r}} = \frac{\bar{Z}_{\pi \min} - \bar{Z}_1}{\bar{Z}_1 - \bar{W}r} \tag{6.39}$$

Das Verhältnis von effektivem und minimalem Rücklaufverhältnis kann dann unmittelbar als Streckenverhältnis im *Jänecke*-Diagramm ausgedrückt werden:

$$\frac{v}{v_{\min}} = \frac{\overline{\pi E_1}}{\overline{\pi_{\min} E_1}} \tag{6.40}$$

Bei unendlich großem Rücklaufverhältnis – Kaskade fährt in sich selbst, keine Produktabgabe – wird die theoretische Stufenzahl ein Minimum. Die Pole P und π liegen bei unendlich großem Rücklaufverhältnis im Unendlichen, so daß die Polstrahlen Senkrechte werden.
Ein Vergleich der Behandlung der Extraktion flüssig-flüssig im *Jänecke*-Diagramm mit der Destillation im Enthalpie-Phasendiagramm zeigt eine sehr weitgehende Analogie.

Beispiel 6.4. Extraktionsprozeß für Gegenstrom mit Rücklauf

Aus 3600 kg/h eines Gemisches von 50 Masse-% n-Heptan und 50 Masse-% Methylcyclohexan soll mittels Anilin das Methylcyclohexan extrahiert werden. Das anilinfreie Raffinat darf noch 3 Masse-% Übergangskomponente enthalten, während der anilinfreie Extrakt eine 97%ige Reinheit bezüglich Methylcyclohexan besitzen soll.

Aufgaben:

1. Mit welcher maximalen Reinheit könnte Methylcyclohexan nach Entfernung des Anilins aus dem Extrakt durch einfache Gegenstromextraktion gewonnen werden?
2. Bestimmen Sie $\dot{M}'_r$, $\dot{R}'_t$ und den Mindestrücklaufstrom $\dot{E}'_{R\min}$ in kg/h!
3. Wie groß ist der Rücklaufstrom $\dot{E}'_R$, wenn der Rücklaufüberschußkoeffizient $v_{\ddot{u}} = 1{,}6$ beträgt?
4. Wieviel theoretische Stufen sind für die Extraktion mit Rücklauf notwendig? In welcher Stufe erfolgt die Zugabe des zu trennenden Gemisches?
5. Bestimmen Sie den benötigten Lösungsmittelstrom $\dot{M}_C$!
6. Bestimmen Sie die Massenströme $\dot{R}_t$ und $\dot{E}_1$!

Lösung:

Zu 1.

Die theoretisch maximal mögliche Anreicherung des Extraktes bezüglich Methylcyclohexan bei einfacher Gegenstromextraktion ohne Rücklauf wird durch eine unendlich große theoretische Stufenzahl ermittelt. Das ist im Dreiecks- und *Jänecke*-Diagramm der Fall, wenn Polstrahl und Konnode zusammenfallen (s. Bild 6.16). Die maximal mögliche Konzentration von Methylcyclohexan im Extrakt $Y^G_{E\max}$, gekennzeichnet durch den Punkt $E^G_{\max}$, erhält man aus der Konnode durch F mit dem Schnittpunkt auf dem Extraktast der Binodalkurve (fällt im Bild 6.16 mit E_5 zusammen):

$Y^G_{E\max} = \underline{0{,}685}$

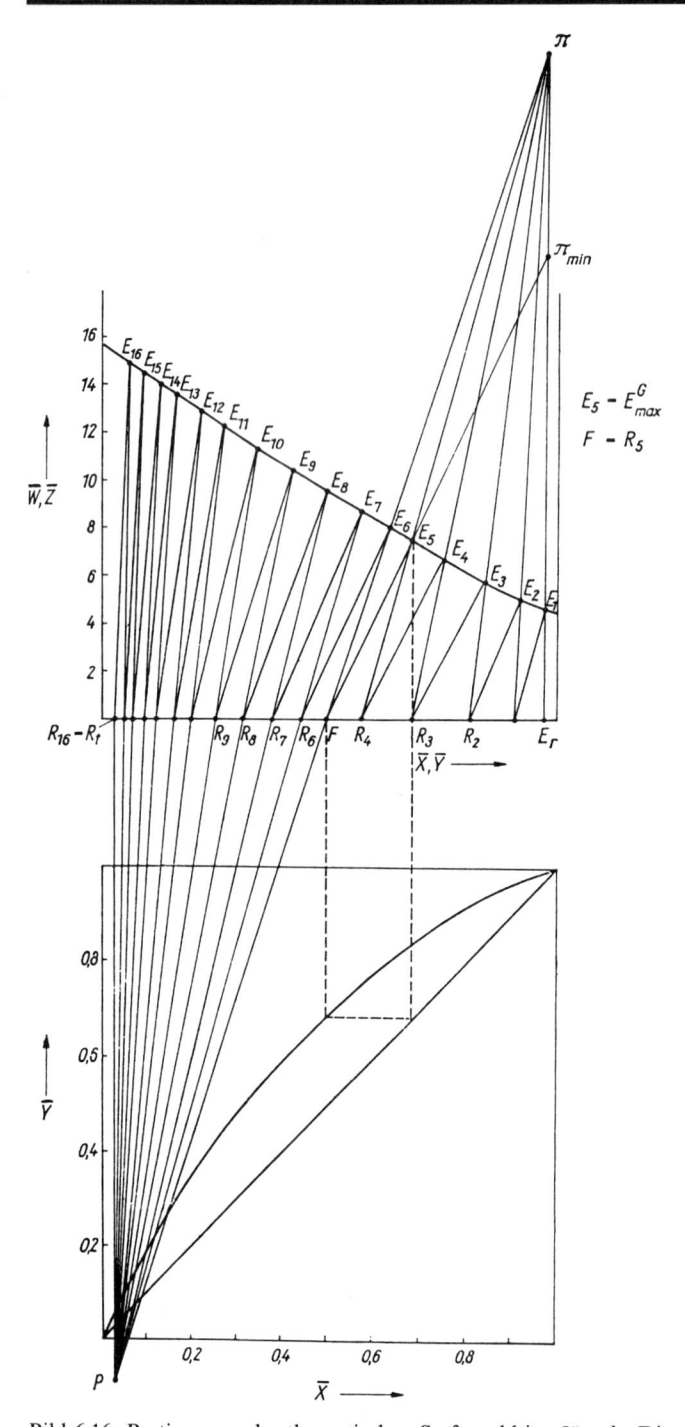

Bild 6.16. Bestimmung der theoretischen Stufenzahl im *Jänecke*-Diagramm gemäß Beispiel 6.4

Ermittlung der theoretischen Stufenzahl 6.3.

Zu 2.

Zur Ermittlung des Mindestrücklaufstromes benötigt man das Mindestrücklaufverhältnis v_{min}. Die Streckenlänge für $\overline{E_1\pi_{min}}$ und $\overline{E_1r}$ entnimmt man Bild 6.16, wobei E_1 durch die geforderte Reinheit des Extraktes festgelegt ist.

$$v_{min} = \frac{\dot{E}'_{R\,min}}{\dot{M}'_r} = \frac{\overline{E_1\pi_{min}}}{E_1 E_r} = \frac{3}{1} = \underline{\underline{3}}$$

$\dot{M}'_r$ und $\dot{R}'_t$ erhält man aus Stoffbilanzen um die gesamte Extraktionsanlage (Bild 6.17).

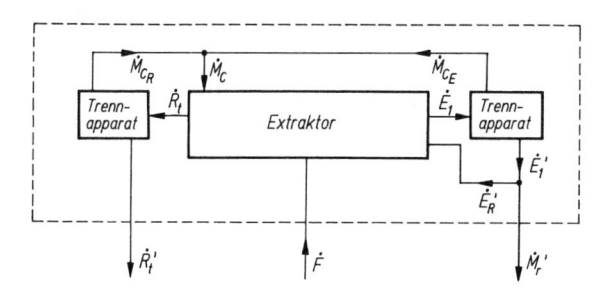

Bild 6.17. Bilanzkreis um den gesamten Prozeß im Beispiel 6.4

Gesamtstoffbilanz (ohne Zusatzstoff C) $\dot{F}' = \dot{M}'_r + \dot{R}'_t$;
Teilstoffbilanz für die Übergangskomponente $\dot{F}'\bar{X}_F = \dot{M}'_r\bar{Y}_r + R'_t\bar{X}_r$
Durch Verknüpfung dieser beiden Gleichungen erhält man:

$$\dot{M}'_r = \dot{F}' \frac{\bar{X}_F - \bar{X}_t}{\bar{Y}_r - \bar{X}_t} = 3600 \frac{0{,}5 - 0{,}03}{0{,}97 - 0{,}03} = \underline{\underline{1800 \text{ kg/h}}}$$

$$\dot{R}'_t = \dot{F}' - \dot{M}'_r = 3600 - 1800 = \underline{\underline{1800 \text{ kg/h}}}$$

Durch Kenntnis von $\dot{M}'_r$ ist man jetzt in der Lage, $\dot{E}'_{R\,min}$ zu ermitteln:

$$\dot{E}'_{R\,min} = \dot{M}'_r v_{min} = 1800 \cdot 3 = \underline{\underline{5400 \text{ kg/h}}}$$

Zu 3.

Voraussetzung zur Ermittlung der Rücklaufmenge ist die Bestimmung des effektiven Rücklaufverhältnisses v:

$$v = v_{min} v_{ü} = 3 \cdot 1{,}6 = 4{,}8$$

Daraus folgt dann $\dot{E}'_R = v \dot{M}'_r = 4{,}8 \cdot 1800 = \underline{\underline{8640 \text{ kg/h}}}$

Zu 4.

Die Ermittlung der theoretischen Stufenzahl erfolgt nach einem grafischen Verfahren gemäß Bild 6.15. Dazu ist es erforderlich, den Polpunkt π mit Hilfe des vorgegebenen Rücklaufüberschußkoeffizienten $v_{ü}$ und des schon ermittelten Polpunktes π_{min} zu bestimmen.

$$\frac{\overline{E_1\pi}}{\overline{E_1\pi_{min}}} = v_{ü} = 1{,}6$$

Die Strecken $\overline{E_1\pi}$ und $\overline{E_1\pi_{min}}$ entsprechen also einem Verhältnis mit dem Wert $v_{ü}$. Die grafische Lösung ergibt eine theoretische Trennstufenzahl von $n_{th} = 16$.
Die Einspritzung des Einsatzgemisches erfolgt nach der 5. Stufe.

Zu 5.

Unter der Voraussetzung, daß keine Verluste an Zusatzstoff (Komponente C) auftreten und in den Trennapparaturen eine vollständige Abtrennung des Anilins erfolgt, ergibt sich der zur Realisierung des Extraktionsprozesses benötigte Lösungsmittelstrom $\dot{M}_C$ zu:

$\dot{M}_C = \dot{M}_{CE} + \dot{M}_{CR}$, wobei $\dot{M}_{CE} = \bar{Z}_1 \dot{E}'_1$ und $\dot{M}_{CR} = \bar{W}_t \dot{R}'_t$

$\dot{E}_1 = \dot{E}'_R + \dot{M}'_r = 8640 + 1800 = 10440$ kg/h

$\bar{Z}_1$ und $\bar{W}_t$ entnimmt man aus Bild 6.16, wobei im vorliegenden Fall $\bar{W}_t$ als vernachlässigbar klein angesehen werden kann:

$\bar{Z}_1 = 4{,}8 \dfrac{\text{kg Anilin}}{\text{kg (Heptan + MCH)}}$, $\quad \dot{M}_{CE} = 4{,}8 \cdot 10440 \text{ kg/h} = \underline{\underline{50\,100 \text{ kg/h}}}$

Wegen $\bar{W}_t$ etwa Null ist auch $\dot{M}_{CR}$ etwa Null. Damit ist

$\dot{M}_{CE} = \dot{M}_C = \underline{\underline{50\,100 \text{ kg/h}}}$

6.4. Austauschgrad

Die effektive Stufenzahl wird aus der theoretischen Stufenzahl mit Hilfe eines Stufenaustauschgrades η_S wie bei der Destillation und Absorption in Bodenkolonnen bestimmt:

$$n_{\text{eff}} = n_{\text{th}}/\eta_S \tag{6.41}$$

Der Austauschgrad für eine Stufe wird analog wie bei der Destillation und Absorption definiert. Unter Bezugnahme auf Bild 6.18 gilt mit Massenanteilen

$$\eta_{SEj} = \dfrac{\bar{y}_{Bj} - \bar{y}_{Bj+1}}{\bar{y}^*_{Bj} - \bar{y}_{Bj+1}} \quad \text{bzw.} \quad \eta_{SRj} = \dfrac{\bar{x}_{Bj-1} - \bar{x}_{Bj}}{\bar{x}_{Bj-1} - \bar{x}^*_{Bj}} \tag{6.42}$$

In einem Mischer-Absetzer-Extraktor werden die beiden Phasen in einer Rührmaschine gemischt, so daß für beide Phasen vollkommene Durchmischung vorliegt. Der Prozeß in der Rührmaschine der Stufe j verläuft daher von G bis H, wobei der Punkt H den effektiv erreichbaren Konzentrationen $\bar{x}_{Bj}$ und $\bar{y}_{Bj}$ entspricht. Der Austauschgrad kann auf die Extrakt- oder Raffinatphase bezogen werden, wobei infolge der vollkommenen Durchmischung der beiden Phasen beide Austauschgrade gleich groß sind. Liegt eine theoretische Stufe vor, so wird über H hinausgehend der Punkt mit dem Phasengleichgewicht y^*_{Bj} erreicht, siehe Bild 6.18.

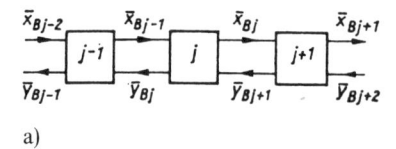

Bild 6.18. Zur Einführung eines Stufenaustauschgrades für einen Gegenstromextraktor
a) Schematische Darstellung des Gegenstromextraktors
b) Darstellung im Phasendiagramm

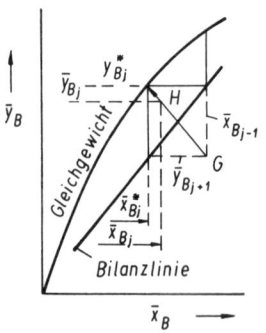

Für den Austauschgrad sind nur Korrelationen bekannt, die einen relativ kleinen Gültigkeitsbereich bezüglich unterschiedlicher Stoffsysteme, betrieblicher Verhältnisse und verschiedener Abmessungen des Mischer-Absetzer-Extraktors besitzen. Es werden deshalb hier keine Korrelationen angegeben. In einer Kaskade von Mischer-Absetzern ist oft ein Austauschgrad von 85 bis 95% zu erwarten. Bei Turmextraktoren, bei denen die Mischer-Absetzer ähnlich wie bei einer Bodenkolonne übereinander mit einem Abstand von etwa 0,6 m angeordnet werden, wird der Austauschgrad durch Rückvermischung der im Gegenstrom geführten Phasen zusätzlich beeinträchtigt, so daß der Austauschgrad wesentlich kleiner ist.

6.5. Grundlagen der Stoffübertragung mit kontinuierlichem Kontakt

In den beiden vorangehenden Abschnitten 6.3. und 6.4. wurde die Stoffübertragung mit stufenweisem Kontakt behandelt. Zur Berechnung der Stoffübertragung mit kontinuierlichem Kontakt der Phasen gibt es zwei Konzepte:
1. Verwendung der theoretischen Stufe mit der Höhe äquivalent einer theoretischen Stufe (HETS) und
2. Verwendung von Stoffdurchgangskoeffizient, Phasengrenzfläche und Triebkraft bzw. Übertragungseinheiten.

Die Verwendung der theoretischen Stufe entspricht nicht dem wirklichen Prozeß bei der Stoffübertragung mit kontinuierlichem Kontakt. Die Methoden zur Bestimmung der theoretischen Stufenzahl sind jedoch gut bekannt, so daß diese Berechnungsmethode in der Industrie trotzdem eine beachtliche Rolle spielt. Es gibt faktisch keine brauchbaren Korrelationen zur Vorausberechnung der HETS-Werte mit einem größeren Gültigkeitsbereich, da eine Übertragung von experimentellen Ergebnissen auf andere Stoffgemische und betriebliche Verhältnisse sehr schwierig ist. Der HETS-Wert wird im allgemeinen aus Experimenten mit Labor- oder Technikumsextraktoren ermittelt. Werden nur die Eingangs- und Ausgangskonzentration gemessen und daraus die theoretische Stufenzahl berechnet, so erhält man mit der Arbeitshöhe H des Extraktors

$$\text{HETS} = \frac{H}{n_{\text{th}}} \tag{6.43}$$

Bei der Behandlung der Stoffübertragung mit Stoffdurchgangskoeffizient, Phasengrenzfläche und Triebkraft bzw. Übertragungseinheiten wird analog vorgegangen wie bei der Destillation und Absorption. Die Stoffübertragung mit kontinuierlichem Kontakt ist im Bild 6.19 für die Übergangskomponente B in einer Form dargestellt, wie sie im Abschnitt 2.5.2. (Bild 2.26) behandelt wurde. In dem differentiellen Ausschnitt dH verändern sich sowohl die Masse jeder Phase als auch die Zusammensetzung. Für die zwei Phasen (Extrakt und Raffinat) gibt es unter Verwendung der Gleichgewichtszusammensetzung an der Phasengrenzfläche insgesamt vier Möglichkeiten zur Darstellung des übergehenden Stoffstroms $\dot{M}_B$ an Komponente B. Unter Verwendung von Massenanteilen lauten die Gleichungen:

$$d\dot{M}_B = K_E \, dA(\bar{y}_B^* - \bar{y}_B) = d(\dot{M}_E \bar{y}_B) \tag{6.44}$$

$$d\dot{M}_B = \beta_E \, dA(\bar{y}_{BP} - \bar{y}_B) = d(\dot{M}_E \bar{y}_B) \tag{6.45}$$

$$d\dot{M}_B = K_R \, dA(\bar{x}_B - \bar{x}_B^*) = d(\dot{M}_R \bar{x}_B) \tag{6.46}$$

$$d\dot{M}_B = \beta_R \, dA(\bar{x}_B - \bar{x}_{BP}) = d(\dot{M}_R \bar{x}_B) \tag{6.47}$$

Die weiteren Betrachtungen werden unter Verwendung der Gleichung (6.44) durchgeführt. Zur Lösung dieser Differentialgleichung muß versucht werden, den Massenstrom $\dot{M}_E$

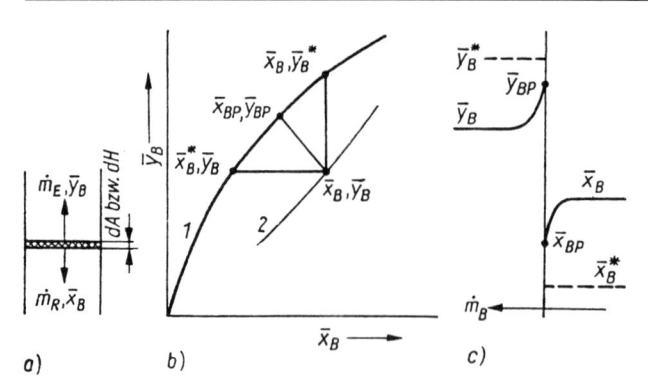

Bild 6.19. Stoffübertragung mit kontinuierlichem Kontakt bei der Extraktion flüssig-flüssig
a) Betrachtung an einem differentiellen Ausschnitt im Extraktor
b) Kennzeichnung der Triebkraft für einen Punkt der Bilanzkurve 2; Gleichgewichtskurve 1
c) Konzentrationen an der Phasengrenze und im Kern der Strömung

konstant zu halten. Näherungsweise ist das Produkt $\dot{M}_E(1 - \bar{y}_B)$ konstant, wenn sich die beiden Stoffkomponenten A und C wenig ineinander lösen.
Durch Erweiterung mit dem Faktor $(1 - \bar{y}_B)$ erhält man:

$$d(\dot{M}_E \bar{y}_B) = d\left[\frac{\dot{M}_E \bar{y}_B (1 - \bar{y}_B)}{1 - \bar{y}_B}\right]$$

Das konstante Glied $\dot{M}_E(1 - \bar{y}_B)$ kann vor das Differential gesetzt werden:

$$d(\dot{M}_E \bar{y}_B) = \dot{M}_E(1 - \bar{y}_B)\, d\left(\frac{\bar{y}_B}{1 - \bar{y}_B}\right)$$

Die rechte Seite mit der Quotientenregel differenziert

$$d(\dot{M}_E \bar{y}_B) = \dot{M}_E(1 - \bar{y}_B)\frac{d\bar{y}_B}{(1 - \bar{y}_B)^2} = \dot{M}_E \frac{d\bar{y}_B}{1 - \bar{y}_B}$$

Mit der spezifischen Phasengrenzfläche a, dem Extraktorquerschnitt A_q gilt $dA = aA_q\, dH$. Das Einsetzen dieser Beziehung in Gleichung (6.44) und die Auflösung nach dH führt nach der Integration zu:

$$H = \frac{\dot{M}_E}{K_E a A_q} \int_{\bar{y}_{BT}}^{\bar{y}_{BK}} \frac{d\bar{y}_B}{(1 - \bar{y}_B)(\bar{y}_B^* - \bar{y}_B)} = H_{E\,ges} N_{E\,ges} \tag{6.48}$$

Der Index T kennzeichnet den Sumpf des Extraktors (Beginn der Einbauten unten), K den Kopf (Ende der Einbauten oben). Die Angabe der Grenzen in Gleichung (6.48) setzt voraus, daß das Extraktionsmittel die leichtere Phase ist, anderenfalls sind die Grenzen umzukehren. Analog erhält man:

$$H = \frac{\dot{M}_E}{\beta_E a A_q} \int_{\bar{y}_{BT}}^{\bar{y}_{BT}} \frac{d\bar{y}_B}{(1 - \bar{y}_B)(\bar{y}_{BP} - \bar{y}_B)} = H_E N_E \tag{6.49}$$

$$H = \frac{\dot{M}_R}{K_R a A_q} \int_{\bar{y}_{BT}}^{\bar{y}_{BK}} \frac{d\bar{x}_B}{(1 - \bar{x}_B)(\bar{x}_B - \bar{x}_B^*)} = H_{R\,ges} N_{R\,ges} \tag{6.50}$$

$$H = \frac{\dot{M}_R}{\beta_R a A_q} \int_{\bar{y}_{BT}}^{\bar{y}_{BK}} \frac{d\bar{x}_B}{(1 - \bar{x}_B)(\bar{x}_B - \bar{x}_{BP})} = H_R N_R \tag{6.51}$$

Die Anwendung der Gleichungen (2.160) bzw. (2.161) auf die Extraktion flüssig-flüssig ergibt:

$$\frac{1}{K_E} = \frac{1}{\beta_E} = \frac{b}{\beta_R} \quad \text{bzw.} \quad \frac{1}{K_R} = \frac{1}{b\beta_E} + \frac{1}{\beta_R} \tag{6.52}$$

Gemäß Gleichung (2.229) erhält man für die Höhe der gesamten Übertragungseinheit

$$H_{E\,\text{ges}} = H_E + \frac{b\dot{M}_E}{\dot{M}_R} H_R \quad \text{bzw.} \quad H_{R\,\text{ges}} = \frac{\dot{M}_R}{b\dot{M}_E} H_E + H_R \tag{6.53}$$

In Fachzeitschriften sind verschiedene Korrelationen für die partiellen Übertragungseinheiten H_E und H_R in Abhängigkeit mehrerer Variabler mit kleinem Gültigkeitsbereich angegeben. Die Lösung des Integrals für die Triebkraft kann grafisch oder numerisch erfolgen.

A und C ineinander unlöslich

Durch die Verwendung von Massenverhältnissen gemäß den Gleichungen (6.10) und (6.11) bleiben die Extrakt- und Raffinatmassenströme in dem Extraktor konstant. Häufig wird auch ein Massen-Volumen-Verhältnis benutzt:

$$Y_u = \dot{M}_{BE}/\dot{V}_C \quad \text{und} \quad X_u = \dot{M}_{BR}/\dot{V}_A \tag{6.54}$$

Eine differentielle Betrachtung des übertragenen Massenstroms $\mathrm{d}\dot{M}_B$ ergibt:

$$\mathrm{d}\dot{M}_B = \dot{V}_A \, \mathrm{d}X_u = K_R \, \mathrm{d}A(X_u - X_u^*) \tag{6.55}$$

oder

$$\mathrm{d}\dot{M}_B = \dot{V}_C \, \mathrm{d}Y_u = K_E \, \mathrm{d}A(Y_u^* - Y_u) \tag{6.56}$$

Mit $\mathrm{d}A = aA_q \, \mathrm{d}H$ erhält man nach der Integration:

$$H = \frac{\dot{V}_A}{K_R aA_q} \int_{X_{uT}}^{X_{uK}} \frac{\mathrm{d}X_u}{X_u - X_u^*} = H_{R\,\text{ges}} N_{R\,\text{ges}} \tag{6.57}$$

$$H = \frac{\dot{V}_C}{K_E aA_q} \int_{Y_{uT}}^{Y_{uK}} \frac{\mathrm{d}Y_u}{Y_u^* - Y_u} = H_{E\,\text{ges}} N_{E\,\text{ges}} \tag{6.58}$$

Für die Grenzen Kopf und Sumpf gelten die Ausführungen wie zu Gleichung (6.48).

Spezialfall

Bei kleinen Konzentrationen an Übergangskomponente B gilt der Verteilungssatz von *Nernst*, d. h. eine lineare Beziehung für das Phasengleichgewicht. Sind die Gleichgewichts- und Bilanzlinie Geraden, so kann das Triebkraftintegral analytisch gelöst werden, vergleiche auch Absorption, Abschnitt 5.4. Unter Verwendung von X_u und Y_u gilt für die Raffinatphase:

$$\dot{M}_B = K_R A \, \Delta X_{um} = \dot{V}_R (X_{uK} - X_{uT}) \tag{6.59}$$

Mit $A = aA_q H$ erhält man:

$$H = \frac{\dot{V}_R}{aA_q K_R} \frac{X_{uK} - X_{uT}}{\Delta X_{um}} = H_{R\,\text{ges}} N_{R\,\text{ges}} \tag{6.60}$$

Die mittlere logarithmische Triebkraft ergibt sich mit den Triebkräften am Kopf ΔX_{uK} und Sumpf ΔX_{uT} des Extraktors zu:

$$\Delta X_{um} = \frac{\Delta X_{uK} - \Delta X_{uT}}{\ln(\Delta X_{uK}/\Delta X_{uT})} \tag{6.61}$$

$\Delta X_{uK} = X_{uK} - X_{uK}^*$ und $\Delta X_{uT} = X_{uT} - X_{uT}^*$

Zur Berechnung der Stoffdurchgangskoeffizienten

Die bekannten Korrelationen zur Berechnung des Stoffdurchgangskoeffizienten haben einen sehr begrenzten Gültigkeitsbereich. Die Modellierung der Stoffübergangskoeffizienten erfolgt hauptsächlich mit Ähnlichkeitskennzahlen oder unmittelbar in Abhängigkeit wesentlicher Einflußgrößen, wobei am bedeutsamsten die Relativgeschwindigkeit w_{rel} zwischen den beiden Phasen ist. Aus eigenen Experimenten in einem Drehscheibenextraktor mit 0,2 m Durchmesser und 1 m Arbeitshöhe wurde in Anlehnung an bereits bekannte Korrelationen und Anpassung an die Versuchsdaten unter Vernachlässigung des Widerstandes in der Extraktphase folgende Korrelation ermittelt:

$$K_R = 0{,}001557 w_{rel}^{0,97} \quad \text{mit} \quad w_{rel} = \frac{w_c}{1 - \varphi_d} + \frac{w_d}{\varphi_d} \tag{6.62}$$

w_{rel}, w_c und w_d in m/s, w_c und w_d auf den gesamten Querschnitt $D_K^2 \frac{\pi}{4}$ bezogen. Mit Ähnlichkeitskennzahlen wurde folgende Korrelation gefunden:

$$Sh_R = 0{,}00285 \, Re_R \, Sc_R^{0,927} \quad \text{mit} \quad Re_R = \frac{w_{rel} d_{32}}{v_R} \quad \text{und} \quad Sc_R = \frac{v_R}{D_R} \tag{6.63}$$

Gültigkeitsbereich der Gleichungen (6.62) und (6.63):
$5 < Re_R < 50$; $Sc_R > 1$; $0{,}03 < \varphi_d < 0{,}14$; abgeleitet aus experimentellen Daten für die Stoffsysteme Wasser/Phenol/Butylazetat und Tetrachlorkohlenstoff/Essigsäure/Wasser; Stoffübertragung von der kontinuierlichen Phase (Raffinatphase) in die disperse Phase; Phasengrenzfläche wurde experimentell durch Fotografieren bestimmt.

Beispiel 6.5. Höhe eines Drehscheibenextraktors bei konstanten Massenströmen

Aus einem Abwasserstrom $\dot{V}_F = 17{,}3 \, m^3/h$ mit 3,2 kg Aceton je m^3 Wasser soll das Aceton mit Tetrachlorethan als Extraktionsmittel entfernt werden.

Gegeben:

Phasengleichgewicht $Y_u^* = 6{,}77 X_u$, gültig bis $X_u = 4{,}0 \, kg/m^3$.
Das Aceton soll aus dem Wasser bis auf 0,15 kg/m^3 entfernt werden. Tetrachlorethan 3,00 m^3/h (disperse Phase), beim Eintritt 0,2 kg Aceton je m^3.
Drehscheibenextraktor 1 m Durchmesser, mittlerer Tropfendurchmesser 1,2 mm, Holdup der dispersen Phase $\varphi_d = 0{,}11$.
Stoffdurchgangskoeffizient $K_R = 2{,}45 \cdot 10^{-5}$ m/s.

Aufgabe:

Die Arbeitshöhe des Drehscheibenextraktors ist ohne Berücksichtigung der axialen Durchmischung zu berechnen.

Lösung:

Bilanz- und Gleichgewichtslinie sind Geraden. Damit sind die Gleichungen (6.59) bis (6.61) zutreffend.
Ermittlung der Massen-Volumen-Verhältnisse an den Enden des Extraktors:

$X_{uF} = X_{uT} = 3,2$ kg/m³ ; $X_{uK} = 0,15$ kg/m³ ; $Y_{uK} = 0,20$ kg/m³

Die Konzentration Y_{uT} erhält man aus einer Stoffbilanz:

$\dot{V}_R(X_{uT} - X_{uK}) = \dot{V}_E(Y_{uT} - Y_{uK})$

$Y_{uT} = \dot{V}_R(X_{uT} - X_{uK})/\dot{V}_E + Y_{uK}$

$Y_{uT} = 17,3(3,2 - 0,15)/3,00 + 0,20 = 17,79$ kg/m³

Berechnung der Triebkräfte an den Enden des Extraktors

$X^*_{uT} = Y_{uT}/6,77 = 17,79 : 6,77 = 2,628$ kg/m³

$\Delta X_{uT} = X_{uT} - X^*_{uT} = 3,2 - 2,628 = 0,572$ kg/m³

$X^*_{uK} = Y_{uK}/6,77 = 0,2 : 6,77 = 0,0295$ kg/m³

$\Delta X_{uK} = X_{uK} - X^*_{uK} = 0,15 - 0,0295 = 0,1205$ kg/m³

Die mittlere Triebkraft ist gemäß Gleichung (6.61):

$$\Delta X_{um} = \frac{\Delta X_{uT} - \Delta X_{uK}}{\ln(\Delta X_{uT}/\Delta X_{uK})} = \frac{0,572 - 0,1205}{\ln(0,572/0,1205)} = 0,290 \text{ kg/m}^3$$

Die Zahl der gesamten Übertragungseinheiten ist gemäß Gleichung (6.60):

$$N_{R\,ges} = \frac{X_{uT} - X_{uK}}{\Delta X_{um}} = \frac{3,2 - 0,15}{0,290} = 10,5$$

Die Höhe einer Übertragungseinheit ist gemäß Gleichung (6.60):

$$H_{R\,ges} = \frac{\dot{V}_R}{aA_q K_R}$$

$a = 6\varphi_d/d_{32} = 6 \cdot 0,11/0,00120 = 550$ m²/m³

$A_q = D_K^2 \pi/4 = 1^2 \pi/4 = 0,7854$ m²

$$H_{R\,ges} = \frac{17,3 \cdot 10^5}{3600 \cdot 550 \cdot 0,7854 \cdot 2,45} = 0,454 \text{ m}$$

Die Arbeitshöhe H des Extraktors ohne Berücksichtigung der axialen Durchmischung ist

$H = H_{R\,ges} N_{R\,ges} = 0,454 \cdot 10,5 = \underline{\underline{4,77 \text{ m}}}$

6.6. Zur Fluiddynamik von Drehscheibenextraktoren

Zur Kennzeichnung des fluiddynamischen Verhaltens werden hauptsächlich folgende Größen benötigt: Tropfengrößenverteilung, Volumenanteil (Holdup) der dispersen Phase, Phasengrenzfläche aus den beiden vorgenannten Größen, obere Grenzbelastung, Verweilzeitverhalten der beiden Phasen. Trotz umfangreicher fluiddynamischer Untersuchungen an Drehscheibenextraktoren seit Einführung dieser Apparate in die Industrie Ende der fünfziger Jahre ist die Kenntnis durch mangelnde Grundlagen für das Verhalten von Tropfenschwärmen und die gegenseitige Beeinflussung von Tropfen in solchen Apparaten begrenzt. Es ist keine Seltenheit, daß die Benutzung von in der Fachliteratur veröffentlichten Berechnungsgleichungen für eine der vorgenannten Größen bei Bedingungen, die nicht in die Versuche einbezogen waren, zu Abweichungen bis zu mehreren hundert Prozent führen kann.

Der *mittlere Tropfendurchmesser* als wesentliches Merkmal der Tropfengrößenverteilung wird am häufigsten in Form des Volumen-Oberflächen-Durchmessers d_{32}, auch *Sauter-Durchmesser* genannt, verwendet:

$$d_{32} = \frac{\sum_{i=1}^{z} N_i d_i^3}{\sum_{i=1}^{z} N_i d_i^2} \tag{6.64}$$

N Tropfenzahl
d Tropfendurchmesser

Zur Berechnung des mittleren Tropfendurchmessers sind in der Fachliteratur mehrere mathematische Modelle veröffentlicht worden. Eines der neueren Modelle stammt von *Fischer* [6.4], der aus Experimenten an Drehscheibenextraktoren mit $D_R/D_K = 0,5$ und durch Analyse der wesentlichen Einflußgrößen folgendes Modell ermittelt:

$$\frac{d_{32}}{D_R} = a\,\mathrm{We}^{-0,52}\left(1,0 + \frac{35}{N_S^{1,22}\,\mathrm{We}^{0,5}}\right)(1 + 2\varphi_d) \tag{6.65}$$

$\mathrm{We} = n_R^2 D_R^3 \varrho_c/\sigma$, für $D_{St}/D_K = 0,63$ ist $a_1 = 0,62$, N_S Zahl der Sektionen.

Aus Untersuchungen wurde gefunden, daß der mittlere Tropfendurchmesser am günstigsten durch wenige Experimente mit dem jeweiligen konkreten Stoffgemisch an einem Versuchsextraktor, z. B. mit 0,2 m Durchmesser, zur Bestimmung des Anpassungsparameters a_1 in Gleichung (6.65) ohne den Faktor $(1 + \varphi_d)$ ermittelt wird [6.5].

Der *Volumenanteil* (Holdup) *an disperser Phase* ergibt gemäß Definition

$$\varphi_d = \frac{\text{Volumen an disperser Phase im Arbeitsraum des Extraktors}}{\text{gesamtes Arbeitsvolumen des Extraktors}} \tag{6.66}$$

Es wurde empirisch folgender Zusammenhang zwischen dem Tropfendurchmesser und Holdup gefunden, siehe auch [6.6]:

$$d_{32} = a_1 \cdot 10^{-4}\left[\frac{75 D_K}{D_R}(\varphi_d - \Delta\varphi_{dB} + \Delta\varphi_{dP})\right]^{-a_2} + a_3 \tag{6.67}$$

$$a_1 = 0,701\left(\frac{\sigma}{0,01}\right)^{-0,5} + 58,7\left(\frac{\varrho_d}{\varrho_c}\right)^{-0,865} + 56,4\left(\frac{0,001}{\sigma - 0,0124}\right)^3$$

$$- \frac{2,35\eta_c^2 + \eta_d^2}{\eta_c \eta_d} + 3,49\left(\frac{0,04}{D_K^2} - 1\right)^3$$

$$a_2 = 0,0136\left(\frac{\sigma}{0,01}\right)^{1,406} + 0,775\left(\frac{\varrho_d}{\varrho_c}\right)^{0,138} + 0,172\left(\frac{0,001}{\sigma - 0,0124}\right)^3$$

$$- \frac{0,0293\eta_c^2 + 0,0183\eta_d^2}{\eta_c \eta_d}$$

$a_3 = 0$ für $\dot{v}_{ges} \leqq 0,00361\,\dfrac{\mathrm{m}^3}{\mathrm{m}^2\mathrm{s}}$ und $a_3 = 0,000225$ für

$\dot{v}_{ges} > 0,00361\,\mathrm{m}^3/(\mathrm{m}^2\,\mathrm{s})$

$$\Delta\varphi_{dB} = 0,039\left(\frac{\dot{v}_{ges}}{0,00318} - 1\right) \quad \text{und} \quad \Delta\varphi_{dP} = 0,0139\left(\frac{1}{3,5L} - 1\right)^{1,15} + 0,0037$$

Es gilt: $\Delta\varphi_{dB} = 0$ für $\dot{v}_{ges} < 0{,}00361$ m³/(m² s)
$\Delta\varphi_{dP} = 0$ für $1/L < 3{,}5$

$\dot{v}_{ges}$ gesamtes Volumen $(\dot{V}_d + \dot{V}_c)$ bezogen auf $D_K^2\pi/4$
L Phasenverhältnis $\dot{V}_d/\dot{V}_c$, in Gleichung (6.67) alle Einheiten gemäß SI

Die für Gleichung (6.67) einbezogenen Versuchsdaten umfaßten folgenden Bereich der Stoffwerte:

$$\Delta\varrho = 40 \ldots 600 \text{ kg/m}^3, \qquad \eta_c = 0{,}001 \ldots 0{,}0121 \frac{\text{kg}}{\text{m s}}, \qquad \sigma = (3{,}5 \ldots 43)\,10^{-3}\,\frac{\text{kg}}{\text{s}^2}$$

Bei bekanntem Tropfendurchmesser kann Gleichung (6.67) nach φ_d aufgelöst und damit der Volumenanteil der dispersen Phase bestimmt werden:

$$\varphi_d = 0{,}0133\,\frac{D_R}{D_K}\left(\frac{a_1 \cdot 10^{-4}}{d_{32} - a_3}\right)^{1/a_2} + \Delta\varphi_{dB} - \Delta\varphi_{dP} \tag{6.68}$$

Die *obere Grenzbelastung* ist im Drehscheibenextraktor durch verschiedene Phänomene gekennzeichnet. Bei Stoffsystemen mit hoher Grenzflächenspannung, großer Dichtedifferenz und niedriger Viskosität der kontinuierlichen Phase ist eine Phasenumkehr (Überflutung) charakteristisch. Dagegen wird bei Stoffsystemen mit niedriger Grenzflächenspannung, kleiner Dichtedifferenz und hoher Viskosität der kontinuierlichen Phase bei Annäherung an die obere Grenzbelastung disperse Phase in wachsender Menge mit der kontinuierlichen Phase ausgetragen, so daß Festlegungen über die zulässige Austragsrate die obere Grenzbelastung kennzeichnen. Aus Experimenten mit 4 Stoffsystemen in Extraktoren bis 0,2 m Durchmesser und unterschiedlicher Geometrie wurde unter Benutzung der Modellvorstellung eines Fließbettes für die Tropfenschwärme in der kontinuierlichen Phase von *Würfel* folgendes Modell entwickelt, siehe auch [6.7]:

$$w_{cf} = a_1\,\frac{g\,\Delta\varrho\,(1 - \varphi_{df})^3\,\sigma^{1,4}}{n_R^{2,8}\,D_R^{2,2}\,\varrho_c^{1,4}\,\eta_c\,\varphi_{df}}\,e^{6{,}359\,\text{GEO}} \tag{6.69}$$

$$a_1 = 0{,}000237(1 + 0{,}0689\eta_d/\eta_c) \quad \text{für} \quad 0{,}35\,\frac{\text{m}}{\text{s}} < \frac{\sigma}{\eta_c} \leqq 12\,\frac{\text{m}}{\text{s}}$$

$$a_1 = 0{,}000525 \quad \text{für} \quad 12\,\frac{\text{m}}{\text{s}} < \frac{\sigma}{\eta_c} < 40\,\frac{\text{m}}{\text{s}}$$

$$\text{GEO} = \frac{D_K^2 - D_R^2 + D_{St}^2}{2D_K^2}\,; \qquad \varphi_{df} = \frac{(L^2 + 8L)^{0,5} - 3L}{4(1 - L)}$$

Index f bezieht sich auf Flutpunkt, w_{cf} auf $D_K^2\pi/4$ bezogen, n_R Drehzahl

Gleichung (6.69) ist gültig für

$L = 0{,}1 \ldots 1{,}0\,; \qquad \text{GEO} = 0{,}50 \ldots 0{,}62\,; \qquad \varrho = (3{,}5 \ldots 43)\,10^{-3} \text{ kg/s}^2\,;$

$\Delta\varrho = 45 \ldots 596 \text{ kg/m}^3\,; \qquad \eta_c = (1{,}0 \ldots 12{,}0)\,10^{-3} \text{ kg/(m s)}$

Eine Überprüfung von Gleichung (6.69) an Drehscheibenextraktoren bis 2 m Durchmesser hat Abweichungen bis zu 30% ergeben, was gegenüber bekannten Modellen einen Fortschritt darstellt. Es wird empfohlen, $w_c = (0{,}6 \ldots 0{,}7)\,w_{cf}$ auszuführen.

Die Untersuchungen zur oberen Grenzbelastung von Drehscheibenextraktoren mit der Verwendung einer vereinfachten physikalischen Modellvorstellung zeigt gegenüber bisher bekannten Modellen, die oft Ähnlichkeitskennzahlen verwenden, deutliche Vorteile. Bei diesem Problem sind

$$w_{cf} = w_{cf}(\sigma, \Delta\varrho, \varrho_c, \eta_c, \eta_d, D_R, D_{St}, D_K, H/N_S, n_R, L, \text{Koaleszenzverhalten})$$

13 Einflußgrößen vorhanden, so daß sich gemäß dem π-Theorem von *Buckingham* ein vollständiger Satz von 10 dimensionslosen Kennzahlen ergibt.

Beispiel 6.6. Drehscheibenextraktor zur Aufarbeitung von phenolhaltigem Wasser

In einer Anlage zur Druckvergasung von Braunkohle zum Zwecke der Erzeugung von Stadtgas fallen große Ströme von Abwasser mit einem geringen Phenolgehalt an. Es befinden sich 4,8 kg Phenol in einem m³ reinem Wasser. Das Phenol wird in einer Extraktionsanlage mit Butylacetat/Benzol als Extraktionsmittelgemisch bis auf mindestens 0,06 kg Phenol je m³ reines Wasser entfernt. Das Phenol, das ein wertvoller Rohstoff für organische Synthesen ist, wird aus dem beladenen Extraktionsmittel durch Destillation faktisch in reiner Form gewonnen. Dagegen werden die sehr geringen Mengen an Phenol, die im Wasser nach der Extraktion verbleiben, in einer biologischen Abwasserreinigung entfernt, ohne daß dabei eine Gewinnung des Phenols möglich ist.

An einem vorhandenen Drehscheibenextraktor in der Produktionsanlage wurden folgende Meßwerte erhalten:

Durchsatz an phenolhaltigem Wasser 59,7 m³/h (kontinuierliche Phase),

Eingangskonzentration $X_{uK} = 4{,}80$ kg Ph/m³ Wa,

Ausgangskonzentration $X_{uT} = 0{,}043$ Ph/m³ Wa,

Durchsatz an Extraktionsmittel 8,92 m³/h (disperse Phase),

Eingangskonzentration $Y_{uT} = 1{,}23$ kg Ph/m³ EM.

Für beide Phasen werden Beladungen verwendet: X_u in kg Ph/m³ Wa und Y_u in kg Ph/m³ EM (Wa Wasser, Ph Phenol, EM Extraktionsmittel).

Drehzahl 54 min^{-1} = 0,9 s^{-1},

gemessener Volumenanteil der dispersen Phase im Extraktor $\varphi_d = 0{,}13$.

Stoffwerte:

Wasser $\quad \varrho_c = 998$ kg/m³, $\quad \eta_c = 0{,}00080$ kg/(ms),

Butylazetat $\varrho_d = 850$ kg/m³, $\quad \eta_d = 0{,}00070$ kg/(ms),

Grenzflächenspannung $\sigma = 0{,}0135$ N/m.

Für das Phasengleichgewicht gilt bei den vorliegenden geringen Konzentrationen der Verteilungssatz von *Nernst* $Y_u^* = 32{,}4 X_u$.

Abmessungen des Extraktors:

Nennweite 2,0 m, Innendurchmesser des inneren Mantels $D_K = 1{,}94$ m, Rotorscheibendurchmesser $D_R = 1{,}25$ m, Statorringinnendurchmesser $D_{St} = 1{,}40$ m, Sektionshöhe $H_S = 0{,}2$, 36 Sektionen.

Aufgaben:

1. Berechnung der oberen Grenzgeschwindigkeit und Vergleich mit dem effektiven Durchsatz.
2. Höhe einer Übertragungseinheit, wobei der Einfluß der axialen Durchmischung zu diskutieren ist.
3. Berechnung des minimalen Extraktionsmittelstroms.
4. Berechnung der theoretischen Stufenzahl und des HETS-Wertes.

Lösung:

Zu 1.

Für die Grenzgeschwindigkeit der kontinuierlichen Phase am Flutpunkt gilt:

$$w_{cf} = a_1 \frac{g\,\Delta\varrho(1-\varphi_{df})^3\,\sigma^{1,4}\,e^{6,359\,\text{GEO}}}{n_R^{2,8} D_R^{2,2} \varrho_c^{1,4} \eta_c \varphi_{df}} \tag{6.69}$$

Zur Fluiddynamik von Drehscheibenextraktoren 6.6.

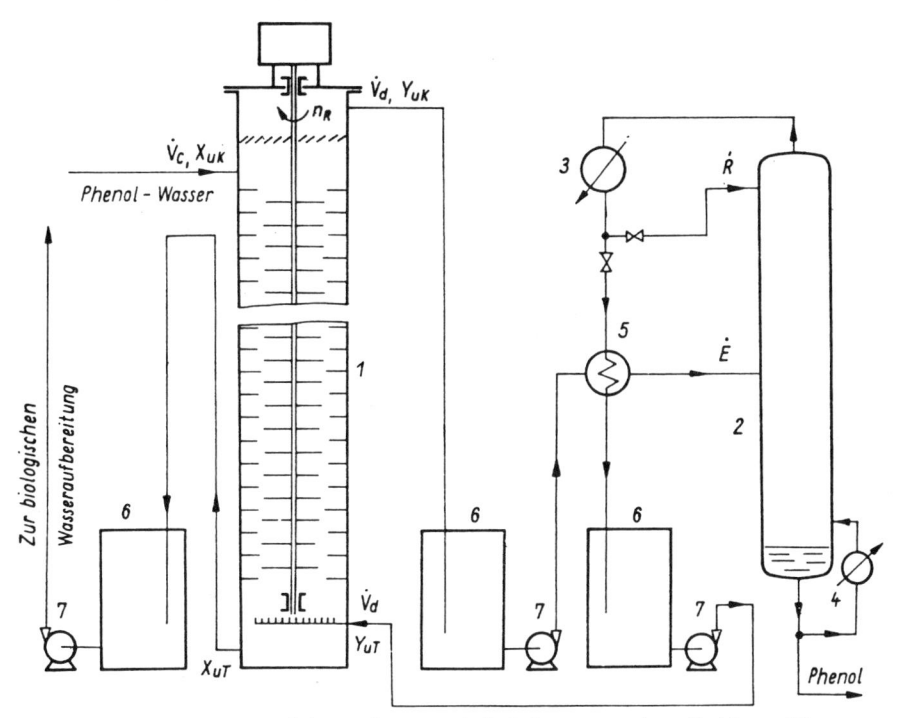

Bild. 6.20. Schema der Extraktionsanlage zur Aufarbeitung von phenolhaltigem Wasser
1 Drehscheibenextraktor   *5* Wärmeübertrager
2 Destillationskolonne   *6* Behälter
3 Kondensator   *7* Kreiselpumpe
4 Verdampfer

Für $\sigma/\eta_c = 0{,}0135 : 0{,}00080 = 16{,}88$ gilt $a_1 = 0{,}000525$

$$G_{EO} = \frac{D_K^2 - D_R^2 + D_{St}^2}{2D_K^2} = \frac{1{,}94^2 - 1{,}25^2 + 1{,}40^2}{2 \cdot 1{,}94^2} = 0{,}5528$$

Phasenverhältnis

$$L = \dot{V}_d/\dot{V}_c = 8{,}92 : 59{,}7 = 0{,}1494$$

Der Volumenanteil an disperser Phase am Flutpunkt φ_{df} wird berechnet:

$$\varphi_{df} = \frac{(L^2 + 8L)^{0{,}5} - 3L}{4(1 - L)}$$

$$\varphi_{df} = \frac{(0{,}1494^2 + 8 \cdot 0{,}1494)^{0{,}5} - 3 \cdot 0{,}1494}{4 \cdot (1 - 0{,}1494)} = 0{,}1926$$

$$\Delta\varrho = |\varrho_c - \varrho_d| = |998 - 850| = 148 \text{ kg/m}^3$$

$$w_{cf} = \frac{0{,}000525 \cdot 9{,}81 \cdot 148 \, (1 - 0{,}1926)^3 \, 0{,}0135^{1{,}4} \cdot e^{6{,}359 \cdot 0{,}5528}}{0{,}9^{2{,}8} \cdot 1{,}25^{2{,}2} \cdot 998^{1{,}4} \cdot 0{,}00080 \cdot 0{,}1926}$$

$$w_{cf} = \underline{\underline{0{,}01099 \text{ m/s}}}$$

Effektiv vorhandene Geschwindigkeit w_c

$$w_c = \frac{\dot{V}_c}{A_q} \quad \text{mit} \quad A_q = D_K^2 \frac{\pi}{4} = \frac{4{,}94^2 \cdot 3{,}14}{4} = 2{,}954 \text{ m}^2$$

$$w_c = \frac{59{,}7}{3600 \cdot 2{,}954} = \underline{0{,}00561 \text{ m/s}}$$

$$\frac{w_c}{w_{cf}} = \frac{0{,}00561}{0{,}01099} = 0{,}511$$

Nach der Berechnung sind 51,1% der Geschwindigkeit am Flutpunkt ausgeführt. Tatsächlich liegt der Extraktor bei einem Durchsatz von $\dot{V}_F = 59{,}7 \text{ m}^3/\text{h}$ in der Nähe des Flutpunktes. Auch der relativ hohe Volumenanteil an disperser Phase weist auf die Nähe des Flutpunktes:

$$\varphi_d/\varphi_{df} = 0{,}13 : 0{,}1926 = 0{,}675$$

Berücksichtigt man weiterhin den Einfluß der Größe σ/η_c mit einem erheblichen Anstieg von a_1 in Gleichung (6.69) für $\sigma/\eta_c < 12 \text{ m/s}$ und der möglichen Veränderung dieser Größe im Extraktor, so werden die Unterschiede zwischen dem berechneten und gemessenen Wert erklärbar.

Zu 2.

Für diese Aufgabe sind bei der geringen Masse an Übergangskomponente die Massen- bzw. Volumenströme im Extraktor praktisch konstant. Für das Phasengleichgewicht gilt ein linearer Zusammenhang. Damit liegt ein Spezialfall entsprechend den Gleichungen (6.59) bis (6.61) vor.
Aus den experimentellen Daten ergibt sich die Höhe einer Übertragungseinheit zu:

$$H_{R \text{ges exp}} = \frac{H}{N_{R \text{ges}}}$$

Die Höhe einer Übertragungseinheit kann auch rechnerisch bestimmt werden:

$$H_{R \text{ges ber}} = \frac{\dot{V}_R}{a A_q K_R} \tag{6.60}$$

Der Vergleich beider Werte läßt Rückschlüsse auf den Einfluß der axialen Durchmischung hinsichtlich der Verminderung der Triebkraft zu. Zunächst wird die Höhe einer Übertragungseinheit mit Hilfe der experimentellen Daten bestimmt.

$$\Delta X_{uT} = X_{uT} - X_{uT}^*$$

$$X_{uT}^* = \frac{Y_{uT}}{32{,}4} = \frac{1{,}23}{32{,}4} = 0{,}03796 \text{ kg Ph/m}^3 \text{ Wa}$$

$$\Delta X_{uT} = X_{uT} - X_{uT}^* = 0{,}043 - 0{,}03796 = 0{,}00504 \text{ kg Ph/m}^3 \text{ Wa}$$

Die Beladung des Butylazetats am Austritt des Extraktors folgt aus einer Stoffbilanz:

$$\dot{V}_c(X_{uK} - X_{uT}) = \dot{V}_d(Y_{uK} - Y_{uT})$$

$$Y_{uK} = \frac{\dot{V}_c}{\dot{V}_d}(X_{uK} - X_{uT}) + Y_{uT}$$

$$Y_{uK} = \frac{59{,}7}{8{,}92}(4{,}8 - 0{,}043) + 1{,}23 = 33{,}07 \text{ kg Ph/m}^3 \text{ EM}$$

$$X_{uK}^* = \frac{Y_{uK}}{32{,}4} = \frac{33{,}07}{32{,}4} = 1{,}021 \text{ kg Ph/m}^3 \text{ Wa}$$

$$\Delta X_{uK} = X_{uK} - X_{uK}^* = 4{,}80 - 1{,}021 = 3{,}779 \text{ kg Ph/m}^3 \text{ Wa}$$

Damit erhält man für die mittlere Triebkraft ΔX_{um} nach Gleichung (6.61):

$$\Delta X_{um} = \frac{3{,}779 - 0{,}00504}{\ln\dfrac{3{,}779}{0{,}00504}} = 0{,}5701 \text{ kg Ph/m}^3 \text{ Wa}$$

$$N_{R\,ges} = \frac{X_{uK} - X_{uT}}{\Delta X_{um}} = \frac{4{,}80 - 0{,}04}{0{,}5701} = 8{,}344$$

$$H_{R\,ges\,exp} = \frac{H}{N_{R\,ges}} = \frac{7{,}20}{8{,}344} = \underline{0{,}863 \text{ m}}$$

Für die berechnete Höhe einer Übertragungseinheit $H_{R\,ges\,ber}$ sind als wesentliche Größen der mittlere Tropfendruchmesser d_{32} und der Stoffdurchgangskoeffizient K_R zu berechnen. Der mittlere Tropfendurchmesser wird nach zwei verschiedenen Modellen gemäß den Gleichungen (6.65) und (6.67) berechnet.

$$\frac{d_{32}}{D_R} = a_1 \text{We}^{-0{,}52}\left(1{,}0 + \frac{35}{Ns^{1{,}22}\text{We}^{0{,}5}}\right)(1 + 2\varphi_d) \tag{6.65}$$

$a_1 = 0{,}62$ für $D_{St}/D_K = 0{,}63$. Bei dieser Aufgabe ist jedoch $D_{St}/D_K = 1{,}4:1{,}94 = 0{,}722$, so daß zusätzliche Abweichungen erwartet werden müssen.

$$\text{We} = \frac{n_R^2 D_R^3 \varrho_c}{\sigma} = \frac{0{,}9^2 \cdot 1{,}25^3 \cdot 998}{0{,}0135} = 117000$$

$$\frac{d_{32}}{D_R} = 0{,}62 \cdot 117000^{-0{,}52}\left(1{,}0 + \frac{35}{36^{1{,}22} \cdot 117000^{0{,}5}}\right)(1{,}0 + 2 \cdot 0{,}13)$$

$$d_{32} = 0{,}001810 D_R = 0{,}001810 \cdot 1{,}25 = \underline{0{,}00226 \text{ m}}$$

Nach Gleichung (6.67) erhält man für den mittleren Tropfendurchmesser:

$$d_{32} = a_1 \cdot 10^{-4}\left[\frac{75 D_K}{D_R}(\varphi_d - \Delta\varphi_{dB} + \Delta\varphi_{dP})\right]^{-a_2} + a_3$$

$$a_1 = 0{,}701\left(\frac{\sigma}{0{,}01}\right)^{-0{,}5} + 58{,}7\left(\frac{\varrho_d}{\varrho_c}\right)^{-0{,}865} + 56{,}4\left(\frac{0{,}001}{\sigma - 0{,}0124}\right)^3 - \frac{2{,}35\eta_c^2 + \eta_d^2}{\eta_c \eta_d} + 3{,}49\left(\frac{0{,}04}{D_K^2} - 1\right)^3$$

Für eine Grenzflächenspannung im Bereich $0{,}0108 < \sigma < 0{,}0140$ ist der Ausdruck $0{,}001/(\sigma - 0{,}0124) = +0{,}625$ zu setzen. Dies trifft für die vorliegende Aufgabe zu.

$$a_1 = 0{,}701\left(\frac{0{,}0135}{0{,}01}\right)^{-0{,}5} + 58{,}7\left(\frac{850}{998}\right)^{-0{,}865} + 56{,}4 \cdot 0{,}625^3$$

$$- \frac{2{,}35 \cdot 0{,}0008^2 + 0{,}0007^2}{0{,}0008 \cdot 0{,}0007} + 3{,}49\left(\frac{0{,}04}{1{,}94^2} - 1\right)^3 = 74{,}9$$

$$a_2 = 0{,}0136\left(\frac{\sigma}{0{,}01}\right)^{1{,}406} + 0{,}775\left(\frac{\varrho_d}{\varrho_c}\right)^{0{,}138} + 0{,}172\left(\frac{0{,}001}{\sigma - 0{,}0124}\right)^3 - \frac{0{,}0293\eta_c^2 + 0{,}0183\eta_d^2}{\eta_c \eta_d}$$

$$a_2 = 0{,}0136\left(\frac{0{,}0135}{0{,}01}\right)^{1{,}406} + 0{,}775\left(\frac{850}{998}\right)^{0{,}138} + 0{,}172 \cdot 0{,}625^3$$

$$- \frac{0{,}0293 \cdot 0{,}0008^2 + 0{,}0183 + 0{,}0007^2}{0{,}0008 \cdot 0{,}0007} = 0{,}7712$$

In dieser Aufgabe ist

$$\dot{v}_{ges} = \frac{\dot{V}_c + \dot{V}_d}{A_q} = \frac{59{,}7 + 8{,}92}{3600 \cdot 2{,}954} = 0{,}00645 \; \frac{m^3}{m^2 s}$$

Für $\dot{v}_{ges} > 0{,}00361 \; m^3/(m^2 s)$ ist $a_3 = 0{,}000225$. Für $\Delta\varphi_{dB}$ gilt:

$$\Delta\varphi_{dB} = 0{,}039 \left(\frac{\dot{v}_{ges}}{0{,}00318} - 1 \right) = 0{,}039 \left(\frac{0{,}00645}{0{,}00318} - 1 \right) = 0{,}0401$$

$$\frac{1}{L} = \frac{1}{0{,}1494} = 6{,}69; \quad \text{für} \quad \frac{1}{L} > 3{,}5 \text{ gilt:}$$

$$\Delta\varphi_{dP} = 0{,}0139 \left(\frac{1}{3{,}5L} - 1 \right)^{1{,}15} + 0{,}0037$$

$$\Delta\varphi_{dP} = 0{,}0139 \left(\frac{1}{3{,}5 \cdot 0{,}1494} - 1 \right)^{1{,}15} + 0{,}0037 = 0{,}01621$$

Mit den vorstehend ermittelten Werten ergibt sich gemäß Gleichung (6.67):

$$d_{32} = 74{,}9 \cdot 10^{-4} \left[\frac{75 \cdot 1{,}94 \, (0{,}13 - 0{,}0401 + 0{,}0162)}{1{,}25} \right]^{-0{,}771}$$

$$\underline{\underline{d_{32} = 0{,}001\,078 \; m}}$$

Der Unterschied des berechneten mittleren Tropfendurchmessers nach den zwei Modellen ist erheblich. Es wird der nach Gleichung (6.67) berechnete mittlere Tropfendurchmesser verwendet, weil in Drehscheibenextraktoren mit 0,2 m Durchmesser bei einem Volumenanteil der dispersen Phase von 13% mittlere Tropfendurchmesser von etwa 1 mm experimentell bestimmt wurden. Außerdem ist der Gültigkeitsbereich der Gleichung (6.65) nicht eingehalten worden. Die spezifische Phasengrenzfläche a ergibt sich damit zu:

$$a = 6\varphi_d / d_{32}$$

$$a = \frac{6 \cdot 0{,}13}{0{,}001\,078} = \underline{\underline{723{,}6 \; m^2/m^3}}$$

Die Berechnung des Stoffdurchgangskoeffizienten erfolgt mit der Relativgeschwindigkeit, wobei die Gültigkeit der Gleichung (6.62) für das in dieser Aufgabe vorliegende Stoffsystem in einem Extraktor 0,2 m Durchmesser nachgewiesen wurde.

$$K_R = 0{,}001\,557 w_{rel}^{0{,}97} \tag{6.62}$$

$$w_{rel} = \frac{w_c}{1 - \varphi_d} + \frac{w_d}{\varphi_d}$$

$$w_c = 0{,}00561 \; \frac{m}{s}; \quad w_d = \dot{V}_d/A_q = \frac{8{,}92}{2{,}954 \cdot 3600} = 0{,}000839 \; \frac{m}{s}$$

$$w_{rel} = \frac{0{,}00561}{1 - 0{,}13} + \frac{0{,}000839}{0{,}13} = 0{,}01290 \; \frac{m}{s}$$

$$\underline{\underline{K_R = 0{,}001\,557 \cdot 0{,}01290^{0{,}97} = 2{,}29 \cdot 10^{-5} \; \frac{m}{s}}}$$

Mit der berechneten spezifischen Phasengrenzfläche und dem Stoffdurchgangskoeffizienten erhält man die Höhe der Übertragungseinheit:

$$H_{R\,ges\,ber} = \frac{\dot{V}_R}{aA_qK_R} = \frac{59{,}7 \cdot 10^5}{3600 \cdot 723{,}6 \cdot 2{,}954 \cdot 2{,}29}$$

$$H_{R\,ges\,ber} = \underline{\underline{0{,}339 \text{ m}}}$$

Im Vergleich dazu ist der experimentell bestimmte Wert der Höhe einer Übertragungseinheit

$$H_{R\,ges\,exp} = \underline{\underline{0{,}863 \text{ m}}}$$

Bei der Vergrößerung des Durchmessers von 0,2 auf 2,0 m nimmt der Einfluß der axialen Durchmischung erheblich zu, wodurch die Triebkraft vermindert wird, und die Höhe der Übertragungseinheit wächst. Unter der Voraussetzung, daß die berechneten Werte für den mittleren Tropfendurchmesser und den Stoffdurchgangskoeffizienten zutreffend sind, wird der größere Teil der Höhe einer Übertragungseinheit, und zwar

$$H_{R\,ges\,exp} - H_{R\,ges\,ber} = 0{,}863 - 0{,}339 = \underline{\underline{0{,}524 \text{ m}}}$$

zum Ausgleich der verminderten Triebkraft durch die wachsende axiale Durchmischung benötigt. Es müßte nun die rechnerische Erfassung des Einflusses der Durchmischung folgen, wofür zum Beispiel das Dispersionsmodell, wie es im Abschnitt 4.3.3. bei der Destillation in Füllkörperkolonnen abgeleitet wurde, benutzt werden könnte.

Mit der erfolgten Nachrechnung eines Meßpunktes oder besser mehrerer Meßpunkte kann der Verfahrenstechniker dann Untersuchungen zum Auffinden optimaler Prozeßparameter durchführen. In diesem Fall wären umfangreiche Berechnungen zur Berücksichtigung folgender Einflüsse vorzunehmen:

- Drehzahl,
- Durchsatz an phenolhaltigem Wasser,
- Variation des Phasenverhältnisses und damit die Menge an disperser Phase, wodurch maßgebend die Kosten bei der Regenerierung durch Destillation beeinflußt werden,
- erreichbare Endkonzentration im phenolhaltigen Wasser, wobei das gewonnene Phenol als wertvoller Rohstoff kostenmäßig zu bewerten ist.

Zu 3.

Für den minimalen Extraktionsmittelstrom gilt die Stoffbilanz mit der Gleichgewichtskonzentration Y_{uK}^*, siehe auch Bild 6.21 und Gleichung (6.30):

$$\dot{V}_c(X_{uK} - X_{uT}) = \dot{V}_{d\,min}(Y_{uK}^* - Y_{uT})$$

$$Y_{uK}^* = 32{,}4 X_{uK} = 32{,}4 \cdot 4{,}80 = 155{,}5 \text{ kg Ph/m}^3 \text{ EM}$$

$$\dot{V}_{d\,min} = 59{,}7 \frac{4{,}80 - 0{,}049}{155{,}5 - 1{,}23} = \underline{\underline{1{,}838 \text{ m}^3/\text{h}}}$$

$$\frac{\dot{V}_d}{\dot{V}_{d\,min}} = \frac{8{,}92}{1{,}838} = \underline{\underline{4{,}85}}$$

Der Überschußkoeffizient ist mit 4,85 sehr hoch, wobei dies wesentlich durch das Gleichgewichtsverhalten des Extraktionsmittels begründet ist (s. Bild 6.21). Auf Untersuchungen zur Verminderung des Extraktionsmittelstroms mit den verfahrenstechnischen Auswirkungen auf den Extraktor und den Energiebedarf bei der Regenerierung durch Destillation wurde bereits unter Punkt 2 hingewiesen. Die Gleichgewichts- und Bilanzlinie werden in das X_uY_u-Diagramm eingezeichnet (s. Bil.d 6.21). Die Triebkraft ist am Kopf des Extraktors infolge des hohen Überschusses an Extraktionsmittel groß, aber am Extraktor unten infolge der sehr geringen Konzentration des Phenols im Wasser sehr klein. Die

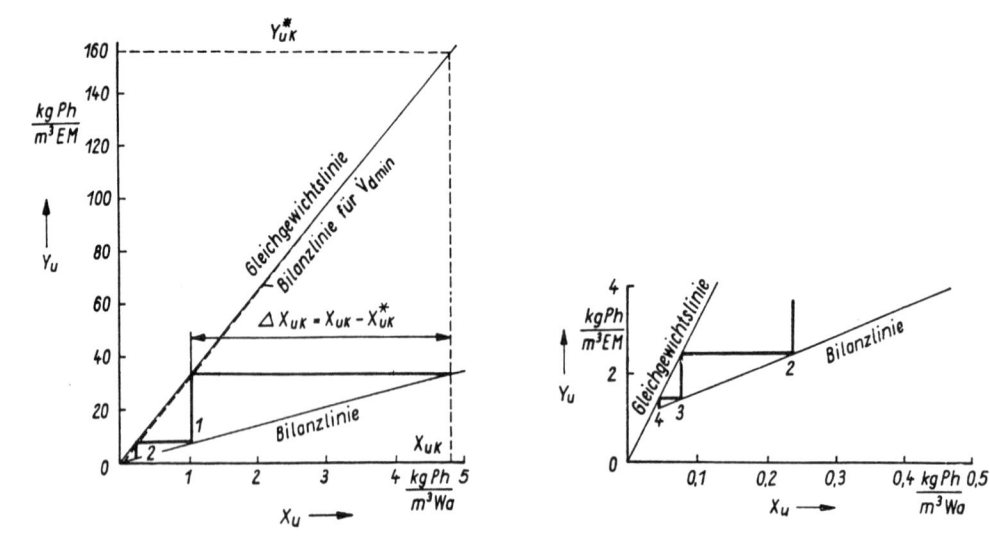

Bild 6.21. Bestimmung der theoretischen Stufenzahl im $X_u Y_u$-Diagramm gemäß Beispiel 6.6

eingezeichnete Bilanzlinie für den minimalen Extraktionsmittelstrom fällt nahezu mit der Gleichgewichtslinie zusammen. Zur genauen Bestimmung der theoretischen Stufenzahl muß der untere Teil des Extraktors in einem größeren Maßstab gezeichnet werden. Es ergeben sich 4,4 *theoretische Stufen*. Der HETS-Wert (Höhe äquivalent einer theoretischen Stufe) ist:

$$\text{HETS} = \frac{7,2}{4,4} = \underline{\underline{1,64 \text{ m}}}$$

Die Aussagekraft des HETS-Wertes ist gering, da seine Abhängigkeit von den Prozeßparametern zu wenig bekannt ist, um eine Vorausberechnung zu ermöglichen.

6.7. Extraktoren

Extraktoren werden in der Regel kontinuierlich betrieben. Die wichtigsten Bauarten sind:

— Mischer-Absetzer-Extraktoren mit stufenweisem Kontakt der Phasen,
— Extraktoren mit rotierenden Einbauten in Kolonnenbauweise mit kontinuierlichem Kontakt der Phasen,
— Pulsations- oder Vibrationsextraktoren, vorzugsweise mit kontinuierlichem Kontakt der Phasen,
— Zentrifugalextraktoren mit kontinuierlichem oder stufenweisem Kontakt der Phasen je nach Bauart.

Extraktoren wie die Sprühkolonne (ohne Einbauten), Füllkörper- und Siebbodenkolonne, bei denen keine zusätzliche mechanische Energie durch Einbauten zugeführt wird, werden in neuen Anlagen wegen zu geringer Effektivität bei der Stoffübertragung selten ausgeführt.

Mischer-Absetzer-Extraktor

Diese Bauart gehört zu der historisch ältesten. Einen Extraktor mit drei Stufen, angeordnet zu ebener Erde, zeigt Bild 6.22. Die Ausführung der Rührmaschine (Mischer) entspricht

Extraktoren **6.7.** 449

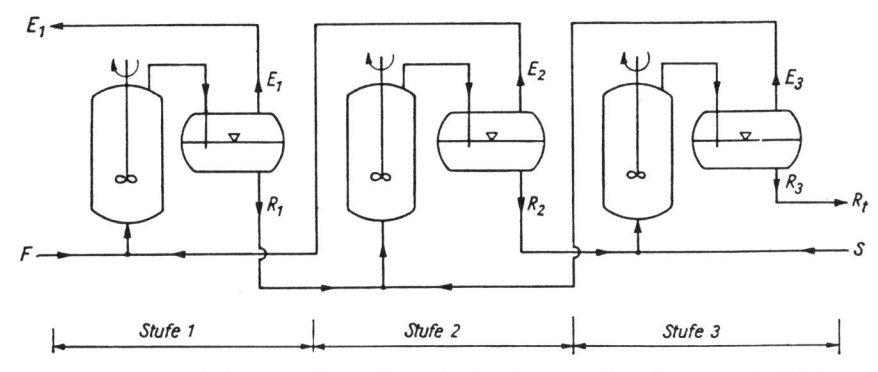

Bild 6.22. Schematische Darstellung eines Mischer-Absetzer-Extraktors mit 3 effektiven Stufen

den bekannten Formen. Die Rührmaschinen werden oft für Verweilzeiten der Flüssigkeit von 1 bis 3 Minuten ausgelegt. Für die Absetzer werden große Volumina benötigt — ohne Einbauten Belastung von 2 bis 12 m³ Flüssigkeit je Stunde und je m² Grundfläche. Eine raumsparende Bauweise stellt der Turmextraktor dar, in dem eine Stufe Mischer-Absetzer auf einer Höhe von etwa 0,6 m untergebracht werden kann.

Extraktoren mit rotierenden Einbauten in Kolonnenbauweise

Der typische Vertreter ist der Drehscheibenextraktor (s. Bild 6.2), der erstmals im Jahre 1952 vorgeschlagen wurde. Es kann die leichte oder schwere Phase dispergiert werden, wobei sich dann die Phasentrennfläche entsprechend oben oder unten befindet. In der Regel wird die Phase mit dem kleineren Volumenstrom dispergiert. Für die Einbauten sind verschiedene Varianten vorgeschlagen und auch technisch ausgeführt worden (s. Bild 6.23). Als Rührvorrichtung dienen glatte Scheiben. Typische Abmessungen bei technischen Drehscheibenextraktoren sind: Durchmesser der Rotorscheiben etwa 60 bis 65% des Extraktordurchmessers,

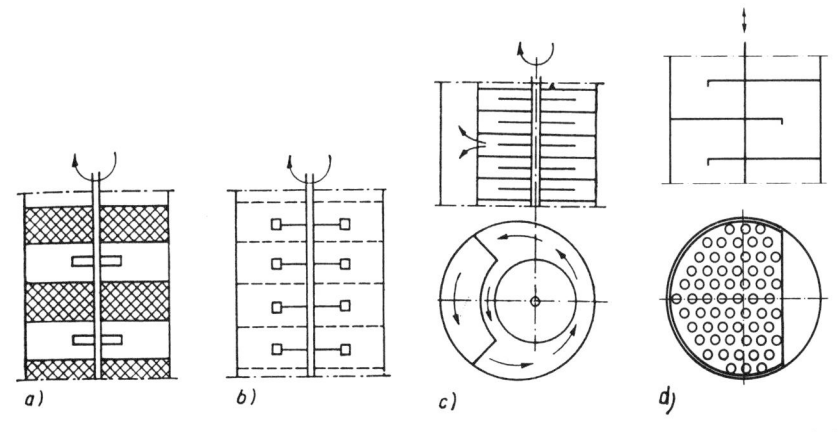

Bild 6.23. Verschiedene Ausführungsformen für Einbauten in Extraktionskolonnen bei der Stoffübertragung mit kontinuierlichem Kontakt
a) Extraktor nach *Scheibel*
b) Extraktor der Firma Kühnie, Schweiz
c) asymmetrischer Drehscheibenextraktor der Firma Bus, Schweiz
d) Vibrationsextraktor mit Siebböden mit Segment für die Strömung der kontinuierlichen Phase

Statorringinnendurchmesser etwa 70 bis 80% des Extraktordurchmessers, Höhe einer Sektion (Entfernung zwischen zwei Statorringen) etwa 7 bis 15% des Extraktordurchmessers. Drehscheibenextraktoren sind durch einfache Ausführung und gute Anpassung an den Prozeß durch Regelung der Drehzahl gekennzeichnet.

Rührvorrichtungen mit schaufelförmigen Elementen — dadurch stärkere Dispergierung bereits bei niedrigen Drehzahlen — statt glatter Scheiben werden in verschiedener Form ausgeführt, wobei dann teilweise Zonen zum Absetzen über den gesamten Querschnitt eingebaut werden. Beim asymmetrischen Drehscheibenextraktor von der Firma Bus, Schweiz, soll durch asymmetrische Anordnung der Welle mit glatten Scheiben und versetzte Anordnung der Statorringe die Rückvermischung vermindert werden.

Pulsations- und Vibrationsextraktoren

Die oszillierende Bewegung im Extraktor kann entweder durch einen pulsierenden Flüssigkeitsstrom (Pulsationsextraktor) — erzeugt durch Kolbenpumpe oder Membran — oder durch die hin- und hergehende Bewegung von Einbauten (Vibrationsextraktor) erreicht werden (s. Bild 6.24). Die Aufwendungen für die oszillierende Bewegung sind größer als für die rotierende Bewegung. Die Ausführung mit einer Membran hat den Vorteil, daß keine Abdichtungsprobleme auftreten (s. Bild 6.24b). Vibrationsextraktoren werden bis etwa 1,5 m Durchmesser ausgeführt, Pulsationsextraktoren bis über 2 m Durchmesser. Pulsations- und Vibrationsextraktoren sind im Vergleich zu Drehscheibenextraktoren meistens durch bessere Stoffübertragung (bis zu 30%) gekennzeichnet; dafür sind die mechanischen Aufwendungen höher.

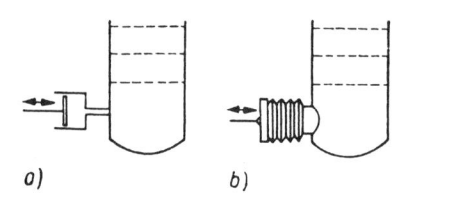

Bild 6.24. Extraktionskolonne mit hin- und hergehender Bewegung
a) Kolbenpumpe
b) pulsierende Membran
c) vibrierende Siebböden

Zentrifugalextraktoren

Für die Phasenführung im Gegenstrom wird die Zentrifugalkraft genutzt, während bei Extraktoren mit rotierender oder pulsierender Bewegung nur die Schwerkraft auf die Gegenstromführung wirksam wird. Daher ist der Zentrifugalextraktor im Gegensatz zu anderen Extraktorbauarten auch für Dichtedifferenzen < 30 kg/m^3 geeignet. Der Zen-

Tabelle 6.1. Vergleichende Betrachtung verschiedener Extraktorbauarten

	Invest-kosten	Raum-bedarf	Durch-messer in m	max. Durchs. $\dot{V}_{ges,max}$ in m^3/h	Verweil-zeit	Teillast-verhalten	Maßstabs-über-tragung
Mischer-Absetzer-Extr.	ungünstig	groß		2000	groß	günstig	günstig
Drehscheibenextraktor	günstig	mäßig	bis 4 m	350	mäßig	gut	befried.
Virationsextraktor	günstig	mäßig	bis 2 m	130	mäßig	befried.	befried.
Zentrifugalextaktor	meistens ungünstig	klein	bis 2 m	150	klein	ungünstig	schwierig

trifugalextraktor stellt eine komplizierte Maschine in kompakter Bauweise dar. Die Verweilzeit ist infolge des kleinen Flüssigkeitsinhaltes sehr klein. In Tabelle 6.1 erfolgt eine vergleichende Betrachtung der verschiedenen Extraktoren.

6.8. Betriebliches Verhalten von Extraktionskolonnen

Extraktionskolonnen können im Betrieb hauptsächlich durch die Änderung der Drehzahl bei rotierenden Einbauten bzw. durch das Produkt Frequenz × Amplitude bei Vibrations- und Pulsationsextraktoren beeinflußt werden. Nachfolgend wird das betriebliche Verhalten hauptsächlich am Beispiel des Drehscheibenextraktors dargestellt. Bei einer kleinen Drehzahl, die gesteigert wird, bleibt der Tropfendurchmesser nahezu konstant, wobei größere Flüssigkeitsballen an disperser Phase vorliegen. Erst ab einer bestimmten Drehzahl, d. h. einem bestimmten Mindesteintrag an mechanischer Energie, treten folgende Auswirkungen bei der Steigerung der Drehzahl auf:

— Verkleinerung des Tropfendurchmessers,
— Vergrößerung des Holdup der dispersen Phase, da kleinere Tropfen eine größere Verweilzeit haben, wobei mit steigendem Holdup durch verstärkte Koaleszenz der Tropfen der Verkleinerung des Durchmessers entgegen gewirkt wird,
— Verminderung des Stoffdurchgangskoeffizienten, da kleinere Tropfen (<1 mm) sich wie starre Tropfen verhalten, während bei größeren Tropfen durch Oszillation und innere Zirkulation die Stoffübertragung verbessert wird,
— Verminderung der Höhe einer Übertragungseinheit, also höhere Effektivität bei der Stoffübertragung, da die spezifische Phasengrenzfläche wesentlich schneller wächst als der Stoffdurchgangskoeffizient sinkt.

Im Bild 6.25a ist gemäß vorstehender Darstellung das prinzipielle Verhalten des mittleren Tropfendurchmessers d_{32}, des Holdup der dispersen Phase, der spezifischen Phasengrenzfläche $a = 6\varphi_d/d_{32}$, des Stoffdurchgangskoeffizienten K_R und der Höhe einer Übertragungseinheit $H_{R\,ges}$ in Abhängigkeit von der Drehzahl dargestellt. Die Veränderung der Drehzahl ist damit die wichtigste Größe zur Beeinflussung des betrieblichen Verhaltens (s. auch Tab. 6.2).

Kennzeichnend ist, daß die Umfangsgeschwindigkeit der Rotorscheiben, gebildet mit dem Durchmesser, bei verschieden großen Extraktoren in erster Näherung konstant bleibt. Bei

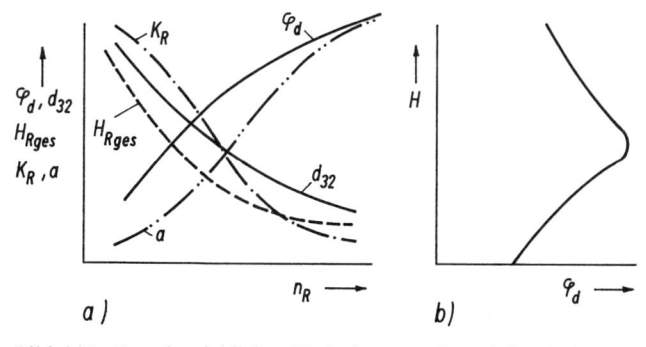

Bild 6.25. Zum betrieblichen Verhalten von Extraktionskolonnen
a) verschiedene verfahrenstechnische Kenngrößen in Abhängigkeit von der Drehzahl
b) Beispiel für das Holdup-Profil über die Höhe H

Tabelle 6.2. Drehzahlbereich für Drehscheibenextraktoren
(in Anlehnung an Chemieanlagenbau Leipzig-Grimma)

D_K in m	0,4	0,8	1,2	1,6	2,0	2,8	3,2
$n_{R,\min}$ in s^{-1}	1,6	1,1	0,7	0,4	0,4	0,3	0,1
$n_{R,\max}$ in s^{-1}	4,9	3,6	2,0	1,7	1,1	0,8	0,5

Vibrationsextraktoren hat das Produkt $a_p f$ die gleiche Bedeutung wie die Drehzahl bei Drehscheibenextraktoren; aber das Produkt $a_p f$ wird vom Durchmesser nicht beeinflußt. Typisch sind Werte für die Amplitude $a_P = 0{,}005$ bis $0{,}012$ m und für das Produkt Amplitude × Frequenz = 0,001 bis 0,03 m/s.

Der Holdup der dispersen Phase zeigt über die Höhe des Extraktors im stationären Zustand wesentliche Unterschiede. Im Bild 6.25b ist ein Beispiel für ein Holdup-Profil angegeben; andere Profile sind schon beobachtet worden, z. B. mit zwei Maxima. Das Holdup-Profil

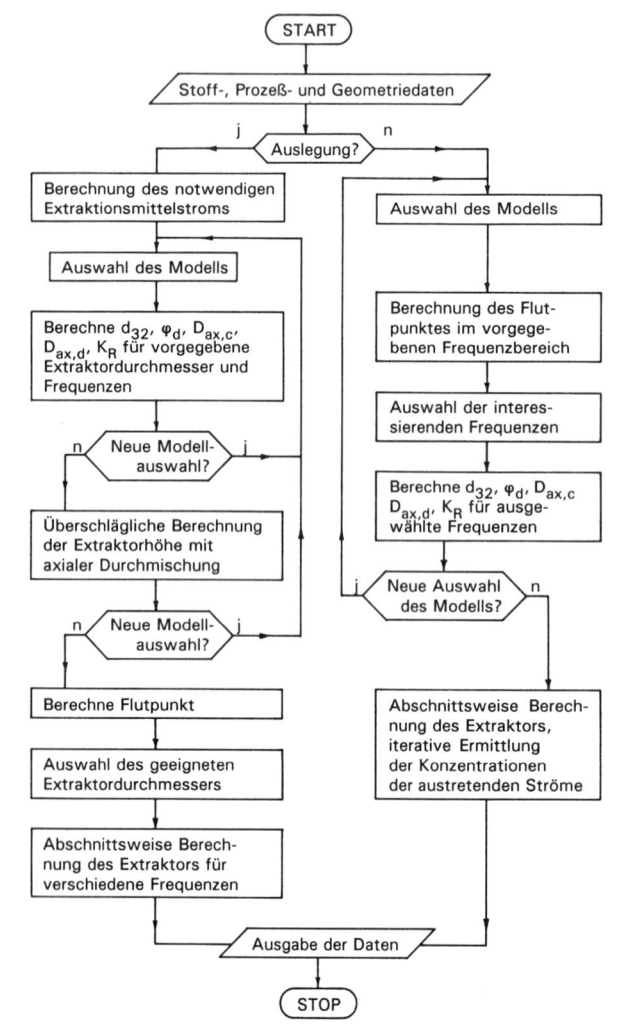

Bild 6.26. Stark vereinfachter Programmablaufplan zur Optimierung vorhandener Extraktionskolonnen (Nachrechnung) und für die Auslegung

ist in komplexer Weise von der Fluiddynamik und der Geometrie des Extraktors abhängig, so daß für eine Erfassung Experimente unerläßlich sind, mit denen dann weitergehende Berechnungen durchgeführt werden können. In Sektionen des Drehscheibenextraktors mit einem Maximum des Holdup kann bereits der Flutpunkt erreicht sein, während in Sektionen mit einem kleinen Holdup die Effektivität der Stoffübertragung gering ist. Eine Vergleichmäßigung des Holdup-Profils kann bei Drehscheibenextraktoren durch unterschiedliche Durchmesser der Rotorscheiben und/oder Belag mit Streckmetall an der Unterseite der Rotorscheiben erreicht werden. Das Streckmetall kann auch auf dem inneren Teil der Rotorscheibe, z. B. bis $D_R/2$, angebracht werden, um über den Querschnitt des Extraktors die eingebrachte mechanische Energie gleichmäßiger zu gestalten.

Systematische Untersuchungen bei der Entfernung von Phenol aus dem Abwasser mit Butylazetat (vgl. auch Beispiel 6.6) an einem Drehscheibenextraktor mit 0,2 m und 2,0 m Durchmesser zur Vergleichmäßigung des Holdup-Profils durch Verminderung des Durchmessers der Rotorscheiben und Aufbringung von Streckmetall an anderen Rotorscheiben führte zu einer Steigerung des Durchsatzes von mehr als 50% bei gleicher Effektivität der Stoffübertragung.

Zur Auslegung und Ermittlung des betrieblichen Verhaltens für Drehscheiben- und Vibrationsextraktoren gibt es Programme. Diese beinhalten für jede verfahrenstechnische Größe wie Tropfendurchmesser, Holdup der dispersen Phase, Flutpunktsgeschwindigkeit, axiale Dispersionskoeffizienten, Stoffdurchgangskoeffizient, mehrere Berechnungsgleichungen. Zunächst werden die Berechnungsgleichungen auf Eignung für die betreffende Aufgabe überprüft, und anschließend erfolgt die Simulation des betrieblichen Verhaltens bei verschiedenen Drehzahlen (bzw. verschiedenen Werten des Produktes Amplitude × Frequenz) siehe Bild 6.26.

6.9. Gesichtspunkte zur Optimierung von Extraktionsanlagen

Bei der Trennung von homogenen Flüssigkeitsgemischen sind als erstes die in Betracht kommenden Trennprozesse bezüglich ihres volkswirtschaftlichen Aufwandes zu untersuchen (vgl. S. 356). Kommt die Extraktion flüssig-flüssig für die Trennung ernsthaft in Betracht, so sind wesentliche Gesichtspunkte zur Optimierung von Extraktionsanlagen: Auswahl des Extraktionsmittels mit der stärksten Auswirkung auf den Extraktionsprozeß, Aufwand bei der Regenerierung des Extraktionsmittels, Auswahl der Ausrüstung, Festlegung der Prozeßbedingungen. Die Analogie der Vorgehensweise ist bei einem Vergleich mit der Absorption (S. 408) offensichtlich.

Auswahl des Extraktionsmittels

Von Bedeutung sind:

- Selektivität des Extraktionsmittels, siehe dazu Gleichung (6.3),
- Kapazität des Extraktionsmittels, d. h. die Aufnahmefähigkeit des Extraktionsmittels an der Übergangskomponente und der sich daraus ergebende Extraktionsmittelmassenstrom.
- Aufwendungen bei der Regenerierung des Extraktionsmittels, meistens durch Destillation, bei der Extraktion von Metallionen Regenerierung auch durch Rückextraktion in ein anderes Extraktionsmittel.
- Korrosionsverhalten des Extraktionsmittels mit dem Ziel, einen billigen Werkstoff für die Ausrüstungen einsetzen zu können.
- Das Extraktionsmittel soll billig, nicht giftig, nicht brennbar und chemisch stabil sein.

- Das Extraktionsmittel soll unlöslich in der Raffinatphase sein.
- Die Stoffwerte (σ, η, $\Delta\varrho$, Dampfdruck) sollen den Extraktionsprozeß günstig beeinflussen.

Auswahl des Extraktors

In Tabelle 6.1 wurden bereits wesentliche Gesichtspunkte für einen Vergleich der Extraktoren aufgeführt, die bei der Auswahl zu beachten sind. Weitere Gesichtspunkte sind:

- Mischer-Absetzer-Extraktoren sind insbesondere für größte Durchsätze (>1000 m^3/h) und möglichst wenige Stufen (nicht mehr als 4) günstig.
- Drehscheibenextraktoren sind für einen Gesamtdurchsatz bis etwa 350 m^3/h und Stufenzahlen bis etwa 8 geeignet.
- Vibrationsextraktoren sind bezüglich der Stoffübertragung und des Durchsatzes meistens effektiver als Drehscheibenextraktoren, wobei die zusätzlichen mechanischen Aufwendungen für das Vibrieren der Einbauten zu beachten sind.
- Zentrifugalextraktoren haben hauptsächlich Vorteile bei Dichtedifferenzen <30 kg/m^3 und kleinen gewünschten Verweilzeiten mit Rücksicht auf die Qualität des zu trennenden Gemisches.

Die Beeinflussung des Holdup-Profils über die Höhe der Extraktionskolonne ist zu beachten (vgl. auch Abschn. 6.8.). Es kann festgestellt werden, daß die Optimierung von Extraktionskolonnen eines bestimmten Typs für die Wirtschaftlichkeit eine vorrangige Aufgabe darstellt.

Festlegung der Prozeßbedingungen

Die Extraktion wird in der Regel drucklos und oft bei Umgebungstemperatur betrieben. Phasengleichgewicht, Mischungslücke oder Viskosität können eine Abweichung von der Umgebungstemperatur zweckmäßig werden lassen. Bei der Festlegung der Prozeßbedingungen ist die Einordnung des Extraktionsprozesses in den Gesamtprozeß zu beachten. So kann die Regenerierung des Extraktionsmittels mit der weiteren Behandlung der Übergangskomponenten wesentlich das Verfahren beeinflussen, z. B. bei der Extraktion von Aromaten C_6 bis C_8 aus einem Benzinschnitt oder bei der Extraktion von Metallionen die nach der Extraktion anfallende wäßrige Phase bezüglich ihrer weiteren Verwendung.

Zusätzliche Symbole zum Abschnitt 6.

D_K	Extraktordurchmesser	m
D_R	Rotorscheibendurchmesser	m
D_{St}	Statorringinnendurchmesser	m
E	Extrakt	kg
F	zu trennendes Ausgangsgemisch	kg
L	Phasenverhältnis $= \dot{V}_d/\dot{V}_c$	m^3/m^3
N_S	Zahl der Sektionen im Extraktor	—
n_R	Drehzahl	s^{-1}
R	Raffinat	kg
S	Extraktionsmittel (sekundäres Lösungsmittel)	kg
w_c, w_d	Phasengeschwindigkeit, jeweils bezogen auf $D_K^2 \dfrac{\pi}{4}$	m/s
$\dot{w}_{rel}$	Relativgeschwindigkeit, s. Gl. (6.62) m/s	m/s
$\bar{W}$	Massenverhältnis, s. Gl. (6.5) ⎫	kg/kg
$\bar{X}$	Massenverhältnis, s. Gl. (6.4) ⎬ Raffinatphase	kg/kg
$\bar{X}_u$	Massenverhältnis, s. Gl. (6.11) ⎭	kg/kg

X_u	Massen-Volumen-Verhältnis, s. Gl. (6.54)	kg/m³
$\bar{Y}$	Massenverhältnis, s. Gl. (6.4) ⎤	kg/kg
$\bar{Y}_u$	Massenverhältnis, s. Gl. (6.10) ⎥	kg/kg
Y_u	Massen-Volumen-Verhältnis, s. Gl. (6.54) ⎬ Extraktphase	kg/m³
$\bar{Z}$	Masenverhältnis, s. Gl. (6.5) ⎦	kg/kg
$\Delta\varrho$	Dichtedifferenz zwischen den flüssigen Phasen	kg/m³

Tiefgestellte Indizes
A, B, C Stoffkomponente A, B, C
E Extraktphase
F zu trennendes Gemisch
K Kopf des Extraktors
M Mischungspunkt
R Raffinatphase
S Extraktionsmittel
T Sumpf des Extraktors

Hochgestellter Index
Masse ohne Extraktionsmittel (Komponente C), z. B. R'

Übungsaufgaben

Ü 6.1. Ein Gemisch mit 100 kg Masse und einer Zusammensetzung von 40 Ma.-% Cyclohexan und 60 Ma.-% Dimethylbutan wird mit 200 kg Anilin, das 15 Ma.-% Cyclohexan enthält, gemischt, Temperatur 15 °C.

Aufgabe:

Die Konzentrationen der Mischung sind im Dreiecksdiagramm mit dem Hebelgesetz und über Stoffbilanzen zu ermitteln.

Ü 6.2. Ein Raffinat steht im Gleichgewicht mit einem Extrakt, bestehend aus 81 Ma.-% Anilin, 15,5 Ma.-% Cyclohexan und 3 Ma.-% Dimethylbutan.

Aufgabe:

Welche Zusammensetzung hat das Raffinat (Lösung im Dreiecks- und *Jänecke*-Diagramm)?

Ü 6.3. Es sind Zusammensetzung und Masse der koexistierenden Phasen zu bestimmen, in die sich das Gemisch, bestehend aus 10 kg Wasser, 5 kg Diethylether und 5 kg Essigsäure, trennt. Welche Masse an Diethylether muß man entfernen, um ein stabiles Gemisch zu erhalten, das sich nicht in Schichten trennt?

Ü 6.4. Aus einem Wasser(A)-Essigsäure(B)-Gemisch mit 15 Ma.-% Essigsäure und einem Massenstrom von $\dot{F} = 624$ kg/h wird Essigsäure mit Dibutylether ($C = S$) bei 25 °C extrahiert. Der Prozeß wird in zwei theoretischen Stufen mit einem Massenverhältnis $\dot{S}:\dot{F} = 1,5$ durchgeführt, wobei in jeder Stufe frisches Extraktionsmittel zugeführt wird.

Aufgabe:

1. Ermittlung der Zusammensetzung der Endprodukte und
2. der Massenströme der Endprodukte nach Abtrennung des Extraktionsmittels.

Ü 6.5. Aus einer wäßrigen Lösung mit 20 Ma.-% Essigsäure und 80 Ma.-% Wasser wird die Essigsäure mit Diethylether im Gegenstrom extrahiert. Der Extrakt soll 60 Ma.-%, das Raffinat aber nicht mehr als 2 Ma.-% Essigsäure enthalten (nach Abtrennung des Extraktionsmittels).

Aufgabe:

1. Ermittlung des notwendigen Extraktionsmittelstroms für 1000 kg/h wäßrige Lösung und
2. der theoretischen Stufenzahl.

Ü 6.6. Es fallen 4,50 t/h eines Gemisches an, bestehend aus 50 Ma.-% Methylcyclohexan und 50 Ma.-% n-Heptan. Für die weitere Verarbeitung wird aber ein Gemisch mit 65 Ma.-% Methylcyclohexan benötigt. Dazu soll Methylcyclohexan mit Hilfe von Anilin durch Gegenstromextraktion angereichert werden. Es wird außerdem ein Raffinat mit 98%iger Reinheit bezüglich n-Heptan nach Entfernung des Extraktionsmittels gefordert.

Aufgabe:

Mit Hilfe des *Jänecke*-Diagramms sind zu ermitteln:

1. die theoretische Stufenzahl,
2. der notwendige Extraktionsmittel-Massenstrom $\dot{M}_C$,
3. der Raffinatstrom $\dot{R}_t$, der extraktionsmittelfreie Raffinatstrom $\dot{R}'_t$, der Extraktstrom $\dot{E}_1$ und $\dot{E}'_1$.

Ü 6.7. Es sollen 2,40 t/h Gemisch, bestehend aus 18 Ma.-% Aceton und 82 Ma.-% Wasser, mittels Tetrachlorethan getrennt werden. Das Raffinat darf höchstens 1 Ma.-% Aceton enthalten. Tetrachlorethan und Wasser sind ineinander unlöslich. Das dem Extraktionsprozeß zugeführte Tetrachlorethan enthält kein Aceton.

Aufgabe:

1. Wie groß ist der Mindestextraktionsmittelstrom?
2. Wieviel theoretische Stufen sind zur Realisierung des Prozesses notwendig, wenn $\dot{M}_C = 1{,}1 \dot{M}_{C\min}$?

Ü 6.8. Es ist ein Mischer-Absetzer-Extraktor auszulegen. In Technikumsversuchen wurden folgende Werte ermittelt, die auf die technische Ausführung zu übertragen sind: Aufenthaltszeit der beiden Phasen in der Rührmaschine 1,80 Minuten, um einen Austauschgrad von 85% zu erreichen, spezifische Belastung im Absetzer 3,96 m³ Flüssigkeit je m² Grundfläche und Stunde. Die wäßrige Kupferlösung enthält beim Eintritt $X_{uF} = 3{,}03$ kg Cu/m³ Wasser und am Austritt des Extraktors $X_{ut} = 0{,}13$ kg/m³. Das Verhältnis organisches Extraktionsmittel (14 Vol.-% LIX 64 N in Kerosin) zum Einsatzprodukt ist $V_S : V_F = 1{,}55$. Die Eintrittskonzentration des Extraktionsmittels nach der Regenerierung durch Rückextraktion ist $Y_{uS} = 0{,}26$ kg/m³. Der Durchsatz beträgt 704 m³/h Wasser. Für das Phasengleichgewicht (chemische Reaktion wurde nicht gesondert berücksichtigt) wurden folgende Werte ermittelt:

X_u in kg Cu je m³ Wasser	0,25	0,50	1,00	1,50	2,30	3,10
Y_u in kg Cu je m³ Extraktionsmittel	0,953	1,55	2,04	2,24	2,39	2,44

Aufgabe:

Es sind zu ermitteln:

1. Volumen der Rührmaschine und Abmessungen des Absetzers, Länge zu Breite = 2,5:1,
2. Zahl der theoretischen und effektiven Stufen,
3. minimaler Extraktionsmittel-Volumenstrom und das ausgeführte Vielfache.

Kontrollfragen

K 6.1. Kennzeichnen Sie den Prozeß der Extraktion flüssig-flüssig!
K 6.2. Wann wird die Extraktion flüssig-flüssig zur Trennung von Flüssigkeitsgemischen im allgemeinen mit wirtschaftlichen Vorteilen angewendet?
K 6.3. Was für Stoffgemische beschreiben im Dreiecksdiagramm
1. die Eckpunkte,
2. Punkte auf einer Dreiecksseite,
3. Punkte innerhalb des Dreiecks?
K 6.4. Bei welchen Stoffen werden *Jänecke*-Koordinaten mit Vorteilen verwendet?
K 6.5. Es werden 2 flüssige Dreistoffgemische miteinander gemischt. Mit Hilfe des Hebelgesetzes ist die Zusammensetzung der Mischung anzugeben
1. im Dreiecksdiagramm,
2. im *Jänecke*-Diagramm.
K 6.6. Was versteht man bei einem flüssigen Dreistoffgemisch mit Mischungslücke unter
1. einer Konnode,
2. der Konjugationslinie,
3. der Binodallinie?
K 6.7. Stellen Sie im Dreiecksdiagramm flüssige ternäre Gemische dar:
1. mit einer Mischungslsücke,
2. mit einer offenen Mischungslücke!
K 6.8. Wann wendet man zur Lösung von Extraktionsaufgaben für ternäre Flüssigkeitsgemische zur Bestimmung der theoretischen Stufenzahl das Rechteckdiagramm an?
K 6.9. Welche Betriebsarten unter Beachtung der Phasenführung gibt es bei der Extraktion flüssig-flüssig?
K 6.10. Wie ermittelt man Konnoden für ternäre Flüssigkeitsgemische mit Mischungslücke im *Jänecke*- und Dreiecksdiagramm?
K 6.11. Geben Sie Extraktionsprozesse zur Trennung von Flüssigkeitsgemischen mit großer industrieller Bedeutung an!
K 6.12. Geben Sie wesentliche Unterschiede zwischen Destillation und Absorption einerseits und Extraktion flüssig-flüssig andererseits an!
K 6.13. Wie wird die Phasengrenzfläche bei der Extraktion flüssig-flüssig erzeugt?
K 6.14. Was versteht man unter einer theoretischen Stufe bei der Extraktion flüssig-flüssig?
K 6.15. In welchen Apparaten wird die kontinuierliche Extraktion flüssig-flüssig mit Stoffübertragung bei
a) stufenweisem Kontakt,
b) kontinuierlichem Kontakt
durchgeführt?
K 6.16. Welche Bedeutung haben Kapazität und Selektivität bei der Trennung eines Flüssigkeitsgemisches durch Extraktion flüssig-flüssig?
K 6.17. Stellen Sie eine theoretische Stufe bei der Extraktion flüssig-flüssig im Dreiecks- und im *Jänecke*-Diagramm dar!

K 6.18. Wie erhalten Sie bei der Extraktion flüssig-flüssig den Polpunkt
1. im Dreiecksdiagramm,
2. im *Jänecke*-Diagramm?
K 6.19. Wann verläuft der Polstrahl bei der Extraktion flüssig-flüssig durch R_t oder E_1 im *Jänecke*-Diagramm senkrecht?
K 6.20 Wann ist man gezwungen, bei der Extraktion flüssig-flüssig mit Rücklauf zu arbeiten?
K 6.21 Wie ermittelt man die theoretische Stufenzahl bei der Extraktion flüssig-flüssig im Gegenstrom
1. im Dreiecksdiagramm,
2. im *Jänecke*-Diagramm?
K 6.22. Durch welche Maßnahmen kann man die Dispergierung bei der Extraktion flüssig-flüssig intensivieren?
K 6.23. Was verstehen Sie unter minimaler und maximaler Lösungsmittelmenge bei einstufiger Extraktion?
K 6.24. Was verstehen Sie unter dem Stufenwirkungsgrad (Austauschgrad) bei der Extraktion flüssig-flüssig?
K 6.25. Wann geht die erforderliche Trennstufenzahl bei Gegenstromextraktion gegen Unendlich? Stellen Sie dies grafisch dar
1. im Dreiecksdiagramm,
2. im *Jänecke*-Diagramm ohne Rücklauf,
3. im *Jänecke*-Diagramm mit Rücklauf,
4. im Rechteckdiagramm bei völliger Unlöslichkeit der beiden Phasen!
K. 6.26 bestimmen Sie den minimalen Extraktionsmittel-Massenstrom bei Unlöslichkeit zwischen dem Extraktionsmittel und der Komponente A, die nicht übertragen wird
K 6.27. Welche Berechnungsmethoden können Sie bei der Extraktion flüssig-flüssig für Extraktoren mit Stoffübertragung
a) bei stufenweisem Kontakt,
b) bei kontinuierlichem Kontakt
anwenden?
K 6.28. Geben Sie die Gleichung für die Stoffübertragung in einem Drehscheibenextraktor in differentieller Form an!
K 6.29. Wie sind die Höhe und die Zahl der Übertragungseinheiten bei der Extraktion flüssig-flüssig definiert?
K 6.30. Wie kann man den mittleren Tropfendurchmesser in Extraktoren definieren?
K 6.31. Welche Bedeutung kommt dem Volumenanteil (Holdup) an disperser Phase im Drehscheibenextraktor für die Beurteilung seiner Arbeitsweise zu?
K 6.32. Welche Vor- und Nachteile haben bei der Extraktion flüssig-flüssig
1. Drehscheibenextraktoren,
2. Vibrationsextraktoren,
3. Mischer-Absetzer-Extraktoren?
K 6.33. Geben Sie die wichtigsten verschiedenen Ausführungsformen für Extraktoren bezüglich ihrer Bauart an!
K 6.34. Welche Eigenschaften soll das Extraktionsmittel besitzen, damit der Extraktionsprozeß möglichst wirtschaftlich durchgeführt werden kann?
K 6.35. Kennzeichnen Sie für einen Drehscheibenextraktor das betriebliche Verhalten durch den prinzipiellen Verlauf des mittleren Tropfendurchmessers, des Holdup der disperen Phase, des Stoffdurchgangskoeffizienten und der Höhe einer Übertragungseinheit in Abhängigkeit von der Drehzahl!
K 6.36. Warum ist die Drehzahl am wichtigsten zur Beeinflussung des betrieblichen Verhaltens eines Drehscheibenextraktors?

7. Die Trocknung feuchten Gutes

7.1. Grundlagen

Trocknen ist das Entfernen oder Vermindern der Feuchte eines Gutes durch Zu- oder Abführen von Wärme, wobei die Feuchte eine Änderung ihres Aggregatzustandes erfährt.

Die Trocknung ist ein sehr verwickelter Prozeß. Verschiedene einander überlagernde Teilvorgänge erschweren die verfahrenstechnische Durchdringung. Stoff- und Wärmeübertragung sind in komplizierter Weise miteinander verknüpft. Zudem sind für die Vielzahl der zu trocknenden Güter die notwendigen Stoffwerte häufig nur unvollständig bekannt, und die Konsistenz der Güter reicht von festen Stoffen bis zu pastösen und breiartigen. Dabei kann durch unsachgemäße Prozeßführung eine erhebliche Beeinträchtigung des Gebrauchswertes eintreten.

Der Einsatz eines Trockners ist deshalb sorgfältig vorzubereiten. Dazu sind neben wärmetechnischen und verfahrenstechnischen Fragen vorwiegend technologische Probleme zu klären, die heute noch kaum mathematisch faßbar sind. Eine nur theoretisch begründete Auslegung eines Trockners wird deshalb ebensowenig befriedigen können wie eine rein empirische.

In diesem Lehrbuch werden grundlegende Ansätze und Modelle für den Trocknungsprozeß dargelegt, die sich bei der verfahrenstechnischen Behandlung vieler Trocknungsprobleme bewährt haben. Sie stellen keine Patentlösung für alle denkbaren Fälle dar, dürften aber stets eine geeignete Ausgangsposition für weitere Untersuchungen sein.

Trocknermodelle ermöglichen Hinweise auf die zweckmäßige Gestaltung und den optimalen Betrieb von Trocknern. Sie nehmen in diesem Lehrbuch deshalb einen erheblichen Umfang ein.

Die Begriffe Modell und Berechnung werden in ähnlichem Sinn gebraucht: In beiden Fällen handelt es sich um die physikalisch begründete mathematische Beschreibung eines Prozesses in Form von Gleichungen mit Anfangs- und Randbedingungen und Algorithmen zu deren Abarbeitung. Während aber die traditionelle Berechnung auf das Einzelergebnis orientiert war, soll mit einem Modell gewöhnlich ein ganzer Lösungsraum z. B. auf die optimale Variante hin untersucht werden.

Als Grundlage dienen dabei drei Elemente:

— eine Gleichgewichtsbetrachtung,
— eine Bilanz der übergehenden Stoffmenge und
— die — meist experimentell ermittelte — Prozeßkinetik.

In die Bilanz gehen vor allem Bauart und Betriebsweise des Trockners ein. Hier sind auch heute noch einfachste strömungsmechanische Annahmen üblich. Sie beschränken sich häufig auf die ideale Durchmischung und die Propfenströmung. Eine Impulsbilanz wird nur im Ausnahmefall berücksichtigt, so etwa beim Stromtrockner (s. a. Abschn. 7.3.3.). Die Kinetik stellt die eigentliche Spezifik der Fest-Fluid-Stoffaustauschprozesse dar. Wie bei anderen Grundprozessen auch, wird sie bei der Trocknung im sog. klassischen kinetischen

Experiment unter konstanten äußeren Bedingungen ermittelt, um alle Veränderungen der Trocknungsgeschwindigkeit auf das Gut allein zurückführen zu können (s. a. Abschn. 7.1.1.4.). Bei häufig wiederkehrender Berechnung macht man sinnvoll Gebrauch von Computerprogrammen [7.1]. Bei nur gelegentlicher Nutzung dürfte die Verwendung von Taschenrechnern vorzuziehen sein.

Auf der Grundlage der im klassischen kinetischen Experiment ermittelten Trocknungsverlaufskurve wurde bereits Anfang der 30er Jahre eine Modellierungsmethode entwickelt, die den konvektiven Trocknungsprozeß als bloßen Stoffübergangsprozeß ohne Berücksichtigung der Guttemperatur beschrieb [7.2, 7.3].

Mit den o. a. einfachen strömungsmechanischen Annahmen konnten so analytisch lösbare gewöhnliche Differentialgleichungen gefunden werden (s. Abschn. 7.3.1., 7.3.2.), die den Einfluß der einzelnen Prozeßparameter anschaulich wiedergeben und die noch heute allgemein angewendet werden, z. B. bei der Beurteilung des Betriebsverhaltens oder als Gleichung der Regelstrecke Trockner. Als Alternative zu dieser Berechnungsmethode hat sich bereits seit Jahrzehnten die Modellierung auf der Grundlage von Differentialgleichungen bzw. Differentialgleichungssystemen entwickelt. Ausgearbeitete Konzepte sind bereits bei *Krischer* [2.33] und bei *Lykov* [7.4] zu finden. Nur im Ausnahmefall jedoch war ihre analytische Lösung für technisch relevante Probleme möglich. Heute ist die numerische Lösung mit Hilfe leistungsfähiger Tischrechner weltweit kein Problem mehr, und die Fachliteratur quillt über von derartigen Beiträgen. Als Hemmnis ihrer umfassenden Einführung erweist sich immer häufiger, daß die dafür notwendigen Stoffwerte und Transportkoeffizienten und vor allem deren Abhängigkeit von den Stoff- und Prozeßparametern nicht oder zumindest nicht mit der den neuen Lösungsmethoden entsprechenden Genauigkeit bekannt sind.

Für den weiteren Fortschritt bei der Auslegung technischer Trockner dringend notwendig ist der quantifizierte Erfahrungsrückfluß aus den umfangreichen Datenmengen der zunehmend computergesteuerten großtechnischen Trocknungsanlagen, ihre verfahrenstechnische Analyse und die Gewinnung anlagenspezifischer Informationen. Eine methodische Aufgabe besteht in der Ausarbeitung verbesserter strömungsmechanischer Modelle in interdisziplinärer Arbeit zwischen Strömungs- und Verfahrenstechnikern. Es wird ferner erforderlich sein, der Eigenentwicklung spezieller Sensoren mehr Aufmerksamkeit zu widmen.

7.1.1. Das feuchte Gut

Die feuchten Güter sind kapillarporöse oder kolloide Stoffe und gehören damit zu den dispersen Systemen, bei denen die Teilchen der dispersen Phase eine mehr oder weniger feste räumliche Struktur bilden.

Einteilung der feuchten Güter

Nach ihren kolloidphysikalischen Eigenschaften kann man drei Arten feuchter Güter unterscheiden:

— *typische kolloide Stoffe (elastische Gele)*, die bei Feuchtigkeitsentzug merklich schrumpfen, ihre elastischen Eigenschaften jedoch behalten (Gelantine, Seife, gepreßter Mehlteig),
— *kapillarporöse Stoffe (spröde Gele)*, die bei Feuchtigkeitsentzug verspröden, kaum schrumpfen und mahlbar werden (schwach gebrannte feuchte keramische Materialien, feuchter Quarzsand, Holzkohle),

— *kolloide kapillarporöse Stoffe*, die Eigenschaften beider Gruppen besitzen. Ihre Kapillarwände sind elastisch und quellen bei der Wasseraufnahme (Mehrzahl der zu trocknenden Stoffe: Baustoffe, Torf, Karton, Gewebe, Kohle, Getreide, Leder, Ton u. a.).

Bindung der Feuchtigkeit an das Gut

Man unterscheidet folgende Arten der Bindung der Feuchtigkeit an das Gut:

Haftflüssigkeit

Hierunter versteht man den zusammenhängenden Flüssigkeitsfilm an der äußeren Oberfläche des Gutes. Der Dampfdruck über diesem Film ist gleich dem Sättigungsdruck.

Kapillarflüssigkeit

Diese Flüssigkeit benetzt die innere Oberfläche des Körpers. Sie befindet sich in den Poren und muß während des Trocknens durch Kapillarkräfte an die äußere Oberfläche befördert werden. Bei den Makrokapillaren ($d > 10^{-7}$ m) darf der Dampfdruck ebenfalls gleich dem Sättigungsdruck gesetzt werden. Anders ist es bei den Mikrokapillaren ($d < 10^{-7}$ m). Hier sinkt der Dampfdruck an der Oberfläche des Körpers unter den Sättigungsdruck. Das Gut entzieht seiner Umgebung so lange Feuchtigkeit, bis der Ausgleich hergestellt ist. Man spricht von hygroskopischem Verhalten.

Quellflüssigkeit

Diese Flüssigkeit benetzt nicht nur die innere wie äußere Oberfläche des Gutes, sondern durchdringt auch die feste Phase völlig. Es handelt sich um eine osmotische Bindung.

Chemisch gebundene Flüssigkeit

Die Flüssigkeit ist in Form von Kristallwasser (z. B. bei $MgCl_2 \cdot 6 H_2O$) oder in Form einer Ionenbindung (z. B. bei $Ca(OH)_2$) angelagert. Hier geht die Trocknung bereits in eine chemische Reaktion über.

Gutfeuchte, Luftfeuchte, Sorptionsisothermen

Bei technischen Gütern ist es meist nicht möglich, die Bindungsart der Feuchtigkeit anzugeben. Man beschränkt sich deshalb auf die experimentell gewonnene Darstellung des Feuchteanteils in Abhängigkeit von der relativen Feuchte der Trocknungsatmosphäre bei konstanter Temperatur, die Sorptionsisotherme.
Der Feuchteanteil, d. h. das Massenverhältnis von Feuchtigkeit und Trockensubstanz, wird im weiteren als Gutfeuchte X bezeichnet. Handelt es sich dabei um den über den gesamten Gutquerschnitt gemittelten Wert, so wird $\bar{X}$ geschrieben.
Für die Luftfeuchte wird das Massenverhältnis Y von Feuchtigkeit zu trockener Luftmasse verwendet.
Als Konzentrationsgrößen dienen somit für beide Phasen Beladungen.
Bild 7.1 zeigt die Sorptionsisothermen eines typischen kapillarporösen, kolloidalen Körpers. Wie bei vielen Sorptionsisothermen fällt die ausgeprägte Hysteresis für Be- und Entfeuchtung auf, für die bisher keine allgemein anerkannte Erklärung gefunden wurde.
Aus dem Vergleich mit den Isothermen der Adsorption ist zu schließen, daß bei niedriger Luftfeuchtigkeit ($0 < \varphi < 0,1$) adsorptive Bindung der Feuchte in monomolekularer Schicht vorliegt (konvexe Krümmung zur Abszisse). Die Feuchtigkeitsaufnahme ist von einer

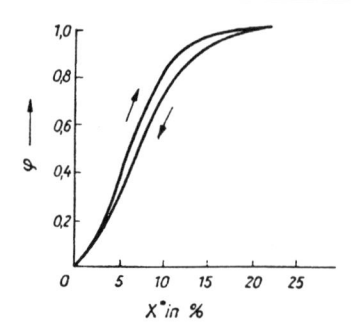

Bild 7.1. Sorptionsisothermen für Filterpapier [7.4]

beträchtlichen Wärmeentwicklung begleitet. Mit steigender Luftfeuchte wird die Besetzung der Oberfläche dichter. Es kommt zur polymolekularen Bindung, was sich in einer konvexen Krümmung zur Ordinate und der wesentlich verminderten Wärmeentwicklung äußert ($0{,}1 < \varphi < 0{,}9$). Im Bereich $0{,}9 < \varphi < 1{,}0$ wird die Feuchte vorwiegend kapillar gebunden. Die Isothermen verlaufen fast geradlinig. Es tritt keine Wärmeentwicklung auf.

Eine wesentlich einfachere Darstellung als die im Bild 7.1 angegebene Originalform läßt sich unter Nutzung der Vorteile der Ähnlichkeitstheorie durch Anwendung der seit langem bekannten *Dühring*schen Regel finden. Danach kann die Druckabhängigkeit der Siedetemperatur unterschiedlicher Flüssigkeiten mit hoher Genauigkeit aus zwei Meßwerten korreliert werden, in dem man sie über den zugehörigen Siedetemperaturen einer Vergleichsflüssigkeit aufträgt.

Von dieser Art der Darstellung wird mit Erfolg Gebrauch gemacht auch bei anderen physikalisch-chemischen Stoffeigenschaften.

Der Anwendung auf Sorptionsisothermen liegt die Annahme zugrunde, daß sich gebundene und freie Flüssigkeit ähnlich verhalten. Es wird der Dampfdruck der gebundenen über dem der freien Flüssigkeit aufgetragen. Da für letztere ein eindeutiger Zusammenhang zwischen Siedetemperatur und -druck besteht, kann gleichzeitig ein Temperaturmaßstab angegeben werden, der allerdings nicht linear, sondern verzerrt ist.

Die theoretische Begründung geht aus von der *Clausius-Clapeyron*-Gleichung für die Verdunstung der gebundenen Flüssigkeit, deren integrierte Form kombiniert mit der Gleichung für freie Flüssigkeit lautet:

$$\ln p_D = \frac{r}{r'} \ln p_s + C \tag{7.1}$$

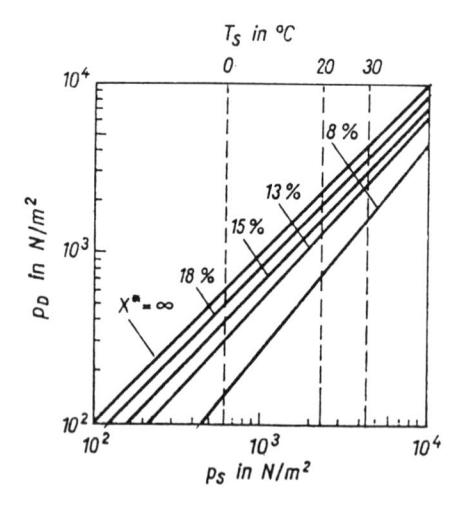

Bild 7.2. Sorptionsisothermen für Mais nach Werten von *Ginsburg* [7.36]

Trägt man also die Dampfdrücke nicht in der Originalform nach *Dühring* linear auf, sondern verwendet ein doppeltlogarithmisches Netz, so ist der Anstieg der Geraden gleich dem Verhältnis der Bindungsenthalpie (Bild 7.2). Diese Darstellung zeigt damit anschaulich, welcher Fehler bei Berücksichtigung allein der Verdampfungsenthalpie gemacht wird.

Für die Sorptionsisothermen sind eine große Zahl empirischer Gleichungen vorgeschlagen worden. Diese haben jedoch meist nur Gültigkeit für einzelne Stoffe oder Stoffgruppen und zeigen nur in einem begrenzten Bereich von φ befriedigende Übereinstimmung mit den gemessenen Werten [7.4].

Wie bei allen Triebkraftprozessen kommt auch bei der Trocknung der Prozeß bei Einstellung des Gleichgewichts zur Ruhe. Das bedeutet, daß mit der Luft einer bestimmten relativen Feuchtigkeit φ der Feuchtegehalt des Gutes nicht unter einen durch die Desorptionsisotherme vorgegebenen Wert $\bar{X}$ gesenkt werden kann. Im Falle freier Haftflüssigkeit ist $\bar{X} > \bar{X}_{\text{hygr}}$ und $p_D = p_S =$ const, bei hygroskopischer Bindung gilt $\bar{X} > \bar{X}_{\text{hygr}}$ und $p_D = f(\bar{X}, T)$. Die Voraussetzung des Gleichgewichtes, d. h. einer gleichmäßigen Feuchtigkeitsverteilung im Gut, ist beim praktischen Trocknungsprozeß jedoch nur in Ausnahmefällen zutreffend.

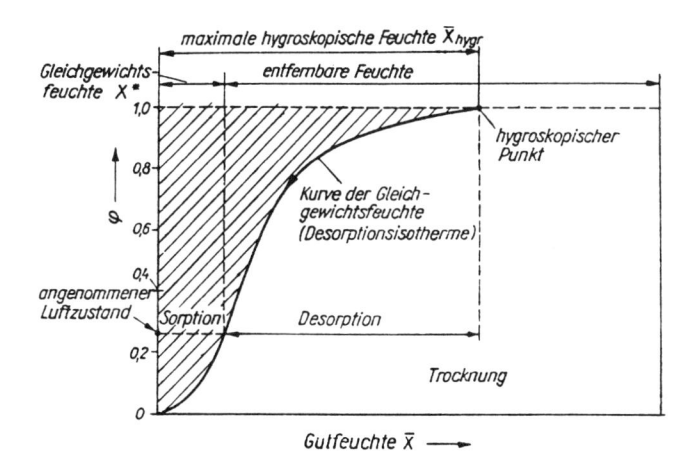

Bild 7.3. Gutfeuchte beim Trocknungsprozeß im Phasendiagramm (schematisch) [7.4]

Eine vereinfachte Darstellung des Gutzustandes während der Trocknung zeigt Bild 7.3. Die Sorptionsisotherme beschreibt das Gleichgewicht zwischen Gut und Luft. Ihr Verlauf beeinflußt damit den gesamten Prozeß im 2. Trocknungsabschnitt (s. a. Abschn. 7.1.4.).

7.1.2. Statik des Trocknungsprozesses

Aus der Vielzahl der in der Praxis eingesetzten Trockner soll als Beispiel ein Konvektionstrockner betrachtet werden, bei dem das Trocknungsmittel Luft sowohl als Energieträger als auch zur Abführung der Feuchte dient. Die Druckdifferenzen in der Anlage seien dabei so gering, daß isobare Zustandsänderungen der Luft angenommen werden dürfen.

Bilanzen um einen Konvektionstrockner

Stoff- und Enthalpiestrombilanz um den gesamten Trockner lauten für den stationären Betriebszustand:

$$\dot{M}_{GE} + \dot{M}_{WE} + \dot{M}_{LE}(1 + Y_1) = \dot{M}_{GA} + \dot{M}_{WA} + \dot{M}_{LA}(1 + Y_3) \qquad (7.2)$$

$$(\dot{M}_G h_G + \dot{M}_W h_W)_E + \dot{M}_{LE} h_1 + \dot{Q} + \dot{Q}_{zus} = (\dot{M}_G h_G + \dot{M}_W h_W)_A + \dot{M}_{LA} h_3 + \dot{Q}_V \qquad (7.3)$$

Bild 7.4. Einstufiger Konvektionstrockner

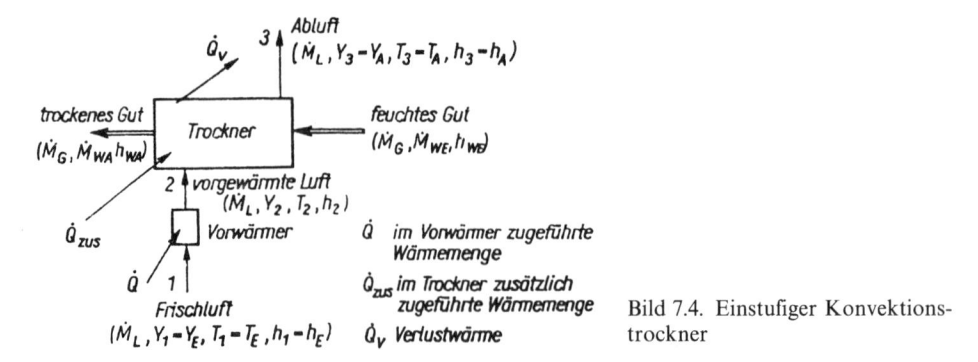

Schema:
- Abluft 3: $(\dot{M}_L, Y_3 = Y_A, T_3 = T_A, h_3 = h_A)$
- trockenes Gut: $(\dot{M}_G, \dot{M}_{WA}, h_{WA})$
- feuchtes Gut: $(\dot{M}_G, \dot{M}_{WE}, h_{WE})$
- vorgewärmte Luft 2: $(\dot{M}_L, Y_2, T_2, h_2)$
- Frischluft 1: $(\dot{M}_L, Y_1 = Y_E, T_1 = T_E, h_1 = h_E)$
- $\dot{Q}$ im Vorwärmer zugeführte Wärmemenge
- $\dot{Q}_{zus}$ im Trockner zusätzlich zugeführte Wärmemenge
- $\dot{Q}_v$ Verlustwärme

wobei für Trockensubstanz und trockene Luft konstante Massenströme vorausgesetzt werden:

$$\dot{M}_{GE} = \dot{M}_{GA} = \dot{M}_G = \text{const}$$
$$\dot{M}_{LE} = \dot{M}_{LA} = \dot{M}_L = \text{const}$$

Dabei ist jeweils zu prüfen, ob die von Gutunterlage, Transporteinrichtung u. ä. aufgenommene Energie zusätzlich zu berücksichtigen ist.

Theoretischer Trockner

Beim theoretischen Trockner handelt es sich um ein zweckmäßig vereinfachtes Modell, für das folgende Annahmen getroffen werden:

- Energien treten nur als thermische Energie auf,
- Die Aufheizung der Luft erfolgt im Vorwärmer. Im Trockner selbst wird keine Energie zugeführt: $\dot{Q}_{zus} = 0$,
- Wärmeverluste werden vernachlässigt: $\dot{Q}_v = 0$,
- Die Enthalpien von Gut und Transporteinrichtungen ändern sich nicht während der Trocknung: $h_{GE} = h_{GA}$,
- Die Enthalpie der freien Feuchte wird gegenüber ihrer Verdampfungsenthalpie vernachlässigt: $h_{WE} = 0$.

Damit wird aus den Gleichungen (7.2) und (7.3)

$$\frac{\dot{M}_L}{\dot{M}_W} = l = \frac{1}{Y_3 - Y_1} = \frac{1}{Y_A - Y_E} \qquad (7.4)$$

$$\frac{\dot{Q}}{\dot{M}_W} = \frac{\dot{Q}}{\dot{M}_L}\frac{\dot{M}_L}{\dot{M}_W} = q = \frac{h_3 - h_1}{Y_3 - Y_1} = \frac{h_A - h_E}{Y_A - Y_E} \qquad (7.5)$$

oder in differentieller Form

$$q = dh/dY. \qquad (7.6)$$

Damit kann die Statik des Trocknungsprozesses auf die Zustandsänderung des Trocknungsmittels zurückgeführt werden. Eine übersichtliche Darstellung von Trocknungsvorgängen ermöglicht das h, Y-Diagramm für feuchte Luft nach *Mollier* [2.44].

Einstufiger Trockner

Für den einstufigen Trockner nach Bild 7.4 erhält man durch Darstellung im h, Y-Diagramm Bild 7.5. Im Vorwärmer wird die Luft zunächst bei gleichbleibendem Wassergehalt von der

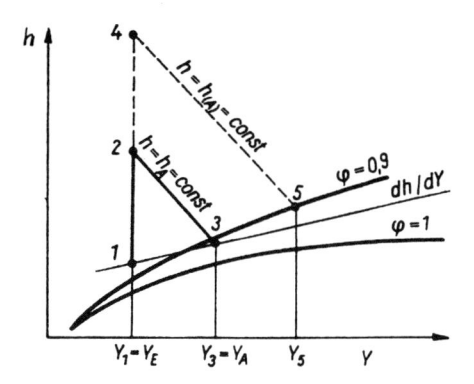

Bild 7.5. Einstufiger theoretischer Trockner im h,Y-Diagramm

Temperatur T_1 auf die Temperatur T_2 aufgeheizt. Im Trockner selbst gibt die Luft einen Teil ihrer Enthalpie an das Gut ab und nimmt Verdampfungsenthalpie in Form der verdunsteten Feuchtigkeit auf. Beim theoretischen Trockner verläuft dieser Vorgang entlang einer Linie h = const von Punkt 2 nach Punkt 3 (s. a. Abschn. 7.1.3.).
Die Gerade $\overline{13}$ gibt nach der Gleichung (7.6) den Energieverbrauch q an. Dieser kann nach Parallelverschiebung von $\overline{13}$ durch den Pol des Randmaßstabes aus dem h,Y-Diagramm direkt abgelesen werden.
Der Wärmebedarf des theoretischen Trockners ist also nur vom Anfangs- und Endzustand des Prozesses abhängig.
Zu einer höheren Feuchtigkeitsaufnahme der Luft ($Y_5 - Y_1$) gehört eine höhere Vorwärmtemperatur T_4 mit verändertem Energiebedarf $\overline{15}$.

Mehrstufiger Trockner

Wird die durch vorgegebene Feuchtigkeitsaufnahme ΔY bedingte Vorwärmtemperatur T_2 unzulässig hoch, so geht man zur Stufentrocknung über. Die Temperaturen T_2 und T_4 liegen wesentlich unter der Temperatur $T_{(2)}$ des einstufigen Prozesses. Sind die Abluftfeuchten Y_5 und Y_3 beider Prozesse gleich, so ergibt sich auch ein gleicher Energiebedarf:

$$q = \frac{h_5 - h_1}{Y_5 - Y_1} = \frac{h_{(3)} - h_1}{Y_{(3)} - Y_1} = \frac{h_A - h_E}{Y_A - Y_E} \tag{7.7}$$

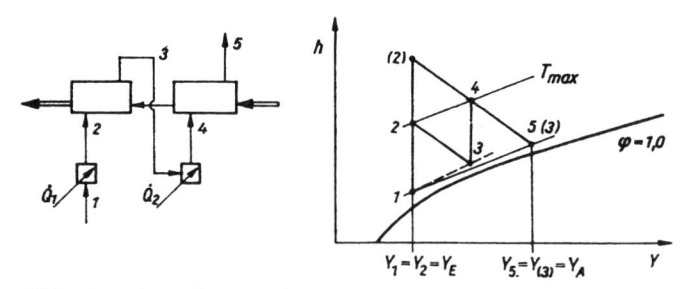

Bild 7.6. Mehrstufiger Trockner
Die Punkte (2) und (3) beziehen sich auf den einstufigen Trockner mit gleicher Abluftfeuchte

Der Energiebedarf ist also

- gleich bei gleicher Abluftfeuchte Y_A, wobei die Vorwärmtemperatur wesentlich niedriger liegt,
- geringer bei gleicher Vorwärmtemperatur, da dh/dY flacher verläuft als beim einstufigen Trockner.

Trockner mit Abluftrückführung

Bei der sog. Umlufttrocknung mischt man der Frischluft einen regelbaren Anteil Abluft zu. So läßt sich die Luftfeuchte am Trocknereintritt trotz veränderlicher Witterungsbedingungen konstant halten. Es tritt dabei gegenüber reinem Frischluftbetrieb eine Verringerung der Triebkraft ein, aber die Trocknung erfolgt schonender. Das Verhältnis der Mengenströme von Um- und Frischluft kann dabei hohe Werte annehmen. Es liegt in Kammertrocknern für Schnittholz über 10! Anwendung findet die Schaltung im Interesse des Umweltschutzes auch bei toxischen Stoffen in Form eines geschlossenen Kreislaufs mit Luftentfeuchtung.

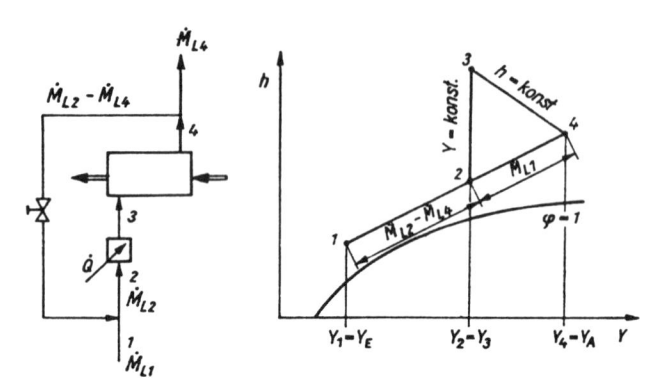

Bild 7.7. Einstufiger theoretischer Trockner mit Abluftrückführung (Umlufttrockner)

Die Bilanzen um den Mischpunkt lauten:

Luft: $\quad \dot{M}_{L1} + \dot{M}_{L2} - \dot{M}_{L4} = \dot{M}_{L2} \quad$ und $\quad \dot{M}_{L1} = \dot{M}_{L4}$ (7.8)

Wasserdampf: $\quad \dot{M}_{L1} Y_1 + (\dot{M}_{L2} - \dot{M}_{L4}) Y_4 = \dot{M}_{L2} Y_2$ (7.9)

Energie: $\quad \dot{M}_{L1} h_1 + (\dot{M}_{L2} - \dot{M}_{L4}) h_4 = \dot{M}_{L2} h_2$ (7.10)

Die Enthalpiestrombilanz um den gesamten Trockner ergibt:

$$\dot{M}_{L1} h_1 + \dot{Q} = \dot{M}_{L4} h_4 = M_{L1} h_4$$

$$\dot{Q} = \dot{M}_{L1}(h_4 - h_1)$$

$$\frac{\dot{Q}}{\dot{M}_W} = q = \frac{\dot{Q}}{\dot{M}_{L1}} \frac{\dot{M}_{L1}}{\dot{M}_W} = l(h_4 - h_1) = \frac{h_5 - h_1}{Y_5 - Y_1} = \frac{h_A - h_E}{Y_A - Y_E} \quad (7.11)$$

Der Energiebedarf auch dieser Variante der Prozeßführung kann also mit Gleichung (7.5) beschrieben werden.

> Luft- und Energiebedarf des theoretischen Trockners sind für alle Schaltungen gleich und nur abhängig vom Ein- und Austrittszustand der Luft. Luft- und Energieverbrauch hängen nur vom Anfangs- und Endzustand des Systems ab.

Kombinierte Trockner

In der Praxis werden häufig auch Trockner mit Abluftrückführung in mehreren Stufen ausgeführt. Dabei besteht die Möglichkeit, durch Gleich- oder Gegenstrom von Gut und Luft in den einzelnen Stufen Triebkraft und Prozeßverlauf den Forderungen des Produktes weitgehend anzupassen.

Realer Trockner

Wird die Enthalpiestrombilanz (7.3) auf 1 kg verdampftes Wasser bezogen, so erhält man mit

$\dot{M}_{WE} - \dot{M}_{WA} = \dot{M}_W$

$$\frac{\dot{Q}}{\dot{M}_W} = q = l(h_A - h_E) - \frac{\dot{Q}_{zus}}{\dot{M}_W} + \frac{(\dot{M}_G h_G)_A - (\dot{M}_G h_G)_E}{\dot{M}_W} + \frac{(\dot{M}_W h_W)_A - (\dot{M}_W h_W)_E}{\dot{M}_W} + \frac{\dot{Q}_V}{\dot{M}_W}$$

In abgekürzter Schreibweise und unter Berücksichtigung, daß $\dot{M}_{WA} \ll \dot{M}_{WE} \rightsquigarrow \dot{M}_{WE} \approx \dot{M}_W$ ist, kann man schreiben

$$q = l(h_A - h_E) - q_{zus} + q_G - h_{WE} + q_V \tag{7.12}$$

Für den theoretischen Trockner gilt:

$$q = l(h_A - h_E) \quad \text{oder} \quad q_{zus} + h_{WE} = q_G + q_V \tag{7.13}$$

wobei in q_G die Enthalpie der Gutunterlage oder Transporteinrichtung einbezogen werden kann, falls das erforderlich ist.

Beim realen Trockner können beide Seiten von Gleichung (7.13) unterschiedliche Werte annehmen:

— Werden durch die Zusatzheizung im Trockner die Wärmeverluste und die Enthalpieverluste durch Gut und Transporteinrichtung gerade aufgewogen, so verläuft auch der reale Trocknungsprozeß entlang einer Isenthalpe.
— Erfolgt keine zusätzliche Beheizung, so ist in der Regel die linke Seite in Gleichung (7.13) kleiner als die rechte. Das heißt, der Prozeß verläuft bei abnehmender Enthalpie der Luft.
— Ist die zusätzliche Beheizung größer als zur Deckung der Verluste $q_V + q_G$ erforderlich, so ist die linke Seite der Gleichung (7.13) größer als die rechte, und der Prozeß verläuft bei zunehmender Enthalpie der Luft.

Beispiel 7.1. Schaltungsvarianten eines theoretischen Trockners

Es sind die folgenden Schaltungsvarianten eines theoretischen Trockners zu vergleichen:

Variante 1: Einstufiger Trockner
Variante 2: Zweistufiger Trockner mit einer maximalen Trocknungslufttemperatur von 100 °C in beiden Stufen
Variante 3: Umlufttrockner mit Rückführung von 80 Ma.-% der Abluft

Gegeben:

Frischluftzustand 25 °C, 0,0095 kg H$_2$O/kg L, 99,5 kPa
Abluftzustand 60 °C, 0,041 kg H$_2$O/kg L, 99,5 kPa
Gutfeuchte Eintritt 50 Ma.-%, bezogen auf feuchtes Gut
        Austritt 6 Ma.-%, bezogen auf feuchtes Gut
Durchsatz an feuchtem Gut 0,28 kg/s

Aufgabe:

1. Darstellung der Varianten im h, Y-Diagramm
2. Berechnung des spezifischen und absoluten Luft- und Wärmebedarfs der einzelnen Varianten
3. Ermittlung der mittleren Triebkraft und der Anzahl der Übertragungseinheiten der Varianten

468   7 Die Trocknung feuchten Gutes

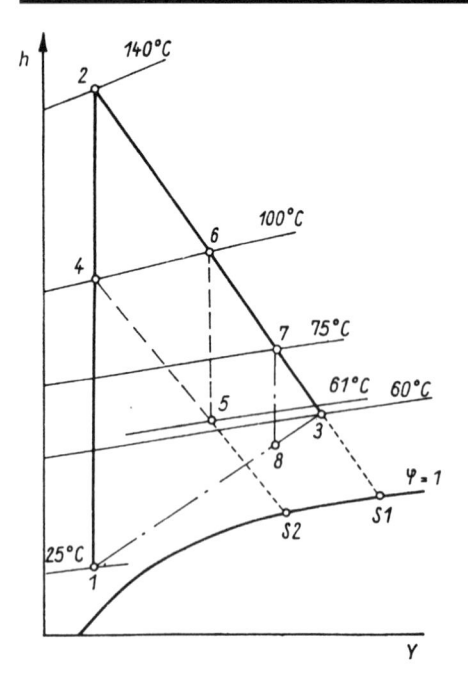

Bild 7.8. Darstellung der Varianten im h, Y-Diagramm
——— Variante 1
– – – – Variante 2
–·–·– Variante 3

Lösung:

Zu 1.

Darstellung der Varianten im h, Y-Diagramm
Die Zustandspunkte des zweistufigen Trockners sind durch die maximalen Lufttemperaturen von 100 °C bei 4 und 6 festgelegt. Die Zustandspunkte des Umlufttrockners ergeben sich aus einer Bilanz um den Mischpunkt 8 mit Gleichung (7.8) und Bild 7.7:

Strecke $\overline{13}$ $\dot{M}_{L2}$ Trocknungsluft
Strecke $\overline{18}$ $\dot{M}_{L2} - \dot{M}_{L4} = 0{,}8 \dot{M}_{L2}$ Rückgeführte Abluft

Aus dem Diagramm werden die für die weitere Rechnung erforderlichen Werte in die Tabelle 7.1 übertragen.

Tabelle 7.1. Zustandsgrößen der feuchten Luft gemäß Beispiel 7.1

	Y in 10^{-3} kg/kg	T in °C	h in kJ/kg
1	9,5	25	50
2	9,5	140	167
3	41	60	167
4	9,5	100	126
5	24,7	61	126
6	24,7	100	167
7	34,7	75	167
8	34,7	53	143
S1	49,3	40	167
S2	35,5	34	126

Zu 2.

Spezifischer und absoluter Luft- und Wärmebedarf
Die spezifischen Werte sind für alle Varianten des theoretischen Trockners gleich und werden mit den Gleichungen (7.4) und (7.5) aus den Frischluft- und Abluftparametern berechnet.

$$\frac{\dot{M}_L}{\dot{M}_W} = l = \frac{1}{Y_A - Y_E} \qquad \frac{\dot{Q}}{\dot{M}_W} = q = \frac{h_A - h_E}{Y_A - Y_E}$$

Die absoluten Werte erhält man durch Multiplikation mit dem Massenstrom des verdunstenden Wassers

$$\dot{M}_W = \dot{M}_{G,\text{feucht}} \frac{x_E - x_A}{1 - x_A} = 0{,}28 \frac{0{,}5 - 0{,}06}{1 - 0{,}06} = 0{,}131 \text{ kg/s}$$

Die Ergebnisse sind in Tabelle 7.2 zusammengestellt.

Tabelle 7.2. Ergebnisse zu Beispiel 7.1

Variante	Luftbedarf		Wärmebedarf		Mittlere Triebkraft	Zahl der Übertragungseinheiten
	l in kg L/kg H$_2$O	$\dot{M}_L$ in kg L/s	q in kJ/kg H$_2$O	$\dot{Q}$ in kJ/s	ΔY_m in kg/kg	N —
1	31,75	4,16	3714	487	0,02	1,57
2	31,75	4,16	3714	487	0,0173	0,88
					0,015	1,09
3	31,75	4,16	3714	487	0,0112	0,56

Zu 3.

Mittlere Triebkraft und Zahl der Übertragungseinheiten
Die mittlere Triebkraft wird nach Gleichung (7.17) aus den Triebkräften am Eintritt und Austritt des Trockners bzw. der Trocknerstufe berechnet.

$$\Delta Y_m = \frac{(Y_S - Y_{E\infty}) - (Y_S - Y_{A\infty})}{\ln \frac{Y_S - Y_{E\infty}}{Y_S - Y_{A\infty}}}$$

Die Anzahl der auf die Gasphase bezogenen Übertragungseinheiten ergibt sich aus der Lösung des Triebkraftintegrales [s. a. Gl. (5.22)].

$$N = \ln \frac{Y_S - Y_{E\infty}}{Y_S - Y_{A\infty}}$$

Die Ergebnisse sind ebenfalls in Tabelle 7.2 eingetragen.

Beispiel 7.2. Bilanzen um einen einstufigen realen Trockner

Es sind die Stoff- und Energiebilanzen um einen einstufigen, dampfbeheizten Konvektionstrockner aufzustellen.

Gegeben:

Trocknerleistung   0,3 kg/s verdampftes Wasser
Frischluftzustand   10 °C, 0,002 kg/kg, 99,5 kPa

Abluftzustand	Feuchtkugeltemperatur 25 °C	
	Trockenkugeltemperatur 30 °C	
	99,5 kPa	
Heizdampfdruck	200 kPa	
Wärmeverlust	im Trockner 14%	} der reinen Verdunstungsenthalpie
	im Vorwärmer 6%	
Wärmedurchgangs-koeffizient im Vorwärmer	30 W/m² K	

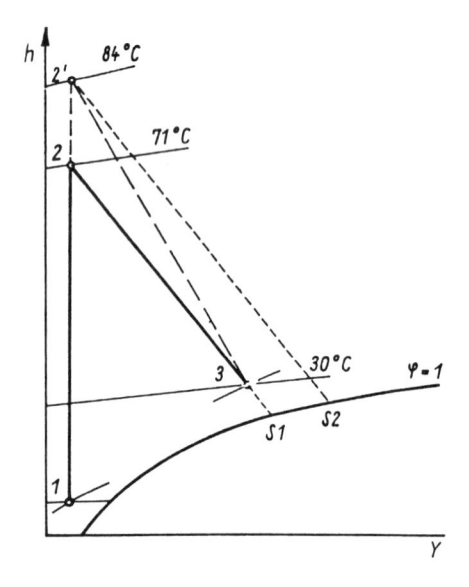

Bild 7.9. Darstellung der Prozesse im h, Y-Diagramm
——— theoretischer Trockner
– – – – realer Trockner
.... Isenthalpe

Aufgabe:

1. Bestimmung des Luftzustandes am Trocknereintritt
2. Berechnung von spezifischem Luft- und Wärmebedarf des theoretischen und des realen Trockners
3. Berechnung des Förderstromes des Ventilators
4. Ermittlung von Heizdampfbedarf und Heizfläche des Vorwärmers

Tabelle 7.3. Zustandsgrößen der feuchten Luft

	Y in 10^{-3} kg/kg	T in °C	h in kJ/kg
1	2	10	15,5
2	2	71	76
2'	2	84	88,1
3	18	30	76
S1	20	25	76
S2	23,4	27	88,1

Grundlagen 7.1.

Lösung:

Zu 1.

Luftzustand am Trocknereintritt
Aus der Darstellung im h, Y-Diagramm erhält man den Prozeßverlauf im theoretischen Trockner (s. Bild 7.9). Die Parameter der Trocknungsluft enthält Tabelle 7.3.

Zu 2.

Spezifischer Luft- und Wärmebedarf
Nach Gleichung (7.4) stimmen die Werte für den spezifischen Luftbedarf von theoretischem und realem Trockner überein.

$$l = \frac{1}{Y_3 - Y_1} = \frac{10^3}{18 - 2} = 62{,}5 \text{ kg L/kg H}_2\text{O}$$

Den spezifischen Wärmebedarf des theoretischen Trockners erhält man aus Gleichung (7.5) zu

$$q_{\text{theor}} = \frac{h_3 - h_1}{Y_3 - Y_1} = 10^3 \frac{76 - 15{,}5}{18 - 2} = 3781 \text{ kJ/kg H}_2\text{O}$$

Der spezifische Wärmebedarf des realen Trockners errechnet sich aus Gleichung (7.12) mit

$q_{\text{zus}} = q_G = q_W = 0$ und

$q_V = (0{,}14 + 0{,}06)\, q_{\text{theor}}$ zu

$q_{\text{real}} = q_{\text{theor}} + q_V = (1 + 0{,}14 + 0{,}06) \cdot 3781{,}3$

$q_{\text{real}} = 4538 \text{ kJ/kg H}_2\text{O}$

Daraus erhält man die erforderliche Eintrittsenthalpie der Trocknungsluft (Punkt 2')

$h_{2'} = h_1 + q_{\text{real}}(Y_3 - Y_1)$

$\phantom{h_{2'}} = 15{,}5 + 4538 \cdot (18 - 2) \cdot 10^{-3}$

$\phantom{h_{2'}} = 88{,}1 \text{ kJ/kg}$

und aus dem h, Y-Diagramm die Aufheiztemperatur von $T_{2'} = 84\,°\text{C}$.

Zu 3.

Durchsatz an feuchter Luft
Der erforderliche Massenstrom der trockenen Luft ergibt sich mit der Trocknerleistung zu

$$\dot{M}_L = \dot{M}_W \cdot l = 0{,}3 \cdot 62{,}5 = 18{,}75 \text{ kg/s}$$

Da man das Luft-Wasserdampf-Gemisch als ideales Gas betrachten kann, wird das spezifische Volumen der abgesaugten feuchten Luft wie folgt berechnet:

$$v_L = \frac{R_L(T_3 + T_0)}{p_L} = \frac{0{,}2871(30 + 273)}{99{,}5 - 0{,}65 \cdot 42{,}42} = 1{,}21 \text{ m}^3/\text{kg} \quad \text{mit} \quad p_L = p - \varphi_3 p_S(T_3)$$

Daraus erhält man den Förderstrom

$$\dot{V} = \dot{M}_L v_L = 18{,}75 \cdot 1{,}21 = 22{,}7 \text{ m}^3/\text{s}$$

Zu 4.

Heizdampfbedarf und Heizfläche
Aus dem absoluten Wärmebedarf

$$\dot{Q} = q_{\text{real}} \dot{M}_W = 4538 \cdot 0{,}3 = 1361 \text{ kJ/s}$$

erhält man den Heizdampfbedarf mit

$r = 2202 \text{ kJ/kg}$ bei $T_D = 120{,}2\ °C$

$$\dot{M}_D = \frac{\dot{Q}}{r} = \frac{1361}{2202} = 0{,}62 \text{ kg/s}$$

Die benötigte Heizfläche des Vorwärmers erhält man aus

$$A = \frac{\dot{Q}}{k\,\Delta T_m} \qquad \Delta T_m = \frac{(T_D - T_1) - (T_D - T_{2'})}{\ln \dfrac{T_D - T_1}{T_D - T_{2'}}}$$

$$\Delta T_m = \frac{(120{,}2 - 10) - (120{,}2 - 84)}{\ln \dfrac{120{,}2 - 10}{120{,}2 - 84}}$$

$$\Delta T_m = 66{,}5 \text{ K}$$

$$A = \frac{1361{,}0}{30 \cdot 66{,}5} = 682{,}4 \text{ m}^2$$

Die Multiplikation mit den erforderlichen Sicherheitsfaktoren ergibt die benötigte minimale Heizfläche. Nach Festlegung der Bauart erhält man den in der Anlage einzusetzenden Apparat durch Wahl der nächsten Baugröße.

7.1.3. Stoff- und Wärmeübertragung im 1. Abschnitt der Konvektionstrocknung

Bei der Konvektionstrocknung überlagern einander ein Wärmeübergang von dem Trocknungsmittel an die Gutoberfläche und ein Stoffübergang von der Gutoberfläche an das Trocknungsmittel.

Ist die Gutoberfläche völlig von Flüssigkeit benetzt, so erfolgt die Verdunstung wie von einer freien Wasseroberfläche. Man spricht dann vom 1. Trocknungsabschnitt (s. Abschn. 7.1.4.). Es handelt sich dabei um einen Triebkraftprozeß an einer einseitig durchlässigen Phasengrenzfläche, da vom feuchten Gut praktisch kein Trockenmittel aufgenommen wird. Die Verhältnisse sind dadurch besonders verwickelt, daß der Prozeß nicht isotherm verläuft, sondern Wärme- und Stoffübertragung gleichzeitig ablaufen und sich gegenseitig beeinflussen [7.5, 7.6].

Die Berechnungsgrundlagen sind bereits in den Abschnitten 2.3.6. »Wärme- und Stoffübergang an festen Grenzflächen« und 2.4.1. »Abkühlung eines Gases bzw. einer Flüssigkeit durch Verdunstung« behandelt worden. Insbesondere lassen sich der für den Verdunstungsprozeß bedeutungsvolle Oberflächenzustand und die Wärme- und Stoffübergangskoeffizienten nach der dort angegebenen Weise ermitteln.

Bestimmung der Temperatur an der Phasengrenzfläche

Im Abschnitt 2.4.1. wurde gezeigt, daß sich der Luftzustand an der Phasengrenzfläche bei der Verdunstung von Wasser in Luft als Schnittpunkt zwischen der Linie konstanter Kühlgrenztemperatur bzw. näherungsweise konstanter Enthalpie der Luft- und der Sättigungslinie $\varphi = 1$ ergibt.

Analytisch läßt sich der Zustandspunkt aus einer Enthalpiestrombilanz finden:

$$\dot{q} = \alpha(T - T_p) = \dot{m}_D r = \sigma(Y_p - Y)\,r \qquad (7.14)$$

Grundlagen 7.1.

Für die gesuchte Temperatur T_P der Phasengrenzfläche erhält man:

$$T_P = T - \frac{\dot{q}}{\alpha} = T - \frac{\sigma}{\alpha}(Y_P - Y)r \tag{7.15}$$

Das Verhältnis der Intensitätskoeffizienten von Wärme- und Stoffübergang geht direkt in die Beziehung ein. Damit wird die Oberflächentemperatur abhängig vom Strömungszustand. *Krischer* [2.33] hat Gleichung (7.15) für die Fälle 1 und 4 nach Tabelle 2.4 im extremen Fall absolut trockener Luft unter Berücksichtigung temperaturabhängiger Stoffwerte graphisch gelöst und so geringe Unterschiede gefunden, daß sie für praktische Belange bedeutungslos sind.
Bis zu Lufttemperaturen von 700 °C lag die Beharrungstemperatur bei laminarer Strömung etwas unter der bei Turbulenz. Bei höheren Temperaturen kehrten sich die Verhältnisse um. Für praktische Berechnungen wird die Verwendung des geometrischen Mittels empfohlen.

Die mittlere Triebkraft im 1. Abschnitt der Konvektionstrocknung

Nach einer kurzen Anlaufstrecke stellt sich an der Oberfläche des feuchten Gutes ein konstanter Zustand ein, der der Kühlgrenze entspricht. Die Temperatur bleibt so lange etwa konstant, wie Wasser unmittelbar von der Oberfläche des feuchten Gutes verdunstet. Dieser Teil des Trocknungsprozesses wird als 1. Trocknungsabschnitt (vgl. auch Abschn. 7.1.4.) bezeichnet.
Nach Bild 7.10 ist die Triebkraft beim Eintritt der Luft in den Trockner:

$$\Delta T_E = T_E - T_S \quad \text{bzw.} \quad \Delta Y_E = Y_S - Y_E$$

und beim Austritt der Luft aus dem Trockner

$$\Delta T_A = T_A - T_S \quad \text{bzw.} \quad \Delta Y_A = Y_S - Y_A$$

Die mittlere Triebkraft für den 1. Trocknungsabschnitt im Trockner erhält man analog der mittleren Temperaturdifferenz bei der Wärmeübertragung zu:

$$\Delta T_m = \frac{(T_E - T_S) - (T_A - T_S)}{\ln \frac{T_E - T_S}{T_A - T_S}} = \frac{T_E - T_A}{\ln \frac{T_E - T_S}{T_A - T_S}} = \frac{T_E - T_A}{N} \tag{7.16}$$

$$\Delta Y_m = \frac{(Y_S - Y_E) - (Y_S - Y_A)}{\ln \frac{(Y_S - Y_E)}{(Y_S - Y_A)}} = \frac{Y_A - Y_E}{\ln \frac{Y_S - Y_E}{Y_S - Y_A}} = \frac{Y_A - Y_E}{N} \tag{7.17}$$

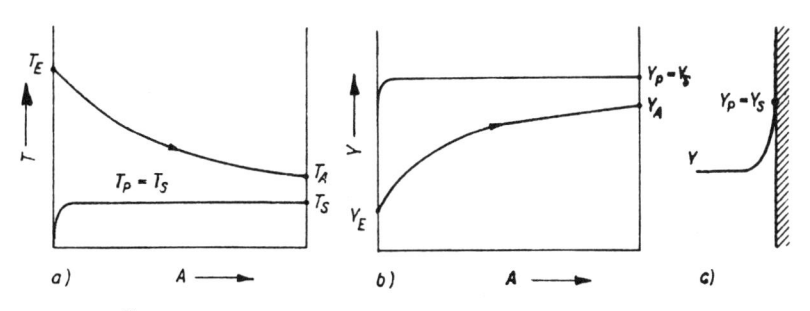

Bild 7.10. Änderung des Luftzustandes im 1. Trocknungsabschnitt
a) Temperatur
b) Feuchtigkeit

Dabei ist N die Anzahl der auf die Gasphase bezogenen Übertragungseinheiten nach Gl. (2.223) im 1. Trocknungsabschnitt.

> Die Gleichungen (7.16) und (7.17) liefern falsche Ergebnisse, wenn sie auf den 2. Trocknungsabschnitt angewendet werden! Sie gelten ferner nur für Trockner mit Pfropfenströmung von Luft und/oder Gut. Bei technischen Trocknern wird die Triebkraft oft durch Rückvermischung gemindert.

7.1.4. Prozeßkinetik unter konstanten äußeren Bedingungen (Das klassische kinetische Experiment)

Unter der Kinetik des Trocknungsprozesses versteht man nach *A. W. Lykow* [7.4] die zeitliche Änderung der mittleren Feuchte $\bar{X}$ und der mittleren Temperatur $\bar{T}$ des Gutes. Diese Werte werden benötigt, um die Stoff- und Energiebilanzen nach Abschnitt 7.1.2. aufzustellen.
Mit Konvektionstrocknung werden traditionell zwei signifikant unterschiedliche Teilprozesse bezeichnet.
Im 1. Trocknungsabschnitt liegt reine Oberflächenverdunstung vor. Aus dem Gutinneren wird so viel Flüssigkeit an die Oberfläche transportiert, daß deren Verdunstungsfähigkeit voll ausgelastet ist. Die Trocknungsgeschwindigkeit wird durch äußere Bedingungen bestimmt und bleibt konstant. Ihre Berechnung ist mit Beziehungen nach Abschnitt 2.4.1. möglich.
Im 2. Trocknungsabschnitt verringert sich der an die Gutoberfläche transportierte Mengenstrom so weit, daß deren Kapazität für die konvektive Stoffübertragung nicht mehr voll ausgelastet ist und die Luftfeuchte an der Phasengrenzfläche mit der Gutfeuchte abnimmt. Die Trocknungsgeschwindigkeit wird dabei durch Vorgänge im Inneren des Gutes begrenzt und nimmt mit sinkender Gutfeuchte ebenfalls ab. Eine Berechnung ist nur für Güter mit idealisierten Eigenschaften möglich.
Tritt im Verlaufe des Abschnitts fallender Trocknungsgeschwindigkeit ein weiterer Knickpunkt auf, so wird häufig noch ein 3. Trocknungsabschnitt eingeführt [2.33]. Das ist insbesondere dann üblich, wenn ein Gut hygroskopisch ist und ein annähernd konstanter Diffusionskoeffizient vorliegt. Es ergibt sich dann am Ende der Trocknung ein linearer Zusammenhang zwischen Trocknungsgeschwindigkeit und Gutfeuchte.
Die große Zahl realer Güter mit Eigenschaften sowohl der spröden als auch der elastischen Gele in unterschiedlichem Maße macht eine hinreichend sichere theoretische Vorausberechnung des Trocknungsverhaltens unmöglich. Bei Gütern, deren Trocknungsverhalten unter den gewählten Trocknungsbedingungen nicht bekannt ist, sind deshalb stets Versuche zu dessen Feststellung notwendig.
Sollen diese Versuche die gewünschten Informationen unverzerrt erbringen, so sind bestimmte Forderungen einzuhalten:
Um alle Veränderungen eindeutig auf das Trocknungsgut allein zurückführen zu können und die Überlagerung von Einflüssen sowohl des Trocknungsmediums als auch der Versuchsanlage auszuschließen, führt man die Versuche bei sogenannten konstanten äußeren Bedingungen durch. Man versteht darunter sowohl konstanten Luftzustand als auch konstante Intensitätskoeffizienten für Wärme-, Stoff- und Impulsübergang (konstante aerodynamische Bedingungen). Trocknungsversuche, die diesen Forderungen genügen, werden im folgenden als *klassisches kinetisches Experiment* bezeichnet. Bei der Konvektionstrocknung bedeutet die Erfüllung dieser Forderungen, daß sich Wassergehalt und Temperatur der Luft nicht meßbar ändern dürfen und auch die Strömungsbedingungen konstant bleiben. Sie sollen zudem mit den im technischen Trockner zu erwartenden Werten übereinstimmen.

Daraus folgt auch, daß sich ein klassisches kinetisches Experiment wohl in einem Trockenschrank durchführen läßt, in einem Festbett-, Wirbelschicht- oder Stromtrockner aber nicht alle Forderungen gleichermaßen erfüllen lassen. Die überlagerten äußeren Effekte können dann nur mit Hilfe geeigneter Annahmen (z. B. Pfropfenströmung für die Luft und ideale Durchmischung des Gutes bei der Wirbelschicht) nachträglich näherungsweise eliminiert werden.

Das Ergebnis eines klassischen kinetischen Experiments wird entweder in integraler Form als mittlere Gutfeuchte $\bar{X}$ über der Zeit t oder in differentieller Form als Trocknungsgeschwindigkeit $-d\bar{X}/dt$ über der Gutfeuchte $\bar{X}$ aufgetragen (s. Bild 7.11). Dabei wurde schon von *Sherwood* darauf hingewiesen, daß die Ermittlung der Trocknungsgeschwindigkeit bereits im Versuch entsprechend

$$\frac{-d\bar{X}}{dt} = \frac{-dM_{ges}}{dt} = \lim_{\Delta t \to 0} \frac{-\Delta M_{ges}}{\Delta t} \quad (7.18)$$

durch Messung der Masseabnahme in kleinen Zeitintervallen genauer ist als die graphische Differentiation der Trocknungsverlaufskurve $M(t)$ bzw. $\bar{X}(t)$.

Wird das klassische kinetische Experiment bei unterschiedlichen Bedingungen mehrfach wiederholt, so erhält man eine Schar geometrisch ähnlicher Kurven (s. Bild 7.11). *Krasnikow* und *Danilow* [7.7, 7.8] nutzten diese geometrische Ähnlichkeit zur Ermittlung verallgemeinerter Trocknungsverlaufskurven in verschiedenen Modifikationen, wobei sie — wie allgemein üblich — die geringe Abhängigkeit der Knickpunktkoordinaten von den Trocknungsbedingungen vernachlässigten. Diese Anwendungsmethode ist sehr anpassungsfähig, da eine für die vorliegenden Bedingungen besonders geeignete Darstellung ausgewählt werden kann.

Durch Übergang zu normierten Größen lassen sich alle diese Modifikationen in eine gemeinsame Form überführen, wie sie besonders für die Prozeßmodellierung und -optimierung zweckmäßig ist.

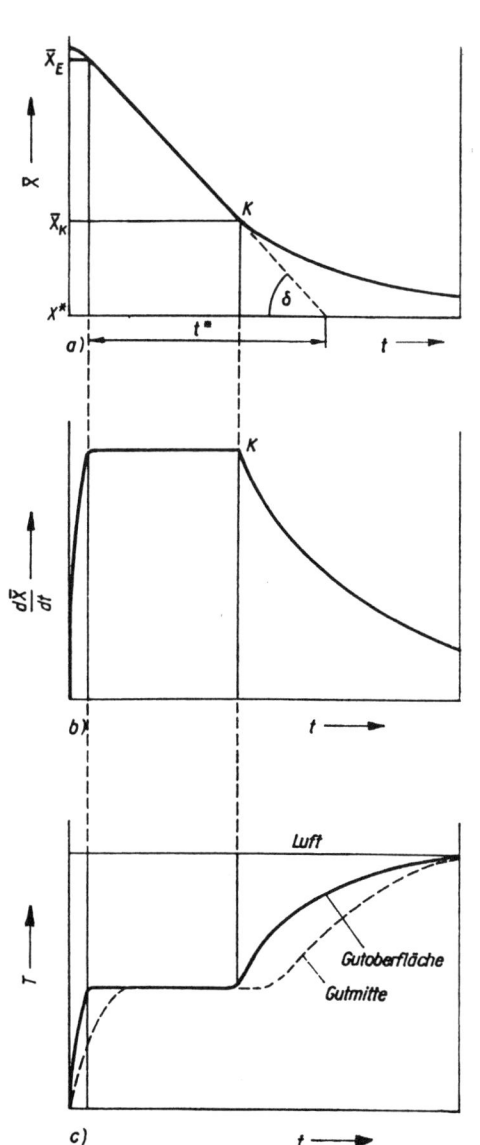

Bild 7.11. Trocknungsverlaufskurven
a) Gutfeuchte
b) Trocknungsgeschwindigkeit
c) Guttemperatur

Zur Modellierung des Prozesses werden folgende Voraussetzungen getroffen:

— Im Unterschied zu den Fluid-Fluid-Stoffaustauschprozessen können Form und Größe der aktiven Fläche als konstant angesehen werden.
— Zu Beginn des Prozesses hat das Gut an allen Stellen die gleiche Anfangsfeuchte.
— Die Übergangskoeffizienten für Wärme und Stoff bleiben während des Prozesses konstant.
— Entsprechend dem Filmmodell von *Nernst* [7.9] wird an der Phasengrenzfläche stets Gleichgewicht zwischen Gut und Luft vorausgesetzt.

Die häufig anzutreffende Meinung, α und σ seien im 1. Trocknungsabschnitt konstant, müßten aber im 2. Trocknungsabschnitt auch bei konstantem Luftzustand mit sinkender Trocknungsgeschwindigkeit abnehmen, beruht auf einem Mißverständnis.
Ihm liegt die Vorstellung eines Trocknungsspiegels zugrunde, der mit fortschreitender Austrocknung immer tiefer in das Gut eindringt und an dem die Flüssigkeit stets im Sättigungszustand vorliegt. Mit einem äquivalenten Übergangskoeffizienten wird dann sowohl der Übergang an der äußeren Oberfläche als auch der Transport durch die bereits ausgetrocknete Gutschicht erfaßt:

$$\frac{1}{\alpha_{\text{äqu}}} = \frac{1}{\alpha_P} + \frac{s}{\lambda} \qquad \frac{1}{\sigma_{\text{äqu}}} = \frac{1}{\sigma_P} + \frac{s}{D}$$

wobei die Übergangskoeffizienten α_P und σ_P an der äußeren Oberfläche ebenfalls als konstant angesehen werden.

Die Bilanz für die bei einem Trocknungsversuch im Zeitelement dt übergehende differentielle Feuchtigkeitsmenge lautet

$$dM_{H_2O} = -M_G \, d\bar{X} = \dot{M}_L \, dt \, dY = \sigma A (Y_P - Y) \, dt \,. \tag{7.19}$$

Daraus erhält man die Definitionsgleichung für die Trocknungsgeschwindigkeit

$$\boxed{\frac{-d\bar{X}}{dt} = \sigma \frac{A}{M_G} (Y_P - Y)} \tag{7.20}$$

oder in Worten:
Trocknungsgeschwindigkeit = Intensitätskoeffizient × massenspezifische aktive Fläche × Triebkraft.
Als Triebkraft wirkt die Konzentrationsdifferenz $Y_P - Y$ zwischen Phasengrenzfläche und Kernströmung.

Für den inneren Stofftransport ist eine Konzentrationsdifferenz $X_P - X_2$ zwischen der aktiven Fläche und den inneren Schichten notwendig (s. Bild 7.12). Das Verhältnis zwischen der örtlichen Gutfeuchte X_P an der Gutoberfläche und dem integralen Mittelwert $\bar{X}$ hängt wesentlich von Form und Größe des Gutes ab. An der aktiven Fläche selbst kann entsprechend dem *Nernst*schen Filmmodell [7.9] momentane Einstellung des Gleichgewichts zwischen Luft und Gut angenommen werden. Dennoch sind Gleichgewichtsdaten z. B. in Form von Sorptionsisothermen nicht zur Vorausberechnung der Trocknungsgeschwindigkeit geeignet, da sie definitionsgemäß einen inneren Konzentrationsgradienten ausschließen. Sie gelten also nur für eine gegen Null gehende Trocknungsgeschwindigkeit.

Form der Feuchteprofile und Größe der Konzentrationsgradienten bei Trocknungsprozessen hängen von einer großen Zahl von Prozeßparametern ab und können in der Regel nicht vorausberechnet werden. Ihre experimentelle Ermittlung ist sehr aufwendig, deshalb wird im klassischen kinetischen Experiment nur die zeitliche Änderung der mittleren Gutfeuchte $\bar{X}$ bestimmt. Es soll im folgenden gezeigt werden, daß sie als Ersatzgröße für

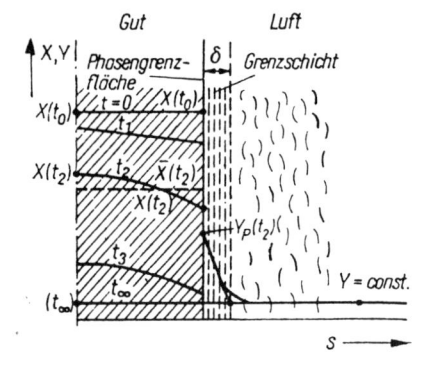

Bild 7.12. Konzentrationsverlauf beider Phasen im klassischen kinetischen Experiment

die meßtechnisch kaum erfaßbare Luftfeuchte Y_P unmittelbar an der Gutoberfläche betrachtet werden kann. Durch Bezug auf die Trocknungsgeschwindigkeit zu Beginn des Prozesses

$$\left(\frac{-\mathrm{d}\bar{X}}{\mathrm{d}t}\right)_0 = \left[\sigma \frac{A}{M_G}(Y_P - Y)\right]_0 \tag{7.21}$$

ergibt sich die normierte Trocknungsgeschwindigkeit

$$\psi = \left[\frac{-\mathrm{d}\bar{X}/\mathrm{d}t}{(-\mathrm{d}\bar{X}/\mathrm{d}t)_0}\right]_Y = \frac{\sigma \dfrac{A}{M_G}(Y_P - Y)}{\left[\sigma \dfrac{A}{M_G}(Y_P - Y)\right]_0} = \left(\frac{-\mathrm{d}\bar{u}}{\mathrm{d}\tau}\right)_Y \tag{7.22}$$

mit der normierten Gutfeuchte

$$\bar{u} = \frac{\bar{X} - \bar{X}^*}{\bar{X}_K - \bar{X}^*} \tag{7.23}$$

und der normierten Zeit

$$\tau = \frac{t}{t^* - t_K}. \tag{7.24}$$

Dabei ist t^* die Zeitkonstante des Prozesses nach Bild 7.13

$$t^* = \frac{\bar{X}_0 - \bar{X}^*}{(-\mathrm{d}\bar{X}/\mathrm{d}t)_0} \tag{7.25}$$

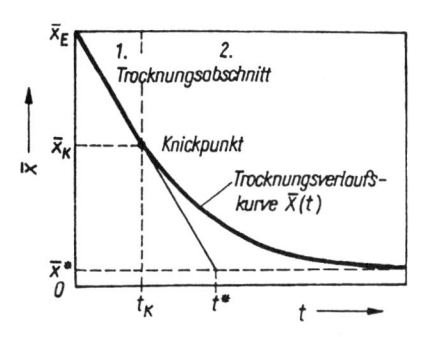

Bild 7.13. Definition der Zeitkonstante t^*

oder in Worten:

$$\text{Zeitkonstante} = \frac{\text{max. Kapazität}}{\text{max. Prozeßgeschwindigkeit}}$$

Trägt man die Ergebnisse eines klassischen kinetischen Experiments in den Koordinaten $\bar{u}$ über t auf, so fallen alle Einzelkurven $\bar{X} = \bar{X}(t)$ in eine gemeinsame Kurve $\bar{u} = \bar{u}(t)$ zusammen (s. Bild 7.14).

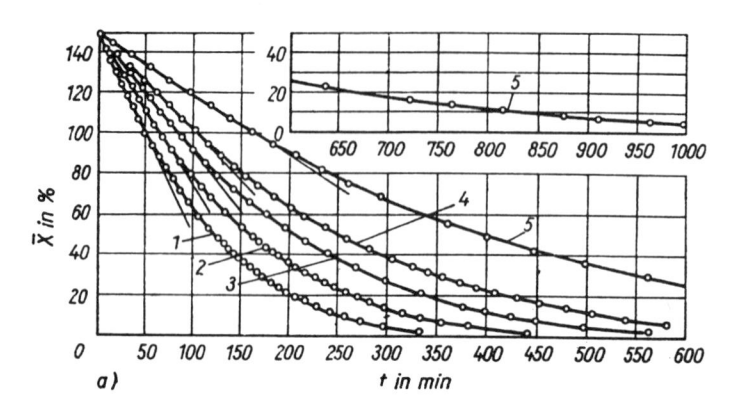

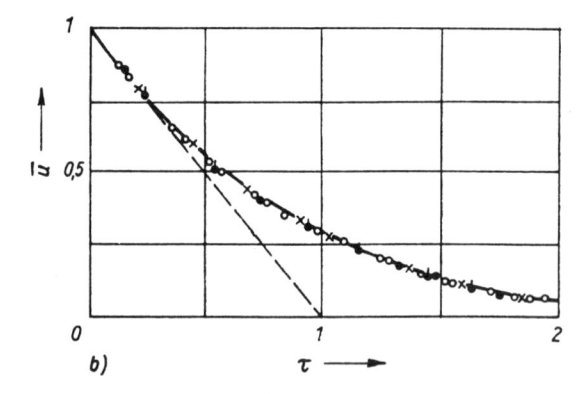

Bild 7.14. Konvektionstrocknung von gepreßtem Papier nach *Filonenko* [7.37]
a) Trocknungsverlaufskurven in Originalform bei unterschiedlichen Bedingungen

	T in °C	φ in %
1:	90,9	3,8
2:	78,5	6,1
3:	69,9	11,2
4:	59,5	12,9
5:	60,8	20,6

b) Trocknungsverlaufskurve in normierter Darstellung

Mit den Bedingungen des klassischen kinetischen Experiments

$$Y = Y_0 = \text{const} \tag{7.26}$$

und

$$\sigma = \sigma_0 = \text{const} \tag{7.27}$$

sowie vernachlässigter Schwindung

$$\frac{A}{M_G} = \left(\frac{A}{M_G}\right)_0 = \text{const} \tag{7.28}$$

vereinfacht sich Gleichung (7.22) zu

$$\psi = \left[\frac{-d\bar{X}/dt}{(-d\bar{X}/dt)_0}\right]_Y = \frac{Y_P - Y}{Y_{P,0} - Y}. \tag{7.29}$$

Die Aufgabe des klassischen kinetischen Experiments besteht somit letztlich darin, die unbekannte, zeitlich veränderliche Luftfeuchte Y_P an der Gutoberfläche zu bestimmen. Das Versuchsergebnis ist frei von aerodynamischen Einflüssen und dem Einfluß einer veränderlichen Luftfeuchte in der Kernströmung, es gibt somit allein die Einflüsse des Stofftransportes im Inneren des Gutes wieder. Die so ermittelte Prozeßgeschwindigkeit wird deshalb auch als *wahre Trocknungsgeschwindigkeit* bezeichnet.

Die wahre Trocknungsgeschwindigkeit ψ in normierter Darstellung nach Gleichung (7.22) bzw. (7.29) erhält die Bedeutung eines empirischen Korrekturfaktors, mit dem die Umrechnung der Trocknungsgeschwindigkeit im 2. Trocknungsabschnitt erfolgt. Die wahre Trocknungsgeschwindigkeit ψ ist eine Funktion der meßtechnisch schwer zugänglichen Gutfeuchte $X_P(t)$ unmittelbar an der Gutoberfläche. Es ist deshalb üblich, sie dem entsprechenden Wert $\bar{X}(t)$ bzw. $\bar{u}(t)$ der mittleren integralen Gutfeuchte zuzuordnen und durch einen der folgenden Ansätze anzunähern:

$$\psi = \bar{u} \qquad (7.30)$$

$$\psi = a_1 + a_2 \bar{u} \qquad (7.31)$$

$$\psi = \bar{u}^{a_3} \qquad (7.32)$$

Die Auswahl des geeignetsten Ansatzes und eine objektivierte Bestimmung der Knickpunktkoordinaten $\bar{X}_K$, t_K erfolgt zweckmäßig mittels Elektronenrechner [7.10].

Im weiteren wird der einfacheren Rechnung wegen nur der Ansatz (7.30) verwendet.

Verwendet man den linearen Ansatz (7.31), so kann nach *Krasnikow* [7.7, 7.8] der 2. Trocknungsabschnitt in der Regel durch zwei Geradenabschnitte genügend genau wiedergegeben werden. Mit dem exponentiellen Ansatz (7.32) ist es mitunter möglich, den gesamten Kurvenzug durch eine einzige Gleichung zu beschreiben.

Beispiel 7.3. Auswertung von Trocknungsversuchen

Zur Aufklärung des Trocknungsverhaltens eines grobdispersen Gutes wurde in einem Konvektionstrockner ein klassisches kinetisches Experiment mit zwei Versuchen unter konstanten äußeren

Tabelle 7.4. Experimenteller Trocknungsverlauf

t	in s	0	60	120	180	240	300	360	420
$\bar{X}_1$	in kg/kg	0,54	0,44	0,35	0,25	0,17	0,12	0,084	0,062
$\bar{X}_2$	in kg/kg	0,54	0,47	0,40	0,33	026	0,20	0,15	0,12

t	in s	480	540	600	660	720	780	840
X_1	in kg/kg	0,047	0,038	0,032	0,027	0,025	0,023	0,022
X_2	in kg/kg	0,091	0,072	0,058	0,048	0,041	0,035	0,031

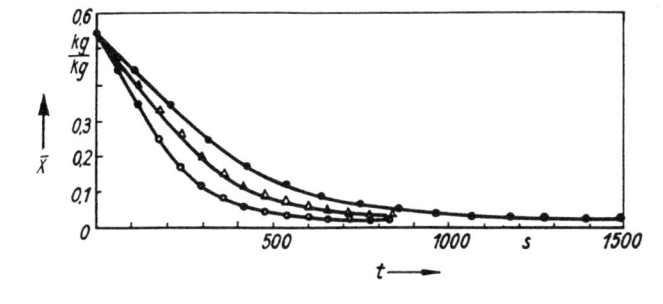

Bild 7.15. Experimentelle und berechnete Trocknungsverlaufskurven
○ Versuch 1
△ Versuch 2
● Versuch 3 (Rechnung)

Bedingungen durchgeführt. Gemessen wurde die Probenmasse zu verschiedenen Zeiten. Mit der Masse der Trockensubstanz der Proben konnten anschließend die in Tabelle 7.4 und im Bild 7.15 zusammengestellten Gutbeladungen berechnet werden.

Gegeben:

Luft	Beladung	0 kg/kg
	Temperatur	80 °C Versuch 1
		60 °C Versuch 2
	Druck	99,5 kPa
Gut	Sauterdurchmesser	2,3 mm
	massenspez. Oberfläche	1,55 m²/kg

Aufgabe:

1. Ableitung einer gemeinsamen Trocknungsverlaufskurve in dimensionsloser Form.
2. Bestimmung der Trocknungsgeschwindigkeit und des Verdunstungskoeffizienten im 1. Trocknungsabschnitt.
3. Bestimmung der wahren Trocknungsgeschwindigkeit im 2. Trocknungsabschnitt.
4. Vorausberechnung des Trocknungsverlaufes $\bar{X}_3(t)$ bei 70 °C einer Fraktion mit einem Sauterdurchmesser von 3,5 mm bei gleichen hydrodynamischen Bedingungen (σ = const) sowie gleicher Anfangs-, Knickpunkts- und Gleichgewichtsfeuchte.

Lösung:

Zu 1.

Die normierte Trocknungsverlaufskurve $\bar{u} = \bar{u}(\tau)$ erhält man als Ausgleichskurve für beide Versuche. Man bestimmt die dimensionslose Gutfeuchte nach Gleichung (7.20) mit den experimentell ermittelten Knickpunkts- und Gleichgewichtsfeuchten. Die Versuchsdauer wird mit der nach Bild 7.13 oder Gleichung (7.25) bestimmten Zeitkonstanten t^* und der Einstelldauer t_K des Knickpunkts nach Gleichung (7.24) dimensionslos gemacht.
Die aus den experimentellen Kurven ermittelten Werte sind in Tabelle 7.5 zusammengestellt, die dimensionslose Trocknungsverlaufskurve ist im Bild 7.16 aufgetragen.

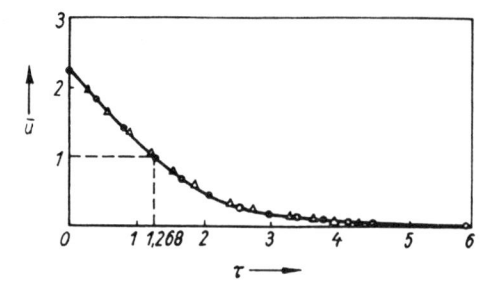

Bild 7.16. Normierter Trocknungsverlauf
○ Versuch 1
△ Versuch 2
— Ausgleichskurve

Zu 2.

Die maximale Trocknungsgeschwindigkeit wird bestimmt aus dem Anstieg der Trocknungsverlaufskurve im 1. Trocknungsabschnitt (s. a. Bild 7.13). Aus der Definitionsgleichung (7.20) der Trocknungsgeschwindigkeit kann der Verdunstungskoeffizient mit der luftseitigen Triebkraft $(Y_P - Y)$ des Prozesses berechnet werden. Diese ergibt sich aus der Feuchte der Trocknungsluft Y_0 und dem

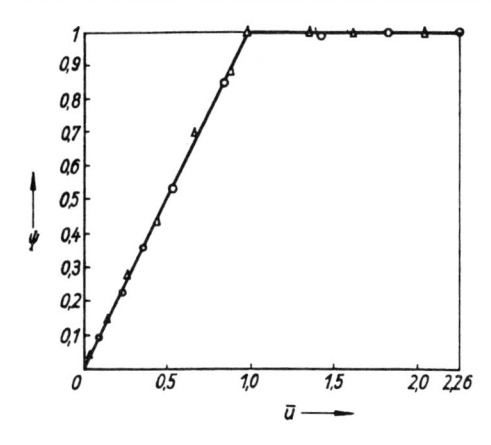

Bild 7.17. Wahre Trocknungsgeschwindigkeit
○ Versuch 1
△ Versuch 2
— Ausgleichskurve

Sättigungszustand, der dem *Mollier-h, Y*-Diagramm entnommen oder aus der empirischen Gleichung [7.11]

$$Y_S = (0{,}373h - 5{,}40 \cdot \ln h + 15{,}1) \cdot 10^{-3} \quad \text{in kg/kg}$$

berechnet werden kann, wobei hier entsprechend der Aufgabenstellung gilt $h = c_{PLT0}$. Die Werte sind in Tabelle 7.5 angegeben.

Tabelle 7.5. Ergebnisse

	Versuch 1	Versuch 2	Versuch 3
X_0 in kg/kg	0,54	0,54	0,54
X_K in kg/kg	0,25	0,25	0,25
X^* in kg/kg	0,02	0,02	0,02
t_K in s	180	249	318
t^* in s	322	446	570
$\left(\dfrac{d\bar{X}}{dt}\right)_{max} \cdot 10^3$ in kg/kg s	1,615	1,167	0,913
Y_S in kg/kg	0,021	0,015	0,018
σ in kg/m² s	0,049	0,050	0,050

Zu 3.

Um den Verlauf der wahren Prozeßgeschwindigkeit $\psi(\bar{u}) = -\dfrac{d\bar{u}}{d\tau}$ aus der verallgemeinerten Trocknungsverlaufskurve $\bar{u}(\tau)$ zu ermitteln, gibt es folgende Möglichkeiten:

a) Schrittweise Berechnung des Differenzenquotienten

$$\psi = -\frac{d\bar{u}}{d\tau} \approx \frac{\Delta \bar{u}}{\Delta \tau}$$

b) Grafische Differentiation der normierten Trocknungsverlaufskurve.
   Um größere subjektive Fehler bei diesem Verfahren zu vermeiden, bedient man sich zweckmäßigerweise eines Spiegellineals, mit dessen Hilfe in einer Anzahl von Punkten der Ausgleichskurve $\bar{u}(\tau)$ die Senkrechte errichtet wird. Der Tangens des Winkels, den die Senkrechte mit der Abszisse einschließt, entspricht der wahren Trocknungsgeschwindigkeit ψ.

c) Rechnergestützte Verarbeitung der experimentellen Trocknungsverlaufskurven.
   Objektive und subjektive Einflüsse bei der Aufnahme der Meßwerte und bei der Bestimmung der Bezugsgrößen führen zu Abweichungen der dimensionslosen Meßpunkte von der Ausgleichskurve

und zu subjektiven Aussagen über die wahre Trocknungsgeschwindigkeit. Diese subjektiven Einflüsse vermeidet eine rechnergestützte Auswertung, z. B. mit dem Programm *Normi* [7.10]. Nach numerischer Differentiation des experimentellen Trocknungsverlaufs wird unter Berücksichtigung des Meßfehlers der Knickpunkt berechnet. Mit den so festgelegten Bezugsgrößen erfolgt die Normierung des Trocknungsverlaufes und der Trocknungsgeschwindigkeit. Während für die wahre Trocknungsgeschwindigkeit im 1. Trocknungsabschnitt immer $\psi = 1$ gilt, kann der 2. Trocknungsabschnitt im Programm *Normi* wahlweise durch Geradengleichungen oder einen Potenzansatz beschrieben werden. Die Konstanten dieser Näherungen werden mittels Fehlerquadratmethode berechnet. Für die Versuche 1 und 2 wurden mittels *Normi* die folgenden Näherungen bestimmt

1. Trocknungsabschnitt $2{,}26 \geq u \geq 1{,}0$ $\psi = 1$
2. Trocknungsabschnitt $1{,}0 \geq u \geq 0$ $\psi = u$

Der Verlauf ist im Bild 7.17 dargestellt.

Zu 4.

Die wahre Trocknungsgeschwindigkeit $\psi(\bar{u})$ wird im allgemeinen aus einer repräsentativen Zahl von Trocknungsversuchen ermittelt, sie enthält also auch den Verlauf bei den Bedingungen von Versuch 3. Zur Vorausberechnung des dimensionsbehafteten Verlaufes $\bar{X}_3(t)$ ist die Kenntnis der Bezugsgrößen für Knickpunkt, Gleichgewicht und der Zeitkonstanten erforderlich.
Aus dem sogenannten Anfangsimpuls [7.12] folgt nach den Gleichungen (7.21) und (7.25)

$$\frac{(t^* - t_K)_3}{(t^* - t_K)_1} = \frac{(\bar{X}_K - \bar{X}^*)_3}{(\bar{X}_K - \bar{X}^*)_1} \frac{\left(\sigma \dfrac{A}{M_G}\right)_1}{\left(\sigma \dfrac{A}{M_G}\right)_3} \frac{(Y_S - Y)_1}{(Y_S - Y)_3}$$

Mit den Vorgaben der Aufgabenstellung erhält man bei Annahme kugeliger Teilchen

$$(t^* - t_K)_3 = (t^* - t_K)_1 \frac{d_3}{d_1} \frac{Y_{S1}}{Y_{S3}} = 142 \, \frac{3{,}5}{2{,}3} \, \frac{0{,}021}{0{,}018} = \underline{252 \text{ s}}$$

Auch die maximale Prozeßgeschwindigkeit und die Zeitkonstanten können mit diesen Gleichungen berechnet werden:

$$\left(-\frac{d\bar{X}}{dt}\right)_{\max, 3} = 0{,}913 \cdot 10^{-3} \text{ kg/kg s}$$

$$t_3^* = \frac{(\bar{X}_0 - \bar{X}^*)_3}{(-d\bar{X}/dt)_{\max, 3}} = \underline{570 \text{ s}}$$

Eine Zusammenstellung dieser Werte findet sich in Tabelle 7.5. Aus diesen Werten kann mit Hilfe der Definitionsgleichungen für $\bar{u}$ und τ die allgemeine Trocknungsverlaufskurve $\bar{u}(\tau)$ punktweise rücktransformiert werden. Den so berechneten Verlauf zeigt Kurve 3 im Bild 7.15.

7.2. Bauformen technischer Trockner

7.2.1. Einteilung der Trockner

Trockner klassifiziert man nach

— der Art der Wärmeübertragung
— der Art der Gutlagerung und des Guttransportes,
— der Art des Konstruktionsprinzips.

Die Konvektionstrockner werden zusätzlich nach der Art der Luftführung klassifiziert in solche, bei denen das Trocknungsmittel über, durch oder um das Trocknungsgut strömt.
Nach der Art der Wärmeübertragung unterscheidet man:
Konvektionstrockner, in denen die Wärme an das zu trocknende Gut vorwiegend durch Konvektion übertragen wird.
Kontakttrockner, in denen die Wärme an das zu trocknende Gut vorwiegend durch Wärmeleitung infolge Kontaktes mit beheizten Flächen übertragen wird.
Strahlungstrockner, in denen die Wärme an das zu trocknende Gut vorwiegend durch Strahlung übertragen wird.
Elektrowärmetrockner, in denen die Wärme im zu trocknenden Gut vorwiegend durch die Einwirkung elektrischer Wechselfelder induktiv oder dielektrisch selbst erzeugt wird.
Gefriertrockner, die bei einem Vakuum unterhalb des Erstarrungspunktes der Gutflüssigkeit arbeiten.

7.2.2. Ausführungsbeispiele von Konvektionstrocknern

a) Kammertrockner

Trockner, in denen das Trocknungsmittel vorwiegend über das meist ruhende Trocknungsgut strömt. Das Gut ruht dabei auf einer festen Unterlage aus Drahtgewebe oder gelochtem Blech; nur für geringe Mengen geeignet (Labortrockenschrank). Das Trocknungsmittel wird mit einem Ventilator umgewälzt, wobei Leitbleche eine gleichmäßige

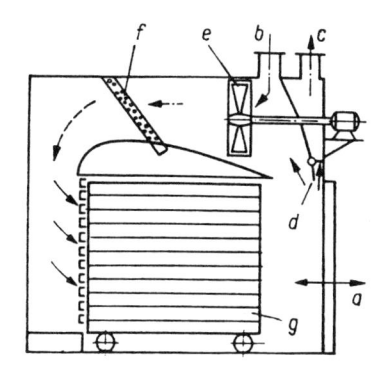

Bild 7.18. Kammertrockner mit Überströmung des Gutes
a Gutein- und Gutaustritt
b Frischluft
c Abluft
d Abluftklappe
e Lüfter
f Heizregister
g Hordenwagen

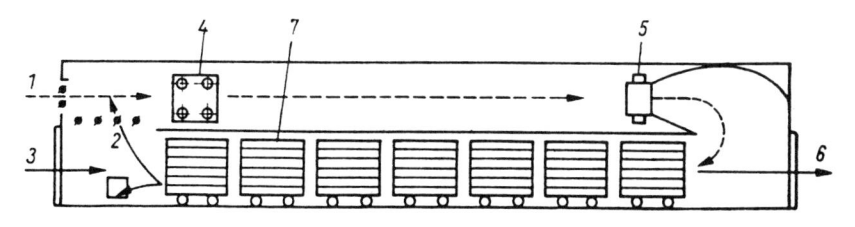

Bild 7.19. Tunneltrockner (Kanaltrockner)
1 Frischlufteintritt
2 Umluft
3 Guteintritt
4 Lufterhitzer
5 Ventilator
6 Gutaustritt
7 Gestellwagen

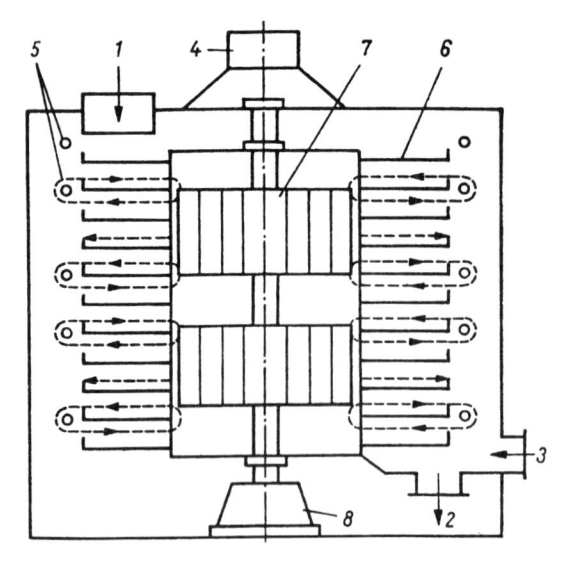

Bild 7.20. Tellertrockner (Mischtrockner)
1 Guteintritt
2 Gutaustritt
3 Frischlufteintritt
4 Abluft
5 Heizkörper
6 Ringscheiben
7 Lüfter
8 Antrieb

Verteilung auf die einzelnen Horden bewirken; arbeitet meist mit Rezirkulation des Trocknungsmittels.

b) Kanaltrockner

Trockner, in denen das Trocknungsgut auf oder von Gutträgern durch den als Kanal ausgebildeten Trockner gefördert und dabei vom Trocknungsmittel vorwiegend überströmt wird.

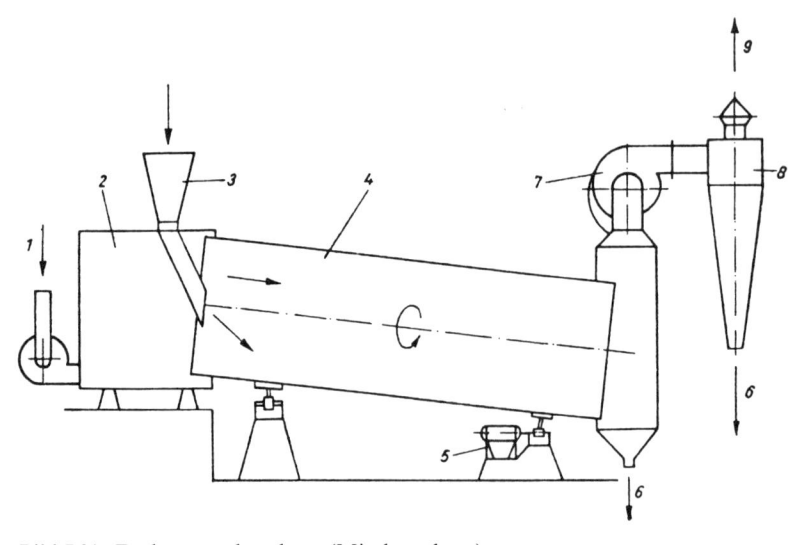

Bild 7.21. Drehtrommeltrockner (Mischtrockner)
1 Frischluftgebläse
2 Feuerung
3 Gutaufgabe
4 Trommel mit Einbauten
5 Antrieb
6 Gutaustrag
7 Gebläse
8 Zyklon
9 Abgase

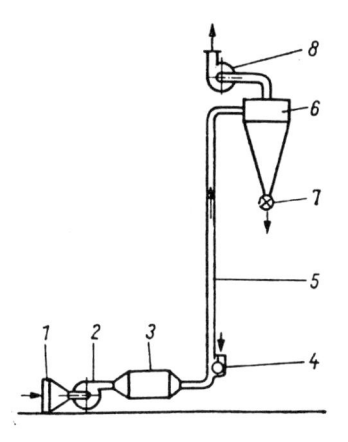

Bild 7.22. Stromtrockner (Schwebetrockner)
1 Frischlufteintritt
2 Frischluftgebläse
3 Lufterhitzer
4 Guteintrag
5 Steigrohr
6 Zyklon
7 Gutaustrag
8 Abluftgebläse

Tabelle 7.6. Einsatzbeispiele und Prozeßparameter ausgewählter Trockner [7.35]

Trockner	Trocknungsregime	Trocknungsintensität	Wärmebedarf
		$\dot{m}$ in kg m^{-2} h^{-1}	kJ/kg verd. Wasser
		$\dfrac{\dot{M}}{V}$ in kg m^{-3} h^{-1}	
		k in W m^{-2} K^{-1}	

Flüssigkeiten

Trockner	Trocknungsregime	Trocknungsintensität	Wärmebedarf
Walzentrockner (Atmosphärendruck)	Dampfdruck $p = 0{,}2 \ldots 0{,}5$ MPa	$\dot{m} = 7 \ldots 60$ $k = 50 \ldots 300$	1,2 ... 2,5 kg Dampf/ kg verd. Wasser
Walzentrockner (Vakuum)		$\dot{m} = 4 \ldots 15$ $k = 30 \ldots 200$ (saubere Wand) $k = 6 \ldots 33$	1,3 ... 1,8 kg Dampf/ kg verd. Wasser
Zerstäubungstrockner	$T_E = 120 \ldots 900\ °C$ $\bar{X}_E = 20 \ldots 98\%$	$\dot{M}/V = 1{,}5 \ldots 25$ $\alpha_V = 30 \ldots 80$ W/m^3 K	3500 ... 12000
Fließbetttrockner (für temperaturbeständige Lösungen)	$T_E = 500 \ldots 750\ °C$ $w = 1{,}5 \ldots 2{,}5$ m/s	$\dot{m} = 100 \ldots 600$	3500 ... 5000

Pastenförmiges Material

Trockner	Trocknungsregime	Trocknungsintensität	Wärmebedarf
Kammertrockner mit Leitschaufeln		$\dot{m} = 4 \ldots 15$ (hoher Feuchtegehalt) $\dot{m} = 0{,}3 \ldots 2$ (niedriger Feuchtegehalt)	2 ... 4 kg Dampf/kg verd. Wasser
Bahnentrockner	$T_E = 100 \ldots 135\ °C$	$\dot{m} = 1 \ldots 2$ Belastung 7 kg/m^2	8500 ... 30000
Muldentrockner	$T_E = 150 \ldots 500\ °C$	$\dot{M}/V = 35 \ldots 60$	4000 ... 10000

Tabelle 7.6. (Fortsetzung)

Trockner	Trocknungsregime	Trocknungsintensität	Wärmebedarf
Disperse Feststoffe			
Kanaltrockner	$T_E = 100 \ldots 200\,°C$ $w = 0,1 \ldots 0,5\text{ m/s}$	$\dot{m} = 5 \ldots 18$	3500 ... 6500
Schneckentrockner	Dampfdruck $p = 0,2 \ldots 0,6\text{ MPa}$	$\dot{m} = 5 \ldots 20$ (hoher Feuchtegehalt) $k = 12 \ldots 175$	1,5 ... 2,5 kg Dampf/ kg verd. Wasser
Röhrentrockner	Dampfdruck $p = 0,15 \ldots 0,45\text{ MPa}$	$\dot{m} = 3,5 \ldots 8$ $k = 12 \ldots 70$	3000 ... 3500
Tellertrockner		$\dot{m} = 1,5 \ldots 12$ $k = 35 \ldots 70$	3000 ... 3500
Drehtrommel- trockner (System Büttner)	$T_E = 200 \ldots 500\,°C$	$\dot{m} = 1 \ldots 10$	3500 ... 10000
Schachttrockner	$T_E = 100 \ldots 250\,°C$ $w = 0,1 \ldots 0,3\text{ m/s}$	$\dot{M}/V = 20 \ldots 50$	
Trommeltrockner	$T_E = 150 \ldots 250\,°C$ Drehzahl $1,5 \ldots 5\text{ min}^{-1}$	$\dot{M}/V = (3) \ldots 24 \ldots 50$ bis (150)	4000 ... 8000
Stromtrockner	$T_E = 150 \ldots 1000\,°C$ $w = 10 \ldots 60\text{ m/s}^{-1}$	$\dot{M}/V = 200 \ldots 800$	3500 ... 4500
Fließbetttrockner	$T_E = 120 \ldots 700\,°C$ $w = 0,8 \ldots 3,5\text{ m/s}^{-1}$	$\dot{m} = 10 \ldots 1000$	4000 ... 6000
Temperaturempfindliche Flächengebilde			
Bahnentrockner	$T_E = 28 \ldots 120\,°C$ $\bar{X}_E = 50 \ldots 90\%$	$\dot{m} = 0,8 \ldots 20$	2 ... 3 kg Dampf/kg verd. Wasser
Zylindertrockner	Dampfdruck $p = 0,15 \ldots 0,3\text{ MPa}$ $\bar{X}_E = 60 \ldots 70\%$	$\dot{m} = 8 \ldots 14$ $k = 230 \ldots 450$	2 ... 2,5 kg Dampf/ kg verd. Wasser

c) Mischtrockner

Trockner, in denen das Trocknungsgut von Einbauten oder anderen Einrichtungen gleichzeitig durchmischt und durch den Trockner bewegt und dabei vom Trocknungsmittel vorwiegend überströmt wird.

Im *Tellertrockner* liegt das Trocknungsgut auf einem oder mehreren übereinander angeordneten Tellern und wird durch Abstreifen durch den Trockner bewegt. Es rotieren entweder Teller oder Abstreifer. Beim *Drehtrommeltrockner* wird das Trocknungsgut durch die Rotation des Trocknergehäuses, das meist mit Einbauten versehen ist, durch den Trockner bewegt.

d) Hordentrockner

Trockner, in denen das Trocknungsmittel vorwiegend durch das meist ruhende Trocknungsgut strömt oder in denen das Trocknungsgut über oder mit durchströmbaren Gutträgern durch den Trockner gefördert oder bewegt und dabei vom Trocknungsmittel vorwiegend durchströmt wird.

e) Rieseltrockner

Trockner, in denen das Trocknungsgut durch den Trockner rieselt und die Eigenbewegung des Gutes durch Einbauten gehemmt wird. Das Trocknungsmittel strömt dabei vorwiegend durch das Trocknungsgut.

f) Siebtrockner

Trockner, in denen das Trocknungsgut auf Siebgeflechten o. ä. durch den Trockner gefördert oder bewegt und dabei vom Trocknungsmittel vorwiegend durchströmt wird.

g) Schwebetrockner

Trockner, in denen das Trocknungsgut meist nur vom Trocknungsmittel durch den Trockner bewegt und dabei von diesem vorwiegend umströmt wird.
Im Stromtrockner wird das Trocknungsgut vom Trocknungsmittel pneumatisch durch den Trockner gefördert.

7.3. Auslegung von Konvektionstrocknern

7.3.1. Das durchströmte Haufwerk (diskontinuierlicher Kreuzstrom)

Grobdisperse Güter werden häufig im luftdurchströmten Festbett getrocknet. Dabei wird das Trocknungspotential der Luft in Strömungsrichtung von Schicht zu Schicht mehr abgebaut, die anfänglich gleichmäßige Gutfeuchte nimmt zeitlich und örtlich unterschiedliche Werte an, und es stellt sich das typische S-förmige Feuchteprofil des Festbetts ein. Somit unterscheidet sich das Trocknungsverhalten des gesamten Bettes grundsätzlich von dem des Einzelpartikels. Bei der Modellierung sind diese beiden Fälle klar voneinander zu unterscheiden.

Die Trocknungsgeschwindigkeit des gesamten Festbetts

Es sei zunächst außer den beim Wirbelschichttrockner getroffenen Annahmen noch vorausgesetzt, daß es sich um ein sogenanntes dickes Bett handelt, aus dem die Luft zumindest zu Beginn des Prozesses gesättigt abströmt. Damit ist gleichzeitig die maximale Trocknungsgeschwindigkeit des gesamten Bettes gegeben:

$$-\frac{d\bar{X}}{dt}\bigg|^H_{0,\max} = \frac{-d\bar{X}|^H_0}{dt} = \frac{\dot{M}_L(Y_S - Y_E)}{M_G} = \frac{\bar{w}_L \varrho_L}{H\varrho_G}(Y_S - Y_E) \qquad (7.33)$$

Führt man ein Kapazitätsverhältnis

$$\hat{a} = \frac{\varrho_G(X_K - X^*)}{\varrho_L(Y_S - Y_E)}$$

$$= \frac{\text{im 2. Trocknungsabschn. geb. Feuchte}}{\text{Wasseraufnahmekapazität der Luft}} \quad \frac{\text{m}^3 \text{ tr. Luft}}{\text{m}^3 \text{ TS}}$$

sowie die mittlere Verweilzeit der Luft im Festbett $\bar{t} = H/\bar{w}$ ein, so folgt für die integrale Trocknungsgeschwindigkeit des gesamten Bettes

$$-\frac{d\bar{X}}{dt}\bigg|^H_0 = \frac{1}{\hat{a}} \frac{\bar{X}_K - \bar{X}^*}{\bar{t}} \qquad (7.34)$$

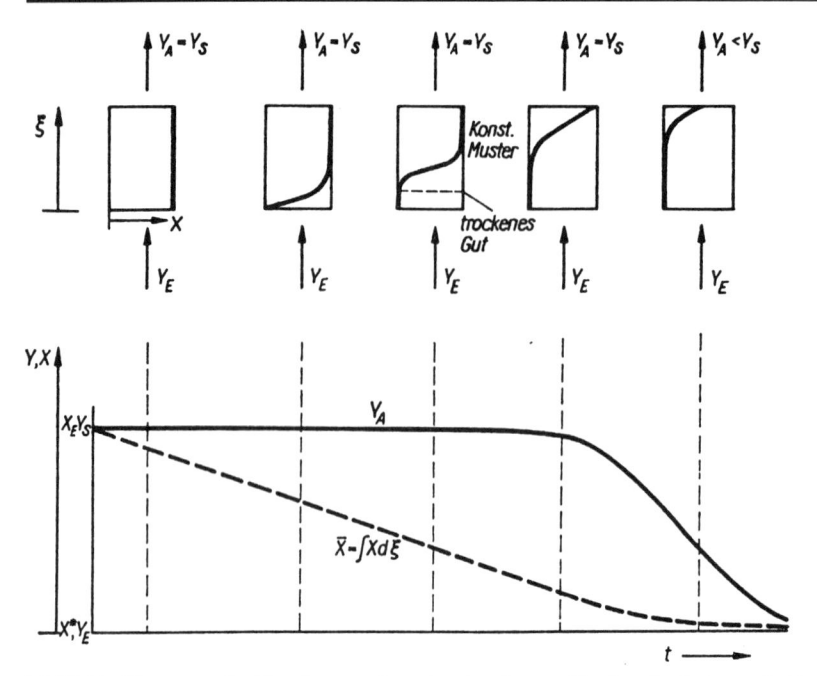

Bild 7.23. Chargenweise Trocknung eines durchströmten Haufwerks (schematisch)

bzw. dimensionslos

$$\frac{|-\mathrm{d}\bar{X}/\mathrm{d}t|_0^H}{(-\mathrm{d}\bar{X}/\mathrm{d}t)_K} = \frac{\dfrac{-\mathrm{d}\bar{X}}{\bar{X}_K - \bar{X}^*}}{\dfrac{\mathrm{d}t}{t^* - t_K}} = \frac{-\mathrm{d}\bar{u}|_0^H}{\mathrm{d}\tau} = \frac{1}{\hat{a}}\frac{t^* - t_K}{\bar{t}} = \frac{1}{\hat{a}\bar{\tau}} \qquad (7.35)$$

Setzt man die Definitionsgleichungen ein, so erhält man nach einigen Umformungen

$$\hat{a}\bar{\tau} = \frac{\sigma A}{\dot{M}_L}$$

Das ist die auf die Luft bezogene Anzahl der Übertragungseinheiten!
Der Durchbruchspunkt tritt dann ein, wenn in der Abströmkante der Knickpunkt erreicht wird. Das hier lagernde Gut gelangt in den 2. Trocknungsabschnitt, die Luftfeuchte Y_A am Austritt erreicht nicht mehr den Sättigungszustand: $Y_A < Y_S$ und die Trocknungsgeschwindigkeit des Bettes nimmt ab:

$$\frac{-\mathrm{d}\bar{X}|_0^H}{\mathrm{d}t} = \frac{\dot{M}_L}{M_G}(Y_A - Y_E) = \frac{\dot{M}_L(Y_S - Y_E)}{M_G}\frac{Y_A - Y_E}{Y_S - Y_E} = \left(\frac{-\mathrm{d}\bar{X}|_0^H}{\mathrm{d}t}\right)_{\max}(1 - \varepsilon_A) \qquad (7.36)$$

$$\frac{-\mathrm{d}\bar{u}|^H}{\mathrm{d}\tau}\bigg|_0 = \frac{1 - \varepsilon_A}{\hat{a}\bar{\tau}} \qquad (7.37)$$

Die örtliche Trocknungsgeschwindigkeit innerhalb des Festbetts

Die örtliche Trocknungsgeschwindigkeit $|-\mathrm{d}\bar{X}/\mathrm{d}t|_{h,t}$ innerhalb des Festbetts hängt sowohl von der Zeit t als auch von der betrachteten Schichthöhe h ab. Die Beschreibung erfolgt

Auslegung von Konvektionstrocknern **7.3.**

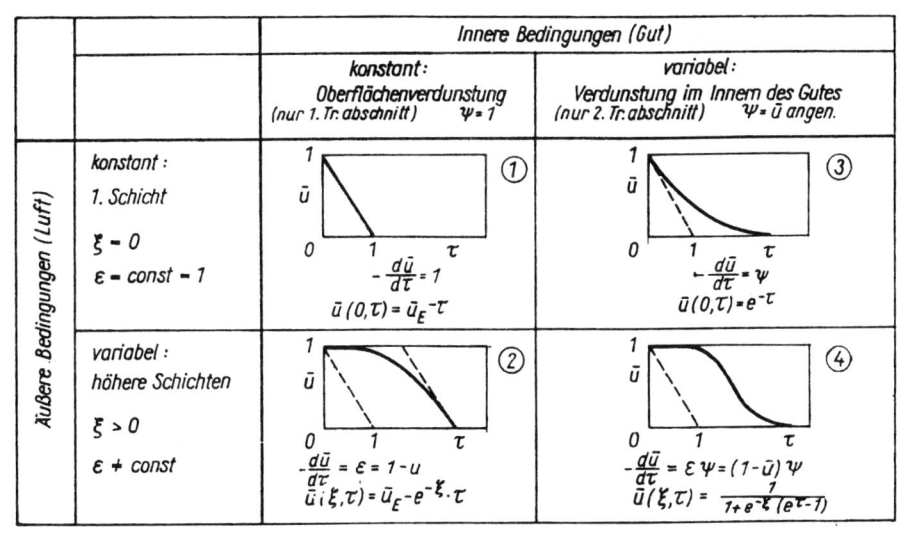

		Innere Bedingungen (Gut)	
		konstant: Oberflächenverdunstung (nur 1.Tr. abschnitt) $\psi = 1$	variabel: Verdunstung im Innern des Gutes (nur 2.Tr. abschnitt) $\psi = \bar{u}$ angen.
Äußere Bedingungen (Luft)	konstant: 1. Schicht $\xi = 0$ $\varepsilon = $ const $= 1$	① $-\frac{d\bar{u}}{d\tau} = 1$ $\bar{u}(0,\tau) = \bar{u}_E - \tau$	③ $-\frac{d\bar{u}}{d\tau} = \psi$ $\bar{u}(0,\tau) = e^{-\tau}$
	variabel: höhere Schichten $\xi > 0$ $\varepsilon \neq $ const	② $-\frac{d\bar{u}}{d\tau} = \varepsilon = 1-\bar{u}$ $\bar{u}(\xi,\tau) = \bar{u}_E \cdot e^{-\xi \cdot \tau}$	④ $-\frac{d\bar{u}}{d\tau} = \varepsilon\psi = (1-\bar{u})\psi$ $\bar{u}(\xi,\tau) = \frac{1}{1+e^{-\xi}(e^{\tau}-1)}$

Bild 7.24. Trocknung im Haufwerk — Sonderfälle

mittels einer partiellen Differentialgleichung, die sich aus der Kombination der differentiellen Bilanz

$$-\frac{M_G}{V} V X = \dot{m}_L A_q t Y = \frac{A}{V} V(Y_P - Y) t$$

mit der kinetischen Gleichung (7.20) nach der Elimination des Trocknungspotentials ε ergibt [2.33, 7.13].

$$\frac{\partial^2 \bar{u}}{\partial \xi \, \partial \tau} - \frac{\partial \psi / \partial \bar{u}}{\psi} \frac{\partial \bar{u}}{\partial \xi} \frac{\partial \bar{u}}{\partial \tau} + \psi \frac{\partial \bar{u}}{\partial \tau} = 0 \qquad (7.38)$$

Dabei kennzeichnet ξ eine dimensionslose Höhe, die als Anzahl der Übertragungseinheiten in Strömungsrichtung der Luft angegeben ist:

$$\xi = \frac{H}{H^*} = \hat{a}\bar{\tau} \qquad (7.39)$$

H^* ist die zur Realisierung einer Übertragungseinheit notwendige Höhe des Festbetts, d. h. die Höhe einer Übertragungseinheit

$$H^* = \frac{H}{\hat{a}\bar{\tau}} = \frac{\dot{M}_L}{\sigma A} H = \frac{w_L \varrho_L}{\sigma(A/V)}$$

Eine Lösung von Gleichung (7.38) für die einheitliche Anfangsfeuchte $\bar{u}(\xi_L = 0) = \bar{u}$ ist die Differentialgleichung

$$\left(\frac{\partial \bar{u}}{\partial \xi}\right)_\tau = (\bar{u}_E - \bar{u})\psi \qquad (7.40)$$

Für das Trocknungspotential ε findet man im 1. Trocknungsabschnitt

$$\varepsilon = \frac{\bar{u}_E - \bar{u}(\xi, \tau)}{\bar{u}_E - \bar{u}(0, \tau)} \qquad (7.41)$$

Somit folgt für Gleichung (7.40)

$$\partial \xi = \frac{1}{\bar{u}_E - \bar{u}(0, \tau)} \frac{\partial \bar{u}}{\varepsilon \psi} = \frac{-\partial \tau}{\bar{u}_E - \bar{u}(0, \tau)} \qquad (7.42)$$

Bei der Lösung unterscheidet man zweckmäßig neben dem 1. und dem 2. Trocknungsabschnitt zwischen der Anströmkante $\xi = 0$ mit konstant bleibendem Trocknungspotential $\varepsilon = 1$ und höheren Schichten $\xi > 0$, $\varepsilon = \text{var} < 1$. Liegt nur der 2. Trocknungsabschnitt vor, so ist in den Gleichungen (7.41) und (7.42) $u_E = \bar{u}_K = 1$ zu setzen. Die einzelnen Lösungen sind im Bild 7.25 zusammengestellt. Danach kann der typische S-förmige Verlauf der Gutfeuchte als *Überlagerung* der aufeinanderfolgenden Wirkungen des allmählich wachsenden Trocknungspotentials ε und der mit abnehmender Gutfeuchte sinkenden wahren Trocknungsgeschwindigkeit ψ des Gutes im betrachteten Querschnitt ξ erklärt werden.

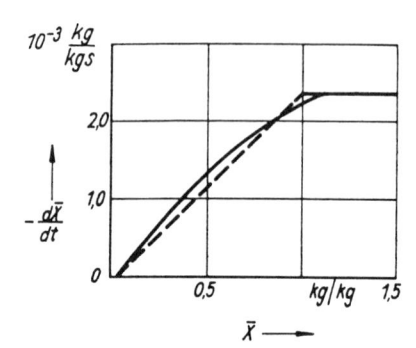

Bild 7.25. Trocknungsverhalten von Zündhölzern im klassischen kinetischen Experiment nach *Kröll* [7.14]

Bei der Trocknung von Gütern, die sowohl einen 1. als auch einen 2. Trocknungsabschnitt durchlaufen, ist zunächst mit Hilfe der Beziehung (7.42) die Lage des Knickpunktes $\xi_K = \xi_K(\tau)$ zu bestimmen. Anschließend lassen sich die Lösungen nach Bild 7.25 unter Beachtung der Randbedingungen anwenden. Einzelheiten können ebenfalls Bild 7.25 entnommen werden.

Der fiktive Gegenstromtrockner

Bild 7.23 zeigt, wie sich das Konzentrationsprofil durch das Haufwerk fortbewegt. Ist die Veränderung seiner Form z. B. infolge der Rückvermischung vernachlässigbar, so spricht man vom »konstanten Muster«. Es durchläuft das Haufwerk mit konstanter Geschwindigkeit. Ein mathematisch gleichwertiger Prozeß ist die Umkehrung des Vorgangs: Das Haufwerk bewegt sich dem Luftstrom mit einer solchen Geschwindigkeit entgegen, daß das Feuchteprofil des »konstanten Musters« gerade stehen bleibt. Man spricht vom Modell des fiktiven Gegenströmers. Setzt man die Gleichgewichtseinstellung für beide Phasen voraus, so folgt aus der Stoffstrombilanz der Übergangskomponente

$$\dot{M}_G(\bar{X}_E - \bar{X}^*) = \dot{M}_L(Y_S - Y_E) \qquad (7.43)$$

und mit der Kontinuitätsgleichung $\dot{M} = w \varrho A$ für beide Phasen

$$w_G \varrho_G (\bar{X}_E - \bar{X}^*) = w_L \varrho_L (Y_S - Y_E)$$

und schließlich

$$\frac{w_L}{w_G} = \frac{\varrho_G(\bar{X}_E - \bar{X}^*)}{\varrho_L(Y_S - Y_E)} = \hat{a} \bar{u}_E \qquad (7.44)$$

Ersetzt man die Anfangsfeuchte u_E durch das Verhältnis $t^*/(t^* - t_K)$, so erhält man als Gutgeschwindigkeit des fiktiven Gegenströmers den Quotienten aus der Höhe einer Übertragungseinheit und der Zeitkonstanten

$$w_G = \frac{H^*}{t^*} \tag{7.45}$$

Mit dieser fiktiven Gutgeschwindigkeit kann bei Kenntnis des Trocknungsverhaltens der angeströmten ersten Schicht die Trocknungsdauer eines Haufwerks meist hinreichend genau bestimmt werden.

Beispiel 7.4. Trocknung eines durchströmten Haufwerkes

Zur Aufklärung des Trocknungsverhaltens eines Festbetts trocknete *Kröll* [7.14] Zündhölzer in der Schüttschicht. Seine Versuchsergebnisse sollen im folgenden nachgerechnet werden.

Gegeben:

Luft:	Eintrittszustand	70 °C; 0,008 kg H$_2$O/kg TL; 99,5 kPa
	Durchsatz, auf freien Querschnitt bezogen	0,45 m^3/(m^2 s)
Gut:	Schütthöhe	1 m
	Schüttdichte, auf Trockensubstanz bezogen	80 kg TS/m^3
	Anfangsfeuchte	1,5 kg H$_2$O/kg TS
	Gleichgewichtsfeuchte (dem Eintrittszustand der Luft entsprechend)	0,03 kg H$_2$O/kg TS

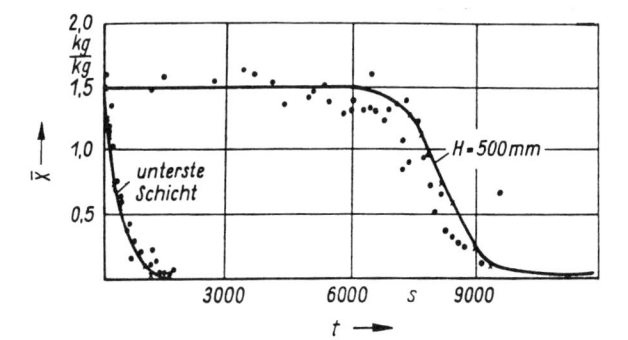

Bild 7.26. Vergleich der berechneten und der gemessenen Werte

Nach Bild 7.26 kann mit einer anfänglichen Trocknungsgeschwindigkeit von $2{,}36 \cdot 10^{-3}$ kg H$_2$O/(kg TS · s) gerechnet werden.

Aufgabe:

1. Approximation des realen Trocknungsverlaufes durch je einen Geradenabschnitt für den 1. und für den 2. Trocknungsabschnitt und Umformung der Daten in normierte Größen;
2. Berechnung des Trocknungsverlaufes der angeströmten (untersten) Schicht;
3. Berechnung der maximalen Trocknungsgeschwindigkeit und Abschätzung der Mindestprozeßdauer für die Trocknung des gesamten Haufwerks;
4. Berechnung des Trocknungsverlaufes einer Schicht in 0,5 m Abstand zum Eintrittsquerschnitt;
5. Berechnung der Wanderungsgeschwindigkeit des Feuchteprofils durch die Schicht;
6. Berechnung der Trocknungsdauer mit dem Modell des fiktiven Gegenstromtrockners.

Lösung:

Zu 1.

Im Bild 7.26 sind die Versuchsergebnisse von *Kröll* zur Trocknung von Zündhölzern in einer dünnen Schicht — das heißt bei näherungsweise konstanten äußeren Bedingungen — dargestellt. Die Trocknungsgeschwindigkeit im zweiten Trocknungsabschnitt läßt sich mit hinreichender Genauigkeit linearisieren. Unter dieser Annahme ergeben sich die in den Tabellen 7.7 und 7.8 angegebenen Werte.

Tabelle 7.7. Trocknungsverhalten von Zündhölzern approximiert nach Werten von *Kröll* [7.14]

Trocknungs-abschnitt	Gutfeuchte $\bar{X}$ in kg/kg TS	Trocknungsgeschwindigkeit $-d\bar{X}/dt$ in kg/(kg · s)
1.	$(\bar{X}_E = 1{,}50) \geq \bar{X} \geq (\bar{X}_K = 1{,}0)$	$(-d\bar{X}/dt)_E = 2{,}36 \cdot 10^{-3}$
2.	$(\bar{X}_K = 1{,}0) \geq \bar{X} \geq (\bar{X}^* = 0{,}03)$	$(-d\bar{X}/dt) = \left(\dfrac{-d\bar{X}}{dt}\right)_E \dfrac{\bar{X} - \bar{X}^*}{\bar{X}_K - \bar{X}^*}$

Tabelle 7.8. Normierte Darstellung des Trocknungsverhaltens von Zündhölzern, approximiert nach Werten von *Kröll* [7.14]

Trocknungsabschnitt	Gutfeuchte $\bar{u}$	wahre Prozeßgeschwindigkeit ψ
1.	$(\bar{u}_E = 1{,}515) \geq \bar{u} \geq (\bar{u}_K = 1{,}0)$	$\psi = \text{const} = 1$
2.	$(\bar{u}_K = 1{,}0) \geq \bar{u} \geq (\bar{u}^* = 0)$	$\psi = \text{var} = \bar{u}$

Zu 2. Trocknungsverlauf der angeströmten Schicht $\xi = 0$

Der Trocknungsverlauf der angeströmten (untersten) Schicht ist gekennzeichnet durch den gleichbleibenden Eintrittszustand der Luft. Das Gut trocknet hier demnach unter konstanten äußeren Bedingungen und die normierte Luftfeuchte η hat immer den Wert Null. Die im Bild 7.26 eingetragenen Werte können direkt übernommen werden.

$\xi = 0; \quad \eta = \text{const} = 0$

- 1. Trocknungsabschnitt: $\psi = \text{const} = 1$

  Nach Bild 7.25, Fall 1, gilt:

  $$\left(\dfrac{-d\bar{u}}{d\tau}\right)_{\xi=0} = \psi = 1$$

  Die Lösung der Gutfeuchte $\bar{u}$ wird entsprechend

  $\bar{u}(0, \tau \leq \tau_K) = 1 - \tau; \quad \bar{u}_E \geq \bar{u} \geq (\bar{u}_K = 1)$

- 2. Trocknungsabschnitt: $\psi = \text{var} = \bar{u}$

  Nach Bild 7.25, Fall 2, gilt hier

  $$\left(\dfrac{-d\bar{u}}{d\tau}\right)_{\xi=0} = \psi = \bar{u}$$

  und als Lösung folgt

  $\bar{u}(0, \tau \geq \tau_K) = e^{-\tau + \tau_K}$

  mit $\tau_K = \bar{u}_E - 1$ und dem Gültigkeitsbereich

  $(\bar{u}_K = 1) \geq \bar{u} \geq 0$

Die für die Umrechnung der normierten Zeit τ notwendige Zeitkonstante t^* findet man nach der Definitionsgleichung (7.25) zu

$$t^* = \frac{\bar{X}_E - \bar{X}^*}{(-d\bar{X}/dt)_E} = \frac{1{,}50 - 0{,}03}{2{,}36 \cdot 10^{-3}} = 623 \text{ s}$$

Der Knickpunkt stellt sich im Anströmquerschnitt $\xi = 0$ nach

$$t_K = \frac{\bar{X}_E - \bar{X}_K}{(-d\bar{X}/dt)_E} = \frac{1{,}5 - 1{,}0}{2{,}36 \cdot 10^{-3}} = 212 \text{ s}$$

ein.

Tabelle 7.9. Trocknungsverlauf der angeströmten Schicht $\xi = 0$

t in s	0	300	450	600	1200	1800
$\bar{X}$ in $\dfrac{\text{kg}}{\text{kg}}$	1,50	0,81	0,57	0,41	0,12	0,05

Die Umrechnung der Gutfeuchte $\bar{u}$ erfolgt nach der Definitionsgleichung (7.23) mit den in Tabelle 7.7 angegebenen Werten $\bar{X}_K = 1{,}00$ kg/kg und $\bar{X}^* = 0{,}03$ kg/kg. Die so berechneten Werte für den Trocknungsverlauf der angeströmten Schicht sind in Tabelle 7.9 und im Bild 7.27 eingetragen.

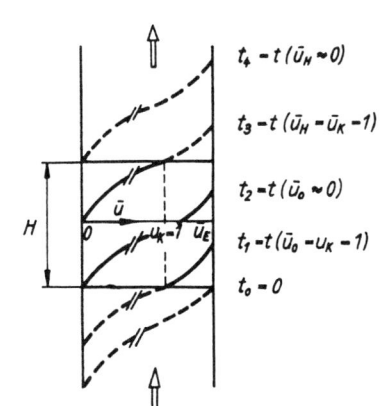

Bild 7.27. Modell des fiktiven Gegenstromtrockners (schematisch)

Zu 3.

Als Kühlgrenze ergibt sich entsprechend dem angegebenen Luftzustand: $T_S = 28{,}5$ °C, $Y_S = 0{,}025$ kg/kg. Daraus folgt als maximale Trocknungsgeschwindigkeit in einem Haufwerk der Höhe $H = 1{,}0$ m nach Gleichung (7.33):

$$-\left(\frac{d\bar{X}}{dt}\bigg|_0^H\right)_{\max} = \frac{\bar{w}_{L\varrho L}(Y_S - Y_E)}{H_{\varrho G}} = \frac{0{,}45 \cdot 1{,}03 \, (25 - 8) \cdot 10^{-3}}{1{,}0 \cdot 80}$$
$$= 98{,}5 \cdot 10^{-6} \text{ kg H}_2\text{O/(kg TS} \cdot \text{s)} \hat{=} 0{,}355 \text{ kg H}_2\text{O/(kg TS} \cdot \text{h)}$$

Könnte diese Trocknungsgeschwindigkeit bis zur Einstellung der Gleichgewichtsfeuchte $\bar{X}^*$ beibehalten werden, so ergäbe sich folgende Mindest-Prozeßdauer

$$\Delta t_{\min} = \frac{\bar{X}_E - \bar{X}^*}{(-d\bar{X}/dt)|_{0,\max}^H} = \frac{1{,}50 - 0{,}03}{98{,}5 \cdot 10^{-6}} = 14925 \text{ s} \approx \underline{\underline{250 \text{ min}}}$$

Da die Austrittsfeuchte Y_A nach Erreichen des Durchbruchspunktes nicht mehr gleich der Sättigungsfeuchte Y_S ist sondern entsprechend der örtlichen Gutfeuchte abnimmt, sinkt die auf das gesamte Bett bezogene Trocknungsgeschwindigkeit und die erforderliche Prozeßdauer wächst.

Zu 4. Trocknungsverlauf einer Schicht im Abstand von 0,5 m zum Lufteintrittsquerschnitt

In den unteren Schichten des Haufwerkes wird das Trocknungspotential der Luft zunächst soweit abgebaut, daß in 0,5 m Abstand keine Trocknung des Gutes erfolgen kann.
Erst nach geraumer Zeit, wenn die tiefer liegenden Schichten teilweise oder vollständig getrocknet sind, erreicht ein Rest des Trocknungspotentials die betrachtete Schicht: $\xi > 0 \rightarrow \eta > 0$. Der Berechnung wird die allgemeine Lösung (7.40) zugrunde gelegt:

$$\mathrm{d}\xi = \frac{\mathrm{d}\bar{u}}{\psi(\bar{u}_E - \bar{u})}$$

- 1. Trocknungsabschnitt: $\psi = 1$
  Gleichung (7.40) nimmt folgende Form an

$$\mathrm{d}\xi = \frac{\mathrm{d}\bar{u}}{\bar{u}_E - \bar{u}}$$

und hat die Lösung

$$\xi - \xi_K = \ln \frac{\bar{u}_E - 1}{\bar{u}_E - \bar{u}}; \qquad \xi \gtreqless \xi_K$$

oder umgestellt nach der Gutfeuchte $\bar{u}$

$$\bar{u} = \bar{u}(\xi \gtreqless \xi_K; \tau) = \bar{u}_E - (\bar{u}_E - 1)\,\mathrm{e}^{-\xi + \xi_K}$$

- 2. Trocknungsabschnitt: $\psi = \bar{u}$
  Die zugeschnittene Form von Gleichung (7.40) lautet

$$\mathrm{d}\xi = \frac{\mathrm{d}\bar{u}}{\bar{u}(\bar{u}_E - \bar{u})}$$

und hat die Lösung

$$\xi = \frac{1}{\bar{u}_E} \ln \frac{\bar{u}_E - \bar{u}_0}{\bar{u}_0} \frac{\bar{u}}{\bar{u}_E - \bar{u}}$$

wobei $\bar{u}_0 = \bar{u}(\xi = 0, \tau)$ die Gutfeuchte der Anströmkante bezeichnet. Mit der Randbedingung $\xi = \xi_K, \bar{u} = \bar{u}_K = 1$ erhält man daraus eine Beziehung für die Lage des Knickpunktes zwischen 1. und 2. Trocknungsabschnitt zur Zeit τ:

$$\xi_K = \frac{1}{\bar{u}_K} \ln \frac{\bar{u}_E - \bar{u}_0}{\bar{u}_0} \frac{1}{\bar{u}_E - 1} \approx \tau - [(1 - \bar{u}_K) + \bar{u}_K \ln(1 - \bar{u}_K)]$$

Nach der gesuchten Gutfeuchte $\bar{u}(\xi, \tau)$ aufgelöst, ergibt sich

$$\bar{u}(\xi \leq \xi_K, \tau) = \frac{\bar{u}_E}{1 + \dfrac{\bar{u}_E - \bar{u}_0}{\bar{u}_0}\,\mathrm{e}^{-\bar{u}_E \xi}} = \frac{\bar{u}_E}{\bar{u}_E\,\mathrm{e}^{1 + \tau - \bar{u}_E(1-\xi)} - \mathrm{e}^{-\bar{u}_E \xi} + 1}$$

Die Anzahl der Übertragungseinheiten einer Schicht von $H = 0,5$ m Höhe ist nach Gl. (7.39)

$$\xi = \hat{a}\bar{\tau} = \frac{\varrho_G(\bar{X}_K - \bar{X}^*)}{\varrho_L(Y_S - Y_E)} \frac{H}{w_L \cdot (t^* - t_K)} = \frac{80\,(1{,}0 - 0{,}03)}{1{,}03\,(25 - 8)\,10^{-3}} \frac{0{,}5}{0{,}45\,(623 - 212)}$$
$$= 4432 \cdot 0{,}027 = \underline{11{,}97}$$

Auslegung von Konvektionstrocknern **7.3.**

Nunmehr lassen sich die in Tabelle 7.10 genannten Werte berehnen. Sie zeigen eine in Anbetracht des einfachen Modells (ohne Berücksichtigung der Rückvermischung der Luft) und der starken Streuung infolge unterschiedlicher Eigenschaften der entnommenen Probehölzchen eine zufriedenstellende Übereinstimmung mit den Meßwerten (s. a. Bild 7.28).

Tabelle 7.10. Trocknungsverlauf in der Schicht $H = 0{,}5$ m

t in s	6000	72000	7800	8100	8400	9000
ξ_K	10,00	11,93	12,89	13,37	13,86	14,82
$\bar{X}$ in $\frac{\text{kg}}{\text{kg}}$	1,45	1,16	0,68	0,44	0,26	0,09

Zu 5. und 6.

Die Wanderungsgeschwindigkeit des Feuchteprofils durch die Schicht ist identisch mit der Gutgeschwindigkeit des fiktiven Gegenstromtrockners nach Gleichung (7.45).
Sie wird zweckmäßig mittels Gleichung (7.44) berechnet

$$w_G = \frac{w_L}{\hat{a}\bar{u}_E} = \frac{0{,}45}{4432 \cdot 1{,}515} = 67 \cdot 10^{-6} \frac{\text{m}}{\text{s}} \triangleq 4{,}0 \text{ mm/min}$$

— Zeitraum von Prozeßbeginn bis zur Einstellung der Knickpunktsfeuchte $\bar{u}_K = 1$ im Anströmquerschnitt $\xi = 0$:

$$t_1 = t_K = \frac{\bar{X}_E - \bar{X}_K}{(d\bar{X}/dt)_E} = \frac{1{,}5 - 1{,}0}{2{,}36 \cdot 10^{-3}} = \underline{\underline{212 \text{ s}}}$$

— Zeitraum bis zur Austrocknung des Anströmquerschnitts: $\bar{u}_0 \approx 0{,}01$ angen.

$$t_2 = (t^* = t_K) \ln \frac{1}{\bar{u}_0} + t_K = 1893 + 212 = \underline{\underline{2105 \text{ s}}}$$

— Zeitraum bis zur Einstellung des Knickpunktes im Abströmquershnitt $H = 1{,}0$ m:

$$t_3 = t_1 + \frac{\Delta H}{w_G} = 212 + \frac{1{,}0}{67 \cdot 10^{-6}} = 212 + 14925 \approx 1510 \text{ s}$$
$$\approx \underline{\underline{255 \text{ min}}}$$

— Zeitraum bis zur Einstellung der Gutfeuchte $\bar{u}_H \approx 0{,}01$ im Abströmquerschnitt:

$$t_4 = t_2 + \frac{\Delta H}{w_G} = 2105 + 14925 = 17000 \text{ s} \approx \underline{\underline{285 \text{ min}}}$$

7.3.2 Der kontinuierliche Kanaltrockner mit Überströmung des Gutes im Gleich- oder Gegenstrom

Bei höheren Gutdurchsätzen werden anstelle der chargenweise arbeitenden Kammertrockner zweckmäßig kontinuierliche Kanaltrockner eingesetzt. Unter konstant bleibenden Betriebsbedingungen ist die Gutfeuchte dann nur eine Funktion des betrachteten Wertes $\bar{X} = \bar{X}(h)$. Die entsprechende Trocknungsdauer ist gleich der Verweilzeit

$$t = \frac{h}{\bar{w}_G} \tag{7.46}$$

Zur Beschreibung des Vorganges reicht also eine gewöhnliche Differentialgleichung aus.

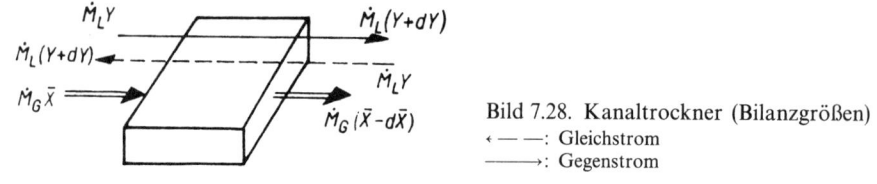

Bild 7.28. Kanaltrockner (Bilanzgrößen)
←– –: Gleichstrom
⎯⎯⎯: Gegenstrom

Zur Erfassung des veränderlichen Luftzustandes dient die dimensionslose Luftfeuchte η, das Kompliment des Trocknungspotentials ε der Luft nach Gleichung (7.41)

$$\eta = 1 - \varepsilon = \frac{Y - Y_E}{Y_S - Y_E}$$

Mit der kinetischen Gleichung (7.22) folgt dann

$$\frac{-du}{d\tau} = \frac{Y_P - Y}{Y_{P,0} - Y_E} = \frac{(Y_P - Y_E) - (Y - Y_E)}{Y_S - Y_E} = \psi - \eta$$

Die Feuchtigkeitsbilanzen

Entsprechend dem Bilanzschema eines Kanaltrockners nach Bild 7.29 schreibt man bei *Gleichstrom*

$$-\dot{M}_G \, d\bar{X} = \dot{M}_L \, dY \tag{7.47}$$

oder nach Umformung

$$\frac{\dot{M}_G(\bar{X}_K - \bar{X}^*)}{\dot{M}_L(Y_S - Y_E)} \left(\frac{-d\bar{X}}{\bar{X}_K - \bar{X}^*} \right) = \frac{dY}{Y_S - Y_E}$$

bzw. mit dem dimensionslosen Bilanzparameter

$$a = \frac{\dot{M}_G(\bar{X}_K - \bar{X}^*)}{\dot{M}_L(Y_S - Y_E)} \tag{7.48}$$

der das Verhältnis zweier Feuchtigkeitskapazitätsströme darstellt und dem Verhältnis der Wärmekapazitätsströme $\dot{M}_G c_G / \dot{M}_L c_L$ in der Wärmeübertragung vergleichbar ist

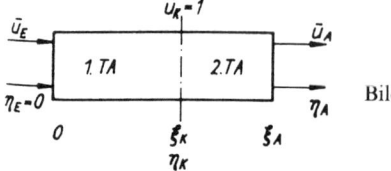

$$-a \, d\bar{u} = d\eta \tag{7.49}$$

Bild 7.29. Gleichstrom-Kanaltrockner

Mit der Randbedingung am luftseitigen Trocknereintritt $\bar{u} = \bar{u}_E, \eta = 0$ folgt

$$\eta\uparrow\uparrow = a(\bar{u}_E - \bar{u}) \tag{7.50}$$

Für den *Gegenstromtrockner* gilt entsprechend Bild 7.28

$$-\dot{M}_G \, d\bar{X} = -\dot{M}_L \, dY \tag{7.51}$$

$$a \, d\bar{u} = d\eta \tag{7.52}$$

Mit der Randbedingung am luftseitigen Trocknereintritt $\bar{u} = \bar{u}_A$, $\eta = 0$ folgt hier

$$\eta\uparrow\downarrow = a(\bar{u} - \bar{u}_A) \tag{7.53}$$

Auslegung von Konvektionstrocknern 7.3.

Die Trocknungsdauer im 1. Trocknungsabschnitt

Im 1. Trocknungsabschnitt liegt reine Verdunstung bei gleichbleibendem Luftzustand an der Phasengrenzfläche vor: $Y_P = \text{const} = Y_S$ bzw. $\psi = \text{const} = 1$. Dadurch wird die Trocknungsdauer von Gleich- und Gegenstromtrocknern identisch. (Dieser Fall entspricht formal der Wärmeübertragung an eine siedende Flüssigkeit!)

$$\left(\frac{-d\bar{u}}{d\tau}\right)_{\psi=1} = \left(\pm \frac{1}{a}\frac{d\eta}{d\tau}\right)_{\psi=1} = 1 - \eta \tag{7.54}$$

Für die Trocknung von der Anfangsfeuchte $\bar{u}_E$ bis zur Knickpunktsfeuchte $\bar{u}_K = 1$ erhält man

$$a\tau_K = \ln\frac{1}{1-\eta_K} \tag{7.55}$$

Der Ausdruck $a\tau$ stellt die Anzahl der luftseitigen Übertragungseinheiten dar, wie man durch Einsetzen der Definitionsgleichungen für a, τ und t^* und entsprechende Umformungen findet:

$$a\tau = \frac{\sigma A}{\dot{M}_L}$$

Sie kann entsprechend Gleichung (7.46) auch in eine dimensionslose Länge umgeformt werden. Die dazu verwendete Bezugsgröße ist die Höhe einer Übertragungseinheit

$$H^* = \frac{\bar{w}_L \varrho_L}{\sigma(A/V)} = \frac{\text{Massenstromdichte der Luft}}{\text{volumenspezifischer Verdunstungskoeffizient}}$$

Danach folgt für die dimensionslose Trocknerlänge

$$\zeta = \frac{H}{H^*} = a\tau$$

Die Trocknungsdauer im 2. Trocknungsabschnitt

Der einfacheren analytischen Verarbeitung wegen wird hier wiederum ein linearer Zusammenhang zwischen wahrer Trocknungsgeschwindigkeit ψ und Gutfeuchte $\bar{u}$ vorausgesetzt.

$$\psi = \bar{u}$$

Für die im Trockner bei variablem Luftzustand vorliegende effektive Trocknungsgeschwindigkeit folgt dann beim Gleichstromtrockner

$$\frac{-d\bar{u}}{d\tau} = \psi - \eta = \bar{u} - a(\bar{u}_E - \bar{u}) \tag{7.56}$$

$$\int_{\tau_K}^{\tau} d\tau = \int_{\bar{u}_K=1}^{\bar{u}_A} \frac{-d\bar{u}}{(1+a)\bar{u} - a\bar{u}_E} \tag{7.57}$$

$$\tau - \tau_K = \frac{1}{1+a}\ln\frac{1}{(1+a)\bar{u}_A - a\bar{u}_E} \tag{7.58}$$

Wird ein Gut sowohl im 1. als auch im 2. Trocknungsabschnitt getrocknet, so erhält man unter den o. a. Voraussetzungen aus den Gleichungen (7.55) und (7.58) für den Gleichstromtrockner folgende Prozeßdauer (ausgedrückt in Form der Anzahl der Übertragungseinheiten):

$$a\tau_{ges} = a[\tau_K + (\tau - \tau_K)] = \ln\frac{1}{1-\eta_K} + \frac{a}{1+a}\ln\frac{1}{\psi_A - \eta_A} \qquad (7.59)$$

Für den *Gegenstromtrockner* findet man

$$\frac{-d\bar{u}}{d\tau} = \psi - \eta = \bar{u} - a(\bar{u} - \bar{u}_A) \qquad (7.60)$$

$$\int_{\tau_K}^{\tau} d\tau = \int_{\bar{u}_A = 1}^{\bar{u}_A} \frac{-d\bar{u}}{(1-a)\bar{u} + a\bar{u}_A} \qquad (7.61)$$

$$\tau - \tau_K = \frac{1}{1-a}\ln\frac{1 - a(1 - \bar{u}_A)}{\bar{u}_A} \qquad (7.62)$$

und damit schließlich für die Gesamtdauer des Prozesses

$$a\tau_{ges} = a[\tau_K + (\tau - \tau_K)] = \ln\frac{1}{1-\eta_K} + \frac{a}{1-a}\ln\frac{1-\eta_A}{\eta_A} \qquad (7.63)$$

Beispiel 7.5. Nachrechnung eines Kanaltrockners

Es ist zu prüfen, ob ein vorhandener Kanaltrockner mit Überströmung des Gutes zur Trocknung des Adsorbens Zeosorb eingesetzt werden kann.

Gegeben:

Kanalabmessungen	18000 mm × 3000 mm × 450 mm	
Bandgeschwindigkeit	0,4 m/min	
Gut	Eintrittsfeuchte	0,65 kg/kg
	Knickpunktsfeuchte	0,25 kg/kg
	Gleichgewichtsfeuchte	0,02 kg/kg
	Sauterdurchmesser	2,9 mm
	Schüttdichte	800 kg/m³
	Porosität der Schüttung	0,4
	Verdunstungskoeffizient	0,2 kg/(m²s)
	massenspez. Oberfläche	0,078 m²/kg [1]
	Durchsatz	0,5 kg/s
Luft	Eintrittszustand	140 °C; 0,040 kg/kg; 101 kPa
	Durchsatz	10,3 kg/s

Es soll mit dem Ansatz $-\dfrac{d\bar{u}}{d\tau} = \psi - \eta$ und einem linearen Zusammenhang zwischen Trocknungsgeschwindigkeit und Gutfeuchte im 2. Trocknungsabschnitt gerechnet werden.

Aufgabe:

1. Berechnung der Parameter Sättigungsfeuchte der Luft, maximale Trocknungsgeschwindigkeit, Zeitkonstante, Bilanzparameter;

---

[1] Infolge Überströmung des Haufwerks werden nur ca. 5% der äußeren Oberfläche der Partikel als aktive Stoffaustauschfläche wirksam.

Auslegung von Konvektionstrocknern 7.3.   499

2. Bestimmung der Austrittsparameter von Gut und Luft beim Gleichstromtrockner;
3. Bestimmung der Austrittsparameter von Gut und Luft beim Gegenstromtrockner.

Lösung:

Zu 1.

Aus einem *Mollier*-h, Y-Diagramm oder mit der *Antoine*-Gleichung findet man

$Y_S = 0,078$ kg/kg

Als maximale Trocknungsgeschwindigkeit folgt nach Gleichung (7.20):

$$\left(-\frac{d\bar{X}}{dt}\right)_E = \sigma \frac{A}{\dot{M}_G}(Y_S - Y_E) = 0,2 \cdot 0,078 \cdot (0,078 - 0,040) = 5,93 \cdot 10^{-2} \frac{kg}{kg\,s}$$

Daraus ergeben sich nach Bild 7.13 für die Zeitkonstante und die Einstelldauer des Knickpunktes zwischen 1. und 2. Trocknungsabschnitt

$$t^* = \frac{\bar{X}_E - \bar{X}^*}{(-d\bar{X}/dt)_E} = \frac{0,65 - 0,25}{0,593 \cdot 10^{-3}} = 1062\ s$$

$$t_E = \frac{\bar{X}_E - \bar{X}_K}{(-d\bar{X}/dt)_E} = \frac{0,65 - 0,25}{0,593 \cdot 10^{-3}} = 675\ s$$

Als Bilanzparameter erhält man nach Gleichung (7.48)

$$a = \frac{\dot{M}_G(\bar{X}_K - \bar{X}^*)}{\dot{M}_L(Y_S - Y_E)} = \frac{0,5\,(0,25 - 0,02)}{10,3\,(0,078 - 0,040)} = 0,294$$

Als Trocknungsdauer stehen zur Verfügung

$$t_A = \frac{L}{w_G} = \frac{18}{0,4} = \underline{45\ min\ oder\ 2700\ s}$$

oder dimensionslos nach Gleichung (7.24)

$$\tau_A = \frac{t_A}{t^* - t_K} = \frac{2700}{1062 - 675} = \underline{6,977}$$

Zu 2.

Beim Gleichstromtrockner kann man im hier vorliegenden Fall der Nachrechnung eines vorhandenen Trockners bei linearer Abhängigkeit zwischen Gutfeuchte und Trocknungsgeschwindigkeit die gesuchte Endfeuchte aus Gleichung (7.58) für den 2. Trocknungsabschnitt eliminieren:

$$\bar{u}_A = \frac{(1 - \eta_K)\exp[-(1 + a)(\tau_A - \tau_K)] + a\bar{u}_E}{1 + a}$$

Mit der Einstellzeit τ_K des Knickpunktes zwischen 1. und 2. Trocknungsabschnitt nach Gleichung (7.55)

$$\tau_K = \frac{1}{a}\ln\frac{1}{1 - \eta_K} = \frac{1}{a}\ln\frac{1}{1 - a(\bar{u}_E - 1)} = \frac{1}{0,294}\cdot\ln\frac{1}{1 - 0,294\,(2,739 - 1)} = 2,435$$

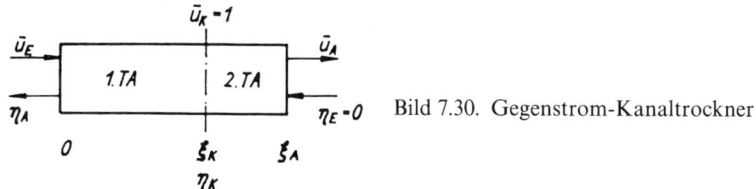

Bild 7.30. Gegenstrom-Kanaltrockner

erhält man

$$\bar{u}_A = \frac{(1 - 0{,}716)\exp\left[-(1 + 0{,}294)(6{,}977 - 2{,}435)\right] + 0{,}294 \cdot 2{,}739}{1 + 0{,}294} \approx \frac{0{,}294 \cdot 2{,}739}{1{,}294} = 0{,}622$$

bzw.

$$\bar{X}_A = \bar{u}_A(\bar{X}_K - \bar{X}^*) + \bar{X}^* = 0{,}622\,(0{,}25 - 0{,}02) + 0{,}02 = \underline{0{,}143\ \text{kg/kg}}$$

Für die Luftaustrittsfeuchte findet man nach Gleichung (7.50)

$$\eta_A = a(\bar{u}_E - \bar{u}_A) = 0{,}294\,(2{,}739 - 0{,}622) = 0{,}622$$

bzw.

$$Y_A = \eta_A(Y_S - Y_E) + Y_E = 0{,}622\,(0{,}078 - 0{,}040) + 0{,}040 = \underline{0{,}064\ \text{kg/kg}}$$

Zu 3.

Beim Gegenstromtrockner kann Gleichung (7.63) nicht mehr nach der beim Nachrechnen eines vorhandenen Trockners gesuchten Austrittsfeuchte $\bar{u}_A$ aufgelöst werden. Sie ist deshalb iterativ zu lösen. Ersetzt man η_A und η_K durch die entsprechenden Ausdrücke $\bar{u}_A$ nach Gleichung (7.53), so erhält man

$$\tau_A = \frac{1}{a}\ln\frac{1 - a(1 - \bar{u}_A)}{1 - a(\bar{u}_E - \bar{u}_A)} + \frac{1}{1 - a}\ln\frac{1 - a(1 - \bar{u}_A)}{\bar{u}_A}$$

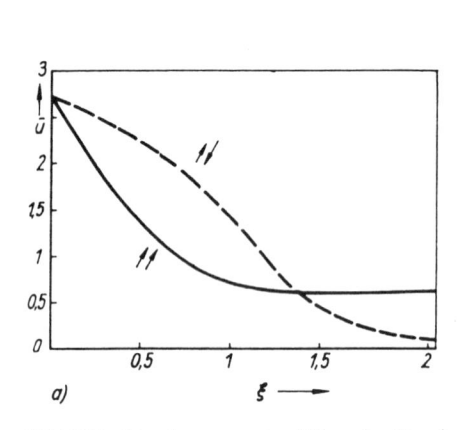

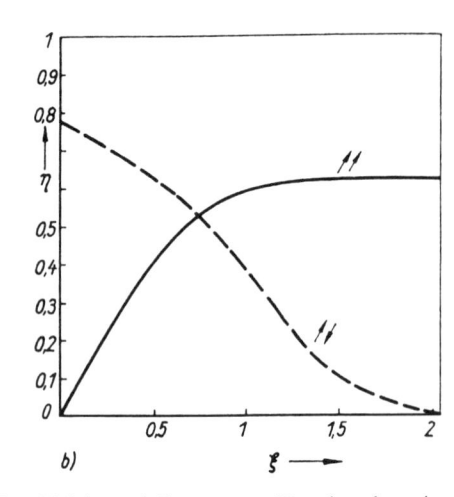

Bild 7.31. Trocknungsverlauf über der Trocknerlänge für Gleich- und Gegenstrom-Kanaltrockner in normierter Darstellung
——— Gleichstrom
– – – Gegenstrom
a) Gutfeuchte $\bar{u}(\xi)$
b) Luftfeuchte $\eta(\xi)$

Die Gleichung ist erfüllt für die Gutaustrittsfeuchte von

$$\bar{u}_A = 0{,}09$$

bzw.

$$\bar{X}_A = \bar{u}_A(\bar{X}_K - \bar{X}^*) + \bar{X}^* = 0{,}09\,(0{,}25 - 0{,}02) + 0{,}02 = \underline{0{,}041\ \text{kg/kg}}$$

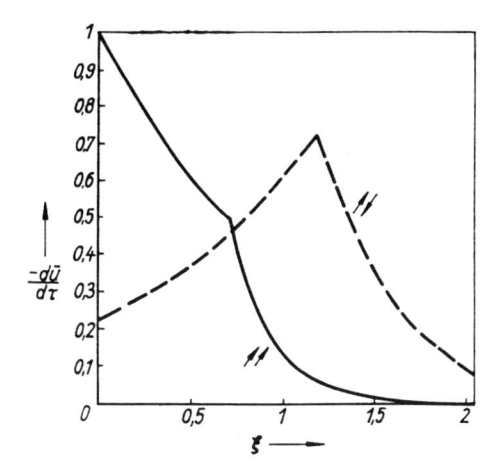

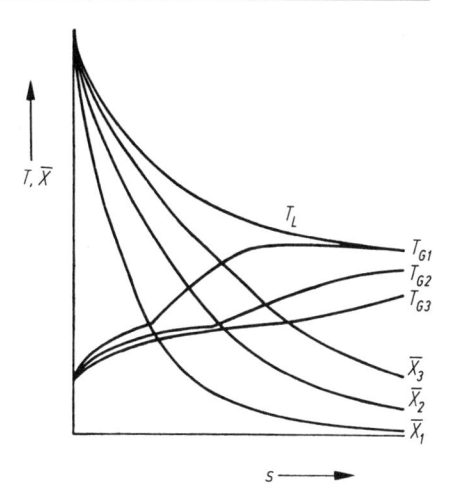

Bild 7.32. Dimensionslose Prozeßgeschwindigkeit
——— Gleichstrom
– – – Gegenstrom

Bild 7.33. Stromtrockner: Verlauf der Parameter über der Trocknerlänge

Als Luftaustrittsfeuchte erhält man nach Gleichung (7.53)

$$\eta_A = a(\bar{u}_E - \bar{u}_A) = 0{,}294 \ (2{,}739 - 0{,}090) = 0{,}779$$

bzw.

$$Y_A = \eta_A(Y_S - Y_E) + Y_E = 0{,}779 \ (0{,}078 - 0{,}040) + 0{,}040 = \underline{0{,}070 \text{ kg/kg}}$$

7.3.3. Der Stromtrockner (pneumatischer Trockner)

Stromtrockner sind kontinuierlich arbeitende Förderlufttrockner, in denen grobdisperse Feststoffe mittels Umströmung mit erwärmter Luft oder Rauchgas konvektiv getrocknet und dabei pneumatisch gefördert werden. Sie finden Verwendung für frei fließende, nicht klebende, nicht agglomerierende, d. h. sandartige Güter mit einem maximalen Korndurchmesser von 2 bis 3 mm, in denen die Feuchtigkeit vorwiegend als freie Flüssigkeit an der Oberfläche vorliegt und die hohe Trocknungsgeschwindigkeiten zulassen. Ist im Korninnern gebundene Feuchte in größerem Umfang zu entfernen, so sind Kombinationen z. B. mit Wirbelschicht- oder Trommeltrockner sinnvoll. Typische, im Stromtrockner getrocknete Stoffe sind Kohle, Torf, Ton, Gips, Kunststoffgranulat und -pulver, Grünfutter. Die Verweilzeit des Gutes liegt zwischen Bruchteilen einer und mehreren Sekunden. Die Sichterwirkung bei der bevorzugten Senkrechtförderung nach oben bewirkt kurze Trocknungszeiten für kleine und längere für größere Körner. Da die als Wärmeträger erforderliche die zur Förderung notwendige Luftmenge beträchtlich übersteigt, handelt es sich vorwiegend um Dünnstromförderung, so daß der Berechnung der Gutgeschwindigkeit und des Wärmeübergangs das Einzelteilchen zugrunde gelegt werden darf. Charakteristisch für Stromtrockner ist, daß die Trocknungsgeschwindigkeit von einem Maximalwert an der Gutaufgabestelle zum Trocknerende hin monoton fällt.

Für die Auslegung von Stromtrocknern sind zwei unterschiedliche Vorgehensweisen bekannt geworden: das *Einzelkugel-Modell* und das *Zweiphasen-Modell* [7.16]. Unterschiede ergeben sich insbesondere bei den Beschleunigungsstrecken. Da Messungen gerade hier sehr kompliziert sind und Ergebnisse bisher nicht zur Verfügung stehen, werden Stromtrockner auch

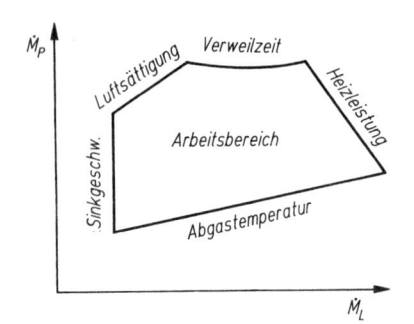

Bild 7.34. Stromtrockner: Betriebsdiagramm

heute noch allgemein nach dem einfacheren Einzelkugel-Modell berechnet [2.33]. Wegen des komplexen Zusammenwirkens von Impuls-, Wärme- und Stoffübergang führt allein eine analytische Lösung des beschreibenden Differentialgleichungssystems zum Ziel. Ausgangspunkt ist eine Kräftebilanz an einem im senkrechten Luftstrom aufsteigenden Teilchen:

$$F_{\text{Widerstand}} - F_{\text{Schwerkraft}} - F_{\text{Beschleunigung}} = 0$$

Dabei ist die durch die Trocknung abnehmende Teilchenmasse zu berücksichtigen. Da die Teilchen in der Regel klein sind, wird im allgemeinen von einer einheitlichen Partikeltemperatur ausgegangen, d. h., es wird mit einer gegen Null gehenden *Biot*-Zahl gerechnet:

$$\text{Bi} = a r_{\text{Part}}/\lambda < 0{,}1$$

Über den Zusammenhang

$$dQ_{\text{gesamt}} = dQ_{\text{Trocknung}} + dQ_{\text{Erwärmung}}$$

wird die unbekannte Erwärmungskinetik als Differenz zwischen der insgesamt übertragenen und der für die Trocknung verbrauchten Wärmeenergie ermittelt. Für den Widerstandsbeiwert verwendet man zweckmäßig einen Ausdruck mit erweitertem Gültigkeitsbereich, z. B. nach [7.17]

$$\zeta = \frac{24}{\text{Re}} + \frac{4}{\sqrt{\text{Re}}} + 0{,}4 \tag{7.64}$$

Da unterschiedlich große Teilchen in gleichen Zeitabschnitten unterschiedlich lange Strecken im Trockner zurücklegen, wird eine aufwendige Iteration notwendig. Sie läßt sich vermeiden, wenn mit der Definitionsgleichung der Gutgeschwindigkeit $w_x = (ds/dt)_x$ die Berechnung nicht auf das Zeitelement dt, sondern auf das Wegelement ds bezogen wird. Man erhält so schließlich das folgende System von gewöhnlichen Differentialgleichungen. Für die Änderung der Gutfeuchte:

$$\frac{dX}{ds} = -6 \frac{a}{r} \frac{\psi(T_L - T_s)}{d_{\text{Part}} \varrho_{\text{Part}} w_{\text{Part}}} \tag{7.65}$$

für die Änderung der Gutenthalpie:

$$\frac{dh}{ds} = \frac{a(T_L - T_s)}{d_{\text{Part}} \varrho_{\text{Part}} w_{\text{Part}}} \tag{7.66}$$

für die Änderung der Gutgeschwindigkeit:

$$\frac{dw_{\text{Part}}}{ds} = \frac{3}{4} \zeta \varrho_L \frac{(w_L - w_{\text{Part}})^2}{(1 + X)(d_{\text{Part}} \varrho_{\text{Part}} w_{\text{Part}})} - \frac{g}{w_{\text{Part}}} - \frac{w_{\text{Part}}}{1 + X} \frac{dX}{ds} \tag{7.67}$$

Hinzu kommen die Stoff- und Energiebilanzen für alle Fraktionen:

$$\dot{M}_L \, dY = -\dot{M}_G \sum dX$$
$$\dot{M}_L \, dh = -\dot{M}_G \sum dh_P$$

so daß sich schließlich bei n Fraktionen insgesamt $4n + 2$ Differentialgleichungen ergeben, die mit einem geeigneten numerischen Verfahren zu lösen sind. Infolge der großen Relativgeschwindigkeit zwischen Gas und Gut an der Gutaufgabestelle muß zunächst mit geringen Schrittweiten (im Bereich 10^{-3} bis 10^{-2} m) gearbeitet werden. Gegen Ende des Trockners sind mitunter Schrittweiten von 0,5 bis 1 m möglich. Deshalb arbeiten auch einfache Differenzenverfahren auf Kleincomputern hinreichend schnell [7.18].

Beispiel 7.6. Auslegung eines Stromtrockners

Es ist ein vorhandener Stromtrockner für veränderte Betriebsbedingungen nachzurechnen. Die Einzelheiten der Aufgabe sind Bild 7.35a zu entnehmen.

Lösung:

Bild 7.35 zeigt ausgewählte Ergebnisse der numerischen Berechnung mit dem Programm STROM [7.18] auf einem Kleincomputer in Form sogenannter Hardcopies, d. h. des Ausdrucks der zugehörigen Bildschirminhalte. Das Anfangsmenue nach Bild 7.35a enthält die in der Aufgabenstellung festgelegten Parameter. Bild 7.35b zeigt den Bildschirm vom Beginn der Berechnung bis unmittelbar vor dem Scrollen der Ergebniszeile. Kopf- und Fußzeilen enthalten weitere Informationen. Die Kopfzeile enthält neben den Anfangsgeschwindigkeiten w_{G0} und w_{L0} von Gut und Luft noch das Massenstromverhältnis $\dot{M}_L/\dot{M}_G$ von Luft und Gut sowie die festgelegte Schranke für die Schrittweitenfestlegung. Ist der Unterschied der mittleren Gutfeuchteänderung in zwei aufeinanderfolgenden Trocknerabschnitten kleiner als die Fehlerschranke ε, so wird die Schrittweite für den folgenden Abschnitt verdoppelt, andernfalls wird sie halbiert.

In der oberen Fußzeile unterhalb der gebrochenen Linie erscheinen die Momentanwerte von Druckverlust, Luftzustand und Feuchteänderung der Fraktionen. Die Zahlenwerte in der unteren Zeile stellen die Berechnungsdauer, die aktuelle Schrittweite und die prozentuale Änderung der Gutfeuchte im Vergleich zum vorigen Abschnitt dar. Im dritten Hardcopy nach Bild 7.35c schließlich wird das Gesamtergebnis der Berechnung ausgewiesen.

Bild 7.35a)

STROM

Eingabewerte:				
Gut:	Durchsatz	kg/h	M_g	= 750
	Anfangsfeuchte	kg H$_2$O/kg TS	X_0	= ,15
	Endfeuchte	kg H$_2$O/kg Ts	X_a	= ,01
	Knickpunktsfeuchte	kg H$_2$O/kg TS	X_k	= ,12
	Dichte	kg/m^3	r_{hog}	= 1100
	Anfangsgeschwindigkeit	m/s	w_{G0}	= 1
	spez. Wärmekapazität	kJ/(kg K)	c_{ts}	= 1,5
	Eintrittstemperatur	°C	T_{G0}	= 25
	Fraktion 1:	m	$d_p(1)$	= $5 \cdot 10^{-0,4}$
		kg/kg	$g_a(1)$	= ,5
	Fraktion 2:	m	$d_p(2)$	= $1 \cdot 10^{-0,3}$
		kg/kg	$g_a(2)$	= ,5
Gas:	Eintrittstemperatur	°C	T_m	= 200
	Eintrittsgeschwindigkeit	m/s	w_0	= 10
App:	Steigrohrlänge	m	s_{max}	= 5
	Steigrohrdurchmesser	m	d_r	= ,315

b)

$w_{G_0} = 1,00$			$\dot{M}_L/\dot{M}_G = 2,77$				$w_{L_0} = 10.00$		eps = 5,00	
					Strom					

s	T_L	Y	w_L	X(1)	X(2)	X_{quer}	$w_G(1)$	$w_G(2)$	$T_G(1)$	$T_G(2)$
0,000	200,0	10,0	10,0	15,0	15,0	15,0	1,0	1,0	25,0	25,0
0,001	199,7	10,1	10,0	15,0	15,0	15,0	1,1	1,0	25,1	25,0
0,003	199,1	10,3	10,0	14,9	15,0	14,9	1,2	1,0	25,2	25,1
0,007	198,0	10,7	10,0	14,7	14,9	14,8	1,4	1,1	25,5	25,2
0,015	196,0	11,3	9,9	14,5	14,8	14,6	1,7	1,2	26,0	25,4
0,031	192,9	12,3	9,9	14,1	14,6	14,4	2,1	1,4	26,8	25,7
0,063	188,1	13,8	9,8	13,5	14,3	13,9	2,8	1,7	28,0	26,3
0,127	181,1	16,1	9,6	12,7	13,9	13,3	3,6	2,2	29,6	27,3
0,255	171,4	19,3	9,4	11,6	13,2	12,4	4,6	2,8	31,9	28,7
0,319	168,2	20,4	9,4	11,2	13,0	12,1	4,8	2,9	32,7	29,2
0,447	162,3	22,4	9,3	10,5	12,6	11,6	5,2	3,2	34,0	30,1
0,703	152,5	25,7	9,1	9,4	11,9	10,6	5,8	3,6	36,3	31,6
0,831	148,7	27,0	9,0	8,9	11,6	10,3	5,9	3,7	37,1	32,2
1,087	141,9	29,4	8,9	8,1	11,1	9,6	6,1	3,8	38,6	33,4
1,215	139,0	30,5	8,8	7,8	10,9	9,3	6,2	3,9	39,2	33,9

$d_p =$	95,3	$Y_S = 69,4$			$T_S = 44,6$		$dX/ds(i) = -5,2$			$-5,2$
34					256					$-6,92$

c)

s	T_L	Y	w_L	X(1)	X(2)	X_{quer}	$w_G(1)$	$w_G(2)$	$T_G(1)$	$T_G(2)$
5,000	88,1	50,0	7,8	1,3	6,6	3,9	5,7	3,5	46,8	42,6

Feuchtebilanz: Gut: −0,11 kg/(kg TS)   Luft: 0,04 kg/(kg TL)
Enthalpieänderung: Gut: 20,91 kg/(kg TS)   Luft: −7,54 kJ/(kg TL)

Spezifischer Wärmebedarf q = 4714,3 kJ/kg H$_2$O
Spezifischer Luftbedarf l = 25,0 kg/kg H$_2$O
abs. Wärmebedarf Q_{pkt} = 391,8 kW
Druckverlust d_p = 0,4 kPa
Ventilatorleistung N_{theor} = 0,3 kW
Verweilzeit $t(1)$ = 0,9 s
                               $t(2)$ = 1,4 s

Bild 7.35. Bildschirmausgabe des Programms STROM
a) Anfangsmenü
b) Zwischenergebnisse
c) Endergebnisse

Die im Programm eingearbeitete Möglichkeit der Wiederholung der Berechnung mit halbierter Fehlerschranke liefert ein klares Bild des numerischen Fehlers.
Der großen Unterschiede in der Beschleunigungszone unmittelbar nach dem Guteintrag wegen beginnt die Berechnung mit einer Schrittweite von 1 mm. Je nach dem Verhältnis der Feuchteänderung in zwei aufeinanderfolgenden Abschnitten wird sie verdoppelt oder halbiert. Als Maximalwert wurde 1000 mm festgelegt.

Durch Berücksichtigung der Guterwärmung in Gleichung (7.66) tritt eine Abweichung vom idealen Trockner auf, die mit $-7,5$ kJ/kg TL aber gering bleibt.

Ein Vergleich der Verweilzeiten (auf die Einzelkugel in der Rohrachse bezogen) zeigt anschaulich den Vorzug des Stromtrockners: Grobe, langsamer trocknende Partikel haben eine größere Aufenthaltsdauer als feine.

7.4. Betrieb von Konvektionstrocknern

Die überwiegende Mehrzahl der technisch genutzten Trockner sind Konvektionstrockner. Der Phasenübergang Flüssigkeit–Dampf erfordert einen hohen Energieaufwand. Es wird eingeschätzt, daß in den Industrieländern 10% des Primärenergieaufkommens für Trocknungszwecke eingesetzt werden. Andererseits hat sich bei zahlreichen Rationalisierungsvorhaben gezeigt, daß allein durch die konsequente Anwendung bewährter Maßnahmen der rationellen Energieanwendung bei Konvektionstrocknern eine Verminderung des spezifischen Energiebedarfs um 25 bis 35% möglich ist. Genauere Aussagen setzen eine Prozeßanalyse voraus, bei der über dem Trockner die Energieerzeugung nicht vergessen werden darf.

Die kinetische Natur des Trocknungsprozesses ist dabei stets zu berücksichtigen. Im 1. Trocknungsabschnitt liegt reine Oberflächenverdunstung vor (s. Abschn. 7.1.3.). Die äußeren Bedingungen des Mediums bestimmen die Trocknungsgeschwindigkeit. Sie kann gesteigert werden durch Erhöhung von Lufttemperatur und/oder Relativgeschwindigkeit zwischen Gut und Luft. Im zweiten Trocknungsabschnitt bestimmen innere Vorgänge den Prozeß. Äußere Faktoren verlieren an Einfluß. Eine wesentliche Erhöhung der Trocknungsgeschwindigkeit ist nur durch Steigerung der Guttemperatur möglich.

Es ist zu erwarten, daß sich die Anwendung der Trockneroptimierung weiter durchsetzen wird, wenn auch bei vielen Produkten der Anteil der Amortisation und der Energiekosten im Vergleich zu den Rohstoffkosten gering ist. Die langfristig steigenden Preise für die Energie sind zu beachten. Im Unterschied zu anderen Verbrauchern, etwa der mechanischen Fertigung, kann der Energieeinsatz in Trocknern in der Spitzenbelastungszeit reduziert werden, ohne die Menge an Fertigprodukten wesentlich zu verringern. Nachteilige Folgen lassen sich insbesondere dort begrenzen, wo aus einem adäquaten Trocknerprogramm mittels Prognosemodellen alternative Strategien für die Weiterführung der gerade getrockneten Chargen entwickelt werden können.

Bis in die Gegenwart hinein kann man auch eine unterschiedliche Bewertung der Gutqualität durch die Hersteller und die Betreiber von Trocknern erkennen. Während die Gutqualität in der Trocknungstechnik zwar unter den zu berücksichtigenden Randbedingungen einen hervorragenden Platz einnimmt, beginnt sie in den bekannt gewordenen Auslegungsverfahren erst in jüngster Zeit eine Rolle zu spielen. Dagegen unternehmen die Betreiber in der Regel erhebliche Anstrengungen, die Gutqualität durch trocknungstechnologische Maßnahmen zu sichern.

Für die Zukunft darf man ein intensives Studium des Trocknungsverhaltens einschließlich der die Gutqualität bestimmenden Gebrauchs- und Verarbeitungseigenschaften unter konstanten äußeren Bedingungen einerseits in hochspezialisierten, besser instrumentierten Laborversuchsanlagen, andererseits aber bei der Durchführung des klassischen kinetischen Experiments erwarten. Es ist für viele Güter durchaus von Interesse, parallel zur Feststellung ihrer Trocknungskinetik in Abhängigkeit von Lufttemperatur und -feuchte eine möglichst quantitative Aussage zu den Aromaverlusten oder der Migration von Lösungsmitteln oder anderen Inhaltsstoffen zu gewinnen. Für viele zu trocknende Schüttgüter wäre z. B. eine durch zweckmäßige Wahl der Prozeßparameter erhöhte Dichte ein Beitrag zur Senkung des Verpackungsmittel- und Transportaufwandes!

Dringend notwendig ist der quantifizierte Erfahrungsrückfluß aus den umfangreichen Datenmengen der zunehmend computergesteuerten großtechnischen Trocknungsanlagen, ihre verfahrenstechnische Analyse und die Gewinnung anlagenspezifischer Informationen.

7.4.1. Betriebserfahrungen mit Konvektionstrocknern

Einhaltung der technologischen Disziplin und Qualitätssicherung an Trocknern

Voraussetzung jedes zuverlässigen Trocknerbetriebes ist ein zweckmäßiges Betriebsregime, das konsequent eingehalten wird. Für Konvektionstrockner bedeutet das insbesondere, das Eindringen sogenannter Falschluft zu verhindern. Beobachtet man bei Trocknern gelegentlich, daß Luken oder gar Türen geöffnet sind, um z. B. bei Bandtrocknern den Bandlauf ständig kontrollieren zu können, so verursacht die durch diese Öffnungen eindringende Falschluft einen erheblich höheren Energieverbrauch. Ein wohl noch häufiger zu beobachtender Fehler mit ähnlich negativen Auswirkungen ist das Übertrocknen des Gutes. Dieses „Vorhalten" kann paradoxe Folgen haben. So mußte in einem Betrieb der Kartonagenindustrie übertrocknete Rohpappe häufig mit Wasser rückbefeuchtet werden, um hinreichend geschmeidig zu sein für die anschließende Verarbeitung.

Da die Guttemperatur im 2. Trocknungsabschnitt mit abnehmender Gutfeuchte ansteigt, erfordern verminderte Endfeuchten auch immer höhere Lufttemperaturen und damit einen größeren Energiebedarf. Durch den Einsatz automatischer Regler, welche Schwankungen der Gutaufgabe ausgleichen und den Trockner stets auf den optimalen Betriebspunkt zurückführen, konnte der Energiebedarf in einigen Fällen um bis zu 10% reduziert werden. In der Vergangenheit wurde die Bedeutung der automatischen Regelung für Trockner sowohl von Trocknerherstellern als auch -betreibern unterschätzt. Die Anlagen waren unzureichend mit Reglern ausgestattet, deren Instandhaltung zudem häufig vernachlässigt wurde. Gegenwärtig stellen geeignete Sensoren für die Online-Messung unter Praxisbedingungen trotz aller erfreulichen Fortschritte den Engpaß dar.

Reserven für einen effektiveren Trocknerbetrieb liegen häufig auch noch in der Vereinheitlichung von Lufttemperatur und -geschwindigkeit über den Trocknerquerschnitt, da der Ort mit den ungünstigsten Trocknungsbedingungen den Prozeß bestimmt. Weil der Temperatureinfluß deutlich höher ist als der der Geschwindigkeit, empfiehlt *Werner* [7.19], die Werte 0,05 für die Standardabweichung der Temperatur und 0,15 für die Geschwindigkeit nicht zu überschreiten.

Vor- und Nachbehandlung des zu trocknenden Gutes

Viele Güter sind nicht von Natur aus feucht, sondern werden im Verlaufe des Produktionsprozesses mit Flüssigkeit versetzt. Hier ist die zuzusetzende Menge stets sorgfältig zu begrenzen. Mitunter konnte die notwendige Wassermenge durch Zugabe von Schaumbildnern und oberflächenaktiven Substanzen erheblich reduziert werden. Der thermischen Trocknung sollte zweckmäßig immer eine mechanische Entwässerung vorgeschaltet werden. Der Anwendung sind jedoch dadurch Grenzen gesetzt, daß sich praktisch nur die freie, ungebundene Feuchtigkeit mechanisch entfernen läßt. Auch hat sich die alte Regel „So weit wie möglich mechanisch entwässern und so wenig wie möglich thermisch trocknen" nicht immer als thermoökonomisch optimal erwiesen. In der Keramikindustrie aber wurden Pressen entwickelt, die in speziellen Fällen eine Trocknung vor dem Brennen überflüssig machten [7.20]. Wo angängig, ist die aktive Fläche des Gutes durch Zerkleinerung zu vergrößern. Energetisch vorteilhaft ist stets auch eine Vorwärmung des Gutes. Dies gilt gleichermaßen für die Abkühlung des getrockneten Gutes, die man meist zweckmäßig zur Luftvorwärmung in Rekuperatoren oder bei geeignetem Gut auch in einer Wirbelschicht durchführt.

Rückführung eines Teiles der Abluft

Mit der Rückführung eines Teiles der Abluft werden höhere Abluftfeuchten erreicht und einerseits ein niedrigerer spezifischer Energieverbrauch und andererseits auch günstigere technologische Parameter bewirkt [7.21, 7.22]. Dies wird erreicht durch eine raschere Erwärmung des kalten Gutes infolge teilweiser Kondensation aus der Abluft. Allerdings sind mit der Rezirkulation auch eine Reihe technologischer Probleme verbunden, die sich vor allem bei erhöhtem Staubgehalt ergeben. Kondensation in der Rezirkulationsleitung und auch den Staubabscheidern sollte vermieden werden. Eine Temperaturdifferenz von 8 bis 15 K zum Taupunkt gilt dafür als ausreichend. Eine eventuelle Taupunktsabsenkung infolge Gemischpartnereinfluß ist dabei zu beachten.
Bei der Trocknerauslegung muß die durch den höheren Wasserdampfgehalt wachsende Gleichgewichtsfeuchte des Gutes berücksichtigt werden, bei der Umstellung von Frischluft- auf Umluftbetrieb bei vorhandenen Trocknern außerdem die verminderte Triebkraft.

Trocknen mit überhitztem Dampf

Bereits zu Beginn unseres Jahrhunderts wurde von *Hirsch* [7.23] vorgeschlagen, anstelle erwärmter Luft überhitzten Wasserdampf als Trocknungsmedium einzusetzen. Seither ist dieser Vorschlag häufig aufgegriffen und durch experimentelle Untersuchungen meist im Labor- und halbtechnischen Maßstab, seltener in Anlagen technischer Größe untersetzt worden [7.24, 7.25].
Die hauptsächlichen Vorzüge der Heißdampftrocknung liegen im thermischen Wirkungsgrad, der drei- bis fünfmal höher ist als bei Luft [7.26]. Das kalte Gut wird durch Kondensation rasch auf Siedetemperatur erwärmt. Dies bewirkt die Beschleunigung des inneren Stofftransportes und einen verlängerten 1. Trocknungsabschnitt. Die Dampfphase bildet für den äußeren Stoffübergang keinen Widerstand, die Trocknungsgeschwindigkeit wird allein durch die Wärmeübertragung bestimmt.
Dennoch hat sich die Heißdampftrocknung nicht allgemein durchsetzen können, da sie offenbar eine Reihe technologischer Schwierigkeiten bereitet. Dazu zählt vor allem die zuverlässige Hermetisierung der Trockner über einen längeren Zeitraum unter Betriebsbedingungen.

Wärmerückgewinnung

Wärmerückgewinnung ist sinnvoll sowohl aus dem erwärmten, trockenen Gut als auch aus der feuchten, abgekühlten Abluft. Eingesetzt werden die auch aus anderen Prozessen bekannten Standardapparate. Vor allem die Wärmerückgewinnung aus der Abluft ist in jüngster Vergangenheit stark forciert worden. Mehrere apparative Lösungen sind bekannt. Einen ersten Vergleich ermöglicht Tabelle 7.11. Über die kostenoptimale Auslegung wurde in [7.27] berichtet.
Schwierigkeiten bereitet auch hier häufig die Staubbeladung, die eine regelmäßige Reinigung der Heizflächen erfordert. Vielfach haben sich aus Glas gebaute Wärmeübertrager bewährt, deren glatte Oberflächen bei zweckmäßiger Anordnung weniger zur Verschmutzung neigen und in Einzelfällen eine Rückflußdauer von nur einigen Monaten ermöglichten [7.26]. Bei hartnäckigen Staubproblemen hat es sich z. B. bei Sprühtrocknern als zweckmäßig erwiesen, feste Wärmeübertragerflächen zu vermeiden und zu Gaswäschern mit direktem Kontakt

Tabelle 7.11. Vergleich von Einrichtungen zur Wärmerückgewinnung aus Abgasströmen nach [7.26]

Typ	Rückgewinnungsgrad in %	Relative Baugröße	Relativer Druckverlust
Regenerativ-Energieübertrager (Wärmerad)	75...90	1,3	6
Plattenwärmeübertrager	70	1	1
Wärmerohr	60	1,8	1
Zwei Rekuperatoren mit Wärmeträgerkreislauf	50	1,1	1
Gaswäscher	60		
Zweist. Rekuperator mit trockenem und nassem Teil	75		

überzugehen. Die aufzutrocknende Flüssigkeit dient dabei als Waschlösung und wird sowohl durch die Staubaufnahme als auch die Verdunstung in den Abgasstrom vorkonzentriert, ehe sie in den Trockner versprüht wird. Hier liefert die Trocknungstechnik ein überzeugendes Beispiel für die abfallarme Technologie!

Einsatz von Wärmepumpen

Wärmepumpen in Konvektionstrocknern sind in zahlreichen Fällen seit längerem erfolgreich eingesetzt worden [7.28, 7.29]. *Zylla* und *Strumillo* [7.30] ziehen für den Einsatz von Wärmepumpen folgende generellen Schlußfolgerungen:

— Wärmepumpen unterschiedlicher Bauarten und Funktionsweisen haben sich auch bei Trocknern durchgesetzt.
— Sie sind nicht immer ökonomisch vorteilhaft, bewirken aber stets eine verbesserte Gutqualität, insbesondere dann, wenn es auf geringe innere Spannungen ankommt, z. B. bei Schnittholz oder keramischen Materialien.
— Wärmepumpen empfehlen sich besonders für hohe Gutfeuchten. Ihnen werden deshalb häufig auch andere Trockner nachgeschaltet. Insbesondere für pastöses Gut und Schlämme hat sich die Kombination mit Kontakttrocknern bewährt. Hier werden die Parameter von Eindampfanlagen mit Brüdenverdichtung erreicht.

Arbeits-, Brand- und Umweltschutz

Organische Bestandteile des Feststoffs und organische Lösungsmittel bedeuten eine erhöhte Brand- und Explosionsgefährdung für den Trockner [7.31, 7.32]. Aber auch von im Trockner aufgewirbeltem Staub geht eine Explosionsgefährdung aus. Für viele Trocknerbauarten liegen spezifische Erfahrungen zur Brand- und Explosionsgefahr und über zweckmäßige Vorkehrungen vor [7.26]. Für Zerstäubungstrockner z. B. gehen Gefährdungen insbesondere aus von Staubansammlungen, dem Übertritt glühender Partikel aus der Brennkammer, dem Heißlaufen von Lagern, der Funkenbildung durch Reibung, der elektrostatischen Aufladung und Fehlern in der elektrischen Anlage [7.33].
Der verantwortliche Leiter ist gesetzlich verpflichtet, sich Kenntnis über das Risiko im Umgang mit dem zu trocknenden Gut zu verschaffen. Zur Charakterisierung der Gefährdung dienen die sicherheitstechnischen Kennzahlen

- untere Zündgrenze,
- Zündtemperatur (für schwebende Stäube),
- Entzündungstemperatur (für lagernde Stäube),

- Mindestzündenergie,
- maximaler Explosionsdruck,
- maximaler zeitlicher Druckanstieg,
- thermische Zersetzungstemperatur.

Eine Staubexplosion im Trockner tritt immer dann ein, wenn ein explosionsfähiges Stoffsystem vorliegt und eine Zündquelle auftritt!
Grundvoraussetzung für den gefahrlosen Betrieb von Trocknern ist Ordnung und Sauberkeit! Weiterhin sind von der Trocknerauslegung und -projektierung an bis zum Betrieb der Anlage konsequent alle Maßnahmen zu ergreifen, um

— gefährliche Zustände zu vermeiden,
— Gefahrensituationen rechtzeitig zu erkennen,
— mögliche Schäden zu begrenzen.

In die Gefährdungsanalysen sind neben dem Trockner selbst auch Rohrleitungen, Abscheider und Bunker sowie die Aufstellungsräume der Anlage einzubeziehen. *Schnelle* [7.34] empfiehlt folgende Maßnahmen:

— primärer Explosionsschutz zur Vermeidung zündfähiger Gemische:
  - Vermeidung von Staubablagerungen,
  - Inertisierung der Anlagen, wenn die Staubaufwirbelung nicht mit Sicherheit auszuschließen ist;
— sekundärer Explosionsschutz zur Ausschaltung von Zündquellen:
  - Vermeidung elektrostatischer Aufladung,
  - Vermeidung zu hoher Heizflächentemperaturen insbesondere bei Kontakttrocknern;
— tertiärer Explosionsschutz zur Begrenzung der Wirkung von Explosionen:
  - druck- oder druckstoßfeste Ausführung der Anlage oder einzelner besonders gefährdeter Teile (im Ausnahmefall),
  - Druckentlastung der gefährdeten Anlagenteile.

Alle Maßnahmen zur Senkung des Primärenergieaufwandes dienen stets zugleich auch dem Umweltschutz, da sie neben der geringeren Belastung mit Abwärme vor allem auch eine verminderte Inanspruchnahme natürlicher Ressourcen bedeuten. Bei Rekonstruktion oder Neuerrichtung ist stets auch eine verminderte Umweltbelastung durch Abgase und Staub durchzusetzen. Dadurch werden künftig Gaswäscher für vorhandene Trockner und geschlossene Gaskreisläufe für Neuanlagen an Bedeutung gewinnen.

7.4.2. Simulation des Betriebsverhaltens

Verfahrenstechnische Trocknermodelle sind physikalisch begründete mathematische Beschreibungen eines Trockners in Form von Gleichungen mit Anfangs- und Randbedingungen und Algorithmen zu deren Abarbeitung. Sie stellen ein bewährtes Arbeitsmittel sowohl für den Projektanten als auch den Betreiber von Trocknern dar, mit dem wesentliche Eigenschaften des Prozesses oder Apparates beschrieben und aus welchem Hinweise zur zweckmäßigen Gestaltung oder zum optimalen Betrieb gewonnen werden können. Bei Trocknermodellen ist insbesondere der Zusammenhang zwischen Gutfeuchte und Prozeßdauer gesucht. Die Modelle können dabei sowohl Grundlage einer Apparateauslegung sein als auch zur Simulation veränderter Betriebsbedingungen an vorhandenen Anlagen dienen. Im Zusammenhang mit einem Kostenmodell sind sie Grundlage der thermoökonomischen Modellierung und Optimierung.

Bevor solche Modelle jedoch aufgestellt werden können, sind umfangreiche technologische und maschinentechnische Untersuchungen durchzuführen. Dazu gehören

- Einordnung des Trocknungsprozesses in das technologische Verfahren,
- Auswahl des zweckmäßigsten Primärenergieträgers,
- Festlegung geeigneter Trocknungsverfahren und Trocknerbauarten,
- Festlegung zweckmäßiger Betriebsbedingungen,
- Kombination von mechanischer Entwässerung und thermischer Trocknung,
- Vorbereitung des Gutes zur Trocknung,
- Einfluß der Prozeßparameter auf die Gutqualität,
- Feststellung der Bedingungen des Umweltschutzes sowie des Arbeits-, Brand- und Explosionsschutzes.

Die auf diese Weise entwickelten, in der Regel aus Systemen von Differentialgleichungen bestehenden Trocknermodelle sind meist recht umfangreich, und die für ihre Abarbeitung auf Tischrechnern erforderliche Zeit ist groß. Als Grundlage für eine Trocknersteuerung mittels Mikroprozessor sind sie daher nur selten geeignet. In solchen Fällen hat es sich als zweckmäßig erwiesen, mit den physikalisch begründeten Modellen zunächst theoretische Experimente etwa nach einem statistischen Versuchsplan durchzuführen und die so gewonnenen Ergebnisse mit einem geeigneten Ansatz auszugleichen. Bei Trocknern hat sich gezeigt, daß Polynomansätze meist weniger geeignet sind als solche, die Terme mit Exponentialfunktionen enthalten.

Ein Weg zur größeren Sicherheit in der Trocknerauslegung ist die Auswertung der umfangreichen Datenmengen der zunehmend computergesteuerten großtechnischen Trocknungsanlagen, ihre verfahrenstechnische Analyse und die Gewinnung anlagenspezifischer Informationen.

Das Ergebnis derartiger Simulationsrechnungen soll im folgenden am Beispiel von Gleich- und Gegenstromtrocknern, ergänzt durch Betriebserfahrungen, vorgestellt werden.

Betriebsverhalten von Gleich- und Gegenstromtrocknern

Bei *Gleichstromtrocknern* treffen die warme, trockene Luft und das kalte, feuchte Gut am Anfang des Trockners aufeinander. Das ergibt hohe Trocknungsgeschwindigkeiten, die nicht alle Güter ohne Schädigung ertragen. Mit zunehmendem Trocknungsweg nimmt die Lufttemperatur ab, und die Trocknungsgeschwindigkeit sinkt auf geringe Werte am Trockneraustritt. Günstig ist, daß das Gut keinen zu hohen Temperaturen ausgesetzt ist: Im 1. Trocknungsabschnitt wird es durch die Feuchte vor Überhitzung geschützt (s. Abschn. 7.1.3.), im 2. Trocknungsabschnitt hat sich die Luft bereits abgekühlt.

Beim *Gegenstromtrockner* wird der Zustandsverlauf von Luft und Gut stark vom Verhältnis ihrer Wärmekapazitäten beeinflußt. Nicht eine niedrige Ablufttemperatur allein ist für die Wirtschaftlichkeit entscheidend, sondern die Bereitstellung einer genügend großen Triebkraft über die gesamte Trocknerlänge, um eine optimale Auslastung des Trocknerraumes zu erreichen. Wird zu wenig Luft angeboten, so kommt es über größere Strecken zum Austauen von Feuchtigkeit aus der Luft auf das feuchte Gut infolge einer negativen Triebkraft durch Unterschreitung des Taupunktes beim Aufheizen (Bild 7.36).

Zuviel Luft dagegen führt zu einem Übertrocknen des Gutes und unwirtschaftlich hohen Ablufttemperaturen.

Gegenstromtrocknung wird angewendet bei:

- Trocknungsbedingungen, die eine schwache Trocknung am Anfang und eine scharfe am Ende erfordern,
- Trocknung auf sehr geringe Restfeuchte,
- vorwiegend hygroskopisch gebundener Feuchte,
- Abtrennung von Kristallwasser.

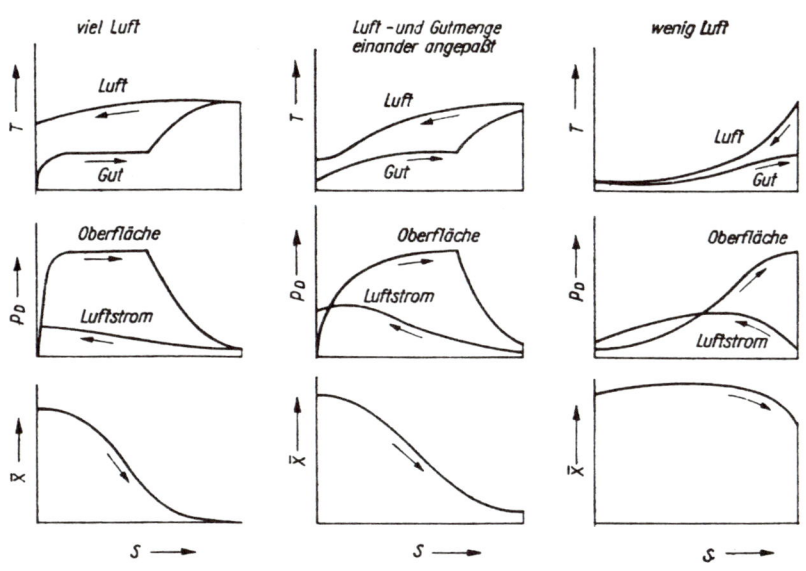

Bild 7.36. Trocknungsverlauf bei Variation von Gut- und Luftmenge [7.38]

Für Güter, die eine schroffe Trocknung im nassen Zustand vertragen, deren Endtemperatur aber nicht zu hoch werden darf, ist die Gleichstromtrocknung günstig.
Im Gegensatz zur Wärmeübertragung ist die Gleichstromschaltung beim Trocknungsprozeß oft wirtschaftlicher, da sie höhere Eintrittstemperaturen zuläßt.

Zusätzliche Symbole zum Abschnitt 7.

X	Gutfeuchte	kg H_2O/kg TS
$\bar{X}$	Gutfeuchte, Mittelwert	kg H_2O/kg TS
X^*	Gleichgewichtsfeuchte	kg H_2O/kg TS
Y	Luftfeuchte	kg H_2O/kg tr. Luft
a	Bilanzparameter n. Gl. (7.48)	—
$\hat{a}$	Kapazitätsverhältnis n. Gl. (7.34)	—
l	spezifischer Luftbedarf	kg tr. Luft/kg H_2O
q	spezifischer Wärmeenergiebedarf	kJ/kg H_2O
s	Weg	m
t_K	Einstellzeit des Knickpunktes	s
t^*	Zeitkonstante n. Gl. (7.25)	s
u	Gutfeuchte, normiert	—
ε	Trocknungspotential der Luft, normiert n. Gl. (7.41)	—
η	Luftfeuchte, normiert	—
ξ	Höhe, dimensionslos	—
σ	Verdunstungskoeffizient	kg tr. Luft/(m² s)
τ	Zeit, dimensionslos n. Gl. (7.24)	—
ψ	Trocknungsgeschwindigkeit normiert n. Gl. (7.29)	—

Indizes

D	Dampf
G	Gut

ges	gesamt
K	Knickpunkt
L	Luft
part	Partikel
s	Sättigung
W	Wasser, Flüssigkeit
X, Y	auf Phase X bzw. Y bezogen
0	auf Prozeßbeginn bezogen (bei diskontinuierlicher Prozeßführung)

Übungsaufgaben

Ü 7.1. Theoretischer Trockner

Es sind Prozeßparameter eines theoretischen Trockners zu bestimmen.

Gegeben:

Frischluftzustand		20 °C, 35% rel. Feuchte, 99,5 kPa
Abluftzustand		23 °C, 90% rel. Feuchte, 99,5 kPa
Gut	Eintritt	50 Ma.-%, bezogen auf Trockensubstanz
	Austritt	10 Ma.-%, bezogen auf Trockensubstanz
	Durchsatz	0,03 kg/s Trockensubstanz
Stoffübergangskoeffizient		0,02 kg L/m²s

Aufgabe:

1. Darstellung des Prozesses im h, Y-Diagramm
2. Berechnung des spezifischen und absoluten Luft- und Wärmebedarfes eines einstufigen theoretischen Trockners
3. Berechnung des spezifischen und absoluten Luft- und Wärmebedarfes eines theoretischen Trockners mit Abluftrückführung, in dem die Lufttemperatur 35 °C nicht übersteigen darf
4. Bestimmung der notwendigen aktiven Fläche für beide Schaltungsvarianten, wenn die gesamte abzutreibende Feuchte als Haftflüssigkeit vorliegt.

Ü 7.2. Bilanzen um einen Umlufttrockner

Es sind Luft- und Wärmebedarf eines Umlufttrockners mit Rückführung von 70 Ma.-% der Abluft zu berechnen.

Gegeben:

Frischluftzustand		0,0114 kg H$_2$O/kg L, 70% rel. Feuchte
Abluftzustand		0,068 kg H$_2$O/kg L, 80% rel. Feuchte
Gut	Eintritt	47 Ma.-%, bezogen auf feuchtes Gut
	Austritt	5 Ma.-%, bezogen auf feuchtes Gut
	Durchsatz	0,42 kg/s feuchtes Gut

Aufgabe:

1. Darstellung des Prozesses im h, Y-Diagramm
2. Berechnung des spezifischen und absoluten Luft- und Wärmebedarfes
3. Berechnung der mittleren Triebkraft und der Anzahl der Übertragungseinheiten des Trockners.

Ü 7.3 Mehrstufiger Trockner

Es sind Luft- und Wärmebedarf eines dreistufigen Trockners zu berechnen.

Gegeben:

Frischlufttemperatur		20 °C
Ablufttemperatur		45 °C
Lufttemperatur nach den Vorwärmern		70 °C
maximale Aufsättigung der Luft in den einzelnen Stufen		70% rel. Feuchte
Gut	Eintritt	39 Ma.-%, bezogen auf feuchtes Gut
	Austritt	8 Ma.-%, bezogen auf feuchtes Gut
	Durchsatz	0,5 kg/s feuchtes Gut
Heizdampf	Druck	294 kPa
	Kondensatgehalt	5 Ma.-%

Aufgabe:

1. Darstellung des Prozesses im h,Y-Diagramm
2. Berechnung des spezifischen und absoluten Luft- und Wärmebedarfes des theoretischen Trockners
3. Ermittlung des Heizdampfbedarfes
4. Bestimmung von mittlerer Triebkraft und Anzahl der Übertragungseinheiten in den einzelnen Stufen.

Ü 7.4. Bilanzen um einen Gegenstromtrockner

Zur Berechnung des Luft- und Dampfbedarfes für einen einstufigen Gegenstromtrockner sind die Stoff- und Energiebilanzen aufzustellen.

Gegeben:

Frischluftzustand		10 °C, 80% rel. Feuchte, 99,5 kPa	
Abluftzustand		50 °C, 50% rel. Feuchte, 99,5 kPa	
Gut	Eintritt	16 °C, 50 Ma.-%, bezogen auf feuchtes Gut	
	Austritt	55 °C, 9 Ma.-%, bezogen auf feuchtes Gut	
	Durchsatz	0,17 kg/s feuchtes Gut	
	mittl. spez. Wärmekapazität	1,68 kJ/kg K	
Transporteinrichtung		Durchsatz	0,125 kg/s
		mittl. spez. Wärmekapazität	0,5 kJ/kg K
Kondensatanteil im Heizdampf			6 Ma.-%
Temperaturdifferenz am Austritt der Luft aus dem Vorwärmer			15 K
Wärmeverlust 10% des im Vorwärmer übertragenen Wärmestromes			

Aufgabe:

1. Darstellung des Prozesses im h,Y-Diagramm
2. Berechnung des Luft- und Wärmebedarfes des theoretischen Trockners
3. Berechnung des Luft- und Wärmebedarfes des realen Trockners
4. Ermittlung von Heizdampfdruck und -massenstrom
5. Bestimmung der mittleren Triebkraft und der Anzahl der Übertragungseinheiten des theoretischen und des realen Trockners.

Ü 7.5. Oberflächentemperatur eines feuchten Gutes

Es sind die Temperaturen abzuschätzen, die sich an der Oberfläche eines feuchten Gutes im 1. Trocknungsabschnitt einstellen, wenn es einmal in einem Versuchstrockner mit rein konvektiver Wärmeübertragung beiderseitig und zum anderen in einem Kammertrockner technischer Größe konvektiv nur einseitig, aber mit zusätzlicher Wärmeleitung getrocknet wird. Die Luftströmung sei turbulent; die Gutunterlage habe die Temperatur der Luft angenommen.

Gegeben:

Luftzustand	90 °C, 0,0069 kg H$_2$O/kg L
Wärmeübergangskoeffizient (Konvektion; in beiden Anlagen)	41 W/m^2 K
äquivalenter Wärmeübergangskoeffizient der zusätzlichen Wärmeleitung	22 W/m^2 K

Aufgabe:

1. Bestimmung der Oberflächentemperatur des Gutes für beide Fälle
   a) mit Hilfe des h,Y-Diagrammes
   b) analytisch
2. Vergleich der Trocknungsintensitäten.

Ü 7.6. Bilanzen um einen einstufigen Gegenstromtrockner

Aus den Bilanzen um einen kontinuierlich betriebenen, einstufigen Konvektiontrockner sind Luft- und Dampfbedarf zu ermitteln.

Gegeben:

Frischluftzustand		15 °C, 70% rel. Feuchte, 99,5 kPa
Abluftzustand		45 °C, 60% rel. Feuchte, 99,5 kPa
Gut	Eintritt	42 Ma.-%, bez. auf feuchtes Gut, 18 °C
	Austritt	11 Ma.-%, bez. auf feuchtes Gut, 47 °C
	Durchsatz	0,1 kg/s feuchtes Gut
	mittlere. spez. Wärmekapazität	2,35 kJ/kg K
Transporteinrichtung		Durchsatz 0,2 kg/s
		mittl. spez. Wärmekapazität 0,5 kJ/kg K
Wärmeverluste		12% der Summe der anderen Bilanzanteile
Kondensatanteil im Heizdampf		6 Ma.-%

Aufgabe:

1. Berechnung des spezifischen Luftbedarfes von theoretischem und realem Trockner
2. Berechnung des spezifischen Wärmebedarfes von theoretischem und realem Trockner
3. Ermittlung des spezifischen Dampfverbrauches des realen Trockners.

Ü 7.7. Schaltungsvarianten eines theoretischen Trockners

Es sind ausgewählte Schaltungsvarianten eines theoretischen Trockners für temperaturempfindliches Plastgranulat zu vergleichen. Das Granulat ist nach einer Wäsche in einer Zentrifuge mechanisch entwässert worden, so daß mit erstem Trocknungsabschnitt gerechnet werden kann.

Gegeben:

Luft:	Ansaugzustand	20 °C, 99,5 kPa; 70% rel. Feuchte
	Eintrittszustand	max. 170 °C
Gut:	Durchsatz	0,1 kg/s trocknes Gut
	Maximaltemperatur	90 °C
	Eintrittsfeuchte	0,1 kg/kg bezogen auf Trockensubstanz
	Austrittsfeuchte	0,01 kg/kg bezogen auf Trockensubstanz

Aufgabe:

1. Berechnung der Trocknungsdauer für einen einstufigen theoretischen Trockner, wobei die Triebkraft nicht unter 1% ihres Maximalwertes fallen soll.
2. Vergleichende Berechnung eines einstufigen theoretischen Trockners mit 50% Abluftrückführung, wobei die Triebkraft ebenfalls nicht unter 1% ihres Maximalwertes fallen soll.
3. Vergleichende Berechnung eines zweistufigen theoretischen Trockners, wobei die Triebkraft wiederum nicht unter 1% ihres Maximalwertes fallen soll.
4. Vergleich von spezifischem und absolutem Luft- und Energiebedarf der drei Varianten.
5. Vergleichende Darstellung aller drei Varianten im h,Y-Diagramm

Ü 7.8. Auswertung eines Trocknungsversuches (Verdunstungskoeffizient)

In einem klassischen kinetischen Experiment wurde unter konstanten äußeren Bedingungen das Trocknungsverhalten kugelförmiger Körper bei Durchströmung einer dünnen Schüttung untersucht. Aus den Experimenten ist der Verdunstungskoeffizient zu berechnen und mit den Ergebnissen theoretischer Berechnungsgleichungen zu vergleichen.

Gegeben:

Luft:	Feuchte	0,008 kg/kg
	Temperatur	45 °C
	Geschwindigkeit	3 m/s
Gut:	Anfangsfeuchte	0,65 kg/kg
	Gleichgewichtsfeuchte	0,02 kg/kg
	Zeitkonstante	280 s
	Sauterdurchmesser	$2,9 \cdot 10^{-3}$ m
	Schüttdichte	800 kg/m³
	Porosität	0,4

Aufgabe:

1. Berechnung des Verdunstungskoeffizienten aus den Versuchsparametern.
2. Berechnung des Verdunstungskoeffizienten nach dem Ansatz von *Frössling* für die Umströmung einer Kugel
$$Sh = 2 + 0,552 \, Re^{1/2} \, Sc^{1/3} \quad (Re < 1000)$$

Ü 7.9. Vorausberechnung des Trocknungsverlaufes für vorgegebene konstante äußere Bedingungen

In einem Labortrockner wurden in einem klassischen kinetischen Experiment das Trocknungsverhalten von Waldhackschnitzeln untersucht und die Trocknungsverlaufskurve ermittelt. Aus den gegebenen Versuchsparametern ist der Trocknungsverlauf für geänderte äußere Bedingungen vorauszuberechnen.

Gegeben:

Luftzustand bei Experiment	120 °C, 0,03 kg H_2O/kg L
Abmessungen des Gutes	(40 × 22 × 8) mm
Trockenmasse der Probe	3,5 g
Gutbeladung am Anfang	1,86 kg/kg
Gutbeladung am Knickpunkt	1,55 kg/kg
Gutbeladung im Gleichgewicht	0 kg/kg (angenommen)
Einstelldauer des Knickpunktes	600 s
wahre Trocknungsgeschwindigkeit im 2. Trocknungsabschnitt (Normierung auf Knickpunkt)	$\psi = \bar{u}$

Aufgabe:

1. Berechnung charakteristischer Parameter des Experimentes
   − maximale Prozeßgeschwindigkeit
   − Zeitkonstante
   − Verdunstungskoeffizient bei allseitiger Umströmung.
2. Vorausberechnung des Trocknungsverlaufes bei Umströmung mit Luft gleicher Geschwindigkeit, aber geänderter Parameter (70 °C, 0,003 kg/kg)
   − maximale Prozeßgeschwindigkeit
   − Zeitkonstante
   − Trocknungsdauer bis zur Beladung 0,5 kg/kg.

Ü 7.10. Normierung von Trocknungsverlaufskurven

Es sind die Versuche von *Koratejew* und Mitarbeitern [7.39] zur Trocknung von Weizen im Festbett bei konstanten äußeren Bedingungen zu normieren und auszuwerten.

Gegeben:

Versuchsbedingungen nach Tabelle 7.12.

Tabelle 7.12. Versuchsparameter zu Übungsaufgabe Ü. 7.10

Versuch	Luftzustand			Trocknungsgeschwindigkeit 1. Abschnitt
	T in °C	Y in 10^{-3} kg/kg	φ —	$-(d\bar{X}/dt)_I$ in 10^{-3} kg/kg s
1	80	2,2	0,015	0,0517
2	80	12,0	0,045	0,0383
3	60	8,6	0,070	0,0283
4	40	17,3	0,360	0,0117

Versuchsergebnisse nach Bild 7.37.

Aufgabe:

1. Normierung der Trocknungsverlaufskurve
2. Berechnung der normierten Trocknungsgeschwindigkeit
   $\psi = \psi(u)$

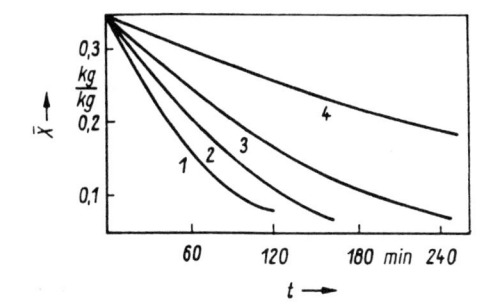

Bild 7.37. Konvektive Trocknung von Weizen im Festbett nach *Koratejew* u. Mitarb. [7.39]

3. Ermittlung von Näherungsbeziehungen für den Zusammenhang zwischen der normierten Trocknungsgeschwindigkeit ψ und der dimensionslosen Feuchte $\bar{u}$ unter Verwendung der folgenden Ansätze:
a) linearer Ansatz

$$\psi = a_1 + a_2 \bar{u}$$

b) exponentieller Ansatz

$$\psi = \bar{u}^{a_3}$$

Kontrollfragen

K 7.1. Nennen Sie Beispiele für die drei hinsichtlich ihres Feuchtigkeitsleitvermögens in der Trocknung unterschiedenen Stoffgruppen!

K 7.2. Welche Möglichkeiten der Flüssigkeitsbindung an feste Stoffe kennen Sie?

K 7.3. Wie läßt sich die Gleichgewichtsfeuchte eines Gutes in Abhängigkeit vom Luftzustand zweckmäßig darstellen?

K 7.4. Geben Sie den Verlauf der Gutfeuchte bei der Trocknung eines Körpers mit freier und hygroskopischer Feuchte schematisch als $\varphi = \varphi(X)$ an!

K 7.5. Welche Varianten der Schaltung eines Trockners kennen Sie, und wodurch werden diese gekennzeichnet?

K. 7.6. Welche Annahmen werden für das Modell des theoretischen (Konvektions-) Trockners getroffen?

K 7.7. Was ist ein theoretischer, was ein realer Trockner?

K 7.8. Wie werden spezifischer Luft- und spezifischer Wärmebedarf eines theoretischen Trockners berechnet?

K 7.9. Wovon ist der Zustandsverlauf des Trocknungsmittels beim realen Trockner abhängig?

K 7.10. Zeigen Sie an Beispielen, wie die Vorbereitung des Gutes zur Trocknung den Trocknungsprozeß beeinflußt!

K 7.11. Welche Vorteile bieten kombinierte Trockner?

K 7.12. Erläutern Sie den Begriff Verdunstungskoeffizient!

K 7.13. Wie lautet der aus der *Reynolds*-Analogie ableitbare Satz von *Lewis*, und unter welchen Voraussetzungen ist er gültig?

K 7.14. Was verstehen Sie unter Kühlgrenztemperatur?
Wie verlaufen die Linien gleicher Kühlgrenztemperatur im h, Y-Diagramm? Durch welche Linien können sie angenähert werden?

K 7.15. Welchen Einfluß hat die Trocknerkonstruktion auf die Triebkraft des Prozesses?

K 7.16. Welche Unterschiede ergeben sich beim Trocknungsverlauf von hygroskopischen Gütern zu den nichthygroskopischen?

K 7.17. Welche physikalischen Erscheinungen sind für den unterschiedlichen Verlauf der Trocknungsgeschwindigkeit in den einzelnen Abschnitten maßgebend?

K 7.18. Welche Oberflächentemperatur stellt sich in den einzelnen Trocknungsabschnitten ein, wenn reine Konvektionstrocknung vorausgesetzt wird? Wie wirken zusätzliche Leitung und Strahlung?

K 7.19. Welchen Vorteil bietet die normierte Darstellung des Trocknungsverlaufes?

K 7.20. Erläutern Sie die Grundgleichung (7.20) der Konvektionstrocknung! Welche Größen werden mit den einzelnen Symbolen erfaßt?

K 7.21. Was versteht man unter der Kinetik der Trocknung?

K 7.22. Welchen Einfluß hat die Form der Körper auf deren Trocknungszeit? Wodurch ist dieser bedingt?

K 7.23. Geben Sie den Verlauf von Luft- und Guttemperatur, Triebkraft und Trocknungsgeschwindigkeit bei Gleich- und Gegenstrom an!

K 7.24. Wann wird Gleichstrom-, wann Gegenstromtrocknung angewendet?

K 7.25. Was versteht man in der Trocknungstechnik unter »äußeren Bedingungen«? Wann sind diese konstant, wann variabel? Wie wirken sie sich auf den Prozeßverlauf aus?

K 7.26. Mit welchem Modell wird der Trocknungsvorgang bei der Durchströmung eines Haufwerkes beschrieben? Geben Sie den Lösungsweg derartiger Aufgaben an!

K 7.27. Erklären Sie die S-förmige Gestalt der Trocknungsverlaufskurve in einem Querschnitt des Haufwerkes, der deutlich vom Eintrittsquerschnitt entfernt ist! In welcher Weise unterscheidet sich davon die Trocknung im Eintrittsquerschnitt?

K 7.28. Wie sind Anzahl und Höhe der Übertragungseinheiten bei der Konvektionstrocknung definiert?

K 7.29. Wie berechnet man die Anzahl der Übertragungseinheiten bei der Konvektionstrocknung
a) aus dem Luftzustand und
b) aus dem Stoffübergang?

K 7.30. Was versteht man unter einem klassischen kinetischen Experiment zur Konvektionstrocknung? Welche Bedingung muß es erfüllen?

K 7.31. Welche Angaben enthält das verfahrenstechnische Modell eines Konvektionstrockners?

K 7.32. Welche Tendenzen prägen die Entwicklung von Trocknern und Trocknungsanlagen?

K 7.33. Welche Probleme ergeben sich aus dem Energieverbrauch von Trocknern? Nennen Sie Möglichkeiten der Senkung des spezifischen Energiebedarfs beim Trocknen!

K 7.34. Welche Einteilungskriterien für Trockner kennen Sie? Nennen Sie Beispiele!

K 7.35. Durch welche Tendenzen sind Prozeßgestaltung und Apparateentwicklung bei der Trocknung gegenwärtig gekennzeichnet?

K 7.36. Welche allgemeinen Prinzipien gestatten die Anwendung der für die Konvektionstrocknung abgeleiteten Beziehungen auch auf andere Prozesse des Fest-Fluid-Stoffaustausches?

8. Adsorption

8.1. Einführung

Mit *Adsorption* wird allgemein die exotherme Anlagerung von Molekülen eines Stoffes an der Grenzfläche einer kondensierten Phase, im engeren Sinne eines Feststoffes, bezeichnet. Ursache der Adsorption sind *Van-der-Waals*sche Kräfte, das sind Kohäsionskräfte zwischen den Molekülen, die sich infolge der Diskontinuität an freien Oberflächen nicht im Gleichgewicht befinden. Erfolgt mit der Anlagerung zugleich auch eine chemische Umwandlung, so wird der Vorgang als Chemosorption bezeichnet. Beide Fälle unterscheiden sich deutlich in der Größe ihrer Enthalpie. Diese liegt bei der physikalischen Adsorption im Bereich bis zu 40 MJ/kmol, bei der Chemosorption zwischen 40 und 400 MJ/kmol. Entsprechend Abschnitt 2.5.3. verläuft der Prozeß in mehreren Teilschritten, die je nach den vorliegenden Bedingungen in unterschiedlicher Weise die Prozeßgeschwindigkeit beeinflussen können. Technisch genutzt wird die Adsorption an Stoffen mit großer innerer Oberfläche, die entweder natürlich vorkommen oder in zunehmendem Maße künstlich erzeugt werden. Für die praktische Verwendung werden Adsorbentien im allgemeinen granuliert. Neben den bereits im Ausgangsmaterial vorhandenen Mikroporen entstehen dabei zwischen den einzelnen Teilchen Makroporen, die vor allem dem Stofftransport von der äußeren Oberfläche an die aktiven Adsorptionszentren dienen.

Die Adsorption wird zur Stofftrennung insbesondere dann vorteilhaft eingesetzt, wenn die Konzentration der zu entfernenden Komponenten gering ist. So wird sie seit langer Zeit für die Feinreinigung von Flüssigkeiten und Gasen z. B. in der Lebensmittelindustrie und im Umweltschutz eingesetzt. Werden die Konzentrationen größer und steigt entsprechend der Bedarf an Adsorbentien, so sind andere Trennverfahren z. B. Rektifikation oder Absorption wirtschaftlicher. Ihrer hohen Kosten wegen werden die beladenen Adsorbentien gewöhnlich regeneriert, wobei drei unterschiedliche Wege möglich sind: Temperaturerhöhung, Druckabsenkung oder Verdrängung durch ein anderes Medium.

Bereits *Hippokrates* beschrieb um 400 v. Chr. die Verwendung von Holzkohle zur Geruchsbindung bei schwärenden Wunden. 1771 machte *Scheele* aufmerksam auf die Fähigkeit von Holzkohle, Gase zu binden. 1916 wurde das *Bayer*-Adsorptionsverfahren in drei Stufen patentiert [8.1]. Mit Beginn der 1. Energiekrise in den 70er Jahren werden Adsorptionsprozesse in zunehmendem Maße zur Stoffgewinnung aus Gemischen eingesetzt.

Auch die Auslegung von Adsorbern beruht auf dem thermodynamischen Gleichgewicht, den von der Art der Phasenführung und Betriebsweise abhängigen Stoff- und Energiebilanzen sowie der jeweiligen Prozeßkinetik. Für die Apparatedimensionierung müssen weiter die hydrodynamischen Randbedingungen bekannt sein. Wissenschaftliche Durchdringung und mathematische Aufbereitung der Adsorption sind im Vergleich zur Trocknung sehr hoch entwickelt. Eine der Ursachen dafür dürfte sein, daß im Unterschied zur großen Vielfalt der zu trocknenden Stoffe die Zahl der Adsorbentien vergleichsweise gering ist, ihre Eigenschaften in engen Grenzen konstant sind und z. B. im Falle der Molekularsiebe (Zeolithe) im Herstellungsverfahren festgelegt werden können.

8.2. Adsorbentien

Adsorbentien sind kapillarporöse Stoffe mit einem hohen Anteil an Mikroporen mit Durchmessern im Bereich von 0,3 bis 0,8 nm, die als Pulver oder Pellets, neuerdings auch in Form beschichteter Papiere und Matten angeboten werden.

Dichte (wahre, scheinbare oder Schüttdichte)
Porosität (der Einzelpartikel oder des Festbetts)
Granulometrischer Zustand
Äquivalenter Durchmesser des Granulates
Volumenspezifische Oberfläche
Mechanische Festigkeit
Staubentwicklung
Feuchtigkeit
Salzgehalt

Tabelle 8.1. Technisch wichtige Eigenschaften zur Charakterisierung von Adsorbentien

Nach ihrem selektiven Verhalten gegenüber Wasserdampf unterscheidet man grundsätzlich zwischen *hydrophilen* und *hydrophoben* (wasseranziehenden und wasserabweisenden) Adsorbentien. Stand bisher an hydrophoben Adsorbentien allein Aktivkohle zur Verfügung, so sind in jüngster Zeit auch hydrophobe Zeolithe entwickelt worden [8.2]. Erhebliche Verbreitung fanden Adsorbentien vor allem auch als Katalysatorträger.

Aktivkohle wird aus organischen kohlenstoffhaltigen Rohstoffen (Torf, Braun- u. Steinkohle, Anthrazit, Holz, Leder, Tierknochen, Nußschalen, auch hackfrischen Holzresten [8.3]) durch Verkohlung unter Luftabschluß bei Zugabe anorganischer Stoffe gewonnen. Sie wird in einer großen Breite von Sorten und Marken angeboten.
Von Nachteil sind ihre geringe Abriebfestigkeit und die Neigung zur Selbstentzündung, die niedrige Temperaturen beim Beladen und der Desorption oder auch die Verschneidung mit bis zu 50% Silikagel erfordert.
Typische Einsatzgebiete sind die Rückgewinnung organischer Lösungsmittel (Kohlenwasserstoffe, Alkohole, Azeton, CS_2), die Reinigung der Atemluft in Atemschutzmasken, die Gewinnung von Benzol aus Abgasen der Kohledestillation und des Alkohols aus Abgasen der alkoholischen Gärung. Bekannt ist auch die »Kohleschönung« von Most und Wein, mit der Frost-, Faul- oder Rauchgeschmack entfernt werden können [8.4]. Bei der Zuckerherstellung werden Aktivkohlen zur Entfärbung von Zuckerlösung eingesetzt [8.5].
In neuerer Zeit werden mittels spezieller Aktivierungsverfahren auch Aktivkohlen mit sehr engem Porenspektrum als sogenannte Kohlenstoff-Molekularsiebe hergestellt. Sie verfügen über ein wesentlich engeres Spektrum der Porenweiten zwischen 40 und 90 nm. Ihre Selektivität ist deshalb sehr hoch, die Aufnahmekapazität entsprechend geringer. Sie werden vorzugsweise in der Luftzerlegung eingesetzt [8.6].

Silikagel ($SiO_2 \cdot nH_2O$) wird in glasklaren oder matten, farblosen bis leicht bräunlichen Granulaten mit 0,1 bis 7 mm Durchmesser angeboten. Die feineren Fraktionen werden in Wirbelschicht-, die gröberen in Festbettadsorbern eingesetzt. Die chemischen und adsorptiven Eigenschaften werden im wesentlichen durch die Si-OH Gruppe sowie die Dotierung mit bestimmten Chemikalien (Amino-, Sulfo- oder Nitrilgruppen) bestimmt.
Von besonderem Vorteil sind bei Silikagel die niedrigen Regenerierungstemperaturen von 110 bis 200 °C, die hohe Abriebfestigkeit sowie ein durch die einfache Herstellung möglicher niedriger Preis. Veränderungen der Struktur sind durch den Einbau bestimmter Atome bzw. Atomgruppen in unkomplizierter Weise möglich.

Aktivierte Tonerde. ($Al_2O_3 \cdot nH_2O$) Die Entwicklung dieses Adsorptionsmittels ging insbesondere von der Erdölverarbeitung aus, in der aktivierte Tonerde vor allem als Katalysatorträger z. B. beim Hydrocracking und beim Reforming eingesetzt wurde. Besonders vorteilhaft sind die thermische Stabilität, die leichte Zugänglichkeit der Rohstoffe sowie die einfache Herstellung durch thermische Entwässerung und Rekristallisation natürlicher Tone bei erhöhter Temperatur.

Die Eigenschaften werden bestimmt durch die Ausgangsmineralien, den Restwassergehalt sowie den Gehalt an Alkali- und Erdalkalimetallen. Bis zu Temperaturen von 600 °C verwendbare Sorten enthalten bis zu $n = 0{,}6$ mol H_2O, höhere Wasseranteile ermöglichen auch höhere Betriebstemperaturen.

Typische Einsatzfälle sind die Trocknung unterschiedlichster Gase bis zu einem Taupunkt von -60 °C. Eine Besonderheit ist, daß auch flüssiges Wasser die Struktur nicht zerstört. Bei der Verarbeitung von Kohlenwasserstoffen mögliche koksartige Verschmutzungen können durch gesteuerte Verbrennung beseitigt werden. Ihrer amphoteren Eigenschaften wegen wird aktivierte Tonerde auch zur Reinigung von Transformatorölen eingesetzt.

Zeolithe, Molekularsiebe. Natürliche, überwiegend aber künstlich erzeugte kristalline Alkali- oder Erdalkali-Aluminosilicate, bei deren Herstellung definierte, streng regelmäßig ausgebildete, durch Kanäle verbundene Mikroporen mit einem Durchmesser im nm-Bereich entstehen, die siebartig wirken und Moleküle unterschiedlicher Größe trennen können. Die generelle Zusammensetzung kann mit der Formel $(M^I_3 M^{II})O \cdot Al_2O_3 \cdot nSiO_2 \cdot mH_2O$ beschrieben werden, wobei M^I Natrium, seltener Kalium, und M^{II} Calcium, seltener Barium und Strontium, bedeuten.

Die Einteilung erfolgt nach der Größe der Poren und dem Verhältnis n der SiO_4- und AlO_4-Tetraeder.

Tabelle 8.2. Kennzeichnung von Molekularsieben

Typ	A	X	Y
Verhältnis n der Anzahl der SiO_2- und AlO_4-Tetraeder	2	2,2 ... 3	3 ... 6

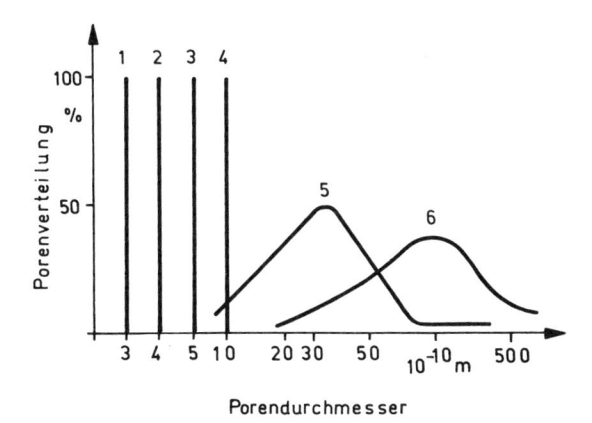

Bild 8.1. Prozentuale Porenverteilung verschiedener Adsorbentien [8.31]

1 Molekularsieb 3A
2 Molekularsieb 4A
3 Molekularsieb 5A
4 Molekularsieb 13X (10A)
5 Kieselgel
6 Aktivkohle

Die einzelnen Typen erhält man durch unterschiedliche Rohstoffe (Wasserglas, SiO_2-Sol, Alkali- und Erdalkalimetallchloride und -hydroxide), Art und Menge von Zusätzen und/oder unterschiedlicher Prozeßparameter bei der Herstellung (Kristallisationstemperatur und -dauer, Prozeßdauer, Auswaschgrad).

Das Feststoffgerüst besteht aus $[SiO_4]^{4-}$ und $[AlO_4]^{5-}$-Tetraedern, die durch Sauerstoffatome verbunden sind. Die so gebildete Kristallstruktur ist streng regelmäßig und hat deshalb im Unterschied zu den anderen Adsorbentien keine Porengrößenverteilung, sondern eine einheitliche Porengröße. In jüngster Zeit wurden durch Austausch der Al-Atome durch Si-Atome im Kristallgitter neuartige Zeolithe mit ausgeprägt hydrophobem Charakter entwickelt [8.2], die deshalb auch zur Lösungsmittelrückgewinnung einsetzbar sind und ihre hohe Arbeitskapazität bis zu Gasfeuchten von 80 bis 90% behalten. Die Regenerierung erfolgt bei einer Temperatur von 180 °C.

Die meisten Zeolithe, insbesondere die Al-reichen Typen, sind nur unter wasserfreien Bedingungen oberhalb 700 °C über längere Zeit stabil. Bei Anwesenheit von flüssigem Wasser kann die Kristallstruktur rasch auch bei niedrigeren Temperaturen verloren gehen.

Der Einsatz erfolgt vorzugsweise zur Gasreinigung. Seit einigen Jahren werden A-Typen anstelle der energieaufwendigeren Rektifikationsverfahren auch zunehmend zur Trennung von geradkettigen und verzweigten Kohlenwasserstoffen und X- und Y-Typen zur Trennung von Isomeren des Xylols eingesetzt [8.7], [8.8, 8.9].

Tabelle 8.3. Charakteristische Eigenschaften technischer Adsorbentien [8.10]

Adsorbens	Handelsnamen	Spezifische Oberfläche in m^2/g	Schüttdichte in g/cm^3	Gesamtporenvolumen in cm^3/g	Mikroporenvolumen in cm^3/g	Makroporenvolumen in cm^3/g	Mittlerer Porenradius in nm
Aktivkohle	SKT	68 ... 180	0,38 ... 0,50	0,75 ... 1,1	0,45 ... 0,60	0,16 ... 0,25	—
	A6-2	33	0,60	0,60	0,30	0,25	—
	KAD	100	0,38	1,00	0,30	0,51	—
Silikagel	KSK	300	0,42	1,1	—	—	800 ... 1000
	KSS	500 ... 600	0,50 ... 0,55	0,76 ... 0,85	—	—	260 ... 350
	KSM	600 ... 750	0,8	0,25 ... 0,38	—	—	80 ... 120
Al_2O_3	HO 401	200	0,9	0,42	—	—	850
Zeolithe	4A	—	0,66	22 [2)]	0,289	—	40 [1)]
	5A	1640	0,72	21,5 [2)]	0,305	—	50 [1)]
	13X	1400	0,61	28,5 [2)]	0,36	—	100 [1)]
	10X	—	0,64	31,6 [2)]	—	—	80 [1)]
Zeosorb	5AM	—	0,72	0,60	0,3 ... 0,2	0,3 ... 0,4	50
Mordenit	Na-Form	—	0,64	14 [2)]	0,14	—	70 [1)]
Montmorillonit		39	—	0,37	—	0,32	48
Kaolinit		70	—	0,17	—	—	—

[1)] Porendurchmesser
[2)] Adsorptionskapazität für H_2O in % bei 25 °C

8.3. Theoretische Grundlagen

8.3.1. Das Adsorptionsgleichgewicht

Boedicker und *Ostwald* beschrieben 1893 erstmals das Adsorptionsgleichgewicht mit der empirischen Beziehung

$$X^* = a_1 p^n \qquad (8.1)$$

die *Freundlich* später für viele Stoffpaare bestätigte, und die deshalb heute häufig als *Freundlich*-Isotherme bezeichnet wird. Der Exponent n liegt meist zwischen 1 und 5 [8.11]. Nach *Brunauer* u. Mitarb. [8.15] unterscheidet man die im Bild 8.2 angegebenen fünf Haupttypen von Sorptionsisothermen. Die asymptotische Annäherung an einen Grenzwert bei Kurventyp 1 (Einstellung der Sättigung) wird als Abschluß der monomolekularen Bedeckung gedeutet. Ein Kurvenverlauf entsprechend Typ 1 wird als *günstig* bezeichnet, da diese Form zu einer sich aufrichtenden Konzentrationsfront bei der Adsorption im Festbett führt und damit die sogenannte *verlorene Betthöhe* verringert [8.7, 8.10]. Typ 3 ist dagegen *ungünstig*, da er bei der Festbettadsorption eine Verflachung der Konzentrationsfront und eine Vergrößerung der verlorenen Betthöhe verursacht. Die Kurven 2 ... 5 geben Fälle mit mehrschichtiger Adsorption wieder. Bei der Isothermen 2 ist die Adsorptionsenthalpie bei monomolekularer Bedeckung größer als die Kondensationsenthalpie des Gases, bei der Isothermenform 3 ist es gerade umgekehrt [8.31]. Isothermen der Form 4 und 5 werden beobachtet, wenn Kapillarkondensation auftritt.

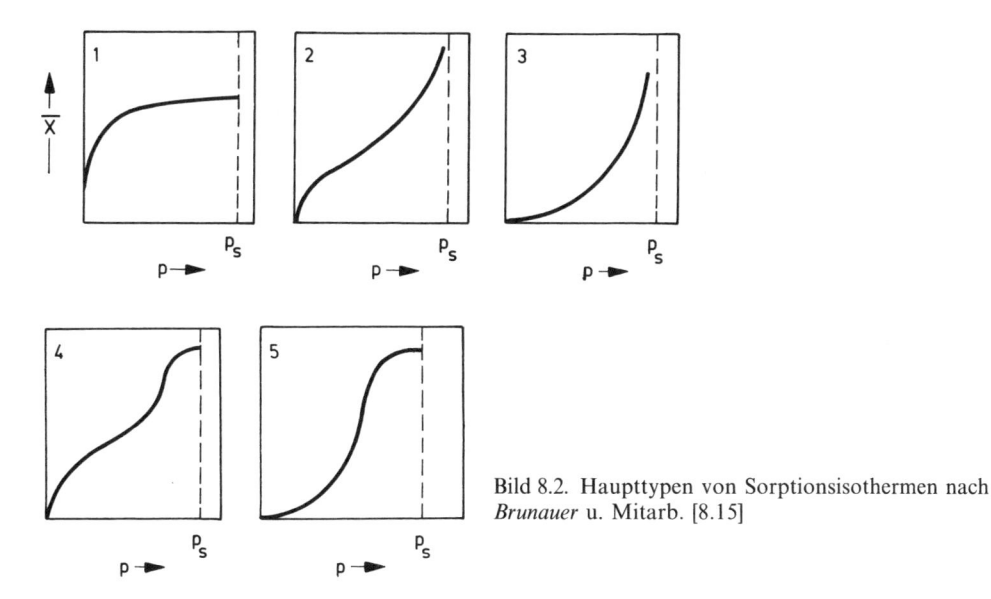

Bild 8.2. Haupttypen von Sorptionsisothermen nach *Brunauer* u. Mitarb. [8.15]

Empirische Gleichungen für die mathematische Modellierung der einzelnen Typen von Isothermen sind in [8.16] zu finden.
Mit Hilfe der folgenden, stark vereinfachenden Annahmen fand *Langmuir* [8.12] den ersten halbempirischen Ausdruck für eine Sorptionsisotherme:

– Die Adsorption erfolgt nur an einzelnen ausgezeichneten Punkten, den sogenannten Adsorptionszentren, die untereinander energetisch äquivalent sind.

– Jedes Zentrum adsorbiert nur ein einziges Molekül.
– Benachbarte adsorbierte Moleküle beeinflussen einander nicht.

Nach Einführung eines Bedeckungsgrades θ der adsorbierenden Oberfläche erhielt *Langmuir* für die Adsorptionsgeschwindigkeit

$$\dot{X}_{ads} = k_{ads}(1 - \theta)\,p \tag{8.2}$$

Für die Desorptionsgeschwindigkeit gilt

$$\dot{X}_{des} = k_{des}\theta \tag{8.3}$$

Befinden sich Adsorption und Desorption im dynamischen Gleichgewicht, so folgt

$$\frac{\theta}{1-\theta} = \frac{k_{ads}}{k_{des}}\,p = a_1 p \tag{8.4}$$

Werden anstelle der Flächenbedeckung Konzentrationen eingeführt, so erhält man mit dem Proportionalitätsfaktor a_0

$$X^* = a_0\,\frac{a_1 p}{1 + a_1 p} \tag{8.5}$$

Die graphische Darstellung dieser Beziehung entspricht dem Kurventyp 1 im Bild 8.2. Als asymptotische Annäherung an den Sättigungszustand ergibt sich

$$\lim_{p \to \infty} X^* = X^*_{max} = a_0 \tag{8.6}$$

und mit

$$\lim_{p \to \infty} X^* = a_0 a_1 p \tag{8.7}$$

erhält man für geringe Konzentrationen einen linearen Zusammenhang zwischen Sättigung und Druck analog dem *Henry*schen Gesetz.

Mit Hilfe der maximalen Beladung nach Gleichung (8.6) und des aus Meßwerten bestimmten Anpassungsfaktors a_1 kann das Gleichgewicht mit der *Langmuir*-Isotherme in begrenzten Konzentrations- und Druckbereichen in der Regel gut wiedergegeben werden [8.7, 8.8, 8.11].

Brunauer, *Emmet* und *Teller* [8.13] erweiterten die Überlegungen *Langmuirs* auf eine mehrschichtige Bedeckung und erhielten folgenden Zusammenhang, der besondere Bedeutung für die experimentelle Bestimmung der inneren Oberfläche der Adsorbentien erlangt hat [8.7] und die *Langmuir*-Isotherme als Sonderfall einschließt:

$$X^* = a_0\,\frac{a_1 \dfrac{p}{p_s}}{\left(1 - \dfrac{p}{p_s}\right)\left[1 + (a_1 - 1)\dfrac{p}{p_s}\right]} \tag{8.8}$$

p_s Sättigungsdruck der Übergangskomponente bei der gleichen Temperatur

Das *Langmuir*sche Modell für das einzelne Gas läßt sich leicht auch auf Gasgemische erweitern. Setzt man voraus, daß sich sämtliche Komponenten in gleicher Weise an der Ausbildung der monomolekularen Bedeckung beteiligen, so folgt für den jeweiligen Bedeckungsgrad

$$\theta_i = \frac{a_{1i} p_i}{1 + a_{11} p_1 + a_{12} p_2 + \ldots} \tag{8.9}$$

und entsprechend für die Beladung

$$X_i^* = a_{0i} \frac{a_{1i} p_i}{1 + a_{11} p_1 + a_{12} p_2 + \ldots} \tag{8.10}$$

Eine bessere Anpassung an die Meßwerte ist mitunter erreichbar, wenn man in Gleichung (8.10) eine formale Anpassung analog zur *Freundlich*-Isotherme nach Gleichung (8.1) vornimmt:

$$X_i^* = a_{0i} \frac{a_i p_i^{n_i}}{1 + a_1 p_1^{n_1} + a_2 p_2^{n_2 + \ldots}} \tag{8.11}$$

Da eine allgemeine Theorie der Gemischadsorption noch fehlt, ist man meist auf Versuche angewiesen. Zur Vorabschätzung greift man deshalb häufig auch dann auf den folgenden, von *Lewis* [8.13] angegebenen, halbempirischen Zusammenhang für einen konstanten Druck p zurück, wenn die *Langmuir*-Beziehung nur näherungsweise erfüllt ist:

$$\sum_{i=1}^{\infty} \frac{X_i^*}{X_i^{*0}} = 1 \tag{8.12}$$

wobei mit X_i^{*0} die Beladung der reinen Komponente i beim gleichen Druck bezeichnet wird.

Beispiel 8.1. Gleichgewicht bei der Adsorption von Ethan und Ethen an Silikagel

Die Adsorption von Ethan und Ethen sowie Gemischen daraus an Silikagel wurde von *Lewis* u. Mitarb. [8.14] experimentell untersucht. Die Sorptionsisothermen bei $T = 25\,°C$ und $0 < p < 2$ MPa konnten durch die *Langmuir*-Beziehung (8.5) mit folgenden Konstanten angenähert werden:

Ethan: $a_{0,\text{Ethan}} = 0{,}1761$ kg/kg

$a_{1,\text{Ethan}} = 0{,}75$ MPa^{-1}

Ethen: $a_{0,\text{Ethen}} = 0{,}1288$ kg/kg

$a_{1,\text{Ethen}} = 1{,}78$ MPa^{-1}

Aufgabe:

Welche Gleichgewichtsbeladungen der reinen Komponenten sowie des Gemisches mit einem Partialdruck des Ethans von 40% sind mit den o. a. Konstanten bei einem Gesamtdruck von 0.8 MPa zu erwarten?

Lösung:

Nach Gleichung (8.5) ergibt sich für reines Ethan

$$X_{\text{Ethan}}^* = 0{,}1761 \cdot \frac{0{,}75 \cdot 0{,}8}{1 + 0{,}75 \cdot 0{,}8} = 0{,}066 \text{ kg/kg}$$

Der Zahlenwert für Ethen ist $X_{\text{Ethen}}^* = 0{,}0757$ kg/kg. Für das Gemisch folgt entsprechend Gleichung (8.10)

$$X_{\text{Ethan}}^* = 0{,}1761 \frac{0{,}75 \cdot 0{,}4 \cdot 0{,}8}{1 + 0{,}75 \cdot 0{,}4 \cdot 0{,}8 + 1{,}78 \cdot 0{,}6 \cdot 0{,}8} = 0{,}00201 \text{ kg/kg}$$

sowie

$X_{\text{Ethen}}^* = 0{,}0526$ kg/kg

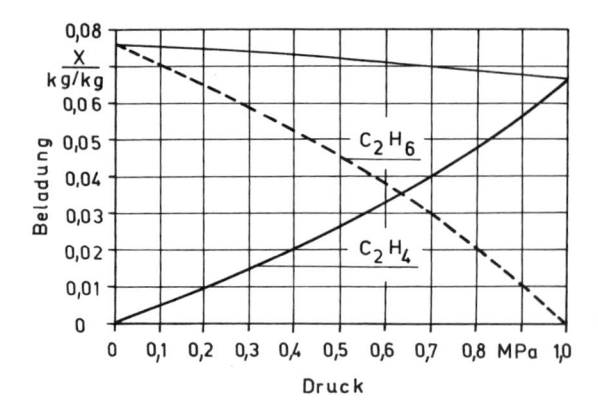

Bild 8.3. Gleichgewichtsbeladung von Ethan und Ethen beim Druck von 0,8 MPa nach Werten von [8.14]

Die Gleichgewichtsbeladung für das Gemisch beträgt folglich

$$X^* = X^*_{\text{Ethan}} + X^*_{\text{Ethen}}$$

$$X^* = 0{,}0727 \text{ kg/kg}$$

Vergleichen Sie das Ergebnis mit den im Bild 8.3 angegebenen Gleichgewichtsbeladungen in Abhängigkeit vom Partialdruck!

8.3.2. Die Adsorptionskinetik

Die Adsorption eines Gasmoleküls aus einem Trägergas durch ein festes Adsorbens ist ein außerordentlich komplexer Vorgang mit zahlreichen Einflußgrößen, deren vollständige Erfassung kaum möglich, aber wegen der unterschiedlichen Größenordnung der einzelnen Widerstände im allgemeinen auch nicht erforderlich ist. Im Verlaufe der Zeit sind zahlreiche Berechnungsmodelle vorgeschlagen worden. Sie können eingeteilt werden in

— Gleichgewichts- und Nichtgleichgewichtsmodelle,
— isotherme und nicht-isotherme Modelle,
— Modelle mit unterschiedlicher Berücksichtigung der einzelnen Widerstände für den Stoffaustausch,
— Modelle mit einheitlichem Porendurchmesser und sogenannte biporöse Modelle, die zwischen Makroporen für den Transport der Komponenten und Mikroporen für die Anlagerung unterscheiden,
— Modelle für Ein- und Mehrkomponentenadsorption.

In der Regel sind diese Modelle numerisch zu lösen. Nur für sehr einfache Modelle sind analytische Lösungen bekannt. Diese haben jedoch den Vorteil, daß sich der Einfluß der einzelnen Parameter direkt ablesen läßt, während er bei einer numerischen Lösung nur aus dem aufwendigen Vergleich mehrerer Berechnungen abgeleitet werden kann. Eine Zusammenstellung und Systematisierung der Modelle gibt *Ruthven* [8.8].
Als einfaches Beispiel einer analytischen Lösung wurde bereits im Abschnitt 2.5.3. die Adsorption einer einzelnen Übergangskomponente durch ein kugelförmiges Adsorbenskorn bei konstanter Gaskonzentration betrachtet. Als geschwindigkeitsbestimmend wurde die Diffusion im Innern des Feststoffs vorausgesetzt, gegenüber der alle anderen Widerstände vernachlässigt werden sollen. Diese klassische Aufgabe der Wärme- und Stoffübertragung mit einer *Randbedingung 1. Art* führte mit einem als konstant vorausgesetzten effektiven

Diffusionskoeffizienten auf die Beziehung[1])

$$\frac{\partial X}{\partial t} = D_{\text{eff}} \left(\frac{\partial^2 X}{\partial r^2} + \frac{2}{r} \frac{\partial X}{\partial r} \right) \quad (8.13)$$

Mit den Anfangs- und Randbedingungen der Einzelkugel im unendlich ausgedehnten Fluid

$$X(r, 0) = 0 \quad X(r = R, t) = \text{konst.} \quad \frac{\partial X(0, t)}{\partial r} = 0 \quad (8.14)$$

ergab sich die analytische Lösung [8.8, 8.17, 8.18, 8.19, 8.21]

$$\frac{\bar{X}(t)}{X^*} = 1 - \frac{6}{\pi^2} \sum_{n=1}^{\infty} \frac{1}{n^2} \exp\left(-\frac{n^2 \pi^2 D_{\text{eff}} t}{r^2}\right) \quad (8.15)$$

Nach Ausbildung der Profile und dem Beginn des regulären Regimes [8.20] reduziert sich die unendliche Reihe auf ihr 1. Glied

$$\frac{X^* - \bar{X}}{X^*} \approx \frac{6}{\pi^2} \exp\left(-\frac{\pi^2 D_{\text{eff}} t}{r^2}\right) \quad (8.16)$$

Eine für kürzere Prozeßdauer und geringe Beladung geeignetere Lösung findet man mittels *Laplace*-Transformation [8.8, 8.19]:

$$\frac{\bar{X}}{X^*} = 6 \sqrt{\frac{D_{\text{eff}} t}{r^2}} \left[\frac{1}{\sqrt{\pi}} + 2 \sum_{n=1}^{\infty} i \, \text{erfc}\left(\frac{nr}{\sqrt{D_{\text{eff}} t}}\right) \right] - 3 \frac{D_{\text{eff}} t}{r^2}$$

$$\approx \frac{6}{\sqrt{\pi}} \sqrt{\frac{D_{\text{eff}} t}{r^2}} - 3 \frac{D_{\text{eff}} t}{r^2} \quad (8.17)$$

In einem endlichen Volumen ist die Konzentrationsänderung des Fluids nicht mehr vernachlässigbar, und es muß eine zeitlich veränderliche Randbedingung eingeführt werden. Die Lösung lautet in diesem Fall [8.8, 8.21]

$$\frac{\bar{X}(t)}{X^*} = 1 - 6 \sum_{n=1}^{\infty} \frac{\exp\left(-\frac{p_n^2 D_{\text{eff}} t}{r^2}\right)}{9 \frac{Z}{1-Z} + (1-Z) p_n^2} \quad (8.18)$$

mit

$$Z = \frac{C_0 - C_\infty}{C_0}$$

und

$$\tan p_n = \frac{3 p_n}{3 + \frac{Z}{1-Z} p_n^2}$$

Ein völlig anderes Bild ergibt sich, wenn anstelle einer einzigen mehrere Übergangskomponenten gleichzeitig adsorbiert werden. Die Verhältnisse bei der Adsorption eines

---

[1]) Die Beziehung ist formal gleich derjenigen für die instationäre Wärmeleitung in der Kugel bei plötzlicher Änderung der Oberflächentemperatur.

528   **8** Adsorption

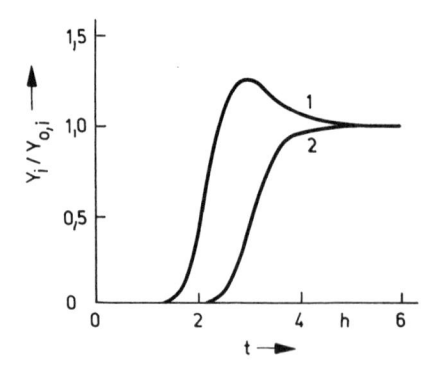

Bild 8.4. Konkurrierende Adsorption eines Gemisches aus zwei Übergangskomponenten mit unterschiedlicher Adsorptionsgeschwindigkeit (schematisch)

Gemisches aus zwei Übergangskomponenten mit unterschiedlicher Diffusionsgeschwindigkeit zeigt Bild 8.4. Die rascher diffundierende erste Komponente besetzt zunächst bevorzugt und unabhängig von der zweiten die aktiven Zentren in den Poren des Adsorbens, gegebenenfalls bis zur Sättigung. Anschließend wird dann ein Teil der ersten Komponente von der langsamer diffundierenden zweiten wieder verdrängt.

8.4. Praktische Anwendungen der Adsorption

8.4.1. Prozesse und Apparate

Adsorber-Bauarten

Bedingt durch die zahlreichen Anwendungsfälle der Adsorption in Labor und Industrie wurden mehrere unterschiedliche Bauarten entwickelt. Sie reichen von Labor-Chromatographen über den Festbettadsorber mit mehreren Quadratmeter Querschnittsfläche bis zur kontinuierlich arbeitenden Adsorptionskolonne mit Fließbett- oder Wirbelschichtböden.

Das Ziel eines Adsorptionsprozesses, die Konzentration einer oder mehrerer Übergangskomponenten in einem Fluid auf ein gefordertes Maß zu senken, wobei das benutzte Adsorbens möglichst weitgehend beladen und anschließend entladen und regeneriert werden soll, kann apparativ auf unterschiedliche Weise erreicht werden:

- Fluid und Adsorbens werden in einem Behälter diskontinuierlich vermischt und anschließend getrennt der Weiterverarbeitung zugeführt. Die Verfahrensweise ist kostspielig und deshalb nur im Labor und in der Wasseraufbereitung üblich.
- Das Adsorbens ist stationär in einem Behälter gelagert, Zu- und Abfuhr des Fluids werden entsprechend der erreichten Sättigung geregelt. Typisches Beispiel ist der Festbettadsorber, in dem die einzelnen Prozeßstufen Adsorbieren, Desorbieren, Trocknen und gegebenenfalls Kühlen nacheinander ablaufen.
- Das Adsorbens bewegt sich in einem senkrecht angeordneten Behälter in der Regel im Gegenstrom zum Fluid und durchläuft dabei nacheinander kontinuierlich alle Stadien des Prozesses von der Beladung bis zur Regenerierung. Typischer Vertreter ist die Hypersorptionskolonne.
- Das Adsorbens befindet sich in einer festen Schicht im Innern eines rotierenden Behälters, mit dem es sich — ähnlich wie in einem Drehzellenfilter — durch alle Stadien des Prozesses bewegt.

Die Fließfähigkeit technischer Adsorbentien läßt den Einsatz von Gegenstromkolonnen (s. Bild 8.5) zwar prinzipiell zu, setzt aber hohe mechanische Stabilität und Abriebsfestigkeit der eingesetzten Adsorbentien voraus. Eine Möglichkeit, das Gegenstromprinzip zumindest näherungsweise auch mit Festbetten zu verwirklichen, bietet der Rotationsadsorber nach Bild 8.6. Hier werden mit Hilfe eines rotierenden Ventils und eines aufwendigen Rohrleitungssystems die Fluid-, vorwiegend Flüssigkeitsströme, so variiert, daß ein Gegenstrom beider Phasen simuliert wird.

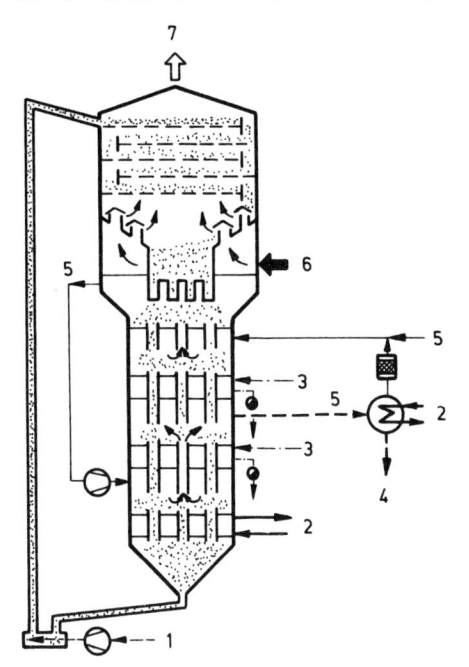

Bild 8.5. Gegenstrom-Adsorptionskolonne mit mehrstufiger Wirbelschicht nach dem Kontisorbon®-Verfahren der *Lurgi* [8.29]
1 Luft
2 Kühlwasser, -sole
3 Dampf
4 Lösemittel
5 N_2
6 Rohgas
7 Reingas

Nach wie vor überwiegen Festbettadsorber (Bilder 8.6, 8.11, 8.12), wobei mindestens zwei Behälter mittels automatischer Regelung abwechselnd beladen und regeneriert werden. Bei der Auslegung ist bezüglich der Korngröße der verwendeten Adsorbentien ein Kompromiß

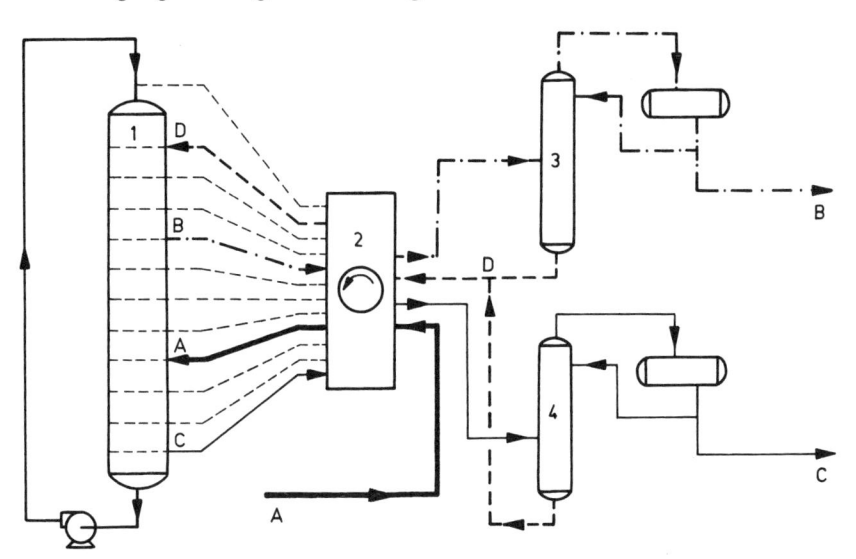

Bild 8.6. Simulation eines Gegenstroms von Fluid und Feststoff im Rotationsadsorber [8.8]
1 Adsorptionskammer   A Rohgas
2 rotierendes Ventil   B Extrakt
3 Extrakt-Kolonne   C Raffinat
4 Raffinat-Kolonne   D Desorptionsmittel

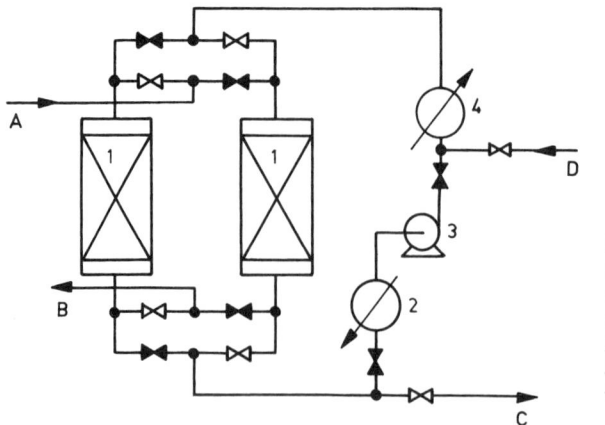

Bild 8.7. Schaltschema einer Festbett-Adsorptionsanlage mit zwei Adsorbern [8.10]

1 Adsorber A Gaseintritt
2 Kühler B Gasaustritt
3 Umlaufgebläse C Desorbataustritt
4 Aufheizer D Desorptionsgas

zu finden zwischen der Adsorptionsgeschwindigkeit, die nach Gleichung (8.15) mit dem Quadrat des Korndurchmessers wächst, und dem Druckverlust des Festbetts der für das Molekularsieb Zeosorb Bild 8.8 entnommen oder allgemein berechnet werden kann nach der Beziehung [8.33]

$$\Delta p = \lambda \frac{H}{d} \varrho w^2 \frac{1-\varepsilon}{\varepsilon^3} \tag{8.19}$$

ε ist die Porosität des Bettes. Als Durchmesser d wird gewöhnlich der *Sauter-Durchmesser* eingesetzt, der auch in die Re-Zahl der Gleichung von *Ergun* für den Druckverlustbeiwert λ eingeht:

$$\lambda = \frac{150}{\text{Re}} + 1{,}75 \tag{8.20}$$

Muß der Durchbruch der Übergangskomponente vermieden und deshalb der Betrieb unterbrochen werden, bevor die Schicht bis zur Abströmkante gesättigt ist, so entsteht

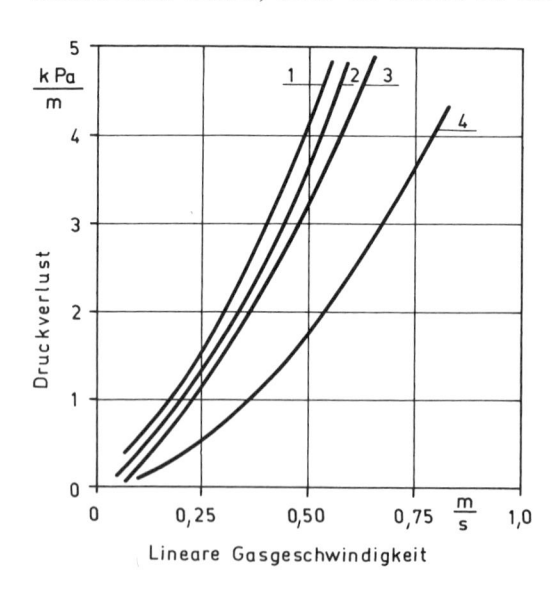

Bild 8.8. Druckverlust im Zeosorb-Festbett als Funktion der auf den freien Querschnitt bezogenen Gasgeschwindigkeit [8.32]

Praktische Anwendungen der Adsorption 8.4.

durch die sogenannte *verlorene Betthöhe* eine Kapazitätsverlust, der um so größer ist, je größer der Durchmesser ist. Man bevorzugt deshalb schlanke Behälter. Die durch die Störung der Porosität des Bettes in Wandnähe eintretende Ungleichförmigkeit der Gasgeschwindigkeit sowie die die Triebkraft vermindernde Rückvermischung der Strömung sind in technischen Adsorbern mit einem Verhältnis $H/d_{Part} > 200$ vernachlässigbar [8.22]. Bezüglich des Durchbruchsverhaltens können die im Abschnitt 7.5.2. getroffenen Feststellungen für die Trocknung ($=$ Desorption) analog übernommen werden. Auch bei der Adsorption entsteht die S-förmige Durchbruchskurve aus der Überlagerung innerer und äußerer Einflüsse: Zunächst bringt das in vorherliegender Schicht gereinigte Gas nur Spuren der Übergangskomponenten in den betrachteten Querschnitt mit, so daß sich nur geringe Prozeßgeschwindigkeiten ergeben. Rückt dann die Konzentrationsfront näher, so ist das Adsorbens bereits vorbeladen, so daß nun der Feststoff die Prozeßgeschwindigkeit begrenzt.

Es soll nun ein einfaches Modell des Vorgangs, das auf *Wicke* [8.23] zurückgeht, vorgestellt werden. Es beruht auf folgenden vereinfachenden Annahmen:

— isotherme Adsorption einer Komponente aus einem Trägergasstrom,
— verzögerungsfreie Gleichgewichtseinstellung entsprechend einer linearen Sorptionsisotherme,
— Vernachlässigung von Randgängigkeit und axialer Dispersion.

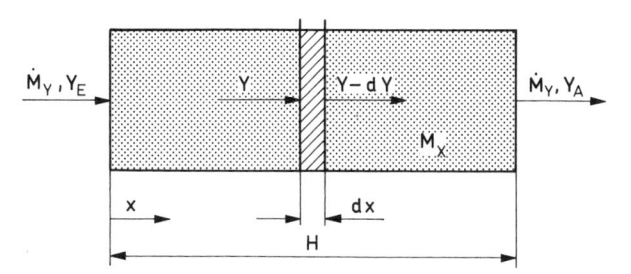

Bild 8.9. Differentielle Stoffbilanz der Stoffübergangszone im Festbettadsorber

Die Stoffbilanz für die Übergangskomponente lautet nach Bild 8.9:

$$\frac{\partial X}{\partial t} + \frac{\partial Y}{\partial t} + w \frac{\partial Y}{\partial x} = 0 \qquad (8.21)$$

Dabei sollen die Beladungen von Feststoff und Fluid im Gleichgewicht stehen:

$$X = X^* = X^*(Y)$$

so daß man mit der Umformung

$$\frac{\partial X}{\partial t} = \frac{\partial X^*}{\partial t} = \frac{\partial X^*(Y)}{\partial t} = \frac{\partial X^*(Y)}{\partial Y} \frac{\partial Y}{\partial t} \qquad (8.22)$$

für Gleichung (8.21) erhält

$$\left[\frac{\partial X^*}{\partial Y} + 1\right] \frac{\partial Y}{\partial t} + w \frac{\partial Y}{\partial X} = 0 \qquad (8.23)$$

oder nach Umstellung

$$\frac{\partial Y}{\partial t} + \frac{w}{\frac{\partial X^*}{\partial Y} + 1} \frac{\partial Y}{\partial X} = \frac{\partial Y}{\partial t} + w_s \frac{\partial Y}{\partial X} = 0 \qquad (8.24)$$

Dabei beschreibt w_s die Wanderungsgeschwindigkeit des Konzentrationsprofils durch das Festbett. Bei einer linearen Sorptionsisotherme $\partial X^*/\partial Y = \text{const}$ ist w_s für alle Punkte des Profils gleich. Bei gekrümmter Sorptionsisotherme ändern sich sowohl die Wanderungsgeschwindigkeit als auch die Form des Konzentrationsprofiles im Verlaufe des Prozesses, da dann die Steigung der Sorptionsisothermen von der Beladung abhängig ist: $\partial X^*/\partial Y \ne \text{const}$. Konkav gekrümmte Kurven — wie etwa die *Freundlich*- oder die *Langmuir*-Isothermen — nähern sich deshalb bei der Adsorption mit zunehmender Entfernung vom Eintrittsquerschnitt immer mehr der Form einer Sprungfunktion (*günstige* Isotherme nach Typ I im Bild 8.2). Konvex gekrümmte Gleichgewichtskurven dagegen führen bei der Adsorption zur Verbreiterung des Profils (*ungünstige* Isotherme nach Typ III im Bild 8.2). Bei der Desorption ändert sich das Profil entsprechend.

Eine Lösung der Differentialgleichung (8.22) ist möglich durch Einführung der neuen Variablen $z = x - w_s t$. Mit

$$\frac{\partial X}{\partial t} = \frac{\partial X}{\partial z}\frac{\partial z}{\partial t} = -w_s \frac{\partial X}{\partial z}$$

$$\frac{\partial Y}{\partial t} = \frac{\partial Y}{\partial z}\frac{\partial z}{\partial t} = -w_s \frac{\partial Y}{\partial z} \tag{8.25}$$

und der Umformung

$$\frac{\partial Y}{\partial x} = \frac{\partial Y}{\partial z}\frac{\partial z}{\partial t} = \frac{\partial Y}{\partial z} \tag{8.26}$$

folgt als Lösung

$$(w - w_s) Y = w_s X + \text{const} \tag{8.27}$$

Mit Hilfe der Randbedingungen an Eintritts- und Austrittsquerschnitt findet man — wiederum Gleichgewichtseinstellung vorausgesetzt — endgültig

$$w_s = \frac{Y_E}{X^* + Y_E} w \tag{8.28}$$

Die Berücksichtigung von Stoffaustauschwiderständen führt zu erheblich komplizierteren Modellen, die meist nur numerisch lösbar sind [8.8, 8.21]. *Kast* und *Otten* [8.22] geben einen Überblick über die zahlreichen Vorschläge zur Dimensionierung und haben analytische Näherungslösungen zusammengestellt, die für überschlägliche Berechnung häufig ausreichend sind und den Einfluß der einzelnen Prozeßparameter abzuschätzen gestatten.

Betriebsverhalten eines Festbett-Adsorbers

Formal kann die Betriebsdauer der Beladung eines Festbett-Adsorbers aus einer Bilanz der Übergangskomponente berechnet werden:

$$\Delta t = \frac{M_x(X^* - X_0)}{\dot{M}_y(Y_E - Y^*)} \tag{8.29}$$

Da die Konzentrationsfront jedoch nicht rechteckig als *Diraq*-Stoß, sondern als S-förmige sogenannte Durchbruchskurve[1] auftritt, ist die wirksame Betriebsdauer vor allem dann geringer, wenn der Austritt der zu adsorbierenden Komponenten auf jeden Fall vermieden werden soll (s. a. Bild 8.10). Es verbleibt so stets ein Teil des Feststoffs mit einer Beladung unterhalb der Sättigung. Durch die Hintereinanderschaltung von zwei Adsorbern und

---

[1] Ursache der typischen Form ist analog zu Abschnitt 7.3.1 auch hier die Überlagerung der Beladung des Feststoffs und des Potentials des Fluids.

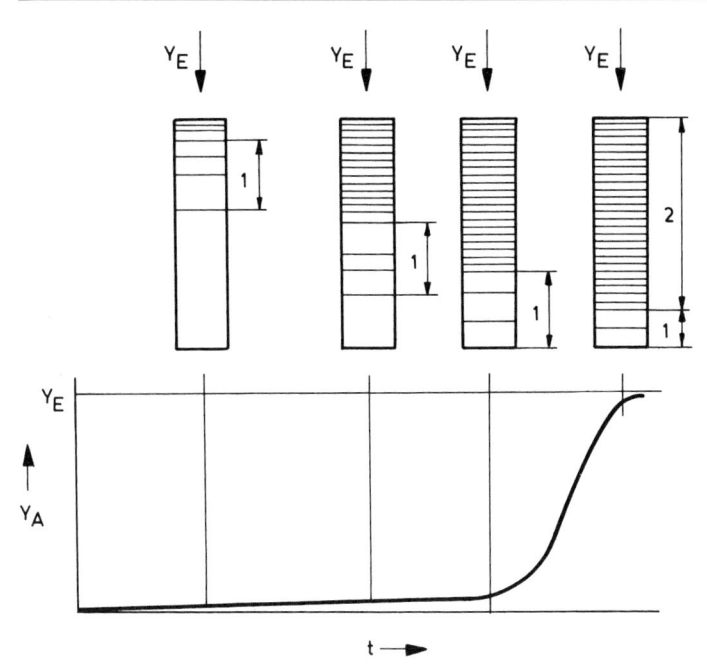

Bild 8.10. Verlauf der Austrittskonzentration im Festbett (sog. *Durchbruchskurven*), schematisch
1 Adsorptionszone   A Gaseintritt
2 Gleichgewichtszone B Gasaustritt

gleichzeitige Regenerierung eines dritten beim klassischen *Bayer*-Verfahren wird das vermieden, und es läßt sich ein quasikontinuierlicher Betrieb erreichen.

Börner [8.34] wies in Versuchen nach, daß die Kapazitätsunterschiede einzelner Aktivkohlesorten infolge Unzulänglichkeiten des praktischen Betriebes in der Regel nicht ausgeschöpft werden. Durch veränderte Stromführung der Medien bei der Regeneration dagegen konnte eine Senkung der Schadstoffemission um 80% dadurch erreicht werden, daß die Luft zur Trocknung nach der thermischen Regeneration − anstelle der üblichen Gegenstromführung − nun im Gleichstrom zum Wasserdampf durch das Bett geleitet wurde. Weiter empfiehlt er, während der Regenerierung adsorbiertes Kondensat auf der Dampf-Anströmseite des Bettes durch Heißluft auszutreiben. Er kommt nach Auswertung der Versuche zu dem Schluß, daß die Wirksamkeit eines Adsorbers in der Praxis weit mehr durch die Betriebsbedingungen bestimmt wird als durch die Wahl einer besonders geeigneten Aktivkohle.

Die Anwendung klassischer Festbetten, z. B. zur Entfernung von Wasser und Kohlendioxid aus Luft mittels Molsieben in Luftzerlegungsanlagen, erfordert große Adsorbensmengen. Es wurden deshalb spezielle Kurzzeitadsorber für die Luftzerlegung entwickelt. Sie bieten weiter den Vorteil geringeren Energiebedarfs bei der Regenerierung mittels Thermopuls [8.24]. Hier wird nur so lange erwärmtes Regeneriergas zugegeben, bis sich am Gasaustritt des Adsorbers ein Temperaturanstieg bemerkbar macht. Ferner ermöglicht die geringe Regenerierungstemperatur von etwa 80 °C häufig den Einsatz von Abwärme, und die geringere Betthöhe verursacht kleinere Druckverluste. Die Regelung derartiger Anlagen ist in jüngster Zeit durch den Einsatz frei programmierbarer Steuerungen deutlich verbessert worden, die die optimale Nutzung der Adsorberkapazität bei sicherer Vermeidung eines Durchbruchs der Übergangskomponente auch bei schwankender Eintrittskonzentration erlauben [8.25].

534   **8** Adsorption

Beispiel 8.2. Adsorption von Bleichloriddämpfen im Festbett aus aktivierter Tonerde

Zur Vermeidung der Kontaktvergiftung von Automobilkatalysatoren durch Bleisalz-Dämpfe untersuchten *Aharoni* u. Mitarb. [8.26] die Wirkung vorgeschalteter Schutzfilter aus der aktivierten Tonerde H151 der Fa. ALCOA, indem sie die über die Höhe des Festbetts adsorbierte Pb-Menge mittels Gammastrahlen-Sonden kontinuierlich feststellten. Das Festbettvolumen war 18 cm^3. Für die verwendete Tonerde H151 findet man bei *Perry* [8.27] eine Dichte von 55 lb/cu.ft = 88 g/cm^3. Weitere für die Bearbeitung notwendige Parameter sind:
Massenstrom $PbCl_2$: 2,2 g/h;
Sättigungskonzentration im Adsorbens: 0,2 g/g.
Einen Teil ihrer Ergebnisse stellten die Autoren im Bild 8.11 dar.

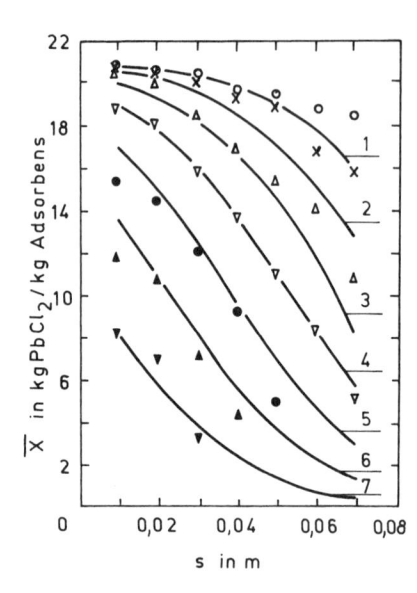

Bild 8.11. Konzentrationsverteilung bei der Adsorption von $PbCl_2$ an aktivierter Tonerde im Festbett nach *Aharoni* u. Mitarb. [8.26]

Aufgabe:

Aus den Ergebnissen sollen charakteristische Parameter ermittelt und der Prozeß nachgerechnet werden.
Im einzelnen werden gefordert:

1. Umformung der Näherungsgleichung für die Trocknung im Festbett in eine für die Adsorption geeignete Beziehung,
2. Ableitung der für die Anströmkante gültigen Beziehung,
3. Bestimmung der Zeitkonstanten aus der Beziehung für die Anströmkante und einem geeigneten Meßwert aus den Diagrammen,
4. Bestimmung der Höhe einer Übertragungseinheit aus der Anwendung der allgemeinen Beziehung auf den Sonderfall $v = 1/2$ und einem geeigneten Meßwert aus den Diagrammen,
5. Abschätzung der Wanderungsgeschwindigkeit des Konzentrationsprofils,
6. Abschätzung der minimalen und der maximalen Prozeßdauer bis zur Einstellung von 1% bzw. 99% Sättigung in der Abströmkante,
7. Nachrechnung eines Konzentrationsprofils über die Schichthöhe und Vergleich mit den Originalmeßwerten.

Lösung:

Zu 1.

Da die Adsorption als Umkehrung der Desorption aufgefaßt werden kann, gilt analog

$$v = 1 - u = \frac{1}{1 + \dfrac{\exp \xi}{\exp \tau - 1}}$$

Zu 2.

Für die Anströmkante $\xi = 0$ gilt entsprechend diesem Zusammenhang

$$v(0, \tau) = 1 - \exp - \tau = v_0$$

Zu 3.

Mit der Definition der Zeitkonstanten $\tau = t/t^*$ folgt aus dieser Beziehung

$$t^* = \frac{t}{\ln \dfrac{1}{1 - v_0}}$$

Nach angegebenem Diagramm wurden 99% Sättigung etwa nach 4,67 h erreicht, so daß man für die Zeitkonstante t^* nach obiger Beziehung etwa 1,0 h erhält.

Zu 4.

Für den Sonderfall $w = 1/2$ erhält man aus der unter 1. angegebenen Beziehung

$$\exp \xi = \exp \tau - 1$$

woraus sich nach Einsetzen der Zahlenwerte $\bar{X}_{50\%} = 0,10$ g/g bei $s = 4$ cm nach 2,2 h für die Höhe einer Übertragungseinheit ein Wert von $s^* = 1,9$ cm ergibt.

Zu 5.

$$\frac{d\xi}{d\tau} = \frac{ds/s^*}{dt/t^*}$$

und

$$w_G = \frac{ds}{dt} = \frac{s^*}{t^*}$$

erhält man eine Wanderungsgeschwindigkeit w_G der Profile von 1,9 cm/h.

Zu 6.

Die minimale Prozeßdauer ergibt sich als Quotient von maximaler Adsorptionskapazität des Festbett und maximalem Stoffstrom der Übergangskomponente:

$$\Delta t_{\min} = \frac{X^* V_{\text{Schütt}} \varrho_{\text{Schütt}}}{\dot{M}_Y}$$

Mit den gegebenen Zahlenwerten erhält man die minimale Prozeßdauer zu 1,44 h.
Die maximale Prozeßdauer ist die Summe der Zeiten für die Sättigung in der Anströmschicht und der Wanderung des Profils durch die gesamte Schicht.

536   **8** Adsorption

Die Dauer bis zur Einstellung von 99% Sättigung in der Anströmschicht berechnet man nach

$$t = t^* \ln \frac{1}{1 - v_0}$$

setzt man $v_0 = 0{,}99$, so folgt $t = 4{,}6$ h. Damit erhält man als maximale Prozeßdauer $\Delta t = 4{,}6 + 8/1{,}9 = 8{,}8$ h.

Zu 7.

Die nachgerechneten Profile sind als ausgezogene Linien bereits in das Bild 8.11 eingezeichnet worden.

8.4.2. Adsorptionsverfahren

Druckluftentfeuchtung [8.28]

Für zahlreiche Einsatzfälle muß Druckluft entfeuchtet werden, um z. B. Korrosion, Vereisung oder Bakterienwuchs zu verhindern. Nach den PNEUROP-Empfehlungen werden Wassergehalte $<0{,}7$ g/m^3 angestrebt, für Hightech-Ansprüche sind Werte bis zu $0{,}01$ g/m^3 zu erwarten.

In steckerfertig gelieferten Kompaktanlagen mit einfach regenerierbaren Silicagel-Mischungen von 0,2 bis 0,3 nm Porendurchmesser sind im Dauerbetrieb Taupunkte bis zu $-20\,°$C üblich. In millionenfach eingesetzten sogenannten *Heatless*-Anlagen wird die Regenerierung durch einen Teilstrom bereits entspannter Druckluft erreicht. In größeren Anlagen sind aufwendigere Schaltungen wirtschaftlich, die z. B. auch eine Rückgewinnung der Verdichterabwärme zulassen.

Anlagen zur Lösemittelrückgewinnung und Gasreinigung

Adsorptionsverfahren mit Aktivkohle werden zur Reinigung beliebig großer Volumenströme von geringer Konzentration eingesetzt. Nach *Ulrich* und *Müller* [8.29] sollte die Konzentration 1/3 der unteren Explosionsgrenze nicht überschreiten, um die Temperatur-

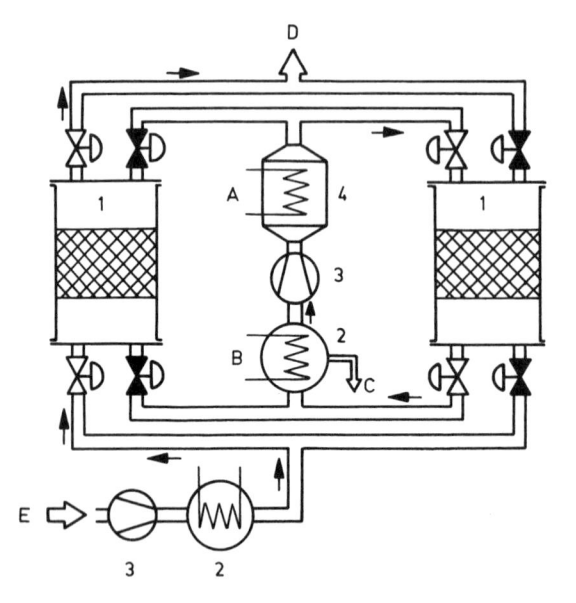

Bild 8.12. Schaltschema des Molsorbers® [8.30]

1 Adsorber	A Heizmedium
2 Kühler	B Kühlwasser
3 Gebläse	C Lösungsmittel
4 Aufheizer	D Reinluft
	E Abgas

Praktische Anwendungen der Adsorption **8.4.** 537

steigerung gering zu halten und eine Selbstentzündung der Kohle zu vermeiden. Das Verfahren wird vor allem zur Abtrennung organischer Stoffe eingesetzt, während für anorganische Stoffe mit Ausnahme von SO_2 und H_2S weniger geeignete Adsorbentien zur Verfügung stehen.

Eine typische zweistufig arbeitende Anlage mit Molekularsieben ist der *Molsorber*® [8.30], der z. B. für Perchlorethen und Trichlorethen eingesetzt wird. Die Anlage wird mittels Messung der Reingaszusammensetzung automatisch gesteuert. Die Regenerierung erfolgt zweistufig durch thermische Desorption des Bettes mit anschließender Kühlung. Das Desorbat wird in einem nachgeschalteten Kühler kondensiert und zurückgewonnen.

Das Parex-Verfahren zur Gewinnung von n-Paraffinen mittlerer Kettenlänge [8.9]

Im Dieselkraftstoff sind n-Paraffine, i-Paraffine, Naphthene und Aromaten enthalten, deren Siedepunkte sich überlappen. Daher ist die Destillation nicht geeignet. Mit einer aufwendigen Trennung durch Molekularsiebe in gasförmiger Phase können n-Paraffine hoher Reinheit gewonnen werden.

Geradkettige Paraffine der Kettenlänge C_{10} bis C_{20} werden als chemischer Rohstoff aus Erdölfraktionen des Siedebereiches 190 bis 300 °C mit einem Massenanteil von 20 bis 40 Ma.-% je nach Lagerstätte aus der Gasphase bei 300 bis 400 °C und 0,5 bis 1 MPa durch Adsorption an Molekularsieben des Typs 5AM gewonnen. Das Restgemisch wird auf Dieselkraftstoffe mit niedrigem Stockpunkt verarbeitet. Durch Verwendung eines Gemisches aus Komponenten mit einem hohen Dipolmoment und protonophilem Charakter konnte

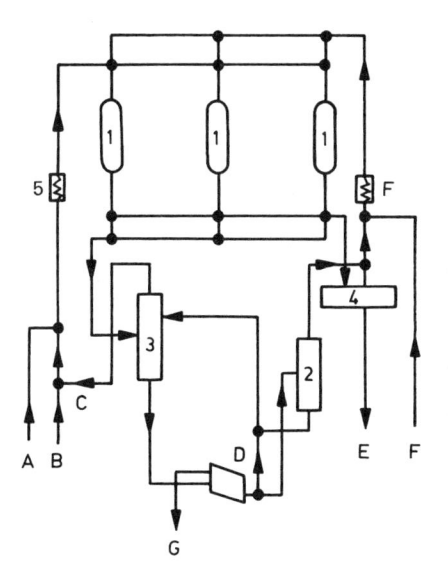

Bild 8.13. Parex-Anlage zur adsorptiven Abtrennung von n-Paraffinen der Kettenlänge C_{10} bis C_{18} aus Erdölfraktionen des Siedebereiches 190 bis 320 °C mittels Molsieb 5A [8.9]

1 Adsorber   A Einsatzprodukt
2 Abtreiber   B Inertgas
3 Wäscher   C Trägergas
4 Abscheider   D Waschflüssigkeit
5 Aufheizer   E n-Paraffine
                 F Desorptionsmittel
                 G entparaffiniertes Produkt

Heizöl	0,09	t/h
Kühlwasser	80	m³
Elektroenergie	394	kWh
Desorptionsmittel	6	kg
Begleitgas	30	m³ i. N.
Molekularsieb 5 AM	0,35	kg

Tabelle 8.4. Verbrauchskennziffern für Energie und Hilfsstoffe einer Anlage für die Verarbeitung von 50 kt/a C_{10} bis C_{18} nach dem weiterentwickelten Parex-Verfahren [8.9]

die traditionell in drei Festbettadsorbern betriebene Desorption erheblich verbessert werden (s. a. Bild 8.13 u. Tab. 8.4).
Eine Zusammenstellung ausgeführter Adsorptionsanlagen mit ausgewählten Betriebsparametern findet man bei *Cheremisinoff* [8.31].

Kontrollfragen

K 8.1. Welche Mikroprozesse bestimmen den Prozeßverlauf der Adsorption?
K 8.2. Welche technisch genutzten Adsorbentien kennen Sie, wodurch zeichnen diese sich aus?
K 8.3. Wodurch zeichnen sich Molekularsiebe gegenüber Aktivkohle und aktivierter Tonerde aus?
K 8.4. Nach welchen Kriterien wählt man ein Adsorptionsmittel aus?
K 8.5. Was verstehen Sie unter einer Sorptionsisotherme?
K 8.6. Welche unterschiedlichen Typen von Sorptionsisothermen kennen Sie? Wodurch unterscheiden sie sich, und wodurch sind diese Unterschiede bedingt?
K 8.7. Charakterisieren Sie das Adsorptionsgleichgewicht, welche Beziehungen sind zu dessen Beschreibung eingeführt?
K 8.8. Was verstehen Sie unter Adsorptionskinetik? Welche Ansätze zu ihrer Modellierung sind Ihnen bekannt?
K 8.9. Welche Bauformen von Adsorbern kennen Sie? Wodurch unterscheiden sie sich?
K 8.10. Warum sind Gasmaskenfilter nach einer bestimmten Gebrauchsdauer zu wechseln? Wodurch wird dieser Zeitpunkt bestimmt?
K 8.11. Was verstehen Sie unter einem zwei-, was unter einem dreistufigen Adsorptionsverfahren?
K 8.12. Was versteht man unter einer Durchbruchskurve? Wodurch ist deren Verlauf charakterisiert?
K 8.13. Charakterisieren Sie die drei Bestandteile des Modells des Fest-Fluid-Stoffaustausches am Beispiel des Festbettadsorbers!
K 8.14. Auf welche Weise lassen sich beladene Adsorptionsmittel regenerieren?
K 8.15. Wodurch unterscheidet sich die Adsorption einer einzelnen von der mehrerer Übergangskomponenten?
K 8.16. Wann wendet man Ab-, wann Adsorptionsprozesse an?
K 8.17. Welchen Einfluß hat die Stromführung von Regenerationsdampf und Trockenluft auf die Wirkung eines Aktivkohlebetts?
K 8.18. Welche sicherheitstechnischen Aspekte sind bei Auslegung und Betrieb von Aktivkohle-Adsorbern zu beachten?
K 8.19. Skizzieren Sie eine technische Adsorptionsanlage mit zwei diskontinuierlich arbeitenden Apparaten!
K 8.20. Wie ist die *Biot*-Zahl definiert?

9. Kristallisation

Die Kristallisation ist die Abtrennung einer oder mehrerer in einem Lösungsmittel gelöster Komponenten in kristalliner Form.
Die Kristallisation ist ein sehr komplizierter Prozeß, dessen verfahrenstechnische Modellierung bis heute noch nicht durchgängig gelungen ist. Die Komplexität des Kristallisationsprozesses ergibt sich aus der gleichzeitigen Wirkung des Wärme- und Stofftransportes beim Phasenübergang flüssig-fest sowie mechanischer Wirkungen (z. B. Sekundärkeimbildung, Agglomeration) auf die Korngrößenverteilung des Kristallisates. Der Einfluß der hydrodynamischen Bedingungen in der Suspension auf die o. g. Wirkungen ist physikalisch verschieden und muß getrennt modelliert werden. Daher sind gegenwärtig nur stark vereinfachte Modelle von Kristallisationsprozessen anwendbar.

9.1. Löslichkeit und Übersättigung

Das Phasengleichgewicht fest-flüssig wird zweckmäßigerweise als Löslichkeits-Temperatur-Diagramm dargestellt (s. Bild 9.1).
Die Temperaturabhängigkeit der Löslichkeit ist sehr verschieden und läßt erste Schlußfolgerungen für die Art der Übersättigungserzeugung zu. Eine Lösung, die im Gleichgewicht mit der festen Phase steht, wird als gesättigt bezeichnet. Unter Übersättigung wird der gegenüber dem Gleichgewicht höhere Gehalt an Gelöstem verstanden.
Im Bild 9.2 sind die Möglichkeiten der Übersättigungserzeugung durch Kühlung, Verdampfung und adiabate Verdampfung (Vakuum) prinzipiell dargestellt.
Für die endgültige Festlegung der Art der Übersättigungserzeugung müssen jedoch auch Probleme der Verkrustung bei der Kühlungs- und Verdampfungskristallisation, die Ausbeute, der Einfluß der Konzentrations- und Temperaturgradienten auf die Korngrößenverteilung des Kristallisates berücksichtigt werden.
Werden Lösungen durch Abkühlung oder durch Konzentrationsänderung übersättigt, so ist ein Konzentrationsbereich (Temperaturbereich) beobachtbar, in dem vorhandene Kristalle wachsen können, eine homogene Keimbildung aber nicht stattfindet. Dieser Bereich wird durch die Überlöslichkeits- und Löslichkeitskurve begrenzt und als metastabiler Bereich bezeichnet (s. Bild 9.2).
Beim Überschreiten der Überlöslichkeitskurve tritt spontan homogene Keimbildung auf. Die Breite des metastabilen Bereiches ist vom Stoffsystem abhängig (s. Tab. 9.1) und wird außerdem von festen Verunreinigungen, Erschütterungen der Lösungen sowie durch die Abkühlgeschwindigkeit beeinflußt.
Die Übersättigung kann man auf verschiedene Art angeben. Am häufigsten werden die absolute Übersättigung S [Gl. (9.1)] und die relative Übersättigung σ [Gl. (9.2)] verwendet.

$$S = c_L - c^* \tag{9.1}$$
$$\sigma = S/c^* \tag{9.2}$$

540 9 Kristallisation

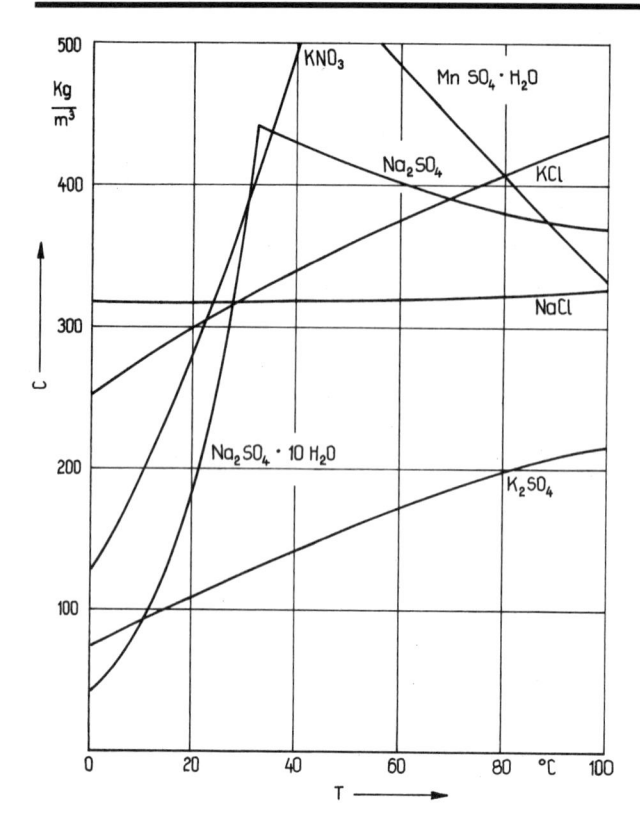

Bild 9.1. Temperatur-Löslichkeits-Diagramm

I untersättigte Lösung
II Löslichkeitskurve
III metastabiler Bereich
IV Überlöslichkeitskurve
V labiler Bereich

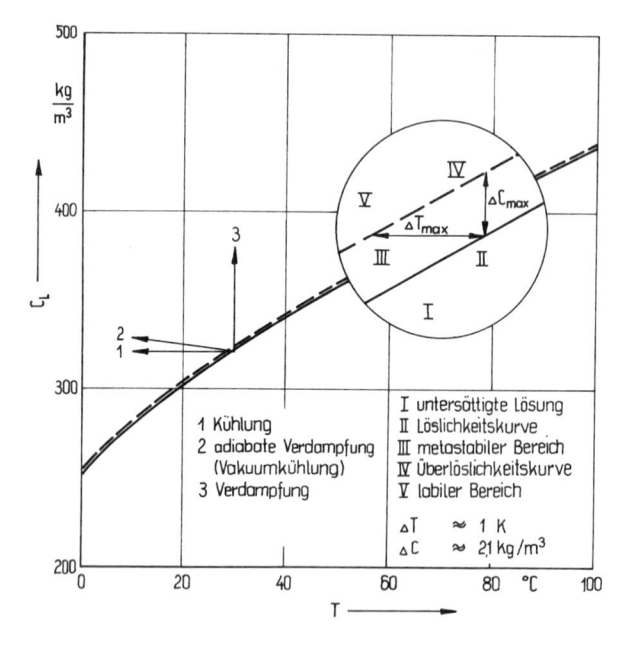

1 Kühlung
2 adiabate Verdampfung (Vakuumkühlung)
3 Verdampfung

$\Delta T \approx 1\ K$
$\Delta C \approx 21\ kg/m^3$

Bild 9.2. Arten der Übersättigungserzeugung und metastabiler Bereich

Tabelle 9.1. Breite des metastabilen Bereiches einiger anorganischer Salze

Stoff	T in °C	ΔT_{max} in K		
		$\dot{T} = 2$ K/h	$= 5$ K/h	$= 20$ K/h
$CuSO_4 \cdot 5 H_2O$	30,2	1,74	2,29	3,46
KCl	59,8	1,02	1,18	1,48
KNO_3	30,2	2,30	2,79	3,71
K_2SO_4	30,0	10,27	11,08	12,42
NH_4Cl	30,0	1,21	1,43	1,83
$NaNO_3$	30,0	1,71	2,19	3,17
$Na_2SO_4 \cdot 10 H_2O$	25,0	0,29	0,39	0,64

Die Unterkühlungen bzw. Übersättigungen sind, wie aus Tabelle 9.1 hervorgeht, sehr klein, was bei den relativ hohen Sättigungskonzentrationen, z. B. hat Kaliumchlorid bei 20 °C eine Sättigungskonzentration von ca. 300 kg/m³ Lösung und einen Übersättigungsbereich von ca. 2,1 kg/m³ Lösung, zu Problemen bei der Konzentrationsmessung führt. Hinzu kommt, daß übersättigte Lösungen thermodynamisch instabil sind und prinzipielle Schwierigkeiten bei der Konzentrationsbestimmung auftreten. Eine zusammenfassende Darstellung zur Löslichkeit und Übersättigung ist von *Nyvlt* [9.1] veröffenticht worden.

9.2. Bilanzen um einen Kristallisator

Die Stoff- und Energiebilanzen um den Kristallisator sind Ausgangspunkt für die quantitative Beschreibung der Kristallisationsprozesse. Für einen kontinuierlichen Vakuumkristallisator (s. Bild 9.3) folgt für die Gesamtmassenbilanz Gleichung (9.3) und für die Komponentenbilanz (Feststoff) die Gleichung (9.4)

$$\dot{M}_{LE} = \dot{M}_{LA} + \dot{M}_K + \dot{M}_B \tag{9.3}$$

$$\dot{M}_{LE} \cdot y_{LE} = \dot{M}_{LA} \cdot y_{LA} + \dot{M}_K \cdot x_K \tag{9.4}$$

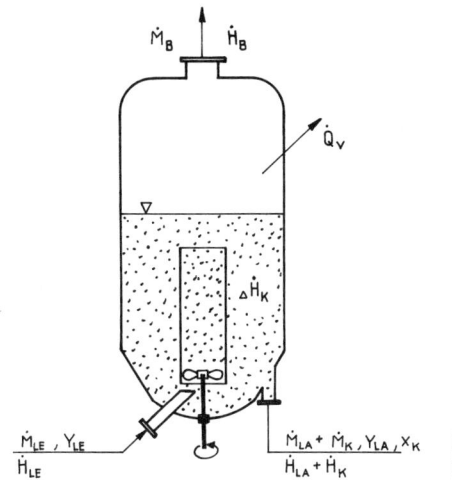

Bild 9.3. Schematische Darstellung der Stoff- und Energieströme bei einem Vakuumkühlungskristallisator

Die Suspensionsdichte φ_S ist als Verhältnis der Masse der Kristalle pro Suspensionsvolumen definiert [Gl. (9.5)]:

$$\varphi_S = m_K/V_S \tag{9.5}$$

Sie stellt eine wichtige Größe zur Verknüpfung der Stoff- und Energiebilanz mit der im Abschnitt 9.3. behandelten Kornzahlendichtebilanz dar.

Für die Suspensionsdichte folgt damit bei idealer Durchmischung der Suspension Gleichung (9.6):

$$\frac{1}{\varphi_S} = \frac{x_K - y_{LE}}{\varrho_{LA}(y_{LE} - y_{LA})} + \frac{1}{\varrho_K} - \frac{\dot{M}_B}{\dot{M}_K} \frac{y_{LE}}{\varrho_{LA}(y_{LE} - y_{LA})} \tag{9.6}$$

Für Kühlungskristallisatoren reduziert sich die Gleichung (9.6) auf

$$\frac{1}{\varphi_S} = \frac{x_K - y_{LE}}{\varrho_{LA}(y_{LE} - y_{LA})} + \frac{1}{\varrho_K} \tag{9.7}$$

Das Verhältnis der Brüdenmenge $\dot{M}_B$ zur Kristallisatmenge $\dot{M}_K$ in Gleichung (9.6) wird aus der Energiebilanz berechnet.

$$\dot{H}_{LE} = \dot{H}_{LA} + \dot{H}_B + \dot{H}_K + \Delta \dot{H}_K + \dot{Q}_V \tag{9.8}$$

$$\dot{H}_{LE} = \dot{M}_{LE} \cdot c_{pLE} \cdot T_{LE}$$

$$\dot{H}_{LA} = \dot{M}_{LA} \cdot c_{pLA} \cdot T_{LA}$$

$$\dot{H}_K = \dot{M}_K \cdot c_{pK} \cdot T_{LA}$$

$$\dot{H}_B = \dot{M}_B(\Delta h_V + c_{p,B} \cdot T_B)$$

$$\Delta \dot{H}_K = \dot{M}_K \cdot \Delta h_K$$

Wenn die sensible Enthalpie des Brüdens vernachlässigt wird, folgt Gleichung (9.9):

$$\frac{\dot{M}_B}{\dot{M}_K} = \frac{(x_K - y_{LA}) c_{pLE}(T_{LE} - T_{LA}) + (\Delta h_K - \dot{Q}_V/\dot{M}_K)(y_{LE} - y_{LA})}{\Delta h_V(y_{LE} - y_{LA}) + y_{LA} \cdot c_{pLE}(T_{LE} - T_{LA})} \tag{9.9}$$

In Gleichung (9.9) wird näherungsweise für die Konzentration y_{LA} in Stoffsystemen mit kleinen metastabilen Bereichen der Gleichgewichtswert bei der entsprechenden Temperatur eingesetzt.

Die Dimensionierung von Kristallisatoren auf der Grundlage der Stoff- und Energiebilanzen war bis in die sechziger Jahre hinein der einzige Weg. Eine Aussage über die Korngrößenverteilung des Kristallisates ist damit nicht möglich. Um dies zu ermöglichen, muß zusätzlich die Kornzahlenbilanz einbezogen werden.

9.3. Kornzahlendichtebilanz

Der entscheidende Fortschritt in der Methodik der Kristallisatormodellierung wurde mit der Formulierung der Kornzahlendichtebilanz erreicht. Diese Leistung wird *Bransom* [9.2] und *Saeman* [9.3] zuerkannt. Zweckmäßig ist die Schreibweise nach *Randolph* [Gl. (9.10)] [9.4].

$$\frac{\partial n(L,t)}{\partial t} + \frac{\partial [G(L,t) n(L,t)]}{\partial L} + n(L,t) \frac{\partial \ln V_S(t)}{\partial t} - \dot{n}(L,t)_B$$

$$+ \dot{n}(L,t)_D + \frac{[\dot{V}_S(t) n(L,t)]_E}{V_S(t)} - \frac{(\dot{V}_S(t) n(L,t))_A}{V_S(t)} = 0 \tag{9.10}$$

Kornzahlendichtebilanz 9.3.

In dieser Kornzahlendichtebilanz sind die Einflüsse auf die zeitliche Änderung der Kornzahlendichte $n(L, t)$ durch die Kinetikphänomene Keimbildung $[\dot{n}(L, t)]_B$, Kristallzerstörung $[\dot{n}(L, t)]_D$, Kristallwachstum $[G(L, t)]$ und die durch Volumenänderung sowie Zuführung und Entnahme von Kristallen in bzw. aus dem Bilanzraum enthalten. Die Kinetikphänomene hängen maßgeblich von den Stoffsystemen ab und werden von der Temperatur, den hydrodynamischen Bedingungen u. a. Faktoren entscheidend beeinflußt.

Die gleichzeitige Berücksichtigung aller Wirkungen auf die Kornzahlendichte führt zu sehr komplizierten Modellen, so daß bis heute immer nur stark vereinfachte Modellkonzepte für den Kristallisatorentwurf genutzt werden.

Die weitestgehenden Vereinfachungen

— stationärer Zustand,
— ideale Durchmischung der Suspension,
— Ausschluß von Klassiereffekten,
— korngrößenunabhängiges Wachstum,
— kristallfreier Zulauf,
— Ausschluß von Agglomeration

führen zum sogenannten MSMPR (mixed suspension and mixed product removal)-Konzept.

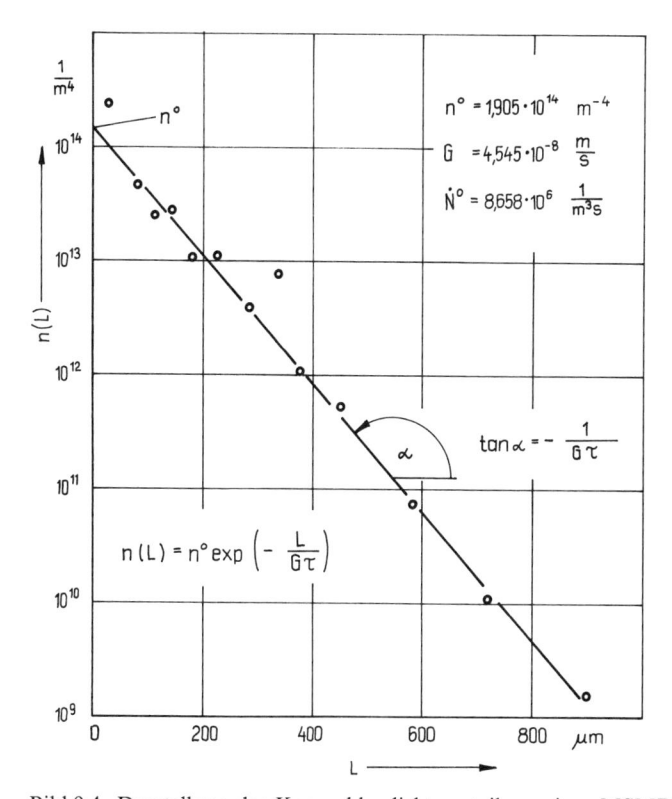

Bild 9.4. Darstellung der Kornzahlendichteverteilung einer MSMPR-Kristallisation (Werte aus dem Beispiel)

Die Kornzahlendichtebilanz reduziert sich auf Gleichung (9.11):

$$G\frac{dn(L)}{dL} + \frac{n(L) \cdot \dot{V}_S}{V_S} = 0 \tag{9.11}$$

Die Integration der Gleichung (9.11)

$$\int_{n^0}^{n(L)} \frac{dn(L)}{n(L)} = \int_{L_0}^{L} -\frac{dL}{G\tau} \tag{9.12}$$

mit der mittleren Verweilzeit

$$\tau = V_S/\dot{V}_S \tag{9.13}$$

ergibt Gleichung (9.14)

$$n(L) = n^0 \exp\left(-\frac{L}{G\tau}\right) \tag{9.14}$$

Dabei wird vorausgesetzt, daß im Ergebnis der Keimbildung Keime mit einer einheitlichen Größe L_0 entstehen, die von der Anzahldichte n^0 her berücksichtigt werden müssen, deren Größe aber vernachlässigbar ist. Im Bild 9.4 ist die Anzahldichteverteilung in einem halblogarithmischen Diagramm dargestellt.

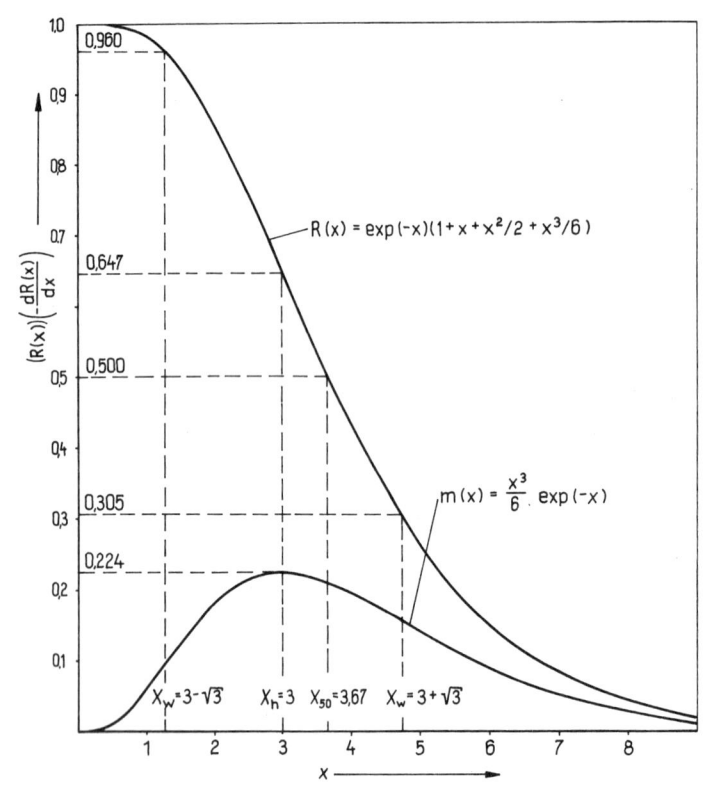

Bild 9.5. Rückstandssummenfunktion und normierte Massendichteverteilung einer MSMPR-Kristallisation

Das dritte vollständige Anfangsmoment, multipliziert mit dem Volumenformfaktor f_V und der Feststoffdichte ϱ_K, ergibt die Suspensionsdichte.

$$\varphi_S = \int_0^\infty f_V \varrho_K L^3 n^0 \exp\left(-\frac{L}{G\tau}\right) dL = 6 f_V \varrho_K n^0 (G\tau)^4 \tag{9.15}$$

Die Durchgangs- und Rückstandssummenfunktionen $D(x)$ bzw. $R(x)$ ergeben sich mit der dimensionslosen Korngröße x [Gl. (9.16)] nach den Gleichungen (9.17) und (9.18).

$$x = L/(G\tau) \tag{9.16}$$

$$D(x) = \frac{\int_0^x x^3 n(x)\,dx}{\int_0^\infty x^3 n(x)\,dx} = 1 - \exp(-x)\,(1 + x + x^2/2 + x^3/6) \tag{9.17}$$

$$R(x) = 1 - D(x) = \exp(-x)\,(1 + x + x^2/2 + x^3/6) \tag{9.18}$$

Die normierte Kristallmassendichteverteilung $m(x)$ wird durch die Gleichung (9.19) beschrieben, aus der sich für die häufigste Korngröße L_h die Gleichung (9.20) ergibt:

$$m(x) = -\frac{dR(x)}{dx} = \frac{x^3}{6}\exp(-x) \tag{9.19}$$

$$\frac{dm(x)}{dx} = 0\,; \quad x_h = \frac{L_h}{G\tau} \tag{9.20}$$

Im Bild 9.5 sind die Rückstandssummenfunktion und die normierte differentielle Massenverteilungsfunktion dargestellt.

9.4. Kinetik der Kristallisation

Die Anwendung der Kornzahlendichtebilanz für die Kristallisatordimensionierung erfordert umfassende Kenntnisse von der Kristallisationskinetik. Im Bild 9.6 sind die Kinetikphänomene schematisch dargestellt.

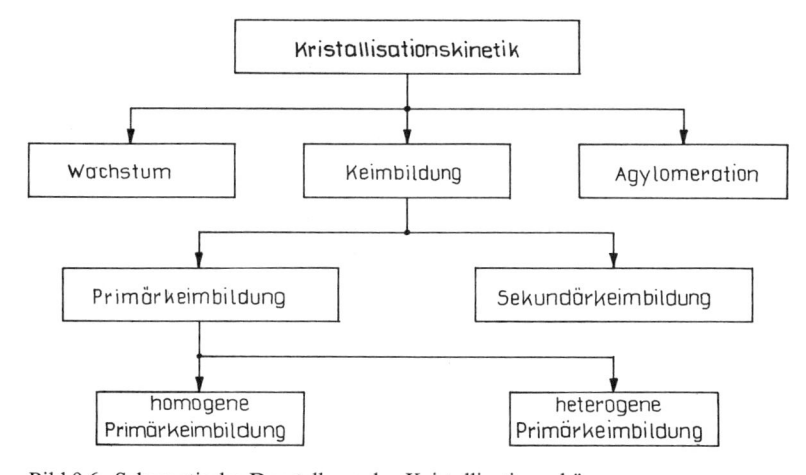

Bild 9.6. Schematische Darstellung der Kristallisationsphänomene

Die wesentlichsten sind die Keimbildung und das Kristallwachstum. Für einige Stoffsysteme, z. B. Kaliumchlorid, ist auch die Agglomeration für die sich ausbildende Korngrößenverteilung von erheblicher Bedeutung.

9.4.1. Keimbildung

Jeder einzelne Kristall entsteht durch die zeitlich nacheinander ablaufenden Teilprozesse
— Bildung eines wachstumsfähigen Keimes,
— Wachsen des Keimes zu einem makroskopischen Kristall mit der für Kristalle charakteristischen dreidimensional periodischen Anordnung der Kristallgitterbausteine.

Diese für jeden Kristall zeitlich nacheinander ablaufenden Prozesse finden in den Kristallisatoren zeitlich parallel statt. Beide Vorgänge zehren von dem gleichen durch die Übersättigung der Lösung erzeugten Substanzvorrat. Die Übersättigung ist die Triebkraft für beide Prozesse.

Von homogener Keimbildung spricht man, wenn auf Grund von Übersättigungen in reinen Lösungen Keime nur aus dem gelösten Stoff bestehend gebildet werden. Eine Mindestübersättigung ist erforderlich, weil neben den Arbeit leistenden Volumenänderungsprozessen Energie benötigende Oberflächenprozesse ablaufen. Die Änderung der freien Enthalpie für kugelförmige Keime wird durch Gleichung (9.21) beschrieben und ist im Bild 9.7 dargestellt.

$$\Delta G = -\frac{4\pi r^3}{3v_M}\Delta\mu + 4\pi r^2 \sigma \tag{9.21}$$

Die freie Enthalpie durchläuft ein Maximum bei $r_{krit.}$, und es muß demnach ihres positiven Wertes wegen eine Keimbildungsarbeit aufgebracht werden. Dann geht das System durch Wachstum in den stabileren Zustand geringerer Energie über.

Für anorganische Salze sind Unterkühlungen (Übersättigungen) von ca. 20 K für eine homogene Keimbildung notwendig, so daß diese Keimbildungsart in technischen Kristallisatoren kaum auftritt. Formal kann ein Ansatz nach Gleichung (9.22) für die Keimbildungsgeschwindigkeit formuliert werden:

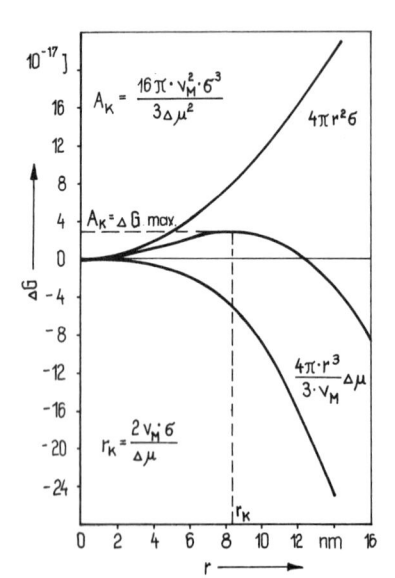

$$\dot{N} = k_N^* S^n \tag{9.22}$$

Heterogene Keimbildung tritt auf, wenn in der Lösung Fremdkörper (Verunreinigungen) vorhanden sind und es zu einer Reduzierung der für die homogene Keimbildung notwendigen Arbeit kommt.

Für die heterogene Keimbildung ist gegenwärtig wegen der nicht meßbaren Anzahl und Größe der Fremdpartikel und dem nicht bekannten Benetzungswinkel ein Geschwindigkeitsansatz nicht verfügbar. Die Anwesenheit von Kristallen in übersättigten Lösungen führt

Bild 9.7. Abhängigkeit der freien Enthalpie vom Keimradius

Kinetik der Kristallisation 9.4.

vor allem auf Grund mechanischer Einwirkungen auf die Kristalle (z. B. Kollision der Kristalle untereinander und mit Einbauten) zur Bildung weiterer wachstumsfähiger Keime. Dieser Mechanismus wird als Sekundärkeimbildung bezeichnet. Mit Ausnahme der Anfahrphase ungeimpfter diskontinuierlicher Kristallisatoren ist die Sekundärkeimbildung die Hauptquelle für Keime in technischen Kristallisatoren.

In den meisten Fällen wird für die Sekundärkeimbildungsgeschwindigkeit ein Ansatz nach Gleichung (9.23) verwendet:

$$\dot{N} = k_N \varphi_S^j S^n \tag{9.23}$$

9.4.2. Kristallwachstum

Das Wachstum der kristallografischen Flächen wird unter der Voraussetzung einer die gesamte Fläche bedeckenden Wachstumsspirale nach *Burton*, *Cabrera* und *Frank* (BCF-Modell) [9.5] durch Gleichung (9.24) beschrieben:

$$G = a_1 \frac{\sigma}{a_2} \tanh \frac{a_2}{\sigma} \tag{9.24}$$

Das Vielfachkeimbildungsmodell (NAN-Modell, nuclei above nuclei) ergibt die Gleichung (9.25) [9.6].

$$G = a_3 \sigma^{5/6} \exp\left(-\frac{a_4}{\sigma}\right) \tag{9.25}$$

Die Konstanten sind physikalisch für ideale Kristalle eindeutig definiert, für real gestörte Kristalle aber nicht verfügbar.

Für die Modellierung der Kristallwachstumsgeschwindigkeit sind daher stark vereinfachte Ansätze üblich.

Der Kristallwachstumsprozeß kann in zwei Teilschritte untergliedert werden:
- Transport der Gitterbausteine aus der Lösung durch konvektiven Stofftransport an die Oberfläche der Kristalle,
- Transport der Gitterbausteine auf der Kristalloberfläche zur Einlagerungsstelle und Einbau in das Gitter (Oberflächenreaktion).

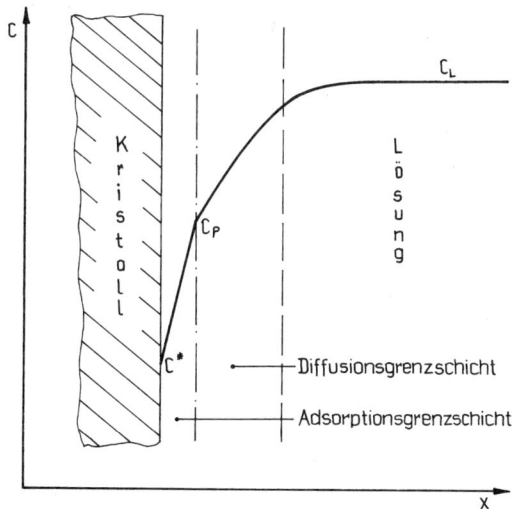

Bild 9.8. Konzentrationsprofil an der Kristalloberfläche

Im Bild 9.8 ist das Konzentrationsprofil an der Oberfläche von Kristallen dargestellt. Die flächenbezogenen Massenströme der Teilschritte sind in den Gleichungen (9.26) und (9.27) angegeben:

$$Rg = \beta(c_L - c_P) \tag{9.26}$$

$$Rg = k_r(c_P - c^*)^r \tag{9.27}$$

Da die Grenzflächenkonzentration c_P experimentell nicht bestimmt werden kann, wird oft eine Zusammenfassung der Teilschritte nach Gleichung (9.29) für die Kristallisatordimensionierung genutzt. Der Massenstrom wird üblicherweise umgerechnet in die lineare Kristallwachstumsgeschwindigkeit G [Gl. (9.28)]:

$$G = \frac{f_A}{3f_V \varrho_K} \cdot Rg \tag{9.28}$$

$$G = k_g S^g \tag{9.29}$$

Wachstumsdispersion und korngrößenabhängiges Wachstum können die Wachstumsgeschwindigkeit erheblich beeinflussen [9.7].

9.5. Verfahrenstechnische Modellierung von Kristallisatoren

9.5.1. Modell eines MSMPR-Kristallisators

Ziel der verfahrenstechnischen Modellierung von Kristallisatoren ist die Ableitung eines Zusammenhangs zwischen dem Kristallisatorvolumen und der Korngrößenverteilung der Produktkristalle. Ausgangspunkt für das Kristallisatormodell ist die Suspensionsdichte nach Gleichung (9.15).
Für die Kristallwachstumsgeschwindigkeit G und die Keimbildungsgeschwindigkeit

$$\dot{N} = n^0 G \tag{9.30}$$

gelten die Gleichungen (9.23) und (9.29).
Auf die Schwierigkeit der Übersättigungsmessung wurde bereits hingewiesen (s. auch Abschn. 9.1.), deshalb wird die Übersättigung S in der Gleichung (9.23) durch die Kristallwachstumsgeschwindigkeit G aus Gleichung (9.29) ersetzt.

$$\dot{N} = K_I \varphi_S^j G^i \tag{9.31}$$

$$K_I = k_N/k_g^{n/g}; \quad i = n/g$$

Gleichung (9.31), eingesetzt in Gleichung (9.15), ergibt Gleichung (9.32):

$$\varphi_S = 6\varrho_K f_V K_I \varphi_S^i G^{i-1} (G\tau)^4 \tag{9.32}$$

Die Wachstumsgeschwindigkeit G wird durch die häufigste Korngröße L_h ersetzt und mit

$$\tau = \frac{V_S}{\dot{V}_S} = \frac{M_K}{\dot{M}_K} = \frac{V_S \varphi_S}{\dot{M}_K} \tag{9.13b}$$

folgt Gleichung (9.33) für die Abhängigkeit des Kristallisatorvolumens von der häufigsten Korngröße L_h:

$$V_S = \left[\frac{6\varrho_K f_V K_I}{3^{i+3}}\right]^{1/(i-1)} \cdot \dot{M}_K \cdot \frac{L_h^{(i+3)/(i-1)}}{\varphi_S^{(i-j)/(i-1)}} \tag{9.33}$$

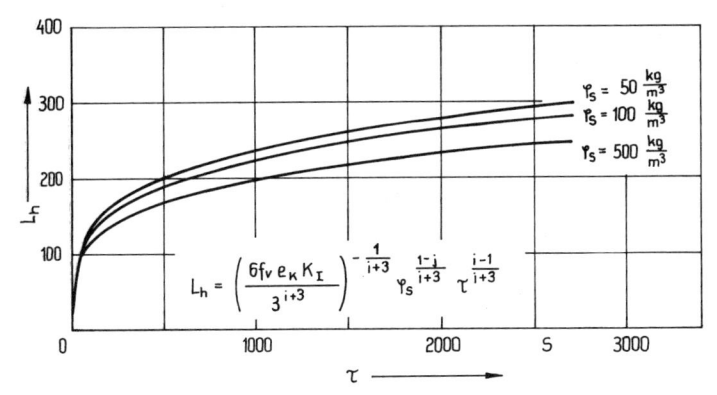

Bild 9.9. Abhängigkeit der häufigsten Korngröße von der mittleren Verweilzeit (Kinetik aus dem Beispiel)

Im Bild 9.9 sind Abhängigkeiten nach Gleichung (9.33) mit Modellparametern für Kalciumchlorid (s. auch Abschn. 9.5.2.) dargestellt.
Für die verfahrenstechnische Modellierung von Kristallisatoren, die nicht dem MSMPR-Konzept entsprechen, muß auf Spezialliteratur [9.8] verwiesen werden.

9.5.2. Bestimmung der Modellparameter K_I, i, j

Die Bestimmung der Modellparameter K_I, i, j [Gl. (9.31)] erfolgt durch Ermittlung der Keimbildungs- und Wachstumsgeschwindigkeit in kontinuierlichen MSMPR-Laborkristallisatoren. Eine Korngrößenanalyse des Kristallisates, z. B. durch Siebung, ergibt in der Darstellung $\ln n = f(L)$ nach Gleichung (9.14) eine Gerade (s. Bild 9.4). Aus dem Anstieg kann die Wachstumsgeschwindigkeit G und aus dem Ordinatenabschnitt die Keimbildungsgeschwindigkeit nach Gleichung (9.30) berechnet werden.
Aus den Gleichungen (9.15), (9.30) und (9.31) folgt

$$G = (6f_V \varrho_K K_I)^{-1/(i+3)} \cdot \varphi_S^{(i-j)/(i+3)} \cdot \tau^{-4/(i+3)} \tag{9.34}$$

Aus der grafischen Darstellung $\lg G = f(\lg \tau)$ bei konstanter Suspensionsdichte φ_S aller Versuche kann man den Parameter i aus dem Anstieg der Ausgleichsgeraden bestimmen. Analog dazu erhält man aus der Darstellung $\lg(G \cdot \tau^{4/(i+3)}) = f(\lg \varphi_S)$ den Parameter j aus dem Anstieg der Ausgleichsgeraden und aus dem Ordinatenabschnitt den Parameter K_I, wenn bei den Experimenten die Suspensionsdichte entsprechend variiert wurde.
Unter Verwendung von quasilinearen oder nichtlinearen Regressionsverfahren können alle Parameter gleichzeitig bestimmt werden (s. Bild 9.11).

Beispiel 9.1. Berechnung des Suspensionsvolumens eines Kristallisators

Für die Produktion von $\dot{M}_K = 30$ t/h KCl-Düngemittel ist das Suspensionsvolumen eines einstufigen kontinuierlichen adiabaten Vakuumkühlungskristallisators (aus Gründen der Energierückgewinnung sind in der Kaliindustrie mehrstufige Anlagen eingesetzt) zu berechnen. Das erzeugte Produkt soll eine häufigste Korngröße von $L_h = 200$ µm besitzen. Der Feinkorngehalt D(125) im Produkt ist zu überprüfen.

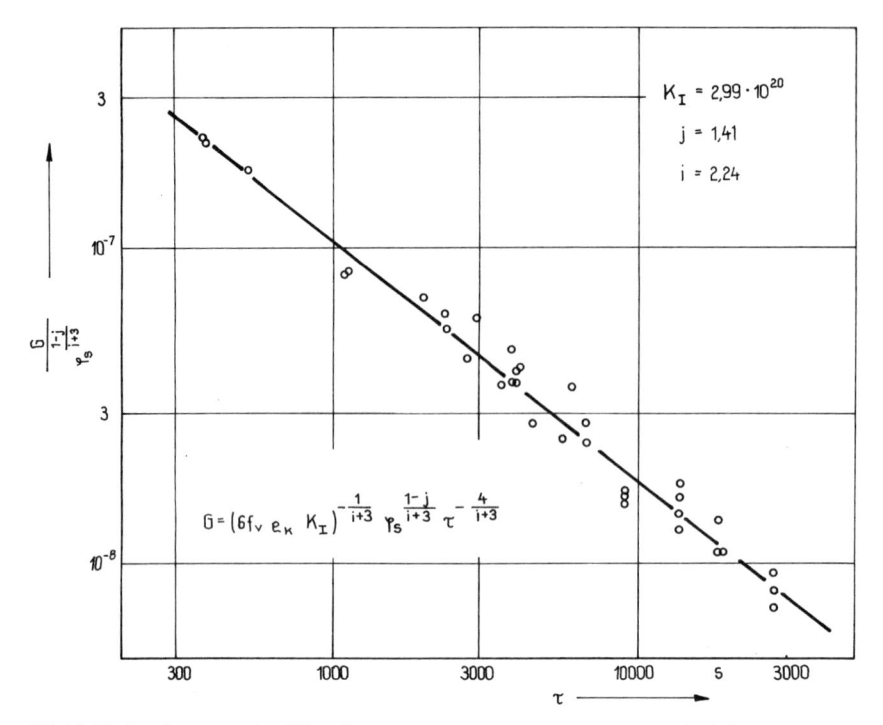

Bild 9.10. Bestimmung der Kinetikparameter (x Versuch aus dem Beispiel)

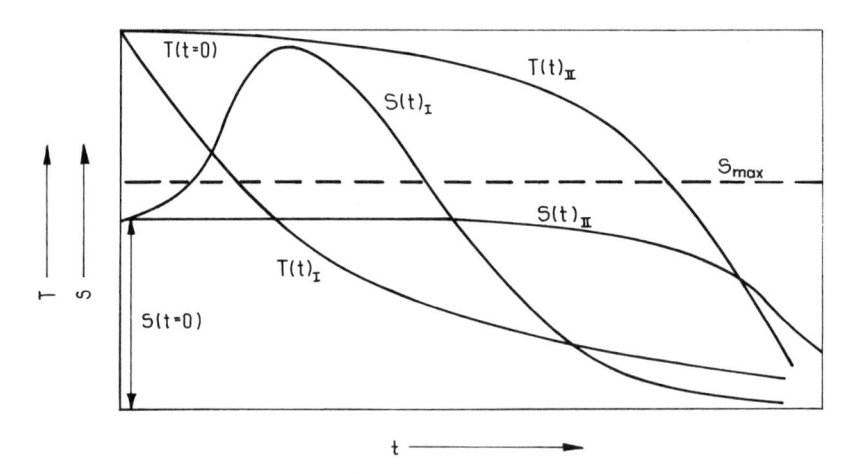

$K_I = 2{,}99 \cdot 10^{20}$
$j = 1{,}41$
$i = 2{,}24$

$$G = (6f_v \varrho_K K_I)^{-\frac{1}{i+3}} \gamma_s^{\frac{1-j}{i+3}} \tau^{-\frac{4}{i+3}}$$

Bild 9.11. Änderung der Übersättigung S und der Temperatur T bei einer diskontinuierlichen Kristallisation mit Anfangsübersättigung und Impfkristallzugabe für natürliche Abkühlung (I) und gesteuerte Abkühlung (II)

Gegeben:

Es steht eine bei 50 °C gesättigte KCl-Lösung zur Verfügung, die adiabat auf 35 °C abgekühlt werden soll.

$y_{LE} = 0,3009$,	$y_{LA} = 0,2789$,	$x_K = 1$
$c_{pLE} = 2,7624$ kJ/kg K,	$\Delta h_V = 2418$ kJ/kg,	$\Delta h_K = 235$ kJ/kg
$\varrho_{LA} = 1183,9$ kg/m³,	$\varrho_K = 1984$ kg/m³,	$f_V = 1$

Lösung:

Für die Lösung soll vorausgesetzt werden, daß der großtechnische Kristallisator mit hinreichender Genauigkeit durch das MSMPR-Modell zu beschreiben ist und die für die Berechnung benötigten Kinetikparameter K_I, i, j aus Experimenten im Labormaßstab bestimmt werden und auf den großtechnischen Kristallisator übertragbar sind.

In einem kontinuierlichen Laborkristallisator wurden 35 Versuche durchgeführt, wobei durch Veränderung des Heißlösungsdurchsatzes die mittlere Verweilzeit im Bereich von 380 s $\leq \tau \leq$ 27000 s und durch Veränderung der Abkühlspanne bzw. des Klarlösungsabzuges die Suspensionsdichte im Bereich von 28 kg/m³ $\leq \varphi_S \leq$ 520 kg/m³ variierte.

Bei jedem Versuch wurden mehrere Suspensionsproben entnommen und nach der Fest-Flüssig-Trennung und Trocknung einer Siebanalyse unterzogen. Das Ergebnis einer solchen Siebanalyse zeigt Tabelle 9.2.

Tabelle 9.2. Siebanalyse und berechnete Kornzahldichteverteilung

i	L_i in µm	$\bar{L}_i$ in µm	ΔL_i in µm	M_i in g	$n(\bar{L}_i)$ in 1/m⁴
0	0	31,5	63	0,241	$2,42 \cdot 10^{14}$
1	63	81,5	37	0,472	$4,66 \cdot 10^{13}$
2	100	112,5	25	0,449	$2,49 \cdot 10^{13}$
3	125	142,5	35	1,475	$2,88 \cdot 10^{13}$
4	160	180,0	40	1,204	$1,02 \cdot 10^{13}$
5	200	225,0	50	3,257	$1,13 \cdot 10^{13}$
6	250	282,5	65	2,982	$4,02 \cdot 10^{12}$
7	315	335,0	40	6,000	$7,89 \cdot 10^{12}$
8	355	377,5	45	1,325	$1,08 \cdot 10^{12}$
9	400	450,0	100	2,409	$5,22 \cdot 10^{11}$
10	500	565,0	130	0,899	$7,58 \cdot 10^{10}$
11	630	715,0	170	0,337	$1,07 \cdot 10^{10}$
12	800	900,0	200	0,114	$1,55 \cdot 10^{9}$
13	1000	–	–	–	–

Aus den Siebfraktionsmassen wurden nach Gleichung (9.35) die Werte für die Kornzahldichteverteilung berechnet (s. Tab. 9.2).

$$n(\bar{L}_i) = \frac{M_i}{f_V \varrho_K V_{SP} \bar{L}_i^3 \Delta L_i} \tag{9.35}$$

mit

$\bar{L}_i = (L_i + L_{i+1})/2$; $\Delta L_i = L_{i+1} - L_i$

Eine halblogarithmische Darstellung der Kornzahldichten über den Fraktionsmitten nach Gleichung (9.14) zeigt Bild 9.4. Aus dem Anstieg der Ausgleichsgeraden erhält man den angegebenen Wert für

die Wachstumsgeschwindigkeit G und aus dem Ordinatenabschnitt die Keimzahlendichte n^0.
Durch eine quasilineare Regression der Werte von G, φ_S, τ für alle 35 Versuche gemäß Gleichung (9.34) ermittelt man die Kinetikkoeffizieten K_I, i und j.
Die Versuchspunkte mit der Ausgleichsfunktion sind im Bild 9.10 dargestellt.
Das Suspensionsvolumen wird nach Gleichung (9.33) berechnet. Dafür muß zunächst die Suspensionsdichte gemäß den Gleichungen (9.6) und (9.9) berechnet werden.

$$\frac{\dot{M}_B}{\dot{M}_K} = \frac{(x_K - y_{LA})\,c_{pLE}(T_{LE} - T_{LA}) + (\Delta h_K - \dot{Q}_V/\dot{M}_K)\,(y_{LE} - y_{LA})}{\Delta h_V/y_{LE} - y_{LA} \cdot c_{pLE}(T_{LE} - T_{LA})}$$

$$\frac{\dot{M}_B}{\dot{M}_K} = \frac{(1 - 0{,}2789)\,2{,}7624(50 - 35) + (235 - 0)\,(0{,}3009 - 0{,}2789)}{2418(0{,}3009 - 0{,}2789) + 0{,}2789 \cdot 2{,}7624(50 - 35)} = 0{,}5413$$

$$\frac{1}{\varphi_S} = \frac{(x_K - y_{LE})}{\varrho_{LA}(y_{LE} - y_{LA})} + \frac{1}{\varrho_k} - \frac{\dot{M}_B}{\dot{M}_K}\,\frac{y_{LE}}{\varrho_{LA}(y_{LA}(y_{LE} - y_{LA})}$$

$$\frac{1}{\varphi_S} = \frac{1 - 0{,}3009}{1183{,}9(0{,}3009 - 0{,}2789)} + \frac{1}{1984} - 0{,}5413\,\frac{0{,}3009}{1183{,}9(0{,}3009 - 0{,}2789)}$$

$$\varphi_S = 47{,}4 \text{ kg/m}^3$$

Für das Suspensionsvolumen folgt:

$$V_S = \left(\frac{6f_V\varrho_K K_I}{3^{i+3}}\right)^{1/(i-1)} \cdot \dot{M}_K \cdot \frac{L_h^{(i+3)/(i-1)}}{\varphi_S^{(i-j)/(i-1)}}$$

$$V_S = \left(\frac{6 \cdot 1 \cdot 1984 \cdot 2{,}99 \cdot 10^{20}}{3^{2{,}244+3}}\right)^{1/(2{,}24-1)} \cdot 8{,}33 \cdot \frac{(2 \cdot 10^{-4})^{(2{,}24+3)/(2{,}24-1)}}{47{,}4^{(2{,}24-1{,}41)/(2{,}24-1)}}$$

$$\underline{V_S = 85 \text{ m}^3}$$

Ein Qualitätsparameter für KCl-Düngemittel ist der Feinkorngehalt unter 125 µm. Dieser Gehalt kann nach den Gleichungen (9.16) und (9.17) berechnet werden.

$$x = L/(G\tau)$$

$$D(x) = 1 - \exp(-x)\,(1 + x + x^2/2 + x^3/6)$$

Zunächst müssen die mittlere Verweilzeit τ und die lineare Wachstumsgeschwindigkeit G nach der Gleichung (9.13b) und (9.34) berechnet werden.

$$\tau = \frac{V_S \varphi_S}{m_K} = \frac{85 \cdot 47{,}4}{8{,}33} = 483 \text{ s}$$

$$G = (6 \cdot f_V \cdot \varrho_K \cdot K_I)^{-1/(i+3)} \cdot \varphi_S^{(1-j)/(i+3)} \cdot \tau^{-4/(i+3)}$$

$$G = (6 \cdot 1 \cdot 1984 \cdot 2{,}99 \cdot 10^{20})^{-1/(2{,}24+3)} \cdot 47{,}4^{(1-1{,}41)/(2{,}24+3)} \cdot 483^{-4/(2{,}24+3)}$$

$$G = 1{,}38 \cdot 10^{-7} \text{ m/s}$$

Damit folgen

$$x = \frac{125 \cdot 10^{-6}}{1{,}38 \cdot 10^{-1} \cdot 483} = 1{,}875$$

$$D(1{,}875) = 1 - \exp(-1{,}875)\left(1 + 1875 + \frac{1{,}875^2}{2} + \frac{1{,}875^3}{6}\right)$$

$$\underline{D(1{,}875) = 12{,}1\%)}$$

9.5.3. Modellierung diskontinuierlicher Kristallisatoren

Das erforderliche Suspensionsvolumen diskontinuierlicher Kristallisatoren wird aus dem zu verarbeitenden Lösungsvolumen und der Kristallisationszeit nach Gleichung (9.36) berechnet:

$$V_S = \dot{V}_L t_c \tag{9.36}$$

Die Kristallisationszeit wird bestimmt durch die Intensität der Wärmeabfuhr (Kühlungskristallisation) bzw. -zufuhr (Verdampfungskristallisation). Wenn die Korngrößenverteilung des Produktes nicht von Bedeutung ist, kann durch schnelle Abkühlung oder Verdampfung die Kristallisationszeit verringert werden. Damit verbunden ist dann die Überschreitung der Überlöslichkeitskurve (s. a. Bild 9.2) und das Auftreten spontaner Keimbildung, so daß sehr feines Kristallisat entsteht.

Wird grobes Kristallisat gefordert, muß eine kontrollierte Übersättigung durch Steuerung der Abkühl- bzw. Verdampfungsgeschwindigkeit garantiert werden. Zu Beginn der Kristallisation muß eine geringe Übersättigung eingestellt werden, weil durch die wenigen kleinen Kristalle, z. B. die Impfkristalle, eine relativ kleine Wachstumsfläche vorhanden ist und wenig Substanz aufwachsen kann und somit die Übersättigung vergleichsweise langsam abgebaut wird. Im Prozeßverlauf kann die Übersättigung erhöht werden bis an die maximal zulässige Übersättigung entsprechend der Breite des metastabilen Bereiches S_{max}. Analog muß die Abkühlungs- bzw. Verdampfungsgeschwindigkeit zunächst klein gehalten und darf dann erhöht werden (Bild 9.11).

Der erforderliche Funktionsverlauf einer gesteuerten Abkühlung muß entsprechend den stoffspezifischen Keimbildungs- und Kristallwachstumsgeschwindigkeiten sowie der sich einstellenden Korngrößenverteilungen berechnet werden [9.9].

9.6. Kristallisatoren

Die Auswahl eines geeigneten Kristallisators für ein zu kristallisierendes Produkt hängt von sehr vielen Faktoren ab. Die wesentlichsten sind die Art der Übersättigungserzeugung (Kühlung, Verdampfung, adiabate Verdampfung) und die gewünschte Korngrößenverteilung des Produktes.

Typisch für die Kristallisation ist der Zusammenhang zwischen der Kristallisatorbauart und der erreichbaren Produktkorngrößenverteilung. Die Korngrößenverteilung bestimmt entscheidend die physikalische Produktqualität, wie z. B. Lager- und Rieselfähigkeit, Staubarmut und Lösegeschwindigkeit.

Aus Bild 9.9 ist ableitbar, daß in Abhängigkeit von der Kristallisationskinetik, die stoffspezifisch ist und stark von den hydrodynamischen Bedingungen in der Suspension abhängt, eine Vergrößerung der Verweilzeit (des Apparatevolumens) nur in einem begrenzten Bereich zu einer Kornvergrößerung führt.

Moderne Kristallisatorbauarten ermöglichen durch bestimmte Prozeßführungen die Einengung des Kornbandes und/oder die Kornvergrößerung.

Wenn keine großen Ansprüche an die Kristallgrößenverteilung gestellt werden, genügt oft eine herkömmliche Rührmaschine für die Durchführung der Kristallisation.

In den Bildern 9.12 und 9.13 sind ein DTB-Vakuumkristallisator und Fließbettverdampfungskristallisatoren dargestellt, die prinzipiell die Möglichkeit der Herstellung von Pro-

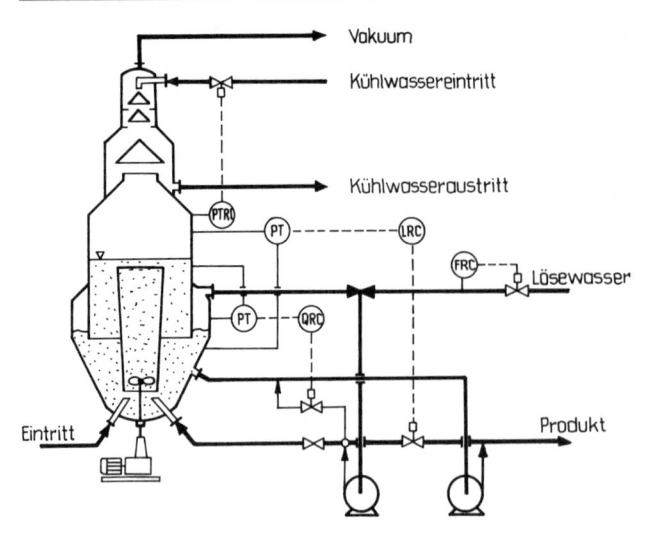

Bild 9.12. DTB-Vakuumkristallisator

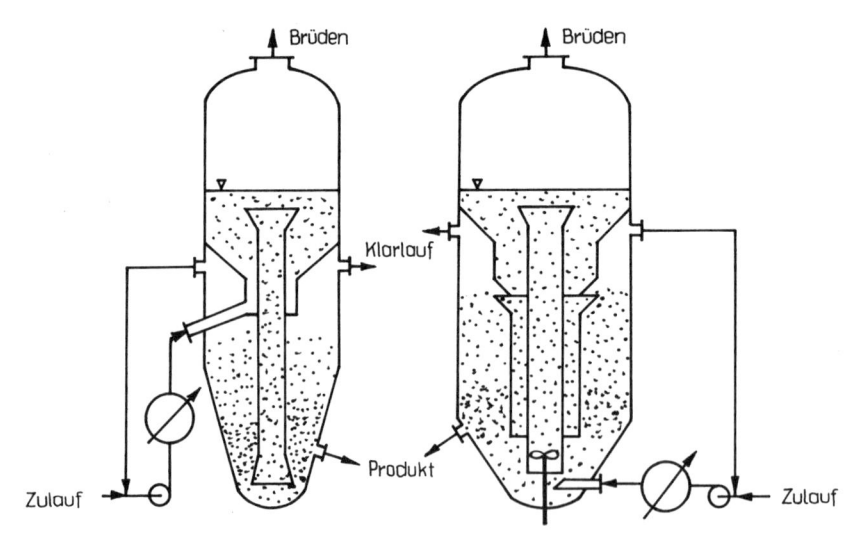

Bild 9.13. Fließbettverdampfungskristallisatoren

dukten mit beliebiger Korngrößenverteilung durch Feinkornabzug und deren Auflösung sowie durch interne Klassierung des Produktkristallisates bieten.
Detaillierte Informationen zur Auslegung und der Betriebsweise müssen der Spezialliteratur entnommen werden [9.10].

Zusätzliche Symbole zum Abschnitt 9

A_K	Keimbildungsarbeit	J
$D(x)$	Durchgangssummenkurve	—
f_A	Oberflächenformfaktor	—

f_V	Volumenformfaktor	—
G	lineare Kristallwachstumsgeschwindigkeit	m/s
ΔG	freie Enthalpie	J
$\dot{H}$	Enthalpiestrom	W
Δh	Phasenwandlungsenthalpie	kJ/kg
K_I	integraler Kinetikkoeffizient	s. Gl. (9.31)
k_g	Koeffizient der Kristallwachstumsgeschwindigkeit	s. Gl. (9.29)
k_N	Koeffizient der Keimbildungsgeschwindigkeit	s. Gl. (9.23)
k_N^*	Koeffizient der Keimbildungsgeschwindigkeit	s. Gl. (9.22)
k_r	Koeffizient der Oberflächenreaktionsgeschwindigkeit	s. Gl. (9.27)
L	Korngröße	m
$\bar{L}$	mittlere Korngröße	m
$m(x)$	normierte Massendichteverteilung	—
$\dot{N}$	Keimbildungsgeschwindigkeit	$1/(m^3\ s)$
n	Kristallzahlendichte	$1/(m^3\ m)$
n^0	Keimzahlendichte	$1/(m^3\ m)$
$R(x)$	Rückstandssummenkurve	—
Rg	flächenbezogener Kristallmassenzuwachs	$kg/(m^2\ s)$
x	dimensionslose Korngröße	—
x	Massenbruch (fest)	—
y	Massenbruch (flüssig)	—
$\Delta\mu$	Differenz des chemischen Potentials	J/kmol
σ	Oberflächenspannung	N/m
σ	relative Übersättigung	—
τ	mittlere Verweilzeit	s
φ_S	Suspensionsdichte	kg/m^3 Suspension

Indizes

B	Brüden
c	chargenbezogen
h	häufigste
K	Kristallisat
L	Lösung
S	Suspension
SP	Suspensionsprobe
V	Verdampfung

Kontrollfragen

K 9.1. Welche Möglichkeiten der Übersättigungserzeugung gibt es, und bei welchem Löslichkeitsverhalten sollten sie bevorzugt angewendet werden?

K 9.2. Was ist ein metastabiler Bereich, und welche Bedeutung hat er für den Betrieb von Kristallisatoren?

K 9.3. Welche Arten der Keimbildung gibt es, und welcher Keimbildungsmechanismus spielt in industriellen Kristallisatoren die dominierende Rolle?

K 9.4. Wie kann die Keimbildungsgeschwindigkeit beeinflußt werden?

K 9.5. Welche Modellvorstellungen zum Kristallwachstum existieren, und welche Modellgleichung wird für die Modellierung oft verwendet?

K 9.6. Was ist eine Kornzahlendichte?

K 9.7. Was beinhaltet das MSMPR-Konzept, und welcher mathematische Zusammenhang beschreibt dafür die Kornzahlendichteverteilung?

K 9.8. Wie können die Keimbildungs- und die Kristallwachstumsgeschwindigkeit aus Kristallisationsversuchen ermittelt werden, und was muß bei der Versuchsdurchführung beachtet werden?

K 9.9. Wie kann man die Kinetikparameter K_I, i und j ermitteln, und welche Versuche sind dafür erforderlich?

K 9.10. Welche Kristallisatortypen gibt es, und was ist bei der Auswahl und beim Betrieb von Kristallisatoren besonders zu beachten?

10. Membrantrenntechnik

Die Membrantrenntechnik hat in der thermischen Stofftrenntechnik in den letzten drei Jahrzehnten die größte Dynamik gezeigt. Bis etwa 1960 wurde die Membrantrenntechnik industriell sehr wenig aus folgenden Gründen angewendet:
- Geringer spezifischer Durchsatz durch die Membran bzw. geringe Selektivität im Vergleich zu anderen Trennprozessen,
- Ausrüstungen (Module) zu kostspielig,
- Verfügbarkeit von billiger Energie für energieintensive Trennprozesse.

Die Wirkungsweise und bestimmte Gesetzmäßigkeiten für Membrantrennprozesse sind bereits seit längerem bekannt, z. B. die Osmose nach *Nollet* im Jahre 1748, die Berechnung des osmotischen Druckes nach *van't Hoff* im Jahre 1835, die Gaspermeation mit dem Lösungs-Diffusions-Modell nach *Graham* im Jahre 1866. Ein Durchbruch erfolgte mit der Entwicklung der asymmetrischen Membran aus Zelluloseazetat durch die zwei US-Amerikaner *Sourirajan* und *Loeb* im Jahre 1958. Umfangreiche Forschungs- und Entwicklungsarbeiten für Membranen und Module führten bereits in den 60er Jahren zu industriellen Anwendungen für die Umkehrosmose, Ultra- und Mikrofiltration, denen in den 70er Jahren weitere Membrantrennprozesse folgten. Oft werden die Umkehrosmose, Ultra- und Mikrofiltration bereits seit den 80er Jahren zu den eingeführten Membrantrennprozessen gezählt und im Vergleich zu anderen Membrantrennprozessen nicht mehr als neuartige Membrantrennprozesse bezeichnet.

10.1. Übersicht

Die Membranen sind entscheidend für die Effektivität der Trennung und wirtschaftlich in Ausrüstungen anzuordnen. Es ist die Bezeichnung Membranmodule üblich, weil auch bei mäßigen Durchsätzen oft mehrere parallel ausgeführte Membranapparate eingesetzt werden. Das prinzipielle Schema eines Membrantrennprozesses zeigt Bild 10.1. Das Gemisch strömt entlang der Membran (tangentiale Strömung). Der den Modul verlassende Strom wird als Retentat bezeichnet. Eine Komponente, manchmal auch mehrere Komponenten, des Gemisches permeieren selektiv durch die Membran. Das permeierte Produkt nennt man allgemein Permeat, bei einer Lösung auch Filtrat.

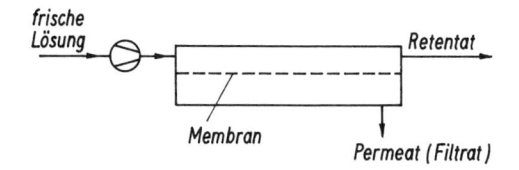

Bild 10.1. Prinzipschema eines Membrantrennprozesses

Die Umkehrosmose, Ultra- und Mikrofiltration sind Membrantrennprozesse, bei denen in der Regel das reine Lösungsmittel Wasser durch die Membran permeiert. Die transmembrane Druckdifferenz ist die Druckdifferenz zwischen den beiden Seiten der Membran. Der gelöste Stoff (oft ein fester Stoff) ist in der Membran weitgehend undurchlässig und wird in der Lösung aufkonzentriert. Das Retentat stellt damit eine konzentrierte Lösung dar. Für gelöste feste Stoffe beträgt das Rückhaltevermögen von geeigneten Membranen oft über 90%, manchmal bis 99% und noch höher.

Bei der Umkehrosmose handelt es sich um gelöste Stoffe, deren Molmasse klein ist, meistens < 300 kg/kmol. Dann ergibt sich bereits bei wenigen Masseprozent des gelösten Stoffes ein erheblicher osmotischer Druck, der bis zu 30 bar betragen kann. Die Osmose ist ein Membranprozeß, bei dem von der Seite des reinen Lösungsmittels dieses durch die Membran diffundiert und die konzentrierte Lösung verdünnt. Bei der Umkehrosmose (auch Reversosmose in Anlehnung an die englische Sprache genannt) beträgt der Druck auf die Lösung das 1,4- bis 2,5fache des osmotischen Druckes. Es diffundiert dann das reine Lösungsmittel, also Wasser, durch die Membran. Bei der Umkehrosmose sind Drücke für die Lösung von 20 bis 70 bar typisch. Bei der Ultra- und Mikrofiltration ist die Molmasse groß, meistens > 5000 kg/kmol, so daß der osmotische Druck faktisch Null ist. Der Druck der Lösung bei der Ultrafiltration ist < 10 bar. Bei der Mikrofiltration sind die gelösten bzw. suspendierten Teilchen mit 0,06 bis 2 µm größer, so daß Drücke für die Lösung < 4 bar angewendet werden.

Bei der Gaspermeation wird in Membranen die unterschiedliche Diffusionsgeschwindigkeit der Komponenten eines Gasgemisches zur Trennung ausgenutzt. Auf den beiden Seiten der Membran befindet sich eine gasförmige Phase. Die Triebkraft ist eine Druckdifferenz, wobei Drücke bis zu 70 bar angewendet werden, z. B. zur Abtrennung von Wasserstoff aus einem Syntheserestgas oder von Helium aus einem heliumhaltigen Erdgas. Neu ist seit Mitte der 80er Jahre die Abtrennung von organischen Verbindungen geringer Konzentration aus Abgasen mit organophilen Membranen. Dabei permeiert bevorzugt die organische Verbindung. Auf der Permeatseite wird dabei Vakuum und für das Abgas atmosphärischer Druck angewendet.

Die Pervaporation ist der einzige Membranprozeß mit einer Änderung des Aggregatzustandes. Aus einem homogenen Flüssigkeitsgemisch permeiert bevorzugt Wasser durch hydrophile Membranen oder organische Stoffe durch organophile Membranen. Am Beginn der Permeation erfolgt in der Membran eine Verdampfung, wobei die dafür notwendige Energie der Flüssigkeit entzogen wird. Der Flüssigkeit, die nicht permeiert, ist dementsprechend Energie zuzuführen. Die ersten Pervaporationsanlagen wurden Mitte der 80er Jahre zur Abtrennung von Wasser aus azeotropen Gemischen zur Überwindung des azeotropen Punktes ausgeführt. Dabei handelt es sich um das Zusammenwirken von Destillation und Pervaporation (hybride Anlagen), da mittels Pervaporation wirtschaftlich nur in einem bestimmten Konzentrationsbereich eine Aufkonzentrierung oder Abreicherung erfolgen kann. Für die Abtrennung von organischen Stoffen geringer Konzentration aus Abwasser durch Pervaporation mit organophilen Membranen wurden erste technische Anlagen gebaut.

Die Dialyse ist ein Membrantrennprozeß, bei dem eine(mehrere) gelöste Stoffkomponente(n) aus einer konzentrierten Lösung durch die Membran in das reine Lösungsmittel oder eine verdünnte Lösung diffundiert(en). Der Permeatstrom ist bei der Dialyse sehr klein, da die Konzentrationsdifferenz (Triebkraft) klein und der Widerstand durch die Membran groß ist. Die Hauptanwendung findet die Dialyse in der Medizintechnik. Bei Nierenkranken ohne eine funktionsfähige Niere wird in einem Dialysezentrum regelmäßig innerhalb weniger Tage mit einer »künstlichen Niere« in Form eines Hohlfasermoduls das Blut gereinigt, indem Giftstoffe aus dem Blut durch die Membran in eine wäßrige Phase diffundieren. Liegen Verbindungen dissoziiert als Ionen vor, so kann durch Anlegen eines elektrischen

Feldes die Triebkraft erheblich verstärkt werden, und der Prozeß wird dann als Elektrodialyse bezeichnet.

Bei den bisher genannten Membranprozessen erfolgt die Trennung bzw. die Anreicherung oder Abreicherung von Stoffgemischen durch feste Membranen. Eine zusammenfassende Übersicht gibt Tabelle 10.1.

Tabelle 10.1. Übersicht über Membrantrennprozesse

Prozeß	Phasen	Triebkraft
Umkehrosmose	fl/fl	20 ... 70 bar
Nanofiltration	fl/fl	10 ... 20 bar
Ultrafiltration	fl/fl	1 ... 9 bar
Mikrofiltration	fl/fl	0,5 ... 4 bar
Gaspermeation	g/g	Druckdifferenz
Pervaporation	fl/g	Δc
Dialyse	fl/fl	Δc
Elektrodialyse	fl/fl	Δc + elektr. Feld
Flüssigmembranprozeß	fl/fl/fl	Δc

fl flüssig, g gasförmig

Statt fester Membranen können zur Trennung eines Stoffgemisches auch flüssige Membranen eingesetzt werden. Es liegen dann drei flüssige Phasen vor: eine organische Phase, die zwei wäßrige Phasen trennt oder eine wäßrige Phase, die zwei organische Phasen trennt. Zur technischen Gestaltung der Flüssigmembranpermeation ist eine wesentliche Möglichkeit die Verwendung von multiplen Emulsionen. Dies soll nachfolgend am Beispiel der Abtrennung von Metallionen geringer Konzentration aus Abwasser kurz erläutert werden. Die organische Membranphase besteht aus

— einem Verdünnungsmittel mit mehr als 90 Volumenprozent (Vol.-%) Anteil, z. B. n-Paraffine der Kettenlänge C_{12} bis C_{18},
— einem öllöslichen Carrier (Trägerstoff) mit 3 bis 7 Vol.-% und
— einem öllöslichen Tensid, damit mit der inneren wäßrigen Phase eine Emulsion gebildet wird.

Die organische Phase wird mit der inneren wäßrigen Phase mit hohem Energieeintrag für wenige Minuten emulgiert, so daß wäßrige Tropfen von etwa 1 bis 10 µm Durchmesser entstehen. Diese Emulsion wird dann beispielsweise in einer Rührkolonne mit der äußeren wäßrigen Phase (Abwasser) in Kontakt gebracht, wobei die Emulsion Makrotropfen von 0,1 bis 2 mm Durchmesser bildet (s. Bild 10.2). Dadurch entsteht eine große spezifische

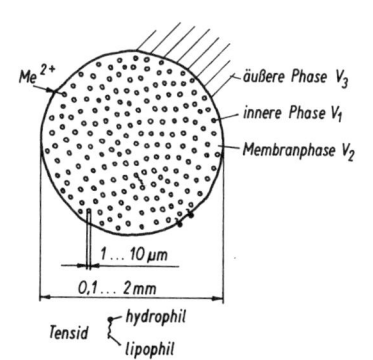

Bild 10.2. Schematische Darstellung eines Emulsionstropfens (Makrotropfens)

Phasengrenzfläche. Die Metallionen reagieren an der Oberfläche der Emulsionstropfen mit dem Carrier zu einer metallorganischen Verbindung. Diese diffundiert durch die organische Membranphase zu den wäßrigen Mikrotropfen; wobei dort die Rückreaktion erfolgt. Bei einem Volumenverhältnis der äußeren wäßrigen Phase V_3 zur inneren wäßrigen Phase $V_1 = 100:1$ können die Metallionen dann in der inneren wäßrigen Phase maximal auf das 100fache angereichert werden. Flüssige Membranen spielen als biologische Membranen beim Stoffwechsel in Lebewesen eine erhebliche Rolle. Bisher gibt es noch keine bedeutsamen technischen Anwendungen von solchen biologischen Membranen.

Von den zahlreichen Fachbüchern zur Membrantrenntechnik sei hier ohne Wertung auf das Buch von *Rautenbach* und *Albrecht* [10.1.] und für flüssige Membranen von *T. Araki* und *H. Tsukube* [10.2.] verwiesen. Einen guten Überblick über den jeweils neuesten Stand geben Tagungen mit den Fortschrittsberichten. Als Beispiel sei auf die Aachener Membrankolloquien (aller zwei Jahre) mit den Preprints [10.3.] und [10.4.] verwiesen.

10.2. Membranen

Für die Wirtschaftlichkeit von Membrantrennprozessen sind die Membranen mit ihren Eigenschaften von größter Bedeutung. Die gewünschten Anforderungen an eine »Idealmembran« können wie folgt zusammengefaßt werden:

— hohe Selektivität, damit der Trennprozeß möglichst in einer Stufe durchgeführt werden kann,
— große Stoffstromdichte (Fluß), wobei diese oft mehrere kg/(m² h), in einigen Fällen über 100 kg/(m² h) beträgt, in Sonderfällen <1 kg/(m² h),
— chemische und thermische Beständigkeit, oft mit dem zulässigen pH-Wert und der maximal einsetzbaren Temperatur gekennzeichnet; davon hängt hauptsächlich die Lebensdauer (bei Membranen aus Kunststoff oft 2 bis 4 Jahre) ab,
— geringes Fouling und damit Gewährleistung konstanter Betriebsbedingungen, d. h. keine Verschlechterung des Flusses und der Trennwirkung,
— hohe mechanische Festigkeit,
— günstiger Preis.

Die asymmetrische Membran besteht aus einer sehr dünnen, dichten aktiven Schicht von bevorzugt 0,1 bis 0,5 µm Dicke und einer Stützschicht von bevorzugt 0,1 bis 0,2 mm Dicke. Durch die dichte aktive Schicht, die porenfrei ist, erfolgt die gewünschte Trennung des Gemisches, indem bevorzugt bestimmte Komponenten durch die Membran diffundieren. Die Stützschicht trägt praktisch nichts zur Trennung bei und dient der mechanischen Festigkeit der Membran. In der Stützschicht können die Porendurchmesser 0,01 bis 10 µm betragen. Die Hauptschritte bei der Herstellung der asymmetrischen Membran sind:

1. Ansetzen der Gießlösung, bestehend aus dem Hochpolymeren, z. B. Zelluloseazetat und dem Lösungsmittel, z. B. Azeton und Formamid.
2. Ausziehen der Gießlösung zu einem Film, z. B. 0,5 mm dick, im Labor auf einer Glasplatte, bei der technischen Herstellung mit Begießmaschine mit Metallband oder rotierender Trommel.
3. Verdampfung eines Teiles des Lösungsmittels (bei Raumtemperatur oder erhöhter Temperatur), wodurch eine Polymeranreicherung an der Oberfläche eintritt und die aktive Schicht vorgebildet wird.
4. Fällung im Wasserbad mit einer Verfestigung und Austausch des Lösungsmittels durch Wasser. Es bildet sich ein Gel. Während des Gelprozesses findet eine Membranschrump-

fung und eine Polymeranreicherung statt. Im Bild 10.3 ist das Verhalten Lösungsmittel – Polymeres – Fällungsmittel mit der Phaseninversion dargestellt.
5. Temperung (Anlaßvorgang); nach der Fällung werden Membranen aus Zelluloseazetat meistens im heißen Wasser getempert.

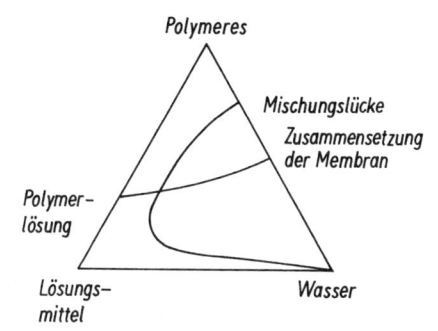

Bild 10.3. Dreiecksdiagramm Lösungsmittel – Polymeres – Fällungsmittel mit dem Phaseninversionsprozeß

Wenn bei der Membranherstellung die

— Polymerkonzentration in der Lösung,
— Teilverdampfung des Lösungsmittels,
— Temperatur bei der Fällung,
— Temperatur bei der Temperung

steigt, dann wird der Porendurchmesser kleiner.
Insbesondere für die UF und MF werden symmetrische Membranen mit unterschiedlichem Durchmesser eingesetzt. Mit Hilfe von Kernstrahlen können Membranen mit einem einheitlichen Porendurchmesser, z. B. 0,05 µm, hergestellt werden.
Man unterscheidet von der geometrischen Form her folgende Membranen:

— Membranen von ebener Form, vorzugsweise 1 bis 1,5 m breit,
— Membranen in Schlauchform für Rohrmodule,
— Hohlfasern mit einem Innendurchmesser von 40 bis 100 µm oder mit einem Innendurchmesser von 0,8 bis 1,5 mm (letztere auch Kapilarfasern genannt).

Die Herstellung von Membranen mit gut reproduzierbaren Eigenschaften erfordert teure Spezialmaschinen und eine strenge Einhaltung bestimmter technologischer Parameter. Die Zahl der Herstellerfirmen ist dadurch sehr begrenzt. Hinzu kommt, daß die Herstellung von Membranen für die Wirtschaftlichkeit eine bestimmte Größenordnung erfordert, so daß auch dies eine Konzentration auf wenige Firmen fördert.
Die Lebensdauer der Membranen betrug am Beginn der Membranentwicklung in den 60er Jahren oft nur Monate. Gegenwärtig kann man in vielen Fällen mit einer Lebensdauer der Membranen von 2 Jahren und auch wesentlich länger rechnen.
Eine umfangreiche Forschung zur Membranentwicklung hat zu Membranen aus verschiedenen Werkstoffen unter Beachtung eines höheren Flusses, einer verbesserten Trennwirkung, einer höheren chemischen Beständigkeit und Temperaturbeständigkeit für verschiedene Membrantrennprozesse geführt. So sind zum Beispiel Membranen aus Zelluloseazetat in wäßriger Phase nur bis zu einem pH-Wert von etwa 3 bis 8 beständig. Die Werkstoffpalette für Membranen umfaßt:

— natürliche Hochpolymere, hauptsächlich Zelluloseazetat,
— synthetische Hochpolymere, z. B. Polyurethan, Polyamid, Polyethylen, Polyaramide, Polysulfon, Polykarbonat, Polyimid, Polyvinylazetat,

- Elastomere (Naturprodukt oder Kunststoff), z. B. Polybutadien, Ethen-Propen-Copolymerisat, Polydimethylsiloxan,
- Metalloxide, Graphit und andere anorganische Stoffe.

Composit-Membranen bestehen aus zwei Schichten mit verschiedenen Werkstoffen für die aktive Schicht und die Stützschicht, manchmal auch aus drei Schichten (zusätzliche Vliesunterlage). Durch Composit-Membranen ist eine bessere Anpassung an die oben gewünschten Eigenschaften möglich. Dafür sind Composit-Membranen schwieriger herstellbar und in der Regel teurer (s. Bild 10.4).

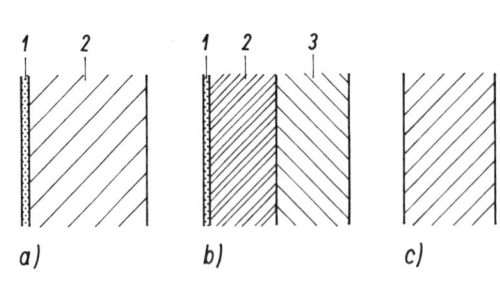

Bild 10.4. Schematische Darstellung von Membranen
a) asymmetrische Membran aus einem Werkstoff (hergestellt über Phaseninversion)
b) Composit-Membranen aus drei Werkstoffen
c) symmetrische Membran mit Poren
  1 aktive Schicht (porenfrei)
  2 poröse Stützschicht
  3 Vlies

Symmetrisch strukturierte Membranen aus Metalloxiden oder anorganischen Stoffen werden aus feinkörnigem Pulver hergestellt. Symmetrische Membranen aus Kunststoff mit gleichmäßig definierten Poren (0,02 bis 20 µm) können durch Teilchen- oder Ionenbeschuß als Spezialmembranen hergestellt werden. Bei der Mikrofiltration werden auch symmetrische Membranen eingesetzt.

Für zahlreiche Anwendungen von Membrantrennprozessen, z. B. die Pervaporation, die Gaspermeation, ist die Unterscheidung in hydrophile und organophile Membranen von Bedeutung. Durch organophile Membranen permeiert bevorzugt der organische Stoff, während durch hydrophile Membranen bevorzugt Wasser permeiert. Dieses Verhalten der Membranen hängt mit den verschiedenen Teilprozessen – Sorption an der Oberfläche der Membran, Diffusion durch die Membran und Desorption an der Gegenseite der Membran – zusammen. Bei organophilen Membranen sind die Sorption und Desorption maßgebend, wofür Membranen aus Elastomeren geeignet sind. Dagegen ist bei hydrophilen Membranen stärker die Diffusion entscheidend, wofür glasartige Polymere oder zelluloseartige Membranen in Betracht kommen.

10.3. Membranmodule

Die Apparate für die Membrantrenntechnik sind aus Apparateelementen (Modulen) aufgebaut. Die Module haben nur relativ kleine Durchsätze, so daß daraus zwangsläufig bei den meisten technischen Anwendungen eine Vielzahl parallel geschalteter Module resultiert. Diese Art der Ausführung hängt zwangsläufig von den Eigenschaften der Membranen ab und erhöht den Investitionsaufwand. Andererseits hat diese Ausführung mit mehreren Modulen Vorteile beim Ersatz der Module bzw. bei Reparaturen. Die vier wesentlichen Module sind der Platten-, Rohr-, Wickel- und Hohlfasermodul, die nachfolgend behandelt werden.

Plattenmodul

Plattenmodule haben im Aufbau eine gewisse Analogie zu Druckfilterpressen. In neueren Modulausführungen sind die Abstände der Platten im Interesse einer großen Kompaktheit des Apparates auf wenige Millimeter (extrem bis zu 1 mm) vermindert worden. An der anderen Platte, getrennt durch die Membran, wird durch geeignete Vertiefungen (z. B. auch nur 1 mm) das Permeat abgeführt. Damit kann mit einer Dicke der Platten von beispielsweise 6 mm faktisch aller 6 mm eine Membran ausgeführt werden und die Membranfläche würde dann 167 m^2/m^3 Apparatevolumen betragen. Durch eine weitere Verminderung der Dicke der Platten könnte eine Kompaktheit bis etwa 300 m^2/m^3 erreicht werden. Plattenmodule werden bis zu 100 m^2 Membranfläche ausgeführt.

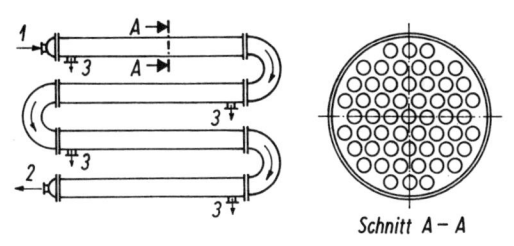

Bild 10.5. Rohrmodule in Reihe geschaltet für das Retentat
 1 Eintritt der Lösung
 2 Austritt des Retentats
 3 Permeat

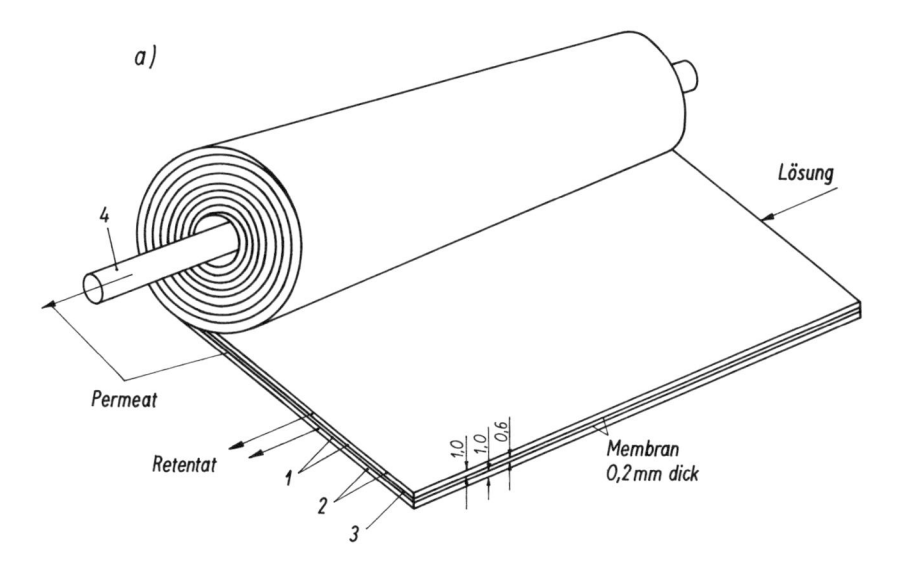

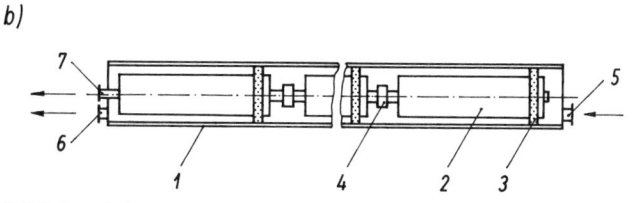

Bild 10.6. Wickelmodul
a) schematische Darstellung des Wickelmoduls im Zustand des Aufwickelns der Lagen
  1 Membranen
  2 Strömungskanäle (spacer)
  3 Permeatleiter
  4 Zentralrohr
b) Druckrohr mit mehreren eingebauten Wickelmodulen
  1 Druckrohr
  2 Module
  3 Abdichtungen
  4 Kupplungen
  5 Eintrittslösung
  6 Retentataustritt
  7 Permeataustritt

Rohrmodul

Rohrmodule werden analog wie Rohrbündelwärmeübertrager aufgebaut (s. Bild 10.5). Die Membranen in Schlauchform befinden sich oft auf der Innenfläche der Rohre. Es werden vorzugsweise Innendurchmesser von 6 bis 15 mm ausgeführt. Das Wandmaterial muß porös sein, damit das Permeat außen abgezogen werden kann. Die Kompaktheit beträgt bis zu 200 m^2/m^3.

Wickelmodul

Beim Wickelmodul werden abwechselnd Lagen auf ein Zentralrohr spiralig gewickelt: Membran mit einer Dicke von etwa 0,1 mm, poröse Schicht aus Textilgewirk mit einer Dicke von 0,5 bis 0,7 mm zur Ableitung des Permeats, gewellte Distanzhalter mit einer Dicke von 1,0 bis 1,5 mm zur Bildung des Kanals für die Strömung der Lösung. Die Rohlösung strömt seitlich ein, während das Permeat durch das Zentralrohr abgeleitet wird. Der Wickelmodul hat typische Abmessungen von etwa 0,10 bis 0,20 m Durchmesser und einer Länge von 0,8 bis 1,5 m. Mehrere Wickelmodule werden in einem Druckrohr untergebracht (s. Bild 10.6). Die Reinigung ist schwieriger als bei Platten- oder Rohrmodulen.

Hohlfasermodul (Kapillarmodul)

Hohlfasermodule werden bevorzugt für die Gaspermeation und Umkehrosmose mit Hohlfasern von einem Außendurchmesser 40 bis 200 µm und einer Dicke von 10 bis 20 µm bis zu 7 MPa eingesetzt (s. Bild 10.7a). Die aktive Schicht befindet sich außen. Das Permeat strömt im Inneren der Hohlfasern ab. Für die Ultrafiltration werden Module mit Hohlfasern (Kapillarfasern) mit einem Außendurchmesser von 0,5 bis 2,5 mm bis zu einem Druck von 1 MPa ausgeführt, Packungsdichte etwa 1000 m^2/m^3 (s. Bild 10.7b). Eine Übersicht über die vorstehend behandelten Module gibt Tabelle 10.2.

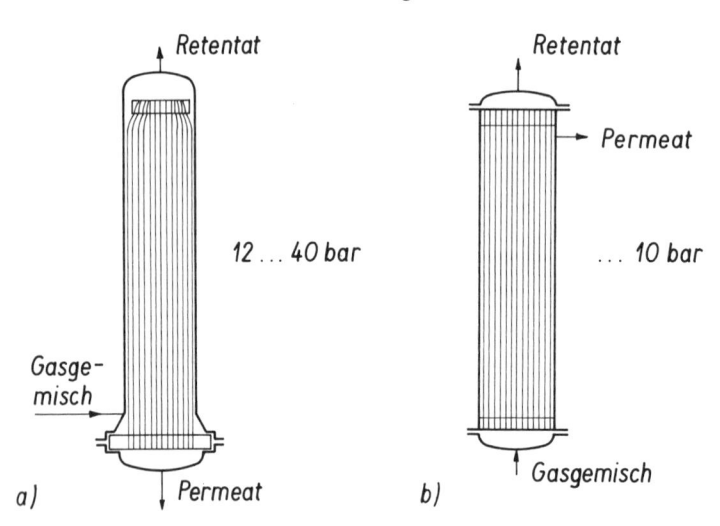

Bild 10.7. Modul mit Hohlfasern
a) Hohlfasermodul (PRISM – Monsanto) mit einem Durchmesser der Fasern von 50 ... 200 µm, typische Abmessungen 25 ... 200 mm Durchmesser, 1,5 ... 3 m Länge
b) Kapillarmodul mit Hohlfasern 0,5 ... 2 mm Durchmesser, typische Abmessungen 50 ... 200 mm Durchmesser, 0,3 ... 3 m lang

Tabelle 10.2. Übersicht über die verschiedenen Module

Modulart	Packungsdichte in m²/m³	Reinigung	Typische Permeatvolumenstromdichte in m³/(m³ h)
Plattenmodul	100 ... 200	gut	2 ... 8
Rohrmodul	100 ... 300	gut	2 ... 12
Wickelmodul	800 ... 1000	mäßig	6 ... 36
Hohlfasermodul	... 20000	schlecht	... 300
Kapillarmodul	800 ... 1500	mäßig	6 ... 50

10.4. Umkehrosmose UO, Nanofiltration NF, Ultrafiltration UF, Mikrofiltration MF

Diese Gruppe von Membranprozessen ist dadurch gekennzeichnet, das das Lösungsmittel (Wasser) auf der Grundlage einer transmembranen Druckdifferenz durch die Membran permeiert, während der gelöste Stoff (meistens Feststoff) von der Membran zurückgehalten wird. Die vier Prozesse unterscheiden sich hauptsächlich durch den unterschiedlichen Druck der Lösung und unterschiedliche Partikelgrößen (bis etwa 0,01 µm meistens gelöst, >0,01 µm oft Suspension), s. auch Tab. 10.3.

Tabelle 10.3. Wesentliche Merkmale von UO, NF, UF und MF

Prozeß	Druck der Lösung in bar	Teilchengröße in µm	Molmasse in kg/kmol
Umkehrosmose	10 ... 70	0,001 ... 0,005	<1000
Nanofiltration	10 ... 20	0,001 ... 0,008	$\approx 10^3$
Ultrafiltration	1 ... 9	0,005 ... 0,05	$10^3 ... 10^6$
Mikrofiltration	0,5 ... 4	0,02 ... 10	Kolloide, Partikel

Eine wesentliche Voraussetzung für die technische Anwendung der UO war die Entdeckung der asymmetrischen Membran im Jahre 1958 durch *Sourirajan* und *Loeb* aus Zelluloseazetat. Die Nanofiltration wurde mit speziellen Membranen in den 80er Jahren mit ersten Anwendungen in die Technik eingeführt. Die Membranen zeichnen sich meistens durch

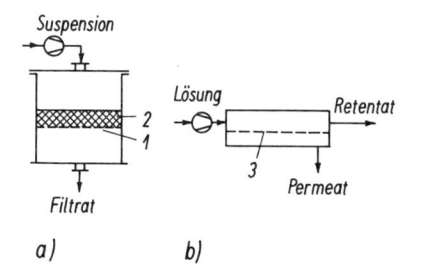

Bild 10.8. Filtrations- und Membrantrennprozeß
a) herkömmliche Filtration
b) Mikrofiltration (Querstromfiltration, Cross-flow-Filtration)
 1 Sieb oder Gewebe
 2 Filterkuchen
 3 Membran

zusätzliche elektrische Eigenschaften aus. Bei der UF und MF sind die Drücke der Lösung deutlich niedriger, da der osmotische Druck Null ist und die Größe der Partikel wächst. Die MF stellt den Übergang zur herkömmlichen Filtration her. Der wesentliche Unterschied besteht darin, daß bei der MF die Membran tangential angeströmt wird und eine Deckschicht (erste Anzeichen eines Filterkuchens) durch den gelösten Stoff nachteilig und zu vermeiden ist. Dagegen wird bei der herkömmlichen Filtration das Filtergewebe senkrecht angeströmt, und ein Filterkuchen ist für die ordnungsgemäße Filtration notwendig (s. auch Bild 10.8).

In den meisten Fällen wird der Membrantrennprozeß bezüglich der Permeation einstufig ausgeführt. Das setzt eine entsprechend gute Trennwirkung voraus. Nur selten sind Membrantrennprozesse mit zwei oder mehr Stufen bezüglich der Permeation im Vergleich zu anderen Trennverfahren wirtschaftlich günstiger.

10.4.1. Industrielle Anwendung

Für die UO, UF und MF gibt es bereits seit den 60er Jahren industrielle Anwendungen. Die Membrantrennprozesse haben sich für bestimmte technologische Anwendungen voll durchgesetzt, z. B. bei der Reinigung des Abwassers aus der Elektrotauchlackierung mit Rückführung eines mit Lack angereicherten Retentates in das Lackbad. Bei anderen Anwendungen ist der Membrantrennprozeß unter bestimmten Bedingungen wirtschaftlich, z. B. bei der Erzeugung von Trinkwasser aus Meerwasser durch UO bis zu bestimmten begrenzten Durchsätzen. Bei der Erzeugung von Trinkwasser in wüstenähnlichen Gebieten ist die Anwendung der UO bis zu mehreren tausend m^3/h wirtschaftlich, während bei einigen zehntausend m^3/h die mehrstufige Eindampfung mit mindestens 10 Stufen wirtschaftlich ist. Die Herstellung von Kesselspeisewasser oder Reinstwasser für die Elektronikindustrie kann durch Umkehrosmose wirtschaftlich sein, in anderen Fällen bei sehr geringem Salzgehalt durch Ionenaustausch. Auch die Kombination von Umkehrosmose mit nachgeschaltetem Ionenaustausch für das Permeat (Feinreinigung) ist für bestimmte Bedarfsfälle von Bedeutung.

Bei den Membrantrennprozessen sind Experimente mit dem zutreffenden Gemisch dringend zu empfehlen, um die Auswirkungen auf die Membran – Fluß, Rückhaltevermögen, Fouling u. a. – zu erkennen. Auch geringe Verunreinigungen in der Lösung können sich erheblich auf den Trennprozeß auswirken. Oft sind Experimente mit einer Pilotanlage mehrere Wochen oder sogar Monate erforderlich. Im Gegensatz zur Destillation oder Absorption ist es nicht möglich, den Membrantrennprozeß nur mit den Daten für die Membran, die vom Hersteller mit einer Testlösung angegeben werden, auszulegen.

Die Nanofiltration befindet sich im wesentlichen noch im Stadium der Entwicklung und kleintechnischen Anwendungen. Nachstehend werden für die UO, UF und MF beispielhaft wichtige technische Anwendungen dargestellt.

Umkehrosmose

Typische Werte für den Permeatfluß (spezifischer Durchsatz) sind 5 bis $40 \, l/(m^2 \, h)$. Die Trennwirkung der Membranen für UO ist gut bei wäßrigen Lösungen mit gelösten Salzen, und zwar bis zu 99% in einer Stufe. Dagegen ist die Trennwirkung bei Gemischen aus zwei flüssigen Stoffen, z. B. Wasser-Alkohol, zwei organische Flüssigkeiten, gering. Es sind dann in der Regel mehrere Stufen für das Permeat notwendig, so daß die UO im Vergleich zu anderen Trennprozessen im allgemeinen nicht mehr wirtschaftlich ist. Daher wird insbesondere die Destillation zur Trennung von homogenen Flüssigkeitsgemischen ihre Bedeutung auch in Zukunft behalten. In Sonderfällen sind Anwendungen möglich, z. B. die Abreicherung von Ethylalkohol im Bier. Typische technische Anwendungen der UO sind:

— Trinkwasser aus Meer- oder Brackwasser,
— Kesselspeisewasser oder Reinstwasser für die Elektronikindustrie,
— Reinigung von Abwasser, z. B. aus der Zellstoffindustrie, Papierindustrie (bisher noch geringe Anwendung), chemischen Industrie (hauptsächlich für gelöste Feststoffe, aber auch Phenol im ppm-Bereich),
— Reinigung von Deponiesickerwasser, wobei die Kosten mittels UO etwa 10 DM/m^3 betragen und mittels des Eindampfprozesses oft 20 DM/m^3; infolge des robusten Verhaltens von Eindampfanlagen werden diese trotz höherer Kosten in einem beachtlichen Umfang noch ausgeführt,
— Eindicken von Obstsäften; es dominiert aber noch das Eindicken durch mehrstufiges Eindampfen (3 bis 5 Stufen),
— Verminderung des Alkoholanteils im Bier von etwa 5 auf 2 Vol.-%.

Bei der Erzeugung von Kesselspeisewasser oder Reinstwasser ist es wirtschaftlich, den Permeatstrom im Verhältnis zum Retentatstrom hoch zu wählen, z. B. 80% Permeat. Zur Erreichung einer turbulenten Strömung in den Strömungskanälen auf der Retentatseite ist dann eine Schaltung mit einer unterschiedlichen Zahl an Modulen zweckmäßig (s. Bild 10.9). Bezüglich des Permeates handelt es sich um eine UO mit einer Stufe. Je nach Auslegung der Strömungskanäle und der gewählten Geschwindigkeit beträgt der Druckverlust in einem Modul im Strömungskanal 0,2 bis 1 bar, so daß bei einem Eingangsdruck der Lösung von 40 bar Überdruck nach drei Modulstufen für das Retentat der Ausgangsdruck beispielsweise 38,5 bar beträgt. Sind die Durchsätze groß, z. B. 4800 m^3/h Trinkwasser und 1200 m^3/h Retentat, kann eine Entspannungsturbine lohnend sein. Bei der Entspannung von 1200 m^3/h mit 38,5 bar können bei einem Wirkungsgrad von 90% in der Entspannungsturbine 925 kW Elektroenergie gewonnen werden.

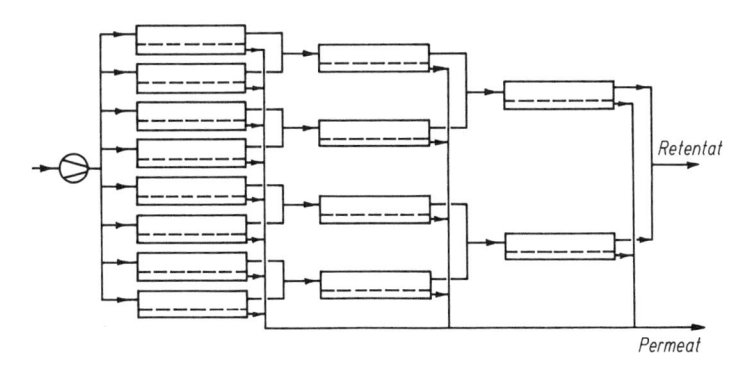

Bild 10.9. Schaltung von Modulen bei einem hohen Volumenanteil des Permeats (z. B. 80 Vol.-% Permeat)

Die UO hat vor allem ihre Einsatzgrenzen bei der Erhöhung der Konzentration des gelösten Stoffes im Retentat, da dann der osmotische Druck entsprechend ansteigt. Mit Rücksicht auf die mechanische Festigkeit der Membran und deren Kompressibilität wird ein Druck der Lösung von 70 bar kaum überschritten. Die weitere Eindickung der Lösung kann dann durch Eindampfen erfolgen.

Ultrafiltration

Typische Werte für den Permeatabfluß sind 15 bis 100 bis (200) l/(m^2 h). Bezüglich der Trennwirkung gilt dasselbe wie bei der UO, d. h., in den meisten Fällen ist die UF mit

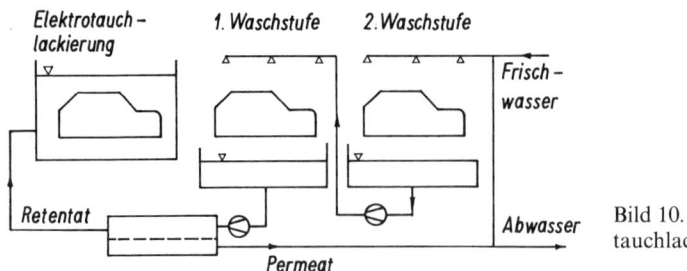

Bild 10.10. Schema der Elektrotauchlackierung mit UF

einer Stufe für das Permeat wirtschaftlich. Nachstehend werden typische Anwendungen in der Industrie aufgeführt:

- Elektrotauchlackierung — die Wirtschaftlichkeit ist insbesondere dadurch gegeben, daß die konzentrierte Lösung mit dem Lack in das Bad zurückgeführt wird (s. Bild 10.10).
- Aufkonzentrierung von Molke in Molkereien mit folgender charakteristischer Zusammensetzung: 4% Lactose, 0,9% Eiweiß, 0,7% mineralische Bestandteile, Rest Wasser. Mittels UO und UF ist eine getrennte Gewinnung von Lactose und Eiweiß möglich (s. Bild 10.11).

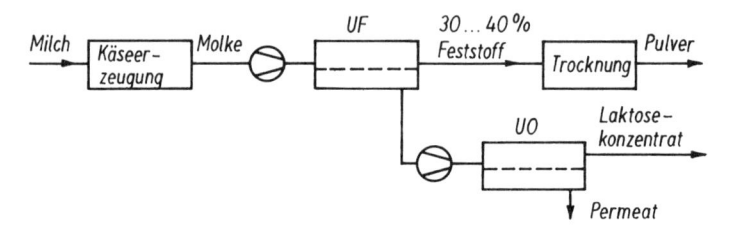

Bild 10.11. Schema der Molkeaufarbereitung mit UO und UF

- Aufkonzentrierung von Öl-Wasser-Emulsion. In der Bundesrepublik Deutschland fallen in der metallverarbeitenden Industrie einige hunderttausend m³/a an. Der Fluß ist stark vom Ölgehalt abhängig, z. B. bei 5% Öl ist der Fluß 45, bei 15% Öl 28 und bei 25% Öl 15 l/(m² h). Das aufkonzentrierte Öl-Wasser-Gemisch wird meist verbrannt, während das Permeat für die Herstellung neuer Öl-Wasser-Emulsionen eingesetzt werden kann.
- Pharmazeutische Industrie und Biotechnologie, z. B. von konzentrierten Viruslösungen.
- Reinigung von Abwässern, z. B. von Latex, Tensid.

Zu bemerken ist, daß für verschiedene Abwässer Experimente mittels UF durchgeführt wurden, bisher aber nur begrenzte industrielle Anwendung gefunden haben. Schon seit längerem liegen Experimente in Pilotanlagen zur Aufkonzentrierung von Abwässern aus Standspülen in galvanotechnischen Betrieben vor. Mittels UO ist die Selektivität der Trennung zu gering (Rückhaltevermögen oft 80%). Experimente zur Bindung der Metallionen im Abwasser an geeignete organische Verbindungen wurden durchgeführt, um mit den vergrößerten Molekülen die UF zum Einsatz zu bringen. Bisher gibt es noch keine nennenswerte technische Anwendung.

Mikrofiltration

Typische Werte für den Permeatabfluß sind 50 bis 150 bzw. (300) l/(m² h), für anorganische Membranen bis 3500 l/(m² h). Entsprechend den größeren Partikeln (typisch 0,1 bis 1 µm) handelt es sich hauptsächlich um einen Filtrationsprozeß in den Poren der Membran. Wesentliche Anwendungen in der Industrie sind:

— Herstellung von keimfreiem Wasser aus Trinkwasser in der Medizintechnik.
— Vielfältige Anwendungen in der Biotechnologie, um den Wertstoff mit einem Anteil von 4 bis 10% aus wäßriger Lösung zu gewinnen. Dabei wird oft die MF direkt mit dem Bioreaktor gekoppelt, so daß man auch von Membran-Bioreaktoren spricht.
— Abtrennung von Mizellen oder Kolloiden aus wäßriger Phase.
— Trennung von Suspensionen mit Partikelgrößen von 0,1 bis 1 µm.

Wird mit steigender Konzentration des gelösten Stoffes im Wasser die Sättigungsgrenze erreicht, so wird eine Deckschicht auf der Membran gebildet. Diese Deckschicht wirkt sich ungünstig auf den Fluß aus. Die Beseitigung der Deckschicht kann am einfachsten durch Rückspülung oder eine Verminderung der Konzentration der Lösung erfolgen. Deckschichten können auch aus Schwebestoffen oder einem biologischen Aufwachsen entstehen.

10.4.2. Verfahrenstechnische Berechnung

Es wird als erstes auf die Konzentrationspolarisation und das Rückhaltevermögen als wesentliche Begriffe eingegangen. Unter Konzentrationspolarisation versteht man eine erhöhte Konzentration des gelösten Stoffes c_M an der Membranoberfläche im Vergleich zur Konzentration der Lösung c_L (s. auch Bild 10.12). Diese Konzentrationserhöhung ist dadurch zu erklären, daß durch die Membran nur einseitig das reine Lösungsmittel diffundiert und dadurch der gelöste Stoff sich an der Membranoberläche anreichert. Die wichtigste Maßnahme zur Verminderung der Konzentrationspolarisation ist eine turbulente Strömung der Lösung. Die sich ausbildende Grenzschicht an der Membranoberfläche kann laminar oder turbulent mit laminarer Unterschicht sein.

Durch Probenahme können die Konzentrationen des gelösten Stoffes in der Lösung und im Permeat mit dem jeweils geeigneten Analysenverfahren ermittelt werden. Dagegen ist die Messung der Konzentration an der Membranoberfläche c_M in der Regel nicht möglich, da eine berührungslose Messung erforderlich ist. Bei speziellen Forschungsarbeiten mit polarisiertem Licht kann die Konzentration des gelösten Stoffes an der Membranoberfläche gemessen werden.

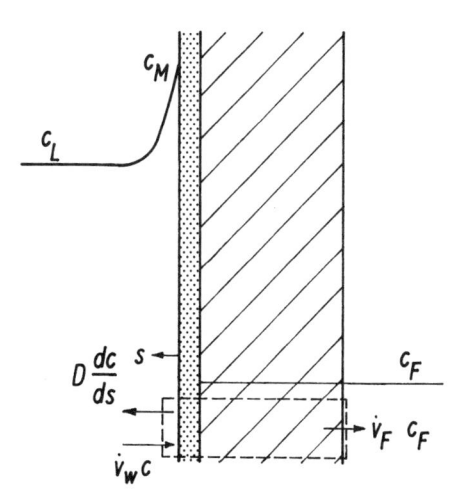

Die Trennwirkung einer Membran wird integral durch die Selektivität R gekennzeichnet

$$R = 1 - c_F/c_L \qquad (10.1)$$

Es handelt sich hierbei um das scheinbare Rückhaltevermögen. Das wahre Rückhaltevermögen R_w

Bild 10.12. Prinzipielle Darstellung der Konzentrationen an einer asymmetrischen Membran mit Konzentrationspolarisation

wird wie folgt definiert:

$$R_w = 1 - c_F/c_M \tag{10.2}$$

Für die UO und NF stellt das Lösungs-Diffusionsmodell eine geeignete Grundlage dar; für die UF und MF ist das Porenmodell besser geeignet. Die Ansätze führen für den Fluß auf analoge Berechnungsgleichungen. Nachstehend werden die wichtigsten Berechnungsgleichungen für den Fluß und die Konzentrationspolarisation angegeben.

Für den Fluß (Filtratstromdichte) gilt mit der transmembranen Druckdifferenz:

$$\dot{v}_F = c_M \Delta p_M \tag{10.3}$$

c_M ist eine Membrankonstante, die von zahlreichen Einflußgrößen, wie Diffusionskoeffizient, Temperatur, abhängt. Die Membrankonstante wird in der Regel experimentell bestimmt. Die transmembrane Druckdifferenz ergibt sich zu:

$$\Delta p_M = p_L - p_F - \pi_L + \pi_F \tag{10.4}$$

Für den osmotischen Druck gilt nach *van't Hoff* (1885 veröffentlicht):

$$\pi = \varkappa cRT \tag{10.5}$$

Der Beiwert $\varkappa$ ist 1 für Moleküle, die nicht dissoziieren. Bei Dissoziation gilt mit dem Dissoziationsgrad γ und der Zahl der gebildeten Ionen n:

$$\varkappa = 1 + \gamma(n - 1)$$

Für den osmotischen Druck der Lösung ist die Konzentration c_L zu verwenden. Der osmotische Druck des Filtrats ist bei einem Rückhaltevermögen von 1 Null.

Für den Fluß des Feststoffes kann mit einer weiteren Membrankonstante B_M folgender Ansatz gemacht werden:

$$\dot{v}_s = B_M(c_{SM} - c_{SF}) \tag{10.6}$$

Für die Trennwirkung wird bevorzugt als integrale Größe das Rückhaltevermögen verwendet, das hauptsächlich abhängig ist von

— den Eigenschaften der Membran,
— den Strömungsbedingungen,
— der Art des gelösten Stoffes,
— der Ausgangskonzentration c_L und
— dem Fouling.

Bei der UF und MF ist der osmotische Druck infolge der hohen Molmasse der gelösten Teilchen oft gering bzw. Null; bei der MF ist der osmotische Druck in der Regel Null. Für den letzten Fall gilt für die transmembrane Druckdifferenz:

$$\Delta p_M = p_L - p_F \tag{10.7}$$

Der Fluß bei der UF und MF ist höher als bei der UO. Wird die Grenze für die Löslichkeit überschritten, so entsteht durch das Ausfallen von Feststoff eine Deckschicht, welche den Fluß mindert (s. Bild 10.13).

Konzentrationspolarisation

Aus der Stoffbilanz gemäß Bild 10.12 erhält man:

$$\dot{v}_w c = \dot{v}_F c_F + D\, dc/ds$$

Mit guter Näherung gilt: $\dot{v}_w = \dot{v}_F$.

Dann erhält man:

$$\dot{v}_F(c - c_F) = D \, dc/ds$$

$$\frac{\dot{v}_F \int_0^\delta ds}{D} = \int_{c_L}^{c_M} \frac{dc}{c - c_F}$$

Die Integration ergibt:

$$\frac{c_M - c_F}{c_L - c_F} = \exp \frac{\dot{v}_F \delta}{D} = e^{\dot{v}_F/\beta}$$

Entlogarithmiert:

$$\frac{\dot{v}_F \delta}{D} = \ln \frac{c_M - c_F}{c_L - c_F} \tag{10.8}$$

Bei laminarer Grenzschicht gilt für den Stoffübergangskoeffizienten:

$$\beta = D/\delta$$

Der Stoffübergangskoeffizient kann nach den bekannten Potenzproduktansätzen berechnet werden:

$$\text{Sh} = \beta d_{gl}/D = a_1 \, \text{Re}^{a_2} \, \text{Sc}^{a_3} \ldots$$

Typische Berechnungsgleichungen ähnlich wie im Abschnitt 2.3. lauten:
Turbulente Strömung

$$\text{Sh} = 0{,}023 \, \text{Re}^{0{,}8} \, \text{Sc}^{1/3} \quad \text{für} \quad L/d_{gl} > 60 \tag{10.9}$$

Laminare Strömung

$$\text{Sh} = 1{,}85 \, (\text{Re} \, \text{Sc} \, d_{gl}/L)^{1/3} \tag{10.10}$$

In der Re- und Sh-Zahl ist der gleichwertige Durchmesser d_{gl} zu verwenden. Turbulente Strömung sollte wegen der besseren Stoffübertragung und der Verminderung der Konzentrationspolarisation angestrebt werden.

Das Verhältnis der Konzentrationen c_M/c_L kann aus den bekannten Werten für den Fluß, den Stoffübergangskoeffizienten β_L und das wahre Rückhaltevermögen R_w iterativ bestimmt werden. Nachstehend wird die Ableitung dargestellt. Aus den Gleichungen (10.8) und (10.2) erhält man:

$$\frac{1 - c_F/c_M}{\dfrac{c_L}{c_M} - \dfrac{c_F}{c_M}} = \frac{R_w}{\dfrac{c_L}{c_M} - (1 - R_w)} = \exp\left(\frac{\dot{v}_F \delta}{D}\right)$$

Bei laminarer Grenzschicht gilt für den Stoffübergangskoeffizienten
$\beta_L = D/\delta$, eingesetzt in R_w

$$R_w = \exp(\dot{v}_F/\beta_L) \, [c_L/c_M - (1 - R_w)]$$

umgeformt:

$$\frac{R_w}{\exp(\dot{v}_F/\beta_L)} = \frac{c_L}{c_M} - 1 + R_w \quad \text{oder} \quad \frac{c_M}{c_L} = \frac{1}{1 - R_w + \dfrac{R_w}{\exp(\dot{v}_F/\beta_L)}}$$

oder

$$\frac{c_M}{c_L} = \frac{\exp(\dot{v}_F/\beta_L)}{(1-R_w)\exp(\dot{v}_F/\beta_L) + R_w} \qquad (10.11)$$

Für den speziellen Fall $R_w = 1$ ergibt sich dann aus Gleichung (10.11):

$$c_M/c_L = \exp(\dot{v}_F/\beta_L) \qquad (10.12)$$

Bei Membranen wirken sich höhere Temperaturen günstig auf den Fluß aus, wobei die Temperaturbeständigkeit der Membran zu beachten ist. Näherungsweise kann der Temperatureinfluß durch folgende Gleichungen erfaßt werden:

$$\dot{v}_F = \dot{v}_{F_0} \exp[-E_A/(RT)] \qquad (10.13)$$

$\dot{v}_{F_0}$ ist der gemessene Fluß bei einer bestimmten Temperatur, E_A Aktivierungsenergie. Bei einer Steigerung der Temperatur um 1 K kann der Fluß um 2 bis 3% steigen.

10.4.3. Betriebsverhalten

Die wichtigsten Parameter bei dem Betrieb von Membrantrennanlagen sind das Rückhaltevermögen und der Fluß. Beide werden von verschiedenen Größen mit zahlreichen Wechselwirkungen beeinflußt.

Druck

Der Druck wirkt sich in Form der transmembranen Druckdifferenz hauptsächlich auf den Fluß aus. Gemäß Gleichung (10.3) liegt eine direkte Proportionalität vor. Durch Fouling wird der Fluß vermindert. Bei der Ausbildung einer Deckschicht (s. Bild 10.13) bleibt der Fluß bei steigendem Druck konstant. Das Rückhaltevermögen wird durch den Druck innerhalb üblicher Grenzen relativ gering beeinflußt.

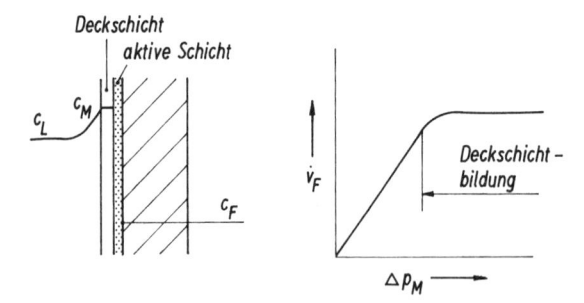

Bild 10.13. Minderung des Flusses bei der UF oder MF durch eine Deckschicht

Bei der UO wirkt sich bei Drücken von 40 bar und höher die Kompressibilität der Membran aus. Auch nach Rücknahme des Druckes bleibt bei einer erneuten Druckbelastung eine bestimmte Kompressibilität der Membran erhalten. Dadurch wird der Fluß vermindert, während das Rückhaltevermögen kaum oder etwas günstiger beeinflußt wird.

Temperatur

In der Regel wird der Membranprozeß mit der Temperatur der Lösung durchgeführt, mit der diese anfällt. Das ist häufig die Umgebungstemperatur. Eine höhere Temperatur bewirkt eine Steigerung des Flusses [s. Gl. (10.13)].

Eigenschaften der Membran

Diese wirken sich auf das Rückhaltevermögen und den Fluß entscheidend aus. Zu beachten ist, daß die Eigenschaften der Membran in enger Wechselwirkung zu der zu trennenden Lösung stehen und von der Betriebszeit durch Fouling und die Veränderung der Strukturmatrix zeitweilig oder bleibend beeinflußt werden. Von zwei neueren Membranen werden nachstehend einige charakteristische Werte angegeben.

Von *U. Meyer-Blumenroth* und *J. Schneider* wird in [10.4], Seiten 329–352, über eine aromatische Polyamidmembran, kurz Polyaramid-Membran genannt, berichtet. Diese Membran ist durch hohe thermische und chemische Beständigkeit und geringe Adsorption (damit geringes Fouling) gekennzeichnet. Für die UF werden Polyaramid-Membranen als asymmetrische Membranen nach dem Phaseninversionsprozeß hergestellt. Als Trägervlies werden benutzt Polyethylenterephthalat, Polypropylen oder Polyphenylensulfid. Die Trennschärfe für die UF kann durch eine Darstellung in einem Diagramm mit dem Rückhaltevermögen als Funktion des Partikeldurchmessers d gekennzeichnet werden (s. Bild 10.14). Für die Einheit der Molmasse wird dabei oft das Symbol D (Dalton) statt kg/kmol verwendet. Die japanische Firma Toray, Tokio, verwendet für die UO eine Polyaramid-Composit-Membran, bestehend aus drei Schichten – 0,2 μm Polyaramid (aktive Schicht), 60 μm Stützschicht und 150 μm Vlies. Das Rückhaltevermögen für NaCl ist 99,6%, der Permeatfluß 3,3 l/(m² h bar), pH-Bereich für den Betrieb 3 bis 9, pH-Bereich für die Reinigung 2 bis 11.

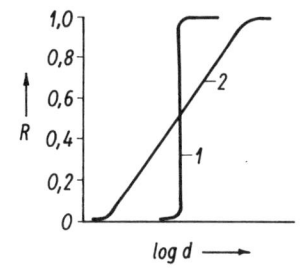

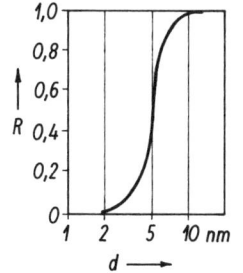

Bild 10.14. Verhalten der Membran für das Rückhaltevermögen in Abhängigkeit vom Partikeldurchmesser (Trennschärfe)
linkes Bild
1 sehr gute Trennschärfe
2 schlechte Trennschärfe
rechtes Bild
reale Trennschärfe

Die französische Firma Tech-Sep, die zur Unternehmensgruppe Rhône-Poulenc gehört, bietet Carbosep-Membranen für verschiedene Trenngrenzen und Filtratströme an (s. Tab. 10.4). Die Rohre mit einem Außendurchmesser von 10 mm, einem Innendurchmesser von 6 mm und einer Länge von 1,2 m bestehen aus einem gesinterten Kohlenstoff mit einer

Tabelle 10.4. Carbosep-Membranen für die UF und MF

Typ	Trenngrenze	Fluß[1]
M5	10 000 D	140
M2	15 000 D	500
M7	30 000 D	750
M4	50 000 D	280
M1	150 000 D	400
M9	300 000 D	1000
M6	0,08 μm	600
M14	0,14 μm	1500
M20	0,20 μm	2500
M45	0,45 μm	3500

[1]) in l/(h m²) bei 4 bar und 25° mit reinem Wasser

anorganischen Membran aus Zirkoniumoxid. Module mit Carbosep-Membranen und Silikondichtungen, die von 0,023 (1 Rohr) bis 5,70 m² Fläche (252 Rohre) hergestellt werden, kosten bei gleicher Fläche etwa das 3fache von Modulen mit Kunststoffmembranen, sind aber dafür von pH 0 bis 14 und bis 300 °C beständig.

Konzentrationspolarisation

Dadurch steigt die Konzentration an der Oberfläche der Membran an. Bei der UO führt das zu einer Erhöhung des osmotischen Druckes und damit zur Verringerung der Stoffstromdichte und des Rückhaltevermögens. Der Einfluß der Konzentrationspolarisation kann hauptsächlich durch turbulente Strömung und entsprechend hohe Re-Zahlen im Strömungskanal vermindert werden.

Konzentration des gelösten Stoffes

Es ist sowohl die Eintrittskonzentration – hängt vom vorausgehenden technologischen Prozeß ab – als auch die Austrittskonzentration aus dem Modul von Bedeutung. Letztere kann vom Verfahrensingenieur unter Berücksichtigung von Randbedingungen variiert werden. Bei der UO wird durch steigende Konzentration des gelösten Stoffes der osmotische Druck erhöht, so daß objektive Grenzen gesetzt sind. Bei der UF und MF kann sich durch steigende Konzentration des gelösten festen Stoffes eine gelähnliche Deckschicht bilden. Außerdem steigt mit der Konzentration des gelösten festen Stoffes die Viskosität an, was die Re-Zahl mindert und die Konzentrationspolarisation erhöht. Eine steigende Konzentration beeinflußt den Fluß und das Rückhaltevermögen ungünstig. Bild 10.15 zeigt die typische Wechselwirkung zwischen dem Fluß und der Konzentration des gelösten Stoffes.

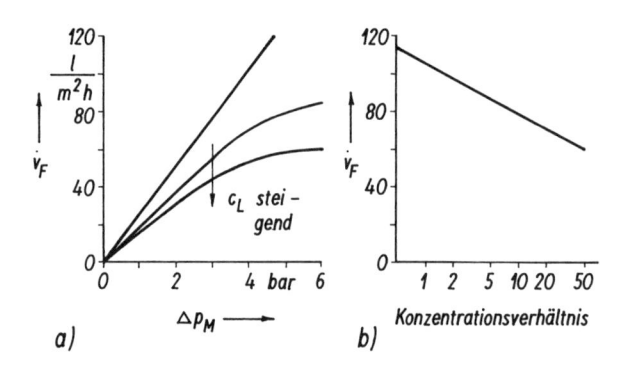

Bild 10.15. Wechselbeziehungen zwischen dem Fluß und der Konzentration des gelösten festen Stoffes
a) Fluß in Abhängigkeit von der transmembranen Druckdifferenz
b) Fluß in Abhängigkeit vom Konzentrationsverhältnis $= c_L/c_{L_0}$ des gelösten festen Stoffes, 4,5 bar, c_{L_0} geringe Vergleichskonzentration

Art des gelösten Stoffes

Folgende Regeln sind zutreffend:

— Anorganische gelöste Stoffe werden durch die Membran besser zurückgehalten als organische Stoffe mit der gleichen Molmasse.
— Unter verwandten Verbindungen, z. B. Homologe, werden Stoffe mit größerer Molmasse besser zurückgehalten.
— Stoffe mit großer Hydratisierungsenthalpie werden gut zurückgehalten.

Wasservorbehandlung, Fouling und Reinigung der Membranen

Die Wasseranalyse als Voraussetzung für die Vorbehandlung des Wassers vor dem Membrantrennprozeß kann folgende Werte umfassen: Kationen der gelösten Salze K^+, Na^+, NH_4^+, Ca^{2+}, Mg^{2+}, Fe^{2+}, Sr^{2+}, Mn^{4+}.

Anionen der gelösten Salze Cl^-, HCO_3^-, F^-, SO_4^{2-}, PO_4^{2-}, CO_3^{2-}, NO_3^{4-}.
Gehalt an freiem Chlor, freies CO_2, freier Sauerstoff, SiO_2, der pH-Wert und die elektrische Leitfähigkeit. Des weiteren wird die gesamte Konzentration an gelöstem Feststoff ermittelt.
Die Filtration mit Anschwemm- und Flockungsmitteln wird angewendet, um suspendierte Stoffe bis 5 μm und in Grenzfällen bis zu 1 μm zu entfernen. Das Ausfällen der schwerlöslichen Salze $CaCO_3$, $CaSO_4$, $BaSO_4$, $SrSO_4$ und des weiteren von SiO_2 während des Membrantrennprozesses ist durch eine geeignete Vorbehandlung zu verhindern. Das biologische Fouling durch Algen und Bakterien ist zu vermeiden, vor allem durch Chlorierung, starke Oxidationsmittel (Ozon oder H_2O_2) oder ultraviolette Strahlen (nur wirtschaftlich bei geringem Bakterienbefall). Verschiedene Membranen erfordern ein chlorfreies Wasser. Freies Chlor kann durch Aktivkohle oder $NaHSO_3$ entfernt werden.
Die Wasservorbehandlung ist teilweise umfangreicher als der eigentliche Membrantrennprozeß und entsprechend kostenintensiv. Der Membrantrennprozeß erfordert faktisch eine solche Vorreinigung, daß im Prinzip nur noch echt gelöste Salze enthalten sind.
In vielen Fällen kann auch eine leistungsfähige Vorbehandlung nicht verhindern, daß während des Betriebs der Module ein Fouling der Membranen erfolgt. In der Literatur gibt es zahlreiche Hinweise und Erfahrungen für die Reinigung von Membranen, hauptsächlich mit sauren oder alkalischen wäßrigen Lösungen. Dazu werden nachstehend einige Beispiele gebracht:

$CaCO_3$ durch wäßrige HCl-Lösung mit pH = 4,
$CaSO_4$ und $BaSO_4$ durch 2% Zitronensäure und Natronlauge mit pH = 7 bis 8,
Metalloxide durch wäßrige Phosphor- oder Salpetersäure bei pH = 2,
anorganische Kolloide durch 2% Zitronensäure und Ammoniak bei pH = 4,
SiO_2 durch Natronlauge mit pH = 11.

Es ist dringend zu empfehlen, mit der betreffenden Lösung Experimente in einer kleintechnischen Anlage, z. B. im Nebenschluß mit einem Modul durchzuführen, um das Fouling festzustellen und eine wirksame Reinigungstechnologie zu entwickeln. Zweckmäßigerweise sollten für neue Reinigungstechnologien auch Informationen bei dem Hersteller der Membranen eingeholt werden, soweit der ausgeführte Membranwerkstoff keine eindeutigen Aussagen ermöglicht.
Die große Bedeutung der Wasservorbehandlung, des Foulings und der Reinigung der Membranen für die Wirtschaftlichkeit vom Membrantrennprozessen wird an zwei Beispielen illustriert. Über Erfahrungen mit einer UO-Anlage für 300 m³/h Kesselspeisewasser aus Main-Flußwasser für die Hoechst-AG wurde von *J. Wasel-Nielen* in [10.3], Seiten 25–46, berichtet. Die Wasservorbehandlung umfaßt eine Kiesfiltration, eine Ozonbehandlung, eine Filtration mit Flockungsmitteln, eine Chlorierung und abschließend nochmals eine Kiesfiltration. Die UO-Anlage bestand aus vier Blöcken mit je 75 m³/h Permeatwasser. Jeder Block enthielt Wickelmodule mit 0,20 m Durchmesser, 1 m lang mit Polyamid-Composit-Membranen. In der typischen Ausführung jedes Blocks wurden acht Druckrohre mit je sechs Wickelmodulen und in einer 2. Stufe für das Retentat vier Druckrohre mit je sechs Wickelmodulen ausgeführt, also insgesamt 72 Wickelmodule mit einer geschätzten Membranfläche von 2 100 m² in einem Block. Gemäß Auslegung wurden einem Block 100 m³/h vorbehandeltes Flußwasser mit einem Druck von etwa 17 bar zugeführt und 75 m³/h Permeat erzeugt (75%ige Ausnutzung des vorbehandeltem Flußwassers). Das Retentat aus der 2. Stufe wurde weitgehend dem Kühlwasser für die Produktionsbetriebe zugemischt, also auch verwendet. Die UO-Anlage ging Ende 1988 in Betrieb.
Der Fluß zeigte über 700 Betriebstage mit etwa 50 bis 78 m³/h erhebliche Schwankungen (s. Bild 10.16). Der projektierte Fluß von 75 m³/h wurde meistens nicht erreicht; später wurden noch zusätzliche Module ausgeführt. Auch das Rückhaltevermögen für das Salz und andere Verbindungen zeigt erhebliche Schwankungen und lag im Vergleich zur

Auslegung meistens schlechter (s. Bild 10.16). Als entscheidend für die Minderleistung wird das Biofouling angesehen. Eine Minderung dieses Einflusses erfolgte durch Entwicklungsarbeiten in der Großanlage und führt gemäß [10.3] zu folgenden Maßnahmen:

— Einsatz von Chlor in der Wasservorbereitung, wobei das freie Chlor mit 0,2 ... 0,3 g/m^3 erst unmittelbar vor der UO-Anlage mittels Sulfit abgebaut wird.
— Nur alkalische Vebindungen sind als Spülchemikalien geeignet. Der Einsatz von Zitronensäure oder Peressigsäure erwies sich als ungeeignet.
— Eine zweimalige Anhebung des pH-Wertes auf 10 mittels Natronlauge für zweimal 30 Minuten je Tag führte zu deutlich stabileren Verhältnissen.
— Der Zusatz von 8 bis 9 ppm 2,2-Dibrom-3-nitrilopropionamid und 75 ppm Wasserstoffperoxid zusammen mit 0,3 ppm Silber einmal je Tag während 20 Minuten erwiesen sich als gut geeignet.

Über die Entfernung von Phenol und organischen Verbindungen aus dem Quenchwasser einer Crackanlage zur Olefinerzeugung C_2 bis C_4 berichtet *Sehn* in [10.3], Seiten 7 — 23. Das Abwasser enthält im Durchschnitt 23 mg Phenol und 125 mg organischen Kohlenstoff je Liter Wasser. Es wird gewünscht, daß mindestens 95% des Wassers als Permeat gewonnen werden, um möglichst wenig Frischwasser für das Quenchen einzusetzen. Erste orientierende Versuche wurden mit einer Membranfläche von 0,1 m^2 und nach der Bestätigung der prinzipiellen Eignung eine Pilotanlage mit 18 kleinen Modulen und 40 m^2 Membranfläche ausgeführt. Die Pilotanlage wurde über 2000 Stunden mit Variation der pH-Werte im Zulaufwasser und der Vorlauftemperatur betrieben.

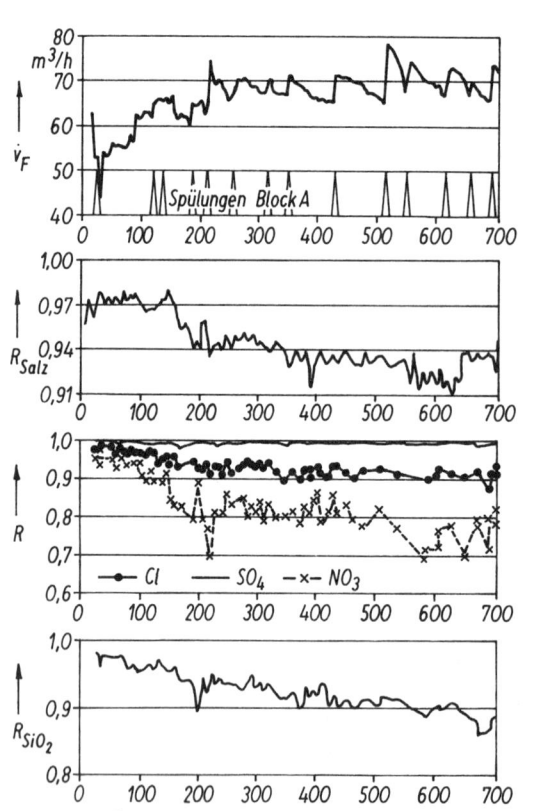

Es wurden FilmTec-Composit-Membranen der FilmTec Corp. (Tochtergesellschaft der Dow Chemical Co.) eingesetzt. Bei einem Überdruck des Abwassers von 50 bar wurde nach Beherrschen des Foulings ein Fluß von 34 l/(h m^2) erreicht. Im Permeat wurde der Phenolgehalt von 23 mg/l auf 0,2 mg/l (R = 99,14%) und der TOC-Gehalt (gesamter organischer Kohlenstoff) von 125 auf 17 mg/l (R = 86,4%) gesenkt. Das Fouling wurde beherrscht, indem das Abwasser mit einem stark sauren Harz durch Kationenaustausch vorbehandelt und dann durch Zudosieren von Natronlauge der

Bild 10.16. Fluß- und Rückhaltevermögen für verschiedene gelöste Stoffe in einer UO-Anlage zur Herstellung von Kesselspeisewasser aus Flußwasser in der Hoechst AG gemäß [10.4], S. 25 — 46 (Block A)

pH-Wert auf 11 erhöht wurde. Als Permeat wurden 95% des Abwassers gewonnen. Der gering anfallende Retentatstrom könnte am günstigsten verbrannt werden. Damit können mit einer UO-Anlage die Anforderungen voll erreicht werden. Die UO-Anlage ist gemäß den Ergebnissen der Pilotanlage im Vergleich zu anderen möglichen Trennprozessen am wirtschaftlichsten.

Die Struktur der Betriebskosten zeigt zwischen den Membrantrennprozessen und dem Eindampfen prinzipiell Unterschiede (s. Tab. 10.5). Aus den Unterschieden zwischen den Kosten für Amortisation und Kapitalzinsen einerseits und der Energie andererseits resultieren für den Vergleich und die Anwendung verschiedener Trennprozesse wesentliche Konsequenzen. Unter Beachtung der relativ kleinen Membranfläche in Modulen und damit einer oft großen Anzahl von Modulen in einer Membrantrennanlage ergeben sich weitere Konsequenzen zwischen der Membrantrennung und dem Eindampfen. Bei einem doppeltem Durchsatz wird eine Membrantrennanlage in den Investitionskosten meistens doppelt so teuer (linearer Anstieg der Investitionskosten), während bei einer Eindampfanlage die Investitions- und Betriebskosten mit steigendem Durchsatz nicht so stark wachsen. Für die Investitionskosten beim Eindampfen ist der Degressionskoeffizient 0,6 bis 0,7, d. h., bei Verdopplung des Durchsatzes wachsen die Investitionskosten der Eindampfanlage nur um 60 bis 70%.

Tabelle 10.5. Vergleich von Membrantrennverfahren und dem Eindampfen

	Kostenanteile	
	UO, NF, UF, MF in %	Eindampfen in %
Amortisation und Kapitalzinsen	45 ... 60	10 ... 20
Membranerneuerung	15 ... 20	–
Energie	10 ... 20	65 ... 85
Bedienung, Reparaturen	10 ... 20	5 ... 15
Summe	80 ... 120	80 ... 120

Beispiel 10.1. Auslegung einer UO-Anlage zur Aufkonzentrierung des Feststoffes im Abwasser einer Sulfitzellstoffanlage

In einer Anlage zur Herstellung von Sulfitzellstoff fallen 24,5 m^3/h Abwasser an, Dichte 1050 kg/m^3, Feststoffgehalt 6,4 Ma.-%. Der Feststoffgehalt des Abwassers soll auf 10,5 Ma.-% erhöht werden; Dichte der konzentrierten Lösung 1080 kg/m^3.

Aufgaben:

1. Wieviel Wasser ist bei einer Aufkonzentrierung von 6,4 auf 10,5 Ma.-% zu entfernen? Das Rückhaltevermögen für den Feststoff soll mit 100% angenommen werden.
2. Ermitteln Sie die Membrankonstante C_M für die vorliegende Aufgabe unter folgenden Bedingungen: Testung der Membran mit wäßriger NaCl-Lösung mit 10 kg NaCl/m^3, Überdruck der Lösung $p_L = 35$ bar, Temperatur 20 °C, gemessener Fluß $\dot{v}_F = 21,3$ l/(m^2 h), Rückhaltevermögen etwa 1, NaCl ist voll dissoziert, Molmasse von NaCl = 58,44 kg/kmol, Überdruck des Filtrats 0,5 bar.
3. Ermitteln Sie den Fluß für das Abwasser $\dot{v}_w$, wenn der gelöste Feststoff eine Molmasse von 235 kg/kmol hat und der osmotische Druck für eine mittlere Feststoffkonzentration von

(6,4 + 10,5)/2 = 8,45 Ma.-% zu verwenden ist, keine Dissoziation des Feststoffes, Dichte der Lösung 1065 kg/m³. Überdruck der Lösung p_L = 37,0 bar und des Filtrates 0,05 MPa, Temperatur 20 °C, Rückhaltevermögen etwa 1. Der Fluß für das Abwasser beträgt 62% von dem Fluß bei der wäßrigen NaCl-Lösung.
4. Wieviel Membranfläche wird benötigt? Wieviel Wickelmodule mit je 23 m² Membranfläche sind erforderlich?
5. Wie hoch sind die Betriebskosten je Jahr?

Gegeben:

Investitionskosten 960 000 DM,
Amortisation und Kapitalzinsen 20% je Jahr von den Investitionskosten,
Reparaturkosten 12% je Jahr von den Investitionskosten,
Energiekosten bei einem Wirkungsgrad von Pumpe und Motor von 70% und einem Preis der Elektroenergie von 0,16 DM/kWh,
Ersatz der Wickelmodule aller drei Jahre, wobei ein Wickelmodul mit 23 m³ Fläche 9200 DM kostet, 7800 Betriebsstunden je Jahr.
6. Ermitteln Sie zum Vergleich die Kosten für eine fünfstufige Eindampfanlage mit einem Dampfverbrauch von 0,22 t je t verdampftes Wasser, Preis des Dampfes 32 DM/t, Investitionskosten 380 000 DM, Amortisationskosten, Kapitalzinsen und Reparaturen zusammen 19% je Jahr von den Investitionskosten. Diskutieren Sie das Ergebnis im Vergleich zu einer UO-Anlage.

Lösung:

1. Zu entfernender Wasserstrom $\dot{M}_w$

$\dot{M}_{Abw} = \dot{V}_{Abw} \varrho_{Abw} = 24,5 \cdot 1050 = 25725$ kg/h
Feststoff $\dot{M}_s = 0,064 \cdot 25725 \quad = -1646$ kg/h
Eintrittsstrom Wasser $\dot{M}_{wE} \quad = 24079$ kg/h

Austrittsstrom Wasser $\dot{M}_{wA}$ über eine Dreisatzrechnung:

1646 kg/h = 10,5 Ma.-%

$\dot{M}_{wA}$ kg/h = 89,5 Ma.-%

$\dot{M}_{wA} = 1646 \cdot 0,895/0,105 = 14030$ kg/h

$\dot{M}_w = \dot{M}_{wE} - \dot{M}_{wA} = 24079 - 14930 = 10049$ kg/h

2. Membrankonstante C_M

Für den Fluß gilt mit der transmembranen Druckdifferenz Δp_M:

$\dot{v}_F = c_M \Delta p_M$ und $\Delta p_M = p_L - p_F - \pi_{NaCl}$

Der osmotische Druck ist:

$\pi_{NaCl} = 2cRT$

$c = 10/58,44 = 0,1711$ kmol/m³

$\pi_{NaCl} = 2 \cdot 0,1711 \cdot 8314 \cdot 293,2 = 834200$ Pa = 8,342 bar

$\Delta p_M = 35 - 0,5 - 8,342 = 26,16$ bar

$c_m = \dot{v}_F/\Delta p_M = 21,3/26,16 = \underline{0,8142 \; l/(m^2 \, h \, bar)}$

3. *Fluß für das Abwasser* $\dot{v}_F$

$\pi_{SZ} = c_{SZ} RT$ (SZ Sulfitzellstoff)

$c_{SZ} = \varrho^K / \tilde{M}$

$\varrho^K = x_s \varrho_L = 0{,}0845 \cdot 1065 = 89{,}99 \text{ kg/m}^3$

$c_{SZ} = 89{,}99 / 235 = 0{,}383 \text{ kmol/m}^3$

$\pi_{SZ} = 0{,}383 \cdot 8314 \cdot 293{,}2 = 933\,600 \text{ Pa} = 9{,}336 \text{ bar}$

$\Delta p_M = p_L - p_F - \pi_{SZ} = 37{,}0 - 0{,}5 - 9{,}336 = 27{,}16 \text{ bar}$

Der Fluß für das Abwasser beträgt 62% des Flusses für die wäßrige NaCl-Lösung.

$\dot{v}_F = c_M \Delta p_M = 0{,}62 \cdot 0{,}8142 \cdot 27{,}16 = \underline{\underline{13{,}71 \text{ l/(m}^2 \text{ h)}}}$

4. *Membranfläche*

$A = \dot{M}_w / \dot{v}_F = 10045 / 13{,}71 = 732{,}7 \text{ m}^2$

$z = 732{,}7 : 23 = 31{,}82$ Wickelmodule

Ausgeführt: 32 Wickelmodule

5. *Betriebskosten je Jahr*

$K_{Am} = 960000 \cdot 0{,}20 =$	192000 DM/a
$K_{Rep} = 960000 \cdot 0{,}12 =$	115200 DM/a
$K_{En} = N \cdot 7800 \cdot 0{,}16$	

$N = \dot{V} \Delta p / \eta = \dfrac{24{,}5}{3600} \cdot 37 \cdot 10^5 / 0{,}70 = 35{,}97 \text{ kW}$

$K_{En} = 35{,}97 \cdot 7800 \cdot 0{,}16 =$	44890 DM/a
$K_{Ers} = 32 \cdot 9200 / 3 =$	98130 DM/a
Summe der Kosten	450200 DM/a

Anteil der Energiekosten:

$44890 / 450200 = 9{,}97\%$

6. *Eindampfanlage fünfstufig*

$K_{Am} = 0{,}19 \cdot 380000 =$	72200 DM/a
$K_{En} = b k_{HD} \dot{M}_{HD}$	
$K_{En} = 7800 \cdot 32 \cdot 10{,}045 \cdot 0{,}22 =$	<u>551600 DM/a</u>
	<u>623800 DM/a</u>

Anteil der Energiekosten:

$551600 / 623800 = 88{,}4\%$

Die UO-Anlage ist in den Betriebskosten um $623800 - 450200 = 173600$ DM/a niedriger. Dies spricht für die Ausführung einer UO-Anlage, wenn genügend Erfahrungen mit einer UO-Pilotanlage vorliegen, damit die Angaben gemäß Aufgabenstellung entsprechend gut gewährleistet sind. Gibt es noch größere Unsicherheiten bei dem UO-Verfahren für die Aufkonzentrierung von Sulfitzellstoff, kann es sein, daß der Investitionsträger sich trotzdem für die Ausführung einer sicheren Eindampfanlage entscheidet und die höheren Betriebskosten akzeptiert. Auch örtliche Gegebenheiten sind zu beachten, z. B. Verfügbarkeit des Wasserdampfes (fällt zwangsläufig bei der Wärme-Kraft-Kopplung an).

Beispiel 10.2. Konzentrationspolarisation

Ermitteln Sie in einem Wickelmodul für die UO das Verhältnis der Konzentration des gelösten Stoffes an der Membranoberfläche zur Lösung c_M/c_L und den Druckverlus Δp:

1. Für eine Geschwindigkeit $w_L = 2{,}40$ m/s und einen Widerstandsbeiwert $\zeta = 0{,}030$.
2. Für eine Geschwindigkeit $w_L = 1{,}20$ m/s.

Gegeben:

Strömungskanal Breite $B = 7{,}5$ m (spiralig aufgewickelt), Höhe $H = 0{,}0012$ m, Länge $L = 1$ m, Rückhaltevermögen $R = 0{,}96$; Fluß $\dot{v}_F = 23{,}4$ l/(m² h). Stoffwerte für die Lösung: $\varrho_L = 1040$ kg/m³; Viskosität $\eta_L = 0{,}00230$ Pa s; $D_L = 2{,}52 \cdot 10^{-9}$ m²/s.

Lösung:

Zu 1.

Ermittlung der Re-Zahl:
$\text{Re} = w_L d_{gl} \varrho_L / \eta_L$

$$d_{gl} = 4A_q/U = \frac{4BH}{2(B+H)} = \frac{4 \cdot 7{,}5 \cdot 0{,}0012}{2(7{,}5 + 0{,}0012)} = 0{,}00240 \text{ m}$$

$$\text{Re} = \frac{2{,}4 \cdot 0{,}00240 \cdot 1040}{0{,}00230} = \underline{2605}$$

Damit ist die Strömung turbulent. Für den Druckverlust der Strömung im Kanal gilt:

$$\Delta p = \zeta \frac{L}{d_{gl}} \frac{w_L^2 \varrho_L}{2} = 0{,}030 \frac{1}{0{,}00240} \frac{2{,}4^2 \cdot 1040}{2} = 37440 \text{ Pa} = \underline{0{,}3744 \text{ bar}}$$

Für den Stoffübergang von der Lösung an die Membran gilt bei turbulenter Strömung Gleichung (10.9):

$\text{Sh} = 0{,}023 \, \text{Re}^{0{,}8} \, \text{Sc}^{1/3}$

$$\text{Sc} = \frac{\eta_L}{\varrho_L D_L} = \frac{0{,}00230}{1040 \cdot 2{,}52 \cdot 10^{-9}} = 877{,}6$$

$\text{Sh} = 0{,}023 \cdot 2605^{0{,}8} \cdot 877{,}6^{1/3} = 119{,}0$

$\beta_L = \text{Sh} \, D_L/d_{gl} = 119{,}0 \cdot 2{,}52 \cdot 10^{-9}/0{,}0024 = \underline{0{,}0001249 \text{ m/s}}$

Als Näherung wird zunächst c_M/c_L für $R_w = 1$ ermittelt. Gemäß Gleichung (10.12) gilt dann:

$$c_M/c_L = \exp(\dot{v}_F/\beta_L) = \exp\left(\frac{0{,}0234}{3600} \frac{1}{1{,}294 \cdot 10^{-4}}\right) = \underline{1{,}0534}$$

1. Iteration

Mit dem scheinbaren Rückhaltevermögen $R = 1 - c_F/c_L = 0{,}96$ erhält man:

$$\frac{c_F}{c_M} = \frac{c_F/c_L}{c_M/c_L} = \frac{0{,}040}{1{,}0534} = 0{,}03798$$

Damit ergibt sich R_w zu:

$R_w = 1 - c_F/c_M = 1 - 0{,}03798 = 0{,}96202$

Mit diesem Wert wird die 1. Iteration durchgeführt; mit Gleichung (10.11) erhält man:

$$\frac{c_M}{c_L} = \frac{\exp(\dot{v}_F/\beta_L)}{(1-R_w)\exp(\dot{v}_F/\beta_L) + R_w} = \frac{1{,}0534}{0{,}03798 \cdot 1{,}0534 + 0{,}9620} = \underline{1{,}0512}$$

Die 2. Iteration mit

$$\frac{c_F}{c_M} = \frac{c_F/c_L}{c_M/c_L} = \frac{0{,}04}{1{,}0512} = 0{,}03805 \quad \text{und} \quad R_w = 0{,}96195$$

ergibt

$c_M/c_L = 1{,}0513,$

so daß die Lösung der 1. Iteration bereits genügend genau ist.

Zu 2.

$$\text{Re} = w_L d_{gl}\varrho_L/\eta_L = \frac{1{,}2 \cdot 2{,}4 \cdot 10^{-3} \cdot 1040}{2{,}3 \cdot 10^{-3}} = \underline{\underline{1302}}$$

Die Strömung ist laminar. Der Druckverlust ergibt sich zu:

$\zeta = 64/\text{Re} = 64/1302 = 0{,}04916$

$$\Delta p = \frac{L}{d_{gl}} \frac{w_L^2 \varrho_L}{2} = 0{,}04916 \frac{1}{0{,}0024} \frac{1{,}2^2 \cdot 1040}{2} = 15336 \text{ Pa} = \underline{\underline{0{,}1534 \text{ bar}}}$$

Bei laminarer Strömung gilt für die Stoffübertragung Gleichung (10.10):

$\text{Sh} = 1{,}85 \,(\text{Re Sc } d_{gl}/L)^{1/3} = 1{,}85 \,(1302 \cdot 877{,}6 \cdot 0{,}0024/1)^{1/3}$

$\text{Sh} = 25{,}89 \quad \text{und} \quad \beta_L = \text{Sh } D_L/d_{gl} = 25{,}89 \cdot 2{,}52 \cdot 10^{-9}/2{,}4 \cdot 10^{-3}$

$\underline{\underline{\beta_L = 2{,}719 \cdot 10^{-5} \text{ m/s}}}$

Für $R_w = 1$ gilt

$$c_M/c_L = \exp(\dot{v}_F/\beta_L) = \exp\left(\frac{6{,}50 \cdot 10^{-6}}{27{,}19 \cdot 10^{-6}}\right) = 1{,}270$$

1. Iteration

Mit $R = 0{,}96$ erhält man:

$$\frac{c_F}{c_M} = \frac{c_F/c_L}{c_M/c_L} = \frac{0{,}04}{1{,}270} = 0{,}0315$$

Damit ergibt sich R_w zu:

$R_w = 1 - c_F/c_M = 1 - 0{,}0315 = 0{,}9685$

Mit Gleichung (10.11) erhält man:

$$\frac{c_M}{c_L} = \frac{1{,}270}{0{,}0315 \cdot 1{,}270 + 0{,}9685} = \underline{\underline{1{,}259}}$$

2. Iteration

Mit dem in der 1. Iteration berechneten Wert $c_M/c_L = 1{,}259$ erhält man:

$$\frac{c_F}{c_M} = \frac{c_F/c_L}{c_M/c_L} = \frac{0{,}040}{1{,}259} = 0{,}03177$$

Damit ist $R_w = 1 - c_F/c_M = 0{,}96823$

Die Berechnung mit Gleichung (10.11) ergibt $c_M/c_L = 1{,}259$, so daß dieser Wert mit dem aus der 1. Iteration übereinstimmt. Bei turbulenter Strömung ist das Verhältnis $c_M/c_L = 1{,}0513$, dagegen bei laminarer Strömung 1,259. Damit ist die Konzentration an der Membranoberfläche c_M bei laminarer Strömung etwa 20 % größer, wodurch der osmotische Druck entsprechend erhöht wird. Die turbulente Strömung ist wesentlich günstiger.

10.5. Gaspermeation

Erst mit der Entwicklung geeigneter Membranen wurden in den 70er Jahren erste industrielle Anwendungen möglich. Die USA-Firma Monsanto mit der nachfolgenden Tochterfirma Permea entwickelte Hohlfasermodule mit einem Innendurchmesser von 150 bis 200 µm. Die Hohlfasern bestehen aus einer dünnen aktiven Schicht aus Silikon und einer Stützschicht aus Polysulfon. Nachfolgend werden Gase aufgeführt, deren Permeabilität entsprechend der Reihenfolge stark steigend ist:

N_2, CH_4, CO, Ar, O_2, CO_2, H_2S, He, H_2, H_2O.

Aus vorstehender Reihenfolge kann man entnehmen, daß zum Beispiel die Abtrennung von H_2 aus einem Syntheserestgas der Ammoniaksynthese (hauptsächlich N_2) mit geringerem Aufwand und zugleich höherer Reinheit möglich ist als die Trennung von Luft. Zu beachten ist, daß es völlig selektive Membranen, die nur für eine Gaskomponente passierbar sind, nicht gibt. Die Trennung eines Gasgemisches ist damit hauptsächlich von dem Charakter der Komponenten des Gasgemisches, aber auch von den Wechselwirkungen mit der Membran (benutzte Werkstoffe und Struktur) abhängig. Die Theorie für diese Wechselwirkung ist gering oder noch gar nicht entwickelt.

In der zweiten Hälfte der 80er Jahre wurden organophile Membranen entwickelt, bei denen bevorzugt der organische Stoff aus Abgasströmen permeiert. Vom GKSS-Forschungszentrum in Geesthacht wurde ein Plattenmodul mit Composit-Membranen — Polydimethylsiloxan als aktive Schicht und Polysulfon als Trägerschicht — entwickelt.

Bei der Gaspermeation mittels poröser Membranen (Poren etwa ein Zehntel der freien Weglänge der Moleküle) wird der physikalische Effekt genutzt, daß die diffundierenden Massenströme der Stoffkomponenten der Quadratwurzel ihrer Molmassen umgekehrt proportional sind. Dieser Prozeß war die Grundlage zur Herstellung des Spaltmaterials für die ersten Atombomben Anfang der 40er Jahre. Die Trennung der gasförmigen Uranisotope $U^{235}F_6$ und $U^{238}F_6$ mit 0,71% $U^{235}F_6$ erfolgte in etwa 4000 Membranstufen, um ein Produkt mit einer Reinheit von 99% $U^{235}F_6$ herzustellen. Der technische Aufwand ist unter Berücksichtigung der großen Stufenzahl, der benötigten Kompressoren und der Wärmeübertrager zur Abführung der Kompressionsenergie mit Kühlwasser ungeheuer. Eine andere technische Anwendung dieser Art der Gastrenndiffusion ist nicht bekannt, wobei bereits seit einiger Zeit spaltbares Kernmaterial wirtschaftlich durch andere Trennprozesse hergestellt werden kann.

Industrielle Anwendung

Nachstehend werden erste industrielle Anwendungen genannt:

— Wasserstoff aus Syntheserest- und Raffineriegasen,
— CO_2 aus CO_2-Kohlenwasserstoff-Gemischen, z. B. bei der Erdöl- und Erdgasgewinnung,
— Wasserstoff aus H_2-CO-Gemischen mit gleichzeitiger Einstellung des für die Synthese erforderlichen H_2-CO-Verhältnisses,
— aus Luft Gewinnung von Sauerstoff mäßiger Reinheit oder von Stickstoff als inertes Gas,
— Abtrennung von organischen Verbindungen bis zu wenigen Volumenprozent aus Abgas.

Auf zwei Anwendungen wird nachfolgend näher eingegangen. Von der USA-Firma Permea wird eine Typenreihe für Stickstoff mit 0,53 bis 1600 m³/h i. N. mit einem Druck der Luft 5,5 bis 11,3 bar Überdruck angeboten. In Tabelle 10.6 sind für einen Hohlfasermodul mit 8,5 bar Überdruck und 43 °C der Firma Permea Werte angegeben.

Tabelle 10.6. Angaben zur Zusammensetzung

	Luft	Stickstoff	Mit Sauerstoff angereicherte Luft
Stickstoff in Vol.-%	78,084	99,33 ... 94,5	73,3 ... 65,4
Sauerstoff in Vol.-%	20,946	0,5 ... 5	25,6 ... 33,4
Argon in Vol.-%	0,934	0,17 ... 0,5	1,1 ... 1,2
CO_2 in Vol.-%	0,033	< 1,6 ppm	–

Zur Abtrennung organischer Dämpfe aus Abluft mittels Gaspermeation wird von *Ohlrogge* u. a. in [10.3], Seiten 197–215, berichtet. Dabei handelt es sich um Benzindämpfe, die in einem Tanklager zusammen mit der Atmungsluft anfallen. Ein Schema der Anlage mit zwei Membran-Teilanlagen (Plattenmodule) zeigt Bild 10.17.

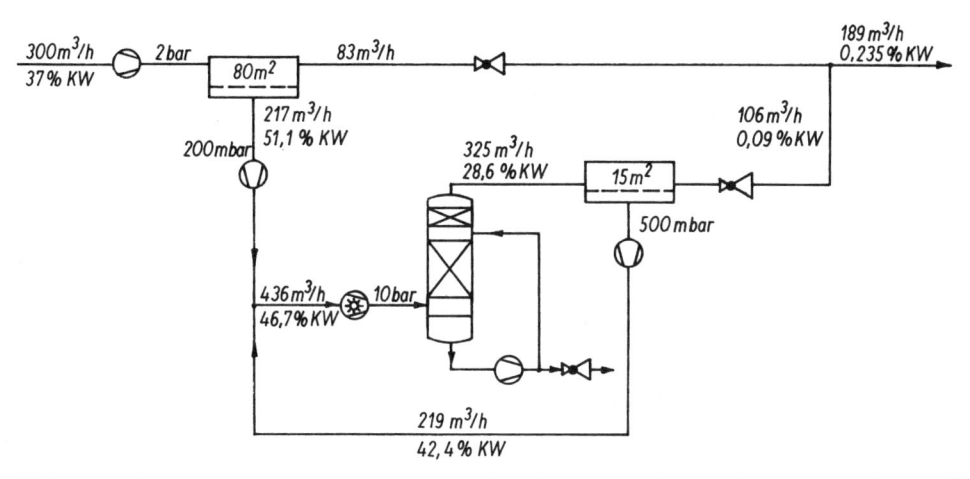

Bild 10.17. Schema der Abtrennung von Benzindämpfen aus der Atmungsluft eines Tanklagers für Benzin durch Gaspermeation

Es fällt durchschnittlich ein Rohgas mit 300 m³/h i. N. mit 37 Vol.-% Kohlenwasserstoff (KW), bezogen auf Normalzustand, an. Zur Pufferung des Abgasstroms wurde zusätzlich ein Gasbehälter mit 300 m³ Inhalt ausgeführt. Die Abluft wird in einem Kompressor auf einen Druck von 2 bar absolut verdichtet. Der Plattenmodul I hat eine Fläche von 80 m³, Permeatdruck 200 mbar, Permeatstrom 217 m³/h i. N. mit 51,1 Vol.-% KW. Als Retentatstrom fallen im Modul I 83 m³/h i. N. mit 0,42 Vol.-% KW an, die entspannt werden. Die Permeatströme aus den Modulen I und II werden auf 10 bar komprimiert. Infolge der geringeren Sättigungskonzentration bei erhöhtem Druck fällt ein Teil der Kohlenwasserstoffe im Abscheider A flüssig aus. Der gasförmige Strom aus dem Abscheider A mit einem Druck von 10 bar wird dem Modul II zugeführt. Die Retentatströme aus den Modulen I und II von 189 m³/h i. N. mit 0,235 Vol.-% KW enthalten mehr als 5 g/m³ KW. Gemäß den Richtlinien der Technischen Anleitung Luft sind 150 mg/m³ an KW zugelassen. Von *Ohlrogge* u. a. in [10.3], Seite 198, wird die restliche Entfernung der KW bis auf eine Konzentration 150 mg/m³ mittels katalytischer Nachverbrennung vorgeschlagen.

Die Gaspermeation zur Reinigung von Abgasen kann auch bei geringen Konzentrationen der organischen Verbindungen, z. B. 0,5 bis 2 Vol.-%, angewendet werden. Im Bild 10.18 ist das Prinzipschema dargestellt. Die Kondensation der organischen Dämpfe aus dem

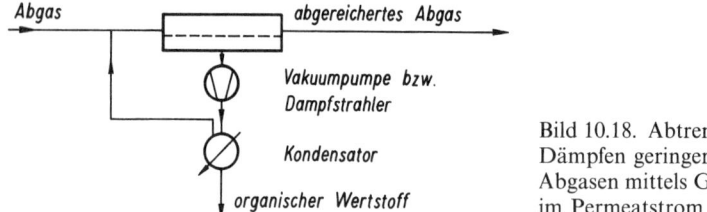

Bild 10.18. Abtrennung von organischen Dämpfen geringer Konzentration aus Abgasen mittels Gaspermeation mit Vakuum im Permeatstrom

Permeatstrom ist in Abhängigkeit vom Dampfdruckverhalten der jeweiligen organischen Verbindung mit Kühlwasser oder unterhalb der Umgebungstemperatur mit einem Kältemittel vorzunehmen.

Verfahrenstechnische Berechnung

Graham hat bereits 1866 für die Gaspermeation in einer porenfreien homogenen Membran das Lösungs-Diffusionsmodell mit drei Teilprozessen vorgeschlagen:
1. Aufnahme der Moleküle an der Oberfläche der Membran (Absorption),
2. Diffusion der Moleküle durch die Membran als entscheidender Teilprozeß,
3. Desorption der Moleküle an der anderen Oberfläche der Membran.

Die Triebkraft für die Gaspermeation ist eine Druckdifferenz. Für eine ebene Membran lautet das Gesetz von *Fick* für den übertragenen Mengenstoffstrom $\dot{n}_1$ in kmol/(m²s):

$$\dot{n}_1 = \frac{D_{1M}}{RT} \frac{p'_1 - p''_1}{\Delta s} = D_{1M} \frac{c'_{1M} - c''_{1M}}{\Delta s} \qquad (10.14)$$

Die Größen im Retentatraum erhalten einen hochgestellten Strich, z. B. p'_1, und im Permeatraum p''_1, Index 1 bezieht sich auf die Permeation der Komponente 1. Mit dem Verteilungskoeffizienten (*Henry*-Koeffizienten) gilt für die Absorption

$$c'_{1M} = H_1 p'_1 \qquad (10.15)$$

und für die Desorption

$$c''_{1M} = H_1 p''_1 \qquad (10.16)$$

Durch Einsetzen der Gleichungen (10.15) und (10.16) in Gleichung (10.17) erhält man

$$\dot{n}_1 = H_1 D_{1M}(p'_1 - p''_1)/\Delta s = Z_1(p'_1 - p''_1)/\Delta s \qquad (10.17)$$

Das Produkt aus dem Diffusionskoeffizienten D_M und dem *Henry*-Koeffizienten H wird Permeabilitätskoeffizient Z genannt.

Vorstehende Theorie basiert auf den einfachen Gesetzen der Diffusion und Sorption. Diese erfassen aber nicht die komplizierten Wechselwirkungen zur Membranmatrix und zu dem Werkstoff, so daß der Diffusionskoeffizient eine variable Größe darstellt. Eine Berechnung ist daher nur unter Einbeziehung experimenteller Werte möglich. Wenn es sich um ein Gasgemisch mit zwei Komponenten handelt, wird das Verhältnis der beiden Permeabilitätskoeffizienten Selektivität genannt:

$$S_{12} = Z_1/Z_2 \qquad (10.18)$$

Die Selektivität ist zur Kennzeichnung der Membran gut geeignet. Zur Auslegung einer Anlage ist der Trennfaktor α_{12} analog der relativen Flüchtigkeit bei der Destillation günstiger:

$$\alpha_{12} = y'_1 y''_2 / (y'_2 y''_1) \qquad (10.19)$$

Je größer der Unterschied zu 1 für den Trennfaktor ist, um so einfacher ist eine weitergehende Trennung der 2 Komponenten.

In dem bereits erwähnten Artikel von *Ohlrogge* u. a. [10.3] ist der druckspezifische Fluß für verschiedene Gase aus Experimenten durch Membranen des GKSS-Forschungszentrums angegeben (s. Tab. 10.7).

Tabelle 10.7. Druckspezifischer Fluß für verschiedene Gase durch eine Compositmembran mit Polydimethylsiloxan als aktiver Schicht und Polysulfon als Trägerschicht

Gas	$\dot{v}_F / \Delta p_M$ in m³/(m² h bar) i. N.
Sauerstoff	1,82
Stickstoff	0,815
Ethan	4,96
Propan	9,30
i-Butan	12,5
n-Butan	18
i-Pentan	25
n-Pentan	36
n-Hexan	52
Benzol	52
Toluol	31,5
Xylol	36
Ethylbenzol	21,5
Vinylacetat	25
n-Butylacetat	24
Ethylacetat	30
Aceton	40
Methylethylketon	33
Diethylether	41
Trichlorethylen	21,5
Tetrachlorkohlenstoff	28,5
Methylenchlorid	36
1,2-Dichlorethan	40

Wenn die Gaspermeation mit einer porigen Membran ohne Aktivschicht durchgeführt wird, ist die Trennwirkung im Vergleich zu einer Membran mit Aktivschicht erheblich schlechter. Als Beispiel wird dazu auf die Trennung des gasförmigen Gemisches der Uranisotope verwiesen. Für den übertragenen Massenstrom mit dem Verhältnis der freien Weglänge der Moleküle wesentlich größer als der Porendurchmesser gilt nach *Knudsen*:

$$\dot{M}_1 = \frac{d_{Po}^3}{3(2\pi R T M_1)^{0,5}} \frac{(p'_1 - p''_1)}{s} \qquad (10.19\text{a})$$

d_{Po} Porendurchmesser

Zum betrieblichen Verhalten

Der Permeatstrom ist proportional
- dem Permeabilitätskoeffizienten Z,
- der transmembranen Druckdifferenz $p' - p''$,

— der Membranfläche A,
— umgekehrt proportional der Membrandicke $1/\Delta s$.

Die Permeatkonzentration wird höher durch

— einen wachsenden Trennfaktor α_{12},
— sinkende Druckdifferenzen.

Eine Steigerung der Permeabilität ist meistens gekoppelt mit einer verminderten Selektivität.
Die Betriebskosten für die Gaspermeation entstehen hauptsächlich durch die Investitionskosten und den daraus resultierenden Kapitalzinsen und Amortisationskosten und durch die Energie für die Gaskompression bzw. durch die Vakuumvorrichtung. Eine Haupttendenz der Entwicklung ist die Reduzierung der Membrankosten durch einen größeren Fluß. Am wirksamsten wird diese bei gleicher Selektivität durch eine sehr dünne aktive Schicht erreicht. Allerdings muß dafür die Technologie bei der Fertigung der Membran insgesamt beherrschbar sein, d. h., es dürfen nicht zu viele Fehlstellen bei der Verbindung der superdünnen aktiven Schicht mit der Stützschicht entstehen.
Bei der Abgasreinigung sind aus dem Gasgemisch nur wenige Volumenprozent einer Gaskomponente zu entfernen. Dann wäre die Kompression des Gasgemisches, z. B. auf 10 bar, sehr ungünstig, weil der größere Teil des Gasstromes als Retentatstrom wieder zu entspannen ist. Die Ausführung einer Gasturbine zur Rückgewinnung von Energie wird nur bei großen Gasströmen (mehrere tausend m³/h) wirtschaftlich, wobei die Investitionskosten für die Gasturbinenanlage zu beachten sind. Für die Reinigung eines Abgases ist es wirtschaftlich, nicht den zutreffenden Abgasstrom zu komprimieren, sondern die Druckdifferenz durch ein Vakuum im Permeatraum zu erzeugen, z. B. $p':p'' = 1:0,1 = 10$. Die Vakuumvorrichtung hat dann nur den Permeatstrom, also wenige Prozent des Eingangsstroms zu komprimieren (s. Bild 10.18).
Bei der Trennung von Luft ist die Erzeugung von Stickstoff als Inertgas in vielen Fällen wirtschaftlich. Dagegen ist die Erzeugung von Sauerstoff großer Reinheit durch das Volumenverhältnis von Sauerstoff und Stickstoff in der Luft faktisch nicht möglich. Die bekannten Membranen haben einen Trennfaktor von etwa 6. Eine wesentliche Erhöhung des Trennfaktors, z. B. auf 30, könnte die Situation verändern; allerdings ist eine solche Erhöhung nicht in Sicht. Das Verhältnis der Diffusionskoeffizienten D_{O_2}/D_{N_2} hat bei Polykarbonat mit 3,17 einen der höchsten Werte, bei Silikongummi nur 1,31. Sauerstoffangereicherte Luft mit 30 bis 40 Vol.-% O_2 ist nur in Sonderfällen wirtschaftlich.
Wenn in dem Abgas brennbare organische Verbindungen enthalten sind, so kann während der Gaspermeation ein explosibles Gemisch entstehen. Für die Brand- und Explosionssicherheit sind dann entsprechende Vorkehrungen zu treffen. Für die Kompression des Gases sind dann zweckmäßigerweise Flüssigringverdichter zu verwenden.

10.6 Pervaporation

In der Übersicht (s. Abschn. 10.1.) wurde eine kurze Charakterisierung der Pervaporation (PV) gegeben. Die PV ist wie andere Membranprozesse bereits seit langem bekannt. *Kahlenberg* beobachtete im Jahre 1906 die selektive PV von Kohlenwasserstoff-Alkohol-Gemischen durch eine dünne Gummimembran. *Kober* beobachtete im Jahre 1917, daß aus einem verschlossenen Cellophanbeutel, in dem sich Flüssigkeitsgemisch befand, Dampf austritt. Er führte erstmals den Begriff Pervaporation ein. Von der umfangreichen Literatur zur Pervaporation wird hier auf die zusammenfassende Darstellung in dem Buch von *Huang* [10.5] verwiesen, des weiteren auf [10.1], Abschnitt Pervaporation.

Die Gesellschaft für Trenntechnik (GFT), Homburg/Saar, setzte Anfang der 80er Jahre Compositmembranen mit Polyvinylalkohol (PVA) als aktive Schicht mit einer mikroporösen Polyacrylnitrilschicht (PAN) und einer dritten Polyesterschicht als Verstärkung zur Trennung von Alkohol-Wasser-Gemischen ein. Dabei handelt es sich um eine hydrophile Membran mit einem glasartigen Polymer als aktive Schicht. Für die Trennung von organischen Gemischen wurden im Labor hauptsächlich Membranen mit Polyethylen als aktive Schicht eingesetzt. Für die bevorzugte Abtrennung von organischen Verbindungen geringer Konzentration aus einer wäßrigen Phase sind hydrophobe Elastomere besonders geeignet, z. B. Polydimethylsiloxan oder Copolymere mit 1,3-Butadien als Hauptkomponente. Für die Trennwirkung sind Wechselbeziehungen zwischen der aktiven Schicht und der porösen Unterschicht bei der PV von erheblicher Bedeutung.

Industrielle Anwendung

Umfangreiche Experimente in zahlreichen Forschungsgruppen im Labor zeigten, daß bei einer gewünschten notwendigen Selektivität der Fluß zum Teil extrem klein ist, z. B. 0,1 kg/(m² h). Für eine technische Anwendung sind solche kleinen Flüsse unwirtschaftlich. Mit einer neu entwickelten PVA/PAN/Polyester-Compositmembran erzielte die Gesellschaft für Trenntechnik eine Selektivität bis etwa 10 und einen Fluß bis etwa 1 kg/(m² h). Die Experimente in einer Pilotanlage im Jahre 1982 verliefen erfolgreich. Bei der Trennung eines Ethanol-Wasser-Gemisches wurde in einer Stufe für das Retentat eine Anreicherung von 94 Masse-% auf 99,8 Masse-% am Austritt erreicht. Von vornherein war klar, daß die PV nur in dem Konzentrationsbereich für die Trennung des Ethanol-Wasser-Gemisches angewendet wird, in dem der azeotrope Punkt auftritt. Damit handelt es sich um eine Hybridanlage von Pervaporation und Destillation (s. Bild 10.19).

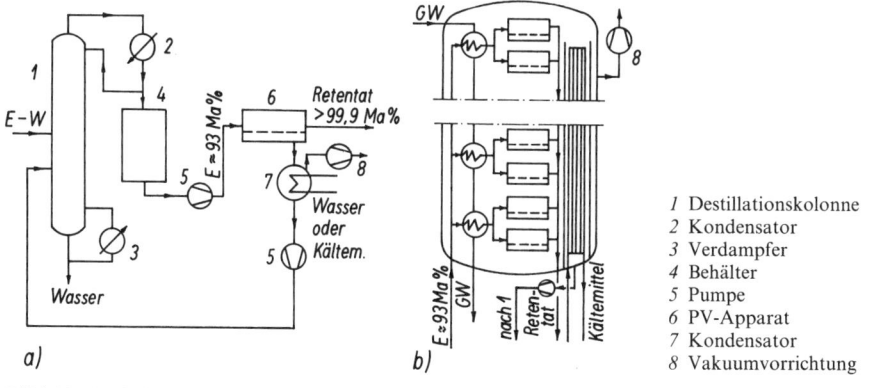

Bild 10.19. Schema einer Pervaporationsanlage zur Trennung eines Ethanol-Wasser-Gemisches im Zusammenwirken mit einer Destillationsanlage (Hybridanlage)
a) gesamtes Schema, E Ethanol, W Wasser
b) ausführliche Darstellung des Vakuumbehälters mit 7×2 Plattenmodulen und Dampfkondensation, Abmessungen 2,2 m Durchmesser und 5,63 m Höhe, GW Glykol-Wasser-Gemisch

1 Destillationskolonne
2 Kondensator
3 Verdampfer
4 Behälter
5 Pumpe
6 PV-Apparat
7 Kondensator
8 Vakuumvorrichtung

Im Jahre 1987 wurde die bis dahin größte PV-Anlage zur Trennung eines Ethanol-Wasser-Gemisches in einer Zuckerfabrik in Betheniville, Frankreich, in Betrieb genommen, Ausführung der Anlage durch die Gesellschaft für Trenntechnik. Die Kapazität dieser Anlage ist 6250 l/h Reinethanol mit 99,90 bzw. 99,95 Masse-% Ethanol. Die Ausgangskonzentration des Ethanol-Wasser-Gemisches nach der Destillation ist 93 Masse-% Ethanol, aber auch eine niedrigere Ausgangskonzentration bis zu 90 Masse-% Ethanol ist für die PV-Anlage geeignet. Die Trennung des Ethanol-Wasser-Gemisches in der PV-Anlage wird dadurch begünstigt, daß der Fluß mit steigendem Ethanolgehalt größer wird. So beträgt der Fluß bei 99,7 Masse-% Ethanol gemäß Messung 2,5 kg/(m^2 h) bei etwa 90 °C.

Es sind 21 Modulstufen für das Retentat (Permeat nur 1 Stufe) ausgeführt, wobei jede Stufe aus zwei parallel geschalteten Plattenmodulen mit je 50 m^2 Fläche besteht. Die Gesamtfläche beträgt 2100 m^2, die in 3 Vakuumbehältern mit einem Durchmesser von 2,2 m und einer Höhe von 5,6 m untergebracht sind. Vor dem Eintritt in die Module wird das Ethanol-Wasser-Gemisch vorgewärmt, wozu hauptsächlich der warme Retentatstrom am Austritt der PV-Anlage genutzt wird. Nach jeder der 21 Stufen erfolgt eine Aufwärmung des Retentatstroms, um die Abkühlung durch die aufzubringende Verdampfungsenthalpie für den Permeatstrom in jedem Modul auszugleichen. Die Aufwärmung erfolgt mit einem Glykol-Wasser-Gemisch, das wiederum mit Heizdampf aufgewärmt wird. Die Ausbeute, bezogen auf das Eingangsgemisch, ist für Ethanol in der PV-Anlage 98%. Der restliche Alkohol wird gewonnen, indem das Permeat wieder in die Destillationskolonne eingesetzt wird, so daß faktisch keine Verluste auftreten. Die Erfahrungen aus dieser PV-Großanlage hat *Brüschke* in [10.4], Seiten 299–308, dargestellt:

— Die Flexibilität der PV-Anlage bei Veränderungen der Betriebsparameter, z. B. Alkoholgehalt im Eintrittsgemisch, ist groß. Eine hohe Reinheit des Ethanols, z. B. 99,95 Masse-%, kann gesichert werden.
— PV-Anlagen sind sehr gut für einen voll automatisierten Betrieb ohne Bedienungspersonal in der Produktionsanlage geeignet.
— Die berechneten niedrigen Verbrauchswerte an thermischer und elektrischer Energie werden im praktischen Betrieb einer Großanlage eingehalten.

Es sind inzwischen weitere Beispiele von industriellen Anlagen zur Trennung von Gemischen mit azeotropem Punkt bekannt geworden, z. B. Trennung von Wasser-Propanol und Wasser-Solvenon (Methoxypropanol-Propylenglykol-1-methylether) mit dem Azeotrop bei 47 Masse-% Wasser und 98,3 °C für einen Druck von 1,013 bar.

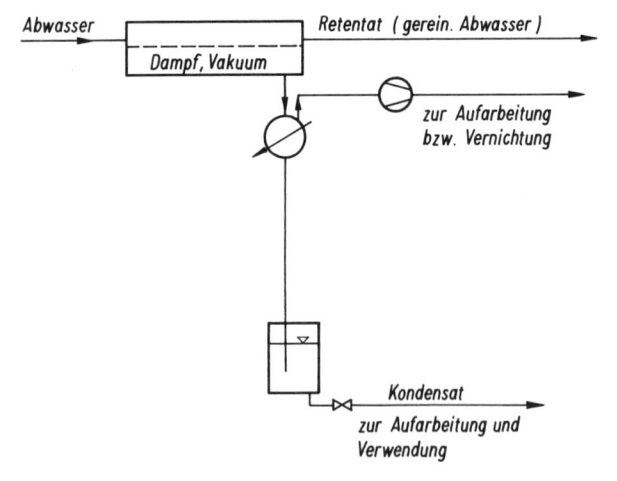

Bild 10.20. Abtrennung von organischen Stoffen geringer Konzentration aus Abwasser mittels Pervaporation

Mit organophilen Membranen ist die Entfernung von organischen Verbindungen geringer Konzentration aus Abwasser möglich (s. Bild 10.20). Dabei kann es sich um die Abtrennung von Kohlenwasserstoffen, Chlorkohlenwasserstoffen oder anderen organischen Verbindungen handeln. Auf jeden Fall sind dazu Experimente in einem kleinen Modul und nachfolgend in einer kleintechnischen Anlage notwendig, um die geeigneten Prozeß- und Betriebsparameter für die PV-Anlage aufzufinden.

Mechanismus und Einflußgrößen

Der wesentliche Teilprozeß der Pervaporation ist die Verdampfung in der aktiven Schicht der Membran, wobei die Transporteigenschaften der Membran für die Zusammensetzung des Dampfes und damit die Selektivität entscheidend sind. Die Triebkraft ist die Konzentrationsdifferenz zwischen der Retentat- und Permeatseite. Die verminderte Konzentration auf der Permeatseite wird üblicherweise durch ein Vakuum erreicht. Dadurch ist die Kondensation der Dämpfe meistens bei tiefer Temperatur mit einem Kältemittel erforderlich, was den Prozeß zusätzlich verteuert. Der Permeatstrom ist wesentlich kleiner als der Retentatstrom, z. B. bei der Ethanol-Wasser-Trennung < 10 Masse-%. Der Transport des Permeats durch die aktive Schicht beinhaltet drei Widerstände:

— Sorption der Flüssigkeit an der Membranoberfläche,
— Verdampfung und Diffusion der Dämpfe durch die aktive Schicht der Membran,
— Desorption der Permeatdämpfe.

Wenn das Permeat der Destillationskolonne wieder zugeleitet wird, wie dies bei der Ethanol-Wasser-Trennung der Fall ist (s. Bild 10.19), so ist die Kompression der Permeatdämpfe vom Vakuum auf den atmosphärischen Druck und ihre dampfförmige Einleitung in der Destillationskolonne eine Alternative. Der Luftgehalt durch Undichtigkeiten der Vakuumapparatur sollte dann möglichst klein sein.
Der Permeabilitätskoeffizient Z_1 für die Komponente 1 ist wie bei der Gaspermeation das Produkt aus dem Verteilungskoeffizient H_1 bei der Sorption und dem Diffusionskoeffizient D_{1M} in der Membran:

$$Z_1 = H_1 D_{1M} \tag{10.20}$$

Die Selektivität für die Komponenten 1 und 2 ist identisch mit der Gaspermeation

$$S_{12} = Z_1/Z_2 \tag{10.18}$$

Desgleichen stimmt der Trennfaktor mit der Gaspermeation überein, hier mit x_i für die flüssige Phase und y_i für die gasförmige Phase geschrieben:

$$\alpha_{12} = y_1 x_1/(y_2 x_1) \tag{10.21}$$

Einfluß der Konzentration

Die Grundgleichung für die Diffusion in der aktiven Schicht der Membran ist nach *Fick*:

$$\dot{n}_1 = -D_{1M} \, dc_1/ds$$

Der Diffusionskoeffizient für die Komponente 1 in der Membran ist stark konzentrationsabhängig. Mit einem bekannten Diffusionskoeffizienten D_{0M} gilt mit dem Plastifizierungskoeffizienten ψ

$$D_{1M} = D_{0M} \, e^{\psi c_1} \tag{10.22}$$

Das Einsetzen der Gleichung (10.22) in die obige Gleichung nach *Fick* ergibt

$$\dot{n}_1 \int_0^B \mathrm{d}s = -D_{0M} \int_{c_{1a}}^{c_{1e}} \mathrm{e}^{\psi c_1} \mathrm{d}c_1$$

B Dicke der aktiven Schicht
c_{1a} Konzenration am Anfang
c_{1e} Konzentration am Ende

Die Integration ergibt

$$\dot{n}_1 = \frac{D_{0M}}{\psi B} (\mathrm{e}^{\psi c_{1a}} - \mathrm{e}^{\psi c_{1e}}) \tag{10.23}$$

c_{1a} kann maximal der Sättigungskonzentration (Lösungszeitgrenze) c_{1s} der Komponente im Polymeren entsprechen. c_{1e} kann Null werden, wenn die Diffusion unter Vakuum stattfindet. Unter diesen Voraussetzungen erhält man

$$\dot{n}_1 = \frac{D_{0M}}{\psi B} (\mathrm{e}^{\psi c_{1s}} - 1) \tag{10.24}$$

Entsprechend dem Lösungs-Diffusions-Modell sind die Zusammensetzung der Ausgangslösung c_{1a} und der Diffusionskoeffizient von Bedeutung. Der Diffusionskoeffizient wird maßgeblich von der Membran, aber auch von der Konzentration c_{1a} bestimmt.

Druck im Retentat- und Permeatraum

Wenn im Permeatraum der Druck gegen Null geht und damit auch der Druck der permeierten Komponente 1, so ist die Triebkraft am größten. Bei hohen Drücken (Konzentrationen) der Komponente 1 im Permeatraum wird die Triebkraft erheblich gemindert. Bei dem Erreichen des Sättigungsdruckes für die Komponente 1 im Permeat wird der Fluß der Komponente 1 Null. Der Permeatdruck beeinflußt die Selektivität, die mit dem steigendem Permeatdruck steigen oder fallen kann, abhängig von den Eigenschaften der Membran.

Einfluß der Temperatur

Dafür gilt eine Gleichung des *Arrhenius*-Typs:

$$\dot{n}_1 = \dot{n}_{10} \exp\left[-E_p/(RT)\right] \tag{10.25}$$

E_p Aktivierungsenergie von 17 bis 63 kJ/mol im Permeatbereich. Der Fluß steigt stark mit wachsender Temperatur — bei 10 °C Temperatursteigerung der doppelte oder sogar mehrfache Fluß. Daraus folgt die Bedeutung der Aufrechterhaltung einer geeigneten Temperatur, oft 90 °C mit Rücksicht auf die Temperaturbeständigkeit der eingesetzten Membran.

Die Konzentrationspolarisation wird auch bei der PV wirksam, meistens aber mit geringerem Einfluß als bei der UO. Bei der PV kann sich oft keine Konzentrationsgrenzschicht ausbilden.

Abschließend ist festzustellen, daß mit den vorstehenden Gleichungen und Einflußgrößen wesentliche Tendenzen dargestellt werden. Der Gesamtprozeß ist wegen der Verdampfung der Flüssigkeit in den Membranen wesentlich komplizierter als bei der Gaspermeation. Daher ist in den meisten Fällen kaum eine Extrapolation von experimentellen Werten möglich. Die Experimente sollten den gewünschten Bereich in einem Modul umfassen, der später in der technischen Anlage eingesetzt werden soll. Im Bild 10.21 sind vergleichend die Gleichgewichtskurve bei der Destillation und die Konzentration des Permeats in einem Diagramm dargestellt.

Pervaporation **10.6.** 591

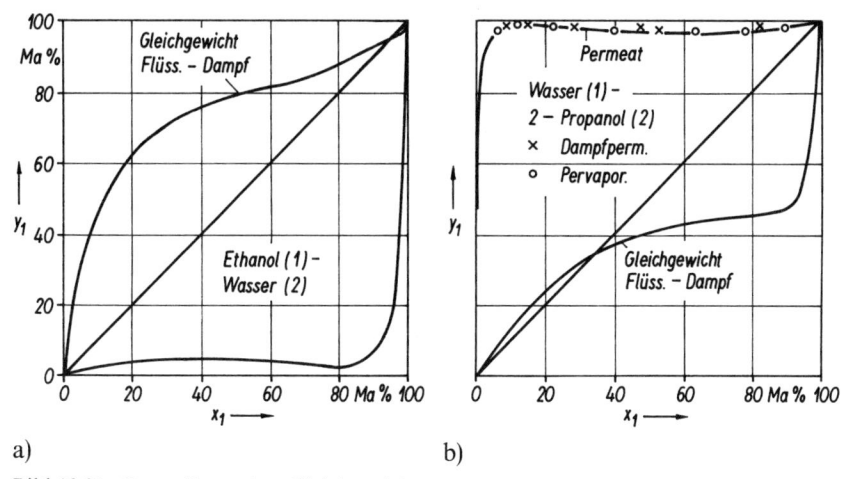

Bild 10.21. Darstellung der Gleichgewichtskurve bei der Destillation und der Konzentration des Permeats in einem Diagramm
a) Alkohol-Wasser
b) Propanol-Wasser

Dampfpermeation

Die Dampfpermeation gehört zu den neuen Membranprozessen. Der Unterschied zur PV besteht darin, daß bei der Dampfpermeation das Eintrittsprodukt dampfförmig zugeführt wird. Falls das Eintrittsprodukt für den Membrantrennprozeß am Kopf einer Destillationskolonne anfällt, steht das Dampfprodukt ohne Mehrkosten zur Verfügung (s. Bild 10.22). Vorteile der Dampfpermeation bei dem dampfförmigen Anfall des Eintrittsproduktes im Vergleich zur Pervaporation sind:

— Die Verdampfungsenergie bei der Dampfpermeation entfällt. Dadurch wird der Prozeß wesentlich vereinfacht.
— Bei der Dampfpermeation tritt keine Konzentrationspolarisation auf, die bei der Pervaporation von einem gewissen Einfluß sein kann.

Nachteile können sein:

— Das Sorptionsverhalten der Membran kann ungünstig sein.
— Für die Dampfpermeation liegen wesentlich weniger experimentelle Ergebnisse vor als für die PV.

Messungen zur Permeatzusammensetzung (s. Bild 10.21) und zum Fluß bei der Trennung des Ethanol-Wasser-Gemisches zeigen, daß die Dampfpermeation bezüglich dieser Größen

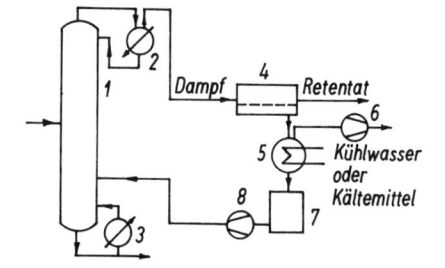

Bild 10.22. Schema der Dampfpermeation in Verbindung mit einer Destillationskolonne
1 Destillationskolonne   2 Kondensator
3 Verdampfer   4 Dampfpermeationsapparat
5 Kondensator   6 Vakuumvorrichtung
7 Behälter   8 Pumpe

mit der PV vergleichbar ist. Es bedarf entsprechender Untersuchungen im Labor und an kleintechnischen Anlagen, bis geklärt ist, unter welchen Bedingungen die Dampfpermeation wirtschaftlich einsetzbar ist.

10.7. Dialyse und Elektrodialyse

Dabei wird die Permeatphase als aufnehmende Phase (Dialysat) von außen eingeleitet (s. Abschn. 10.1).

Dialyse

Die Triebkraft ist die Konzentrationsdifferenz zwischen dem Retentat- und Permeatraum. Diese ist sehr klein. Daher werden sehr große Membranflächen benötigt und bevorzugt Hohlfasermodule eingesetzt. Die Hauptanwendung ist die Medizintechnik für Patienten ohne eine funktionsfähige Niere zur Blutreinigung.

Eine der wenigen industriellen Anwendungen ist die Reduzierung des Alkoholgehaltes im Bier. Für diese Aufgabe wird als anderes Verfahren auch die Umkehrosmose eingesetzt. Das Bier wird in einem Modul mit Hohlfasern aus Baumwollzellulose, 0,22 mm Innendurchmesser und 0,25 mm Außendurchmesser, durchgesetzt. Es permeieren 50 bis 60% des Alkohols durch die Hohlfasern in den äußeren Wasserstrom (Dialysat), so daß der Alkoholgehalt im Bier zum Beispiel von 4,2 auf 2,0 Masse-% gesenkt wird. Das Dialysat, das zum Beispiel am Austritt des Moduls 2 Masse-% Alkohol enthält, wird einer Destillationskolonne zugeleitet (s. Bild 10.23). Im Sumpf fällt nahezu reines Wasser an, das wieder dem Hohlfasermodul zugeleitet wird. Für den Geschmack des Bieres ist von Bedeutung, daß nur der Alkohol permeiert und nicht die Geschmacksstoffe. Das Dialysat wird mit den schwer flüchtigen Geschmacksstoffen rasch gesättigt, so daß diese im Kreislauf über die Destillationskolonne im Wasser erhalten bleiben. Dadurch permeieren keine neuen Geschmacksstoffe aus dem Bier im Hohlfasermodul.

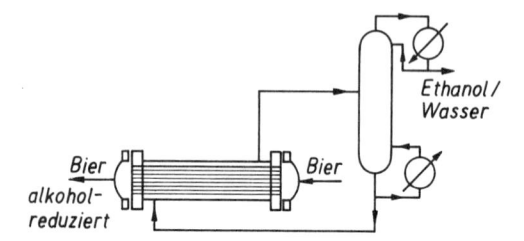

Bild 10.23. Schema einer Dialyse-Anlage zur Verminderung des Alkoholgehalts im Bier

Eine chemische Reinigung der Hohlfasermodule ist aller zwei bis fünf Tage mit geeigneter Reinigungslauge mit folgenden Teilschritten durchzuführen: Spülen der Module mit Wasser, Umpumpen von Wasser bei Temperaturen von etwa 60 °C auf beiden Seiten des Hohlfasermoduls, Spülen mit spezieller Reinigungslauge, vorstehend genannte Teilprozesse jeweils etwa 30 Minuten durchführen, Lauge entfernen, mit Wasser nachspülen, bis der pH-Wert neutral ist.

In den letzten Jahren sind bei der Dialyse Entwicklungsarbeiten zur Rückgewinnung von Säuren oder Laugen aus wäßriger Phase aus Abwasser verstärkt beachtet worden. Es werden Ionenaustauschermembranen eingesetzt, welche in Plattenbauweise nach dem Prinzip einer Filterpresse aufgebaut sind. Dabei wird die Rohlösung (als Ausgangsprodukt Bezeichnung Diffusat) in der Regel von unten nach oben und das Wasser (Dialysat) von oben nach unten

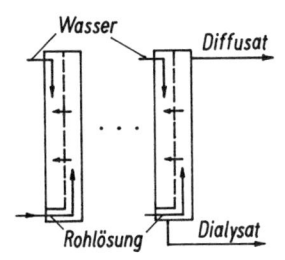

Bild 10.24. Membranstapel (mehrere Zellen) für die Dialyse von Säuren oder Laugen aus wäßriger Phase (Rohlösung)

geführt (s. Bild 10.24). Die Säure permeiert aus der Rohlösung in das Wasser durch die Membran. Es werden geringe Strömungsgeschwindigkeiten von 0,5 bis 3 m/h angewendet. Der Druckverlust im Membranstapel geht deshalb gegen Null.
Für die Säuredialyse werden Anionenmembranen (homopolar) eingesetzt, durch welche die Anionen und H^+-Ionen infolge ihres sehr kleinen Durchmessers gleichzeitig permeieren. Nur stark dissoziierende Säuren diffundieren. Zur Dialyse von Laugen aus Wasser sind Kationenmembranen entwickelt worden. Triebkraft ist die Konzentrationsdifferenz auf den beiden Seiten der Membran. Die wesentlichen Größen für die Auslegung einer Dialyse-Anlage sind:

— Art der Säure (Lauge),
— Art und Menge der gelösten Salze,
— eingesetzte Membranen,
— Strömungsgeschwindigkeit in den Kanälen für die Rohlösung und das Wasser,
— Betriebstemperatur — verbesserte Übertragung mit erhöhter Temperatur, Beständigkeit der Membranen nur bis 40 °C.

Zwischen den vorgenannten Größen bestehen zahlreiche Wechselwirkungen. Zur Auslegung bedarf es experimenteller Daten. Es werden Dialyse-Anlagen bis zu mehreren tausend m^2 Membranfläche (eine Membran z. B. 2 m^2) ausgeführt. Bei dem gegenwärtigen Stand ist eine Wirtschaftlichkeit durch Rückgewinnung der Säuren aus der Rohlösung (Abwasser) nur unter Berücksichtigung des Wertes der gewonnenen Säure nicht zu erreichen, ausgenommen Flußsäure. Wenn hingegen die Folgemaßnahmen zur Behandlung des Abwassers in die Ökonomie einbezogen werden, was zukünftig immer mehr zu einem zwingenden Erfordernis wegen der notwendigen Abwasserbehandlung wird, so wird die Dialyse für die Rückgewinnung von Säuren oder Basen aus Abwasser zunehmend wirtschaftlicher.

Elektrodialyse

Bei der Elektrodialyse wird der Übergang von Ionen durch Anlegen eines elektrischen Feldes wesentlich verstärkt. Die Elektrodialyse wurde in den 60er Jahren intensiv für die Entsalzung von Brackwasser entwickelt. Durch die gleichzeitigen Entwicklungsarbeiten zur Umkehrosmose hat sich der Einsatz der Elektrodialyse für diesen Zweck vermindert. Die Elektrodialyse kann zur selektiven Entfernung von Ionen und damit der Abtrennung von Salzen dienen:

— aus verschiedenen organischen Produkten, wie Aminosäuren, Proteinen, Alkohol,
— aus Produkten der Nahrungsgüterwirtschaft, wie Molke, Milch, Melasse, Fruchtsäfte,
— aus Wasser, das als Brackwasser oder Reinstwasser für industrielle Zwecke eingesetzt wird,
— aus Galvanikspülbädern,
— Nitratentfernung aus Grundwasser.

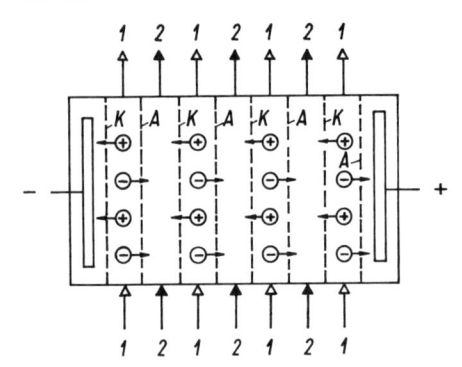

Bild 10.25. Prinzip der Elektrodialyse
1 Diluat
2 Konzentrat
K Kationenaustauschermembran
A Anionenaustauschermembran

Die Ionenaustauschermembranen, die entweder nur für Anionen oder Kationen durchlässig sind, stellen das entscheidende Bauelement dar. Man spricht auch von Elektrodialyse-Stacks. Kationen- und Anionenaustauschermembranen werden abwechselnd zwischen zwei Flächenelektroden angeordnet und bis zu einigen hundert Zellen in einem Elektrodialyse-Stack zusammengefaßt (s. Bild 10.25).

Ein typischer Membranabstand ist bei mittelgroßen Anlagen 0,5 bis 1,3 mm. Die Strömungsgeschwindigkeit ist oft 5 bis 10 cm/s (kleinere Geschwindigkeiten bei größerem Abstand der Membranen). Der spezifische Durchsatz ist bei der Elektrodialyse wesentlich größer als bei der Dialyse, dafür wird zusätzlich Elektroenergie benötigt.

10.8. Flüssigmembranpermeation

Flüssige Membranen sind bisher in industriellen Anlagen kaum eingesetzt worden. Verschiedene Anwendungen sind in [10.2] behandelt worden. Hier wird als typisches Beispiel die Anwendung von flüssigen Membranen in Form von multiplen Emulsionen zur Übertragung von Metallionen aus einer äußeren wäßrigen Phase (Abwasser) durch die flüssige Membran in die innere Phase behandelt (s. Bild 10.2).

10.8.1. Grundbegriffe

Die drei flüssigen Phasen, die an der Flüssigmembranpermeation (FMP) beteiligt sind, werden im folgendem näher gekennzeichnet.

Äußere Phase

Sie stellt das Abwasser dar und ist in der Regel so in die FMP einzusetzen, wie sie anfällt. Der pH-Wert des Abwassers kann die FMP erheblich beeinflussen. In verschiedenen Betrieben ist es oft üblich, verschiedene Abwässer zu sammeln, z. B. verschiedene Galvanik-Abwässer mit unterschiedlichen Metallen. Das ist für eine weitere Reinigung ungünstig bzw. macht diese mittels FMP unmöglich.

Organische Phase

Die organische Phase besteht aus dem

— Verdünnungsmittel als dem mengenmäßigen Hauptbestandteil der organischen Phase von mehr als 90%,
— Tensid, durch welches die Bildung der Emulsion ermöglicht wird,

– Carrier (flüssiger Ionenaustauscher), welcher mit dem Metall eine metallorganische Verbindung eingeht, was den Transport durch die Membran ermöglicht; Metallionen sind als solche in der organischen Phase unlöslich und können in dieser nicht transportiert werden.

An das Verdünnungsmittel in der organischen Phase werden folgende Anforderungen gestellt:

– unlöslich in Wasser,
– Flammpunkt möglichst 25 K über der Arbeitstemperatur,
– geringe Verdunstungsverluste,
– günstiges fluiddynamisches Verhalten,
– keine Zersetzung,
– nicht giftig,
– niedriger Preis.

Durch die Verwendung von n-Paraffinen der Kettenlänge C_{12} bis C_{18} (auch ein engerer Schnitt wäre möglich) kann diesen Anforderungen im Vergleich zu anderen organischen Stoffen gut entsprochen werden. Die Anforderungen an das Tensid können wie folgt zusammengefaßt werden:

– einerseits Bildung einer stabilen Multi-Emulsion und andererseits gute Trennung der Emulsion im elektrischen Feld,
– nicht löslich in der wäßrigen Phase,
– günstiges Zusammenwirken mit dem Carrier und dem Verdünnungsmittel innerhalb der Membranphase und mit den wäßrigen Phasen, z. B. Vermeidung des Schwellens der inneren Phase,
– nicht giftig,
– günstiger Preis.

Gemäß den eigenen Erfahrungen können zum Beispiel folgende Tenside empfohlen werden: Oloa 4373, ein Mono-/Bis-Succinimid, ECA 4360 oder ECA 11 522 als Polyamine.
Der Carrier bei der FMP von Metallen kann unter Berücksichtigung der langjährigen umfangreichen Untersuchungen zur Metallextraktion ausgewählt werden. Oft sind die organischen Verbindungen für die Extraktion und Rückextraktion mit chemischer Reaktion auch für die FMP geeignet. Die FMP stellt im Prinzip nichts anderes als eine Kombination von Extraktion und Rückextraktion dar. Es gibt vier Gruppen von Reagentien, die nachfolgend kurz gekennzeichnet werden:

– Kationenaustauscher, z. B. Bis(2-Ethylhexyl)-dithiophosphorsäure mit folgendem allgemeinem Reaktionsschema für zweiwertige Metallionen

$$Me^{2+} + 2\,CH \rightleftharpoons Me\,C_2 + 2\,H^+$$
C Carrier

Die Reaktion von links nach rechts findet an der Oberfläche des Emulsionstropfens statt; dann wird die metallorganische Verbindung durch Diffusion in der organischen Phase transportiert, und in den wäßrigen Mikrotropfen findet die Reaktion von rechts nach links statt (vgl. auch Bild 10.2).
– Solvationsaustauscher sind *Lewis*-Basen, bei denen unstöchiometrisch eine koordinative Verbindung erfolgt. Das Metall wird durch Solvation in der organischen Phase gelöst. Die bekannteste Verbindung ist Tributylphosphat, das mit Uran und anderen Metallen Verbindungen eingeht.
– Chelatbildner kombinieren die Eigenschaften von Kationen- und Solvationsaustauschern, z. B. LIX 64 N (Handelsname für ein Produkt der Henkel KG).
– Anionenaustauscher, z. B. Isobutylamin.

Die allgemeinen gewünschten Eigenschaften von Carriers sind folgende:

- günstiges Zusammenwirken mit dem Tensid, der inneren und äußeren Phase in bezug auf Beständigkeit der Multi-Emulsion im FMP-Apparat, Spaltung der Emulsion, Verhinderung des Schwellens der inneren Phase,
- hohe Reaktionsgeschwindigkeit,
- löslich in der organischen Phase,
- unlöslich in der wäßrigen Phase.

Innere wäßrige Phase

Diese besteht hauptsächlich aus Wasser und enthält einen Zusatzstoff, der das Metall bindet. In der inneren Phase mit dem Volumen V_1 erfolgt eine Anreicherung des Metalls maximal im Verhältnis $V_3:V_1$, z. B. 150:1, also bei einem Abwasser mit 0,2 kg/m³ eine Anreicherung des Metalls innen maximal auf 30 kg/m³.
Die Vorteile der FMP mit multipler Emulsion sind

- große Phasengrenzfläche,
- gute Stoffübertragung (Carrier, flüssige Phasen),
- relativ unempfindlich gegen Verunreinigungen,
- niedrige Investitionskosten für die Anlage,
- geringe Betriebskosten.

Nachteile bzw. Probleme:

- Trennung der Emulsion,
- Stabilität der Makrotropfen bei der Stoffübertragung gewährleisten,
- Stabilität des Tensids und Carriers in der Membranphase,
- Schwellen der inneren Phase (osmotischer Druck, Art des Tensids und Carriers) gering halten.

Die Zahl der Einflußgrößen bei der FMP, z. B. mit einer Tropfenrührkolonne in einer kleintechnischen oder technischen Anlage, ist ungewöhnlich groß.

Betriebliche Einflußgrößen

- Volumenverhältnisse

  V_3/V_1, bevorzugt 10 bis 250,
  V_3/V_2, bevorzugt 7 bis 20,
  V_2/V_1, bevorzugt 1 bis 20.
- Konzentration des Tensids, bevorzugt 0,5 bis 3 Vol.-% der Membranphase,
- Konzentration des Carriers, bevorzugt 0,5 bis 5 Vol.-% der Membranphase,
- Konzentration des Reagens in der inneren Phase, bevorzugt 0,5 bis 10 Ma.-%,
- Anfangskonzentration der zu trennenden Lösung,
- Betriebstemperatur,
- Rührerdrehzahl und Kontaktzeit in der Tropfenrührkolonne,
- Größe der Mikrotropfen.

Stoffliche Einflußgrößen

- Art der Membran und ihre Viskosität,
- Art der inneren Phase mit dem pH-Wert,
- Art des Tensids,
- Art des Carriers,
- mögliches zusätzliches Reagens in der inneren Phase.

Flüssigmembranpermeation **10.8.** 597

Konstruktive Einflußgrößen

• Ausrüstung zur Erzeugung der Emulsion,
• Ausrüstung für die Stoffübertragung in der Dreiphasendispersion.

10.8.2. Untersuchungen im Labor

Laborexperimente zur Flüssigmembranpermeation lassen sich mit relativ geringem Aufwand durchführen. Die Emulsion aus Membranphase mit dem gelösten Tensid und dem Carrier und der inneren Phase wird in einer geeigneten Emulgiereinrichtung (z. B. hochtouriges Rührwerk, spezielle Emulgiermaschinen) hergestellt. Anschließend wird diese Emulsion, in welcher die wäßrige innere Phase als Mikrotropfen mit Durchmessern von 1 bis 10 μm vorliegt, in ein Rührgefäß, in welchem sich die äußere Phase mit den gelösten Metallionen befindet, unter Rühren eingebracht (s. Bild 10.26). Die mit dem Rührer eingetragene Energie bewirkt, daß sich aus der Emulsion sofort Makrotropfen (Durchmesser 0,1 bis 1,5 mm) bilden. Die Rührerdrehzahl wird so gewählt, daß eine für eine effektive Stoffübertragung ausreichende Turbulenz entsteht, jedoch noch kein wesentlicher Zerfall der Makrotropfen auftritt, wobei Voraussetzung ist, daß das gewählte Stoffsystem prinzipiell geeignet ist. Bei den Untersuchungen wurde als Rührzelle ein temperiertes Gefäß (Inhalt 1,2 l) verwendet, welches mit einem Schrägblattrührer (Blattdurchmesser 55 mm) ausgerüstet war. Nach Beendigung des jeweiligen Versuches wurde die Emulsion aus Membranphase und innerer Phase von der äußeren Phase separiert und im elektrischen Feld getrennt. Der Metallionengehalt der inneren Phase wurde analysiert.

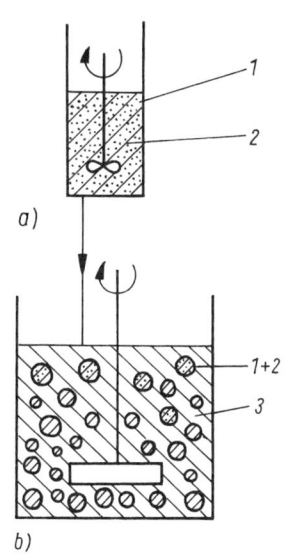

Bild 10.26. Schema einer Laborapparatur
1 innere wäßrige Phase
2 Membranphase
3 äußere wäßrige Phase
a) Emulgieren in einem Laborrührgefäß, z. B. mit einem Ultra-Turrax
b) Stoffübertragung in einer multiplen Emulsion bei mäßiger Drehzahl, z. B. 4 s^{-1}

Durch die Untersuchung der diskontinuierlichen Stoffübertragung in der Laborrührmaschine sollen hauptsächlich

— die Eignung eines bestimmten Stoffsystems (Membranphase mit Tensid und Carrier, innere Phase mit Reagens),
— die günstigsten Konzentrationen von Tensid und Carrier in der Membranphase sowie des Reagens in der inneren Phase,
— der Einfluß der Phasenvolumenverhältnisse sowie
— der Einfluß der Kontaktzeit auf die Stoffübertragung (Probenahme aus der äußeren Phase oft nach 3, 5, 7, 10 und 15 min, erforderlichenfalls auch nach 30 min)

geklärt werden (s. Bild 10.27). Damit gewinnt man bereits wesentliche Informationen, welche die Planung gezielter Pilotversuche ermöglichen. Diese sind dann zweckmäßig, wenn die

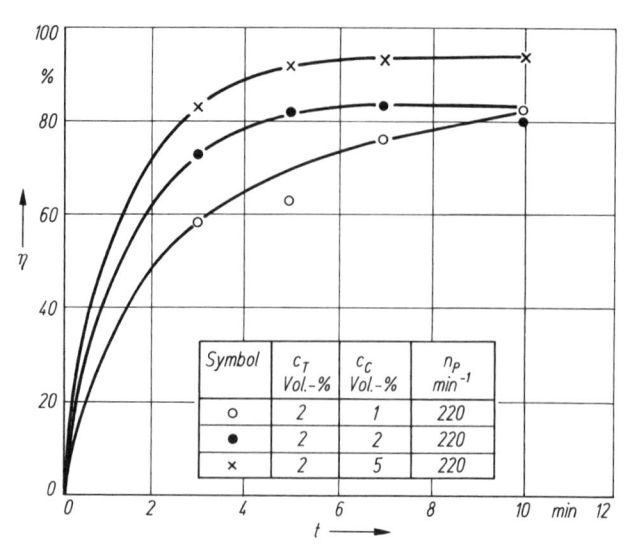

Bild 10.27. Übertragungsgrad bei der Zinkabtrennung in Abhängigkeit von der Kontaktzeit bei unterschiedlichen Tensidkonzentrationen c_T und Carrierkonzentrationen c_C in der Laborapparatur $V_3 : V_2 : V_1 = 35 : 3 : 1$, $T = 40\,°C$, Anfangskonzentration $c_{30} = 1{,}991$ kg Zn je m³, Tensid Oloa 4373, Carrier Bis(2-Ethylhexyl)-dithiophosphorsäure

Laborexperimente positive Ergebnisse liefern, z. B. Abtrennung von mindestens 60% (je höher desto besser) des in der äußeren Phase enthaltenen Metalls in 10 Minuten, Trennung der Emulsion zu über 90% in weniger als 3 Minuten mit erneuter Zuführung der nicht getrennten Dispersion in das elektrische Feld.

Die Stoffübertragung kann durch die Abnahme der Metallionenkonzentration in der äußeren Phase bzw. durch den Übertragungsgrad

$$G = 1 - c_3/c_{30} \tag{10.26}$$

beurteilt werden. Der Übertragungsgrad ist im Bild 10.27 am Beispiel von Experimenten zur Zinkabtrennung in Abhängigkeit von der Kontaktzeit mit den Konzentrationen von Tensid und Carrier als Parameter dargestellt. Damit ist folgendes Stoffsystem geeignet: Membranphase — n-Paraffine der Kettenlänge C_{12} bis C_{18} mit 5 Vol.-% Bis(2-ethylhexyl)-dithiophosphorsäure und 3 Vol.-% Oloa 4373. Innere Phase — 5 N wäßrige H_2SO_4 oder 5 N HCl.

10.8.3. Gestaltung von FMP-Anlagen

Anlagen für die FMP bestehen aus drei Verfahrensstufen:

— Übertragung der Metallionen aus der äußeren wäßrigen Phase durch die Membranphase in die innere Phase, z. B. in einer Rührkolonne. Prinzipiell könnte man alle Ausrüstungen näher in Betracht ziehen, welche für die Extraktion flüssig-flüssig eingesetzt werden (vgl. Abschn. 6.7.).
— Herstellung der Emulsion aus der Membranphase V_2 und der inneren wäßrigen Phase V_1; Emulgiervorrichtungen gehören zum Stand der Technik. Es ist günstig, die für die Dispergierung notwendige Energie in möglichst kurzer Zeit einzutragen. Von *Marr* und *Draxler* wurde in [10.4], S. 221–233, eine Emulgierung mit Düsen vorgestellt.

– Die Trennung der Emulsion nach der FMP-Kolonne ist nach Untersuchungen in verschiedenen Forschungsgruppen nur im elektrischen Feld möglich. Andere Wirkprinzipien zur Trennung der Emulsion, wie mechanische Widerstände durch ein Drahtgewirr, Erhitzen, Ultraschall, waren nicht geeignet. Seit Mitte der 80er Jahre haben sich Hochfrequenz von etwa 10 bis 20 kHz und eine Spannung von 1 bis 2,5 kV als zweckmäßig erwiesen. Die Anwendung von Hochfrequenz (mindestens 10 kHz) in Verbindung mit Hochspannung hat den Vorteil, daß keine Unfallgefahr besteht, während Hochspannung bei Normalfrequenz einen sehr großen Aufwand für den Arbeitsschutz bedingen würde.

Diese drei Verfahrensstufen sind im Bild 10.28 dargestellt. Eine FMP-Kolonne mit Rührern auf einer Welle (s. Bild 10.28) und die Anordnung von 3 Strombrechern (z. B. flache Materialstücke am Außenrohr befestigt mit etwa 12 mm Breite radial nach innen bei einer Kolonne 0,1 m Durchmesser) stellt oft eine zweckmäßige Lösung dar. Als Werkstoffe müssen Kunststoffe oder Sondermetalle eingesetzt werden, da die innere wäßrige Phase meistens starke Säuren enthält. Eine Tropfenrührkolonne gemäß Bild 10.28 führt zu einer erhöhten axialen Durchmischung im Vergleich zu Vibrationsextraktoren. Da bei der FMP Stoffübertragung mit Reaktion gekoppelt ist, sind mäßige Abweichungen vom Gegenstrom eher vertretbar als bei der Stoffübertragung auf physikalischer Grundlage.

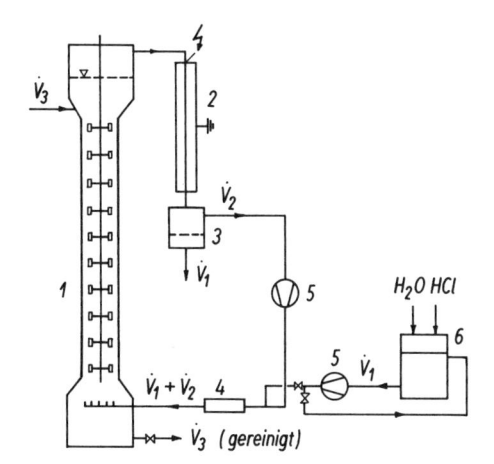

Bild 10.28. Schema einer technischen FMP-Anlage
1 FMP-Kolonne
2 Demulgator (Trennung im elektrischen Feld)
3 Absetzbehälter 5 Pumpen
4 Emulgator 6 Behälter für V_1

Die obere Grenzgeschwindigkeit von Tropfenrührkolonnen ist durch das Fluten der Kolonne (Umkehr des Gegenstroms) bzw. durch verstärktes Austragen von Tropfen mit der kontinuierlichen Phase gegeben. Bei üblichen Bedingungen — mittlerer Tropfendurchmesser 0,5 bis 0,7 mm, eine Dichtedifferenz von etwa 100 kg/m^3, eine Grenzflächenspannung zwischen Emulsionstropfen und äußerer Phase >15 mN/m — sind zulässige Stoffstromdichten bis etwa 40 m^3/(m^2 h) zu erwarten. Für eine typische mittlere Verweilzeit der flüssigen Phasen von 15 Minuten läßt sich für einen gegebenen Durchsatz der Kolonnendurchmesser ermitteln.

Die Trennung der Emulsion im elektrischen Feld beruht darauf, daß die wäßrigen Mikrotropfen zu größeren Wassertropfen koaleszieren, die sich dann durch Schwerkraft in einem Behälter absetzen lassen. Die Elektrokoaleszenz wird in dem oben genannten Bereich von Frequenz und Spannung hauptsächlich beeinflußt von

– der Anordnung der Elektroden,
– der eingebrachten elektrischen Leistung mit einem Frequenzgenerator und Leistungsverstärker,

— dem Stoffsystem, hauptsächlich Einfluß von Tensid und Carrier,
— der Größe der wäßrigen Mikrotropfen; bei einem Sauterdurchmesser < 3 μm Elektrokoaleszenz meistens schwierig.

Bisher ist die Realisierung nur sehr weniger FMP-Anlagen in der Welt bekannt. Nachstehend werden wesentliche Daten für eine ausgeführte FMP-Anlage für Abwasser aus einer Viskoseanlage der Lenzing AG in Österreich gemäß [10.6] angegeben: 75 m³/h Abwasser mit 500 g Zink je m³, FMP-Rührkolonne 1,6 m Durchmesser, 10 m aktive Höhe, 5 m³/h Membranphase mit Bis(2-Ethylhexyl)-dithiophosphorsäure als Carrier (5 Vol.-% der organischen Phase) und einem Tensid (Polyamin mit 2 bis 3 Vol.-% der organischen Phase), 0,5 m³/h innere Phase mit 250 kg Schwefelsäure je m³, Volumenverhältnisse $V_3 : V_2 : V_1$ = 150 : 10 : 1; Entfernung des Zinks aus dem Abwasser bis zu 3 g, also über 99%.

Nach erfolgreichen Laborexperimenten erfordern die zahlreichen Einflußfaktoren bei der Flüssigmembranpermeation mit ihren Wechselwirkungen Langzeit-Experimente (Wochen und Monate in einer kleintechnischen Versuchsanlage) mit dem Abwasser in der betreffenden Produktionsanlage. Geringe Verunreinigungen selbst im ppm-Bereich können sich in nicht voraussehbarer Weise zum Beispiel auf das Verhalten des Carriers und Tensids auswirken.

10.8.4. Zur verfahrenstechnischen Berechnung der FMP-Kolonne

Diese umfaßt zwei wesentliche Teile:
— Fluiddynamik mit der Tropfengrößenverteilung und dem mittleren Tropfendurchmesser, dem Holdup der Emulsionstropfen, der oberen Grenzbelastung und der axialen Durchmischung,
— die Stoffübertragung.

Fluiddynamik

Bei der Verwendung einer Rührkolonne ergeben sich zahlreiche Problemstellungen ähnlich wie bei Extraktionskolonnen für die Extraktion flüssig-flüssig, da die Emulsionstropfen mit den Tropfen bei der Extraktion flüssig-flüssig vergleichbar sind. Die innere wäßrige Phase in Form der Mikrotropfen ist für die Fluiddynamik von untergeordnetem Einfluß. Durch eine regelbare Drehzahl kann die Fluiddynamik mit der Tropfengrößenverteilung und dem Holdup der Emulsionstropfen am stärksten beeinflußt werden. In einer FMP-Kolonne mit 0,1 m Durchmesser und 2 m Arbeitshöhe wurden mit verschiedenen Rührerformen, stofflichen Größen und Volumenverhältnissen Untersuchungen durchgeführt. Einige typische Werte des mittleren Tropfendurchmessers und des Holdup der Emulsionstropfen für das Stoffsystem zur Übertragung von Zink (s. Abschn. 10.8.2.) zeigt Tabelle 10.8.

Bei Verwendung der in Tabelle 10.8 aufgeführten Werte ergeben sich folgende spezifische Phasengrenzflächen für die Emulsionstropfen a_{Em} und für die Mikrotropfen a_{Mi} mit einem

n_R in min^{-1}	270	330	370	400
$V_3 : V_2 : V_1 = 40 : 4 : 1$				
d_{32} in mm	0,55	0,51	0,49	0,44
φ_d in Vol.-%	4,7	8,0	9,5	11,2
$V_3 : V_2 : V_1 = 150 : 15 : 1$				
d_{32} in mm	0,50	0,43	0,40	0,37
φ_d in Vol.-%	2,0	3,4	4,3	4,5

Tabelle 10.8. Mittlere Tropfendurchmesser nach *Sauter* und Holdup in einer FMP-Kolonne 0,1 m Durchmesser und 2 m Arbeitshöhe, mittlere Verweilzeit 15 Minuten

mittleren Durchmesser der Mikrotropfen von 4,1 μm bei 370 min^{-1}:

$V_3 : V_2 : V_1 = 40 : 4 : 1$

$a_{Em} = 6 \cdot 0{,}095/0{,}00049 = 1163 \text{ m}^2/\text{m}^3$

$a_{Mi} = 6 \cdot 0{,}095/(5 \cdot 4{,}1 \cdot 10^{-6}) = 27800 \text{ m}^2/\text{m}^3$

$V_3 : V_2 : V_1 = 150 : 15 : 1$

$a_{Em} = 6 \cdot 0{,}043/0{,}00040 = 645 \text{ m}^2/\text{m}^3$

$a_{Mi} = 6 \cdot 0{,}043/(16 \cdot 4{,}1 \cdot 10^{-6}) = 3933 \text{ m}^2/\text{m}^3$

Zur Stoffübertragung in der FMP-Kolonne

Vor den Experimenten in einer FMP-Kolonne werden zweckmäßigerweise in einer Laborrührmaschine Experimente durchgeführt. Am Beispiel der Untersuchungen für die Reinigung von Abwasser aus einer Galvanikanlage für Zink mit „Heliostar 940 B" als Zinkelektrolyt soll dies weiter dargestellt werden.
Folgendes Stoffsystem wurde benutzt:
Äußere Phase V_3: Spülwasser mit 150 bis 250 mg/l Zink.
Membranphase: 5 Vol.-% Carrier Bis(2-Ethylhexyl)dithiophosphorsäure, 3 Vol.-% Oloa, 92 Vol.-% n-Paraffine $C_{12} \ldots C_{18}$.
Innere Phase: 4 bis 5 N HCl in Wasser.
Die äußere Phase blieb in einer Laborrührmaschine jeweils 3 Minuten in Kontakt mit der inneren Phase. Nach drei Minuten erfolgte eine Trennung, wobei das gleiche Abwasser mit der gleichen Membranphase mit neuer innerer Phase erneut drei Minuten in Kontakt gebracht wurde (s. Bild 10.29 und [10.8]). Dabei wurde nach $3 \cdot 3 = 9$ Minuten Kontaktzeit bei einer Anfangskonzentration an Zink von 225 mg/l am Ende 1,8 mg/l erreicht, also ein Übertragungsgrad von 99,2% an Zink. Dafür wurden praktisch in diskontinuierlicher Fahrweise drei Zellen realisiert. Gesonderte Untersuchungen zum Verweilzeitverhalten an einer FMP-Kolonne im Technikum ergaben, daß mit einer Kolonne 0,1 m Durchmesser

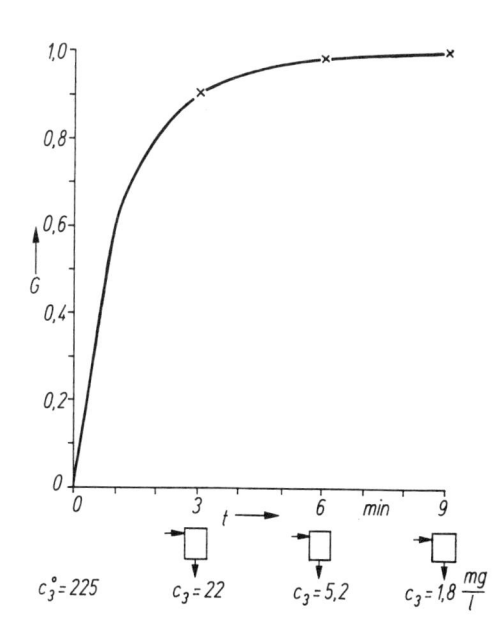

Bild 10.29. Gewinnungsgrad $G = 1 - c_3/c_{30}$ in Abhängigkeit von der Kontaktzeit t; Zn aus dem Spülwasser mit „Heliostar 940 B", Membranphase V_2 mit 5 Vol.-% Bis(2-Ethylhexyl)dithiophosphorsäure und 3 Vol.-% Oloa 4373, innere wäßrige Phase mit 5 N HCl

und 2 m Arbeitshöhe (Ausführung der Rührvorrichtung wie im Bild 10.28) 2 bis 3 Zellen erreicht werden.

Die Experimente mit Spülwasser unter Verwendung von „Heliostar 940 B" als Elektrolytlösung führten an einer Kolonne 0,1 m Durchmesser und 2 m Arbeitshöhe zu folgenden Ergebnissen:

Versuch 1

$V_3 : V_2 : V_1 = 150 : 15 : 1$; $\dot{V}_3 = 63$ l/h

Konzentration des Wassers an Zn am Eintritt 157,0 mg/l und Austritt 2,1 mg/l, Übertragungsgrad 98,6%

Versuch 2

$V_3 : V_2 : V_1 = 100 : 10 : 1$; $\dot{V}_3 = 63$ l/h

Konzentration des Wassers an Zn am Eintritt 162,2 mg/l und Austritt 0,77 mg/l, Übertragungsgrad 99,5%

Versuch 3

$V_3 : V_2 : V_1 = 200 : 20 : 1$; $\dot{V}_3 = 63$ l/h

Konzentration des Wassers an Zn am Eintritt 163,7 mg/l und Austritt 3,00 mg/l, Übertragungsgrad 98,2%

Versuch 4

$V_3 : V_2 : V_1 = 150 : 10 : 1$; $\dot{V}_3 = 63$ l/h

Konzentration des Wassers an Zn am Eintritt 202,0 mg/l und Austritt 1,85 mg/l, Übertragungsgrad 99,1%

Versuch 5

$V_3 : V_2 : V_1 = 150 : 15 : 1$; $\dot{V}_3 = 94,5$ l/h

Konzentration des Wassers an Zn am Eintritt 250,0 mg/l und Austritt 3,34 mg/l, Übertragungsgrad 98,7%.

Innere Phase bei allen Versuchen 4 N HCl im Wasser.

Die verfahrenstechnische Berechnung ist wegen des Zusammenwirkens mehrerer Teilprozesse sehr kompliziert (s. auch [10.7]). Im Bild 10.30 sind die wesentlichen Teilprozesse gekennzeichnet.

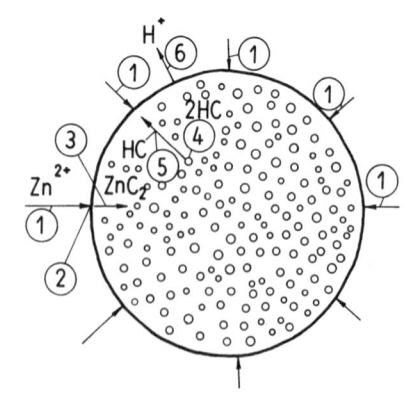

Bild 10.30. Teilprozesse bei der Flüssigmembranpermeation

1. Transport der Zinkionen in der äußeren wäßrigen Phase an die Oberfläche der Emulsionstropfen: Infolge der turbulenten Strömung ist dieser Widerstand meistens von geringer Bedeutung. Es gilt folgende Gleichung mit dem äußeren Stoffübergangskoeffizienten β_a:

$$\dot{N}_{M3} = \beta_a A_{3/2}(c_{M3} - c_{M3,P}) \tag{10.27}$$

c_M ist die Metallkonzentration, Index 3 in der äußeren wäßrigen Phase und Index P an der Phasengrenze.

2. Reaktion mit Bildung der metallorganischen Verbindung ZnC_2 (C ist Carrier) an der Oberfläche der Emulsionstropfen.
Es gilt folgende Bruttoreaktiongleichung:

$$Zn^{2+} + 2\,HC \rightleftharpoons ZnC_2 + 2\,H^+ \tag{10.28}$$

Für den Stofftransport durch Reaktion an der Phasengrenze $A_{2/3}$ gilt folgende empirische Gleichung (s. [10.7]):

$$\dot{N}_E = \left(k_f c_{M3,P} c_{HC,P}/c_{H3,P} - \frac{k_f}{k_{ex}} \frac{c_{MC,P} c_{H3,P}}{c_{HC,P}}\right) A_{3/2} \tag{10.29}$$

Die Phasengrenze hat praktisch keine Speicherwirkung für das Zink, so daß gilt:

$$\dot{N}_{M3} = \dot{N}_E \tag{10.30}$$

Aus den drei vorangehenden Gleichungen (10.27), (10.29) und (10.30) erhält man für einen Höhenabschnitt j der FMP-Kolonne (Höhe eines Abschnitts zum Beispiel 0,1 m):

$$c_{M3j,P} = \frac{\beta_a c_{M3j,P} + k_f c_{MCj,P} c_{H3,j}/(k_{ex} c_{HCj,P})}{\beta_a + k_f c_{HCj,P}/c_{H3,j}} \tag{10.31}$$

Die Gleichgewichtskonstante der Extraktionsreaktion ergibt sich zu

$$k_{ex} = c_{MC,P} c_{H3,P}^2 /(c_{M3,P} c_{HC,P}^2) \tag{10.32}$$

$\dot{N}$ Mengenstrom in kmol/s, Index $M3$ bedeutet Metall in der äußeren wäßrigen Phase
β_a Stoffübergangskoeffizient in der äußeren wäßrigen Phase in m/s
c_{M3} Konzentration der Metallionen in der äußeren wäßrigen Phase in m/s, Index P bedeutet an der Phasengrenze, Index E Extraktionsreaktion
k_f Geschwindigkeitskonstante der Extraktionsreaktion in m/s
k_R Geschwindigkeitskonstante der Rückextraktionsreaktion in m^4/(kmol s)
k_{ex} Gleichgewichtskonstante der Extraktionsreaktion ohne Einheit
k_{rex} Gleichgewichtskonstante der Rückextraktionsreaktion ohne Einheit

3. Diffusion der metallorganischen Verbindung ZnC_2 in der organischen Phase des Emulsionstropfens: Die Metallionen können in der organischen Phase nicht transportiert werden, da sie unlöslich sind. Die Aufgabe des Transportes in der organischen Phase übernimmt der Carrier in Form der metallorganischen Verbindung. Für die instationäre Diffusion der metallorganischen Verbindung ZnC_2 in der organischen Phase des Emulsionstropfens gilt die bekannte Differentialgleichung 2. Ordnung:

$$\frac{\partial c}{\partial t} = D\left(\frac{\partial^2 c}{\partial r^2} + \frac{2}{r}\frac{\partial c}{\partial r}\right) \tag{10.33}$$

In der vorstehenden Gleichung ist ein effektiver Diffusionskoeffizient D_{eff} (Anpassungsparameter) zu verwenden. Die Einführung des Radius r (Kugelkoordinaten) bietet sich für die kugelförmigen Emulsionstropfen an. Eine numerische Lösung der Differentialgleichung (10.33) kann unterschiedlich erfolgen. Eine mögliche numerische Lösung stellt das Differenzenverfahren nach *Schmidt* mit Einführung von Kugelschalen dar, z. B. 10 Kugelschalen mit einer gleichmäßigen Verteilung der Mikrotropfen im Emulsionstropfen. Die Emulsionstropfen sind verschieden groß, z. B. 0,1 ... 1,8 mm. Unterschiedliche Durchmesser der Emulsionstropfen wirken sich wesentlich auf die Diffusion, Reaktion und Rückreaktion aus. Ein kleiner Emulsionstropfen ist wesentlich schneller in der inneren wäßrigen Phase mit Zink gesättigt als ein großer Emulsionstropfen. Es empfiehlt sich daher, 3 bis 6 verschiedene Emulsions-Tropfendurchmesser mit ihrer Anzahlverteilung einzuführen, wozu entsprechende Informationen aus der Fluiddynamik erforderlich sind.

4. Rückreaktion
Diese erfolgt gemäß Gleichung (10.28) in umgekehrter Richtung mit Bildung von Zinkionen und der Wasserstoff-Carrier-Verbindung. Die Zinkionen diffundieren in die Mikrotropfen und werden mittels einer starken Säure, z. B. HCl, gebunden. Der übergehende Mengenstrom bei der Rückreaktion N_R ergibt sich zu:

$$\dot{N}_R = k_R(c_{H1}c_{MC} - k_{rex}(c_{M1} - c_{HC}^2)/c_{H1})\, A_{2/1} \qquad (10.34)$$

$A_{2/1}$ Phasengrenzfläche zwischen der organischen Phase und der inneren wäßrigen Phase in m^2

5. Rückdiffusion
Es ist eine analoge Rechnung wie unter Punkt 3 erforderlich.
6. Transport von H$^+$ in die äußere wäßrige Phase (meistens zu vernachlässigen).

Es sind zwei weitere Teilprozesse wirksam, und zwar Transport der Zinkionen nach der Rückreaktion von der Phasengrenze in die Mikrotropfen und Transport von H$^+$ aus dem Inneren der Mikrotropfen an die Phasengrenze. Diese beiden Teilprozesse können infolge der kleinen Mikrotropfen (1 bis 10 µm) in der Regel vernachlässigt werden.
Wenn die Reaktion und Rückreaktion (Teilprozesse 2 und 4 im Bild 10.30) sehr schnell verlaufen, ist eine Vernachlässigung möglich. Dann liegt der Widerstand nur bei der Diffusion und Rückdiffusion (Teilprozesse 3 und 5). Ist die Reaktion oder Rückreaktion sehr langsam, kann es sein, daß die langsame Reaktion den entscheidenden Widerstand darstellt.
Der komplizierte Prozeß der Flüssigmembranpermeation erfordert auf jeden Fall Experimente. Dabei ist es zweckmäßig, durch seitliche Probenahmestellen über die Höhe der Kolonne bereits experimentell das Konzentrationsprofil zu bestimmen. Die Geschwindigkeitskonstanten für die Reaktion und Rückreaktion können günstig in einer Rührzelle oder in einer Apparatur mit einem vibrierenden Schaft ermittelt werden. Die effektiven Diffusionskonstanten für die Diffusion und Rückdiffusion können aus Experimenten (Anpassungsparameter) an der FMP-Kolonne ermittelt werden. Mit einem leistungsfähigen Rechenprogramm ist es möglich, in einem bestimmten Umfang experimentelle Daten zu extrapolieren.

Kontrollfragen

K 10.1. Kennzeichnen Sie das Prinzip der UO! Welche Drücke sind typisch?
K 10.2. Kennzeichnen Sie das Prinzip der UF! Welche Drücke sind typisch? Worin besteht der wesentliche Unterschied zur UO?
K 10.3. Was beinhaltet das Gesetz von *van't Hoff* für den osmotischen Druck?
K 10.4. Welcher anteilige Druck wirkt bei der UO über die Membran?
K 10.5. Nennen Sie die wesentlichen Stufen zur Herstellung einer Membran!
K 10.6. Was waren die entscheidenden Entwicklungen bzw. Erfindungen um 1960 für den Fortschritt von UO und UF?
K 10.7. Erläutern Sie die Arbeitsweise der asymmetrischen Membran!
K 10.8. Kennzeichnen Sie die gewünschten Anforderungen an eine Membran!
K 10.9. Erklären Sie die Konzentrationspolarisation und ihre Auswirkungen. Wie wird das Wirksamwerden der Konzentrationspolarisation eingeschränkt?
K 10.10. Definieren Sie das wahre und scheinbare Rückhaltevermögen!

K 10.11. Was bedeutet die Deckschicht bei der UF? Welche Auswirkungen hat diese für den Fluß (Stoffstromdichte)?
K 10.12. Geben Sie wichtige industrielle Anwendungen bei der Abwasserreinigung an a) für die UO, b) für die UF.
K 10.13. Kennzeichnen Sie die Kostenanteile
1. für die Investition (Amortisation), Instandhaltung (einschließlich Ersatz für Membranen) und
2. Energiebedarf.
K 10.14. Kennzeichnen Sie den Unterschied der Mikrofiltration von der herkömmlichen Filtration, und geben Sie industrielle Anwendungen für die Mikrofiltration an!
K 10.15. Nennen Sie wichtige Membranmodule, und kennzeichnen Sie ihren prinzipiellen Aufbau. Fertigen Sie eine Skizze von einem Membranmodul an!
K 10.16. Wie unterscheiden sich die Membranmodule bezüglich der Kompaktheit, der Kosten und der betrieblichen Eigenschaften?
K 10.17. Nennen Sie wünschenswerte Anforderungen an eine Membran!
K 10.18. Geben Sie die Berechnungsgleichung für die transmembrane Druckdifferenz bei der UO an, und erläutern Sie die einzelnen Größen!
K 10.19. Wie berechnen Sie den Fluß bei der UF und MF? Durch welche Einwirkungen kann der Fluß gemindert werden?
K 10.20. Kennzeichnen Sie die Nanofiltration!
K 10.21. Erklären Sie wesentliche Effekte auf das Betriebsverhalten der UO und UF!
K 10.22. Vergleichen Sie die Mikrofiltration mit der herkömmlichen Filtration!
K 10.23. Erklären Sie an Hand eines Schemas die Gaspermeation!
K 10.24. Erläutern Sie die wesentlichen Anwendungen der Gaspermeation!
K 10.25. Nennen Sie wesentliche Trennverfahren zur Abtrennung einer Gaskomponente aus einem Gasgemisch, und ordnen Sie vergleichend die Gaspermeation ein!
K 10.26. Charakterisieren Sie wesentliche bisher bekannte industrielle Anwendungen der Gaspermeation!
K 10.27. Wie berechnet man den Fluß bei der Gaspermeation?
Welche Rolle spielt der Permeationskoeffizient?
K 10.28. Wie kann man die Gaspermeation bei der Entfernung von Schadstoffen aus Abgasen einsetzen? Kennzeichnen Sie Vor- und Nachteile gegenüber anderen Verfahren!
K 10.29. Welche Module werden bei der Gaspermeation bevorzugt eingesetzt?
Machen Sie dazu eine Skizze!
K 10.30. Zeichnen Sie ein Schema der Flüssigmembranpermeation für Experimente im Labormaßstab!
K 10.31. Geben Sie für die Flüssigmembranpermeation das prinzipielle Verhalten des Stoffübertragungsgrades in Abhängigkeit von der Zeit bei Laborexperimenten an!
K 10.32. Zeichnen Sie ein Schema der Flüssigmembranpermeation für kleintechnische Versuche!
K 10.33. Wie beurteilen Sie die Maßstabsübertragung der Flüssigmembranpermeation von kleintechnischen Versuchen auf Großanlagen?
K 10.34. Beurteilen Sie für eine FMP-Kolonne den Einfluß der Tropfengrößenverteilung und des Holdup der Emulsion in Abhängigkeit von der Drehzahl!
K 10.35. Beurteilen Sie bei der Flüssigmembranpermeation die Trennung der Emulsion im elektrischen Feld! Welche Einflußgrößen wirken sich aus?
K 10.36. Mit welchen Ausrüstungen kann man die Emulsion bei der Flüssigmembranpermeation herstellen?
K 10.37. Von welchen Einflußgrößen hängt die Stoffübertragung in der FMP-Kolonne hauptsächlich ab?

K 10.38. Erläutern Sie Ansätze zur Modellierung der Flüssigmembranpermeation einschließlich der Vereinfachungen!
K 10.39. Kennzeichnen Sie an Hand eines Schemas (ebene Membran) die möglichen Widerstände bei der Flüssigmembranpermeation!
K 10.40. Zeichnen Sie ein Schema der Pervaporation und erläutern Sie die Wirkungsweise! Wodurch ist die Dampfpermeation gekennzeichnet?
K 10.41. Wie beurteilen Sie die Einsatzgrenzen von Pervaporation und Destillation?
K 10.42. Nennen Sie die Einflußgrößen für die Effektivität der Pervaporation!
K 10.43. Nennen Sie charakteristische Merkmale der Membranen bei der Pervaporation!
K 10.44. Kennzeichnen Sie die Berechnungsgrundlagen bei der Pervaporation!
K 10.45. Kennzeichnen Sie die Dialyse und ihre Anwendung!
K 10.46. Erläutern Sie den Wirkungsmechanismus der Dialyse mit der Auswirkung auf die Berechnung!
K 10.47. Erläutern Sie die Elektrodialyse und ihre Anwendung!

Lösungen zu den Übungsaufgaben

2.1: 1. $\dot{q} = 1118$ W/m^2; 2. $T_3 = 563$ °C
2.2: $s_a = 0,035$ m; $\dot{Q}/L = 4920$ W/m; $s_i = 0,438$ m
2.3: Mit Gleichung (2.91) $\alpha_i = 1490$ W/(m^2 K) mit $K_T = (Pr/Pr_w)^{0,11}$
2.4: Mit Gleichung (2.90) $\alpha_i = 8110$ W/(m^2 K) mit $(T/T_w)^{0,45}$
2.5: $s = 0,109$ m
2.6: p in MPa: 0,196   0,490   0,980   1,96
     Transportzeit in h: 23,5   78,4   134,0   206
2.7: $Y_{1S} = 0,219$; $Y_{1K} = 0,00100$; $X_{1S} = 0,335$; $X_{1K} = 0$
2.8: 1. $2,12 \cdot 10^{-5}$ m^2/s; 2. $0,700 \cdot 10^{-5}$ m^2/s rechnerisch
     1. $2,19 \cdot 10^{-5}$ m^2/s; 2. $0,671 \cdot 10^{-5}$ m^2/s experimentell
2.9: 1. $D_F = 1,47 \cdot 10^{-9}$ m^2/s; 2. $D_F = 3,37 \cdot 10^{-9}$ m^2/s
2.10: $D_F = 4,51 \cdot 10^{-9}$ m^2/s
2.11: 1. $\dot{m} = 1,269 \cdot 10^{-5}$ kg/(m^2 s); 2. $\dot{m} = 1,768 \cdot 10^{-5}$ kg/(m^2 s)
2.12: $\dot{m}_B = 0,00612$ kg/(m^2 s)
2.13: $t = 8,3$ s
2.14: $\beta_G = K_G = 3,23$ kmol/(m^2 h) $= 8,96 \cdot 10^{-4}$ kmol/(m^2 s)
2.15: Mit einem Anstieg der Gleichgewichtslinie $b = 32,7$ erhält man:
     1. $\beta_G = 5,18 \cdot 10^{-4}$ kmol/(m^2 s) und $\beta_F = 0,01330$ kmol/(m^2 s)
     2. $y_{1P} = 0,1015$ und $x_{1P} = 0,003105$ Molanteile
2.16: 1. $t = \dfrac{\varrho_E l_s s_0^2}{2\lambda_E(T_{1w} - T_{2w})} = 18,0$ h

     2. $t = \dfrac{\varrho_E l_s}{4\lambda_E(T_{1w} - T_{2w})} \left[r_a^2 \left(\ln \dfrac{r_a}{r_i} - 0,5 \right) + \dfrac{r_i}{4} \right]$

     Mit $r_a = 0,1545$ m und $r_i = 0,0545$ m ist $t = 12,6$ h.
2.17: 1. Stoffstromdichte $\dot{n}_1 = 1,843 \cdot 10^{-6}$ kmol/(m^2 s); Stoffdurchgangskoeffizient $K_G = 3,072 \cdot 10^{-4}$ kmol/(m^2 s)
     2. $y_1 = 0,0400$; $y_{1P} = 0,03665$; $y_1^* = 0,03400$;
        $x_1^* = 0,01688$; $x_{1P} = 0,01547$; $x_1 = 0,01435$
     3. $y_1 - y_{1P} = 0,00335$; $y_1 - y_1^* = 0,00600$; $x_{1P} - x_1 = 0,00112$;
        $x_1^* - x_1 = 0,00253$
2.18: 1. Siedetemperatur $T_S = 98,46$ °C; $y_1^* = x_1 \pi_1/p = 0,5132$;
     Tautemperatur $T_T = 101,5$ °C; $x_1^* = y_1 p/\pi_1 = 0,2163$
     2. $y_1^* - y_1 = 0,1132$; $y_{1P} - y_1 = 0,088$; $x_1 - x_1^* = 0,0837$; $x_1 - x_{1P} = 0,020$

3.1: $k = 0{,}471$ W/(m² K); Wärmeverlust $\dot{Q} = 25\,600$ W

3.2: Mit Gleichung (2.91) $\alpha_i = 5433$ W/(m² K) mit Vernachlässigung von K_T; mit Gleichung (2.90) $\alpha_a = 60{,}0$ W/(m² K) mit $T_w = 334$ K. $k_a = 59{,}0$ W/(m² K). Am Wärmedurchgangswiderstand ist α_a mit 98,3% beteiligt. Daher ist der Einsatz von glatten Rohren unwirtschaftlich; die Ausführung von Rippenrohren ist zweckmäßig.

3.3: 1. Bei Gleichstrom ist $\Delta T_m = 68{,}23$ K, und bei Gegenstrom ist $\Delta T_m = 92{,}76$ K.
 2. $T_{1A} = 130\,°C$; $T_{2A} = 202{,}6\,°C$; $\Delta T_m = 36{,}25$ K. Im Vergleich zu Punkt 1 ist der übertragene Wärmestrom um 58,8% höher.

3.4: 1. $\alpha_a = 70{,}8$ W/(m² K); 2. $\alpha_a = 69{,}5$ W/(m² K).

3.5: $\dot{q} = 4900$ W/m² am Eintritt und 1734 W/m² am Austritt.

3.6: Die Auslegung eines Wärmeübertragers kann Unterschiede aufweisen. Hauptschritte der Auslegung sind:
 1. Energiebilanz:
 Mit einem Wärmeverlust von Null ist $\Delta \dot{H}_M = 1435$ kW $= \dot{Q}$; Kühlwasser $\dot{M}_w = 34{,}35$ kg/s; bei Gegenstrom ist mit $\Delta T_{gr} = 30{,}7$ K und $\Delta T_{kl} = 13$ K $\Delta T_m = 20{,}60$ K.
 2. Iterative Größe Wärmedurchgangskoeffizient $k_a = 800$ W/(m² K); dann ist $A_a = 87{,}1$ m².
 3. Dimensionierung des Wärmeübertragers:
 Mit 2 festen Rohrböden wird nach DIN 28184, Teil 1, gewählt: Mantel-Nenndurchmesser 500 mm, 180 Rohre 25/21 mm, Dreieckteilung 32 mm, 7 m lang; ausgeführte Fläche 99,0 m². Anmerkung: Eine zweigängige Ausführung ist bei den gegebenen Temperaturen ungünstig; daher wird eine eingängige Ausführung gewählt. Die Geschwindigkeit in den Rohren ist $w_i = 0{,}5737$ m/s. Im Außenraum des Wärmeübertragers werden Umlenkbleche mit folgenden Flächen ausgeführt: freie Fläche bei Querstrom $A_q = 0{,}0232$ m²; freie Fläche bei Längsstrom $A_f = 0{,}0263$ m² und $A_{qe} = 0{,}0247$ m²; damit ist $w_a = 1{,}025$ m/s.
 4. Berechnung von α_i, α_a und k_a:
 Nach Gleichung (2.91) $\alpha_i = 2854$ W/(m² K); nach Gleichung (3.10) $\alpha_a = 1915$ W/(m² K) und $k_a = 816{,}7$ W/(m² K).
 5. Vergleich von berechneter und ausgeführter Fläche: $A_{\text{ber.}} = 85{,}29$ m²; $A_{\text{ausgef.}} = 99{,}0$ m² $= 1{,}16 A_{\text{ber}}$. Eine um 16% größere ausgeführte Fläche als die berechnete ist ein üblicher Wert. Verunreinigungen sind durch die Ausführung des duroplastischen Überzuges auf der Kühlwasserseite nicht zu erwarten. Es könnte noch untersucht werden, wie weit die Vorgabe der Abkühlung des Methanols auf 37 °C technologisch notwendig ist und dementsprechend auch nur 6 m (keine Reserve) oder 8 m Länge ausgeführt werden.

3.7: 1. $\alpha_a = 1647$ W/(m² K) mit $T_{wa} = 53\,°C$, $k_a = 877{,}9$ W/(m² K); kondensierter Massenstrom an Benzol $\dot{M}_B = 41{,}65$ t/h.
 2. Kühlwasser $\dot{M}_w = 109{,}2$ kg/s oder $\dot{V}_w = 394{,}7$ m³/h
 3. Mit Gleichung (2.91) erhält man $\alpha_i = 6342$ W/(m² K); mit dem neuen α_i-Wert ergibt eine weitere Berechnung:
 $k_a = 902{,}3$ W/(m² K); $\dot{Q} = 4690$ kW; $T_{w,\text{ber}} = 52{,}7\,°C$; $\dot{M}_B = 42{,}81$ t/h; $\dot{V}_w = 405{,}6$ m³/h

3.8: $\Delta T_m = 74{,}55$ K; mit $\dot{q} = 51\,000$ W/m² ist $\alpha = 1976$ W/(m² K); $\dot{q}_{\text{ber}} = 51\,120$ W/m²

3.9: $\Delta T_m = 14{,}43$ K; mit $\dot{q} = 25\,000$ W/m² ist $\alpha = 2679$ W/(m² K); $k_a = 1711$ W/(m² K) und $\dot{q}_{\text{ber}} = 24\,680$ W/m²

4.1: $x_1 = 0{,}5412$; $x_2 = 0{,}4588$; $T_S = 90{,}50\,°C$

4.2: $T_T = 97{,}15\,°C$

4.3: $x_1 = (p - \pi_2)/(\pi_1 - \pi_2) = 0{,}2566$; $x_2 = 0{,}7434$; $y_1^* = 0{,}4556$; $y_2^* = 0{,}5444$

4.4: $T_S = 108,9\,°C$

4.5: $\gamma_1 = 1,086;\ \gamma_2 = 0,776;\ \gamma_3 = 1,0105$

4.6: Flüssige Phase $f_{1L}/\pi_1 = 0,815$ für den reduzierten Druck $p_R = 0,293$ und die reduzierte Temperatur $T_R = 0,843$; $f_{1L} = 11,6$ bar. Korrektur der Fugazität in der flüssigen Phase $f_{1L} = 11,42$ bar.
Dampfförmige Phase $f_{1D}/p = 0,88$ und $f_{1D} = 7,94$ bar. Gleichgewichtskonstante $K = f_{1L}/f_{1D} = 1,438$ bei realem Verhalten in der dampfförmigen Phase; $K = \pi_1/p = 1,564$ bei idealem Verhalten.
2. $x_1 = (p - \pi_2)/(\pi_1 - \pi_2) = 0,2330$; $x_2 = 0,7670$; $y_1^* = Kx_1 = 0,3351$; $y_2^* = 0,6649$
Anmerkung: Die Antoine-Gleichung ist bei den in dieser Aufgabe vorliegenden Bedingungen zu ungenau. Mit den wirklichen Dampfdrücken bei 200 °C $\pi_1 = 14,2$ bar und $\pi_2 = 7,91$ bar erhält man $x_1 = 0,176$; $x_2 = 0,824$; $y_1^* = 0,252$; $y_2^* = 0,748$.

4.7: 1. $p = \pi_1 + \pi_2 = 101,00 + 47,31 = 148,31\ kPa$
2. $y_1^* = 0,6810$; $y_2^* = 0,3190$

4.8: $T_S = 84,4\,°C$

4.9: Dampfverbrauch $M = 2790$ kg

4.10: 1. Kopf: $\dot{M} = 4690$ kg/h; $\dot{M}_2 = 47,4$ kg/h;
Sumpf: $\dot{M}_1 = 104,8$ kg/h; $\dot{M}_2 = 5150$ kg/h
2. $n_{th} = 31$ theoretische Böden; Einlaufboden zwischen dem 10. und 11. theoretischen Boden

4.11: $D_i = 1,4$ m für das 1,1fache und $D_i = 1,6$ m für das 1,6fache des minimalen Rücklaufverhältnisses

4.12: $H = 12,3$ m für das 1,1fache und $H = 9,9$ m für das 1,6fache des minimalen Rücklaufverhältnisses

4.13: 1. $v/v_{min} = 1,1$: $D_i = 1,0$ m; Bodenabstand 0,5 m
$v/v_{min} = 1,6$: $D_i = 1,2$ m; Bodenabstand 0,5 m
2. Druckverlust für den obersten Boden der Verstärkungskolonne (gewählt: Vollboden, Wehrverhältnis 0,65; Ventilmasse 36 g) $\Delta p = 2270$ Pa für $v/v_{min} = 1,1$ und $\Delta p = 1480$ Pa für $v/v_{min} = 1,6$. Wegen des hohen Druckverlustes ist zu empfehlen, für $v/v_{min} = 1,1$; $D_i = 1,2$ m auszuführen.

4.14: $v_{min} = 10,89$
1. Grafisch $n_{th} = 81$ theoretische Böden; nach der Näherungsmethode von *Gilliland* $n_{th} = 85$
2. $n_{th\,min} = 49,4$

4.15: $\eta_{BDj} = 0,674$ mit $y_{1j}^* = 0,8915$; $\eta_{BDj-1} = 0,589$ mit $y_{1j}^* = 0,835$

4.16: $\eta_{LDj} = 0,837$

4.17: 1. Geschätzt $x_{3K} = 0,0020$; $x_{1K} = 0,983$; $x_{2S} = 0,384$; $x_{3S} = 0,606$;
$\dot{K} = 46,2$ kmol/h; $\dot{S} = 103,8$ kmol/h
2. $v_{min} = 2,87$; $v = 4,018$
3. $(n_{th\,min} + 1)/(n_{th} + 1) = 0,52$; $n_{th\,min} = 12,3$; $n_{th} = 23,2$ theoretische Böden
4. Lage des Einlaufbodens ist der 14. Boden vom Kopf der Kolonne aus gezählt.

4.18: 1. $n_{th} = 5$; 2. $x_{1Se} = 0,109$; 3. $x_{1S\,max} = 0,002$; 4. $\dot{Q}_H = 1548$ kW

4.19: 1. $v_{min} = 0,782$
2. $v = 0,938$; Ordinatenabschnitt $x_{1K}/(v+1) = 0,506$
3. $\dot{K} = 51,7$ kmol/h; $\dot{D} = 100,2$ kmol/h
4. Höhe der Füllkörperschüttung für die Verstärkungskolonne $H = 4,64$ m

4.20: 1. $v_{min} = 1,133$; 2. $x_{1S} = 0,0511$

Lösungen zu den Übungsaufgaben 609

4.21: 1. $v_{min} = 0,792$ für $x_{1K}/(v_{min} + 1) = 0,53$
2. $v/v_{min} = 1,185$; 3. $n_{th} = 11$; 4. $\eta_{Kol} = 0,733$; 5. $w_D/w_{D\,max} = 0,759$

4.22: 1. $\dot{K} = 186,1$ kmol/h; $\dot{E} = 298,0$ kmol/h; $\dot{S} = 111,9$ kmol/h; 2. $v/v_{min} = 1,23$;
3. $w_D \sqrt{\varrho_D} = 1,75 \sqrt{Pa}$ am Sumpf; 4. Flüssigkeitsstromdichte $\dot{v}_F = 13,1$ m^3/(m^2 h)

4.23: 1. $\dot{E} = 200$ kmol/h; $\dot{K} = 90,0$ kmol/h; $x_{1S} = 0,005$; $x_{3S} = 0,970$; $x_{2S} = 0,025$;
$x_{1K} = 0,4606$; $x_{3K} = 0,0366$; $x_{2K} = 0,5028$
2. $\dot{D} = 179,9$ kmol/h; 3. $y_{3,26} = 0,7766$; 4. $a_T = 0,820$

4.24: 1. $p_2/p_1 = 2,796$; $P_{eff} = 420,6$ kW; $K_{El} = 479500$ DM/a; Einsparung 44900 DM/a
2. Die Fläche des Umlaufverdampfers ist um 314 m^2 größer.
3. Die Mehrkosten für den größeren Wärmeübertrager betragen 20100 DM/a, so daß $44900 - 20100 = 24800$ DM/a eingespart werden.

4.25: 1. Der Druck am Kopf der Kolonne II ist mit 1,884 bar zu wählen.
2. Mit $r = 32080$ kJ/kmol gibt das Toluol ab $\dot{Q}_T = 4,81$ GJ/h. Dampfeinsparung 2,236 t/h; Kosteneinsparung 626100 DM/a

5.1: $H = 3,25$ m mit $D_i = 2,20$ m und $a = 110$ m^2/m^3

5.2: $\dot{N}_w = 18500$ kmol/h; 2. $n_{th} = 5$; 3. $n_{eff} = 11,1$; ausgeführt 12 Böden

5.3: $n_{th} = 11$; $n_{eff} = 16$

5.4: 1. Nach Gleichung (4.125) erhält man für den Sumpf $w_{GGr} = 0,870$ m/s; der Kolonnendurchmesser ist geeignet, da effektiv $w_G = 0,554$ m/s
2. Mit Hilfe von Tab. A 6 erhält man $y_1 = 23,41 x_1$ (Molanteile); $\Delta y_{1m} = 0,002084$; Höhe der Füllkörperschüttung 7,44 m

5.5: 1. Mit $\varrho_G = 1,29$ kg/m^3 erhält man $D = 1,39$ m; ausgeführt 1,4 m
2. $\dot{M}_{w\,min} = 8,95$ m^3/h; 3. $\dot{V}_w = 77,0$ m^3/h
4. Die stark verdünnte schweflige Säure in Ü 5.4 stellt ein Abprodukt dar, während Kalziumsulfat die Umwelt nicht belastet bzw. als Baustoff verwendet werden kann. Bemerkenswert ist der kleinere Durchmesser bei der Chemosorption.

5.6: 1. $A_q = 162$ m^2, Durchmesser $D = 14,4$ m
2. $\dot{V}_w = 8140$ m^3/h bei $\dot{v}_F = 50$ m^3/(m^2 h)
3. Kalkstein 136300 kg/h
4. $\dot{V}_{w\,min} = 128,5$ m^3/h; $\dot{V}_w/\dot{V}_{w\,min} = 63,3$

6.1: 60 kg Dimethylbutan = 20,00 Masse-%
70 kg Cyclohexan   = 23,33 Masse-%
170 kg Anilin   = 56,67 Masse-%

6.2: 63,6 Masse-% Cyclohexan und 25,7 Masse-% Dimethylbutan

6.3: $\bar{x}_A = 0,622$; $\bar{x}_B = 0,248$; $\bar{y}_A = 0,189$; $\bar{y}_B = 0,251$; 1,74 kg Diethylether sind zu entfernen.

6.4: 1. $\bar{y}'_{B1} = 0,55$; $\bar{y}'_{B2} = 0,35$; $\bar{x}'_{B2} = 0,04$
2. $E'_1 = 180$ kg; $E'_2 = 99$ kg; $R'_2 = 850$ kg

6.5: 1. $\dot{S} = 1333$ kg/h; 2. $n_{th} = 4$

6.6: 1. $n_{th} = 15$; 2. $\dot{M}_C = 27$ t/h
3. $\dot{R}'_t = 1,07$ t/h; $\dot{R}_t = 1,14$ t/h; $\dot{E}'_1 = 3,43$ t/h; $\dot{E}_1 = 30,35$ t/h

6.7: 1. $\dot{M}_{C\,min} = 1,46$ t/h 2. $n_{th} = 5$

6.8: 1. Volumen der Rührmaschine 53,85 m^3; Grundfläche des Absetzers 453,3 m^2; Breite 13,47 m und Länge 33,66 m
2. $n_{th} = 3$; $n_{eff} = 4$ Stufen
3. $\dot{V}_{S\,min} = 938,2$ m^3/h; $\dot{V}_S/\dot{V}_{S\,min} = 1,163$

7.1: $l = 91,74$ kg/kg $\quad\quad\quad\quad q = 2844$ kJ/kg $\Big\}$ beide Varianten
$\dot{M}_L = 1,1$ kg/s $\quad\quad\quad\quad \dot{Q} = 34,13$ kJ/s
$\Delta Y_m = 0,00369$ kg/kg $\quad\quad A = 162,6$ m^2
$\Delta Y_m = 0,00223$ kg/kg $\quad\quad A = 269,1$ m^2 (Umluftbetrieb)

7.2: $l = 17{,}67$ kg/kg $\quad$ $q = 3092$ kJ/kg
$\dot{M}_L = 3{,}28$ kg/s $\quad$ $\dot{Q} = 574{,}2$ kJ/s
$\Delta Y_m = 0{,}00643$ kg/kg $\quad$ $N_D = 2{,}645$

7.3: $l = 25$ kg/kg $\quad$ $q = 3050$ kJ/kg
$\dot{M}_L = 2{,}69$ kg/s $\quad$ $\dot{Q} = 328{,}5$ kJ/s
$\dot{M}_D = 0{,}16$ kg/s
$\Delta Y_{m1} = 0{,}007$ kg/kg $\quad$ $N_{D1} = 2{,}14$
$\Delta Y_{m2} = 0{,}0067$ kg/kg $\quad$ $N_{D2} = 1{,}79$
$\Delta Y_{m3} = 0{,}00627$ $\quad$ $N_{D3} = 1{,}69$

7.4: $\dot{M}_L = 2{,}19$ kg/s
$\dot{Q}_{theor} = 289$ kJ/s $\quad$ $\dot{Q}_{real} = 326$ kJ/s
$p_D = 792$ kPa $\quad$ $\dot{M}_D = 0{,}17$ kg/s
$\Delta Y_m = 0{,}0168$ kg/kg $\quad$ $N_D = 2{,}08$

7.5: $T_P = 31{,}2\,°C$ $\quad$ $\dot{M}_w/A = 9{,}93 \cdot 10^{-4}$ kg/m² s (Konvektion)
$T_P = 36{,}8\,°C$ $\quad$ $\dot{M}_w/A = 13{,}88 \cdot 10^{-4}$ kg/m² s (Konvektion und Leitung)

7.6: $l_{theor} = 35{,}6$ kg L/kg H$_2$O $\quad$ $q_{theor} = 3583$ kJ/kg H$_2$O
$l_{real} = 35{,}6$ kg L/kg H$_2$O $\quad$ $q_{real} = 4178$ kJ/kg H$_2$O
$d = 2{,}25$ kg D/kg H$_2$O

7.7: 1. $Y_E = 0{,}0103 \dfrac{\text{kg H}_2\text{O}}{\text{kg TL}}$ $\quad$ 2. $Y_E = 0{,}0103 \dfrac{\text{kg H}_2\text{O}}{\text{kg TL}}$

$Y_A = 0{,}0598 \dfrac{\text{kg H}_2\text{O}}{\text{kg TL}}$ $\quad$ $Y_M = 0{,}059 \dfrac{\text{kg H}_2\text{O}}{\text{kg TL}}$

$Y_S = 0{,}0603 \dfrac{\text{kg H}_2\text{O}}{\text{kg TL}}$ $\quad$ $Y_A = 0{,}107 \dfrac{\text{kg H}_2\text{O}}{\text{kg TL}}$

$\quad$ $Y_S = 0{,}108 \dfrac{\text{kg H}_2\text{O}}{\text{kg TL}}$

$\tau = 4{,}19$ $\quad$ $\tau = 3{,}64$

3. 1. Stufe: $Y_{1E} = 0{,}0103 \dfrac{\text{kg H}_2\text{O}}{\text{kg TL}}$ $\quad$ 2. Stufe: $Y_{2E} = 0{,}0598 \dfrac{\text{kg H}_2\text{O}}{\text{kg TL}}$

$Y_{1A} = 0{,}0598 \dfrac{\text{kg H}_2\text{O}}{\text{kg TL}}$ $\quad$ $Y_{2A} = 0{,}1088 \dfrac{\text{kg H}_2\text{O}}{\text{kg TL}}$

$Y_{1S} = 0{,}0603 \dfrac{\text{kg H}_2\text{O}}{\text{kg TL}}$ $\quad$ $Y_{2S} = 0{,}1093 \dfrac{\text{kg H}_2\text{O}}{\text{kg TL}}$

$\tau = 4{,}15$

4.

	l	q
Einstufig	$20{,}2 \dfrac{\text{kg TL}}{\text{kg H}_2\text{O}}$	$3088 \dfrac{\text{kJ}}{\text{kg H}_2\text{O}}$
Abluftrückführung	$10{,}34 \dfrac{\text{kg TL}}{\text{kg H}_2\text{O}}$	$2998 \dfrac{\text{kJ}}{\text{kg H}_2\text{O}}$
Zweistufig	$10{,}15 \dfrac{\text{kg TL}}{\text{kg H}_2\text{O}}$	$1967 \dfrac{\text{kJ}}{\text{kg H}_2\text{O}}$

7.8: $(-dX/dt)_{max} = 2{,}25 \cdot 10^{-3}$ kg/kg s
$Y_S = 0{,}017$ kg/kg; $\quad T_S = 22{,}4\,°C$
$\bar{T} = 33{,}7\,°C$ (Stoffwert-Temperatur)
$A/M_x = 1{,}552$ m²/kg $\quad \sigma = 0{,}16$ kg/m² s (Experiment)
$\quad \sigma = 0{,}132$ kg/m² s (Frössling)

7.9: $(-dX/dt)_{1,max} = 5{,}17 \cdot 10^{-4}$ kg/kg s $\quad t_1^* = 3600$ a
$\sigma = 0{,}0205$ kg/m² s $\quad\quad\quad\quad\quad\quad t_2^* = 8862$ s
$(-dX/dt)_{2,max} = 2{,}1 \cdot 10^{-4}$ kg/kg s
$X_{2A} = 0{,}5$ kg/kg $\quad\quad\quad\quad\quad\quad\quad t_{2A} = 9832$ s

7.10: Für die Auswertung der Versuche werden aus Bild 7.37 die folgenden Punkte entnommen und der Rechnung zugrunde gelegt:

	X kg/kg	t_1 s	t_2 s	t_3 s	t_4 s
1	0,34	0	0	0	0
2	0,27	1280	1910	2560	5700
3	0,23	2110	3130	4200	9350
4	0,20	2710	4020	5400	12140
5	0,16	3600	5320	7150	—
6	0,12	4890	7300	9750	—
7	0,08	7140	10550	14180	—

Die grafische Auswertung der Kurven ergibt einen einheitlichen Knickpunkt für alle Versuche sowie extrapolierte Gleichgewichtsfeuchten bei:

$X_K = 0{,}23$ kg/kg; $\quad X^* = 0{,}06$ kg/kg

Weiter erhält man die Trocknungsgeschwindigkeit im 1. Abschnitt, die Zeitdauer zum Erreichen des Knickpunktes und die Zeitkonstanten der Versuche:

Versuch	1	2	3	4
t_K s	2115	3122	4195	9338
t^* s	5420	8000	10750	23930

Damit können die dimensionslosen Koordinaten der o. a. Versuchspunkte sowie die mittlere normierte Trocknungsgeschwindigkeit ermittelt werden:

u	1,64	1,24	1,0	0,82	0,59	0,35	0,12
τ	0	0,39	0,64	0,82	1,09	1,49	2,16
ψ	1,0	1,0	1,0	0,92	0,77	0,52	0,22

Die Konstanten der Näherungsbeziehungen lauten dann:

	a_1	a_2	a_3
1. TA: $1{,}00 \leq u \leq 1{,}64$	1	0	0
2. TA: $0{,}49 \leq u < 1{,}00$	0,45	0,55	0,6
$\quad\quad\quad 0 < u < 0{,}49$	0	1,47	0,6

Literaturverzeichnis

[2.1] *Mersmann, A.:* Stoffübertragung. Berlin, Heidelberg, New York, Tokio: Springer-Verlag, 1986
[2.2] *Kafarow, W. W.:* Grundlagen der Stoffübertragung. Berlin: Akademie-Verlag, 1977
[2.3] *Brauer, H.:* Stoffaustausch einschließlich chemischer Reaktionen. Aarau und Frankfurt/Main: Verlag Sauerländer, 1971
[2.4] *Lykov, A. V.:* Heat and Mass Transfer. Moskau: Mir Publishers, 1980
[2.5] *Romankov, P. G., N. B. Raskovskaja* und *V. F. Frolov:* Stoffübergangsprozesse der chemischen Technologie. Leipzig: Deutscher Verlag für Grundstoffindustrie, 1980
[2.6] *Naue, G.* (Federführung): Technische Strömungsmechanik I. 4. Aufl. Leipzig: Deutscher Verlag für Grundstoffindustrie, 1988
[2.7] *Schubert, H.* (Federführung): Mechanische Verfahrenstechnik. 3. Aufl. Leipzig: Deutscher Verlag für Grundstoffindustrie, 1990
[2.8] *Bird, R. B., W. E. Steward* und *E. N. Lightfoot:* Transport Phenomena. New York: John Wiley and Sons, 1960
[2.9] *Fahlien, R. W.:* Fundamentals of Transport Phenomena. New York: Mc Graw-Hill Book Co., 1983
[2.10] *Westmeier, S.* (Federführung): Verfahrenstechnische Berechnungsmethoden, Teil 7. Stoffwerte. Leipzig: Deutscher Verlag für Grundstoffindustrie, 1986
[2.11] *Peters, W.* und *H. Jüntgen:* Brennstoff-Chemie **46** (1965) 38—44
[2.12] *Muchlenow, I. P.:* Technologie der Katalysatoren. Leipzig: Deutscher Verlag für Grundstoffindustrie, 1976
[2.13] *Rudobaschta, S. P.:* Stoffübertragung in Systemen mit fester Phase (russ.). Moskau: Izd. Chimija, 1980
[2.14] *Gnielinski, V.:* Forschung Ing.-Wesen **41** (1975) 8—16
[2.15] *Hausen, H:* Wärme- und Stoffübertragung **7** (1974) 222—225
[2.16] *Kutateladse, S. S.:* Osnovy teorii teploobmena. 5. Aufl. Nowosibirsk: Izd. Nauka, 1979
[2.17] *Sternling, C. V.* und *L. E. Scriven:* AIChE Journal **5** (1959) 514—523
[2.18] *Redfield, J. A.* und *G. Houghton:* Chem. Eng. Sci. **20** (1965) 131—139
[2.19] *Skelland, A. H. P.* und *R. M. Wellek:* AIChE Journal **10** (1964) 491—496
[2.20] *Brunson, R. J.* und *R. M. Wellek:* Can. J. Chem. Eng. **48** (1970) 267—274
[2.21] *Kulow, N. N.* und *W. A. Maljusow:* Berichte der Akademie der Wissenschaften der UdSSR (russisch) Nr. **4** (1967) 876—879
[2.22] *Hobler, T.:* Mass Transfer and Absorbers. Warschau: Wydawnictwa Naukowo-Techniczne, 1966
[2.23] *Žavoronkov, N. M., I. A. Gildenblat* und *V. M. Ramm:* Žurnal prikladnoy chimii **33** (1960) 1790—1800
[2.24] *Ramm, V. M.* und *S. V. Čagina:* Chimičeskoe promyšlennost **41** (1965) 910—912
[2.25] *Semmelbauer, R.:* Dissertation, Techn. Hochschule Darmstadt, 1966
[2.26] *Onda, K., H. Takeuchi* und *Y. Okumoto:* J. Chem. Eng. (Japan) **1** (1968) 56
[2.27] *Lempe, D.* (Federführung): Thermodynamik der Mischphasen II. Leipzig: Deutscher Verlag für Grundstoffindustrie, 1976
[2.28] *Brauch, V.:* Dissertation Universität Karlsruhe, 1974

[2.29] *Hiecke, R.* und *R. Schubert:* Verdunstungstechnik. Leipzig: Deutscher Verlag für Grundstoffindustrie, 1976
[2.30] *Höll, W.:* Dissertation, Universität Karlsruhe, 1976
[2.31] *Renker, W.:* Chem. Techn. **7** (1955) 451–461
[2.32] *Weiß, S.* und *K. Hoppe* (Federführung): Verfahrenstechnische Berechnungsmethoden, Teil 2. Thermisches Trennen. Leipzig: Deutscher Verlag für Grundstoffindustrie, 1986
[2.33] *Krischer, W.* und *W. Kast:* Die wissenschaftlichen Grundlagen der Trocknungstechnik. Berlin, Heidelberg und New York: Springer-Verlag, 1978
[2.34] *Schlünder, E.-U.* (Herausgeber): Heat Exchanger Design Handbook. New York u. a.: Hemisphere Publishing Corporation, 1983
[2.35] *Budde, K.* (Federführung): Chemische Reaktionstechnik I. 2. Aufl. Leipzig: Deutscher Verlag für Grundstoffindustrie, 1988
[2.36] *Danckwerts, P. V.:* Gas-Liquid Reactions. New York: McGraw Hill Book Co., 1970
[2.37] *Drew, T. B., G. R. Cokelet, J. W. Hoopes* und *T. Vermeulen* (Herausgeber): Advances in Chemical Engineering, Vol. 11. New York: Academic Press, 1981 (Abschnitt: Mass Transfer Rates in Gas-Liquid Absorbers and Reactors von J.-C. Charpentier, S. 1–133)
[2.38] *Fratzscher, W.* (Federführung): Energiewirtschaft für Verfahrenstechniker. 3. Aufl. Leipzig: Deutscher Verlag für Grundstoffindustrie, 1989
[2.39] *Fratzscher, W., H.-P. Picht, P. Szolcsanyi* und *Z. Fonyo:* Energetische Analyse von Stoffübertragungsprozessen. Leipzig: Deutscher Verlag für Grundstoffindustrie, 1980
[2.40] *Pippel, W.:* Verweilzeitanalyse in technologischen Strömungssystemen. Berlin: Akademie-Verlag, 1978
[2.41] *Stichlmair, J.:* Kennzahlen und Ähnlichkeitsgesetze im Ingenieurwesen. Essen: Altos Verlag
[2.42] *Hausen, H.:* Wärmeübertragung im Gegenstrom, Gleichstrom und Kreuzstrom. 2. Aufl. Berlin und Heidelberg: Springer-Verlag, 1976
[2.43] *Schlünder, E.-U.:* Einführung in die Stoffübertragung. Stuttgart, New York: Georg Thieme Verlag, 1984
[2.44] *Elsner, N.:* Grundlagen der Technischen Thermodynamik. 7. Aufl. Berlin: Akademie-Verlag, 1988
[3.1] *Güsewell, M.* und *H. Fuhrmann* (Federführung): Verfahrenstechnische Berechnungsmethoden, Teil 1. Wärmeübertrager. Leipzig: Deutscher Verlag für Grundstoffindustrie, 1986
[3.2] VDI-Wärmeatlas. 6. Aufl. Düsseldorf: VDI-Verlag GmbH, 1991
[3.3] *Gregorig, R.:* Wärmeaustausch und Wärmeaustauscher. 2. Aufl. Aarau und Frankfurt/Main: Verlag Sauerländer, 1973
[3.4] *Kays, W. M.* und *A. L. London:* Compact Heat Exchangers. 3. Aufl. New York u. a.: McGraw-Hill Book Co., 1984
[3.5] *Hewitt, G. F.* (Herausgeber): Hemisphere Handbook of Heat Transfer. New York u. a.: Hemisphere Publishing Corporation, 1990
[3.6] *Donohue, D. A.:* Ind. Eng. Chem. **41** (1949) 2499–2511
[3.7] *Hausen, H.:* Allg. Wärmetechnik **9** (1959) 75–79
[3.8] *Hausen, H.:* Kältetechn. Klimatis. **23** (1971) 86–89
[3.9] *Schack, A.:* Der industrielle Wärmeübergang. 5. Aufl. Düsseldorf: Verlag Stahleisen, 1957
[3.10] *Nußelt, W.:* VDI-Z. **60** (1916) 541–546 und 569–575
[3.11] *Grigull, U.:* Forsch.-Ing.-Wesen **18** (1952) 10
[3.12] *Isachenko, V. P., V. A. Osipova* und *A. S. Sukomel:* Heat Transfer. Moskau: Mir Publishers, 1977
[3.13] *Fritz, W.:* Physik. **36** (1935) 379
[3.14] *Kutateladse, C. C.:* Osnovy teorii teplo-obmena (russ.). 5. Aufl. Moskau: Atomizdat, 1979
[3.15] *Fritz, W.:* Chemie-Ing.-Tech. **35** (1963) 753–764
[3.16] *Labunzow, D. A.:* Teploenergetika **7**, 5 (1960) 76–81
[3.17] *Kirschbaum, E.:* Chemie-Ing.-Tech. **33** (1961) 479–484

[3.18] *Rant, Z.:* Verdampfen in Theorie und Praxis. 2. Aufl. Dresden: Verlag Theodor Steinkopf, 1977
[3.19] *Billet, R.:* Verdampfung und ihre technischen Anwendungen. Weinheim: Verlag Chemie, 1981
[4.1] Distillation und Absorption 1992, Symposium vom 7.–9.9.92 in Birmingham, ICHEME Symposium Series No. 128. New York, Philadelphia, London: Hemisphere Publishing Corporation, 1992
[4.2] *Lempe, D.* (Federführung): Thermodynamik der Mischphasen I. 2. Aufl. Leipzig: Deutscher Verlag für Grundstoffindustrie, 1976
[4.3] *Gmehling, J.,* und *U. Onken:* Vapour-liquid equilibrium data collection. Frankfurt/Main: Dechema, Band 1 1977, Band 2 1978, Band 3 1979
[4.4] *Heinrich, W.:* Dissertation, Techn. Hochschule Leuna-Merseburg, 1971
[4.5] *Moens, F. P.:* Chem. Eng. Sci. **27** (1972) 275–293
[4.6] *Schmidt, E.:* Dissertation, Techn. Hochschule Leuna-Merseburg, 1976
[4.7] *Weinaug, O. F.* und *D. L. Katz:* Ind. Eng. Chem. **35** (1943) 239
[4.8] *Deshpande, P. B.:* Distillation dynamics and control. New York: Publishers Creative Services Inc., 1985
[4.9] Distillation and Absorption 1987, Symposium vom 7.–9.9.1987 in Brighton, I. CHEM. E. Symposium Series No. 104. Rugby: The Institution of Chemical Engineers, 1987
[4.10] *Hacker, I.* und *K. Hartmann:* Wiss. Z. TH Leuna-Merseburg **25** (1983) 471–484
[4.11] *Thiele, E. W.* und *R. L. Geddes:* Ind. Eng. Chem. **25** (1933) 289–295
[4.12] *Unterwood, A. J. V.:* Chem. Eng. Progr. **44** (1948) 603–614
[4.13] *Weiß, S.* und *K. Hoppe* (Federführung): Verfahrenstechnische Berechnungsmethoden, Teil 2. Thermisches Trennen. Leipzig: Deutscher Verlag für Grundstoffindustrie, 1986
[4.14] *Erbar, J. H.* und *R. N. Maddox:* Petr. Refiner **40**, Heft 5 (1961) 183–188
[4.15] *Smith, B. D.* und *W. K. Brinkley:* AIChE Journal **6** (1960) 446–451
[4.16] *Lyster, W. N., S. L. Sullivan, D. S. Billingsley* und *C. D. Holland:* Petr. Refiner **38**, Heft 6, 221, Heft 7, 151, Heft 10, 139, alle (1959)
[4.17] *Holland, C. D.:* Fundamentals of multicomponent distillation, New York: McGraw-Hill Book Co., 1981
[4.18] *Amundson, N. P.* und *A. J. Pontinen:* Ind. Eng. Chem. **50** (1958) 730–736
[4.19] *Wang, J. C.* und *G. E. Henke:* Hydrocarbon Process. **45**, Heft 8 (1966) 155–163
[4.20] *Michelew, W.* und *S. Weiß:* Wiss. Z. TH Leuna-Merseburg **30** (1988) 609–617
[4.21] *Gear, C. W.:* Numerical initial value problems in ordinary differential equations. New York: Prentice Hall, 1971
[4.22] *Skogestad, S.* und *M. Morari:* In [4.9], Seiten A 71–A 86
[4.23] *Davidson, J. F.:* Trans. Inst. Chem. Eng. **34** (1956) 44–52
[4.24] *Zuiderweg, F. J.:* Chem. Eng. Sci. **37** (1982) 1441–1464
[4.25] *Brauer, H.:* Grundlagen der Einphasen- und Mehrphasenströmung. Aarau und Frankfurt/Main: Verlag Sauerländer, 1971
[4.26] *Mayinger, F.:* Strömung und Wärmeübergang in Gas-Flüssigkeitsgemischen. Wien u. a.: Springer-Verlag, 1982
[4.27] *Veziroglu, T. N.* (Herausgeber): Particulate Phenomena and Multiphase Transport, Vol. 1. Berlin u. a.: Hemisphere Publishing Corporation und Springer-Verlag, 1988
[4.28] *Ishi, M.:* Thermo-fluid dynamic theories of two-phase flow. Paris: Eyrolles, 1975
[4.29] *Hofhuis, P. A. M.* und *F. J. Zuiderweg:* I. Chem. E. Symposium Series No. 56, Seiten 2.2/1–26 (1979), Proceedings des 3. Intern. Symposiums 1979 in London
[4.30] *Mersmann, A.:* Verfahrenstechnik **10** (1976) 641–645
[4.31] *Billet, R.:* Chemie-Ing.-Tech. **64** (1992) 401–410
[4.32] *Stichlmair, J.:* Grundlagen der Dimensionierung des Gas-Flüssigkeit-Kontaktapparates Bodenkolonne. Weinheim: Verlag Chemie, 1978
[4.33] *Nitschke, K.:* Chem. Techn. **20** (1968) 411–414
[4.34] *Nitschke, K.:* Chem. Techn. **20** (1968) 23–25

[4.35] *Kafarow, W. W.:* Grundlagen der Stoffübertragung. Berlin: Akademie-Verlag, 1977
[4.36] *Langer, J.:* Dissertation, Techn. Hochschule Leuna-Merseburg, 1979
[4.37] *Weiß, S., E. Schmidt und K. Hoppe:* Chem. Techn. **27** (1975) 394–396
[4.38] *Weiß, S. und J. Langer:* Verfahrenstechnik **14** (1980) 84–88
[4.39] *Gerster, J. A., A. Hill, N. Hochgraf und D. Robinson:* Tray efficiencies in distillation columns (final report from the university of Delaware). New York: AICHE, 1958
[4.40] *Gautreaux, M. und H. O'Connell:* Chem. Eng. Progr. **51** (1955) 232
[4.41] *Billet, R.:* Industrielle Destillation. Weinheim: Verlag Chemie, 1973
[4.42] *Weiß, S.:* Chem. Techn. **32** (1980) 448–451
[4.43] *Weiß, S.:* Chem. Techn. **32** (1980) 563–567
[4.44] *Weiß, S.:* Chem. Techn. **28** (1976) 467–471
[4.45] *Weiß, S. und R. Arlt:* Chem. Eng. Process. **21** (1987) 107–113
[4.46] *Fratzscher, W. und H.-P. Picht:* Stoffdaten und Kennwerte der Verfahrenstechnik. 4. Aufl. Leipzig: Deutscher Verlag für Grundstoffindustrie, 1993
[4.47] *Ahr, N., H. Herfurth, S. Weiß, J. Müller und K. Hoppe:* Chem. Techn. **42** (1990) 201–203
[4.48] *Stiebing, E. und S. Weiß:* Chem. Techn. **43** (1991) 418–423
[4.49] *Kister, H. Z.:* Distillation Design. New York: McGraw-Hill Book Co., 1992
[4.50] *Geipel, W. und H. Ullrich:* Füllkörper-Taschenbuch. Essen: Vulkan-Verlag, 1991
[5.1] *Krishnamurthy, R. und R. Taylor:* Ind. Eng. Chem. Process Des. Dev. **24** (1985) 513 bis 524
[5.2] *Maier, K.-H. und W. Geipel:* Chem.-Ing.-Tech. **63** (1991) 253–255
[5.3] Ullmann's Encyclopedia of Industrial Chemistry. Vol. B3, (S. 8-1–8-36). Weinheim: VCH Verlagsgesellschaft, 1988
[6.1] *Hanson, O.* (Herausgeber): Neuere Fortschritte der Flüssig-Flüssig-Extraktion. Aarau und Frankfurt/Main: Verlag Sauerländer, 1974
[6.2] *Lo, T. C., M. H. I. Baird und C. Hanson* (Herausgeber): Handbook of Solvent Extraction. New York: Wiley Interscience Inc., 1983
[6.3] International Solvent Extraction Conference 88, Conference Papers Vol. I–IV, Moscow: Izd. Nauka, 1988
[6.4] *Fischer, E. A.:* Dissertation, ETH Zürich, 1973
[6.5] *Hartung, J. und S. Weiß:* Chem. Techn. **34** (1982) 300–305
[6.6] *Späthe, W., D. Möhring und S. Weiß:* Verfahrenstechnik **10** (1976) 567–571
[6.7] *Weiß, S. und R. Würfel:* Chem. Techn. **27** (1975) 442–446
[6.8] Ullmann's Encyclopedia of Industrial Chemistry. Vol. B3, Liquid-Liquid Extraction (S. 6-1 bis 6-61). Weinheim: VCH Verlagsgesellschaft, 1988
[7.1] *Dressel, B.:* Programmsystem CADE zur rechnergestützten Auslegung von Konvektionstrocknern. TU Dresden, WB TVT/UST, 1987
[7.2] *Sherwood, T. K.:* Ind. Eng. Chem. **21** (1929) 12 u. 976; (1930) 132; **24** (1032) 307
[7.3] *Badger, W. L.:* Elemente der Chemie-Ingenieur-Technik. Berlin: Springer-Verlag, 1932
[7.4] *Lykow, M. W.:* Theorie der Trocknung (russ.). 2. Aufl. Moskau: Verlag Energie, 1968
[7.5] *Hiecke, R. und M. Schubert:* Verdunstungstechnik. Leipzig: Deutscher Verlag für Grundstoffindustrie, 1975
[7.6] *Häußler, W.:* Lufttechnische Berechnungen im Mollier-i,x-Diagramm. 2. Aufl. Dresden: Verlag Steinkopff, 1974
[7.7] *Krasnikow, W. W. und W. A. Danilow:* Ing. Phys. J. **11** (1966) 482–486
[7.8] *Krasnikow W. W.:* Kontakttrocknung (russ.). Moskau: Verlag Energie, 1973
[7.9] *Nernst, W.:* Theorie der Reaktionsgeschwindigkeit in heterogenen Systemen. Z. Phys. Chem. **47** (1904) 52
[7.10] Rechenprogramm NORMI. TU Dresden, Sektion 15, WB TVT/UST
[7.11] *Militzer, K.-E.:* Eine empirische Beziehung für die Sättigung feuchter Luft im Temperaturbereich von 15 ... 99 °C (mit Druckkorrektur). Luft- und Kältetechnik **3** (1985) 162–163

[7.12] *Ginsburg, A. S., W. W. Krasnikow* und *K.-E. Militzer:* Durchführung und Auswertung von Trocknungsversuchen. Wiss. Z. TU Dresden **31** (1982) 3, 19–24
[7.13] *van Meel, D. A.:* Chem. Eng. Sci. **9** (1958) 36–44
[7.14] *Kröll, K.:* Chem.-Ing.-Tech. **27** (1955) 527–534
[7.15] *Gruhn, G.:* Systemverfahrenstechnik I. Leipzig: Deutscher Verlag für Grundstoffindustrie, 1976
[7.16] *Strumillo, C.*, u. a.: Some Aspects of Flash Dryers Modelling and Design. in: Drying '87, 1–10, *Mujumdar, A. S.* (Herausgeber). Washington: Hemisphere Publ. Corp., 1987
[7.17] *Brauer, H.:* Stoffaustausch einschließlich chemischer Reaktionen. Arau, Frankfurt/M.: Verlag Sauerländer 1971
[7.18] *Militzer, K.-E.:* Programm STROM zur Auslegung und Nachrechnung von Stromtrocknern. TU Dresden, WB TVT/UST, 1990
[7.19] *Werner, H.:* Aufgaben der Luft- und Wärmeverteilung in Konvektionstrocknern. Chemie-Ing.-Tech. **44** (1972) 570
[7.20] *Schubert, H.:* Entwicklungstendenzen auf dem Gebiete der mechanischen Flüssigkeitsabtrennung. 21. Techn.-Wiss. Koll. d. Fabrikbetriebe der Kali-, Steinsalz- und Spatbetriebe der DDR, Eisenach 1981
[7.21] *Roth, H., I. Wirth, O. Kaiser* und *E. Koch:* Energieeinsparung und Kapazitätserhöhung bei der Trocknung von Saatmais. Energieanwendung **33** (1984) 141–143
[7.22] *Wirth, I.:* Beitrag zur thermodynamischen Analyse und Bewertung des Konvektionstrocknungsprozesses. Dissertation A, IH Köthen, 1987
[7.23] *Hausbrand, E.:* Das Trocknen mit Luft und Dampf. Berlin: Springer-Verlag, 1911
[7.24] *Wolf, B.:* Einsatzmöglichkeiten für und Erfahrungen mit Dampfwirbelschichttrocknungsanlagen. Energietechnik **38** (1988) 245–248
[7.25] *Hilmart, S.*, und *U. Gren:* Steam Drying of Wood Residues. in: Drying '87, *Mujumdar, A. S.* (Herausgeber). Washington: Hemisphere Publ. Corp., 1987
[7.26] *Mujumdar, A. S.* (Herausgeber): Handbook of Industrial Drying. New York: Marcel Dekker, 1987
[7.27] *Militzer, K.-E.* und *B. Dressel:* Thermoökonomische Modellierung und Optimierung von Konvektionstrocknern.
Teil VI: Kanaltrockner mit nachgeschalteter Heizfläche zur Vorwärmung der Frischluft. Chem. Techn. **35** (1983) 186–188
[7.28] *Heinrich, G., H. Najork* und *W. Nestler:* Wärmepumpenanwendung in Industrie, Landwirtschaft und Gesellschaftsbauten. Berlin: Verlag Technik, 1982
[7.29] *Lippold, A.:* Das Energiesparpotential bei der technischen Schnittholztrocknung in der DDR. 7. Wiss.-techn. Tagung Holztechnik/Möbel, Dresden, 1987
[7.30] *Zylla, R.* und *C. Strumillo:* Heat pumps in drying. in: Drying '87, *Mujumdar, A. S.* (Herausgeber). Washington: Hemisphere Publ. Corp., 1987
[7.31] *Metzner, H., R. Menge* und *H. Wolf:* Sicherheitstechnik für Verfahrenstechniker. Leipzig: Deutscher Verlag für Grundstoffindustrie, 1979
[7.32] *Schulze, R.* (Federführung) Anlagentechnik. 3. Aufl. Leipzig: Deutscher Verlag für Grundstoffindustrie, 1981
[7.33] *Filka, P.:* Safety Aspects of Spray Drying. in: Drying '84, Washington: Hemisphere Publ. Corp., 1984
[7.34] *Schnelle, W.:* Probleme des Ex-Schutzes in Trocknungsanlagen. Unveröffentlichter Bericht
[7.35] *Lykow, M. W.:* Trocknung in der chemischen Industrie (russ.). Leningrad: Verlag Chimija, 1970
[7.36] *Ginsburg, A. S.:* Grundlagen der Theorie und Technik der Trocknung von Lebensmitteln (russ.). Moskau: Verlag Lebensmittelindustrie, 1973
[7.37] *Filonenko, G. K.:* zitiert in: *Lebedew, P. D.:* Wärmeübertrager, Trockner und Kälteanlagen (russ.), 2. Aufl. Moskau: Verlag Energija, 1972
[7.38] *Maltry, W.:* Wirtschaftliches Trocknen. Dresden: Verlag Steinkopff, 1975

[7.39] *Koratejew, I. G., W. W. Krasnikow* und *M. B. Ssaakjan:* Ekspresny metod analisa kinetiki suschki. Iswestija wysschich utschebnych sawedenii — l'ischtschewaja technologija **5** (1971) 140–141
[8.1] *Bratzler, K.:* Adsorption von Gasen und Dämpfen. Dresden u. Leipzig: Verlag Th. Steinkopff, 1944
[8.2] *Otten, W., E. Gail* und *Th. Frey:* Einsatzmöglichkeiten hydrophober Zeolithe in der Adsorptionstechnik. Vortrag auf dem Jahrestreffen 1991 der Verfahrensingenieure, Köln 1991
[8.3] Deutsches Wirtschaftspatent DD 251043 A3 v. 4. 11. 1987. Bundesrepublik Deutschland, Patent Nr. 3604320 v. 16. 3. 1989, Verfahren zur Herstellung von Aktivkohle
[8.4] *Troost, G.:* Technologie des Weines. 5. Aufl. Stuttgart: Verlag Eugen Ulmer, 1980
[8.5] Die Zuckerherstellung. 2. Aufl. Leipzig: Fachbuchverlag, 1980
[8.6] *Jüntgen, H.:* Carbon **15** (1977) 273
[8.7] *Kelzev, N. W.:* Osnovy adsobzionnoi techniki. 2. Aufl. Moskau: Chimija, 1984
[8.8] *Ruthven, Douglas M.:* Principles of Adsorption and Adsorption Processes. New York: John Wiley & Sons, 1984
[8.9] *Wehner, K., J. Welker* und *G. Seidel:* Normalparaffine mittlerer Kettenlänge und ihre Gewinnung nach dem weiterentwickelten Parex-Verfahren. Chem. Techn. **21** (1969) 548–552
[8.10] *Weiß, S.* und *K. Hoppe* (Federführung): Verfahrenstechnische Berechnungsmethoden, Teil 2. Thermisches Trennen. Abschn. 6: Adsorptionsapparate. Leipzig: Deutscher Verlag für Grundstoffindustrie, 1986
[8.11] *Lempe, D.* u. a.: Thermodynamik der Mischphasen I. 2. Aufl. Leipzig: Deutscher Verlag für Grundstoffindustrie, 1976
[8.12] *Langmuir, I.:* J. Chem. Soc. **40** (1918) 1361
[8.13] *Brunauer, S., P. H. Emmet* und *E. Teller:* J. Am. Chem. Soc. **60** (1938) 309
[8.14] *Lewis, W. K., E. R. Gilliland, B. Chertow* und *W. H. Hoffmann:* Adsorption Equilibria, Hydrocarbon Gas Mixtures. Ind. Eng. Chem. **42** (1950) 1319–1325
[8.15] *Brunauer, Demming, Demming* und *Teller:* J. Am. Chem. Soc. **62** (1940) 1723
[8.16] *Perry, J., C. Chilton* und *S. Kirkpatrick:* Chemical Engineers' Handbook. 4th ed., New York: McGraw-Hill 1963, S. 16-9
[8.17] *Romankov, P. G., N. B. Raskovskaja* und *V. F. Frolov:* Stoffübergangsprozesse der chemischen Technologie. Berlin: Akademie-Verlag, 1979
[8.18] *Luikov, A. W.:* Teorija teploprovodnosti. Moskau: Wysschaja schkola, 1967
[8.19] *Tautz, H.:* Wärmeleitung und Temperaturausgleich. Berlin: Akademie-Verlag, 1971
[8.20] *Kondrat'ev, G. M.:* Teplovye Ismerenija. Moskau: Energija, 1973
[8.21] *Crank, J.:* Mathematics of Diffusion. Oxford University Press, 1957
[8.22] *Kast, W.* und *W. Otten:* Der Durchbruch in Adsorptionsfestbetten: Methoden, Berechnung und Einfluß der Verfahrensparameter. Chemie-Ing.-Tech. **59** (1987) 1–12
[8.23] *Wicke, E.:* Empirische und theoretische Untersuchungen der Sorptionsgeschwindigkeit von Gasen an porösen Stoffen. Kolloid-Z. **86** (1938), Teil I: S. 167–186, Teil II: S. 295–313
[8.24] *Rohde, W.:* Linde-Berichte aus Technik und Wissenschaft **57** (1985) 48–51
[8.25] *Börger, G.:* Geringere Emissionen aus Aktivkohle-Adsorbern durch verbesserte Dampf-Regeneration. Vortrag auf dem Jahrestreffen 1991 der Verfahrensingenieure, Köln 1991
[8.26] *Aharoni, S.* u. a.: Adsorption of Lead Chloride Vapors. Ind. Eng. Chem., Process Des. Dev., Vol. **14**, No. 4, (1975) 417–421
[8.27] *Perry, J., C. Chilton* und *S. Kirkpatrick:* Chemical Engineers' Handbook, 4th ed., New York: McGraw Hill, 1963, S. 16-3
[8.28] *Kronstein, B.:* Hochleistungstrockner — Die sichere Reinheit. in: Fluidtechnik. Herausgeber: G. Schlick und B. Thier. Essen: Vulkan-Verlag, 1989
[8.29] *Ulrich, M.* und *G. Müller:* Abtrennung und Rückgewinnung von Stoffen aus Abluft- und Abgasströmen. In: Stofftrennverfahren in der Umwelttechnik. Herausgeber: GVC VDI-Gesellsch. Verfahrenstechnik und Chemieingenieurwesen, Düsseldorf 1990

[8.30] Das MOLSORBER®-Verfahren. Prospekt der Fa. Otto Oeko-Tech GmbH & Co. KG., Köln
[8.31] *Cheremisinoff, N. P.* (Herausgeber): Handbook of Heat and Mass Transfer. Vol. 2. Chapter 30. Houston: Gulf Publ. Comp., 1986
[8.32] Zeosorb Molekularsiebe. Firmenschrift der Chemie AG Bitterfeld-Wolfen 1990
[8.33] *Schubert, H.* (Federführender): Mechanische Verfahrenstechnik. 3. Aufl. Leipzig: Deutscher Verlag für Grundstoffindustrie, 1990
[9.1]   *Broul, M. und J. Nyvlt*: Sulubility in inorganic two-component systems. Prag: Academia, 1981
[9.2]   *Bransom, S. H., W. J. Dunning und B. Millard*: Disc. Faraday Soc. **5** (1949) 83–103
[9.3]   *Saeman, W. C.*: AIChE J. **2** (1956) 107–112
[9.4]   *Randolph, A. D., und M. A. Larson*: Theory of Particulate Processes. New York: Academic Press, 1971
[9.5]   *Burton, W. K., N. Cabrera und F. C. Frank*: Phil. Trans. Royal Soc. **243** (1951) 299–351
[9.6]   *Gilmer, G. H.*: J. Cryst. Growth **49** (1970) 465–474
[9.7]   *Larson, M. A., E. T. White u. a.*: AIChE J. **31** (1985) 1, 90–94
[9.8]   *Rousseau, R. W. und F. P. O'Dell*: Chem. Eng. Com. **6** (1980) 293–303
[9.9]   *Weiß, S. und K. Hoppe* (Federführung): Verfahrenstechnische Berechnungsmethoden, Teil 2. Thermisches Trennen. Leipzig: Deutscher Verlag für Grundstoffindustrie, 1986
[9.10] *Jancic, S. J., und P. A. M. Grootscholten*: Industrial Crystallization. Dordrecht: D. Reidel Publishing Company, 1984
[10.1] *Rautenbach, R. und R. Albrecht*: Membrane Processes. New York u. a.: John Wiley & Sons, 1990
[10.2] *Araki, T. und H. Tsukube*: Liquid Membranes – Chemical Applications. Boca Raton, Florida: CRC Press, Inc., 1990
[10.3] GVC VDI-Gesellschaft Verfahrenstechnik und Chemieingenieurwesen: Aachener Membrankolloquium 19.–21. 3. 91, Preprints. Düsseldorf 1991
[10.4] GVC VDI-Gesellschaft Verfahrenstechnik und Chemieingenieurwesen: Aachener Membrankolloquium 14.–16. 3. 89, Preprints. Düsseldorf 1989
[10.5] *Huang, R. Y. M.*: Pervaporation membrane separation processes. Amsterdam u. a.: Elsevier, 1991
[10.6] *Draxler, J., W. Fürst und R. Marr*: Journal of Membrane Science **38** (1988) 281–293
[10.7] *Lorbach, D. und R. Marr*: Chem. Eng. Process **21** (1987) 83–93
[10.8] *Weiß, S., F. Rühle und S. Maier*: UTEC 92 Sachsen-Anhalt, I. Fachkongreß für Umwelttechnik 29.–31. 10. 1992, Kongreßband, S. 36

Anhang

Tabelle A 1. Hauptabmessungen von Rohrbündelwärmeübertragern

- Mit zwei festen Rohrböden nach DIN 28184, Teil 1, Außendurchmesser der Rohre $d_a = 25$ mm, Dreieckteilung 32 mm, Kennzahl W_1 mit zwei Gängen und Kennzahl W_2 mit vier und acht Gängen.
- Mit zwei festen Rohrböden nach DIN 28184, Teil 4, Außendurchmesser der Rohre $d_a = 20$ mm, Dreieckteilung 25 mm, Kennzahl X.
- Mit Schwimmkopf (geschweißt oder geflanscht) nach DIN 28190, Außendurchmesser der Rohre $d_a = 25$ mm, Dreieckteilung 32 mm, Kennzahl Y.
- Mit Schwimmkopf (geschweißt oder geflanscht) nach DIN 28191, Außendurchmesser der Rohre $d_a = 25$ mm, Dreieckteilung 32 mm, Kennzahl Z.

D_M in mm	W_1 n	W_1 z	W_2 n	W_2 z	X n	X z	Y n	Y z	Z n	Z z
150	2	14	–	–	2	26	–	–	2	10
200	2	26	–	–	2	48	2	18	2	18
250	2	44	–	–	2	76	2	28	2	32
300	2	66	–	–	4	92	2	40	2	46
350	2	76	4	68	8	100	2	52	4	42
400	2	106	4	88	8	140	2	70	4	70
500	2	180	4	164	8	256	2	128	4	122
600	2	258	8	232	8	376	–	–	8	172
700	2	364	8	324	8	532	–	–	8	248
800	2	484	8	432	8	724	–	–	8	344
900	2	622	8	556	8	936	–	–	8	432
1000	2	776	8	712	8	1196	–	–	8	560
1100	2	934	8	860	8	1436	–	–	8	688
1200	2	1124	8	1048	8	1736	–	–	8	840

D_M Mantel-Nenndurchmesser, n Gangzahl, z Anzahl der Rohre

Tabelle A 2. Hauptabmessungen von Ventilböden

Nach einer Betriebsreihe von Germania Chemnitz, Stand 1991. Es bedeuten:

A_A aktive Bodenfläche in cm^2
A_B Bodenfläche in cm^2
A_0 Bohrungsfläche eines Bodens in cm^2
A_S Querschnittsfläche des Ablaufschachtes in cm^2
D_B Nenndurchmesser des Bodens in mm
L_F Weglänge in Strömungsrichtung auf dem Boden in mm
W_L Wehrlänge in mm
z_V Zahl der Ventile auf einem Boden

Es sind 3 Ventilteilungen möglich:
59,5; 72 und 104 mm. Die folgende Darstellung ist für eine Ventilteilung von 72 mm zutreffend.

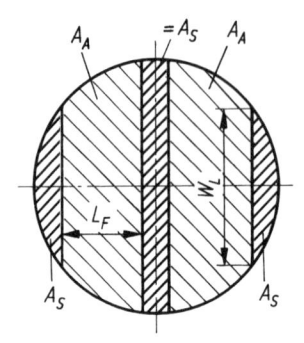

Bild A 1. Zweiflutiger Boden

D_B in mm	W_L/D_B	z_V	W_L in mm	L_F in mm	A_B in cm^2	A_S in cm^2	A_0 in cm^2	A_A in cm^2	A_S/A_B
Vollböden									
600	0,55	28	330	422	2827	25	326	2607	0,009
	0,65	22	390	376		83	256	2443	0,029
	0,75	20	450	316		182	233	2191	0,064
800	0,55	60	440	588	5027	78	698	4633	0,016
	0,65	50	520	528		189	583	4343	0,038
	0,75	48	600	450		374	559	3903	0,074
1000	0,55	108	550	756	7854	150	1257	7240	0,019
	0,65	102	650	680		339	1187	6786	0,043
	0,75	86	750	582		640	1001	6096	0,082
1200	0,55	162	660	922	11310	255	1886	10424	0,023
	0,65	154	780	832		533	1793	9772	0,047
	0,75	134	900	714		974	1560	8778	0,086
1400	0,55	226	770	1090	15394	376	2631	14190	0,024
	0,65	216	910	984		768	2515	13300	0,050
	0,75	192	1050	846		1385	2235	11944	0,090

Tabelle A 2. (Fortsetzung)

D_B in mm	W_L/D_B	z_V	W_L in mm	L_F in mm	A_B in cm²	A_S in cm²	A_0 in cm²	A_A in cm²	A_S/A_B
Segmentböden, einflutig									
1000	0,55	78	550	756	7854	307	908	7240	0,039
	0,65	74	650	680		534	861	6786	0,068
	0,75	68	750	582		879	792	6096	0,112
1200	0,55	108	660	922	11310	443	1257	10424	0,039
	0,65	104	780	832		769	1211	9772	0,068
	0,75	86	900	714		1266	1001	8777	0,112
1400	0,55	168	770	1090	15394	602	1956	14190	0,039
	0,65	154	910	984		1047	1793	13300	0,068
	0,75	134	1050	846		1725	1560	11944	0,112
1600	0,55	226	880	1256	20106	788	2631	18530	0,039
	0,65	202	1040	1136		1367	2352	17372	0,068
	0,75	178	1200	978		2254	2072	15598	0,112
1800	0,55	294	990	1424	25450	995	3423	23456	0,039
	0,65	270	1170	1288		1730	3143	21987	0,068
	0,75	244	1350	1110		2853	2841	19740	0,112
2000	0,55	384	1100	1590	31416	1231	4470	28954	0,039
	0,65	350	1300	1440		2136	4075	27144	0,068
	0,75	392	1500	1242		3524	3749	24368	0,112
2200	0,55	472	1210	1758	38013	1487	5495	35038	0,039
	0,65	438	1430	1592		2584	5099	32844	0,068
	0,75	388	1650	1376		4255	4517	29503	0,112
2400	0,55	566	1320	1924	45239	1772	6589	41694	0,039
	0,65	536	1560	1744		3076	6240	39087	0,068
	0,75	460	1800	1508		5066	5355	35107	0,112
2600	0,55	682	1430	2092	53093	2078	7940	48937	0,039
	0,65	626	1690	1896		3610	7288	45874	0,068
	0,75	542	1950	1640		5947	6310	41199	0,112
2800	0,55	796	1540	2258	61575	2412	9267	56751	0,039
	0,65	740	1820	2048		4186	8615	53203	0,068
	0,75	648	2100	1772		6899	7544	47780	0,112
3000	0,55	926	1650	2426	70690	2767	10780	65150	0,039
	0,65	866	1950	2200		4806	10080	61070	0,068
	0,75	764	2250	1904		7922	8894	54840	0,112
3200	0,55	1046	1760	2592	80425	3151	12180	74120	0,039
	0,65	976	2080	2352		5468	11360	69490	0,068
	0,75	876	2400	2036		9015	10200	62400	0,112
3400	0,55	1190	1870	2760	90790	3554	13850	83680	0,039
	0,65	1102	2210	2504		6173	12830	78450	0,068
	9,75	994	2550	2168		10180	11570	70440	0,112
3600	0,55	1348	1980	2926	101800	3988	15690	93810	0,039
	0,65	1252	2340	2656		6920	14580	87950	0,068
	0,75	1106	2700	2302		11400	12880	78990	0,112

Tabelle A 2. (Fortsetzung)

D_B in mm	W_L/D_B	z_V	W_L in mm	L_F in mm	A_B in cm²	A_S in cm²	A_0 in cm²	A_A in cm²	A_S/A_B
3800	0,55	1494	2090	3094	113400	4440	17390	104500	0,039
	0,65	1394	2470	2808		7711	16230	97990	0,068
	0,75	1238	2850	2434		12700	14410	88000	0,112
4000	0,55	1688	2200	3260	125700	4923	19650	115800	0,039
	0,65	1585	2600	2960		8544	18460	108600	0,068
	0,75	1394	3000	2570		14080	16230	97510	0,112

Segmentböden, zweiflutig, siehe auch Bild A 1

D_B in mm	W_L/D_B	z_V	W_L in mm	L_F in mm	A_B in cm²	A_S in cm²	A_0 in cm²	A_A in cm²	A_S/A_B
2000	0,55	284	1100	693	31420	2460	3306	26480	0,078
	0,65	224	1300	573		4270	2608	22870	0,136
	0,75	152	1500	404		7050	1770	17330	0,224
2200	0,55	360	1210	771	38010	2980	4191	32070	0,078
	0,65	280	1430	638		5160	3260	27680	0,136
	0,75	204	1650	453		8510	2375	20990	0,224
2400	0,55	440	1320	848	45240	3540	5120	38150	0,078
	0,65	356	1560	703		6150	4140	32910	0,136
	0,75	224	1800	502		10130	2610	24980	0,224
2600	0,55	528	1430	926	53090	4157	6147	44780	0,078
	0,65	444	1690	769		7214	5196	38660	0,136
	0,75	304	1950	550		11900	3539	29300	0,224
2800	0,55	628	1540	1003	61580	4280	7310	51940	0,078
	0,65	524	1820	834		8370	6100	44820	0,136
	0,75	380	2100	598		13800	4420	33960	0,224
3000	0,55	732	1650	1080	70690	5547	8522	59610	0,078
	0,65	632	1950	899		9611	7357	51460	0,136
	0,75	408	2250	646		15840	4750	39000	0,224
3200	0,55	896	1760	1157	80430	6300	10430	67790	0,078
	0,65	728	2080	965		10940	8475	58570	0,136
	0,75	500	2400	695		18030	5820	44380	0,224
3400	0,55	1000	1870	1235	90790	7100	11640	76580	0,078
	0,65	832	2210	1030		12350	9686	66090	0,136
	0,75	588	2550	743		20360	6845	50070	0,224
3600	0,55	1144	1980	1312	101800	7980	13320	85830	0,078
	0,65	952	2340	1095		13840	11080	74080	0,136
	0,75	700	2700	793		22800	8150	56220	0,224
3800	0,55	1272	2090	1390	113400	8886	14810	95650	0,078
	0,65	1080	2470	1160		15440	12570	82550	0,136
	0,75	736	2850	841		25400	8570	62600	0,224
4000	0,55	1416	2200	1467	125700	9850	16490	106000	0,078
	0,65	1232	2600	1226		17090	14340	91490	0,136
	0,75	840	3000	889		28150	10060	69340	0,224
4200	0,55	1572	2310	1544	138500	10870	18300	116800	0,078
	0,65	1288	2730	1291		18820	14990	100900	0,136
	0,75	984	3150	937		31040	11455	76460	0,224

Tabelle A 2. (Fortsetzung)

D_B in mm	W_L/D_B	z_V	W_L in mm	L_F in mm	A_B in cm²	A_S in cm²	A_0 in cm²	A_A in cm²	A_S/A_B
4500	0,55	1872	2475	1660		12460	21790	134000	0,078
	0,65	1568	2925	1389	159000	21630	18250	115800	0,136
	0,75	1156	3375	1010		35650	13460	87760	0,224
5000	0,55	2292	2750	1854		15380	26680	165600	0,078
	0,65	1948	3250	1552	196400	26700	22680	142900	0,136
	0,75	1396	3750	1132		43980	16250	108400	0,224
5500	0,55	2828	3025	2047		18630	32920	200300	0,078
	0,65	2356	3575	1715	237600	32340	27430	172900	0,136
	0,75	1756	4125	1252		53240	20440	131100	0,224
6000	0,55	3436	3300	2240		22180	40000	238400	0,078
	0,65	2924	3900	1879	282740	38440	34040	204900	0,136
	0,75	2164	4500	1373		63390	25190	156000	0,224

Tabelle A 3. Abmessungen von Füllkörpern und charakteristische Daten

Abmessungen in mm	Füllkörper je m³ Kolonnenvolumen (geschüttet)			
	Oberfläche in m²/m³	Leerraumanteil in m³/m³	Masse in kg/m³	Stück
RR Porzellan				
16 × 16 × 2	305	0,68	730	193 000
25 × 25 × 2,4	200	0,79	575	51 000
50 × 50 × 4,4	95	0,79	457	60 000
75 × 75 × 9,5	64	0,78	714	1 840
PR Porzellan				
23 × 25 × 2,5[1])	220	0,69	710	55 000
35 × 35 × 4	152	0,75	640	18 000
50 × 50 × 5	102	0,79	565	5 800
PR Polypropylen				
25 × 25 × 1,0	225	0,91	85	51 000
35 × 35 × 1,4	160	0,90	90	19 000
50 × 50 × 1,5	110	0,93	68	6 400
PR Metall				
15 × 15 × 0,28	360	0,93	385	220 000
25 × 25 × 0,45	224	0,94	380	52 000
35 × 35 × 0,45	152	0,95	250	18 200
50 × 50 × 0,45	108	0,95	190	6 400
Berlsättel Keramik				
25	250	0,68	720	77 000
38	150	0,71	640	22 800
51	105	0,72	625	8 800
Intaloxsättel Keramik				
25	255	0,77	700	84 200
38	194	0,80	670	25 000
51	118	0,79	670	9 350
Hiflowring[2]) Metall				
25	185	0,97	364	37 200
50	99	0,98	133	5 140
Hilflowring[2]) Kunststoff				
15	313	0,91	80	171 500
25	214	0,92	79	45 000
50	110	0,94	54	6 670
90	65	0,95	41	1 700

RR Raschigring, PR Pallring
[1]) 23 mm Durchmesser, 25 mm Höhe, [2]) Nach [4.50]

Tabelle A 4. Gleichgewichte flüssig-flüssig für ternäre Gemische

Es bedeuten: A wesentliche Komponente des Raffinates, B Übergangskomponente, C Extraktionsmittel; alle Zahlenangaben in Ma.-% ausgenommen bei Massenverhältnissen.

1. Diphenylether(A)-Methanol(B)-Wasser(C) bei 25 °C

$\bar{x}_A$	98,9	96,4	94,4	92,5	84,4	80,0	69,0	47,3	22,4
$\bar{x}_B$	1,1	3,6	5,6	7,5	11,6	20,0	30,1	50,0	74,8
$\bar{y}_A$	0,0	0,0	0,0	0,3	0,9	1,4	3,6	6,8	22,4
$\bar{y}_B$	18,3	29,7	46,8	57,2	67,5	75,8	82,9	86,0	74,8

2. Wasser(A)-Aceton(B)-Chlorbenzol(C) bei 25 °C

$\bar{x}_A$	99,89	89,79	79,69	69,42	58,64	46,28	27,41	25,66
$\bar{x}_B$	0	10	20	30	40	50	60	60,58
$\bar{y}_a$	0,18	0,49	0,79	1,72	3,05	7,24	22,85	25,66
$\bar{y}_B$	0	10,79	22,23	37,48	49,44	59,19	61,07	60,58

3. Dimethylbutan(A)-Cyclohexan(B)-Anilin(C) bei 15 °C

$\bar{x}_A$	95,9	81,5	74,7	67,9	54,0	48,2	42,5	30,3	18,5	12,8	7,1	3,3
$\bar{x}_B$	0	13,5	19,9	26,2	39,0	44,1	49,2	60,1	69,4	73,4	76,4	77,8
$\bar{y}_A$	6,1	5,6	5,5	5,5	4,9	4,5	4,3	3,7	2,8	2,1	1,4	—
$\bar{y}_B$	0	1,7	2,7	3,7	5,4	7,4	8,9	13,0	17,5	20,9	23,4	—

4. Wasser(A)-Essigsäure(B)-Isopropylether(C) bei 20 °C

$\bar{x}_A$	98,1	97,1	95,5	91,7	84,4	71,1	58,9	45,1	37,1
$\bar{x}_B$	0,69	1,41	2,89	6,42	13,30	25,50	36,70	44,30	46,40
$\bar{y}_A$	0,5	0,7	0,8	1,0	1,9	3,9	6,9	10,8	15,1
$\bar{y}_B$	0,18	0,37	0,79	1,93	4,82	11,40	21,60	31,10	36,20

5. Wasser(A)-Essigsäure(B)-Diethylester(C) bei 25 °C

$\bar{x}_A$	93,3	88,0	84,0	78,2	72,1	65,0	55,7
$\bar{x}_B$	0	5,1	8,8	13,8	18,4	23,1	27,9
$\bar{y}_A$	2,3	3,6	5,0	7,2	10,4	15,1	23,6
$\bar{y}_B$	0	3,8	7,3	12,5	18,1	23,6	28,7

6. n-Heptan(A)-Methylcyclohexan(B)-Anilin(C) bei 25 °C

$\bar{X}$ in $\dfrac{\text{kg B}}{\text{kg A} + \text{B}}$; $\bar{W}$ in $\dfrac{\text{kg C}}{\text{kg A} + \text{B}}$; $\bar{Y}$ in $\dfrac{\text{kg B}}{\text{kg A} + \text{B}}$; $\bar{Z}$ in $\dfrac{\text{kg C}}{\text{kg A} + \text{B}}$

$\bar{X}$	0	0,085	0,216	0,445	0,525	0,610	0,730	0,810	0,885	1,000
$\bar{W}$	0,064	0,064	0,070	0,078	0,079	0,087	0,099	0,105	0,117	0,124
$\bar{Y}$	0	0,150	0,365	0,623	0,700	0,770	0,870	0,920	0,960	1,000
$\bar{Z}$	15,70	13,80	11,20	8,20	7,33	6,58	5,67	5,10	4,80	4,70

7. Wasser(A)-Aceton(B)-Tetrachlorethan(C)

$\bar{X}_u$ in $\dfrac{\text{kg Aceton}}{\text{kg Wasser}}$; $\bar{Y}_u$ in $\dfrac{\text{kg Aceton}}{\text{kg Tetrachlorethan}}$

$\bar{X}_u$	0,004	0,008	0,016	0,030	0,042	0,060	0,083	0,100	0,120	0,160	0,200	0,240
$\bar{Y}_u$	0,012	0,030	0,050	0,080	0,100	0,130	0,160	0,180	0,202	0,240	0,274	0,304

Tabelle A 5. Dampf-Flüssigkeits-Gleichgewichte für ausgewählte binäre Gemische
Alle Zahlenangaben in Mol-%, T_S in °C

1. Methanol(1)-Wasser(2), $p = 101{,}3$ kPa

x_1	2,0	4,0	6,0	10,0	20,0	30,0	40,0	50,0	60,0	70,0	80,0	90,0
y_1	13,4	23,0	30,4	41,8	57,9	66,5	72,9	77,9	82,5	87,0	91,5	95,8
T_S	96,4	93,5	91,2	87,7	81,7	78,0	75,3	73,1	71,2	69,3	67,5	66,0

2. Ethanol(1)-Wasser(2), $p = 101{,}3$ kPa

x_1	1,18	3,02	7,15	14,3	20,6	32,1	43,0	54,5	66,3	80,4	89,4	91,7
y_1	11,3	23,1	36,2	48,7	53,0	58,6	62,6	67,3	73,3	81,5	89,4	90,6
T_S	96,9	93,5	88,6	84,5	83,4	81,4	80,5	79,5	78,8	78,4	78,15	78,3

3. Benzol(1)-Toluol(2), p 101,3 kPa

x_1	10,0	20,0	30,0	39,7	48,9	59,2	70,0	80,3	90,3	95,0
y_1	21,2	37,0	50,0	61,8	71,0	78,9	85,3	91,4	95,7	97,9
T_S	106,1	102,2	98,6	95,2	92,1	89,4	86,8	84,4	82,3	81,2

4. Dichlormethan(1)-Tetrachlorkohlenstoff(2), $p = 101{,}3$ kPa

x_1	10,0	20,0	30,0	40,0	50,0	60,0	70,0	80,0	90,0
y_1	22,0	46,0	62,0	71,5	78,5	84,2	88,0	92,0	96,7
T_S	69,6	61,2	55,8	52,8	50,8	49,1	47,85	46,6	44,6

5. Chloroform(1)-Tetrachlorkohlenstoff(2), $p = 101{,}3$ kPa

x_1	10,0	20,0	30,0	40,0	50,0	60,0	70,0	80,0	90,0
y_1	13,5	26,5	39,5	52,0	63,5	72,5	81,5	88,5	95,0
T_S	74,7	72,6	70,6	68,6	66,9	65,3	63,9	62,6	61,5

6. Ethylbenzol(1)-Styrol(2), $p = 13{,}33$ kPa

x_1	9,1	14,1	23,5	31,9	41,2	52,2	61,9	76,4	88,7
y_1	14,4	21,1	32,4	41,5	51,1	61,1	69,9	81,4	91,4
T_S	80,72	80,15	79,33	78,64	77,86	76,98	76,19	75,03	74,25

7. Propylen(1)-Propan(2), $p = 2{,}15$ MPa

x_1	11,23	13,66	14,43	28,73	48,82	58,59	70,01	84,21
y_1	12,55	15,15	15,79	31,59	51,37	60,80	71,18	85,16
T_s	60,8	60,7	60,4	59,1	56,7	56,6	55,6	54,5

8. Methanol(1)-Ethanol(2), $p = 101{,}3$ kPa

x_1	5,0	10,0	20,0	30,0	40,0	50,0	60,0	70,0	80,0	90,0	95,0
y_1	8,7	16,6	30,1	42,3	53,7	63,7	72,2	80,5	87,7	94,4	97,4

9. Chloroform(1)-Methanol(2), $p = 101{,}3$ kPa

x_1	0,040	0,095	0,196	0,287	0,383	0,520	0,628	0,636	0,667	0,753	0,855	0,937
y_1	0,102	0,215	0,378	0,472	0,540	0,607	0,643	0,646	0,655	0,684	0,730	0,812
T_s	63,9	60,0	57,8	55,9	54,7	53,7	53,5	53,5	53,5	53,7	54,4	56,3

10. Cyclohexan(1)/n-Heptan(2), $p = 101{,}3$ kPa

x_1	1,0	5,0	10,0	20,0	30,0	40,0	50,0	60,0	70,0	80,0	90,0	95,0	99,0
y_1	1,7	8,1	15,8	29,6	41,9	52,8	62,5	71,3	79,3	86,6	93,5	96,8	99,4
T_S	98,4	97,2	96,1	93,9	91,8	89,9	88,1	86,4	84,9	83,4	82,0	81,4	80,9

Anhang

Tabelle A 6. Löslichkeit von Gasen in Flüssigkeiten (Gleichgewicht)

1. Löslichkeit von NH$_3$ in Wasser

kg NH$_3$ je 100 kg H$_2$O	Partialdruck des NH$_3$ in kPa				
	10 °C	20 °C	30 °C	40 °C	50 °C
60		126			
50		94,4			
40	40,1	62,7	95,8		
30	25,3	39,7	60,5	92,2	
25	19,2	30,3	46,9	71,2	110,0
20	13,8	22,1	34,7	52,7	79,4
15	9,34	15,20	23,9	36,4	54,0
10	5,57	9,28	14,7	22,3	32,9
7,5	3,99	6,67	10,6	16,0	23,9
5,0	2,55	4,23	6,80	10,2	15,3
4,0	2,15	3,32	5,35	8,10	12,1
3,0	1,51	2,43	3,95	6,00	8,94
2,0		1,60	2,57	4,00	5,93
1,6			2,04	3,21	4,73
1,2			1,53	2,44	3,56

2. Löslichkeit von SO$_2$ in Wasser

kg SO$_2$ je 100 kg H$_2$O	Partialdruck des SO$_2$ in kPa bei				
	10 °C	20 °C	25 °C	30 °C	40 °C
10	62,7		112		
8	49,3	77,3	89,3	104	
6	36,0	57,3	67,3	77,3	103
4	22,7	36,0	42,7	50,7	68,0
2	10,0	14,7	20,0	22,7	33,3
1	4,67	6,67	8,00	9,33	14,7

3. Löslichkeit von HCl in Wasser

kg HCl je 100 kg H$_2$O	Partialdruck des HCl in kPa bei					
	10 °C	20 °C	30 °C	50 °C	80 °C	110 °C
66,7	31,1	53,2	83,6			
56,3	7,52	14,1	25,1	71,3		
47,0	1,57	3,13	5,93	18,8	83,0	
38,9	0,303	0,653	1,32	4,76	25,1	101
31,6	0,0573	0,133	0,289	1,19	7,26	33,7
25,0	0,0112	0,0273	0,0640	0,295	2,08	11,1
19,05	0,00213	0,00571	0,0141	0,0733	0,621	3,73
13,64	0,000407	0,00117	0,00312	0,0181	0,079	1,24
8,70	0,0000777	0,000237	0,000686	0,00459	0,0520	0,413
4,17	0,00000920	0,0000320	0,000103	0,000853	0,0127	0,124
2,04	0,00000156	0,00000587	0,0000201	0,000187	0,00327	0,0373

Sachwörterverzeichnis

Abkühlung durch
 Verdunsten 85
Ablaufwehr Bodenkolonne 303
Absorption 380
−, Ausrüstungen 396
−, Austauschgrad 384
−, isotherme, Beispiel 390
− mit chemischer
 Reaktion 109, 381
−, mittlere Triebkraft 390
−, nichtisotherme 392
−, Phasengleichgewicht 99,
 381, 627
−, Stoffbilanz 382
−, Stoffübertragung
 Füllkörper 387
−, stufenweiser Kontakt 384
− von organischen
 Stoffen 397
− von Toluol, Beispiel 400
−, theoretische Boden-
 zahl 385, 386
Absorptionsanlage,
 Optimierung 407
Absorptionsgrad 384
Absorptionsmittel 398, 400
Abtriebsgerade 352
Adsorbentien 520, 522
Adsorber, Bauarten 528
Adsorption, Beispiel 525
−, Gleichgewicht 523
−, Kinetik 526
Adsorptionsanlage, Fest-
 bett 530, 534
Adsorptionsmittel,
 Auswahl 520
Ähnlichkeit 59
aktivierte Tonerde 521
Aktivkohle 520
Analogie, Impuls-, Wärme- und
 Stoffübertragung 84

−, molekulare 47
−, turbulente 82
Antoine-Gleichung,
 Dampfdruck 294
Arbeitsbereich Boden 318
asymmetrische Membran 560
Ausbrennpunkt 202
Ausgleichskoeffizienten 48
Austauschgrad 131
−, Absorption 384
−, Boden 131, 135
−, Destillation 335
−, Destillation, Ventilboden,
 Beispiel 343
−, Extraktion fl-fl 434
−, lokaler 132, 338
axiale Durchmischung 251
− −, Drehscheibenextraktor,
 Beispiel 447
Azeotropdestillation 290

Batch Destillation 349
− −, Beispiel 352
Belastungsfaktor
 Bodenkolonne 319
Benetzungsgrad 248
−, Beispiel 255
Berlsättel 306, 624
betriebliches Verhalten, Destil-
 lationskolonne 259
− −, Extraktions-
 kolonne 451
− −, Festbettadsorber 532
− −, Gaspermeation 585
− −, Kondensator 192
− −, Konvektions-
 trockner 506, 509
− −, Membrantrenn-
 anlage 572
− −, Mehrstoffdestillations-

 anlage, Beispiel 282
− −, Verdampfer 210
Bewegungsgleichung Konvek-
 tion 49
Biot-Zahl 106
Blasenablösung beim Verdamp-
 fen 199
Blasenbildung beim Verdamp-
 fen 198
Blasendurchmesser, Ver-
 dampfung 199
Blasenverdampfung 200, 202
Bilanzgleichungen 48−52
−, Bilanzlinien
 Destillation 231
−, Energiebilanz
 Destillation 228
−, Konvektionstrockner 463
−, Schnittpunkt Bilanzlinien
 Destillation 233
−, Stoffbilanz Destillations-
 kolonne 228
−, Teil einer Destillations-
 kolonne 230
Bilanz Kristallisator 541
− Wärmeübertrager 165
Binodalkurve Extraktion 417
Boden, Arbeitsbereich 318
Bodenkolonne 301
Buckingham, π-Theorem 60

Chemosorption 109, 381
−, Differentialgleichungs-
 system 110
Composit-Membran 562

D*amköhler*-Zahl 111
Dampfbelastungsfaktor 319

Dampf-Flüssigkeits-Gleich-
  gewicht 225
—, Daten binäre Gemische 626
Dampfpermeation 591
Danckwerts, Oberflächen-
  erneuerungstheorie 72
Deckschichtbildung, Ultra-
  filtration 572
Desorption 22, 381, 404
—, Stoffbilanz 404
—, minimaler Gasstrom 405
—, Toluol, Beispiel 405
Destillation 222
—, Begriffserklärung 21
—, Laborblase 223
—, Mehrstoffgemische 263
Destillationsanlage,
  betriebliches Verhalten 259
—, Energieeinsparung 359,
  363, 367
—, Optimierung 356
—, Prozeßleitsystem 262
—, Regelung 260
Destillationskolonne, binäre
  Gemische 235
—, Beispiel 242
—, Beispiel mit Wirtschaftlich-
  keit 324
—, dynamisches Verhalten 295
Destillationskolonne, Mehr-
  stoffgemische 265
—, Beispiele 278, 282, 294
—, dynamisches Verhalten 295
—, Kurzmethoden 271, 276
—, Lage Einlaufboden 274
—, Lösung Gleichungs-
  system 267, 278, 285, 291
—, Matrizenmethode 285
—, minimale theoretische
  Bodenzahl 273
—, Rücklaufverhältnis 272,
  276
—, Seitenstromentnahme 264
—, Theta-Konvergenz-
  kriterium 280
—, *Thiele-Geddes* 278, 282
Destillation, Stoffübertragung,
  Austauschgrad 334
—, Füllkörperkolonne,
  Höhe 249, 254
Dialyse 558, 592

Diffusion 28
—, Analogie 47
—, einseitige 36, 39
—, Flüssigkeiten 42, 43
—, Gase 36, 39
— in festen Stoffen 44
Diffusionskoeffizient 29
—, Gase 36, 39
—, Flüssigkeiten 43
—, *Knudsen*- 46
Dispersionsmodell 251
—, Bodenkolonne 340
—, Füllkörperkolonne 251
Doppelrohrwärme-
  übertrager 145
Drehtrommeltrockner 484
Dreiecksdiagramm 415
Druckdifferenz Membran 570
Druckverluste, Kolonne 314
—, Bodenkolonne 322, 329
—, Füllkörperkolonne 332

Einfache (einmalige) Destilla-
  tion 345
— —, geschlossene 347
— —, offene 345
Elektrodialyse 593
Entfeuchtung 23
Energiebilanz, Destillations-
  kolonne 228, 230, 265
—, differentielle, mit Wärme-
  übertragung 51
—, Trockner 463
—, Wärmeübertrager 165
Energieeinsparung,
  Destillation 359, 363, 367
—, Trocknung 507
Enthalpiediagramm feuchte
  Luft 465, 467
Erbar-Maddox, theoretische
  Bodenzahl 274
Extrakt 414, 416
Extraktion fl-fl 413
—, Dreiecksdiagramm 415
—, Phasengleich-
  gewicht 417, 625
—, Stoffübertragung 434
—, theoretische
  Stufen 418, 421, 425
Extraktionsanlage,

Optimierung 453
Extraktionskolonne 449
—, Höhe 436, 438, 444
Extraktionsmittel,
  Auswahl 453
Extraktion, überkritische 22
Extraktor, Bauarten 448, 450
Extraktivdestillation 289
—, Austauschgrad, Boden-
  kolonne 290

Fallfilmverdampfer 206
Fenske, Destillation, minimale
  theoretische Bodenzahl 242,
  273
Feuchtigkeitsbindung an das
  Gut 461
Fick, Diffusion 28
Filmtheorie 69
Filmverdampfer 206
Filmverdampfung 201
Flammenstrahlung 157
Flash-Destillation 347
Fluiddynamik, Destillationsko-
  lonnen 310
—, Drehscheibenextraktor 439
—, Stromtrockner 502
Flüssig-Flüssig-Phasengleichge-
  wicht 417, 625
Flüssigkeitsstromdichte, Destil-
  lation 316
Flüssigmembran-
  permeation 559, 594
—, Carrier 595
—, Einflußgrößen 596
—, Labor 597
—, organische Phase 594
—, Übertragungsgrad,
  Gewinnungsgrad 598, 601
Flüssigmembranpermeations-
  anlage 599
Flüssigmembranpermeations-
  kolonne 600
Flutpunkt, Drehscheiben-
  extraktor 441
—, Füllkörperkolonne 334
Fouling, Membrantrenn-
  prozeß 574
*Fourier*sches Gesetz 27, 30—32
Fourier-Zahl 107

Füllkörper 306, 624
Füllkörperkolonne 307, 357, 362
—, Druckverlust 332
—, obere Grenzgeschwindigkeit 334
—, Phasengrenzfläche 248
—, Schütthöhe Absorption 388, 390, 395
—, Schütthöhe Destillation 251, 254, 300
—, Stoffübertragung Destillation 247

Galilei-Zahl 77
Gaspermeation 582
—, Abtrennung Benzindämpfe 583
—, Fluß 585
—, verfahrenstechnische Berechnung 584
Gasstrahlung 156
Gegenstrom 119, 123
—, Temperaturverlauf Wärmeübertrager 151
—, Trockner 123, 500, 510
Geschwindigkeitsfeld im Rohr 53
Gitterboden 304
Gleichstrom 119
—, Temperaturverlauf Wärmeübertrager 151
—, Trockner 500, 510
gleichwertiger Durchmesser, Wärmeübertrager 153
Glockenboden 303
Grashof-Zahl 62
Grenzflächenphänomene, Stoffübertragung 73
Grenzflächenspannung 73
Grenzschicht 53
Gutfeuchte 461
—, normierte 477

Hatta-Zahl 111
Hebelgesetz, Dreiecksdiagramm 419
—, Enthalpiediagramm 466

Henry-Koeffizient 383, 392, 405
HETB 135, 252
HETS 135, 435
Higbie, Penetrationstheorie 70
Hiflowring 306, 624
Hochdruckextraktion 22
Höhe einer Übertragungseinheit 134
— — —, Absorption 388, 401
— — —, Destillation 247, 254
— — —, Extraktion 437, 439, 444
Holdup disperse Phase 311
—, Drehscheibenextraktor 440
— flüssig-gasförmig 311
Hohlfasermodul 564
HTU s. Höhe einer Übertragungseinheit
hydraulischer Durchmesser, Wärmeübertrager 153
Hydrodynamik s. Fluiddynamik
hygroskopische Feuchte 461
Hysteresis, Trocknung 461

Intaloxsättel 306, 624

Jänecke-Diagramm 417, 429, 432

Kammertrockner 483
Kanaltrockner 483
—, Berechnung 495, 498
Kapazitätsfaktor, Bodenkolonne 319
Kapillarflüssigkeit 461
Keimbildung, Kristalle 546
Kinetik, Adsorption 526
—, Kristallisation 545, 551
—, Trocknung 474
kinematische Viskosität 48
klare Flüssigkeitshöhe, Ventilboden 323, 330
Knickpunkt, Trocknungsabschnitte 475, 481
Knudsen-Diffusion 46

Kolonnendruck, Destillation 358
Kolonneneinbauten fl-ga 301—310
—, Auswahl und Vergleich 357, 362
—, Fluiddynamik 310, 316, 332
—, Maßstabsübertragung 314
—, Wirtschaftlichkeit 309
Kolonneneinbauten fl-fl 448
—, Fluiddynamik 439
—, Vergleich 450
Kondensation, Wärmeübergang 180—185
—, Dampf-Gas-Gemische 90
Kondensator 187—197
—, Auslegung 187
—, Beispiel, Auslegung 189
—, betriebliches Verhalten 192, 194
Konduktion 27
Konnode 417
Kontinuitätsgleichung 49
konvektive Bewegungsgleichung 49
— Stoffübertragung 56, 67—85
— Wärmeübertragung 54
— —, Ähnlichkeitstheorie 60
— —, Differentialgleichungssystem 58
— —, turbulente Strömung im Rohr 64
Kornzahlendichtebilanz 542
Konvergenzkriterium, Mehrstoffdestillation 280, 288
Konzentrationsmaße 33
Konzentrationspolarisation 570, 580
Kreisrippenrohr 215
Kristallisation 539
—, Keimbildung 546
—, Kinetik 545
—, Kristallwachstum 547
—, Löslichkeit 539
—, Übersättigung 539
Kristallisator 553
—, Bilanzen 541
—, Modellierung 548

—, Suspensionsvolumen, Beispiel 549
Kühlgrenztemperatur 88
Kühlturm 89

Laminare Grenzschicht 53
— Strömung 53
Leistungssteigerung, Wärmeübertrager 214
Lewis, Analogie 85
lokaler Austauschgrad 132, 338
Löslichkeit von Gasen in Flüssigkeiten 627
Luftfeuchtemessung, Beispiel 88
Luftkühler 146

Maldistribution 307
Marangoni-Instabilität 73
Massenanteil 33
Massenverhältnis 34, 417, 463
Matrizenmethode, Destillation 268, 285
McCabe-Thiele-Methode, Destillation 239
Mechanismen, Wärme- und Stoffübertragung 25
mehrgängige Rohrbündelwärmeübertrager 145, 152, 161
Mehrstoffdestillation 265
—, Kurzmethoden 271−278
—, ausführliche Berechnungsmethoden 278−289
Mellapak 309
Membranen 560
Membrankonstanten 570
Membranmodule 562
—, Schaltung 567
Membrantrenntechnik 557
—, Übersicht Membrantrennprozesse 559
—, Kostenanteile 577
Merkel, Kühlturm 89
metastabiler Bereich, Kristallisation 541
Mikrofiltration 565, 568
minimaler Waschflüssigkeitsstrom 383

minimaler Extraktionsmittelstrom 425, 447
minimales Rücklaufverhältnis, Destillation 235, 273
minimale theoretische Bodenzahl 240, 273
Mischungslücke 417
Mischer-Absetzer-Extraktor 449
Mitreißen von Flüssigkeit, Ventilböden 323
mittlere Triebkraft, Absorption 390
— —, Extraktion fl-fl 438
— —, Wärmeübertragung 121, 152, 161
mittlerer Tropfendurchmesser 117
— —, Drehscheibenextraktor 440, 445
Molanteil 33
Molekularsieb 521
Mollier-h, Y-Diagramm 89
Molverhältnis 33, 382
Momentanreaktion, Erhöhungsfaktor 113
Montzpak 308
MSMPR-Kristallisator 548
Murphree s. Austauschgrad

Nanofiltration 565
Navier-Stokes, Bewegungsgleichung 49
Nebelisotherme 87
*Newton*scher Ansatz, konvektive Wärmeübertragung 54
— —, Impulsübertragung 47
Nernst, Filmtheorie 70
Normierung, Trocknung 477
NTU s. Zahl der Übertragungseinheiten
Nußelt-Zahl 61

Oberflächendiffusion 46
Oberflächenerneuerungstheorie 72
Oberflächenspannungsgradient 73

Optimierung, Absorption 407
—, Destillation 356
—, Extraktion 453
örtliches Sieden 198
osmotischer Druck 570

Packungskolonne 308
Pallring 306, 624
Peclet-Zahl 61
Penetrationstheorie 70
Performkontaktboden 304
Permeat 557
Pervaporation 558, 586−591
Phasendiagramm 235
Phasenführung 119
Phasengleichgewicht — flüssigdampfförmig 225, 626
— flüssig-flüssig 417, 625
— flüssig-gasförmig 99, 383, 627
Phasengleichgewichtsprozesse 20
Phasengrenzfläche 116−118
—, Destillation, Füllkörperkolonne 248
—, Drehscheibenextraktor, Beispiel 446
physikalische Absorption 381
Pinchpunkt 272
Plattenmodul 562
Plattenrippenwärmeübertrager 149
Plattenwärmeübertrager 146
Polpunkt, Extraktion 423
Porendiffusion 46
Porenradienverteilung 46
Prandtl-Zahl 62
Programmablaufplan —, Destillation, Theta-Konvergenzmethode 293
—, dynamisches Verhalten, Destillation 299
—, Extraktionskolonne, Optimierung 452
—, Kondensator 188
—, Rohrbündelwärmeübertrager ohne Phasenänderung 168
—, Umlaufverdampfer 209

Querstrom 119
Querstromboden 302

Raffinat 414
Raschigring 306, 624
Reaktionsfaktor
  (Absorption) 110, 112
Regenerierung, Extraktionsmittel 453
—, Waschflüssigkeit 381
Rektifikation s. Destillation
relative Flüchtigkeit 226, 273
— Luftfeuchtigkeit 463, 465
Relaxationsmethode, Destillation 268, 288
Reynolds-Zahl 61
Rippenrohr 215
Rippenwirkungsgrad 216
Rohrbündelwärmeübertrager 144, 619
Rohrmodul 564
Rohrregisterwärmeübertrager 144
Rotationsdünnschichtverdampfer 206
Rückhaltevermögen 569, 570
Rücklaufverhältnis 235, 272
Rückvermischung (Füllkörperkolonne) 251
—, Bodenkolonne 341
—, Drehscheibenextraktor, Beispiel 447

Sättel (Füllkörper) 306, 624
Sauter-Durchmesser 117, 440, 445
Schaltung (Mehrstoffdestillation) 263
Schlüsselkomponente 271
Schmidt-Zahl 68
Schnittpunkt Verstärkungs- u. Abtriebsgerade 233
Schütthöhe Füllkörper, Absorption 388, 390, 396
— —, Destillation 247, 250
Sherwood-Zahl 68
Siebboden 304
Silikagel 520

Sieden, örtliches 198, 199
Sorptionsisotherme 462
Sorption, Begriffserklärung 22
spezifischer Luft- u. Wärmebedarf, Trocknung 464
Spiralrippenrohr 215
Spiralrippenrohr-Wärmeübertrager 149
Sprudelregime 312
Stefan, einseitige Diffusion 38
Stoffbilanz 50
—, Absorption 382
—, Destillationskolonne, kontinuierliche 228
—, Konvektionstrockner 463
—, Kristallisator 541
Stoffdurchgang 93
— fluid-fest 93, 105
— fluid-fluid 93, 98
— fluid-fluid mit chemischer Reaktion 94, 109
—, gekoppelt mit Wärmedurchgang 93, 103
Stoffdurchgangskoeffizient 102
—, Absorption, Füllkörper 104
—, Extraktion fl-fl 435, 438
Stoffübergangskoeffizient 56
—, Ähnlichkeitstheorie 68
—, Blasen und Tropfen 74
—, einseitige Stoffübertragung 81
—, Extraktion 435
—, feste Grenzflächen 80
—, Filmtheorie 69
—, Filmströmung 76
—, Füllkörper 77, 80
—, Membrantrennprozeß 571
—, Oberflächenerneuerungstheorie 72
—, Penetrationstheorie 70
—, verschiedene Einheiten 57
—, volumenbezogener 58
Stoffübertragungsprozesse 20
Strahlung Wärmeübergang 155
— —, Flamme 157
— —, Gase 156
Strahlungswärmeübertrager 147
Streckmetallboden 304
—, kombiniert mit

Ventilen 305
Stromtrockner 485, 501, 503
Strömungsparameter fl-ga 312
Strömungsregime fl-ga 312

Tellertrockner 484
Temperaturdifferenz
  Wärmeübertragung 120
— —, mittlere 121
— —, wirtschaftliche 167
Temperaturfeld im Rohr 53
Temperaturleitkoeffizient 48
Temperatur, Oberfläche, Trockner 472
Temperaturverlauf, Wärmeübertrager 151
—, Kreuzstrom 153
theoretische Bodenzahl, Absorptionskolonne 385
— —, Destillationskolonne 238, 240
theoretischer Boden 130
theoretische Stufe, Extraktion 130, 418, 420
theoretische Stufenzahl, Extraktor 421, 425, 428, 431
theoretischer Trockner 464
— —, Beispiel 467
— —, ein- und mehrstufiger 465
— — mit Umluft 466
Thiele-Geddes, Mehrstoffdestillation 268, 278
— —, Beispiel 282
transmembrane Druckdifferenz 570
Transportkoeffizienten 47
Trennfaktor 126
—, Destillation (relative Flüchtigkeit) 226, 273
—, Extraktion 417
—, Gaspermeation 584
—, Pervaporation 589
Tridiagonalmatrix, Mehrstoffdestillation 286
Triebkraft 120
—, eine fluide und eine feste Phase 129
—, integrale, Stoffübertragung 128

Sachwörterverzeichnis 633

—, integrale, Wärmeübertragung 123
—, Stoffdurchgang fluid-fluid 99
—, Vergleich Wärme- und Stoffdurchgang 101
—, Wärmedurchgang 120
—, zwei fluide Phasen 126
Trockner, Konvektion 483
—, —, Auslegung 487
—, —, Bauformen 473
—, —, betriebliches Verhalten 505, 509
—, —, mittlere Triebkraft, 1. Abschnitt 473
—, —, Simulation 509
—, —, Übertragungseinheit 473
Trockner, realer 469
Trocknung feuchtes Gut 459
Trocknung mit überhitztem Dampf 507
Trocknungsabschnitte 472—475
Trocknungsgeschwindigkeit 476, 481
Trocknungsprozeß, Statik 463
Trocknungsverlaufskurve 475, 478
Trommeltrockner 484
Tropfenkondensation 184
turbulente Grenzschicht 53
Tunneltrockner 483

Übertragungseinheiten 133
—, Absorption 388
—, Destillation 247
—, Extraktion 437, 439
—, Höhe 134
—, Trockner 473
—, Zahl 133, 254
Übertragungsfläche 114
Ultrafiltration 558, 565, 567
—, Deckschichtbildung 572
Umkehrosmose 558, 565
—, Beispiele 577
Umlaufverdampfer 207
Umlufttrockner 466
Underwood, minimales Rücklaufverhältnis 273

Ungleichverteilung Füllkörper 307

van't Hoff, osmotischer Druck 570
Ventilboden, Dispersionshöhe 323
—, Druckverlust 321
—, Fluiddynamik 316, 326
—, Hauptabmessungen 620
—, klare Flüssigkeitshöhe 323, 330
—, konstruktive Größen 317
—, obere Grenzbelastung Dampf 319, 326
—, Überflutung 321
Verdampfer, Bauarten 205
—, betriebliches Verhalten 210
Verdampfung 198
—, Berechnung 207, 211
Verstärkungsgerade 232
Verdunstung, Abkühlung 85
Vibrationsextraktor 449, 450
Viskosität 47
Volumenanteil 34
Volumen-Oberflächen-Durchmesser 117, 440, 445

Wang-Henke, Tridiagonalmatrix 286
Wandtemperatur, Wärmeleitung 30
—, Rohr, Beispiele 31, 32, 157
Wärmedurchgang 92
—, viskose Flüssigkeit, Beispiel 159
Wärmedurchgangskoeffizient 94
—, Beispiele 96, 97
—, ebene Wand 95
—, Erfahrungswerte 166
—, Rohr 150
Wärmeleitkoeffizient 28, 47
Wärmeleitung 25, 27
—, Beispiel isoliertes Rohr 32
—, ebene Wand 30
—, Rohrwand 31
Wärmepumpe bei Destillation 361, 367

— —, Trocknung 508
Wärmeübergang, Außenraum Rohrbündel 153
—, Verdampfung 200, 202
Wärmeübergangskoeffizient, freie Strömung 66, 77
—, laminare Strömung im Rohr 154
—, turbulente Strömung 65, 66
—, Rohrbündel, Queranströmung 154
—, Strahlung 155
—, Strahlung zwischen zwei Körpern 164
Wärmeübertrager, Auslegung ohne Phasenänderung 167
—, Bauformen 144
—, betriebliches Verhalten 177
—, Doppelrohr 145
—, Leistungssteigerung 214
—, Rippenrohr 215
—, Rohrwand 145
Wärmeübertragung, Analogie, Leitung 47
—, erzwungene Strömung 62
—, freie Strömung 62
—, Konvektion 53, 58
Wärmeübertragungsprozesse 19
Wärme- und Stoffdurchgang, Vergleich 103
Wärme- und Stoffübertragung, gekoppelte 85
Wärmeübertragungsfläche 115
Waschflüssigkeitsmengenstrom 383, 398, 408
Wasserbindung an das Gut 461
Wehrbelastung, Boden, Destillation 316
Wehrhöhe auf Böden 302
Wertungszahl, Destillation 252
Wickelmodul 564
Wirkungsgrad s. Austauschgrad
wirtschaftliche Geschwindigkeit, Wärmeübertrager 167
— Temperaturdifferenz, Wärmeübertrager 167

Wirtschaftlichkeit Wärmeübertrager, Beispiel 170

Zahl der Übertragungseinheiten 133, 254

− − −, Beispiel Füllkörperkolonne 255
− − −, Boden 339
Zellenmodell, Boden 341
Zentrifugalextraktor 450

Zeolithe 521
Zelluloseazetat, Membran 560
Zweifilmtheorie 70
Zweiphasenströmung fl-fl 439
− fl-ga 310